Grünberger · IFRS 2020

W0315191

Zusätzliche digitale Inhalte für Sie!

Zu diesem Buch stehen Ihnen kostenlos folgende digitale Inhalte zur Verfügung:

- Online-Version ✓
- Online-Training
- Aktualisierung im Internet
- Zusatz-Downloads
- App
- Digitale Lernkarten
- WissensCheck

Schalten Sie sich das Buch inklusive Mehrwert direkt frei.

Scannen Sie den QR-Code **oder** rufen Sie die Seite **www.nwb.de** auf. Geben Sie den Freischaltcode ein und folgen Sie dem Anmeldedialog. Fertig!

Ihr Freischaltcode

OICN-VFNJ-CJYX-FAJS-GJZR-F

www.nwb.de

IFRS 2020

Ein systematischer Praxisleitfaden

Von
Dr. David Grünberger, CPA

17., neu bearbeitete Auflage

nwb

Der Autor gibt seine persönliche Meinung wieder.

ISBN 978-3-482-**64277**-7

17., neu bearbeitete Auflage 2020

Satz: Griebsch & Rochol Druck GmbH, Hamm
Druck: Stückle Druck und Verlag, Ettenheim

VORWORT

Beratern, Prüfern, Mitarbeitern im Rechnungswesen und Controlling sowie Bilanzanalysten werden zunehmend profunde Kenntnisse der IFRS auf aktuellstem Stand abverlangt. Überholte oder unvollständige Fachkenntnisse sind seit der Einführung des IFRS-Enforcements ein Risikofaktor. Den gestiegenen Anforderungen steht eine ständige Fortentwicklung der IFRS entgegen.

Dieser Leitfaden ist auf die wesentlichen, in der Praxis erforderlichen Kenntnisse konzentriert. Er soll einen einfachen Zugang bieten und die komplizierte Interaktion zwischen den Standards verdeutlichen, die beim Lesen der Standards unverständlich bleibt. Bei der Schwerpunktsetzung habe ich komplexere und konzeptionell anspruchsvollere Themen stärker betont (z. B. bei Finanzinstrumenten oder bei der Konsolidierung).

Die Neuauflage wurde in weiten Teilen überarbeitet und berücksichtigt die neuesten Änderungen:

- im Rahmenkonzept,
- die neue Wesentlichkeitsdefinition,
- die neue Unternehmensdefinition (*business*),
- laufende Klarstellungen durch den Standardsetter.

Zahlreiche Fallbeispiele erleichtern das Verständnis. Die Ausführungen stellen meine persönliche Meinung dar, sind aus didaktischen Gründen mitunter vereinfacht und können die notwendige Recherche kritischer Auslegungsfragen nicht ersetzen. Ferner können sich Unternehmen auch an die Aufsichtsbehörden und Kreditinstitute, bei kritischen Rechnungslegungsfragen auch an die Bankenaufsicht wenden.

Frankfurt a. M. im August 2019 *David Grünberger*

INHALTSVERZEICHNIS

Vorwort V
Inhaltsverzeichnis VII
Verzeichnis der Standards XVII
Abbildungsverzeichnis XIX
Tabellenverzeichnis XXI
Abkürzungsverzeichnis XXIII
Websites XXV

I. Rechtlicher Rahmen der internationalen Rechnungslegung **1**

1. Entstehung und Aufbau der IFRS 1
2. Verpflichtende Anwendung der IFRS in der EU 4
   2.1. Überblick 4
   2.2. Emittenten mit Sitz im Gemeinschaftsgebiet 5
   2.3. Emittenten mit Sitz im Drittland 8
   2.4. Prospektrechtliche Anwendungspflicht der IFRS 10
      2.4.1. Allgemeines 10
      2.4.2. Prospektpflicht und Inhalte 10
      2.4.3. Historische Finanzinformationen 12
      2.4.4. Zwischenberichterstattung im Prospekt 14
3. Europäischer *„Endorsement Mechanism“* 15
   3.1. Komitologieverfahren 15
   3.2. Auslegungsfragen in der EU 18
   3.3. IFRS im Einzelabschluss und IFRS für SME 19
4. IFRS-Enforcement und Qualitätskontrolle der Wirtschaftsprüfung 22
5. US-GAAP und Konvergenz mit den IFRS 24
   5.1. Anwendbarkeit und Aufbau der US-GAAP 24
   5.2. Anerkennung der IFRS durch die SEC 25
   5.3. Sarbanes-Oxley Act 26
6. Grundsätze des IFRS-Abschlusses 27
   6.1. Ziel und Aufbau 27
   6.2. Rechnungslegungsgrundsätze 32
   6.3. Fair Value Accounting 35
   6.4. Branchenbezogene Regelungen 37

II. Immaterielle Vermögenswerte *(Intangible Assets)* **39**

1. Identifizierung und erstmalige Erfassung 39
2. Folgebewertung 41

3. Forschungs- und Entwicklungskosten 44
4. Gründungs- und Erweiterungskosten 45

III. Sachanlagevermögen *(Property, Plant and Equipment)* 47

1. Anschaffungs- und Herstellungskosten 47
2. Finanzierungskosten (IAS 23) 49
3. Tauschvorgänge von Anlagen *(Non-Monetary Exchange)* 53
4. Planmäßige Abschreibung 53
5. Neubewertungsmodell 55
6. Als Finanzinvestitionen gehaltene Immobilien (IAS 40) 57
7. Exploration und Evaluierung mineralischer Ressourcen (IFRS 6) 60

IV. Leasing (IFRS 16) 63

1. Grundsätze 63
2. Für Leasinggeber und Leasingnehmer geltende Definitionen 63
3. Bilanzierung beim Leasingnehmer 66
   3.1. Allgemeines zur Bewertung 66
   3.2. Vereinfachungen 69
   3.3. Fallbeispiel 70
   3.4. Darstellung und Anhang 73
4. Bilanzierung beim Leasinggeber 74
   4.1. Allgemeines 74
   4.2. Operating Lease 75
   4.3. Direktes Finanzierungsleasing 76
   4.4. Besonderheiten für das Hersteller- oder Händlerleasing 78
   4.5. Subleasing 79
5. Sale and Leaseback 80

V. Werthaltigkeitstest *(Impairment Test)* 83

1. Anhaltspunkte für eine Wertminderung *(Trigger Events)* 83
2. Umfang der Wertminderung 84
3. Wertaufholung 86
4. Test von Cash Generating Units 87
5. Wertminderung bei Cash Generating Units 92
6. Zur Veräußerung oder Ausschüttung stehende langfristige Vermögenswerte (IFRS 5) 95

VI. Vorräte *(Inventories)* und Umsatzrealisierung **101**

1. Allgemeines 101
2. Vorräte 101
   2.1. Definition von Vorräten 101
   2.2. Anschaffungs- und Herstellungskosten 102
   2.3. Nettoveräußerungswert 103
3. Landwirtschaft (IAS 41) 104
4. Grundsätze der Umsatzrealisierung (IFRS 15) 106
   4.1. Anwendungsbereich und Grundkonzept 106
   4.2. Identifikation des Vertrages und der Leistungsverpflichtungen 107
   4.3. Bestimmung des Transaktionspreises 109
   4.4. Aufteilung des Transaktionspreises 111
   4.5. Umsatz nach Leistungserfüllung 112
   4.6. Forderung und vertragliche Vermögenswerte und Schulden 114
   4.7. Kostenabgrenzung für die Erlangung und Erfüllung des Auftrags 115
5. Umsatzrealisierung bei bestimmten Geschäften (IFRS 15) 116
   5.1. Fertigungs- und Dienstleistungsaufträge (IFRS 15) 116
   5.2. Garantien und Verkauf mit Rückgaberecht 121
   5.3. Vertragsbündel und Pensionsgeschäfte 122
   5.4. Kommissionsgeschäfte und Vermittlungsleistungen 123
   5.5. Lizenzen 124
   5.6. Kundenbindungsprogramme 125
6. Zuwendungen der öffentlichen Hand (IAS 20) 126

VII. Beteiligungen (IAS 28, IFRS 11 und 12) **129**

1. Allgemeines 129
2. Beteiligungen an assoziierten Unternehmen (IAS 28) 130
   2.1. Maßgeblicher Einfluss 130
   2.2. Die Equity-Methode 131
   2.3. Einheitliche Bewertung und Zwischenergebniseliminierung 135
   2.4. Verlusterfassung 137
3. Joint Ventures und gemeinschaftliche Tätigkeiten (IFRS 11) 138
   3.1. Gemeinschaftliche Kontrolle 138
   3.2. Begriff des Joint Ventures und gemeinschaftlicher Tätigkeiten 139
   3.3. Bilanzierung von Beteiligungen an Joint Ventures 140
   3.4. Bilanzierung gemeinschaftlicher Tätigkeiten 141
4. Anhangangaben zu Beteiligungen (IFRS 12) 144
   4.1. Allgemeines 144
   4.2. Beteiligungen an assoziierten Unternehmen, Joint Ventures und gemeinschaftlichen Tätigkeiten 144

4.3. Engagements in strukturierten Gesellschaften 145
5. Nach IFRS 5 zur Veräußerung stehende Beteiligungen 146

VIII. Finanzielle Vermögenswerte *(Financial Assets)* 149

1. Begriff des Finanzinstruments 149
2. Definition finanzieller Vermögenswerte 150
3. Erfassung und Klassifikation finanzieller Vermögenswerte 151
3.1. Ersterfassung 151
3.2. Folgebewertung 152
3.3. Fair Value-Option 154
3.4. Umwidmungen 156
4. Bewertung von Schuldinstrumenten 157
4.1. Klassifikation von Schuldinstrumenten auf der Aktivseite 157
4.1.1. Zahlungen des Nennwerts und von Zinsen (SPPI) 157
4.1.2. Auf Vereinnahmung gerichtetes Geschäftsmodell 159
4.1.3. Auf Veräußerung gerichtetes Geschäftsmodell 160
4.1.4. Unbestimmtes Geschäftsmodell 160
4.2. Übersicht über die Bewertung von Schuldinstrumenten 161
4.3. Effektivzinsmethode 161
4.4. Zinsabgrenzung bei Fair Value-Bewertung 163
4.5. Wechselkursumrechnung 165
5. Bewertung von Eigenkapitalinstrumenten 169
5.1. Überblick 169
5.2. Bewertung über das OCI 170
5.3. Dividenden und Wechselkurse 171
5.4. Ausnahme von der OCI-Bewertung: Handelsbestand 173
5.5. Bewertungserleichterung für Eigenkapitalinstrumente ohne Marktpreis 173
6. Erfassung und Ausbuchung finanzieller Vermögenswerte 174
6.1. Erfassungsbestimmungen 174
6.2. Ausbuchungsbestimmungen 175
6.3. Trade-/Settlement Date Accounting 181

IX. Erwartete Kreditverluste *(Expected Credit Losses)* 183

1. Allgemeines 183
1.1. Anwendungsbereich 183
1.2. Der 3-Stadien (3S)-Ansatz 184
1.3. Bewertung im Stadium 1 186
1.4. Übergang ins Stadium 2 188
1.5. Optionale Befreiung vom Übergang ins Stadium 2 190
1.6. Übergang ins Stadium 3, Ausbuchung und Sanierung 191

1.7. Vereinfachungen für Liefer-, Leistungs- und Leasingforderungen 193
1.8. Zum Fair Value über das OCI bewertete Schuldinstrumente 194
2. Rechnerische Grundlagen der Ermittlung erwarteter Verluste 196
2.1. Allgemeines 196
2.2. Lebenslanger Verlust 198
2.3. Kreditsicherheiten 199
2.4. Verlustermittlung auf Portfoliobasis 200
3. Finanzgarantien und Kreditzusagen 202
3.1. Finanzgarantien 202
3.2. Kreditzusagen 205

X. Schulden *(Liabilities)* 207

1. Übersicht und Definition von Schulden und finanziellen Verbindlichkeiten 207
2. Zu fortgeführten Anschaffungskosten bewertete finanzielle Verbindlichkeiten 208
3. Zum Fair Value bewertete finanzielle Verbindlichkeiten 209
3.1. Allgemeines 209
3.2. Die Fair Value-Option für finanzielle Verbindlichkeiten 211
3.3. Bilanzierung bonitätsbedingter Gewinne und Verluste 212
3.4. Praxisfragen bei der Bilanzierung bonitätsbedingter Gewinne 214
4. Erfassung und Ausbuchung finanzieller Schulden 217
5. Abgrenzung von finanziellen Schulden und Eigenkapital 218
6. Sonderregelung für Personengesellschaften und Genossenschaften 223
7. Zusammengesetzte Finanzinstrumente *(Compound Instruments)* 225
8. Rückstellungen (IAS 37) 229
8.1. Allgemeines 229
8.2. Ungewissheit hinsichtlich der Fälligkeit 230
8.3. Ungewissheit hinsichtlich der Höhe 231
8.4. Drohverlustrückstellungen 232
8.5. Restrukturierungsrückstellungen 233
8.6. Verpflichtungen aus Abgaben *(Levies)* 234
9. Versicherungsverträge (IFRS 17) 235
9.1. Allgemeines 235
9.2. Anwendungsbereich 235
9.3. Grundfunktion des Bausteinansatzes 237
9.4. Vorgehensweise bei der Bewertung und Sonderfragen 244

XI. Eigenkapital *(Equity)* 247

1. Allgemeines 247
2. Aktienausgabe und Kapitalerhöhung 248
3. Eigene Aktien und Kapitalherabsetzung 250

4. Aktienbasierte Vergütungen (IFRS 2) 251
 4.1. Allgemeines 251
 4.2. Maßgebliche Zeiträume und Wertbegriffe 252
 4.3. Bilanzierung von Mitarbeiterbeteiligungen 255
 4.4. Exkurs: Erfüllung durch Aktien übergeordneter Unternehmen 257
5. Ergebnis je Aktie (IAS 33) 258
 5.1. Ergebnis je Aktie *(basic earnings per share)* 259
 5.2. Verwässertes Ergebnis je Aktie *(diluted earnings per share)* 260
6. Pflichtangaben zum Kapital 262

XII. Derivate und Sicherungsgeschäfte *(Hedge Accounting)* 265

1. Bilanzierung von Derivaten 265
 1.1. Allgemeines 265
 1.2. Definition eines Derivats 265
 1.3. Bewertung 267
 1.4. Eingebettete Derivate 267
2. Bilanzierung von Sicherungsbeziehungen *(Hedge Accounting)* 270
 2.1. Allgemeines 270
 2.2. Zulässige Grund- und Sicherungsinstrumente 271
 2.3. Designation und Effektivität 273
 2.4. Messung der Effektivität 275
 2.5. Bilanzieller Ausweis 276
3. Fair Value Hedge 277
 3.1. Allgemeines 277
 3.2. Fallbeispiele zum Fair Value Hedge von Vorräten 279
4. Cashflow Hedge 282
 4.1. Allgemeines 282
 4.2. Erfassung des Cashflow Hedge 284
 4.3. Beendigung des Cashflow Hedge 288
 4.4. Cashflow Hedge gruppeninterner Transaktionen 290
5. Fortführungspflicht und Anpassung *(Rebalancing)* 290
 5.1. Fortführungspflicht 290
 5.2. Anpassung der Hedge Ratio 291
6. Sonderwahlrechte für Optionen, Termingeschäfte und Kreditderivate 292
 6.1. Optionen und Termingeschäfte 292
 6.2. Fair Value-Option bei Kreditderivaten 295
7. Dynamische Sicherung von Gruppen an Grundgeschäften 296
 7.1. Überblick 296
 7.2. Bildung von Brutto- und Nettopositionen 297
 7.3. Absicherung von Schichten in einer Gruppe 298
 7.4. Darstellung einer gruppenweisen Sicherung 301

XIII.	**Leistungen an Arbeitnehmer *(Employee Benefits)***	**303**
1.	Allgemeines zu Leistungen an Arbeitnehmer	303
2.	Kurzfristige Leistungen	303
3.	Pensionspläne *(Post Employment Benefits)*	304
	3.1. Allgemeines	304
	3.2. Projected Unit Credit-Methode	306
	3.3. Nettopensionsaufwand	308
	3.4. Neuzusagen, Plankürzungen und Auslagerung von Verpflichtungen	312
4.	Andere langfristig fällige Leistungen an Arbeitnehmer	313
5.	Exkurs: Abschlüsse von Altersversorgungsplänen (IAS 26)	315
XIV.	**Ertragsteuern *(Income Taxes)***	**317**
1.	Allgemeines und tatsächlicher Ertragsteueraufwand	317
2.	Latente Steuern *(Deferred Taxes)* aus unterschiedlichen Buchwerten	319
3.	Unterscheidung zwischen temporären und permanenten Differenzen	323
4.	Verwertbarkeit in der Zukunft	325
5.	Temporäre Differenzen bei Beteiligungen	326
	5.1. Nach der Equity-Methode bewertete Beteiligungen	326
	5.2. Vollkonsolidierte Beteiligungen	327
6.	Konsolidierung und Unternehmenszusammenschlüsse	327
7.	Steuerliche Verluste und Verlustvorträge	330
8.	Umgang mit ungewissen Ertragsteuern (IFRIC 23)	330
XV.	**Fair Value: Definition und Ermittlung**	**333**
1.	Allgemeines	333
2.	Bestandteile der Fair Value-Definition	333
	2.1. Allgemeines	333
	2.2. Die Transaktion, der Markt und die Marktteilnehmer	334
	2.3. Fair Value bei Ersterfassung	335
3.	Sonderbestimmungen für bestimmte Sachverhalte	336
	3.1. Bewertung nichtfinanzieller Vermögenswerte	336
	3.2. Bewertung von eigenen Schulden und Eigenkapitalinstrumenten	337
	3.3. Ermittlung marktüblicher Risikoprämien	338
	3.4. Gruppenbewertung finanzieller Vermögenswerte und Schulden	339
4.	Bewertungsmethoden	341
	4.1. Allgemeines	341
	4.2. Eigenkapital- und Schuldinstrumente	343
	4.3. Marktübliche Zu- und Abschläge	344

5. Fair Value-Hierarchie 345
5.1. Allgemeines 345
5.2. Level 1 346
5.3. Level 2 347
5.4. Level 3 347
6. Anhangangaben 348

XVI. Jahresabschluss *(Financial Statements)* 351

1. Allgemeines zu Jahresabschluss und Anhang 351
2. Bilanz *(statement of financial position)* 354
3. Gesamtergebnisrechnung *(statement of comprehensive income)* 359
4. Eigenkapitalveränderungsrechnung 365
5. Aufgegebene Geschäftsbereiche (IFRS 5) 368
6. Anhang 369
7. Ereignisse nach dem Abschlussstichtag (IAS 10) 371
8. Fehlerberichtigung und Methodenänderungen (IAS 8) 373
9. Pflichtangaben zu nahestehenden Unternehmen und Personen (IAS 24) 377

XVII. Berichtsformate nach IAS 7, 34, IFRS 7 und 8 381

1. Kapitalflussrechnung nach IAS 7 *(Cashflow Statements)* 381
1.1. Allgemeines 381
1.2. Cashflow aus der laufenden Geschäftstätigkeit 383
1.3. Cashflow für die Investitionstätigkeit 384
1.4. Cashflow für die Finanzierungstätigkeit 385
1.5. Direkte und indirekte Methode 386
1.6. Sonstige Angaben 389
2. Zwischenberichterstattung nach IAS 34 *(Interim Reporting)* 390
2.1. Allgemeines zu IAS 34 390
2.2. Rechtliche Grundlagen in Deutschland und Österreich 390
2.3. Mindestinhalte nach IAS 34 392
2.4. Bewertungsbestimmungen für Zwischenberichte 395
3. Risikobericht und Angaben zu Finanzinstrumenten (IFRS 7) 397
3.1. Allgemeines 397
3.2. Fair Values von Finanzinstrumenten 398
3.3. Angaben zu übertragenen Vermögenswerten 399
3.3.1. Allgemeines 399
3.3.2. Übertragungen, die nicht zur Ausbuchung führen 400
3.3.3. Übertragungen, die zur Ausbuchung führen 400
3.4. Allgemeines zum Risikobericht 402
3.5. Kreditrisiko 403
3.6. Liquiditätsrisiko 408

3.7. Marktrisiko 412
3.8. Zusätzliche Risikokonzentrationen 415
3.9. Eigene Zahlungsstörungen 416
4. Segmentberichterstattung nach IFRS 8 *(Segment Reporting)* 416
4.1. Anwendungsbereich 416
4.2. Definition operatives Segment und Berichtssegment 417
4.3. Der „10 %-Test" und der „75 %-Test" 418
4.4. Erforderliche Segmentangaben 421
4.5. Bewertungsregeln für finanzielle Segmentinformationen 422
4.6. Überleitung der Segmentinformationen auf den Jahresabschluss 423
4.7. Unternehmensweite Angaben 423

XVIII. Unternehmenszusammenschlüsse *(Business Combinations)* 427

1. Anwendungsbereich von IFRS 10 und IFRS 3 427
1.1. Allgemeines 427
1.2. Konzernrechnungslegungspflicht 427
1.3. Arten von Unternehmenszusammenschlüssen gemäß IFRS 3 428
1.4. Definition eines Unternehmens 430
1.4.1. Definitionsmerkmale 430
1.4.2. Optionaler Konzentrationstest 432
1.5. Identifikation des Erwerbers 433
1.6. Konzerninterne Umgliederungen 434
1.7. Erwerbe unter gemeinsamer Kontrolle 435
1.7.1. Ausnahmeregelung von IFRS 3 435
1.7.2. Bilanzierungstechnik 436
2. Konsolidierung im Konzernabschluss 437
2.1. Allgemeines 437
2.2. Kontrolle 438
2.2.1. Einleitung 438
2.2.2. Beherrschende Stellung *(power)* 438
2.2.3. Beeinflussung variabler Erträge 440
2.3. Einheitliche Bilanzierungsmethoden und Abschlussstichtage 441
2.4. Anhangangaben zu Tochterunternehmen (IFRS 12) 441
3. Erwerbsmethode *(Acquisition Method)* 443
3.1. Allgemeines 443
3.2. Erfassung von erworbenen Vermögenswerten und Schulden 444
3.2.1. Grundsätze 444
3.2.2. Immaterielle Vermögenswerte 444
3.2.3. Eventualschulden 445
3.2.4. Klassifikation und Designation 446
3.2.5. Abgrenzung der Erwerbstransaktion 447
3.3. Bewertung von erworbenen Vermögenswerten und Schulden 448
3.3.1. Grundsätze 448

3.3.2. Fair Value-Ermittlung 449
3.3.3. Ausnahmen 451
3.4. Erfassung des Firmenwerts 452
3.4.1. Allgemeines 452
3.4.2. Bewertung des Firmenwerts 453
3.4.3. Erwerbe, die kein Mutter-Tochter-Verhältnis begründen 453
3.4.4. Bedingte Kaufpreiszahlungen 455
3.4.5. Besonderheiten im Rahmen der Kapitalkonsolidierung 456
3.4.6. Negativer Firmenwert 458
3.5. Erfassung von Minderheitenanteilen 459
3.6. Mehrstufiger Beteiligungserwerb 464
3.7. Vorläufige Erstkonsolidierung 467
3.8. Umgekehrte Unternehmenserwerbe 468
3.8.1. Vorliegen eines umgekehrten Erwerbs 468
3.8.2. Bilanzierung des umgekehrten Erwerbs 469
3.9. Schulden-, Aufwands- und Ertragskonsolidierung 470
3.10. Entkonsolidierung 472
3.11. Exkurs: Stock Options beim Unternehmenserwerb 473
4. Währungsumrechnung (IAS 21) 475
4.1. Umrechnung der Fremdwährung in die funktionale Währung 477
4.2. Umrechnung der funktionalen Währung auf die Berichtswährung 478
4.3. Forderungen zwischen beteiligten Unternehmen 480
4.4. Sicherung von Nettoinvestitionen in eine ausländische Teileinheit 482
4.5. Niederlassungen in Hochinflationsländern (IAS 29) 484

XIX. Erstmalige Anwendung der IFRS 487

1. Allgemeines 487
2. Eröffnungsbilanz nach IFRS 1 489
3. Befreiungen von der retrospektiven Anwendung *(Exemptions)* 490
3.1. Unternehmenszusammenschlüsse 490
3.2. Gewillkürte Anschaffungskosten 491
3.3. Andere Befreiungen 492
4. Verbote der retrospektiven Anwendung *(Exceptions)* 493
5. Überleitungsrechnung auf IFRS 494
6. Fallbeispiel 495

Glossar englischer Fachausdrücke 497
Literaturverzeichnis 517
Stichwortverzeichnis 519

VERZEICHNIS DER STANDARDS

Anmerkung: Nicht angeführte IAS wurden bereits aufgehoben.

Standard		Behandelt in:
Rahmenkonzept		Kap. I.6, S. 27
IFRS 1	(Erstmalige Anwendung der IFRS)	Kap. XIX, S. 487
IFRS 2	(Anteilsbasierte Vergütung)	Kap. XI.4, S. 251
IFRS 3	(Unternehmenszusammenschlüsse)	Kap. XVIII, S. 427
IFRS 4		ersetzt durch IFRS 17
IFRS 5	(zur Veräußerung stehendes langfristiges Vermögen und aufgegebene Geschäftsbereiche)	Kap. V.6, S. 95 Kap. XVI.5, S. 368
IFRS 6	(Extraktion und Evaluierung mineralischer Rohstoffe)	Kap. III.7, S. 60
IFRS 7	(Angaben zu Finanzinstrumenten)	Kap. XVII.3, S. 397
IFRS 8	(Segmentberichterstattung)	Kap. XVII.4, S. 416
IFRS 9	(Finanzinstrumente) (gültig für Perioden, die 2018 beginnen)	Kap. VIII, S. 149 (Aktiva) Kap. IX, S. 183 (Passiva) Kap. XII, S. 265 (Derivate)
IFRS 10	(Konzernabschlüsse)	Kap. XVIII.2, S. 437
IFRS 11	(Joint Arrangements)	Kap. VII.3, S. 138
IFRS 12	(Angaben zu Beteiligungen)	Kap. VII.4, S. 144
IFRS 13	(Fair Value)	Kap. XV, S. 333
IFRS 14	(Preisregulierung)	Kap. XIX.3.3, S. 492
IFRS 15	(Umsatz)	Kap. VI.4, S. 106 und Kap. VI.5, S. 116
IFRS 16	(Leasing)	Kap. IV, S. 63
IFRS 17	(Versicherungsverträge)	Kap. X.9, S. 235
IAS 1	(Darstellung des Abschlusses)	Kap. XVI, S. 351
IAS 2	(Vorräte)	Kap. VI, S. 101
IAS 7	(Kapitalflussrechnungen)	Kap. XVII.1, S. 381
IAS 8	(Bilanzierungsmethoden)	Kap. XVI.8, S. 373
IAS 10	(Ereignisse nach dem Abschlussstichtag)	Kap. XVI.5, S. 368
IAS 12	(Ertragsteuern)	Kap. XIV, S. 317
IAS 16	(Sachanlagen)	Kap. III, S. 47
IAS 19	(Leistungen an Arbeitnehmer)	Kap. XIII, S. 303
IAS 20	(Zuwendungen der öffentlichen Hand)	Kap. VI.5, S. 116

IAS 21	(Änderungen von Wechselkursen)	Kap. XVIII.4, S. 475
IAS 23	(Finanzierungskosten)	Kap. III.2, S. 49
IAS 24	(nahestehende Personen und Unternehmen)	Kap. XVI.9, S. 377
IAS 26	(Abschlüsse von Altersversorgungsplänen)	Kap. XIII.5, S. 315
IAS 27	(separate Einzelabschlüsse)	Kap. XVIII.2.1, S. 437
IAS 28	(Anteile an assoziierten Unternehmen und Joint Ventures)	Kap. VII.2, S. 130
IAS 29	(Hochinflationsländer)	Kap. XVIII.4.5, S. 484
IAS 32	(Darstellung von Finanzinstrumenten)	Kap. IX, S. 183 Kap. X.5, S. 218
IAS 33	(Ergebnis je Aktie)	Kap. XI.5, S. 258
IAS 34	(Zwischenberichterstattung)	Kap. XVII.2, S. 390
IAS 36	(Wertminderungen von Vermögenswerten)	Kap. V, S. 83
IAS 37	(Rückstellungen und Eventualschulden)	Kap. X.8, S. 229
IAS 38	(Immaterielle Vermögenswerte)	Kap. II, S. 39
IAS 39	(Finanzinstrumente – Derivate) (gilt letztmalig für Perioden, die 2017 beginnen)	Kap. XII, S. 265
IAS 40	(als Finanzinvestitionen gehaltene Immobilien)	Kap. III.6, S. 57
IAS 41	(Landwirtschaft)	Kap. VI.3, S. 104

Interpretationen, soweit hier behandelt

IFRIC 1	S. 492	IFRIC 17	S. 215
IFRIC 2	S. 220	IFRIC 21	S. 234
IFRIC 8	S. 256	IFRIC 22	S. 477
IFRIC 9	S. 268	IFRIC 23	S. 330
IFRIC 10	S. 395	SIC 10	S. 127
IFRIC 14	S. 305	SIC 32	S. 40 und S. 43
IFRIC 16	S. 484		

ABBILDUNGSVERZEICHNIS

ABB. 1	Struktur des Standard-Setters IASB (Quelle: www.iasb.org)	3
ABB. 2	Europäischer Endorsement Mechanism nach dem Komitologieverfahren	16
ABB. 3	Übernahmeprozess der ISA	24
ABB. 4	Zuordnung des Firmenwerts zu Cash Generating Units (CGU) bzw. Gruppen von CGU	90
ABB. 5	Entscheidungsbaum für die Umsatzrealisierung in IFRS 15	107
ABB. 6	Entscheidungsbaum für das Vorliegen gemeinschaftlicher Kontrolle (IFRS 11.B10)	139
ABB. 7	Arten von Finanzinstrumenten	149
ABB. 8	Buchwertentwicklung einer at cost bewerteten Anleihe	162
ABB. 9	Skizze der Erfolgserfassung einer US$-Anliehe zum Fair Value über das OCI	167
ABB. 10	Entscheidungsbaum zur Ausbuchung finanzieller Vermögenswerte	180
ABB. 11	Wahrscheinlichkeitsbaum für künftige Ausfälle	198
ABB. 12	Skizze der Portfolio-Wertberichtigungskonten in den drei Stadien	201
ABB. 13	Abgrenzung von Eigenkapital und Schulden (HFA 9, WPg 2007 Beilage 2, S. 196 Rz. 62)	222
ABB. 14	Die vier Bausteine des IFRS 17	237
ABB. 15	Zeitlicher Verlauf von Mitarbeiterbeteiligungsplänen	253
ABB. 16	Vier Möglichkeiten der Anpassung der hedge ratio	292
ABB. 17	Identifikation der erwarteten Zahlungstermine	300
ABB. 18	Verteilung der Nennwerte auf Zeitbänder	300
ABB. 19	Absicherung der Nettorisiken	301
ABB. 20	Zeitliche Entwicklung der Pensionsansprüche (Annahme: Plan begünstigt alle Dienstjahre bis Pensionsantritt)	307
ABB. 21	Überleitungsrechnung im Level 3	350
ABB. 22	Bilanz nach IFRS (Merck KGaA)	356
ABB. 23	Schema der Erfolgsdarstellung nach IFRS	361
ABB. 24	Darstellung der GuV nach IAS 1 (illustrative Beispiele)	363

ABB. 25 Darstellung des sonstigen Ergebnisses nach IAS 1 (illustrative Beispiele) 364

ABB. 26 Eigenkapitalveränderungsrechnung nach IFRS (SAP SE) 367

ABB. 27 Überblick über die grundlegenden Zahlungsströme der Kapitalflussrechnung 382

ABB. 28 Kapitalflussrechnung (SAP SE) 388

ABB. 29 Beispielhafte Angaben zu verbliebenen rechtlichen Verbindungen (IFRS 7.IG40B) 401

ABB. 30 Beispielhafte Angaben zu (bedingten und unbedingten) Auszahlungen (IFRS 7.IG40B) 401

ABB. 31 Maximales Kreditrisiko nach IFRS 7 zuzüglich der Angaben zur Kreditrisikominderung (Deutsche Bank AG, ohne Vorjahr) 406

ABB. 32 Pflichtangaben zur Kreditrisikoqualität (Deutsche Bank AG, ohne Vorjahr) 407

ABB. 33 Einige der Pflichtangaben zur Kreditrisikoqualität (Deutsche Bank AG) 408

ABB. 34 Eine der Liquiditätsanalysen nach IFRS 7 (Deutsche Bank AG, ohne Vorjahr) 410

ABB. 35 Sensitivitätsanalyse Zinsen im Bankbuch (Deutsche Bank AG) 413

ABB. 36 VaR-Angaben in Handelsbereich (Deutsche Bank AG, Konzernabschluss) 415

ABB. 37 Einteilung der Umsätze beim 10 % -Test und beim 75 %-Test 418

ABB. 38 Ablauf der Segmentbildung 420

ABB. 39 Segmentbericht (Deutsche Lufthansa AG, ohne Vorjahr) 425

ABB. 40 Geografische Angaben (Deutsche Lufthansa AG; ohne Vorjahr) 426

ABB. 41 Reverse Acquisitions 468

ABB. 42 Ersatz von Stock Options durch den Erwerber 475

ABB. 43 Ablauf der Fremdwährungsumrechnung 476

ABB. 44 Zeitlicher Verlauf der Umstellung von nationalem Bilanzrecht auf IFRS 489

TABELLENVERZEICHNIS

TAB. 1	Inhalte des Jahres- und Halbjahresfinanzberichts	7
TAB. 2	IFRS im Einzelabschluss mit befreiender Wirkung in EU- und EWR-Staaten (Quelle: Erhebung der Europäischen Kommission)	20
TAB. 3	Grobeinteilung gemäß IFRS 11	140
TAB. 4	Bewertungskategorien von Finanzinstrumenten	150
TAB. 5	Klassifikation finanzieller Vermögenswerte nach IFRS 9	153
TAB. 6	Bewertung von Schuldinstrumenten	161
TAB. 7	Bewertung von Eigenkapitalinstrumenten	169
TAB. 8	Übersicht zum 3-Stadien-Ansatz	185
TAB. 9	Übersicht zur Behandlung unsicherer Schulden (nach IAS 37, Anhang A)	231
TAB. 10	Methoden der Effektivitätsmessung	276
TAB. 11	Erfassung der Ineffektivität beim fair value- und cashflow hedge	285
TAB. 12	Erfassung der Komponenten des Derivats beim fair value- und cashflow hedge	294
TAB. 13	Überblick über die Entstehung latenter Steuern nach IFRS	318
TAB. 14	Latente Steuern nach der „Liability Method“	319
TAB. 15	Credit Spreads und Verlusterwartungen (Quelle: Bank für Int. Zahlungsausgleich)	344
TAB. 16	Mindestinhalte der Bilanz (IAS 1.54 ff.)	355
TAB. 17	Bestandteile des Cashflow aus der laufenden Geschäftstätigkeit	384
TAB. 18	Bestandteile des Cashflow für die Investitionstätigkeit	385
TAB. 19	Bestandteile des Cashflows für die Finanzierungstätigkeit	386
TAB. 20	Direkte Methode zur Berechnung des Cashflows aus der laufenden Geschäftstätigkeit	387
TAB. 21	Indirekte Methode zur Berechnung des Cashflows aus der laufenden Geschäftstätigkeit	389

ABKÜRZUNGSVERZEICHNIS

AG	Application Guidance (Anwendungshinweise der IFRS)
AICPA	American Institute of Certified Public Accountants
ARC	Accounting Regulatory Committee
BaFin	Bundesanstalt für Finanzdienstleistungsaufsicht
BC	IFRS Basis of Conclusions (Entscheidungsbegründungen zu IFRS)
CGU	Cash Generating Unit (zahlungsmittelgenerierende Einheit)
DB	„Der Betrieb“, Verlagsgruppe Handelsblatt
DPR	Deutsche Prüfstelle für Rechnungslegung
EAD	exposure at default
ED	Exposure Draft (IFRS-Entwurf)
EFRAG	European Financial Reporting Advisory Group
EGAOB	European Group of Auditors´ Oversight Bodies
EKVR	Eigenkapitalveränderungsrechnung
EL	expected loss
ESMA	European Securities and Markets Authority (europäische Wertpapieraufsichtsbehörde)
FASB	US-Financial Accounting Standards Board (US-GAAP Standard-Setter)
FIFO	first in – first out: Verfahren zur Bewertung von Vorräten
GuV	Gewinn- und Verlustrechnung
HGB	deutsches Handelsgesetzbuch
IAASB	International Auditing and Assurance Standards Board
IAS	International Accounting Standard(s); seit 2002: IFRS
IASB	International Accounting Standards Board (IFRS Standard-Setter)
IDW	Institut der Wirtschaftsprüfer (Deutschland)
IE	Illustrative Example (den IFRS beigelegte Anwendungsbeispiele)
IFAC	International Federation of Accountants
IFRIC	International Financial Reporting Interpretations Committee; früher: SIC
IFRS	International Financial Reporting Standards
IG	Implementation Guidance (Umstellungshinweise der IFRS)
KoR	„Kapitalmarktorientierte Rechnungslegung“, Verlagsgruppe Handelsblatt
LGD	loss given default
LIFO	last in – first out: Bewertungsvereinfachungsverfahren bzw. Verbrauchsfolgeverfahren für das Vorratsvermögen
MD&A	management´s discussion and analysis
MTF	multilateral trading facilities

para.	Paragraf (Absatz); abgekürzt mit vorangestelltem Punkt (z. B. „.24“)
PCAOB	Public Company Accounting Oversight Board (US-Wirtschaftsprüferaufsichtsbehörde)
PD	prohability of default
PIOB	Public Interest Oversight Board
PiR	„Praxis der internationalen Rechnungslegung“, NWB Verlag
PoC	Percentage of completion (method)
SEC	Securities Exchange Commission (amerikanische Börsenaufsicht)
SFAS	Statements on Financial Accounting Standards
SIC	Standing Interpretations Committee; seit 2002: IFRIC (siehe dort)
StuB	„Steuern und Bilanzen“, NWB Verlag
UGB	österreichisches Unternehmensgesetzbuch (früher Handelsgesetzbuch)
WPg	„Die Wirtschaftsprüfung“, IDW-Verlag

WEBSITES

Rechnungslegungskomitees und Standard-Setter

International Accounting Standards Board (IASB)	www.iasb.org.uk
Deutsches Rechnungslegungs Standards Committee (DRSC)	www.drsc.de
Austrian Financial Reporting and Auditing Committee (AFRAC)	www.afrac.at
Europäische Kommission und Accounting Regulatory Committee (ARC)	ec.europa.eu/internal_market/accounting/index_de.htm
European Roundtable on Consistent Application of IFRS	ec.europa.eu/internal_market/accounting/index_de.htm
European Financial Reporting Advisory Group (EFRAG)	www.efrag.org
US-Financial Accounting Standards Board (FASB)	www.fasb.org

IFRS-Enforcementstellen und Aufsichtsbehörden

European Securities and Markets Authority	www.esma.europa.eu
Deutsche Bundesanstalt für Finanzdienstleistungsaufsicht	www.bafin.de
Deutsche Prüfstelle für Rechnungslegung	www.frep.info
Österreichische Finanzmarktaufsicht	www.fma.gv.at
UK-Financial Reporting Council and Review Panel	www.frrp.org.uk
US-Securities and Exchange Commission (SEC)	www.sec.gov
US-Public Company Accounting Oversight Board	www.pcaobus.org

IFRS-Informationen der Big Four-Gesellschaften

PricewaterhouseCoopers	www.pwc.com/ifrs
KPMG	www.kpmg.co.uk/ifrs
Ernst&Young	www.ey.com/ifrs
Deloitte	www.iasplus.com

I. Rechtlicher Rahmen der internationalen Rechnungslegung

1. Entstehung und Aufbau der IFRS

Die internationale Rechnungslegung ist im Vormarsch. Konzernabschlüsse kapitalmarktorientierter Unternehmen müssen seit 2005 nach den **International Financial Reporting Standards** erstellt werden – in besonderen Ausnahmefällen erst seit 2007. Im Einzelabschluss und für die Steuerbemessung sind die IFRS in Deutschland und Österreich bisher nicht maßgeblich, allerdings können IFRS-Einzelabschlüsse zusätzlich aufgestellt werden. Kapitalmarktorientierte Konzerne müssen daher zusätzlich zum IFRS-Konzernabschluss auch Einzelabschlüsse nach nationalem Recht erstellen.

Bis zum März 2002 wurden die IFRS als IAS *(International Accounting Standards)* bezeichnet. Die älteren Standards behalten die Bezeichnung IAS und sind weiterhin gültig. Sie werden laufend überarbeitet und angepasst – bleiben also weiter „aktuell" – und werden vermutlich noch jahrzehntelang anwendbar sein. Neue Standards tragen dagegen die Bezeichnung IFRS.

Die Umbenennung der Standards von IAS auf IFRS war eine bloße Namensänderung. Die IFRS sind also keine „neuen" Standards, welche die IAS abgelöst haben. Im weiteren Sinne bezeichnet der Begriff IFRS das gesamte System der IAS und IFRS.

Die IFRS werden von einer internationalen Organisation erlassen, dem *International Accounting Standards Board (IASB)* mit Sitz in London. Vor dem Jahr 2001 lautete die Bezeichnung International Accounting Standards Committee (IASC).

Trägerverein des IASB ist die *International Accounting Standards Committee Foundation*. Der Trägerverein wird von 22 Trustees geleitet. Die Bestellung neuer Trustees erfolgt im Einvernehmen mit einem Auswahlkomitee. Mitglieder des Auswahlkomitees sind IOSCO, Financial Stability Forum, African Development Bank, Asian Development Bank, Inter-American Development Bank, Internationaler Währungsfonds, EZB und Weltbank.

Die Trustees wählen die 15 Mitglieder des IASB. Die Mitglieder des IASB sind hauptberuflich tätige, unabhängige Experten. Den Vorsitz des IASB hält *Hans Hoogervorst*, der vormalige Direktor der niederländischen Wertpapieraufsicht. Die Ernennung der Mitglieder erfolgt allein nach persönlichen Qualifikationen – geografische oder politische Faktoren werden grundsätzlich nicht berücksichtigt. Allerdings haben die Trustees auf eine angemessene geografische Verteilung der Mitglieder zu achten: *„The selection of members of the IASB shall not be based on geographical criteria, but the Trustees shall ensure that the IASB is not dominated by any particular constituency or geographical interest"* (Paragraf 20 des Statuts des Trägervereins). Die geografische Verteilung ist derzeit auch sehr ausgewogen: Niederlande, Deutschland, Frankreich, Vereintes Königreich, USA (zwei Mitglieder), Australien (zwei Mitglieder), Brasilien, China, Südafrika, Canada, Südkorea und Japan.

Während die Mitglieder des IASB früher primär aus Wirtschaftsprüfungskanzleien kamen, wurde in den letzten Jahren eine breitere gesellschaftliche Basis angestrebt. Die meisten Mitglieder stammen nun aus Unternehmen (sowohl Abschlussersteller als auch Analysten), die zweitgrößte Gruppe stammt aus leitenden Funktionen in Aufsichtsbehörden und ein kleiner Teil des Boards hat seinen beruflichen Hintergrund in der Wirtschaftsprüfung. Dies hat auch Signalwirkung, denn dem IASB wird oft ein zu großes Naheverhältnis zu den „Big Four"-Prüfungskanzleien vorgeworfen.

Der fachlichen Unterstützung und ausgewogenen Beratung ist dem IASB ein hochrangiger Expertenrat beigestellt, das *IFRS Advisory Concil*. Er besteht aus ausgewählten Experten größerer nationaler Standardsetter, führender Konzerne und internationaler Organisationen, die einen möglichst breiten Bereich an Expertise und Anwendungen der Rechnungslegung einbringen. Das Gremium berät das IASB nicht in buchungstechnischen Detailfragen, sondern in der gesamthaften Ausrichtung und künftiger Zielsetzung der Finanzberichterstattung.

Das IASB wird von einem Stab aus Fachmitarbeitern unterstützt. Die Festsetzung neuer Standards erfolgt in einem sogenannten *„due process"*, einem transparenten und ausgewogenen Verfahren. Jeder neue Standard beginnt mit einem Entwurf. Der Entwurf wird nach Beschluss des IASB zur Kommentierung freigegeben. Nach Ablauf einer Kommentierungsfrist werden die Ergebnisse aus Kommentarbriefen in den finalen Standard eingearbeitet. Die Beschlussfassung erfordert eine qualifizierte Mehrheit von neun der 15 Mitglieder im IASB.

Über den gesamten Prozess wird das IASB von den Experten eines technischen Gremiums beraten und unterstützt *(Standards Advisory Council)*. Die Experten werden ebenfalls von den Trustees gewählt und kommen vorwiegend aus betroffenen Institutionen (z. B. nationale Standardsetter, Aufsichtsbehörden, Wirtschaftsprüferorganisationen und Unternehmen). Derzeit umfasst das Gremium 40 hochrangige Experten, größtenteils aus Europa und Asien.

Neben den einzelnen Standards sind auch die Interpretationen des *International Financial Reporting Interpretations Committee (IFRIC)* ein verbindlicher Bestandteil der IFRS und klären Zweifelsfragen in der Auslegung. Die Mitglieder des IFRIC werden ebenfalls von den Trustees benannt. Bis zum Jahr 2002 hieß das IFRIC *Standing Interpretations Committee (SIC)*. Die bis 2002 ergangenen SIC-Interpretationen behalten weiterhin die Bezeichnung „SIC". Das IFRIC verlautbart aber bewusst nur wenige Auslegungen, etwa vier bis fünf pro Jahr. Damit soll der prinzipienhafte Charakter der IFRS bewahrt werden *(principle based standard)*.

Mit einer zu detaillierten, „kochrezeptartigen" Rechnungslegung, wie z. B. in den USA, sind erhebliche Nachteile verbunden: Die Standards werden kompliziert und schwer überblickbar. Zu viele Einzelregelungen ermöglichen Umgehungsmodelle, welche zwar die vorgegebenen Kriterien (gerade noch) erfüllen, aber den Zielen einer Bestimmung widersprechen. Aufgrund schlechter Erfahrungen aus Bilanzskandalen in den USA soll daher ein ***rule based standard*** auf jeden Fall vermieden werden. Die Anwender der IFRS (Unternehmen bzw. Wirtschaftsprüfer) tragen weiterhin selbst die Verantwortung für eine zielkonforme, aussagekräftige Auslegung der IFRS. Diese Verantwortung wird ihnen nicht durch Einzelfallregelungen für bestimmte Transaktionen abgenommen.

ABB. 1: Struktur des Standard-Setters IASB (Quelle: www.iasb.org)

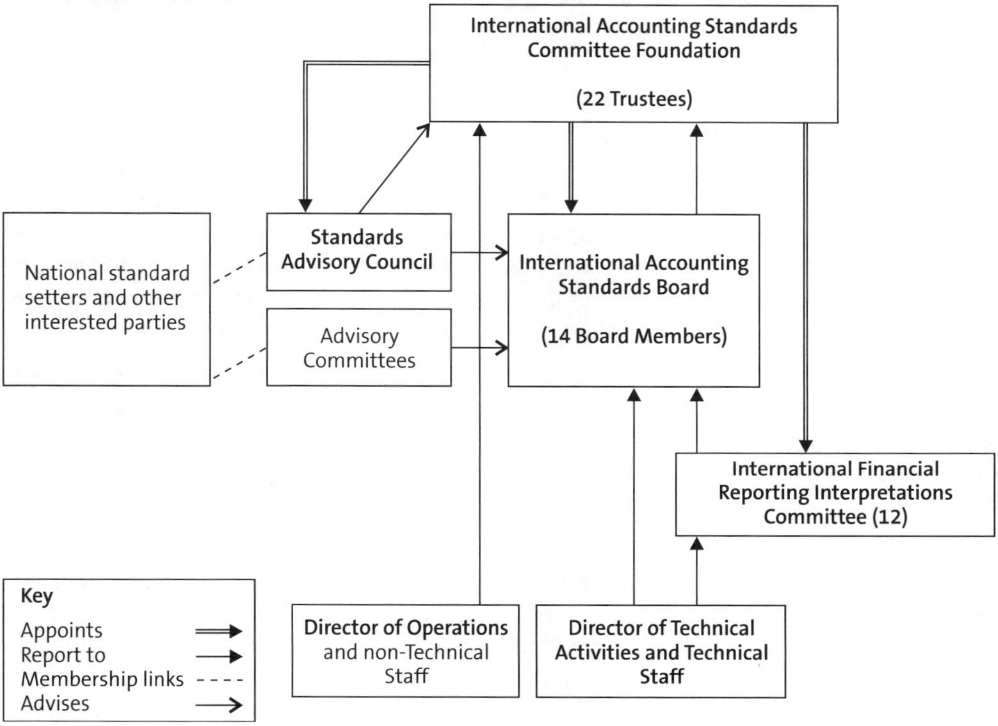

Aufbau der Standards und Zitierweise: Jeder Standard ist in Paragrafen unterteilt, gelegentlich weiter in Buchstaben und Absätze. „IAS 16.60(b) viii" bedeutet z. B. IAS 16, Paragraf 60, Buchstabe b, Absatz 8. Ist nur von einem bestimmten Standard die Rede, werden Paragrafen kurz durch einen vorangestellten Punkt gekennzeichnet (z. B. „ .60").

Die neuen als „IFRS" bezeichneten Standards werden parallel zu den alten „IAS" beginnend mit eins durchnummeriert (z. B. IFRS 1). Es gibt daher sowohl den Standard IAS 1 als auch den Standard IFRS 1.

Viele Standards enthalten Anhänge *(Appendix A, B, ...)*, die Paragrafen eines Anhangs werden mit dem vorgestellten Großbuchstaben des jeweiligen Anhangs gekennzeichnet, z. B. IAS 36.B24, oder kurz „.B24". Manche dieser Anhänge enthalten Anwendungsrichtlinien (*Application Guidance*; Zitierweise z. B. IAS 39.AG47). Neuere Standards enthalten einen Einführungsteil *(Introduction)*, abgekürzt durch ein vorangestelltes „IN", z. B. IFRS 1.IN5.

Standardentwürfe werden als *Exposure Drafts* bezeichnet (z. B. ED 5, *Insurance Contracts*); diese sind für den Anwender nicht maßgeblich, dienen aber der Information über zukünftige Entwicklungen.

Eine besondere Zitierweise besteht auch für die **unverbindlichen Begleitmaterialien**: Den Standards werden regelmäßig Begründungen und Diskussionsprotokolle beigelegt *(Basis for Conclusions)*; diese Materialien sind durch ein vorangestelltes „BC" gekennzeichnet (Zitierweise

z. B. IFRS 2.BC12). Außerdem werden den Standards häufig Anwendungsrichtlinien angefügt *(Guidance on Implementing)*, die als Umstellungshilfe gedacht sind (Zitierweise z. B. IAS 36.IG60). Diese Begleitmaterialien sind zwar nicht Teil der im Amtsblatt der Europäischen Union verlautbarten Kommissionsverordnungen; trotzdem sind sie auch in Europa für die Auslegung der IFRS heranzuziehen (Kommentar der Kommission zur IAS-Verordnung, Abschnitt 2.1.5, vorletzter Absatz).

Bezug der IFRS-Texte: Die Standards mit Anhängen und Beispielen werden jährlich in einer **gebundenen Fassung** vom IASB veröffentlicht. Die aktuellste Fassung ist meist nur in englischer Originalfassung erhältlich. Die Originalsprache der IFRS ist Englisch. Das IASB bietet auf seiner Homepage auch **Abonnements** an – für die gedruckte oder die elektronische Version der Standards. Neben dem Sammelband werden im Abonnement die jeweils neuesten Standards einzeln übermittelt, dazu auch Entwürfe und andere aktuelle Informationsmaterialien.

Mit Verlautbarung der IFRS im Amtsblatt der Europäischen Union verliert das IASB das Verlagsrecht. Daher haben auch andere Verlage die Veröffentlichung der IFRS zu meist günstigeren Preisen in Angriff genommen. Die einzelnen Verordnungen können aber auch über die Homepage der Europäischen Kommission (ARC) kostenlos und in der jeweils aktuellsten Version abgerufen werden.

Aufgrund gemeinschaftsrechtlicher Vorgaben werden die IFRS in allen Amtssprachen der EU im Amtsblatt der Europäischen Union verlautbart, daher ist mit einer gewissen zeitlichen Verzögerung auch eine deutsche Version der IFRS verfügbar. Die sprachliche Qualität der deutschen Fassung ist allerdings mangelhaft und enthält zahlreiche Übersetzungsfehler. Zudem sind manche Begriffe einer eindeutigen Übersetzung nicht zugänglich. Aufgrund der Zielsetzung des Art. 1 der IAS-Verordnung 1606/2002, eine globale Harmonisierung herbeizuführen, und der Natur des EU-Endorsements, das nur zur Übernahme der Originalstandards und nicht zur Neuentwicklung dient, hat die englische Originalsprache jedenfalls Vorrang bei allen Auslegungskonflikten. Eine professionelle Auseinandersetzung mit den IFRS nur auf Basis der deutschen Übersetzung ist praktisch unmöglich und sehr fehleranfällig. Deutschsprachige Anwender sollten sich entweder ausschließlich mit der englischen Fassung befassen oder zumindest bei jeder kritischen Auslegungsfrage die englische Originalfassung heranziehen.

2. Verpflichtende Anwendung der IFRS in der EU

2.1. Überblick

Eine Verpflichtung zur Anwendung der IFRS ergibt sich in Deutschland und Österreich grundsätzlich nur für **kapitalmarktorientierte Unternehmen**. Zur Beurteilung der konkreten Rechnungslegungspflichten müssen daher neben dem nationalen Bilanzrecht vor allem die kapitalmarktrechtlichen Bestimmungen beachtet werden.

Entsprechend der logischen zeitlichen Abfolge werden die kapitalmarktrechtlichen Bestimmungen unterteilt in **Bestimmungen zum Markteintritt** („Prospektrecht“) und **Bestimmungen zur Marktfolge** („laufende Finanzberichterstattung“). Die Rechnungslegungspflichten nach IFRS sind vor allem in den Bestimmungen zur Marktfolge festgelegt (dazu gehört z. B. auch die IAS-Verordnung). Die Bestimmungen zum Markteintritt machen ihre Rechnungslegungspflichten davon abhängig, welche Pflichten sich später bei der Marktfolge ergeben. Daher wird in den nachfolgenden beiden Kapiteln I.2.2. und I.2.3. zunächst die Marktfolge beschrieben und dann in Kap. I.2.4., S. 10, der Markteintritt.

2.2. Emittenten mit Sitz im Gemeinschaftsgebiet

Im Juni 2002 hat das Europäische Parlament zusammen mit dem Rat die **Verordnung über die Anwendung internationaler Rechnungslegungsstandards** verabschiedet. *„Für Geschäftsjahre, die am oder nach dem 1. Januar 2005 beginnen, stellen Gesellschaften, die dem Recht eines Mitgliedstaates unterliegen, ihre konsolidierten Abschlüsse nach den internationalen Rechnungslegungsstandards auf, ... wenn am jeweiligen Bilanzstichtag ihre Wertpapiere in einem beliebigen Mitgliedstaat zum Handel in einem geregelten Markt ... zugelassen sind"* (Art. 4). Die Frist verlängert sich bis zum 1.1.2007, wenn lediglich Schuldtitel eines Unternehmens zum Handel zugelassen sind (z. B. Anleihen) oder wenn das Unternehmen an Börsen in Drittländern notiert ist und Jahresabschlüsse nach anderen international anerkannten Standards dort Zulassungsvoraussetzung sind (Art. 9; d. h. US-GAAP).

Nicht jeder öffentliche Handel von Wertpapieren ist auch ein **geregelter Markt** im Sinne der IAS-Verordnung. Eine Definition eines geregelten Marktes ist in der MiFiD-Richtlinie enthalten (Richtlinie 2004/39/EG über Märkte für Finanzinstrumente, Art. 4 Abs. 1 Z. 14; nicht zu verwechseln mit dem früher als „geregelter Markt" bezeichneten deutschen Börsensegment). Ein Verzeichnis der als geregelter Markt geltenden Märkte im EWR wird regelmäßig im Amtsblatt der Europäischen Union veröffentlicht (zuletzt Bekanntmachung 2008/C 57/11, EU-Amtsblatt vom 1.3.2008). In Deutschland wird üblicherweise der Begriff „regulierter Markt" für Börsensegmente verwendet, die einem geregelten Markt entsprechen, in Österreich wird entsprechend dem EU-Recht der Begriff geregelter Markt verwendet.

Vom geregelten Markt abzugrenzen sind die von Wertpapierfirmen oder anderen Marktbetreibern organisierten multilateralen Handelssysteme (*multilateral trading facilities – MTF* bis 2007 in Deutschland der „Freiverkehr" oder in Österreich der „Dritte Markt"); bei diesen ergibt sich keine Verpflichtung zur Aufstellung eines IFRS-Konzernabschlusses aus der IAS-Verordnung.

Nicht kapitalmarktorientierte Konzerne dürfen ihre Konzernabschlüsse in Deutschland und Österreich wahlweise nach nationalen Standards oder nach den IFRS aufstellen (§ 315a HGB bzw. § 245a UGB). Das früher bestehende Wahlrecht zur Erstellung eines US-GAAP-Abschlusses ist entfallen.

Die IAS-Verordnung ist außerdem nur auf **konsolidierte Abschlüsse** anzuwenden, sofern ein Mitgliedstaat die IFRS nicht auch für Einzelabschlüsse zulässt. *„Die Klärung der Frage, ob eine Gesellschaft zur Erstellung eines konsolidierten Abschlusses verpflichtet ist oder nicht, wird nach wie vor durch Bezugnahme auf das einzelstaatliche Recht erfolgen"* (Europäische Kommission, Kommentar zu bestimmten Artikeln der Verordnung 1606/2002/EG, Abschnitt 2.2.2). Die innerhalb der IFRS (IAS 27) geregelten Pflichten zur Aufstellung eines Konzernabschlusses und Befreiungen von der Aufstellungspflicht sind im europäischen Rechtsrahmen grundsätzlich unwirksam, außer ein Mitgliedstaat setzt sie identisch im nationalen Bilanzrecht um oder verweist explizit darauf.

BEISPIELE

1.) Ein konsolidierungspflichtiges Unternehmen emittiert am 20.12.2019 erstmals Wertpapiere am regulierten Markt der Frankfurter Wertpapierbörse und nimmt diese am 30.6.2021 wieder von der Börse. Wann fällt das Unternehmen unter die IAS-Verordnung 1606/2002?

   a) Der Abschlussstichtag ist der 31.12.: Nach Art. 4 müssen die Wertpapiere der Gesellschaft am Abschlussstichtag des betroffenen Geschäftsjahres zugelassen sein. Daher muss für die Geschäftsjahre 2019 und 2020 ein IFRS-Abschluss aufgestellt werden.

   b) Der Abschlussstichtag ist der 30.11.: In diesem Fall muss nur für das Geschäftsjahr 2019/2020 ein IFRS-Abschluss aufgestellt werden.

2.) Ein Konzern in Familienbesitz möchte sich am Kapitalmarkt durch Schuldpapiere finanzieren. Dazu gründet er eine Zweckgesellschaft, die den Emissionserlös in Form eines Genussrechts an den Konzern weiterleitet. Aufgrund dieser Konstruktion sind die konsolidierungspflichtigen Konzernunternehmen nicht kapitalmarktorientiert; die IAS-Verordnung ist auf den Konzern nicht anwendbar. Die Zweckgesellschaft ist zwar kapitalmarktorientiert, aber nicht konsolidierungspflichtig.

Die IAS-Verordnung 1606/2002 gilt zwar unmittelbar nur für Konzernabschlüsse von Emittenten an einem geregelten Markt. Eine weitgehend analoge Regelung existiert aber für Zwischenabschlüsse (insbesondere Halbjahresabschlüsse), die auf der Transparenzrichtlinie 2004/109/EG beruht. Diese Bestimmungen sind ausführlich in Abschnitt XVII.2.2., S. 290 ff., dargestellt.

Kapitalmarktorientierte Unternehmen müssen ihre IFRS-Konzernabschlüsse (und ihre Einzelabschlüsse) im Rahmen des sogenannten **Jahresfinanzberichts** veröffentlichen. Entsprechende Bestimmungen gibt es für den **Halbjahresfinanzbericht**. Rechtsgrundlage sind Art. 4 und 5 der Transparenzrichtlinie 2004/109/EG, umgesetzt in Deutschland durch §§ 37v und 37w WpHG und in Österreich durch §§ 124 und 125 BörseG. Die Inhalte dieser Berichte sind in nachfolgender Tabelle dargestellt. Der Jahresfinanzbericht ist innerhalb von vier Monaten nach dem Abschlussstichtag und der Halbjahresfinanzbericht ist innerhalb von zwei Monaten nach dem Halbjahresabschlussstichtag zu veröffentlichen. Die Veröffentlichung muss über bestimmte elektronisch betriebene Informationsverbreitungssysteme erfolgen, die im Verordnungsweg festgelegt werden (konkret Reuters, Bloomberg, Dow Jones Newswire).

TAB. 1: Inhalte des Jahres- und Halbjahresfinanzberichts	
Jahresfinanzbericht	**Halbjahresfinanzbericht**
Geprüfter Abschluss: Bei Konzernen umfasst der geprüfte Abschluss den IFRS-Konzernabschluss sowie den Einzelabschluss des Mutterunternehmens auf Grundlage der national anwendbaren Standards (Art. 4 Nr. 3 RL 2004/109/EG). Bei nicht konzernrechnungslegungspflichtigen Unternehmen umfasst der geprüfte Abschluss nur den Einzelabschluss.	**Verkürzter Abschluss:** Bei Konzernen ist ein verkürzter Konzernabschluss für das erste Halbjahr erforderlich (allerdings ist kein verkürzter Einzelabschluss des Mutterunternehmens erforderlich). Bei nicht konzernrechnungslegungspflichtigen Unternehmen reicht ein verkürzter Einzelabschluss. Ein vollständiger Abschluss ist freiwillig möglich.
Lagebericht: Der Inhalt des Konzernlageberichts (Konzerne) bzw. des Lageberichts (Einzelunternehmen) ergibt sich aus den nationalen Rechnungslegungsbestimmungen.	**Halbjahreslagebericht:** Nicht im Handelsrecht, sondern in § 37w WpHG (DE) bzw. § 87 BörseG (AT) geregelt. Er beschreibt wichtige Ereignisse im ersten Halbjahr, Risiken der restlichen sechs Monate und Transaktionen mit nahestehenden Personen.
Erklärung der gesetzlichen Vertreter: Aussage nach bestem Wissen, dass der Abschluss (bei Konzernen: Konzernabschluss und Einzelabschluss des Mutterunternehmens) und der (Konzern-) Lagebericht ein getreues Bild vermitteln.	**Erklärung der gesetzlichen Vertreter:** Aussage nach bestem Wissen, dass der verkürzte Abschluss und der Halbjahreslagebericht ein getreues Bild vermitteln.

Eine wesentliche Neuerung liegt in der **Erklärung der gesetzlichen Vertreter** (umgangssprachlich als „Bilanzeid" bezeichnet). Damit versichern sämtliche Vorstände nach ihrem besten Wissen und unter Angabe ihres Namens und ihrer Stellung, dass der Konzernabschluss bzw. der Jahresabschluss und die Lageberichte ein den tatsächlichen Verhältnissen entsprechendes Bild der Vermögens-, Finanz- und Ertragslage vermitteln. Die Pflicht zur Erklärung wurde in Deutschland durch § 264 Abs. 2, § 289 Abs. 1, § 297 Abs. 2 und § 315 Abs. 1 HGB und in Österreich durch §§ 82 und 87 BörseG umgesetzt. Das DRSC hat für Deutschland und das AFRAC für Österreich Musterformulierungen auf Deutsch und Englisch entwickelt.

Die Erklärung soll einerseits das Bewusstsein der gesetzlichen Vertreter schärfen, dass sie für die gesetzeskonforme Aufstellung der Abschlüsse und Lageberichte verantwortlich sind (Appell- bzw. Warnfunktion); andererseits soll sie auch ihre Verantwortung nach außen hin zum Ausdruck bringen (Zusicherungsfunktion). Die Erklärung ist auch dann von allen gesetzlichen Vertretern abzugeben, wenn einzelne gesetzliche Vertreter aufgrund der internen Aufgabenzuteilung nicht mit der Erstellung des Abschlusses betraut sind. Allerdings wird durch die Angabe der Stellung und die Einschränkung „nach bestem Wissen" auch auf den unterschiedlichen persönlichen Wissensstand der gesetzlichen Vertreter hingewiesen. Unmittelbar haftungsbegründend ist die Erklärung vermutlich nicht, weil die Vorstände ohnedies aufgrund gesellschaftsrechtlicher Normen für die Richtigkeit der Abschlüsse haften.

Die Erklärung der gesetzlichen Vertreter deckt sich nicht mit der Übereinstimmungserklärung im IFRS-Abschluss (IAS 1.16). Abweichungen bestehen etwa in der Person des Erklärenden (gemäß IAS 1 „das Unternehmen") und damit verbunden dem subjektiven Charakter sowie im Erklärungsumfang (z. B. hinsichtlich des Lageberichts). Daher ist die Erklärung jedenfalls gesondert von – und zusätzlich zu – der im Anhang eines IFRS-Abschlusses enthaltenen Übereinstimmungserklärung abzugeben. Die Erklärung der gesetzlichen Vertreter ist aufgrund ihres besonderen Inhalts auch gesondert vom Jahresabschluss bzw. vom Konzernabschluss zu unterzeichnen.

2.3. Emittenten mit Sitz im Drittland

Sind Unternehmen mit Sitz in einem Drittland an einem geregelten Markt in der EU gelistet, dann müssen diese ihre Abschlüsse grundsätzlich auch nach IFRS erstellen. Die Rechtsgrundlage ist allerdings nicht die IAS-Verordnung, denn diese ist nur auf jene Unternehmen unmittelbar anwendbar, die dem Recht eines Mitgliedstaates unterliegen. Die Rechtsgrundlage ist vielmehr die Transparenzrichtlinie 2004/109/EG, die in Deutschland im Wertpapierhandelsgesetz (in diesem Fall § 37y i.V. mit § 37v WpHG) und in Österreich im BörseG umgesetzt wurde (in diesem Fall § 82 BörseG). Entsprechende Regelungen gibt es auch für Halbjahresabschlüsse (§ 37w WpHG in Deutschland und § 87 BörseG in Österreich).

Zur Beurteilung der Gleichwertigkeit wurde ein **Äquivalenzmechanismus** eingeführt (Kommissionsverordnung 1569/2007/EG vom 21.12.2007). Grundsätzlich kann die Kommission entscheiden, welche Rechnungslegungsstandards von Drittländern gleichwertig sind (Art. 3). Gleichwertig bedeutet, dass *„die Anleger wahrscheinlich die gleichen Entscheidungen betreffend den Erwerb, das Halten oder die Veräußerung von Wertpapieren eines Emittenten treffen, unabhängig davon, ob die ihnen vorliegenden Abschlüsse nach diesen Grundsätzen oder nach den IFRS erstellt wurden"* (Art. 2). Daneben gibt es noch einen weiteren Anerkennungstatbestand: Hat sich der Drittstaat öffentlich zur Übernahme der IFRS bis spätestens zum 31.12.2011 bereit erklärt oder hat er ein entsprechendes Konvergenzprogramm seiner nationalen Rechnungslegungsstandards bis spätestens 31.12.2011 implementiert, dann dürfen Emittenten aus diesem Drittland ebenfalls ihre nationalen Rechnungslegungsstandards heranziehen (Art. 4). Mit diesen Maßnahmen soll eine Beeinträchtigung des europäischen Kapitalmarkts durch den Rückzug gelisteter Drittlandsemittenten vermieden werden.

Mit der aktuellen Kommissionsentscheidung 2008/961/EG vom 12.12.2008 wurde die Gleichwertigkeit festgelegt. Kommissionsentscheidungen sind unmittelbar anwendbares Gemeinschaftsrecht und bedürfen keiner nationalen Umsetzung. Seit dem 1.1.2009 sind danach für die Erstellung der Jahres- und Halbjahresberichte durch Drittlandsemittenten folgende Standards gleichwertig:

- die Originalstandards des IASB, wenn diese uneingeschränkt zur Anwendung kommen. Drittlandsemittenten können daher die Originalstandards des IASB anstatt der geringfügig abweichenden Version der IFRS verwenden, die von der EU übernommen wurden. Europäischen Emittenten ist diese Möglichkeit verwehrt;
- die Rechnungslegungsstandards der Vereinigten Staaten von Amerika (US-GAAP);
- die Rechnungslegungsstandards von Japan;

- für Geschäftsjahre, die vor dem 1.1.2012 beginnen, die Standards der Volksrepublik China, Kanadas, der Republik Korea und der Republik Indien.

Die von Drittländern für die Umstellung auf IFRS öffentlich bekannt gegebenen Termine gelten als Stichtag, an dem die Anerkennung der Gleichwertigkeit der Rechnungslegungsgrundsätze dieser Drittländer erlischt; ab diesem Tag müssen jedenfalls IFRS-Abschlüsse veröffentlicht werden.

Verfahrensrechtlich erfolgt die Prüfung der Gleichwertigkeit und ggf. die Ausnahme von der Verpflichtung zur Aufstellung eines IFRS-Abschlusses in Deutschland durch die BaFin (§ 37z Abs. 4 WpHG) und in Österreich durch die FMA (§ 85 Abs. 7 BörseG). Der Drittlandsemittent hat bei den Behörden einen Antrag einzubringen. Diese haben auch zu beurteilen, ob andere Finanzinformationen gleichwertig sind, die nicht in den IFRS geregelt sind (insbesondere der Lagebericht und der „Bilanzeid"). Insofern kann es auch bei Emittenten aus den USA zu zusätzlichen Anforderungen und zumindest in Österreich zu zusätzlichen Auflagen kommen: In Österreich wird US-Emittenten etwa auferlegt, im Lagebericht nicht nur die Risiken, sondern auch die Chancen darzustellen, die nach US-GAAP bisher nicht zwingend darzustellen sind.

Die **Abgrenzung des Gemeinschaftsgebiets von Drittländern** ist für die Anwendbarkeit der IAS-VO einerseits oder des Äquivalenzmechanismus andererseits relevant – sowie für zahlreiche kapitalmarktrechtliche Normen. Heikle Praxisfragen ergeben sich bei grenzüberschreitenden Holdingkonstruktionen oder Emissionszweckgesellschaften in „off-shore"-Finanzzentren, die oft zur bewussten Umgehung europäischer Transparenz-, Enforcement- und Gläubigerschutzvorschriften missbraucht werden. Mit Emissionszweckgesellschaften im Drittland werden z. B. Aktien oder Anleihen eines europäischen Unternehmens in aktien- oder anleihenvertretende Zertifikate transformiert und als solche wieder in der EU vertrieben.

Ein sorgfältiger Investor wird bei seiner Kaufentscheidung neben der Finanzberichterstattung auch den qualitativen Rechtsrahmen des Emittenten berücksichtigen. Diese Informationen finden sich üblicherweise im Prospekt. Die Prospektpflicht umfasst grundsätzlich jedes öffentliche Angebot im EWR, gleichgültig, ob der Emittent aus dem EWR oder aus einem Drittland stammt.

Das **Gemeinschaftsgebiet** umfasst nicht nur die Mitglieder der Europäischen Union, sondern auch die Mitglieder des EWR. Zum EWR gehören neben den EU-Mitgliedstaaten auch die EFTA-Mitgliedsländer Island, Liechtenstein und Norwegen. Das EFTA-Mitgliedsland Schweiz hat den EWR-Vertrag aufgrund einer negativen Volksabstimmung nicht ratifiziert und ist daher ein Drittland.

Die Rechtsgrundlage für die Anwendung der gesellschaftsrechtlichen EU-Richtlinien im EWR (also in Island, Liechtenstein und Norwegen) ist der Anhang XXII des EWR-Abkommens in der jeweils aktuellen Fassung. Dessen Absatz 10b verweist auch konkret auf die IAS-Verordnung. Das IFRS-Endorsement für den EWR erfordert einen gesonderten Beschluss im Gemeinsamen EWR-Ausschuss, damit ein IFRS in diesen Ländern wirksam wird. Die IFRS werden auf Basis dieses Beschlusses gesondert auf Norwegisch und Isländisch im Amtsblatt der Europäischen Union verlautbart.

Zum **Gemeinschaftsgebiet** gehören auch außereuropäische Hoheitsgebiete von EU-Mitgliedstaaten (z. B. Französisch-Guayana, Guadeloupe, Martinique und Réunion, Azoren und Madeira, kanarische Inseln, Ceuta, Melilla und Gibraltar).

Drittländer sind dagegen die mit der EU bloß assoziierten überseeischen Länder und Hoheitsgebiete, von denen manche auch als „Steueroasen" gelten (aufgelistet in Anhang II des Vertrages über die Errichtung der Europäischen Gemeinschaft). Dazu gehören z. B. Grönland, Neukaledonien, Französisch-Polynesien, Aruba, Niederländische Antillen, Bermuda, St. Helena, British Virgin Islands, Falklandinseln sowie die Cayman Islands; Letztere sind vor allem bei Hedge-Fonds beliebt und mittlerweile der fünftgrößte Bankenstandort weltweit. Drittländer sind ferner die europäischen Staaten Monaco, San Marino und Staat der Vatikanstadt sowie die britischen Kroninseln Jersey (Standort für Verbriefungsvehikel), Guernsey (Standort für Private Equity Transaktionen) und Isle of Man.

2.4. Prospektrechtliche Anwendungspflicht der IFRS

2.4.1. Allgemeines

Während sich die IAS-Verordnung 1606/2002/EG und die Transparenzrichtlinie 2004/109/EG auf die laufenden Rechnungslegungspflichten beziehen (Marktfolge), kann sich eine Verpflichtung zur Anwendung der IFRS auch aus dem **Prospektrecht** ergeben (Markteintritt). Der Markteintritt ist grundsätzlich jener Zeitraum, in dem neue Wertpapiere des Emittenten öffentlich angeboten werden oder ein Antrag auf Zulassung an einem geregelten Markt gestellt wird.

Der Markteintritt (Prospektpflicht) ist für die Rechnungslegungsabteilungen der Unternehmen und deren Wirtschaftsprüfer meist eine große Herausforderung. Damit verbundene Fachfragen (z. B. IFRS-Restatements, Pro-forma-Konzernabschlüsse) und Organisationsfragen (z. B. zeitliche Rückverlagerung der IFRS-Umstellung und daher zusätzliche Testate über bereits testierte Perioden, *Comfort Letter* des Wirtschaftsprüfers) treffen sie oft unvorbereitet. Nicht zuletzt, weil die gängige IFRS-Literatur diesen praxisrelevanten Bereich oft ausblendet und nur die IAS-Verordnung erwähnt. Damit entsteht aber der trügerische Eindruck, die IFRS wären erst nach der Zulassung am geregelten Markt relevant.

Markteintritt und Marktfolge müssen sich nicht ausschließen: Ein bereits am geregelten Markt gelistetes Unternehmen kann im Laufe der Zeit zusätzlich neue Wertpapiere emittieren. Mit jeder Neuzulassung ist das Unternehmen i. d. R. wieder prospektpflichtig, obwohl es bereits den laufenden Veröffentlichungspflichten der Marktfolge unterliegt. Die laufenden Veröffentlichungen können schließlich kein Ersatz für den Prospekt sein, weil im Prospekt die Vertragsbedingungen des neuen Wertpapiers und seine konkreten Risiken dargestellt sind; damit bildet der Prospekt die Vertragsgrundlage für die Neuemission. Die prospektrechtlichen Rechnungslegungspflichten sind in diesem Fall aber leichter zu erfüllen, weil aufgrund der laufenden Rechnungslegungspflichten meist alle nötigen Finanzinformationen auf Grundlage der IFRS verfügbar sind und keine rückwirkende Umstellung mehr erfolgt.

Die Rechnungslegungspflichten beim Markteintritt sind in der Prospektverordnung der Europäischen Kommission geregelt (VO 809/2004/EG vom 29.4.2004 in der jeweils geltenden Fassung). Sie regelt den Inhalt von Prospekten und ist unmittelbar anwendbares Gemeinschaftsrecht.

2.4.2. Prospektpflicht und Inhalte

Die Frage, ob ein Prospekt aufzustellen ist, ist in der Prospektrichtlinie geregelt. Die Prospektrichtlinie wurde in nationales Recht umgesetzt (in Deutschland das WpPG und in Österreich das

KMG). Prospektpflicht besteht grundsätzlich bei einem **öffentlichen Angebot von Wertpapieren**. Dabei ist es gleichgültig, wie die Wertpapiere konkret vertrieben werden (z. B. direkt vom Emittenten, über eine Börse, über ein multilaterales Handelssystem oder durch Finanzintermediäre wie z. B. Banken an deren Kunden). Prospektpflicht besteht auch, wenn **ein Antrag auf Zulassung zum Handel** eines Wertpapiers an einem geregelten Markt gestellt wird.

In formeller Hinsicht trifft die Prospektpflicht jene Person, die Wertpapiere öffentlich anbietet oder den Antrag auf Zulassung an einem geregelten Markt stellt. Dies ist nicht notwendigerweise der Emittent selbst: Anbieter sind häufig Banken, die Wertpapiere eines Unternehmens an ihre Kunden vertreiben. Gibt es keinen Prospekt, dann darf das Wertpapier nicht vertrieben werden. Auf den Anbieter abzustellen ist eine faktische Notwendigkeit: Der Emittent kann mitunter nicht wissen, ob seine privat platzierten Wertpapiere später öffentlich angeboten werden. Wenn er an der Prospekterstellung nicht mitwirkt, kann er diesen Vorgang aber indirekt verhindern. Außerdem werden häufig Wertpapiere von Drittlandsemittenten in der EU angeboten: Die Drittlandsemittenten sind rechtlich nicht greifbar, sehr wohl aber die Anbieter (z. B. europäische Banken). Damit wird Drittlandsemittenten ohne gebilligten Prospekt der Vertriebsweg „abgeschnitten".

Der Anwendungsbereich der Prospektpflicht geht weiter als jener der IAS-Verordnung:

- Die IAS-Verordnung ist nur für jene prospektpflichtigen Emittenten relevant, die eine Zulassung an einem geregelten Markt anstreben oder schon zugelassen sind.
- Die IAS-Verordnung betrifft außerdem nur jene prospektpflichtigen Emittenten, die einen Konzernabschluss aufzustellen haben (das sind i. d. R. Emittenten mit Tochterunternehmen).

Da die Prospektpflicht einen weiteren Anwendungsbereich als die IAS-Verordnung hat, muss nicht jeder prospektpflichtige Emittent nach der Emission auch IFRS-Abschlüsse aufstellen (z. B. Emittenten, die kein Mutterunternehmen eines Konzerns sind, oder Emittenten, die ihre Wertpapiere nicht über einem geregelten Markt ausgeben).

Stellt der Emittent nach der Emission keine IFRS-Abschlüsse auf, dann sind auch im Prospekt keine IFRS-Abschlüsse erforderlich. Ist allerdings die IAS-Verordnung nach der Emission anwendbar, muss sich der Emittent frühzeitig mit der IFRS-Umstellung befassen: IFRS-Abschlüsse sind dann schon in den Prospekt aufzunehmen.

Verlangt die Prospektverordnung einen IFRS-Abschluss, wird aber keiner erstellt, dann kann der Prospekt von der Aufsichtsbehörde (in Deutschland die BaFin und in Österreich die FMA) nicht gebilligt werden. Ohne gebilligten Prospekt darf eine Börse prospektpflichtige Wertpapiere nicht zum geregelten Markt zulassen. Auch ein öffentliches Angebot prospektpflichtiger Wertpapiere ohne gebilligten Prospekt ist unzulässig und strafbewehrt.

Die **Mindestbestandteile eines Prospekts** sind (Art. 25 Prospektverordnung):

- ein Inhaltsverzeichnis;
- eine kurze Zusammenfassung in einfacher Sprache, die auch für nicht rechnungslegungskundige Leser verständlich ist;
- eine Beschreibung der Risikofaktoren, die mit dem Emittenten und den anzubietenden Wertpapieren einhergehen;

- eine Emittentenbeschreibung („Registrierungsformular"), die neben vielen anderen Details auch **rechnungslegungsbezogene Angaben** enthält (z. B. die historischen Finanzinformationen), und
- eine Wertpapierbeschreibung mit den wesentlichen Bedingungen der anzubietenden Wertpapiere.

IFRS-Abschlüsse sind im Rahmen der sogenannten **historischen Finanzinformationen** in die Emittentenbeschreibung aufzunehmen. Dabei ist grundsätzlich zwischen **Aktienemittenten** (Anhang I der Prospektverordnung) und **Schuldtitelemittenten** zu unterscheiden (Anhang IV der Prospektverordnung bei Schuldtiteln mit Einzelstückelung bis 50.000 €). Für Aktienemissionen sind wesentlich mehr Informationen erforderlich als für Schuldtitelemissionen.

Das Prospektrecht verwendet eigens definierte **Kategorien von Aktien und Schuldtiteln**: Die Vorschriften für Aktien gelten auch für Wertpapiere, die Aktien gleichzustellen sind (z. B. Vorzugsaktien und Aktienzertifikate). Welche Wertpapiere Aktien gleichzustellen sind, ergibt sich grundsätzlich aus dem Eigenkapitalcharakter nach IAS 32.

Ist ein Instrument in Aktien oder in Aktien gleichzustellende Wertpapiere des Emittenten oder eines konzernzugehörigen Unternehmens wandelbar (z. B. Wandelanleihen, Aktienanleihen oder Umtauschanleihen), dann ist das Wertpapier ebenfalls wie eine Aktie zu prospektieren (Art. 4 Abs. 2 ProspektV; Ausnahme: die Aktien sind schon am geregelten Markt zugelassen).

2.4.3. Historische Finanzinformationen

Aktienemittenten haben **geprüfte historische Finanzinformationen über die letzten drei Geschäftsjahre** beizubringen (bzw. über einen entsprechend kürzeren Zeitraum, wenn der Emittent noch nicht so lange tätig war). *„Die geprüften historischen Finanzinformationen müssen für die letzten zwei Jahre in einer Form präsentiert und erstellt werden, die mit der kohärent ist, die im folgenden Jahresabschluss des Emittenten erscheint, wobei Rechnungslegungsstandards und -strategien sowie die Rechtsvorschriften zu berücksichtigen sind, die auf derlei Jahresabschlüsse Anwendung finden."* (Anhang I Kap. 20.1 ProspektV).

Nach der Zulassung an einem geregelten Markt ist aufgrund der IAS-Verordnung i. d. R. ein IFRS-Konzernabschluss zu erstellen. Daher kommt es zu folgender Rückwirkung: Auch die Abschlüsse für die letzten zwei Geschäftsjahre müssen im Prospekt konsolidiert und nach den IFRS aufgestellt werden, sonst wären diese nicht mit dem folgenden Abschluss konsistent. Gab es bisher nur Konzernabschlüsse nach dem nationalen Bilanzrecht, dann ist ein sogenanntes *„restatement"* der letzten zwei Geschäftsjahre auf IFRS erforderlich. Nur der Konzernabschluss des drittletzten Jahres kann auf Grundlage des nationalen Bilanzrechts beigebracht werden und muss nicht neu erstellt werden.

„Die historischen jährlichen Finanzinformationen müssen unabhängig und in Übereinstimmung mit den in dem jeweiligen Mitgliedstaat anwendbaren Prüfungsstandards oder einem äquivalenten Standard geprüft worden sein." Daher muss ggf. auch das *restatement* vom Wirtschaftsprüfer vollständig geprüft werden, der Bestätigungsvermerk ist ebenfalls in den Prospekt aufzunehmen.

BEISPIEL 1 Ein Konzern veröffentlicht jedes Jahr Ende März seinen Konzernabschluss auf Basis des nationalen Bilanzrechts (Regelstichtag 31.12.). Er möchte im Jahr 2020 einen Börsengang machen und Aktien emittieren. Auf Grundlage der IAS-Verordnung muss er daher für das Geschäftsjahr 2020 einen IFRS-Konzernabschluss aufstellen (Veröffentlichung März 2021).

Wird der fertige Prospekt zwischen Januar und Ende März 2020 zur Billigung eingereicht, dann ist der nächstfolgende veröffentlichte Konzernabschluss noch ein Abschluss nach nationalem Bilanzrecht für 2019. Die letzten drei Geschäftsjahre werden daher im Prospekt auf Basis des nationalen Bilanzrechts dargestellt (kein *restatement*). Wird der fertige Prospekt ab April 2020 eingereicht, dann ist der nächstfolgende veröffentlichte Konzernabschluss ein IFRS-Abschluss. Die zwei letzten Geschäftsjahre (2019 und 2018) müssen daher nach IFRS aufgestellt werden (*restatement*). Für 2017 kann weiterhin der nationale Konzernabschluss verwendet werden. Außerdem muss für das Jahr 2018 eine Überleitung vom nationalen Bilanzrecht auf IFRS gemacht werden (Darstellung in zwei Spalten sowohl nach IFRS als auch nach nationalem Bilanzrecht); dies wird als *„bridge approach"* bezeichnet.

BEISPIEL 2 Die Mutter eines Teilkonzerns, die bisher für ihren Teilkonzern von der Konzernrechnungslegungspflicht befreit war, möchte eine Kapitalerhöhung von 5 % ihres Grundkapitals durchführen und die neuen Aktien im November 2020 an einem geregelten Markt emittieren. Dazu reicht sie im September 2020 den Prospekt zur Billigung ein. Mit der Emission im November entfällt die Befreiung von der Konzernrechnungslegungspflicht für den Teilkonzern. Für das Geschäftsjahr 2020 ist daher aufgrund der IAS-Verordnung ein IFRS-Konzernabschluss aufzustellen. Deshalb müssen die beiden vorangegangenen Jahre (2018 und 2019) in einer kohärenten Form dargestellt werden; folglich ist ein IFRS-Konzernabschluss für die Jahre 2018 und 2019 in den Prospekt aufzunehmen.

Emittenten von **Schuldpapieren** haben geprüfte historische Finanzinformationen über die letzten **zwei Geschäftsjahre** beizubringen (bzw. über einen entsprechend kürzeren Zeitraum, wenn der Emittent noch nicht so lange tätig war). *„Die geprüften historischen Finanzinformationen müssen für das jüngste Geschäftsjahr in einer Form präsentiert und erstellt werden, die mit der kohärent ist, die im folgenden Jahresabschluss des Emittenten erscheint, wobei Rechnungslegungsstandards und -strategien sowie die Rechtsvorschriften zu berücksichtigen sind, die auf derlei Jahresabschlüsse Anwendung finden."* (Anhang IV Kap. 13.1). Da nach der Zulassung am geregelten Markt i. d. R. ein IFRS-Konzernabschluss zu erstellen ist, kommt es zu folgender Rückwirkung: Auch der Konzernabschluss für das jüngste Geschäftsjahr muss für Zwecke des Prospekts nach IFRS aufgestellt werden. Gab es bisher nur Konzernabschlüsse nach dem nationalen Bilanzrecht, dann ist ein *restatement* des jüngsten Geschäftsjahres auf IFRS erforderlich.

Wird aufgrund der prospektrechtlichen Vorgaben (rückwirkend) ein vollständiger IFRS-Abschluss erstmalig erstellt, dann liegt eine erstmalige Anwendung der IFRS vor. In diesem Fall ist grundsätzlich der Standard IFRS 1 anwendbar (ausführlich Kap. XIX., S. 487 ff.). In einem erstmaligen IFRS-Abschluss sind sowohl das aktuelle Geschäftsjahr als auch die Vorperiode auf Grundlage der IFRS darzustellen (siehe im Detail IFRS 1.21). Mit einem solchen Abschluss können für prospektrechtliche Zwecke aber gleich zwei Perioden abgedeckt werden: Verlangt die Prospektverordnung etwa ein *restatement* der Geschäftsjahre 2018 und 2019 auf IFRS, dann muss dazu nur ein IFRS-Abschluss für das Geschäftsjahr 2019 aufgestellt und geprüft werden, weil dieser auch die geprüften Finanzinformationen für das Geschäftsjahr 2018 enthält. Auch bestimmte Überleitungen von nationalem Bilanzrecht auf IFRS sind gemäß IFRS 1.24 erforderlich. Diese Überleitungen sollten bei dieser Gelegenheit ausführlich gemacht werden, um damit gleich die prospektrechtlichen Anforderungen zu erfüllen (*bridge approach*).

IFRS- bzw. nationale Abschlüsse, die prospektrechtlich erforderlich sind, können entweder direkt im Prospekt wiedergegeben werden oder in Form eines Verweises aufgenommen werden (Art. 28 Prospektverordnung; z. B. Verweis auf die Internetadresse). Die gängige Variante ist der

Verweis. Mit dem Verweis werden die Abschlüsse integraler Bestandteil des Prospekts, Fehler in den Abschlüssen können eine Prospekthaftung nach sich ziehen.

In der EU prospektpflichtige Emittenten aus Drittländern müssen historische Finanzinformationen nach den IFRS oder nach nationalen Rechnungslegungsstandards aufstellen, die den IFRS gleichwertig sind. Ist keine Gleichwertigkeit gegeben, dann ist ein *restatement* auf IFRS erforderlich (Anhang I Kap. 20.1 und Anhang IV Kap. 13.1). Für die Beurteilung der Gleichwertigkeit gelten dieselben Regeln wie für die laufende Finanzberichterstattung (Kap. I.2.3., S. 8 ff.).

Ein „Bilanzeid" – wie etwa in Jahresfinanzberichten oder Halbjahresfinanzberichten – ist für die historischen Finanzinformationen nicht eigens vorgesehen. Allerdings haben die **verantwortlichen Personen** im Prospekt zu erklären, dass sie die erforderliche Sorgfalt haben walten lassen, um sicherzustellen, dass die Angaben ihres Wissens richtig und vollständig sind. Damit ergeben sich für die verantwortlichen Personen eine entsprechende Haftung und mitunter sogar strafrechtliche Konsequenzen für fehlerhafte historische Finanzinformationen.

Neben den Abschlüssen selbst sind in den Prospekt auch **ausgewählte Finanzinformationen** für alle Perioden aufzunehmen, die in den historischen Finanzinformationen abgedeckt sind (d. h. die letzten drei oder zwei Geschäftsjahre bzw. Zwischenberichtszeiträume). Diese umfassen insbesondere „Schlüsselkennzahlen" (z. B. Umsatz, Betriebsergebnis, Ergebnis je Aktie, Bilanzsumme, Umlaufvermögen, Eigenkapital der Konzerneigentümer, Minderheitenkapital, erklärte Dividenden je Aktie etc.; ausführlich CESR-Kommentar zur Prospektverordnung, CESR/05-054b, Kap. II).

Aktienemittenten müssen neben den ausgewählten Finanzinformationen auch umfassende Informationen zur Finanzlage, zu Sachanlagen, zur Eigenkapitalausstattung (einschließlich Fremdfinanzierungsbedarf) sowie Trendinformationen bereitstellen.

Die ausgewählten Finanzinformationen und die zusätzlichen Informationen von Aktienemittenten werden großteils aus den geprüften Abschlüssen übernommen (z. B. Bilanzsummen) oder von diesen abgeleitet (z. B. der Finanzbedarf aus der Fälligkeitsanalyse von Verbindlichkeiten im Anhang). Diese Angaben müssen nicht gesondert vom Wirtschaftsprüfer geprüft werden. Aus Haftungsgründen ist es mittlerweile gängige Praxis, den Wirtschaftsprüfer die richtige Überleitung der Zahlen kontrollieren zu lassen. Der Wirtschaftsprüfer stellt dazu dem Emittenten einen *Comfort Letter* aus; dem *Comfort Letter* wird ein Prospektentwurf beigelegt, auf dem jede Zahl mit einem bestimmten Buchstaben markiert ist, der die Prüfungshandlung des Wirtschaftsprüfers dokumentiert *(Tick Marks)*.

Manchmal kommt es zu Unstimmigkeiten zwischen dem Prospekt und den inkorporierten Abschlüssen, die auch bei der Prospektbilligung durch die Aufsichtsbehörden beanstandet werden.

2.4.4. Zwischenberichterstattung im Prospekt

„Wird das Registrierungsformular mehr als **neun Monate** nach Ablauf des letzten geprüften Finanzjahres erstellt, muss es Interimsfinanzinformationen enthalten, die sich zumindest auf die ersten sechs Monate des Geschäftsjahres beziehen sollten." Werden daher – bei einem Regelabschlussstichtag zum 31.12. – fertige Prospekte erst nach dem 30.9. und vor der Fertigstellung des folgenden Jahresabschlusses zur Billigung eingereicht, dann ist ein Zwischenabschluss im Prospekt erforderlich. Diese Interimsfinanzinformationen müssen nicht geprüft sein (auf diesen

Umstand ist aber eindeutig hinzuweisen; Anhang I Kap. 20.6.2 und Anhang IV Kap. 13.5.2). Sie werden grundsätzlich nach jenen Rechnungslegungsstandards erstellt, nach denen auch die dargestellten Jahresabschlüsse präsentiert werden. Werden die jüngsten historischen Finanzinformationen nach IFRS dargestellt, dann werden Interimsabschlüsse nach IAS 34 aufgenommen.

3. Europäischer „*Endorsement Mechanism*“

3.1. Komitologieverfahren

Die EU prüft die IFRS nach dem in der IAS-Verordnung 1606/2002/EU festgelegten Anerkennungsmechanismus *(endorsement mechanism)* und verlautbart sie dann im Amtsblatt der Europäischen Union. Die IFRS müssen ein getreues Bild der Vermögens-, Finanz- und Ertragslage vermitteln (*True and Fair View*-Prinzip) und dürfen dem Gemeinwohl nicht zuwiderlaufen. Das *True and Fair View*-Prinzip ergibt sich aus der Vierten (78/660/EWG) und Siebenten (83/349/EWG) Gesellschaftsrechtsrichtlinie. Abgesehen von der Erfüllung des True and Fair View-Prinzips müssen die IAS/IFRS aber nicht richtlinienkonform sein, d. h. es erfolgt keine Prüfung, ob sie mit jeder Einzelvorschrift der beiden Richtlinien übereinstimmen.

Die IAS-Verordnung ermächtigt die Kommission zur Verlautbarung der IFRS und IFRIC als Kommissionsverordnung im Amtsblatt der Europäischen Union. Als EU-Verordnung sind die übernommenen IFRS und IFRIC unmittelbar anwendbares Gemeinschaftsrecht.

Im europäischen Rechtsrahmen hat die Kommission allerdings keine Legislativkompetenz. Die Legislative obliegt grundsätzlich dem Rat. Die Übernahme der IFRS erfolgt daher nach dem sogenannten **Komitologieverfahren**. Das Komitologieverfahren schafft eine Ausnahme, um den Prozess der Rechtssetzung zu beschleunigen. Die Rechtssetzung durch die Kommission wird vom Rat aber nur toleriert, solange diese in Übereinstimmung mit den politischen Vertretern der Mitgliedstaaten erfolgt. *„Die Kommission wird von einem Regelungsausschuss unterstützt, der sich aus Vertretern der Mitgliedstaaten zusammensetzt und in dem der Vertreter der Kommission den Vorsitz führt.“* (Verfahrensregelungen Art. 5a, Ratsbeschluss 1999/468/EG i. d. F. des Ratsbeschlusses 2006/512/EG). Im Fall der IAS-Verordnung wird dieser Ausschuss meist mit dem englischen Begriff **Accounting Regulatory Committee (ARC)** bezeichnet; er tagt im Zweimonatsrhythmus in Brüssel. Das ARC stellt die politisch-rechtliche Instanz im *endorsement mechanism* dar und entscheidet nach dem Mehrheitsprinzip, wobei die Kommission kein Stimmrecht hat. Können sich Kommission und ARC nicht einigen, dann wird das Vorhaben dem Rat zur Entscheidung vorgelegt. Die Kommission kann im Alleingang jedenfalls keine IFRS oder IFRIC verordnen. Da sich das ARC vorwiegend aus Vertretern der nationalen Ministerien zusammensetzt, würde der Rat vermutlich dieselbe Position einnehmen wie das ARC. Darum sucht die Kommission stets das Einvernehmen mit dem ARC; bisher war dies auch immer möglich.

Neben dem ARC sieht die IAS-Verordnung im Erwägungsgrund 10 auch einen **technischen Ausschuss** vor, der die Kommission bei der Bewertung der IFRS fachlich beraten und unterstützen soll.

Als technischer Ausschuss wurde die **European Financial Reporting Advisory Group (EFRAG)** mit Sitz in Brüssel gegründet. EFRAG besteht wiederum aus einer technischen Expertengruppe (EFRAG-TEG) und einem Supervisory Board. EFRAG ist einerseits gegenüber der Kommission und dem ARC tätig und erarbeitet positive oder negative Übernahmeempfehlungen für neue IFRS und IFRIC *(endorsement advice)*. Kommission und ARC sind daran aber nicht gebunden und haben Standards auch schon gegen die Empfehlung von EFRAG verabschiedet. Andererseits ist EFRAG gegenüber dem IASB tätig und kommentiert neue Projekte und Standardentwürfe.

Nach Beschlussfassung im ARC muss der Verordnungsentwurf der Kommission seit dem Jahr 2008 auch dem Europäischen Parlament unterbreitet werden. Das Europäische Parlament kann den Verordnungsentwurf ablehnen; in diesem Fall kann ein IFRS bzw. ein IFRIC in der vorgeschlagenen Form nicht in der EU übernommen werden. Mit dieser Neuerung wurde das Übernahmeverfahren auf eine breitere demokratische Basis gestellt, was für die globalen Harmonisierungsbestrebungen der Rechnungslegung auch eine Einschränkung bedeutet. Allerdings hat das Europäische Parlament bisher einen konsensorientierten Kurs eingeschlagen.

ABB. 2: Europäischer Endorsement Mechanism nach dem Komitologieverfahren

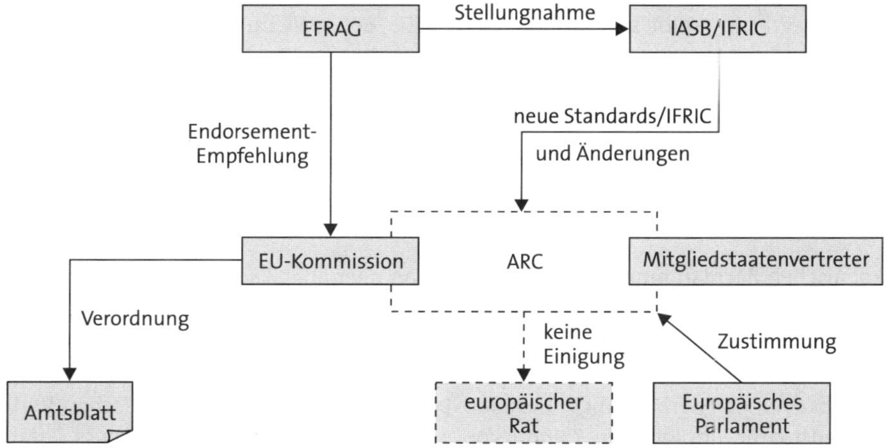

Die IFRS und IFRIC werden als **Kommissionsverordnung** verlautbart. *„Die Verordnung hat allgemeine Geltung. Sie ist in allen ihren Teilen verbindlich und gilt unmittelbar in jedem Mitgliedstaat."* (Art. 249 des Vertrages zur Gründung der Europäischen Gemeinschaft). EU-Verordnungen stehen im europäischen Rechtssystem über allen nationalen Gesetzen (sogar über nationalen Verfassungsgesetzen). Ergibt sich daher ein Konflikt zwischen einem IFRS-Standard und einem nationalen Gesetz und kann dieser Konflikt nicht im Auslegungsweg gelöst werden, dann gehen die IFRS dem nationalen Recht vor. Konflikte können sich aus ergänzenden nationalen Rechnungslegungsanforderungen für IFRS-Abschlüsse ergeben oder aus dem Zusammenspiel der Veröffentlichungspflichten nach IFRS und nationalen Geheimhaltungspflichten wie z. B. Bankgeheimnis oder Datenschutzrecht. Unternehmen und Behörden dürfen sich aber nicht auf ein entgegenstehendes nationales Recht berufen.

Neben den eigentlichen Standards (IAS und IFRS) werden auch die Interpretationen (SIC und IFRIC) als Kommissionsverordnungen im Amtsblatt verlautbart. Die Interpretationen sind daher keine „beliebige" Auslegung, sondern in jeder Hinsicht verbindliches Europarecht.

Die IFRS-Bilanzierungsgrundsätze ergeben sich für das IASB aus dem **Rahmenkonzept** *(Framework)*. Das Rahmenkonzept wurde zwar nicht im Amtsblatt der Europäischen Union verlautbart.

„Nichtsdestoweniger bildet es die Grundlage für die Urteilsbildung bei der Lösung von Rechnungslegungsproblemen" (Kommentar der Kommission zur IAS-Verordnung, Abschnitt 2.1.5). Außerdem verweisen die verlautbarten IAS bzw. IFRS mehrfach auf das Rahmenkonzept. Nach IAS 1.15 sind die Vermögens-, Finanz- und Ertragslage und die Cashflows grundsätzlich nach den Definitionen und Erfassungskriterien im Rahmenkonzept darzustellen; mit diesem Verweis ist das Rahmenkonzept indirekt verbindlich.

In diesem Buch werden aus Aktualitätsgründen die neuesten, vom IASB verlautbarten Standards dargestellt. Auf bekannte Probleme beim Endorsement wird hingewiesen. Aufgrund der mitunter kritischen Umsetzungsfristen müssen Unternehmen den jeweils aktuellen Umsetzungsstand laufend überprüfen. Der aktuellste Stand der Verlautbarungen und die jeweiligen Entscheidungen des ARC sind auf der Kommissions-Homepage einsehbar. Auch EFRAG bietet auf seiner Homepage einen Übersichtsstatus über das erfolgte Endorsement.

Für europäische Unternehmen im Anwendungsbereich der IAS-Verordnung 1606/2002/EG ist allein die im Amtsblatt verlautbarte Version der IAS/IFRS verbindlich. Diese kann sich aus den folgenden Gründen von der „Originalversion" des IASB unterscheiden:

- Der *endorsement mechanism* beansprucht meist ein Jahr, bis ein vom IASB verlautbarter Standard oder eine Änderung *(amendment)* im Amtsblatt veröffentlicht wird. Aus diesem Grund kommen manche Standards bzw. Änderungen bestehender Standards in der EU erst verspätet zur Anwendung. Dies wirkt sich i. d. R. darin aus, dass Wahlrechte zur vorzeitigen Anwendung neuer Standards in der EU nicht gelten und die IFRS in der EU erst unmittelbar vor der zwingenden Erstanwendung Geltung erlangen.
- Die Kommission lehnt in seltenen Fällen einzelne Standards ab (keine Verlautbarung) oder sie verlautbart sie nur mit Streichungen *(carve outs)*.

Während *carve outs* nur sehr selten vorkommen, sind zeitliche Verzögerungen in der Übernahme durch die EU ein erhebliches, praxisrelevantes Problem: Neue Standards und Änderungen haben meist eine ausreichend lange Vorlaufzeit für ein **zwingendes Inkrafttreten**, sodass die Verlautbarung im Amtsblatt grundsätzlich immer rechtzeitig vor Beginn der betroffenen Periode erfolgt. Allerdings erlauben neue Standards und Änderungen in fast allen Fällen eine **freiwillige, vorzeitige Anwendung** in früheren Perioden. Die freiwillige, vorzeitige Anwendung ist aber in der EU erst möglich, wenn die Verlautbarung im Amtsblatt erfolgt ist; vorher hat eine Regelung des IASB für europäische Unternehmen keine rechtliche Basis und darf nicht befolgt werden.

Neue Standards und Änderungen können rückwirkend für das abgelaufene Geschäftsjahr berücksichtigt werden, wenn die Verlautbarung vor der Unterzeichnung des Jahresabschlusses durch das Management erfolgt ist. Unternehmen können in der laufenden Buchhaltung bereits nach dem neuen Standard buchen, wenn ein Beschluss im ARC gefällt wurde und eine Verlautbarung vor der geplanten Aufstellung des Jahresabschlusses absehbar ist. Mitteilung der Europäischen Kommission im ARC-Meeting am 30.11.2005: *„A question has arisen regarding what date should be used for the applicability of endorsed IFRS. This is especially relevant where the IASB publishes a standard before the balance sheet date of a company but it is endorsed by the EU and published in the Official Journal only after that date. The Commission Regulations endorsing IFRS typically require companies to apply the specified IFRS´... as from the commencement date of its [200X] financial year at the latest.' This mirrors the provisions in the related IFRS where there is an effective date and a provision where early application is encouraged. Therefore, the Commis-*

sion informed Member States that Regulations endorsing IFRS published in the Official Journal and entering into force after the balance sheet date but before the date the financial statements are signed may be used voluntarily by companies where early application is permitted in the Regulation and the related IFRS."

Aufgrund der *carve outs* und ggf. durch zeitliche Verzögerungen im *endorsement mechanism* müssen Unternehmen im Anwendungsbereich der IAS-Verordnung stets die europäische Version der IFRS befolgen. Daher darf auch im Jahresabschluss bzw. im Bestätigungsvermerk des Wirtschaftsprüfers nicht die Übereinstimmung mit der Originalversion behauptet werden. Kommission und ARC haben sich daher auf eine Standardformulierung verständigt. Danach wird grundsätzlich nur die Übereinstimmung *„in accordance with the IFRS as adopted by the EU"* bestätigt (ec.europa.eu/internal_ market/accounting/docs/arc/2005-11-30-summary-record-chapter7_en.pdf).

Der mitunter aufwendige Zustimmungsprozess ist für die demokratische Legitimation unumgänglich: Die IFRS belasten Unternehmen mit erheblichen Kosten, Verstöße gegen die IFRS werden verwaltungs- und strafrechtlich verfolgt und die IFRS-Abschlüsse sind die Basis für Kaufentscheidungen und Bonitätseinstufungen. Die IFRS sind nicht bloß ein technischer Standard, sondern haben eine hohe faktische Bedeutung für die Entwicklung der Europäischen Union. Mit der Rechnungslegung werden auch sozial- und gesellschaftspolitische Weichen gestellt:

- Welche faktische Macht und Regelungskompetenz wird den freien Marktprozessen eingeräumt und wann sind Marktteilnehmer vor diesen Prozessen durch Informationsreduktion zu schützen? Dies betrifft z. B. Informationen über Verluste, die Abwärtsspiralen auslösen und eben diese Verluste verstärken. Bei einer Bank kann etwa die bloße Information über mögliche Zahlungsschwierigkeiten eben diese verursachen.
- Welche Bedeutung wird der Finanzwirtschaft im Vergleich zur Realwirtschaft eingeräumt? Die IFRS definieren Wertschöpfung im Bereich der Finanzwirtschaft sehr weit (im Rahmen des Fair Value-Accountings), während in der Realwirtschaft die Wertschöpfung weiterhin konservativ am Umsatzakt gemessen wird.
- Für welche Abschlussadressaten werden Informationen aufbereitet? Die IFRS-Abschlüsse sind aufgrund ihrer Komplexität nur für Spezialisten verständlich und müssen klassischen Adressaten wie der Öffentlichkeit und den Arbeitnehmern von Spezialisten „übersetzt" werden. Die laufende Entwicklung geht einen Schritt weiter: Da Bilanz- und GuV-Kennzahlen aufgrund komplexer Bewertungsmethoden nur zusammen mit den umfassenden Anhangangaben interpretierbar sind, lassen sich analytische Aussagen fast nur mit professionellen Analysesystemen gewinnen (Vergleichsdatenbanken, Ratingsystemen udgl.), die in hochspezialisierten Analyseabteilungen geführt werden. Den Abschlussadressaten darf man sich zukünftig nicht mehr als natürliche Person vorstellen.

Eine rein expertokratische Normensetzung durch einen Verein ist angesichts der Bedeutung der Rechnungslegung unvorstellbar. Im Ergebnis führt der Endorsement-Prozess aber nur zu einer geringen Abhilfe, weil die EU keine eigenen Standards schaffen kann.

3.2. Auslegungsfragen in der EU

Als prinzipienorientierte Standards eröffnen die IFRS regelmäßig **Auslegungsmöglichkeiten**, die grundsätzlich nur auf globaler Basis beantwortet werden sollten, damit nicht in verschiedenen

EU-Mitgliedstaaten unterschiedliche Auslegungen herrschen. Dies würde einerseits die Vergleichbarkeit beeinträchtigen und andererseits multinationale Konzerne vor praktische Probleme stellen, wenn Auslandstöchter die IFRS anders auslegen müssen als das Mutterunternehmen im Konzernabschluss.

Als ersten Lösungsansatz hat die Europäische Kommission im Mai 2006 den *„European Roundtable on Consistent Application"* als Forum zur Sammlung von Auslegungsfragen eingerichtet, die dann an das IFRIC weitergeleitet wurden. Die Initiative ist allerdings wieder eingeschlafen, seit 2008 gibt es keinen Roundtable mehr. Somit gibt es keinen formellen Prozess zur Klärung von Auslegungsfragen. Da die IFRS als EU-Verordnung übernommen werden, unterliegen sie im Falle eines Rechtsstreits der Entscheidungskompetenz des EuGH; in der Praxis spielte dies bisher keine Rolle, schon allein aufgrund der langen Dauer eines solchen Verfahrens.

Zunehmende Bedeutung erhalten daher die Enforcement-Entscheidungen der ESMA-Arbeitsgruppe EECS, die auf der ESMA-Homepage veröffentlicht werden. Es handelt sich dabei um eine Sammlung von Einzelfallentscheidungen nationaler Enforcement-Stellen. Da das Enforcement nur konkrete, relativ eindeutige Regelungsverstöße aufgreift und nicht primär zur Regelung von Zweifelsfragen dient, sind die Enforcement-Entscheidungen kein Standard-Setting, liefern aber oft Hinweise, inwieweit eine kleinere Abweichung von Standards noch toleriert wurde (z. B. aufgrund der Wesentlichkeit) und wann jedenfalls ein wesentlicher Verstoß vorliegt.

Zweifelsfragen müssen daher anhand der Auslegungsmethodik gemäß IAS 8.7 ff. individuell gelöst werden; grundsätzliche Fragen werden nur vom IFRIC beantwortet.

3.3. IFRS im Einzelabschluss und IFRS für SME

Die Anwendung der **IFRS im Einzelabschluss** bleibt weiterhin den Mitgliedstaaten überlassen (Art. 5 der Verordnung 1606/2002/EG). Allerdings hat sich noch keine einheitliche Linie herausgebildet: In der **überwiegenden Mehrzahl der Staaten** dürfen bzw. müssen **Einzelabschlüsse kapitalmarktorientierter Unternehmen nach IFRS** anstatt nach nationalen Standards erstellt werden (befreiende IFRS-Einzelabschlüsse).

Deutschland erlaubt die Anwendung der IFRS im Einzelabschluss nur für Publizitätszwecke; die Anwendung der IFRS im Einzelabschluss hat damit keine befreiende Wirkung, ein handelsrechtlicher Abschluss muss weiterhin aufgestellt werden.

Mit der befreienden Anwendung der IFRS im Einzelabschluss werden diese auch für die **Gewinnausschüttung** maßgeblich. Die Grundlage dafür bietet die zweite Gesellschaftsrechtsrichtlinie 77/91/EWG über die Kapitalerhaltung. Die Kommission hat im Jahr 2006 ein Projekt zur Aktualisierung der zweiten Gesellschaftsrechtsrichtlinie gestartet. Sie überlegte, die Richtlinie insgesamt aufzuheben und die Kapitalerhaltung ganz ins Ermessen der Mitgliedstaaten zu stellen; dieses Ziel wurde aber wegen der Gefahr eines negativen Regelungswettbewerbs zwischen den Mitgliedstaaten aufgegeben *(„race to the bottom")*. Dann wurde eine Änderung der Grundkonzeption überlegt: Eine Variante wäre, die ausschüttungsfähigen Gewinne nicht anhand von Jahresabschlüssen zu ermitteln, sondern mit einem eigenen „Liquiditätstest". Die Ausschüttungen basieren danach z. B. auf dem Free Cashflow. Zu all diesen Fragen gab die Kommission eine umfassende Studie bei KPMG in Auftrag. Diese kam zu dem ernüchternden Ergebnis, dass kein Reformbedarf besteht und die Richtlinie auch im Anwendungsbereich der IFRS umsetzbar ist und den Mitgliedstaaten sinnvolle Möglichkeiten bietet, einen IFRS-Einzelabschluss als Grundlage für die Kapitalerhaltung zu verwenden. Dies ist schließlich auch die Praxis in den betroffenen Mitgliedstaaten. Die Kommission hat daraufhin ihr Projekt zur Änderung der zweiten Gesellschaftsrechtsrichtlinie eingestellt. Damit sind grundsätzliche Änderungen in diesem Bereich unwahrscheinlich, und das wohl für Jahrzehnte.

TAB. 2: IFRS im Einzelabschluss mit befreiender Wirkung in EU- und EWR-Staaten (Quelle: Erhebung der Europäischen Kommission)

	notierte Unternehmen	**nicht notierte Unternehmen**
Belgien	noch offen	noch offen
Dänemark	ja (zwingend)	ja (optional)
Deutschland	nein	nein
Estland	ja (zwingend)	ja (optional)
Finnland	ja (optional)	ja (optional)
Frankreich	nein	nein
Griechenland	ja (zwingend)	ja (optional)
Irland	ja (optional)	ja (optional)
Island	Ja (optional)	ja (optional)
Italien	ja (außer Versicherungen)	ja (teilweise)
Lettland	ja (zwingend)	ja (teilweise)
Liechtenstein	ja (optional)	ja (optional)
Litauen	ja (zwingend)	ja (optional)
Luxemburg	ja (optional)	ja (optional)
Malta	ja (zwingend)	ja (zwingend)
Niederlande	ja (optional)	ja (optional)
Norwegen	ja (optional)	ja (optional)
Österreich	nein	nein
Polen	ja (optional)	ja (teilweise)
Portugal	ja (optional mit Ausnahmen)	ja (optional mit Ausnahmen)
Schweden	nein	nein
Slowakei	ja (optional)	ja (teilweise)
Slowenien	ja (optional)	ja (optional)
Spanien	nein	nein
Tschechien	ja (zwingend)	nein
UK	ja (optional)	ja (optional)
Ungarn	nein	nein
Zypern	ja (zwingend)	ja (zwingend)

Über eine Einführung der IFRS für **Steuerzwecke** wird auf europäischer Ebene nachgedacht. Die Europäische Kommission hat im Juli 2004 ein Projekt für eine **„einheitliche konsolidierte Körperschaftsteuerbemessungsgrundlage"** begonnen und eine Arbeitsgruppe aus Vertretern der europäischen Finanzministerien gegründet. Die Kommission möchte für grenzüberschreitend tätige Konzerne eine Körperschaftsteuer auf der Basis von Konzernabschlüssen einführen, die aber weiterhin von den Mitgliedstaaten erhoben wird. Steuersubjekt ist nicht mehr die Einzelgesellschaft, sondern der Gesamtkonzern. Die Kommission möchte damit den Aufwand internationaler Konzerne reduzieren, die Steuerbemessungsgrundlage nach unterschiedlichen Systemen zu berechnen; außerdem sollen steuerliche Gestaltungsmodelle unterbunden werden, die nationale Unterschiede gezielt zur Steuerminderung einsetzen. Damit würde auch die Voraussetzung entfallen, für Zwecke der Steuerbemessung grenzüberschreitender Konzerne Einzelabschlüsse zu erstellen. Rein national tätige Unternehmen und Klein- und Mittelbetriebe sollen weiterhin nach der nationalen Gewinnermittlung besteuert werden, die aber ebenfalls in vielen Ländern zunehmend auf IFRS umgestellt wird.

Die IFRS sind primär für Konzernunternehmen und Unternehmen des Finanzsektors gedacht, die über einen entsprechend entwickelten Datenhaushalt verfügen. Viele Bestimmungen betreffen Themen, die bei **kleinen Unternehmen** irrelevant sind (z. B. Zwischenberichterstattung oder Segmentberichterstattung). Außerdem gelten die IFRS als zu komplex, um sie in Kleinbetrieben einzuführen. Daher wurde im Juli 2009 eine reduzierte Version mit ausgewählten **Vorschriften für kleine und mittlere Unternehmen** vom IASB verlautbart (IFRS for SME – IFRS for Small and Medium-Sized Entities).

Die Definitionen und Bewertungsregeln entsprechen grob jenen der IFRS, allerdings wurden sie erheblich gestrafft und vereinfacht (z. B. planmäßige Firmenwertabschreibung anstatt eines jährlichen Werthaltigkeitstests). Es gibt weniger Bewertungskategorien und die Pflichtangaben im Anhang wurden auf einen Bruchteil reduziert. Außerdem ist die Bewertung weniger aufwendig.

Die IFRS for SME werden in der EU nicht übernommen und dies ist auch auf lange Sicht unwahrscheinlich. Die derzeit gültige IAS-Verordnung bietet keine Möglichkeit für die Übernahme – es müsste daher ein neuer europäischer Rechtsakt geschaffen werden. Die Kommission, die dafür die Initiative ergreifen müsste, und die weitaus überwiegende Mehrheit im ARC lehnen die Einführung der IFRS for SME aber ab, weil zusätzlicher bürokratischer Aufwand für den Mittelstand befürchtet wird. Außerdem würde es bei mittelständischen Unternehmen keinen großen Vorteil bringen, wenn die Abschlüsse international vergleichbar sind; die Abschlussadressaten sind in aller Regel lokal begrenzt. Vorteile bringen hier eher die Synergien zur ohnedies national geprägten Steuerbilanz. Die Kommission verfolgt derzeit die Politik der Kostenreduktion für europäische Unternehmen und widmet sich daher vorrangig der Vereinfachung bestehender Bilanzrichtlinien. Die Einführung der IFRS for SME wäre diesem Ziel diametral entgegengesetzt. Allerdings überlegen einzelne Mitgliedstaaten (z. B. UK), die IFRS for SME als nationalen Rechnungslegungsstandard im einzelstaatlichen Recht zu übernehmen. Die Vierte Richtlinie steht dem grundsätzlich nicht entgegen. Die IFRS for SME haben zumindest in Deutschland und Österreich in den nächsten zehn Jahren keine Relevanz und werden daher hier nicht dargestellt. Allerdings wäre es denkbar, nicht kapitalmarktorientierten Konzernen die Anwendung der IFRS for SME für ihren Konzernabschluss zu erlauben, um den Kostenaufwand im Vergleich zu einem freiwillig erstellten, vollständigen IFRS-Konzernabschluss zu vermindern.

4. IFRS-Enforcement und Qualitätskontrolle der Wirtschaftsprüfung

Nach US-amerikanischem Vorbild hat in Europa die Errichtung eines Enforcement-Systems begonnen. Mit dem **Enforcement** wird die Überwachung der Finanzberichterstattung **kapitalmarktorientierter Unternehmen** durch externe, nicht mit dem gesetzlichen Abschlussprüfer identische und unabhängige Stellen bezeichnet. Enforcement – im Gegensatz zum Endorsement – bedeutet also die faktische Durchsetzung der IFRS.

Aufgrund der Transparenzrichtlinie (Art. 24 Abs. 4 der Richtlinie 2004/109/EG) musste jeder Mitgliedstaat bis Januar 2007 eine entsprechende **Enforcement-Stelle** mit behördlichen Befugnissen errichten.

Die Enforcement-Einrichtung im Sinne der Richtlinie prüft die Einhaltung der Rechnungslegungsstandards durch jene Unternehmen, deren Wertpapiere an einem geregelten Markt zugelassen sind. Diese Unternehmen bilanzieren aufgrund der IAS-Verordnung meist nach IFRS, daher bezieht sich das Enforcement vorwiegend auf IFRS-Abschlüsse (nationale Rechnungslegungsstandards nur insoweit, als kein Konzernabschluss aufgestellt wird).

Das Enforcement besteht in einer zusätzlichen behördlichen Aufsicht über die Finanzberichterstattung – unabhängig von der bereits etablierten Jahresabschlussprüfung. Es soll als „zweites Standbein“ das Vertrauen der Anleger stärken. Die Enforcement-Stellen werden nur punktuell tätig; sie nehmen keine vollständige Jahresabschlussprüfung vor und erteilen keinen Bestätigungsvermerk. Die Enforcement-Stelle wendet sich **direkt an die Unternehmen** und nicht an die Wirtschaftsprüfer. Enforcement darf nicht mit der Qualitätskontrolle von Wirtschaftsprüfern verwechselt werden.

In Deutschland wurde mit dem Bilanzkontrollgesetz der gesetzliche Rahmen geschaffen. Die **Bundesanstalt für Finanzdienstleistungsaufsicht** (BaFin) ist danach als Enforcementbehörde vorgesehen. Laufende Prüfungen erfolgen aber durch die **Deutsche Prüfstelle für Rechnungslegung** (DPR; umgangssprachlich auch als „Bilanzpolizei“ bezeichnet). Feststellungen über Verstöße gegen die Rechnungslegungsvorschriften werden entweder im Einvernehmen mit den Unternehmen von der Prüfstelle festgestellt oder von der BaFin im behördlichen Verfahren. In beiden Fällen wird von der BaFin dann ein Fehlerveröffentlichungsverfahren geführt und dem Unternehmen die Fehlerveröffentlichung aufgetragen.

Österreich hat sich für das Designationsmodell entsprechend Art. 24 Abs. 2 der Transparenzrichtlinie EG/109/2004 entschieden. Für das Enforcement ist grundsätzlich die **Finanzmarktaufsicht** verantwortlich. Diese erstellt den Prüfplan, die Prüfschwerpunkte und die Prüfbedingungen und überträgt die Prüfungen an die **österreichische Prüfstelle für Rechnungslegung**. Bei öffentlichem Interesse, also wenn es Indizien für wesentliche Fehler gibt, hat die Finanzmarktaufsicht die Prüfungen selbst durchzuführen. Die Prüfberichte der Prüfstelle werden von der Finanzmarktaufsicht gewürdigt und in Zweifelsfällen nachgeprüft. Die Finanzmarktaufsicht hat auch darüber zu entscheiden, ob im Prüfbericht der Prüfstelle angeführte Fehler wesentlich sind. Dann leitet sie ein Fehlerveröffentlichungsverfahren ein, in das die betroffenen Unternehmen einbezogen werden. Am Ende des Verfahrens wird dem Unternehmen ggf. die Fehlerveröffentlichung per Bescheid aufgetragen.

Mit der Entwicklung von **europäischen Enforcement-Grundsätzen** ist die europäische Wertpapieraufsichtsbehörde ESMA *(European Securities and Markets Authority)* betraut und hat entsprechende Richtlinienkompetenz (Art. 16 ESMA-VO). Eine Arbeitsgruppe der ESMA, die EECS *(European Enforcers Coordination Sessions)* hat eine koordinierende und meinungsbildende Rolle zwischen den nationalen Enforcement-Einrichtungen eingenommen. Die Entscheidungskompetenz im Einzelfall bleibt aber bei der nationalen Enforcementbehörde, die ESMA hat aber die Aufgabe der Koordination.

Ebenfalls neu geregelt wurden die **Qualitätskontrolle von Wirtschaftsprüfern** und die Übernahme internationaler **Wirtschaftsprüfungsstandards (ISA)** ins europäische Recht. Die wesentlichen Grundlagen ergeben sich aus der neuen Abschlussprüferrichtlinie (2006/43/EG); dies hat wiederum nichts mit dem IFRS-Enforcement zu tun.

Die internationalen Wirtschaftsprüfungsstandards (International Standards on Auditing – ISA) werden von einem internationalen Komitee erlassen, dem **International Auditing and Assurance Standards Board (IAASB)**. Trägerorganisation des IAASB ist die International Federation of Accountants (IFAC) mit Sitz in New York. Die Arbeiten des IAASB werden von einem Qualitätssicherungsgremium überwacht, dem Public Interest Oversight Board (PIOB). Allerdings lässt die Entwicklung von Prüfungsstandards durch die Prüfer selbst vermuten, dass vor allem Eigeninteressen im Sinne einer Haftungsminimierung vorangetrieben werden. Dies ist der Prüfungsqualität aus gesamtwirtschaftlicher Sicht abträglich und führt zu einer übersteigerten Abwälzung der Verantwortung auf Vorstände und interne Kontrollmechanismen. Diesem Standardsetting fehlt noch jenes Ausmaß an Integrität, das bei den IFRS erreicht wurde.

Mit der neuen Abschlussprüferrichtlinie werden die ISA als **Kommissionsverordnung** ins europäische Recht übernommen werden. Zur begrifflichen Abgrenzung zum IFRS-Endorsement wird der Prozess als **ISA-Adoption** bezeichnet. Anders als bei den IFRS können die Mitgliedstaaten aber zusätzliche Prüfverfahren oder Prüfungsanforderungen in Ergänzung zu den ISA vorschreiben. Für die Übernahme der ISA ist ebenso wie für die IFRS das Komitologieverfahren vorgesehen. Dazu wurde ein Ausschuss aus Vertretern der Mitgliedstaaten eingerichtet, das **Audit Regulatory Committee (AuRC)**.

ABB. 3: Übernahmeprozess der ISA

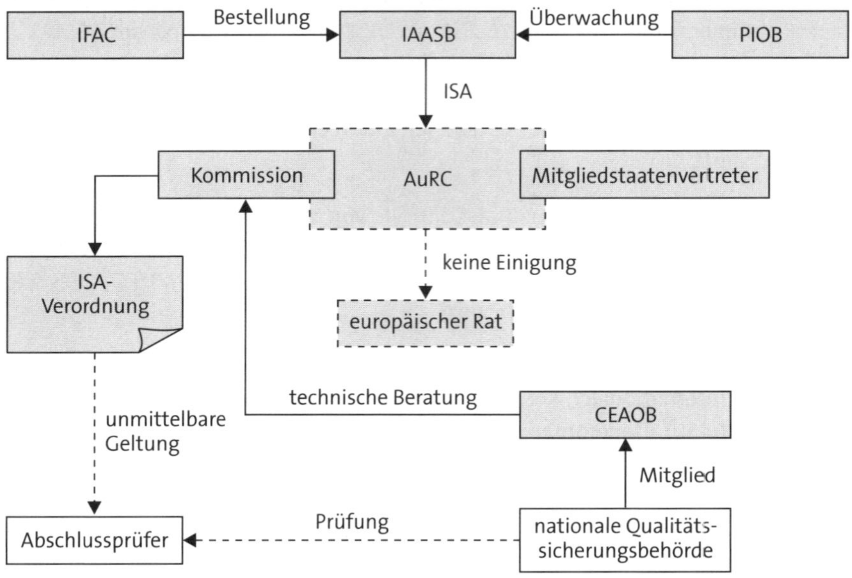

Für die nationalen Qualitätssicherungsbehörden wurde durch die neue Abschlussprüferrichtlinie ab 2016 eine europäische Dachorganisation gebildet, das **Committee of European Auditing Oversight Bodies (CEAOB)**. Neben einer koordinierenden Funktion soll die CEAOB auch die Kommission fachlich bei der Übernahme der ISA beraten. Die CEAOB hat insoweit eine ähnliche Funktion wie EFRAG im Rahmen des IFRS-Endorsement.

5. US-GAAP und Konvergenz mit den IFRS

5.1. Anwendbarkeit und Aufbau der US-GAAP

In der allgemeinen Diskussion zur internationalen Rechnungslegung wird regelmäßig auf die **US-Generally Accepted Accounting Principles** (US-GAAP) Bezug genommen.

Die US-GAAP sind in den USA derzeit für alle Unternehmen verbindlich, die unter den Securities and Exchange Act von 1934 fallen und daher bei der amerikanischen Börsenaufsicht (Securities Exchange Commission, SEC) registriert sind. Das sind börsennotierte Unternehmen und ein Großteil aller nicht notierten Unternehmen mit über 500 Aktionären und einer Bilanzsumme von über 10 Mio. US$. Der geprüfte Jahresabschluss wird zusammen mit umfangreichen Pflichtangaben bei der SEC eingereicht („SEC Form 10-K"). Außerdem sind ungeprüfte Quartalsabschlüsse zu erstellen („SEC Form 10-Q"). Ausländische registrierte Unternehmen dürfen anstatt eines US-GAAP-Abschlusses auch eine **Überleitungsrechnung** der wichtigsten Positionen des Jahresabschlusses vorlegen („SEC Form 20-F"; reconciliation statement). Die Verpflichtung zur Erstellung einer Überleitungsrechnung entfällt für jene ausländischen Unternehmen, die einen IFRS-Abschluss erstellen (siehe Kap. I.5.2., S. 25 ff.).

Neben dem Securities and Exchange Act gibt es in praktisch allen US-Bundesstaaten sogenannte Blue Sky Laws (als Reaktion auf Wertpapierbetrugsskandale Anfang des 20. Jahrhunderts, bei denen laut zynischen Richtersprüchen den Investoren nur ein Anteil am blauen Himmel verkauft wurde). Diese ergänzen das nationale Wertpapieraufsichtsrecht und führen u. a. weitere Rechnungslegungspflichten auf Bundesstaatenebene ein.

Das amerikanische Steuerrecht (Internal Revenue Code, IRC) erfordert keine Buchführung nach US-GAAP, sondern eine eigene steuerliche Buchführung („tax accounting“). Der Jahresabschluss nach US-GAAP ist für die Steuerbemessung nicht maßgeblich; zu Kontrollzwecken ist aber eine Art „Mehr-Weniger-Rechnung“ der US-Körperschaftsteuererklärung beizulegen (Schedule M-1, reconciliation of book- and taxable income).

Entgegen dem Wortlaut sind die US-GAAP nicht nur „allgemein anerkannt“, sie sind – zumindest für börsennotierte Gesellschaften – verbindlich anzuwenden. Zuständig für deren Erlassung von US-GAAP für gelistete Unternehmen ist die SEC. Die SEC kann private Standards anerkennen oder eigene Standards veröffentlichen. Meist anerkennt sie die Standards des privaten Standardsetters FASB.

Ursprünglich delegierte die SEC die Zuständigkeit für die Standardsetzung im Jahr 1938 an die Berufsvertretung der Wirtschaftsprüfer (AICPA). Diese gründete zuerst das *Committee on Accounting Procedures,* das bis zu seiner Auflösung **51 Accounting Research Bulletins (ARB)** veröffentlichte. An dessen Stelle trat im Jahr 1959 das *Accounting Principles Board,* das insgesamt **31 APB-Opinions** verlautbarte. Die Abhängigkeit der ehrenamtlichen Mitglieder des APB von der Privatwirtschaft führte allerdings zu massiver öffentlicher Kritik, daher wurde im Jahr 1972 das unabhängige *Financial Accounting Standards Board* (FASB) gegründet, an das die SEC die Kompetenz für die Standardsetzung bisher ausgelagert hat. Das FASB veröffentlichte sogenannte **Statements on Financial Accounting Standards (SFAS)**.

Die Standards selbst bilden die sogenannte **Verpflichtungsebene**. Sämtliche Standards wurden im Jahr 2009 zu einem systematischen Text zusammengeführt (Kodifizierungsprojekt). Daneben gibt es auch eine **Empfehlungsebene**. Dazu gehören verschiedene von der Berufsvertretung AICPA und vom FASB veröffentlichte Erläuterungen und Interpretationen (im Einzelnen dargestellt in *Sellhorn et. al.,* KoR 2010 S. 154 ff.).

5.2. Anerkennung der IFRS durch die SEC

Mit der verpflichtenden Anwendung der IFRS in der EU mussten europäische Unternehmen, die in den USA notieren, neben dem IFRS-Abschluss zumindest eine Überleitungsrechnung auf US-GAAP erstellen (Form 20-F). Daher hat die SEC im Dezember 2007 für Emittenten mit Sitz außerhalb der USA die IFRS als Rechnungslegungsstandard zugelassen.

Die Verpflichtung zur Erstellung einer Überleitungsrechnung entfällt nur dann, wenn der Emittent eine Übereinstimmung mit der **Originalversion der IFRS** erklärt, nicht aber, wenn er eine Übereinstimmung mit den von der EU übernommenen IFRS erklärt. Rechtsgrundlage ist die SEC-Final Rule 33-8879 vom 21.12.2007, Federal Register Volume 73, Nr. 3 vom 4.1.2008, S. 986 ff. Es kommt nicht darauf an, ob der Emittent freiwillig oder aufgrund nationaler Bestimmungen einen IFRS-Abschluss aufstellt (Federal Register, S. 992). Weicht bei einem europäischen Emittenten der IFRS-Abschluss aufgrund von Streichungen der EU von der Originalversion der IFRS ab, dann kann er daher zusätzlich einen IFRS-Abschluss nach der Originalversion erstellen und bei der SEC einreichen; nach derzeitigem Rechtsstand dürften i. d. R. keine wesentlichen Abweichungen bestehen, außer bei bestimmten Bankabschlüssen. Die SEC-Regelung gilt derzeit auch nur für *„foreign private issuers"*, also nicht für Emittenten mit Sitz in den USA.

Die SEC hat 2008 einen „Fahrplan" zur Anerkennung der IFRS für US-Emittenten erstellt und diesen im Jahr 2010 aktualisiert. Danach sollten ab frühestens 2015 auch US-Emittenten die IFRS anwenden.

Im Zuge der Finanzkrise hat sich die Begeisterung der SEC für die IFRS deutlich vermindert, sie hat ihren Plan der IFRS-Einführung aber nicht aufgegeben. Die SEC plant nunmehr eine langsame, schrittweise Angleichung der US-GAAP an die IFRS, indem das FASB weiterhin bestehen bleibt und die IFRS einzeln vor ihrer Übernahme in die US-GAAP prüft, ergänzt oder durch eigene Standards ersetzt. Die Strategie der SEC ist in ihrem Staff-Arbeitsplan zu den IFRS vom 13.7.2012 festgelegt:

- Es wird auch weiterhin kein privates Standardsetting ohne rechtliche Anerkennung durch die SEC geben:

  „The Commission has the statutory authority to establish accounting standards for use by issuers ... The Commission has historically recognized the standards set by private-sector entities, such as the FASB, as generally accepted. In addition, the Commission has, from time to time, issued specific accounting requirements."

  „If the Commission were to incorporate IFRS, the Commission's authority to do any of the actions outlined above would not change."

- Die IFRS sollten nur schrittweise indirekt in die US-GAAP eingefügt werden, eine Direktanwendung ist rechtlich und wirtschaftlich kritisch:
  „The effort ... required to change the references from U.S. GAAP to 'IFRS as issued by the IASB' would be significant, if not nearly impossible ... Staff further recognizes that methods of incorporation other than direct incorporation could lessen the total costs required while extending any timeframe for incorporation."
- Die IFRS enthalten aus Sicht der SEC noch zu viele offene Fragen, außerdem werden Praxisfragen zu langsam adressiert: *„Staff believes enhancements are needed to the IASB's timeliness and willingness to address emerging issues."*
- Es gibt noch Zweifel an der Governance des IASB: *„Staff believes that it may be necessary to put in place mechanisms ... to protect the U.S. capital markets ... [by] maintaining an active FASB to endorse IFRSs."*

5.3. Sarbanes-Oxley Act

Im Lichte der Bilanzskandale der Jahre 2001 und 2002 („Enron") wurden die rechtlichen Rahmenbedingungen der amerikanischen Rechnungslegung grundlegend reformiert. Der **US-Börsenaufsicht SEC** wurden umfangreiche **Befugnisse** zur Überwachung der Rechnungslegung und der Wirtschaftsprüfung erteilt. Die US-GAAP werden zwar weiterhin vom FASB erlassen, die **SEC kann aber grundsätzlich die Standards des FASB annehmen oder verwerfen** (Sarbanes-Oxley Act of 2002, Section 108: *„recognize, as 'generally accepted' ... any accounting principles"*). Damit soll die Objektivität der US-GAAP gewahrt und das FASB vor politischer Einflussnahme geschützt werden.

Mit dem am 30.7.2002 verabschiedeten **Sarbanes-Oxley Act of 2002** erfuhr die amerikanische Rechnungslegung die bedeutendste Reform seit der Weltwirtschaftskrise. Mit diesem Gesetz wurde eine US-Wirtschaftsprüferaufsichtsbehörde gegründet, das ***Public Company Accounting Oversight Board*** *(PCAOB)*. Das PCAOB prüft regelmäßig alle registrierten US-Wirtschaftsprüfungsgesellschaften (große Gesellschaften jährlich, kleine alle drei Jahre) und verhängt Disziplinarstrafen und Geldbußen. Die Prüfer müssen ihre Arbeitspapiere sieben Jahre aufbewahren und auf Verlangen des PCAOB vorlegen. Dies gilt **auch für europäische Prüfer,** die an der Prüfung einer bei der SEC registrierten Gesellschaft mitwirken. Bei den großen deutschen Wirtschaftsprüfungsgesellschaften ist bereits eine Registrierung beim PCAOB erfolgt.

Die Ausweisbestimmungen für SEC-registrierte Unternehmen wurden erweitert: Alle Bilanzänderungen auf Verlangen des Prüfers sind im Anhang anzugeben (Securities Exchange Act, Section 13). Der Jahresabschluss wurde um einen „Bericht über die interne Kontrolle" erweitert *(internal control report)*; darin wird die Effektivität des internen Kontrollsystems begutachtet.

Der **Bericht über die interne Kontrolle** (Sarbanes-Oxley Act of 2002, Section 404) betrifft auch ausländische Tochtergesellschaften im Rahmen des US-Konzernabschlusses. Der Bericht ist ebenfalls prüfungspflichtig und umfasst zwei Punkte:

- Klarstellung, dass die Geschäftsführung für Aufbau und Funktion eines internen Kontrollsystems für Zwecke der Rechnungslegung allein verantwortlich ist.
- Eine Beschreibung und Beurteilung der Effizienz des internen Kontrollsystems und der einzelnen Kontrollmechanismen.

6. Grundsätze des IFRS-Abschlusses

6.1. Ziel und Aufbau

Die Grundsätze der Rechnungslegung nach IFRS sind im Rahmenkonzept ***(framework)*** geregelt. Das Rahmenkonzept ist das Gegenstück zu den „Grundsätzen ordnungsmäßiger Buchführung" im Handelsrecht, geht aber darüber hinaus, weil es auch die theoretischen Grundlagen festlegt, die bei der Erstellung der Einzelstandards vom IASB beachtet werden. Neben den Standards selbst wird auch das Rahmenkonzept in größeren Zeitabständen überarbeitet. Die finale Fassung stammt von März 2018, weitere Reformen sind nicht geplant.

Das Rahmenkonzept enthält die allgemeinen Definitionen und Zielsetzungen der Rechnungslegung. Neben dem Rahmenkonzept sind weitere Grundsätze der Rechnungslegung in IAS 1 geregelt. Das Rahmenkonzept hat aber nicht die gleiche rechtliche Qualität wie die einzelnen Standards, es wurde auch nicht wie ein Standard in der EU übernommen. Im Grundsatz richtet es sich an den Standardsetter selbst und soll die gemeinsame Basis aller Standards darstellen. Anwender nutzen es ebenfalls zur Orientierung und Interpretation von Zweifelsfragen bei der Auslegung von Standards (Rahmenkonzept SP1.1).

Nachdem der handelsrechtliche Regelungsumfang deutlich geringer ist als jener der IFRS, sind die GoB dort viel bedeutender als die Grundsätze unter den IFRS. Im Handelsrecht haben die den GoB zugrunde liegenden Prinzipien ebenfalls Gesetzesrang und die GoB sind zwingend zu beachten. Dagegen sind die IFRS eher regelorientiert anstatt prinzipienorientiert, weshalb die Grundsätze keine normative Bedeutung haben.

Der Jahresabschluss soll den Abschlussadressaten entscheidungsrelevante Informationen zur Vermögens-, Finanz- und Ertragslage vermitteln (Rahmenkonzept .1.2). Der primäre **Abschlussadressat** ist der Investor, sei es ein aktueller oder potentieller Aktionär, ein Kreditgeber oder ein sonstiger Gläubiger, um seine Investitions- und Desinvestitionsentscheidungen zu unterstützen oder seine Inhaberrechte wie z. B. Stimmrechte oder Kontrollrechte über das Management zu nutzen. Die Investoren werden über die Ressourcen des Unternehmens und deren Veränderung sowie über den Wert ihrer Ansprüche gegenüber dem Unternehmen informiert. Ferner werde sie über die Effizienz des Managements und der Verwaltungsgremien informiert (Rahmenkonzept .1.4).

Die Bilanz soll nicht den Unternehmenswert als solchen darstellen, aber den Adressaten bei der Bewertung behilflich sein (.1.7).

Andere interessierte Parteien wie die Öffentlichkeit, die Arbeitnehmer oder Behörden zählen nicht zu den primären Abschlussadressaten, auch wenn sie laut Rahmenkonzept Nutzen aus dem IFRS-Abschluss ziehen (.1.10). Damit unterscheiden sich die IFRS vom Handelsrecht. Durch die einschränkende Ausrichtung auf Investoren erschwert das IASB den Steuer- oder Aufsichtsbehörden, den IFRS-Abschluss ungefiltert zu nutzen. Dies wiederum führt zu einer immer stärkeren Differenzierung der Finanzberichterstattung an Investoren, Steuer- und Aufsichtsbehörden und damit zu einem höheren administrativen Aufwand. Neben den reinen Informationsinteressen sind es aber auch unterschiedliche Qualitätserwartungen, die zu Unterschieden führen: Für Investoren mag eine grobe Schätzung mit ergänzenden Anhangangaben ausreichen, um sich ein Bild zu machen. Für Steuer- und Bankenaufsichtsbehörden sind verlässliche Gewinn- und Eigenkapitalgrößen unabdingbar und nicht durch Anhangangaben zu ersetzten.

Die übrigen **Grundsätze der Rechnungslegung** im Rahmenkonzept entsprechen der Zielsetzung der Investoreninformation:

- Relevanz (*relevance):* Informationen werden berücksichtigt, die für Entscheidungen eines Abschlussadressaten relevant sind, also sich auf Entscheidungen auswirken. Auch wenn Investoren die Information nicht nutzen oder schon aus anderen Quellen bekommen haben (Rahmenkonzept 2.6). Relevant sind einerseits zukunftsbezogene Informationen, aber auch vergangenheitsbezogene Informationen, die eine frühere Annahme bestätigen, ändern oder widerlegen.
- Wesentlichkeit (*materiality*) folgt aus der Relevanz, denn unwesentliche Informationen sind nicht entscheidungsrelevant. Allerdings können Informationen quantitativ oder qualitativ wesentlich sein und lassen sich daher nicht durch Schwellenwerte abschließend festlegen (Rahmenkonzept 2.11).
- Getreue Darstellung (*faithful representation; neutrality*): Die Informationen müssen vollständig, neutral und fehlerfrei sein, in Zahlen aber auch in der verbalen Darstellung. Dabei geht der wirtschaftliche Gehalt über die rechtliche Form.
- *Completeness; comparability; verifiablity; timeliness:* Vollständigkeit, Vergleichbarkeit, Nachprüfbarkeit und Aktualität.
- *Understandability:* Verständlichkeit für fachkundige Bilanzleser.
- *Cost Constraint:* Wirtschaftlichkeit; die Kosten für die Rechnungslegung müssen im Hinblick auf den Informationsnutzen für die Investoren gerechtfertigt sein. Zumal sich das Prinzip primär an den Standardsetter selbst richtet und im Rang nicht über den IFRS steht, kann ein

Unternehmen nicht unter Berufung auf die Wirtschaftlichkeit einzelne Bestimmungen der IFRS nicht beachten, sofern die daraus gewonnene Information wesentlich wäre. In begrenztem Umfang kann es aber bei der Auslegung der IFRS auch für Unternehmen herangezogen werden (Rahmenkonzept 2.43).

Das Vorsichtsprinzip *(prudence)* wird vom Rahmenkonzept seit März 2018 ausdrücklich erwähnt und ist ein Aspekt der Neutralität (Rahmenkonzept 2.16 ff.). Bei Schätzungen unter Unsicherheit ist darauf zu achten, dass Vermögen und Erfolge nicht überschätzt und Verbindlichkeiten nicht unterschätzt werden. Allerdings darf die Vorsicht nicht als Vorwand für eine bewusste Unterschätzung des Vermögens herangezogen werden, etwa nicht zur Gewinnglättung in guten Zeiten. Soweit unter Berücksichtigung der Unsicherheit eine hinreichend sichere Untergrenze für ein Vermögen oder Obergrenze für eine Verbindlichkeit festgelegt werden kann, dürfen diese Grenzen nicht überschritten werden.

Eine bedingte Vorsicht nimmt zwar eine konservative Verzerrung in Kauf, ist aber für die Gläubiger vorzuziehen. Und zwar nicht nur für den Gläubigerschutz an sich, der bereits im handelsrechtlichen Einzelabschluss gewährleistet wird, sondern sogar aus der Informationsperspektive, um Gläubigern den höchstmöglichen Entscheidungsnutzen zu bieten. Bedingt vorsichtige Informationen sind für Gläubiger mitunter relevanter (*Göx/Wagenhofer,* 48. Jg. 2009 S. 2-16). Dies gilt aus den gleichen Gründen auch für die Bankenaufsicht.

Abschlüsse müssen fehlerfrei sein. Wenn ein Wert nicht offensichtlich ist, muss der **Ermittlungsprozess** auf fehlerfreie Art und Weise ausgewählt und angewandt werden (Rahmenkonzept 2.18). Dies ist für die Wirtschaftsprüfung und das Enforcement wichtig: Wenn Methoden konzeptionell bedenklich sind oder die Datenlage schlampig erhoben wurde, ist dieser Umstand für sich genommen schon ein Fehler. In diesem Fall muss gar nicht erst erhoben werden, welcher Wert nun korrekt gewesen wäre (manchmal ist dieser Wert auch nicht rekonstruierbar).

Mit dem Voranschreiten der Digitalisierung und statistischen Modellen in der IFRS-Rechnungslegung wird der prozessorientierte Fehlerbegriff immer wichtiger: Wenn ein falscher Prozess zufällig die richtige Zahl liefert, wäre diese nicht entscheidungsrelevant, weil sich kein Adressat darauf verlassen kann. Daher wird in zahlreichen Enforcemententscheidungen ein fehlerhafter Prozess festgestellt und bei der Wesentlichkeitsbeurteilung nur das Fehlerpotential beurteilt, nicht aber die Abweichung beim Einzelwert.

Das Rahmenkonzept (.3.10 ff.) definiert auch das nach IFRS berichtende Unternehmen als eine juristische Person, einen Teil einer juristischen Person oder eine Ansammlung mehrerer juristischer Personen. Sind diese im letzteren Fall durch ein Beherrschungsverhältnis verbunden, werden konsolidierte Abschlüsse erstellt. Sind sie anderweitig verbunden, werden kombinierte Abschlüsse erstellt.

Ferner definiert das Rahmenkonzept .4.1 ff. die Begriffe Vermögenswerte und Schulden, auch wenn diese Definition in den Einzelstandards differenzierter umgesetzt werden muss.

Ein Vermögenswert ist eine wirtschaftliche Ressource, die vom Unternehmen aufgrund vergangener Ereignisse kontrolliert wird. Sie hat das Potential, künftige wirtschaftliche Vorteile hervorzubringen. Die Vorteile müssen aber nicht sicher sein. Erst in einem nächsten Schritt muss anhand des jeweiligen Einzelstandards entschieden werden, ob ein vorliegender Vermögenswert auch angesetzt werden darf; dazu ist ein gewisser Sicherheitsgrad erforderlich. Eine Verbindlichkeit oder Schuld ist eine gegenwärtige Verpflichtung aus vergangenen Ereignissen, eine wirtschaftliche Ressource zu übertragen. Nicht für die Begriffsdefinition, aber für den Ansatz in der Bilanz ist eine gewisse Wahrscheinlichkeit erforderlich (z. B. 50 % bei Rückstellungen).

Ein Vermögenswert oder eine Schuld wird nur angesetzt, wenn dies für die Abschlussadressaten relevant ist. Dazu dürfen die Unsicherheit eines wirtschaftlichen Nutzenzu- oder abflusses und die Unsicherheit über dessen Existenz den Wert aus Investorensicht nicht überschatten. In diesem Zusammenhang kommt es auch auf die getreue Darstellung an (z. B. auf Anhangangaben).

Ein Vermögenswert wird ausgebucht, wenn die Kontrolle über die Ressource verloren geht; eine Verbindlichkeit wird ausgebucht, wenn die unvermeidbare Verpflichtung erlischt.

Das **Realisationsprinzip** *(revenue recognition principle)* wird nicht gesondert erwähnt. Erträge und Aufwendungen ergeben sich nämlich indirekt aus dem Ansatz und der Bewertung von Vermögenswerten und Schulden; ein eigenes Realisationsprinzip stünde daher in Konkurrenz zum Vermögens- und Schuldbegriff.

Auch wenn das Realisationsprinzip nicht definiert wird, so ist es trotzdem eine Grundlage der IFRS. Beispielsweise werden Lieferforderungen bei **Nutzen- und Gefahrenübergang** aktiviert (Kap. VI.4, S. 106 ff.). Bewusst in Kauf genommene Verstöße gegen das Realisationsprinzip werden häufig erfolgsneutral in den Rücklagen erfasst (z. B. beim Fair Value-Ansatz bestimmter Wertpapiere).

Konkrete Anforderungen an den Aufbau und Inhalt des Jahresabschlusses ergeben sich aus IAS 1. In diesem sind auch einige Begriffe des Rahmenkonzepts ausführlicher definiert.Abschlüsse haben die **Vermögens- und Ertragslage sowie die Cashflows** eines Unternehmens den tatsächlichen Verhältnissen entsprechend darzustellen. Die Anwendung aller Normen der IFRS – ggf. um zusätzliche Angaben ergänzt – führt annahmegemäß zu Abschlüssen, die ein den tatsächlichen Verhältnissen entsprechendes Bild vermitteln (IAS 1.15; Generalnorm). Allerdings ist die Generalklausel eine vollkommen untergeordnete Norm, die grundsätzlich nicht als Rechtfertigung für Abweichungen von Einzelbestimmungen herangezogen werden kann.

Ein Unternehmen, dessen Abschluss mit den IFRS in Einklang steht, hat diese Tatsache in einer **ausdrücklichen und uneingeschränkten Erklärung** im Anhang anzugeben. Ein Abschluss darf nicht als IFRS-konform bezeichnet werden, wenn er nicht sämtliche Anforderungen der IFRS erfüllt (IAS 1.16).

Ein vollständiger Abschluss *(financial statements)* enthält die folgenden Elemente (IAS 1.10):

- Bilanz (*statement of financial position*)
- Gesamtergebnisrechnung (*statement of comprehensive income*)
- Eigenkapitalveränderungsrechnung (*statement of changes in equity*)
- Kapitalflussrechnung (*statement of cashflows*)
- Anhang (*notes*), regelmäßig mit einem Segmentbericht (*segment report*) und anderen umfassenden Angaben.

Die **Bilanz** wird auf Englisch als *„statement of financial position"* bezeichnet – also frei übersetzt „Aufstellung der Vermögenslage". Nach Ansicht des IASB wird ihre Funktion damit besser beschrieben; der Bilanzbegriff drücke nur den Umstand der Soll- und Haben-Gleichheit in der doppelten Buchhaltung aus, was zu keiner qualitativen Differenzierung zwischen Bilanz und Gewinn- und Verlustrechnung führen könne (vgl. IAS 1.BC16). Bei der deutschen Übersetzung in der EU wurde dieser Gedanke im Ergebnis nicht berücksichtigt. Der klassische Begriff der Bilanz wird weiterhin verwendet; dies vor allem, weil der englische Begriff der *„financial position"* nicht exakt zu übersetzen ist.

Eine Bilanz ist zum Abschlussstichtag und zum Ende jeder dargestellten Vergleichsperiode erforderlich. Bei rückwirkenden Änderungen der Bilanzierungs- und Darstellungsmethoden ist eine Bilanz auch **zum Beginn** der frühesten dargestellten Vergleichsperiode erforderlich (.10).

Die **Gesamtergebnisrechnung** enthält die erfassten Aufwendungen *(expenses)* und Erträge *(income)* der Periode. Das Gesamtergebnis umfasst **alle Veränderungen des Eigenkapitals**, die nicht auf Transaktionen mit den Eigentümern in ihrer Eigenschaft als Eigentümer zurückzuführen sind, also keine Einlagen, Entnahmen bzw. Zuschüsse oder Ausschüttungen darstellen. Die Aufstellung geht daher über die Gewinn- und Verlustrechnung hinaus und enthält auch Aufwendungen und Erträge, die nicht Teil des Jahresgewinnes bzw. des Jahresverlustes sind. Diese werden als **sonstiges Ergebnis** bezeichnet *(other comprehensive income)*. Sie werden „erfolgsneutral" in einer Rücklage erfasst und resultieren meist aus Änderungen des Fair Values bestimmter Vermögenswerte und Schulden, die nach den IFRS nicht gewinnwirksam erfasst werden dürfen.

Das Unternehmen darf die Gesamtergebnisrechnung auch in zwei gesonderte Teile zerlegen, die unmittelbar nacheinander darzustellen sind (IAS 1.10A): Eine gesonderte **Gewinn- und Verlustrechnung** *(statement of profit or loss)*, die mit dem Jahresgewinn bzw. Jahresverlust endet, und eine daran anschließende **Aufstellung des sonstigen Ergebnisses** *(statement of other comprehensive income)*. Die Aufstellung des sonstigen Ergebnisses beginnt mit dem Gewinn oder Verlust aus der Gewinn- und Verlustrechnung und endet mit dem Gesamtergebnis der Periode. Da die gesonderte Gewinn- und Verlustrechnung bisher schon üblich und nach der Altfassung von IAS 1 erforderlich war, wird in der Praxis die gesonderte Darstellung wohl überwiegend zur Anwendung kommen.

Während die Gesamtergebnisrechnung nur die periodenbezogene Änderung des Eigenkapitals aus den Erfolgen des Unternehmens zeigt, werden in der **Eigenkapitalveränderungsrechnung** die Bestände des Eigenkapitals und alle Veränderungen gezeigt – sowohl aus Erfolgen des Unternehmens (Gesamtergebnis) als auch aus Transaktionen mit den Eigentümern (Einlagen, Ausschüttungen bzw. Entnahmen).

Ein **Lagebericht** *(management's discussion and analysis – MD&A)* sowie Wertschöpfungsrechnungen oder Umweltberichte sind keine Bestandteile des IFRS-Abschlusses; sie dürfen zusätzlich im Geschäftsbericht enthalten sein, die IFRS sind darauf aber nicht anwendbar (IAS 1.14). Diese und andere Informationen müssen außerhalb des Abschlusses nach IFRS dargestellt sein, damit keine Verwechslungsgefahr mit den nach IFRS dargestellten Informationen auftritt (.49 f).

Ein Unternehmen kann für die Abschlussbestandteile (Bilanz, Gesamtergebnisrechnung etc.) andere Bezeichnungen als die im Standard vorgesehenen Begriffe verwenden (IAS 1.10).

Eine **Reihenfolge** der Jahresabschlusspositionen wird nicht vorgeschrieben, auch keine Gliederungsschemata. Allerdings hat in der Bilanz eine Kategorisierung nach langfristigen und kurzfristigen Positionen bzw. nach der Liquidität zu erfolgen (IAS 1.60). Für die GuV sind sowohl das Umsatzkostenverfahren *(income by function)* als auch das Gesamtkostenverfahren *(income by nature)* zulässig (IAS 1.99). Siehe dazu ausführlich Kap. XV, S. 333 ff.

6.2. Rechnungslegungsgrundsätze

Die Bilanz besteht aus den **Vermögenswerten** *(assets)*, aus den **Schulden** *(liabilities)* und aus dem **Eigenkapital** *(equity)*. Der deutsche Begriff „Aktiva" entspricht den *„assets"*. Dagegen lässt sich „Passiva" nur mit *„liabilities and equity"* übersetzen.

Der Begriff *„asset"* wird meist mit „Vermögenswert" übersetzt, um ihn vom engeren Begriff „Vermögensgegenstand" im Sinne des nationalen Bilanzrechts abzugrenzen. Ein **Vermögenswert** ist eine Ressource im Verfügungsbereich des Unternehmens, die auf einem Ereignis der Vergangenheit beruht (z. B. einer Transaktion) und einen zukünftigen Nutzen verkörpert. Der zukünftige Nutzen muss **so gut wie sicher** zufließen oder auf einem sicheren Recht beruhen (regelmäßig ab einer Erfolgswahrscheinlichkeit von über 90 % anzunehmen).

Eventualvermögen darf nicht aktiviert werden (IAS 37.31). Ist der Zufluss von Ressourcen zu über 50 % wahrscheinlich, dann ist das Eventualvermögen kurz im Anhang zu beschreiben (Art des Vermögens und, falls praktikabel, die erwartete finanzielle Auswirkung; IAS 37.89).

Der Begriff *„liability"* wird meist mit „Schuld" übersetzt, um ihn vom Begriff der „Verbindlichkeit" im Sinne des nationalen Bilanzrechts abzugrenzen. Eine **Schuld** ist eine gegenwärtige Verpflichtung aus einem Ereignis der Vergangenheit, deren Erfüllung einen Abfluss von Ressourcen erwarten lässt, die wirtschaftlichen Nutzen verkörpern. Auch **Rückstellungen** *(provisions)* fallen unter den Begriff der Schulden; sie werden angesetzt, wenn die Inanspruchnahme zu über 50 % wahrscheinlich ist (IAS 37.14).

Eventualschulden werden nicht angesetzt; bei Eventualschulden ist der Eintritt des Ressourcenabflusses nicht wahrscheinlich (Eintrittswahrscheinlichkeit von 50 % oder weniger).

Der Begriff *„equity"* bedeutet Eigenkapital und wird als Restbetrag der Vermögenswerte nach Abzug der Schulden definiert. Die IFRS verwenden auch den Begriff *„shareholders' equity"*, in den USA wird meist der Begriff *„stockholders' equity"* verwendet.

Beispiele zur Abgrenzung:

Der Firmenwert gilt als Vermögenswert nach IFRS. Passive Rechnungsabgrenzungen gelten nach IFRS als Schulden, nicht aber als Verbindlichkeiten nach nationalem Bilanzrecht. Der Begriff „Bilanzierungshilfen" ist den IFRS fremd.

Nicht alle Aktivposten im Sinne des nationalen Bilanzrechts sind Vermögenswerte nach IFRS: Ein Disagio bei der Ausgabe von Anleihen ist kein Vermögenswert, denn nach IFRS werden Schulden regelmäßig zum Barwert bilanziert (Saldierung mit dem Disagio). Dagegen wird die Verbindlichkeit nach nationalem Bilanzrecht mit dem Rückzahlungswert angesetzt und das Disagio meist als aktive Rechnungsabgrenzung aktiviert.

Das IASB arbeitet seit vielen Jahren mit wenig Erfolg an einer **Neufassung des Vermögens- und Schuldbegriffs**, insbesondere an der Abgrenzung zu Eventualvermögen und zu Eventualschulden. Der klassische Vermögens- und Schuldbegriff kann nämlich Widersprüche auslösen:

- Die Wahrscheinlichkeit ist nicht nur für die Erfassung, sondern auch für die Bewertung relevant. Rückstellungen werden unterhalb einer Wahrscheinlichkeit von 50 % nicht erfasst, über einer Wahrscheinlichkeit von 50 % aber zum Erwartungswert (Produkt von Wahrscheinlichkeit und Betrag). Insgesamt betrachtet werden die Verpflichtungen daher unter ihrem wirtschaftlichen Wert erfasst. Konsistenter wäre es, die Wahrscheinlichkeit entweder nur für die Erfassung oder nur für die Bewertung zu berücksichtigen.

- Bei Unternehmenskäufen werden im Kaufpreis auch Eventualvermögen und Eventualschulden berücksichtigt. Werden diese bei der Konsolidierung nicht angesetzt, dann gehen sie (fälschlich) in den Firmenwert ein. Daher sind derzeit zumindest Eventualschulden bei der Konsolidierung gesondert zu erfassen. Damit wird aber ein konsistenter Schuldbegriff aufgegeben.

Die Überarbeitung des Vermögens- und Schuldbegriffs scheiterte bisher aber an den praktischen Möglichkeiten, Eventualvermögen und Eventualschulden zuverlässig zu bewerten. Gerade das Anschaffungskostenprinzip setzt einen klar identifizierbaren Anschaffungsvorgang voraus; Eventualvermögen und Eventualschulden beruhen eher auf dem Fair Value-Konzept.

Die Bewertung nach IFRS folgt grundsätzlich dem **Anschaffungskostenprinzip** *(historical cost principle)*. Eine Bewertung zum Fair Value (beizulegender Zeitwert) ist eher als Ausnahmetatbestand in bestimmten Standards vorgesehen.

Aus dem Standard IAS 1 ergeben sich noch weitere Grundsätze:

- *Going concern:* Unternehmensfortführungsfiktion (IAS 1.25 f.); von der Unternehmensfortführung ist grundsätzlich auszugehen, außer das Unternehmen plant die Liquidation oder die Einstellung der Unternehmensaktivitäten bzw. hat keine realistische Alternative dazu. Bestehen wesentliche Unsicherheiten oder Zweifel an der Unternehmensfortführung, dann sind diese im Abschluss offenzulegen. In kritischen Situationen ist die Annahme der Unternehmensfortführung umfassend zu recherchieren und zu hinterfragen. Ein Abweichen vom *going concern principle* ist ebenfalls anzugeben. Auch nach Aufgabe der Unternehmensfortführungsfiktion bleiben die IFRS anwendbar, allerdings wird auf die Auswirkungen einer Insolvenz Rücksicht genommen (z. B. Bewertung von Sachanlagen als zur Veräußerung stehend, Ermittlung von Fair Values unter der Prämisse eines Zwangsverkaufs, Ausbuchung gestellter Sicherheiten).
- *Accrual basis of accounting:* Grundsatz der Periodenabgrenzung (IAS 1.27 f.; gilt nicht für die Kapitalflussrechnung).
- Stetigkeit der Darstellung (IAS 1.45 f.); die Darstellung muss stetig sein, außer eine Änderung der Geschäftstätigkeit oder eine kritische Analyse des Jahresabschlusses ergibt, dass eine andere Darstellung verlässlicher und relevanter wäre. Abweichungen können sich auch aus Änderungen der IFRS ergeben.
- Stetigkeit der Bilanzierungs- und Bewertungsmethoden (IAS 8.13). Eine Bilanzierungs- oder Bewertungsmethode ist konsistent von Periode zu Periode anzuwenden (IAS 8.13); Änderungen sind nur zulässig, wenn dies von einem Standard verlangt wird (z. B. in einem neuen IFRS) oder dies zu verlässlicheren und relevanteren Informationen für einen Abschlussadressaten führen würde (IAS 8.14).
- Saldierungsverbot, soweit nicht gesondert vorgesehen (IAS 1.32 ff.).

Der **Wesentlichkeitsgrundsatz** wird in IAS 1.7 gesondert definiert. Informationen gelten dann als wesentlich, wenn zu erwarten ist, dass ihr Weglassen oder ihre fehlerhafte Darstellung oder das Verschleiern die Entscheidungen der Abschlussadressanten beeinflussen könnte.

Im Blickfeld stehen die primären Abschlussadressaten, die ihre Entscheidungen auf Basis der Abschlüsse treffen (nicht andere Adressaten, die privilegierten Zugang zu weiteren Informationen aus dem Unternehmen haben). Das sind regelmäßig Investoren, Kreditgeber oder sonstige Gläubiger (in dieser Rolle auch Mitarbeiter). Es können neben den bestehenden auch künftige Kapitalgeber sein (.BC13Q). Die Adressaten haben dabei ein angemessenes Wissen über das Geschäft und die wirtschaftlichen Aktivitäten und analysieren die Finanzinformationen gewissenhaft. Sie ziehen annahmegemäß auch Experten und Berater hinzu, um Informationen über komplexe Vorgänge zu verstehen. Das Argument, die Information oder die Rechnungslegungsbestimmungen wären für die Adressaten ohnedies zu komplex oder zu detailliert, ist bei der Wesentlichkeitsbeurteilung nicht relevant. Im Rahmen der zunehmend datenbasierten Berichtsformate (XBRL) können Adressaten auch eine Vielzahl granularer Daten mit statistischen Methoden auswerten. Auch durchsuchen intelligente Algorithmen eine Vielzahl von Abschlüssen nach sehr spezifischen Details.

Es reicht, wenn eine Entscheidungsrelevanz vernünftigerweise zu erwarten ist. Ein Nachweis, dass tatsächlich Entscheidungen beeinflusst werden, lässt sich nur schwer erbringen und ist daher nicht gefordert. Umgekehrt ist auch nicht jede denkmögliche Beeinflussung von Entscheidungen relevant, denn ein bestimmter Adressat könnte ein unübliches Interesse für eine unerwartete Besonderheit haben (.BC13I).

Die Wesentlichkeit hängt von der Art und/oder der Größenordnung dieser Informationen ab. Sie wird daran gemessen, ob die Information entweder gesondert oder in Kombination mit anderen Informationen (bzw. in Kombination mit anderen Fehlern) insgesamt entscheidungsrelevant sein könnte.

Eine Verschleierung findet statt, wenn eine Information auf eine solche Art und Weise kommuniziert wird, dass sie eine ähnliche Auswirkung wie eine Fehlinformation oder ein Weglassen hätte. Dies kann eine vage oder unklare Beschreibung eines wichtigen Umstands sein oder die Verteilung der Information im Abschluss auf nicht zusammenhängende Weise. Auch eine Zusammenfassung unterschiedlicher Informationen bzw. eine Zerlegung einer zusammengehörigen Information oder das Verstecken einer wichtigen Information innerhalb unwesentlicher Informationen kann eine Verschleierung sein. Das bedeutet aber nicht, dass Unternehmen keine unwesentlichen Informationen darstellen dürfen (.BC13L).

Das IASB hat zur besseren Beurteilung auch das *IFRS Practice Statement 2 – Making Materiality Judgements* veröffentlicht.

Das aus den US-GAAP stammende ***matching principle*** spielt in den IFRS kaum eine Rolle. Es wird beispielsweise in IFRS 15.99 im Rahmen der Gewinnrealisierung verwendet: Wirtschaftlich zusammenhängende Erträge und Aufwendungen aus demselben Auftrag werden systematisch zum gleichen Zeitpunkt erfasst. IFRS 15 stellt damit allerdings nur klar, dass einem Umsatz auch der entsprechende Leistungseinsatz (z. B. Abgang von Vorräten) gegenüberzustellen ist.

Enthalten die IFRS für eine Transaktion **keine konkrete Vorschrift**, dann sollen Vorschriften für vergleichbare Transaktionen und die Grundsätze des Rahmenkonzepts herangezogen werden (Analogie; IAS 8.11). Auch die aktuelle Literatur und anerkannte Branchenübung sind für die Auslegung relevant, soweit sie im Einklang mit den Grundsätzen nach IFRS stehen (.12). Im Zweifel sollen Verlautbarungen von anderen Standardsettern berücksichtigt werden, die ähnliche Grundsätze wie das Rahmenkonzept der IFRS besitzen (z. B. die US-GAAP).

Ein bekannter Grundsatz der internationalen Rechnungslegung ist das „***true and fair view***-Prinzip“. Nach IAS 1.15 f müssen die Vermögenslage, die Ertragslage und die Cashflows tatsachengetreu dargestellt werden. Allerdings wird bereits durch die korrekte Anwendung der IFRS das *true and fair view*-Prinzip am besten erreicht; soweit dies mit den Bestimmungen der IFRS nicht vollständig gewährleistet werden kann, sind zusätzliche Angaben erforderlich (IAS 1.17). Von einem IFRS kann zwar dann abgewichen werden, wenn dies zur Vermittlung eines getreuen Bildes der Vermögens-, Finanz- und Ertragslage notwendig ist. Allerdings ist nach IAS 1.19 ein Abweichen „extrem seltenen“ Ausnahmesituationen vorbehalten, in denen die Befolgung der IFRS so irreführend wäre, dass damit das Ziel der Finanzberichterstattung nach dem Rahmenkonzept nicht erreicht werden könnte und dies auch durch zusätzliche Angaben nicht ausgeglichen werden könnte. Wenn andere Unternehmen mit demselben Problem konfrontiert sind, dann kann annahmegemäß kein solcher Fall vorliegen (.24(b)).

Aufgrund dieser einschränkenden Regelung besteht de facto ein generelles Verbot, von den Bestimmungen der IFRS abzuweichen. Wird dennoch abgewichen, sind umfangreiche Anhangangaben erforderlich (der betroffene IFRS, Grund und Art der Abweichung, die Auswirkung auf Ergebnis, Vermögenswerte, Schulden, Eigenkapital und Cashflows in allen dargestellten Perioden; ausführlich IAS 1.20). Auch die finanziellen Auswirkungen von solchen Abweichungen in früheren Perioden auf den aktuellen Abschluss sind anzugeben (.21).

6.3. Fair Value Accounting

Mit dem Umstieg auf IFRS geht ein grundsätzlicher **Wandel der Rechnungslegungsmentalität** einher. Der für Anleger notwendige Informationsgehalt kann nicht durch simple Bilanzierungsregeln erreicht werden. Auch Prognosen und Ermessensentscheidungen sind notwendig. Die IFRS setzen auf die Bereitschaft und das Verantwortungsbewusstsein des Unternehmens, sich möglichst objektiv und entscheidungsorientiert darzustellen. Die Maßstäbe der externen Rechnungslegung gleichen daher jenen des internen Controllings.

Eine wesentliche Neuerung ist die Bewertung zum Fair Value. Mit dem Begriff **Fair Value** wird der Verkehrswert bzw. Marktwert von Vermögenswerten oder Schulden beschrieben. Steht kein Markt zur Verfügung, dann verkörpert der Fair Value den Wert im Unternehmen – also einen Gebrauchswert. Daher wird der Fair Value allgemein mit „beizulegender Zeitwert“ übersetzt. Allerdings haben einzelne Standards jeweils eigene Definitionen des Fair Values – je nach den Gegebenheiten bestimmter Vermögenswerte oder Schulden.

Die Erfassung von Fair Value-Änderungen wird als **Auf- bzw. Abwertung** bezeichnet, um sie von der systematischen Abschreibung bzw. der außerplanmäßigen Abschreibung und Wertaufholung begrifflich abzugrenzen.

Der Ansatz von Fair Values erhöht die **Erfolgssensitivität des Jahresabschlusses**: Die nach nationalem Bilanzrecht zulässige Bildung von stillen Reserven kann zur Ergebnisglättung missbraucht werden: In einer Verlustsituation werden stille Reserven durch gezielte Verkäufe aufgedeckt, z. B. durch *wash sales*. Dabei werden Vermögenswerte (insbesondere Wertpapiere) veräußert und kurz danach wieder zurückerworben. Die Verlustsituation wird für externe Bilanzleser erst Jahre später ersichtlich, wenn alle stillen Reserven aufgebraucht sind. Dann folgt aber ein umso stärkerer Gewinneinbruch und die Chancen um gegenzusteuern oder eine Sanierung aus eigener Kraft einzuleiten, haben sich zwischenzeitlich reduziert. Aus Sicht der **Risikobeurtei-**

lung sind Fair Values oft zu bevorzugen: Das risikotragende Eigenkapital kann nur durch zukunftsorientierte und nicht durch vergangenheitsorientierte Werte ermittelt werden, nur so kann die aktuelle Risikotragfähigkeit des Unternehmens bestimmt werden. Da eine kalkulierte Risikoaufnahme eine wesentliche Grundlage für Wachstum und Wertschöpfung darstellt, ist eine systematische Unterschätzung der Risikotragfähigkeit durch vergangenheitsorientierte Werte auch entwicklungshemmend. Vor diesem Hintergrund ist der Umsatzakt nur eine willkürliche und bewusst steuerbare Vermögensumschichtung, die mit der tatsächlichen Wertschöpfung in keinem ursächlichen Zusammenhang steht.

Fair Values sind jedenfalls sinnvoll, wenn Vermögenswerte ausreichend liquide sind und auf aktiven Märkten gehandelt werden (z. B. börsennotierte Wertpapiere). Geringen Informationsgehalt haben Fair Values aber dann, wenn Vermögenswerte bis zum Ende ihrer Nutzungsdauer im Unternehmen eingesetzt und verbraucht werden (z. B. Sachanlagen oder der Firmenwert). Außerdem müssen Fair Values verlässlich ermittelbar sein. Auf diesen Grundüberlegungen basiert das *fair value accounting* nach IFRS: Fair Values sind für Vermögenswerte und Schulden vorgesehen, mit denen das Unternehmen regelmäßig einem **Marktrisiko ausgesetzt** ist. Die übrigen Positionen werden mit fortgeführten Anschaffungskosten angesetzt.

Die differenzierte Bewertung wird als *mixed model approach* bezeichnet: eine Mischung von Fair Values und historischen Anschaffungskosten. Das Rahmenkonzept (Kapitel 6) legt fest, wann ein Standard eher historische Anschaffungskosten und wann eher Fair Values verwenden soll: Wenn die Cashflows sehr variabel sind und der Wert stark von den Marktbedingungen und aktuellen Risikofaktoren abhängt, sind Fair Values vorzuziehen. Beispielsweise sind bei einem Derivat historische Anschaffungskosten weitgehend irrelevant. Werden die Cashflows des Unternehmen aber nur indirekt oder durch eine gemeinsame Nutzung mit anderen Bewertungsobjekten beeinflusst, um gemeinsam eine Marge zu erzielen, spricht dies eher für historische Anschaffungskosten verbunden mit einer außerplanmäßigen Abschreibung auf einen Nutzwert.

Würden Investoren aufgrund der hohen Bewertungsunsicherheit einen anderen Wertansatz wählen (z. B. Neubewertungen bei der Analyse rückgängig machen), spricht dies ebenfalls für ein anderes Bewertungskonzept.

Problematisch wird der *mixed model approach*, wenn wirtschaftlich zusammengehörige Positionen nach unterschiedlichen Modellen bewertet werden, z. B. ein Sicherungsinstrument zum Fair Value und das Grundgeschäft zu Anschaffungskosten oder eine Forderung zum Fair Value und eine zur direkten Finanzierung aufgenommene Schuld zu Anschaffungskosten. In diesen Fällen empfiehlt das Rahmenkonzept (Kapitel 7) ebenfalls ein einheitliches Bewertungskonzept für beide Positionen. Für die meisten Formen des *accounting mismatch* haben die IFRS Lösungen entwickelt, die aber optional sind.

Fair Value-Ansätze erfordern regelmäßig Korrekturen, wenn sie als Grundlage für **Gewinnausschüttungen** oder zur **Steuerbemessung** dienen (Problem der Substanzauslaugung und der Scheingewinnbesteuerung). Da bereits die Mehrzahl der EU-Mitgliedstaaten die IFRS im Einzelabschluss verwendet, hat die Europäische Kommission eine Überarbeitung der zweiten EU-Richtlinie zur **Kapitalerhaltung** angekündigt, diesen Plan aber wieder aufgegeben. Auch die völlige Aufhebung der Richtlinie wurde überlegt, um die Frage den Mitgliedstaaten zu überlassen (siehe Kap. I.3.3., S. 19 f.). Diese Pläne werden aber vorerst nicht umgesetzt. Bisher wenden einige betroffene Mitgliedstaaten die Bankbilanzrichtlinie analog auf IFRS-Abschlüsse an, weil in

Bankbilanzen schon bisher Fair Values enthalten sind (z. B. bei börsennotierten Wertpapieren). Unrealisierte Gewinne werden danach generell in Neubewertungsrücklagen erfasst und der Ausschüttung entzogen.

Das *fair value accounting* ist vielfach durch Wahlrechte ausgestaltet. Ein **Wahlrecht** zum Ansatz der Fair Values besteht insbesondere bei Sachanlagen und Immobilien, die als Finanzinvestition gehalten werden (siehe Kap. III.5., S. 55 und Kap. III.6., S. 57).

Auch bei **Finanzinstrumenten** kommt es häufig zum Ansatz des Fair Values. Bei Finanzinstrumenten des Handelsbestands und bei Aktien ist der Fair Value-Ansatz sogar zwingend.

Wie der Fair Value zu ermitteln ist, wurde in einem eigenen Standard ausführlich geregelt (IFRS 13).

6.4. Branchenbezogene Regelungen

Obwohl die Rechnungslegungsgrundsätze des nationalen Bilanzrechts für alle Unternehmen gelten, müssen viele Unternehmen daneben auch branchenbezogene Rechnungslegungsvorschriften erfüllen (z. B. Banken und Versicherungen). Umfang und Inhalt der Jahresabschlüsse werden maßgeblich von der Rechtsform und dem Aufsichtsrecht bestimmt. Die branchenabhängige Rechnungslegung wird zunehmend kritisiert. Großkonzerne umfassen heute oft mehrere Branchen (z. B. Banken und Leasinggesellschaften, Versicherungen und Industrieunternehmen). Geschäfte werden daher oft über jene Branche abgewickelt, welche die jeweils günstigeren Rechnungslegungsbestimmungen bietet. Dies gilt vor allem dann, wenn Branchen ein regulatorisches Mindestkapital halten müssen (Aufsichtsarbitrage).

Als internationaler Standard können die IFRS nur begrenzt auf die nationale Rechtsordnung Rücksicht nehmen; außerdem ist keiner der heute gültigen Standards auf eine bestimmte Branche beschränkt. Stattdessen stellen die Standards auf die Natur der einzelnen Geschäfte ab. Die IFRS enthalten zwar keine branchenbezogenen Vorschriften, allerdings Bestimmungen, die typischerweise eine Branche betreffen. Beispiele sind IFRS 17 für Versicherungsunternehmen, IAS 41 für land- und forstwirtschaftliche Unternehmen und IFRS 6 für Bergbauunternehmen und Erdölproduzenten. IFRS 17 für Versicherungsverträge ist daher maßgeblich, ob ein Versicherungsvertrag nun von einer Versicherung, einer Bank oder einem Industriekonzern angeboten wird.

II. Immaterielle Vermögenswerte *(Intangible Assets)*

1. Identifizierung und erstmalige Erfassung

Immaterielle Vermögenswerte sind definiert als nicht monetäre Vermögenswerte ohne physische Substanz, die **selbständig identifizierbar** sind, z. B. Software, Patente und Urheberrechte, Kundenlisten oder Franchiserechte (IAS 38.8 ff.).

Selbständige Identifizierbarkeit bedeutet, ein immaterieller Wert kann vom Unternehmen **losgelöst und übertragen werden** (auch wenn nur zusammen mit anderen Werten), z. B. durch Veräußerung, Lizenzierung oder Vermietung, unabhängig davon, ob das Unternehmen eine solche Übertragung beabsichtigt oder nicht (IAS 36.12(a)).

Ausnahmsweise gelten auch nicht übertragbare Werte als selbständig identifizierbar, wenn sie aus einem **vertraglichen oder anderen gesetzlichen Recht** resultieren, unabhängig davon, ob das Recht vom Unternehmen losgelöst oder übertragen werden kann (IAS 38.12(b)). Vertragliche Rechte sind z. B. ans Unternehmen gebundene Lizenzen oder vertragliche Kundenbeziehungen (vgl. IAS 38.BC10 ff.). Gesetzliche Rechte sind z. B. Urheber- oder Markenrechte. Auch Rechte ohne gesetzliche Grundlage kommen in Betracht (z. B. satzungsmäßige Rechte). Daraus ergibt sich ein weiterer Begriffsinhalt als nach nationalem Bilanzrecht (vgl. *Küting/Dawo*, StuB 15/2002 S. 1160).

Der **Firmenwert** ist nicht identifizierbar und daher kein immaterieller Vermögenswert im Sinne von IAS 38 (zum Firmenwert siehe Kap. XVIII.3.4., S. 452 ff.). Auch immaterielle Vermögenswerte, die gemäß IFRS 5 zur Veräußerung stehen, fallen nicht unter IAS 38 (IAS 38.3; siehe Kap. V.6., S. 95). Nicht identifizierbar sind z. B. auch Strategiepapiere, Marketingkonzepte, allgemeine Markt- oder Machbarkeitsstudien, Due Diligence-Berichte oder Gutachten für unternehmensspezifische Probleme (z. B. ein Rechtsgutachten in einem Schadenersatzprozess). Gutachten und Studien können allerdings Bestandteil der Herstellung oder Entwicklung von anderen Vermögenswerten und nach Maßgabe der darauf anwendbaren Standards zu aktivieren sein (z. B. Studien im Rahmen einer Medikamentenzulassung).

Das Unternehmen muss auch die **Kontrolle und Verfügungsmacht** über den immateriellen Wert besitzen. Diese Einschränkung betrifft vor allem Rechte, die nicht auf einem vertraglichen oder gesetzlichen Recht beruhen und deshalb nicht gerichtlich durchsetzbar sind. Dann muss es aber andere faktische Möglichkeiten geben, über ihren zukünftigen Nutzen zu verfügen (IAS 38.13; auch eine arbeitsvertraglich vereinbarte Verschwiegenheitsverpflichtung der Mitarbeiter kann Kontrolle ermöglichen; .14). Keine Kontrolle – und daher keine Aktivierungsmöglichkeit – besteht aber bei **Humankapital** (Ausbildung und Kompetenz der Belegschaft; .15). Auch nichtvertragliche **Kundenbeziehungen (Kundenstamm)** und **Marktanteile** lassen sich nicht ausreichend kontrollieren (.16; Aktivierungsverbot), ebenso wenig wie ungeschützte Geschäftsgeheimnisse und Verfahren. Das Aktivierungsverbot gilt nach IAS 38.16 aber nur, wenn die Kundenbeziehungen selbst aufgebaut wurden (d. h. nicht für den Erwerb eines Kundenstamms von Dritten). Auch selbst erstellte **Kundenlisten, Marken, Zeitschriftentitel** und ähnliche Vermögenswerte dürfen nicht aktiviert werden (.63).

Die Aktivierung ist außerdem nur zulässig, wenn der Vermögenswert

- einen wahrscheinlichen **zukünftigen Nutzen** für das Unternehmen erzeugt und
- seine **Kosten verlässlich ermittelbar** sind (IAS 38.21 ff.).

Praktische Bedeutung hat diese Einschränkung vor allem für selbst erstellte immaterielle Vermögenswerte, das sind i.d.R. Entwicklungskosten. Entwicklungskosten werden ausführlich in Kap. II.3., S. 44 ff. behandelt. Der künftige Nutzen ist sorgfältig auf Grundlage belegbarer Annahmen zu schätzen; externen Hinweisen ist dabei größeres Gewicht beizumessen als internen Überlegungen (z. B. Kosten einer beabsichtigten Medikamentenzulassung, wenn das Management von einer Zulassung ausgeht, unabhängige Studien aber gravierende Nebenwirkungen aufgedeckt haben).

Bei **einzeln erworbenen Vermögenswerten** gelten regelmäßig beide Bedingungen als erfüllt, weil sich die Kosten verlässlich aus dem Kaufpreis ergeben und die Tatsache einer Preisbildung auch einen künftigen Nutzen impliziert (IAS 38.25 f.). Bei Erwerb immaterieller Wirtschaftsgüter **im Rahmen eines Unternehmenserwerbs bzw. in der Konzernbilanz** gilt die erste Bedingung stets als erfüllt; daher muss nur die verlässliche Zuteilung der Anschaffungskosten bzw. der Fair Values nachgewiesen werden (IAS 38.33 f.; für abnutzbare Vermögenswerte wird die verlässliche Ermittelbarkeit der Kosten sogar vermutet – IAS 38.35).

Bei einer **Firmenhomepage** kann der Nachweis des zukünftigen Nutzens z. B. durch direkte Erträge im Rahmen einer Onlinebestellung erfolgen (ausführlich SIC 32). In diesem Fall werden die Ausgaben in der technischen Entwicklungsphase bis zur Betriebsbereitschaft aktiviert. Die Abschreibung erfolgt über eine bestmöglich geschätzte, aber kurze Nutzungsdauer. Wurde die Firmenhomepage hauptsächlich für die Vermarktung eigener Produkte und Dienstleistungen entwickelt, dann ist ein Nachweis des zukünftigen Nutzens nicht möglich; die Ausgaben sind daher als Aufwand anzusetzen. Dies gilt auch für Inhalte einer Homepage, die der Werbung oder Vermarktung eigener Produkte dienen (z. B. Produktfotografien).

Für die Zugangsbewertung unterscheidet IAS 38 im Wesentlichen zwischen den folgenden Anschaffungsvorgängen:

- dem Erwerb von Dritten gegen Zahlungsmittel (auch Auftragsfertigung);
- dem Erwerb im Rahmen eines Unternehmenszusammenschlusses;
- dem Erwerb durch öffentliche Zuwendung;
- dem Tausch (selten);
- der Selbsterstellung (Sonderbestimmungen zu Forschung und Entwicklung).

Gegen Zahlungsmittel angeschaffte immaterielle Vermögenswerte werden mit den **Anschaffungskosten** und direkt zurechenbaren Anschaffungsnebenkosten bis zum Erreichen der Betriebsbereitschaft aktiviert (IAS 38.27 ff.; z. B. Gebühren und Beratungskosten, Kosten der Softwareinstallation, Kosten für Funktions- oder Sicherheitstests, direkt zurechenbare Gemeinkosten wie Personalkosten, nicht aber Marketing- oder Verwaltungskosten oder allgemeine Kosten). Die Betriebsbereitschaft kann schon vor der tatsächlichen Inbetriebnahme (Nutzung) liegen (IAS 38.30), etwa wenn ein Patent erworben wird, die damit verbundene Produktion aber erst später beginnt. Maßgeblich ist der vom Management beabsichtigte, nutzbare Zustand. Kosten im Rahmen der Nutzung nach der Betriebsbereitschaft oder der Änderung der geplanten Nutzung sowie Anlaufverluste (z. B. Ineffektivität bei Nutzungsbeginn) werden nicht aktiviert. Finanzierungskosten im Rahmen der Herstellung immaterieller Vermögenswerte müssen aktiviert werden (IAS 38.32 i.V. mit IAS 23; siehe Kap. III.2., S. 49).

Bei einem Unternehmenserwerb werden immaterielle Vermögensgegenstände im Rahmen der Kapitalkonsolidierung bzw. Kaufpreisallokation erfasst (siehe dazu ausführlich Kap. XVIII.3.2.2., S. 444).

Der unentgeltliche Erwerb durch öffentliche Zuwendungen (z. B. unentgeltlich erworbene Radiolizenzen, Landerechte oder Förderquoten) ist entsprechend IAS 20 zu bilanzieren (vgl. Kap. VI.5., S. 116).

Für den Tausch immaterieller Vermögenswerte gegen nicht monetäre Vermögenswerte gelten dieselben Tauschgrundsätze wie für das Sachanlagevermögen (IAS 38.45 ff.; siehe dazu Kap. III.3., S. 53).

Die Selbsterstellung im Rahmen von Forschung und Entwicklung ist gesondert geregelt (siehe unten, Kap. II.3., S. 44). Andere Anwendungsfälle gibt es nicht, weil der selbst erstellte Firmenwert sowie selbst aufgebaute Kundenbeziehungen, Kundenlisten, Marken, Zeitschriftentitel und ähnliche Vermögenswerte nicht aktiviert werden (.63).

Die Anschaffungsvorgänge können auch kombiniert vorkommen, wobei dann jeder Teil gesondert zu beurteilen ist (z. B. Erwerb eines Patents von Dritten und interne Weiterentwicklung im Rahmen der Forschung und Entwicklung).

2. Folgebewertung

Im Rahmen der **Folgebewertung** werden immaterielle Vermögenswerte grundsätzlich zu fortgeführten Anschaffungskosten bewertet. In seltenen Fällen ist auch der Ansatz mit dem Fair Value möglich.

Immaterielle Vermögenswerte, für die ein aktiver Markt existiert, dürfen bei der Folgebewertung zum **Fair Value** angesetzt werden (IAS 38.75 ff.; *revaluation model*). Der Fair Value ergibt sich gemäß IFRS 13 aus dem Marktpreis (vgl. Kap. XV, S. 333). Aufwertungen werden direkt in einer Neubewertungsrücklage erfasst (.85). Abwertungen mindern zuerst die Neubewertungsrücklage. Werden die ursprünglichen Anschaffungskosten unterschritten, dann ist die Wertminderung im Aufwand zu erfassen; die Neubewertungsrücklage darf daher keinen Verlustsaldo aufweisen. Die Bilanzierung entspricht jener für Sachanlagen, die zum Fair Value bewertet werden (siehe dazu Kap. III.5., S. 55). Ein aktiver Markt zeichnet sich durch öffentlich bekannte Marktpreise aus. Aktive Märkte sind bei immateriellen Vermögenswerten äußerst selten (IAS 38.78; ggf. bei Taxilizenzen, Abbau- bzw. Förderrechten oder bei Emissionszertifikaten nach dem Kyoto-Abkommen). Ausdrücklich vom Fair Value-Ansatz ausgenommen sind Marken, Zeitschriftentitel, Musik- und Filmrechte, Patente und Warenzeichen.

Immaterielle Vermögenswerte werden regelmäßig zu fortgeführten Anschaffungskosten bewertet. Meist werden sie daher über ihre Nutzungsdauer systematisch abgeschrieben *(cost model)*. Die **Nutzungsdauer** ist nach den Gegebenheiten des Unternehmens bei üblicher Instandhaltung festzulegen (z. B. voraussichtliche Einsatzdauer, Produktlebenszyklus, technische und wirtschaftliche Überalterung, Nachfrageentwicklung und Konkurrenzentwicklung für damit hergestellte Produkte, Laufzeit von Rechten und Verträgen; IAS 38.90). Computersoftware hat nach IAS 38.92 typischerweise eine kurze Nutzungsdauer.

Immaterielle Vermögenswerte, die auf vertraglichen oder anderen gesetzlichen Rechten beruhen, werden höchstens über die Laufzeit der Rechte abgeschrieben (z. B. Patente oder Nutzungsrechte). Verlängerungsoptionen sind zu berücksichtigen, wenn die Verlängerung keine wesentlichen Kosten verursacht und die Verlängerung auch wahrscheinlich ist (IAS 38.94 ff.; z. B. klare Hinweise auf die Verlängerungsabsicht).

Die Abschreibung erfolgt systematisch ab dem Zeitpunkt der **Betriebsbereitschaft** (nicht maßgeblich ist die tatsächliche Inbetriebnahme). Die **Abschreibungsmethode** soll den Nutzenverlauf aus dem Vermögenswert widerspiegeln (IAS 38.97 f: insbesondere linear, degressiv oder verbrauchsabhängig). Kann der Nutzenverlauf nicht verlässlich ermittelt werden, dann sind immaterielle Vermögenswerte linear abzuschreiben. Die Abschreibungsmethode und die Restnutzungsdauer müssen am Ende jedes Jahres überprüft und ggf. angepasst werden (IAS 38.104).

Eine **umsatzabhängige Abschreibung** ist unter IAS 38 grundsätzlich nicht zulässig, weil der Umsatz von vielen anderen Faktoren beeinflusst wird als dem Wertverzehr aus der Nutzung des immateriellen Vermögens (z. B. andere Vorleistungen, Verkaufsaktivitäten, Preis- und Nachfrageänderungen am Absatzmarkt oder Inflation). In seltenen Fällen kann das Unternehmen aber den Beweis antreten, dass eine umsatzabhängige Abschreibung wirtschaftlich gerechtfertigt und daher zulässig ist (anders als bei Sachanlagen, wo umsatzabhängige Abschreibungen generell verboten sind). Ein Beispiel sind vertragliche Rechte, die nach einer bestimmten Umsatzerzielung auslaufen. Ist die Umsatzerzielung der zentrale limitierende Faktor für die Nutzung, darf umsatzabhängig abgeschrieben werden. Auch bei anderen Fällen, in denen der Wertverzehr und der Umsatz stark korrelieren, kann die umsatzabhängige Abschreibung gerechtfertigt sein (IAS 38.98A ff.).

Im Technologie,- Computer- und Softwarebereich können immaterielle Vermögenswerte technisch schnell überaltern, weshalb die Nutzungsdauer regelmäßig kurz ist. Auch ein erwarteter Preisverfall der mit dem immateriellen Vermögen erstellten Produkte und Dienstleistungen weist auf einen schnelleren Wertverzehr hin, weshalb die Nutzungsdauer bzw. Restnutzungsdauer entsprechend zu verkürzen ist (IAS 38.92).

Restwert am Ende der Nutzungsdauer: Die Abschreibung auf einen positiven Restwert erfolgt nur, wenn sich entweder Dritte zur Abnahme zu einem Festpreis verpflichtet haben oder wenn am Ende der Nutzungsdauer voraussichtlich ein aktiver Markt besteht (eher selten; IAS 38.100 ff. i. V. mit 38.8: ein aktiver Markt besteht aus gleichartigen, möglichst standardisierten Produkten, für die Käufer und Verkäufer jederzeit verfügbar und Marktpreise öffentlich bekannt sind).

Die Abschreibung wird zwar grundsätzlich als Aufwand in der GuV ausgewiesen; soweit sie aber Herstellungskosten eines anderen Vermögenswerts darstellt, erfolgt **keine aufwandswirksame Verbuchung** und kein Ausweis in der GuV (IAS 38.97). Stattdessen erfolgt eine direkte Aktivierung: „herzustellender Vermögenswert" an „abzuschreibender Vermögenswert" (ebenso bei Sachanlagen: IAS 16.48). Beim Gesamtkostenverfahren wird dieser Effekt meist durch eine Ertragsbuchung erreicht (Ertrag aus aktivierten Kosten).

Alle immateriellen Vermögenswerte unterliegen den Vorschriften zum **Werthaltigkeitstest** (siehe Kap. V., S. 83). Besteht ein **Anhaltspunkt für eine Wertminderung**, dann sind die Vermögenswerte auf den niedrigeren erzielbaren Betrag abzuschreiben (dieser ergibt sich entweder aus dem Veräußerungspreis abzüglich der Veräußerungskosten oder aus dem Barwert der aus der Nutzung des Vermögenswerts erzielbaren Cashflows; maßgeblich ist der höhere Betrag).

Ein immaterieller Vermögenswert kann nach IFRS auch eine **unbestimmbare Nutzungsdauer** haben *(indefinite useful life)*. Die Nutzungsdauer ist unbestimmbar, wenn sie entweder unbegrenzt ist oder keine vorhersehbare Grenze der Nutzung festgelegt werden kann. Vermögenswerte mit unbestimmbarer Nutzungsdauer sind nicht planmäßig abzuschreiben (IAS 38.107). Sie unterliegen nur dem **Werthaltigkeitstest** *(impairment test)*, der ggf. eine außerplanmäßige Abschreibung verlangt. Anders als bei planmäßig abgeschriebenen Vermögenswerten ist der Werthaltigkeitstest aber jährlich durchzuführen, auch wenn keine Anhaltspunkte für eine Wertminderung vorliegen (IAS 36.10; siehe Kap. V., S. 83 ff.).

Die *Illustrative Examples* zu IAS 38 nennen folgende **Beispiele für die Festlegung der Nutzungsdauer**:

- Kundenlisten, die für ein bis drei Jahre genutzt werden: Abschreibung über den besten Schätzwert des Managements, z. B. 18 Monate;
- Patent mit 15 Jahren Laufzeit und Abnahmeverpflichtung eines Dritten zu 60 % der Anschaffungskosten nach fünf Jahren: Abschreibung über fünf Jahre auf den vereinbarten Restwert;
- Urheberrecht mit 50 Jahren Laufzeit und voraussichtlichem Nutzen über 30 Jahre: Abschreibung über 30 Jahre;
- Sendelizenz über zehn Jahre, die alle zehn Jahre zu geringen Kosten erneuert werden kann: Unbestimmbare Nutzungsdauer, daher keine planmäßige Abschreibung (weitere Voraussetzungen: belegbare Absicht der Verlängerung, keine Gefahr der Aberkennung; keine erkennbare technische Überalterung der Sendetechnik);
- Anflugrecht auf einen Flughafen mit fünf Jahren Laufzeit, das mit geringen Kosten erneuert werden kann. Unbestimmbare Nutzungsdauer, daher keine planmäßige Abschreibung (weitere Voraussetzungen: belegbare Absicht der Verlängerung, keine Gefahr der Aberkennung oder technischen oder kommerziellen Entwertung des Anflugsrechts);
- registrierte Marke eines bekannten Konsumprodukts, die zu geringen Kosten erneuert werden kann: Unbestimmbare Nutzungsdauer, wenn sich aus Produkt- und Marktuntersuchungen ein Nutzen für eine unbegrenzte Zeit ergibt, keine Risiken der Aberkennung und eine belegbare Verlängerungsabsicht bestehen;
- Marke mit eigentlich unbestimmbarer Nutzungsdauer, wenn die Produktlinie nur noch fünf Jahre fortgeführt werden soll: Abschreibung über fünf Jahre.

Weitere Beispiele für eine unbestimmbare Nutzungsdauer sind z. B. unbefristete Miet-, Pacht- und Franchiserechte. Auch der Firmenwert hat eine unbestimmbare Nutzungsdauer, er ist allerdings kein immaterieller Vermögenswert im Sinne von IAS 38. Die Nutzungsdauer einer **Firmenhomepage** ist nicht unbestimmbar, sondern kurz – sofern die Firmenhomepage überhaupt die Kriterien für eine Aktivierung erfüllt (SIC 32).

Da der Werthaltigkeitstest bei unbestimmbarer Nutzungsdauer jährlich – auch ohne Anhaltspunkte für eine Wertminderung – durchzuführen ist, erlaubt IAS 36.24 eine **Erleichterung**. Unter den folgenden drei Voraussetzungen kann ausnahmsweise der Vorjahreswert für die Feststellung der Wertminderung herangezogen werden: Der erzielbare Betrag wurde bereits im Vorjahr ermittelt und lag deutlich über dem Buchwert. Die Analyse von Ereignissen im Abschlussjahr ergibt, dass eine Wertminderung sehr unwahrscheinlich ist. Falls die Wertminderung auf Ebene einer *cash generating unit* zu ermitteln ist (Kap. V.4., S. 87), darf sich die Zusammensetzung der *cash generating unit* nicht wesentlich verändert haben.

Mit dem Verbot der planmäßigen Abschreibung bei unbestimmbarer Nutzungsdauer haben sich die IFRS an die US-GAAP angepasst: Auch die US-GAAP verbieten seit 2001 die planmäßige Abschreibung von immateriellen Vermögenswerten mit unbestimmbarer Nutzungsdauer und des Firmenwerts.

Für immaterielle Vermögenswerte sind umfangreiche **Anhangangaben** erforderlich (IAS 38.118). Für jede Klasse (z. B. Marken, Software, Lizenzen, Patente, Urheberrechte, Formeln, Modelle und Entwicklungskosten) sind – getrennt nach selbst erstellten und erworbenen Vermögenswerten – insbesondere anzugeben: Nutzungsdauern, Abschreibungsmethoden, ein Veränderungsspiegel, außerplanmäßige Abschreibungen, Wechselkursdifferenzen sowie eine Rechtfertigung über die Annahme einer unbestimmbaren Nutzungsdauer.

3. Forschungs- und Entwicklungskosten

Forschung *(research)* ist die planmäßige, originäre Suche nach neuen technischen und wissenschaftlichen Erkenntnissen. Beispiele sind etwa die Grundlagenforschung, die Suche von Anwendungsgebieten (einschließlich Evaluierung und Auswahl) für vorhandene Forschungsergebnisse und für vorhandenes Wissen (angewandte Forschung), die Suche nach Produkt- oder Prozessalternativen und die Formulierung, das Design und die Evaluierung neuer Materialien, Vorrichtungen oder Systeme, sofern noch keine Entscheidung über deren konkrete Umsetzung vorliegt.

Selbst erbrachte Forschungsleistungen sind grundsätzlich als Aufwand zu verbuchen (IAS 38.54 ff.). Dagegen sind Entwicklungskosten – nach Maßgabe von IAS 38.21 ff. und 57 ff. – zu aktivieren.

Entwicklung *(development)* ist die Überleitung von Wissen in einen Plan oder in ein Modell für die Produktion neuer oder wesentlich verbesserter Produkte, Materialien, Vorrichtungen, Prozesse, Systeme oder Dienstleistungen vor Beginn des kommerziellen Einsatzes (IAS 38.8).

Beispiele für Entwicklungsleistungen (IAS 38.59):

- Entwicklung, Konstruktion und Tests von Prototypen vor Produktionsbeginn;
- Werkzeuge, Vorlagen und Formen mithilfe neuer Technologie;
- Entwicklung und Durchführung einer Versuchsproduktion (Pilotanlage), die für eine kommerzielle Produktion noch nicht ausreicht;
- Entwicklung und Tests von bereits für die Produktion ausgewählten, neuen oder verbesserten Materialien, Vorrichtungen, Systemen, Produkten oder Dienstleistungen.

Entwicklungsleistungen im Sinne von IAS 38 können entweder ein veräußerbares Produkt darstellen (z. B. Software) oder nur indirekt in die Produktion anderer Leistungen eingehen. Die Produktion von **Software** zum Verkauf könnte auch unter IAS 2 *(Inventories)* fallen (vgl. IAS 2.19). Nach IAS 38.4 wird aber regelmäßig eine Entwicklungsleistung im Sinne von IAS 38 vorliegen.

Entwicklungskosten werden aktiviert, sobald alle der folgenden Bedingungen erfüllt und nachgewiesen sind (IAS 38.57):

- Die Fertigstellung des gesamten Entwicklungsprojekts bis zur Marktreife bzw. Einsatzbereitschaft ist **technisch machbar** und wird tatsächlich beabsichtigt.
- Die Entwicklung ist **veräußerbar oder nutzbar**.

- Die Entwicklung bringt **zukünftige wirtschaftliche Vorteile** (Nachweis eines Absatzmarktes oder zukünftiger Cashflows; maßgeblich sind nach IAS 38.60 die zum Werthaltigkeitstest entwickelten Kriterien, vgl. Kap. V., S. 83 ff.).
- Das Unternehmen verfügt über ausreichende technische, finanzielle und andere nötige **Ressourcen** für die Fertigstellung.
- Zurechenbare Herstellungskosten sind **verlässlich ermittelbar**.

Ausgaben für die Entwicklung von Marken, Zeitschriftentiteln und Kundenlisten sowie vergleichbare Ausgaben dürfen grundsätzlich nicht aktiviert werden (IAS 38.63).

Die **Aktivierung beginnt,** sobald ein Projekt die Definition des Entwicklungsbegriffs und die oben angeführten Bedingungen erfüllt; eine bestimmte technische Reife ist dazu nicht erforderlich. Alle direkt zurechenbaren Kosten gehen in die **Herstellungskosten** ein (insbesondere Kosten der Registrierung eines Patents, Abschreibungen von Patenten und Lizenzen, Finanzierungskosten nach Maßgabe von IAS 23; vgl. IAS 38.66 f.). Die **Aktivierung endet**, sobald die Entwicklung marktreif oder betriebsbereit ist. Sie endet auch, sobald eine der oben angeführten Bedingungen nicht mehr erfüllt wird.

BEISPIEL ▸ Ein Softwareunternehmen hat am 1.1.X1 mit der Entwicklung eines neuen Softwareprodukts begonnen, das Ende Dezember X1 Marktreife erlangt hat; die direkt zurechenbaren Entwicklungskosten belaufen sich auf 10.000 € pro Monat. Der erwartete Jahresumsatz beträgt 100.000 € in X2 und X3, die Ausgaben für Produktion und Vertrieb betragen jeweils 50.000 €; danach wird der Vertrieb voraussichtlich eingestellt.

Lösung: Die erwarteten Zahlungsmittelüberschüsse betragen insgesamt 100.000 €; der Barwert zum 1.10.X1 sei 90.000 €. Die Vorschriften zum Werthaltigkeitstest (Kap. V., S. 83 ff.) würden eine außerplanmäßige Abschreibung verlangen, wenn der Barwert der erzielbaren Cashflows geringer ist als der Buchwert. Daher setzt IAS 38.60 die Obergrenze für die Aktivierung auch mit diesem Betrag fest. Die Aktivierung endet daher bereits zum 30.6.X1, weil dann insgesamt Herstellungskosten von 90.000 € angefallen sind (IAS 38.60 i.V. mit IAS 36.30 ff.).

Für die **Auftragsforschung** sind die Grundsätze von IFRS 15 zu beachten, siehe dazu Kap. VI.4, S. 106 ff. Dabei muss das forschende Unternehmen neben den zurechenbaren Kosten regelmäßig auch den anteiligen Gewinn des Forschungsauftrags aktivieren.

Soweit **beim Auftraggeber** ein immaterieller Vermögenswert vorliegt, kann er seine Zahlungen an das forschende Unternehmen aktivieren. Es handelt sich dann um einen von Dritten erworbenen immateriellen Vermögenswert; die Bedingungen zur Aktivierung (zukünftiger Nutzen und verlässliche Kostenermittlung) gelten daher regelmäßig als erfüllt (IAS 38.21 i.V. mit IAS 38.25 f.). Bei der Auftragsforschung würde außerdem das Aktivierungsverbot von Forschungskosten nicht greifen (für die Praxis wohl nicht relevant).

Immaterielle Vermögenswerte, die noch nicht betriebsbereit sind (z. B. laufende Entwicklungsprojekte), sind zumindest jährlich einem **Werthaltigkeitstest** zu unterziehen; bei Anzeichen einer Wertminderung ggf. auch öfter (IAS 36.10; die Erleichterungen in IAS 36.24 gelten hier nicht). Siehe dazu Kap. V., S. 83 ff.

4. Gründungs- und Erweiterungskosten

Einem allgemeinen **Aktivierungsverbot** unterliegen Aufwendungen zur **Gründung** eines Unternehmens (z. B. Registrierungskosten, Gründungsprüfung oder Beratungskosten), Aufwendungen zum **Ingangsetzen und Erweitern** des Betriebes (z. B. Erschließung neuer Märkte) oder Kosten der **Produkteinführung** (***start-up activities***; IAS 38.69). Dies gilt grundsätzlich auch für Werbung, Schulungskosten, Kosten der Betriebsübersiedlung oder der Reorganisation.

Das Aktivierungsverbot gilt allerdings nicht für folgende Kosten im Rahmen der Gründung oder Erweiterung:

- Vorauszahlungen auf nicht aktivierungsfähige Kosten werden regelmäßig im sonstigen Umlaufvermögen aktiviert;
- Anschaffungskosten bzw. Nebenkosten der erstmaligen Beschaffung und Produktion von Vorräten, von Anlagegütern und von aktivierungsfähigen immateriellen Vermögenswerten (z. B. selbst erstellte Software) werden aktiviert;
- Kosten der **Eigenkapitalbeschaffung** *(share issuance costs)* werden vom Emissionserlös abgezogen und gehen daher zulasten der Kapitalrücklagen (IAS 32.35).

BEISPIEL ▸ Im Rahmen der Gründung fallen Registrierungsgebühren von 200 t€ und Vertragserrichtungskosten von 50 t€ an. Die Kosten der Aktienemission belaufen sich auf 100 t€.

Lösung: Die Gründungskosten von insgesamt 250 t€ mindern den Gewinn, die Kosten der Aktienemission von 100 t€ mindern das eingezahlte Kapital (Verminderung der Kapitalrücklagen).

Aufwendungen für Mergers- and Acquisitions-Aktivitäten können Anschaffungsnebenkosten der erworbenen Beteiligung sein, aber nur, wenn diese nicht konsolidiert wird.

III. Sachanlagevermögen *(Property, Plant and Equipment)*

Das Sachanlagevermögen im Sinne von IAS 16 umfasst Vermögenswerte, die für die Erstellung von Produkten oder Dienstleistungen, für die Vermietung oder für administrative Zwecke gehalten werden und voraussichtlich länger als ein Jahr genutzt werden (IAS 16.6 ff.). Betroffen sind insbesondere Grundstücke und Gebäude *(property),* Produktionsstätten *(plants),* Maschinen sowie Betriebs- und Geschäftsausstattung *(equipment).* Auch Reserve- und Wartungsgeräte sowie Ersatzteile, die der Produktion dienen und über ein Jahr hinaus genutzt werden, sind Sachanlagen (dies betrifft vor allem Ersatzteile für bestehende Sachanlagen; .8).

Sachanlagen sind auch fruchttragende Pflanzen, die länger als ein Jahr zur Ernte von Früchten genutzt und nicht selbst als landwirtschaftliches Erzeugnis verkauft werden. Nicht unter IAS 16 fallen aber sonstige Pflanzen und Tiere (siehe Kap. VI.3, S. 104). Ausgenommen sind auch Bodenschätze bzw. Rechte auf Bodenschätze sowie Vermögenswerte, die nach IFRS 5 zur Veräußerung stehen (siehe Kap. V.6., S. 95 f.). Von IAS 16 ausgenommen sind ferner **Immobilien, die als Finanzinvestitionen** gehalten werden (IAS 40); die Behandlung ist in Kap. III.6., S. 57 dargestellt.

Ausgenommen ist auch die Bewertung bei erstmaliger Erfassung von Sachanlagen, die im Rahmen eines Finanzierungsleasings nach IAS 17 beim Leasingnehmer aktiviert werden; die Folgebewertung erfolgt aber nach IAS 16 (IAS 16.27). Die Leasingvorschriften von IAS 17 sind ausführlich in Kap. IV., S. 63 dargestellt.

1. Anschaffungs- und Herstellungskosten

Erworbene Sachanlagen sind mit ihren **Anschaffungskosten** samt Anschaffungsnebenkosten zu aktivieren, die notwendig sind, um den Vermögenswert in betriebsbereiten Zustand zu versetzen. **Betriebsbereit** ist der Vermögenswert dann, wenn er in der von der Geschäftsführung vorgesehenen Art und am vorgesehenen Ort betrieben werden kann (IAS 16.20).

Danach sind zu aktivieren (IAS 16.16 ff.):

- Kaufpreis abzüglich Rabatte und Skonto, zuzüglich Verkehrsteuern, Zölle und nicht als Vorsteuer abzugsfähige Umsatzsteuer;
- Kosten der Standortvorbereitung einschließlich Abbruchkosten;
- Transport- und Montagekosten;
- direkt zurechenbare Berater- oder Notarkosten;
- Kosten von Testläufen.

Maßgeblich ist der Kaufpreis zum Zeitpunkt der Aktivierung: Bei einem unüblich langen Zahlungsziel wird nur der Barwert aktiviert und die Zinsen über die Laufzeit abgegrenzt (IAS 16.23; Ausnahme: Aktivierung von Finanzierungskosten im Rahmen von IAS 23).

Öffentliche Zuwendungen zum Erwerb von Sachanlagen dürfen nach IAS 16.28 i.V. mit IAS 20 als Anschaffungskostenminderungen von den Anschaffungskosten abgezogen werden (siehe Kap. VI.5., S. 116).

Für die **Ermittlung der Herstellungskosten** gelten dieselben Grundsätze wie für die Ermittlung der Anschaffungskosten (IAS 16.22). Bei Unterbeschäftigung und anderen nicht betriebsüblichen Leerzeiten dürfen Personalkosten und andere Fixkosten nur entsprechend der normalen betrieblichen Auslastung aktiviert werden. Für Finanzierungskosten gilt IAS 23 (Aktivierungspflicht, siehe Kap. III.2.). **Verwaltungskosten**, andere nicht zurechenbare Gemeinkosten, Kosten der Betriebseröffnung oder Betriebsumsiedlung, der Werbung und der Einführung neuer Produkte oder Dienstleistungen dürfen nicht aktiviert werden (IAS 16.19).

Nachträgliche Anschaffungs- oder Herstellungskosten liegen vor, wenn sie wahrscheinlich einen zukünftigen Nutzen für das Unternehmen bringen und verlässlich ermittelbar sind (IAS 16.13 i.V. mit 16.7). Bei einem Flugzeug kann dies beispielsweise beim Austausch der Sitze oder bei wesentlichen Kontrollen der Fall sein, wobei nach jeder wesentlichen Kontrolle der fortgeschriebene Buchwert der vorangegangenen Kontrolle abgeschrieben wird (IAS 16.13 f).

Auch die geschätzten **Abbruchkosten**, **Entsorgungskosten** und durch die Errichtung der Anlage **verursachten Rekultivierungskosten** am Ende der Nutzung zählen zu den Anschaffungskosten, sofern sie durch die Anschaffung bzw. Herstellung verursacht werden oder wenn sie aus anderen Gründen als zur Herstellung von Vorräten verursacht werden (IAS 16.16(c) und 16.18). Die Kosten resultieren z. B. aus dem Abbau der Anlage, aus dem Rückbau der Umgebung der Anlage oder aus der Entsorgung von Stoffen, die im Rahmen der Herstellung der Anlage verwendet wurden.

Entstehen Entsorgungskosten aber aus der Erzeugung von Vorräten (z. B. Verschmutzung des Betriebsgeländes durch Giftstoffe), dann handelt es sich nicht um Kosten der Anlage, sondern der Produktion. Diese sind ggf. Herstellungskosten der Vorräte oder im Aufwand zu erfassen.

Soweit die Wiederherstellungsverpflichtung der Anlage zuzurechnen ist, wird eine Rückstellung gemäß IAS 37 angesetzt und bewertet, d. h. IAS 37 bestimmt damit indirekt die Ermittlung der bei Anschaffung zu aktivierenden Wiederherstellungskosten: Maßgeblich ist somit der diskontierte Erwartungswert. Die Übernahme der Verpflichtung wird wie eine Gegenleistung für die Anschaffung behandelt (vergleichbar der Übernahme einer Hypothek beim Erwerb eines Grundstücks). Die Wiederherstellungskosten werden daher über die planmäßige Abschreibung bzw. im Rahmen des vorzeitigen Abgangs des Vermögenswerts aufwandswirksam. Die Rückstellung stellt einen Barwert dar und wird jährlich angepasst:

- zur Berücksichtigung allfälliger Schätzungsänderungen hinsichtlich der Kosten;
- zur Berücksichtigung der Zinsen im Zeitablauf, weil die rückgestellte Verpflichtung näher rückt.

BEISPIEL 1 Ein Unternehmen erwirbt im Januar X1 ein Fabrikgebäude zur Lackproduktion. Die Anschaffungskosten betragen 20 Mio. € (Grundstücksanteil 5 Mio. €). Die Fabrik kann zehn Jahre genutzt werden. Danach ist mit Kosten für den Abbruch der Anlage von 2 Mio. € zu rechnen. Durch Verschmutzungen des Grundstücks mit Giftstoffen aus der Lackproduktion ist mit Entsorgungskosten des Erdmaterials von 1 Mio. € in zehn Jahren zu rechnen, die bereits durch die Tätigkeiten während des ersten Jahres der Nutzung verursacht werden. Der Zinssatz für die Rückstellung sei 7 %.

Der Barwert der Abbruchkosten von 1.017 t€ gehört zu den Anschaffungskosten:

Gebäude	16.017 t€	
Grundstück	5.000 t€	
an Rückstellung für Abbruchkosten		1.017 t€
an Cash		20.000 t€

An den geschätzten Kosten hat sich bis Jahresende nichts geändert; die nachfolgenden Abschlussbuchungen sind (im Rahmen des Gesamtkostenverfahrens) erforderlich. Die Rückstellung für die Entsorgungskosten wird erstmalig am Abschlussstichtag gebildet (2 Mio. € diskontiert mit 7 % über neun Jahre).

planmäßige Abschreibung	1.602 t€	
an Gebäude		1.602 t€
Abbruchkosten (Verzinsung 7 %)	71 t€	
an Rückstellung für Abbruchkosten		71 t€
Entsorgungskosten	544 t€	
an Rückstellung für Entsorgungskosten		544 t€

BEISPIEL 2 ▸ Das Unternehmen besitzt ein älteres Verwaltungsgebäude mit einer Restnutzungsdauer von zehn Jahren. Bei einer Untersuchung werden verbotene Asbestisolierungen entdeckt, das Gebäude ist daher unverzüglich auf Kosten des Unternehmens zu sanieren. Die erwarteten Sanierungskosten werden rückgestellt, die Gegenbuchung erfolgt am Bestandskonto des Gebäudes (nachträgliche Anschaffungskosten). Die Kosten werden daher im Rahmen der planmäßigen Abschreibung über zehn Jahre im Aufwand erfasst. Außerdem ist zum nächsten Bewertungsstichtag zu prüfen, ob eine außerplanmäßige Wertminderung vorliegt.

2. Finanzierungskosten (IAS 23)

Die Aktivierung von Finanzierungskosten im Rahmen der Anschaffung, Herstellung und Produktion ist in IAS 23 geregelt. IAS 23 gilt auch für die Herstellung von Vorräten (siehe Kap. VI.2, S. 101 ff.). Finanzierungskosten sind zwingend zu aktivieren, sofern die Bedingungen des IAS 23 erfüllt sind; alle anderen, nicht zu aktivierenden Finanzierungskosten sind je nach Anfall periodengerecht als Aufwand anzusetzen (.8).

Von IAS 23 ausgenommen sind Vermögenswerte, die zum Fair Value angesetzt werden, weil in diesem Fall die Aktivierung von Finanzierungskosten nicht sachgerecht wäre und bei einem Erwerb zwischen Dritten nicht zum Ansatz kämen (z. B. landwirtschaftliche Produkte oder als Finanzinvestitionen gehaltene Immobilien). Ausgenommen sind außerdem Vorräte, die laufend und in großen Mengen produziert werden (IAS 23.4). In diesen Fällen wäre eine direkte Zurechnung zu den Produktionskosten auch nicht sachgerecht.

Die Aktivierung von Finanzierungskosten ist auf **qualifizierte Vermögenswerte** *(qualifying assets)* beschränkt (IAS 23.5). Qualifiziert sind Vermögenswerte, deren Betriebsbereitschaft oder Verkaufsfähigkeit nur **über einen beträchtlichen Zeitraum** erlangt werden kann. Das sind je nach Einzelfall etwa Vorräte (insbesondere langfristig gefertigte Erzeugnisse im Anlagenbau), Fabrikationsstätten, Kraftwerke oder zur Vermietung errichtete Gebäude. Auch immaterielle Vermögenswerte können qualifiziert sein (z. B. Software). **Nicht qualifiziert** sind aber finanzielle Vermögenswerte (z. B. Forderungen oder Beteiligungen) sowie all jene Vorräte, die in relativ kurzer Zeit produziert werden (.7).

Zu den **Finanzierungskosten** zählen primär Zinsen, die sich entsprechend der Effektivzinsmethode gemäß IFRS 9 ergeben (IAS 23.6). Dazu zählen laufende Zinsen für kurz- oder langfristige Kredite bzw. Kontokorrentkredite, die Amortisierung von Agios bzw. Disagios im Rahmen einer Fremdfinanzierung und die Amortisierung sonstiger Kosten der Fremdfinanzierung (Spesen, Abgaben und Provisionen). Wird ein Kaufpreis über die handelsüblichen Zahlungsziele hinaus gestundet oder in Ratenzahlungen geleistet, so stellt die Differenz zwischen dem Barwert und dem Zahlungsbetrag i. d. R. Finanzierungskosten dar. Unter IAS 23 fallen auch Finanzierungskosten im Rahmen eines Leasings einer Anlage (z. B. bei der Herstellung einer Anlage, die durch ein Spezialleasing finanziert wird). Dies gilt aber nur, wenn der Leasingnehmer nicht das Wahlrecht ausgeübt hat, beim geringwertigen oder kurzfristigen Leasing die Leasingraten als Mietaufwand zu erfassen.

Wechselkursdifferenzen für Fremdwährungskredite gelten als Finanzierungskosten, soweit diese als Zinsanpassung zu sehen sind (IAS 23.6(e)). Dies gilt insbesondere dann, wenn bewusst eine Währung in einem deutlich niedriger verzinsten Währungsraum ausgewählt wird und daher mit einem Kursanstieg über die Finanzierungsdauer zu rechnen ist (z. B. wenn die Terminkurse von den Kassakursen abweichen).

Direkt zurechenbare Finanzierungskosten sind unmittelbar in Höhe der angefallenen Finanzierungskosten zu aktivieren (siehe dazu IAS 23.9); direkt zurechenbar sind Kosten, die das Unternehmen ohne die Ausgaben für Anschaffung oder Herstellung hätte vermeiden können, also z. B. Kosten von Krediten, die direkt für die Anschaffung oder Herstellung aufgenommen wurden (IAS 23.10). Bei vorübergehend anderweitiger Veranlagung der Mittel sind die erzielten Zinserträge gegenzurechnen und vermindern die aktivierten Zinsaufwendungen (IAS 23.13).

Aber auch **allgemeine Fremdfinanzierungskosten des Unternehmens** können aktiviert werden, soweit ein nicht direkt zurechenbares Fremdkapital zur Anschaffung oder Herstellung verwendet wird. Dazu ist ein durchschnittlicher Fremdfinanzierungszinssatz zu errechnen, ggf. auch ein Durchschnittssatz für den Gesamtkonzern (.15). Der Fremdfinanzierungszinssatz ist der gewogene Durchschnitt aller Finanzierungen während der Periode (mit Ausnahme direkt zurechenbarer Finanzierungen, die bereits als solche aktiviert werden). Keinesfalls darf aber ein höherer Betrag aktiviert werden, als im Abschlussjahr tatsächlich aufwandswirksam angefallen wäre (.14).

Direkt zur Finanzierung qualifizierter Vermögenswerte aufgenommenes Fremdkapital scheidet aus dem allgemeinen Fremdkapital aus, aus dem die allgemeinen Fremdfinanzierungskosten ermittelt werden. Ist der direkt finanzierte Vermögenswert bereit für die geplante Nutzung oder den geplanten Verkauf, endet die Zurechnung des direkten Fremdkapitals, d. h. das zur Direktfinanzierung aufgenommene Kapital geht in das allgemeine Fremdkapital über.

Zinsen dürfen nur im **Aktivierungszeitraum** *(capitalisation period)* aktiviert werden. Der Aktivierungszeitraum beginnt, sobald die folgenden drei Bedingungen kumulativ erfüllt sind (IAS 23.17):

- Auszahlungen für die Anschaffung oder Herstellung wurden geleistet; zu den Auszahlungen gehören Geld- oder Vermögensübertragungen, wobei öffentliche Beihilfen anzurechnen sind und nur die Nettoauszahlung berücksichtigt wird (.18);
- Aktivitäten wurden unternommen, die zur Erlangung der Betriebsbereitschaft oder Verkaufsfähigkeit erforderlich sind (z. B. administrative Arbeit wie Einholen von Genehmigungen oder technische Vorbereitung; .19);
- Finanzierungskosten sind tatsächlich angefallen.

Der Aktivierungszeitraum endet, sobald der Gegenstand den **betriebsbereiten oder verkaufsfähigen Zustand** erlangt hat (.22). Die Bereitschaft ist bei physischer Fertigstellung anzunehmen, auch wenn noch kleinere administrative Arbeiten oder Anpassungen notwendig sind (z. B. bei einer Immobilie die Fertigstellung der Innenausstattung nach Wünschen des jeweiligen Käufers; .23).

Werden die Aktivitäten der Herstellung oder Beschaffung unterbrochen, dann wird auch die Aktivierung der Finanzierungskosten **unterbrochen** (.20); substanzielle technische oder administrative Phasen gelten dabei nicht als Unterbrechung (z. B. Einreichung für behördliche Genehmigungen). Auch technisch bedingte Wartezeiten (z. B. bei Autobahnbelagsarbeiten oder Trocknungszeiten) sowie naturbedingte Unterbrechungen (z. B. Hochwasser, Frostunterbrechung) erfordern keine Unterbrechung der Aktivierung (.21).

Umfasst ein zu produzierender Vermögenswert mehrere selbständig verwertbare Teile, dann endet die Aktivierung von Finanzierungskosten hinsichtlich jedes Teils, sobald der jeweilige Teil fertiggestellt ist (z. B. einzelne selbständige Gebäude eines Business Parks; .24 f).

Berechnung der zu aktivierenden Finanzierungskosten: In einem ersten Schritt ist das **während der Periode eingesetzte Kapital** zu ermitteln, das als Grundlage für die Zinsberechnung dient. Vereinfachend darf der – über die Periode gewichtete – Wert der aktivierten Herstellungskosten angesetzt werden (IAS 23.18; dieser Wert schließt auch die in Vorperioden aktivierten Zinsen mit ein).

BEISPIEL 1 ▸ Zum Ende der Vorperiode (31.12.X0) waren Herstellungskosten von 200.000 € aktiviert. Am 1.10.X1 erfolgte eine weitere Investition, für die zusätzliche Herstellungskosten von 400.000 € aktiviert wurden. Das durchschnittlich in X1 eingesetzte Kapital beträgt daher 300.000 € (200.000 € + $^3/_{12}$ × 400.000 €).

In einem zweiten Schritt sind die Zinsen für das eingesetzte Kapital zu ermitteln. Zuerst werden Zinsen für unmittelbar zur Finanzierung aufgenommene Kredite angesetzt. Auf den Restbetrag des eingesetzten Kapitals wird der durchschnittliche Fremdfinanzierungszinssatz des Unternehmens angewendet.

BEISPIEL (FORTSETZUNG) ▸ Für die Investition am 1.10.X1 wurde ein gesonderter Kredit von 100.000 € aufgenommen (Zinsen 10 %). Der durchschnittliche Fremdfinanzierungszinssatz des Unternehmens beträgt dagegen nur 5 % (ohne Berücksichtigung der Zinsen für den direkt zurechenbaren Einzelkredit).

Lösung: Vom 1.1.X1 bis zum 30.9.X1 wurde das durchschnittlich eingesetzte Kapital von 300.000 € vollständig durch das allgemeine Fremdkapital finanziert.

$^9/_{12}$ × 300.000 € × 5 % = 11.250 €

Die Zinsen aus dem unmittelbar zur Finanzierung aufgenommenen Kredit sind vollständig zu aktivieren.

100.000 € × $^3/_{12}$ × 10 % = 2.500 €

Vom 1.10.X1 bis zum 31.12.X1 wurde nur jener Teil des durchschnittlich eingesetzten Kapitals mit allgemeinem Fremdkapital finanziert, der nicht über den Einzelkredit finanziert wurde.

(300.000 € – 100.000 €) × $^3/_{12}$ × 5 % = 2.500 €

Im Jahr X1 sind daher insgesamt zu aktivieren:

11.250 € + 2.500 € + 2.500 € = 16.250 €.

Die Aktivierung von Finanzierungskosten darf nicht zu einem Buchwert führen, der über dem erzielbaren Betrag i. S. von IAS 36.18 (vgl. Kap. V.2., S. 84) oder über dem Nettoveräußerungswert i. S. von IAS 2.28 liegt (vgl. Kap. VI.2.3., S. 103). In diesem Fall wäre der Vermögenswert entsprechend der jeweiligen Standards abzuschreiben; dies gilt auch, wenn die geschätzten zukünftigen Gesamtkosten den zukünftigen erzielbaren Betrag oder den Nettoveräußerungswert übersteigen (IAS 23.16). Außerdem dürfen insoweit keine weiteren Zinsen mehr aktiviert werden (IAS 23.9 zweiter Satz).

BEISPIEL 2 ▸ Das bilanzierende Unternehmen ist Bauträger und lässt ein Wohnhaus errichten, dessen Wohnungen einzeln mit einem Gewinnaufschlag von 30 % auf die Herstellungskosten verkauft werden sollen. Die allgemeinen Fremdfinanzierungskosten sind 10 %. Die Bautätigkeit beginnt in X1 mit der Planung (Kosten 1 Mio. €) und dem Abbruch alter Gebäude (Kosten 1 Mio. €). Diese Kosten werden am 1.7.X1 bezahlt.

Lösung X1: Da die Wohnungen erst nach Fertigstellung verkauft werden, handelt es sich um keine Auftragsfertigung (eine Teilgewinnrealisierung scheidet aus). Die Abbruchkosten und die Planungskosten stellen Herstellungskosten dar und werden im Abschluss des Jahres X1 aktiviert. Zusätzlich sind die Finanzierungskosten zu aktivieren, sobald Herstellungsaktivitäten begonnen haben (darunter fallen auch vorbereitende Tätigkeiten; IAS 23.19) und Ausgaben getätigt wurden. Mangels einer Direktfinanzierung ist die allgemeine Fremdfinanzierung heranzuziehen:

2 Mio. € × 10 % × $^6/_{12}$ = 100 t€.

Im Jahr X2 wird das Wohnhaus gebaut. Die Zahlung an die Baufirma erfolgt in zwei Raten von jeweils 10 Mio. € am 1.1. und am 1.7.X2. Zur Finanzierung der ersten Rate wird am 1.1.X2 ein niedrig zu 2 % verzinster Frankenkredit aufgenommen. Bis Jahresende ist der Wert des Franken um 3 % gestiegen, was aufgrund der niedrigen Frankenzinsen absehbar war.

Lösung X2: Der durchschnittliche Kapitaleinsatz des Jahres X2 beträgt:

(2,1 Mio. € + 10 Mio. €) × $^{12}/_{12}$ + 10 Mio. € × $^6/_{12}$ = 17,1 Mio. €

Der Wechselkursverlust von 3 % hat Finanzierungskostencharakter, womit sich die relevante Verzinsung des Frankenkredits von 2 % auf 5 % erhöht (IAS 23.6(e); der Wechselkursverlust wird daher nicht im Aufwand dargestellt). Die Finanzierungskosten des Jahres X2 ergeben sich wie folgt:

Direktfinanzierung: 10 Mio. € × 5 % = 500 t€

allgemeine Finanzierung: 7,1 Mio. € × 10 % = 710 t€

Zum 31.12. werden daher Finanzierungskosten von 1,21 Mio. € aktiviert. Der Buchwert beträgt daher 2,1 Mio. € + 20 Mio. € + 1,21 Mio. = 23,31 Mio. €.

Im ersten Halbjahr X3 wird die Bautätigkeit abgeschlossen und das Wohnhaus am 30.6.X3 abgenommen. Aufgrund einiger Mängel wird eine Preisminderung von 1 Mio. € mit den Baufirmen ausverhandelt, die im August rückerstattet wird. Der Abverkauf der Wohnungen beginnt wie erhofft mit Gewinnaufschlag. Der Frankenkurs bleibt im ersten Halbjahr X3 unverändert, steigt aber im zweiten Halbjahr um 1 %.

Lösung X3: Fremdkapitalzinsen dürfen nur bis zum 30.6.X3 aktiviert werden, weil dann die Arbeiten abgeschlossen sind (IAS 23.22). Der durchschnittliche Kapitaleinsatz im ersten Halbjahr beträgt 23,31 Mio. €. Die Finanzierungskosten des Jahres X2 ergeben sich wie folgt:

Direktfinanzierung: 10 Mio. € × 2 % × $^6/_{12}$ = 100 t€

Allgemeine Finanzierung: 13,31 Mio. € × 10 % × $^6/_{12}$ = 665,5 t€

Zum 30.6.X3 werden daher Finanzierungskosten von 765,5 t€ aktiviert. Der Buchwert beträgt daher 23.310 t€ + 915,5 t€ = 24.075,5 t€. Sämtliche Vorgänge nach dem 30.6. (Kursanstieg Franken und Kaufpreisminderung) haben keine Auswirkung mehr auf die aktivierten Finanzierungskosten.

Im **Anhang** sind der Gesamtbetrag der aktivierten Finanzierungskosten und der durchschnittliche Fremdfinanzierungszinssatz anzugeben, der für die Aktivierung herangezogen wurde (.26).

Erstanwendung: IAS 23 in der hier dargestellten Fassung ist erstmals auf Perioden anzuwenden, die am 1.1.2009 oder später beginnen; eine vorzeitige Anwendung ist zulässig. In der Altfassung des IAS 23 bestand grundsätzlich ein Wahlrecht, Finanzierungskosten zu aktivieren oder aufwandswirksam anzusetzen. Soweit ein Unternehmen die aufwandswirksame Behandlung nach der Altfassung gewählt hat, gilt die Neuregelung nur für jene Projekte, deren Aktivierungszeitraum i. S. von IAS 23.17 nach dem 1.1.2009 beginnt. Das Unternehmen darf aber auch einen früheren Stichtag wählen. Für Projekte, die vor dem gewählten Stichtag begonnen haben, sind die Finanzierungskosten weiterhin als Aufwand anzusetzen.

3. Tauschvorgänge von Anlagen *(Non-Monetary Exchange)*

Bei einem Tausch von Sachanlagen gegen andere nicht monetäre Vermögenswerte sind die Tauschgrundsätze in IAS 16.24 anzuwenden (gleichlautende Bestimmungen für immaterielle Vermögenswerte in IAS 38.45 ff.). Für Tauschvorgänge bei Vorräten, Lieferungen und Leistungen gilt IFRS 15 (Kap. VI.4, S. 106).

Grundsätzlich ist der erworbene Gegenstand mit dem **Fair Value des hingegebenen Vermögenswerts** anzusetzen. Lässt sich allerdings der Fair Value des erhaltenen Vermögenswerts zuverlässiger ermitteln, dann ist dieser Wert maßgeblich (IAS 16.26). Tauschvorgänge sind daher erfolgswirksam, wenn der Fair Value vom Buchwert abweicht.

In zwei Fällen kommt es nicht zur Gewinnrealisierung. Die Anschaffungskosten des erworbenen Vermögenswerts ergeben sich dann aus dem **Buchwert des hingegebenen Vermögenswerts** (zuzüglich geleisteter und abzüglich erhaltener Zuzahlungen):

- Dem Tausch fehlt die wirtschaftliche Substanz *(„commercial substance“)*, oder
- weder der Fair Value des hingegebenen noch der Fair Value des erhaltenen Vermögens kann verlässlich ermittelt werden.

Wirtschaftliche Substanz liegt dann vor, wenn die zukünftigen Cashflows aus der Nutzung des erhaltenen Vermögenswerts von den Cashflows des hingegebenen Vermögenswerts abweichen (Zusammensetzung, Beträge nach Steuern, Risiko, Zeitpunkte bzw. der Barwert). Die Abweichung muss im Vergleich zum Fair Value signifikant sein, also einen unterscheidbaren Einfluss auf die wirtschaftliche Lage des Unternehmens haben (IAS 16.BC.20).

Der Fair Value eines Vermögenswerts kann dann **verlässlich ermittelt** werden, wenn verschiedene angemessene Schätzwerte für den Fair Value nicht erheblich voneinander abweichen oder wenn für jeden dieser Schätzwerte eine verlässliche Eintrittswahrscheinlichkeit ermittelt werden kann (IAS 16.26).

BEISPIEL ► Ein Bauunternehmen tauscht ein selbst erstelltes Gebäude (Buchwert 1 Mio. €, Marktwert rund 2 Mio. €) gegen börsennotierte Aktien mit einem Kurswert von 2,2 Mio. €.

Lösung: Die Cashflows aus den Aktien weichen ganz offensichtlich von jenen aus dem Grundstück ab, der Tausch hat daher wirtschaftliche Substanz (nach IAS 16.24 letzter Satz müssen offensichtliche Tatsachen nicht durch Berechnungen oder Prognosen nachgewiesen werden). Der Fair Value der Aktien kann verlässlich ermittelt werden. Daher kommt es zur Gewinnrealisierung.

Der Aktienkurs ist als Wertmaßstab wohl zuverlässiger als der Grundstückspreis (aktiver Markt vorhanden). Der Tauscherlös für das Gebäude beim Bauunternehmen beträgt daher 2,2 Mio. €; der Tauscherlös für die Aktien aus der Sicht des Tauschpartners beträgt ebenfalls 2,2 Mio. €.

4. Planmäßige Abschreibung

Die planmäßige Abschreibung von Sachanlagen wird als *„depreciation“* bezeichnet, die planmäßige Abschreibung immaterieller Vermögenswerte als *„amortisation“*. Für die außerplanmäßige Abschreibung bei einer Wertminderung *(„impairment“)* gelten die Bestimmungen zum Werthaltigkeitstest (siehe Kap. V., S. 83 ff.).

Jeder **identifizierbare Bestandteil einer Sachanlage**, auf den ein signifikanter Teil der Gesamtkosten entfällt, muss gesondert auf seine spezifische Nutzungsdauer abgeschrieben werden (Komponentenbewertung; IAS 16.43 ff.; z. B. die Triebwerke eines Flugzeugs; nach IAS 16.58 insbesondere Grund und Gebäude). Auch nicht signifikante Bestandteile dürfen gesondert abgeschrieben werden. Die Trennung wird auch als „Komponentenansatz“ bezeichnet (ausführlich *Beck*, StuB 13/2004 S. 590 ff.).

Bestandteile mit gleicher Nutzungsdauer können zu Abschreibungsgruppen zusammengefasst werden. Der Restbetrag (Hauptbestandteil der Anlage oder nicht signifikante Bestandteile) wird ebenfalls auf seine spezifische Nutzungsdauer abgeschrieben.

Die **Abschreibungsmethode** soll den Nutzungsverlauf (Nutzenverzehr) des Unternehmens aus dem Einsatz des Vermögenswerts systematisch wiedergeben. Dabei werden insbesondere die folgenden Faktoren berücksichtigt (IAS 16.56):

- Produktions- oder Leistungsvolumen der Anlage;
- physische Abnutzung bei geplanter Wartungsintensität;
- technische und wirtschaftliche Überalterung;
- rechtliche Beschränkungen (z. B. Ablauf von Leasingverträgen, soweit das Nutzungsrecht nach IFRS 16 aktiviert wurde).

Zulässig sind insbesondere die lineare, die degressive oder die verbrauchskonforme Abschreibung. Sofern sich der Nutzenverlauf des Vermögenswerts nicht ändert, ist die einmal gewählte Methode beizubehalten (IAS 16.60). Eine degressive Abschreibung mit automatischem Umstieg auf linear während der Laufzeit ist eine systematische Methode und daher kein Methodenwechsel. Steuerliche Abschreibungsmethoden sind nur zulässig, soweit sie diese Voraussetzungen erfüllen.

Ein erwarteter Preisverfall der mit der Sachanlage erstellten Produkte und Dienstleistungen kann auf eine schnellere wirtschaftliche oder technische Überalterung der Anlage hinweisen, weshalb die Nutzungsdauer (bzw. Restnutzungsdauer) ggf. zu verkürzen wäre (IAS 16.56 lit. c).

Eine **umsatzabhängige Abschreibung** ist gemäß IAS 16.62A nicht zulässig, weil der Umsatz von vielen anderen Faktoren beeinflusst wird als dem Wertverzehr aus der Nutzung der Sachanlage (z. B. andere Vorleistungen, Verkaufsaktivitäten, Preis- und Nachfrageänderungen am Absatzmarkt oder Inflation). Anders als bei immateriellen Vermögenswerten kann auch kein Nachweis erbracht werden, dass eine umsatzabhängige Abschreibung sachgerecht wäre.

Die planmäßige Abschreibung erfolgt unter Berücksichtigung des voraussichtlichen **Restwerts**, der nicht unterschritten werden soll (zum Restwert siehe ausführlich IAS 16.52 ff.).

Anders als bei immateriellen Vermögenswerten (vgl. S. 42) ist auch dann auf den Restwert abzuschreiben, wenn dieser nicht durch eine Abnahmeverpflichtung oder einen aktiven Markt gesichert ist.

Während laufende Wartungskosten im Aufwand bzw. in den Herstellungskosten erstellter Produkte zu erfassen sind, müssen die Kosten zum Betrieb von Sachanlagen nötiger Großinspektionen oder Generalüberholungen aktiviert werden (z. B. Großinspektionen von Flugzeugen in einem mehrjährigen Rhythmus). Diese werden meist als gesonderte Kostenkomponente erfasst und planmäßig über den Zyklus abgeschrieben. Wird eine Großinspektion früher als geplant angesetzt, sind die noch aktivierten Kosten der vorhergehenden Inspektion sofort abzuschreiben. Bei einer Anschaffung einer Anlage ist der Kaufpreis ggf. auf den Wert einer bereits erfolgten Generalüberholung als gesonderte Komponente aufzuteilen (IAS 16.14).

BEISPIEL Eine Fluglinie erwirbt am 1.1.X1 ein Flugzeug für 100 Mio. € mit einer Nutzungsdauer von 20 Jahren (Restwert 5 Mio. €). Im Kaufpreis enthalten sind die Kosten für eine Großinspektion anlässlich der Zulassung von 5 Mio. €. Alle fünf Jahre und erstmalig am 1.1.X6 ist eine Generalüberholung mit Großinspektion nötig (Kosten 10 Mio. €). Die Triebwerke machen 10 % des Kaufpreises des Flugzeugs aus und haben eine Nutzungsdauer von 10 Jahren (Restwert von null).

Es werden folgende drei Komponenten identifiziert, die auf ihre spezifische Nutzungsdauer abgeschrieben werden:

- die Triebwerke (Anschaffungskosten 10 Mio. €, Abschreibung über zehn Jahre);
- die im Kaufpreis enthaltene Großinspektion von 5 Mio. € (Nutzungsdauer fünf Jahre). Am 1.1.X6 ist diese Komponente vollständig abgeschrieben, stattdessen werden die Kosten der ersten Generalüberholung von 10 Mio. € aktiviert und über fünf Jahre abgeschrieben; dies wiederholt sich alle fünf Jahre;
- das restliche Flugzeug mit Anschaffungskosten von 85 Mio. € wird über 20 Jahre auf den Restwert von 5 Mio. € abgeschrieben, das ergibt eine jährliche Abschreibung von 4 Mio. €.

Grundstücke werden nicht planmäßig abgeschrieben; dies gilt aber nicht für aktivierte Rekultivierungskosten (siehe oben, S. 48), für Deponien, Steinbrüche oder für Grundstücksverbesserungen (Bepflanzung, Zäune oder Zufahrtswege), die einen identifizierbaren Teil des Grundstücks darstellen. Sie werden entsprechend dem Nutzenverlauf abgeschrieben (IAS 16.58).

Die Abschreibung beginnt bereits mit der **Betriebsbereitschaft**, nicht erst mit der Inbetriebnahme des Vermögenswerts (IAS 16.55). Die planmäßige Abschreibung endet mit dem Abgang der Anlage oder der Umwidmung zu Vermögenswerten, die gemäß IFRS 5 zur Veräußerung gehalten werden.

Die Abschreibung wird zwar grundsätzlich als Aufwand in der GuV ausgewiesen. Soweit sie aber in die Herstellungskosten eines anderen Vermögenswerts eingeht, erfolgt **keine Aufwandsdarstellung** in der GuV (IAS 16.48 f: unmittelbare Aktivierung: „herzustellender Vermögenswert" an „abzuschreibender Vermögenswert). Insbesondere beim Gesamtkostenverfahren werden aktivierungsfähige Aufwendungen oft im Rahmen einer Ertragsbuchung gezeigt, welche den brutto erfassten Kosten gegenüberstehen (Ertrag aus aktivierten Herstellungskosten). Ob diese Bruttodarstellung mit IAS 16.48 vereinbar ist, bleibt aber offen. Die Frage müsste in IAS 1 und nicht in IAS 16 geklärt werden, weil sie nicht nur Abschreibungen, sondern z. B. auch Personalkosten betrifft.

5. Neubewertungsmodell

Sachanlagen (IAS 16.31 ff.) dürfen im Rahmen der Folgebewertung mit dem Fair Value angesetzt werden *(revaluation model)*. Allerdings kann dieses Wahlrecht nicht für einzelne Sachanlagen, sondern nur für die gesamte Vermögenskategorie in Anspruch genommen werden (.36; d. h. jeweils alle Grundstücke, Gebäude, Maschinen, der Fuhrpark oder die gesamte Betriebs- und Geschäftsausstattung).

Der Fair Value muss verlässlich ermittelbar sein, sonst darf das Wahlrecht nicht in Anspruch genommen werden. Da für Sachanlagen i. d. R. keine aktiven Märkte vorhanden sind, knüpft IAS 16 strenge Bedingungen an die **Fair Value-Ermittlung**. Ist der Fair Value volatil, dann ist eine jährliche Neubewertung erforderlich (.34), ansonsten ist eine Ermittlung alle drei bis fünf Jahre ausreichend.

Aufwertungen über die fortgeschriebenen Anschaffungskosten werden erfolgsneutral in einer **Neubewertungsrücklage** angesetzt. Abwertungen werden zuerst als Minderungen einer bereits bestehenden Neubewertungsrücklage erfasst. Ist die Neubewertungsrücklage aufgebraucht, wird der übersteigende Abwertungsbetrag aufwandswirksam über die GuV geführt; die Neubewertungsrücklage kann daher keinen Verlustsaldo aufweisen. Erfolgt nach einer Abwertung wieder eine Aufwertung, dann werden zuerst alle aufwandswirksamen Abwertungen über eine Ertragsbuchung aufgeholt. Nur der übersteigende Teil wird erfolgsneutral in der Neubewertungsrücklage erfasst. Bei Abgang der Anlage wird die Neubewertungsrücklage i. d. R. unmittelbar – also ohne Berührung der GuV – in die Gewinnrücklagen übertragen; damit wird der Veräußerungsgewinn nicht gewinnwirksam realisiert. Langfristig sind die Periodengewinne daher tendenziell geringer als bei Anwendung des *cost model.*

Die Erfassung unrealisierter Gewinne in der Neubewertungsrücklage ist als Ertrag **im sonstigen Ergebnis** zu zeigen; eine Abwertung zulasten der Neubewertungsrücklage ist als Aufwand im sonstigen Ergebnis zu zeigen. Da eine Veräußerung mit Gewinn nach einer erfolgten Aufwertung insoweit nicht gewinnwirksam ist, kommt es zu keiner Umklassifizierung zwischen GuV und dem sonstigen Ergebnis und somit zu keiner Aufwandsdarstellung im sonstigen Ergebnis.

Bei abnutzbaren Sachanlagen ist außerdem die **planmäßige Abschreibung** zu berücksichtigen. Bestehende kumulierte Abschreibungen können dabei zuerst mit dem Anschaffungskostenkonto verrechnet werden (Stürzen des kumulierten Abschreibungskontos; .35 lit. b). Der Buchwert wird dann auf den Fair Value auf- oder abgewertet. Auch eine alternative Buchungsmethode ist zulässig: Statt dem Stürzen des kumulierten Abschreibungskontos können das Anschaffungskostenkonto und das kumulierte Abschreibungskonto proportional so verändert werden, dass der Saldo dem Fair Value entspricht (siehe im Detail .35 lit. a).

Eine erfolgsneutrale Aufwertung auf einen höheren Fair Value erhöht die Abschreibungsbasis und damit die erfolgswirksame planmäßige Abschreibung in den Folgeperioden. Parallel dazu wird der Aufwertungsgewinn in der Neubewertungsrücklage über die Restnutzungsdauer verteilt aufgebraucht; dies aber erfolgsneutral durch Umbuchung von der Neubewertungsrücklage in die Gewinnrücklagen. Der Gewinn über die Lebensdauer der Anlage wird durch eine Aufwertung auf einen höheren Fair Value tendenziell geringer, weil der tatsächliche Abschreibungsaufwand über die Anschaffungskosten hinausgehen kann.

Eine Aufwertung über die fortgeführten Anschaffungskosten erhöht die Anlagenintensität des Unternehmens. Die Anlagendeckung durch langfristiges Kapital bleibt wegen der korrespondierenden Eigenkapitalerhöhung aber gleich. Allerdings sinkt mit der erfolgsneutralen Zunahme des Eigenkapitals dessen Rentabilität. Abgesehen vom Ermittlungsaufwand des Fair Value können sich daher Nachteile in der Außendarstellung ergeben.

BEISPIEL Ein Gebäude wurde am 1.1.X1 für 100 t€ angeschafft (Nutzungsdauer 20 Jahre). Am 31.12.X1 beträgt der fortgeschriebene Nettobuchwert daher 95 t€, der Fair Value sei allerdings auf 114 t€ gestiegen. Bei einer Neubewertung zum 31.12.X1 werden daher 19 t€ in die Neubewertungsrücklage eingestellt. Die planmäßige Abschreibung des Jahres X2 beträgt 114 t€/19 Jahre = 6 t€. Außerdem wird ein Betrag von 19 t€/19 Jahre = 1 t€ aus der Neubewertungsrücklage in die Gewinnrücklagen übertragen.

Am 31.12.X2 beträgt der Fair Value nur noch 80 t€. Der zum 31.12.X2 planmäßig fortgeschriebene Buchwert von 108 t€ wird daher auf 80 t€ abgewertet. Mit dem Abwertungsbetrag von 28 t€ wird zuerst die noch bestehende Neubewertungsrücklage aufgelöst. Der Restbetrag wird im Aufwand über die GuV erfasst.

6. Als Finanzinvestitionen gehaltene Immobilien (IAS 40)

Der Fair Value-Ansatz ist auch bei **Immobilien** zulässig, die als Finanzinvestitionen gehalten werden (*investment property* – IAS 40). IAS 40 betrifft Grundstücke und Gebäude, die als Wertanlage mit dem Ziel der Wertsteigerung oder zur Erzielung laufender Mieterlöse gehalten werden (z. B. Wohnimmobilien, Gewerbeparks, Einkaufszentren, Messezentren oder Mietbüros). IAS 16 ist nicht anwendbar, wenn Immobilien nach IAS 40 bewertet werden. Immobilien nach IAS 40 werden regelmäßig nicht unter den Sachanlagen, sondern als Teil der Finanzanlagen ausgewiesen.

Werden Immobilien erworben, aktiv entwickelt (z. B. Ausbau, Renovierung) und dann verkauft, dann dient die Aktivität zwar auch der Wertsteigerung. Allerdings steht die aktive Transformation im Vordergrund und nicht das passive Investment, weshalb Vorratsvermögen gemäß IAS 2 vorliegt.

Allerdings fallen Immobilien in Bau oder in Entwicklung, die für die zukünftige Nutzung als Finanzinvestitionen vorbereitet werden, unter IAS 40 (IAS 40.8(e)). Wird z. B. ein Gebäude mit dem Ziel der späteren Vermietung errichtet oder renoviert, dann ist IAS 40 anzuwenden. Bei Projekten in Entwicklung ist die Ermittlung des Fair Value allerdings besonders kritisch, weil erhebliche Unsicherheiten über die künftigen Erträge bestehen (es gibt z. B. regelmäßig noch keine Mietverträge und keine Erfahrungswerte für tatsächliche Kosten).

IAS 40 kann auch nur für Immobilienteile verwendet werden, wenn diese Teile gesondert veräußerbar sind. Kann die Immobilie nicht aufgeteilt werden, dann darf eine Selbstnutzung nur in untergeordnetem Ausmaß erfolgen (IAS 40.10); auch umfangreiche Nebendienstleistungen (z. B. Zimmervermietung im Rahmen eines Hotelbetriebs) schließen die Anwendung von IAS 40 aus (.11). Soll ein Verkauf im Rahmen der gewöhnlichen Geschäftstätigkeit erfolgen, dann liegen Vorräte vor (IAS 2; Kap. VI., S. 101). Werden die Immobilien selbst oder von Arbeitnehmern genutzt oder werden die Immobilien erst hergestellt, dann liegt Sachanlagevermögen vor (IAS 16; Kap. III., S. 47). Werden die Immobilien für Dritte hergestellt oder renoviert, dann liegt ein Fertigungsauftrag vor (Kap. VI.4 f., S. 106 ff.). Werden sie verleast, dann gelten die Bestimmungen für Leasingverträge (IFRS 16).

Die Erstbewertung erfolgt zu Anschaffungskosten einschließlich Anschaffungsnebenkosten bzw. zu Herstellungskosten (IAS 40.20).

Die Definition der **Anschaffungs- und Herstellungskosten** ist ähnlich jener nach dem nationalen Bilanzrecht (vgl. IAS 40.20 ff.). Nur direkt zurechenbare Anschaffungsnebenkosten dürfen aktiviert werden (z. B. Beraterkosten oder Verkehrssteuern). Für die Herstellung sind die allgemeinen Bestimmungen für Sachanlagen maßgeblich (IAS 16; vgl. Kap. III.1., S. 47). Die Aktivierung endet mit der Betriebsbereitschaft. Gründungs- und Anlaufkosten oder Anlaufverluste (ineffektive Nutzung in der Anlaufphase) dürfen nicht aktiviert werden.

Für die Folgebewertung besteht ein Wahlrecht zwischen der **Bewertung zu Anschaffungskosten** *(cost model)* oder dem **Fair Value-Ansatz** *(fair value model)*. Das Wahlrecht ist einheitlich für das gesamte Immobilienvermögen auszuüben, das nach IAS 40 als Finanzinvestition gehalten wird. Eine teilweise Ausübung der Bewertungsoption auf bestimmte Immobilien ist grundsätzlich nicht zulässig. Eine Ausnahme besteht allerdings für bestimmte Immobilienfonds und ähnliche

Immobilieninvestmentportfolios; die Fair Value-Bewertung kann gesondert für all jene Immobilien gewählt werden, die Verbindlichkeiten bedecken und deren Kapitalerträge oder Wertsteigerungen die Rückzahlungsbeträge dieser Verbindlichkeiten bestimmen (IAS 40.32A lit. a).

Wird die **Bewertung zu Anschaffungskosten** gewählt, dann kommen die entsprechenden Bestimmungen zur Anschaffungskostenbewertung von Sachanlagen zur Anwendung (IAS 16; vgl. Kap. III.1., S. 47).

Beim **Fair Value-Ansatz** werden alle Auf- und Abwertungen in voller Höhe gewinnwirksam in der GuV erfasst (IAS 40.35; keine Abbildung im sonstigen Ergebnis). Anders als beim Fair Value Accounting von Sachanlagen darf keine Neubewertungsrücklage gebildet werden. Bei sonst unveränderten Fair Values erfolgt i. d. R. eine aufwandswirksame Abwertung in Höhe der Transaktionskosten, die bei erstmaliger Erfassung aktiviert wurden. In seltenen Fällen kann der Fair Value nicht verlässlich festgestellt werden; dann ist der Fair Value-Ansatz nicht zulässig, die Bewertung erfolgt zu Anschaffungskosten (.53).

Der **Fair Value** ist jener Betrag, der im Rahmen einer Veräußerung eines Vermögenswerts erzielt werden kann. Maßgeblich sind die Bestimmungen zur Bewertung und die entsprechenden Anhangangaben des IFRS 13 (Kap. XV, S. 333). Allfällige Veräußerungskosten dürfen daher bei der Fair Value-Ermittlung nicht abgezogen werden (daher kein Abzug der Grunderwerbsteuer). Belastungen und rechtliche Beschränkungen, die an der Immobilie haften und im Rahmen eines Verkaufs an potentielle Käufer zu übertragen wären, mindern den Fair Value. Daher sind z. B. eingetragene Hypotheken oder unkündbare Mietverträge bei der Wertermittlung regelmäßig zu berücksichtigen. Die besten Hinweise für den Fair Value ergeben sich aus aktuellen Preisen an einem **aktiven Markt**. Dies ist bei Immobilien aber selten. Stehen keine Marktpreise zur Verfügung, dann sind Vergleichspreise oder der Barwert der erwarteten Miet- oder Pachtüberschüsse maßgeblich. Da i. d. R. keine Preise an einem aktiven Markt zur Verfügung stehen, werden Immobilien i. d. R. mit dem Ertragswert, d. h. durch ein Discounted Cashflow-Verfahren bewertet. Für Zwecke des IAS 40 ist der Fair Value aber ein objektiver, externer Wertmaßstab und kein reiner Nutzwert: Für das Unternehmen spezifische Synergieeffekte, Steuerbelastungen oder rechtliche Einschränkungen, die bei einem potentiellen Käufer nicht bestehen würden, bleiben unberücksichtigt. Der Einsatz von externen Immobiliensachverständigen wird vom IASB bevorzugt, ist aber nicht erforderlich; auch entsprechend sachkundige Mitarbeiter dürfen die Bewertung vornehmen (vgl. IAS 40.BC56).

Der Fair Value kommt auch für Immobilienprojekte in Betracht, die noch in Bau bzw. in Entwicklung sind. Meist werden dafür Ertragswerte herangezogen. Diese Regel wurde in zahlreichen Kommentaren kritisiert, weil damit zukünftige Mieterträge „vorverlagert" würden. Die Kritik spricht aber generell gegen den Fair Value, denn auch bei fertigen Immobilien werden zukünftige Mieterträge „vorverlagert". Problematisch sind Ertragswerte in der Entwicklungsphase wegen der großen Bewertungsunsicherheit. Dafür hat das IASB mit IAS 40.53 vorgesorgt: Kann der Fair Value während der Bau- oder Entwicklungsphase nicht verlässlich und eindeutig ermittelt werden, dann dürfen nur die Anschaffungs- und Herstellungskosten gemäß IAS 16 herangezogen werden, bis die Bau- oder Entwicklungsphase abgeschlossen ist bzw. bis der Fair Value verlässlich und eindeutig ermittelbar ist.

Eine verlässliche Bewertung ist i. d. R. frühestens bei Erfüllung folgender Bedingungen sachgerecht:

- eine verbindliche Projektfinanzierung mit fixen Finanzierungskosten liegt vor,
- alle nötigen Bewilligungen (z. B. Baubewilligungen, geänderte Flächenwidmungen) wurden rechtskräftig erteilt,
- alle Bauaufträge wurden vergeben und an der Verlässlichkeit der ausführenden Unternehmen besteht nach eingehender Prüfung kein Zweifel,
- ein interner Ausführungsentscheid samt aller erforderlicher interner Beschlüsse (falls erforderlich auch des Aufsichtsrats) liegt vor,
- sämtliche Aufwendungen sind verlässlich schätzbar (z. B. Baukosten, Finanzierungskosten, Vermarktungs- und Vermittlungskosten, Rechts- und Beratungskosten),
- sämtliche Erträge verlässlich schätzbar sind (schon abgeschlossene Mietverträge, verbindliche Zusagen, vereinbarte Miethöhe, Einbußen durch Leerstände) und
- sämtliche relevanten Risiken des Projekts wurden identifiziert und weitestgehend eliminiert; für versicherbare Risiken wurde eine Versicherung abgeschlossen (z. B. Haftpflicht).

Um Gestaltungsmodelle aus dem Wechsel zwischen Anschaffungskostenbewertung und Fair Value-Ansatz zu verhindern *(„cherry picking")*, enthalten IAS 40.53A und .53B weitere Einschränkungen. Hat das Unternehmen etwa bei erstmaliger Erfassung eines Entwicklungsprojekts den Fair Value gewählt und angenommen, dieser sei verlässlich ermittelbar, dann darf es nach Projektende nicht argumentieren, der Fair Value sei nicht mehr verlässlich ermittelbar (wenn sich z. B. die Ertragsaussichten verschlechtert haben).

Die Immobilien sind erfolgswirksam auszubuchen, wenn sie an Dritte übertragen werden oder dauerhaft nicht mehr genutzt werden sollen und kein zukünftiger Nutzen erwartet werden kann (IAS 40.66).

Die Fair Value-Bewertung unter den Bedingungen von IAS 40 ist auch möglich, wenn die Immobilien geleast wurden (**Renditeimmobilienleasing**). Dies gilt sogar für Immobilien beim Leasingnehmer, bei dem nur ein Nutzungsrecht aktiviert wird.

Umwidmungen: Die Umwidmung von zu Anschaffungskosten bilanzierten Sachanlagen i. S. von IAS 16 zu Immobilien i. S. von IAS 40 darf nicht zur Ergebnisverbesserung missbraucht werden. Daher sind Gewinne aus der Aufdeckung stiller Reserven in einer Neubewertungsrücklage zu erfassen; die Bestimmungen zu Neubewertungsrücklagen unter IAS 16.39 f. gelten daher analog unter IAS 40 (IAS 40.61). In den übrigen Fällen sind die Umwertungen auf den Fair Value erfolgswirksam (d. h. bei der Umwidmung von Vorräten unter die Immobilien nach IAS 40; .63 ff.). Bei der Umwidmung von IAS 40 zu Sachanlagen oder Vorräten gilt der Fair Value im Umwidmungszeitpunkt als fiktive Anschaffungskosten unter dem dann anwendbaren Standard (IAS 40.60).

Aufgrund praktischer Unklarheiten und einiger missbräuchlicher Gestaltungen hat das IASB die Umwidmung von Immobilien zwischen IAS 40 und anderen Bewertungskategorien an strenge Bedingungen in .57 ff. geknüpft. Es muss eine tatsächliche Nutzungsänderung erfolgt sein, die die Erfüllung der Definitionsmerkmale gemäß IAS 40 objektiv belegt oder widerlegt. Eine bloße Änderung der Nutzungsabsicht seitens des Managements reicht dazu nicht aus (z. B. Vorstands- oder Aufsichtsratsbeschluss), vielmehr benötigt es objektive Evidenz.

Der Beginn oder die Aufgabe der Eigennutzung oder der Beginn bzw. das Ende von Mietverhältnissen belegen etwa eine Umwidmung zwischen IAS 16 und IAS 40. Für eine Umwidmung von IAS 40 zu IAS 2 oder IAS 16 benötigt es eine aktive Entwicklung für einen unmittelbaren Verkauf (IAS 40.57 lit. b) oder für die spätere Eigennutzung (lit. a). Die Inkaufnahme signifikanter Entwicklungskosten belegt objektiv die Ernsthaftigkeit des Vorhabens.

Soll ein nach IAS 40 bilanziertes Gebäude verkauft werden und wird es aktiv für den Verkauf entwickelt, dann ist IAS 2 anwendbar. Wird es nicht aktiv entwickelt oder wird es bloß zur eigenen Vermietung weiterentwickelt, muss es weiterhin gemäß IAS 40 bewertet werden (.58).

7. Exploration und Evaluierung mineralischer Ressourcen (IFRS 6)

Mit IFRS 6 hat das IASB erste allgemeine Kriterien zur Bilanzierung der Rohstoffsuche aufgestellt. Der Standard betrifft vorwiegend den Bergbau- und die Erdöl- bzw. Erdgasindustrie. Der Standard ist nur auf Ausgaben bzw. Vermögenswerte aus der **Exploration und Evaluierung** anwendbar. Darunter versteht IFRS 6 die **Suche nach mineralischen Ressourcen** (Metalle und Mineralien, Öl und Erdgas sowie andere nichtregenerative Ressourcen) sowie die Feststellung der technischen Durchführbarkeit und Rentabilität dieser Ressourcen (Anhang A).

Nicht betroffen sind Ausgaben vor Erhalt der Suchrechte; diese können z. B. erworbene immaterielle Rechte oder Forschungs- und Entwicklungskosten nach IAS 38 sein; dies gilt auch für Kosten der Erschließung von mineralischen Ressourcen (IFRS 6.10). Von IFRS 6 ausgenommen sind auch Ausgaben nach dem Nachweis der technischen Durchführbarkeit und Rentabilität; diese Ausgaben sind entweder laufender Aufwand oder Sachanlagen nach IAS 16 (z. B. Bohrinseln, Pumpanlagen, Aushebungen oder Bergstollen). IFRS 6 gilt auch nicht für den Abbau, die Weiterverarbeitung oder den Handel; in diesen Fällen liegen Vorräte nach IAS 2 vor.

Da IFRS 6 nur allgemeine Bestimmungen enthält, wäre für die Bilanzierung die Auslegungshierarchie nach IAS 8.11 und .12 maßgeblich – also i. d. R. die einschlägigen Bestimmungen der US-GAAP. Allerdings befreit IFRS 6.7 die Unternehmen von der Anwendung anderer Standards.

Bei erstmaliger Erfassung hat das Unternehmen Vermögenswerte aus Exploration und Evaluierung mit **Anschaffungs- oder Herstellungskosten** anzusetzen. Die Anschaffungs- und Herstellungskosten umfassen insbesondere Ausgaben für Suchrechte, technische Studien, Probebohrungen und Probenentnahme, Erdbewegungen und Ausgaben für Machbarkeits- und Rentabilitätsstudien (IFRS 6.8 f). Zu den Anschaffungskosten gehören auch Beseitigungs- und Wiederherstellungsverpflichtungen, für die eine Rückstellung nach IAS 37 zu bilden ist (zur Parallelbestimmung für Sachanlagen vgl. S. 47).

Die Vermögenswerte sind je nach Art als materielle (z. B. Bohrinseln) oder immaterielle Vermögenswerte (z. B. Bohrrechte) auszuweisen (IFRS 6.15 f.). Danach bestimmt sich auch die **Folgebewertung**. Materielle Vermögenswerte werden als Sachanlagen nach IAS 16 bewertet, immaterielle als immaterielle Vermögenswerte nach IAS 38 (IFRS 6.12).

Die Folgebewertung erfolgt daher entweder zu fortgeführten Anschaffungskosten unter Berücksichtigung der planmäßigen Abschreibung oder nach dem Neubewertungsmodell zum Fair Value. Beim Neubewertungsmodell werden alle Auf- und Abwertungen in einer Rücklage erfasst.

Vermögenswerte aus der Exploration und Evaluierung sind auf ihre **Werthaltigkeit** zu testen, wenn Umstände oder Tatsachen auf eine Wertminderung hindeuten (IFRS 6.18 f; gilt sowohl für einzelne Vermögenswerte als auch für *cash generating units*). Maßgeblich sind aber nicht die „Trigger Events" in IAS 36.8 ff., sondern jene in IFRS 6.20. Beispiele sind insbesondere der bevorstehende **Ablauf von Suchrechten**, die geplante **Reduzierung der Ausgaben** für weitere Suchaktivitäten, Misserfolge und damit verbundene **Einstellung der Suchaktivitäten** oder Daten, welche die Wiedererlangung der aktivierten Kosten infrage stellen.

Der Umfang der Wertminderung ist nach IAS 36 zu ermitteln und aufwandswirksam von den betroffenen Vermögenswerten abzuschreiben.

IV. Leasing (IFRS 16)

1. Grundsätze

Das IASB hat den Bereich Leasing nach zehnjähriger Entwicklungsarbeit mit IFRS 16 geregelt, der seinen Vorgänger IAS 17 für Geschäftsjahre beginnend mit 1.1.2019 oder später ersetzt. Der Standard ist detailliert und praxisorientiert, allerdings deutlich weniger prinzipiengeleitet und ein Ergebnis politischer Kompromisse. Die ursprüngliche Idee, Leasing als fremdfinanzierten Kauf darzustellen und die formalrechtlich getriebene Differenzierung zur Miete abzuschaffen, wurde dennoch weitgehend umgesetzt. Leasing i. S. des IFRS 16 betrifft nicht nur die gängigen „Leasingprodukte", sondern auch die langfristige Miete von Immobilien.

IFRS 16 gilt für alle Leasing- und Untermietverhältnisse, mit Ausnahme von Leasing zur Suche nicht-erneuerbarer Bodenschätze, biologischer Vermögenswerte nach IAS 41, Dienstleistungskonzessionen und Lizenzen auf geistiges Eigentum (z. B. Filme, Patente udgl.).

Ins Auge stechen die zwei unterschiedlichen Bilanzierungskonzepte für den Leasinggeber *(lessor)* und den Leasingnehmer *(lessee)*. Der Leasinggeber differenziert zwischen einem *operating lease* (reines Mietverhältnis) und einem Finanzierungsleasing *(finance lease)*. Die Bestimmungen gleichen jenen des IAS 17. Der Leasingnehmer braucht nicht mehr zwischen *operating lease* und Finanzierungsleasing zu unterscheiden. Im Regelfall aktiviert er ein Nutzungsrecht, auch dann, wenn aus Sicht des Leasinggebers ein *operating lease* vorliegt.

Mitunter wird der Leasinggegenstand sowohl beim Leasinggeber (als Sachanlage oder Forderung) und beim Leasingnehmer (als Nutzungsrecht) aktiviert. Dies ist nicht weiter bedenklich, denn Fremdfinanzierung mündet regelmäßig in eine Bilanzverlängerung beim Kapitalnehmer, während der Kapitalgeber seine Investition als Sachanlage oder als Forderung darstellen kann.

Die Aktivierung eines Nutzungsrechts beim Leasingnehmer anstatt einer bloßen Miete im Aufwand verändert seine Bilanzkennzahlen. So verbessert sich einerseits das EBIT, weil nicht die gesamte Miete, sondern nur die Abschreibungen in die Kennzahl eingehen. Die Anlagenintensität und die Anlageninvestitionen (CAPEX) steigen. Die Kapitalkosten können umfassender ermittelt werden, weil auch die Finanzierungskosten des Leasings als Zinsaufwand aufscheinen. Dementsprechend sinkt das Finanzergebnis zugunsten des Betriebsergebnisses. Da anstatt der Leasingraten die planmäßige Abschreibung und die Zinsen im Aufwand gezeigt werden, steigen die Aufwendungen zu Beginn des Leasings (höhere Zinsen aufgrund der höheren ausstehenden Schulden). Dieser Effekt kehrt sich gegen Ende des Leasings um; über die Lebenszeit ist der Aufwand wieder gleich.

2. Für Leasinggeber und Leasingnehmer geltende Definitionen

IFRS 16 definiert einige Begriffe, die für die Bilanzierung von grundlegender Bedeutung sind.

Ein **Leasingvertrag** vermittelt das Recht, einen identifizierten Vermögenswert über eine bestimmte Zeit entgeltlich zu nutzen. Die Zeit kann mit einer Leistungsgröße definiert werden (z. B. eine bestimmte Produktionsmenge). Auch bei einem umsatz-, leistungs- oder wertabhängigen Entgelt kann der Leasingnehmer Nutzen ziehen (.B23).

Bei Vertragsabschluss muss entschieden werden, ob es sich um einen Leasingvertrag im Sinn des IFRS 16 handelt oder ob ein Leasingvertrag nach IFRS 16 in einem breiteren Rahmenvertrag eingebettet ist. Bei Letzteren ist die Leasingkomponente als solche gemäß IFRS 16 zu bilanzieren. Der Leasingvertrag wird nur bei Vertragsabschluss oder später bei einer Vertragsänderung als solcher eingestuft, ansonsten wird die Entscheidung nicht mehr geändert (IFRS 16.9 ff.). Auch der Leasinggegenstand muss bei Vertragsabschluss identifiziert sein, entweder durch Benennung im Vertrag oder durch eine konkrete Beschreibung, die den Leasinggegenstand identifizierbar macht (.B13)

Altverträge, die bereits vor dem 1.1.2019 als Leasingvertrag gemäß IAS 17 eingestuft wurden, können auch unter IFRS 16 als Leasingvertrag weitergeführt werden (IFRS 16.C3). Allerdings müssen zuvor bestehende Leasingverträge neu beurteilt werden, wobei IFRS 16.C4 ff. einige Erleichterungen definiert.

Ein Nutzungsrecht erfordert die **Kontrolle des Leasingnehmers** über eine bestimmte Zeit. Kann der Leasinggeber den Leasinggegenstand einseitig austauschen und daraus über seine anfallenden Kosten hinaus wirtschaftliche Vorteile ziehen, liegt kein Leasing vor (IFRS 16.B14 ff.; meist ist dann IFRS 15 anzuwenden).

BEISPIELE ▸ Ein Leasingfahrzeug kann vom Leasinggeber jederzeit gegen ein anderes, auch billigeres Fahrzeug ausgetauscht werden.

Der Vermieter vermietet eine Geschäftsfläche von 1.000 m² in einem Einkaufszentrum, er kann dem Mieter aber ein anderes Objekt gleicher Größe im selben Einkaufszentrum zuweisen (z. B. wenn er Geschäftsflächen zusammenlegen oder aufteilen möchte, um die Auslastung und Miethöhen im Einkaufszentrum zu optimieren). Die Vorteile des Vermieters übersteigen die von ihm zu tragenden Kosten des Umzugs.

Die Kontrolle muss zumindest über einen bestimmten Zeitraum bestehen, über die dann Leasing gemäß IFRS 16 vorliegt. Der Leasingnehmer muss über den Einsatz oder Nichteinsatz des Leasinggegenstands frei verfügen können (ausführlich IFRS 16.B24 ff.).

Außerdem muss der Leasinggegenstand bestimmt sein. Auch ein bestimmtes Kapazitätsvolumen ist ausreichend bestimmt (z. B. eine bestimmte Transferleistung eines Glasfaserkabels oder eine maximale Kilometeranzahl bei Mietwagen).

Das Nutzungsrecht über einen Leasinggegenstand ist eine **separate Leasingkomponente**, wenn der Leasingnehmer den Vermögenswert direkt oder zusammen mit bestehenden Ressourcen nutzen kann und der Leasinggegenstand nicht stark von anderen Vermögenswerten im Vertrag abhängt. Ist der Leasinggegenstand nur eine Nebenleistung und stark von einer andersartigen Hautleistung abhängig, liegt kein Leasing nach IFRS 16 vor (IFRS 16.B32). Werden aber mehrere stark abhängige Vermögenswerte gemeinsam verleast, dann stellt die gesamte Gruppe an Vermögenswerten gemeinsam den Leasinggegenstand dar.

Separate Leasing- und Nichtleasingkomponenten eines Vertrages werden getrennt bilanziert, und zwar nach dem Verhältnis der üblichen Einzelpreise der jeweiligen Komponenten, die möglichst anhand beobachtbarer Preise festgelegt werden. **Leasingnehmer** haben aber die Wahl, Leasingkomponenten und Nichtleasingkomponenten zusammenzufassen und gemeinsam als Leasingvertrag zu bilanzieren (IFRS 16.15). Damit verlängert sich aber ihre Bilanz, weil das zu aktivierende Nutzungsrecht auch Nichtleasingbestandteile enthält; dies erhöht auch das Risiko außerplanmäßiger Abschreibungen. Leasinggeber haben kein Wahlrecht und müssen alle Komponenten gesondert bilanzieren.

Die **Leasingdauer** ist für die Klassifikation des Leasings, die Bewertung und die Abschreibung der aktivierten Nutzungsrechte relevant. Sie beginnt, sobald der Leasinggegenstand dem Leasingnehmer zur Nutzung zur Verfügung gestellt wird. Die Leasingdauer endet mit dem Ablauf der vertraglich definierten Laufzeit oder mit dem Zeitpunkt, ab dem der Vertrag kündbar ist. Relevant ist somit die durch den Leasingnehmer **unkündbare Mindestlaufzeit**. Allein dem Leasinggeber zustehende Kündigungsrechte verkürzen die Leasingdauer nicht (.B35). Etwas anders gilt für Optionen, die dem Leasingnehmer zustehen.

Die unkündbare Vertragslaufzeit kann von der wirtschaftlichen Laufzeit abweichen, wenn dem Leasingnehmer Gestaltungsoptionen zukommen. Bei der Bestimmung der Leasingdauer werden sie berücksichtigt, soweit sie einen wirtschaftlichen Anreiz darstellen, von der unkündbaren Vertragslaufzeit abzuweichen (IFRS 16.18):

- **Mietverlängerungsoptionen**, wenn diese vom Leasingnehmer hinreichend sicher in Anspruch genommen werden (z. B. aufgrund unverhältnismäßig günstiger Verlängerungskonditionen).
- Zeiträume, für die zwar eine **Kündigungsoption** besteht, aber der Leasingnehmer mit hinreichender Sicherheit nicht kündigen wird.

Bei der Beurteilung spielen insbesondere die folgenden Faktoren eine Rolle (IFRS 16.B37):

- Die Konditionen für eine optionale Verlängerung oder Verkürzung der Leasingdauer weichen von üblichen Marktbedingungen ab (z. B. unübliche Raten, vom erwarteten Marktwert abweichende Restwertgarantien, günstige Kaufoptionen).
- Teure Einbauten oder Verbesserungen durch den Leasingnehmer, die ihn zur Verlängerung bewegen werden.
- Kosten der Beendigung des Leasingverhältnisses (Kosten für den Ersatz des Leasinggegenstands beim Leasingnehmer, Vertragsstrafen an den Leasinggeber, Widerherstellungsverpflichtungen oder steuerliche Nachteile).
- Die betriebliche Abhängigkeit des Leasingnehmers hinsichtlich Austauschbarkeit und Betriebsunterbrechungen.
- Ob eine Kündigung oder Verlängerung an bestimmte Bedingungen geknüpft ist. Der Vertrag ist wirtschaftlich unkündbar, wenn die Vertragsauflösung nur aufgrund unwahrscheinlicher Ereignisse zulässig ist (z. B. außerordentliche Kündigungsrechte für den Extremfall).
- Das frühere Verhalten des Leasingnehmers in vergleichbaren Situationen (.B40)

Die Leasingdauer wird zu Beginn des Leasings festgelegt, sobald der Leasinggegenstand verfügbar ist. Die Leasingdauer wird später neu bestimmt, wenn Kündigungs- oder Verlängerungsoptionen anders als ursprünglich angenommen ausgeübt werden oder Ereignisse eintreten, die Verlängerungs- oder Kündigungsoptionen auslaufen lassen (IFRS 16.20 ff.). Speziell der Leasingnehmer muss die Leasingdauer auch dann neu ermitteln, wenn er wesentliche geschäftspolitische Entscheidungen mit Einfluss auf die Leasingdauer trifft, z. B. ein Subleasing eingeht, das länger ist als die bisher angenommene Leasingdauer des Hauptleasingvertrags dauert; bisher nicht erwartete Investitionen in den Leasinggegenstand tätigt; oder neue Verwendungsarten beschließt).

Die **Leasingzahlungen** sind die Ausgangsgröße für die Bewertung des Leasingvertrages und umfassen die vereinbarten Zahlungen des Leasingnehmers an den Leasinggeber, um den Leasinggegenstand über die oben definierte Leasingdauer zu nutzen. Sie umfassen:

- Fixe Zahlungen oder variable Zahlungen in Abhängigkeit von einem Index (z. B. Verbraucherpreisindex, Mietpreisindex) oder von Marktzinssätzen. Davon abgezogen werden Anreizleistungen des Leasinggebers, um den Leasingnehmer zum Vertragsabschluss zu bewegen (siehe auch IFRS 16.28). Zahlungen über optionale Zeiträume (bei vorzeitigen Kündigungsmöglichkeiten oder Verlängerungsoptionen) werden konsistent zur Beurteilung bei der Leasingdauer berücksichtigt.
- Der Ausübungspreis einer günstigen Kaufoption, wenn vernünftigerweise mit der Ausübung der Kaufoption gerechnet werden muss (etwa weil der Ausübungspreis ungewöhnlich günstig ist).
- Vertragsstrafen für die vorzeitige Vertragsbeendigung, wenn die vorzeitige Vertragsbeendigung bei der Leasingdauer angenommen wurde.
- Ein vom Leasingnehmer garantierter Restwert, das ist ein vereinbarter Wert für den Leasinggegenstand bei Vertragsende, der dem Leasinggeber ggf. zu ersetzen ist. Wird der Restwert nicht vom Leasingnehmer, sondern von einem finanzstarken, fremden Dritten garantiert, dann gehört dieser nur aus Sicht des Leasinggebers zu den Leasingraten.

Bei variablen Zahlungen verwendet IFRS 16 folgende Vereinfachung: **Indexabhängige Zahlungen** werden stets zum aktuellen Stand des Index bewertet, erwartete Veränderungen werden nicht geschätzt. Änderungen der Indices werden – je nach Art des Leasings – erst dann bilanziert, wenn sie eintreten.

Von sonstigen Parametern abhängige Leasingzahlungen, wie z. B. **umsatzabhängige Leasingzahlungen**, gehören nicht zu den Leasingraten, d. h. sie werden nicht geschätzt und nicht bei der Bewertung einbezogen. Vielmehr entstehen beim Leasingnehmer ein Aufwand und beim Leasinggeber ein Ertrag aus dem Leasingvertrag, wenn der maßgebliche Umsatz erzielt wird.

Garantiert der Leasingnehmer einen bestimmten **Restwert**, dann wird der Restwert wie eine letzte Leasingrate behandelt, weil der garantierte Betrag jedenfalls zu leisten ist (z. B. durch Zahlung für den Differenzbetrag zwischen tatsächlichem und garantiertem Wert). Sagt aber der Leasinggeber dem Leasingnehmer einen bestimmten Kaufpreis zu oder erlaubt er den Kauf zu einem fremdüblichen Preis (z. B. Listenpreis), dann steht zu Vertragsbeginn nicht fest, ob dieser Restwert auch bezahlt wird. Solche, nicht vom Leasingnehmer garantierte Restwerte oder Kaufpreise zählen nur zu den Leasingzahlungen, wenn sind hinreichend sicher sind, z. B. bei einem sehr günstigen Kaufpreis *(bargain purchase)*. In diesem Fall wird der beinahe sicher zu zahlende Kaufpreis wie eine letzte Leasingrate behandelt.

Zu den Leasingzahlungen gehören auch die vom Leasingnehmer zu ersetzenden Auslagen des Leasinggebers (z. B. Besitz- und Verkehrssteuern des Leasinggebers). Eine als Vorsteuer abzugsfähige Umsatzsteuer zählt nicht dazu, weil sie als durchlaufender Posten kein Nutzungsentgelt darstellt.

3. Bilanzierung beim Leasingnehmer

3.1. Allgemeines zur Bewertung

Zu Beginn des Leasingverhältnisses aktiviert der Leasingnehmer sein **Nutzungsrecht** (*right-of-use asset*) und passiviert eine **Leasingverbindlichkeit** in gleicher Höhe. Das Leasingverhältnis beginnt, sobald der Leasinggeber den Leasinggegenstand verfügbar macht, auch wenn der Leasingnehmer ihn noch nicht nutzt.

Sobald dem Leasingnehmer die Nutzung ermöglicht wurde, aktiviert er das Nutzungsrecht mit seinen Anschaffungskosten. Die Anschaffungskosten ergeben sich größtenteils aus der Leasingverbindlichkeit. Die Leasingverbindlichkeit ist der **Barwert** der in Abschnitt IV.2, S. 63 definierten Leasingzahlungen.

Die Leasingzahlungen werden mit dem **impliziten Zinssatz** des Leasingvertrags diskontiert, wenn dieser vom Leasinggeber bekannt gegeben wurde. Ist aber der Zinssatz unbekannt, wird mit den **Grenzkosten der Fremdfinanzierung** diskontiert. In jedem Fall muss der Zinssatz fristenkongruent zur Laufzeit des Leasingvertrags sein, nicht unbedingt aber zur Abschreibungsdauer des Nutzungsrechts, die über die Laufzeit der Finanzierung hinausgehen kann.

IFRS 16 sieht das Leasing als fremdfinanzierten Kauf eines Nutzungsrechts. Wenn der Leasinggegenstand zivilrechtlich im Eigentum des Leasinggebers bleibt oder dieser Verwertungsrechte bei einer Zahlungsstörung besitzt, dient der Leasinggegenstand der vorrangigen Befriedigung der Leasingverbindlichkeit. Daher ist der vom Leasingnehmer genutzte Leasinggegenstand eine Kreditsicherheit und die Leasingverbindlichkeit eine besicherte Verbindlichkeit. Der Leasinggeber berücksichtigt die Risikominderung bei der Bestimmung des impliziten Zinssatzes. Ist der implizite Zinssatz nicht bekannt, sind die Grenzkosten einer vergleichbar besicherten Fremdfinanzierung maßgeblich, d. h. der Zinssatz ist etwas geringer und die Leasingverbindlichkeit etwas höher als bei nicht besicherter Fremdfinanzierung.

Ferner gehören zu den Anschaffungskosten:

- Bereits geleistete Vorauszahlungen,
- von Leasingnehmer zu tragende und dem Leasing direkt zurechenbare Kosten zur Umsetzung des Leasings (anfängliche Direktkosten) und
- abgezinste Abbruch- und Wiederherstellungskosten am Ende des Leasings, die geschätzt werden müssen (IFRS 16.24). Entstehen sie zu Beginn des Leasings (z. B. durch Einbau eines unterirdischen Benzintanks), werden sie bei Beginn als Anschaffungskosten aktiviert und gemäß IAS 37 rückgestellt. Entstehen sie aber laufend durch die Produktion (z. B. deponierter Müll), dann gehören sie zu den Herstellungskosten der Produkte und werden je nach Verursachung rückgestellt.

Die **Folgebewertung** erfolgt regelmäßig nach dem Anschaffungskostenmodell gemäß IAS 16 (in selten Fällen auch nach einem Fair Value-Modell).

Beim Anschaffungskostenmodell erfolgt die planmäßige Abschreibung auf den erwarteten Restwert am Ende der gewöhnlichen Nutzungsdauer. Dies ist i. d. R. die gewöhnliche Lebensdauer des Leasinggegenstandes, außer die Leasingdauer ist kürzer und mündet nicht einen (automatischen oder sicher zu erwartenden) Eigentumsübergang am Ende der Leasingdauer (IFRS 16.32). Außerplanmäßige Abschreibungen folgen IAS 36.

Kann der Leasinggegenstand nicht mehr ertragsbringend genutzt werden, wird das Nutzungsrecht gemäß IAS 36 gänzlich abgeschrieben. Die Verbindlichkeit bleibt aber bestehen. Im Ergebnis entspricht dies einer Drohverlustrückstellung aus einem belastenden Vertrag.

Ist der Leasinggegenstand eine als Finanzinvestition gehaltene Immobilie gemäß IAS 40 und werden solche Immobilien zum Fair Value über die GuV bewertet, dann muss auch das Nutzungsrecht so bilanziert werden.

Die Leasingverbindlichkeit wird planmäßig so aufgelöst, dass sich ein **konstanter Zinsertrag auf die ausstehende Schuld** ergibt. IFRS verweist zwar nicht auf die Effektivzinsmethode in IFRS 9, im Ergebnis ist die Verbindlichkeitsbewertung aber gleich.

Zinsen sind i. d. R. Zinsaufwand, außer sie gehen in die Herstellungskosten eines Produkts ein. Unerwartete variable Zahlungen, die von einem bisher nicht einkalkulierten Ereignis ausgelöst werden, werden auch im Aufwand gezeigt (außer sie gehören zu Herstellungskosten). Beispiele sind bedingte Leasingzahlungen oder umsatzabhängige Komponenten in einer Leasingrate.

Während der Leasingdauer können sich die ursprünglich angenommenen **Voraussetzungen ändern**. Dann muss auch die Bewertung geändert werden, wie nachfolgend dargestellt.

Die **Leasingdauer kann sich ändern**, weil die Ausübung von Verlängerungsoptionen, Kaufoptionen oder vorzeitigen Kündigungsoptionen nicht mehr hinreichend sicher erscheint oder nunmehr hinreichend sicher geworden ist oder diese Optionen anders als ursprünglich erwartet ausgeübt wurden.

In diesem Fall wird die Leasingverbindlichkeit neu bewertet (IFRS 16.40 ff.): Die verbleibenden Zahlungen werden neu ermittelt und neu diskontiert. Falls der Leasinggeber eine neue Zinskalkulation für die Restlaufzeit erstellt und der implizite Zinssatz bekannt ist, wird dieser verwendet. Andernfalls werden die aktuellen Grenzkosten der Fremdfinanzierung über die geänderter Restlaufzeit herangezogen. Weil die Restlaufzeit kürzer ist, wird der fristenkongruente Zinssatz tendenziell geringer sein, außer das Zinsniveau ist angestiegen oder die Bonität des Leasingvertrages samt Wert der Besicherung hat sich verschlechtert, dann sind die Grenzkosten entsprechend höher. Die Gegenbuchung erfolgt beim aktivierten Nutzungsrecht, d. h. die Anpassung mündet in einer erfolgsneutralen Bilanzverkürzung oder -verlängerung. Allerdings wird das Nutzungsrecht nicht unter null reduziert; ist das Nutzungsrecht aufgebraucht, wird die Verbindlichkeit ertragswirksam abgestockt.

Die ursprünglich angenommenen Leasingzahlungen können sich aufgrund eines **veränderten Index** (z. B. Verbraucherindex oder Mietpreisindex) oder aufgrund eines abweichenden garantierten Restwerts verändern. Hier gilt das Gleiche, d. h. die Leasingverbindlichkeit wird neu bewertet und die Änderung beim Nutzungsrecht gegengebucht. Allerdings wird nicht der aktuelle Zins, sondern der ursprüngliche Diskontzinssatz verwendet. Diese Änderungen sind extern getrieben und nicht durch erwartete betriebliche Entscheidungen, ihnen fehlt die geschäftliche Substanz; außerdem kommen sie laufend vor. Daher ist es nicht sinnvoll, die Verbindlichkeit stets mit aktuellen Finanzierungszinssätzen zu bewerten, käme dies doch einem Fair Value-Accounting sehr nahe.

Sollte sich die Leasingverbindlichkeit **aufgrund vertraglich vereinbarter variabler Zinsen ändern**, wird sie dennoch mit dem aktuellen Zinssätzen diskontiert (IFRS 16.43). Dies folgt derselben Logik: Die Effekte variabler Zinssätze bei den Cashflows im Zähler und bei den Diskontzinssätzen im Nenner gleichen sich aus, sodass sich schwankende variable Zinsen nicht oder kaum auf die Leasingverbindlichkeit auswirken.

Leasingverträge können während der Laufzeit auch **einvernehmlich geändert** werden. Wird ein neuer Leasinggegenstand hinzugefügt und dafür der marktübliche Einzelpreis für den Leasinggegenstand einkalkuliert, ist dies als neues Leasing nach IFRS 16 gesondert zu bilanzieren (IFRS 16.45 f.).

Wird ein Leasingvertrag bloß geändert, ohne neue Leasinggegenstände zum marktüblichen Einzelpreis hinzuzufügen, dann ist wie bei einer geänderten Leasingdauer vorzugehen (siehe oben): Die neuen Leasingzahlungen werden mit einem aktuellen Diskontzinssatz neu bewertet und die Differenz beim Nutzungsrecht gegengebucht. Würde sich das Nutzungsrecht dabei unter null reduzieren, etwa weil es seit der Anschaffung schon so weit abgeschrieben wurde, dann ist die Abstockung der Verbindlichkeit ertragswirksam.

Wird eine separate Leasingkomponente durch die Vertragsänderung für sich genommen beendet, werden das entsprechende Nutzungsrecht und die entsprechende Leasingverbindlichkeit ausgebucht und die Differenz zwischen ausgebuchter Verbindlichkeit und ausgebuchtem Nutzungsrecht ist ein Veräußerungsgewinn oder Veräußerungsverlust.

3.2. Vereinfachungen

Leasingverträge in ein Nutzungsrecht und eine Verbindlichkeit zu zerlegen ist aufwändiger als die Darstellung der Leasingrate im Aufwand. Daher hat das IASB einige praktische Erleichterungen geschaffen und dort die direkte Aufwandserfassung zugelassen. Ein Leasingnehmer darf kurzfristige Leasingverhältnisse oder geringwertige Leasingverhältnisse im Aufwand darstellen. Die Aufwandsverteilung erfolgt entweder linear über die Nutzungsdauer oder nach einer anderen systematisch besser geeigneten Methode (IFRS 16.6). Bei geringwertigen Leasingverhältnissen gilt jede Vertragsänderung oder Änderung der Leasingdauer (z. B. aufgrund von Optionen) als neues Leasingverhältnis, d. h. das Leasing muss neu beurteilt und verteilt werden.

Das Wahlrecht muss für kurzfristige Leasingverhältnisse einheitlich je Klasse geleaster Vermögenswerte ausgeübt werden. Bei geringwertigen Leasinggegenständen kann das Wahlrecht jeweils unabhängig für jeden Gegenstand ausgeübt werden (IFRS 16.8).

Ein kurzfristiger Leasingvertrag hat, gerechnet ab der Bereitstellung des Leasinggegenstandes durch den Leasinggeber, eine Dauer von höchstens zwölf Monate. Mit einer Kaufoption ist der Leasingvertrag aber niemals kurzfristig (dies gilt wohl auch für einen automatischen Eigentumsübergang).

Das Wahlrecht für geringwertige Leasinggegenstände bezieht sich auf den Wert des einzelnen Leasinggegenstandes, nicht auf das Volumen des Vertrages. Die Miete von 1.000 Mobiltelefonen fällt damit unter die Ausnahme, weil jedes Mobiltelefon für sich genommen geringwertig ist. Weitere Beispiele sind Tablets, PCs, Schreibtische, Rollcontainer, Stühle oder Bohrmaschinen. Meist werden sie von Händlern als Verkaufsanreiz verleast.

Bei der Beurteilung der Geringwertigkeit ist stets auf den Neupreis abzustellen. Die Miete eines Gebrauchtwagens von schon geringem Wert fällt daher nicht unter die Ausnahme, weil der Gebrauchtwagen als Neuwagen nicht geringwertig war. Die Grenze ist absolut und liegt in der Größenordnung von maximal 5.000 €, sie ist nicht relativ zur Unternehmensgröße oder zur Wesentlichkeitsgrenze im Abschluss (IFRS 16.B4; .BC100). Ferner muss der geringwertige Leasinggegenstand von anderen Leasinggegenständen unabhängig sein (d. h. ein Gebäude darf nicht als Ansammlung geringwertiger Ziegel behandelt werden).

3.3. Fallbeispiel

Sachverhalt X0 und X1

Die Monteverdi-AG least ein Geschäftsgebäude zur Eigennutzung. Der Vertrag wird im Februar X0 abgeschlossen, in diesem Zeitpunkt fallen auch Maklerprovisionen von 200 t€ an. Laut Vertrag soll das Gebäude im Oktober X0 bezugsfertig sein, tatsächlich ist es erst am 1.1.X1 bezugsfertig und der Einzug erfolgt im März X1. Aufgrund der Verzögerung wird der Vertrag Ende X0 einvernehmlich geändert und die Miete zwischen Oktober und Dezember X0 erlassen.

Das Leasing läuft nach dem geänderten Vertrag von 1.1.X1 bis 31.12.X10, die jährlich endfällige Leasingrate beträgt 900 t€. Die Miete ist wertgesichert und wird ab einschließlich X2 mit dem Verbraucherpreisindex erhöht. Zusätzlich wird der Leasinggeber mit der Wartung und Gebäudeverwaltung beauftragt, die Kosten betragen jährlich 100 t€, wertgesichert analog zur Miete.

Zum 31.12.X10 hat die Monteverdi-AG das Recht, das Gebäude für 30 Mio. € zu erwerben.

Bilanzierung X0

Der Vertrag erfüllt die Anforderungen an ein Leasinggeschäft: Die Monteverdi-AG erhält ein entgeltliches Nutzungsrecht über einen identifizierten und nicht austauschbaren Vermögenswert über eine bestimmte Zeit. Daher wird bei Vertragsabschluss und erneut bei der Vertragsänderung Ende X0 entschieden und dokumentiert, dass ein Leasingverhältnis nach IFRS 16 vorliegt. Ferner wird die Entscheidung über das Bilanzierungswahlrecht für Leasingnehmer dokumentiert, Nichtleasingkomponenten des Vertrages als Bestandteil des Leasings zu bilanzieren. Da Wartung und Gebäudeverwaltung nur eine geringfügige Nebenleistung darstellen und die dadurch verursachte Bilanzverlängerung bilanzpolitisch nicht weiter problematisch erscheint, wird das Wahlrecht ausgeübt und die Nebenleistung als Teil des Leasings erfasst.

Allerdings beginnt die Bilanzierung als Leasing nicht bei Vertragsabschluss, sondern ab der tatsächlichen Verfügungsmacht per 1.1.X1. Daher erfolgt X0 noch keine Bilanzierung. Die Vertragsänderung aufgrund der Verzögerung findet vor Ersterfassung des Leasings statt, daher ist der Effekt aus der Änderung in X0 nicht zu bilanzieren. Die anfänglichen Direktkosten von 200 t€ gehören gem. IFRS 16.24 lit. b zu den späteren Anschaffungskosten des Nutzungsrechts und werden zwischenzeitlich als Vorauszahlung aktiviert.

Vorauszahlung Nutzungsrecht	200 t€	
Cash		200 t€

Bilanzierung X1

Zum 1.1.X1 wird das Nutzungsrecht zu Anschaffungskosten aktiviert, das sind die anfänglichen Direktkosten und der Barwert der Leasingraten (aufgrund des Wahlrechts hier zusammen mit den Wartungs- und Verwaltungskosten). Die Kaufoption zum Ende des Leasingvertrages wird als sehr unwahrscheinlich eingeschätzt. Daher wird das Nutzungsrecht über die Leasingdauer auf null abgeschrieben und bei der Leasingverbindlichkeit der Kaufpreis nicht berücksichtigt.

Indexbasierte Zahlungen werden stets mit dem für gültigen Indexstand bewertet, d. h. erwartete Indexsteigerungen sind unbeachtlich. Die maßgeblichen Leasingraten betragen 1.000 t€

über zehn Jahre endfällig. Der Kalkulationszins des Leasinggebers ist unbekannt, der Grenzfremdkapitalzins des Unternehmens beträgt 6 % für nicht besicherte und 4 % für besicherte Verbindlichkeiten für über zehn Jahre fixverzinsliche Schulden.

$$\sum_{t=1}^{10} \frac{1.000\ T€}{(1,04)^t} = 8.111\ T€$$

Nutzungsrecht	8.311 t€	
Vorauszahlung Nutzungsrecht		200 t€
Leasingverbindlichkeit		8.111 t€

Das Nutzungsrecht wird linear über zehn Jahre abgeschrieben und die Leasingverbindlichkeit in Zins- und Tilgungsanteil zerlegt und fortgeführt. Verbuchung zum 31.12.X1

Planm. Abschreibung (8.311 t€/10)	831 t€	
Nutzungsrecht		831 t€

Leasingverbindlichkeit	676 t€	
Zinsaufwand (8.111 t€ × 4 %)	324 t€	
Cash		1.000 t€

Stand Nutzungsrecht: 8.311 t€ – 831 t€ = 7.480 t€

Stand Leasingverbindlichkeit: 8.111 t€ – 676 t€ = 7.435 t€

Sachverhalt und Bilanzierung X2

Zum 1.1.X2 steigt der Verbraucherpreisindex von 100 % auf 102 %, um diesen Prozentsatz steigt daher auch die Verbindlichkeit von ursprünglich 7.435 t€ auf 7.584 t€. Die Differenz wird erfolgsneutral am Nutzungsrecht gegengebucht.

Nutzungsrecht	149 t€	
Leasingverbindlichkeit		149 t€

Stand Nutzungsrecht: 7.480 t€ + 149 t€ = 7.629 t€

Stand Leasingverbindlichkeit: 7.435 t€ + 149 t€ =7.584 t€

Die indexbasierte Aufwertung des Nutzungsrechts könnte auch ein Anlass sein, dessen Werthaltigkeit gemäß IAS 36 zu überprüfen, wenn der Nutzen des Gebäudes nicht im gleichen Ausmaß steigt.

Zum Ende X2 lauten die Abschlussbuchungen wie folgt:

Planm. Abschreibung (7.629 t€)/9	848 t€	
Nutzungsrecht		848 t€
Leasingverbindlichkeit	717 t€	
Zinsaufwand (7.584 t€ × 4 %)	303 t€	
Cash		1.020 t€

Stand Nutzungsrecht: 7.629 t€ – 848 t€ = 6.781 t€

Stand Leasingverbindlichkeit: 7.584 t€ – 717 t€ = 6.867 t€

Sachverhalt und Bilanzierung X3

Zum 1.1.X3 steigt der Verbraucherpreisindex von 102 % auf 104 %. Die Monteverdi AG plant aufgrund eines Sparprogramms, ihre Konzernzentrale in das geleaste Gebäude zu verlegen und stellt die frühere Konzernzentrale zum Verkauf i. S. des IFRS 5. Daher ist die Ausübung der Kaufoption zum 31.12.X10 für 30 Mio. € zum 1.1.X3 hinreichend sicher. Dies geht über eine Anpassung an geänderte Variablen hinaus und bedeutet einen geschäftspolitisch relevanten Anschaffungsvorgang, der eine marktübliche Neubewertung der Verbindlichkeit erfordert (IFRS 16.30 lit. b und .36 lit. c).

Aufgrund der geänderten Voraussetzung wird die Kaufoption als Bestandteil der Leasingzahlungen behandelt. Außerdem ist eine Neubewertung der Verbindlichkeit auf Basis der aktuellen Zinsen nötig. Der Kalkulationszins des Leasinggebers für die Restlaufzeit lässt sich nicht bestimmen, weil der Leasinggeber keine eigene Kalkulation über die Restlaufzeit von acht Jahren vorgenommen hat. Der Grenzfremdkapitalzins des Unternehmens beträgt 7 % für nicht besicherte und 5 % für besicherte und über acht Jahre fixverzinsliche Schulden. Daher ist die Verbindlichkeit zum 1.1.X3 wie folgt zu bewerten und entsprechend aufzustocken.

$$\frac{30.000\text{ T€}}{(1{,}05)^8} + \sum_{t=1}^{8} \frac{1.040\text{ T€}}{(1{,}05)^t} = 27.027\text{ T€}$$

Nutzungsrecht	20.160 t€	
Leasingverbindlichkeit (27.027 t€ – 6.867 t€)		20.160 t€

Stand Nutzungsrecht: 6.866 t€ + 20.160 t€ = 26.941 t€

Stand Leasingverbindlichkeit: 6.781 t€ + 20.160 t€ =27.027 t€

Das Gebäude hat eine angenommene Nutzungsdauer bis zum Ende des Jahres X30 und wird über die Restnutzungsdauer von 28 Jahren linear auf null abgeschrieben. Zum Ende X3 lauten die Abschlussbuchungen wie folgt:

Planm. Abschreibung (26.941 t€)/28	962 t€	
Nutzungsrecht		962 t€
Zinsaufwand (27.027 t€ × 5 %)	1.351 t€	
Cash		1.040 t€
Leasingverbindlichkeit		311 t€

Stand Nutzungsrecht: 26.941 t€ – 962 t€ = 25.978 t€.
Stand Leasingverbindlichkeit: 27.027 t€ + 311 t€ = 27.338 t€

Aufgrund der nunmehr bilanziell hohen Fremdfinanzierung sind die laufenden Leasingraten geringer als der Zinsaufwand und die Verbindlichkeit steigt laufend an. In Bezug auf den gedanklich vorweggenommenen Immobilienerwerb ist der Leasingkredit unterverzinslich, dafür steckt in der Abschlusszahlung von 30 Mio. € auch ein Entgelt für die bilanziell angelaufenen Zinsen (die Differenz zwischen 30.000 t€ und 27.027 t€ zum 1.1.X3).

Die Buchungen wiederholen sich nach der gleichen Logik bis zum 31.12.X10. An diesem Tag beträgt die Leasingverbindlichkeit 31.040 t€ und wird durch die Bezahlung der Kaufoption von 30 Mio. € und die letzte Leasingrate von 1.040 t€ getilgt. Das nach planmäßiger Abschreibung verbliebene Nutzungsrecht wird auf ein Gebäudekonto umgebucht.

3.4. Darstellung und Anhang

Aufgrund ihrer Besonderheiten hat der Leasingnehmer Nutzungsrechte und Verbindlichkeiten aus Leasingverträgen gesondert in der Bilanz zu zeigen oder im Anhang gesondert darzustellen. Entscheidet sich der Leasingnehmer bloß für eine gesonderte Darstellung im Anhang, ist das Nutzungsrecht in der Bilanz so auszuweisen, als wäre der Leasinggegenstand regulär gekauft worden (regelmäßig Sachanlagen bzw. Immobilien, nicht aber immaterielle Vermögenswerte).

Als Finanzinvestition gehaltene Immobilien gem. IAS 40 werden stets als solche in der Bilanz ausgewiesen.

Da der Leasingvertrag regelmäßig in ein Nutzungsrecht und eine Leasingverbindlichkeit zerlegt wird, müssen auch die Abschreibungen und Zinsen gesondert in der GuV dargestellt werden, nicht bloß ein aggregierter Mietaufwand. Ein Mietaufwand wird nur gezeigt, wenn der Leasingnehmer sein Wahlrecht zur Nichtaktivierung geringwertiger oder kurzfristiger Leasingverträge ausgeübt hat.

Das Gleiche gilt für Cashflows: Tilgungszahlungen der Leasingverbindlichkeit werden im Cashflow aus der Finanzierungstätigkeit gezeigt. Zinszahlungen werden konsistent zur Bilanzierungspolitik des Leasinggebers für Zinsen im Cashflow aus der operativen Tätigkeit oder der Finanzierungstätigkeit gezeigt (IFRS 16.50 i. V. mit IAS 7.33). Zahlungen, die nicht in der Leasingverbindlichkeit enthalten sind, werden bei der operativen Tätigkeit gezeigt. Das sind z. B. geringwertige oder kurzfristige Leasingverhältnisse, die nicht aktiviert wurden, oder variable Sonderzahlungen.

IFRS 16.51 ff. verlangen zahlreiche qualitative und quantitative Anhangangaben zur Natur der Leasingverhältnisse und zu den Vermögens- und Erfolgskomponenten im Rahmen der Bewertung. Für Leasingverbindlichkeiten ist auch eine Fälligkeitsanalyse gemäß IFRS 7 erforderlich.

4. Bilanzierung beim Leasinggeber

4.1. Allgemeines

Der Leasinggeber unterscheidet zwischen Finanzierungsleasing (*finance lease*) oder *operating lease*. Finanzierungsleasing stellt eine Kreditfinanzierung dar, d. h. der Leasinggeber aktiviert eine Leasingforderung, nicht aber den Leasinggegenstand. Das *operating lease* stellt eine klassische Miete dar, d. h. Leasinggeber aktiviert keine Forderung, sondern den Leasinggegenstand.

Beim Finanzierungsleasing überträgt der Leasinggeber im Wesentlichen alle Chancen und Risiken des Eigentums an den Leasingnehmer (IFRS 16.62 ff.). Zur Beurteilung nennt der Standard einige Indikatoren, die – entweder einzeln oder in Kombination – zum Finanzierungsleasing führen:

- Automatischer **Eigentumsübergang** am Ende des Leasingverhältnisses.
- Der Leasingnehmer erhält eine **Kaufoption** zu einem Preis, der deutlich unter dem Fair Value im Ausübungszeitpunkt liegt, sodass die Optionsausübung schon zu Beginn des Leasingverhältnisses hinreichend sicher ist *(bargain purchase option)*. Auch eine unverhältnismäßig günstige Mietverlängerungsoption kann diese Bedingung erfüllen (*bargain renewal option*).
- Die **Leasingdauer** übersteigt den überwiegenden Teil der wirtschaftlichen Nutzungsdauer (nach US-GAAP konkret 75 % der Nutzungsdauer).
- Der Barwert der **Leasingzahlungen** entspricht weitgehend dem Fair Value des Leasinggegenstands (nach US-GAAP konkret mindestens 90 % des Fair Values).
- Der Leasinggegenstand hat eine spezielle Beschaffenheit, sodass ihn nur der Leasingnehmer ohne wesentliche Abänderungen nutzen kann (**Spezialleasing**).
- Der Leasingnehmer trägt die Verluste des Leasinggebers, wenn er das Leasingverhältnis aufkündigt oder dem Leasingnehmer werden Gewinne oder Verluste angelastet, wenn der Fair Value vom vereinbarten Restwert bei Vertragsende abweicht (**Restwertrisiko**).
- Dem Leasingnehmer wird eine Verlängerungsoption zu Konditionen eingeräumt, die wesentlich unter den marktüblichen Leasingraten liegen.

Jedes der Kriterien bzw. Indikatoren führt im Normalfall zu einem *finance lease*. Allerdings kann es auch Ausnahmefälle aufgrund der konkreten Ausgestaltung geben (z. B. automatischer Eigentumsübergang, bei dem der Fair Value als Kaufpreis zu leisten ist, oder bei variablen Leasingraten, mit denen der Leasingnehmer für allfällige Wertverluste entschädigt wird; IFRS 16.65).

Das Leasingverhältnis wird ausschließlich bei Vertragsbeginn als Finanzierungsleasing oder *operating lease* eingestuft. Zu einer Änderung der Beurteilung kommt es nur, wenn die Vertragsbedingungen geändert werden, nicht aber bei geänderten Einschätzungen. Die Einstufung beim Leasinggeber hängt nicht davon ab, wie der Vertrag beim Leasinggeber bilanziert wird (z. B. ob der Leasinggeber das Nutzungsrecht aktiviert oder nicht).

Für das Leasing von **Grundstücken** gelten auch die genannten Grundsätze. Bei kurzfristigen Leasingverträgen spielt das Kriterium des Eigentumsübergangs oder einer günstigen Kaufoption am Ende der Leasingdauer eine wichtige Rolle. Das Kriterium des Verhältnisses der Leasingdauer zur wirtschaftlichen Nutzungsdauer muss bei Grundstücken aber einschränkend interpretiert werden: Die wirtschaftliche Nutzungsdauer von Grundstücken ist naturgemäß unbegrenzt, insofern kann es nicht auf ein mathematisches Verhältnis ankommen. Jede befristete Vermietung ist immer nur ein unendlich kleiner Bruchteil der unbegrenzten wirtschaftlichen Nutzungsdauer. In wirtschaftlicher Hinsicht relevant sind aber nur die nächsten paar Jahrzehnte: Bei Zahlungen und Restwerten, die erst nach Ablauf mehrerer Jahrzehnte anfallen, ist der Barwert vernachlässigbar gering. Eine jahrzehntelang unkündbare Vermietung führt daher regelmäßig zum Übergang des wirtschaftlichen Eigentums. Beurteilungskriterien, die erst am Ende einer jahrzehntelang unkündbaren Leasingdauer schlagend werden (Eigentumsübergang, Restwertrisiko, günstige Kauf- oder Verlängerungsoptionen), sind in solchen Fällen für die Beurteilung des wirtschaftlichen Eigentums weiniger entscheidend.

Auf der Seite des Leasinggebers unterscheidet IFRS 16 beim Finanzierungsleasing zwischen dem **direkten Finanzierungsleasing** und dem **Hersteller- oder Händlerleasing** *(manufacturer or dealer lease)*. Beim direkten Finanzierungsleasing steht die Finanzierung im Vordergrund; beim Hersteller- oder Händlerleasing soll der Leasinggegenstand auch mit Gewinn veräußert werden, das Leasing ist dabei nur eine Zusatzleistung.

4.2. Operating Lease

Im Fall des *operating lease* bleibt der Leasinggenstand im Anlagevermögen des Leasinggebers aktiviert und wird i. d. R. planmäßig nach IAS 16 abgeschrieben (IFRS 16.84). Mitunter ist der Leasinggegenstand gemäß IAS 40 als Finanzinvestition erfolgswirksam zum Fair Value zu bilanzieren. Die Tatsache, dass der Leasinggegenstand verleast ist, muss bei der Fair Value-Ermittlung als Verwendungsrestriktion berücksichtigt werden. Auch eine Kaufoption des Leasingnehmers wäre eine Restriktion, allerdings wird eine werthaltige Option zu einem Finanzierungsleasing führen.

Die Leasingzahlungen werden als **Mieterlöse** angesetzt. Raten in ungleicher Höhe sind linear abzugrenzen, außer eine andere systematische Verteilung entspricht eher dem Nutzenverlauf des Unternehmens (IFRS 16.81). Generell sollten sowohl die planmäßige Abschreibung abnutzbarer Leasinggegenstände und die Mieterlöse nach einer konsistenten Methodik verteilt werden (z. B. jeweils linear, degressiv oder verbrauchskonform). Dabei ist aber zu berücksichtigen, dass die Leasingdauer beim *operating lease* häufig kürzer ist als die Nutzungsdauer. Dann erfolgt die Abschreibung über einen längeren Zeitraum und berücksichtigt, wie gewinnbringend der Leasinggegenstand am Ende der Leasingdauer noch genutzt werden kann (z. B. erfährt ein PKW im ersten Jahr einen besonderen Wertverlust, der sich bei einem anschließenden Verkauf oder einem erneuten Leasing negativ auswirkt).

Anfängliche Direktkosten des Leasings werden wie nachträgliche Anschaffungskosten des Leasinggegenstands behandelt und bei diesem aktiviert (z. B. Vertragserrichtungskosten, Vermittlungsprovisionen, Rechtsberatungskosten, Begutachtungen oder Abgaben). Sie werden aber nicht über seine Nutzungsdauer, sondern über die Leasingdauer planmäßig abgeschrieben (IFRS 16.83), auch dann, wenn der Leasinggegenstand nicht abnutzbar ist. Sie stellen daher eine gesonderte Bewertungskomponente der Sachanlage dar (Komponentenansatz nach IAS 16.43).

Auch Anreize und Sonderleistungen, die der Leasinggeber dem Leasingnehmer gewährt, z. B. Zuschüsse für Mietereinbauten oder für Schulungsmaßnahmen, Umzugszuschüsse oder sonstige Kostenersätze, werden aktiviert. Beschränkt sich ihr Nutzen auf den bestehenden Leasingkunden, sind sie anfängliche Direktkosten und werden über die Leasingdauer abgeschrieben. Sind sie auch für künftige Leasingverhältnisse oder für einen späteren Weiterverkauf nützlich, dann werden sie als integraler Bestandteil der Sachanlage über deren Nutzungsdauer abgeschrieben.

Der Leasinggegenstand wird außerplanmäßig gemäß IAS 36 abgeschrieben, wenn der erzielbare Betrag unter den Buchwert fällt. Der für IAS 36 zu bewertende Vermögenswert ist die verleaste Sachanlage, deren Fair Value oder Nutzwert aufgrund des Leasings einer Verwendungsrestriktion unterliegt.

Beim Nutzwert sind die Mieterträge aus dem Leasing zu berücksichtigen. Die Annahmen für IAS 36 sollten konsistent zu den Annahmen bei der Beurteilung des Leasings erfolgen. Für den Nutzwert sollten die Leasingzahlungen über die Leasingdauer i. S. des IFRS 16 herangezogen werden, aktualisiert um wesentliche Entwicklungen seit Leasingbeginn. Die Abzinsung hat aber nach den Vorgaben des IAS 36 zu erfolgen. Erwartete Ausfallsverluste aus Zahlungsstörungen sind dabei abzuziehen. Der Nutzungswert und der Fair Value verringern sich, wenn ein nicht garantierter Restwert unerwartet abnimmt, der Kunde für den Leasinggeber nachteilige Optionen ausübt oder deren Ausübung wahrscheinlich wird, oder wenn die Bonität des Kunden zweifelhaft wird und Zahlungsstörungen samt Eintreibungskosten nicht durch den zurückerhaltenen Leasinggegenstand gedeckt werden. Sind der Leasingnehmer oder der Leasinggegenstand nicht auffindbar, spricht dies jedenfalls für eine Abschreibung.

Verleast ein **Hersteller oder Händler** seine Produkte im Rahmen eines *operating lease*, darf er keinen Veräußerungsgewinn ansetzen (IFRS 16.86). Ein Verlust wird dann angesetzt, wenn die Bedingungen des Leasingvertrages oder sonstige Umstände auf eine Wertminderung gemäß IAS 36 hinweisen.

Jede Vertragsveränderung eines *operating lease* gilt als neues Leasingverhältnis (IFRS 16.87).

4.3. Direktes Finanzierungsleasing

Beim direkten Finanzierungsleasing ist der **Leasinggeber eine reine Finanzierungsgesellschaft** (Kreditinstitut bzw. Finanzinstitut ohne Banklizenz). Der Leasinggeber erwirbt das Eigentum vom Hersteller oder Händler und vermietet den Leasinggegenstand dann an den Leasingnehmer, wobei die physische Lieferung oft direkt vom Händler an den Leasingnehmer erfolgt. Das Motiv des Leasinggebers ist allein die Finanzierung. Die Übertragung des Leasinggegenstands an den Leasingnehmer stellt für sich genommen keinen Umsatzakt dar, daher darf auch kein Veräußerungsgewinn angesetzt werden. Alle Vorteile aus dem Leasingverhältnis stellen einen **Zinsertrag** dar, anfängliche Direktkosten mindern den Zinsertrag.

Die Finanzierungsgesellschaft weist eine **Leasingforderung** aus; die Forderung wird mit dem Barwert der vereinbarten Mindestleasingraten angesetzt. Dieser Wert wird auch als die **Nettoinvestition** bezeichnet.

Für Zwecke der Forderungsbewertung definiert IFRS 16 auch den Begriff **Bruttoinvestition**. Das ist die Summe der dem Leasinggeber zustehenden Leasingzahlungen (einschließlich des garantierten Restwerts) und dem nicht garantierten Restwert. Die Leasingzahlungen folgen der allgemeinen Definition (siehe Kap. IV.2, S. 63). Auch von bonitätsstarken Dritten garantierte Restwerte gehören dazu. Der nicht garantierte Restwert stellt eine Sachleistung dar, die in Form der Rückgabe des Leasinggegenstands zufließt. Der mit dem impliziten Zinssatz diskontierte Bruttoinvestitionswert wird als **Nettoinvestition** bezeichnet.

Wird der implizite Zinssatz dem Leasingnehmer bekannt gegeben und gibt es bei keinem Vertragspartner signifikante Direktkosten oder Vorauszahlungen, sollte bei Leasingbeginn die Nettoinvestition dem Nutzungsrecht in der Bilanz des Leasingnehmers entsprechen.

Anfängliche Direktkosten werden ebenfalls aktiviert. Der **implizite Zinssatz** wird so festgelegt, dass der Barwert genau dem Fair Value gemäß IFRS 13 des Leasinggegenstandes zuzüglich anfänglicher Direktkosten entspricht (z. B. Rechtsberatungskosten, Provisionen und intern angefallene Direktkosten, nicht aber Gemeinkosten und Marketingkosten). War der Leasinggegenstand bereits vorher im Bestand des Leasinggebers, kommt es durch das Finanzierungsleasing zu einer Realisierung der Differenz zwischen Buchwert und Nettoinvestition zuzüglich Direktkosten. Der implizite Zinssatz muss daher nicht dem im Vertrag genannten Zinssatz entsprechen, insbesondere wenn die Direktkosten und der Fair Value dem Kunden nicht offengelegt werden.

Der Abschluss des Leasingverhältnisses verursacht dem Leasinggeber nur laufende Aufwendungen in Höhe der nicht direkt zurechenbaren anfänglichen Kosten (z. B. Gemeinkosten). Anfängliche Direktkosten reduzieren indirekt den Zinsertrag während der Vertragslaufzeit, weil sie Anschaffungsnebenkosten der Leasingforderung darstellen.

Im Rahmen der **Folgebewertung** wird der Finanzierungsertrag als konstanter Erlös auf die jeweils ausstehende Nettoinvestition realisiert. Zinserträge werden als Bestandteil der Forderung aktiviert, erhaltene Zahlungen mindern die Forderung. Der am Ende erhaltene Restwert tilgt die noch verbliebene Forderung.

Die Leasingforderung unterliegt den Abschreibungsbestimmungen des IFRS 9, je nach Stadium werden einjährige oder lebenslange erwartete Verluste bevorsorgt. Alternativ kann einheitlich für alle Leasingforderungen stets der lebenslange Verlust bevorsorgt werden (siehe Kap. IX, S. 183). Beabsichtigt der Leasinggeber den Verkauf des Leasinggegenstands gemäß IFRS 5 an Dritte, dann ist die Leasingforderung nach IFRS 5 zu bewerten. Der geplante Verkauf des Leasinggegenstands an den Leasingnehmer fällt aber nicht unter IFRS 5, sondern wird bereits bei der Bewertung des Leasingvertrages unter IFRS 16 berücksichtigt.

BEISPIEL Eine Bank verleast am 1.1.X1 einen PKW (Anschaffungskosten zum Fair Value samt anfänglicher Direktkosten 26.000 €). Die Summe der vereinbarten Leasingraten zuzüglich des nicht garantierten Restwerts beträgt 35.000 €; bei einem Kalkulationszins von 10 % ist der Barwert 26.000 €.

Die Nennbeträge der Forderung (Bruttoinvestition) und die Zinsen sollen gesondert erfasst werden, daher wird ein Forderungsberichtigungskonto *(unearned interest)* verwendet; die Saldierung ergibt den Barwert (Nettoinvestition).

Verbuchung bei Übergabe des PKW:

Leasingforderung nominell	35.000 €	
Zahlungsmittelkonto		26.000 €
Forderungsberichtigung *(unearned interest)*		9.000 €

Die erste Leasingrate i. H. von 5.000 € wird am 31.12.X1 beglichen:

Zahlungsmittelkonto	5.000 €	
Leasingforderung nominell		5.000 €

Der Zinsertrag zum Jahresende beträgt 10 % des Barwerts der Forderungen am 1.1.X1, das sind 2.600 €.

Verbuchung der Zinsen zum Jahresende:

Forderungsberichtigung *(unearned interest)*	2.600 €	
Zinsertrag		2.600 €

In der Leasingforderung ist auch der Barwert des **nicht garantierten Restwerts** enthalten. Der Wert ist bei Beginn des Leasingverhältnisses zu schätzen; während der Laufzeit ist die Schätzung jährlich zu überprüfen. Ergibt sich bei dieser Überprüfung ein Abwertungsbedarf, dann ist der implizite Zinssatz für die gesamte Leasingdauer, also rückwirkend zum Beginn des Leasingverhältnisses, zu reduzieren. Die Erlösminderung, die auf die aktuelle und auf frühere Perioden entfällt, ist in der aktuellen Periode kumuliert als Erlösminderung zu buchen (IFRS 16.77); kein „Restatement" der Vorperioden). Für die Folgeperioden gilt die entsprechend geringere Effektivverzinsung.

Wird der Leasingvertrag während der Laufzeit geändert, so handelt es sich um eine neu und separat zu bilanzierende Leasingkomponente, wenn ein neues Nutzungsrecht hinzugefügt und dafür ein Entgelt vereinbart wird, das dessen Einzelwert entspricht. Werden dagegen Leasingraten reduziert oder die Bedingungen für den Leasingnehmer erleichtert, dann gilt IFRS 9. Werden die Chancen und Risiken wesentlich verändert, wird die Leasingforderung teilweise oder vollständig ausgebucht. Ansonsten werden gemäß IFRS 9 ein neuer Barwert anhand der ursprünglichen impliziten Verzinsung ermittelt und die Leasingforderung erfolgswirksam abgestockt (siehe Kap. IX.1.6, S. 191).

4.4. Besonderheiten für das Hersteller- oder Händlerleasing

Beim Hersteller- oder Händlerleasing ist der Leasinggeber gleichzeitig Hersteller oder Händler des Leasinggegenstands; das Leasing ist nur eine Zusatzleistung (vgl. IFRS 16.71 ff.). Daher erzielt er neben dem Zinsertrag auch einen **Veräußerungsgewinn.**

Grundsätzlich gelten die gleichen Bestimmungen wie beim direkten Finanzierungsleasing. Die Leasingforderung entspricht ebenfalls dem Fair Value des Leasinggegenstandes. Ist der mittels marktüblicher Zinsen ermittelte Barwert der Leasingzahlungen aber geringer, dann ergibt sich die Leasingforderung aus diesem geringeren Betrag. Die Forderung wird als Umsatzerlös gezeigt, der Abgang des Leasinggegenstands stellt Kosten der Umsatzerzielung dar (IFRS 16.71).

Im Gegensatz zum direkten Finanzierungsleasing wird nur der vom Kunden garantierte Restwert im Rahmen der Forderung aktiviert. Der nicht garantierte Restwert stellt keinen Umsatzakt dar.

Anfängliche Direktkosten werden ebenfalls nicht aktiviert, sondern unmittelbar im Aufwand erfasst. Sie vermindern daher den Veräußerungsgewinn des Leasinggebers (IFRS 16.74).

Der Veräußerungsgewinn oder -verlust wird zum Beginn des Leasings realisiert, das ist jener Zeitpunkt, an dem der Leasinggegenstand zur Nutzung durch den Leasinggeber verfügbar gemacht wird.

Häufig werden **unüblich gute Finanzierungskonditionen** geboten (z. B. nach dem Werbeslogan „Null-Prozent-Finanzierung"). Dann muss der Barwert der Mindestleasingraten anhand einer marktüblichen Verzinsung errechnet werden, unter Berücksichtigung der üblichen Kreditrisikoaufschläge. Ist der Barwert geringer als der übliche Verkaufspreis, dann darf nur ein entsprechend geringerer Veräußerungsgewinn erfasst werden. Im diesem Fall entspricht der implizite Zinssatz genau dem Marktzinssatz.

Besonders zu beachten ist die **Ausbuchung des Leasinggegenstands**: Der Leasinggegenstand geht ab, daher muss der Buchwert (Anschaffungs- oder Herstellungskosten) ausgebucht werden. Der Barwert eines **nicht garantierten Restwerts** bleibt weiterhin aktiviert, der Handelswareneinsatz bzw. die Kosten zur Umsatzerzielung werden entsprechend vermindert. Der nicht garantierte Restwert muss laufend überwacht und ggf. wertberichtigt werden, wenn sich ein niedrigerer Schätzwert für den Restwert ergibt.

BEISPIEL ▸ Ein Kfz-Händler verleast am 1.1.X1 einen PKW über drei Jahre, den er für 20.000 € vom Hersteller erworben hat. Der Listenpreis beträgt 24.377 €. Die übliche Nutzungsdauer ist 3,5 Jahre und der Kalkulationszinssatz 5 % (Barwertfaktoren 1 bis 3 Jahre: 0.95238, 0.90703, 0.86384). Die drei jährlich endfälligen Leasingraten betragen 8.000 € und der erwartete, nicht garantierte Restwert am Ende des Leasingverhältnisses 3.000 €.

Lösung:

	nominell	diskontiert
1. Rate	8.000 €	7.619 €
2. Rate	8.000 €	7.256 €
3. Rate	8.000 €	6.911 €
Summe	24.000 €	21.786 €
Restwert	3.000 €	2.592 €
		24.377 €

Es handelt sich um Finanzierungsleasing, weil der Vertrag den überwiegenden Teil der Nutzungsdauer abdeckt. Der nicht garantierte Restwert ist nicht Bestandteil der Mindestleasingraten und daher gesondert zu berücksichtigen.

Erfassung zum 1.1.X1:

Leasingforderung (Raten)	21.786 €	
an Umsatzerlös		21.786 €
Wareneinsatz	17.408 €	
an Handelswaren		17.408 €

Daraus resultiert ein Handelsgewinn von 4.377 €.

Hat sich der für das Ende der Nutzungsdauer erwartete Restwert verringert (z. B. aufgrund einer allgemeinen Verschlechterung der Gebrauchtwagenpreise), dann ist die Forderung auf den niedrigeren Barwert abzuschreiben.

4.5. Subleasing

Untermietverhältnisse (Subleasing) sind in IFRS 16 ausführlich geregelt und insofern anspruchsvoll, weil IFRS 16 unterschiedliche Bilanzierungsmodelle für Leasinggeber und Leasingnehmer vorsieht. Beim Subleasing wird der Leasingnehmer selbst zum Leasinggeber und muss beide Bilanzierungsmodelle gleichzeitig anwenden (Zwischenmieter).

Für den **Leasinggeber des Hauptleasingvertrags** ist die Untermiete durch den Zwischenmieter i. d. R. nicht weiter bilanzierungsrelevant, sie kann aber seine Einschätzung über die Leasingdauer oder Kündigungsoptionen durch den Zwischenmieter beeinflussen; dieser wird das Hauptleasing nicht vor Ende der Untermiete beenden.

Für den **Untermieter** selbst ergeben sich keine Besonderheiten, er beurteilt lediglich sein Leasingverhältnis mit dem Zwischenmieter, setzt sein Nutzungsrecht an und ist womöglich nicht im Bilde, dass es sich um eine Untermiete handelt.

Da dem **Zwischenmieter** aus seinem Hauptleasingvertrag nicht der gesamte Leasinggegenstand, sondern nur ein Nutzungsrecht bilanziell zusteht, ist dieses Nutzungsrecht für die Beurteilung der nachfolgenden Untermiete heranzuziehen (IFRS 13.B58 lit. b und .BC233).

Die Untermiete stellt beispielsweise dann ein Finanzierungsleasing dar, wenn

- die Untermiete den überwiegenden Teil der Laufzeit der Hauptmiete umfasst (auf die Lebensdauer des Leasinggegenstands kommt es nicht an) oder
- der Barwert der Zahlungen aus der Untermiete im Wesentlichen dem Wert des aktivierten Nutzungsrechts entspricht.

Daher wird das Subleasing beim Zwischenmieter sehr häufig als Finanzierungsleasing eingestuft, selbst dann, wenn es der Leasinggeber im Hauptleasingverhältnis als *operating lease* einstuft.

Ist das Hauptleasing kurzfristig und entscheidet sich der Zwischenmieter gegen die Aktivierung des Nutzungsrechts, dann muss er die Untermiete als *operating lease* einstufen (IFRS 16.B58 lit. a). Es wäre schließlich ein Wertungswiderspruch, den Aktivposten einmal zu verneinen und dann zu bejahen. Aus der gleichen Überlegung erlischt bei einer Untermiete das Wahlrecht, für einen geringwertigen Leasinggegenstand kein Nutzungsrecht zu aktivieren (IFRS 16.B8).

Der Zwischenmieter darf seine Leasingverbindlichkeit gegenüber dem Hauptleasinggeber nicht mit einer Finanzierungsleasingforderung an den Untermieter verrechnen. Dies wäre nur zulässig, wenn IAS 32.42 eine Verrechnung erlaubt (IFRS 16.BC235). Dazu müssten die Forderungen zivilrechtlich aufrechenbar sein und die Aufrechnung müsste beabsichtigt sein.

5. Sale and Leaseback

Sale and leaseback-Transaktionen werden in der Praxis häufig zur Sanierung bzw. Neufinanzierung von Unternehmen eingesetzt. Dabei veräußert der Eigentümer Vermögen an eine Finanzierungsgesellschaft und schließt gleichzeitig einen Leasingvertrag ab.

In einem ersten Schritt ist zu klären, ob der Verkauf als solcher wirtschaftliche Substanz hat; dazu verweist IFRS 16 auf IFRS 15. Wesentlich sind insbesondere die Indikatoren des IAS 15.38 (siehe Kap. VI.4.5, S. 112 ff., z. B. wurde das zivilrechtliche Eigentum übertragen, gibt es einen unmittelbaren Zahlungsanspruch über den Verkaufspreis, wurden die signifikanten Chancen und Risiken übertragen).

Liegt kein Verkauf vor, dann hat der Verkäufer/Leasingnehmer lediglich eine Kreditverbindlichkeit aufgenommen, für die der Leasinggegenstand als Sicherheit dient. Die Vertragspartner bilanzieren eine Forderung und eine Verbindlichkeit nach den Bestimmungen des IFRS 9 (IFRS 16.103).

Liegt aber ein Verkauf vor, dann erfasst der Leasingnehmer weiterhin sein Nutzungsrecht. Dieses entspricht dem Vermögen, das er zivilrechtlich an den Leasinggeber übertragen hat, aber weiterhin selber nutzen kann. Ausgebucht wird nur soweit, als ein Nutzungsrecht übertragen wurde (z. B. wenn die Nutzung ab einer gewissen Zeitspanne an den Leasinggeber übertragen wurde).

Der Käufer/Leasinggeber geht nach den üblichen Regeln des IFRS 16 für Leasinggeber vor. Bei einem *operating lease* aktiviert der die erworbene Anlage in Höhe des geleisteten Kaufpreises, bei einem Finanzierungsleasing aktiviert er eine Forderung in Höhe des geleisteten Kaufpreises. Wenn der Kaufpreis vom Fair Value des Leasinggegenstands abweicht oder Zinsen verrechnet werden, die nicht marküblich sind, dann sind die Buchungen anzupassen: Ist der Kaufpreis unter dem Marktwert, dann stellt die Differenz eine Vorauszahlung künftiger Leasingraten dar. Ist der Kaufpreis über den Marktwert, liegt insoweit eine (zusätzliche) Forderung oder Verbindlichkeit vor.

BEISPIEL ▸ Der Leasingnehmer veräußert ein Gebäude mit Buchwert 4 Mio. € und Fair Value von 8 Mio. € an den Leasinggeber und erhält dafür 8 Mio. € Entgelt. Zugleich least er das Gebäude für eine marktübliche Leasingrate über 20 Jahre zurück. Der gemäß IFRS 16 ermittelte Barwert der Leasingraten beträgt 6 Mio. €.

Der Leasingnehmer aktiviert sein Nutzungsrecht und darf seinen rechnerischen Gewinn von 4 Mio. € nur insoweit realisieren, als dieser nicht auf das zurückgeleaste Nutzungsrecht entfällt, ermittelt auf Basis der marktüblichen Wertkomponenten:

Fair Value Gebäude		8 Mio. €
Wert der Leasingverbindlichkeit		6 Mio. €
Effektiv zurückbehaltene Rechte	6 Mio. € / 8 Mio. € =	75 %
Effektiv erzielter Gewinn	(8 Mio. € – 4 Mio.) x 25 % =	1 Mio. €

Verbuchung:

Cash	8 Mio. €	
Nutzungsrecht	3 Mio. €	
Gebäude		4 Mio. €
Leasingverbindlichkeit		6 Mio. €
Veräußerungsgewinn		1 Mio. €

V. Werthaltigkeitstest *(Impairment Test)*

Der Werthaltigkeitstest ist einer der wichtigsten Themenbereiche der IFRS. Daher ist ihm ein eigenes Kapitel gewidmet. Die Durchführung der Tests erfordert in vielen Fällen eine Ertragswertermittlung durch ein Discounted Cashflow-Verfahren. Unter bestimmten Voraussetzungen werden – wie etwa bei der außerplanmäßigen Abschreibung des Firmenwerts nach nationalem Bilanzrecht – nicht nur einzelne Vermögensgegenstände, sondern ganze Unternehmensteile auf eine Wertminderung getestet *(„cash generating units")*.

Anwendungsbereich: Der Werthaltigkeitstest *(impairment test)* gilt für alle Vermögenswerte mit Ausnahme von (IAS 36.2): Vorräten (IAS 2), vertraglichen Vermögenswerten bei Aufträgen (IFRS 15), aktiven latenten Steuern (IAS 12), Vermögenswerten aus Leistungen an Arbeitnehmer (IAS 19), Finanzinstrumenten, Immobilien für Zwecke der Wertanlage nach IAS 40 bei Fair Value-Ansatz, Agrarprodukten (IAS 41), bestimmten Vermögenswerten aus Versicherungsverträgen (IFRS 17) und mit Ausnahme von zur Veräußerung stehenden langfristigen Vermögenswerten (Gruppen langfristiger Vermögenswerte; IFRS 5, siehe Kap. V.6., S. 95 ff.). Die ausgenommenen Vermögenswerte unterliegen eigenständigen Bewertungskonzepten (z. B. einer Fair Value-Bewertung), die mit einem Werthaltigkeitstest i. S. von IAS 36 nicht vereinbar sind.

IAS 36 betrifft daher insbesondere Wertminderungen von **immateriellen Vermögenswerten** (Kap. II., S. 39 ff.), von **Sachanlagen** (Kap.III., S. 47 ff.), von zu Anschaffungskosten bewerteten als Finanzinvestition gehaltene Immobilien und des **Firmenwerts** (Kap. XVIII.3.4., S. 452 ff.).

Wird eine Wertminderung festgestellt, dann ist eine außerplanmäßige Abschreibung erforderlich. Eine außerplanmäßige Abschreibung darf aber **nur dann** erfolgen, wenn die Bedingungen des Werthaltigkeitstests *(impairment test)* erfüllt sind (IAS 36.59).

Rückgriffsrechte, Schadenersatzansprüche oder Versicherungsentschädigungen werden bei der außerplanmäßigen Abschreibung von Sachanlagen nicht berücksichtigt, sondern ertragswirksam als Forderung angesetzt, sobald der Forderungsanspruch entsteht (IAS 16.65 f.).

1. Anhaltspunkte für eine Wertminderung *(Trigger Events)*

Ein Werthaltigkeitstest ist grundsätzlich dann durchzuführen, wenn **ein Anhaltspunkt für eine Wertminderung** besteht (IAS 36.9; *trigger events*).

Anhaltspunkte für eine Wertminderung ergeben sich aus externen und internen Informationen, insbesondere aus den folgenden Indizien (.12):

- erheblich gesunkener Marktwert;
- eingetretene oder drohende nachteilige Veränderung der rechtlichen, wirtschaftlichen oder technischen Rahmenbedingungen (z. B. auch drohende behördliche Auflagen oder Einschränkungen);
- Anstieg der langfristigen Zinsen oder der erwarteten Renditen, die den Barwert künftiger Mittelzuflüsse zur Berechnung einer Wertminderung wesentlich verringern (siehe .16; ein bloßer Anstieg kurzfristiger Zinsen ist i. d. R. weniger problematisch);
- der Buchwert des Eigenkapitals des Unternehmens ist höher als seine Marktkapitalisierung;
- Schadensfälle oder technische Überalterung von Vermögenswerten;
- Änderung in der Nutzung des Vermögenswerts, Verkaufs- oder Stilllegungspläne;

- Informationen aus der Kostenrechnung, die auf eine verschlechterte Wirtschaftlichkeit hinweisen (z. B. gestiegene Kosten und verringerte Deckungsbeiträge);
- Verschlechterung der Netto-Cashflows aus der Nutzung des Gegenstands oder Nichterreichen budgetierter Netto-Cashflows (siehe .14).

Immaterielle Vermögenswerte mit unbestimmbarer Nutzungsdauer, noch nicht betriebsbereite immaterielle Vermögenswerte (z. B. laufende Entwicklungsprojekte) und der Firmenwert (IFRS 3) sind **jährlich** auf Wertminderung zu testen, auch wenn keine Anhaltspunkte für eine Wertminderung bestehen. Bei Anhaltspunkten einer Wertminderung ist ggf. ein zusätzlicher Werthaltigkeitstest erforderlich (IAS 36.10). Der jährliche Werthaltigkeitstest ist jedes Jahr zum selben Zeitpunkt durchzuführen (allerdings können verschiedene Vermögenswerte zu verschiedenen Zeitpunkten getestet werden). Bei immateriellen Vermögenswerten mit unbestimmbarer Nutzungsdauer sind auch Erleichterungen vorgesehen (siehe dazu auch oben, S. 43).

2. Umfang der Wertminderung

Nach IAS 36.59 liegt eine Wertminderung dann vor, wenn der **erzielbare Betrag** *(recoverable amount)* unter den Buchwert gefallen ist; in diesem Fall (und nur in diesem Fall) kommt es zu einer außerplanmäßigen Abschreibung.

Als erzielbarer Betrag gilt entweder (IAS 36.6):

- der **Fair Value abzüglich Veräußerungskosten** *(fair value less cost to sell)* oder
- der **Nutzungswert** (*value in use*, das ist der Barwert der erwarteten Cashflows).

Entscheidend ist der jeweils **höhere Betrag** (d. h. der jeweils geringere Abschreibungsbetrag), weil grundsätzlich ein opportunistisches Verhalten anzunehmen ist: Kann der Unternehmer den Vermögenswert nicht gewinnbringend nutzen, dann würde er ihn veräußern. Liegt bereits einer der beiden Beträge über dem Buchwert, dann muss der andere Betrag nicht mehr ermittelt werden. Soll der Vermögenswert ohnedies veräußert werden, ist regelmäßig nur auf den Fair Value abzüglich Veräußerungskosten abzustellen (IAS 36.21).

Der Fair Value ist gemäß IFRS 13 zu ermitteln (ausführlich Kap. XV, S. 333). Die Fair Value-Definition des IFRS 13 klammert Veräußerungskosten (Transaktionskosten) grundsätzlich aus, für Zwecke des IAS 36 sind diese daher gesondert zu berücksichtigen. Sofern die Veräußerungskosten eine relevante Größe darstellen, ist der für IAS 36 maßgebliche Wert daher geringer als der Fair Value gemäß IFRS 13 (IAS 36.5(c)).

Als **Veräußerungskosten** gelten alle der Veräußerung direkt zurechenbaren, zusätzlich entstehenden Kosten, nicht aber Finanzierungskosten und Ertragsteuern (.6). Dazu zählen etwa Rechtsberatungskosten, Gebühren und Verkehrsteuern, notwendige Abbau-, Reinigungs-, Verpackungs- oder Wartungskosten. Mögliche Kostenvorteile aus der Veräußerung dürfen nicht gegengerechnet werden (.28). Lässt sich der Fair Value abzüglich Veräußerungskosten nicht verlässlich ermitteln, dann darf der erzielbare Betrag mit dem Nutzungswert gleichgesetzt werden (IAS 36.20; als Ausnahmefall gedacht).

Der **Nutzungswert** ist der **Barwert der erwarteten, zukünftigen Cashflows**, die aus der Nutzung des Vermögenswerts und ggf. aus einer zukünftigen Veräußerung zu erzielen sind (IAS 36.6 und .30 ff.). Cashflows aus Budgetprognosen sollten einen Zeitraum von höchstens fünf Jahren umfassen. Über diesen Zeitraum hinaus werden Cashflows nur extrapoliert, indem eine konstante oder abnehmende Trendrate zugrunde gelegt wird. Die Trendrate sollte das industrieübliche Wachstum nicht überschreiten. Die Cashflow-Prognosen müssen auf verlässlichen, belastbaren Annahmen des Managements beruhen, wobei mehr Gewicht auf externen Informationen als auf internen liegen soll. Zur Unterstützung der Annahmen sind frühere Prognosen mit den tatsächlich eingetretenen Cashflows zu vergleichen (Backtesting) und Gründe für allfällige Abweichungen zu analysieren. Die Prognosen müssen konsistent mit den tatsächlichen Cashflows sein, wobei neue Umstände, die sich auf frühere Cashflows noch nicht ausgewirkt haben, gesondert zu beachten sind (.33 f.).

Die maßgeblichen **Cashflows** umfassen alle Einzahlungen, die mit dem Vermögenswert erwirtschaftet werden können, einschließlich etwaiger Veräußerungserlöse (IAS 36.39). Direkt zurechenbare Auszahlungen zur Aufrechterhaltung der Einzahlungen sind abzuziehen (Auszahlungen für Erhaltung oder Wartung und für zurechenbare Gemeinkosten; IAS 36.41).

Nicht zu berücksichtigen sind insbesondere Zahlungen (vgl. IAS 36.43 f. und IAS 36.50):

- die anderen Vermögenswerten zurechenbar sind, damit es nicht zu einer Doppelzählung oder doppelten Nichtzählung von Cashflows kommt;
- im Finanzierungsbereich (z. B. Kredittilgung, Zinszahlungen); dies wäre mit dem Vermögensbegriff bzw. dem Saldierungsverbot nicht vereinbar, denn Nettozuflüsse nach Auszahlungen für die Finanzierung könnten auch nur mit saldierten Positionen verglichen werden;
- für aktivierungspflichtige Verbesserungen der Anlage (z. B. für nachträgliche Herstellungskosten oder für Ersatzbeschaffungen) oder für Umstrukturierungen des Betriebs; diese stellen zukünftiges Vermögen dar, das ggf. selbst Gegenstand eines Werthaltigkeitstests sein wird;
- für Gewinnsteuern (bzw. aus Steuerrückzahlungen), denn auch der Diskontierungssatz wird vor Steuern herangezogen.

Der Prognosehorizont sollte nicht länger sein als fünf Jahre (.33(b)). Anhang A erlaubt zwei Verfahren für die Berechnung der Discounted Cashflows (.A2): Nach dem traditionellen Verfahren werden Trends in der Cashflow-Prognose, Inflation, Marktliquidität und Risikoprämien im Diskontierungszinssatz berücksichtigt. Nach dem Erwartungswertverfahren werden diese Faktoren bei der Berechnung der einzelnen Cashflows berücksichtigt. Können die zukünftigen Cashflows nicht eindeutig geschätzt werden, dann verlangt das Erwartungswertverfahren eine Gewichtung unterschiedlicher Szenarien nach deren Eintrittswahrscheinlichkeit; dies entspricht nicht unbedingt dem wahrscheinlichsten Einzelszenario (vgl. IAS 36.A11).

Die maßgeblichen Cashflows sind vor Steuern, daher ist auch ein **Zinssatz** vor Steuern für die Abzinsung heranzuziehen (IAS 36.55). Der Zinssatz entspricht dem langfristigen Marktzinssatz und sollte das Risiko der Investition in den zu testenden Vermögenswert und die Inflation berücksichtigen (allerdings nur insoweit, als die Cashflows nicht risiko- bzw. inflationsbereinigt wurden).

Fehlt ein entsprechender Marktzinssatz, dann wird der Zinssatz von den durchschnittlichen Kapitalkosten (Capital Asset Pricing Model), den marginalen Fremdfinanzierungszinsen oder anderen marktüblichen Fremdfinanzierungszinssätzen abgeleitet. Der Zinssatz wird angepasst, um das Risiko der Investition in den Vermögenswert marktkonform widerzuspiegeln (insbesondere sind Länderrisiko, Währungsrisiko und Preisrisiko zu berücksichtigen; IAS 36.A17 f.). Der Zinssatz muss unabhängig von der konkreten Finanzierungsstruktur und Zinslast des Unternehmens ermittelt werden (.A20), denn die Bewertung erfolgt objektbezogen und darf nicht durch die Art seiner Finanzierung beeinflusst werden.

Der **erzielbare Betrag** eines Vermögenswerts lässt sich aber nur dann feststellen, wenn ein unmittelbarer Zusammenhang zwischen einem Vermögenswert und den damit erzeugten Cashflows besteht: Die maßgeblichen Cashflows müssen **weitestgehend unabhängig** von jenen anderer Vermögenswerte sein (IAS 36.22). Vielen Vermögenswerten können aber keine weitestgehend unabhängigen Cashflows zugerechnet werden. Dann ist folgendermaßen vorzugehen:

- Das Unternehmen darf einen angemessenen **Näherungswert** für den Nutzungswert bzw. den Fair Value abzüglich Veräußerungskosten ermitteln, und zwar durch Schätzungen, Durchschnittswerte oder computergestützte, vereinfachte Verfahren. Liegt dieser Näherungswert nahe am Fair Value abzüglich Veräußerungskosten, dann darf der Näherungswert anstelle des exakt ermittelten Nutzungswerts verwendet werden (.22 f.).
- Lassen sich keine angemessenen Näherungswerte feststellen oder weicht der Näherungswert für den Nutzungswert klar vom Fair Value abzüglich Veräußerungskosten ab, dann ist die Wertminderung auf übergeordneter Ebene festzustellen. Das bedeutet, funktionell zusammengehörige Vermögenswerte werden zu einer ***cash generating unit*** („zahlungsmittelgenerierenden Einheit") zusammengefasst und insgesamt einer Bewertung unterzogen (.66 und .69; siehe dazu unten, Kap. V.4.). Eine Berechnung auf Ebene von *cash generating units* kann allerdings entfallen, wenn der Fair Value abzüglich Veräußerungskosten über dem Buchwert liegt und somit eine Wertminderung bereits auszuschließen ist (.22(a)).

Die Wertermittlung ist in der Praxis oft mit Unsicherheit belastet, insbesondere dann, wenn Cashflowprognosen erforderlich sind. Das IASB versucht, dieses chronische Problem durch umfassende Angabepflichten in den Griff zu bekommen (IAS 36.130). Insbesondere ist im Anhang der erzielbare Betrag anzugeben und ob ein Nutzungswert oder ein Fair Value gemäß IFRS 13 abzüglich Veräußerungskosten zugrunde gelegt wurde.

Da beobachtbare Marktwerte nur selten zur Verfügung stehen, sind für die Fair Value-Ermittlung regelmäßig Modellbewertungen erforderlich (Level 2 und 3 der Fair Value-Hierarchie; Kap. XV.5, S. 345 ff.). Das entsprechende Level ist anzugeben, die Berechnungstechniken und alle Änderungen der Technik sind zu erläutern und zu begründen. Außerdem sind die sensiblen Schlüsselannahmen der Bewertung offenzulegen, einschließlich der verwendeten Diskontierungszinssätze bei Barwertverfahren.

3. Wertaufholung

Im Fall einer **Wertaufholung** einer in der Vergangenheit erfassten Wertminderung ist grundsätzlich eine Zuschreibung geboten (IAS 36.109 ff.). Eine Wertaufholung wird aber nur dann ermittelt, wenn externe oder interne **Anhaltspunkte für einen höheren erzielbaren Betrag** bestehen (IAS 36.110 f.). Die Anhaltspunkte entsprechen weitgehend jenen für die Feststellung der Wertminderung:

- signifikante Marktwertsteigerung;
- signifikante Verbesserung im ökonomischen, rechtlichen oder technischen Umfeld bzw. im Marktumfeld;

- Verminderungen der (langfristigen) Zinsen und Renditen, soweit diese zur Diskontierung künftiger Cashflows herangezogen werden;
- signifikante günstigere Nutzbarkeit des Vermögens im Unternehmen (z. B. Verbesserungen und Zusatzinvestitionen, die die Ertragskraft überproportional zu den angefallenen Kosten verbessern, Restrukturierungen);
- die Kostenrechnung zeigt eine bessere wirtschaftliche Performance.

Genauso wie der Abschreibungsbetrag ermittelt sich auch der Zuschreibungsbetrag aus dem Vergleich zwischen Buchwert und erzielbarem Betrag, dessen Berechnung oben dargestellt wurde.

Die Wertaufholung ist begrenzt auf die Anschaffungs- oder Herstellungskosten bzw. bei abnutzbaren Vermögenswerten auf die fiktiv fortgeschriebenen Anschaffungs- oder Herstellungskosten (also jenen Wert, der sich ohne eine außerplanmäßige Abschreibung ergeben hätte; IAS 36.117).

Da auch vorübergehende Wertminderungen unter den dargestellten Voraussetzungen abzuschreiben und ggf. wieder zuzuschreiben sind, können sich im Vergleich zum nationalen Bilanzrecht stärkere Gewinnschwankungen ergeben.

Das amerikanische FASB konnte sich nach langer Diskussion nicht dem Konzept in IAS 36 anschließen: Mit der Abschreibung auf den Barwert künftiger Überschüsse werden Zinsen vorweggenommen: Im Laufe der Zeit (Näherrücken der künftigen Überschüsse) steigt der Barwert kontinuierlich an, sodass es eigentlich zur Wertaufholung in Höhe der Zinsen kommt (wirtschaftlich gesehen ein Zinsertrag). Vergleichsweise liegt ein *impairment* nach US-GAAP nur dann vor, wenn der undiskontierte Gesamtbetrag künftiger Cashflows unter dem Buchwert liegt.

Eine **Wertaufholung beim Firmenwert ist nicht zulässig**. Eine einmal festgestellte Wertminderung (siehe folgende Kapitel) kann nicht mehr rückgängig gemacht werden; eine Zuschreibung käme der Aktivierung eines selbst erstellten Firmenwerts gleich (IAS 36.124).

4. Test von Cash Generating Units

In vielen Fällen kann der Nutzungswert nicht ermittelt werden, weil eine direkte Zurechnung von Cashflows zu einzelnen Vermögenswerten nicht möglich ist (IAS 36.22; siehe S. 86).

Dies gilt insbesondere für den **Firmenwert** (*goodwill*, siehe dazu Kap. XVIII.3.4., S. 452 ff.). Auch der Firmenwert erzeugt Cashflows nur i.V. mit anderen Vermögenswerten (Betrieb oder andere Unternehmensteile).

Der Firmenwert darf nicht planmäßig abgeschrieben werden (IFRS 3.B63(a)). Daher ist der Firmenwert – wie immaterielle Wirtschaftsgüter mit unbestimmbarer Nutzungsdauer – in jeder Periode auf eine Wertminderung zu testen (auch wenn keine Anhaltspunkte einer Wertminderung vorliegen).

Können Cashflows Vermögenswerten nicht direkt zugerechnet werden, dann wird die Wertminderung auf einer übergeordneten Ebene ermittelt, der ***cash generating unit*** („zahlungsmittelgenerierende Einheit"). Eine *cash generating unit* ist die jeweils **kleinste identifizierbare Gruppe von Vermögenswerten,** die Mittelzuflüsse (Cashflows) erzeugen, die weitestgehend unabhängig von den Cashflows anderer Vermögenswerte oder Gruppen von Vermögenswerten sind

(IAS 36.6). Die *cash generating unit* soll so klein wie möglich sein, damit sich möglichst keine stillen Reserven und stillen Lasten verschiedener Bereiche untereinander ausgleichen.

Für die Einteilung von *cash generating units* ist entscheidend, wie die Geschäftsführung die Leistung des Unternehmens misst (etwa nach Produktlinien, Geschäftsfeldern, Standorten oder Regionen) oder über die Weiterführung oder Aufgabe von Unternehmensteilen oder Vermögenswerten entscheidet (ausführlich IAS 36.69 ff.; *„management approach"*). IAS 36 wählt bewusst eine sehr allgemeine Definition, um dem Unternehmen eine möglichst sinnvolle und flexible Einteilung entsprechend der internen Leistungssteuerung zu ermöglichen (z. B. anhand der bestehenden Profit Centers). Allerdings müssen *cash generating units* die kleinstmöglichen Messeinheiten sein, sie sind daher auf der untersten Ebene der Leistungssteuerung angesiedelt.

Werden an einem Standort nur Zwischenprodukte oder Vorleistungen für andere Produkte produziert, die auch an einem aktiven Markt veräußert werden könnten, dann ist dieser Standort jedenfalls eine *cash generating unit* (.70).

Beispiele für selbständige *cash generating units*:

- Filialen einer Handelskette, wenn bei diesen z. B. der Erfolg einzeln gemessen wird und sich die Einzugsgebiete nicht überlappen (vgl. IAS 36.IE1 ff.);
- eine Produktionsstätte, die Vorprodukte für die Weiterverarbeitung in anderen Produktionsstätten erstellt, aber einen Teil der Vorprodukte auch an Dritte über einen aktiven Markt veräußert oder veräußern könnte (vgl. IAS 36.IE5 ff. und .70);
- einzelne Zeitschriftentitel eines Zeitschriftenverlags, wenn sich die Verkaufs- und Werbeeinnahmen für jede Zeitschrift getrennt feststellen lassen (vgl. IAS 36.IE17. ff.);
- ein Buslinienbetreiber hat sich einer Gemeinde gegenüber verpflichtet, festgelegte Fahrten auf fünf Fahrtstrecken anzubieten. Auch wenn für jede Strecke eine gesonderte Ermittlung der Cashflows möglich ist, bilden die fünf Strecken aufgrund der einheitlichen Verpflichtung nur eine *cash generating unit* (vgl. IAS 36.67 ff.).

Beispiele, in denen keine selbständigen *cash generating units* vorliegen:

- Ein Gebäude im Besitz eines Produktionsunternehmens, das zur Hälfte als Verwaltungsgebäude genutzt und zur anderen Hälfte für Wohnzwecke vermietet wird (vgl. IAS 36.IE20 ff.); der Hauptzweck des Gebäudes ist die Verwaltung, die Mieteinnahmen sind daher nicht unabhängig von den Gesamtumsätzen des Unternehmens, die ein Verwaltungsgebäude erfordern.
- Ein Bergbauunternehmen betreibt seine eigene Bahnstrecke zum Transport der Abbauprodukte. Da die Bahn nur zum Schrottwert veräußert werden kann und keine unabhängigen Cashflows generiert, liegt keine eigene *cash generating unit* vor (vgl. IAS 36.67 ff.).

Der Werthaltigkeitstest einer *cash generating unit* ist verhältnismäßig aufwendig. Da der Firmenwert zumindest jährlich zu testen ist, auch ohne Anhaltspunkte für eine Wertminderung, sind folgende **Vereinfachungen** vorgesehen (IAS 36.96 ff.):

- Der Test kann grundsätzlich **jederzeit während des Abschlussjahres** durchgeführt werden, solange er in jedem Jahr zur selben Zeit stattfindet (werden die Vermögenswerte der betroffenen *cash generating unit* auch gesondert getestet, dann soll der gesonderte Test jedenfalls vor dem Gruppentest stattfinden). In der Praxis erfolgt die Prüfung meist im dritten Quartal, damit die Bewertung noch entsprechend zeitnah zum Abschlussstichtag erfolgt und andererseits noch ausreichend Zeit bleibt, bis zur Bilanzerstellung die aufwendigen Cashflow-Prognosen abzuschließen.

- Wurde schon in der Vorperiode ein Werthaltigkeitstest über den Firmenwert durchgeführt, dann dürfen die **Ergebnisse des Vorjahres** auch für das Abschlussjahr herangezogen werden, wenn sich die Zusammensetzung der *cash generating unit* seither nicht wesentlich geändert hat, der erzielbare Betrag deutlich über dem Buchwert lag und sich aus der Analyse der zwischenzeitlichen Ereignisse ergibt, dass eine Wertminderung unwahrscheinlich ist.
- Kann der Firmenwert **im Jahr eines Beteiligungs- oder Unternehmenserwerbs** noch nicht vollständig den einzelnen *cash generating units* zugeordnet werden, dann darf die Zuordnung auch in der folgenden Periode erfolgen (vorläufige Bilanzierung gemäß IAS 36.84; siehe dazu auch Kap. XVIII.3.6., S. 464 f.).

Ein Hauptproblem des Werthaltigkeitstests ist die sinnvolle Zuordnung von Vermögenswerten und Schulden zu einer identifizierten *cash generating unit*. Nur so kann die Gegenüberstellung von Einzelbuchwerten und erzielbarem Betrag brauchbare Ergebnisse liefern.

Grundsätzlich sind in der *cash generating unit* **nur Vermögenswerte zusammenzufassen**, die zu den Mittelzuflüssen der *cash generating unit* unmittelbar beitragen. Schulden sind grundsätzlich nicht zuzuordnen (die Zuordnung von Schulden würde ggf. die Abschreibungen erhöhen; dies ist aber mit dem Saldierungsverbot von Vermögen und Schulden unvereinbar).

Schulden sind ausnahmsweise dann einzurechnen, wenn auch der erzielbare Betrag der *cash generating unit* nicht sinnvoll ohne die Mittelabflüsse für diese Schulden ermittelt werden könnte. Dies ist etwa dann der Fall, wenn bei einer Veräußerung der *cash generating unit* der Käufer die Schulden übernehmen müsste. In diesem Fall wird der Buchwert der Schuld vom Nutzungswert und vom Buchwert der *cash generating unit* abgezogen (IAS 36.78).

BEISPIEL (IAS 36.78) ▸ Ein Bergbauunternehmen baut Kohle ab; für eine Kohlengrube wurde eine Rekultivierungsverpflichtung von 500 t€ rückgestellt (entspricht dem Barwert der Verpflichtung). Der Buchwert der Kohlengrube beträgt 1.000 t€, der Barwert der Mittelzuflüsse beträgt 1.200 t€. Der Nettobuchwert beträgt daher 500 t€ (Buchwert abzüglich Rückstellung), der Nutzungswert 700 t€ (Barwert der Mittelzuflüsse abzüglich Rückstellung). Es liegt daher keine Wertminderung vor.

Schwierig gestaltet sich dagegen die **Zuordnung des Firmenwerts**: Grundsätzlich soll er jenen Unternehmensbereichen zugeordnet werden, die **von den Synergien des Unternehmens- oder Beteiligungserwerbs profitieren** (IAS 36.80). Der Firmenwert kann daher sowohl erworbenen Unternehmensbereichen als auch vor dem Erwerb vorhandenen Unternehmensbereichen zugeordnet werden, soweit sich Synergien ergeben.

Für die betragsmäßige Verteilung des Firmenwerts auf *cash generating units* enthält IAS 36 keine konkreten Bestimmungen oder Beispiele (sie sollte sich wohl an jenen Methoden orientieren, nach denen auch der Kaufpreis des erworbenen Unternehmens ermittelt wurde); allerdings bestimmen IAS 38.80 ff., auf welcher Ebene der Firmenwert zu testen ist:

Kann der Firmenwert einzelnen *cash generating units* eindeutig zugeordnet werden, dann wird er diesen auch zugerechnet und gemeinsam mit diesen auf eine Wertminderung getestet (.90).

Ist die Zuordnung nicht eindeutig möglich, dann ist **aus mehreren *cash generating units* eine Gruppe** zu bilden. Der Firmenwert wird dann gemeinsam mit der Gruppe auf eine Wertminderung getestet (.80).

ABB. 4: Zuordnung des Firmenwerts zu Cash Generating Units (CGU) bzw. Gruppen von CGU

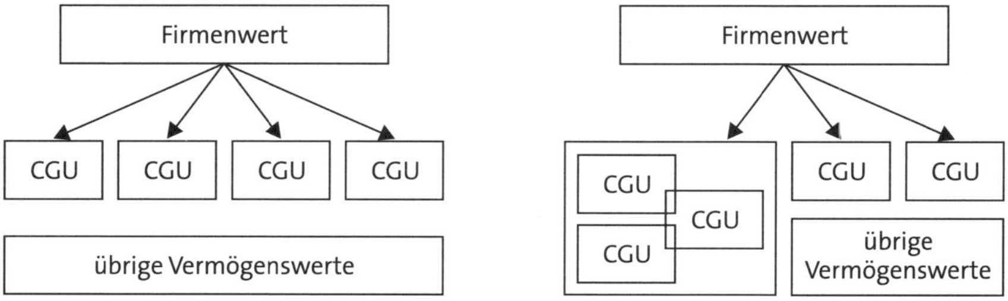

Die Zusammenfassung sollte jeweils die **kleinstmöglichen Gruppen** ergeben. Maßgeblich für die Gruppenbildung ist grundsätzlich jene Ebene, auf welcher der Firmenwert durch die Unternehmensführung im Rahmen der internen Leistungserfassung gemessen wird (IAS 36.81 spricht von *„internal management purposes"*, meint also die operative Unternehmensführung, nicht notwendigerweise den Konzernvorstand). Zur Zuteilung bei späteren Betriebsveräußerungen oder internen Reorganisationen siehe IAS 36.86 f.

Die Zusammenfassung zu Gruppen ist begrenzt, insbesondere kann eine Gruppe nicht den gesamten Konzern umfassen: Als Obergrenze gelten nach IAS 36.80 die operativen **Segmente im Sinne von IFRS 8.5** zur Segmentberichterstattung (siehe Kap. XVII.4.2., S. 417). Maßgeblich ist das einzelne operative Segment, das mitunter nur ein Bestandteil eines im Segmentbericht dargestellten Berichtssegments ist; für IAS 36 gelten somit die operativen Segmente vor einer ggf. vorgenommenen Aggregation zu einem Berichtssegment als Obergrenze einer Gruppe (nunmehr ausdrücklich in IAS 36.80(b) vorgeschrieben). Eine Verteilung des Firmenwerts auf aggregierte Segmente wäre auch nicht sachgerecht, weil die Aggregation nicht voraussetzt, dass aggregierte Segmente gegenseitige Synergien hätten oder voneinander abhängige Gewinne erzeugen (IAS 36.BC150B).

Die Begrenzung von *cash generating units* durch operative Segmente wird zwar nur verlangt, wenn diesen ein Firmenwert zugeordnet wird. Allerdings muss die *cash generating unit* stets die kleinstmögliche Gruppe darstellen, die eigenständige Cashflows erzeugt. Aufgrund der Segmentdefinition in IFRS 8.5 ist es aber kaum möglich, dass eine *cash generating unit* mehrere Segmente umfasst.

Trotz der Gruppenbildung müssen auch die einzelnen *cash generating units,* denen der Firmenwert nicht individuell zugeordnet wurde, jeweils für sich getestet werden – und zwar ohne Zuteilung eines Firmenwerts. Der Test dieser *cash generating units* ohne individuell zugeordneten Firmenwert findet aber nicht jährlich statt, sondern nur bei einem Anhaltspunkt für eine Wertminderung (.88; Ausnahme nach .89: jährlicher Test, falls darin enthaltene immaterielle Vermögenswerte mit unbestimmbarer Nutzungsdauer oder noch nicht betriebsbereite immaterielle Vermögenswerte nur gemeinsam mit der *unit* getestet werden können).

Ein ähnliches Verfahren wie für den Firmenwert ist auch für das **allgemeine Konzernvermögen** *(corporate assets)* vorgesehen (.100 ff.). Das sind z. B. Gebäude der Konzernleitung, die EDV-Ausstattung des Gesamtkonzerns samt unternehmensweiter Softwarelizenzen oder ein Forschungszentrum. Das gemeine Konzernvermögen erzielt keine eigenständigen Cashflows, sodass es i. d. R. nicht individuell auf eine Wertminderung getestet werden kann. Allgemeines Konzernvermögen muss daher den einzelnen *cash generating units* zugerechnet werden, soweit dies eindeutig und konsistent möglich ist. Damit vergrößert das allgemeine Konzernvermögen deren Buchwerte und somit das potenzielle Abschreibungsvolumen. Eine Zuteilung erfolgt i. d. R. auf Basis der Inanspruchnahme des allgemeinen Konzernvermögens durch die einzelnen *cash generating units.* Die Zuteilung muss allerdings nach .102(a) nachvollziehbar und konsistent erfolgen. Kann die Inanspruchnahme nicht quantifiziert werden oder ist die Inanspruchnahme sehr veränderlich, ist keine eindeutige Zurechnung des allgemeinen Konzernvermögens zu *cash generating units* möglich.

Ist eine Zuteilung zu *cash generating units* nicht eindeutig möglich, dann ist folgendermaßen vorzugehen:

- Zuerst ist jede *cash generating unit* für sich auf Wertminderung zu testen (d. h. ohne Zuteilung allgemeinen Konzernvermögens) und ggf. abzuschreiben.
- Daraufhin sind die kleinstmöglichen Gruppen von *cash generating units* zu bilden, denen das allgemeine Konzernvermögen eindeutig – ganz oder teilweise – zurechenbar ist. Der so ermittelte Buchwert jeder Gruppe ist dann ggf. auf den niedrigeren erzielbaren Betrag abzuschreiben.

Beim Test der *cash generating units* bzw. Gruppen sind der Firmenwert und das allgemeine Konzernvermögen gleichzeitig zuzurechnen, bevor der Vergleich mit dem erzielbaren Betrag erfolgt. Unzulässig wäre eine parallele Prüfung einmal unter Einrechnung des Firmenwerts und einmal unter Einrechnung des allgemeinen Konzernvermögens. Eine doppelte Deckung beider Vermögenswerte durch ein und denselben Ertragswert ist jedenfalls zu vermeiden (ergibt sich aus .104 erster Satz). Die Zurechnung von allgemeinem Konzernvermögen vergrößert daher auch die potenzielle Firmenwertabschreibung.

Fallbeispiel zur Zusammenfassung für Zwecke des Werthaltigkeitstests:

Das Unternehmen prüft die Werthaltigkeit der Vermögenswerte bisher auf Ebene der Segmente. Darunter fallen auch projektspezifische immaterielle Vermögenswerte (Entwicklungskosten für Amortisationsprojekte) und Sachanlagen (Werkzeuge). Diese werden anhand von unternehmenseigenen Produktionsmaschinen und Basistechnologien erstellt. Den Projekten lassen sich Mittelzuflüsse zuordnen, da zu jedem Projekt ein Produkt mit variabler Liefermenge und einem bestimmbaren Preis gehört. Einzelne Wertminderungen lassen sich durch die Kalkulation von erwarteten Projektverlusten ermitteln.

Grundsätzlich ist auf Ebene jedes einzelnen Vermögenswerts zu prüfen (IAS 36.22). Sollte der Vermögenswert keine weitestgehend unabhängigen Mittelzuflüsse erzeugen, ist die Werthaltigkeit für jene CGU zu prüfen (IAS 36.22), die weitestgehend unabhängige Mittelzuflüsse erzeugt (IAS 36.6). Soweit beispielsweise unabhängige Erlöse einem Vermögenswert zuordenbar sind, ist dieser Vermögenswert separat zu prüfen.

Die Ebene des Werthaltigkeitstests ist auch nicht an die Unternehmenssteuerung gebunden, sondern an die unabhängigen Mittelzuflüsse (IAS 36.22 und .6). Im Gegensatz dazu ist aber beim Firmenwerttest die Unternehmenssteuerung maßgeblich (IAS 36.80). Die Verwendung der Daten aus der Steuerung des Unternehmens ist folglich nicht entscheidend für die Identifikation einer CGU (IFRIC-Sitzung im Januar und März 2007). Da die Daten der Mittelzuflüsse je Projekt verfügbar sind, sind diese der Ausgangspunkt für die Prüfung

Allerdings werden gemeinsame Produktionsmaschinen und Basistechnologien für alle Projekte eines Segments verwendet. Dennoch ist die gemeinsame Verwendung von Vermögenswerten zur Erreichung der Mittelzuflüsse nicht entscheidend (IAS 36.6 und .22; IFRIC Agenda-Entscheidung März 2007). Die gemeinsame Nutzung von Vermögenswerten oder Know-how führt daher nicht zur gemeinsamen Werthaltigkeitsprüfung.

Die Produktionsmaschinen und Basistechnologien sind nicht allen Projekten willkürfrei zuordenbar. Auch dies steht einer getrennten Werthaltigkeitsprüfung nicht entgegen: Gemeinschaftliche Vermögenswerte (*corporates assets*) sind jene Vermögenswerte außer dem Geschäfts- oder Firmenwert, die zu den künftigen Cashflows zahlreicher Vermögenswerte oder CGU beitragen (IAS 36.6). Diese Definition schließt Produktionsmaschinen und Basistechnologien mit ein. Diese werden bestehenden Vermögenswerten oder CGU näherungsweise zugeschlüsselt oder auf Ebene von CGU-Gruppen getestet, verhindern aber nicht die Tests auf Projektebene (IAS 36.102). Auch die Beispiele in IAS 36 enthalten produktionsrelevante Vermögenswerte wie Unternehmensgebäude oder die Produktionsmaschinen für unterschiedliche Produkte (IAS 36.IE18).

Zuletzt könnte die Kundenbeziehung eine Rolle spielen: Einige Projekte sind aufgrund der Verträge bzw. Vertragsverhandlungen mit demselben Kunden verbunden. IAS 36 enthält aber ein Beispiel, in dem separat identifizierbare Mittelzuflüsse derselben Kundengruppen keinen Einfluss auf die Bildung der CGU hat (IAS 36.IE17-.IE19). Keinen Einfluss hat jedenfalls eine Kündigungsklausel, wonach der Kunde bei Nichterfüllung eines Liefervertrags auch den jeweils anderen Liefervertrag kündigen darf, denn dies ist nur ein Kreditschutz und erlaubt keinen Ausgleich variabler Zuflüsse. Dazu müssten sich die Projekte gegenseitig bedingen oder nur in Form einer Gesamtvergütung oder Gesamtmarge abgerechnet werden.

5. Wertminderung bei Cash Generating Units

Der Firmenwert wird nur auf Ebene der *cash generating units* bzw. deren Gruppen auf die Werthaltigkeit getestet (siehe oben). Ein gegenseitiger Ausgleich „gestiegener" und „gefallener" Firmenwerte verschiedener *cash generating units* ist daher nicht möglich, sodass es zu mitunter höheren Firmenwertabschreibungen als bei einer Gesamtbetrachtung des Konzernfirmenwerts kommen kann.

Eine Abschreibung ist erforderlich, wenn und soweit der **erzielbare Betrag** niedriger ist als der Buchwert. Der Begriff des erzielbaren Betrags hat dieselbe Bedeutung wie beim Werthaltigkeitstest von Einzelvermögenswerten (IAS 36.74; jeweils der höhere Betrag von Fair Value abzüglich Veräußerungskosten oder Nutzungswert, siehe Kap. V.2., S. 84 ff.).

Reihenfolge der Abschreibung: Die Wertminderung wird zuerst vom Firmenwert der *cash generating unit* bzw. Gruppe abgeschrieben. Geht die Wertminderung über den zugeordneten Firmenwert hinaus, dann sind auch die übrigen Vermögenswerte der *cash generating unit* bzw. Gruppe wertgemindert. Die Abschreibung wird proportional zu den Buchwerten der übrigen Vermögenswerte abgesetzt (IAS 36.104).

Um dabei keine stillen Reserven zu legen, ist die proportionale Abschreibung folgendermaßen eingeschränkt (IAS 36.105 ff.):

- Der Buchwert sollte nicht unter einen allenfalls bekannten Fair Value abzüglich Veräußerungskosten oder einen allenfalls bekannten individuellen Nutzungswert reduziert werden.

Sofern beide bekannt sind, muss ohnedies auch eine Einzelwertberichtigung erfolgen; der dann verbleibende, individuell erzielbare Betrag sollte nicht durch weitere Zuordnungen innerhalb der *cash generating unit* herabgesetzt werden.

- Die Wertminderung ist proportional zum Buchwert auf jene Vermögenswerte zu verteilen, deren Fair Value abzüglich Veräußerungskosten bzw. deren Nutzungswert individuell nicht bekannt sind. Ist einer der beiden Werte bekannt, dann unterbleibt die proportionale Zuteilung insoweit, als der bekannte Wert unterschritten würde.

BEISPIEL 1 Ein Konzern hat im Vorjahr eine Beteiligung von 100 % an einem Verlag erworben, der Bücher und Zeitschriften produziert. Der Verlag besteht nur aus zwei *cash generating units*, „Bücher" und „Zeitschriften", denen jeweils Vermögenswerte mit einem Buchwert von 500 t€ zugeordnet werden.

Der Fair Value abzüglich Veräußerungskosten lässt sich nicht verlässlich ermitteln. Daher ergibt sich der erzielbare Betrag allein aus dem Nutzungswert (Ausnahmefall nach IAS 36.20). Ein Discounted Cashflow-Verfahren im Sinne von IAS 36 ergibt die folgenden Nutzungswerte:

CGU	Buchwerte (ohne Firmenwert und Schulden)	Nutzungswert
Bücher	500 t€	1.200 t€
Zeitschriften	500 t€	400 t€

Bei der Kaufpreisermittlung wurde im Vorjahr für jede der beiden *cash generating units* ein Firmenwert von 1.000 t€ angesetzt und insgesamt ein Firmenwert von 2.000 t€ aktiviert. Dementsprechend wird der Firmenwert zugeordnet.

CGU	Buchwerte (ohne Firmenwert und Schulden) nach Einzelwertberichtigung	zurechenbarer Firmenwert	Summe	Nutzungswert	Wertminderung
Bücher	500 t€	1.000 t€	1.500 t€	1.200 t€	300 t€
Zeitschriften	500 t€	1.000 t€	1.500 t€	400 t€	1.100 t€

In beiden *cash generating units* liegt eine Wertminderung *(impairment)* vor. In der *cash generating unit* „Bücher" wird der Firmenwert von 1.000 t€ auf 700 t€ abgeschrieben.

In der *cash generating unit* „Zeitschriften" wird der gesamte Firmenwert abgeschrieben. Allerdings sind auch die übrigen Vermögenswerte wertgemindert; die Buchwerte müssen daher von insgesamt 500 t€ auf 400 t€ abgeschrieben werden. Die folgende Tabelle zeigt die Buchwerte und die Fair Values abzüglich Veräußerungskosten der *cash generating unit*. Individuelle Nutzungswerte sind nicht bekannt.

Vermögenswerte Zeitschriften	Buchwert	Fair Value abzüglich Veräußerungskosten	Abschreibungspotenzial	Abschreibung
Grund und Gebäude	100 t€	140 t€	0 €	
EDV-Hardware	100 t€	110 t€	0 €	
übrige Geschäftsausstattung	100 t€	100 t€	0 €	
Software	100 t€	unbekannt	100 t€	50 t€
erworbene Zeitschriftentitel	100 t€	unbekannt	100 t€	50 t€
Summe	500 t€			100 t€

Nach IAS 36.104(b) ist die verbleibende Wertminderung im Verhältnis der Buchwerte innerhalb der *cash generating unit* „Zeitschriften" aufzuteilen, solange der Fair Value abzüglich Veräußerungskosten nicht unterschritten wird. Im Beispiel können daher nur die Vermögenswerte „Software" und „erworbene Zeitschriftentitel" abgeschrieben werden. Die Abschreibung erfolgt vorzugsweise proportional zum Buchwert, also jeweils mit 50 t€.

Der Werthaltigkeitstest beim Firmenwert vergleicht Buchwerte mit dem erzielbaren Betrag. Haben sich seit dem Erwerb stille Reserven aufgebaut, wird dadurch ggf. die Firmenwertabschreibung verhindert (z. B. wenn stille Reserven in die Berechnung des erzielbaren Betrags eingehen). Im Extremfall könnte der aktivierte Firmenwert nur durch stille Reserven gedeckt sein, was die Firmenwertabschreibung verhindert. Dagegen wird nach US-GAAP der „implizite Firmenwert" ermittelt. Der Wert einer Einheit *(reporting unit)* wird nicht mit dem Buchwert, sondern mit dem Fair Value der Vermögenswerte verglichen.

Minderheitengesellschafter im Konzern: Im Konzernabschluss werden auch Beteiligungen von weniger als 100 % vollkonsolidiert. In diesem Fall gibt es Minderheitengesellschafter (siehe Kap. XVIII.3.4., S. 452 ff.).

In den meisten Fällen werden Minderheiten mit ihrem Anteil an den Vermögenswerten und Schulden des Tochterunternehmens angesetzt (Neubewertungsmethode ohne Aufdeckung des Minderheitenfirmenwerts). Im Konzernabschluss ist daher nur jener Firmenwert aktiviert, der auf den Anteil des Mutterunternehmens entfällt. Der Firmenwert muss daher um einen fiktiven, den **Minderheitengesellschaftern zustehenden Firmenwert** erhöht werden, denn auch der erzielbare Betrag umfasst jenen Anteil am Veräußerungswert bzw. an den Cashflows, der den Minderheitengesellschaftern zukommt (IAS 36.C3); ansonsten würden erzielbare Beträge, die auch Minderheitenfirmenwerte umfassen, mit den Buchwerten von *cash generating units* verglichen, die keine Minderheitenfirmenwerte enthalten. Bei einer Beteiligung von z. B. 50 % wird der Firmenwert verdoppelt (Multiplikator: 100 / Prozentsatz der Beteiligung des jeweils übergeordneten Konzernunternehmens). Die Erhöhung wird aber nicht verbucht, sie erfolgt nur in einer Nebenrechnung zur Ermittlung der Wertminderung.

Ergibt sich eine Wertminderung, dann werden zuerst die Firmenwerte reduziert. Allerdings ist der Minderheitenfirmenwert nicht in den Büchern erfasst, daher wird auch die auf Minderheitenfirmenwerte entfallende Abschreibung nicht verbucht (IAS 36.C8); in der Konzerngewinn- und Verlustrechnung wird der Abschreibungsaufwand des Firmenwerts daher vollständig dem Erfolgsanteil der Eigentümer des Mutterunternehmens zugerechnet. Verbleibt nach Abschreibung des aktivierten Firmenwerts und der nur in einer Nebenrechnung erfassten Abschreibung des Minderheitenfirmenwerts noch eine offene Wertminderung, dann werden die übrigen Vermögenswerte nach den oben dargestellten Bestimmungen (IAS 36.104) abgeschrieben. Dieser Abschreibungsaufwand geht aber auch zulasten der Minderheiten und wird daher in der Konzerngewinn- und Verlustrechnung dem Ergebnisanteil der Minderheiten und dem Ergebnisanteil der Eigentümer des Mutterunternehmens aliquot zugerechnet. Der Aufteilungsschlüssel ist jener, der auch bei der Gewinnverteilung zwischen Minderheiten und den Eigentümern des Mutterunternehmens zur Anwendung käme (IAS 36.C6).

In jenen Fällen, in denen eine *cash generating unit* größer ist als das Tochterunternehmen und auch Bereiche des Mutterunternehmens umfasst, müssen die Abschreibungsbeträge der Vermögenswerte sehr sorgfältig aufgeteilt werden, je nachdem, ob Vermögenswerte des Mutterunternehmens (vollständige Zurechnung zu den Eigentümern des Mutterunternehmens) oder des Tochterunternehmens (aliquote Zurechnung zu den Minderheiten) betroffen sind (IAS 36.C7).

BEISPIEL 2 Wie Beispiel 1, die Beteiligung am Verlag beträgt aber nur 50 % und wird vollkonsolidiert. Für jede der beiden *cash generating units* wurde ein Firmenwert von 500 t€ aktiviert. Aufgrund der Beteiligung von 50 % werden auch den Minderheiten jeweils Firmenwerte von 500 t€ zugerechnet.

	Buchwerte (ohne Firmenwert)	aktivierter Firmenwert	Minderheiten-firmenwert	Summe	Nutzungswert	Wertminderung
Bücher	500 t€	500 t€	500 t€	1.500 t€	1.200 t€	300 t€
Zeitschriften	500 t€	500 t€	500 t€	1.500 t€	400 t€	1.100 t€

In der *cash generating unit* „Bücher" ergibt sich eine Wertminderung von 300 t€. Daher werden die beiden Firmenwerte um jeweils 150 t€ abgeschrieben; die Wertminderung des Minderheitenfirmenwerts wird nicht verbucht (vgl. IAS 36.IE67). Ohne Hinzurechnung des Minderheitenfirmenwerts hätte sich keine Wertminderung ergeben (der Nutzungswert von 1.200 t€ ist höher als die Summe aus Buchwerten von 500 t€ und dem aktivierten Firmenwert von 500 t€).

	Buchwerte (ohne Firmenwert)	aktivierter Firmenwert	Minderheiten-firmenwert	Summe
ungeminderte Werte	500 t€	500 t€	500 t€	1.500 t€
Verteilung Wertminderung	0	– 150 t€	– 150 t€	– 300 t€
geminderte Werte	500 t€	350 t€	350 t€	1.200 t€

In der *cash generating unit* „Zeitschriften" beträgt die Wertminderung 1.100 t€. Davon entfallen 500 t€ auf den aktivierten Firmenwert (vollständige Abschreibung) und weitere 500 t€ auf den Minderheitenfirmenwert (rechnerische Abschreibung, keine Verbuchung). Der Restbetrag von 100 t€ wird, wie im letzten Beispiel, von den Vermögenswerten der *cash generating unit* „Zeitschriften" abgeschrieben (jeweils 50 t€ von Software und 50 t€ von Zeitschriftentitel).

	Buchwerte (ohne Firmenwert)	aktivierter Firmenwert	Minderheiten-firmenwert	Summe
ungeminderte Werte	500 t€	500 t€	500 t€	1.500 t€
Verteilung Wertminderung	– 100 t€	– 500 t€	– 500 t€	– 1.100 t€
geminderte Werte	400 t€	0	0	400 t€

Wird ein Tochterunternehmen nach der sogenannten *full goodwill method* konsolidiert (vgl. Kap. XVIII.3.4, S. 452 ff.), dann wird der auf die Minderheiten entfallende Firmenwert bereits im Konzernabschluss aktiviert. Daher ist keine rechnerische Aufstockung des Firmenwerts für Zwecke des *impairment tests* erforderlich (ausführlich behandelt in Beispiel 7B, IAS 36.IE68A ff.).

6. Zur Veräußerung oder Ausschüttung stehende langfristige Vermögenswerte (IFRS 5)

Für langfristige, zur Veräußerung oder Ausschüttung stehende Vermögenswerte enthält IFRS 5 Sonderbestimmungen hinsichtlich Ausweis und Abschreibung (IFRS 5; zum Begriff „langfristig" siehe Kap. XVI.2., S. 354 f.). Aufgrund der inhaltlichen Nähe zum Werthaltigkeitstest soll IFRS 5 auch in diesem Kapitel dargestellt werden. IFRS 5 regelt auch die Darstellung von aufgegebenen Geschäftsbereichen im Jahresabschluss. Diese abweichende Themenstellung wird beim Jahresabschluss in Kap. XVI.5., S. 368 erläutert.

IFRS 5 betrifft **langfristige Vermögenswerte** (meist Sachanlagen oder immaterielle Vermögenswerte) oder **Gruppen von langfristigen Vermögenswerten und Schulden,** die zur Veräußerung oder Ausschüttung stehen *(non-current assets held for disposal; disposal groups)*. Betroffen sind aber auch Beteiligungen an assoziierte Unternehmen, Gemeinschaftsunternehmen und Tochterunternehmen, selbst wenn sie schon in Weiterveräußerungsabsicht erworben wurden (IFRS 5.3). In diesen Fällen erfolgt die Bewertung nach IFRS 5 und nicht nach IAS 28, IFRS 10 und 11.

Zur Veräußerung oder Ausschüttung stehende **Gruppen von Vermögenswerten und damit verbundener Schulden** (z. B. Betriebe oder Tochtergesellschaften) fallen ebenfalls unter IFRS 5. Umfasst eine solche Gruppe eine oder mehrere *cash generating units*, denen nach IAS 36 ein Firmenwert zuzurechnen ist, dann gehört auch der zurechenbare Firmenwerte zur Gruppe (vgl. IFRS 5, Appendix A; nicht aber allgemeines Konzernvermögen, außer dieses soll mit veräußert werden).

Ausdrücklich ausgenommen sind aktive latente Steuern, finanzielle Vermögenswerte nach IFRS 9, das Restvermögen aus gedeckten Pensionsplänen (IAS 19) und Vermögenswerte im Sinne von IAS 40, 41 und IFRS 17.

Vermögenswerte oder Gruppen von Vermögenswerten stehen dann zur Veräußerung oder Ausschüttung, wenn der im Restbuchwert verkörperte Nutzen nicht durch den weiteren Gebrauch, sondern vorwiegend aus der Veräußerung oder Ausschüttung realisiert werden soll (IFRS 5.6).

IFRS 5 kommt zur Anwendung (IFRS 5.7 ff.), wenn das Vermögen im gegenwärtigen Zustand bereit zur Veräußerung (Ausschüttung) zu marktüblichen Konditionen ist und dies **sehr wahrscheinlich** ist (eine geplante Stilllegung ist mit der Klassifizierung als „zur Veräußerung stehend" unvereinbar; vgl. IFRS 5.13 f.).

Im Konzernabschluss kann auch eine bevorstehende Veräußerung einer Beteiligung an einem Tochterunternehmen dazu führen, dass die vollkonsolidierten Vermögenswerte und Schulden des Tochterunternehmens zur Veräußerung stehen. Die Entkonsolidierung erfolgt aber erst nach der Veräußerung. Die Vermögensgegenstände und Schulden des Tochterunternehmens stehen auch dann zur Veräußerung, wenn eine Minderheitsbeteiligung am Tochterunternehmen zurückbehalten werden soll, die keine Kontrolle mehr vermittelt (IFRS 5.8A). Auch die Abspaltung eines Unternehmensteiles in eine nicht mehr vollkonsolidierte Einheit stellt eine Veräußerung dar.

Eine Veräußerung (Ausschüttung) ist nur unter den folgenden Bedingungen sehr wahrscheinlich, die kumulativ erfüllt sein müssen:

- das Management verfügt über die ausreichende Kompetenz zur Veräußerung und hat sich auf einen Verkaufsplan festgelegt;
- ein aktives Programm zur Käufersuche ist angelaufen;
- das Vermögen wird aktiv und zu einem marktüblichen Preis zum Verkauf angeboten;
- die Veräußerung führt voraussichtlich **innerhalb eines Jahres zur Gewinnrealisierung;**
- noch nötige Veräußerungsmaßnahmen werden wahrscheinlich nicht zu wesentlichen Änderungen im Veräußerungsplan führen.

IFRS 5 stellt auf die aktive Käufersuche ab, d. h. es muss kein bestimmter Käufer feststehen und es müssen auch noch keine Verhandlungen laufen. Allerdings müssen die Vermögenswerte bereit für den unmittelbaren Verkauf sein, abgesehen von jenen Bedingungen, die mit dem Käufer in einem üblichen Verkaufsprozess ausverhandelt werden. Der Käufer könnte z. B. bestimmte Präferenzen haben, bestimmte Teile nicht zu erwerben, Finanzierungen zu ändern oder er könnte Garantien verlangen. Diese individuellen Besonderheiten stehen der Einstufung unter IFRS 5 nicht entgegen.

Die Bestimmungen gelten neben der klassischen Veräußerung an Dritte auch für langfristige Vermögensgegenstände (bzw. Gruppen), die **zur Ausschüttung an die Eigentümer** stehen, etwa in Form einer Sachdividende oder einer Verschmelzung (.51A; *non-current assets held for distribution*). Vermögenswerte stehen zur Ausschüttung, wenn sie in ihrem gegenwärtigen Zustand höchstwahrscheinlich innerhalb eines Jahres nach der Einstufung ausgeschüttet werden (.12A).

Das Unternehmen muss sich nicht auf eine bestimmte Variante festlegen, d. h. es kann planen, die Vermögenswerte entweder zu veräußern oder an die Eigentümer auszuschütten und es kann die bevorzugte Variante über die Zeit ändern, in allen Fällen bleibt das Vermögen aber im Anwendungsbereich des IFRS 5, allerdings kann sich je nach Szenario der Wert ändern (IFRS 5.26A).

Zur Veräußerung (Ausschüttung) stehende Vermögenswerte oder Gruppen von Vermögenswerten und Schulden sind mit dem fortgeschriebenen **Buchwert oder dem niedrigeren Fair Value abzüglich Veräußerungskosten** anzusetzen (IFRS 5.15; Finanzierungskosten und Steuern sind gemäß IFRS 5.A keine Veräußerungskosten). Dies steht in keinem Widerspruch zum Konzept der planmäßigen Abschreibung, denn bei einer sehr wahrscheinlichen Veräußerung wäre der Abschreibungsplan auf den Restwert (Fair Value abzüglich Veräußerungskosten) auszurichten. Im Gegensatz zu IAS 36 kommt es nicht auf den Nutzungswert an, ein höherer Nutzungswert kann die Abwertung daher nicht verhindern.

Wird eine Vermögensgruppe schon **mit dem Ziel der Weiterveräußerung angeschafft**, dann gelten Sonderbestimmungen, insbesondere bei der Kaufpreisallokation im Rahmen der Kapitalkonsolidierung; siehe dazu IFRS 5.11, 5.16 und 5.39.

Mit der Einstufung als „zur Veräußerung stehend" **endet die planmäßige Abschreibung** abnutzbarer Vermögenswerte (IFRS 5.25). Die tatsächliche Abnutzung würde ohnedies auch einen niedrigeren Fair Value und damit eine Abschreibung ergeben, weshalb eine Überbewertung nicht zu befürchten ist (IFRS 5.BC32).

Steigt der Fair Value abzüglich Veräußerungskosten in der Folgeperiode, dann sind die Vermögenswerte oder Gruppen von Vermögenswerten erfolgswirksam aufzuwerten. Allerdings dürfen nur Abschreibungen i. S. von IFRS 5 oder IAS 36 aufgeholt werden (.21 f.), d. h. außerplanmäßige Abschreibungen. Die Wertaufholung ist daher folgendermaßen begrenzt:

- bei nicht abnutzbaren Vermögenswerten: auf die Anschaffungskosten;
- bei abnutzbaren Vermögenswerten: auf die bis zur Einordnung unter IFRS 5 planmäßig fortgeschriebenen Anschaffungs- oder Herstellungskosten.
- Da IFRS 5 auf IAS 36 verweist, darf ein einmal abgeschriebener Firmenwert nicht mehr aufgewertet werden (IFRS 5.23 i.V. mit IAS 36.122).

Für die **Verteilung des Abschreibungsbetrags** auf die Vermögenswerte der Gruppe sind die Bestimmungen zum Werthaltigkeitstest anzuwenden (IFRS 5.23 i.V. mit IAS 36.104(a), 36.104(b) und 36.122). Die Abschreibung wird daher zuerst vom Firmenwert und dann von den langfristigen Vermögenswerten innerhalb der Gruppe vorgenommen (siehe oben, Kap. V.5., S. 92).

In der Gruppe zur Veräußerung stehender Vermögenswerte sind mitunter auch Positionen enthalten, die nicht im Anwendungsbereich von IFRS 5 stehen, wie z. B. Finanzinstrumente. Diese sind nach den jeweils anzuwendenden IFRS zu bewerten, bevor der Fair Value abzüglich Veräußerungskosten ermittelt wird (IFRS 5.19). Allerdings ist strittig, ob und wie der auf diese Vermögenswerte entfallende Verlust zu erfassen ist, wenn der anzuwendende IFRS keine Abschreibung verlangt. Eine Variante besteht darin, eine Rückstellung zu bilden.

Die Bewertungsregeln gelten auch für zur Ausschüttung an Eigentümer stehende langfristige Vermögenswerte (Gruppen). Hier sind die Ausschüttungskosten abzuziehen, das sind direkt zurechenbare Kosten der Ausschüttung ohne Finanzierungskosten und Ertragsteuern (IFRS 5.15A).

Wird die Veräußerungs- oder Ausschüttungsabsicht für die gesamte Gruppe oder einzelne Vermögenswerte **aufgegeben** oder sind andere Kriterien des IFRS 5 nicht mehr erfüllt, werden die betroffenen Vermögenswerte wieder nach den ihren jeweiligen IFRS bewertet. Bei der Umgliederung wird folgendermaßen bewertet:

- zum Buchwert vor der Klassifizierung unter IFRS 5, unter Berücksichtigung von planmäßigen Abschreibungen oder bei Fair Value-Bewertung von Neubewertungen, die nach den jeweiligen IFRS nötig gewesen wären oder
- zum niedrigeren erzielbaren Betrag gemäß IAS 36.

Umwertungsdifferenzen werden im Gewinn oder Verlust aus fortgeführter Tätigkeit gezeigt, und zwar in der Periode der Umgliederung (IFRS 5.28); eine retrospektive Anpassung der Vorperioden ist nicht erforderlich.

Verkäufe von Unternehmensteilen sind oft kritische Prozesse und schwer planbar. So kann es zu Verzögerungen aufgrund externer Ereignisse oder außerhalb der Kontrolle des Unternehmens liegender Umstände kommen, wie z. B. behördliche Billigungsverfahren. Wenn das Management trotzdem nachweislich am Verkaufsplan festhält, dann steht das Vermögen auch dann zu Veräußerung oder Ausschüttung, wenn die Zeitspanne ein Jahr übersteigt. Wenn es nach der Klassifikation unter IFRS 5 zu Verzögerungen in einem stockenden Verkaufsprozess kommt, darf das Unternehmen das Vermögen nicht ständig gemäß IFRS 5 klassifizieren und wieder entwidmen. IFRS 5 Anhang B enthält weitere Richtlinien. Soll die Veräußerung erst nach der Einjahresfrist erfolgen, dann ist der Barwert der Veräußerungskosten vom Fair Value abzuziehen, der auch einen Barwert verkörpert (IFRS 5.17).

Im Laufe eines Verkaufsprozesses kann sich die geplante Veräußerungsgruppe verändern, weil z. B. die favorisierten Käufer bestimmte Teile nicht übernehmen wollen oder das Unternehmen seine Strategie verfeinert. Dann ist die Veräußerungsgruppe anzupassen, d. h. neu zugeordnetes Vermögen wird nach IFRS 5 und herausgenommenes Vermögen nach den jeweiligen Einzelstandards bewertet.

Ausweisbestimmungen (IFRS 5.38 ff.): Zur Veräußerung stehende Vermögenswerte und Schulden sind **gesondert in einer Zeile auf der Aktiv- bzw. Passivseite der Bilanz** auszuweisen (siehe Kap. XVI.2., S. 354 f.). Vermögenswerte und Schulden dürfen nicht saldiert werden. Wichtige Vermögens- und Schuldenklassen innerhalb der zur Veräußerung stehenden Werte sind entweder in der Bilanz oder im Anhang aufzugliedern. Diese Zeile umfasst auch zur Ausschüttung an Eigentümer stehende Vermögenswerte (und damit verbundene Schulden).

IFRS 5 regelt neben der Bewertung und Darstellung zur Veräußerung stehender langfristiger Vermögenswerte auch die Darstellung **aufgegebener Geschäftsbereiche** im Jahresabschluss *(discontinued operations)*; siehe dazu Kap. XVI.5., S. 368 ff.

Die Darstellungspflichten und die Offenlegungspflichten im Anhang, die in IFRS 5 vorgesehen sind, ersetzen die entsprechenden Bestimmungen in anderen Standards (soweit in diesen Standards keine besonderen Informationen für aufgegebene Geschäftsbereiche bzw. zur Veräußerung stehende Vermögenswerte verlangt werden; IFRS 5.5B). Dies betrifft etwa Bilanzposten (z. B. die nach IAS 1.54 grundsätzlich gesondert anzugebenden Vorräte werden nur im Rahmen des gesonderten Bilanzpostens für aufgegebene Geschäftsbereiche angegeben) und Erläuterungen zur Bewertung im Anhang.

VI. Vorräte *(Inventories)* und Umsatzrealisierung

1. Allgemeines

Der realwirtschaftliche Dienstleistungs- und Produktionsprozess wird unter den IFRS themenbezogen geregelt:

- IAS 2 regelt den Bezug und die Herstellung der Vorleistungen, also Vorräte
- IAS 41 enthält Sonderbestimmungen für landwirtschaftliche Produkte
- IFRS 15 regelt die Umsatzerzielung, also den Verbrauch der Vorleistungen und die ertragswirksame Erfassung der Liefer- und Leistungsforderung sowie sonstige Kosten- und Ertragsabgrenzungen aus dem Leistungsprozess
- IFRS 9 regelt den großen Bereich der Finanzinstrumente, wozu auch die Bewertung von Forderungen aus Lieferungen und Leistungen gehört
- IAS 20 enthält Sonderbestimmungen zur Erfolgsrealisierung für öffentliche Zuwendungen

Die Standards werden in der Reihenfolge des Produktionsablaufs erläutert, die Forderungsbewertung ist in Kap. VIII, S. 149 ausführlich dargestellt.

2. Vorräte

2.1. Definition von Vorräten

Vorräte *(inventories)* sind Vermögenswerte, die im Rahmen der gewöhnlichen Tätigkeit des Unternehmens verkauft werden oder der Produktion von anderen Vorräten oder Dienstleistungen dienen (vgl. IAS 2.6).

Nicht zu Vorräten zählen Finanzinstrumente (auch nicht im Handelsbestand einer Bank) und Agrarprodukte im Sinne von IAS 41. Agrarprodukte, Mineralstoffe und Bergbauprodukte, soweit sie vom Unternehmen selbst produziert bzw. abgebaut werden, dürfen nach anerkannter Branchenübung zum realisierbaren Betrag angesetzt werden (geschätzter Veräußerungspreis abzüglich noch anfallender Kosten). Auf- und Abwertungen sind erfolgswirksam. Eine ähnliche Regelung gilt für gewerbsmäßige Rohstoffhändler *(commodity broker-traders)*. Siehe dazu IAS 2.3 ff.

Die folgenden Vorratskategorien kommen üblicherweise vor (vgl. IAS 2.8):

- Handelswaren (*merchandise*),
- Roh-, Hilfs- und Betriebsstoffe (*raw materials oder production supplies*),
- halbfertige Erzeugnisse (*work in progress*),
- Fertigerzeugnisse (*finished goods*).

Nicht abrechenbare **Dienstleistungen** fallen nicht unter IAS 2, sondern unter IFRS 15 (siehe unten, Kap. VI.4, S. 106 ff.).

Vorräte werden grundsätzlich zu Anschaffungs- oder Herstellungskosten oder mit dem niedrigeren Nettoveräußerungswert angesetzt, sowohl bei erstmaliger Erfassung als auch bei der Folgebewertung (IAS 2.9). Aufgrund dieser gesonderten Abschreibungsregelung sind sie vom Werthaltigkeitstest im Sinne von IAS 36 ausgenommen.

2.2. Anschaffungs- und Herstellungskosten

Die **Anschaffungs- und Herstellungskosten** umfassen alle Kosten des Erwerbs, der Be- und Verarbeitung und sonstige Kosten, um die Vorräte in den Zustand und den Lagerort am Abschlussstichtag zu versetzen (IAS 2.10). Anders als bei Sachanlagen markiert die Betriebsbereitschaft oder erstmalige Bereitschaft zur Veräußerung nicht das Ende der Aktivierung.

Zu den **Anschaffungskosten** gehört der Anschaffungspreis der Ware samt Anschaffungsnebenkosten (z. B. Transport und nicht als Vorsteuer abziehbare Umsatzsteuer). Skonti, Rabatte und vergleichbare Beträge werden bei der Ermittlung der Anschaffungskosten abgezogen (IAS 2.11). Der Skonto ist als Zinsaufwand zu verbuchen (IAS 2.18; außer Finanzierungskosten sind nach IAS 23 zu aktivieren; IAS 2.17, siehe Kap. III.2., S. 49 ff.). Die für Verkäufer geltende Vereinfachung gem. IFRS 15.63, signifikante Finanzierungskosten nur bei Zahlungszielen über 12 Monaten vom Umsatz abzuspalten, ist in IAS 2 nicht ausdrücklich genannt.

Als **Herstellungskosten** gelten nur Kosten, die dem Erzeugnis direkt zurechenbar sind. Daher sind alle produktionsbezogenen Vollkosten zu aktivieren, es gibt keine Aktivierungswahlrechte.

Neben den Einzelkosten gehören zu den Herstellungskosten auch systematisch zugerechnete fixe und variable Gemeinkosten der Produktion (IAS 2.12 ff.). Aktiviert werden daher **Material- und Fertigungsgemeinkosten** (z. B. Abschreibungen, Instandhaltungskosten, Mieten, Versicherungen und fixe Betriebskosten der Herstellung wie z. B. Kosten des Materiallagers, Personalaufwand einschließlich vom Arbeitgeber zu tragende Abgaben, Sozialversicherungsbeiträge). Zu den Material- und Fertigungsgemeinkosten zählen auch **Verwaltungsgemeinkosten der Produktion** *(factory management and administration)*, z. B. Kosten eines Lohnbüros oder sonstige Verwaltungskosten des Herstellungsbereichs. Allgemeine Verwaltungskosten des Unternehmens sind zu aktivieren, soweit sie der Herstellung zugerechnet werden können. Auch soziale Aufwendungen (z. B. für soziale Einrichtungen, Essensbons, betriebliche Altersvorsorge und freiwillige Sozialleistungen) gehören dazu, soweit sie der Herstellung zurechenbar sind. Steuern und Gebühren, die der Herstellung zurechenbar sind (z. B. Grundsteuern, nicht abzugsfähige Umsatzsteuern oder Zölle), sind im Rahmen der Gemeinkosten zu aktivieren, nicht aber Ertragsteuern.

Da die Herstellungsdefinition auf den Ort der Vorräte abstellt, sind auch externe und interne Transportkosten zu aktivieren, sofern diese als Kosten zurechenbar sind (z. B. Transportkosten, um einzelne Fertigungsprozesse im Ausland durchzuführen, weil dort die Fertigungskosten geringer sind; nicht aber z. B. bloße Warenbewegungen aufgrund überfüllter Lager).

Bei Unterbeschäftigung dürfen Fixkosten nur anteilig aktiviert werden, entsprechend den bei Normalbeschäftigung zurechenbaren Kosten. Bei einer Überbeschäftigung sind aber trotzdem nur die tatsächlich angefallenen Kosten zu aktivieren. Für Finanzierungskosten gilt IAS 23 (Aktivierungspflicht von Finanzierungskosten; siehe S. 86). Nicht qualifiziert für die Aktivierung von Finanzierungskosten sind Gegenstände einer raschen Massenfertigung sowie verkaufs- oder betriebsfertig erworbene Waren oder Rohstoffe (vgl. IAS 23.7).

Nicht zu den Herstellungskosten gehören:

- anormale Mengen an Materialabfall und Fertigungslöhnen (sehr wohl aber Aufwendungen für Überstunden oder Lohnzuschläge, sofern durch erhöhte Produktion bedingt);

- Lagerkosten, außer wenn die Lagerung für einen weiteren Produktionsprozess nötig ist (zu aktivieren sind Kosten der notwendigen Bereithaltung von Vorprodukten und Roh-, Hilfs- und Betriebsstoffen, die Lagerung als Teil des Herstellungsprozesses, z. B. bei Trocknung, Härtung oder Reifung; nicht zu aktivieren sind Kosten des Ausgangslagers und der Lagerung in Verkaufsstätten);
- Verwaltungsgemeinkosten, die nicht dazu beitragen, die Vorräte an ihren derzeitigen Ort und in ihren derzeitigen Zustand zu versetzen;
- Vertriebskosten.

Vorräte, die normalerweise **nicht austauschbar** sind und Vorräte, die für bestimmte Projekte gehalten werden, sind zwingend nach dem **Identitätspreisverfahren** zu bewerten (IAS 2.23). Nicht austauschbare Produkte (inhomogene Produkte) entstehen in einer Einzelfertigung und haben individuelle Merkmale (z. B. spezielle Maße, Farben oder Leistungskennzeichen).

Normalerweise **austauschbare (homogene)** und in großer Menge vorhandene Vorräte sind nach einem Durchschnittspreis- oder einem Verbrauchsfolgeverfahren zu bewerten (IAS 2.24 ff.). Austauschbare Produkte entstehen in der Massenfertigung und haben keine individuellen Merkmale. Zulässig sind nur die folgenden Bewertungsverfahren:

- **FIFO**
- **gewogenes Durchschnittspreisverfahren** *(weighted average cost formula)*
- **gleitendes Durchschnittspreisverfahren** *(moving average cost formula)*

Andere Verfahren sind grundsätzlich nicht zulässig (z. B. LIFO, Identitätspreisverfahren oder Festwertverfahren). Die einmal gewählte Methode ist auf alle gleichartigen Vorräte des Konzerns einheitlich anzuwenden (die Anwendung verschiedener Methoden ist zwar in verschiedenen Geschäftsbereichen zulässig, nicht aber allein aufgrund einer unterschiedlichen geografischen Lage). Für verschiedenartige Vorrätegruppen dürfen verschiedenartige Bewertungsverfahren herangezogen werden.

Eine vereinfachte Ermittlung der Anschaffungskosten ermöglicht das **Verkaufswertverfahren *(retail method)***; es ist vorwiegend für den Einzelhandel gedacht, wenn sich regelmäßig keine erheblichen Abweichungen zu den tatsächlichen Anschaffungskosten ergeben (IAS 2.21 f.).

Nach dem Verkaufswertverfahren wird aus den Einkäufen jedes Jahres die Gewinnspanne ermittelt. Bei der Inventur wird dann der Endbestand zu Verkaufspreisen festgestellt und mit dem Kosten-Preis-Verhältnis auf Anschaffungskosten abgewertet. Bei der Inventur können die Waren daher zu Verkaufspreisen aufgenommen werden. Das Kosten-Preis-Verhältnis wird bei den laufenden Anschaffungen festgestellt. Es darf aber wiederum nur eines der drei zulässigen Verbrauchsfolge- bzw. Durchschnittspreisverfahren unterstellt werden.

2.3. Nettoveräußerungswert

Vorräte sind erfolgswirksam abzuschreiben, wenn sie **beschädigt oder obsolet** sind oder wenn der **Nettoveräußerungswert** unter den Buchwert gefallen ist (IAS 2.28 ff.). Der Nettoveräußerungswert ist der geschätzte, im normalen Geschäftsgang erzielbare Verkaufserlös abzüglich geschätzter Fertigstellungskosten und Vertriebskosten (IAS 2.6). Auch absehbare Erlösschmälerungen sind zu berücksichtigen.

Maßgeblich ist daher grundsätzlich die **absatzseitige Bewertung**. Ein gesunkener Wiederbeschaffungswert führt nicht zwingend zur Abschreibung: Auch Roh-, Hilfs- und Betriebsstoffe, die als solche nicht veräußert werden, sind grundsätzlich absatzseitig zu bewerten: Sie werden nur dann abgeschrieben, wenn die Kosten damit produzierter Fertigerzeugnisse über deren Nettoveräußerungswert liegen (also nicht kostendeckend produziert und abgesetzt werden können). Ein gesunkener Wiederbeschaffungswert könnte allerdings ein Indiz dafür sein, dass die Kosten für die gefertigten Erzeugnisse unter dem Nettoveräußerungswert liegen werden. Trifft dies zu, ist eine Abschreibung der Roh-, Hilfs- und Betriebsstoffe nötig. Der Wiederbeschaffungswert kann dann auch der beste verfügbare Wertmaßstab für die Bewertung sein (ausnahmsweise beschaffungsseitige Bewertung; IAS 2.32).

Grundsätzlich ist eine **Einzelbewertung** erforderlich. Allerdings können Vorräte **in Gruppen** bewertet werden, wenn eine Trennung nicht praktikabel ist, die Vorräte zur selben Produktlinie gehören und im selben geografischen Gebiet produziert und vermarktet werden (vgl. IAS 2.26). Die Gruppenbewertung kann zu einem höheren Wertansatz führen, weil ggf. höhere Einzelwerte die Abschreibung der gesamten Gruppe reduzieren.

BEISPIEL ZUR GRUPPENBEWERTUNG ▸ Die Handelswaren der Marke „Audi" eines Autohändlers weisen am Abschlussstichtag folgende Werte auf:

	Anschaffungskosten	Nettoveräußerungswert
Audi A4	100 t€	100 t€
Audi A6	100 t€	80 t€
Audi A8	130 t€	160 t€
Summe Audi	330 t€	340 t€

Bei der Einzelbewertung werden die Handelswaren von 330 t€ auf 310 t€ abgeschrieben (Wertminderung der „Audi A6" i. H. von 20 t€). Bei der Zusammenfassung in einer Gruppe „Audi" würde keine Abschreibung erfolgen (hier wohl nicht zulässig, denn die Trennung ist praktikabel).

Eine **Wertaufholung** ist zwingend vorzunehmen, wenn der Grund für die Wertminderung nicht mehr existiert oder klare Hinweise auf einen angestiegenen Nettoveräußerungswert bestehen. Die Wertaufholung darf allerdings die ursprünglich angesetzten Anschaffungs- oder Herstellungskosten nicht überschreiten (IAS 2.33). Daher sollten Abschreibungen stets auf einem Sammelwertberichtigungskonto erfasst werden; für Zwecke der eigentlichen Vorratsbewertung werden die Bewertungsverfahren (z. B. Durchschnittspreisverfahren) unverändert fortgeführt. Die daraus resultierenden Anschaffungs- oder Herstellungskosten werden an jedem Bewertungsstichtag mit dem Nettoveräußerungswert verglichen und eine allfällige Unterdeckung am Sammelwertberichtigungskonto erfasst bzw. neu angepasst.

Bei der **Veräußerung** ist der abgegangene Buchwert als Aufwand zu erfassen (IAS 2.34; unzulässig ist eine Verrechnung mit Neuzugängen, bei der nur die Bestandsveränderung insgesamt erfolgswirksam wird).

3. Landwirtschaft (IAS 41)

Neben IAS 2 enthält IAS 41 Sondervorschriften für landwirtschaftliche Tätigkeiten, z. B. Viehzucht, Forstwirtschaft, Obstanbau, Blumenzucht oder Fischzucht (ausführliche Definition der Landwirtschaft in IAS 41.5 ff.). Der Standard gilt für biologische Vermögenswerte, landwirtschaftliche Erzeugnisse sowie öffentliche Zuwendungen, die mit biologischen Vermögenswerten zusammenhängen (IAS 41.1).

Biologische Vermögenswerte sind lebende Tiere und Pflanzen (z. B. Maiskolben auf einem Maisfeld oder Bäume auf forstwirtschaftlichen Nutzflächen). **Landwirtschaftliche Erzeugnisse** sind Früchte der biologischen Vermögenswerte, die im Rahmen der Ernte entstehen (.5; z. B. Getreide, Baumstämme oder Rinderhälften). **Ernte** ist die Abtrennung der Erzeugnisse von biologischen Vermögenswerten oder die Beendigung der biologischen Lebensprozesse (z. B. Abholzung, Mähvorgang oder Schlachtung). Die Pflege und Vorbereitung von Anbauflächen (z. B. Ackern des Bodens) ist Erhaltungsaufwand von Sachanlagen und führt zu keinem Vermögenswert.

Von IAS 41 ausgenommen sind landwirtschaftliche Erzeugnisse nach der Ernte, denn dann handelt es sich um Vorräte nach IAS 2, sowie der landwirtschaftliche Grund.

Ferner ausgenommen sind **fruchttragende Pflanzen**. Das sind lebende Pflanzen die erwartungsgemäß mehr als ein Jahr Früchte tragen und vor dem Ende der Nutzbarkeit nur mit geringer Wahrscheinlichkeit selbst als landwirtschaftliches Erzeugnis verkauft werden (IAS 41.5). Das sind z. B. Weinstöcke, Teebüsche, Gummibäume, Ölpalmen udgl., nicht aber Bäume, die sowohl zur Fruchterzeugung als auch zum Holzverkauf angebaut werden, weil sie mit mehr als geringer Wahrscheinlichkeit als Erzeugnis verkauft werden. Fruchttragende Pflanzen sind Sachanlagen nach IAS 16. Die damit produzierten Früchte fallen im Zeitpunkt der Ernte unter IAS 41 und danach unter IAS 2. Die Ausnahmeregelung gilt nicht für „fruchttragende" Tiere, d. h. Zuchtstuten, Milchkühe und Wollschafe fallen stets unter IAS 41.

IAS 41 regelt primär die **biologische Transformation**, d. h. das natürliche Wachstum einschließlich der Ernte. Die biologische Transformation kann zu landwirtschaftlichen Erzeugnissen führen (z. B. Schafwolle von Schafen); sie kann aber auch auf die Veräußerung biologischer Vermögenswerte gerichtet sein (z. B. in der Schafzucht).

Biologische Vermögenswerte dürfen nur angesetzt werden, wenn sie vom Unternehmen aufgrund eines vergangenen Ereignisses kontrolliert werden (z. B. durch originäres oder abgeleitetes Eigentumsrecht), wahrscheinlich ein künftiger wirtschaftlicher Nutzen zufließt und der Fair Value oder die Anschaffungs- und Herstellungskosten verlässlich ermittelbar sind (.10).

Biologische Vermögenswerte (lebende Pflanzen und Tiere) sind bei erstmaliger Erfassung und bei Folgebewertung mit ihren Fair Values abzüglich der geschätzten Verkaufskosten anzusetzen (.12). Maßgeblich für die Fair Value-Ermittlung ist IFRS 13 (vgl. Kap. XV, S. 333). Davon ausgenommen sind, wie erwähnt, zwei Fallkonstellationen:

- Fruchttragende Pflanzen sind Sachanlagen nach IAS 16.
- Landwirtschaftliche Erzeugnisse werden nur im Zeitpunkt der Ernte nach IAS 41 zum Fair Value bewertet.

IAS 41.30 enthält die widerlegbare Vermutung, dass eine verlässliche Ermittlung des Fair Values möglich ist. Diese Vermutung kann beim erstmaligen Ansatz widerlegt werden, wenn keine marktbestimmten Preise vorhanden sind und alternative Schätzungen keinen eindeutigen Wert ergeben. Dann sind die Anschaffungs- oder Herstellungskosten abzüglich planmäßiger Abschreibungen bzw. Wertminderungsaufwendungen maßgeblich, bis erstmals ein Fair Value verfügbar ist. Die Bestimmungen von IAS 2, 16 und 36 zu Abschreibungen gelten analog (IAS 41.33).

Landwirtschaftliche Erzeugnisse sind im Zeitpunkt der Ernte getrennt vom biologischen Vermögenswert zu bilanzieren (.13). Die erstmalige Erfassung erfolgt zum Fair Value abzüglich der geschätzten Verkaufskosten. Für die Folgebewertung gilt IAS 2, wobei der Fair Value abzüglich Verkaufskosten im Erntezeitpunkt die Anschaffungs- oder Herstellungskosten nach IAS 2.20 bestimmt. Bei landwirtschaftlichen Erzeugnissen kann der Fair Value abzüglich Verkaufskosten zum Zeitpunkt der Ernte immer verlässlich ermittelt werden (IAS 40.32; unwiderlegbare Vermutung).

IAS 40.14 ff. enthalten umfangreiche Bestimmungen zur Ermittlung des Fair Values abzüglich geschätzter Verkaufskosten.

Gewinne und Verluste aus dem erstmaligen Ansatz von biologischen Vermögenswerten und landwirtschaftlichen Erzeugnissen oder aus der Folgebewertung von biologischen Vermögenswerten sind unmittelbar in der Periode zu erfassen, in denen sie entstanden sind (IAS 41.26 ff.). Gewinne entstehen regelmäßig im Zeitpunkt der Ernte von landwirtschaftlichen Erzeugnissen oder beim originären Erwerb biologischer Vermögenswerte (z. B. Geburt von Kälbern; Wachstum von Maisfeldern oder des Forstbestands).

Zuwendungen aus öffentlicher Hand (einschließlich EU-Agrarsubventionen) dürfen erst berücksichtigt werden, wenn sie einforderbar sind. Stehen sie im Zusammenhang mit zum Fair Value abzüglich Verkaufskosten angesetzten biologischen Vermögenswerten, dann werden sie unmittelbar als Ertrag erfasst (IAS 41.34). Werden Zuwendungen für die **Nichtausübung** einer damit zusammenhängenden Tätigkeit gewährt, dann werden sie als Ertrag angesetzt, sobald die Bedingungen der Zuwendung erfüllt sind (.35; keine zeitliche Verteilung).

Stehen Zuwendungen im Zusammenhang mit zu Anschaffungs- oder Herstellungskosten angesetzten biologischen Vermögenswerten, dann sind sie nach den allgemeinen Bestimmungen in IAS 20 zu behandeln. Sie werden i. d. R. systematisch über den begünstigten Zeitraum verteilt als Ertrag realisiert oder kürzen die Anschaffungs- oder Herstellungskosten (IAS 41.37 f.; siehe dazu auch Kap. VI.5., S. 116 f.).

4. Grundsätze der Umsatzrealisierung (IFRS 15)

4.1. Anwendungsbereich und Grundkonzept

Das IASB und das US-FASB haben mit IFRS 15 einen gemeinsamen und umfassenden Standard zur Umsatzrealisierung mit Kunden geschaffen. Er ist erstmals für Geschäftsjahre anzuwenden, die am 1.1.2018 beginnen. Die Erstanwendung erfolgt sinnvollerweise gemeinsam mit IFRS 9, der in die Forderungsbewertung eingreift und spezielle Vorgaben für Liefer- und Leistungsforderungen kennt (siehe Kap. IX.1.7, S. 193).

IFRS 15 trägt teilweise die Handschrift des US-FASB, das weniger prinzipienorientiert ist als das IASB und dafür lieber einzelne Geschäftstypen praxisbezogen regelt. Der eigentliche Standard ist zwar noch prinzipienorientiert, im Anhang A finden sich aber geschäftstypische Vorgaben über die Prinzipien hinaus. Diesem Aufbau folgend werden zuerst die Prinzipien und in den späteren Kapiteln die wichtigsten Geschäftstypen erläutert.

IFRS 15 gilt für die Gewinnrealisierung für **Verträge mit Kunden**. Kunden erwerben die Lieferungen und Leistungen aus der gewöhnlichen Geschäftstätigkeit des Unternehmens. Somit können grundsätzlich gleiche Geschäfte, die einmal innerhalb und einmal außerhalb der gewöhnlichen Geschäftstätigkeit abgeschlossen werden, innerhalb oder außerhalb des Anwendungsbereichs liegen. Verträge über gemeinsame Projekte, wo Chancen und Risiken geteilt werden, fallen nicht darunter (IFRS 15.6).

Außerdem muss ein Vertrag mit durchsetzbaren Rechten und Pflichten vorliegen. Es kommt aber nicht darauf an, ob der Vertrag schriftlich, mündlich oder konkludent aufgrund der ortsüblichen Handelsbräuche zustande gekommen ist.

Der Standard samt seiner Erleichterungswahlrechte ist konsistent und stetig auf alle ähnlichen Geschäftstypen anzuwenden. Vereinfachend kann er auf ganze Gruppen von ähnlichen Verträgen angewandt werden, d. h. der Umsatz wird gesamthaft für die Gruppe erfasst. Dies aber nur, wenn keine wesentlichen Abweichungen zwischen der Gruppe und der Umsatzrealisierung bei Einzelgeschäften zu erwarten ist (IFRS 15.4). Die Vereinfachung bietet sich im Massengeschäft an, wenn einheitliche Musterverträge verwendet werden und die Leistungen homogen sind.

Vom Anwendungsbereich ausgenommen sind Leasingverträge, Versicherungsverträge, Finanzinstrumente und Tauschgeschäfte zwischen Unternehmen derselben Branche, um Kunden besser zu bedienen (z. B. Shell und BP tauschen Ölvorräte in Australien und Japan, um zusätzliche Transporte zu den jeweiligen Abnehmern zu vermeiden); im letzten Fall ist keine Umsatzrealisierung nötig.

Dividendenerträge und Zinserträge aus Finanzinstrumenten werden nicht in IFRS 15, sondern in IFRS 9 geregelt. Siehe dazu Kap. VIII.5.3, S. 171 ff. (Dividenden) und Kap. VIII.4.3, S. 161 ff. (Zinsen).

Da IFRS 15 auf Leistungen aus Verträgen abstellt, folgt der Standard dem nachfolgend skizzierten Entscheidungsablauf.

ABB. 5: Entscheidungsbaum für die Umsatzrealisierung in IFRS 15

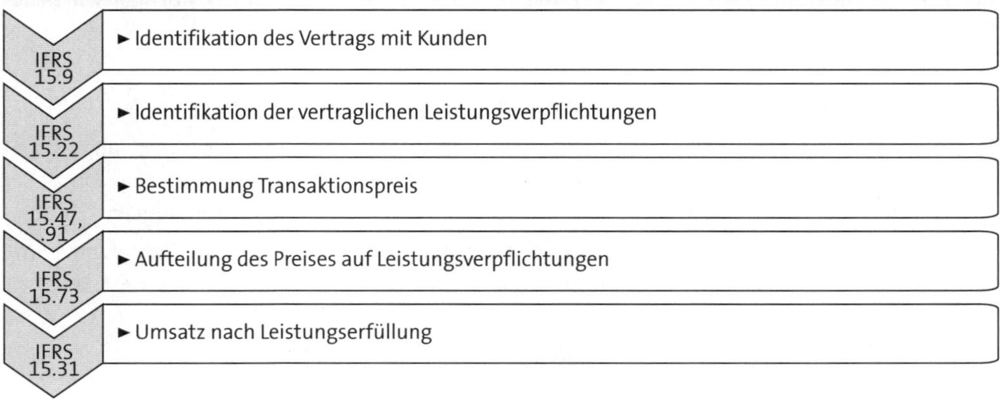

4.2. Identifikation des Vertrages und der Leistungsverpflichtungen

Die Umsatzerzielung setzt gemäß IFRS 15.9 einen soliden Vertrag zwischen soliden Vertragspartnern voraus. Der Vertrag muss von allen Seiten bindend angenommen sein und die Leistungs- und Zahlungsbedingungen beider Seiten klar identifizieren. Er muss kommerzielle Substanz haben, also das Risiko, den Zeitpunkt und die Höhe der Cashflows des Unternehmens beeinflussen. Er muss in der jeweiligen Rechtsordnung durchsetzbar sein und darf keine beiderseitigen Ausstiegsklauseln vor der Leistungserbringung vorsehen.

Das Unternehmen muss nicht nur den Vertrag, sondern auch den Kunden kritisch betrachten: IFRS 15 fordert eine wahrscheinliche Bezahlung der vereinbarten Gegenleistung. Der Kunde muss nicht nur zahlungsfähig, sondern auch zahlungswillig sein (IFRS 15.9(e)).

Die Bedingungen des IFRS 15.9 sind daher nicht erfüllt, wenn der Vertrag grundsätzlich strittig ist, die Leistungen unklar definiert sind, der Vertrag kein kommerzielles Motiv hat (z. B. nur zur Steueroptimierung abgeschlossen wurde) oder der Kunde nicht zahlen will oder kann.

Hinweise auf Zahlungsstörungen in jüngster Zeit oder sehr schlechte Bonitätsnoten, die auf einen wahrscheinlichen Ausfall hindeuten, sprechen gegen die Umsatzrealisierung nach den hier dargestellten, regulären Bestimmungen. Ebenso die Tatsache, dass ein Kunde nicht über die nötigen Einkünfte zur Bedienung seiner Vertragsverbindlichkeit verfügt (IFRS 15.IE5). In solchen Fällen wird ein Umsatz nur dann erfasst, wenn

- die Gegenleistung erhalten wurde und
- das bilanzierende Unternehmen keine Leistungsverpflichtung mehr hat (d. h. es muss weder liefern, sonstige Leistungen erbringen noch die erhaltene Gegenleistung erstatten) oder der Vertrag ohne verbleibende Rückzahlungsverpflichtung aufgelöst wurde (IFRS 15.15).
- Bis zur Erfüllung der Umsatzbedingungen wird die erhaltene Gegenleistung als Verbindlichkeit abgegrenzt.

Manchmal werden bestehende Verträge, welche die Voraussetzungen des IFRS 15.9 erfüllen, geändert. Die **Vertragsänderung** kann zu einem zusätzlichen, zweiten Vertrag führen, der gesondert zu bilanzieren ist, und zwar dann, wenn die Leistungen ausgeweitet werden und die Gegenleistung entsprechend den üblichen Einzelpreisen erhöht wird. Wird die Stückzahl von 1.000 auf 1.500 erhöht und der Preis um den üblichen Listenpreis für 500 Stück abzüglich üblicher Rabatte für 1.500 Stück erhöht, liegt für die 500 Stück ein zweiter, gesondert zu bilanzierender Vertrag vor.

Führt die Vertragsänderung zu keinem zweiten Vertrag, ist zu unterscheiden:

- Sind die alten, schon erbrachten Leistungen und die neuen Leistungen direkt abgrenzbar (z. B. bei Einzelprodukten), so liegt für alle noch offenen Leistungen gemeinsam ein neuer Vertrag vor, die noch offene Gegenleistung ist auf die Einzelleistungen aufzuteilen.
- Sind erbrachte und noch offene Leistungen nicht abgrenzbar, so wird die Umsatzerzielung insgesamt angepasst (z. B. Preisdifferenz oder Änderung im Leistungsfortschritt wird als nachträgliche Umsatzanpassung verbucht).

Viele Verträge enthalten separate Leistungsverpflichtungen. Dazu gehören z. B.:

- ein Bündel verschiedener Produkte,
- ein Produkt und eine zeitabhängige Serviceverpflichtung,
- eine Kaufpreis- und eine Finanzierungskomponente,
- eine Bereitstellungsverpflichtung für Zusatzleistungen,
- ein Produkt und die Verpflichtung, für den Kunden einen Transport zu organisieren,
- Lizenzen oder Optionen auf zusätzliche Leistungen unter ihrem Einzelpreis.

Leistungsverpflichtungen sind aber nur dann **separat**, wenn der Kunde direkt oder in Synergie mit anderen Ressourcen davon **profitiert** und die Leistung im Vertrag **abgrenzbar** ist. Nicht separat sind daher Vorleistungen, die nur in eine andere Hauptleistung eingehen oder Leistungen, die stark voneinander abhängen. Die einzelnen Leistungskomponenten sind solange zusammenzufassen, bis eine separate Leistungsverpflichtung vorliegt. Nur diese ist gesondert zu bilanzieren. Mitunter kann auch der ganze Vertrag eine einzige separate Leistungsverpflichtung sein, die als Ganzes zu bilanzieren ist (IFRS 15.28 ff.).

4.3. Bestimmung des Transaktionspreises

Als Vorbedingung für die Umsatzerzielung muss der **Transaktionspreis bestimmt** und den separaten Leistungen des Vertrages **zugeordnet** werden. Dies beantwortet aber noch nicht die Frage, wann es zur Leistungserfüllung und somit zum Umsatz kommt.

Der Transaktionspreis ist das am Bilanzstichtag erwartete Entgelt für die Lieferung oder Leistung an den Kunden. Ausgenommen sind für Dritte vereinnahmte Beträge wie z. B. die Umsatzsteuer (IFRS 15.47 ff.), die einen Durchlaufposten darstellen.

Bei der Bestimmung des Transaktionspreises ist von einer vollständigen Leistungserfüllung des gegenwärtigen Vertrages auszugehen, erwartete Änderungen oder Vertragsbrüche werden nicht einbezogen (stattdessen ist bei erwarteten Vertragsbrüchen nach IFRS 15.15 vorzugehen, siehe oben).

Ist der Transaktionspreis teilweise oder gänzlich variabel, muss dieser geschätzt werden (IFRS 15.50 ff.). Mögliche Beispiele sind Rabatte, Skonti, Rückerstattungen, Preisanreize, Bonuspunkte, Vertragsstrafen udgl. Diese Faktoren müssen sich nicht aus dem Vertag ergeben, sondern z. B. aus Geschäftsbräuchen (z. B. bei Kulanzen). Hat der Kunde eine berechtigte Erwartung, geht dies in die Schätzung ein.

Für die Schätzung sind zwei Methoden möglich, die stetig anzuwenden sind (IFRS 15.53 ff.): Der **Erwartungswert**, das ist der wahrscheinlichkeitsgewichtete Wert aller realistischen Szenarien. Und der **wahrscheinlichste Einzelwert**. Jene Methode ist zu wählen, welche die erwartete Gegenleistung am besten schätzt. Der Erwartungswert ist bei einer großen Anzahl ähnlicher Verträge oder bei einer breiten Streuung der möglichen Gegenleistung vorzuziehen. Der wahrscheinlichste Einzelwert ist bei wenigen möglichen Ausgängen mit einem stark dominanten Szenario sinnvoll, z. B. wenn der Kunde einen Leistungsbonus mit 90 % Wahrscheinlichkeit erreicht oder ihn mit 10 % nicht erreicht. Hier würde das Unternehmen den Leistungsbonus unterstellen.

Rückerstattungsansprüche werden regelmäßig als Verbindlichkeit angesetzt und mit dem erhaltenen Transaktionspreis bewertet, dessen Rückzahlung erwartet wird (Erwartungswert oder wahrscheinlichster Einzelwert; IFRS 15.55).

Unsichere Transaktionspreise dürfen nur dann und nur insoweit berücksichtigt werden, als es höchstwahrscheinlich zu keiner späteren Stornierung des Umsatzes kommt. Mit anderen Worten: Der unterstellte Transaktionspreis muss der Höhe nach sicher sein. Kritisch sind daher Transaktionspreise, die stark von nicht beeinflussbaren Ereignissen abhängen, deren Unsicherheit vermutlich lange anhält, wenn das Unternehmen noch wenig Erfahrung mit derartigen Verträgen oder deren Schätzung hat, das Unternehmen bisher unterschiedliche und breite Zugeständnisse gemacht hat oder eine weite Bandbreite besteht (IFRS 15.56 f.).

In seltenen Fällen werden auch **unbare Gegenleistungen** vereinbart, z. B. bei Tauschgeschäften. Die Zusage einer unbaren Gegenleistung wird mit ihrem Fair Value gemäß IFRS 13 im Zeitpunkt des Vertragsabschlusses bewertet (zum Fair Value siehe Kap. XV, S. 333). Bei hoher Bewertungsunsicherheit kann der Fair Value indirekt aus dem Einzelpreis der erbrachten Leistung abgeleitet werden (IFRS 15.66).

Wenn der Kunde **Vorleistungen für die eigene Leistung** des bilanzierenden Unternehmens erbringt, stellen diese Vorleistungen einen Teil der vereinnahmten Gegenleistung dar, also auch ein teilweises Tauschgeschäft. Die Zusage der Vorleistung ist ein Umsatzbestandteil und mit ihrem Fair Value zu bewerten (IFRS 15.69).

Die Vorleistung ist nur dann eine Gegenleistung, wenn das bilanzierende Unternehmen die Kontrolle über die Vorleistung erlangt. Beauftragt z. B. ein Ziegelhersteller eine Baufirma mit der Errichtung eines Gebäudes auf seinem Grundstück und überlässt er der Baufirma 100 Paletten mit eigenen Ziegeln unentgeltlich zur freien Verfügung, ist der Fair Value der 100 Paletten Umsatzbestandteil der Baufirma. Dagegen ist das bereitgestellte Grundstück kein Umsatzbestandteil, weil die Kontrolle beim Ziegelhersteller bleibt.

Der Transaktionspreis vermindert sich um Zahlungsverpflichtungen an den Kunden (z. B. ausgestellte Gutscheine oder geldwerte Kupons), außer die Zahlung an den Kunden erfolgt für eine separate Leistung des Kunden an das bilanzierende Unternehmen, dann sind beide gesondert als solche zu bilanzieren (IFRS 15.70 ff.).

Häufig enthalten Transaktionspreise **Finanzierungskomponenten**. Diese stellen eine separate Leistungsverpflichtung dar, wenn sie **signifikant** sind, und zwar unabhängig davon, ob sie explizit im Vertrag genannt oder nur implizit aus den Leistungsbedingungen ableitbar sind. Folgende zwei Umstände deuten auf signifikante Finanzierungskomponenten hin:

- Abweichungen zwischen dem vereinbarten Preis und dem üblichen Verkaufspreis.
- Der kombinierte Effekt aus langen Zahlungszielen und hohen Zinsen im relevanten Markt.

Dagegen sprechen allerdings Vorauszahlungen des Kunden, eine hohe Variabilität und Unsicherheit des Transaktionspreises (z. B. umsatzabhängige Provisionen) oder wenn sich Abweichungen durch andere Leistungen erklären lassen (z. B. Sicherungseinbehalte).

Die maßgebliche Zeitspanne für die Finanzierung beginnt mit dem Leistungstransfer (Umsatzrealisierung gem. IFRS 15.61: „*when (or as they) transfer to the customer*") und endet mit der Bezahlung des Kunden. Der Zeitraum kann an einem einzelnen Punkt beginnen oder an verschiedenen Etappen (bei Umsatzerzielung nach Leistungsgrad).

Als praktische Vereinfachung müssen Finanzierungskomponenten nicht abgespalten werden, wenn bei Vertragsabschluss die Zeit zwischen Leistung und Bezahlung **weniger als ein Jahr** beträgt (IFRS 15.63).

Muss die Finanzierungskomponente abgespalten werden oder erfolgt dies (unter einem Jahr) freiwillig, sind die marktkonformen Finanzierungszinssätze unter Berücksichtigung von Bonität und Sicherheiten wie z. B. Eigentumsvorbehalte maßgeblich. Die Zinssätze werden ausschließlich bei Vertragsabschluss festgelegt und später nicht mehr angepasst. Eine laufende Neubewertung würde schließlich auf eine Fair Value-Bewertung hinauslaufen, die nicht beabsichtigt ist.

Die signifikante Finanzierungskomponente mündet in eine Forderung oder einen vertraglichen Vermögenswert, die gemäß IFRS 15 aktiviert werden. Diese Aktivposten sind gemäß IFRS 9 mit dem erwarteten Kreditverlust zu bevorsorgen. Während reguläre Lieferforderungen stets mit dem lebenslangen Kreditverlust bevorsorgt werden, besteht für signifikante Finanzierungkomponenten ein Wahlrecht, diese entweder mit dem lebenslangen Verlust oder mit dem 3-Stadien-Ansatz zu bevorsorgen (ausführlich Kap. IX.1.7, S. 193).

Die Zinserträge oder bei Vorauszahlungen die Zinsaufwendungen aus einer signifikanten Finanzierungskomponente sind in der GuV gesondert vom Umsatz darzustellen. Allerdings werden Zinserträge und Zinsaufwendungen nur realisiert, wenn ein vertraglicher Vermögenswert (bzw. Schuld) in der Bilanz erfasst wird (IFRS 15.65). Wenn die Zinsen in kein Aktivum oder Passivum bzw. keine unmittelbare Zahlung münden, kann auch kein Ertrag oder Aufwand verbucht werden.

4.4. Aufteilung des Transaktionspreises

Soweit mehrere separate Leistungsverpflichtungen im Vertrag bestehen, muss der Transaktionspreis aufgeteilt werden. Die Aufteilung erfolgt proportional zu den Einzelpreisen der Leistungsverpflichtungen. Die Einzelpreise sind die beobachtbaren Preise für Kunden unter vergleichbaren Umständen. Dies können Listenpreise sein, wenn sie unter den gegebenen Umständen angewendet würden (IFRS 15.77).

Auch Preisnachlässe sind proportional zu den Einzelpreisen aufzuteilen, außer sie lassen sich einer bestimmten Leistung direkt zuordnen, z. B. weil die anderen Leistungen regelmäßig ohne Preisnachlass verkauft werden oder weil ein bestimmtes Leistungsbündel stets mit Nachlass verkauft wird (IFRS 15.81 ff.).

Sind Einzelpreise nicht beobachtbar, müssen sie geschätzt werden, und zwar unter Verwendung möglichst vieler beobachtbarer Parameter. Für die Schätzung können insbesondere die folgenden drei Methoden oder eine geeignete Kombination daraus verwendet werden:

- Vergleichspreismethode, d. h. die eigene Leistung wird anhand vergleichbarer Marktpreise (z. B. von Konkurrenten) bewertet, ggf. mit Anpassungen für individuelle Besonderheiten.
- Kostenzuschlagsmethode, d. h. die voraussichtlichen Kosten werden um eine marktübliche Gewinnmarge erhöht.
- Restwertmethode, d. h. der Wert einer nicht beobachtbaren Leistungsverpflichtung ist die Differenz zwischen Transaktionspreis und den beobachtbaren Preisen der übrigen Leistungen. Diese Methode setzt beobachtbare andere Preise voraus. Außerdem erlaubt IFRS 15.79(c) die Restwertmethode nur, wenn der Einzelpreis nicht direkt bestimmbar ist, z. B. weil bisher noch nie ein Preis bestimmt wurde oder die Preise für diese Leistung unter verschiedenen Kunden stark abweichen.

4.5. Umsatz nach Leistungserfüllung

Wurden nach den ersten vier Schritten Vertrag und Leistungsverpflichtungen bestimmt und der Transaktionspreis ermittelt und aufgeteilt, kann der Umsatz nach Maßgabe der Leistungserfüllung erfasst werden. Kritisch ist die Frage, ob die Leistungsverpflichtung **über einen Zeitraum oder an einem Zeitpunkt** erfüllt wird und wann dieser Zeitpunkt eintritt. Wenn keine zeitraumbezogene Leistung vorliegt, dann wird sie annahmegemäß an einem Zeitpunkt erfüllt.

Diese Frage ist samt der relevanten Kriterien bei Vertragsabschluss zu entscheiden (IFRS 15.31 f.). Unternehmen haben daher – für Wirtschaftsprüfer und Enforcer – eine Dokumentation anzufertigen, die ein nachträgliches Rosinenpicken ausschließt.

Bei Lieferung eines Vermögenswerts wird der Umsatz im **Zeitpunkt des Kontrollübergangs** realisiert. Die Kontrolle geht über, wenn der Kunde den Vermögenswert verwenden und daraus Nutzen ziehen oder andere von der Nutzung ausschließen kann. Das Gleiche gilt für Dienstleistungen: Der Umsatz einer **Dienstleistung** wird realisiert, sobald der Kunde über den Nutzen aus der Dienstleistung verfügen und andere davon ausschließen kann.

Ist der genaue Zeitpunkt des Kontrollübergangs unklar, bietet IFRS 15.38 folgende zusätzliche Indikatoren an, die zusammen mit der Definition gewürdigt werden:

- Das Unternehmen hat einen gegenwärtigen Zahlungsanspruch.
- Der Kunde hat das rechtliche Eigentum erworben (ein Eigentumsvorbehalt allein zur Absicherung des Ausfallrisikos spricht nicht gegen den Kontrollübergang).
- Der physische Besitz wurde übertragen. Dieser Indikator gilt nicht für besondere Vertragsformen wie z. B. Pensionsgeschäfte und Kommissionsgeschäfte, wo trotz der physischen Übertragung die Nutzung eingeschränkt bleibt.
- Der Kunde trägt die Chancen und Risiken eines wirtschaftlichen Eigentümers. Dieses Kriterium ist für den internationalen Handel wichtig: Bei den mit „E" beginnenden Incoterms gehen die Risiken bei Abholung ab Werk über, mit „F" und „C" bei Übergabe an den ersten Frachtführer oder bei Beladung des Schiffs, und bei „D" am Bestimmungsort. Wenn der Kunde die Gefahren übernimmt, kann er meist auch die Nutzung durch andere ausschließen und hat somit Verfügungsmacht erlangt.
- Der Kunde hat die Leistung akzeptiert bzw. abgenommen.

Wird die Leistungsverpflichtung über einen Zeitraum erfüllt, wird auch der Umsatz nach dem Leistungsfortschritt realisiert (Teigewinnrealisierung). Diese Realisierung ist aus früheren Standards als *percentage of completion-method* (POC-Methode) bekannt. Die Leistungserfüllung an einem Zeitpunkt wird auch als *completed contract method* bezeichnet.

Die **zeitraumbezogene Erfüllung** stellt einen Ausnahmetatbestand zur zeitpunktbezogenen Erfüllung dar, wenn eine von drei Bedingungen vorliegt (IFRS 15.35):

- Der Kunde konsumiert die Leistungen simultan zur Leistungserbringung.
- Das Unternehmen erzeugt oder verbessert ein Vermögen, das unter der Kontrolle des Kunden steht. Dies betrifft beispielsweise Anlagen, die am Grundstück des Kunden errichtet werden (IFRS 15.BC129).
- Das Unternehmen hat einen durchsetzbaren Zahlungsanspruch für die bereits erbrachte Leistung und erzeugt kein Vermögen, das eine alternative Verwendung zulässt.

Könnte das Vermögen an beliebige Kunden verkauft werden, wäre es ein Vorrat, und bei Vorräten gibt es keine Teilgewinnrealisierung. Der durchsetzbare Zahlungsanspruch muss im Fall einer Vertragsbeendigung jederzeit die gesamten bisher angefallenen Leistungen decken, also die Kosten und eine angemessene Gewinnmarge. Würden nämlich nur die Kosten abgedeckt, wäre die Teilgewinnrealisierung nicht gerechtfertigt.

Der für die Umsatzrealisierung maßgebliche **Leistungsfortschritt** wird entweder nach dem Output oder dem Input bemessen. Die Methode muss den Leistungsfortschritt verlässlich ermitteln, andernfalls kann das Unternehmen den Umsatz nur zeitpunktbezogen bei Fertigstellung realisieren (IFRS 15.44 und .B14 ff.).

Bei den **Output-orientierten Methoden** wird versucht, die Leistung direkt zu messen. Darunter fallen:

- Die Begutachtung des Arbeitsfortschritts *(survey of work performed);* dabei kann das Verhältnis der bis zum Stichtag erbrachten Leistung zur geschätzten Gesamtleistung herangezogen werden *(effort-expended-method)*;
- Gutachten über die erreichten Ergebnisse;
- erreichte Meilensteine;
- Zeitablauf;
- produzierte oder gelieferte Einheiten.

Die gewählte Referenzgröße muss repräsentativ für die Leistung sein, beispielsweise wären gelieferte Einheiten wenig repräsentativ für Anlagen in Bau. Wenn die laufenden Teilrechnungen den Wert der Leistung für den Kunden abbilden (z. B. Verrechnung auf Stundenbasis), dann kann der Leistungsfortschritt nach Teilrechnungen im Vergleich zum Gesamtvolumen bemessen werden (IFRS 15.B17).

Lässt sich die erbrachte Leistung nicht beobachten bzw. nicht mit angemessenen Kosten schätzen, dann kann eine **Input-orientierte Methode** erforderlich sein. Zumeist wird das Verhältnis der bisher angefallenen Kosten zu den geschätzten Gesamtkosten verwendet *(cost-to-cost basis)*. Diese Methode ist im Anlagenbau gängige Praxis.

Kostenbasierte Methoden sind zwar aufgrund der Datenverfügbarkeit leichter umsetzbar, allerdings sind die Kosten nicht immer repräsentativ für die erbrachte Leistung. Die Methode erfordert eine gute Kostenrechnung, welche die relevanten Leistungsaufwendungen identifiziert, gewichtet und vom kostenneutralen Aufwand trennt (z. B. unerwartete Aufwendungen, Schadensfälle). Ferner müssen Anpassungen ermittelt werden, soweit der Ressourceneinsatz nicht proportional zur Leistungserfüllung ist.

Wenn die Aufwendungen gleichmäßig über die Leistungszeit anfallen, darf der Leistungsfortschritt auch zeitanteilig ermittelt werden (IFRS 15.B18).

Jene Kosten, die nicht zum eigenen Leistungsfortschritt beitragen, sind bei der Bestimmung des Fortschritts auszuklammern. Keine Kosten sind z. B. bezogene Standardmaterialien oder die Betriebsausstattung, solange sie nach IAS 2 und IAS 16 aktiviert und nicht verbraucht sind. Auch von Dritten direkt an den Kunden gelieferte, **noch nicht installierte Materialien** sind für den Leistungsfortschritt nicht repräsentativ (IFRS 15.IE95 ff.).

BEISPIEL Ein Bauunternehmen verpflichtet sich zur Renovierung eines Altbaus samt Einbau neuer Aufzüge, die von Dritten geliefert und am Standort des Kunden abgestellt werden. Die Leistungen sind nicht separat und werden gemeinsam nach Leistungsfortschritt bilanziert. Im Jahr X1 werden die Aufzüge geliefert und im Jahr X2 verbaut.

Die Aufzüge sind im Jahr X1 schon in der Kontrolle des Kunden, die Leistung des Einbaus wird in X2 erbracht. Daher trennt das Bauunternehmen den Aufzugseinbau von den übrigen Renovierungsleistungen. Kosten und Umsatz für die Aufzüge werden in X2 erfasst. Die Kosten für die übrigen Renovierungsleistungen werden nach Anfall erfasst und aliquot dazu der Umsatz für die übrigen Renovierungsleistungen realisiert.

Die Methode der Leistungsmessung soll den wirtschaftlichen Gehalt am besten abbilden und ist im Zeitablauf und auf gleichartige Verträge stetig anzuwenden (IFRS 15.BC158 ff.).

4.6. Forderung und vertragliche Vermögenswerte und Schulden

Ein Umsatz wird erst dann als **Forderung** gezeigt, wenn ein bedingungsloser Zahlungsanspruch entstanden ist. Bis auf den bloßen Zeitablauf, das Zahlungsziel, darf der Zahlungsanspruch von keinen Ereignissen oder Leistungen abhängen. Das Risiko einer Rückzahlung, etwa bei Leistungsmängeln, ist unbeachtlich (IFRS 15.108) und wird ggf. gesondert als Rückstellung bevorsorgt.

Eine Forderung kann auch vor der Leistung entstehen, wenn Vorauszahlungen fällig sind.

BEISPIEL Im Jahr X1 entsteht ein unbedingter Anspruch auf eine Vorauszahlung und die Leistung wird in X2 erbracht und bezahlt. Daher ergeben sich folgende Buchungen (IFRS 15.IE199):

X1: Forderung an vertragliche Verbindlichkeit

X2: vertragliche Verbindlichkeit an Umsatz
Zahlungsmittel an Forderungen

Die **Bewertung der Forderung** folgt IFRS 9, im Regelfall zu fortgeführten Anschaffungskosten abzüglich des lebenslangen Kreditverlustes, siehe dazu Kap. IX.1.7, S. 193. Da einerseits gemäß IFRS 15 der Transaktionspreis realisiert wird, andererseits unter IFRS 9 der lebenslange Kreditverlust abzuziehen ist, wird bei Erstansatz der Forderung regelmäßig ein Wertberichtigungsaufwand in Höhe des lebenslangen Kreditverlusts verbucht (IFRS 15.108 letzter Satz). Bei Verträgen mit signifikanter Finanzierungskomponente können Kreditverluste alternativ auch mit dem 3-Stadien-Ansatz bevorsorgt werden.

Bei langfristigen Fertigungs- und Dienstleistungsverträgen werden mitunter angefallene Kosten aktiv abgegrenzt, Umsätze nach dem Leistungsfortschritt realisiert oder erhaltene Anzahlungen oder Vorauszahlungen passiv abgegrenzt. Diese Abgrenzungen sind als **vertragliche Vermögenswerte oder vertragliche Schulden** (*contract asset* bzw. *contract liability*) darzustellen. Alternative Bezeichnungen sind zulässig, allerdings müssen sie eine klare Unterscheidung vom Forderungsbegriff erlauben (IFRS 15.109).

Erhaltene Zahlungen vermindern zuerst die Forderung und dann den vertraglichen Vermögenswert. Sind keine Aktiva aus dem Vertrag vorhanden, wird eine vertragliche Schuld gebildet. Anzahlungen und Vorauszahlungen vor Leistungsbeginn werden sofort als vertragliche Schuld gezeigt.

Ein **vertraglicher Vermögenswert** verkörpert ein Recht auf spätere Gegenleistung und stellt eine Vorstufe zur Forderung dar. Somit unterliegt auch er dem Ausfallsrisiko des Kunden und wird – wie die spätere Forderung – mit dem lebenslangen Kreditverlust nach IFRS 9 bevorsorgt

(Kap. IX.1.7, S. 193). Der Kreditverlust wird als Wertberichtigungsaufwand gezeigt (IFRS 15.107). Der Kreditverlust ist zu unterscheiden von der Abschreibung aktivierter Kosten, die z. B. aufgrund von Budgetüberschreitungen nicht verrechnet werden können (Kap. VI.4.7, S. 115 ff.).

4.7. Kostenabgrenzung für die Erlangung und Erfüllung des Auftrags

Die **Kosten zur Erlangung** von Aufträgen sind Aufwand.

Die **Zusatzkosten der Auftragserteilung** sind aber zu aktiveren, wenn sie das Unternehmen über das Auftragsentgelt wieder einnehmen wird (IFRS 15.91). Beziehen sie sich auf Leistungen, die innerhalb eines Jahres erbracht werden, müssen sie aber nicht aktiviert werden (.94). Zusatzkosten liegen nur dann vor, wenn sie ohne Auftragserteilung nicht angefallen wären. Kosten der Werbung, Geschäftsanbahnung, Angebotserstellung, Verhandlungen udgl. fallen auch ohne Auftragserteilung an und sind daher Aufwand. Dagegen sind Vermittlungsprovisionen oder Vertragsgebühren Zusatzkosten des Auftrags und zu aktivieren.

Kosten der Auftragserfüllung (z. B. Fertigungskosten, Personaleinsatz) sind grundsätzlich zu aktivieren, sofern sie nicht ohnehin einen Vorrat (IAS 2), eine Sachanlage (IAS 16) oder einen immateriellen Vermögenswert (IAS 38) darstellen. Werden z. B. Vorräte oder Anlagen angeschafft, die zur Fertigung verwendet werden, so wird erst der Vorratsverbrauch bzw. die Anlagenabschreibung aufwandswirksam. Dieser Aufwand ist wiederum zu aktivieren, wenn er dem Auftrag zurechenbar ist und bestimmte Bedingungen erfüllt sind.

Die Aktivierung ist an folgende Bedingungen gebunden:

1. Die Kosten **schaffen oder verbessern eine Ressource**, die das Unternehmen zur künftigen Erfüllung einer Leistungsverpflichtung verwendet. Folglich geht es nur um eine Kostenabgrenzung bis zur künftigen Umsatzerzielung.
2. Die Kosten sind klar identifizierbar und einem bestehenden oder erwarteten Vertrag direkt zurechenbar.
3. Die Kosten werden vom Kunden vereinnahmt.

Aktiviert werden direkte **Personal- und Materialkosten**, direkt zurechenbare Gemeinkosten (z. B. Projektmanagement, Abschreibungen von Sachanlagen), direkt an den Kunden verrechenbare Kosten und durch den Vertrag verursachte Kosten (z. B. für Subunternehmer; IFRS 15.97).

Neutraler Aufwand (Schadensfälle, unerwartete Aufwendungen) bzw. Aufwand, der nicht bei der Preiskalkulation berücksichtigt wurde, verbessert keine Ressource und wird nicht aktiviert. Auch Verwaltungs- und Gemeinkosten sowie Kosten, die für bereits erfüllte Leistungsverpflichtungen anfallen, werden im Aufwand erfasst.

Aktivierte Kosten dürfen in der GuV bei Anwendung des Gesamtkostenverfahrens nicht durch einen Umsatz dargestellt werden, weil der Umsatzbegriff nach IFRS 15 qualitativ mit der Leistungserfüllung und Gewinnrealisierung verbunden ist. Alternative Bezeichnungen wie Bestandsveränderungen sind aber denkbar.

Die aktivierten Kosten werden **systematisch abgeschrieben**, konsistent zur Leistungserbringung (Umsatzerzielung) an den Kunden (IFRS 15.99).

Werden Umsätze entsprechend dem Leistungsfortschritt realisiert, werden nur jene **Kosten aktiviert, die über dem Leistungsfortschritt** liegen. Wird der Leistungsfortschritt für die Umsatzerzielung anhand eben dieser Kosten ermittelt, entfällt naturgemäß eine Aktivierung (*cost-to-cost basis*, vgl. Kap. VI.4.5, S. 112).

Eine außerplanmäßige Abschreibung ist nötig, soweit der Buchwert den erwarteten Erlös übersteigt, etwa wenn es zu Kostenüberschreitungen kommt. Der erwartete Erlös ist der erwartete Transaktionspreis für die Leistung (Kap. VI.4.3 f., S. 109 ff.) abzüglich künftiger Kosten der Leistungserfüllung, soweit sie dem Vertrag direkt zurechenbar sind.

Bei der Abschreibung ist eine bestimmte Reihenfolge einzuhalten (IFRS 15.103): Zuerst werden laufende Kosten nicht mehr aktiviert, wenn ansonsten die zurechenbaren Vermögenswerte den erwarteten Erlös übersteigen. Dann werden Vermögenswerte entsprechend anderer Standards einzeln abgeschrieben (IAS 2, 16 und 38), danach die aktivierten Kosten. Wenn dies nicht ausreicht, wird eine Drohverlustrückstellung für belastende Verträge gebildet. Zuletzt werden die abgeschriebenen Buchwerte samt Drohverlustrückstellung gesamthaft im Rahmen von CGUs auf Wertminderung getestet (Kap. V.4, S. 87).

Fremdkapitalkosten sind nicht in den Beispielen für aktivierungsfähige Kosten genannt (IFRS 15.97). Außerdem dürften sie die Bedingung nicht erfüllen, eine Ressource zu schaffen oder zu verbessern; eine Anlage in Bau hat ihren Wert unabhängig von der Finanzierung. Leistet der Kunde eine Vorfinanzierung mit signifikanter Finanzierungskomponente, ist der Zinsaufwand mit IFRS 15.65 im Finanzerfolg zu zeigen, also nicht zu aktivieren.

Allerdings regelt IFRS 15 die Aktivierung von Kosten nicht abschließend, daher ist auch IAS 23 zu beachten (IFRS 15.96; siehe Kap. III.2, S. 49 ff.). Danach wären Zinsen aus direkt zur Finanzierung aufgenommenen Krediten und der allgemeinen Fremdfinanzierung zu aktivieren. Allerdings wären die allenfalls aktivierten Kosten konsistent zur Leistungserbringung abzuschreiben. Folglich dürften in der Praxis nur selten nennenswerte Beträge zur Aktivierung in Frage kommen.

5. Umsatzrealisierung bei bestimmten Geschäften (IFRS 15)

5.1. Fertigungs- und Dienstleistungsaufträge (IFRS 15)

Bei Fertigungs- und Dienstleistungsaufträgen wird die Leistung meist über einen bestimmten Zeitraum hinweg erbracht, weshalb die Umsatzrealisierung nach dem Leistungsfortschritt erfolgt, wenn eine der drei Bedingungen in IFRS 15.34 erfüllt ist (Kap. VI.4.5, S. 112).

- Im Dienstleistungsgeschäft liegt häufig ein simultaner Nutzenkonsum durch den Kunden vor (IFRS 15.35 (a)), im Anlagenbau ist dieses Kriterium nicht einschlägig.
- Der Bau von Anlagen auf dem Grundstück des Kunden erfüllt das Kriterium in IFRS 15.35 (b) (IFRS 15.BC129).
- Ansonsten muss im Anlagenbau ein durchsetzbarer Zahlungsanspruch für die bereits erbrachte Leistung bestehen und es darf kein Vermögen hergestellt werden, das alternativ verwendbar ist (IFRS 15.35 (c)). Dieser Punkt wurde auf Wunsch der Industrie eingeführt, damit im Anlagenbau die Teilgewinnrealisierung möglich bleibt. Allerdings ist der Punkt konzeptionell verunglückt, weil die alternative Verwendungsmöglichkeit beim Hersteller wenig über den Kontroll- oder Nutzenübergang an den Kunden aussagt.

- Spezialanfertigungen nach besonderen Kundenwünschen erfüllen die fehlende alternative Verwendung, Standardprodukte aber nicht. Das Kriterium ist erfüllt, wenn der Vertrag eine alternative Verwendung verbietet oder diese nur nach aufwendigen Umbauten möglich wäre (ausführlich IFRS 15.BC135 ff.). Kritisch ist allerdings der Zahlungsanspruch für den Fall, dass der Auftrag durch den Kunden oder aus anderen Gründen beendet wird (Unmöglichkeit, höhere Gewalt; Minderzahlungen aufgrund eigener Leistungsmängel sind hier unbeachtlich). Der Zahlungsanspruch muss jederzeit die Kosten und eine angemessene Marge abdecken (IFRS 15.B9).

Somit kommt es zu einer Teilgewinnrealisierung entsprechend dem Leistungsfortschritt (***percentage of completion method***) nach folgendem Zusammenhang:

Periodenerlös = (erwarteter Transaktionspreis × Fertigungsgrad) – Gesamterlös der Vorperioden

Teilgewinn der Periode = Erlös der Periode – Aufwand der Periode

Im Anlagenbau gibt es meist gestaffelt ansteigende Vertragsstrafen, wenn bestimmte Meilensteine nicht eingehalten werden. Gibt es nur zwei mögliche Ausgänge (eine bestimmte Strafe oder keine), braucht nur der wahrscheinlichste Ausgang berücksichtigt werden (IFRS 15.53(a)). Meist gibt es aber mehrere Meilensteine, die unabhängig zu Strafen führen können, und die Strafen steigen je nach Verzögerung an. Dann ist der Erwartungswert der Strafe vom erwarteten Transaktionspreis abzuziehen (IFRS 15.53(b)).

Die Kosten werden nach Anfall erfasst. Entstehen im Vergleich zum Leistungsfortschritt überproportional hohe Aufwendungen und stellen diese Leistungsaufwand dar, der im Rahmen künftiger Umsätze abgegolten wird, wird der Aufwandsüberschuss aktiviert (Kap. VI.4.7, S. 115). In Endeffekt wird daher auch der Leistungsaufwand nach dem Leistungsfortschritt realisiert.

Wenn der Leistungsfortschritt aus dem Kostenverhältnis abgeleitet wird *(cost-to-cost basis)*, entsprechen die laufenden Aufwendungen der Periode im Idealfall den auf diese Periode entfallenden Gesamtkosten, d. h. die Kosten müssen nicht aktiviert werden, sondern werden je nach Anfall im Aufwand verbucht. Wird aber eine andere Methode verwendet, dann müssen die tatsächlich angefallenen Aufwendungen ggf. aktiviert werden, soweit sie über den Leistungsfortschritt hinausgehen und vereinnahmt werden können.

Periodenaufwand = (voraussichtlicher Gesamtaufwand × Fertigungsgrad) – Gesamtaufwand Vorperioden

Ein Umsatz wird erst dann als **Forderung** gezeigt, wenn ein bedingungsloser Zahlungsanspruch entstanden ist. Bis dahin liegen vertragliche Vermögenswerte oder Schulden vor:

	angefallene Auftragskosten (= Fertigungsgrad x Gesamtaufwand)
+	realisierte Teilgewinne
=	kumuliert realisierter Umsatz (= Fertigungsgrad x Gesamterlös)
–	Wertberichtigungen von schon aktivierten Kosten oder Teilgewinnen
–	Forderungen, Forderungstilgungen und Vorauszahlungen
=	vertraglicher Vermögenswert/Schuld

Droht **aus dem Gesamtauftrag wahrscheinlich ein Verlust**, dann werden keine Kosten mehr aktiviert und zuvor aktivierte Kosten außerplanmäßig abgeschrieben (IFRS 15.105; ggf. auch andere Vermögensgegenstände wie Sachanlagen). Nicht abzuschreiben sind aber bereits angesetzte Forderungen, denn bei diesen wird nur der Kreditverlust berücksichtigt (dieser darf dem zu erfassenden Auftragsverlust nicht gegengerechnet werden).

Reicht die Abschreibung nicht aus oder sind keine abschreibungsfähigen Aktiva vorhanden, ist eine Drohverlustrückstellung gemäß IAS 37 zu bilden und gesondert als Rückstellung in der Bilanz zu zeigen (IAS 37.5 lit. g zweiter Satz; IAS 1.54 lit. l). Nur die unvermeidbaren Kosten werden rückgestellt, d. h. der geringere Verlust aus Vertragserfüllung oder Vertragskündigung (IAS 37.68). Die Rückstellung wird nicht mit Vermögenswerten verrechnet. Gesonderte Rückstellungen nach IAS 37 sind auch für Gewährleistungspflichten oder Vertragsstrafen zu bilden.

In jenem Zeitpunkt, wo erbrachte Leistung (Aufwand zzgl. angemessener Marge) vom Kunden nicht mehr abgegolten wird, endet die Umsatzrealisierung nach dem Leistungsfortschritt (IFRS 15.37). Das bedeutet, die *percentage of completion method* wird ausgesetzt und weitere Umsätze werden erst nach Abschluss der Leistung realisiert (*completed contract method*). Dies ist spätestens bei einem Drohverlust, aber in der Regel schon früher der Fall, wenn die Marge durch Kostenüberläufe wesentlich geschmälert wird.

Im Anlagenbau kommen häufig **Sicherungseinbehalte** vor. Der Kunde muss einen festgelegten Anteil des Kaufpreises nicht bezahlen, wenn bestimmte Leistungserfordernisse nicht erfüllt werden. Der Sicherungseinbehalt ist keine Finanzierungskomponente (IFRS 15.62 (c)). Der Umsatz kann daher in voller Höhe realisiert werden. Allerdings muss der erwartete Transaktionspreis verringert werden, sobald die vollständige Bezahlung nicht mehr höchstwahrscheinlich ist. Dann liegt ein unsicherer Transaktionspreis gemäß IFRS 15.56 f. vor, der auf den sicheren Sockelbetrag reduziert wird. Dadurch vermindert sich die laufende Umsatzerzielung oder vertragliche Vermögenswerte sind abzuschreiben.

FALLBEISPIEL ▸ Das folgende Beispiel zeigt einen typischen Fertigungsauftrag mit Finanzierungskomponente und einem Drohverlust zur Hälfte der Vertragsdauer.

Das Unternehmen bilanziert einen vierjährigen Fertigungsauftrag und misst den Leistungsfortschritt nach dem Verhältnis angefallener zu gesamten Kosten. Der Finanzierungszinssatz sei 2 %. Bei Vertragsbeginn wird entschieden, dass die Umsatzerzielung nach Leistungsfortschritt erfolgt und eine signifikante Finanzierungskomponente vorliegt, weil Umsatzerzielung und Bezahlung mehr als ein Jahr auseinander liegen und die Zinsen wesentlich sind (siehe Kap. VI.4.3, S. 109 ff.).

	Jahr X1	**Jahr X2**	**Jahr X3**	**Jahr X4**
Transaktionspreis (t€) Ende X4	20.000	20.000	20.000	20.000
geschätzte Gesamtkosten (t€)	17.000	17.000	21.000	21.000
jährliche Kosten (t€)	5.100	5.100	8.700	2.100
kumulierte Kosten (t€)	5.100	10.200	18.900	21.000
Fertigungsgrad (*cost-to-cost*)	30 %	60 %	90 %	100 %
Barwertfaktor Jahresende	0,942	0,961	0,980	1,000

Verbuchung Jahr X1:

Am Ende von Jahr X1 werden entsprechend dem Fertigungsgrad 30 % des Gesamtumsatzes realisiert, das sind 6.000 t€. Aufgrund der signifikanten Finanzierungskomponente wird nur der Barwert von 5.654 t€ als Umsatz angesetzt

Die Kosten betragen 5.100 t€ und werden im Aufwand erfasst, weil sie in einen realisierten Umsatz münden. Wären zuvor auch Kosten aktiviert worden (z. B. Kosten bei Erlangung des Auftrags), dann wären diese analog zur Umsatzerzielung planmäßig abzuschreiben (hier 30 %).

Daraus folgt ein Gewinn von 554 t€.

vertraglicher Vermögenswert	5.654 t€	
Umsatz		5.654 t€

Fertigungsaufwand	5.100 t€	
Bank, Vorräte, etc.		5.100 t€

Der lebenslange Kreditverlust gemäß IFRS 9 betrage 1 % des vertraglichen Vermögenswerts (5.654 t€).

Wertberichtigungsaufwand	57 t€	
Kreditvorsorge vertragl. Vermögenswert		57 t€

Verbuchung Jahr X2:

In Jahr X2 wird – entsprechend dem Fertigungsgrad von 60 % – nochmals 30 % des Transaktionspreises als Umsatz realisiert. Der Barwert beträgt 5.767 t€. Zugleich werden für den Anspruch des Vorjahres (5.654 t€) 2 % Zinserträge realisiert (113 t€).

vertraglicher Vermögenswert	5.880 t€	
Umsatz		5.767 t€
Zinsertrag		113 t€

Fertigungsaufwand	5.100 t€	
Bank, Vorräte, etc.		5.100 t€

Daraus resultieren ein operativer Gewinn von 667 t€ und ein Finanzerfolg von 113 t€.

Der lebenslange Kreditverlust gemäß IFRS 9 beträgt 1 % des vertraglichen Vermögenswerts (5.654 t€ + 5.880 t€ = 11.534 t€), das sind 115 t€.

Wertberichtigungsaufwand (115 t€ – 57 t€)	59 t€	
Kreditvorsorge vertragl. Vermögenswert		59 t€

Verbuchung Jahr X3:

Im Jahr X3 droht ein Gesamtverlust. Dieser hat zwei wesentliche Konsequenzen:

Gemäß IFRS 15.37 müssen jederzeit die Kosten zuzüglich einer angemessenen Marge abgedeckt werden, damit Umsätze nach Leistungsfortschritt realisiert werden. Daher darf ein Umsatz erst wieder nach Fertigstellung angesetzt werden (*completed contract method*).

Der Gesamtverlust wird in folgenden Schritten erfasst: Nur die noch abgegoltenen Kosten werden aktiviert (IFRS 15.95 lit. c). Notfalls sind auch aktivierte Beträge abzuschreiben (IFRS 15.101) und danach eine Drohverlustrückstellung zu bilden.

Transaktionspreis	20.000 t€	(IFRS 15.101 lit. a)
– Kosten der Folgejahre (X4: 2.100 t€)	– 2.100 t€	(IFRS 15.101 lit. b)
Maximaler Buchwert vor Abzinsung	17.900 t€	(IFRS 15.101)
Maximaler Buchwert nach Abzinsung	17.549 t€	(BWF: 0,98)
– vertraglicher Vermögenswert Vorjahr	– 11.534 t€	
maximale Aktivierung	6.015 t€	(IFRS 15.95 lit c)
davon Zinsertrag (11.534 t€ × 2 %)	231 t€	
davon Kostenaktivierung (6.015 t€ -231 t€)	5.784 t€	

vertraglicher Vermögenswert	6.015 t€	
Fertigungsaufwand (8.700 t€ – 5.784 t€)	2.916 t€	
Zinsertrag		231 t€
Bank, Vorräte, etc.		8.700 t€

Daraus entstehen ein operativer Verlust von 2.916 t€ und ein Finanzerfolg von 231 t€. Durch die Buchung wird der gesamte Drohverlust bevorsorgt (siehe unten am Ende des Jahres X4 die Zusammenfassung der Erfolgsentwicklung).

Der lebenslange Kreditverlust gemäß IFRS 9 beträgt 1 % des vertraglichen Vermögenswerts (17.529 t€).

Wertberichtigungsaufwand (175 t€ – 115 t€)	60 t€	
Kreditvorsorge vertragl. Vermögenswert		60 t€

Verbuchung Jahr X4:

In Jahr X4 wird der Auftrag fertiggestellt und der vereinbarte Transaktionspreis als Forderung angesetzt. Diese ist am 1.1. des Jahres X5 fällig.

Die Kosten werden aktiviert und der Zinsertrag (17.549 t€ × 2 %) erfasst.

Vertraglicher Vermögenswert	2.451 t€	
Bank, Vorräte, etc.		2.100 t€
Zinsertrag		351 t€

Der vertragliche Vermögenswert hat damit einen Saldo von 17.549 t€ + 2.451 t€ = 20.000 t€. Die Leistung ist vollständig erfüllt, daher kann ein Umsatz verbucht werden:

Transaktionspreis	20.000 t€
schon in X1 und X2 realisierte Umsätze (5.654 t€ + 5.767 t€)	– 11.421 t€
Zinserträge (113 t€ + 231 t€ + 351 t€)	– 695 t€
Umsatz	7.855 t€

In gleicher Höhe zum Umsatz wird der vertragliche Vermögenswert, soweit er nicht aus alten Umsätzen und Zinsen stammt, als Aufwand verbraucht.

Forderung	20.000 t€	
Fertigungsaufwand	7.855 t€	
vertraglicher Vermögenswert		20.000 t€
Umsatz		7.855 t€

Der operative Gewinn in X4 ist null, weil schon im Jahr X3 der operative Gesamtverlust des Vertrages vollständig bevorsorgt wurde:

gebuchter op. Verlust X3 (Folge der maximalen Aktivierung)	– 2.916 t€
davon Umkehrung op. Gewinne X1 und X2 (554 t€ + 667 t€)	1.221 t€
operativer Gesamtverlust aus Vertrag	– 1.695t€
Finanzerfolg (113 t€ + 231 t€ + 351 t€)	695 t€
Gesamtverlust	– 1.000 t€

Der lebenslange Kreditverlust gemäß IFRS 9 beträgt 0 % der Forderung, weil die Forderung schon am 1.1.X5 fällig ist und kein wesentliches Ausfallrisiko mehr besteht.

Kreditvorsorge vertragl. Vermögenswert	175 t€	
Ertrag aus Auflösung von WB		175 t€

5.2. Garantien und Verkauf mit Rückgaberecht

Bei **Garantien** ist zu unterscheiden, ob sie separate Leistungen darstellen oder eine bloße Gewährleistungsverpflichtung.

Bei einer **separaten Garantieleistung** wird das Entgelt aufgeteilt und die Garantieverpflichtung als vertragliche Schuld dargestellt, weil der Kunde mit dem Kaufpreis die Garantie vorausbezahlt hat. Bei einer **bloßen Gewährleistungsverpflichtung** oder eine gesetzlichen oder vertraglichen **Produkthaftung** wird eine Rückstellung gemäß IAS 37 gebildet (IFRS 15.B30 ff.) und aufwandswirksam dotiert.

Eine separate Leistung liegt immer dann vor, wenn ein Kunde die Garantie gesondert kaufen kann, z. B. optionale Garantieverlängerungen über die gesetzliche Gewährleistungsfrist hinaus, oder wenn der Kunde über die bloße Zusage der vertragskonformen Funktion hinaus eine Leistung erhält. Gegen eine gesonderte Leistung spricht, wenn es sich um eine gesetzliche Gewährleistung handelt, die Gewährleistungsfrist kurz ist oder nur Leistungen erbracht werden, die zur Reparatur nötig sind (z. B. Rücktransport zur Werkstatt).

Wird ein **Rückgaberecht** vereinbart, ist zu untersuchen, ob überhaupt die Kontrolle an den Kunden übergeht (Kap. VI.4.5, S. 112 ff.). Im Regelfall erhält aber der Kunde das Nutzungsrecht und der Umsatz wird gebucht. Dabei ist folgendermaßen vorzugehen (IFRS 15.B21):

- der erhaltene Geldbetrag wird aktiviert
- nur der erwartete Betrag der endgültig verkauften Produkte ist Umsatz
- der auf die erwarteten Rückgaben entfallende Umsatz wird als Verbindlichkeit erfasst
- der Wert der voraussichtlichen Retourwaren bleibt aktiviert, maßgeblich sind die Herstellungskosten nach Abzug von Gängigkeits- und Qualitätsabschlägen.

Erwartete Rückgaben mangelhafter Produkte und der Austausch gegen funktionsfähige Produkte sind dagegen als Rückstellungen für Gewährleistungen zu erfassen.

BEISPIEL Ein Handelsunternehmen verkauft im Dezember X1 1.000 Notebooks zu je 500 €, Anschaffungskosten 400 €. 10 % werden voraussichtlich in X2 von unzufriedenen Kunden zurückgenommen (Wertverlust aufgrund beschädigter Verpackung 50 €). 5 % werden in X2 wegen Mängeln retourniert und vom Hersteller gegen funktionsfähige getauscht (Bearbeitungs- und Transportkosten 20 €).

Verbuchung zum 31.12.X1:

Forderung oder Zahlungsmittel	500 t€		
vertragl. Verbindlichkeit		50 t€	10 % der Verkäufe
Umsatz		450 t€	
Wareneinsatz	360 t€		900 Stk x 400 € (nach Retouren)
Abschreibung Vorräte	5 t€		100 Stk x 50 € Qualitätsabschlag
Vorräte		365 t€	
Aufwand	1 t€		
Gewährleistungsrückstellung		1 t€	5 % x 1.000 Stk. x 20 €

5.3. Vertragsbündel und Pensionsgeschäfte

Auch formal verschiedene Verträge und Transaktionen können eine Einheit bilden und sind gesamthaft zu bilanzieren. IFRS 15.17 nennt drei Varianten:

- Die Verträge wurden als ein Paket mit gemeinsamer kommerzieller Zielsetzung verhandelt.
- Die Gegenleistung in einem Vertrag hängt von der Leistung in einem anderen ab.
- Oder die Leistungen jedes Vertrages bilden eine gemeinsame Leistungsverpflichtung.

Dies ist z. B. für Warengeschäfte mit Finanzierungcharakter relevant wie **Warenpensionsgeschäfte**. Zugleich werden Umgehungsmodelle zur künstlichen Umsatzerzielung unterbunden.

Veräußert ein Unternehmen Handelswaren mit historischen Anschaffungskosten von 1 Mio. € zum fremdüblichen Wert von 2 Mio. € an ein anderes Unternehmen und schließt es mit diesem Unternehmen zeitnah einen Rückkaufsvertrag über diese oder gleichwertige Handelswaren für 2 Mio. € ab, liegt kein Umsatzakt vor. Gezahlte und spätere zurückbezahlte Geldbeträge stellen eine kurzfristige Kreditfinanzierung dar, die Handelswaren dienen als Kreditsicherheit. Die Handelswaren bleiben mit ihren historischen Anschaffungskosten aktiviert.

Echte Pensionsgeschäfte, wo ein Rückkauf fix vereinbart ist oder das Unternehmen ein Rückkaufsrecht vereinbart, stehen einer Umsatzrealisierung entgegen. Ist der Rückkaufpreis geringer als der Verkaufspreis, liegt meist ein Leasinggeschäft nach IFRS 16 vor (IFRS 15.B66). Ist der Rückkaufpreis gleich oder höher als der Verkaufspreis, liegt ein Finanzierungsgeschäft vor; die Differenz ist Zinsertrag.

Unechte Pensionsgeschäfte, wo der Vertragspartner ein Recht zum Rückverkauf hat, sind auf ihren wirtschaftlichen Gehalt zu untersuchen. Hat die Gegenpartei einen Anreiz zum Rückverkauf, weil der Preis über dem Zeitwert liegt, liegt kein Umsatz, sondern ein Leasinggeschäft nach IFRS 16 vor (IFRS 15.B70 ff.). Hat er keinen Anreiz, ist wie beim Verkauf mit Rückgaberecht vorzugehen (Kap. VI.5.2, S. 121 ff.).

Die Bestimmungen des IFRS 9 zu Wertpapierpensionsgeschäften (Kap. VIII.6.2, S. 175 ff.) sind ähnlich, aber im Detail abweichend geregelt.

5.4. Kommissionsgeschäfte und Vermittlungsleistungen

Werden Waren an Händler zum Weiterverkauf geliefert, stellt sich unter IFRS 15 die Frage des Kontrollübergangs an den Händler. Maßgeblich sind die Kontrolltatbestände des IFRS 15.38 (siehe Kap. VI.4.5, S. 112 ff.), wobei dem physischen Besitz keine Bedeutung beizumessen ist. Wichtig sind die Chancen und Risiken.

Bei einem **Kommissionsgeschäft** geht die Kontrolle nicht an den Händler über und der Umsatz wird erst beim Verkauf an den Endkunden realisiert. Für ein Kommissionsgeschäft sprechen folgende, nicht abschließende Indizien:

- Das Unternehmen behält die Kontrolle bis zu einem bestimmten Ereignis wie dem Weiterverkauf an den Endkunden.
- Das Unternehmen kann die Rückübertragung oder Übertragung an Dritte verlangen.
- Der Händler hat keine bedingungslose Zahlungsverpflichtung, er hat ggf. nur eine Kaution zu stellen, auch wenn diese formal als Kaufpreis ausgestaltet ist.

Liegt kein Kommissionsgeschäft vor, ist wie beim Verkauf mit Rückgaberecht vorzugehen (Kap. VI.5.2, S. 121 ff.).

BEISPIEL ▸ Der Autoproduzent P veräußert im Mai Fahrzeuge mit Herstellungskosten von 100 t€ an den Autohändler H für 200 t€. Die Fahrzeuge werden sofort geliefert und der Kaufpreis bezahlt. Der Kaufvertrag kann aber auf Initiative von H rückgängig gemacht werden, wenn die Fahrzeuge nicht innerhalb eines Jahres verkauft werden. Dies ist in der Vergangenheit bei ähnlichen Geschäften schon öfter vorgekommen. Der Händler darf nur für einen vorgegebenen Listenpreis weiterverkaufen. Im September werden die Fahrzeuge an Endkunden für 220 t€ veräußert.

Der Händler hat keine bedingungslose Zahlungsverpflichtung, er kann den Kauf rückgängig machen. Dieses Recht hat auch kommerziellen Gehalt, weil schon vorgekommen. Außerdem hat er keinen Spielraum bei der Preisgestaltung. Der Autokauf im Mai ist eher ein Finanzierungsgeschäft.

Verbuchung beim Produzenten P: Geld an Verbindlichkeit 200 t€

Verbuchung beim Händler H: Forderung an Geld 200 t€

Erst im September findet wirtschaftlich ein Verkauf statt, der in den Büchern des Produzenten P erfasst wird:

Verbindlichkeit an Umsatz 200 t€

Wareneinsatz an Vorrat 100 t€

Mangels Kontrollübergang gemäß IFRS 15 liegt bei H kein Verkaufsgeschäft, sondern ein Vermittlungsgeschäft vor. Der Händler hat kein wesentliches Eigentümerrisiko übernommen, seine Gewinnspanne ist eine Provision für den Weiterverkauf. In diesem Fall wird der Verkauf im September wie folgt erfasst:

Cash	220 t€	an Forderung	200 t€
		an Kommissionserlös	20 t€

Sehr ähnliche Fragen stellen sich bei **Vermittlungsleistungen**. Hier ist zu entscheiden, welches Unternehmen der Prinzipal ist und den Verkaufsumsatz realisiert, und welches der Agent ist und nur eine Kommission oder Provision realisiert (IFRS 15.36 und .B34 ff.). Die Entscheidung ist für jede separate Leistung gesondert zu treffen.

Maßgeblich sind wiederum die Kontrolltatbestände des IFRS 15.38 für Produkte und Dienstleistungen (siehe Kap. VI.4.5, S. 112 ff.) unter Ausklammerung des physischen Besitzes. Ein Agent erlangt keine Kontrolle über das Produkt oder die Dienstleistung, bevor sie der Endkunde erlangt.

Für einen Prinzipal sprechen (IFRS 15.B37):

- die Verpflichtung, eine vertragskonforme Leistung in akzeptabler Qualität zu liefern, in der Form, dass sie vom Kunden abgenommen wird;
- das Vorratsrisiko für Schadenfälle und Entwertung bis zur Übergabe an den Endkunden oder bis zum Ablauf von Reklamations- und Rücktauschrechten;
- die uneingeschränkte Möglichkeit, Preise festzusetzen, und zwar jenseits bestimmter Margen und Spannen für Vermittler.

5.5. Lizenzen

Lizenzen ermöglichen dem Kunden die Nutzung **geistigen Eigentums** des Unternehmens (IFRS 15.B52), wie etwa Software und Technologie, Filme und Musik, Franchiserechte, Patente, Urheber- und Markenrechte.

Sind Lizenzen mit Produkten oder Dienstleistungen eng verbunden und nicht separat, werden sie gemeinsam nach IFRS 15 bilanziert, etwa wenn die Lizenz ein integraler Bestandteil für den Betrieb eines Produkts ist oder eine Leistung nur gemeinsam mit der Lizenz Nutzen stiftet, etwa ein PC mit vorinstalliertem Betriebssystem. Ansonsten werden Lizenzen als eigenständige Leistungen bilanziert.

Der Umsatz aus separaten Lizenzen wird **zeitraumbezogen** erfasst, wenn das Recht auf Nutzung des geistigen Eigentums über die Lizenzperiode besteht. Dafür spricht, wenn das Unternehmen Aktivitäten setzen muss, die sich signifikant auf das geistige Eigentum auswirken, etwa die Erweiterung und Aktualisierung des Inhalts, Verlängerungen von Schutzrechten, Werbung für Markenrechte, laufende Forschung und Weiterentwicklung, laufende Anpassung an Marktveränderungen udgl. Diese Aktivitäten müssen auch einen Effekt auf den Kunden haben, d. h. die Aktivtäten des Unternehmens müssen die Nutzbarkeit für den Kunden verbessern oder zumindest erhalten (.B59).

Für die Umsatzerfassung gelten die allgemeinen Regeln des IFRS 15, d. h. der Umsatz wird nach dem Leistungsfortschritt (Input- oder Output-orientiert) erfasst. Meist ergibt sich der Leistungsfortschritt aus dem Zeitverlauf, außer der Erhaltungsaufwand für das Unternehmen oder der Nutzenverlauf für den Kunden haben ein bestimmtes Profil (z. B. deutliche Erweiterungen des Angebots über die laufende Aktualisierung hinaus). Beziehen sich die Lizenzeinnahmen auf Verkaufszahlen oder Nutzungseinheiten, dann wird der Umsatz nach deren Fortschritt realisiert, sofern die Leistungsverpflichtung damit auch vollständig ist (.B63 ff.).

Hat der Lizenzgeber seine Leistungspflicht erfüllt, sind aber seine Lizenzeinnahmen vom Verbrauch oder Umsatz beim Kunden abhängig, wird der Umsatz des Lizenzgebers erst dann realisiert (z. B. bei Ausgestaltung als Provision).

Sind die Bedingungen für die zeitraumbezogene Realisierung nicht erfüllt, wird der Umsatz bei Lizenzeinräumung erfasst – oder entsprechend später, wenn die Nutzung durch den Kunden erst später möglich ist.

5.6. Kundenbindungsprogramme

Die Grundsätze der Umsatzrealisierung sind auch bei **Kundenbindungsprogrammen** anzuwenden. Das sind meist Kundenoptionen auf vergünstigte Leistungen, wie Gratisleistungen nach einer bestimmten Umsatzmenge, Bonusmeilen bei Fluglinien, Treuepunkte im Einzelhandel oder Tankstellen, günstige Vertragsverlängerungsoptionen sowie ähnliche Programme (IFRS 15.B39).

Die Option ist als gesonderte Leistung zu bilanzieren, wenn sie für den Kunden materiell ist und er sie ohne Vertragsabschluss nicht bekommen hätte. Dann leistet er im Endeffekt eine Vorauszahlung für künftige Produkte und Dienstleistungen.

Gemäß IFRS 15.74 ist der Transaktionspreis anhand der Einzelpreise auf die Leistungsverpflichtungen zu verteilen. Hat die Option keinen beobachtbaren Einzelpreis, ist dieser zu schätzen. Anders als IFRS 13 verlangt IFRS 15 kein Optionspreismodell. Vielmehr werden der effektive Kundenvorteil bei Ausübung und die Ausübungswahrscheinlichkeit zugrunde gelegt, d. h. der erwartete Verfall von Treuepunkten und künftige Preisentwicklungen werden beachtet.

BEISPIEL Der Kunde K erhält im Rahmen eines Kaufvertrags im Jahr X1 über 100 € einen Ermäßigungsgutschein über 40 € für den Kauf desselben Produkts in X2. Zu Periodenende X1 ergeben sich folgende Erwartungen: Im Jahr X2 wird voraussichtlich allen Kunden ein Rabatt von 10 € angeboten, wobei dieser Rabatt dem Kunden K nicht zusteht, wenn er die Ermäßigung von 40 € in Anspruch nimmt. Die Ausnutzungswahrscheinlichkeit ist 50 %.

Bewertung der Verbindlichkeit: Der Preisvorteil des Kunden aus dem Gutschein ist 30 € (40 € Ermäßigung statt 10 €). Die Verbindlichkeit beträgt daher 30 € × 50 % = 15 €.

Handelt es sich um ähnliche Produkte und Dienstleistungen und vergleichbare Vertragsbedingungen, ist folgende Vereinfachung möglich (IFRS 15.B43). Der Transaktionspreis kann aliquot aufgeteilt werden nach dem Verhältnis:

- Entgelt aus aktuellen Lieferungen oder Leistungen und
- Entgelt aus den erwarteten künftigen Lieferungen oder Leistungen, gewichtet nach ihrer Eintrittswahrscheinlichkeit.

BEISPIEL Wie oben, aber vereinfachte Bewertung der Verbindlichkeit: Das Entgelt für die durchgeführte Lieferung ist 100 €, das erwartete künftige Entgelt bei Optionsausübung ist (100 € – 40 €) × 50 % ist 30 €. Das aktuelle Entgelt wird aufgeteilt in den Umsatz 100 € × (100 €/130 €) = 77 € und Optionsverbindlichkeit 100 € × (30 €/130 €) = 23 €.

Der auf Kundenoptionen entfallende Transaktionspreis wird als vertragliche Verbindlichkeit erfasst und als Umsatz aufgelöst, wenn die Leistungsverpflichtung später erfüllt wird, z. B. wenn die Treuepunkte zur Tilgung einer Forderung eingelöst werden.

Wenn die Kundenoptionen verfallen, werden sie ebenfalls als Umsatz erfasst. Der erwartete Verfall wird analog zum Muster der Ausnutzung realisiert. Hat der Kunde ein günstiges Kaufrecht für 100 Stück im Abschlussjahr und bestellt er nur 50 Stück im Abschlussjahr, wird die Option für die restlichen 50 Stück aufgelöst. Meistens haben Unternehmen Erfahrungswerte, um das Muster der Ausnutzung zu bestimmen. Gibt es kein Muster der Ausnutzung, wird die Verbindlichkeit dann aufgelöst, wenn die Ausnutzung unwahrscheinlich geworden ist und keine sonstige Verpflichtung besteht (IFRS 15.B46 f.).

Entspricht der Ausübungspreis der Option dem Einzelpreis der Leistung, ist die Option kein materielles Recht, sondern bloß eine Marketingmaßnahme, die nicht gesondert vom restlichen Vertrag abgegrenzt wird.

6. Zuwendungen der öffentlichen Hand (IAS 20)

Die Bilanzierung und Darstellung von Zuwendungen der öffentlichen Hand sind in IAS 20 geregelt. IAS 20 stammt noch aus dem Jahr 1982 und enthält daher viele unverbindliche Bestimmungen.

Zur **öffentlichen Hand** zählen Regierungsbehörden, Institutionen oder ähnliche Körperschaften mit hoheitlichen Aufgaben auf lokaler, nationaler oder internationaler Ebene.

IAS 20.3 unterscheidet Beihilfen und Zuwendungen der öffentlichen Hand. Mit **Beihilfen** werden einem oder mehreren Unternehmen direkte wirtschaftliche Vorteile gewährt, wenn diese bestimmte Kriterien erfüllen. **Zuwendungen** sind jene Beihilfen, die als Ausgleich für die vergangene oder zukünftige Erfüllung bestimmter Bedingungen im Rahmen der betrieblichen Tätigkeit dienen. Diese können wiederum **erfolgsbezogene Zuwendungen** oder **Zuwendungen für Vermögenswerte** sein. Zuwendungen für Vermögenswerte sind vom Erwerb oder der Herstellung bestimmter Vermögenswerte abhängig (z. B. Betriebserwerb oder Betriebsansiedlung an einem bestimmten Standort). Für Zwecke der Bilanzierung macht es keinen Unterschied, ob die Zuwendung in einem Geldzufluss oder der Kürzung einer Verpflichtung besteht (z. B. nicht zwingend rückzahlbares Darlehen; .9 f.).

Zuwendungen der öffentlichen Hand dürfen nur erfasst werden, wenn eine **angemessene Sicherheit** über die Erfüllung der damit verbundenen Bedingungen und über die Gewährung der Zuwendung besteht (IAS 20.7). Der Zufluss der Zuwendung allein ist noch kein ausreichender Beweis für die Erfüllung der Bedingungen (.8). Wurden die Zuwendungen bereits erfasst, dann müssen allfällige Rückzahlungsverpflichtungen ggf. nach IAS 37 als Rückstellung oder Eventualschuld behandelt werden (.11).

Zuwendungen der öffentlichen Hand sind abzugrenzen und **zeitlich verteilt als Ertrag** anzusetzen. Die Verteilung hat planmäßig über jenen Zeitraum zu erfolgen, während dem die mit der Zuwendung ausgeglichenen Kosten anfallen (.12). Ein unmittelbarer Ertrag darf nur dann angesetzt werden, wenn für die Periodenabgrenzung keine andere Grundlage als der Zuflusszeitpunkt verfügbar ist (.16). Eine erfolgsneutrale Erfassung im Eigenkapital ist nicht zulässig.

Wird die Zuwendung als Ausgleich für **bereits angefallene Aufwendungen** gewährt, dann wird unmittelbar ein Ertrag angesetzt, sobald der entsprechende Anspruch entsteht (.20 und .22).

Zuwendungen von nicht monetären Vermögenswerten (z. B. Grundstücken) werden regelmäßig mit dem Fair Value aktiviert und als Ertrag erfasst; alternativ ist auch der Ansatz zu einem symbolischen Wert zulässig (.23).

Zuwendungen für Vermögenswerte sind in der Bilanz entweder als passiver Rechnungsabgrenzungsposten zu erfassen oder vom Buchwert des Vermögenswerts abzuziehen. Beide Alternativen sind als gleichwertig zu betrachten (IAS 20.24 f.).

Erfolgsbezogene Zuwendungen werden in der GuV als Ertrag oder als Minderung von Aufwendungen dargestellt; beide Methoden sind zulässig (.30 f.).

Zinslose oder niedrig verzinste Darlehen sind eine Beihilfe der öffentlichen Hand; der daraus resultierende Vorteil wird durch Einrechnung marktüblicher Zinsen quantifiziert; die Schuld wird bei erstmaliger Erfassung gemäß IFRS 9 mit ihrem Fair Value angesetzt, d. h. die erwarteten Zahlungen werden mithilfe eines marktüblichen Zinssatzes diskontiert. Der zugeflossene Geldbetrag ist daher grundsätzlich höher als der Buchwert der Schuld bei erstmaliger Erfassung. Die Differenz ist als Ertrag zu verbuchen (IAS 20.10A). Die Regelung gilt prospektiv für Darlehen, die in Perioden mit Periodenbeginn 1.1.2009 oder danach gewährt werden. Davor erhaltene Darlehen dürfen nach der Altfassung von IAS 20 bilanziert werden (keine Einrechnung marktüblicher Zinsen und somit auch kein Ertrag, dafür entsteht nur ein entsprechend geringerer Zinsaufwand).

Die Interpretation SIC 10 bezieht sich auf Beihilfen, die keinen spezifischen Zusammenhang mit betrieblichen Tätigkeiten haben; auch diese fallen unter IAS 20 und sind daher entsprechend den Bestimmungen als Ertrag anzusetzen.

VII. Beteiligungen (IAS 28, IFRS 11 und 12)

1. Allgemeines

Für den Begriff einer Beteiligung gibt es keinen vergleichbaren Begriff nach IFRS. Grundsätzlich liegt ein Finanzinstrument vor, das entweder wie Wertpapiere gemäß IFRS 9 bewertet oder ab einem gewissen Grad an Einflussnahme nach der Equity-Methode bewertet oder vollkonsolidiert wird.

Kapitalanteile an anderen Unternehmen (Aktien, GmbH-Anteile oder Anteile an Personengesellschaften) sind grundsätzlich **finanzielle Vermögenswerte** nach IAS 32.11 (zu eigenen Aktien siehe S. 150). Für den Ausweis und die Bewertung gelten daher die umfangreichen Bestimmungen in IFRS 9, IAS 32 und IFRS 7 (siehe auch Kap. VIII., S. 149 ff.).

IFRS 9 ist nicht anwendbar, sobald das beteiligte Unternehmen maßgeblichen Einfluss, Kontrolle oder gemeinsame Kontrolle auf das untergeordnete Unternehmen ausüben kann. In diesen Fällen liegt ein assoziiertes Unternehmen (IAS 28), ein Joint Venture bzw. gemeinschaftliche Tätigkeiten (IFRS 11) oder ein Tochterunternehmen (IFRS 10) vor, die nach den einschlägigen Standards zu bewerten oder zu konsolidieren sind.

In allen Fällen außer der Vollkonsolidierung von Tochterunternehmen gemäß IFRS 10 scheint die Beteiligung als Vermögenswert im Abschluss auf und wird nach der Equity-Methode bewertet. Anders als IFRS 10 setzen diese Regeln einen Vermögenswert („*interest*“ bzw. „*investment*“) voraus, den es zu bewerten gilt.

Dagegen werden im Rahmen der Vollkonsolidierung Innenbeziehungen eliminiert, womit die Beteiligungsbewertung hinfällig wird. Deshalb ist für IFRS 10 lediglich die Kontrolle, nicht notwendigerweise aber ein Vermögenswert im Sinne einer Beteiligung erforderlich. Liegt aber keine Kontrolle vor, dann steht die Bewertung der Beteiligung im Vordergrund.

Geregelt ist die Bewertung von Beteiligungen in IAS 28 und IFRS 11:

- IAS 28 regelt die Bilanzierung von Anteilen an assoziierten Unternehmen und an Joint Ventures und sieht für die Bewertung die Equity-Methode vor.
- IFRS 11 definiert Joint Ventures und gemeinschaftliche Tätigkeiten und verweist hinsichtlich der Bilanzierung der Anteile an Joint Ventures auf IAS 28, d. h. die Equity-Methode.

Die Equity-Methode betrifft nur Beteiligungen im Konzernabschluss. In einem separaten Einzelabschluss nach IFRS sind Beteiligungen, die maßgeblichen Einfluss oder (gemeinsame) Kontrolle vermitteln, zu Anschaffungskosten, nach der Equity-Methode oder gemäß IFRS 9 zum Fair Value zu bewerten; steht die Beteiligung gemäß IFRS 5 zur Veräußerung, erfolgt die Bewertung zum Buchwert oder niedrigeren Fair Value abzüglich Veräußerungskosten (IAS 27.10). Da separate IFRS-Einzelabschlüsse im deutschen Sprachraum kaum vorkommen, wird diese Thematik nicht weiter behandelt.

Werden IAS 28 und IFRS 10 nicht angewendet – etwa aufgrund der **Unwesentlichkeit** und der **Kosten-Nutzen-Abwägung** –, dann erfolgt die Bewertung in der Praxis zu Anschaffungskosten unter Berücksichtigung allfälliger Wertminderungen.

2. Beteiligungen an assoziierten Unternehmen (IAS 28)

2.1. Maßgeblicher Einfluss

Ein assoziiertes Unternehmen *(associate)* liegt im Konzernabschluss vor, sobald der Anteilseigner **maßgeblichen Einfluss** ausüben kann und weder ein Tochterunternehmen nach IFRS 10 noch ein Joint Venture nach IFRS 11 vorliegt. Maßgeblicher Einfluss ist die Möglichkeit, an finanziellen und operativen Entscheidungen eines Unternehmens teilzunehmen, ohne es aber alleine oder gemeinsam mit anderen Beteiligten zu kontrollieren (IAS 28.4).

Ein maßgeblicher Einfluss wird ab einer **Beteiligungsquote von 20 %** grundsätzlich vermutet (IAS 28.5). IAS 28 setzt einen Kapitalanteil oder ein vergleichbares finanzielles Engagement voraus; die Equity-Methode ist aber auch dann anwendbar, wenn der Kapitalanteil im Anwendungsbereich von IAS 32 als Schuldinstrument gelten würde. Die Einflussvermutung kann bei höheren Beteiligungen auch widerlegt und bei geringeren Beteiligungen auch nachgewiesen werden. Als **Indizien** gelten Sitze im Aufsichtsrat, Mitwirkung an geschäftsstrategischen Entscheidungen oder Entscheidungen über Gewinnausschüttungen, wesentliche Transaktionen mit dem assoziierten Unternehmen, Austausch von Führungskräften oder von wichtigen technischen Informationen (z. B. Know-how; IAS 28.6).

Maßgeblichen Einfluss können auch indirekte Beteiligungen vermitteln (Kontrollkonzept; z. B. ein Mutterunternehmen und seine 60%ige Tochtergesellschaft halten jeweils 12 % einer Enkelgesellschaft, die relevante Beteiligungsquote ist daher 24 %). Bei indirekten Beteiligungen ist eine Kontrolle über die jeweils dazwischenliegenden Gesellschaften erforderlich (z. B. ein Mutterunternehmen ist zu 40 % an einem assoziierten Unternehmen A beteiligt; beide halten jeweils 15 % an einem weiteren Unternehmen U. Daraus ergibt sich ein durchgerechneter Anteil von M an U in Höhe von 21 %; mangels Kontrolle von M über A besteht aber kein maßgeblicher Einfluss auf U).

Zu einem maßgeblichen Einfluss können auch potenzielle Stimmrechte führen (z. B. Wandelanleihen, Bezugsrechte oder Optionen auf Aktien des Unternehmens). Diese Instrumente müssen aber am Abschlussstichtag bereits zivilrechtlich ausübbar oder wandelbar sein; auf die Ausübungsabsicht kommt es nicht an (IAS 28.7 f.). Bei der Beurteilung sind die relevanten Fakten und Umstände zu würdigen. Ist die Ausübung etwa wirtschaftlich mit viel stärkeren Verlusten verbunden (etwa bei einem Ausübungspreis, der weit über dem Marktwert liegt) als mit Vorteilen aus der Beeinflussung, dann liegt kein maßgeblicher Einfluss vor.

Beteiligungen an assoziierten Unternehmen sind zwingend nach der Equity-Methode zu bewerten. Bei maßgeblichem Einfluss sind Gewinnausschüttungen alleine kein ausreichender Maßstab für die zurechenbare wirtschaftliche Leistung des assoziierten Unternehmens. Die Rendite aus der Beteiligung wird durch die anteiligen Gewinne besser abgebildet (IAS 28.11). Allerdings sind die folgenden **Ausnahmen von der Equity-Methode** vorgesehen:

- Steht die Beteiligung zur Veräußerung, dann kommt IFRS 5 zur Anwendung. Statt der Equity-Methode erfolgt eine Bewertung zum Buchwert oder zum niedrigeren Fair Value abzüglich Veräußerungskosten (IAS 28.20 f.; siehe Kap. V.6, S. 95). Kommt es letztlich nicht zum Verkauf, erfolgt die Bewertung wieder nach der Equity-Methode, und zwar rückwirkend, als ob die Beteiligung nie zum Verkauf gestanden wäre.

- Steht nur ein Teil der Beteiligung zur Veräußerung, ist für den restlichen Teil die Equity-Methode anzuwenden, selbst wenn dieser Teil für sich genommen keinen maßgeblichen Einfluss vermittelt würde; der maßgebliche Einfluss resultiert weiterhin aus der gesamten Beteiligung, bis es tatsächlich zum Verkauf kommt.
- Der Anteilseigner ist ein Mutterunternehmen, das von der Aufstellung eines Konzernabschlusses aufgrund von IFRS 10 befreit ist (in übergeordneten Abschluss einbezogen).
- Die Beteiligung wird in einem Einzelabschluss bilanziert (IAS 27.10).
- Die Beteiligung wird (direkt oder indirekt) von Venture Capital-Gesellschaften, Unit Trusts, Investmentfonds und ähnlichen Einheiten (z. B. Versicherungsfonds, Pensionsfonds oder „Geierfonds") gehalten. Dann besteht ein Wahlrecht zwischen IAS 28 und einer Bewertung als Finanzinstrument gemäß IFRS 9, das dann erfolgswirksam zum Fair Value über die GuV bewertet wird. Das Wahlrecht kann für jede Beteiligung gesondert ausgeübt werden (IAS 28.18 f.).

Verliert das Unternehmen den maßgeblichen Einfluss, dann wird die Bewertung nach der Equity-Methode beendet und die Beteiligung als Finanzinstrument nach IFRS 9 bewertet. Der Buchwert in diesem Zeitpunkt gilt als Anschaffungskosten (IAS 28.22).

Wird aus einer Beteiligung an einem assoziierten Unternehmen eine Beteiligung an einem Joint Venture oder umgekehrt, dann erfolgt keine Neubewertung (IAS 28.23).

2.2. Die Equity-Methode

Die Equity-Methode beginnt mit dem Erlangen des maßgeblichen Einflusses (IAS 28.32), das ist i. d. R. der Anschaffungszeitpunkt der Beteiligung.

Nach der Equity-Methode bilanzierte Beteiligungen werden unter den Finanzanlagen gesondert ausgewiesen (Kap. XVI.2., S. 354 ff.) und mithilfe einer außerbücherlichen Konsolidierung bewertet (*one line consolidation*): Die erworbenen Anteile werden zunächst mit ihren Anschaffungskosten aktiviert. **Anteilige Gewinne** des assoziierten Unternehmens erhöhen den Buchwert der Beteiligung und sind grundsätzlich erfolgswirksam. Wird ein Gewinn später ausgeschüttet, vermindert sich der Beteiligungsansatz. **Ausschüttungen** sind daher regelmäßig nur ein erfolgsneutraler Aktivtausch. Das Gleiche gilt im Fall einer Kapitalherabsetzung (Buchung: Cash an Beteiligung) oder im Fall einer Kapitalerhöhung (Buchung: Beteiligung an Cash). **Anteilige Verluste** werden aufwandswirksam erfasst und mindern den Beteiligungsbuchwert.

Bei der Ermittlung anteiliger Gewinne und Verluste aus dem assoziierten Unternehmen sind die Ansprüche aller Eigenkapitalgeber zu berücksichtigen. Hat das assoziierte Unternehmen etwa im Eigenkapital erfasste Genussrechte an Dritte ausgegeben, ist der den Genussrechten zustehende Gewinn (z. B. Vorabgewinn) von dem Gewinn abzuziehen, der entsprechend der Gesellschaftsanteile verteilt werden kann. Dies gilt unabhängig davon, ob dieser Gewinn erklärt wurde oder beim assoziierten Unternehmen kumuliert wird (IAS 28.37). Verluste sind Genussrechten daher nur anzulasten, soweit diese an den Verlusten nachhaltig teilnehmen (wenn Kupons endgültig ausfallen oder wenn der Nennwert der Genussrechte dauerhaft reduziert wird). Es darf nur der Anteil des beteiligten Unternehmens am Gewinn des assoziierten Unternehmens berücksichtigt werden. Dieser Anteil kann vom Beteiligungsprozentsatz abweichen, wenn Gewinne z. B. asymmetrisch verteilt werden oder vertraglich oder gesetzlich begrenzt sind (IAS 28.11).

Soweit das assoziierte Unternehmen in seinem eigenen Abschluss **erfolgsneutrale Auf- und Abwertungen** vornimmt (z. B. beim Fair Value-Ansatz von Sachanlagen nach IAS 16, bei erfolgsneutral bewerteten Eigenkapitalinstrumenten oder beim *cashflow hedge*), wird der Saldo der jeweiligen Auf- und Abwertungen auch beim Anteilseigner erfolgsneutral abgebildet (IAS 28.27). Der Buchwert der Beteiligung wird analog auf- bzw. abgewertet. Die Gegenbuchung zur Auf- und Abwertung der Beteiligung erfolgt daher in der jeweils betroffenen Neubewertungsrücklage des Anteilseigners. Die Veränderungen der Rücklagen werden im **sonstigen Ergebnis** des Anteilseigners dargestellt. Außerdem sind die sonstigen Ergebnisse aus Anwendung der Equity-Methode gesondert auszuweisen (IAS 1.82(h)).

Bei der Ermittlung des Anteils an den Gewinnen und Verlusten werden alle Beteiligungen am assoziierten Unternehmen zusammengezählt, die vom Mutterunternehmen bzw. ihren Töchtern indirekt gehalten werden. Anteile, die über Gemeinschaftsunternehmen und assoziierte Unternehmen indirekt gehalten werden, bleiben unberücksichtigt (IAS 28.27). Auch potenzielle Stimmrechte werden nicht berücksichtigt, weil diese bis zu ihrer Ausübung kein Recht auf Teilnahme am Gewinn vermitteln (vgl. IAS 28.12).

Maßgeblich für die Berechnung des Gewinns ist grundsätzlich der Abschluss des assoziierten Unternehmens; stellt es einen Konzernabschluss auf, dann ist dieser anstatt eines Einzelabschlusses maßgeblich. Bei einem Konzernabschluss kommt es aber nur auf das anteilige Konzernkapital an; die Minderheitenanteile bzw. der Gewinnanteil der Minderheiten werden nicht berücksichtigt, weil diese auf Gesellschafter auf untergeordneter Ebene entfallen. Anpassungen sind erforderlich, wenn die Bewertungsmethoden abweichen, d. h. der nach der Equity-Methode aktivierte Gewinn muss nach denselben Methoden ermittelt werden wie im Abschluss des beteiligten Unternehmens (IAS 28.35 ff.).

Hat der Anteilseigner einen **anderen Abschlussstichtag** als das assoziierte Unternehmen, dann hat das assoziierte Unternehmen grundsätzlich eine Bilanz und eine Erfolgsrechnung zum Stichtag des Anteilseigners für Zwecke der Equity-Methode aufzustellen. Werden diese ausnahmsweise nicht aufgestellt, weil dies nicht praktikabel wäre, so sind zumindest die Effekte aller wesentlichen Transaktionen zwischen den beiden Stichtagen zu berücksichtigen. Unabhängig davon dürfen die Stichtage nicht mehr als drei Monate voneinander abweichen (IAS 28.33 f.).

Ausgangspunkt für die Equity-Methode sind die Anschaffungskosten der Beteiligung, die mit dem anteiligen Eigenkapital (ggf. nach Anpassungen für einheitliche Bilanzierungsmethoden) verglichen werden. Die Differenz resultiert aus aufgedeckten, **stillen Reserven bzw. stillen Lasten und dem Firmenwert**, die nicht in der Bilanz des assoziierten Unternehmens aufscheinen. Anders als bei der Vollkonsolidierung gemäß IFRS 3 ist eine gesonderte Erfassung und Fortführung von nicht bilanzierten Eventualschulden des assoziierten Unternehmens nicht vorgesehen.

Sind im Abschluss des assoziierten Unternehmens Firmenwerte aus früheren Unternehmenszusammenschlüssen aktiviert, werden diese durch den „neuen" Firmenwert aus Sicht des Investors ersetzt.

Aus der Differenz zu den jeweiligen IFRS-Buchwerten im Abschluss des assoziierten Unternehmens sind zusätzlich **latente Steuern** nach IAS 12 zu berechnen und anzusetzen (dies leitet sich wohl aus IAS 28.10 ab; ebenso Deloitte (Hrsg.), iGAAP 2011, S. 2596). Hat das Joint Venture nicht bereits selbst latente Steuern nach IFRS berechnet, dann muss der Steuerwert mit den angepassten Buchwerten aus der HB II verglichen werden. Der Firmenwert – ein Restbetrag nach der

Verteilung der Anschaffungskosten – verändert sich entsprechend. Auf den Firmenwert selbst werden keine latenten Steuerverbindlichkeiten angesetzt (siehe Kap. XIV.6., S. 348 ff.). Latente Steuern können sich zusätzlich ergeben, wenn die Beteiligung selbst steuerhängig ist und der steuerliche Buchwert von jenem nach IFRS abweicht (Kap. XIV.5.1., S. 345).

FALLBEISPIEL ▸ Das beteiligte Unternehmen B hat einen Aktienanteil von 37,5 % am assoziierten Unternehmen A für 1.450 Mio. € am 1.1.X1 erworben. Die IFRS-Konzernbilanz von A im Erwerbszeitpunkt ist nachfolgend dargestellt.

Konzernbilanz A (in Mio. €)					
	Buchwert	**Fair Value**		**Buchwert**	**Fair Value**
Wertpapiere	1.000	2.000	Aktienkapital	2.000	
Grundstücke	1.000	2.000	Genussrechte	500	
Sachanlagen	2.000	2.400	Minderheiten	500	
			Schulden	1.000	1.000
Summe	4.000	6.400	Summe	4.000	

Die Genussrechte weisen bei langfristiger Durchschnittsbetrachtung eine ähnliche Renditeerwartung wie Aktien auf. Aus Vereinfachungsgründen entscheidet sich B, die Genussrechte wie Aktien zu behandeln. Die Minderheiten stammen aus einem Tochterunternehmen von A, das die im Konzernabschluss ausgewiesenen Wertpapiere besitzt; die Minderheiten sind also nur an den stillen Reserven und an den Erträgen aus Wertpapieren beteiligt. Allerdings ist mit IAS 28.27 eine nach Vermögenswerten differenzierte Erfolgszurechnung nicht vorgesehen. B behandelt die Minderheiten daher ebenfalls wie Aktienkapital von A.

Die relevante Eigenkapitalbeteiligung von B an A beträgt:

$$\frac{2.000 \times 37{,}5\,\%}{2.000 + 500 + 500} = 25\,\%$$

Für die Ermittlung des Firmenwerts und der anteiligen stillen Reserven werden die Werte anteilig aufgezeichnet:

Konzernbilanz A - Anteil 25 % (in Mio. €)				
	Buchwert	**Fair Value**		**Buchwert**
Wertpapiere	250	500	gehaltenes Eigenkapital	750
Grundstücke	250	500	3.000 × 25 % (= 2.000 × 37,5 %)	
Sachanlagen	500	600	Schulden	250
Summe	1.000	1.600	Summe	1.000

Der Kaufpreis von 1.450 Mio. € führt zur Aufdeckung stiller Reserven von 600 Mio. € und des Firmenwerts als Restbetrag. Der Steuersatz für die Ermittlung latenter Steuern sei 50 %. Für die stillen Reserven sind daher latente Steuerverbindlichkeiten von 300 Mio. € zu passivieren.

Bilanz A - Anteil 25 % (in Mio. €)			
	Buchwert		**Buchwert**
Wertpapiere BW stille Reserve	250 250	Eigenkapital BW (3.000 × 25 %)	750
Grundstücke BW stille Reserve	250 250	Unterschiedsbetrag	700
Sachanlagen BW stille Reserve	500 100	Schulden	250
Firmenwert	400	latente Steuerschuld	300
Summe	2.000	Summe	2.000

Stille Reserven werden planmäßig abgeschrieben (IAS 28.32); im Gegenzug werden latente Steuern aufgelöst, was den Abschreibungsaufwand regelmäßig vermindert. Die Abschreibung ist erfolgswirksam und mindert den anteiligen Erfolg aus der Beteiligung. Für die Ermittlung der Anschaffungskosten der Beteiligung und die in einer Nebenrechnung durchgeführte Kapitalkonsolidierung sind die Bestimmungen in IFRS 10 bzw. IFRS 3 analog anzuwenden (IAS 28.23; siehe dazu Kap. XVIII.3., S. 443 ff.).

FALLBEISPIEL (FORTSETZUNG) ▸ Der Gewinn des Jahres X1 von A (einschließlich des Gewinnanteils von Minderheiten) beträgt 800 Mio. €, auf das Unternehmen B entfallen daher 200 Mio. €. Ein sonstiges Ergebnis wurde nicht erzielt, Dividenden wurden nicht ausgeschüttet.

Eine planmäßige Abschreibung stiller Reserven für das Jahr X1 ergibt sich nur bei den Sachanlagen (Nutzungsdauer zehn Jahre). Der jährliche Abschreibungsaufwand ist daher 10 Mio. €, nach Berücksichtigung der ebenfalls aufzulösenden latenten Steuerverbindlichkeit beträgt der Aufwand 5 Mio. €.

Außerdem hat A sämtliche Wertpapiere während des Abschlussjahres veräußert. Unternehmen B hat daher einen Abgang der stillen Reserve i. H. von 250 Mio. € abzüglich des entsprechenden Abgangs der latenten Steuerschuld i. H. von 125 Mio. € zu berücksichtigen, dies ergibt einen Aufwand von 125 Mio. €.

Der Gewinnanteil von B beträgt daher: 200 Mio. € – 5 Mio. € – 125 Mio. € = 70 Mio. €.

Verbuchung: Beteiligung A an Erträge aus Anwendung der Equity-Methode 70 Mio. €.

Der Firmenwert wird fortgeführt; eine planmäßige Abschreibung ist nicht zulässig. Im Gegensatz zum Firmenwert aus der Vollkonsolidierung unterliegt der Firmenwert im Rahmen der Equity-Methode **keinem zwingend jährlichen Werthaltigkeitstest** (IAS 28.42). Auch die einzeln aufgedeckten stillen Reserven werden nicht einzeln auf Wertminderung getestet. Dies ist schon deshalb gerechtfertigt, weil allfällige Verluste des assoziierten Unternehmens laufend abgeschrieben werden. Stattdessen unterliegt nur die Beteiligung im Ganzen dem Wertminderungstest. Vorübergehende Wertminderungen werden nicht berücksichtigt. Nur wenn Hinweise auf eine **dauerhafte Wertminderung** vorliegen, wird ein möglicher Abschreibungsbedarf ermittelt.

IAS 28.41A ff. enthalten eine nicht abschließende Liste von Wertminderungsindikatoren, bei deren Eintritt jedenfalls ein Abschreibungsbedarf zu ermitteln ist:

- Signifikante wirtschaftliche Schwierigkeiten des assoziierten Unternehmens.
- Vertragsbrüche wie Zahlungsverzug.
- Zugeständnisse des beteiligten Unternehmens an das assoziierte Unternehmen, die gegenüber anderen nicht gemacht würden.
- Eine drohende Insolvenz oder Reorganisation.

- Wesentliche nachteilige Änderungen im technologischen, wirtschaftlichen, rechtlichen Umfeld oder in den Marktbedingungen, soweit sie jeweils die Tätigkeiten des assoziierten Unternehmens betreffen.
- Ein signifikantes oder ein längeres Absinken des Fair Value der Beteiligung.

Liegt ein solcher Hinweis vor, dann muss der Abschreibungsbetrag entsprechend der Grundsätze in IAS 36 ermittelt werden (IAS 28.42). Maßgeblich ist der erzielbare Betrag, also der höhere Wert von Nutzwert und Fair Value abzüglich Veräußerungskosten (vgl. Kap. V.2., S. 84 f.). Der Nutzwert der Beteiligung entspricht dem diskontierten Erwartungswert der zukünftigen Cashflows aus der Beteiligung, d. h. auch die Ausschüttungspolitik und die Ausschüttungsfähigkeit sind bei der Bewertung zu berücksichtigen (IAS 28.42 letzter Satz). Maßgeblich sind die Cashflows aus Dividenden. Mangels Kontrolle werden sonstige Synergieeffekte beim Nutzungswert nicht berücksichtigt, die das Unternehmen aus dem eigenen Geschäft lukrieren kann.

Grundsätzlich ist für Zwecke der Wertminderung jede Beteiligung einzeln zu berücksichtigen, außer die daraus erzielten Cashflows sind nicht unabhängig von jenen anderer Vermögenswerte (.43; z. B. denkbar bei Beteiligungen an mehreren Gesellschaften eines anderen Konzerns). In diesem Fall wären ggf. die voneinander abhängigen Beteiligungen als Gruppe von CGU auf Wertminderung zu testen.

Eine spätere Wertaufholung nach den Bedingungen des IAS 36 ist möglich (IAS 28.42), aber nur insoweit zulässig, als die fiktiv fortgeschriebenen Anschaffungskosten nicht überschritten werden (IAS 36.117), also die Anschaffungskosten der Beteiligung unter Berücksichtigung anteiliger Gewinne und Verluste und der planmäßigen Abschreibung stiller Reserven. Weil die Beteiligung insgesamt auf Wertminderung getestet wird, gibt es kein Wertaufholungsverbot für den Firmenwert, der im Rahmen der Equity-Methode identifiziert wurde.

Bei der Equity-Methode entsteht ein **negativer Firmenwert**, wenn das neu bewertete, anteilige Eigenkapital höher ist als die Anschaffungskosten der Beteiligung. Negative Firmenwerte werden nach IFRS 3.34 ff. als Ertrag ausgebucht (siehe Kap. XVIII.3.4.6., S. 458 ff.). Bei der Equity-Methode wird die Beteiligung folglich ertragswirksam aufgewertet, sodass der Beteiligungsbuchwert genau dem anteiligen, neu bewerteten Eigenkapital des assoziierten Unternehmens entspricht.

Mangels eines beherrschenden Einflusses ist die analoge Anwendung der Kapitalkonsolidierung nach IFRS 3 oft nicht durchführbar, weil das assoziierte Unternehmen nicht zur Übermittlung der erforderlichen Informationen gezwungen werden kann. IAS 28.33 verpflichtet das assoziierte Unternehmen sogar, bei abweichenden Stichtagen gesonderte Abschlüsse für die Konsolidierung zu erstellen. Durch die Übernahme der IFRS durch EU-Verordnung strahlt diese Verpflichtung direkt auf jene assoziierten Unternehmen aus, die dem Recht eines EU- bzw. EWR-Mitgliedstaates unterliegen. Allerdings fehlt ein konkreter Sanktionsmechanismus; dieser muss auf nationalrechtlicher Basis etabliert sein.

2.3. Einheitliche Bewertung und Zwischenergebniseliminierung

Für Zwecke der Equity-Methode ist auch die **konzerneinheitliche Bilanzierung und Bewertung** vorgeschrieben (IAS 28.35). Soweit Bilanzierungsmethoden oder explizite Wahlrechte vom assoziierten Unternehmen anders ausgeübt werden als beim Anteilseigner, sind die Auswirkungen auf den erfassten Gewinn oder Verlust zu korrigieren. Behandelt z. B. der Anteilseigner bestimmte Kosten als laufenden Aufwand und das assoziierte Unternehmen als Herstellungskosten, dann ist der anteilige Gewinn um die anteiligen aktivierten Kosten zu vermindern. Wird der Vermögenswert schließlich veräußert, dann ist der anteilige Gewinn des assoziierten Unternehmens beim Anteilseigner entsprechend zu erhöhen, weil der abgegangene Buchwert aus Sicht des Anteilseigners zu hoch war.

Aus dem Gebot der konzerneinheitlichen Bilanzierung und Bewertung ergibt sich auch die Notwendigkeit, für assoziierte Unternehmen rechtzeitig IFRS-Packages aufzustellen. Kann diese Verpflichtung gesellschaftsrechtlich nicht durchgesetzt werden, dann ist stattdessen eine Erläuterung im Anhang geboten. Eine Fortführung der Beteiligung zu Anschaffungskosten unter Berücksichtigung allfälliger Wertminderungen (analog zu IAS 36) ist sachgerecht. Die Unfähigkeit, die Anlieferung von IFRS-Packages durchzusetzen, spricht lediglich gegen den Kontrolltatbestand, nicht aber gegen den Tatbestand des maßgeblichen Einflusses. Eine Bilanzierung als Wertpapier gemäß IFRS 9 allein aus diesem Grund ist nicht zulässig.

Erfolgswirksame Transaktionen zwischen dem beteiligten Unternehmen und dem assoziierten Unternehmen sind zu eliminieren (IAS 28.28; **Zwischenergebniseliminierung**). Allerdings müssen nur die Gewinn- oder Verlustanteile, nicht aber sämtliche Aufwendungen und Erträge ausgeschieden werden (keine Aufwands- und Ertragskonsolidierung). Soweit die Zwischengewinne allerdings wirtschaftlich auf Transaktionen mit Dritten beruhen, werden sie nicht ausgeschieden (d. h. wenn sie auf andere Anteilseigner des assoziierten Unternehmens entfallen). Die Zwischenergebniseliminierung erfolgt daher grundsätzlich beteiligungsproportional.

BEISPIELE (SICHT ANTEILSEIGNER)

1.) Das assoziierte Unternehmen veräußert ein Gebäude mit Buchwert 1.000 t€ für 2.000 t€ an den zu 25 % beteiligten Anteilseigner *(„upstream")*. Im Jahresgewinn des assoziierten Unternehmens ist daher ein Gewinn von 1.000 t€ enthalten, der grundsätzlich anteilig vom Anteilseigner angesetzt würde (250 t€). Der anteilige Jahresgewinn muss daher um eben diese 250 t€ vermindert werden.

2.) Der 25%ige Anteilseigner veräußert ein Gebäude mit Buchwert 1.000 t€ für 2.000 t€ auf Ziel an das assoziierte Unternehmen *(„downstream")*. Der Veräußerungsgewinn gilt als realisiert, soweit er auf die übrigen Gesellschafter des assoziierten Unternehmens entfällt (750 t€). Die übrigen 250 t€ werden eliminiert (Korrekturbuchung beim Anteilseigner: Veräußerungserlös an Forderung 250 t€). Das assoziierte Unternehmen hat das Gebäude mit 2.000 t€ aktiviert, aus Sicht des Anteilseigners dürften nur 1.750 t€ aktiviert sein; außerdem dürfte die Verbindlichkeit nur 1.750 t€ betragen. Er führt die Differenzen als außerbücherlichen Korrekturposten fort. Die Bezahlung des vereinbarten Kaufpreises von 2.000 t€ tilgt die Forderung bzw. die Verbindlichkeit (in Höhe von 1.750 t€) und stellt hinsichtlich des übersteigenden Betrags von 250 t€ eine Eigenkapitalrückzahlung an den Anteilseigner dar (Verminderung des Beteiligungsbuchwerts, solange dieser positiv ist; andernfalls einen Ertrag).

3.) Das assoziierte Unternehmen veräußert ein Grundstück mit einem Buchwert von 1.000 t€ für 900 t€ an das zu 25 % beteiligte Unternehmen. Grundsätzlich wäre der anteilige Verlust auf Ebene des assoziierten Unternehmens i. H. von 25 t€ zu neutralisieren, d. h. die Erfolge aus der Equity-Bewertung der Beteiligung wären entsprechend zu erhöhen (Korrekturbuchung: Grundstück an Beteiligungsertrag 25 t€). Weist dies auf eine Wertminderung des Grundstücks hin, muss die Wertminderung aber realisiert werden; es findet folglich keine Korrektur des Verlustes statt (IAS 28.29).

4.) Das zu 25 % beteiligte Unternehmen veräußert ein Grundstück mit einem Buchwert von 1.000 t€ für 900 t€ an das assoziierte Unternehmen. Weist dies auf eine Wertminderung hin, muss der Veräußerungsverlust von 100 t€ in voller Höhe (und nicht nur i. H. von 75 t€) realisiert werden (IAS 28.29).

5.) Das zu 25 % beteiligte Unternehmen legt ein Grundstück mit einem Buchwert von 1.000 t€ in das assoziierte Unternehmen ein und erhält als Gegenleistung neue Aktien mit einem Fair Value von 1.500 t€. Der Veräußerungsgewinn von 500 t€ darf hinsichtlich des eigenen Anteils nicht erfasst werden (IAS 28.30), d. h. es wird nur ein Veräußerungsgewinn von 375 t€ realisiert (Verbuchung: Beteiligung an GuV 375 t€ und Beteiligung an Grundstück 1.000 t€). Ist der Wert der erhaltenen Aktien geringer als der Buchwert des Grundstücks und weist dies auf eine Wertminderung hin, muss der Wertverlust in voller Höhe in den Büchern des beteiligten Unternehmens realisiert werden (IAS 28.29).

Die Ergebnisse der Zwischenergebniseliminierung wirken sich auch auf die latenten Steuern aus. Bei Transaktionen zwischen assoziierten Unternehmen (Satellitenlieferungen) findet keine Zwischenergebniseliminierung statt.

Nicht eliminiert werden jedoch Gewinne und Verluste, die aus dem Verkauf oder der Einlage bzw. Ausschüttung von ganzen Unternehmen im Sinne von IFRS 3 resultieren, und zwar in jede Richtung. Verkauft der Investor z. B. einen selbständigen Betrieb an ein assoziiertes Unternehmen, dann wird der Gewinn vollständig realisiert. Es handelt sich um einen Entkonsolidierungsgewinn gemäß IFRS 10 (siehe Kap. XVIII.3.10, S. 472). Allerdings ist diese Regel derzeit in Diskussion und bis zur endgültigen Klärung durch das IASB freiwillig anzuwenden.

2.4. Verlusterfassung

Durch die Erfassung von anteiligen Verlusten des assoziierten Unternehmens vermindert sich der Beteiligungsansatz. In einer anhaltenden Verlustsituation können die kumulierten Verluste auch den fortgeführten Beteiligungsansatz übersteigen.

Verluste sind grundsätzlich nur so lange zu erfassen, als noch ein **finanzielles Engagement** am assoziierten Unternehmen besteht. Der Begriff des finanziellen Engagements *(interest)* nach IAS 28.38 geht über den Beteiligungsbegriff hinaus und umfasst neben dem anteiligen Eigenkapital auch alle langfristigen Einlagen, deren Tilgung in absehbarer Zeit weder geplant noch vorhersehbar ist. Zum finanziellen Engagement gehören daher Kreditforderungen, Ausleihungen und insbesondere sonstige Eigenkapitalinstrumente, nicht aber Lieferforderungen oder besicherte Kredite.

Verluste werden grundsätzlich entsprechend der **Reihenfolge der Verlusttragung** von den Bestandteilen des finanziellen Engagements abgezogen, d. h. zuerst von der *at equity* bewerteten Beteiligung, dann vom Nachrangkapital und zuletzt von erstrangigen Gesellschafterdarlehen (IAS 28.38 letzter Satz).

Bei **dauernder Verlustsituation** der Beteiligung wird meist ein Werthaltigkeitstest erforderlich sein. Der Test erfolgt aber erst nach der Abwertung in Höhe des laufenden Verlustes (.40 erster Satz, erster Satzteil); andernfalls würden Verluste doppelt erfasst (zuerst durch Abschreibung auf den niedrigeren erzielbaren Betrag und dann durch die laufende Verlusterfassung).

Umfasst das finanzielle Engagement über die Beteiligung hinaus auch Forderungen oder Anleihen, so fallen diese unter IFRS 9. Das heißt, in einem ersten Schritt werden erwartete Kreditverluste nach dem 3-Stadien-Ansatz bevorsorgt. In einem zweiten Schritt werden – wie oben ausgeführt – auch die laufenden Verluste abgeschrieben (IAS 28.14A). Schließlich sind laufende Verluste bereits eingetreten und eine Konsequenz der Equity-Methode, während darüber hinaus künftig auch erwartete Verluste eintreten können. Die beiden Verlustursachen sind nur schwer voneinander abzugrenzen, daher werden beide in zwei aufeinander folgenden Schritten erfasst, ohne sie gegenzurechnen.

Ist das finanzielle Engagement vollständig abgeschrieben, dann wird die Equity-Methode ausgesetzt, d. h. weitere Verluste werden nicht mehr berücksichtigt. Sollte aber eine rechtliche oder faktische Verpflichtung zur Verlustübernahme bestehen (z. B. bei Ergebnisabführungsverträgen) oder wurden einem Dritten bestimmte Zahlungen garantiert (z. B. Bürgschaften, weiche Patronatserklärungen), dann ist in Höhe der rechtlichen oder faktischen Verpflichtung eine Verbindlichkeit einzustellen (IAS 28.39).

Auch nach vollständiger Abschreibung des finanziellen Engagements müssen weitere Verluste und Abschreibungen der stillen Reserven bzw. des Firmenwerts in der Nebenbuchhaltung aufgezeichnet und fortgeführt werden. Die kumulierten, noch nicht im Aufwand erfassten Verluste sind im Anhang anzugeben (IFRS 12.22(c)). Sollten später wieder **Gewinne** erzielt werden, dann werden diese zuerst mit den kumulierten Verlusten verrechnet, danach erfolgen erfolgswirksame Zuschreibungen. Das abgeschriebene finanzielle Engagement wird dabei wieder aktiviert, und zwar in umgekehrter Reihenfolge zur Abschreibung (zuerst Aktivierung der Forderungen und dann der Beteiligung).

3. Joint Ventures und gemeinschaftliche Tätigkeiten (IFRS 11)

3.1. Gemeinschaftliche Kontrolle

Die Bilanzierung sogenannter Joint Arrangements ist in IFRS 11 geregelt. IFRS 11 gilt in der EU für Berichtsperioden, die am oder nach dem 1.1.2014 beginnen; bei einem Regelabschlussstichtag zum 31.12. gelten die Neuregelungen somit erstmals für das Abschlussjahr 2014. Eine vorzeitige Anwendung ist möglich.

Unter IFRS 11 fallen **Joint Ventures und gemeinschaftliche Tätigkeiten**. Beide Fälle sind durch **gemeinschaftliche Kontrolle** gekennzeichnet. Diese resultiert aus einem Vertrag, der zwei oder mehr Vertragspartnern gemeinsam die Kontrolle über das Joint Venture oder die gemeinschaftlichen Tätigkeiten zusichert (IFRS 11.5). Gemeinschaftliche Kontrolle besteht dann, wenn die Vertragspartner nur einvernehmlich Entscheidungen treffen können. Kann einer der Vertragspartner alleine und ohne Zustimmung des anderen Partners die relevanten Aktivitäten steuern, dann liegt keine gemeinschaftliche Kontrolle vor.

Ansonsten ist die Kontrolle gleich definiert wie in IFRS 10 für Tochterunternehmen und besteht in der Steuerung der relevanten Aktivitäten, welche für den kontrollierenden Investor zu variablen Erfolgen führen (IFRS 11.B5; ausführlich Kap. XVIII.2.2., S. 438 ff.). Der einzige relevante Unterschied besteht darin, dass die Kontrolle vertraglich auf zwei oder mehrere Parteien aufgeteilt ist und diese jeweils nur durch gemeinsame Willensbildung kontrollieren. Haben die Vertragspartner auch bei gemeinsamer Willensbildung keine Kontrolle nach IFRS 10, dann ist auch IFRS 11 nicht anwendbar.

Die vertragliche Vereinbarung kann schriftlich oder mündlich erfolgen; auch ein Gesellschaftsvertrag oder eine Satzung können gemeinschaftliche Kontrolle ergeben (IFRS 11.B2 ff.). Hat eine einfache Kapitalmehrheit die relevanten Entscheidungen zu treffen, kann sich aus zwei jeweils 50%igen Beteiligungen automatisch eine gemeinschaftliche Kontrolle ergeben, weil die beiden Anteilseigener nur gemeinsam einen Beschluss herbeiführen können (IFRS 11.B7). Haben aber drei Investoren jeweils ein Drittel der Stimmrechte, resultiert daraus nicht automatisch eine gemeinsame Kontrolle: Jeweils zwei Anteilseigner können gemeinsam entscheiden und den Dritten aus der Entscheidung ausschließen. Da es keine feste Kombination zweier Anteilseigener gibt, liegt keine gemeinsame Kontrolle vor, außer zwei Anteilseigner haben sich vertraglich zur einheitlichen Ausübung aller Entscheidungen verpflichtet; in diesem Fall üben diese beiden Anteilseigner die gemeinsame Kontrolle aus, nicht aber der Dritte (ähnlich .B8 Beispiel 2 und 3).

ABB. 6: Entscheidungsbaum für das Vorliegen gemeinschaftlicher Kontrolle (IFRS 11.B10)

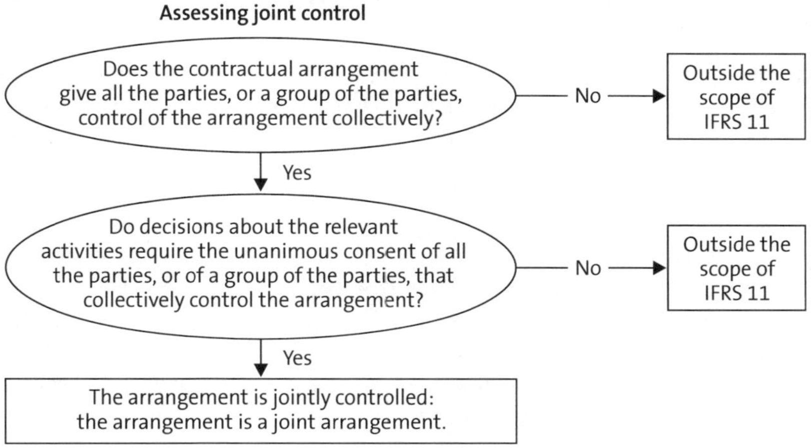

3.2. Begriff des Joint Ventures und gemeinschaftlicher Tätigkeiten

IFRS 11 unterscheidet zwischen Joint Ventures und gemeinschaftlichen Tätigkeiten: Bei Joint Ventures wird die Beteiligung *at equity* bewertet, dagegen werden die Vermögenswerte und Schulden gemeinschaftlicher Tätigkeiten anteilig erfasst.

Bei einem **Joint Venture** haben die Vertragspartner nur Rechte auf das Nettovermögen des Gemeinschaftsunternehmens, d. h. sie sind nur an einer Gesellschaft beteiligt und ihre Rechte stammen nur aus dem Gesellschaftsanteil (IFRS 11.15). Ein Joint Venture setzt daher voraus, dass die relevanten Aktivitäten von einer eigenen Gesellschaft betrieben werden.

Bei **gemeinschaftlichen Tätigkeiten** haben die Vertragspartner direkte Rechte an Vermögenswerten und Verpflichtungen aus den Verbindlichkeiten hinsichtlich der gemeinsamen Tätigkeiten (IFRS 11.16). Dies ist etwa der Fall, wenn sie ihre Vermögenswerte zur gemeinsamen Nutzung zur Verfügung stellen oder wenn Gemeinschaftseigentum erworben wird. Dies könnte etwa ein ganzer Betrieb sein, der im Gemeinschaftseigentum steht.

Eine gemeinschaftliche Tätigkeit liegt jedenfalls dann vor, wenn die Aktivitäten nicht von einer eigenen Gesellschaft betrieben werden (IFRS 11.B16). Gemeinschaftliche Tätigkeiten sind z. B. ein im Miteigentum stehender Betrieb oder eine Gesellschaft bürgerlichen Rechts.

Allerdings ist der Umkehrschluss nicht zulässig, eine Gesellschaft würde stets ein Joint Venture begründen: Gemeinschaftliche Tätigkeiten liegen auch vor, wenn diese über eine eigene Gesellschaft betrieben werden (IFRS 11.B19) und die Vertragspartner direkte Rechte an den Vermögenswerten der Gesellschaft haben oder direkte Verpflichtungen aus den Verbindlichkeiten der Gesellschaft übernehmen (.B22).

Direkte Rechte und Verpflichtungen können sich schon aus der Rechtsform ergeben (.B23 f.): Bei einer Personengesellschaft haften die Partner etwa über den Anteil an Nettovermögen hinaus auch für die Verbindlichkeiten, was für eine gemeinschaftliche Tätigkeit spricht. Das Gleiche gilt bei Garantien oder Patronatserklärungen der Partner, die für die Verbindlichkeiten der Gesellschaft übernommen wurden (ausführlich .B27). Auch wenn das Vermögen der Gesellschaft nur geliehen wird, aber Zugriffsrechte am Vermögen bei den Partnern verbleiben, liegt eine gemeinschaftliche Tätigkeit vor.

Gemeinschaftliche Tätigkeiten liegen auch vor, wenn die Partner nicht proportional zum Anteil am Gewinn oder Verlust beteiligt sind, sondern ihnen Aufwendungen und Erträge entsprechend ihrer jeweiligen Leistung zugeordnet werden.

Eine Gesellschaft, die lediglich ihre gemeinsam beherrschenden Partner beliefert und keinen alternativen Marktzugang hat, stellt regelmäßig eine gemeinschaftliche Tätigkeit und kein Joint Venture dar: Die Partner haben durch die Abnahme von Produkten indirekt Rechte an den Vermögenswerten und über die Bezahlung der Produkte Verpflichtungen aus den Verbindlichkeiten der Gesellschaft. Folgende Indizien sprechen für gemeinschaftliche Tätigkeiten: Die Partner können den wirtschaftlichen Gesamtnutzen aus den Vermögenswerten beanspruchen, Produktverkäufe an Dritte sind ausgeschlossen und die Partner sind die Hauptquelle für Zahlungsströme, die den Fortbestand ermöglichen (IFRS 11.B31 f.).

Die Fragestellung wird sehr ausführlich in IFRS 11.B25 ff. sowie in den Anwendungsbeispielen für die Baubranche (.IE2), Immobilienbranche (.IE9), Produktionsbetriebe (.IE14), Gemeinschaftsbanken (.IE29) und die Rohstoffindustrie (.IE34) erläutert. Darauf sei an dieser Stelle verwiesen.

TAB. 3: Grobeinteilung gemäß IFRS 11

Begriff	Gemeinschaftliche Tätigkeiten		Joint Venture
Sachverhalt	Vermögenswerte oder Betriebe in Gemeinschaftsbesitz	Gesellschaften mit direkten Rechten auf Vermögenswerte oder Verpflichtungen für Schulden	Gesellschaft mit Ansprüchen nur auf das anteilige Nettovermögen
Bilanzierung	Erfassung des anteiligen Vermögens und der anteiligen Verbindlichkeiten beim Investor		Equity-Methode

3.3. Bilanzierung von Beteiligungen an Joint Ventures

Beteiligungen an Joint Ventures müssen im Konzernabschluss nach der Equity-Methode gemäß IAS 28 bewertet werden (IFRS 11.24). Damit ergibt sich bis auf die Anhangangaben kein Unterschied zu einer Beteiligung an assoziierten Unternehmen. Sämtliche in Kap. VII.2.2., S. 131 ff. dargestellten Regeln gelten daher analog für Beteiligungen an Joint Ventures. Der Übergang zwischen maßgeblichem Einfluss und gemeinsamer Kontrolle hat keine Auswirkung auf die Bewertung.

Die Ausnahmen in IAS 28 von der Anwendung der Equity-Methode gelten auch für Beteiligungen an Joint Ventures (IFRS 11.24); siehe dazu Kap. VII.2.1., S. 130 ff.

3.4. Bilanzierung gemeinschaftlicher Tätigkeiten

Gemeinschaftliche Tätigkeiten werden im Einzel- oder im Konzernabschluss anteilig in den Büchern des betreibenden Unternehmens erfasst (IFRS 11.20), und zwar:

- die Vermögenswerte (gemeinsam gehaltene Vermögenswerte anteilig),
- die Schulden (gemeinsame Schulden anteilig),
- die Erlöse aus dem Verkauf von Vermögenswerten, soweit das Vermögen dem bilanzierenden Unternehmen zuzurechnen ist,
- der Umsatz entsprechend dem Anteil des bilanzierenden Unternehmens und
- die Aufwendungen (gemeinsam in Kauf genommene Aufwendungen anteilig).

Für die Bilanzierung sind die jeweils geltenden IFRS anwendbar, z. B. IAS 2 für die Vorratsbewertung und IFRS 9 für die anteiligen Finanzinstrumente. Da die Transaktionen anteilig in den Büchern des Betreibers erfasst werden, sind Bilanzierungsmethoden stetig und einheitlich zu jenen für die eigenen, vollständig bilanzierten Vermögenswerte und Schulden anzuwenden.

Für die gemeinschaftlichen Aktivitäten muss keine gesonderte Buchführung und kein gesonderter Abschluss erstellt werden; auch eine Betriebsabrechnung oder ähnliche Aufzeichnungen können als Grundlage für die Zurechnung und Aufteilung dienen – nach Maßgabe der rechtlichen Ausgestaltung und des wirtschaftlichen Gehalts.

Die Bilanzierung gemeinschaftlicher Tätigkeiten, die ein Unternehmen enthalten, entspricht grundsätzlich dann einer **Quotenkonsolidierung**, wenn die Partner mit einem einheitlichen Anteil als allen Vermögenswerten, Schulden und Erfolgen beteiligt sind. Bestehen unterschiedliche Rechte, ist eine differenzierte Zurechnung nach den vertraglichen Rechten nötig. So könnten z. B. bestimmte Vermögenswerte jeweils nur einem der Partner zurechenbar sein.

Problematisch ist allerdings die Fremdfinanzierung: Aufgrund der Definition werden gemeinschaftliche Tätigkeiten nicht über eine Kapitalgesellschaft mit beschränkter Haftung abgewickelt, d. h. die Vertragspartner nehmen das Fremdkapital entweder direkt auf oder haften solidarisch. Sind die Verbindlichkeiten im Innenverhältnis zwischen den Vertragspartnern klar und gegenseitig durchsetzbar aufgeteilt, spricht nichts gegen eine anteilige Erfassung. Droht allerdings die Inanspruchnahme für den Verbindlichkeitsanteil der Partner, wird eine Rückstellung nach IAS 37 aufwandswirksam dotiert. Regressansprüche gegen die Partner werden erst dann aktiviert, wenn die Erstattung so gut wie sicher ist (IAS 37.53; dann würde es aber auch nicht zur eigenen Inanspruchnahme kommen).

Transaktionen zwischen gemeinschaftlich geführten Unternehmen und dem Betreiber sind hinsichtlich des Anteils der übrigen Betreiber zu erfassen. Dies gilt etwa für Veräußerungen an oder Einlagen in das gemeinschaftlich geführte Unternehmen. Allfällige Gewinne und Verluste sind hinsichtlich des Anteils der anderen Betreiber zu realisieren (IFRS 11.B34), allerdings nur nach Maßgabe der darauf anzuwendenden IFRS.

BEISPIEL 1 Zwei Pharmakonzerne A und B starten gemeinschaftliche Tätigkeiten in Form einer Gesellschaft bürgerlichen Rechts, die kein Unternehmen nach IFRS 3 darstellt. A bringt dazu Patente in die Gesellschaft ein (Buchwert 1 Mio. €, Fair Value 2 Mio. €), B legt eine Produktionsstätte ein (Buchwert

1,8 Mio. €, Fair Value 2 Mio. €). Laut Vertrag steht A und B jeweils ein Anteil von 50 % am Gemeinschaftsvermögen und den Erträgen zu.

Bei den Einlagen handelt es sich jeweils um einen Tauschvorgang. Der Tausch hat wirtschaftliche Substanz gemäß IAS 16.24 f. und IAS 38.45 f., weil Patente und Produktionsstätten unterschiedliche Cashflow- und Risikostrukturen aufweisen. Deshalb sind die Veräußerungsgewinne zu realisieren.

A tauscht die Hälfte seiner Patente (abgehender Buchwert 500 t€) gegen die Hälfte der Produktionsstätte (zugehender Buchwert 1 Mio. € auf Basis des erhaltenen Fair Value).

Verbuchung:

Sachanlagen	1 Mio. €	
an immaterielle Vermögenswerte		500 t€
an GuV		500 t€

B tauscht die Hälfte seiner Produktionsstätte (abgehender Buchwert 900 t€) gegen die Hälfte der Patente (zugehender Buchwert 1 Mio. € auf Basis des Fair Value).

Verbuchung:

immaterielle Vermögenswerte	1 Mio. €	
an Sachanlagen		900 t€
an GuV		100 t€

BEISPIEL 2 Wie oben. Aber Unternehmen A legt eine Anlage mit Buchwert von 2 Mio. € ein, Unternehmen B eine Bareinlage von 1 Mio. €. Laut Vertrag stehen beiden Unternehmen 50 % des Vermögens und der Erträge zu, außerdem werden die Kosten zur Hälfte geteilt.

Unternehmen A verbucht den hälftigen Abgang seiner Anlage (abgehender Buchwert 1 Mio. €) und den Zugang der anteiligen Barmittel (500 t€); die Differenz von 500 t€ ist ein Veräußerungsverlust.

Ferner ergibt sich ein Hinweis auf eine mögliche Wertminderung der Anlage, weil diese bei der Festlegung der Anteile nur mit 1 Mio. € bewertet wurde. Eine allfällige Wertminderung ist unmittelbar zu erfassen (IFRS 11.B35). Der buchmäßig von A zurückbehaltene Teil der Anlage ist von 1 Mio. € auf 500 t€ abzuschreiben.

Somit ergibt sich für A insgesamt ein Verlust von 1 Mio. €.

Auch Veräußerungen aus dem gemeinschaftlichen Unternehmen an einen Betreiber sind nur anteilig im Erfolg zu erfassen, es sei denn, aus der Veräußerung ergibt sich ein Hinweis auf eine Wertminderung. Die Wertminderung ist vollständig zu erfassen (IFRS 11.B35).

BEISPIEL 3 Wie oben. Unternehmen A und B sind zu 50 % an den gemeinschaftlichen Aktivitäten beteiligt. A entnimmt ein Grundstück (anteiliger Buchwert 1 Mio. €) und zahlt als Ersatz 3 Mio. € ein, was dem Fair Value des Grundstücks entspricht.

Die Einzahlung ist zur Hälfte ein Entgelt für den eigenen Grundstücksanteil, der nicht (erfolgswirksam) verbucht wird, und zur anderen Hälfte ein Entgelt für den Grundstücksanteil von B, der in den Büchern von B zur Gewinnrealisierung führt. Der A zurechenbare Gewinn wäre erst dann zu realisieren, wenn A das Grundstück später an Dritte verkaufen würde (IFRS 10.B36).

Verbuchung bei A:

Grundstücke (Hälfte von B)	1,5 Mio. €	
an Cash		1,5 Mio. €

BEISPIEL 4 Bei denselben Angaben wie im Beispiel 3 zahlt A als Ersatz nur 1 Mio. € ein, was dem Fair Value des Grundstücks entspricht.

Die Einzahlung ist zur Hälfte ein Entgelt für den eigenen Grundstücksanteil, der nicht verbucht wird, und zur anderen Hälfte ein Entgelt für den Grundstücksanteil von B.

Verbuchung bei A:

Grundstücke (Hälfte von B)	500 t€	
an Cash		500 t€

Zugleich weist dies auf eine Wertminderung der bisher mit 1 Mio. € bewerteten Grundstückshälfte hin, die zu erfassen ist (IFRS 11.B37).

Verbuchung bei A:

Abschreibungsaufwand	500 t€	
an Grundstücke (Hälfte von A)		500 t€

Manchmal stellt die gemeinschaftliche Tätigkeit ein **Unternehmen** i. S. von IFRS 3 dar (Kap. XVIII.1.3, S. 428 ff.). In der Praxis legt oft einer der Betreiber ein Unternehmen ein, der andere steuert sonstige Ressourcen bei. Wird entweder ein Unternehmen eingelegt oder ein Anteil an gemeinschaftlichen Aktivitäten erworben, die ein Unternehmen darstellen, ist dies als Unternehmenszusammenschluss gemäß IFRS 3 zu bilanzieren (Kap. XVIII, S. 427 ff.), allerdings nur hinsichtlich des Anteils an den gemeinschaftlichen Aktivitäten (IFRS 11.21A und .B33A f.). Beim Erwerb des Anteils oder bei der Einbringung eines Unternehmens in die gemeinschaftliche Tätigkeit sind:

- identifizierbare Vermögenswerte und Schulden der gemeinschaftlichen Aktivitäten gemäß IFRS 3 mit dem Fair Value zu bewerten sowie darauf entfallende latente Steuern anzusetzen,
- Kosten der Anschaffung des Anteils aufwandswirksam (mit Ausnahme von Kosten der Ausgabe von Finanzierungsinstrumenten),
- ein Firmenwert anzusetzen (nicht aber latente Steuern auf den Firmenwert); der Firmenwert ist später gemäß IAS 36 auf Werthaltigkeit zu testen,
- sämtliche dieser Werte in Höhe des eigenen Anteils zu erfassen und
- die aufgewendete Gegenleistung (z. B. das eingebrachte Vermögen) gemäß IFRS 3.37 zum Fair Value zu bewerten.

Damit ändert sich die schon oben dargestellte Bilanzierung von Sacheinlagen oder bzw. von eingelegten Unternehmen (IFRS 11.B34 ff.). Die Einlage ist die erbrachte Gegenleistung für den Unternehmenserwerb in Bezug auf den eigenen Anteil, daher werden stille Reserven und Lasten hinsichtlich des eigenen Anteils aufgedeckt. Hinsichtlich des Fremdanteils ist schon mit IFRS 11.B34 ff. eine Aufdeckung nötig. Dies führt zu einer vollständigen Aufdeckung des Fair Values der Einlage. Allerdings sind viele damit zusammenhängende Fragen derzeit strittig und im Einzelfall zu klären.

Einer der Beteiligten kann nachträglich die alleinige Kontrolle über die gemeinschaftlichen Aktivitäten erlangen. Ist die gemeinschaftliche Tätigkeit als Unternehmen anzusehen, handelt es sich dabei um einen Unternehmenserwerb. Das heißt, das Unternehmen wird vollkonsolidiert. Die Vermögenswerte und Schulden werden nach den Vorschriften des IFRS 3 neu bewertet. Auch der bisher gehaltene und im Rahmen der Quotenkonsolidierung eliminierte Anteil wird neu bewertet. Die Differenz zwischen dem neubewerteten Anteil zzgl. weiterer Leistungen für den Kontrollerwerb einerseits und dem neubewerteten Eigenkapital andererseits ergibt den Firmenwert aus der Erstkonsolidierung. Frühere Firmenwerte werden ausgebucht. Für den Kontrollerwerb gelten die Bestimmungen des mehrstufigen Beteiligungserwerbs (IFRS 3.42A; siehe dazu Kap. XVIII.3.6, S. 464). Insofern unterscheidet sich der Kontrollerwerb nicht von Beteiligungen an Joint Ventures oder an assoziierten Unternehmen. Hatte der Beteiligte vor dem Beteiligungserwerb zwar Anteile, aber keine gemeinschaftliche Kontrolle, wird sein Anteil beim Kontrollerwerb nicht neu bewertet (IFRS 11.B33CA).

4. Anhangangaben zu Beteiligungen (IFRS 12)

4.1. Allgemeines

IFRS 12 erfordert Angaben zu Beteiligungen an assoziierten Unternehmen, Joint Ventures bzw. gemeinschaftlichen Tätigkeiten, an strukturierten Gesellschaften und an Tochterunternehmen (Letztere sind in Kap. XVIII.2.4., S. 441 dargestellt). IFRS 12 gilt in der EU für Berichtsperioden, die am oder nach dem 1.1.2014 beginnen; bei einem Regelabschlussstichtag zum 31.12. gelten die Neuregelungen somit erstmals für das Abschlussjahr 2014. Eine vorzeitige Anwendung ist möglich.

Wesentliche Annahmen und Ermessensspielräume bei der Beurteilung von maßgeblichem Einfluss oder gemeinschaftlicher Kontrolle sind anzugeben, insbesondere die Bejahung eines maßgeblichen Einflusses bei weniger als 20 % der Stimmrechte oder die Verneinung von maßgeblichem Einfluss bei mehr als 20 % (IFRS 12.7 und .9).

4.2. Beteiligungen an assoziierten Unternehmen, Joint Ventures und gemeinschaftlichen Tätigkeiten

Für jede individuell wesentliche Beteiligung an assoziierten Unternehmen, Joint Ventures und gemeinschaftlichen Tätigkeiten sind der Name der Gesellschaft, die Natur der Beziehung, der Tätigkeitsort (und der Sitzstaat, falls verschieden) und der Geschäftsanteil (und falls verschieden der Stimmrechtsanteil) anzugeben (IFRS 12.21).

Für **wesentliche Beteiligungen** an assoziierten Unternehmen und Joint Ventures sind die erhaltenen Dividenden und **zusammenfassende Finanzinformationen** über die Gesellschaften anzugeben (IFRS 12.21(b) und .B12). Diese müssen zumindest das Anlage- und Umlaufvermögen, kurz- und langfristige Verbindlichkeiten, den Umsatz, den Gewinn und Verlust aus fortgeführten und aufgegebenen Geschäftsbereichen, das sonstige Ergebnis und das Gesamtergebnis enthalten. Die Beträge werden vor der Eliminierung konzerninterner Transaktionen angegeben.

Bei Joint Ventures sind zusätzliche Details in den Finanzinformationen erforderlich (Geld und Geldäquivalente, kurzfristige und langfristige finanzielle Verbindlichkeiten ausgenommen Lieferverbindlichkeiten, Abschreibungsaufwand, Zinsaufwand und Zinsertrag sowie Steueraufwand; IFRS 12.B13).

Die zusammenfassenden Finanzinformationen müssen grundsätzlich auf den IFRS-Abschlüssen der Gesellschaften beruhen und um Effekte aus der Equity-Methode angepasst werden. Werden z. B. stille Reserven und Firmenwerte aufgedeckt, sind diese zu zeigen (IFRS 12.B14). Dazu empfiehlt sich eine gesonderte Spalte, denn es macht wenig Sinn, die aufgedeckten stillen Reserven und Firmenwerte von der Minderheitsbeteiligung auf das gesamte Unternehmen hochzurechnen. Die zusammenfassenden Finanzinformationen sind je Gesellschaft auf die Beteiligungsbuchwerte überzuleiten.

Wie mit Fällen umzugehen ist, in denen die Gesellschaften keine IFRS-Abschlüsse aufstellen, bleibt offen. In diesen Fällen sind wohl jene Informationen maßgeblich, die zur Anwendung der Equity-Methode verwendet wurden.

Für alle **unwesentlichen Beteiligungen** sind die zusammenfassenden Finanzinformationen aggregiert für alle assoziierten Unternehmen und aggregiert für alle Joint Ventures anzugeben. Anzugeben sind die Beteiligungsbuchwerte, die Gewinne und Verluste aus fortgeführten und aufgegebenen Geschäften, das sonstige Ergebnis und das Gesamtergebnis (IFRS 12.B16).

Für gemäß IFRS 5 zur Veräußerung stehende Beteiligungen sind keine zusammenfassenden Finanzinformationen gemäß .B10 bis .B16 erforderlich (.B17). Dies gilt auch, wenn die Beteiligung nur Teil einer zur Veräußerung gehaltenen Gruppe von Vermögenswerten ist. Alle anderen Abgabepflichten des IFRS 12 sind aber einzuhalten.

Anzugeben sind auch alle **Verpflichtungen gegenüber Joint Ventures**, etwa Garantien, Finanzierungszusagen, ausstehende Einlagen, Abnahmeverpflichtungen, Beschaffungsverpflichtungen (z. B. für Rohstoffe oder Ausrüstung), Nutzungszusagen oder die Verpflichtung, unter bestimmten Bedingungen den Anteil anderer Betreiber zu übernehmen (IFRS 12.B18 f.).

4.3. Engagements in strukturierten Gesellschaften

Die Kreativität bei der Entwicklung außerbilanzieller Risikogeschäfte – insbesondere von Investmentbanken – lässt sich im Rahmen von Rechnungslegungsstandards kaum einschränken. Wenn die gestalterische Energie bewusst auf die Umgehung von Rechnungsbestimmungen konzentriert wird, wird es keinem Rechnungslegungsstandard je gelingen, ein repräsentatives Bild der Geschäftstätigkeit in der Bilanz zu zeigen. Soll jede potentielle Risikoquelle konsolidiert werden, dann müssten eine Bank ihre Kreditnehmer und ein Produzent seine Kunden konsolidieren; damit gäbe es keine sinnvolle Unternehmensabgrenzung mehr. Damit ist die Ermittlung des Konsolidierungskreises stets ein Kompromiss, der üblicherweise am Kontrollbegriff festgemacht wird.

Um die Risiken aus bestimmten Gesellschaften dennoch transparent zu machen, verlangt IFRS 12.24 ff. umfassende Anhangangaben zu Engagements in nicht konsolidierten strukturierten Gesellschaften.

Die Angabepflichten sind bei vertraglichen oder nichtvertraglichen Engagements in einer strukturierten Gesellschaft anwendbar, die laut IFRS 12 Anhang A zu variablen Erträgen des Unternehmens abhängig von der Leistung dieser Gesellschaft führen. Die variablen Erträge können aus Eigenkapital- oder Schuldinstrumenten, Finanzierungs- oder Liquiditätszusagen oder bonitätsverbessernden Maßnahmen wie Garantien, Kreditderivate oder der Bestellung von Sicherheiten führen (z. B. Verpfändung von eigenen Vermögenswerten zugunsten der Gläubiger der strukturierten Gesellschaft; ausführlich IFRS 12.B7 ff.). Bei strukturierten Gesellschaften spielen Stimmrechte nicht die entscheidende Rolle bei der Beurteilung der Kontrolle, weil die für den Erfolg des Investors relevanten Aktivitäten durch einen vertraglich festgelegten Prozess gesteuert werden. Indizien für eine strukturierte Gesellschaft sind eine vertraglich eng definierte Tätigkeit, zu geringes Eigenkapital zur Finanzierung seiner Tätigkeiten ohne finanzielle Unterstützung und Verbindlichkeiten, die nur nach einer bestimmten Reihenfolge bedient werden (Wasserfallstruktur; IFRS 12.B22).

Typische Beispiele für **strukturierte Gesellschaften** sind Verbriefungszweckgesellschaften und Spezialfinanzierungsgesellschaften. Bei Spezialfinanzierungen werden die Schulden aus den Einnahmen der finanzierten Objekte bzw. aus finanziellen Unterstützungszusagen bedient. Spezialfinanzierungsgesellschaften werden häufig errichtet für Wohn- und Gewerbeimmobilien, Hotels und Spitäler, für Infrastrukturfinanzierungen (Autobahn-, Gleis-, Pipeline- und Tunnelbau, Telekommunikationsnetze, Satelliten), für die Flugzeugs-, Schiffs- oder Fahrzeugflottenfinanzierung, für den Kraftwerksbau oder zur Rohstoffhandelsfinanzierung (z. B. Getreidelager, Rohölkontingente, Aluminiumbestände).

Jedes Unternehmen hat quantitative und qualitative Informationen über sein Engagement zu zeigen, insbesondere zu Natur, Zweck, Finanzierung und Größe und zu Aktivitäten der strukturierten Gesellschaft (IFRS 12.26).

Zur Beurteilung der Risiken sind die Buchwerte jener Vermögenswerte und Schulden im eigenen Abschluss zu zeigen, die mit dem Engagement in Zusammenhang stehen, außerdem der maximal mögliche Verlust und eine Überleitung zwischen Buchwerten und maximal möglichen Verlusten (ausführlich IFRS 12.29 ff.). Der maximal mögliche Verlust kann z. B. bei Kreditzusagen, Garantien und Derivaten über den Buchwert in der Bilanz hinausgehen.

BEISPIEL Ein Unternehmen hält eine Finanzierungstranche von 1 Mio. € aus einer strukturierten Gesellschaft, gleichzeitig kommt es im Fall von Liquiditätsschwierigkeiten für die Bedienung der übrigen Finanzierungstranchen bis zu 5 Mio. € auf. Der anzugebende Buchwert ist 1 Mio. €, der maximal mögliche Verlust beträgt 6 Mio. €, und die Überleitung besteht in der Quantifizierung der Liquiditätszusage.

Ferner sind freiwillige finanzielle Unterstützungsleistungen während der Periode oder die Absicht zur Unterstützungsleistung ausführlich zu beschreiben (IFRS 12.30 f.). Auch das Vertragsverhältnis und die wesentlichen Auslöser für Verluste sowie die Anlage- und Finanzierungsstruktur der strukturierten Gesellschaft sind ausführlich zu erläutern (siehe im Einzelnen IFRS 12. B26).

5. Nach IFRS 5 zur Veräußerung stehende Beteiligungen

Beteiligungen nach IAS 28 und IFRS 11 gelten als **zur Veräußerung stehende langfristige Vermögenswerte** bzw. Gruppen zur Veräußerung stehender Vermögenswerte, wenn sie die Bedingungen von IFRS 5.6 ff. erfüllen (siehe Kap. V.6., S. 95).

Im Fall von konsolidierungspflichtigen Tochterunternehmen nach IFRS 10 muss zwar eine Konsolidierung erfolgen. Für die Bewertung und Darstellung ist aber IFRS 5 maßgeblich. Die Vermögensgegenstände und Schulden der zur Veräußerung stehenden Tochterunternehmen werden daher – nach erfolgter Konsolidierung – ebenfalls im aktiven bzw. passiven Sammelposten nach IFRS 5.38 in der Bilanz dargestellt. Ist der Fair Value abzüglich Veräußerungskosten niedriger als der Buchwert, sind die Vermögenswerte und Schulden mit diesem niedrigeren Wert anzusetzen. Besteht die Veräußerungsabsicht bereits im Anschaffungszeitpunkt, dann sind bereits im Rahmen der Erstkonsolidierung die niedrigeren Werte anzusetzen. Wird dagegen ein bereits vollkonsolidiertes Tochterunternehmen umgegliedert, dann erfolgt ggf. eine Abwertung auf den niedrigeren Fair Value abzüglich Veräußerungskosten. Eine Gruppe zur Veräußerung stehender Vermögenswerte und Schulden kann auch einen Firmenwert aus der Kapitalkonsolidierung umfassen; da die gesamte Gruppe nach IFRS 5 bewertet wird, kann es dadurch zur Abschreibung dieses Firmenwerts kommen.

Fällt ein assoziiertes Unternehmen (IAS 28) unter IFRS 5, dann erfolgt eine Bewertung zum Buchwert oder zum niedrigeren Fair Value abzüglich Veräußerungskosten.

Fällt eine Beteiligung an einem Joint Venture unter IFRS 5, dann hat die Bewertung ebenfalls nach IFRS 5 zu erfolgen.

VIII. Finanzielle Vermögenswerte *(Financial Assets)*

1. Begriff des Finanzinstruments

Zur Definition der finanziellen Vermögenswerte muss zunächst der übergeordnete Begriff des Finanzinstruments erläutert werden, der in IAS 32.11 definiert ist. Finanzinstrumente sind **Verträge**, die gleichzeitig bei einem Unternehmen zu einem finanziellen Vermögenswert *(financial asset)* und bei dem anderen zu einer finanziellen Verbindlichkeit *(financial liability)* oder einem Eigenkapitalinstrument *(equity instrument)* führen. Neben finanziellen Vermögenswerten sind somit auch finanzielle Verbindlichkeiten oder Eigenkapitalinstrumente (z. B. ausgegebene Aktien) Finanzinstrumente.

ABB. 7: Arten von Finanzinstrumenten

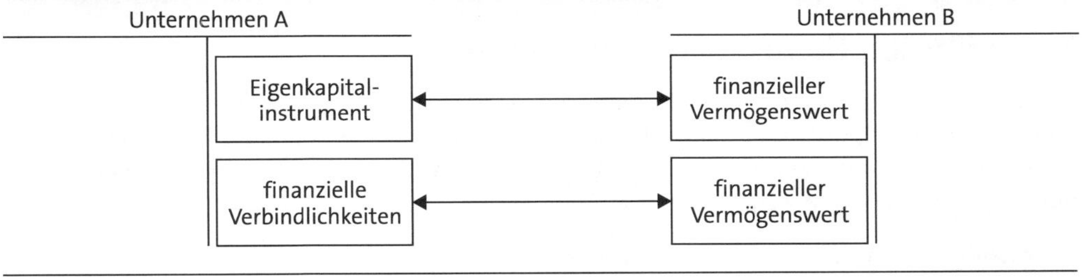

Die IFRS enthalten mehrere Standards, die sich auf Finanzinstrumente beziehen (insbesondere IAS 32, IFRS 9 und IFRS 7). IFRS 9 regelt die Bewertung und ist somit der zentrale Standard. Die nachfolgenden Darstellungen beruhen auf dem aktuellsten Stand des IFRS 9, der im Geschäftsjahr 2018 erstmalig anwendbar ist. Für Versicherungsunternehmen gilt eine bestimmte Übergangserleichterung, die hier nicht dargestellt wird (siehe IFRS 4.20 A ff.).

Da es bei Finanzinstrumenten um die Beurteilung eines Vertrages geht und zugleich bei einem Unternehmen die Aktivseite und bei einem anderen die Passivseite betroffen ist, gibt es keinen eigenen Standard nur für finanzielle Vermögenswerte oder nur für finanzielle Verbindlichkeiten. So kann beispielsweise ein Termingeschäft bei wechselnden Marktverhältnissen von einem Vermögenswert zu einer Verbindlichkeit werden und umgekehrt. Es wäre somit nicht praktikabel, dessen Bewertung in verschiedenen Standards zu regeln.

Für die Bilanzierung macht es aber einen grundlegenden Unterschied, ob es sich um einen Vermögenswert, eine Verbindlichkeit oder ein Eigenkapitalinstrument handelt.

Zur besseren systematischen Übersicht behandelt dieses Kapitel nur **finanzielle Vermögenswerte** und das Folgekapitel VIII., S. 149 erwartete Kreditverluste finanzieller Vermögenswerte. Finanzielle **Verbindlichkeiten** werden in Kap. X, S. 207 behandelt, **Eigenkapitalinstrumente** in Kap. XI., S. 247 ff. Ein besonderer Teilbereich der Finanzinstrumente sind **Derivate**; diese werden in Kap. XII., S. 265 ff. behandelt. Der Standard IFRS 7 enthält die Bestimmungen zur Offenlegung von Finanzinstrumenten, dargestellt in Kap. XVII.3., S. 397.

Die Tab. 4 enthält eine Übersicht zur Bewertung sämtlicher Kategorien von Finanzinstrumenten nach IFRS 9 und IAS 32 in der Bilanz.

TAB. 4:	Bewertungskategorien von Finanzinstrumenten
Aktiva	**Passiva**
flüssige Mittel keine Bewertung	**Eigenkapital** keine Folgebewertung
at fair value (bestimmte Schuldinstrumente) Fair Value (erfolgswirksam oder erfolgsneutral)	**at fair value (bestimmte Schuldinstrumente)** Fair Value (erfolgswirksam)
at fair value (Eigenkapitalinstrumente) Fair Value (erfolgswirksam oder erfolgsneutral)	
at cost (bestimmte Schuldinstrumente) fortgeführte Anschaffungskosten	**at cost (bestimmte Schuldinstrumente)** fortgeführte Anschaffungskosten

2. Definition finanzieller Vermögenswerte

Finanzielle Vermögenswerte sind jene Finanzinstrumente, die aus Sicht des bilanzierenden Unternehmens einen positiven Wert haben und daher auf der Aktivseite zu erfassen sind. Finanzielle Vermögenswerte sind somit eine Untergruppe des weiter gehenden Begriffs **Finanzinstrumente** *(financial instruments)*.

Die **wichtigsten finanziellen Vermögenswerte** sind (IAS 32.11):

- **flüssige Mittel** (Bargeld in eigener oder fremder Währung; .AG3);
- **Eigenkapitalinstrumente** anderer Unternehmen (z. B. erworbene Aktien); ein Eigenkapitalinstrument verkörpert den Residualanspruch am Vermögen eines Unternehmens nach Abzug der Schulden (siehe Kap. XI.1., S. 247 f.);
- **vertragliche Rechte, flüssige Mittel zu erhalten** (nach IAS 32.AG3 und .AG4 z. B. Bankeinlagen, Forderungen aus Lieferungen und Leistungen, Wechselforderungen, Forderungen aus gewährten Krediten und erworbenen Anleihen). Nicht betroffen sind definitionsgemäß sämtliche nichtvertraglichen Ansprüche (IAS 32.AG12, z. B. nicht vertragliche Schadenersatzansprüche, Steuererstattungsansprüche).

Außerdem gelten als finanzielle Vermögenswerte:

- Ein vertragliches Recht, andere finanzielle Vermögenswerte zu erhalten (z. B. Terminkaufverträge oder Kaufoptionen auf Aktien); nicht als finanzielle Vermögenswerte gelten definitionsgemäß Vorauszahlungen auf Lieferungen und Leistungen (kein Anspruch auf einen finanziellen Vermögenswert; IAS 32.AG11).
- Ein vertragliches Recht, finanzielle Vermögenswerte bzw. Schulden zu günstigen Bedingungen zu tauschen (z. B. Terminverkauf oder Verkaufsoption über Aktien).
- Bestimmte Verträge, die durch eigene Aktien des bilanzierenden Unternehmens erfüllt werden bzw. erfüllt werden können (IAS 32.11 knüpft daran noch weitere Bedingungen; in der Praxis selten).

Hält ein Unternehmen **Wertpapiere aus eigener Emission**, dann liegt kein Finanzinstrument bzw. kein finanzieller Vermögenswert vor. IAS 32.11 stellt ausdrücklich auf Eigenkapitalinstrumente anderer Unternehmen oder vertragliche Rechte gegenüber anderen Unternehmen ab.

Grundsätzlich ist auch die Definition eines Vermögensgegenstands nach dem Rahmenkonzept nicht erfüllt. Im Konzernabschluss erfolgt innerhalb der Gruppe ohnedies eine Schuldenkonsolidierung. Zu eigenen Aktien siehe auch Kap. XI.3., S. 250 ff.

Der **Ansatz und die Bewertung finanzieller Vermögenswerte** sind grundlegend im neuen IFRS 9 geregelt. Von IFRS 9 **ausgenommen** sind insbesondere folgende Vermögenswerte: Beteiligungen an assoziierten Unternehmen, Beteiligungen an Tochterunternehmen und Joint Ventures, Forderungen aus Pensionsplänen nach IAS 19 und Versicherungsverträge. Leasingforderungen sind ebenfalls ausgenommen, allerdings sind auch für Leasingforderungen die Regelungen zu erwarteten Kreditverlusten oder zu eingebetteten Derivaten zu beachten.

Flüssige Mittel (Bargeld) sind ebenfalls finanzielle Vermögenswerte. Für die eigene Währung ist aber keine „Bewertung" möglich, denn die eigene Währung bildet den Referenzbetrag für alle anderen Wertansätze (IAS 32.AG3). Daher können flüssige Mittel keiner Bewertungskategorie zugeordnet werden und sind von IFRS 9 nicht betroffen. Flüssige Mittel in Fremdwährungen werden zum Kassakurs umgerechnet (IAS 21.23(a); ausführlich Kap. XVIII.4., S. 475).

3. Erfassung und Klassifikation finanzieller Vermögenswerte

3.1. Ersterfassung

Ein finanzieller Vermögenswert wird erfasst, sobald das Unternehmen Vertragspartner des Finanzinstruments wird.

Die **Erstbewertung** erfolgt – wie bei allen Finanzinstrumenten – zum Fair Value im Zeitpunkt der Anschaffung. Der Fair Value bestimmt sich nach IFRS 13 (Kap. XV, S. 333). Im Regelfall entspricht er dem Transaktionspreis (IFRS 13.58 und .B4). Bei einem Tausch, bei einer Einlage bzw. einer gemischten Transaktion, bei denen es keinen unmittelbar zurechenbaren Transaktionspreis gibt, muss der Fair Value allerdings gesondert mit Bewertungsmodellen ermittelt werden. Kosten der Veräußerung des finanziellen Vermögenswerts werden bei der Fair Value-Ermittlung nicht in Abzug gebracht, denn diese sind Aufwand im Veräußerungszeitpunkt.

In seltenen Fällen kann der Transaktionspreis vom Fair Value abweichen. Kann der Fair Value mit aktuellen Kursen an einem aktiven Markt ermittelt werden (Level 1), dann wird die Differenz zwischen Transaktionspreis und Fair Value erfolgswirksam erfasst. Wird der Fair Value mittels Vergleichspreisen oder Modellen ermittelt (Level 2 oder 3), dann wird die Differenz zwischen Transaktionspreis und Fair Value systematisch verteilt und entweder zeitaliquot oder anhand anderer für die Differenz maßgeblicher Faktoren erfolgswirksam aufgelöst *(first day gains and losses)*. Liegt ein zinsbedingter Effekt vor, bietet sich eine Verteilung über die Laufzeit oder, bei variablen Zinsen, über die Zinsanpassungsperiode an.

Liefer- und Leistungsforderungen im Sinne von IFRS 15 werden stets mit dem Transaktionspreis angesetzt, außer sie enthalten eine signifikante Finanzierungskomponente, die eine Diskontierung erforderlich macht (IFRS 9.5.1.3 und IFRS 15.60 ff.).

Anschaffungsnebenkosten müssen ebenfalls bei der Ersterfassung berücksichtigt werden (z. B. Transaktionsprämien, Beratungs- oder Begutachtungshonorare, Transaktionssteuern oder Vertragsgebühren). Die Verbuchung bei Ersterfassung ist von der Folgebewertung abhängig.

- Ist eine erfolgswirksame Folgebewertung zum Fair Value erforderlich, werden Anschaffungsnebenkosten unmittelbar im Aufwand erfasst. Die Aktivierung hätte auch keinen Vorteil, weil sie bei der Folgebewertung zum Fair Value ohnedies erfolgswirksam abzuschreiben wären.
- Wird das Instrument im Rahmen der Folgebewertung zu Anschaffungskosten oder erfolgsneutral über das OCI bewertet, dann werden im Rahmen der Erstbewertung auch die Anschaffungsnebenkosten aktiviert, sofern sie direkt zurechenbar sind. Bei verzinslichen Instrumenten vermindert sich dadurch die Effektivverzinsung und bei nicht verzinslichen Instrumenten der im OCI erfasste Erfolg.

3.2. Folgebewertung

Bei erstmaliger Erfassung des finanziellen Vermögenswerts ist ferner eine Klassifikation in eine der folgenden **Bewertungsgruppen** erforderlich, die für die Folgebewertung maßgeblich sind:

- zum Fair Value über die GuV
- zum Fair Value über das OCI
- zu (fortgeführten) Anschaffungskosten

Die Klassifikation ist im Anschaffungszeitpunkt so zu dokumentieren, dass eine rückwirkende Änderung ausgeschlossen ist. Damit wird ein Rosinenpicken durch Widmungen anhand später bekannter Wertentwicklungen vermieden.

Die Klassifikationsregeln des IFRS 9 sind komplex und aus analytischer Sicht verwirrend. Die Komplexität resultiert aus den vielen Kompromisslösungen, mit denen das IASB versucht, die Unternehmensinteressen (Ablehnung von Erfolgsvolatilität) und Anlegerinteressen (Interesse am Fair Value) zu verbinden und dennoch ein vernünftiges Konzept einzuhalten.

Die Klassifikation hängt sowohl von der Nutzung des Finanzinstruments im Unternehmen als auch von der Art des Instruments ab. Um den Vermögenswert zu Anschaffungskosten zu bewerten, müssen folgende zwei Bedingungen erfüllt sein:

- Die Vertragsbedingungen des finanziellen Vermögenswerts führen zu Geldflüssen an vorgegebenen Zeitpunkten, die lediglich **Zahlungen des Nennwerts und von Zinsen** auf den ausstehenden Nennwert darstellen (*give rise to cashflows that are solely payments of principal and interest on the principal amount outstanding*"; auch als **SPPI-Kriterium** bezeichnet).
- Der finanzielle Vermögenswert wird im Rahmen eines **Geschäftsmodells** gehalten, das darauf gerichtet ist, die vertraglichen Zahlungsflüsse aus dem Vermögenswert zu vereinnahmen *(held within a business model whose objective is to hold assets in order to collect contractual cashflows).*

Wenn nicht beide Bedingungen erfüllt sind, dann muss der finanzielle Vermögenswert zum Fair Value bewertet werden. Sind beide Bedingungen erfüllt, dann ist der finanzielle Vermögenswert grundsätzlich *at cost* zu bewerten. Die Bewertung zu Anschaffungskosten ist daher auf klassische Forderungen und Anleihen („*plain vanilla*") beschränkt, die keine besonderen Risikostrukturen aufweisen und die auf Dauer gehalten werden.

Schuldinstrumente mit komplexeren Risikostrukturen (z. B. Indexanleihen) erfüllen das SPPI-Kriterium nicht. Auch Eigenkapitalinstrumente erfüllen es nicht. Komplexe Schuldinstrumente und Eigenkapitalinstrumente werden daher zum Fair Value bewertet.

Ob ihre Wertänderungen über das OCI oder die GuV realisiert werden, hängt vom Zusammenspiel dreier Faktoren ab: der Instrumentenart, dem Geschäftsmodell und der Ausübung von Wahlrechten bei der Anschaffung. Die nachfolgende Tabelle fasst die Klassifikationsregeln abschließend zusammen. Die Tabelle sollte vor dem Studium der folgenden Unterkapitel genau verinnerlicht werden: Bei den ineinandergreifenden Regelungen des IFRS 9 geht sonst die Orientierung verloren.

TAB. 5: Klassifikation finanzieller Vermögenswerte nach IFRS 9

Instrumentenart	**Geschäftsmodell**	**Bewertung**	**Alternative**
SPPI erfüllt	Vereinnahmung von Cashflows	zu Anschaffungskosten erwartete Kreditverluste, Effektivzinsen und Wechselkurse über GuV	FV-Option alle Effekte über GuV
	Vereinnahmung von Cashflows und Veräußerungen	zum FV über das OCI erwartete Kreditverluste, Effektivzinsen und Wechselkurse über GuV Veräußerungsgewinne: GuV	FV-Option alle Effekte über GuV
	nur Veräußerungen	zum FV über die GuV alle Effekte über GuV	
SPPI nicht erfüllt: Schuldinstrument			
SPPI nicht erfüllt: Eigenkapital-Instrument	Keine Handelsabsicht	zum FV über das OCI Dividenden: GuV Veräußerungsgewinne: OCI	zum FV über die GuV alle Effekte über GuV
	Handelsabsicht	zum FV über die GuV alle Effekte über GuV	

Zum Verständnis der komplexen Bewertungsregeln lassen sich drei Grundsätze herausarbeiten:

- **Grundkonzept:** Nur „konservative Veranlagungen" dürfen zu fortgeführten Anschaffungskosten bewertet werden. Hier darf das Unternehmen nur Zinsen erzielen und kein Marktrisiko tragen, weder aus marktrisikoabhängigen Cashflows (z. B. Indexanleihen) noch aus der Kursvolatilität, die sich bei Verkäufen vor der Endfälligkeit realisiert. Das Kreditrisiko wird ohnedies in Form des erwarteten Verlusts bewertet und steht der Anschaffungskostenbewertung nicht entgegen. Außerdem wird die „Spekulation" (Handelsabsicht bei Eigenkapital, Veräußerungsstrategie bei Schuldinstrumenten) stets zum Fair Value über die GuV geführt. Zwischen den beiden Extremen „Zinserzielung" und „Spekulation" ist der Fair Value meist über das OCI zu führen und nur wahlweise über die GuV.
- **Nachhaltige Gewinne und Verluste während der Laufzeit:** Effektivzinsen, Dividenden, Wechselkursdifferenzen und Kreditverluste wirken nachhaltig und fließen immer in die GuV. Wird

das Instrument von vornherein zum Fair Value über die GuV bewertet, dann erübrigt sich eine gesonderte Erfassung dieser Effekte, weil sie indirekt über den Fair Value erfolgswirksam werden. Nur bei einer Bewertung zu Anschaffungskosten oder über das OCI müssen diese Effekte gesondert über die GuV geführt werden.

- **Zur Reklassifizierung zwischen OCI und GuV:** Werden Abschreibungen nur im OCI gezeigt, dann werden auch Veräußerungsgewinne nur über das OCI realisiert (keine Reklassifizierung über die GuV). Dies betrifft über das OCI bewertete Eigenkapitalinstrumente. Werden Abschreibungen über die GuV gezeigt (Kreditverluste), dann werden Veräußerungsgewinne in die GuV realisiert (Reklassifizierung vom OCI in die GuV). Dies betrifft über das OCI bewertete Schuldinstrumente.

Da steuerlich eine Bewertung zum Fair Value regelmäßig nicht nachvollzogen werden kann, entstehen aus den Differenzen zum steuerlichen Buchwert latente Steuern (siehe dazu Kap. XIV.2., S. 319). Die Auf- und Abwertungen werden allerdings **vor** latenten Steuern erfasst und in der Gesamtergebnisrechnung dargestellt. Der entsprechende Steueraufwand bzw. Steuerertrag wird unter den Steueraufwendungen und Steuererträgen dargestellt (IAS 12.77).

Das Unterkapitel VIII.4, S. 157 widmet sich ausführlich der Bewertung von Schuldinstrumenten. Die Unterkapitel VIII.4.1.1 und VIII.4.1.2, S. 159 erläutern die beiden Kriterien für die Anschaffungskostenbewertung, das SPPI-Kriterium und das Geschäftsmodell und die Art der Realisierung in GuV oder OCI.

Das Kapitel VIII.5, S. 169 erläutert die Bewertung von Eigenkapitalinstrumenten.

3.3. Fair Value-Option

Ein Schuldinstrument, das für eine Bewertung zu Anschaffungskosten infrage kommt oder das lediglich zum Fair Value über das OCI bewertet wird, darf unter bestimmten Umständen auch erfolgswirksam zum Fair Value bewertet werden (IFRS 9.1.5). Dann wird nicht nur der Fair Value angesetzt, sondern Wertänderungen werden auch über die GuV geführt.

Die Widmung muss bereits **bei erstmaliger Erfassung des Finanzinstruments** erfolgen. Das Unternehmen kann daher nicht selektiv bestimmte Finanzinstrumente widmen, um bereits entstandene stille Reserven zu realisieren. Finanzinstrumente können nur insgesamt gewidmet werden, nicht bloß zu einem bestimmten Prozentsatz oder hinsichtlich einzelner Komponenten.

Die Fair Value-Option darf für finanzielle Vermögenswerte aber nur ausgeübt werden, wenn dadurch ein inkonsistenter Ansatz oder eine inkonsistente Bewertung vermieden werden. Eine inkonsistente Bewertung liegt vor, wenn die Bewertung oder die Erfolgsrealisierung von Vermögenswerten und Schulden auf unterschiedlicher Basis stattfinden würde *(„accounting mismatch“)*.

Eine inkonsistente Bewertung ***(accounting mismatch)*** tritt auf, wenn z. B. fixverzinsliche Anleihen auf der Aktivseite zu fortgeführten Anschaffungskosten und festverzinsliche Schulden zum Fair Value bewertet werden. Bei einer Änderung des Marktzinssatzes kommt es damit zu künstlichen Bewertungsdifferenzen, weil sich die Änderung nur auf den Buchwert der Schulden auswirkt, obwohl sich der Fair Value der Anleihen wirtschaftlich ebenfalls verändert hat.

Da Schulden meist zu fortgeführten Anschaffungskosten bewertet werden, werden sie nur selten eine Inkonsistenz auslösen, die eine Bewertung von Vermögenswerten zum Fair Value erfordert. Ein häufigerer Anwendungsfall sind aber Derivate, die zum Fair Value bewertet werden müssen, weshalb eine Inkonsistenz zu Vermögenswerten entstehen kann. Hier kann einerseits die Fair Value-Option ausgeübt werden oder die Sicherungsbeziehung erfasst werden *(hedge accounting).*

IFRS 9.B4.1.30 nennt insbesondere die folgenden Beispiele für ein *accounting mismatch*:

- Die Auszahlungsverpflichtungen für eine Schuld hängen vom Wert eines aktivierten Vermögenswerts ab *(unit linked liabilities).* Dies könnte z. B. bei Lebensversicherungen mit Gewinnbeteiligung oder bei bestimmten performanceabhängigen Schulden der Fall sein (z. B. Indexanleihen).
- Einzelne Vermögenswerte sind Teil einer Gruppe oder eines Portfolios, das mit den Schulden finanziert wurde. Vermögenswerte und Schulden unterliegen beide dem Risiko von Zinsänderungen, aber nur einige der Vermögenswerte werden zum Fair Value bewertet; in diesem Fall ist eine Widmung zulässig.

Ein *accounting mismatch* liegt auch vor, wenn **Derivate** zur Sicherung des Fair Values von bilanzierten Vermögenswerten oder Schulden angeschafft wurden, aber die Bedingungen des *fair value hedge* nicht erfüllt werden. Grundsätzlich kann ein *mismatch* sowohl zwischen Instrumenten auf gegenüberliegenden Bilanzseiten (bei positiver Korrelation der Fair Values) oder zwischen Instrumenten auf derselben Bilanzseite vorliegen (bei negativer Korrelation der Fair Values).

Die Option muss auf eine **konsistent abgrenzbare Menge von Vermögenswerten und Schulden** beschränkt sein, die dem gleichen Wertänderungsrisiko unterliegen. Ein *accounting mismatch* kann nicht pauschal zwischen der gesamten Aktivseite und der gesamten Passivseite angenommen werden, außer das Unternehmen hält nur eine bestimmte Gattung von Vermögenswerten.

Unterliegt eine konsistent abgrenzbare Gruppe einem *accounting mismatch,* dann müssen grundsätzlich alle enthaltenen Finanzinstrumente der Gruppe designiert werden; eine teilweise Designation ist nur zulässig, wenn dadurch die Inkonsistenz besser reduziert wird. Ein Beispiel wäre eine Gruppe aus Vermögenswerten von 10 Mio. € und Schulden von 20 Mio. €. In diesem Fall wird der *accounting mismatch* am besten durch die Designation von Schulden von 10 Mio. € reduziert. Ein Effektivitätstest über die Verminderung des *accounting mismatch* ist aber nicht erforderlich.

Auch ein *accounting mismatch* zwischen Finanzinstrumenten und **Nichtfinanzinstrumenten** rechtfertigt die Ausübung der Fair Value-Option – aber nur für die Finanzinstrumente und nicht für andere Vermögensarten oder nichtfinanzielle Schulden. Die Anwendungsfälle sind aber begrenzt.

Die Fair Value-Option kann zwar nur bei erstmaliger Erfassung ausgeübt werden. Die Bestandteile der Gruppe oder des Portfolios müssen aber nicht gleichzeitig angeschafft werden; es reicht aus, wenn die spätere Anschaffung der kompensierenden Instrumente bei der Designation zu erwarten ist und der *accounting mismatch* erst nach einem vernünftigerweise zu erwartenden Zeitraum beseitigt wird.

Der *accounting mismatch* muss **nicht dauerhaft** vorliegen. Wird z. B. eine fixverzinsliche Anleihe aufgrund eines gegenläufigen Swaps designiert, dann bleibt die Designation bis zum Verkauf bzw. bis zur Tilgung der Anleihe aufrecht. Die Designation kann nicht rückgängig gemacht werden, selbst wenn der Swap in der Zwischenzeit abgelaufen ist. Die **Zweischneidigkeit der Fair**

Value-Option ist zu beachten: Mittel- bis langfristig können einzelne designierte Instrumente übrig bleiben, die paradoxerweise eben jenen *accounting mismatch* auslösen, der ursprünglich verhindert werden sollte. Darin liegt der besondere Vorteil des *hedge accounting*, das immer nur periodenbezogen wirkt.

Für alle freiwillig designierten finanziellen Vermögenswerte sind weitreichende **Anhangangaben** erforderlich. Das Unternehmen muss das maximale Kreditrisiko angeben – entweder auf Einzelgeschäftsbasis oder auf Gruppenbasis. Das Kreditrisiko entspricht i. d. R. dem Buchwert (Fair Value) einschließlich angesammelter Zinsansprüche. Die **Änderung des Fair Values** ist außerdem in die folgenden zwei Komponenten zu zerlegen (IFRS 7.9(c)):

- Effekt aus dem Kreditrisiko (Verschlechterung oder Verbesserung der Bonität des Schuldners);
- Effekt aus den Marktbedingungen (Änderungen von Zinssätzen, Rohstoffpreisen, relevanten Indices, Wechselkursen u.dgl.).

Der Effekt aus dem Kreditrisiko ist im Anhang anzugeben – jeweils für die dargestellte Periode und kumuliert seit der Designation. Der Standard erlaubt eine einfache Differenzrechnung, wonach der Effekt aus dem Kreditrisiko als Differenz zwischen der Gesamtveränderung des Fair Values und dem Effekt aus den Marktbedingungen dargestellt werden kann (IFRS 7.9(c)(i)). Die Differenzrechnung bei der Fair Value-Option für Vermögenswerte entspricht jener bei der Fair Value-Option für Schulden (siehe ausführlich Kap. X.3.2., S. 211).

Im Anhang sind die Natur der designierten Vermögenswerte und die gewählten Kriterien für die Designation anzugeben und es ist zu begründen, wie die Bedingungen für die Designationen erfüllt wurden (IFRS 7.B5(aa)).

3.4. Umwidmungen

Aufgrund unterschiedlicher Bewertungs- und Gewinnrealisierungsvorschriften sind Unternehmen manchmal versucht, stille Reserven durch eine gezielte Umwidmung aufzudecken oder Abwertungen des Fair Values durch eine gezielte Umwidmung zu vermeiden (Rosinenpicken). Um Bilanzpolitik und Manipulationen zu verhindern, muss die Einordnung in eine Bewertungskategorie stets im Zeitpunkt der Einbuchung erfolgen, weil zu diesem Zeitpunkt nicht bekannt ist, in welche Richtung sich der Wert zukünftig bewegt. Daraus resultiert auch das grundsätzliche Verbot späterer Umwidmungen.

Die Möglichkeit zur Umwidmung von Finanzinstrumenten wurde im Verlauf der Finanzkrise immer lauter gefordert. Mit IFRS 9 ist das IASB diesem Wunsch in begrenztem Umfang nachgekommen. Die Umwidmung ist bei einem geänderten Geschäftsmodell bezüglich dieser Finanzinstrumente zulässig.

Das IASB betont den außerordentlichen Charakter solcher Änderungen des Geschäftsmodells: „*... such changes in business model would be very infrequent, significant and demonstrable and determined by the entity's senior management as a result of external or internal change*" (IFRS 9.B4.4.1). Explizit keine Änderungen des Geschäftsmodells begründen:

- Änderungen der Halteabsicht in Bezug auf bestimmte Finanzinstrumente,
- das temporäre Verschwinden eines Marktes und
- die Übertragung von Vermögenswerten zwischen unterschiedlichen Teilen des Unternehmens mit verschiedenen Geschäftsmodellen.

Es wird damit schwierig, eine Umwidmung auf Basis von *„rare circumstances“* zu begründen. IFRS 9 lässt jedenfalls eine Änderung der Halteabsicht für bestimmte Finanzinstrumente auch dann nicht als Grund für eine Umwidmung zu, wenn eine erhebliche Veränderung der Marktbedingungen vorliegt. Dagegen sollte die Änderung der Halteabsicht in Bezug auf sämtliche Finanzinstrumente einer Geschäftseinheit im Geschäftsmodell eine Umwidmung ermöglichen.

Die Umwidmung wirkt ab dem Umwidmungszeitpunkt, also prospektiv. Zuvor erfasste Gewinne, Verluste und Zinsen werden nicht angepasst. Bei einer Umwidmung auf eine Bewertung zu Anschaffungskosten stellt der Fair Value im Umwidmungszeitpunkt die neuen Anschaffungskosten dar. Bei einer Umwidmung auf eine Bewertung zum Fair Value ist die Differenz zwischen bisherigem Buchwert und Fair Value erfolgswirksam zu erfassen.

Eine neue Widmung ist außerdem mit dem Umstieg auf IFRS 9 möglich, d. h. zuvor zum Fair Value bewertete Instrumente können im Rahmen der Erstanwendung zu Anschaffungskosten bewertet werden, sofern die Bedingungen im IFRS 9 erfüllt sind.

4. Bewertung von Schuldinstrumenten

4.1. Klassifikation von Schuldinstrumenten auf der Aktivseite

IFRS 9 kennt zwei Bewertungskategorien, zu (fortgeführten) Anschaffungskosten und zum Fair Value. Bei Letzteren werden Bewertungsergebnisse über die GuV oder das OCI geführt. Siehe dazu die Übersichtstabelle auf S. 153.

Alle Schuldinstrumente, die das SPPI-Kriterium erfüllen und in einem Geschäftsmodell gehalten werden, das auf Vereinnahmung gerichtet ist, werden zu fortgeführten Anschaffungskosten bewertet. Allerdings kann das Unternehmen die Fair Value-Option ausüben (Kap. VIII.3.3, S. 154).

Daneben gibt es noch zwei Sonderfälle von Instrumenten, die das SPPI-Kriterium erfüllen:

Ist das Geschäftsmodell auf Veräußerung gerichtet, werden sie zum Fair Value über die GuV bewertet.

Ist das Geschäftsmodell auf Vereinnahmung und Veräußerung ausgerichtet bzw. unbestimmt, dann werden sie zum Fair Value über das OCI bewertet. Auch hier steht die Fair Value Option zu, diese über die GuV zu bewerten.

Alle Schuldinstrumente, die das SPPI-Kriterium nicht erfüllen, werden zum Fair Value über die GuV bewertet.

4.1.1. Zahlungen des Nennwerts und von Zinsen (SPPI)

Die Bewertung zu Anschaffungskosten setzt auch vertragliche Cashflows voraus, die ausschließlich aus Zins- und Tilgungszahlungen auf den ausstehenden Nominalwert bestehen (*„give rise to cashflows that are solely payments of principal and interest on the principal amount outstanding“*; im Folgenden SPPI-Kriterium). Mit dem SPPI-Kriterium sollen insbesondere das konservative Kreditgeschäft von Banken, einfach strukturierte Anleihen und klassische Lieferforderungen von der Fair Value-Bewertung über die GuV ausgenommen werden, je nach Geschäftsmodell.

Zinsen sind definiert als das Entgelt für den Zeitwert des Geldes und das mit dem ausstehenden Betrag verbundene Kreditrisiko. Die Zinserträge müssen somit grundsätzlich als Prozentsatz auf das Nominale oder als Agio bzw. Disagio definiert sein. Zinsen dürfen fix oder variabel sein und einen Kreditrisikoaufschlag enthalten.

Diese Voraussetzung erfüllen i. d. R. klassische *(„plain vanilla")* Schuldinstrumente wie Forderungen aus Lieferungen und Leistungen, Bankeinlagen, Unternehmensanleihen, Nullkuponanleihen oder Ausleihungen. Eine unbefristete Laufzeit ist für das SPPI-Kriterium nicht hinderlich.

Instrumente mit eingebetteten Derivaten erfüllen das SPPI-Kriterium im Regelfall nicht. Eigenkapitalinstrumente (z. B. Aktien) und eigenkapitalähnliche Instrumente wie Genussrechte, Wandelanleihen oder Hybridkapital scheiden ebenfalls aus (ausführlich *Grünberger,* KoR 2009 S. 697 ff.). Zins- und Tilgungszahlungen müssen nämlich rechtsverbindlich und einklagbar sein *(„debtor's non-payment is a breach of contract"*, IFRS 9.B4.1.19*)*. Alle Instrumente, bei denen der Emittent auf die Kuponzahlung verzichten kann oder deren Kupons in einer Verlustsituation endgültig ausfallen, sind somit zum Fair Value zu bewerten. Unschädlich ist allerdings die bloße Verzögerung von Kuponzahlungen in die Zukunft, sofern die angelaufenen Kupons ebenfalls verzinst werden. Zum Fair Value sind auch alle Instrumente zu bewerten, die laufende Verluste tragen müssen (z. B. Instrumente, denen ein Teil des Bilanzverlustes angelastet wird).

Ein bloßer Nachrang ist für das SPPI-Kriterium nicht schädlich: Instrumente, die im *going-concern*-Fall einen einklagbaren Anspruch auf Zins- und Tilgungszahlungen vermitteln, aber im Insolvenzfall nachrangig sind, müssen deswegen nicht zum Fair Value bilanziert werden.

Vorzeitige Kündigungsrechte des Emittenten oder Inhabers sind unschädlich, sofern im Rahmen der Kündigung im Wesentlichen das Nominale und ausstehende Zinsen bezahlt werden (angemessene Pönalen als Entschädigung für die vorzeitige Kündigung sind auch zulässig). Das Gleiche gilt für Verlängerungsoptionen, wobei eine angemessene Verlängerungsgebühr erlaubt ist (.B4.1.11). Eine Kündigung darf nicht von externen Ereignissen abhängig gemacht werden (z. B. ein Kündigungsrecht für den Fall, dass das allgemeine Zinsniveau unter 2 % fällt, wäre schädlich). Bestimmte Schutzklauseln sind erlaubt: Kündigungsrechte dürfen für den Fall einer Bonitätsverschlechterung, einer steuerlichen oder rechtlichen Veränderung oder für Unternehmensübernahmen vorgesehen werden.

Die Verzinsung muss sich grundsätzlich auf dieselbe Währung beziehen wie das Nominale (Dual-Currency-Bonds erfüllen das SPPI-Kriterium nicht). Der Erfolg darf auch nicht von Aktienindizes, Rohwarenindizes oder von sonstigen externen Ereignissen abhängen (z. B. Katastrophenanleihen, Credit Linked Notes). Dagegen ist die Kopplung von Zahlungen an einen Inflationsindex nicht schädlich, wenn sich der Index auf die Emissionswährung bezieht und kein Hebel besteht.

Die Anbindung an variable Marktzinsen (z. B. Euribor) ist für das SPPI-Kriterium unschädlich. Die Fristigkeit des Zinssatzes darf aber nicht länger sein als die Ursprungslaufzeit. Es darf z. B. keine fünfjährige Anleihe mit dem Zehn-Jahres-Euribor verzinst werden (sogenannte Kapitalmarktfloater). Ferner muss der variable Zinssatz der Fristigkeit entsprechend angepasst werden (wird der dreimonatige Euribor gewählt, sollte der variable Zinssatz alle drei Monate aktualisiert werden). Diese Regel hat in der Praxis Irritationen ausgelöst. Das IASB hat sie daher durch eine qualitative Beurteilung entschärft: Würden die Cashflows nicht wesentlich abweichen, wenn das Instrument mit dem richtigen Zeitbezug verzinst würde, dann bleibt das SPPI-Kriterium erfüllt (IFRS 9.B4.1.13 Instrument B).

Stufenzinsen sind möglich, sofern die Zinsabstufung nicht dazu dient, eine wirtschaftliche Befristung des Instruments herzustellen oder andere Risikostrukturen abzubilden.

IFRS 9.B4.1.20 ff. enthalten umfassende Vorschriften zur Beurteilung von **Verbriefungen** *(contractually linked instruments)*. Dabei geht es um Forderungspapiere gegenüber Verbriefungsgesellschaften, die einen nach Tranchen abgestuften Anspruch auf Zahlungen vorsehen. Darunter fallen etwa Asset Backed Securities (ABS) und Collateralised Debt Obligations (CDOs). Die Beurteilung erfolgt in zwei Schritten:

- Blick auf die Forderung: Die vertraglichen Cashflows des zu beurteilenden Forderungspapiers müssen per se ausschließlich Zins- und Tilgungszahlungen auf den ausstehenden Nominalbetrag sein.
- Blick auf die Verbriefungsgesellschaft: Das Kreditrisiko der zu beurteilenden Forderung an die Verbriefungsgesellschaft darf nicht höher sein als jenes der Aktiva in der Verbriefungsgesellschaft. Die Aktiva enthalten mindestens ein Instrument, das das SPPI-Kriterium erfüllt. Alle Instrumente, die das SPPI-Kriterium nicht erfüllen, vermindern die Variabilität der Cashflows oder bringen Zahlungen der Aktiva und Passiva in Einklang (z. B. Zinsswaps, erhaltene Kreditsicherheiten).

Mit dem zweiten Schritt soll verhindert werden, dass nicht qualifizierte Instrumente (z. B. Aktien) durch Verbriefungsgesellschaften in klassische Forderungen verpackt und somit zu Anschaffungskosten bewertet werden. Daraus ergibt sich folgende Daumenregel: Erstrangige (Senior-)Verbriefungstranchen können zu Anschaffungskosten bewertet werden, letztrangige (First Loss-)Tranchen sind zum Fair Value zu bewerten. Von den Mezzanintranchen können jene zu Anschaffungskosten bewertet werden, die zu den „besseren 50 %“ der Passiva der Verbriefungsgesellschaft gehören.

4.1.2. Auf Vereinnahmung gerichtetes Geschäftsmodell

Ein Schuldinstrument kann auf der Aktivseite u. a. nur dann zu fortgeführten Anschaffungskosten bewertet werden, wenn es im Rahmen eines Geschäftsmodells gehalten wird, das auf die Vereinnahmung der vertraglichen Zahlungsflüsse abstellt. Es muss eine auf ***„buy and hold“*** **ausgerichtete Veranlagungsstrategie** geben, im Gegensatz zu einer spekulativen Strategie, die allein oder alternativ auf die Erzielung von Wertsteigerungen durch Verkäufe gerichtet ist. Dieses Geschäftsmodell wird sehr ausführlich in IFRS 9.B4.1.2C ff. beschrieben.

Ein Unternehmen kann zugleich verschiedene Geschäftsmodelle haben, z. B. ein spekulatives Handelsportfolio und ein strategisches Veranlagungsportfolio. Wesentlich ist dabei das Ziel des Geschäftsmodells, das die Schlüsselpersonen des Managements grundlegend festgelegt haben. Das Geschäftsmodell kann sich manchmal eindeutig aus der Natur der Vermögenswerte ergeben: Das Geschäftsmodell eines Unternehmens, das seine Waren oder Dienstleistungen auf Ziel verkauft, besteht grundsätzlich in der Vereinnahmung der Forderungen aus Lieferungen und Leistungen und nicht im Forderungsverkauf. Eine frühzeitige Zahlung mit Skonti zu fördern, steht dem nicht entgegen, weil es immer noch um die Vereinnahmung der Nennwerte geht. Bei

Wertpapieren ist die Bestimmung des Geschäftsmodells schon komplexer: Hier muss zumindest eine gewisse Dokumentation vorliegen, aus der sich eine klare Investitionsstrategie der höchsten Managementebene ergibt.

Ein Indikator für das Geschäftsmodell ist z. B. die interne Leistungsmessung und die Vergütung der Mitarbeiter oder des Managements. Werden diese auf Basis der Zinsgewinne oder Provisionen und nicht auf Basis von Wertsteigerungen vergütet, kann dies auf eine Haltestrategie hinweisen.

Ein auf Vereinnahmung gerichtetes Geschäftsmodell bedeutet kein Verbot, Vermögenswerte vor ihrer Endfälligkeit zu verkaufen. In einem gewissen Umfang bzw. aus bestimmten Gründen dürfen solche Verkäufe stattfinden. Unschädlich sind etwa Verkäufe, wenn ein Wertpapier nicht mehr zur Veranlagungsstrategie passt (z. B. wegen eines verschlechterten Ratings oder wegen Überschreitens gesetzlicher Veranlagungsgrenzen), zur Anpassung der durchschnittlichen Restlaufzeiten oder zur Reduktion offener Fremdwährungspositionen sowie zur Finanzierung von größeren Investitionen. Auch die aktive Anpassung der Verzinsung oder anderer Risikoparameter eines Portfolios durch Derivate steht einem auf Vereinnahmung ausgerichteten Geschäftsmodell nicht entgegen. Vergibt eine Bank Kredite in der Absicht, die Forderungen zu verkaufen oder mittels unkonsolidierter Zweckgesellschaften zu verbriefen, dann ist das Geschäftsmodell nicht auf Vereinnahmung gerichtet. Verkäufe aus einem auf Vereinnahmung ausgerichteten Geschäftsmodell sollten nur selten vorkommen; andernfalls ist zu prüfen, ob das Geschäftsmodell geändert wurde und die darin gehaltenen Vermögenswerte zum Fair Value zu bewerten sind.

Für die Klassifikation ist entscheidend, welchem Geschäftsmodell der finanzielle Vermögenswert aus Managementsicht **im Anschaffungszeitpunkt** zugeordnet wird. Auch wenn die Zuordnung später verändert wird (z. B. interner Transfer zwischen einem strategischen Veranlagungsportfolio und einem Handelsportfolio), bleibt die Klassifikation unverändert.

4.1.3. Auf Veräußerung gerichtetes Geschäftsmodell

Einen Sonderfall bilden Schuldinstrumente in einem Geschäftsmodell, das auf Veräußerung ausgerichtet ist. Diese müssen zum Fair Value **über die GuV** bewertet werden.

Das kann z. B. eine Handelsabsicht bei Anleihen sein oder die regelmäßige Verbriefung oder das Factoring von Forderungen. Während der Laufzeit fallen regelmäßig auch Zinsen an und manchmal reifen einzelne Instrumente ab, bevor ein lohnender Verkauf möglich war. Dies ist solange unbeachtlich, als die Vereinnahmungen nur beiläufig erfolgen und das Gesamtziel des Geschäftsmodell weiterhin die Veräußerung ist (IFRS 9.B4.1.5). Auch Portfolios, die auf Fair Value-Basis geführt werden und deren Leistung auf Fair Value-Basis gemessen wird, weisen eine Veräußerungsstrategie auf und werden über die GuV bewertet (.B4.1.6).

4.1.4. Unbestimmtes Geschäftsmodell

Ist das Geschäftsmodell zugleich auf Vereinnahmung und Veräußerung ausgerichtet bzw. unbestimmt, dann werden Schuldinstrumente zum Fair Value über das OCI bewertet. Auch hier steht die Fair Value Option zu, die dann zu einer Realisierung über die GuV statt über das OCI führt (Kap. VIII.3.3, S. 154).

Effektivzinsen, Wechselkursdifferenzen und erwartete Kreditverluste werden dennoch über die GuV realisiert. Veräußerungsgewinne werden vom OCI in die GuV reklassifiziert.

4.2. Übersicht über die Bewertung von Schuldinstrumenten

Bei Schuldinstrumenten sind alle nachhaltigen Erfolge wie Effektivzinsen, Wechselkursdifferenzen und erwartete Verluste über die GuV zu erfassen. Werden sie ohnedies zum Fair Value über die GuV gezeigt, dann erübrigt sich eine gesonderte Erfassung nachhaltiger Erfolge.

Die Kombination der verschiedenen Regelwerke führt zu einem unübersichtlichen Gemenge an Bewertungstechniken. Dies ist in der folgenden Tabelle im Überblick dargestellt.

TAB. 6: Bewertung von Schuldinstrumenten

Kategorie	**Zu AK**	**Zum FV über OCI**	**Zum FV über GuV**
Effektivzinsen	Ertrag in GuV (Zinserfolg)	Ertrag in GuV (Zinserfolg)	Beeinflussen indirekt Bewertungserfolg, wahlweise gesonderte Darstellung in GuV
Erwartete Kreditverluste	Aufwand in GuV	Buchungssatz: GuV an OCI	Nicht relevant
Wechselkursgewinne	GuV	GuV	Beeinflussen indirekt Bewertungserfolg, wahlweise gesonderte Darstellung in GuV
Bewertungserfolge	Nicht gezeigt	OCI	GuV
Veräußerungsgewinne	GuV	Reklassifizierung von OCI in GuV	Schon über Bewertung realisiert, nur Aktivtausch

4.3. Effektivzinsmethode

Unter IFRS 9 dürfen nur Schuldinstrumente zu fortgeführten Anschaffungskosten bewertet werden, die auf Zinsen und Tilgungen gerichtet sind. Die wesentliche Ertragsquelle sind daher die Zinsen.

Die Folgebewertung nach IFRS 9 basiert auf der **Effektivzinsmethode** *(effective interest method)*. Der Effektivzins wird festgelegt, indem alle zukünftigen Zins- und Tilgungszahlungen mit einem geeigneten Zinssatz auf den Anschaffungszeitpunkt diskontiert werden, sodass der Barwert genau dem Buchwert des Finanzinstruments bei erstmaliger Erfassung entspricht.

Wird das Finanzinstrument daher unter dem Nennbetrag erworben, dann kommt es jährlich zu einer Aufwertung; wurde es über dem Nennbetrag erworben, dann kommt es jährlich zu einer Abwertung. Der Buchwert entspricht den Anschaffungskosten zuzüglich oder abzüglich einer Zinsabgrenzung. Dies wird gelegentlich auch als fortgeführte Anschaffungskosten bezeichnet. Der Fair Value ist für die Folgebewertung nicht maßgeblich.

Nachdem direkt zurechenbare **Transaktionskosten** bei erstmaliger Einbuchung aktiviert werden, gehen diese in die jährlichen Zinserträge mit ein; sie vermindern die Effektivzinsen.

BEISPIEL ▸ Eine zu fortgeführten Anschaffungskosten bewertete Anleihe wird am 1.1.X1 für 104,77 € angeschafft (Nennwert: 100 €, Anleihezinsen: 8 %, Laufzeit: sechs Jahre). Am 31.12.X1, X2 und X3 beträgt der Fair Value je 105 €; am 31.12.X4 fällt der Fair Value auf 95 €, am 31.12.X5 steigt er auf 100 €. Erwartete Kreditverluste werden vernachlässigt.

Sollen die Zins- und Tilgungszahlungen auf den Betrag von 104,77 € diskontiert werden, dann ist dazu ein Effektivzins von 7,00 % heranzuziehen; damit wird der Buchwert zum 1.1. jährlich fortgeschrieben.

	Buchwert 1.1.	Zinsertrag 7,00 %	Zinszahlung	Buchwert 31.12.
X1	104,77	+ 7,33	– 8,00	= 104,10
X2	104,10	+ 7,29	– 8,00	= 103,39
X3	103,39	+ 7,24	– 8,00	= 102,63
X4	102,63	+ 7,18	– 8,00	= 101,81
X5	101,81	+ 7,13	– 8,00	= 100,94
X6	100,94	+ 7,06	– 8,00	= 100,00

ABB. 8: Buchwertentwicklung einer at cost bewerteten Anleihe

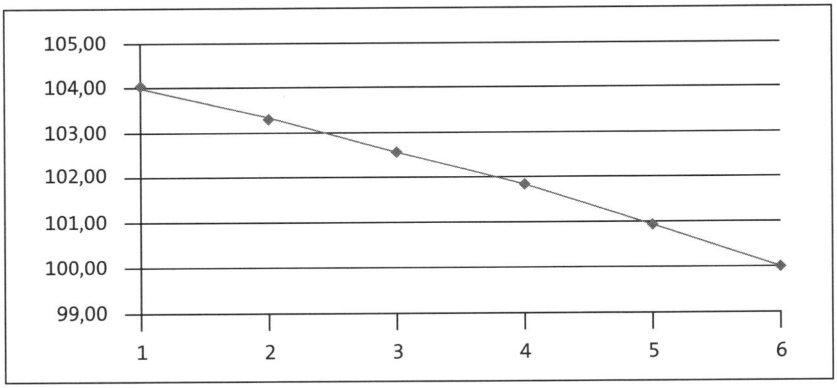

Die Differenzen zum Nennwert (Agio bzw. das Disagio) werden meist auf einem Zusatzkonto verbucht. Für die Darstellung in der Bilanz erfolgt eine Saldierung.

Verbuchung 1.1.X1:

Anleihe (Nennwert)	100,00 €	
Agio	4,77 €	
Bank		104,77 €

Verbuchung 31.12.X1:

Bank	8,00 €	
Agio		0,67 €
Zinsertrag		7,33 €

Die Ermittlung zukünftiger Cashflows basiert grundsätzlich auf den vertraglichen Geldflüssen (z. B. vereinbarte Raten und vereinbarter Tilgungszeitpunkt). Manchmal gibt es dabei Unsicherheiten, z. B. werden Kredite und Ausleihungen manchmal vorzeitig getilgt oder höhere Raten als die vereinbarten Raten geleistet. In diesem Fall ist der Verlauf der Geldflüsse nach bestem Wissen zu schätzen.

Der einzige Faktor, der bei der Schätzung der Geldflüsse nicht berücksichtigt wird, sind mögliche Ausfälle (Zahlungsstörungen z. B. aufgrund von Insolvenzen). Zinsen und Kreditverluste werden unter IFRS 9 voneinander abgegrenzt und jeweils einem eigenen Regime unterworfen. Dies wird ausführlich in Kap. IX, S. 183 ff. behandelt.

Die Zahlungsflüsse werden daher etwas höher angesetzt, als ökonomisch im Vergleich zum langfristigen Erfolg zu erwarten ist, wodurch auch der Zinsertrag zu positiv darstellt wird. Demgegenüber erfolgt auch eine Verzinsung des Wertberichtigungskontos, denn erwartete Verluste werden mit dem Barwert der künftigen Zahlungsminderungen bewertet. Die Zinseffekte aus dem Wertberichtigungskonto werden aber nicht im Zinsergebnis gezeigt, sondern erhöhen den laufenden Wertberichtigungsaufwand. Im Ergebnis wird daher die überhöhte Effektivverzinsung durch Zinseffekt im Wertberichtigungsaufwand ausgeglichen.

Herausfordernd ist die Effektivzinsmethode bei **variabel verzinsten Finanzinstrumenten**. Wird ein Finanzinstrument vom Unternehmen ausgegeben, dann entspricht der variable Zinssatz dem Effektivzinssatz bei erstmaliger Erfassung (z. B. risikofreier Zins samt Kreditrisikoaufschlag und sonstigen Prämien). Ändern sich die variablen Zinsen, dann ändern sich automatisch auch die Effektivzinsen, die entsprechend ihrem Anfall laufend als Zinsertrag verbucht werden. Der Buchwert wird insoweit nicht auf- oder abgewertet. Direkt zurechenbare Transaktionskosten oder Provisionserträge, die zur Effektivverzinsung gehören, sind gesondert über die Laufzeit als Zinsbestandteil zu verteilen. Wurde ein Finanzinstrument während seiner Laufzeit über pari oder unter pari erworben, dann muss auch das daraus resultierende Agio bzw. Disagio zusätzlich verteilt werden. Bei vorzeitigen Tilgungen bzw. Teiltilgungen werden die über die Laufzeit zu verteilenden Prämien und Kosten erfolgswirksam aufgelöst.

Ist der variable Zinssatz marktüblich und gab es keine direkt zurechenbaren Transaktionskosten, dann muss der Buchwert nicht angepasst werden, wenn sich die Marktverzinsung ändert. Stattdessen ändern sich die Effektivzinsen ständig während der Restlaufzeit.

4.4. Zinsabgrenzung bei Fair Value-Bewertung

Bei Schuldinstrumenten spielen die regelmäßigen Zinsen eine wichtige Rolle. Bei einer Bewertung zu Anschaffungskosten werden die Zinsen bereits im Rahmen der Effektivzinsmethode berücksichtigt. Die Bewertung erfolgt daher automatisch über das Zinsergebnis.

Werden Schuldinstrumente aber zum **Fair Value über das OCI bewertet**, müssen Effektivzinsen gesondert ermittelt und im Zinsergebnis dargestellt werden. Nur die danach verbleibenden Wertänderungen verbleiben im OCI.

BEISPIEL Ein Unternehmen erwirbt am 31.12.X1 eine Nullkuponanleihe im Rahmen der Erstemission für 98 €, die Transaktionskosten betragen 2 €. Die Laufzeit beträgt zwei Jahre, der Rückzahlungsbetrag am 31.12.X3 ist 121 €. Die Anleihe wird zum Fair Value über das OCI bewertet. Da die Bewertung nicht über die GuV erfolgt, müssen Transaktionskosten aktiviert werden. Erwartete Kreditverluste werden vernachlässigt.

Aus dem Vergleich zwischen den Anschaffungskosten von 100 € und dem Rückzahlungsbetrag 121 € ergibt sich eine Effektivverzinsung von 10 %, die Effektivzinsen in X2 sind 100 € × 10 % = 10 € und in X3 110 € × 10 % = 11 €. Der Fair Value am 31.12.X2 ist 115 € und am 31.12.X3 121 €.

Verbuchung 31.12.X2:

Anleihe	15 €	
Zinsertrag		10 €
OCI		5 €

Verbuchung 31.12.X3:

Anleihe	6 €	
OCI	5 €	
Zinsertrag		11 €

Verbuchung 1.1.X4:

Cash	121 €	
Anleihe		121 €

Da das Schuldinstrument bis zur Endfälligkeit gehalten wird, gleichen sich die im OCI erfassten Gewinne und Verluste wieder aus; damit besteht bei Endfälligkeit kein Gewinn oder Verlust, der in die GuV reklassifiziert werden müsste.

Werden **Schuldinstrumente zum Fair Value über die GuV** geführt, dann gehen angesammelte Zinsen indirekt in den Fair Value ein und schlagen sich so im Ergebnis nieder. In der Praxis wird oft nicht zwischen Zinserträgen und anderen Bewertungsfaktoren unterschieden. Gesonderte Zinsabgrenzungen (Agios bzw. Disagios, z. B. bei einer Nullkuponanleihe) werden nicht gebildet. Die Bewertung erfolgt häufig zum sogenannten *Dirty Price*, der auch angesammelte Zinsen umfasst. Laufende Zuflüsse wie Zinszahlungen oder Dividenden aus diesen Instrumenten vermindern den Fair Value im Zahlungszeitpunkt; im Ergebnis liegt daher nur ein Aktivtausch vor.

Das Unternehmen darf die Instrumente auch zum zinsbereinigten *Clean Price* erfassen (Fair Value abzüglich der periodengerecht angesammelten Zinsansprüche). Angesammelte Zinsansprüche werden dann auf einem gesonderten Abgrenzungskonto erfasst. Mit dieser Trennung kann auch der Zinsertrag gesondert von den übrigen Wertänderungen im Zinsergebnis ausgewiesen werden.

BEISPIEL ▸ Eine Anleihe der Kategorie *at fair value* wird am 1.1.X1 für 95 €angeschafft, wobei 2 € Depotspesen für die Transaktion anfallen. Ein Zinskupon von 3 € wird jeweils am 31.12. fällig. Der Rückzahlungsbetrag der Anleihe beträgt 100 € nach fünf Jahren, d. h. ein zinsbezogenes Disagio von 5 € ist über fünf Jahre zu verteilen. Die Effektivzinsen betragen daher 4 € p. a. (vereinfachend wird eine lineare Verteilung des Disagios unterstellt). Der Fair Value zum 31.12.X1 beträgt 100 €.

Erfassung zum 1.1.X1

Anleihe (at FV)	95 €	
Aufwand	2 €	
Cash		97 €

Erfassung zum 31.12.X1 (Dirty Price):

Anleihe (at FV) – Dirty Price	5 €	
Aufwertungsertrag		5 €
Cash	3 €	
Zinsertrag		3 €

Erfassung zum 31.12.X1 (Clean Price):

Das Disagio von 5 €wird über ein gesondertes Aktivkonto „angesammelte Zinsen" über fünf Jahre verteilt aufgebaut. Die Depotspesen wurden bereits zum 1.1.X1 im Aufwand verbucht, daher scheidet eine Einrechnung in das zu verteilende Disagio aus (anders bei der Effektivzinsmethode von zu fortgeführten Anschaffungskosten bewerteten Instrumenten). Auf dem Konto der Anleihe wird der Fair Value nach Abzug der auf dem Abgrenzungsposten angesammelten Zinsen erfasst (Clean Price). Der Clean Price beträgt 100 € – 1 € = 99 €, daher hat nur eine Aufwertung von 4 € zu erfolgen.

Angesammelte Zinsen	1 €	
Cash	3 €	
Zinsertrag		4 €
Anleihe (at FV)	4 €	
Aufwertungsertrag		4 €

4.5. Wechselkursumrechnung

Neben den Zinsen sind auch **wechselkursbedingte Wertänderungen** relevant. Schuldinstrumente sind regelmäßig monetär und mit IAS 21.23 und .28 zum Stichtagskurs zu bewerten. Wertanpassungen sind grundsätzlich erfolgswirksam, es gibt aber auch Ausnahmen (z. B. im Rahmen des *hedge accounting*).

Bei der **Bewertung zu Anschaffungskosten** wird die Effektivzinsmethode in der Fremdwährung vorgenommen. Der Zinsertrag wird beispielsweise mit einem Durchschnittskurs der Periode umgerechnet. Die fortgeführten Anschaffungskosten zu Periodenbeginn und zu Periodenende werden zum jeweiligen Stichtagskurs umgerechnet. Die Differenz zwischen den beiden Werten wird aufgeteilt: Ein Teil davon entfällt auf die in den fortgeführten Anschaffungskosten abgegrenzten Zinsen (Amortisation des Agios bzw. Disagios). Der Restbetrag ergibt den Wechselkursgewinn bzw. Wechselkursverlust in der GuV.

BEISPIEL Ein Unternehmen (funktionale Währung Euro) erwirbt am 31.12.X1 eine US-Dollaranleihe im Rahmen der Erstemission für 1.000 US$ (Kurs 1 US$ = 1,5 €). Die Anleihe wird mit der Buchung 1.500 € Anleihe an Cash erfasst und zu Anschaffungskosten bewertet. Die Laufzeit beträgt fünf Jahre, der Nennbetrag (Rückzahlungsbetrag) ist 1.250 US$ und die Nominalverzinsung 4,7 % (US$ 59 p. a. endfällig per 31.12.). Dies ergibt eine Effektivverzinsung von 10,0 % in US$. Die Wechselkurse zu den Abschlussstichtagen sind in den Spalten D und E der folgenden Tabelle angegeben. Erwartete Kreditverluste werden vernachlässigt.

Jahr	Beträge in US$			$-Kurs		Beträge in Euro					
	Effektivzins	Nominalzins	fortgeführte AK 31.Dez.	zum 31.12.	Jahresschnitt	fortgeführte AK 31.12.	Effektivzins	Zins – zufluss	Differenz fortgef. AK	davon Zinsamortisierung	davon Kursgewinn
	A	B	C	D	E	F	G	H	I	J	K
						= C x D	= A x E	= B x D	Δ F	= G – H	= I – J
X1			1.000	1,50		1.500					
X2	100	59	1.041	2,00	1,75	2.082	175	118	+ 582	+ 57	+ 525
X3	104	59	1.086	2,50	2,25	2.715	234	148	+ 633	+ 87	+ 547
X4	109	59	1.136	1,50	2,00	1.703	217	89	– 1.012	+ 129	– 1.140
X5	114	59	1.190	0,90	1,20	1.071	136	53	– 632	+ 83	– 715
X6	119	59	1.250	0,70	0,80	875	95	41	– 196	+ 54	– 250

Lösung für das Jahr X2:

Zum 31.12.X2 wird die Anleihe von 1.500 € auf die neuen umgerechneten Anschaffungskosten von 2.082 aufgewertet (+ 582 €). Der Zinszufluss am 31.12.X2 beträgt 59 US$ × 2,00 = 118 €. Die Effektivzinsen des Jahres X2 in der Fremdwährung (100 US$) werden hier mit dem Durchschnittskurs von 1,75 umgerechnet und mit 175 € als Zinsertrag erfasst.

Der Anstieg der fortgeführten Anschaffungskosten während des Jahres von 582 € beruht auf dem Wechselkursgewinn und auf abgegrenzten Zinsen. Die abgegrenzten Zinsen sind der Unterschied zwischen den Effektivzinsen und den zugeflossenen Zinsen (175 € – 118 € = 57 €). Der Wechselkursgewinn beträgt daher 582 € – 57 € = 525 €.

Verbuchung 31.12.X2:

Anleihe	582 €	
Cash	118 €	
Zinsertrag		175 €
Wechselkursgewinn		525 €

Bei einer **Bewertung von Schuldinstrumenten zum Fair Value** gehen die Wechselkursdifferenzen als Faktor in den Fair Value des Vermögenswerts ein. Werden die Fair Value-Änderungen **über das OCI** realisiert, sind Wechselkurse und Effektivzinsen in der GuV darzustellen.

Im ersten Schritt wird das Schuldinstrument nach der Effektivzinsmethode in der Fremdwährung bewertet, genauso wie bei der Anschaffungskostenbewertung (IFRS 9.B5.7.2A). Die Effektivzinsen der Periode werden mit einem geeigneten Periodendurchschnittskurs umgerechnet. Die fortgeführten Anschaffungskosten zu Periodenbeginn und zu Periodenende werden zum jeweiligen Stichtagskurs umgerechnet und die Differenz aufgeteilt: Ein Teil entfällt auf die abgegrenzten Zinsen (Amortisation des Agios bzw. Disagios). Der Restbetrag ergibt den Wechselkursgewinn bzw. Wechselkursverlust. Darüber hinausgehende Wertänderungen erscheinen im OCI.

In der nachfolgenden Abb. 9 wird die Erfassung der Erfolgskomponenten einer auf US-Dollar notierenden Nullkuponanleihe skizziert. Die gesamte Wertsteigerung wird aufgeteilt in abgegrenzte Zinserträge (Zinsergebnis), Wechselkursgewinne (Fremdwährungsergebnis) und in die verbleibende Marktwertsteigerung.

ABB. 9: Skizze der Erfolgserfassung einer US$-Anliehe zum Fair Value über das OCI

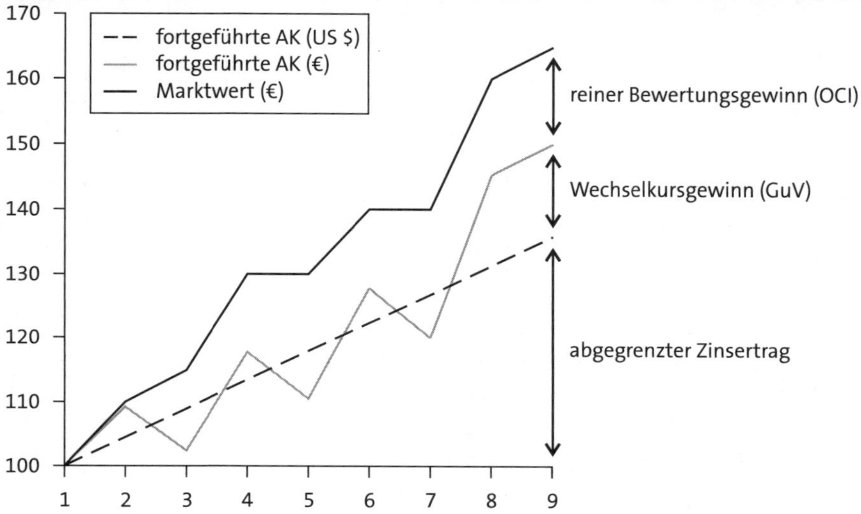

BEISPIEL Ein Unternehmen (funktionale Währung Euro) erwirbt am 31.12.X1 eine US-Dollaranleihe im Rahmen der Erstemission für 1.000 US$ (Kurs 1 US$ = 1,5 €). Die Anleihe wird mit der Buchung 1.500 € Anleihe an Cash erfasst und zum Fair Value klassifiziert. Die Laufzeit beträgt fünf Jahre, der Nennbetrag (Rückzahlungsbetrag) ist 1.250 US$ und die Nominalverzinsung 4,7 % (59 US$ p. a. endfällig per 31.12.). Dies ergibt eine Effektivverzinsung von 10,0 % in US$. Die Fair Values in US-Dollar und die Wechselkurse zu den Abschlussstichtagen sind in den Spalten D und E der folgenden Tabelle angegeben. Erwartete Kreditverluste werden vernachlässigt.

Jahr	Beträge in US$				$-Kurs		Beträge in Euro							
	Effektivzins	Nominalzins	fortgeführte AK 31.12.	Fair Value 31.12.	zum 31.12.	Jahresschnitt	Fair Value	fortgeführte AK 31.12.	Bewertungs – Ergebnis (kumuliert)	Effektivzins	Zinszufluss	Differenz fortgef. AK	davon Zinsamortisierung	davon Kursgewinn
	A	B	C	D	E	F	G	H	I	J	K	L	M	N
							= D x E	= C x E	= G - H	= A x F	= B x E	Δ H	= J - K	= L - M
X1			1.000	1.000	1,50		1.500	1.500						
X2	100	59	1.041	1.060	2,00	1,75	2.120	2.082	38	175	118	+ 582	+ 57	+ 525
X3	104	59	1.086	1.070	2,50	2,25	2.675	2.715	– 40	234	148	+ 633	+ 87	+ 547
X4	109	59	1.136	990	1,50	2,00	1.485	1.703	– 218	217	89	– 1.012	+ 129	–1.140
X5	114	59	1.190	1.200	0,90	1,20	1.080	1.071	9	136	53	-632	+ 83	– 715
X6	119	59	1.250	1.250	0,70	0,80	875	875	0	95	41	– 196	+ 54	– 250

Lösung für das Jahr X2:

Zum 31.12.X2 wird die Anleihe von 1.500 € auf den gestiegenen Fair Value von 2.120 € aufgewertet (620 €). Die Differenz zwischen Fair Value und fortgeführten Anschaffungskosten wird als reines Bewertungsergebnis im OCI erfasst (2.120 € – 2.082 € = 38 €). Der Zinszufluss am 31.12.X2 beträgt 59 US$ × 2,00 = 118 €. Die Effektivzinsen des Jahres X2 in der Fremdwährung (100 US$) werden hier mit einem Jahresdurchschnittskurs von 1,75 umgerechnet und mit 175 € als Zinsertrag erfasst.

Der Anstieg der fortgeführten Anschaffungskosten während des Jahres von 582 € beruht auf dem Wechselkursgewinn und auf abgegrenzten Zinsen. Die abgegrenzten Zinsen sind der Unterschied zwischen den Effektivzinsen und den zugeflossenen Zinsen (175 € – 118 € = 57 €). Der Wechselkursgewinn beträgt daher 582 € – 57 € = 525 €.

Verbuchung 31.12.X2:

Anleihe (at FV)	620 €	
Cash	118 €	
Zinsertrag		175 €
OCI		38 €
Wechselkursgewinn		525 €

Bei der Bewertung **zum Fair Value über die GuV** müssen Wechselkursdifferenzen, Zinsen und sonstige Wertänderungen nicht unbedingt getrennt werden. Dies kann aber für Darstellungszwecke als Methodenwahlrecht erfolgen. Dabei werden Wechselkurskomponenten gesondert und unsaldiert erfasst. Dies ist relevant, wenn sich ein Unternehmen für eine Bewertung zum Clean Price entschieden hat: Für Zwecke der getreuen Zinserfassung werden dabei fortgeführte Anschaffungskosten ermittelt. Diese sind die Ausgangsbasis für die Wechselkursdifferenzen.

Die nach Zinsabgrenzung und Wechselkursdifferenz verbleibende Wertänderung ist das „reine Bewertungsergebnis“. Die Berechnung ist aufwendiger, aber z. B. in den Buchführungssystemen von Banken häufig etabliert, weil Banken i. d. R. eine genauere Analyse der Erfolgskomponenten benötigen.

5. Bewertung von Eigenkapitalinstrumenten

5.1. Überblick

IFRS 9 ist auf jene Eigenkapitalinstrumente (Aktien, GmbH-Anteile etc.) anzuwenden, die nicht unter IFRS 10 und 11 fallen, also weder maßgeblichen Einfluss noch Kontrolle vermitteln. Folglich gilt IFRS 9 für stimmrechtsloses Eigenkapital (z. B. Genussrechte) sowie Anteile von normalerweise weniger als 20 % am stimmberechtigten Eigenkapital.

Eigenkapitalinstrumente anderer Unternehmen vermitteln keinen Anspruch auf Zahlungsströme, die nur Zinsen und Tilgungen sind (SPPI-Kriterium nicht erfüllt). Sie müssen daher stets zum Fair Value bewertet werden.

Bei **Eigenkapitalinstrumenten** gibt es weder Effektivzinsen, erwartete Kreditverluste noch Wechselkursdifferenzen, weil sie nicht monetär im Sinne von IAS 21 sind. Dies vereinfacht die Bewertungstechnik im Vergleich zu Schuldinstrumenten, sämtliche Wertänderungen sind entweder in der GuV oder im OCI zu zeigen.

TAB. 7: Bewertung von Eigenkapitalinstrumenten

Kategorie	**Zum FV über OCI**	**Zum FV über GuV**
Bewertungserfolge (einschließlich Zins-/ Wechselkurseffekte)	OCI	GuV
Veräußerungsgewinne	Keine Reklassifizierung	Keine gesonderte Buchung
Erklärte Dividenden	Einbuchung Forderung über Ertrag in GuV Korrespondierender Wertverlust im OCI	Einbuchung Forderung über Ertrag in GuV Korrespondierender Wertverlust in GuV

Ein Unternehmen darf nur bei der erstmaligen Erfassung eines Eigenkapitalinstruments (oder bei der Erstanwendung von IFRS 9) unwiderruflich entscheiden, Wertänderungen von Eigenkapitalinstrumenten **erfolgsneutral im OCI** zu erfassen (IFRS 9.5.7.1 lit. b). Damit haben Wertänderungen keinen Einfluss auf den Gewinn oder Verlust. Auch Veräußerungsgewinne oder Verluste sowie Verluste aus dauerhaften Wertminderungen oder einer Liquidation des Emittenten werden dann im OCI erfasst.

Das Wahlrecht steht für jedes Eigenkapitalinstrument gesondert zu (IFRS 9.B5.7.1). Es kann nur im Anschaffungszeitpunkt ausgeübt werden. Beispielsweise kann ein Unternehmen, das zwei identische Aktien ein und desselben Emittenten erwirbt, das Wahlrecht nur für eine der beiden Aktien ausüben.

5.2. Bewertung über das OCI

Bei Inanspruchnahme des Wahlrechts sind bei erstmaliger Erfassung auch die direkt mit der Anschaffung verbundenen Transaktionskosten zu aktivieren (bei einer Bewertung über die GuV sind sie aufwandswirksam). Bei erstmaliger Erfassung ist der Wertansatz daher ggf. höher als der Fair Value. Für die Folgebewertung ist wieder der Fair Value maßgeblich – ohne Hinzurechnung von Transaktionskosten. Bei unverändertem Fair Value kommt es daher zur Abwertung in Höhe der aktivierten Transaktionskosten im OCI. Die Transaktionskosten werden daher konsistent mit späteren Wertänderungen und Veräußerungserfolgen im OCI gezeigt.

IFRS 9 **verbietet eine Reklassifizierung** *(recycling)* der im OCI erfassten Erfolge von Eigenkapitalinstrumenten (ähnlich wie auch IAS 16). Wertänderungen werden niemals erfolgswirksam erfasst, auch nicht im Rahmen der Veräußerung. Dies gilt auch für die Transaktionskosten, die im Rahmen der Anschaffung aktiviert werden; diese mindern den in der Neubewertungsrücklage verbleibenden Gewinn (bzw. vergrößern den Verlust). Bei Veräußerung des Eigenkapitalinstruments kann der entsprechende Gewinn oder Verlust allerdings aus der Neubewertungsrücklage in eine **andere Rücklage übertragen werden** (IFRS 9.B5.7.1; z. B. in eine Gewinnrücklage). Diese Transfers unterliegen dem Stetigkeitsgebot gemäß IAS 8.12, d. h. sie sind nach einer einheitlichen Vorgehensweise vorzunehmen und nach Maßgabe von IAS 1.117 offenzulegen. Im Sinne der Klarheit sollte ein Unternehmen entweder alle oder keine realisierten Ergebnisse in die Gewinnrücklagen transferieren.

BEISPIEL Ein Unternehmen erwirbt am 1.11.X1 Aktien eines börsennotierten Konzerns für 1.000 € und übt in diesem Zeitpunkt das Wahlrecht zur erfolgsneutralen Bewertung aus (es besteht keine Handelsabsicht). Die direkt zurechenbaren Transaktionskosten betragen 2 € und werden gemeinsam mit dem Kaufpreis bezahlt. Verbuchung:

Aktien an Cash 1.002 €

Zum Abschlussstichtag 31.12.X1 ist der Marktwert auf 1.500 € gestiegen. Latente Steuern werden vernachlässigt. Verbuchung der Aufwertung:

Aktien an Neubewertungsrücklage 498 € OCI + 498 €

Der Buchwert beträgt demnach 1.500 €, entspricht also dem Fair Value ohne den Transaktionskosten. Am 15.1. werden die Aktien für 1.600 € verkauft. Auch der Veräußerungsgewinn beruht auf einem Wertzuwachs und ist daher erfolgsneutral. Verbuchung mit Übertragung in die Gewinnrücklagen:

Aktien an Neubewertungsrücklage 100 € OCI + 100 €

Cash an Aktien 1.600 €

Neubewertungsrücklage an Gewinnrücklage 598 €

Ergeben sich aus Eigenkapitalinstrumenten Verluste, dann werden diese ebenfalls erfolgsneutral erfasst. Dies gilt auch, wenn die Verluste dauerhaft oder endgültig eingetreten sind, d. h. Wertverluste werden niemals erfolgswirksam. Bei endgültiger Verlustrealisierung darf der kumulierte Verlust aus einem Eigenkapitalinstrument in eine andere Rücklage (i. d. R. Gewinnrücklage) transferiert werden, das Stetigkeitsgebot ist zu beachten.

BEISPIEL Ein Unternehmen erwirbt am 1.11.X1 Aktien eines börsennotierten Konzerns für 1.000 € und übt in diesem Zeitpunkt das Wahlrecht zur erfolgsneutralen Bewertung aus (es besteht keine Handelsabsicht); Transaktionskosten fallen nicht an. Zum Abschlussstichtag 31.12.X1 ist der Marktwert auf 400 € gefallen. Latente Steuern werden vernachlässigt. Verbuchung der Abwertung:

Neubewertungsrücklage an Aktien 600 € OCI – 600 €

Am 15.1. werden die Aktien für 300 € veräußert. Verbuchung:

Neubewertungsrücklage an Aktien 100 € OCI - 100 €

Cash an Aktien 300 €

Gewinnrücklage an Neubewertungsrücklage 700 €

Der Transfer von der Neubewertungsrücklage in die Gewinnrücklage erfolgt grundsätzlich instrumentenbezogen. Hat die Neubewertungsrücklage beispielsweise aufgrund gegenläufiger Gewinne und Verluste von Eigenkapitalinstrumenten einen Saldo von null, so kann bei einer Veräußerung eines Eigenkapitalinstruments mit Gewinn dennoch eine Umbuchung des entsprechenden Gewinns erfolgen, wodurch in der Neubewertungsrücklage dann ein negativer Saldo verbleibt. Dies gilt umgekehrt für Veräußerungen mit Verlust.

Überwiegen insgesamt die Verluste aus Eigenkapitalinstrumenten, dann weist die Neubewertungsrücklage einen negativen Saldo auf und wird als Negativposten im Eigenkapital dargestellt (sie entspricht dann einem offen ausgewiesenen Wertberichtigungskonto zum Eigenkapital).

Bei erfolgsneutralen Neubewertungen müssen insbesondere die aktiven und passiven **latenten Steuern** berücksichtigt werden. Diese werden im Rahmen der Abschlusserstellung gesamthaft für alle betroffenen Instrumente erfasst. Der latente Steueraufwand bzw. -ertrag wird bei erfolgsneutraler Bewertung ebenfalls erfolgsneutral im OCI gezeigt (IAS 12.61A). In der Neubewertungsrücklage scheint somit nur der Neubewertungsbetrag nach latenten Steuern auf.

5.3. Dividenden und Wechselkurse

Dividenden sind alle Gewinnausschüttungen an die Eigentümer, die proportional zum Kapitalanteil in der entsprechenden Kapitalklasse geleistet werden (IFRS 9 Anhang A). Sie werden beim Inhaber als Ertrag erfasst, wenn folgende drei Kriterien erfüllt sind (IFRS 9.5.7.1A):

- Ein Rechtsanspruch auf Zahlung ist entstanden. Im Regelfall ist das der Zeitpunkt des Ausschüttungsbeschlusses. Die Zahlung muss aber noch nicht fällig sein. Dies gilt auch für „Dividenden“ aus Ergebnisabführungsverträgen, wobei Ausgleichsansprüche der Minderheitengesellschafter ertragsmindernd sind (durchlaufender Posten).
- Der wirtschaftliche Vorteil aus der Dividende fließt dem Eigner wahrscheinlich zu.
- Die Höhe der Dividende ist verlässlich ermittelbar. Dieses Kriterium ist vor allem bei Sachdividenden relevant.

Soweit Dividenden bereits vor dem Erwerb von Eigenkapitalinstrumenten erklärt wurden, werden sie im Rahmen des Erwerbs des Eigenkapitalinstruments gesondert als Forderung erfasst, die mit dem Zufluss der Dividende getilgt wird. Dividenden, die nach dem Erwerb des Eigenkapitalinstruments erklärt werden, werden dagegen stets als Ertrag erfasst. Dies gilt auch dann, wenn Dividenden aus Gewinnen stammen, die vor dem Erwerb des Eigenkapitalinstruments entstanden sind.

Werden die Eigenkapitalinstrumente zum Fair Value bewertet, dann geht der Dividendenertrag im Zeitpunkt des Ausschüttungsbeschlusses mit einer Verminderung des Fair Value einher, die nach den Bestimmungen des IFRS 9 realisiert wird.

Dividenden werden in jedem Fall ertragswirksam im Gewinn und Verlust erfasst – auch wenn das Wahlrecht zur Bewertung über das OCI ausgeübt wurde. Der Fair Value von Eigenkapitalinstrumenten steigt regelmäßig durch Gewinnthesaurierung. Mit dem Ausschüttungsbeschluss wird eine Dividendenforderung als Ertrag aktiviert. Ab diesem Zeitpunkt muss der Fair Value „ex Dividende“ ermittelt werden, um eine doppelte Erfassung der Dividendenforderung auszuschließen. Daraus resultiert meist eine Abwertung des Fair Values in Höhe der Dividendenforderung, die wie jede andere Abwertung in der GuV oder im OCI erfasst wird.

Ein Ausschüttungsbeschluss führt daher faktisch auch bei der OCI-Bewertung zur Realisierung von Gewinnen, die bereits in der Neubewertungsrücklage erfasst waren. Dies ist der Reklassifizierung vom OCI in die GuV ähnlich, wird aber weder so bezeichnet noch in der Erfolgsrechnung als Reklassifizierung dargestellt. Der Ausschüttungsbeschluss kann sogar zu einem Neubewertungsverlust im OCI führen, wenn der Kurs „ex Dividende“ unter den Anschaffungskosten liegt.

BEISPIEL Ein Unternehmen hält Aktien eines börsennotierten Konzerns und bewertet sie über die GuV (Variante A) oder über das OCI (Variante B). Am 31.12.X1 wird eine Gewinnausschüttung beschlossen, woraus sich eine Dividendenforderung von 200 € ergibt. Gleichzeitig sinkt der Kurs von 1.000 € auf 800 € ex Dividende.

Verbuchung (Variante A) zum 31.12.X1:		**Verbuchung (Variante B) zum 31.12.X1:**	
Dividendenforderung an Ertrag	200 €	Dividendenforderung an Ertrag	200 €
Aufwand an Aktien	200 €	OCI an Aktien	200 €

Unter Variante A ist eine saldierte Darstellung in der GuV sachgerecht, nicht aber unter Variante B.

Bei einer Bewertung über die GuV ist es nicht erheblich, ob eine Dividende eine **Rückzahlung der Anschaffungskosten** darstellt oder nicht: Die Dividende wirkt sich per Saldo nicht auf das Ergebnis aus, weil sich der Dividendenertrag und der Abwertungsaufwand ausgleichen (siehe obiges Beispiel, Variante A).

Bei einer Bewertung von Eigenkapitalinstrumenten über das OCI gilt dies nicht: Wird das Eigenkapitalinstrument über das OCI bewertet, dann dürfen Dividenden nicht in der GuV erfasst werden, wenn sie eine klare Rückzahlung der Anschaffungskosten darstellen (IFRS 9.B5.7.1). Dividenden aus Gewinnen vor der Anschaffung oder Rückzahlungen des vor der Anschaffung vorhandenen Eigenkapitals sind daher regelmäßig erfolgsneutral. Substanzausschüttungen werden nicht anders behandelt als Veräußerungen.

BEISPIEL Ein Unternehmen erwirbt am 1.12.X1 Aktien eines börsennotierten Konzerns für 1.000 € und bewertet sie über die GuV (Variante A) oder über das OCI (Variante B). Am 31.12 X1 wird die Ausschüttung thesaurierter Gewinne aus dem Jahre X0 beschlossen, woraus eine Dividendenforderung von 200 € entsteht. Gleichzeitig sinkt der Kurs von 1.000 € auf 800 € ex Dividende.

Verbuchung (Variante A) zum 31.12.X1:		**Verbuchung (Variante B) zum 31.12.X1:**	
Dividendenforderung an Ertrag	200 €	Dividendenforderung an OCI	200 €
Aufwand an Aktien	200 €	OCI an Aktien	200 €

Unter beiden Varianten ist eine saldierte Darstellung in der GuV (A) und im OCI (B) sachgerecht.

Da Eigenkapitalinstrumente nicht monetär sind, werden **Wechselkursdifferenzen** nicht nach IAS 21 in der GuV erfasst (IFRS 9.B5.7.3). Die Wechselkurse beeinflussen aber ggf. den Fair Value, z. B. wenn der Fair Value aus einem Marktpreis in einer Fremdwährung abgeleitet wird. Wird das Eigenkapitalinstrument über die GuV bewertet, sind Wechselkursdifferenzen insoweit erfolgswirksam. Wird es über das OCI bewertet, sind Wechselkursdifferenzen erfolgsneutral und beeinflussen das OCI. Wurde z. B. eine Aktie für 100 US$ während des Jahres erworben (damals 100 €)

und beträgt der Kurs am Abschlussstichtag ebenfalls 100 US$ (nunmehr aber umgerechnet 110 €), dann ist eine erfolgsneutrale Aufwertung von 10 € auf 110 € erforderlich.

5.4. Ausnahme von der OCI-Bewertung: Handelsbestand

Das Wahlrecht zur OCI-Bewertung steht nur dann zu, wenn die Aktien nicht zu Handelszwecken angeschafft werden, also nicht in der Absicht erworben werden, Gewinne durch eine kurzfristige Weiterveräußerung zu erzielen. Ferner kann das Wahlrecht nur für Instrumente ausgeübt werden, die insgesamt Eigenkapitalinstrumente sind (z. B. erworbene Aktien), nicht aber für zusammengesetzte Eigen-/Fremdkapitalinstrumente (z. B. erworbene Wandelanleihen; dazu *Grünberger*, KoR 2009 S. 697).

Folglich müssen Eigenkapitalinstrumente des **Handelsbestands** *(held for trading)* stets über die GuV bewertet werden. Dazu zählen Instrumente, die hauptsächlich in der Absicht erworben oder eingegangen wurden, sie kurzfristig weiterzuverkaufen oder zu tilgen. Ausschlaggebend ist daher die Absicht einer Gewinnerzielung durch kurzfristige Preisschwankungen oder durch die Ausnutzung von Handelsmargen. Welcher Zeitraum als „kurzfristig" einzustufen ist, das hängt von der Tätigkeit des Unternehmens ab; das Unternehmen sollte einen Richtwert festlegen und diesen stetig anwenden.

Die kurzfristige Verkaufsabsicht im Handelsbestand muss nicht einzeln nachgewiesen werden. Ein Finanzinstrument kann auch **als Teil eines Portfolios eindeutig identifizierbarer Finanzinstrumente gemanagt** werden, für das in jüngster Vergangenheit Hinweise auf kurzfristige Gewinnmitnahme bestehen. Das Portfolio muss insgesamt auf kurzfristige Gewinnmitnahme gerichtet sein; als Indiz gilt etwa die durchschnittliche Umschlagsdauer. Einzelne Instrumente eines Handelsportfolios können aber auch in der Absicht angeschafft werden, sie über einen längeren Zeitraum zu halten. Allerdings zählen Finanzinstrumente nur dann zum Handelsbestand, wenn sie schon bei erstmaliger Erfassung diesem Portfolio zugeordnet wurden (nachträgliche Umwidmungen führen nicht zu einer Zuordnung zum Handelsbestand oder zu einer Ausgliederung aus dem Handelsbestand).

Die kurzfristige Gewinnmitnahme muss nicht in einem tatsächlichen Verkauf bestehen, auch die Eröffnung von Gegenpositionen kann zu diesem Ergebnis führen. Eine Risikomanagementstrategie und vorgegebene Positionslimits sind zwar nicht erforderlich, werden aber i. d. R. mit dem Handelsbestand verbunden sein.

Die für Schuldinstrumente maßgebliche Veräußerungsstrategie (Kap. VIII.4.1.3, S. 160) geht etwas weiter als die für Eigenkapitalinstrumente geltende Handelsstrategie. Der Handel ist lediglich eine kurzfristige Form der Veräußerungsstrategie. Hinter der Unterscheidung steht keine tiefere Absicht des IASB, sondern die Entstehungsgeschichte des IFRS 9. Die Bewertung von Schuldinstrumenten und Eigenkapital zum OCI wurde erst nachträglich auf Druck der Finanzindustrie an unterschiedlichen Stellen des Standards eingeführt.

5.5. Bewertungserleichterung für Eigenkapitalinstrumente ohne Marktpreis

IFRS 9 enthält eine **Bewertungserleichterung** für Eigenkapitalinstrumente (IFRS 9.B5.2.3 f.).

Sind die Instrumente nicht an einem aktiven Markt notiert, muss der Fair Value mit einem Bewertungsmodell ermittelt werden. Maßgeblich dafür ist IFRS 13 (siehe Kap. XV, S. 333). Allerdings können in sehr begrenzten Fällen, insbesondere wenn es keine aktuelleren Informationen gibt oder eine weite Bandbreite möglicher Schätzwerte besteht, die Anschaffungskosten der beste Schätzwert für den Fair Value sein. Dies gilt nur für Eigenkapitalinstrumente, die nicht notiert sind, also weder an einem aktiven noch an einem inaktiven Markt teilnehmen. Außerdem gibt es Indikatoren dafür, dass die Anschaffungskosten kein repräsentativer Schätzwert für den Fair Value mehr sind. Dazu zählen z. B. Planabweichungen in der Leistung des Emittenten seit dem Erwerb, geänderte Erwartungen über technische Entwicklungen des Emittenten, Änderungen im Markt für das Eigenkapitalinstrument, für die Produkte oder potenziellen Produkte des Emittenten, Änderungen der Weltwirtschaft oder im ökonomischen Umfeld des Emittenten, Leistungsabweichungen zu vergleichbaren Unternehmen oder zu Bewertungen im Gesamtmarkt, interne Angelegenheiten des Emittenten (Betrug, Streitigkeiten, Management- oder Strategiewechsel) oder Transaktionen betreffend das Eigenkapital des Emittenten. Im Ergebnis können die Anschaffungskosten nur bei sehr stabilen Verhältnissen und auch nur über einen begrenzten Zeitraum als Indikator für den Fair Value dienen. Nach beispielsweise drei Jahren ab der Anschaffung wird es schwer fallen, konstante Verhältnisse bei allen genannten Indikatoren zu behaupten. Die Ausnahme ist meistens nur für das Jahr der Anschaffung praxisrelevant.

6. Erfassung und Ausbuchung finanzieller Vermögenswerte

6.1. Erfassungsbestimmungen

Finanzielle Vermögenswerte werden in der Bilanz erfasst, sobald das Unternehmen Vertragspartei geworden ist *(recognition)*. Bei einer festen Kaufverpflichtung (z. B. verbindliche Bestellung) wird eine Forderung (Verbindlichkeit) erst erfasst, wenn eine Vertragspartei die vereinbarte Leistung erbracht hat.

Maßgeblich für die Erfassung ist daher regelmäßig die **formalrechtliche Betrachtung**; dies gilt auch für Derivate. Die **wirtschaftliche Betrachtung** gilt lediglich für den Abgang finanzieller Vermögenswerte (siehe unten). In zwei Fällen wirkt sich die wirtschaftliche Betrachtung der Abgangsbestimmungen indirekt auch auf die Erfassung aus:

- Der formalrechtliche Käufer darf den finanziellen Vermögenswert nicht aktivieren, wenn (aus seiner Sicht) beim Verkäufer kein Abgang vorliegt. Ein bereits bezahlter Kaufpreis wird als Forderung erfasst (Kreditgewähr). Damit wird eine doppelte Erfassung finanzieller Vermögenswerte durch beide Vertragspartner verhindert.
- Der Abgang des finanziellen Vermögenswerts kann u. U. durch bestimmte Derivate verhindert werden, z. B. bei einem formalrechtlichen Verkauf unter Vorbehalt des Rückkaufsrechts (Rückkaufoption). Bleibt der zugrunde liegende Vermögenswert beim Verkäufer aktiviert, dann darf dieses Derivat nicht zum Fair Value bewertet werden. Andernfalls käme es wirtschaftlich zu einer doppelten Erfassung von Ansprüchen. Je nach Art des Geschäftes, das den Transfer verhindert, sind gesonderte Bilanzierungsregeln in IFRS 9 Anhang B zu beachten.

BEISPIEL Das Unternehmen hält zum Fair Value bewertete Anleihen und verkauft diese am 1.12.X1 für 1 Mio. € an eine Bank. Zugleich schreibt das Unternehmen eine Option, die Anleihen im März auf Verlangen der Bank für 1 Mio. € zurückzunehmen. Der Zeitwert der Option am 1.12.X1 beträgt 50 t€, der innere Wert ist null. Laut IFRS 9 ist die Verbindlichkeit mit dem Ausübungspreis der Option zuzüglich des

Zeitwerts zu bewerten, d. h. der Fair Value der Option wird nicht als solcher erfasst. Eine Ausbuchung ist aufgrund der zurückbehaltenen Risiken nicht zulässig. Verbuchung des Verkaufs:

Aufwand	50 t€	
Cash	1.000 t€	
an assoziierte Verbindlichkeit		1.050 t€

Am 31.12.X1 ist der Fair Value der Anleihen von bisher 1 Mio. € auf 900 t€ gesunken. Der Zeitwert der Option beträgt 35 t€. Hinsichtlich der Option wird wiederum nur die Änderung des inneren Werts erfasst. Verbuchung:

Abwertungsaufwand an Anleihen	100 t€	
assoziierte Verbindlichkeit an Ertrag		15 t€

Ein Anstieg des Fair Values über den Ausübungspreis der Option wird nicht erfasst, weil dieser Gewinn wirtschaftlich der Bank zusteht.

6.2. Ausbuchungsbestimmungen

Für die **Ausbuchung finanzieller Vermögenswerte** *(derecognition)* gelten detaillierte Sonderbestimmungen, die neben der rechtlichen auch eine wirtschaftliche Betrachtung verlangen. Damit wird insbesondere die Gewinnrealisierung verhindert, wenn nur das rechtliche Eigentum, nicht aber die wirtschaftlichen Vorteile und Risiken übertragen werden (z. B. bei Verbriefungen – *„Asset-Backed-Securities"*).

Insbesondere bei Verbriefungen oder bei Stiftungskonstruktionen werden Vermögenswerte meist an eine **Zweckgesellschaft** übertragen. Aus Konzernsicht ist daher zuerst zu prüfen, ob die Zweckgesellschaft zu konsolidieren ist. IFRS 9 regelt nur die Frage, ob die Vermögenswerte dem übertragenden Unternehmen (Stifter, Originator einer Verbriefung) oder dem übernehmenden Unternehmen (Zweckgesellschaft) zuzurechnen sind. Wird die Zweckgesellschaft vollkonsolidiert, dann kann aus Konzernsicht von vornherein keine Übertragung im Sinne von IFRS 9 vorliegen, weil es sich nur um eine gruppeninterne Transaktion handelt. Eine Ausbuchung nach IFRS 9 ist überhaupt nur dann möglich, wenn die Zweckgesellschaft nicht vollkonsolidiert wird.

Erfolgt eine Übertragung an ein unkonsolidiertes Unternehmen, dann ist zu entscheiden, ob ein **vollständiger oder teilweiser Abgang** vorliegt. Ein teilweiser Abgang liegt nur in einem der folgenden drei Fälle vor:

- **Qualitative Aufteilung:** Übertragen werden lediglich bestimmte identifizierte Cashflows von einzelnen finanziellen Vermögenswerten oder Gruppen ähnlicher finanzieller Vermögenswerte (z. B. Übertragung der Zinsansprüche unter Zurückbehalt des Nominalwerts).
- **Prozentuelle Aufteilung:** Übertragen wird ein fester Prozentsatz aller Cashflows des finanziellen Vermögenswerts bzw. einer Gruppe ähnlicher finanzieller Vermögenswerte (z. B. 50 % aller Zuflüsse einer Anleihe einschließlich des Nennwerts).
- **Prozentuelle und qualitative Aufteilung:** Übertragen wird ein fester Prozentsatz bestimmter identifizierter Cashflows (z. B. Übertragung von 50 % der Zinsansprüche unter Zurückbehalt der restlichen Zinsansprüche und des Nominalwerts).

Bei einem **teilweisen Abgang** sind die Ausbuchungsvorschriften nur für den abgegangenen Teil zu prüfen; der verbleibende Teil bleibt jedenfalls aktiviert. In den übrigen Fällen ist der finanzielle Vermögenswert bzw. die Gruppe ähnlicher finanzieller Vermögenswerte insgesamt nach den

Ausbuchungskriterien zu prüfen. Liegt danach ein Abgang vor, ist der finanzielle Vermögenswert bzw. die Gruppe ähnlicher finanzieller Vermögenswerte insgesamt auszubuchen.

Finanzielle Vermögenswerte werden jedenfalls dann ausgebucht, wenn das **vertragliche Recht auf Cashflows erlischt** (z. B. durch Erfüllung bzw. Glattstellung, Zeitablauf, Bedingungseintritt, Unmöglichkeit, Nichtigkeit, Vertragsaufhebung oder Aufrechnung).

Die **Übertragung des Vermögenswerts** selbst löst für sich noch keine Ausbuchung aus. Es kommt in erster Linie darauf an, ob die Chancen und Risiken aus dem finanziellen Vermögenswert übertragen wurden.

Eine Übertragung von Vermögenswerten bzw. von Chancen und Risiken aus Vermögenswerten im Sinne von IFRS 9 liegt in den folgenden beiden Fällen vor:

- Das Unternehmen überträgt das Recht zum Erhalt der Cashflows aus dem Vermögenswert oder
- das Unternehmen behält sich zwar das Recht auf die Cashflows zurück, muss diese aber unmittelbar an andere weiterleiten (*pass through arrangement*; keine Möglichkeit zur Zwischeninvestition) und darf den finanziellen Vermögenswert nicht veräußern oder verpfänden.

Die Ausbuchung setzt also eine zivilrechtliche Übertragung der Vermögenswerte selbst oder der daraus resultierenden Brutto-Cashflows voraus *(„true sale")*. Keine Ausbuchung erfolgt daher bei **synthetischen Übertragungen**, bei denen die Chancen und Risiken aus aktivierten Vermögenswerten durch derivative Verträge an Dritte weitergegeben werden. Man spricht in diesem Fall auch von synthetischen Verbriefungen von Forderungen, z. B. durch Total Return Swaps oder durch synthetische Collateralised Debt Obligations. Statt der Ausbuchung des zugrunde liegenden Vermögens wird das Derivat mit dem Fair Value angesetzt und im Handelsbestand oder ggf. als Sicherungsinstrument bilanziert.

Wird aber umgekehrt die Forderung zivilrechtlich übertragen, die Erträge und Risiken aus der Forderung aber durch einen Total Return Swap zurückbehalten, dann unterbleibt eine vollständige Ausbuchung (siehe unten).

Wurde ein Vermögenswert entsprechend der Definition gemäß IFRS 9 übertragen, dann wird in einem nächsten Schritt geprüft, ob der Vermögenswert auch ausgebucht werden darf. Die Prüfung der Ausbuchung erfolgt in einem zweistufigen Verfahren *(„risks and rewards approach")*:

- Wurden im Wesentlichen alle **Vorteile und Risiken** übertragen, erfolgt die Ausbuchung; wurden im Wesentlichen alle Vorteile und Risiken zurückbehalten, unterbleibt die Ausbuchung.
- Zur Messung der Risiken und Vorteile werden die **Barwerte der Netto-Cashflows** vor und nach der Übertragung ermittelt. Die Risikoposition – also die Schwankungsbreite der Barwerte – muss sich dabei stark vermindern und auf einen nicht signifikanten Bruchteil gesenkt werden. Wurde z. B. eine Rückkaufoption zu einem Fixpreis vereinbart, dann wird sich die Schwankungsbreite i. d. R. nicht ausreichend vermindern, weil der Verkäufer weiterhin am Fair Value partizipiert. Wurde eine Rückkaufoption zum Marktwert vereinbart, dann wird sich die Schwankungsbreite signifikant vermindern.

- Wurden die Vorteile und Risiken zwischen den Vertragspartnern aufgeteilt, dann kommt es allein auf die **Verfügungsmacht** an:
  - Wurde die Verfügungsmacht aufgegeben, dann erfolgt eine Ausbuchung.
  - Wurde die Verfügungsmacht zurückbehalten, dann wird das „anhaltende Engagement" aktiviert.
- Die **Verfügungsmacht** ist das Recht, den Vermögenswert ohne Zustimmung Dritter jederzeit frei zu verkaufen. Das **anhaltende Engagement** *(continuing involvement)* ist kein buchhalterischer Begriff, sondern ein Risikobegriff. Wurde der Wert des übertragenen Vermögenswerts garantiert, dann entspricht das anhaltende Engagement dem Buchwert des Vermögenswerts – begrenzt mit dem Höchstbetrag der Inanspruchnahme. Bei Optionen entspricht das anhaltende Engagement – abhängig von der Optionsposition – dem Buchwert des Vermögens oder dem Ausübungsbetrag.

Bei **Ausbuchung finanzieller Vermögenswerte** wird der Veräußerungsgewinn realisiert. Wird der Vermögenswert nur teilweise ausgebucht, dann ist der Buchwert entsprechend aufzuteilen. Dabei wird der Fair Value des gesamten Instruments mit der Gegenleistung für den abgegangenen Bestandteil in Bezug gesetzt.

Ist die Ausbuchung finanzieller Vermögenswerte nicht zulässig, dann wird in Höhe des erhaltenen Transaktionspreises eine **assoziierte Schuld** eingebucht. Laufende Erträge aus dem finanziellen Vermögenswert und laufende Aufwendungen für die Schuld werden erfolgswirksam erfasst.

BEISPIELE

a) Ein Unternehmen verkauft Forderungen von 10 Mio. € für 9 Mio. € und garantiert die Werthaltigkeit dieser Forderungen bis zu einer maximalen Inanspruchnahme von 2 Mio. €. Ist mit Zahlungsausfällen in einer Bandbreite zwischen null und 2 Mio. € ernsthaft zu rechnen, dann wurden im Wesentlichen alle Risiken vom Verkäufer zurückbehalten und die Forderungen dürfen nicht ausgebucht werden. Außerdem wird eine Schuld in Höhe des vereinnahmten Kaufpreises angesetzt; die abgegebene Garantie wird nicht gesondert bilanziert, denn die Garantieprämie ist wirtschaftlich bereits im Kaufpreis von 9 Mio. € enthalten und damit bereits im Rahmen der Schuld passiviert. Drohende und tatsächliche Ausfälle der veräußerten Forderungen werden nicht durch eine zusätzliche Garantieverpflichtung oder Rückstellung, sondern durch eine Wertminderung der aktivierten Forderungen erfasst (Abschreibung auf den diskontierten Erwartungswert von z. B. 8,5 Mio. €).

Verbuchung:

Bank	9 Mio. €	
Kreditschuld		9 Mio. €
impairment-Aufwand	1,5 Mio. €	
Forderung		1,5 Mio. €

b) Wie Beispiel a), allerdings ist mit Zahlungsausfällen in einer Bandbreite zwischen null und 4 Mio. € ernsthaft zu rechnen; garantiert wurden allerdings nur Ausfälle bis zu maximal 2 Mio. €. Die Risiken wurden daher nicht zurückbehalten, sondern zwischen Verkäufer und Käufer aufgeteilt. Da die Verfügungsmacht übertragen wurde, erfolgt eine Ausbuchung mit Gewinnrealisierung. Für die Garantie wird eine finanzielle Schuld zum Fair Value bei erstmaliger Erfassung angesetzt (Aufteilung des Veräußerungserlöses anhand der relativen Fair Values auf den Kaufpreis der Forderung und die Garantieprämie, z. B. Fair Value der Garantie von 1 Mio. € und Kaufpreis der Forderung von 8 Mio. €). Die Garantie wird nach den regulären Bestimmungen für Finanzgarantien bewertet und fortgeführt (siehe Kap. IX.3.1, S. 202).

Verbuchung:

Bank	9 Mio. €	
Verlust aus Abgang	2 Mio. €	
Forderung		10 Mio. €
Garantieverbindlichkeit		1 Mio. €

Garantien oder Derivate können auch zu einem **anhaltenden Engagement** führen. Ein anhaltendes Engagement kann entstehen, wenn sich das Unternehmen die Verfügungsmacht über einen Vermögenswert zurückbehält, aber Teile der Chancen und Risiken aus dem Vermögenswert an Dritte überträgt. Wird lediglich das **anhaltende Engagement** aktiviert, dann wird eine assoziierte Schuld in derselben Höhe passiviert. Die Garantie bzw. das Derivat wird nicht gesondert bilanziert, sondern geht im Wert der assoziierten Schuld auf.

BEISPIEL ▸ Ein Unternehmen hat eine Forderung mit einem Buchwert von 10 Mio. € aktiviert. Es veräußert alle Ansprüche aus dieser Forderung an eine Bank, das Forderungsrecht selbst wird aber nicht übertragen, die Forderung wird vom Unternehmen selbst eingehoben. Zugleich gewährt das Unternehmen der Bank eine Ausfallgarantie bis zu einer maximalen Inanspruchnahme von 4 Mio. € Die Bank bezahlt insgesamt 9 Mio. € für die Forderung, wovon 0,5 Mio. € die Garantieprämie und 8,5 Mio. € den Veräußerungserlös für die Forderung darstellen (Verlust des Unternehmens aus dem Forderungsverkauf 1,5 Mio. €). Mit der Garantie sollen die Chancen und Risiken aufgeteilt werden (keine vollständige Ausbuchung). Das Verfügungsrecht wird zurückbehalten, daher ist ein anhaltendes Engagement in Höhe der maximalen Inanspruchnahme aus der Garantie in Höhe von 4 Mio. € zu aktivieren, die Restforderung von 6 Mio. € wird ausgebucht. Das anhaltende Engagement wird durch eine assoziierte Schuld in gleicher Höhe ausgeglichen. Außerdem wird der Fair Value der Garantieverpflichtung der assoziierten Schuld hinzugerechnet (4 Mio. € + 0,5 Mio. € = 4,5 Mio. €).

Verbuchung:

Bank	9 Mio. €	
Verlust	1,5 Mio. €	
Forderungen (Teilabgang)		6 Mio. €
assoziierte Schuld		4,5 Mio. €

Die Garantie wird nicht gesondert bewertet, weil diese bereits in der assoziierten Schuld enthalten ist. Ein drohender Ausfall der garantierten Forderungen wird ggf. durch eine Wertberichtigung des aktivierten anhaltenden Engagements erfasst.

Neben Verbriefungen betreffen die Ausbuchungsbestimmungen vor allem **Pensionsgeschäfte** (Repurchase Agreements bzw. „Repos") und **Wertpapierleihegeschäfte** (Securities Lending), die im Finanzsektor zur kurzfristigen Liquiditätssteuerung verwendet werden.

Beim **echten Pensionsgeschäft** veräußert der Pensionsgeber ein Wertpapier gegen Zahlung des Kaufpreises und vereinbart zugleich einen Rückkauf zu einem bestimmten Preis. Aufgrund des fixen Rückkaufpreises bleiben alle Kursrisiken beim Pensionsgeber, sodass keine Ausbuchung erfolgt. Beim **unechten Pensionsgeschäft** wird statt eines verbindlichen Rückkaufs dem Pensionsnehmer lediglich die Option zur Rückübertragung eingeräumt. Dabei kommt es vor allem auf die Ausgestaltung der Option an; kann bei Vertragsabschluss bereits mit der Optionsausübung gerechnet werden, dann erfolgt keine Ausbuchung. Darf ein Wertpapier bei echten oder unechten Pensionsgeschäften nicht ausgebucht werden, dann wird eine Schuld in Höhe des empfangenen Kaufpreises angesetzt, weil dieser zurückzuerstatten ist. Der Pensionsnehmer aktiviert nicht das Wertpapier, sondern eine Forderung für die erwartete Rückzahlung des Kaufpreises. Im Ergebnis wird somit nur eine Kreditaufnahme unterstellt. Dabei bleibt das zivilrechtlich übertragene Wertpapier in der Bilanz des Pensionsgebers aktiviert und muss als hingegebene Kreditsicherheit gesondert ausgewiesen werden.

Bei der **Wertpapierleihe** werden Wertpapiere übertragen und zugleich die Rückgabe gleichartiger Wertpapiere vereinbart. Statt eines Kaufpreises wird dem Verleiher nur ein zeitabhängiges Entgelt bezahlt. Das gesamte Kursrisiko aus dem Wertpapier bleibt somit beim Verleiher; eine Ausbuchung ist nicht zulässig.

Für übertragene Vermögenswerte, mit denen das Unternehmen noch rechtlich verbunden ist, sind umfassende Anhangangaben vorgesehen; diese sind ausführlich in Kap. XVII.3, S. 397 ff., dargestellt.

ABB. 10: Entscheidungsbaum zur Ausbuchung finanzieller Vermögenswerte

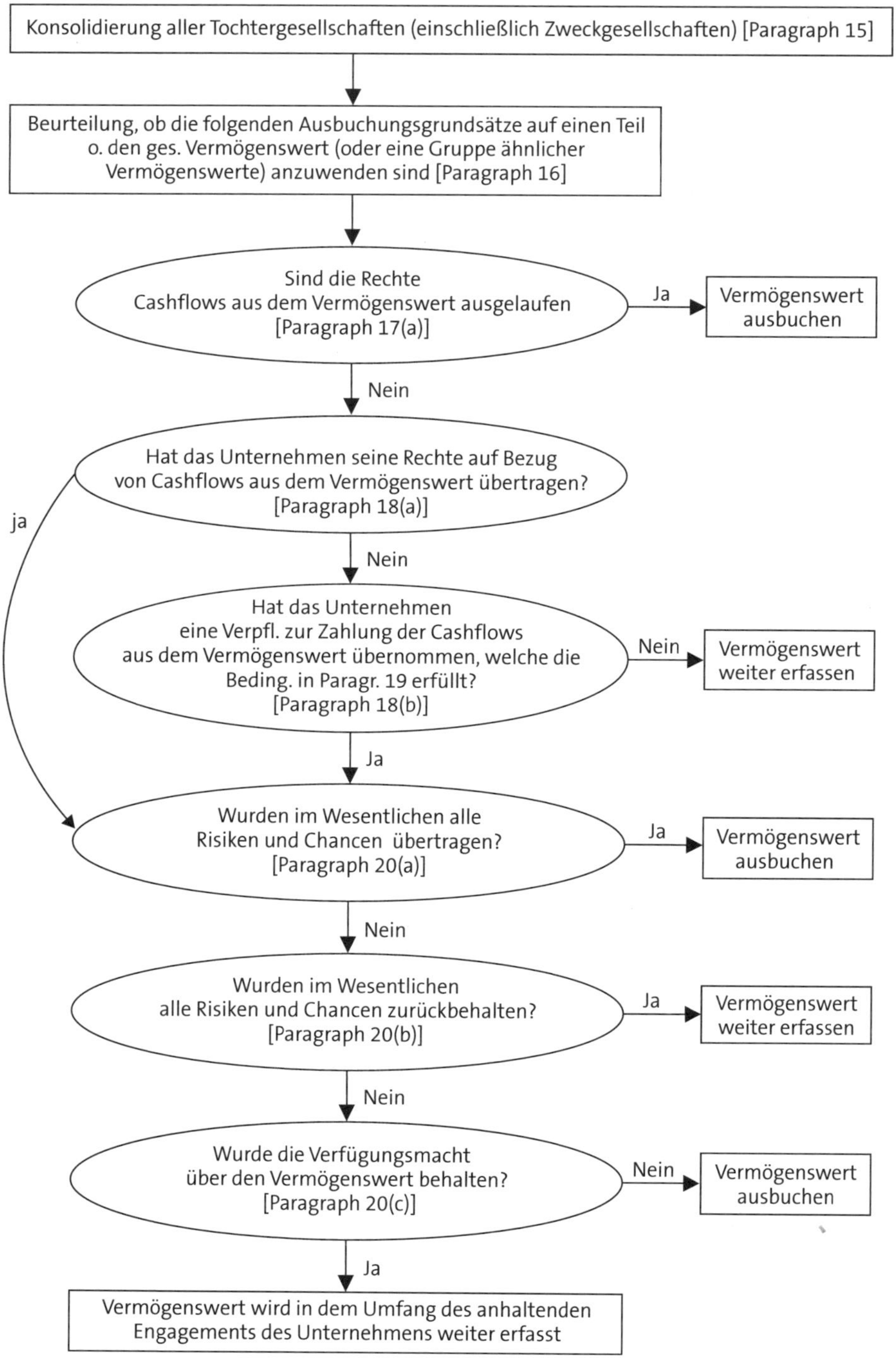

6.3. Trade-/Settlement Date Accounting

Finanzielle Vermögenswerte werden üblicherweise nicht am Tag des Vertragsabschlusses übertragen, sondern nach einer üblichen Wertstellungsfrist. Soweit die Verzögerung am Handelsplatz üblich ist, liegt kein Termingeschäft (Derivat) vor, sondern ein reguläres Kassageschäft *(regular way purchase)*. An Börsen erfolgt die Zuteilung i. d. R. am zweiten Börsentag nach Vertragsabschluss, im internationalen Handel sind bis zu 14 Tage üblich. In diesen Fällen darf das Unternehmen finanzielle Vermögenswerte entweder zum Handelstag *(trade date)* oder zum Erfüllungstag *(settlement date)* einbuchen (gilt für alle finanziellen Vermögenswerte außer Derivaten, nicht aber für Verbindlichkeiten). Es handelt sich um ein Methodenwahlrecht, das stetig anzuwenden ist.

Bei einer *at cost*-Bewertung ergeben sich keine großen Auswirkungen auf den Unternehmenserfolg, weil Zinseffekte während der Wertstellungsfrist meist unwesentlich sind. Allerdings muss das Wertberichtigungskonto für erwartete Kreditverluste entweder am Handelstag oder am Erfüllungstag erstmalig dotiert werden.

Das Wahlrecht wirkt sich vor allem bei einer Fair Value-Bewertung aus: Die Wertänderungen während der Wertstellungsfrist gehen zu Gunsten oder zu Lasten des Unternehmens, weil der Kaufpreis am Handelstag (Vertragsabschluss) und nicht am Erfüllungstag festgelegt wird. Daher müssen diese Wertänderungen auch gezeigt werden.

Werden die Vermögenswerte erst zum Erfüllungstag eingebucht, dann werden Wertänderungen seit dem Handelstag wie alle anderen Wertänderungen der betroffenen Bewertungskategorie verbucht. Da der zugrunde liegende Vermögenswert aber noch nicht erfasst ist, müssen Wertänderungen ggf. auf einem sonstigen Forderungs- bzw. Verbindlichkeitskonto bis zur Erfüllung abgegrenzt werden.

BEISPIEL

Kauf Wertpapier	29.12. (Handelstag)	Fair Value 100 € (= Entgelt) Erwarteter Kreditverlust 1 €
Stichtag	31.12.	Fair Value 102 €
Lieferung	4.1. (Erfüllungstag)	Fair Value 103 €
Bezahlung	5.1.	100 €

Trade Date Accounting	at cost	at fair value (erfolgsneutral)	at fair value (erfolgswirksam)
29.12.	Wertpapier an Verb. 100 € Aufwand an WB-Konto 1 €	Wertpapier an Verb. 100 € RL an WB-Konto 1 €	Wertpapier an Verb. 100 €
31.12.		Wertpapier an RL 2 €	Wertpapier an GuV 2 €
4.1.		Wertpapier an RL 1 €	Wertpapier an GuV 1 €
5.1.	Verb. an Cash 100 €	Verb. an Cash 100 €	Verb. an Cash 100 €
Settlement Date Accounting			
29.12.			
31.12.		Forderung an RL 2	Forderung an GuV 2 €
4.1.	Wertpapier an Verb. 100 € Aufwand an WB-Konto 1 €	Wertpapier 103 € an RL 1 € an Verb. 100 € an Forderung 2 € RL an WB-Konto 1 €	Wertpapier 103 € an GuV 1 € an Verb 100 € an Forderung 2 €
5.1.	Verb. an Cash 100 €	Verb. an Cash 100 €	Verb. an Cash 100 €

IX. Erwartete Kreditverluste *(Expected Credit Losses)*

1. Allgemeines

1.1. Anwendungsbereich

Nach langer Entwicklungsarbeit hat das IASB sein Projekt zur Überarbeitung der Abschreibungsregeln für Forderungen und andere vom Kreditrisiko bedrohte Instrumente abgeschlossen und als Bestandteil des IFRS 9 veröffentlicht, der 2018 umzusetzen ist. Damit reagiert das IASB auf allgemeine Kritik einer zu stark vergangenheitsbezogenen Bewertung von Forderungen und setzt die Aufforderung der G20-Staaten um, Wertberichtigungen auf eine breitere Informationsbasis zu stützen. IASB und US-FASB sind trotz intensiver Bemühungen daran gescheitert, ein vergleichbares Konzept umzusetzen. Dort, wo es konzeptionelle Übereinstimmungen gibt, wurden die technischen Details angeglichen.

Mit den erwarteten Kreditrisiken wird ein komplexes, aber bei großen Banken bereits etabliertes finanzwirtschaftliches Bewertungskonzept in die Rechnungslegung übertragen. Die Umsetzung im Unternehmen setzt finanzwirtschaftliches Basiswissen und eine eingehende Beschäftigung mit IFRS 9 voraus. Der praktischen Umsetzung im Bankwesen und im Industriebereich sowie den quantitativen Auswirkungen ist das Buch *Grünberger*, Kreditrisiko im IFRS-Abschluss (Rz. 2000–4229) gewidmet. Nachfolgend sollen die wesentlichen Verständnis- und Praxisfragen dargestellt werden.

Erwartete Verluste müssen bei allen kreditrisikobehafteten Schuldinstrumenten erfasst werden, sofern diese nicht schon zum Fair Value über die GuV zu bewerten sind. Außerdem wird der Anwendungsbereich auf Garantien und Kreditzusagen ausgeweitet. Für diese ist somit keine Rückstellung nach IAS 37 anzusetzen, sondern eine Vorsorge nach IFRS 9. Der Unterschied liegt darin, dass IAS 37 wie der frühere IAS 39 nur am Bilanzstichtag eingetretene Verluste abbildet, nicht aber für die Zukunft erwartete Verluste.

Erwartete Verluste sind für folgende Rechtsverhältnisse zu erfassen (IFRS 9.5.5.1):

- zu fortgeführten Anschaffungskosten bewertete finanzielle Vermögenswerte;
- Schuldinstrumente, die zum Fair Value über das OCI bewertet werden (d. h. Vermögenswerte, die das SSPI-Kriterium erfüllen und bei denen das Geschäftsmodell sowohl auf die Vereinnahmung als auch die Veräußerung gerichtet ist);
- Leasingforderungen bei einem Finanzierungsleasing gemäß IFRS 16 und vertragliche Vermögenswerte nach IFRS 15 (z. B. Auftragsfertigung);
- geleistete Kreditzusagen und Finanzgarantien (sofern diese nicht zum Fair Value bewertet werden oder – bei Finanzgarantien – nach IFRS 17 bewertet werden).

Zu fortgeführten Anschaffungskosten bewertete finanzielle Vermögenswerte sind der Hauptanwendungsfall (z. B. Lieferforderungen, Anleihen, Ausleihungen, Kreditforderungen und sonstige Forderungen). Auch für **Leasingforderungen beim Finanzierungsleasing** sind erwartete Kreditverluste gemäß IFRS 9 zu bevorsorgen, obwohl Leasing in IFRS 16 geregelt ist. Schließlich unterliegen Leasingforderungen einem ähnlichen Ausfallsrisiko wie dinglich besicherte Kredite, wobei für Zwecke des IFRS 9 der Leasinggegenstand als Kreditsicherheit berücksichtigt werden kann und sich damit der LGD vermindert.

Zum Fair Value über das OCI bewertete Vermögenswerte wurden aufgenommen, damit erwartete Verluste jedenfalls über die GuV geführt werden und keine Bevorzugung durch eine Verlusterfassung im OCI stattfindet.

Das Kreditrisiko eigener Verbindlichkeiten wird nicht bevorsorgt, dies würde dem Going Concern-Grundsatz widersprechen und zu Gewinnen aus einer eigenen Bonitätsverschlechterung führen. Daher sind eigene Verbindlichkeiten nicht von der Regelung umfasst.

Geleistete **Kreditzusagen und Finanzgarantien** sind zwar Verbindlichkeiten, sie stellen aber ein sogenanntes Kreditäquivalent dar: Aus Risikosicht ist es gleichgültig, ob das Unternehmen dem Kunden einen Kredit gewährt oder bloß die Haftung für einen Kredit eines Dritten übernimmt. Der Schaden bei einem Ausfall des Kunden wäre gleich, nur dass er nicht in Form einer verminderten Rückzahlung einer Forderung, sondern in Form einer Auszahlung bei Inanspruchnahme der Haftung realisiert wird. Daher werden Haftungen in Form von Finanzgarantien und Kreditzusagen ebenfalls mit dem erwarteten Verlust bevorsorgt. Mangels einer zugrundeliegenden Forderung wird der erwartete Verlust nicht als Wertberichtigung, sondern als Rückstellung erfasst. Kreditäquivalente gibt es hauptsächlich bei Banken und Versicherungsunternehmen.

1.2. Der 3-Stadien (3S)-Ansatz

Das IASB hat sich für einen abgestuften Verlustansatz entschieden, den **3-Stadien(3S)-Ansatz**. Dahinter steht ein Grundproblem, das zwar nicht gelöst, aber mit dem abgestuften Ansatz abgemildert wurde. Erwartete Verluste sind ein Begriff der Finanzwirtschaft bzw. des Risikomanagements. Sie entstehen in der Zukunft, denn auch das Risikomanagement ist zukunftsorientiert. Dagegen ist die Rechnungslegung aufgrund ihrer Rechenschaftsfunktion vergangenheitsbezogen. Daraus ergibt sich ein innerer Widerspruch:

- Das Risikomanagement blickt in die Zukunft und es ist gleichgültig, wie hoch der erwartete Verlust in früheren Perioden war.
- Die Rechnungslegung muss Aufwendungen und Erträge einzelnen Perioden zuordnen. Der erwartete Verlust im Zeitpunkt der Anschaffung kann kein Aufwand sein, weil er in die Anschaffungskosten bzw. die vereinbarten Kreditrisikoprämien eingepreist ist. Nur Verschlechterungen seit der Anschaffung sind relevant. Daher ist eine Abstufung notwendig, d. h. nur eine Bonitätsverschlechterung löst einen Aufwand aus.

Daher wird bei Anschaffung nicht der gesamte lebenslange Verlust erfasst, sondern erst nach einer Bonitätsverschlechterung.

Allerdings ist die Anschaffung nicht ganz risikofrei: Im Kreditgeschäft gibt es einen natürlichen Selektionsmechanismus: Die meisten Anleihen werden emittiert und die meisten Kredite vergeben, solange ein Schuldner besonders kreditwürdig ist. Bei Anschaffung ist die Bonität daher regelmäßig besser, verschlechtert sich aber während der Laufzeit hin zu einem Durchschnittswert.

Um diesen negativen Trend auszugleichen, verlangt das IASB bereits bei Anschaffung, den **Verlust über die nächsten zwölf Monate** aufwandswirksam anzusetzen. Damit soll vermieden werden, dass die Ausfallskosten in der zweiten Laufzeithälfte höher sind als in der ersten Laufzeithälfte. Zwar wird der negative Trend nicht exakt korrigiert, aber zumindest grob ausgeglichen.

Mit der Entscheidung für den zwölfmonatigen Verlust hat sich das IASB dem Basel II-Aufsichtsregime für Banken aus dem Jahr 2003 angeglichen, um den Umsetzungsaufwand gering zu halten.

Der zwölfmonatige Verlust wird sogar dann bevorsorgt, wenn sich die Bonität verbessert hat. Allerdings wird dann der geschätzte zwölfmonatige Verlust geringer sein als im Anschaffungszeitpunkt, wodurch ein Ertrag entstehen kann.

Wenn sich die **Bonität wesentlich verschlechtert**, dann wird anstatt dem zwölfmonatigen erwarteten Verlust der lebenslang erwartete Verlust aufwandswirksam angesetzt. So wird sehr vereinfacht berücksichtigt, dass die Bonitätsverschlechterung in den Effektivzinsen nicht abgegolten ist.

Um die Bonitätsverschlechterung zu beurteilen, muss die Bonität ab der Anschaffung aufgezeichnet werden. Dies kann Systemanpassungen erforderlich machen. Für die vor der Erstanwendung von IFRS 9 angeschafften Instrumente sind Vereinfachungen vorgesehen, weil die erforderlichen historischen Daten möglicherweise nicht vorhanden sind.

Beim zwölfmonatigen bzw. lebenslangen Verlust werden die noch erwarteten Kreditrisikoprämien nicht gegengerechnet, obwohl diese die künftigen Verluste mindern. Dieser Umstand wurde bereits dadurch berücksichtigt, dass im Stadium 1 nur der zwölfmonatige und nicht der lebenslange Verlust angesetzt wurde. Eine Gegenrechnung wäre zwar theoretisch sinnvoll, wurde aber von Bankenvertretern mit dem Hinweis auf die umfangreichen Systemerfordernisse abgelehnt.

Ist das Instrument schließlich einzeln **wertgemindert**, weil der Schuldner seine Verpflichtungen wahrscheinlich nicht mehr erfüllen kann, wird eine Einzelwertberichtigung in Höhe des lebenslangen erwarteten Verlustes angesetzt. Bei wertgeminderten Instrumenten sind der lebenslange erwartete Verlust und der eingetretene Verlust identisch, weil das Verlustereignis bereit stattgefunden hat. Für die Definition der Wertminderung werden die bereits in IAS 39 angeführten Verlustereignisse in den IFRS 9 übernommen

Daraus ergeben sich die drei Stadien im 3S-Ansatz, die nachfolgend im Überblick dargestellt sind.

TAB. 8: Übersicht zum 3-Stadien-Ansatz

	Stadium 1	**Stadium 2**	**Stadium 3**
Kriterium	Bonität gleich oder besser	Bonität verschlechtert	wertgemindert
Bewertung	zwölfmonatiger Verlust	lebenslanger Verlust	lebenslanger Verlust
Verbuchung	Portfoliowertberichtigung	Portfoliowertberichtigung	Einzelwertberichtigung

BEISPIEL Das Unternehmen hat im Abschlussjahr Anleihen vier verschiedener Emittenten erworben. Die Bonität wird vereinfacht mit vier Ratingstufen gemessen: A (beste Bonität), B (gute Bonität), C (schlechte Bonität) und D (wertgemindert). Die Ratings im Anschaffungszeitpunkt und die Ratings am Abschlussstichtag sind in nachfolgender Tabelle angegeben.

Ratingstufe	Anschaffung	Abschlussstichtag	Bewertung	Kommentar
A	Anleihe 1	Anleihe 1	zwölfmonatiger Verlust	Bonität gleich
	Anleihe 2			
	Anleihe 3			
B	Anleihe 4	Anleihe 4	zwölfmonatiger Verlust	Bonität gleich
		Anleihe 2	lebenslanger Verlust	Bonität verschlechtert
C				
D		Anleihe 3	lebenslanger Verlust, Einzelwertberichtigung	ausgefallen

Wie das Beispiel zeigt, können Anleihen 2 und 4 in derselben Ratingstufe B mit dem zwölfmonatigen oder lebenslangen Verlust zu bevorsorgen sein. Dies ist gerechtfertigt, weil bei Anleihe 4 höhere Kreditrisikoprämien verdient werden, weil sie bereits mit dem schlechteren Rating B erworben wurde. Dagegen werden bei Anleihe 2 niedrigere Kreditrisikoprämien verdient, weil sie mit dem besseren Rating A erworben wurde.

1.3. Bewertung im Stadium 1

Die Anschaffung führt zu einer unmittelbaren Aufwandsbuchung, um im **Stadium 1 den zwölfmonatigen Verlust** abzudecken. Im Gegenzug wird in den Folgejahren das Ergebnis entlastet, weil schon bei Anschaffung ein Teil der später möglichen Verluste bevorsorgt wurde.

Maßgeblich sind laut Definition im Anhang A die Verluste aus erwarteten Ausfallsereignissen innerhalb der nächsten zwölf Monate nach dem Abschlussstichtag. Die Beurteilung beginnt an jedem Stichtag neu.

Nicht relevant sind die wahrscheinlichen Ausfälle der nächsten zwölf Monate oder die Minderzahlungen während der nächsten zwölf Monate.

BEISPIEL Das Unternehmen bewertet eine endfällige Forderung mit einer Restlaufzeit von zwei Jahren im Stadium 1. Das Ausfallsrisiko innerhalb der nächsten zwölf Monate beträgt 1 %. Obwohl der Ausfall eher unwahrscheinlich ist, muss der erwartete Verlust angesetzt werden. Da in den nächsten zwölf Monaten keine Zahlung fällig ist, sind während dieser Zeit keine Minderzahlungen zu erwarten. Dennoch ist ein erwarteter Verlust anzusetzen: die durch Ausfallsereignisse der nächsten zwölf Monate verursachten Minderzahlungen über den gesamten Zeitraum der Eintreibung bis zur Einstellung aller Eintreibungsmaßnahmen.

In der Praxis wird der zwölfmonatige Verlust nicht am Tag der Anschaffung, sondern vereinfachend erst am ersten darauffolgenden Bewertungsstichtag (z. B. Quartalsstichtag) ermittelt und verbucht. Solange sich daraus keine wesentlichen Verzerrungen ergeben, ist dies nicht zu beanstanden (ebenso IFRS 9.IE78 ff.).

Ist die Restlaufzeit des Instruments kürzer als zwölf Monate, sind naturgemäß nur die Ausfallsereignisse innerhalb der Restlaufzeit zu bevorsorgen. Damit wird die Verlustvorsorge im letzten Jahr der Laufzeit kontinuierlich als Ertrag abgebaut, sofern das Instrument nicht tatsächlich ausfällt. Bei Durchschnittsbetrachtung wird das letzte Jahr der Laufzeit entlastet: Sofern die Erwartungen richtig waren, treten ebenso viele Ausfallsverluste ein, wie schon bevorsorgt wurden, sodass die GuV frei von Ausfallsverlusten bleibt.

Die Verlustdefinition im Anhang A schließt auch jene Verluste mit ein, die vor dem Stichtag eingetreten, aber noch nicht bekannt geworden sind. Diese Verluste waren schon nach dem früheren IAS 39 zu bevorsorgen (*incurred but not reported losses*) und müssen auch weiterhin berücksichtigt werden. Dies lässt sich in der Praxis wie folgt bewerkstelligen:

- Bei Anschaffung wird der zwölfmonatige erwartete Verlust erfasst.
- Bei der Folgebewertung wird erhoben, wie lange das Unternehmen im Durchschnitt benötigt, um ein Verlustereignis zu entdecken. Benötigt es im Schnitt z. B. sechs Monate, dann wird nicht der zwölfmonatige, sondern der 18-monatige Verlust angesetzt. Zu den erwarteten Verlusten während der nächsten zwölfMonate kommen jene Verluste dazu, die vermutlich am Stichtag schon eingetreten sind. Nur künftige, nicht aber vergangene Verluste anzusetzen, wäre ein Wertungswiderspruch.

Da nur **Ausfallsereignisse** (*default events*) innerhalb der Zwölfmonatsfrist erfasst werden, kommt der Definition des Ausfallsereignisses eine zentrale Bedeutung zu. Der Standard definiert es aber nicht. Hier muss in Übereinstimmung mit dem Risikomanagement eine konkrete interne Definition entwickelt, dokumentiert und stetig angewandt werden. Diese Definition muss sowohl **Zahlungsstörungen** als auch **wirtschaftliche Ausfallsereignisse** enthalten (z. B. wirtschaftliche Schwierigkeiten, Überschuldung, drohende Insolvenz). Ein intern konkret definiertes Ausfallsereignis mit wirtschaftlichen Aspekten ist aus mehreren Gründen wichtig:

- Erwartete Verluste sind eine statistische Größe, die nur dann brauchbar ist, wenn in einer konkreten Bewertungssituation dieselben Definitionen verwendet werden wie beim Aufbau der historischen Datenbasis. Alle Definitionsänderungen müssten in der historischen Datenbasis aufwendig rekonstruiert werden. Mit dem Verzicht auf eine konkrete Definition wollte das IASB solche Änderungen der historischen Datenbasis vermeiden.
- Betrachtet man nur Zahlungsstörungen und nicht wirtschaftlich definierte Ausfallsereignisse wie z. B. Überschuldung, dann würde man bei endfälligen Instrumenten den Ausfall erst am Laufzeitende bemerken. Außerdem könnte ein Gläubiger durch Stundungen eine Zahlungsstörung künstlich hinauszögern.

Für die Praxis bietet es sich an, die interne Definition des Ausfallsereignisses möglichst mit den Wertminderungstatbeständen abzustimmen, die IFRS 9 für den Übergang von Stadium 2 auf Stadium 3 verwendet (siehe Kap. IX.1.5, S. 190 ff.). Schließlich müssen beide Definitionen im Anhang offengelegt werden (IFRS 7.35F lit. b und lit. d). Unterschiede könnten sowohl extern als auch bei der internen Kommunikation zwischen Risikomanagement und Rechnungswesen Verwirrung stiften.

Für bei Anschaffung bereits wertgeminderte Instrumente gibt es abweichende Bewertungsregeln (IFRS 9.5.5.13).

Eine Sonderregel gibt es für finanzielle Vermögenswerte, die im Rahmen eines Unternehmenserwerbs gemäß IFRS 3 angeschafft wurden: Eine Wertberichtigung für den erwarteten Verlust ist im Rahmen der Kaufpreisallokation nicht zulässig, weil der erwartete Verlust schon im Fair Value im Rahmen der Kaufpreisallkation berücksichtigt ist (IFRS 3.B41). Dies gilt aber nur für den Erwerbszeitpunkt. Am ersten Periodenstichtag nach dem Erwerb muss der erwartete Verlust regulär und je nach Stadium richtig erfasst werden. Mit der Folge, dass erwartete Verluste (auch wenn vor der Anschaffung entstanden) nicht den Firmenwert erhöhen, sondern in die

GuV eingehen. Dies ist konsistent mit der direkten Anschaffung eines finanziellen Vermögenswerts, wo auch ein zusätzlicher Aufwand gebucht wird.

1.4. Übergang ins Stadium 2

Verschlechtert sich die Bonität im Stadium 1, steigt der zwölfmonatige Verlust. Verschlechtert sich die Bonität aber noch stärker, geht das Instrument zusätzlich **vom Stadium 1 ins Stadium 2** über, wo der lebenslange Verlust erfasst werden muss. Die Differenz zwischen dem zwölfmonatigen und dem lebenslang erwarteten Verlust wird als Aufwand in der GuV gezeigt (IFRS 9.5.5.8). Abgesehen von methodischen Fragen der Verlustermittlung ist der Übergang zwischen Stadien 1 und 2 die wichtigste und bilanzpolitisch relevanteste Entscheidung. Entsprechend umfangreich sind die Vorschriften des IFRS 9 zum Übergang.

An jedem Abschlussstichtag ist zu prüfen, ob ein Instrument vom Stadium 1 ins Stadium 2 übergegangen ist und daher der lebenslang erwartete Verlust anzusetzen ist. Der Übergang erfolgt, wenn das **Kreditrisiko des Finanzinstruments signifikant angestiegen** ist (IFRS 9.5.5.3). Verbessert sich die Situation danach wieder, sodass keine signifikante Erhöhung mehr vorliegt, erfolgt ein Rücktransfer ins Stadium 1 und die Verlustvorsorge wird vom lebenslangen auf den zwölfmonatigen Verlust reduziert (IFRS 9.5.5.7).

Der signifikante Kreditrisikoanstieg wird stets **in Bezug auf die Anschaffung** beurteilt. So kann das Kreditrisiko z. B. über mehrere Jahre jeweils nur geringfügig, in Summe aber signifikant angestiegen sein. Auch dann geht das Instrument ins Stadium 2 über. Außerdem kann sich das Kreditrisiko zuerst verbessern und dann signifikant verschlechtern, in Summe aber gleich bleiben. Dann verbleibt das Instrument im Stadium 1.

Der signifikante Anstieg des Kreditrisikos ist allein anhand des Ausfallsrisikos zu beurteilen (*probability of default*). Nicht maßgeblich ist z. B. die Verlusthöhe bei Ausfall. Verliert z. B. eine Kreditsicherheit an Wert, steigt die potentielle Verlusthöhe. Solange sich das Ausfallsrisiko des Schuldners nicht verschlechtert, verbleibt die Forderung im Stadium 1 (IFRS 9.5.5.9).

Gemessen wird der Anstieg des **durchschnittlichen Ausfallsrisikos pro künftiger Periode** (z. B. pro Jahr). In der Praxis werden oft nur die nächsten zwölf Monate betrachtet, weil die nächsten zwölf Monate repräsentativ für das Risiko in späteren Perioden sind. Dies ist solange zulässig, als keine abnormale Risikoverschiebung über die Laufzeit zu erwarten ist (IFRS 9.B5.5.13).

BEISPIEL Der Schuldner hatte bei Ausgabe einer dreijährigen Forderung ein Rating von A, das einem jährlichen Ausfallsrisiko von 0,1 % pro Jahr entspricht. Grob geschätzt ergibt dies ein lebenslanges Ausfallsrisiko von 3 × 0,1 % = 0,3 %. Nach zwei Jahren verschlechtert sich nun das Rating von A auf BBB, was einem jährlichen Ausfallsrisiko von 0,2 % entspricht. Grob geschätzt ergibt dies ein lebenslanges Ausfallsrisiko von 1 × 0,2 % = 0,2 %.

Nach der Ratingverschlechterung ist das jährliche Ausfallsrisiko signifikant von 0,1 % auf 0,2 % angestiegen und die Forderung wandert daher ins Stadium 2. Aufgrund der kürzeren Restlaufzeit ist zwar das lebenslange Risiko (0,2 %) niedriger als bei Anschaffung (0,3 %). Dies ist aber unbeachtlich, weil es auf das periodische Risiko ankommt (IFRS 9.B5.5.11). Eine abnormale Risikoverschiebung liegt nicht vor, sodass eine Betrachtung der einjährigen Ausfallsraten ausreicht. Abnormale Risikoverschiebung bedeutet, dass während der Laufzeit die zwölfmonatige Ausfallswahrscheinlichkeit konstant bleibt und nur die lebenslange ansteigt.

Andere Unternehmen verwendet statt der zwölfmoantigen PD die annualisierte lebenslange PD, um damit auch Instrumente verschiedener Restlaufzeiten vergleichbar zu machen. Ist die lebenslange PD einer zweijährigen Forderung 19 %, beträgt die annualisierte PD 10 % (Die Überlebenswahrscheinlichkeit beträgt dann $0{,}9 \times 0{,}9 = 0{,}81$).

Da der Risikoanstieg seit der Anschaffung gemessen wird, muss jedes Instrument gesondert beurteilt werden (**Kontensicht**). Folglich können verschiedene Forderungen gegenüber ein und demselben Schuldner in verschiedene Stadien fallen.

BEISPIEL ▸ Ein Unternehmen hat zwei Forderungen an ein und denselben Kunden mit einem B-Rating. Bei Ausgabe der ersten Forderung war sein Rating noch A, d. h. diese Forderung fällt ins Stadium 2. Bei Ausgabe der zweiten Forderung war sein Rating schon B, d. h. diese fällt ins Stadium 1.

Problematisch ist die Regel bei austauschbaren Instrumenten wie Anleihen mit derselben ISIN-Nummer. Hier könnte eine Verbrauchsfolge wie FIFO unterstellt werden.

Die Bonität wird regelmäßig in **Kreditrisikoratings bzw. Schuldnerratings** gemessen, die das periodische Ausfallsrisiko beschreiben. Das IASB schreibt dies zwar nicht verbindlich vor, für Zwecke der Anhangangaben müssen aber jedenfalls Ratings verwendet werden (IFRS 7.35M; ausgenommen sind bestimmte Liefer-, Leistungs- oder Leasingforderungen). De facto sind daher Ratings auch bei der Bewertung notwendig. Laut Definition in IFRS 7 Anhang A misst ein Kreditrisikorating das Ausfallsrisiko eines Finanzinstruments. In der Praxis messen Ratings das Ausfallsrisiko des Schuldners an sich, weil bei einer Schieflage alle seine Verbindlichkeiten betroffen sind. Die Besonderheiten von Einzelinstrumenten können ggf. durch Ratinganpassungen berücksichtigt werden. Für Zwecke des Übergangs zwischen Stadium 1 und 2 besteht für solche Anpassungen aber wenig Bedarf, weil hierbei alle Faktoren zu vernachlässigen sind, die die Verlusthöhe betreffen (z. B. Sicherheiten und die Seniorität). Daher sind Schuldnerratings für den Übergang zwischen den Stadien ausreichend.

Schuldnerratings können von **Ratingagenturen**, Kreditschutzverbänden oder Kreditregistern beschafft werden (z. B. in Deutschland die „Schufa"). Solche Agenturen verfügen über umfassende historische Daten und viel Erfahrung bei der Ratingerstellung und liefern daher sehr zuverlässige Risikoinformationen. Allerdings kündigen viele Unternehmen vor einer massiven Bonitätsverschlechterung den Ratingvertrag mit der Agentur und sind danach schwerer zu beurteilen.

Ratingsysteme messen das Ausfallsrisiko nicht auf einer linearen, sondern auf einer exponentiellen Skala. Verschlechtert sich ein Moody's-, S&P- oder Fitch-Rating um eine ganze Ratingstufe, z. B. von AAA auf AA oder von BB auf B, dann steigt die jährliche Ausfallsrate ungefähr auf das 4,5-fache. Verschlechtert sich das erweiterte Rating um eine Stufe (z. B. AA+ auf AA oder Aa1 auf Aa2), dann steigt die Ausfallsrate ungefähr auf das 1,6-fache. Der signifikante Kreditrisikoanstieg dürfte zwischen diesen beiden Grenzen liegen, also bei einer Verdoppelung oder Verdreifachung des Ausfallsrisikos. Dieser Wert findet sich auch in der Literatur. Neben einer solchen relativen Schwelle (Verdoppelung oder Verdreifachung) haben manche Unternehmen auch absolute Schwellen eingeführt (z. B. Anstieg der Ausfallsrate um mindestens X %). Eine Fallentscheidung der FMA aus 2017, die von der ESMA publiziert wurde, schränkt solche absoluten Schwellen aber sehr stark ein, die absolute Schwelle darf die relative nicht verwässern und in keinem Fall größer als 0,5 % p. a. sein (entsprechend der Befreiung für niedriges Kreditrisiko, siehe unten).

Für die meisten Unternehmen existieren keine externen Ratings. Dann sind z. B. interne Ratings auf Basis etablierter Risikomodelle einzusetzen. Gibt es auch keine internen Ratings, kann der Übergang zwischen den Stadien anhand alternativer Informationsquellen beurteilt werden, z. B.

angestiegene Credit Spreads von Anleihen, steigende Ausfälle in einer „Peer Group", makroökonomische Verschlechterungen, regionale Probleme (z. B. Großinsolvenz) oder ein verstärktes Kreditmanagement aufgrund einer Bonitätsverschlechterung. IFRS 9.B5.5.17 enthält eine lange Liste möglicher Indikatoren. Allerdings dürfen nicht alle Indikatoren, sondern nur die für den Einzelfall signifikanten Indikatoren herangezogen werden. Die Beurteilung muss gesamthaft erfolgen, die Verschlechterung eines signifikanten Indikators allein muss noch keinen Übergang auslösen. Im Endeffekt sind die Indikatoren zu einem internen Ratingurteil zu verdichten, genauso wie bei echten Ratingmodellen.

Bei **einer 30-tägigen Überfälligkeit** wird ein signifikanter Anstieg des Kreditrisikos widerlegbar vermutet, allerdings mit dem Hinweis, dass üblicherweise stärker zukunftsorientierte Informationen verfügbar sind als die Überfälligkeit (IFRS 9.B5.5.19). Damit soll der Umkehrschluss vermieden werden, ohne Überfälligkeit gäbe es keinen Übergang in das Stadium 2. Die Vermutung kann widerlegt werden, wenn es sich um versehentliche Überfälligkeiten handelt (z. B. Konten wurden verwechselt) oder statistische Daten beweisen, dass kein Kreditrisikoanstieg vorliegt.

Ein finanzieller Vermögenswert ist überfällig, wenn der Schuldner eine Zahlung nicht vertragsgemäß geleistet hat. Dabei ist jede wesentliche Zahlungsverpflichtung des Schuldners zu beachten, nicht nur das bewertete Instrument. Bestehen z. B. zwei wesentliche Forderungen gegenüber dem Kunden und ist eine 30 Tage überfällig, gehen beide ins Stadium 2 über.

Die Bonität der Schuldner, insbesondere das Überfälligkeitskriterium, muss im IFRS-Konzern einheitlich gemessen und beurteilt werden. Der Konzern muss erkennen, ob es sich bei zwei Kundenforderungen zweier Konzerntöchter um denselben Kunden handelt oder nicht und bei beiden das Kreditrisiko einheitlich beurteilen (konzernweite Stammdatenverwaltung).

1.5. Optionale Befreiung vom Übergang ins Stadium 2

Der vergangenheitsbezogene Bonitätsvergleich kann aufwendig sein. Wenn das Ausfallsrisiko noch sehr niedrig ist, steht dem Bewertungsaufwand kein Mehrwert an Information gegenüber: Ratings messen das Ausfallsrisiko auf exponentiellen Skalen. Wenn sich sehr gute Ratings um ein oder zwei Stufen verändern, ist die Auswirkung auf die Bilanz dennoch unwesentlich (z. B. das jährliche Ausfallsrisiko steigt um das 100-fache von 0,0001 % auf 0,01 %, dennoch ist die betragliche Auswirkung minimal).

Bei einem geringen Ausfallsrisiko muss daher kein Übergang ins Stadium 2 erfolgen, d. h. die Prüfung der Übergangsvoraussetzungen beginnt erst, wenn das Ausfallsrisiko hoch ist. Hat das Finanzinstrument am Abschlussstichtag ein niedriges Kreditrisiko, dann verbleibt es trotz einer Bonitätsverschlechterung im Stadium 1 (IFRS 9.B5.5.22). Dennoch muss auch für diese Instrumente der zwölfmonatige erwartete Verlust ermittelt und angesetzt werden, obwohl auch dieser Verlust sehr gering ist.

Es handelt sich um ein Methodenwahlrecht, das stetig und einheitlich anzuwenden ist.

Ein **geringes Kreditrisiko** liegt vor, wenn das Instrument ein **Investmentgrade-Rating** hat oder, bei Instrumenten ohne Agenturratings, das intern ermittelte Ausfallsrisiko einem Investmentgrade-Rating von Ratingagenturen entspricht. Das schlechteste Investmentgrade-Rating lautet BBB bzw. bei Moody's Baa.

Die durchschnittlichen Ausfallswahrscheinlichkeiten der drei führenden Agenturen Moody's-, S&P- und Fitch zwischen 1985 und 2011 zeigen folgendes Bild: Die Schwelle zum Übergang zwischen Investment- und Noninvestmentgrade liegt bei jährlichen Ausfallswahrscheinlichkeiten von 0,5 %. Bis zu diesem Richtwert bleibt das Instrument im Stadium 1.

Der Begriff Noninvestmentgrade ist eine Marktkonvention und historisch gewachsen. Sie geht zurück auf eine eher willkürliche Regelung der US-Bankenaufsicht vom September 1931, wonach Banken Anleihen mit einem Rating von zumindest Baa/BBB zu Anschaffungskosten bewerten mussten und die Schlechteren zum Fair Value. Der Übergang beschreibt weder eine kritische Marke noch den Beginn einer Abwärtsspirale, sondern eine willkürlich gezogene Grenze (*bright line*) von grob 0,5 % jährlicher Ausfallswahrscheinlichkeit. Schon in den 1930er Jahren lag die Grenze bei diesem Wert. Interessanterweise hat das IASB als Reaktion auf die aktuelle Finanzkrise eine durchaus ähnliche Bilanzierungsregel für Schuldinstrumente geschaffen wie die US-Bankenaufsicht als Reaktion auf die damalige Finanzkrise.

1.6. Übergang ins Stadium 3, Ausbuchung und Sanierung

Unter IAS 39 wurden Instrumente erst dann wertberichtigt, wenn ein Wertminderungstatbestand am Stichtag eingetreten ist. Diese Regelung dient im IFRS 9 dem Übergang vom Stadium 2 aufs Stadium 3. Wertgeminderte finanzielle Vermögenswerte liegen laut IFRS 9 Anhang A vor, wenn einer oder mehrere der folgenden Wertminderungstatbestände am Stichtag eingetreten sind (*loss events* oder *trigger events*):

- erhebliche finanzielle Schwierigkeiten des Schuldners;
- Vertragsbruch, z. B. Zins- oder Tilgungsverzug;
- Zugeständnisse an den Schuldner aufgrund wirtschaftlicher Schwierigkeiten des Schuldners;
- hohe Wahrscheinlichkeit eines Insolvenzverfahrens oder eines sonstigen finanziellen Sanierungsfalls;
- Wegfallen eines aktiven Marktes aufgrund finanzieller Schwierigkeiten (nicht aber aufgrund der bloßen Handelseinstellung oder allgemein illiquider Märkte);
- Käufe oder Emissionen von finanziellen Vermögenswerten des Schuldners, die einen tiefen Kreditrisikoabschlag aufweisen. Auf Marktrisikovariablen beruhende Abschläge (z. B. zins- oder währungsbedingte Abschläge) sind für sich genommen kein Wertminderungstatbestand.

Unbekannte Verluste, die rein statistisch schon vor dem Bilanzstichtag eingetreten sein dürften, führen nicht zum Übergang ins Stadium 3. Diese sind aber dennoch zu berücksichtigen, und zwar in zwei Bereichen: Statistisch erwartete Ausfälle vor dem Stichtag führen dazu, dass ein abstrakt festgelegter Teil der Forderungen vom Stadium 1 ins Stadium 2 übertragen wird. Und sie führen dazu, dass die Verlustschätzung im Stadium 2 entsprechend höher ist, weil vergangene und künftige Ausfallsereignisse abzubilden sind.

Die Bewertung im Stadium 3 entspricht jener im Stadium 2, d. h. der lebenslange Verlust wird bevorsorgt. Daher spielt die Abgrenzung zwischen Stadium 2 und 3 eine weniger wichtige Rolle als zwischen Stadium 1 und 2. Dies zeigt auch die geringe Regelungstiefe des IFRS 9.

In der Praxis werden für das Stadium 1 und 2 häufig Portfoliowertberichtigungen und für das Stadium 3 Einzelwertberichtigungen gebildet, sofern es sich um wesentliche Forderungen handelt. Dies ist aber nicht verbindlich vorgeschrieben.

Im Stadium 3 wird der effektive **Zinsertrag** nicht auf Basis des Buchwerts vor Wertberichtigungen, sondern **nach Wertberichtigungen ermittelt** (IFRS 9.5.4.1 b). Damit soll eine künstliche Verlängerung der GuV um Zinseffekte vermieden werden, wenn die Wertberichtung bereits sehr hoch ist. Insgesamt wirkt sich die geänderte Zinsberechnung nicht auf das Ergebnis aus.

BEISPIEL ▸ Ein Unternehmen hält am 31.12.X0 eine endfällig verzinste Forderung mit Buchwert 100 t€. Die Effektivzinsen sind 10 %. Aufgrund der schlechten Bonität wird eine Zahlung von nur 55 t€ statt 110 t€ am Fälligkeitstag 1.1.X2 erwartet.

Zum 31.12.X0 muss der lebenslange Verlust bevorsorgt werden:

LL = Barwert vertragliche CF – Barwert erwarteter CF

= 110 t€/1,1 - 55t€/1,1 = 50

Der Unterschied zwischen Stadium 2 und 3 zeigt sich in der Periode X1:

Im Stadium 2 werden die Zinsen in X1 brutto abgebildet:	**Im Stadium 3 werden die Zinsen in X1 netto abgebildet:**
Zinsertrag in GuV der Periode X1: 100 t€ × 10 % = 10 t€ (Forderung an Zinsertrag 10 t€)	Zinsertrag in GuV der Periode X1: (100 t€ – 50 t€) × 10 % = 5 t€ (Forderung an Zinsertrag 5 t€)
Wertberichtigungsaufwand aus Aufzinsung der Wertberichtigung 50 t€ × 10 % = 5 t€ (Aufwand an WB-Konto 5 t€)	Kein Aufwand aus Aufzinsung der Wertberichtigung
Gesamterfolg + 5 t€	Gesamterfolg + 5 t€

Werden Rückzahlungen des Gläubigers immer unwahrscheinlicher, so nähert sich der lebenslange Verlust im Stadium 3 dem Buchwert vor Wertberichtigung an. Ist die Rückzahlung nicht mehr realistisch zu erwarten, müssen die **Forderung** und die zugehörige **Wertberichtigung ausgebucht** werden (IFRS 9.5.4.4).

Manchmal **verzichten Gläubiger** auf einen Teil der wertgeminderten Forderung, verlängern ihre Laufzeit oder setzen Zinszahlungen aus, um den Schuldner zu unterstützen. Da eine solche Forderung regelmäßig im Stadium 3 (oder 2) liegt und der lebenslange Verlust schon erfasst wurde, löst ein Forderungsverzicht nicht notwendigerweise einen Buchverlust aus. Unter IFRS 9 wird der Verzicht folgendermaßen erfasst (IFRS 9.5.4.3 und .5.5.12):

- Die Forderung vor Wertberichtigung wird reduziert: Die neuen vertraglichen Cashflows werden durch den Verzicht vermindert oder in die Zukunft verschoben. Die Diskontierung mit der ursprünglichen Effektivverzinsung ergibt daher einen Barwert, der unter dem Buchwert vor Wertberichtigung liegt. Die Differenz wird aufwandswirksam vom Buchwert vor Wertberichtigung abgeschrieben. Sonstige Sanierungskosten des Gläubigers werden über die Restlaufzeit verteilt realisiert (z. B. Anwaltskosten).
- Die Wertberichtigung wird neu ermittelt. Zuerst wird das Stadium bestimmt. Entspricht das Kreditrisiko nach der Sanierung wieder jenem im Anschaffungszeitpunkt oder ist es gering, wandert die Forderung zurück ins Stadium 1. Ansonsten verbleibt sie im Stadium 2 oder – wenn weiterhin finanzielle Schwierigkeiten vorliegen – im Stadium 3. Der zwölfmonatige

bzw. lebenslange Verlust wird neu ermittelt. Da die Forderung nun geringer ist und gleichzeitig die Bonität durch die Sanierung verbessert wurde, wird auch ein geringerer erwarteter Verlust erfasst.

- Die Abstockung der Forderung vor Wertberichtigung und die Verminderung des Wertberichtigungskontos haben eine gegenläufige Erfolgswirkung. War die Sanierung wirtschaftlich effektiv (insb. wenn der Schuldner ins Stadium 1 zurückkehrt) und konnte der Gläubiger gut verhandeln, kann insgesamt sogar ein Gewinn entstehen.

Weitere Sonderbestimmungen gibt es für Schuldinstrumente, die bereits wertgemindert gekauft wurden (in der Praxis selten). Diese sind vom 3-Stadien-Ansatz ausgenommen und werden stets mit dem effektiv diskontierten Barwert der erwarteten Zahlungen nach Ausfallsrisiko bewertet (IFRS 9.5.5.13).

1.7. Vereinfachungen für Liefer-, Leistungs- und Leasingforderungen

Für **Liefer- und Leistungsforderungen** aus Umsätzen im Anwendungsbereich des IFRS 15 sieht IFRS 9.5.5.15 Vereinfachungen vor. Weil diese Forderungen meist kürzere Laufzeiten als zwölf Monate haben, würde sowohl im Stadium 1 als auch im Stadium 2 stets der lebenslange Verlust gezeigt, womit die Stadieneinteilung hinfällig wird.

Erwartete Kreditverluste sind aber nicht nur für die Liefer- und Leistungsforderungen selbst, sondern ggf. schon vor dem Umsatzakt für **vertragliche Vermögenswerte** zu erfassen. Das sind Leistungsabgrenzungen, die regelmäßig bei Langfristfertigung oder noch nicht abrechenbaren Dienstleistungen auftreten. Hinsichtlich IFRS 9 sind diese genauso wie Forderungen zu bevorsorgen (IFRS 15.107).

Liefer- und Leistungsforderungen aus Umsätzen gemäß IFRS 15 sowie vertragliche Vermögenswerte müssen grundsätzlich mit dem **lebenslangen erwarteten Kreditverlust** bevorsorgt werden. Am Forderungskonto wird der Transaktionspreis gem. IFRS 15.47 ff. vor Berücksichtigung des Kreditrisikos erfasst, am Wertberichtigungskonto wird die erwartete lebenslange Minderzahlung aufwandswirksam dotiert. Enthält das Geschäft eine signifikante Finanzierungskomponente, sind jeweils die Barwerte maßgeblich.

Als Umsatz wird der Transaktionsbetrag realisiert und als Forderung gegengebucht. Zeitgleich wird der lebenslange Verlust in der GuV als Wertberichtigungsaufwand gezeigt und auf einem Wertberichtigungskonto zur Forderung verbucht (IFRS 15.108; ggf. jeweils die Barwerte).

Durch spätere Veränderungen der Bonität des Kunden verändert sich das Wertberichtigungskonto. Diese Änderung ist ebenfalls erfolgswirksam. Bei vollständiger Tilgung der Forderung wird das Wertberichtigungskonto als Ertrag aufgelöst.

Ist die Bonität des Kunden bereits im Leistungszeitpunkt so schlecht, dass ein Zahlungseingang nicht überwiegend wahrscheinlich ist, darf schon aufgrund von IFRS 15.9(e) kein Umsatz verbucht werden, vielmehr wird der Umsatz analog zum Zahlungseingang erfasst (IFRS 15.15 und IFRS 15.IE5). Damit stellt sich das Problem der Forderungsbewertung mangels Forderung nicht mehr unmittelbar (außer bei vertraglichen Vermögenswerten).

Manche Umsätze enthalten eine **signifikante Finanzierungskomponente** gemäß IFRS 15.60 ff. (insbesondere bei langen Zahlungsfristen oder hohen Marktzinsen; vgl. IFRS 15.61; ausführlich Kap. VI.4.3, S. 109 ff.). In diesem Fall wollte das IASB Unternehmen nicht zwingen, den lebenslangen Verlust anzusetzen, sondern erlaubt ein Methodenwahlrecht zwischen dem 3-Stadien-Ansatz und dem generellen Ansatz lebenslanger Verluste (IFRS 9.5.5.15(a)ii). Dies ist nur sinnvoll, wenn die Forderungslaufzeiten deutlich über zwölf Monate hinausgehen, z. B. im Anlagenbau. Das Wahlrecht ist stetig und einheitlich auszuüben. Der höhere Arbeitsaufwand beim 3-Stadien-Ansatz muss gegen den Nachteil eines sonst höheren Wertberichtigungskontos abgewogen werden.

Auch bei der **Ermittlung erwarteter Verluste** von Liefer- und Leistungsforderungen erlaubt das IASB praktische Vereinfachungen. Auf eine exakte Schätzung der jährlichen Ausfallswahrscheinlichkeiten und Ausfallhöhen des Kunden kann verzichtet werden, sofern diese Informationen nicht leicht verfügbar sind. So ist z. B. eine **Abschreibungsmatrix** möglich (IFRS 9.B5.5.35). Anhand relevanter Risikoparameter und historischer Erfahrungen werden in der Matrix bestimmte Abschreibungsprozentsätze ermittelt (1 % Abschreibung bei nicht überfälligen Forderungen, 5 % ab zehntägiger Überfälligkeit, 20 % ab 30-tägiger Überfälligkeit usw.). Dabei sollte genau geschichtet werden, z. B. nach Kundengruppen und Regionen. Außerdem müssen historische Erfahrungen um aktuelle Trends angepasst werden, z. B. um die Konjunkturentwicklung oder Trends in der Branche des Kunden.

Die Verlusterwartung steigt mit der Restlaufzeit der Forderung. Sind die Restlaufzeiten der Forderungen sehr unterschiedlich bzw. weichen diese von den Restlaufzeiten in der historischen Datenbasis ab, sollten aus der historischen Erfahrung monatliche oder jährliche Verlustraten abgeleitet und auf die Restlaufzeit der zu bewertenden Forderung bezogen werden.

Soweit bekannt sollten Finanzdaten von wesentlichen Großkunden berücksichtigt werden. Wichtig sind dabei z. B. die Eigenkapitalquote, die Erfolgsvolatilität oder die effektive Schuldentilgungsdauer.

Ein Wahlrecht zwischen lebenslangen Verlusten und dem 3-Stadien-Ansatz besteht auch für **Leasingforderungen** beim Finanzierungsleasing und ist für alle Leasingforderungen einheitlich auszuüben. Der 3-Stadien-Ansatz bietet sich eher für Leasinggeschäfte von Banken an, weil diese schon entsprechende Systeme für ihre Kreditbewertung haben.

1.8. Zum Fair Value über das OCI bewertete Schuldinstrumente

IFRS 9 sieht unter bestimmten Umständen eine Bewertung von Schuldinstrumenten zum Fair Value über das OCI vor (siehe Kap. VIII.4.1.3, S. 160).

Auch zum **Fair Value über das OCI** bewertete Instrumente unterliegen den Abschreibungsregeln, weshalb erwartete Verluste entsprechend dem 3-Stadien-Ansatz zu bewerten sind (IFRS 9.5.5.2). Kreditverluste sind nachhaltige Verluste und nicht bloß eine Folge von Marktvolatilität, daher haben sie eine größere Bedeutung für Abschlussadressaten und sind **in der GuV** abzubilden.

Aufgrund der Fair Value-Bewertung können Wertberichtigungen nicht auf einem Bestandskonto erfasst werden, sonst würde der Buchwert vom Fair Value abweichen. Daher werden die erwarteten Verluste in einer Nebenrechnung aufgezeichnet. Die Nebenrechnung dient dazu, die Art der Erfolgsrealisierung zu verändern bzw. die nötigen Anhangangaben zu erheben.

BEISPIEL (VGL. IFRS 9.IE78) ▸ Das Unternehmen erwirbt am 15.12.X1 eine Anleihe für 100 t€. Am 31.12.X1 hat sich die Bonität verschlechtert und die Anleihe befindet sich im Stadium 2. Der lebenslange Verlust beträgt 10 t€. Der Fair Value beträgt 85 t€.

Der nachhaltige Wertverlust von 100 t€ auf 90 t€ basiert auf erwarteten Verlusten und wird in der GuV gezeigt. Der restliche Wertverlust von 90 t€ auf 85 t€ basiert auf anderen Risiken (Marktrisiken, Credit-Spread-Risiken) und wird im OCI dargestellt.

Verbuchung zum 31.12.X1 (latente Steuern vernachlässigt):

Wertberichtigungsaufwand	10 t€	
Verlust im OCI	5 t€	
Anleihe		15 t€

Der Fair Value und erwartete Verluste können sich in gegenläufige Richtungen entwickeln; in diesem Fall müssen trotzdem beide Effekte gesondert abgebildet werden, eine Gegenrechnung ist nicht zulässig.

BEISPIEL ▸ Das Unternehmen erwirbt am 31.12.X1 eine Anleihe zum Fair Value von 100 t€. Der erwartete Verlust im Stadium 1 beträgt 1 t€ und wird erfolgswirksam erfasst. Latente Steuern werden vernachlässigt. Verbuchung zum 31.12.X1:

Wertberichtigungsaufwand	1 t€	
Gewinn im OCI		1 t€

Zum 30.6.X2 sind der Fair Value auf 105 t€ und der erwartete Verlust auf 2 t€ angestiegen. Verbuchung zum 30.6.X2:

Anleihe	5 t€	
Wertberichtigungsaufwand	1 t€	
Gewinn im OCI		6 t€

Bei Veräußerung eines über das OCI bewerteten Schuldinstruments wird der im OCI erfasste Erfolg über die Gewinn- und Verlustrechnung realisiert (recycling). Je höher der Wertberichtigungssaldo, umso höher ist der Veräußerungsgewinn bzw. umso niedriger ist der Veräußerungsverlust.

Die Fair Value-Bewertung kann zu latenten Steuern aufgrund temporärer Differenzen führen. Latente Steuern sollen konsistent zum zugrunde liegenden Geschäft dargestellt werden: „deferred tax shall be recognised outside profit or loss if the tax relates to items that are recognised, in the same or a different period, outside profit or loss" (IAS 12.61A).

BEISPIEL ▸ Das Unternehmen erwirbt Anleihen für 1.000 t€. Der einjährige erwartete Verlust beträgt 20 t€. Der Steuersatz sei 25 %.

Verbuchung der Anschaffung:

Anleihe	1.000 t€	
Zahlungsmittel		1.000 t€

Wertberichtigungsaufwand	20 t€	
Gewinn OCI		20 t€
Steueraufwand OCI	5 t€	
Steuerertrag GuV		5 t€

Am Abschlussstichtag beträgt der Fair Value 950 t€, der einjährige erwartete Verlust ist auf 30 t€ gestiegen, die Anleihen verbleiben im Stadium 1.

Verbuchung:

Wertberichtigungsaufwand	10 t€	
Verlust OCI	40 t€	
Anleihen		50 t€
Latente Steuerforderung	12,5 t€	
Steuerertrag GuV		2,5 t€
Steuerertrag OCI		10 t€

Am darauffolgenden 1.1. werden die Anleihen für 950 t€ veräußert; der im OCI befindliche Verlust von 20 t€ wird über die GuV realisiert, der daneben bestehende erwartete Kreditverlust von 30 t€ wurde schon im Vorjahr erfasst.

Verbuchung:

Zahlungsmittel	950 t€	
Anleihen		950 t€
Verlust GuV	20 t€	
Gewinn OCI		20 t€
Steueraufwand OCI	5 t€	
Steuerertrag GuV		5 t€
Steuerforderung	12,5 t€	
Latente Steuerforderung		12,5 t€

Da die erwarteten Verluste nur in einer Nebenrechnung erfasst werden, sind die Vorsorgen schwerer mit jenen zu vergleichen, die für zu Anschaffungskosten bewertete Instrumente in den Buchwert eingehen. Daher verlangt IFRS 7.16A, die in der Nebenrechnung erfasste Wertberichtigung im Anhang darzustellen.

2. Rechnerische Grundlagen der Ermittlung erwarteter Verluste

2.1. Allgemeines

Der erwartete Verlust ist nach der Definition von IFRS 9 Anhang A jener Betrag, um den die diskontierten erwarteten Cashflows aufgrund künftiger Ausfälle die diskontierten vertraglichen Cashflows unterschreiten.

Zur Vereinfachung wird der erwartete Verlust in der Finanzwirtschaft direkt berechnet, anstatt indirekt durch den Vergleich erwarteter und vertraglicher Cashflows. Das Ergebnis ist identisch, nur dass **die direkte Berechnung anschaulicher** ist. Außerdem sind bei den meisten Unternehmen, insbesondere Banken, die Buchhaltungssysteme und die Kreditrisikobewertungssysteme getrennt und lassen keine integrierte Cashflow-Betrachtung zu.

Der erwartete Verlust (*expected loss* – EL) wird finanzwirtschaftlich in drei Komponenten zerlegt, die Ausfallswahrscheinlichkeit (*probability of default* – PD), die Verlustrate bei Ausfall (*loss given default* – LGD) und den Forderungsbestand im Ausfallszeitpunkt (*exposure at default* – EAD).

Bei direkter Berechnung ergibt sich der erwartete Verlust wie folgt:

$$EL = PD \times LGD \times EAD$$

EL und EAD sind Geldbeträge, PD und LGD Prozentsätze zwischen 0 % und 100 %. Das EAD ist der künftig ausstehende Forderungsbetrag. Die PD beschreibt das zwölfmonatige Ausfallsrisiko und wird z. B. aus Schuldnerratings abgeleitet. Der LGD wird aus Verlusterfahrungen gewonnen und hängt primär von Kreditsicherheiten und der Seniorität der Forderung ab. Je höher die Sicherheiten, umso geringer ist der LGD und folglich auch der erwartete Verlust.

Schuldinstrumente, für die der erwartete Verlust anzusetzen ist, werden unter IFRS 9 anhand der Effektivzinsmethode bewertet. Der Buchwert vor Wertberichtigung stellt daher einen Barwert dar. Daher muss auch der erwartete Verlust – als Korrekturposten des Buchwerts – effektiv diskontiert werden. Vereinfachend kann auch eine angenäherte Effektivverzinsung zur Abzinsung herangezogen werden (IFRS 9.B5.5.44). Diese Vereinfachung ist wichtig, wenn Buchhaltungssysteme und Kreditbewertungssysteme getrennt sind und erwartete Verluste für ganze Portfolien ermittelt werden, die aus Forderungen mit unterschiedlichen Effektivzinsen bestehen. Hier muss ein geeigneter Durchschnittssatz ermittelt werden.

In der Verlustformel wird die Abzinsung mit dem fristenkongruenten Barwertfaktor (BWF) abgebildet:

$$EL = PD \times LGD \times EAD \times BWF$$

BEISPIEL ▸ Das Unternehmen U bewertet eine Forderung an einen Kunden mit einer Restlaufzeit von einem Jahr und einem Nennwert von 200 t€. Der Kunde hat ein B-Rating, was einem jährlichen Ausfallsrisiko von 1 % entspricht. Bei einem Ausfall ist mit einer Rückzahlung von 60 % des Nennwerts zu rechnen. Der Effektivzinssatz der Forderung beträgt 5 %. Daher ist folgende Wertberichtigung zu bilden:

$$WB = EL = 1\,\% \times 40\,\% \times 200\,T€ \times \frac{1}{1{,}05} = 762\,€$$

Die Formel wird auch zur Verlustermittlung außerbilanzieller Geschäfte verwendet (z. B. Garantien und Kreditzusagen). Anstelle des künftig ausstehenden Forderungsbetrags ergibt sich das EAD dann aus der Höhe der garantierten Forderung oder der Höhe des zugesagten Kredits.

BEISPIEL ▸ Eine Bank hat die Forderung im obigen Beispiel garantiert, d. h. sie übernimmt das Verlustrisiko. Die Bank hat daher folgende Rückstellung zu bilden:

$$RS = EL = 1\,\% \times 40\,\% \times 200\,T€ \times \frac{1}{1{,}05} = 762\,€$$

Ist die Bankgarantie wirksam, hat das Unternehmen U keinen Verlust mehr zu befürchten. Wenn der Kunde ausfällt, dann deckt im Idealfall die garantierende Bank den Verlust. Dann vermindert sich der LGD auf 0 % (in der Praxis verbleiben aber kleine Restrisiken). Die Wertberichtigung in den Büchern des Unternehmens U beträgt in diesem Fall:

$$WB = EL = 1\,\% \times 0\,\% \times 200\,T€ \times \frac{1}{1{,}05} = 0\,€$$

Der EL bezieht sich auf eine bestimmte Periode, seine Parameter müssen daher auf einen einheitlichen Berechnungshorizont hin geschätzt werden. Die einjährige Ausfallsrate (PD_1) unterscheidet sich von einer zweijährigen Ausfallsrate (PD_2). Auch das EAD kann sich durch Teiltilgungen der Forderung verändern.

Da im Stadium 1 nur der zwölfmonatige Verlust zu erfassen ist, werden alle Parameter in Bezug auf ein Jahr gemessen, d. h. die einjährige Ausfallsrate bestimmt den einjährigen Verlust.

$$EL_1 = PD_1 \times LGD_1 \times EAD_1 \times BWF_1$$

2.2. Lebenslanger Verlust

Mit dem lebenslangen erwarteten Verlust (*lifetime loss* bzw. LL) im Stadium 2 und 3 verkompliziert sich die Formel. Abhängig von der Forderungsrestlaufzeit von *n* Jahren ergibt sich der LL im Bewertungszeitpunkt aus:

$$\begin{aligned} LL_n = {} & PD_1 \times LGD_1 \times EAD_1 \times BWF_1 \\ & + \text{unbedingte } PD_2 \times LGD_2 \times EAD_2 \times BWF_2 \\ & + \cdots \\ & + \text{unbedingte } PD_n \times LGD_n \times EAD_n \times BWF_n \end{aligned}$$

Die unbedingte PD ist die Wahrscheinlichkeit eines künftigen Ausfalls aus heutiger Sicht. Beträgt die jährliche Ausfallwahrscheinlichkeit z. B. konstant 1 %, dann ist die unbedingte PD_3 genau 99% x 99 % x 1 % = 0,9801 %. Der LL ergibt sich somit aus einem Entscheidungsbaum, in dem jährlich zwischen Ausfall (A) und Fortbestand (F) unterschieden wird.

ABB. 11: Wahrscheinlichkeitsbaum für künftige Ausfälle

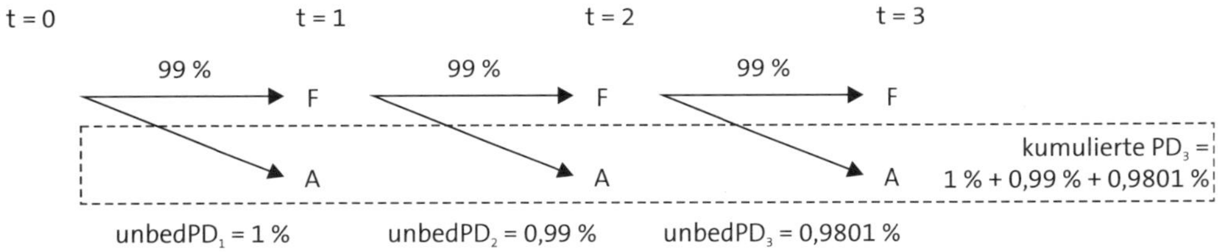

Die unbedingte PD kann am einfachsten indirekt aus der kumulierten PD abgeleitet werden. Diese lässt sich mit sogenannten Migrationsmatrizen berechnen. Diese prognostizieren die künftigen Veränderungen (Migrationen) von Ratings auf Basis historischer Erfahrungen (ausführlich *Grünberger*, Kreditrisiko im IFRS-Abschluss, Rz. 3299–3347). Die kumulierte PD ist die Wahrscheinlichkeit eines Ausfalls ab heute bis zu einem bestimmten künftigen Zeitpunkt. Die unbedingte PD entspricht der jährlichen Zunahme der kumulierten PD, z. B.

$$\textit{unbedingte } PD_3 = \textit{kumulierte } PD_3 - \textit{kumulierte } PD_2$$

Der lebenslange Verlust ist eine diskontierte Größe. Mit dem Näherrücken der Endfälligkeit werden die Forderungen aufgezinst, wodurch auch der lebenslange Verlust ansteigt (der Barwertfaktor nähert sich 1). Dieser Aufzinsungseffekt des Wertberichtigungskontos ergibt einen zusätzlichen Wertberichtigungsaufwand.

Üblicherweise erfolgt die Abzinsung bis zum künftigen Verlustereignis mit einem Barwertfaktor. Ist eine Forderung ausgefallen, dann werden Eintreibungsmaßnahmen gesetzt. Da die Zahlungen nicht nur unvollständig, sondern auch zeitverzögert erfolgen, müssen auch die Cashflows nach dem Ausfallsereignis abgezinst werden. Die Abzinsung der Cashflows nach dem Ausfallsereignis wird nicht mit einem Barwertfaktor abgebildet, sondern ist stets im Wert des LGD integriert: Werden z. B. 60 % einer Forderung mit zweijähriger Verzögerung eingetrieben, dann ist bei einem Zinssatz von 10 % der Barwert der Cashflows 60 % / $(1{,}1)^2 \approx$ 50 %. Der LGD ist daher 50 %.

Ist eine Forderung ausgefallen, dann beträgt die PD naturgemäß 100 %. Der erwartete Verlust ergibt sich dann wie folgt:

$$LL\ (Ausfall) = LGD \times EAD$$

2.3. Kreditsicherheiten

Kreditsicherheiten vermindern den erwarteten Verlust. Einerseits fallen darunter **dingliche Kreditsicherheiten** wie verpfändete Wertpapiere, Vorräte, Immobiliensicherheiten (z. B. Hypotheken) oder Mobiliensicherheiten (z. B. das Fahrzeug als Sicherheit für die Kfz-Leasingforderung). Andererseits gibt es **vertragliche Kreditsicherheiten** wie Finanzgarantien oder Schuldaufrechnungsverträge (Nettingverträge).

IFRS 9 kennt keine bestimmten Anforderungen an Kreditsicherheiten. Ihr jeweiliger Effekt auf den erwarteten Verlust ist bestmöglich nach finanzwirtschaftlich anerkannten Grundsätzen zu schätzen. Je höher die Sicherheit, umso geringer ist der LGD und damit der erwartete Verlust. Allerdings können Kreditsicherheiten keine absolute Sicherheit bieten, d. h. es verbleibt stets ein geringer erwarteter Verlust, der aber in der Rechnungslegung unwesentlich sein kann.

Insbesondere bei dinglichen Sicherheiten sind die künftigen Verwertungskosten in Abzug zu bringen. D. h. es braucht eine gewisse Überbesicherung, damit möglichst alle Kosten abgedeckt sind.

Ein Problem von Sicherheiten ist die Verwertungsdauer. Wie alle anderen Cashflows müssen auch die Cashflows aus der Sicherheitenverwertung bei der Verlustschätzung diskontiert werden. Kann eine Sicherheit erst Jahre nach einem erwarteten Ausfall zu Geld gemacht werden, dann entstehen Diskontierungsverluste, die den Barwert der Einzahlungen vermindern (d. h. der LGD steigt an).

Ein weiteres Problem ist der Korrelationseffekt: In schlechten Zeiten fallen mehr Forderungen aus als in guten Zeiten. In schlechten Zeiten haben aber auch Sicherheiten einen geringeren Wert: Garantiegeber haben eine schlechtere Bonität, Immobilienpreise sind niedriger usw. Da der erwartete Verlust in Zukunftsbetrachtung ermittelt wird, muss der Korrelationseffekt mit berücksichtigt werden, um eine ausgewogene Verlustschätzung zu erreichen. Entweder die Sicherheiten werden zu Konditionen bewertet, wie sie während einer leichten Rezession herrschen. Oder die Sicherheiten werden zu aktuellen Marktwerten bewertet und davon ein Korrelationsabschlag abgezogen, der Wertverluste bei der künftigen Inanspruchnahme abbildet.

Bei vertraglichen und dinglichen Sicherheiten können auch Rechtsrisiken aus der Durchsetzung die effektive Sicherungswirkung vermindern. So könnte eine Sicherheit mehrfach ohne Wissen der Gläubiger verpfändet worden sein oder vertragliche Klauseln sind strittig oder unwirksam, was wiederum zusätzliche Durchsetzungskosten und Verzögerungen auslöst.

Bei vertraglichen Sicherheiten spielt auch das Ausfallsrisiko des Sicherungsgebers eine Rolle. Eine Garantie ist nur effektiv, wenn der Sicherungsgeber eine gute und insgesamt bessere Bonität als der abgesicherte Schuldner hat. Außerdem müssen beide wirtschaftlich unabhängig sein: Die Garantie eines Mutterunternehmens für seine Tochter (harte Patronatserklärung) ist nur bedingt wirksam: Bei Konzernverlusten geraten gleichzeitig beide in Schieflage und die Garantie kann nicht bedient werden, wenn der Garantiefall bei der Tochter eintritt.

Verwertungskosten, Diskontierungsverluste, Korrelationseffekte, Durchsetzungsrisiken und Ausfallsrisiken des Sicherungsgebers mindern den effektiven Wert einer Sicherheit, der bei einem künftig erwarteten Ausfall erzielt werden kann. Daher werden sie durch Abschläge (*haircuts*) vom Sicherheitenwert berücksichtigt. Damit erhöht sich der LGD in der Verlustformel.

BEISPIEL Eine zehnjährige Forderung von 100 t€ ist mit einer Immobilie mit Marktwert von 110 t€ besichert. Auf den ersten Blick besteht kein Kreditrisiko. Bei genauer Analyse ergibt sich aber ein Effektivitätsabschlag von 20 t€ und der effektive Sicherungswert beträgt nur mehr 90 t€. Daraus resultiert ein LGD von 10 %, sofern neben der Sicherheit keine anderen Zuflüsse erwartet werden.

Ist eine Forderung auch nach allen Effektivitätsabschlägen ausreichend hoch besichert, geht der erwartete Verlust gegen null. Ein negativer erwarteter Verlust (erwarteter Gewinn) aus einer Überbesicherung darf nicht angesetzt werden. Außerdem dürfen Sicherheiten verschiedener Forderungen nicht vermischt werden: Mit der Überbesicherung einer Forderung darf nicht die Unterbesicherung einer anderen Forderung abgedeckt werden, außer die Sicherheit darf für beide Forderungen verwendet werden.

Für die Frage des Übergangs zwischen den Stadien wird nur das reine Ausfallsrisiko (PD) beachtet werden, nicht aber der LGD. Daher spielen Kreditsicherheiten für die Frage des Übergangs keine wesentliche Rolle.

BEISPIEL Das bilanzierende Unternehmen hat eine Forderung von 100 t€ gegenüber dem Schuldner S. Die Forderung ist einerseits durch eine Immobilie von S mit einem Marktwert von 200 t€ und andererseits durch eine Bankgarantie abgesichert. Das Rating von S verschlechtert sich im Laufe der Zeit von A auf das Noninvestmentgrade-Rating B.

Die Forderung geht vom Stadium 1 ins Stadium 2 über, obwohl aufgrund der starken Besicherung der LGD und der erwartete Verlust gegen null gehen. Relevant ist dies vor allem für die Darstellung im Anhang.

Sicherheiten dürfen in der Rechnungslegung nicht doppelt berücksichtigt werden. Sichert das Unternehmen eine Forderung mit einem Kreditderivat ab, das zum Fair Value bewertet wird, dann fließen alle Vorteile aus dem Kreditderivat bereits in seinen Fair Value ein. Daher darf der erwartete Verlust (LGD) der Forderung nicht reduziert werden, das Kreditderivat wird bei der Verlustschätzung ausgeklammert. Alternativ bietet sich die Fair Value-Option an, womit die gegenläufigen Wertänderungen von Forderung und Sicherungsinstrument in der GuV dargestellt werden können.

2.4. Verlustermittlung auf Portfoliobasis

Da die PD eine statistische Größe darstellt, wird sie üblicherweise auf Portfoliobasis gemessen. Der LGD ist eher eine individuelle Größe einer bestimmten Forderung oder Anleihe und hängt von der Vermögensstruktur des Schuldners, der Besicherung und Seniorität der Schuld ab. Er kann aber auch statistisch geschätzt werden.

Auf Portfoliobasis muss nicht für jeden Zugang, Abgang und für jeden Transfer zwischen den Stadien eine gesonderte Bewertung und Buchung einer Verlustvorsorge stattfinden. Vielmehr reicht es aus, die Instrumente innerhalb eines Stadiums in Gruppen einzuteilen, z. B. nach Ratingstufe für Zwecke der PD und nach Forderungsart und Besicherung für Zwecke des LGD.

Stark vereinfacht ist der Prozess der Portfoliobewertung in nachfolgender Skizze und im nachfolgenden Beispiel dargestellt.

ABB. 12: Skizze der Portfolio-Wertberichtigungskonten in den drei Stadien

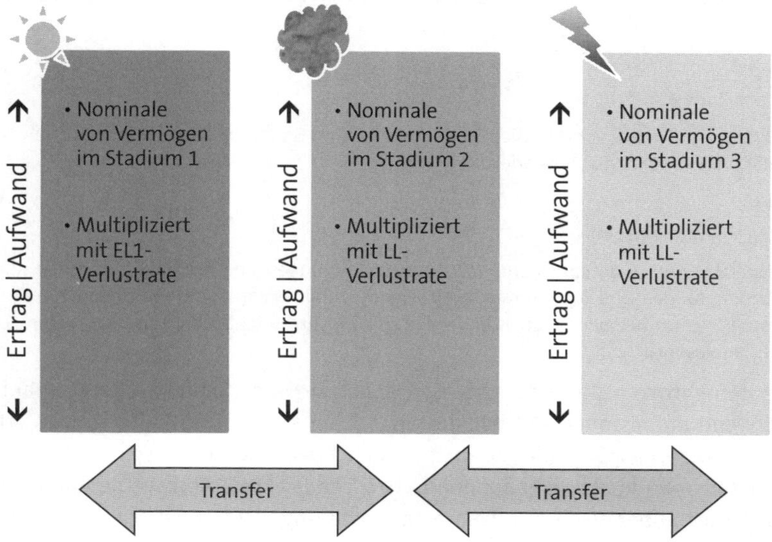

BEISPIEL Eine Bank erschließt ein neues Kundensegment und vergibt im vierten Quartal X1 10.000 Kredite mit einem Volumen von 300 Mio. €. Die Bank verwendet vereinfacht die vier Ratingstufen A (beste Bonität), B, C und D (ausgefallen). Alle Kunden hatten bei Kreditvergabe ein A-Rating. Die Diskontierung des EL wird hier vernachlässigt.

31.12.X1: Im Quartal der Kreditvergabe befinden sich die Kredite im Stadium 1, daher muss der zwölfmonatige Verlust als Portfoliowertberichtigung angesetzt werden. Die zwölfmonatige PD für ein A-Rating beträgt 0,1 %. Der LGD in diesem Kundensegment beträgt einheitlich 50 %.

$EL_1 = PD_1 \times LGD_1 \times EAD_1$ = 0,1 % x 50 % x 300 Mio. € = 150 t€

WB-Aufwand	150 t€	
PoWB Stadium 1		150 t€

31.12.X2: Aufgrund eines unerwarteten Konjunktureinbruchs ist die PD je Ratingstufe angestiegen und auch der LGD hat sich von 50 % auf 60 % erhöht. Die Entwicklung der in X1 ausgegebenen Kredite ist in nachfolgender Tabelle dargestellt.

50 Mio. €	zurückbezahlt	
100 Mio. €	A-Rating	zwölfmonatige PD = 0,2 %
80 Mio. €	B-Rating	lebenslange PD = 5 %
60 Mio. €	C-Rating	lebenslange PD = 20 %
10 Mio. €	D-Rating	ausgefallen

Für die A-Ratings im Stadium 1 ist weiterhin der zwölfmonatige Verlust anzusetzen:

$$EL_1 = PD_1 \times LGD_1 \times EAD_1 = 0{,}2\,\% \times 60\,\% \times 100 \text{ Mio. €} = 120 \text{ t€}$$

Aufgrund des von 300 auf 100 Mio. € verminderten Volumens im Stadium 1 reduziert sich trotz der höheren Verlustraten die Portfoliowertberichtigung von 150 t€ auf 120 t€.

PoWB Stadium 1	30 t€	
WB-Aufwand (Storno)		30 t€

Für die B- und C-Ratings im Stadium 2 ist der lebenslange Verlust anzusetzen:

B: $LL = PD_{LL} \times LGD_{LL} \times EAD_{LL}$ = 5 % x 60 % x 80 Mio. € = 2.400 t€

C: $LL = PD_{LL} \times LGD_{LL} \times EAD_{LL}$ = 20 % x 60 % x 60 Mio. € = 7.200 t€

WB-Aufwand	9.600 t€	
PoWB Stadium 2		9.600 t€

Die ausgefallenen Kredite von 10 Mio. € befinden sich im Stadium 3 und werden einzelwertberichtigt, d. h. der LGD von 60 % wird abgeschrieben.

WB-Aufwand	6.000 t€	
Kredite (je Konto einzeln)		6.000 t€

In den Folgejahren wird entsprechend vorgegangen. Tilgungen und Ausfälle reduzieren allmählich das Kreditvolumen, für das eine Portfoliowertberichtigung gebildet wird, dafür erhöhen neue Kreditvergaben das Volumen. Wie im Beispiel ist auch in der Praxis die Wertberichtigung für das Stadium 1 sehr gering und häufig unwesentlich.

Wenn ein Unternehmen nicht in der Lage ist, die PD und den LGD zu schätzen, erlaubt das IASB auch die Verwendung **historischer Verlustraten** aus der Kundenbuchhaltung. Dies erfordert gut vergleichbare Forderungsportfolios in einer vergleichbaren Risikoklasse. Die historischen Verlustraten müssen anhand aktueller ökonomischer Trends aktualisiert werden und Barwerte verkörpern. Da Verluste über die Restlaufzeit einer Forderung nicht linear anfallen, dürfen die jährlichen Verlustraten nicht einfach mit der Restlaufzeit multipliziert werden, weil in einer bestimmten künftigen Periode immer nur die überlebenden Unternehmen ausfallen können (siehe Abb. 11).

3. Finanzgarantien und Kreditzusagen

Kreditverluste treffen nicht nur Forderungen. Sie können auch aus Haftungen für das Ausfallsrisiko eines Dritten entstehen. Dies passiert vor allem bei **Finanzgarantien** und **Kreditzusagen**. Daher sind auch die erwarteten Verluste nach dem 3-Stadien-Ansatz zu bevorsorgen, so als ob das Unternehmen selbst eine Forderung angesetzt hätte (IFRS 9.5.5.1). Allerdings wird der Verlust nicht auf einem Wertberichtigungskonto, sondern einem Rückstellungskonto erfasst.

3.1. Finanzgarantien

Eine **Finanzgarantie** ist ein Vertrag, in dem ein Verpflichteter einem Begünstigten die Ersatzleistung für den Forderungsausfall eines bestimmten Schuldners verspricht (IFRS 9 Anhang A). Finanzgarantien fallen in den Anwendungsbereich von IAS 32, IFRS 7 und 9. IFRS 9 ist aber nur für die Bilanzierung aus Sicht des Verpflichteten anzuwenden (Garantiegeber), für den Berechtigten gibt es keine konkreten Bilanzierungsbestimmungen.

Bei einer **Bankgarantie** versucht ein Schuldner, seine eigene Bonität gegenüber einem Gläubiger zu verbessern. Dazu beauftragt er eine Bank, gegenüber dem Gläubiger für die Zahlung seiner Schuld zu garantieren. Die Bank übernimmt damit eine Gewährleistung gegenüber einem Dritten, womit ein Dreiecksverhältnis entsteht. Bei Inanspruchnahme der Garantie erwirbt die Bank i. d. R. Rückgriffsansprüche gegenüber dem Hauptschuldner. Der Garantienehmer ist der Bank bekannt, die Garantie wird je nach Bonität und Ausgestaltung der gesicherten Verbindlichkeit von der Bank angenommen und bepreist. Die Garantiezusage gleicht einer Kreditvergabe, nur dass lediglich das Kreditrisiko bezahlt wird, nicht aber die risikofreie Kapitalkomponente.

Eine Finanzgarantie nach IFRS 9 kann die rechtliche Form von Bankgarantien, Bürgschaften, Zahlungsgarantien oder Stand-by Letters of Credit haben. Akkreditive erfüllen regelmäßig nicht die Definition einer Finanzgarantie, können aber eine Kreditzusage sein. **Leistungsgarantien** (z. B. Gewährleistung) oder Produkthaftungen setzen auch keine Zahlungsstörung voraus und sind keine Finanzgarantien, sondern Eventualverbindlichkeiten nach IAS 37. Der **Aussteller** eines Wechsels und der Indossent haften im Rückgriff für die Annahme und Bezahlung durch den Bezogenen. Dies erfüllt die Definition einer Finanzgarantie. Dies gilt auch für andere Orderpapiere und für Geschäfte mit Rückgriffshaftung, z. B. Forderungsverkäufe mit Rückgriff.

Ein rechtsverbindliches Versprechen, die Zahlungsfähigkeit eines Unternehmens aufrecht zu erhalten, z. B. eine harte **Patronatserklärung** eines Mutterunternehmens für ein Tochterunternehmen, ist regelmäßig keine Finanzgarantie, denn es wird kein Verlust aus einem Zahlungsausfall ersetzt, sondern der Zahlungsausfall von vornherein verhindert. Für eine Finanzgarantie muss auch ein Vertrag vorliegen; ein *soft stand-by letter* stellt eine nicht einklagbare Absichtserklärung und daher eine faktische Verpflichtung nach IAS 37 dar.

Mit einer **Kreditversicherung** versichert der Gläubiger die Werthaltigkeit seiner eigenen Forderungen, d. h. eine Versicherung garantiert dem Versicherungsnehmer den Zahlungseingang seiner Kunden. Eine Kreditversicherung wird daher auf Initiative des Gläubigers abgeschlossen. Bankgarantien und Kreditversicherungen sind wirtschaftlich zwar verschieden; aus Sicht des Garantiegebers bzw. des Versicherungsgebers ist die Bilanzierung aber einheitlich geregelt.

Der Verpflichtete bewertet die Rückstellung nach dem 3-Stadien-Ansatz, als hätte er dem Dritten einen Kredit gewährt. D. h. er sieht durch die Finanzgarantie auf die dahinterliegende Forderung hindurch.

Der **Garantienehmer bzw. Versicherungsnehmer** erwirbt mit einer geleisteten Prämie ein Recht auf Garantieleistung. Daher liegt bis zum Eintritt des Garantiefalls eine Eventualforderung nach IAS 37 vor, die grundsätzlich nicht aktiviert werden kann. Sichert der Anspruchsberechtigte mit der Garantie eine Forderung ab, reduziert sich dadurch aber der erwartete Verlust aus dieser Forderung. Außerdem muss der Garantienehmer die Prämien periodengerecht abgrenzen, nach herrschender Praxis erfolgt die Abgrenzung linear über die Garantielaufzeit.

BEISPIEL Investor I erwirbt im Jahr X1 Anleihen am Produktionsunternehmen P. Zur Absicherung seiner ausgegebenen Anleihen schließt P im Jahr X1 mit Bank B eine Finanzgarantie ab, wonach die Bank für Ausfallsverluste von P zugunsten von I haftet. Im Jahr X2 verschlechtert sich die Bonität von P wesentlich und entspricht einem Noninvestmentgrade-Rating.

Forderungsbewertung beim Investor I:

Die Anleihen des Investors befinden sich im Jahr X1 im Stadium 1 und wandern im Jahr X2 ins Stadium 2. Allerdings gehen sowohl der zwölfmonatige als auch der lebenslange Verlust gegen null, weil die Bank für alle Verluste haftet (der LGD in der Verlustformel liegt nah bei null).

Garantiebewertung bei der Bank B:

Im Jahr X1 hat sich die Bonität der garantierten Anleihen noch nicht verschlechtert. Die Garantie verbleibt im Stadium 1 und die Bank erfasst den zwölfmonatigen erwarteten Verlust aus den Anleihen als Rückstellung. Maßgeblich sind das zwölfmonatige Ausfallsrisiko (PD) und die Verlustquote (LGD) der Anleihen von P sowie der Nennwert der Finanzgarantie (EAD). Im Jahr X2 wandert die Finanzgarantie ins

Stadium 2, d. h. der lebenslange Verlust wird angesetzt. Die Bank bilanziert daher stets jene erwarteten Verluste, die sonst Investor I zu erfassen hätte.

Für den Übergang zwischen den Stadien beim Garantiegeber entscheidet die Bonität des abgesicherten Schuldners bei Vertragsabschluss der Finanzgarantie.

BEISPIEL ▸ Investor I erwirbt im Jahr X1 Anleihen am Produktionsunternehmen P. Im Jahr X2 verschlechtert sich die Bonität von P deutlich zu einem Noninvestmentgrade-Rating. Zur Absicherung seiner ausgegebenen Anleihen schließt P im Jahr X3 mit Bank B eine Finanzgarantie ab, wonach die Bank für Ausfallsverluste von P zugunsten von I haftet. Ansonsten bleibt die Bonität von P auch im Jahr X3 unverändert schlecht.

Forderungsbewertung beim Investor I:

Im Jahr X1 befinden sich die Anleihen im Stadium 1, im Jahr X2 wandern sie ins Stadium 2. Im Jahr X3 bleiben die Forderungen zwar im Stadium 2, denn die Bonität von P ist unverändert schlecht. Allerdings vermindert sich der erwartete lebenslange Verlust gegen null, weil ein allfälliger Verlust von der Bank ersetzt würde (der LGD in der Verlustformel geht gegen null).

Garantiebewertung bei der Bank B:

Im Zeitpunkt des Vertragsabschlusses im Jahr X2 erfasst die Bank den zwölfmonatigen Verlust als Rückstellung. Die Garantie bleibt im Stadium 1, weil sie erst nach der Bonitätsverschlechterung abgeschlossen wurde und daher die vereinbarten Prämien das Verlustrisiko abdecken werden. Maßgeblich sind die zwölfmonatige Ausfallswahrscheinlichkeit (PD) und die Verlustquote bei Ausfall (LGD) von P. Da sich die Bonität von P zwischen X2 und 3 nicht verändert hat, bleibt die Finanzgarantie im Jahr X3 unverändert im Stadium 1.

Bei der **Ersterfassung** von Garantien wird außerdem zwischen Brutto- und Nettomethode unterschieden. Bei der Bruttomethode wird die Forderung für künftige Prämien aktiviert und eine gleich hohe Leistungsverbindlichkeit eingebucht. Bei der weiter verbreiteten Nettomethode wird auf den Saldo von null abgestellt (keine direkte Buchung). Daneben wird bei beiden Methoden der zwölfmonatige erwartete Verlust auf einem Rückstellungskonto erfasst.

Verpflichtungen aus Finanzgarantien fallen grundsätzlich unter IFRS 9, auch wenn sie die Definition eines Versicherungsvertrags nach IFRS 17 erfüllen (z. B. bei Übertragung eines signifikanten Versicherungsrisikos; Kap. X.9, S. 235). Das Unternehmen kann Finanzgarantien ausnahmsweise als **Versicherungsverträge nach IFRS 17** behandeln; in der Praxis wird dieses Wahlrecht vor allem von Versicherungsunternehmen für Kreditversicherungsverträge ausgeübt.

Kreditderivate wie Credit Default Swaps oder Total Return Swaps können ebenfalls Garantien sein. Meist wird aber nicht exakt der Schaden aus einem Forderungsausfall abgedeckt, sondern z. B. der Marktwertverlust einer Referenzanleihe im Zeitpunkt eines vertraglich definierten Kreditereignisses. Neben dem Ausfall im engeren Sinn ist regelmäßig auch die Reorganisation des Schuldners als Kreditereignis definiert (z. B. die Herabsetzung der vertraglichen Schulden zur Sanierung). Die Definition der Finanzgarantie stellt auf den konkreten Ersatz des Verlustes aus einem Forderungsausfall ab und nicht auf einen Marktwertverlust im Ausfallszeitpunkt, der auch durch andere Parameter wie Risikoaversion am Markt oder Zinsniveau geprägt ist. Außerdem stellt die Definition auf den konkreten Forderungsausfall und nicht auf andere Kreditereignisse wie Reorganisationen ab. Daher sind klassische Kreditderivate nicht als Finanzgarantien, sondern als Derivate zum Fair Value zu bilanzieren (ausführlich *Grünberger*, Kreditrisiko im IFRS-Abschluss, Rz. 8003–8117).

3.2. Kreditzusagen

IFRS 9 regelt auch **Kreditzusagen** (Kreditlinien). Ein erwarteter Verlust kann sich ergeben, wenn eine widerrufliche oder unwiderrufliche Kreditzusage in der Zukunft ausgenutzt wird und der Kreditnehmer danach in wirtschaftliche Schwierigkeiten gerät. Ein Verlust kann auch entstehen, wenn eine unwiderrufliche Kreditzusage erst in Zeiten wirtschaftlicher Schwierigkeiten oder im Insolvenzfall ausgenutzt wird und der Kreditgeber diese Ausnutzung nicht verhindern kann.

Die Bewertung erfolgt wieder anhand des 3-Stadien-Ansatzes. Im Stadium 1 muss das Risiko der Ausnutzung und der wirtschaftlichen Schwierigkeiten innerhalb der nächsten zwölf Monate geschätzt und bevorsorgt werden, im Stadium 2 und 3 über die gesamte Restlaufzeit der Kreditzusage (IFRS 9.B5.5.31).

Auch bei Kreditzusagen findet ein Übergang zwischen Stadium 1 und 2 statt, sobald sich das Kreditrisiko des relevanten Schuldners wesentlich erhöht hat (und einem Noninvestmentgrade-Rating entspricht). Maßgeblich ist die Veränderung der Bonität zwischen dem Vertragsabschluss der Zusage und dem Abschlussstichtag.

Bei Kreditzusagen wird die zugesagte Kreditforderung erst durch die Ausnutzung angeschafft, nicht bereits bei der Einräumung der Zusage. Allerdings sind Forderung und offene Linie einheitlich demselben Stadium zuzuordnen (IFRS 9.5.5.6).

BEISPIEL Eine Bank gewährt einem Kunden mit A-Rating am 1.1. eine Kreditzusage von 2 Mio. €. Am 31.12. ist sein Rating auf B gefallen und er ruft die halbe Linie von 1 Mio. € ab.

Aufgrund der Bonitätsverschlechterung vom A- auf das B-Rating befinden sich sowohl die Forderung von 1 Mio. € als auch die noch offene Linie von 1 Mio. € im Stadium 2, obwohl seit Einbuchung der Forderung keine Bonitätsverschlechterung eingetreten ist. Dies ist gerechtfertigt, weil die gesamte Prämienkalkulation auf Basis eines A-Ratings erfolgt ist und die Bank durch die Bonitätsverschlechterung wirtschaftlich belastet ist. Der lebenslange Verlust der Forderung wird als Wertberichtigung und der lebenslange Verlust der noch offenen Linie als Rückstellung verbucht.

Die Bewertung von Kreditzusagen wirft viele komplexe Praxisfragen auf (ausführlich *Grünberger*, Kreditrisiko im IFRS-Abschluss, Rz. 8118–8185).

X. Schulden *(Liabilities)*

1. Übersicht und Definition von Schulden und finanziellen Verbindlichkeiten

Das Fremdkapital wird nach IFRS mit dem Begriff Schulden *(liabilities)* bezeichnet; zu den Schulden gehören auch die Rückstellungen *(provisions)*. Eine Schuld ist eine **gegenwärtige Verpflichtung** aus einem **Ereignis der Vergangenheit**, deren Erfüllung einen **Abfluss von Ressourcen** erwarten lässt, die wirtschaftlichen Nutzen für das Unternehmen verkörpern. Die Schulden bestehen aus den folgenden vier Grundkategorien:

- **finanzielle Verbindlichkeiten** *(financial liabilities)* nach IAS 32, IFRS 9 und IFRS 7,
- **vertragliche Schulden**, die (auch) nach anderen Standards zu bilanzieren sind (z. B. Leasingverbindlichkeiten nach IFRS 16),
- **nichtvertragliche Schulden**, die nach Grundsätzen des Rahmenkonzepts oder nach Spezialbestimmungen anderer Standards zu bilanzieren sind (z. B. latente Steuerschulden),
- **Rückstellungen** *(provisions)* nach IAS 37 (siehe dazu Kap. X.8., S. 229).

Die Bilanzierung von **finanziellen Verbindlichkeiten** ist in IFRS 9, IAS 32 und IFRS 7 geregelt; finanzielle Verbindlichkeiten basieren auf einer vertraglichen Verpflichtung. Sie machen i. d. R. den Großteil der Schulden eines Unternehmens aus. IFRS 9 enthält die Vorschriften zum Ansatz und zur Bewertung, IAS 32 zur Darstellung und IFRS 7 zu Anhangangaben. IAS 32 und IFRS 9 enthalten ausführliche Anhänge mit Anwendungsrichtlinien; auch die Anhangangaben sind verbindlich anzuwenden und Teil der im Amtsblatt verlautbarten Standards.

Von IAS 32, IFRS 9 sowie IFRS 7 ausgenommen sind grundsätzlich Schulden aus Pensionsplänen nach IAS 19 und aus Versicherungsverträgen nach IFRS 17. Lediglich von IFRS 9 ausgenommen sind z. B. Schulden aus Mitarbeiterversorgungsplänen nach IFRS 2 und aus bestimmten Garantieverträgen, die als Rückstellung nach IAS 37 bilanziert werden.

Finanzielle Verbindlichkeiten setzen nach IAS 32.11 zwingend einen gegenseitigen Vertrag voraus, d. h. es muss ein **Finanzinstrument** vorliegen *(financial instrument)*; das Unternehmen muss Vertragspartei sein.

Finanzinstrumente sind definiert als Verträge, die gleichzeitig bei einem Vertragspartner zu einem finanziellen Vermögenswert *(financial asset)* und beim anderen Vertragspartner zu einer finanziellen Verbindlichkeit *(financial liability)* oder einem Eigenkapitalinstrument *(equity instrument)* führen. Keine Finanzinstrumente sind deshalb nichtvertragliche Ansprüche (z. B. Schadenersatzverpflichtungen oder Steuerschulden; IAS 32.AG12). Siehe dazu auch Kap. VIII.1., S. 149.

Nichtfinanzielle Schulden, also Schulden außerhalb des Anwendungsbereichs von IAS 32 und IFRS 9, werden regelmäßig von anderen einschlägigen Standards erfasst (IAS 32.AG12; z. B. Rückstellungen oder Steuerschulden). Schulden nach der Schulddefinition des Rahmenkonzepts, die von keinem anderen Standard geregelt werden, sind gemäß Rahmenkonzept zu passivieren. Sie werden entweder mit dem **Rückzahlungsbetrag** oder mit dem **Barwert** des zukünftigen Nettomittelabflusses für eine hinsichtlich Laufzeit und Währung vergleichbare Schuld bewertet.

Unter das Rahmenkonzept fallen beispielsweise nichtfinanzielle Sachleistungs- oder Dienstleistungsverpflichtungen (**passive Rechnungsabgrenzungen**; *accruals*) oder **erhaltene Anzahlungen** auf Bestellungen (zur Abgrenzung zwischen passiven Rechnungsabgrenzungen und Rückstellungen siehe IAS 37.11). Dies gilt auch für bestimmte öffentlich-rechtliche Schulden außerhalb des Anwendungsbereichs von IAS 12 – Ertragsteuern (z. B. Grunderwerbsteuer). Zwar fällt die Grunderwerbsteuer bei Abschluss eines Kaufvertrags an, sie ist aber keine vertragliche Schuld.

2. Zu fortgeführten Anschaffungskosten bewertete finanzielle Verbindlichkeiten

Finanzielle Verbindlichkeiten werden i. d. R. zu fortgeführten Anschaffungskosten bewertet (amortised cost). Die IFRS bezeichnen sie daher als financial liabilities at amortised cost.

Diese Verbindlichkeitskategorie enthält den Großteil der in der Praxis vorkommenden Schulden (sofern nicht die Fair Value-Option ausgeübt wird). Typische Beispiele sind:

- Verbindlichkeiten aus Lieferungen und Leistungen *(trade payables);*
- Verbindlichkeiten gegenüber Kreditinstituten *(bank loans);*
- begebene Anleihen *(bonds);*
- Wechselverbindlichkeiten *(notes payable).*

Bewertung: Bei erstmaliger Erfassung werden die finanziellen Verbindlichkeiten mit dem **Fair Value im Anschaffungszeitpunkt** angesetzt; der Erfüllungs- bzw. Rückzahlungsbetrag ist nicht unmittelbar maßgeblich.

Im Regelfall entspricht der Fair Value im Anschaffungszeitpunkt dem erhaltenen Geldbetrag. Direkt zurechenbare **Transaktionskosten** (Geldbeschaffungskosten) mindern den Buchwert der Verbindlichkeit (Buchung z. B.: Verbindlichkeit an Zahlungsmittelkonto). Transaktionskosten werden daher erst über die Laufzeit der Verbindlichkeit verteilt aufwandswirksam.

Wenn IFRS 9 eine Bewertung „unter Einschluss" der Transaktionskosten verlangt, ist damit – auf Verbindlichkeiten angewandt – die Berücksichtigung der Transaktionskosten im Wertansatz gemeint (d. h. Abzug der Transaktionskosten und nicht „Hinzurechnung").

Die Folgebewertung erfolgt anhand **der Effektivzinsmethode** *(effective interest method)*. Der Effektivzinssatz berücksichtigt im Gegensatz zum Nominalzinssatz alle direkt zurechenbaren Erfolgsfaktoren (z. B. Nominalzinssatz, Bearbeitungsgebühren, Ausgabekurs, Tilgungs- und Verrechnungsmodalitäten). Der Effektivzinssatz ergibt sich aus dem Verhältnis zwischen Buchwert bei erstmaliger Erfassung und den zukünftigen Zins- und Tilgungszahlungen.

Die periodischen Zinszahlungen können vom (effektiven) Zinsaufwand abweichen. In diesem Fall sind Abgrenzungen erforderlich, d. h. ein Agio *(premium)* oder ein Disagio *(discount)*. Nur der Saldobetrag wird als Verbindlichkeit gezeigt; ein Bruttoausweis ist nicht zulässig.

BEISPIEL Am 1.1.X1 werden Anleihen für insgesamt 95.514 € ausgegeben (Nominale: 100.000 €; Nominalzins: 8 % nachschüssig zum 31.12.; Laufzeit: sechs Jahre). Daraus ergibt sich eine Effektivverzinsung von 9 %. In X3 fällt der Marktzins von 9 % auf 7 %.

Zur Evidenthaltung des Nennbetrages wird das Disagio auf einem Zusatzkonto verbucht. Die Anleihe wird entsprechend der Effektivzinsmethode bewertet; spätere Änderungen des Zinsniveaus werden nicht berücksichtigt.

Jahr	Buchwert 1.1.	Aufwand (9 % × Buchwert)	Zahlung 31.12.	Buchwert 31.12.
X1	95.514 €	+ 8.596 €	− 8.000 €	= 96.110 €
X2	96.110 €	+ 8.650 €	− 8.000 €	= 96.760 €
X3	96.760 €	+ 8.708 €	− 8.000 €	= 97.469 €
X4	97.469 €	+ 8.772 €	− 8.000 €	= 98.241 €
X5	98.241 €	+ 8.842 €	− 8.000 €	= 99.082 €
X6	99.082 €	+ 8.917 €	− 8.000 €	= 100.000 €

Verbuchung 1.1.X1:

Bank	95.514 €	
Disagio	4.486 €	
Anleihen		100.000 €

Verbuchung 31.12.X1:

Zinsaufwand	8.596 €	
Disagio		596 €
Bank		8.000 €

Der **Fair Value** ist für die Folgebewertung von zu fortgeführten Anschaffungskosten bewerteten finanziellen Verbindlichkeiten nicht maßgeblich. Es gibt auch keinen Werthaltigkeitstest wie bei Vermögenswerten. Ein gestiegener Marktwert (etwa aufgrund eines gefallenen Zinsniveaus) wird € grundsätzlich nicht berücksichtigt. Auch eine Drohverlustrückstellung für einen wahrscheinlich geplanten, vorzeitigen Rückkauf zu einem höheren Wert scheidet aus (gemäß IAS 37.2 nicht auf Finanzinstrumente anwendbar).

Besonderheiten ergeben sich für **variabel verzinste Schulden**. Wird eine Schuld vom Unternehmen ausgegeben, dann entspricht der variable Zinssatz grundsätzlich dem Effektivzinssatz bei erstmaliger Erfassung (z. B. Euribor zuzüglich Kreditrisikoaufschlag). Interne Kosten oder Provisionserträge sind gesondert über die Laufzeit zu verteilen. Ändern sich die variablen Zinsen, dann ändern sich automatisch auch die Effektivzinsen, die entsprechend ihrem Anfall laufend als Zinsaufwand verbucht werden. Der Buchwert wird insoweit nicht auf- oder abgewertet. Die zu verteilenden Kosten bzw. Provisionserträge werden unverändert amortisiert. Nur bei vorzeitigen Tilgungen bzw. Teiltilgungen werden sie erfolgswirksam aufgelöst. Ist der variable Zins nicht an übliche Zinsindices gebunden, dann kann auch ein eingebettetes Derivat vorliegen.

Auch **strukturierte Verbindlichkeiten** können grundsätzlich zu fortgeführten Anschaffungskosten bewertet werden. Allerdings kann eine Abspaltung einer Eigenkapitalkomponente oder eines eingebetteten Derivats erforderlich sein. Nur der verbleibende Teil wird zu fortgeführten Anschaffungskosten bewertet.

3. Zum Fair Value bewertete finanzielle Verbindlichkeiten

3.1. Allgemeines

Die finanziellen Verbindlichkeiten der Kategorie *at fair value* werden erfolgswirksam zum Fair Value bewertet. Es gibt bedeutende Unterschiede zu den finanziellen Vermögenswerten: Während auf der Aktivseite eine Bewertung zu Anschaffungskosten nur unter strengen Bedingungen möglich ist, ist sie auf der Passivseite der Regelfall. Eine Fair Value-Bewertung erfolgt nur in bestimmten Ausnahmefällen.

Die einzigen Instrumente, die zwingend in die Kategorie *at fair value* fallen, sind Verbindlichkeiten des **Handelsbestands** ***(held for trading)***. Das sind finanzielle Verbindlichkeiten, die in der Absicht einer kurzfristigen Rückzahlung oder Übertragung zur Gewinnerzielung aufgenommen werden. Reguläre Verbindlichkeiten gehören nur selten zum Handelsbestand; betroffen sind meist Schulden, die zu einem spekulativen Veranlagungsportfolio gehören. Schulden zählen nicht schon deshalb zum Handelsbestand, weil mit ihnen die Handelstätigkeit des Unternehmens finanziert wird.

Unabhängig von der kurzfristigen Rückzahlungsabsicht gehören **alle Derivate** zum Handelsbestand, soweit sie nicht als Sicherungsgeschäfte designiert werden. Betroffen sind somit alle Derivate mit einem negativen Wert – also derivative Verbindlichkeiten. Derivate werden ausführlich in Kap. XII.1., S. 265 behandelt.

„Fair Value-Option": Zudem darf das Unternehmen jede finanzielle Verbindlichkeit der Kategorie *at fair value* zuordnen, sofern diese Zuordnung bereits **bei erstmaliger Erfassung** erfolgt und eine von drei Bedingungen erfüllt ist. Die Fair Value-Option ist ausführlich in Kap. X.3.2., S. 211 dargestellt.

Bewertung: Verbindlichkeiten dieser Kategorie werden mit dem **Fair Value** bewertet. Bei erstmaliger Erfassung entspricht der Fair Value meist, aber nicht notwendigerweise, dem erhaltenen Geldbetrag. **Transaktionskosten** werden unmittelbar als Aufwand erfasst. Für die Erst- und Folgebewertung gilt IFRS 13: Bei Notierung an einem aktiven Markt ist der Marktwert maßgeblich, andernfalls ist ein Bewertungsmodell erforderlich (z. B. Barwertmodell oder Optionspreismodell).

Alle Wertänderungen sind **erfolgswirksam** zu erfassen. Allerdings ist es auch möglich, angesammelte Zinsen periodengerecht abzugrenzen und nur die Wertschwankungen vom effektiv fortgeführten Buchwert ausgehend im Ergebnis der zum Fair Value designierten Verbindlichkeiten darzustellen. Damit kann das Unternehmen den Zinsaufwand getrennt von den übrigen Wertschwankungen darstellen.

BEISPIEL Eine begebene Nullkuponanleihe wird im Rahmen der Fair Value-Option im Ausgabezeitpunkt 1.1.X1 designiert. Der Ausgabekurs beträgt 90,7 €, der Tilgungsbetrag zum 1.1.X3 beträgt 100 €. Daraus ergibt sich eine Effektivverzinsung von 5 % (effektiver Zinsaufwand in X1: 4,5 €, in X2: 4,8 €). Der Fair Value zum 31.12.X1 beträgt 96 €, der Fair Value zum 31.12.X2 entspricht dem Tilgungsbetrag von 100 €.

Zinsen zum 31.12.X1:	Zinsaufwand	4,5 €		Berechnung 90,7 € × 5 %
	an Schuld		4,5 €	neuer Buchwert: 95,2 €
Aufwertung zum 31.12.X1	Aufwertungsverlust	0,8 €		Berechnung: 96 € – 95,2 €
	an Schuld		0,8 €	Neuer Buchwert: 96 €
Zinsen zum 31.12.X2:	Zinsaufwand	4,8 €		Berechnung 95,2 € × 5 %
	an Schuld		4,8 €	neuer Buchwert: 100,8 €
Abwertung zum 31.12.X1	Schuld	0,8 €		Berechnung: 96 € – 95,2 €
	an Abwertungsertrag		0,8 €	neuer Buchwert: 100 €

3.2. Die Fair Value-Option für finanzielle Verbindlichkeiten

Neben den Handelsbuchinstrumenten umfasst die Kategorie *at fair value* auch Verbindlichkeiten, die das Unternehmen freiwillig in diese Kategorie designiert. Eine Fair Value-Option gibt es auch auf der Aktivseite. Da auf der Aktivseite die Fair Value-Bewertung allerdings viel umfangreicher ist, erübrigen sich dort einige der Tatbestände, die auf der Passivseite sehr wohl eine Rolle spielen. Während auf der Aktivseite die Fair Value-Option nur unter einer Bedingung vorgesehen ist (Vermeidung eines *accounting mismatch*), gibt es auf der Passivseite zwei weitere Bedingungen.

Die Designation muss bereits **bei erstmaliger Erfassung der Verbindlichkeit und in dokumentierter Form** erfolgen. Das Unternehmen kann daher nicht selektiv bestimmte Verbindlichkeiten designieren, um bereits entstandene stille Reserven zu realisieren. Verbindlichkeiten können nur insgesamt designiert werden, nicht bloß zu einem bestimmten Prozentsatz oder hinsichtlich einzelner Komponenten.

Die Ausübung der Fair Value-Option muss zu aussagekräftigeren Informationen für die Bilanzadressaten führen. Dies ist nur in den folgenden zwei Fällen möglich:

1. Ein inkonsistenter Ansatz oder eine **inkonsistente Bewertung** werden vermieden, weil andernfalls entweder Bewertung oder Gewinnrealisierung von Vermögenswerten und Verbindlichkeiten auf unterschiedlicher Basis stattfindet *(„accounting mismatch")*. Diese Bedingung deckt sich mit jener auf der Aktivseite (siehe Kap. VIII.3.3., S. 154 ff.)

2. Das Finanzinstrument ist Teil einer Gruppe, die aus finanziellen Vermögenswerten, finanziellen Schulden oder beiden besteht. Die Zusammensetzung und die Performance der Gruppe wird **auf Fair Value-Basis gemanagt** und folgt einer dokumentierten Risikomanagement- und Investitionsstrategie. Informationen über die Gruppe werden auf Fair Value-Basis an die Schlüsselpersonen des Managements übermittelt (IAS 24.9; z. B. Vorstand und Aufsichtsrat).

Im Anhang sind die Kriterien für die Designation anzugeben und es ist zu begründen, wie die Bedingungen für die Designationen erfüllt wurden (IFRS 7.B5(a)).

Portfoliomanagement auf Fair Value-Basis: Wird die Zusammensetzung und die Performance einer Gruppe von Vermögenswerten und/oder Verbindlichkeiten **auf Fair Value-Basis gemanagt**, dann ist die Fair Value-Option ebenfalls zulässig. Der Begriff der Gruppe wird nicht definiert (ergibt sich in der Praxis aus der internen Performance- und Risikosteuerung des Unternehmens). Die Verbindlichkeiten müssen bereits bei Anschaffung designiert werden. Erforderlich sind allerdings eine dokumentierte (schriftliche) **Risikomanagement- und Investitionsstrategie** und eine Performance-Berichterstattung auf Fair Value-Basis. Eine Risikomanagementstrategie enthält regelmäßig bestimmte Risikogrenzen, Positionslimits und interne Gegenkontrollen. Eine Investitionsstrategie enthält qualitative Auswahlkriterien für Finanzinstrumente, zeitliche Abläufe und Zielvorstellungen. Dokumentation und Berichterstattung müssen nicht auf Einzelgeschäftsbasis erfolgen. Die Dokumentation muss aber zeigen, dass die Ausübung der Fair Value-Option konsistent mit der Risikomanagement- und Investitionsstrategie ist.

IFRS 9 nennt insbesondere folgendes Beispiel: Eine Gruppe von Finanzinstrumenten mit **vergleichbaren Risiken**, die durch das Asset-Liability-Management des Unternehmens minimiert werden. Darunter fallen z. B. **strukturierte Produkte** mit derivativen Komponenten, die durch andere Derivate ausgeglichen werden, oder **fixverzinsliche Instrumente**, deren Rendite durch Zinsswaps marktkonform gehalten wird (ähnlich wie beim Cashflow Hedge). Ein Beispiel wäre das Hedging von Zinsrisiken eines Portfolios durch Swaps, das die Bedingungen des *hedge accounting* nicht erfüllt, oder sogenannte *Constant Proportion Portfolio Insurance*-Strategien (CPPI-Modelle).

Die Fair Value-Option ist auch für eine dritte Gruppe von Finanzinstrumenten zulässig: **Verbindlichkeiten mit eingebetteten Derivaten**. Das Thema eingebettete Derivate ist ausführlich in Kap. XII.1.4., S. 267, dargestellt. Die eingebetteten Derivate müssen aber ausreichende wirtschaftliche Substanz aufweisen. Im Gegensatz zu den ersten beiden Fallgruppen ist kein Nachweis erforderlich, dass die Fair Value-Option zu aussagekräftigeren Informationen für die Abschlussadressaten führt. Eine schriftliche Designation ist aber trotzdem erforderlich.

In seltenen Fällen muss das Unternehmen eine Verbindlichkeit in die Kategorie *at fair value* designieren: Enthält ein Finanzinstrument ein **eingebettetes Derivat** und lässt sich dieses nicht gesondert bewerten, dann muss das gesamte Instrument designiert werden. Die Fair Value-Option wird dadurch zur „Fair Value Obligation".

3.3. Bilanzierung bonitätsbedingter Gewinne und Verluste

Neu in IFRS 9 ist eine Regelung über die Erfassung von Wertänderungen, wenn die Fair Value-Option ausgeübt wurde: Änderungen des Fair Value, die auf Änderungen der eigenen Bonität beruhen, werden erfolgsneutral im sonstigen Ergebnis (OCI) erfasst. Die übrigen Änderungen – also marktrisikobedingte Wertänderungen – werden in der GuV erfasst.

Damit soll ein intuitiv unrichtiger Effekt vermieden werden: Ein Unternehmen könnte durch eine Verschlechterung seiner Bonität paradoxerweise Gewinne erzielen, weil der Fair Value seiner Verbindlichkeiten abnimmt (und vice versa):

- Ein Gewinn aus der Abwertung eigener Schulden ist aus Sicht des Unternehmens eine tatsächlich vorhandene Ressource (Vermögensmehrung). Das Unternehmen könnte einen Kredit z. B. zum niedrigeren Fair Value tilgen oder eine notierte Anleihe zum niedrigeren Fair Value zurückerwerben und den Gewinn unmittelbar vereinnahmen. Im Rahmen der teureren Refinanzierung der zurückerworbenen Schuld geht dieser Gewinn aber wieder verloren.
- Aus Sicht der Aktionäre sind Gewinne aus der Abwertung eigener Schulden nur ein vorübergehender Vorteil, weil mit der Abwertung in der Zukunft eine Umkehrung verbunden ist, weil der Fair Value bis zur Endfälligkeit wieder den Rückzahlungsbetrag erreichen wird.
- Aus Sicht der Gläubiger ist die Abwertung von Schulden problematisch, weil damit „ihr" Kapital ins Eigenkapital übertragen wird und u. U. in Form von Dividenden ausgeschüttet werden könnte (wenn die IFRS ohne weitere Anpassungen für die Ausschüttung maßgeblich wären). Außerdem stellt dieses Eigenkapital aus Sicht der Gläubiger kein echtes Risikokapital dar, weil das entsprechende Risiko weiterhin von den Gläubigern getragen wird.

Das Unternehmen muss die **Änderung des Fair Values** in die folgenden zwei Komponenten zerlegen:

- den Effekt aus dem eigenen Kreditrisiko (Verschlechterung oder Verbesserung der eigenen Bonität aus Sicht der Gläubiger);
- den Effekt aus den Marktbedingungen (Änderungen von Zinssätzen, Rohstoffpreisen, relevanten Indices, Wechselkursen u.dgl.).

Jener Bewertungserfolg, der auf dem eigenen Kreditrisiko beruht, muss erfolgsneutral im sonstigen Ergebnis erfasst werden. Jener Bewertungserfolg, der auf Marktbedingungen beruht, muss erfolgswirksam im Gewinn oder Verlust gezeigt werden. Bei Ausübung der Fair Value-Option auf Vermögenswerte ist dies auch erforderlich, mündet aber lediglich in eine Anhangangabe (siehe Kap. VIII.3.3., S. 154 ff.).

IFRS 9 erlaubt eine einfache **Differenzrechnung**, wonach der Effekt aus dem Kreditrisiko als Differenz zwischen der Gesamtveränderung des Fair Values und dem Effekt aus den Marktbedingungen dargestellt werden kann. Ist der Zinssatz der einzige wertbestimmende Faktor, dann wird zu Beginn der Periode ein geeigneter Referenzzinssatz am Markt festgelegt und daraus der Risikoaufschlag der eigenen Schuld ermittelt (Credit Spread). Zum Abschlussstichtag wird der Wert der eigenen Schuld anhand des dann aktuellen Referenzzinssatzes neu ermittelt – unter Berücksichtigung des ursprünglichen Credit Spread. Aus der Differenz zum Marktwert ergibt sich der Effekt aus dem eigenen Kreditrisiko. Andere Faktoren wie z. B. Wechselkurse oder eingebettete Derivate müssen ggf. isoliert werden.

In einem ersten Schritt wird der **innere Zinssatz des Instruments zu Periodenbeginn** ermittelt; bei Neuemissionen bzw. erstmaliger Designation während der Periode wird der innere Zinssatz im Designationszeitpunkt festgestellt. Der innere Zinssatz wird so festgesetzt, dass der Barwert der geschätzten Cashflows genau dem Fair Value zu Periodenbeginn (im Designationszeitpunkt) entspricht. Dieser innere Zinssatz wird mit einem geeigneten beobachtbaren Referenzzinssatz verglichen (z. B. Euribor) und daraus der spezifische Risikoaufschlag (Credit Spread) abgeleitet.

IFRS 9 gibt nicht vor, wie ein Referenzzinssatz festzulegen ist. Der Referenzzinssatz muss aber die **relevanten Änderungen der Marktbedingungen** widerspiegeln. Bei mittel- und langfristigen Schulden kommt das Unternehmen daher nicht umhin, auch die **Laufzeitkongruenz** zwischen der Schuld und dem Zinssatz zu berücksichtigen. Wenn die relevanten Marktbedingungen eine nach Restlaufzeiten gestaffelte Diskontierung erfordern, dann sind auch die entsprechenden laufzeitkongruenten Zinssätze einzeln heranzuziehen.

BEISPIEL Ein Unternehmen emittiert am 1.1.X1 eine zehnjährige Anleihe mit einer Kuponverzinsung von 4 % (jeweils fällig am 30.12.) zum Nennbetrag von 100.000 €. Der innere Zinssatz beträgt daher ebenfalls 4 %. Das Unternehmen möchte bonitätsbedingte Gewinne und Verluste möglichst exakt ermitteln und zieht daher die jeweils laufzeitkongruenten Zinssätze des Euribor heran. Aus dem Vergleich mit den Euribor-Zinssätzen zum 1.1.X1 ergibt sich ein Credit Spread von 22 Basispunkten.

Termin	Zahlung	Euribor am 1.1.X1		Spread	Diskontzins	Barwertfaktor	Barwert	Marktwert
30.12.05	4.000 €	12 Monate	2,40 %	0,22 %	2,62 %	0,97447	3.898 €	
30.12.06	4.000 €	24 Monate	2,66 %	0,22 %	2,88 %	0,94475	3.779 €	
30.12.07	4.000 €	36 Monate	2,89 %	0,22 %	3,11 %	0,91235	3.649 €	
30.12.08	4.000 €	48 Monate	3,07 %	0,22 %	3,29 %	0,87862	3.514 €	
30.12.09	4.000 €	60 Monate	3,23 %	0,22 %	3,45 %	0,84388	3.376 €	
30.12.10	4.000 €	72 Monate	3,39 %	0,22 %	3,61 %	0,80842	3.234 €	
30.12.11	4.000 €	84 Monate	3,53 %	0,22 %	3,75 %	0,77286	3.091 €	
30.12.12	4.000 €	96 Monate	3,65 %	0,22 %	3,87 %	0,73784	2.951 €	
30.12.13	4.000 €	108 Monate	3,76 %	0,22 %	3,98 %	0,70396	2.816 €	
30.12.14	104.000 €	120 Monate	3,86 %	0,22 %	4,08 %	0,67011	69.691 €	
							100.000 €	100.000 €

Am 31.12.X1 beträgt der Marktwert der Anleihe 102.000 €. Daher errechnet das Unternehmen den Sollwert anhand der aktualisierten Euribor-Zinssätze – aber unter Berücksichtigung des ursprünglichen Credit Spreads von 22 Basispunkten. Der errechnete Sollwert der Anleihe beträgt 102.753 €, daraus resultiert ein bonitätsbedingter Gewinn von 753 € (entspricht einem angestiegenen Credit Spread von 32 Basispunkten). Der gebuchte Aufwertungsverlust von 2.000 € setzt sich daher aus einem marktbedingten Aufwertungsverlust von 2.753 € und einem bonitätsbedingten Abwertungsgewinn von 753 € zusammen. Diese beiden Wertkomponenten sind im Anhang anzugeben. Der bonitätsbedingte Effekt kann daher über die gebuchte Auf- oder Abwertung hinausgehen bzw. in die umgekehrte Richtung gehen. Die Angabe nur des bonitätsbedingten Effekts kann daher irreführend sein, wenn keine Überleitung auf den gebuchten Gewinn oder Verlust erfolgt.

Termin	Zahlungen	EURIBOR am 31.12.X1		Spread	Diskontzins	Barwertfaktor	Barwert	Marktwert
30.12.06	4.000 €	12 Monate	2,87 %	0,22 %	3,09 %	0,97000	3.880 €	
30.12.07	4.000 €	24 Monate	3,05 %	0,22 %	3,27 %	0,93773	3.751 €	
30.12.08	4.000 €	36 Monate	3,13 %	0,22 %	3,35 %	0,90590	3.624 €	
30.12.09	4.000 €	48 Monate	3,19 %	0,22 %	3,41 %	0,87442	3.498 €	
30.12.10	4.000 €	60 Monate	3,24 %	0,22 %	3,46 %	0,84343	3.374 €	
30.12.11	4.000 €	72 Monate	3,29 %	0,22 %	3,51 %	0,81283	3.251 €	
30.12.12	4.000 €	84 Monate	3,34 %	0,22 %	3,56 %	0,78267	3.131 €	
30.12.13	4.000 €	96 Monate	3,39 %	0,22 %	3,61 %	0,75287	3.011 €	
30.12.14	104.000 €	108 Monate	3,44 %	0,22 %	3,66 %	0,72340	75.234 €	
							102.753 €	102.000 €

Nach IFRS 9 werden diskontierte zukünftige Cashflows mit dem Marktwert verglichen; Zinsansammlungen oder Tilgungen während der Periode wirken sich auf beide Werte gleichermaßen aus und müssen daher nicht eliminiert werden.

Der Fair Value von finanziellen Vermögenswerten auf der Aktivseite und finanziellen Schulden auf der Passivseite kann von Marktbedingungen gleichermaßen beeinflusst werden; in diesem Fall kann die Fair Value-Option auch einen *accounting mismatch* verhindern. Beim Effekt aus dem Kreditrisiko gibt es aber keinen *accounting mismatch*, weil die Aktivseite von der Bonität der Schuldner und die Passivseite von der eigenen Bonität beeinflusst wird, also zwei unterschiedliche Risikoaufschläge vorliegen.

3.4. Praxisfragen bei der Bilanzierung bonitätsbedingter Gewinne

Auch wenn die Vorgaben des IFRS 9 theoretisch einfach klingen, stellen sich für die Praxis drei Grundsatzfragen:

- Bis zur Tilgung nähert sich der Fair Value wieder dem Nennwert an. Damit kehren sich sämtliche bonitätsbedingten Effekte wieder um. Ist der Umkehreffekt in der GuV oder im OCI zu erfassen?
- Sind bonitätsbedingte Wertänderungen auch dann im OCI zu erfassen, wenn sie durch gegenläufige Marktrisikoeffekte kompensiert werden?
- Aufgrund der Fair Value-Bewertung entstehen i. d. R. latente Steuern. Nun werden die Wertänderungen teilweise im OCI und teilweise in der GuV erfasst. Wo sind die latenten Steuern darzustellen?

Wie ist der Umkehreffekt zu verbuchen?

Bonitätsbedingte Gewinne und Verluste entstehen, wenn sich der im Fair Value enthaltene Abschlag für das Bonitätsrisiko verändert. Dieser Abschlag entsteht, weil die künftigen Zahlungsströme nicht nur mit dem risikofreien Marktzinssatz, sondern zusätzlich mit einer unternehmensspezifischen Kreditrisikoprämie *(„credit spread")* diskontiert werden. Der Abschlag vermindert sich im Zeitablauf, weil die Zahlungsströme näher rücken und über weniger Perioden diskontiert werden.

Bonitätsbedingte Gewinne und Verluste gleichen sich bei vertragskonformer Tilgung, somit bei Totalgewinnbetrachtung wieder aus (Umkehreffekt). Dies bekräftigt auch das IASB: *„the cumulative effect of any changes in the liability's credit risk will net to zero"*. Nur bei vorzeitigem Rückkauf der Verbindlichkeit können sich Bonitätseffekte auch bei Totalgewinnbetrachtung auswirken.

Weil der bonitätsbedingte Abschlag und somit auch der Umkehreffekt in den Fair Value eingeht, ist dieser Effekt auch bilanzwirksam. Er beeinflusst nicht nur die letzte Periode im Jahr der Tilgung, sondern grundsätzlich alle Perioden nach der erstmaligen Verbuchung eines bonitätsbedingten Gewinns bzw. -verlusts und der Tilgung.

Die Berücksichtigung des Umkehreffekts ist kein Zusatzaufwand. Im Gegenteil: Die Berechnung wird sogar insgesamt einfacher. Rechentechnisch wird dazu nicht der periodenbezogene Bonitätseffekt errechnet, sondern stets der kumulierte Effekt seit der Emission. Der Periodeneffekt ergibt sich indirekt aus der Veränderung des kumulierten Effekts. Die große Vereinfachung besteht darin, dass der *credit spread* nur bei der Emission, nicht aber zu jedem Periodenbeginn neu ermittelt wird.

BEISPIEL ▸ Ein Unternehmen emittiert zum 1.1.X1 einen zweijährigen Zerobond für 900 T€. Die endfällige Tilgung erfolgt zum 1.1.X3 zu 1.000 T€. Der innere Zinssatz des Zerobonds beträgt demnach

$$\text{innerer Zinssatz (i)} = \sqrt[2]{\frac{1.000\text{ T€}}{900\text{ T€}}} - 1 = 5{,}41\,\%$$

Das Unternehmen verbucht die Effektivverzinsung gesondert im Zinsergebnis und zeigt nur Abweichungen zum effektivverzinsten Wert als Bewertungseffekte (nachfolgend nicht dargestellt). Der Referenzzinssatz beträgt in allen Perioden vereinfachend 4 % (unter Vernachlässigung der Zinsstruktur). Folgende Rechenschritte sind erforderlich:

1.1.X1:

Ermittlung des Emissionsspreads:

credit spread = Innerer Zinssatz (5,41 %) – Referenzzinssatz (4 %) = 141 BP

31.12.X1:

Am Abschlussstichtag wird der Wert ermittelt, der sich bei unveränderter Bonität seit der Emission (141 BP) ergeben müsste:

$$\text{Barwert} = \frac{1.000\text{ T€}}{(1 + 4\,\% + 141\text{ BP})^1} = 948.677\text{ €}$$

Der beobachtete Marktpreis am Abschlussstichtag ist nur 940 T€. Der kumulierte Bonitätseffekt seit der Emission wird aus dem Vergleich des Marktwerts und des Werts unter Annahme einer unveränderten Bonität seit der Emission ermittelt:

Barwert (948.677 €) – Marktpreis (940 t€) = 8.677 €

Der periodenbezogene Bonitätseffekt in X1 beträgt:

kumulierter Bonitätsgewinn X1 (8.677 €) – kumulierter Bonitätsgewinn X0 (0 €) = 8.677 €

Verbuchung der Wertänderung:

Verbindlichkeiten 8.677 € an OCI 8.677 €

31.12.X2:

Am Abschlussstichtag wird wieder der Wert ermittelt, der sich bei unveränderter Bonität seit der Emission (141 BP) ergeben müsste:

$$\text{Barwert} = \frac{1.000\ \text{T€}}{(1 + 4\,\% + 141\ BP)^0} = 1.000\ \text{€}$$

Der beobachtete Marktpreis am Abschlussstichtag ist 1.000 T€. Der kumulierte Bonitätseffekt seit der Emission ergibt sich wieder aus dem Vergleich:

Barwert (1.000 t€) – Marktpreis (1.000 t€) = 0 €

Der periodenbezogene bonitätsbedingte Verlust in X2 beträgt:

kumulierter Bonitätsgewinn X2 (0 €) – kumulierter Bonitätsgewinn X1 (8.677 €) = –8.677€

Verbuchung der Wertänderung:

OCI 8.677 € an Verbindlichkeiten 8.677 €

Wie sind kompensierende Markt- und Kreditrisikoeffekte zu verbuchen?

Fraglich ist, welche Beträge zu verbuchen sind, wenn sich gegenläufige markt- und bonitätsbedingte Änderungen des Fair Value teilweise oder komplett kompensieren. Sind bonitätsbedingte Änderungen daher nur in jenem Ausmaß im OCI zu verbuchen, als sich auch der Fair Value geändert hat?

Wenn sich nun markt- und bonitätsbedingte Änderungen vollständig kompensieren, dann wäre der Kreditrisikoeffekt irrelevant. Damit würde aber der Zweck unterminiert, denn Bonitätseffekte beeinflussen schließlich auch den Gewinn, indem sie marktrisikobedingte Verluste kompensieren. Es wäre ein Wertungswiderspruch, bonitätsbedingte Gewinne nur dann im OCI zu erfassen, wenn ihnen zufällig keine marktrisikobedingte Wertänderung entgegensteht.

Wie sind latente Steuern zu verbuchen?

Die Bewertung eigener Verbindlichkeiten zum Fair Value kann zu Steuerlatenzen aufgrund temporärer Differenzen führen. Sie entstehen, wenn der Fair Value vom Steuerwert abweicht. Für die hier relevante Fragestellung wird unterstellt, dass sich der Steuerwert nicht verändert. Die Erfolgserfassung latenter Steuern muss mit jener des zugrunde liegenden Geschäfts konsistent sein.

BEISPIEL Eine Verbindlichkeit wird von 100 t€ auf 140 t€ aufgewertet. Davon sind 20 t€ bonitätsbedingt und 20 t€ marktrisikobedingt. Der Steuerwert beträgt unverändert 100 t€. Der Steuersatz sei 25 %.

Die temporäre Differenz von 40 t€ ergibt eine aktive Steuerlatenz von 10 t€. Für Zwecke der Erfolgsdarstellung ist es sachgerecht, diese zwischen GuV und OCI aufzuteilen. In der GuV und im OCI wird somit jeweils ein Verlust von 20 t€ und ein Steuerertrag von 5 t€ dargestellt.

Problematisch werden latente Steuern aber bei kompensierenden Markt- und Kreditrisikoeffekten.

BEISPIEL Eine Verbindlichkeit wird von 100 t€ auf 110 t€ aufgewertet. Davon sind +20 t€ bonitätsbedingt und –10 t€ marktrisikobedingt. Der Steuerwert sei unverändert 100 t€. Der Steuersatz sei 25 %.

Im OCI wird ein bonitätsbedingter Verlust von 20 t€ und in der GuV ein marktrisikobedingter Ertrag von 10 t€ gezeigt.

Die temporäre Differenz von 10 T€ ergibt einen Steuerertrag von 2,5 t€. Dieser ist wohl im OCI zu erfassen, weil die Wertänderung primär auf dem Bonitätsrisiko beruht (OCI: Verlust 20 t€ und Steuerertrag 2,5 t€; GuV: Gewinn 10 t€).

Ökonomisch sinnvoller und für die Abschlussleser besser verständlich wäre es, den Steuereffekt in der Gesamtergebnisrechnung durch Multiplikation der Erfolgseffekte in GuV und OCI mit dem Steuertarif, also brutto darzustellen (OCI: Verlust 20 t€ und Steuerertrag 5 t€; GuV: Gewinn 10 t€ und Steueraufwand 2,5 t€). Damit wird auch verhindert, dass nach Tilgung der Verbindlichkeit Beträge im OCI verbleiben. Auch das Informationsziel des IAS 12.61A wird mit dieser Methode besser verwirklicht. Streng genommen widerspricht dies aber dem Wortlaut des IAS 12, der latente Steuern an temporäre Differenzen knüpft. IAS 12 kennt keine temporären Differenzen auf gegenläufige Wertkomponenten.

4. Erfassung und Ausbuchung finanzieller Schulden

Finanzielle Schulden werden in der Bilanz erfasst, sobald das Unternehmen Vertragspartei geworden ist *(recognition)*.

Eine finanzielle Schuld wird wieder ausgebucht, sobald die Verpflichtung aus dem Vertrag erlischt, etwa durch Erfüllung, Aufhebung oder Ablauf. Wird eine zu fortgeführten Anschaffungskosten angesetzte Schuld vorzeitig getilgt, dann ist die Differenz zwischen Tilgungsbetrag und fortgeschriebenen Anschaffungskosten unmittelbar erfolgswirksam (z. B. bei Rückkauf einer Anleihe).

Umschuldung: Eine Schuld ist auch auszubuchen, wenn eine ursprüngliche Schuld auf eine neue Schuld mit **wesentlich geänderten Bedingungen** umgeschuldet wird oder die Bedingungen eines bestehenden Kreditvertrages wesentlich geändert werden.

Eine **wesentliche Änderung** liegt dann vor, wenn sich der Barwert der ausstehenden Kreditraten um 10 % verändert. Für Zwecke des Vergleichs werden die beiden Barwerte mit der Effektivverzinsung des ursprünglichen Kredits berechnet.

Liegt eine wesentliche Änderung vor, dann wird die ursprüngliche Schuld gegen eine neue Schuld „ausgetauscht". Die neue Schuld wird – wie jede erstmals erfasste Schuld – mit ihrem Fair Value angesetzt (z. B. Barwert auf Basis marktüblicher Zinsen). Die Differenz zum Buchwert der ursprünglichen Schuld ist erfolgswirksam (bei Schuldnachlass ein Ertrag, bei Verschlechterung der Konditionen ein Aufwand). Alle anfallenden Kosten sind unmittelbar Aufwand.

Tritt **keine wesentliche Änderung** ein, kommt es wohl ebenfalls zu einer erfolgswirksamen Berichtigung (aufgrund von bisherigen Erwartungen abweichenden Zahlungen). Maßgeblich für die Neubewertung ist aber nicht der Fair Value, sondern der Barwert der neuen Kreditraten auf Basis der ursprünglich vereinbarten Effektivverzinsung. Kosten der Kreditänderung sind über die Restlaufzeit zu verteilen.

BEISPIEL Das Unternehmen hat am 1.1.X1 einen zum 31.12.X2 endfälligen Kredit von 1.000 t€ aufgenommen und 907 t€ als Auszahlungsbetrag erhalten. Daraus ergibt sich eine Effektivverzinsung von 5 %. Am 31.12.X1 gewährt die Bank einen Schuldennachlass auf 850 t€.

	alter Kredit Barwert bei 5 %	neuer Kredit Barwert bei 5 %	neuer Kredit Barwert bei 3 %
1.1.X1	907 t€		
31.12.X1	952 t€	810 t€	825 t€
31.12.X2	1.000 t€	850 t€	850 t€

Zum 31.12.X1 werden die Barwerte auf Basis der ursprünglichen Effektivverzinsung (5 %) verglichen. Die Abweichung zwischen 952 t€ und 810 t€ ist höher als 10 %. Daher kommt es zum erfolgswirksamen Austausch des alten gegen den neuen Kredit. Der neue Kredit wird allerdings zu seinem Fair Value angesetzt: Zum 31.12.X1 beträgt das Zinsniveau für Kredite mit einjähriger Laufzeit und vergleichbarem Risiko 3 %. Das ergibt einen Barwert (Fair Value) von 825 t€. Verbuchung zum 31.12.X1:

Zinsen in X1:	Zinsaufwand	45 t€		Berechnung: 952 t€ – 907 t€
	an Kredit alt		45 t€	
Austausch:	Kredit alt	952 t€		Berechnung: 952 t€ – 825 t€
	an Kredit neu		825 t€	
	an Ertrag aus Schuldnachlass		127 t€	

Wird eine Schuld – etwa aufgrund einer angespannten Liquiditätssituation – entgegen den ursprünglichen Vertragsbedingungen nicht in Geld, sondern durch Ausgabe eigener Eigenkapitalinstrumente schuldbefreiend getilgt, so wird die Schuld ebenfalls ausgebucht. Für die Verbuchung ist der Fair Value des ausgegebenen Eigenkapitals maßgeblich (außer dieser ist nicht verlässlich ermittelbar, dann ist der Fair Value der getilgten Schuld maßgeblich). Die Differenz zum Buchwert der Schuld ist erfolgswirksam. Eine Schuldentilgung durch Eigenkapitalinstrumente erfolgt häufig zu Sanierungszwecken, d. h. die Schuld ist wirtschaftlich wertgemindert, sodass ein Tilgungsgewinn entsteht.

BEISPIEL Das Unternehmen hat ausstehende Bankkredite mit einem Buchwert i. H. von 100 € Mio., die in der Folgeperiode fällig sind. Allerdings reichen die liquiden Mittel zur Tilgung vermutlich nicht aus. Zur Vermeidung einer Insolvenz wird mit der Bank am 15.12. verbindlich vereinbart, anstatt der Tilgung 1 Mio. Stk. neue Aktien zu übertragen. Durch die gute Nachricht über die Sanierungsmaßnahme steigt der Aktienkurs am 16.12. vom bisherigen Niveau von 55 € auf 60 €.

Maßgeblich sind die Wertverhältnisse in jenem Zeitpunkt, an dem die Schuld im Sinne von IAS 32 erlischt, das ist der 15.12. (die Vertragsänderung beseitigt die Verpflichtung, Geld zu bezahlen).

Verbuchung (zum 15.12.):

Schuld	100 Mio. €	
an Eigenkapital		55 Mio. €
an Ertrag		45 Mio. € (gesonderter Ausweis in Anhang oder GuV)

5. Abgrenzung von finanziellen Schulden und Eigenkapital

Als internationaler Standard können die IFRS nicht auf bestehende gesellschaftsrechtliche Eigen- und Fremdkapitaldefinitionen Rücksicht nehmen, weil diese in jedem Land anders geregelt sind. Die rechtliche Form entspricht zwar üblicherweise auch dem wirtschaftlichen Gehalt (IAS 32.18). IAS 32 enthält aber eine sehr weitgehende Schuldendefinition, die in vielen Fällen vom gesellschaftsrechtlichen oder unternehmensrechtlichen Eigenkapitalbegriff abweicht. Der Grundgedanke ist die **Dauerhaftigkeit des Verbleibs finanzieller Ressourcen** im Unternehmen.

Eine finanzielle Schuld ist definiert als **vertragliche Verpflichtung**, liquide Mittel oder andere finanzielle Vermögenswerte zu übertragen (IAS 32.11; zur Definition eines Vertrages siehe .13). Dieses Vertragselement ist das entscheidende Abgrenzungskriterium zu nichtfinanziellen Schulden und Rückstellungen.

Ausschlaggebend ist daher allein die Möglichkeit, zur Übertragung finanzieller Ressourcen in Anspruch genommen zu werden bzw. diese nicht verhindern zu können. Im Gegensatz zum nationalen Bilanzrecht kommt es dabei nicht auf Risikotragfähigkeit oder Nachrangigkeit, Beteiligung an Gewinnen oder Verlusten bzw. an stillen Reserven oder auf den Firmenwert an. Auch die Wahrscheinlichkeit der Inanspruchnahme ist für die Qualifikation als Schuld ohne Bedeutung.

Nach dieser Schulddefinition qualifizieren sich ausschließlich nicht rückzahlbare Ressourcen als Eigenkapital. Damit wird das Going Concern-Prinzip konsequent umgesetzt, denn bei dauerhafter Unternehmensfortführung kann es nicht auf die Ansprüche im Liquidationsfall ankommen. Unternehmen der Finanzbranche bevorzugen erfahrungsgemäß einen engen Eigenkapitalbegriff, weil sie damit ihre Eigenkapitalrentabilität verbessern können.

Die Beurteilung erfolgt allein aus der **Perspektive des Emittenten**. Die Abgrenzung zwischen Schulden und Eigenkapital hat bei erstmaliger Erfassung des Finanzinstruments zu erfolgen (IAS 32.15); spätere Umwidmungen zwischen Eigenkapital und Schulden sind nicht zulässig, außer die Vertragskonditionen wurden geändert.

Finanzielle Schulden sind außerdem vertragliche Verpflichtungen, finanzielle Vermögenswerte bzw. Schulden **zu möglicherweise nachteiligen Bedingungen zu tauschen** (logische Erweiterung des Verpflichtungstatbestandes).

Als Schulden gelten auch (nicht derivative) Verträge, die durch eine **variable Anzahl eigener Aktien** erfüllt werden können oder müssen (d. h. eine vertragliche Verpflichtung, eine variable Anzahl eigener Aktien zu liefern oder zu erwerben). Ist das Unternehmen nämlich zur Lieferung oder zur Entgegennahme einer variablen Anzahl eigener Aktien verpflichtet, dann werden eigene Aktien gleichsam als „Medium“ für eine betraglich fixierte Schuld oder eine fixierte Forderung verwendet. Das wirtschaftliche Risiko des Unternehmens entspricht jenem aus einer Verpflichtung zur Bezahlung fixer oder variabler Geldbeträge.

BEISPIELE ▸ Die Verpflichtung, eigene Aktien im Gegenwert von 100 t€ zu liefern, ist eine finanzielle Schuld (das Unternehmen müsste gedanklich eigene Aktien für 100 t€ am Markt erwerben; wirtschaftlich liegt daher eine feste Verpflichtung zur Zahlung von 100 t€ vor). Dagegen ist eine Verpflichtung zur Lieferung von 100 Stk. eigener Aktien gegen einen fixen Preis regelmäßig ein Eigenkapitalinstrument (IAS 32.21 f.). Vorzugsaktien, die vom Emittenten zu einem Fixbetrag oder einem indexabhängigen Betrag zu einem bestimmten Zeitpunkt oder auf Verlangen des Inhabers zurückzunehmen sind, sind eine Schuld (IAS 32.18(a) und .18(b)).

Eine Schuld liegt immer dann vor, wenn die Auszahlung **nicht im Ermessen des Unternehmens** steht. Die Zahlung von Dividenden liegt im Ermessen des Unternehmens, daher sind Aktien Eigenkapitalinstrumente. Hängt die Zahlung aber von externen Faktoren ab (Indices, Zinssätze, Umsatzerlöse oder Verschuldungsgrad des Unternehmens), dann liegen Schulden vor (IAS 32.25).

Die Beurteilung stellt stets auf ein bestimmtes Finanzinstrument ab: Ein einzelner Aktionär kann die Ausschüttung thesaurierter Gewinne oder die Liquidation seiner Aktie nicht erzwingen, daher sind Aktien stets Eigenkapital. Die **Hauptversammlung** hat zwar derartige Rechte; dies ist für IAS 32 aber nicht relevant. Die Hauptversammlung als Kollektiv ist nämlich ein **Organ des Unternehmens** und somit der Unternehmenssphäre zuzurechnen, also dem Ermessen des „Unternehmens".

Kapitalformen mit **begrenzter Laufzeit oder einem Kündigungsrecht** gelten daher grundsätzlich als Schulden (*puttable instruments*; IAS 32.18). Es kommt nicht darauf an, wie der Rückzahlungsbetrag bestimmt wird (eine Schuld liegt auch bei einer aktienkursabhängigen Rückzahlung vor). Eigenkapital liegt nur vor, wenn das Unternehmen ein bedingungsloses Recht besitzt, eine Auszahlung zu verhindern (IAS 32.19).

Kündigungsrechte, insbesondere auch gesetzliche Kündigungsrechte, können bei **Personengesellschaften**, **stillen Beteiligungen** oder **Investmentfondsanteilen** vorliegen (ausführlich IDW RS HFA 9, WPg 2006 S. 539 ff.). Problematisch ist auch das **Genossenschaftskapital**, das unter Einhaltung bestimmter Fristen kündbar ist. Nach IFRIC 2 müsste der Geschäftsführung ein Widerspruchsrecht eingeräumt werden (dies wurde daher im deutschen Genossenschaftsrecht ermöglicht). Allerdings wurde für diese Gesellschaftsformen eine Sonderregel geschaffen (siehe Kap. X.6., S. 223).

Außerordentliche Kündigungsrechte (z. B. „*change of control*-Klauseln") bzw. gesetzliche Kündigungsrechte sind unschädlich, sofern sie nicht im ständigen Ermessen des Inhabers stehen und nur „für den Extremfall" vorgesehen sind (IDW RS HFA 9, WPg 2006, 540 Rz. 19). Eine theoretisch mögliche Rückzahlungsverpflichtung ist nämlich dann unschädlich, wenn sie nur in extrem seltenen, anormalen und sehr unwahrscheinlichen Fällen zu erwarten wäre (IAS 32.AG28).

Innerhalb eines Konzerns sind die **Rechtsverhältnisse aller Konzerngesellschaften** zu berücksichtigen. So könnte etwa eine Ausfallgarantie durch das Mutterunternehmen zur Qualifikation als Schuldinstrument führen, obwohl aus Sicht des Tochterunternehmens eigentlich ein Eigenkapitalinstrument vorliegt (IAS 32.AG29).

Eigenkapital kann nur **unbefristetes und vom Inhaber unkündbares Kapital** sein. Bei unbegrenzter Laufzeit kommt es vorwiegend darauf an, wie die laufenden Erträge ausgestaltet sind. Bei *perpetual instruments* repräsentiert nämlich der Emissionsbetrag genau den Barwert der laufenden Erträge (ewige Rente; der Barwert des Rückzahlungsbetrags bzw. Nennbetrags selbst geht gegen null). Wurden fixe Zinsen vereinbart oder hängen die Zinsen von externen Faktoren ab (z. B. Zinsindices), dann liegt jedenfalls ein Fremdkapitalinstrument vor. Der Barwert der erwarteten Zinszahlungen kann vereinfachend mit dem Emissionsbetrag gleichgesetzt werden (IAS 32.AG6).

Derivate, die auf die Lieferung oder auf die Entgegennahme von Eigenkapitalinstrumenten des Emittenten gerichtet sind, können entweder Eigenkapitalinstrumente oder Schuldinstrumente sein (z. B. **Optionen oder Bezugsrechte auf eigene Aktien**; vgl. IAS 32.16(b)(ii)). Eigenkapitalinstrumente liegen nur vor, wenn ein Derivat auf den Austausch fixer Geldbeträge (oder fixer Beträge anderer finanzieller Vermögenswerte) gegen eine fixe Anzahl eigener Eigenkapitalinstrumente gerichtet ist. Ein Bezugsrecht zum Erwerb von 500 Aktien des Emittenten zu einem Fixpreis von 30 € je Aktie ist daher ein Eigenkapitalinstrument. Ein Bezugsrecht zum Erwerb einer variablen Anzahl von Aktien des Emittenten im Gegenwert von 50 t€ ist ein Schuldinstrument. Ein Bezugsrecht auf Aktien des Emittenten zum Marktpreis abzüglich 15 € ist ebenfalls ein Schuldinstrument.

Neben der Entscheidung, ob ein Schuld- oder ein Eigenkapitalinstrument vorliegt, hängt die bilanzielle Erfassung auch davon ab, ob ein **Zufluss oder ein Abfluss von Ressourcen** erfolgt ist: Bei Eigenkapitalinstrumenten erhöhen Zuflüsse das Eigenkapital, Abflüsse vermindern das Eigenkapital. Emittiert das Unternehmen z. B. neue Aktien für 500 t€, liegt ein Zufluss vor (Erhöhung des Eigenkapitals um 500 t€). Erwirbt das Unternehmen z. B. eine Kaufoption auf 1.000 Stück seiner eigenen Aktien zum Preis von 30 € je Aktie, dann ist die Option ein Eigenkapitalinstrument. Da der Optionskauf mit einem Abfluss von Ressourcen verbunden war, wird das Eigenkapital vermindert (Verbuchung der Optionsprämie: Kapitalrücklagen an Bank).

ABB. 13: Abgrenzung von Eigenkapital und Schulden (HFA 9, WPg 2007 Beilage 2, S. 196 Rz. 62)

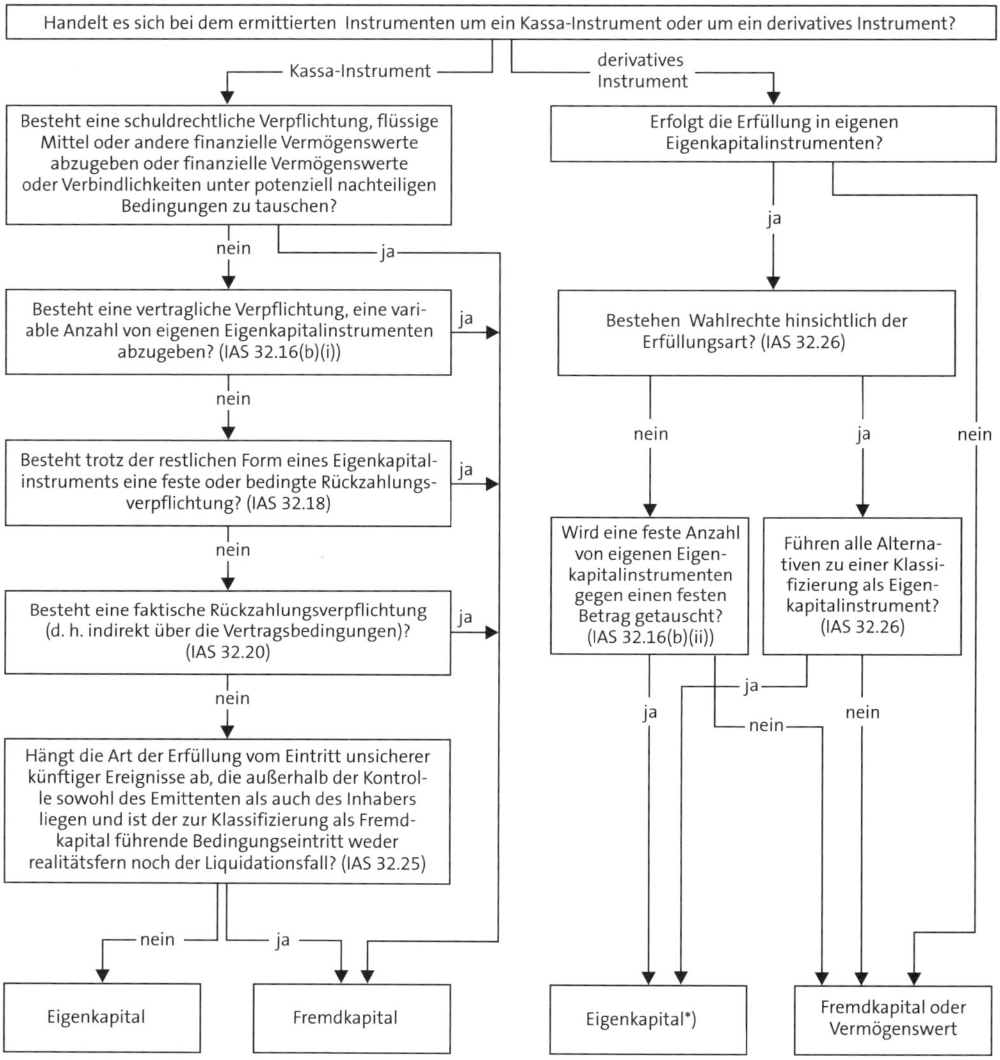

*) Erfassung einer Verbindlichkeit in Höhe des Barwerts des Ausübungspreises (*written put option*) bzw. des Terminpreises (*forward to buy shares*) bei *gross physical settlement* (IAS 32.23).

Die Abgrenzung von Schulden und Eigenkapital ist auch für die **Qualifikation von ausbezahlten Kapitalerträgen als Zinsen oder als Gewinnverwendung** (Dividenden) bindend (IAS 32.35 f.). Von dieser Regel gibt es keine Ausnahme: Liegt zwar gesellschaftsrechtlich Eigenkapital vor, nach IAS 32 aber eine Schuld, dann sind „Gewinnausschüttungen" als Zinsaufwand zu erfassen.

Durch den engeren Eigenkapitalbegriff der IFRS fällt tendenziell die Eigenkapitalquote, daher steigt der Zinsaufwand. Erfahrungsgemäß strukturieren aber viele Unternehmen – insbesondere Banken und Versicherungsunternehmen – ihr Hybridkapital bewusst als Schulden nach

IAS 32. Mit der verminderten Eigenkapitalquote können sie ihren Return on Equity verbessern. Außerdem lassen sich Schuldinstrumente wesentlich besser vermarkten als Eigenkapitalinstrumente: Der Käufer kann Schuldinstrumente zu fortgeführten Anschaffungskosten bilanzieren. Ist der Käufer eine Bank, profitiert er unter Basel II von einer besseren Risikogewichtung im Vergleich zu einem Eigenkapitalinstrument.

6. Sonderregelung für Personengesellschaften und Genossenschaften

Anteile an Personengesellschaften und an Genossenschaften sind vom Inhaber grundsätzlich kündbar (in Deutschland kann dieses Kündigungsrecht bei Genossenschaften auch ausgeschlossen werden). Aufgrund des Kündigungsrechts erfüllen diese Anteile die Definition einer Schuld. Da diese Gesellschaften in ihrer Bilanz kein Eigenkapital hätten, wäre die Aussagekraft der Passivseite verzerrt, weil es keinen Restposten im Sinne des Rahmenkonzepts mehr gäbe und konzeptionell auch kein Gewinn oder Verlust mehr möglich wäre (das Jahresergebnis wäre durch ertragswirksame Umwertungen des Gesellschafterkapitals stets null; die Erfolgsdefinition in .70 Rahmenkonzept setzt Eigenkapital voraus). Damit würde auch die Gewinn- und Verlustrechnung, ein zwingender Abschlussbestandteil laut dem Rahmenkonzept, sinnentleert.

Aufgrund dieser Problematik hat das IASB eine Sonderregelung in IAS 32 geschaffen, wonach eine Schuld unter bestimmten Bedingungen als Eigenkapital auszuweisen ist. Die Sonderregelung betrifft vorwiegend Personengesellschaften und Genossenschaften, ist aber nicht darauf beschränkt. Da Personengesellschaften und Genossenschaften derzeit kaum nach IFRS bilanzieren, ist die Bedeutung der Regelung im deutschen Sprachraum noch eher gering. Allerdings ergeben sich indirekte Auswirkungen im Rahmen der Konsolidierung von Personengesellschaften.

Der wesentliche Teil der Sonderregelung betrifft vom Inhaber **kündbare Instrumente** (*puttable instruments*; IAS 32. 16A und .16B). Bei einem kündbaren Instrument ist der Emittent bei Ausübung des Kündigungsrechts verpflichtet, das Instrument gegen Geld oder andere finanzielle Vermögenswerte zu tilgen oder zurückzukaufen (Tilgung und Rückkauf sind für IAS 32 gleichwertig, weil eigene Anteile keinen Vermögenswert darstellen, sondern das jeweilige Kapital vermindern). Kündbare Instrumente sind Eigenkapital, wenn die folgenden sechs Kriterien kumulativ erfüllt werden (IAS 32.16A und .16B):

1. Im Liquidationsfall (nicht notwendigerweise bei Kündigung) erhält der Inhaber einen **aliquoten Anteil am Nettovermögen**. Es darf keine Vorzüge bei der Aufteilung des Liquidationserlöses geben (.AG14C). Zur Beurteilung wird eine Liquidation im Zeitpunkt der Beurteilung unterstellt (.AG14B).

2. Die betroffene Klasse von Instrumenten ist im Liquidationsfall **nachrangig** gegenüber allen anderen Ansprüchen (bei wandelbaren Instrumenten muss diese Bedingung bereits vor der Ausübung des Wandlungsrechts erfüllt sein).

3. Für die Prüfung muss es sich um eine völlig einheitliche Klasse von Finanzinstrumenten mit **identischen Ausstattungsmerkmalen** handeln, d. h. die Finanz-instrumente müssen insbesondere alle kündbar sein und der Rückkauf- oder Tilgungsbetrag muss nach einer einheitlichen Formel ermittelt werden.

4. Abgesehen von der Rückkauf- oder Tilgungsverpflichtung darf es keine weiteren vertraglichen Verpflichtungen für das Unternehmen geben, Geld oder anderes Vermögen zu übertragen oder zu nachteiligen Bedingungen zu tauschen oder eine variable Anzahlung eigener Eigenkapitalinstrumente zu liefern bzw. zu nachteiligen Bedingungen zu tauschen (d. h. es liegt keine weitere unter IAS 32 als Verbindlichkeit zu erfassende Verpflichtung vor).
5. Die über die Gesamtlaufzeit zu **erwartenden Zahlungen** für das Instrument basieren im Wesentlichen auf dem Gewinn oder Verlust, der Änderung des bilanzierten Nettovermögens oder der Änderung des Fair Values des Nettovermögens.
6. Es darf **keine anderen Finanzinstrumente** geben, deren gesamte zu erwartenden Zahlungen im Wesentlichen vom Gewinn oder Verlust bzw. von den Veränderungen des Nettovermögens (Punkt 5) abhängen und die daher die Gewinn- oder Verlustbeteiligung des kündbaren Instruments ausgleichen oder fixieren (z. B. Kapitalgarantien, Einlagengarantien, Dividendengarantien, Ergebnisabführungsverträge an Dritte; ausführlich .AG14J). Unbeachtlich sind dabei aber Verträge über einen fremdüblichen Leistungsaustausch abseits der Kapitalüberlassung (z. B. Arbeitsverträge mit dem Gesellschafter oder Prämien für persönlich übernommene Haftungen des Gesellschafters; .AG14F und .AG14H).

Die Sonderregelung betrifft daher das klassische Gesellschafterkapital von Personengesellschaften, bei dem diese Bedingungen im Regelfall erfüllt sind. Bei einer Kommanditgesellschaft kann der Komplementär eine fremdübliche Prämie für seine persönliche Haftung erhalten (z. B. einen höheren Gewinnanteil); da dies einen gesonderten Leistungsaustausch darstellt, wird dies nicht beachtet, d. h. die Prämie wird bei der Beurteilung des aliquoten Liquidationserlöses, der Nachrangigkeit und der Frage, ob Komplementär- und Kommanditanteile eine einheitliche Klasse darstellen, nicht berücksichtigt (.AG14G). Bei fremdüblicher Prämie und ansonsten gleichartiger Gewinn- und Verlustbeteiligung und Nachrangigkeit kommen sowohl der Komplementäranteil als auch der Kommanditanteil als Eigenkapital in Betracht.

Mit der Sonderregelung ergibt sich eine Klarstellung für die **Konsolidierung von Personengesellschaften** im Konzern: Der für Zwecke der Konsolidierung aufgestellte IFRS-Einzelabschluss („HB II“) weist das Kapital der Personengesellschafter nach Maßgabe der Bedingungen in IAS 32 als Eigenkapital aus (unklar IAS 32.96C, dies ergibt sich aber aus .AG29A letzter Satz). Damit kann eine reguläre Kapitalkonsolidierung erfolgen. Wäre das Personengesellschaftskapital nämlich eine Schuld, dann könnte u. U. eine Schuldenkonsolidierung erforderlich sein.

Die Sonderregelung in IAS 32.16A ff. gilt allerdings nicht für die Darstellung von Minderheitenanteilen im Konzernabschluss: Wird eine Personengesellschaft mit Fremdanteilen vollkonsolidiert, dann ist der **Minderheitenanteil** nicht im Konzerneigenkapital, sondern unter den Schulden darzustellen (.AG29A). Dies schon deshalb, weil aus Konzernsicht der Minderheitenanteil nicht die letztrangige Kapitalklasse sein kann: Die Minderheiten werden bereits bei Liquidation der Personengesellschaft bedient, die Konzerngesellschafter erst im Rahmen einer Gewinnausschüttung oder Liquidation der Muttergesellschaft.

Werden entweder die Bedingungen in IAS 32.16A ff. nicht erfüllt oder handelt es sich um einen Minderheitenanteil im Konzernabschluss, dann ist das Kapital der Personengesellschaft als **Schuld** auszuweisen und nach IFRS 9 zu bewerten. Die **Zugangsbewertung** erfolgt zum Fair Value, der regelmäßig schon dem Transaktionspreis entspricht (Einlage oder Kaufpreis). Sofern nicht die Fair Value-Option ausgeübt wird, erfolgt die Folgebewertung zu fortgeführten Anschaffungskosten. Allerdings müssen dabei auch die Veränderungen der Abfindungsverpflichtung berücksichtigt werden, z. B. bei Gewinnzurechnungen. Sachgerecht wäre beispielsweise eine Bewertung der Schuld in Höhe des auf den Anteilseigner entfallenden Nettovermögens. Soweit eine Abfindung zum unternehmensrechtlichen Nettovermögen erforderlich ist, stellt das unternehmensrechtliche Nettovermögen jedenfalls die Wertuntergrenze für die anzusetzende Schuld dar. Eine bloße Buchwertabfindung ist gesellschaftsrechtlich meist nicht zulässig, daher kann keine generelle Bewertung zum unternehmensrechtlichen Buchwert des Kapitalanteils erfolgen (IDW RS HFA 9, WPg 2006 S. 544, Rz. 54).

Eine weitere Sonderregelung wurde für **nicht kündbare Instrumente** geschaffen, die das Unternehmen (nur) im Liquidationsfall zur Auszahlung des Nettovermögens verpflichten (IAS 32.16C). Betroffen sind aber nur Unternehmen, deren Liquidation mit Sicherheit eintritt (Gesellschaften auf Zeit, z. B. unkündbare Arbeitsgemeinschaften) oder deren Liquidation jederzeit auf Verlangen eines Gesellschafters eintritt. Das Kapital dieser Unternehmen kann ebenfalls als Eigenkapital ausgewiesen werden (bei einem zusammengesetzten Instrument nur die Eigenkapitalkomponente). Dazu müssen aber die für kündbare Instrumente geltenden Bedingungen eingehalten werden (die vierte aufgeführte Bedingung ist aber nicht einschlägig). Es handelt sich also um eine Auffangregelung für jene Fälle, in denen statt der Abschichtung einzelner Gesellschafter zwingend eine Liquidation erfolgt, ansonsten aber die Bedingungen in .16A und .16B erfüllt sind.

7. Zusammengesetzte Finanzinstrumente *(Compound Instruments)*

Zusammengesetzte Finanzinstrumente *(compound instruments)* enthalten sowohl eine **Schuldkomponente** als auch eine **Eigenkapitalkomponente** (IAS 32.28 ff.). Betroffen sind z. B. emittierte Wandel- und Optionsanleihen *(convertibles)*, die dem Inhaber das Recht auf Tilgung durch eine fixe Stückzahl von Aktien des Unternehmens gewähren (IAS 32.39). Die Schuldkomponente wird daher als Schuld, die Optionskomponente im Eigenkapital dargestellt.

Die Aufteilung erfolgt nach der **Restwertmethode** (IAS 32.31). Vom Emissionserlös wird zuerst der Fair Value der Schuldkomponente abgezogen. Der Fair Value der Schuld wird nach den Bestimmungen in IFRS 13 berechnet und entspricht regelmäßig dem Barwert der erwarteten Auszahlungen (Zinsen und Tilgungsbeträge); als Diskontierungssatz wird die marktübliche Verzinsung unter gleichen Risikobedingungen herangezogen. Der Rest entfällt auf die Eigenkapitalkomponente und wird im Eigenkapital ausgewiesen (i. d. R. unter den Kapitalrücklagen).

In Summe wird daher der Fair Value des *compound instrument* (entspricht dem Emissionsbetrag) auf das Eigenkapital und auf die Schulden verteilt. Die Aufteilung selbst muss daher erfolgsneutral erfolgen (IAS 32.31).

BEISPIEL Eine Wandelanleihe wird zum Nennbetrag von 100 € ausgegeben; der Fair Value der Schuldkomponente beträgt 80 € (Barwert des Nennbetrags von 100 € bei der üblichen Verzinsung von Anleihen des Emittenten).

Verbuchung:

Bank	100 €	
Kapitalrücklagen		20 €
Anleiheschulden		80 €

Das Wandlungsrecht einer Wandelanleihe gilt regelmäßig als Eigenkapitalkomponente (IAS 32.AG31). IFRS 9 ist auf Eigenkapitalinstrumente nicht anwendbar, daher scheidet eine Folgebilanzierung als Derivat im Sinne von IFRS 9 aus.

Die Schuldkomponente ist als finanzielle Schuld zu behandeln; im Regelfall wird sie daher zu fortgeführten Anschaffungskosten angesetzt, d. h. sie wird jährlich über einen Zinsaufwand aufgestockt, bis der geldmäßige Rückzahlungsbetrag am Ende der Laufzeit erreicht ist.

Wird das **Wandlungsrecht** am Ende der Laufzeit **nicht ausgeübt**, dann verbleibt der Wert der Optionskomponente zeitlich unbegrenzt in den Kapitalrücklagen. Dadurch wird im Ergebnis aber kein Eigenkapital geschaffen, weil derselbe Betrag über die Laufzeit als Zinsaufwand verbucht würde und das Eigenkapital entsprechend vermindert hat. Die Schuldkomponente wird entsprechend der Tilgung ausgebucht.

Wird das **Wandlungsrecht ausgeübt**, dann wird der Buchwert der Schuld ins Eigenkapital übertragen; die Eigenkapitalkomponente verbleibt im Eigenkapital (Buchwertmethode; IAS 32.AG32). Eine erfolgswirksame Schuldentilgung auf Basis des Marktwerts eigener Aktien (Marktwertmethode) ist nicht zulässig.

BEISPIEL (FORTSETZUNG) ▸ Das Wandlungsrecht wird ausgeübt und mit einer Aktie (Nominale 60 €) getilgt; der Marktwert der Aktie beträgt 150 €.

Anleiheschulden	80 €	
Nennkapital		60 €
Kapitalrücklagen		20 €

Auch emittierte **Umtauschanleihen** *(exchangeables)* gewähren ihrem Inhaber das Recht auf Aktienlieferung statt Zahlung des Nennbetrags. Allerdings bezieht sich das Recht nicht auf Aktien des Emittenten, sondern Aktien eines anderen Unternehmens. Gehört das andere Unternehmen zum Konzern (Regelfall), dann ist die Optionskomponente auf Ebene des konsolidierten Abschlusses ebenfalls ein Eigenkapitalinstrument. Die Bilanzierung erfolgt wie bei einer Wandelanleihe. Sollen aber Aktien nichtkonsolidierter Unternehmen geliefert werden, dann liegt insgesamt eine Schuld vor. Meist ist die Umtauschanleihe dann in eine eingebettete derivative Komponente und eine Anleihekomponente aufzuteilen, weil die jeweiligen Risiken regelmäßig nicht eng verwandt sind. Beide Komponenten sind Schulden.

Aktienanleihen *(reverse convertibles)* gewähren ebenfalls das Recht auf Aktienlieferungen. Nur steht dieses Recht nicht dem Inhaber, sondern dem Emittenten zu. Damit hat der Emittent keine Verpflichtung, den Nennbetrag in Geld oder anderen finanziellen Vermögenswerten zu bezahlen (Eigenkapitalkriterium in IAS 32.16(a) ist erfüllt). Der Emittent hat auch keine Verpflichtung, eine variable Anzahl eigener Aktien zu liefern (Eigenkapitalkriterium in IAS 32.16(b) ist erfüllt; es handelt sich um ein nicht derivatives Instrument, weil es eine erhebliche Anfangsinvestition beim Erwerber gibt). Sofern keine anderen Vertragsbedingungen enthalten sind, die den Emittenten zur Zahlung von Geld oder anderer finanzieller Vermögenswerte verpflichten, ist die Aktienanleihe Eigenkapital. Eine Schuldkomponente ergibt sich, wenn eine Verpflichtung zur Zahlung laufender Zinskupons besteht; die Schuldkomponente entspricht dem Barwert dieser Zahlungen. Beim Inhaber ist die Aktienanleihe dagegen ein finanzieller Vermögenswert. Das Recht auf Aktienlieferung ist beim Inhaber i. d. R. ein eingebettetes Derivat, das als Schuld passiviert wird; alternativ zur getrennten Bewertung kann die Fair Value-Option ausgeübt werden.

Bei **Indexanleihen** hängt der Rückzahlungsbetrag von einem Index ab. Aufgrund der (ausschließlichen) Verpflichtung zur Geldzahlung liegt ein Schuldinstrument vor (IAS 32.16(a)i; kein zusammengesetztes Eigenkapital-/Fremdkapitalinstrument im Sinne von IAS 32.28). Im Rahmen von IFRS 9.4.3.1 ff. ist aber auch zu prüfen, ob das Schuldinstrument ein eingebettetes Derivat enthält. Basiert der Index z. B. auf Aktienkursen, dann ist das Wertänderungsrisiko nicht eng mit jenem einer regulären Anleihe verwandt; die derivative Komponente ist daher herauszurechnen und ggf. als begebene Kaufoption der Kategorie *held for trading* zu passivieren. Die Anleihekomponente kann z. B. als *at amortized cost* bilanziert werden (beim Inhaber wird das Instrument aber nicht getrennt, sondern insgesamt zum Fair Value über die GuV bewertet).

Neben der Rückzahlungskomponente ist aber auch zu überprüfen, ob die **laufenden Zinszahlungen** zu einer Eigenkapital- oder Schuldkomponente führen. Die Prüfung erfolgt nach denselben Regeln: Stehen die Zinszahlungen im freien Ermessen des Unternehmens, dann liegt ein Eigenkapitalinstrument vor. Stehen die laufenden Zinszahlungen aber nicht im Ermessen des Unternehmens, dann ist nach der Restwertmethode der Fair Value (Barwert der erwarteten Auszahlungen) als Schuldkomponente anzusetzen.

Genussrechtskapital kann nur dann vollständig Eigenkapital sein, wenn es unbefristet und unkündbar ist und die Vergütung im Ermessen des Unternehmens liegt. Die Vergütung liegt z. B. auch im Ermessen des Unternehmens, wenn sie von den jährlichen Dividendenzahlungen abhängig ist (z. B. 10 % der Dividenden; IAS 32.17). Ist die Vergütung vom Jahresüberschuss abhängig, liegt ein Schuldinstrument vor. Der Jahresüberschuss liegt nämlich nicht im freien Ermessen des Unternehmens (IAS 32.25).

Bei Genussrechten ist der Inhaber am Erfolg des Emittenten beteiligt, daher kann es nach IAS 32 erforderlich sein, bei der Beurteilung die fixe Rückzahlungskomponente (Nennbetrag) und die variable Ertragskomponente gesondert zu beurteilen und diese ggf. gesondert im Fremd- bzw. im Eigenkapital darzustellen. Ist das Unternehmen zur Rückzahlung des Nennbetrags verpflichtet (begrenzte Laufzeit), sind aber die laufenden Vergütungen nur freiwillig zu leisten, dann liegt nach IAS 32.16(a)i hinsichtlich des abgezinsten Nennbetrags ein Schuldinstrument vor. Bei **unbegrenzter, unkündbarer Laufzeit** konvergiert der Barwert des Nennbetrags aber gegen null, d. h. der Emissionsbetrag verkörpert allein den Barwert der laufenden Erträge. Liegen die laufenden Erträge im Ermessen des Unternehmens (z. B. Koppelung an Gewinnausschüttungen), dann ist das Genussrecht ein Eigenkapitalinstrument. Liegen sie nicht im Ermessen des Unternehmens (z. B. Koppelung an Zinsindices oder an den Jahresüberschuss), dann liegt ein Schuldinstrument vor (IAS 32.25).

BEISPIEL Das Unternehmen emittiert am 1.1.X1 ein Genussrecht für 100 t€ mit einer Laufzeit von drei Jahren; der Emissionsbetrag entspricht dem Rückzahlungsbetrag nach drei Jahren; bis dahin ist es unkündbar. Die Vergütung ist an die Dividenden gekoppelt. Der marktübliche Zinssatz für dreijährige Anleihen gleicher Bonität ist 3 %.

Lösung: Der Barwert des Rückzahlungsbetrags von 100 t€ stellt eine Schuld dar (91,5 t€). Der Rest ist Eigenkapital und vorzugsweise unter den Kapitalrücklagen auszuweisen.

Buchung bei Emission am 1.1.X1:

Cash	100 t€	
Schuld		91,5 t€
Kapitalrücklagen		8,5 t€

Zinsaufwand an Schuld [91,5 t€ x 3 %]	2,7 t€	
Bilanzgewinn an Cash	3 t€	

Buchung am 31.12.X1 (jährlicher effektiver Zinsaufwand; außerdem wird eine Gewinnbeteiligung i. H. von 3 t€ an die Genussrechtsinhaber ausbezahlt):

Am Ende der Laufzeit erreicht die Schuld durch Zinsansammlung den Rückzahlungswert von 100 t€ und wird nach erfolgter Tilgung ausgebucht. Die Eigenkapitalkomponente von 8,5 t€ verbleibt unbegrenzt in den Kapitalrücklagen. Dadurch wurde in Summe aber kein Eigenkapital geschaffen, weil über die Laufzeit Effektivzinsen von insgesamt 8,5 t€ das Eigenkapital vermindert haben.

Bei *compound instruments* wird der Emissionserlös grundsätzlich zwischen dem Eigenkapital und den Schulden aufgeteilt. Daneben kennt IAS 32 noch eine weitere Form des Hybridkapitals: **synthetische Verbindlichkeiten**. Bei diesen gibt es zwar eine zukünftige Zahlungsverpflichtung, aber keinen entsprechenden Emissionserlös. Es handelt sich um Options- oder Termingeschäfte, die das Unternehmen zur Rücknahme eigener Aktien zu einem Fixbetrag verpflichten (*cash for share*-Verträge, die keinen Barausgleich durch Geldzahlung zulassen). Zwar werden Derivate sonst mit dem Fair Value bilanziert. In diesem Sonderfall wird das Derivat aber aufgelöst, d. h. nicht das Derivat als solches wird bilanziert, sondern stattdessen die dahinterliegende Schuld. Die „synthetische" oder „fiktive" Schuld wird mit dem diskontierten Rücknahmepreis des Eigenkapitals bewertet. Die Verbuchung ist erfolgsneutral: der entsprechende Betrag wird vom Eigenkapital ins Fremdkapital umgegliedert. Hat das Unternehmen für die Ausgabe des Derivats eine Prämie vereinnahmt, dann wird diese Prämie im Eigenkapital erfasst (z. B. Gegenbuchung der erhaltenen Optionsprämie unter den Kapitalrücklagen).

IAS 32 wählt daher eine sehr vorsichtige Bilanzierungsweise, die über die eigentliche „Abgrenzung" von Eigenkapital und Schulden hinausgeht und potenzielle künftige Belastungen aus eigenkapitalbezogenen Transaktionen vorwegnimmt. Auf die Wahrscheinlichkeit der Ausübung kommt es nicht an; eine synthetische Schuld wird unabhängig von der Wahrscheinlichkeit der Inanspruchnahme angesetzt und bewertet (anders bei Rückstellungen nach IAS 37, deren Ansatz und Bewertung von der Wahrscheinlichkeit abhängt). Bei der Gegenpartei liegt dagegen ein Derivat und keine „synthetische Forderung" vor (asymmetrische Bilanzierung).

BEISPIEL Ein Unternehmen verpflichtet sich gegen eine Optionsprämie von 10 t€, in drei Jahren 1.000 eigene Aktien für insgesamt 100 t€ vom Optionsinhaber zu erwerben. Die erhaltene Optionsprämie von 10 t€ wird in den Kapitalrücklagen erfasst. Zugleich wird der Barwert von 100 t€ von den Kapitalrücklagen in die Schulden umgebucht. Die zukünftige Eigenkapitalverminderung durch den drohenden Erwerb eigener Aktien wird daher bilanziell auf den Zeitpunkt des Vertragsabschlusses vorgezogen. Die Schuld wird zu fortgeführten Anschaffungskosten bewertet. Verfällt die Option, wird die Schuld wieder in die Kapitalrücklagen zurückgebucht.

8. Rückstellungen (IAS 37)

8.1. Allgemeines

Rückstellungen *(provisions)* zählen ebenfalls zu den Schulden und werden in IAS 37 geregelt. Ausgenommen vom Anwendungsbereich des IAS 37 sind Finanzinstrumente nach IFRS 9 schwebende Verträge, die noch von keiner Seite erfüllt wurden (außer sie sind belastend), Schulden aus Versicherungsverträgen und bestimmten Lebensversicherungen nach IFRS 17 sowie alle Rückstellungen, die in anderen Standards geregelt sind. In anderen Standards geregelt sind insbesondere latente Steuern nach IAS 12, Leistungen für Arbeitnehmer nach IAS 19 (z. B. Altersteilzeit, Jubiläumsgelder, Urlaubs- und Weihnachtsgeldrückstellungen) und Finanzgarantien oder Kreditzusagen nach IFRS 9.

Wie in der Schulddefinition des Rahmenkonzepts sind auch Rückstellungen eine gegenwärtige, **rechtliche oder faktische Verpflichtung** aus einem Ereignis der Vergangenheit (IAS 37.14). Rechtliche Verpflichtungen ergeben sich aus Gesetzen oder Verträgen. Faktische Verpflichtungen sind zwar gesetzlich nicht durchsetzbar, das Unternehmen kann sich aber aus wirtschaftlichen Gründen der Erfüllung nicht entziehen. Eine faktische Verpflichtung entsteht etwa bei Erwartungshaltungen aufgrund eines bisher üblichen Geschäftsgebarens, bei gerechtfertigten Erwartungen oder bei öffentlich angekündigten Maßnahmen (z. B. „Tiefstpreisgarantien").

Eine Verpflichtung muss jedenfalls gegenüber Dritten bestehen. **Aufwandsrückstellungen** sind daher nicht zulässig (vgl. IAS 37.18 bis .20; z. B. für unterlassene Reparaturen oder Wartungsarbeiten). Rückstellungspflichtig sind aber externe vertragliche Verpflichtungen zum Aufwandsersatz (z. B. mit dem Vermieter vereinbarter Aufwandsersatz für unterlassene Renovierungsarbeiten in gemieteten Gebäuden).

Die Verpflichtung muss aus einem Ereignis der Vergangenheit stammen. Folglich muss das **auslösende Verlustereignis** bis zum Abschlussstichtag eingetreten sein *(obligating event)*. Maßgeblich ist die wirtschaftliche Verursachung, z. B. durch ein bestimmtes Tun oder Unterlassen, durch ein Zufallsereignis (z. B. Naturkatastrophen) oder wirtschaftliche Veränderungen (z. B. Zahlungsschwierigkeiten eines Garantienehmers). Das auslösende Verlustereignis muss zu einer rechtlichen oder faktischen Verpflichtung des Unternehmens führen, der es sich realistisch nicht entziehen kann (IAS 37.10).

Im Gegensatz zu den klassischen Schulden sind Rückstellungen **hinsichtlich ihrer Fälligkeit oder ihrer Höhe ungewiss**. Die Erfüllung führt mit einer **überwiegenden Wahrscheinlichkeit** zum Abfluss von Ressourcen, die wirtschaftlichen Nutzen verkörpern. Eine zuverlässige Schätzung muss möglich sein; allerdings wird nach der Vermutung in IAS 37.26 eine Schätzung bis auf sehr seltene Ausnahmefälle immer möglich sein.

Nicht als Rückstellungen, sondern als Schulden nach dem Rahmenkonzept, gelten **abgegrenzte Aufwendungen** (*accruals* nach IAS 37.11 und IAS 19.10; z. B. abgegrenzte Ansprüche auf Urlaubs- oder Weihnachtsgelder oder nicht konsumierte Urlaubstage). Abgegrenzte Aufwendungen werden unter der passenden Schuldenkategorie ausgewiesen, weil sie hinsichtlich der Höhe und der Fälligkeit weitgehend sicher sind (z. B. sonstige Schulden oder Lieferverbindlichkeiten). Rückstellungen werden gesondert ausgewiesen.

Ungewisse Verpflichtungen ergeben sich häufig auf Basis von Gesetzen. Konkrete Auslöser sind gesetzeskonform zu interpretierende Verträge, zivilrechtlicher Schadenersatz oder öffentlich-rechtliche Verpflichtungen (z. B. Abgaben, Zölle, Strafen, Pönalen). Maßgeblich sind die am Abschlussstichtag geltenden oder im Wesentlichen geltenden Gesetze (IAS 37.22). Wurde ein Gesetz schon vom relevanten Gesetzgeber beschlossen und steht die Verlautbarung noch aus oder ist das Gesetz noch nicht in Kraft getreten, dann ist die Verpflichtung bereits in jenem Zeitpunkt entstanden, wo das Gesetz so gut wie sicher ist. Eine dadurch zu bildende Rückstellung stellt eine Schätzungsänderung gemäß IAS 8 dar und wird prospektiv bilanziert.

BEISPIEL Das Unternehmen baut Rohstoffe ab und muss nach einem im Dezember X1 vom Bundesrat beschlossenen Gesetz die Abbaugebiete am Ende der Nutzung rekultivieren. Zusätzlich muss es eine Abgabe auf künftige Fördereinheiten bezahlen, die sich nach der Förderung in den Jahren X2 und danach richtet.

Hinsichtlich der Rekultivierungsverpflichtung ist mit der so gut wie sicheren Gesetzesänderung eine Rückstellung schon im Abschlussjahr X1 zu bilden, zumal die Verpflichtung bereits durch den vergangenen Abbau erfüllt ist. Die ebenfalls beschlossenen Förderabgaben werden erst durch künftiges Förderverhalten ausgelöst und sind daher erst in den Folgeperioden rückzustellen.

Mit IFRIC 23 wurde für ungewisse Ertragssteuern die Prüfungshypothese eingeführt, wonach eine Prüfung durch die zuständige Behörde bei vollständiger Kenntnis des Sachverhalts unterstellt wird. Diese Prüfungshypothese gilt analog auch für die Rückstellung öffentlich-rechtlicher Verpflichtungen unter IAS 37 (zur Begründung siehe XIV.8, S. 330).

8.2. Ungewissheit hinsichtlich der Fälligkeit

Der Eintritt einer Verpflichtung gilt dann als „wahrscheinlich" *(probable)*, wenn der Ressourcenabfluss mit einer Wahrscheinlichkeit von über 50 % eintritt (IAS 37.23).

Bei einer Vielzahl gleichartiger Verpflichtungen (z. B. Produktgarantien) wird die Wahrscheinlichkeit bestimmt, indem der Ressourcenabfluss für die gesamte Gruppe betrachtet wird (.24). In vielen Fällen ist nämlich der Ressourcenabfluss für eine einzelne Verpflichtung bei isolierter Betrachtung nicht wahrscheinlich; allerdings kann für die gesamte Gruppe mit überwiegender Wahrscheinlichkeit von einem Ressourcenabfluss ausgegangen werden.

BEISPIEL Die Wahrscheinlichkeit, dass ein bestimmter Käufer die Gewährleistung für ein erworbenes Produkt in Anspruch nimmt, ist regelmäßig sehr gering (z. B. 0,1 %). Wurden aber 1 Mio. Stück gleichartiger Produkte verkauft, dann wird mit 100%iger Wahrscheinlichkeit zumindest ein Käufer die Gewährleistung in Anspruch nehmen. Der Ressourcenabfluss für die Gruppe ist wahrscheinlich, sodass eine Rückstellung zu erfassen ist. Im nächsten Schritt ist die Bewertung zu klären, die ebenfalls für die Gruppe als Ganzes vorgenommen wird (siehe Abschnitt X.8.3).

Ist der Ressourcenabfluss nicht wahrscheinlich, sondern nur „möglich" *(possible)*, oder kann die Verpflichtung nicht zuverlässig geschätzt werden, dann liegt eine **Eventualschuld** vor (z. B. bei abgegebenen Garantien oder Haftungszusagen). Eventualschulden dürfen nicht passiviert werden (IAS 37.27). Stattdessen ist eine kurze Beschreibung der Unsicherheit und eine Schätzung der möglichen finanziellen Auswirkungen im Anhang anzugeben (IAS 37.28 i. V. mit .86).

Ist der Ressourcenabfluss unwahrscheinlich *(remote)*, dann erfolgt weder eine Passivierung noch eine Anhangangabe (IAS 37.27). Unwahrscheinlich könnte z. B. eine Wahrscheinlichkeit von 10 % oder weniger bedeuten (vgl. Beck'sches IFRS-Handbuch, § 5 Rz. 121).

TAB. 9: Übersicht zur Behandlung unsicherer Schulden (nach IAS 37, Anhang A)		
wahrscheinlicher Ressourcenabfluss (*probable*)	**möglicher Ressourcenabfluss (*possible*)**	**unwahrscheinlicher Ressourcenabfluss (*remote*)**
> 50 %	< 50 %	< 10 %
Ansatz einer Rückstellung Anhangangaben nach IAS 37.84 f	kein Ansatz einer Rückstellung Anhangangaben nach IAS 37.86	kein Ansatz einer Rückstellung keine Anhangangaben

In „extrem seltenen Fällen" könnte die Beschreibung von Rückstellungen oder die Schätzung des Effekts von Eventualschulden im Anhang die Position des Unternehmens in einem laufenden Gerichtsverfahren verschlechtern (z. B. wenn die eigenen Erfolgschancen als schlecht eingeschätzt werden müssten). In diesem Fall greift eine Befreiung von den Angabepflichten. Allerdings sind die Natur des Streitfalls und der Grund für die Unterlassung der Angaben im Anhang zu beschreiben (IAS 37.92).

Nach einem im Juni 2005 veröffentlichten Änderungsentwurf zu IAS 37 und IAS 19 soll in Zukunft das Wahrscheinlichkeitskriterium gestrichen werden. Damit wird es auch die Begriffe Eventualschuld und Eventualvermögen in dieser Form nicht mehr geben. Eine Verpflichtung im Sinne des Rahmenkonzepts soll daher unabhängig von der Eintrittswahrscheinlichkeit angesetzt werden, sobald eine **verlässliche Bewertung** möglich ist. Die Bewertung folgt dem *„expected cashflow approach"*; die Unsicherheit hinsichtlich des Eintritts wird allein im Wertansatz berücksichtigt.

Anmerkung: IFRS und US-GAAP verwenden **Rückstellungsbegriffe in unterschiedlicher Bedeutung**. Eventualverbindlichkeiten *(„contingent liabilities")* bedeuten nach IFRS unwahrscheinliche Schulden, wahrscheinliche Schulden (Rückstellungen) sind *„provisions"*. Die US-GAAP verwenden den Begriff *„contingencies"* allgemein für ungewisse Schulden, unabhängig von der Wahrscheinlichkeit. Die Passivierung nach US-GAAP erfordert allerdings nach herrschender Meinung eine Wahrscheinlichkeit von über 70 bis 80 %.

8.3. Ungewissheit hinsichtlich der Höhe

Ist zwar der Ressourcenabfluss wahrscheinlich, die Höhe aber ungewiss, dann ist der wahrscheinlichste Betrag zu wählen (*best estimate;* IAS 37.36). Sind mehrere Beträge wahrscheinlich, dann ist nach IAS 37.40 der wahrscheinlichste Einzelwert oder – bei einer Bandbreite vieler Ergebnisse – der nach Wahrscheinlichkeit gewichtete Erwartungswert maßgeblich (.39).

BEISPIELE Das Unternehmen rechnet mit einer Verpflichtung von 1 Mio. € oder 2 Mio. €, jeder Wert ist gleich wahrscheinlich. Die Rückstellung beträgt 1,5 Mio €.

Ein Unternehmen hat 100.000 Produkte verkauft (Beispiel nach IAS 37.39). Erfahrungsgemäß sind 75 % der verkauften Produkte fehlerfrei, 20 % werden wegen eines kleinen Fehlers reklamiert (Reparaturkosten je 10 €) und 5 % müssen ausgetauscht werden (Kosten je 40 €).

Die Rückstellung beträgt: (75 % × 0 €) + (20 % × 1 Mio. €) + (5 % × 4 Mio. €) = 400 t€.

Ist der **Zinseffekt** wesentlich (insbesondere bei langfristigen Rückstellungen), dann sind die Rückstellungen grundsätzlich abzuzinsen (vgl. IAS 37.45 ff.). Maßgeblich sind die Zinsen vor Steuern, welche die Markterwartungen und die spezifischen Risiken des Unternehmens widerspiegeln. Mit Näherrücken der Verpflichtung wird die Rückstellung jährlich gegen den Zinsaufwand aufgestockt.

Mit dem unternehmensspezifischen Zinssatz hat auch die eigene Bonität (Credit Spread) Einfluss auf die Rückstellungshöhe. Unternehmen mit niedriger Bonität zinsen die Verpflichtung mit einem höheren Zinssatz ab und haben daher tendenziell niedrigere langfristige Rückstellungen. Dies gilt aber nicht für Personalrückstellungen; für diese ist der Zinssatz erstrangiger Industrieanleihen maßgeblich (siehe Kap. XIII.3., S. 304).

Rückgriffsrechte dürfen bei der Ermittlung der Rückstellung nicht abgezogen werden (Saldierungsverbot). Wenn z. B. ein Händler Schadenersatz für einen Personenschaden aus einem minderwertigen Produkt zu bezahlen hat, muss er die erwartete Zahlung vollständig rückstellen. Regressansprüche gegenüber dem Produzenten darf er nicht von der Rückstellung abziehen. Rückgriffsforderungen können aber aktiviert werden, wenn die Vereinnahmung so gut wie sicher ist (IAS 37.53). In diesem Fall kann in der GuV wahlweise der Aufwand für die Rückstellungsbildung nach Abzug der Rückgriffsforderung angesetzt werden (.54). **Erwartete Gewinne aus der Veräußerung** von Vermögenswerten dürfen den Wert der Rückstellung nicht vermindern (.51; z. B. keine Minderung der Entsorgungskostenrückstellung einer Anlage oder der Rekultivierungskostenrückstellung für ein Grundstück).

Zwischen Abschlussstichtag und Freigabe der Abschlussveröffentlichung sind alle **werterhellenden Ereignisse** zu berücksichtigen, nicht aber wertbeeinflussende Ereignisse. Gerichtsurteile gelten nach IAS 10.8(a) z. B. als werterhellende Ereignisse einer bis zum Abschlussstichtag bereits verursachten Verpflichtung. Nicht zu berücksichtigen sind Änderungen von Marktpreisen oder Zinsen nach dem Abschlussstichtag (IAS 10.9 f). Siehe dazu ausführlich Kap. XVI.5., S. 368 f.

8.4. Drohverlustrückstellungen

Auch für kontrahierte Verluste aus belastenden Verträgen *(onerous contracts)* ist grundsätzlich eine Drohverlustrückstellung anzusetzen (IAS 37.66). Ansatz und Bewertung sind dem nationalen Bilanzrecht sehr ähnlich.

Bei einem **belastenden Vertrag** sind die unvermeidbaren Kosten zur Erfüllung (bzw. zum Ausstieg aus dem Vertrag) höher als der erwartete wirtschaftliche Nutzen (.68). Vor dem Ansatz einer Rückstellung sind aber ggf. betroffene Vermögenswerte abzuschreiben (.69; z. B. Vorräte, die über einen belastenden Vertrag verkauft werden sollen). Spezielle Bewertungsvorschriften für Drohverlustrückstellungen sind in IAS 37 nicht enthalten; es gelten die für die Verbindlichkeitsrückstellungen dargestellten Grundsätze.

Die Bilanzierung von Drohverlustrückstellungen ist in den handelsrechtlichen Grundsätzen sehr ähnlich. Allerdings gibt es bei Derivaten keine Drohverlustrückstellungen, weil diese aus IAS 37 ausgenommen sind und gemäß IFRS 9 stets mit dem Fair Value zu bewerten sind.

FALLBEISPIEL ZUR SALDIERUNG VON VERTRAGSVERHÄLTNISSEN ▸ Das Unternehmen produziert Automotoren und hat mit seinem Kunden VW im Januar X1 einen Vertrag über die Lieferung von Motoren für den Autotyp Golf X abgeschlossen. Danach ist eine vom Kunden zu bestimmende Anzahl zu Festpreisen zu liefern. Aus diesem Vertrag ergeben sich im Abschlussjahr X3 erhebliche Drohverluste, wenn die erwartete Absatzmenge zugrunde gelegt wird.

Allerdings hat das Unternehmen im November X1 auch einen Vertrag zur Lieferung von Motoren für den Autotyp Polo X abgeschlossen. Dieser Vertrag ist im Abschlussjahr X3 bei der erwarteten Absatzmenge gewinnbringend. Außerdem wurde in X1 ein Rahmenvertrag sowohl für Golf- als auch Polo-Motoren abgeschlossen, der die allgemeinen Vertragsbedingungen, Kündigungsrechte und Kreditschutzklauseln wie z. B. die wechselseitige Schuldaufrechnung bei Zahlungsstörungen vorsieht.

Im Jahr X2 wurden beide Lieferverträge für Golf- und Polo-Motoren geringfügig geändert: Die Motoren wurden aus Umweltschutzgründen durch den Einbau eines Filters geringfügig verbessert und der Preis je Motor geringfügig entsprechend der variablen Mehrkosten angehoben.

Bei der Bestimmung der Rückstellungen in X3 möchte das Unternehmen die Verluste und Gewinne der beiden Verträge verrechnen. Die Bilanzierungseinheit beim Ansatz der Rückstellungen ist der „Vertrag" (IAS 37.10 und .66). Lieferungen unterschiedlicher Produkte sind dann zusammenzufassen, wenn sie im Rahmen desselben Vertrags geliefert werden.

Der Rahmenvertrag, der beide Verträge in einer „Klammer" zu einem Vertragswerk zusammenfasst, ist hier unbeachtlich. Die Klammer regelt nämlich nur allgemeine Bedingungen und den Kreditschutz, sie erlaubt dem Unternehmen aber keinen wechselseitigen Erfolgsausgleich der Gewinn- oder Verlustmarge (d. h. kein Ausgleich des Marktrisikos). Nur weil die Golf-Motoren verlustbringend sind, kann das Unternehmen nicht den Preis für die Polo-Motoren anheben oder vom Kunden verlangen, mehr Polo- als Golf-Motoren abzunehmen. Die Preisgestaltung des ersten Liefervertrags war nicht an die Preisgestaltung des folgenden Liefervertrags gebunden. Die dahinterliegende Absicht des Unternehmens war es zwar, eine positive Gesamtmarge zu erzielen. Dies wurde aber nicht vertraglich fixiert. Außerdem sind die jeweiligen Gewinne und Verluste unabhängig voneinander ermittelbar, was eine Zusammenfassung ausschließt.

Auch der zeitnahe Abschluss der beiden Verträge in X1 rechtfertigt keine Zusammenfassung. In der Literatur (etwa *Münstermann/Gnändiger*, PiR 5/2012 S. 141) wird ein wirtschaftlicher Erfolgsausgleich zugelassen, wenn Verträge gleichzeitig oder in einer fortlaufenden Abfolge abgeschlossen werden. Dazu müsste der gewinnbringende Vertrag als Entgelt für den verlustbringenden Vertrag abgeschlossen worden sein und beide substanziell eine Transaktion mit einer bestimmten wirtschaftlichen Wirkung ergeben. Die Verträge müssten eine sich fortlaufend ergebende Kette ergeben wie etwa Two-way-Trading-Geschäfte, bei denen sich nach dem Verkauf eines Produkts unweigerlich der Kauf des weiterverarbeiteten/veredelten Produkts ergibt. Dies liegt hier nicht vor, VW hätte den ersten Vertrag im Januar X1 weiterführen und den zweiten Vertrag mit einem anderen Zulieferer abschließen können. Das Unternehmen war zwischenzeitlich auf den guten Willen von VW angewiesen, auch den zweiten Vertrag im November X1 abzuschließen.

Auch die parallel vereinbarte Verbesserung beider Motoren um den Filter in X2 führt nicht zu einer Saldierung, weil es sich um eine isoliert zu betrachtende und kalkulierte Zusatzleistung handelt, die auf Basis der schon bestehenden und substanziell weitergeführten gewinn- und verlustbringenden Einzelgeschäfte vereinbart wurde. Die Gewinne und Verluste können daher im Jahr X3 nicht saldiert werden.

8.5. Restrukturierungsrückstellungen

Auch **Restrukturierungskosten** müssen bei Erfüllung der allgemeinen Ansatzkriterien für Rückstellungen passiviert werden (IAS 37.17). Restrukturierungskosten entstehen insbesondere bei Verkauf oder Aufgabe eines Geschäftszweigs, bei Stilllegung oder der Verlegung von Standorten in eine andere Region, bei einer Änderung der Managementstruktur (z. B. bei Auflösung einer Managementebene) oder bei einer grundsätzlichen Reorganisation mit wesentlichen Auswirkungen auf die Geschäftstätigkeit (IAS 37.70).

Aufgrund der inhaltlichen Nähe zur unzulässigen Aufwandsrückstellung (IAS 37.18) enthält IAS 37 besondere Bedingungen für den Ansatz und die Bewertung von Restrukturierungsrückstellungen. IAS 37.72 verlangt zumindest:

- einen detaillierten und formalen Restrukturierungsplan und
- die Bekanntgabe der Restrukturierung, die bei den Betroffenen die gerechtfertigte Erwartung einer Durchführung weckt.

Der **Restrukturierungsplan** muss die betroffenen Geschäftsbereiche und Standorte, die Anzahl und Funktion der betroffenen Arbeitnehmer mit Abfertigungsansprüchen, die erwarteten Ausgaben und den Umsetzungszeitpunkt beschreiben.

Eine **gerechtfertigte Erwartung** wird z. B. durch den Beginn von Abbruchmaßnahmen oder durch Teilverkäufe geweckt. Auch eine ausreichend detaillierte öffentliche Bekanntgabe, die ernsthafte Erwartungen bei Kunden, Lieferanten und Mitarbeitern auslöst, erfüllt diese Bedingung (.73). Der Managementbeschluss allein reicht nicht aus, außer mit der Restrukturierung wurde bereits begonnen oder mit den Arbeitnehmervertretern wurden bereits Verhandlungen aufgenommen (.75 f.). Die Umsetzung muss zum frühestmöglichen Zeitpunkt geplant und in einem Zeitrahmen vollzogen werden, der wesentliche Planänderungen unwahrscheinlich erscheinen lässt (.74).

Bei einem **geplanten Verkauf von Unternehmensbereichen** ist eine Rückstellung erst zulässig, wenn ein bindender Verkaufsvertrag abgeschlossen wurde (.78 f.).

Die Restrukturierungsrückstellung umfasst nur **direkt im Zusammenhang mit der Restrukturierung entstehende Ausgaben**, die zwangsweise durch die Restrukturierung und nicht aus der laufenden Aktivität entstehen (.80).

BEISPIELE (VGL. IAS 37.81 F.) ▸ Rückstellungspflichtig sind Kosten für **Abfindungszahlungen** an Mitarbeiter, **Abbruchkosten** oder Kosten der **Vertragsbeendigung** oder Vertragsübernahme (z. B. für Kreditverträge).

Nicht rückstellbar sind Umschulungskosten oder Versetzungskosten weiterbeschäftigter Mitarbeiter, Marketingkosten, Investitionen in neue Systeme oder Vertriebsnetze, künftige betriebliche Verluste, Beratungskosten für die Neuausrichtung des Unternehmens oder höhere Ausschussquoten in der Produktion. Wertminderungen von Vermögenswerten sind bei der Bewertung der jeweiligen Vermögenswerte und nicht als Rückstellung zu berücksichtigen (bei zur Veräußerung stehendem Vermögen gilt IFRS 5, vgl. Kap. V.6., S. 95 f.).

Die Restrukturierungsrückstellung hat in mancher Hinsicht den Charakter einer Aufwandsrückstellung, die nach IAS 37.18 sonst nicht zulässig wäre.

8.6. Verpflichtungen aus Abgaben *(Levies)*

Viele Unternehmen, insbesondere regulierte Unternehmen, haben neben Ertragsteuern (Kap. XIV, S. 317 ff.) verschiedene **Abgaben bzw. Umlagen** zu leisten, die auf gesetzlicher Basis von Behörden erhoben werden. Auch diese Verpflichtungen regelt IAS 37, der durch IFRIC 21 konkretisiert wird.

Mögliche Beispiele für Abgaben sind Regulierungskosten (etwa nach bestimmten Schlüsseln auf Unternehmen umgelegte Kosten der Finanzdienstleistungsaufsicht oder der Telekom-Regulierung) oder Bankensteuern.

Die Abgaben werden regelmäßig durch die Existenz oder die Geschäftstätigkeit des Unternehmens verursacht und ihre Höhe bestimmt sich nach dem Geschäftsvolumen (z. B. Bilanzsumme, Umsatz oder Marktkapitalisierung).

Das auslösende Ereignis für die Rückstellung ist die Tätigkeit während der Periode. Auch wenn die künftige Fortsetzung dieser Tätigkeit sicher ist, sind Abgaben für die künftige Tätigkeit noch nicht am Abschlussstichtag verursacht und werden nicht rückgestellt (IFRIC 21.9).

Werden die Abgaben durch ein **zeitbezogenes Verhalten** ausgelöst wie z. B. das Halten einer Konzession während des Abschlussjahres, dann wird die Verpflichtung zeitanteilig erfasst. Ist sie der Höhe nach unsicher, muss der endgültige Betrag geschätzt und zeitanteilig aufgebaut werden. Ist z. B. eine Abgabe abhängig von der Bilanzsumme am Ende des Abschlussjahres, dann wird die künftige Bilanzsumme nach bestem Wissen geschätzt, die voraussichtliche Abgabe ermittelt und die Rückstellung anteilig in den ersten drei Quartalen aufgebaut.

Ist die Abgabe für die Tätigkeit im aktuellen Jahr von der Bilanzsumme im Vorjahr abhängig, wird die Rückstellung ebenfalls zeitanteilig im aktuellen Jahr aufgebaut. Das verpflichtende Ereignis ist weiterhin die Tätigkeit und nicht der Zeitbezug der Bemessungsgrundlage (IFRIC 21.8).

Nicht von IFRIC 21 erfasst, aber analog zu IFRIC 21.12 zu lösen sind Strafen für Banken oder Versicherungen für die Verletzung regulatorischer Eigenmittelerfordernisse oder regulatorischer Risikoanforderungen. Die Verletzung wird etwa durch eigene Bilanzverluste, die das regulatorische Kapital schmälern, oder durch eine Risikoverschärfung auf der Aktivseite ausgelöst (z. B. eine Ratingverschlechterung von Kreditkunden oder ein Überschreiten von Veranlagungsgrenzen). In diesem Fall wird die Strafe über den absehbaren Zeitraum der Verletzung bis zu deren Behebung geschätzt und sofort rückgestellt. Eine zeitanteilige Erfassung ist nicht sachgerecht.

9. Versicherungsverträge (IFRS 17)

9.1. Allgemeines

Versicherungsverträge werden vorwiegend in der Versicherungswirtschaft eingesetzt, aber können in manchen Fällen auch andere Branchen betreffen. Vor dem Hintergrund ganz unterschiedlicher nationaler Praktiken hat das IASB in einem beinahe 20 Jahre dauernden Projekt IFRS 17 entwickelt, der erstmalig ab Januar 2021 anwendbar ist. Zwar gibt es weltweit nur etwa 450 kapitalmarktorientierte Versicherungsunternehmen, die IFRS anwenden. Bei diesen ist IFRS 17 aber der zentrale Rechnungslegungsstandard mit systemrelevanten Auswirkungen.

Indirekt spielt IFRS 17 für alle Unternehmen eine Rolle, insbesondere bei der Auftragsfertigung: IFRS 17 wurde ausdrücklich konsistent zu IAS 37 und IFRS 15 ausgestaltet (siehe etwa IFRS 17.IN7). IAS 37 ist ein vergleichsweise alter und kurzer Standard und regelt die Themen Risikobewertung und Drohverluste nur rudimentär, IFRS 17 ist dagegen fortschrittlich und detailliert. Nach der Auslegungsregel in IAS 8.11 lit. a eröffnet sich daher ein **weites Feld für Analogieschlüsse**, die bei vergleichbaren Fragestellung sogar verpflichtend für die Auslegung des IAS 37 heranzuziehen sind. In bestimmten Bereichen, etwa der Frage nach der Diskontierung, der Erfolgsabgrenzung, der Risikobewertung oder der Verrechnung positiver und negativer Erfolgskomponenten belastender Verträge ist IFRS 17 damit auch eine Anwendungsrichtlinie zu IAS 37.

9.2. Anwendungsbereich

IFRS 17 gilt für Versicherungsverträge, die **vom Unternehmen ausgegeben** werden (.3; d. h. auf der Seite des Versicherungsgebers). Außerdem sind Finanzinstrumente mit ermessensabhängiger Überschussbeteiligung umfasst, sofern diese von einem Versicherungsunternehmen angeboten werden. Solche Verträge müssen nicht unbedingt die Definition eines Versicherungsvertrages erfüllen und werden häufig als Altersvorsorgeprodukte angeboten (z. B. bestimmte Formen der Lebensversicherung).

IFRS 17 gilt auch für **Rückversicherungsverträge**; in diesem Fall aber sowohl für Versicherungsgeber als auch für Versicherungsnehmer. Ausgenommen sind insbesondere Pensionsverpflichtungen und Versorgungspläne nach IAS 19 sowie Garantieverträge von Herstellern und Händlern gegenüber ihren Kunden (dafür ist ggf. eine eigene Rückstellung nach IAS 37 erforderlich).

Mit einem Versicherungsvertrag wird ein **Versicherungsrisiko** übertragen, indem der Versicherungsgeber den Verlust des Versicherungsnehmers aus einem ungewissen künftigen Versicherungsfall ausgleicht. Es muss also ein tatsächlicher Verlust auf Seiten des Versicherungsnehmers eintreten, der entschädigt wird. Der Versicherungsfall darf bei Vertragsabschluss nicht bereits feststehen; er muss zumindest hinsichtlich des Eintretens, des Eintrittszeitpunkts oder der Höhe der Entschädigung ungewiss sein (.B3).

Durch die individuelle Entschädigung unterscheiden sich Versicherungsverträge von Finanzinstrumenten, die zwar auch unsichere Zahlungen umfassen, aber keinen Schadensnachweis voraussetzen. Index- oder bonitätsabhängige Zahlungen, die nicht auf einen konkreten Versicherungsfall abstellen, führen daher grundsätzlich zu Finanzinstrumenten (i. d. R. Derivate). Auch Wetterderivate und Kreditderivate hängen nicht vom Schadensnachweis ab und sind keine Versicherungsverträge.

Der Begriff des **Versicherungsrisikos** wird negativ abgegrenzt; es darf zumindest kein **finanzielles Risiko** vorliegen. Finanzielle Risiken hängen von allgemeinen Parametern wie z. B. Zinssätzen, Preisen von Finanzinstrumenten, Rohstoffen oder Fremdwährungen, Indices auf solche Parameter, Kreditindices oder Credit-Ratings ab (IFRS 17 Anhang A). Sind finanzielle Risiken und Versicherungsrisiken gleichzeitig im Vertrag enthalten, dann liegt ein Versicherungsvertrag vor, wenn das Versicherungsrisiko signifikant ist (.B7).

Zu Versicherungsverträgen gehören gemäß .B26 Schadensversicherungen (z. B. Diebstahl, Beschädigung oder Umweltkatastrophen), Haftpflichtversicherungen (Produkthaftung, Berufshaftpflicht oder Rechtsschutz), Ablebensversicherungen, Reise-, Kranken- und Berufsunfähigkeitsversicherungen, von der Lebenserwartung abhängige Annuitäten, sowie Garantie- und Gewährleistungsverträge für Verpflichtungen **anderer Unternehmen** gegenüber deren Kunden (die Gewährleistung des Herstellers oder Händlers fällt dagegen unter IFRS 15). Auch Leistungs- und Bietungsgarantien für die vertragskonforme Erfüllung z. B. eines Bauprojekts gehören dazu, ferner Katastrophenanleihen oder die Versicherung des wirksamen Grundeigentumstitels in den USA.

Finanzgarantien bzw. Kreditversicherungen sind ebenfalls Versicherungsverträge, können aber wahlweise nach IFRS 17 oder IFRS 9 bilanziert werden. Die Entscheidung kann für jeden Vertrag getroffen werden und ist danach bindend (.7 lit. e; siehe dazu auch Kap. IX.3.1, S. 202).

Wertänderungsrisiken von Gütern fallen unter IFRS 17, wenn der Wert nicht nur den allgemeinen Marktpreis, sondern die spezifische Situation beim Kunden berücksichtigt (z. B. Restwertversicherung eines bestimmten PKW).

9.3. Grundfunktion des Bausteinansatzes

Mit dem Bausteinansatz wendet IFRS 17 die Grundprinzipien des IAS 37 zu belastenden Verträgen und des IFRS 15 auf das Versicherungsgeschäft an:

- Die Versicherungsleistung (Umsatz bzw. Servicekosten) wird nach dem Risikoeintritt bzw. dem Risikoverlauf realisiert.
- **Künftige Gewinne** aus dem Vertrag werden nicht bei Vertragsabschluss realisiert (denn künftige Gewinne sind eine Form von Eventualvermögen); sie werden nur realisiert, soweit das abgesicherte Risiko ausläuft, also proportional zur Risikotragung in Form einer Verteilung.
- **Drohende Verluste** werden unmittelbar bei Verlustentstehung realisiert: In seltenen Fällen kann das schon der Vertragsabschluss selber sein, wenn z. B. die Prämien in Vergleich zu den marktüblich bewerteten Risiken zu niedrig sind. Im Regelfall entstehen Verluste aber erst während der Laufzeit, wenn sich die relevanten Bewertungsparameter so stark zu Lasten des Unternehmens verschlechtert haben, dass ursprünglich abgegrenzte Gewinne aufgebraucht und darüber hinaus Drohverluste entstanden sind (z. B. Betrag aktueller Schäden, Erwartung künftiger Schäden udgl.).
- Wie unter IAS 37 werden künftige Verluste erst dann realisiert, wenn insgesamt ein Verlust entsteht. Eine Verschlechterung der Gewinnerwartung bei einem insgesamt positiven Ausgang wird nicht in der Bilanz erfasst.
- Zinsen im Rahmen der Diskontierung sowie Risikoaufschläge auf den Erwartungswert der Zahlungsverpflichtung werden marktüblich ermittelt und passiviert.

Die Funktionsweise des Bausteinansatzes lässt sich anhand eines Beispiels am besten verdeutlichen. In einem ersten Schritt werden **vier Bausteine in einer Schattenrechnung** zum Zeitpunkt des Vertragsabschlusses ermittelt und danach über die Vertragslaufzeit fortgeführt. Die Bausteine gehen nicht unmittelbar in die Bilanz ein, sondern bestimmen im Rahmen der Erst- und Folgebewertung die Erfolgsverteilung, den Erfolgsausweis und die Rückstellung bzw. in manchen Fällen ein Nettovermögen aus dem Versicherungsvertrag. Die nachfolgende Abbildung fasst die Bausteine zusammen.

ABB. 14: Die vier Bausteine des IFRS 17

1. Erwartete Cashflows ermitteln

- Prämien, Schadenszahlungen, Kosten

2. Erwartete Cashflows diskontieren

- Risikofreier Zins, finanzielle Risiken, Illiquidätsprämie

3. Risikomarge durch Modell/Beobachtung ermittelm

- Marktwert von Versicherungsrisiko, Stornorisiko, operativen Risiken

4. Servicemarge als Restbetrag passiv abgrenzen

- Nettovorteil bei Vertragsabschluss als Saldo der Bausteine 1 bis 3

Fallbeispiel (Ersterfassung):

Das Versicherungsunternehmen gibt im Januar X1 eine Gruppe von 100 vergleichbaren Versicherungsverträgen aus, die einen dreijährigen Versicherungsschutz bieten (von Januar X1 bis Dezember X3). Die vereinbarten Prämien i. H. von 900 t€ sind nach Vertragsabschluss und werden im Februar X1 bezahlt. Das Unternehmen rechnet für X1, X2 und X3 mit jährlichen Auszahlungen für Schadensfälle von 200 t€, insgesamt daher 600 t€.

Daraus ergibt sich der **erste Baustein**, die erwarteten Einzahlungen von 900 t€ und die erwarteten Auszahlungen von 600 t€.

Nicht in Beispiel erwähnt sind künftige Kosten, die ebenfalls in den Erwartungswert eingehen (z. B. künftige Vertragsabschlusskosten, Schadensbearbeitung, Vertragsverwaltung, direkt zurechenbare fixe und variable Overheadkosten, Verkehrssteuern, nicht aber die Einkommens- und Ertragssteuern). Nicht direkt zurechenbare Kosten oder Leerkosten gehören nicht dazu. Erwartete Regresszahlungen gelten als Einzahlungen, nicht aber erwartete Entschädigungen aus Rückversicherungsverträgen, die gesondert bilanziert werden.

Der **zweite Baustein** besteht in der Abzinsung. Die vereinbarten Prämien von 900 t€ sind sofort fällig und werden daher nicht abgezinst. Wären sie später fällig, dann wäre der risikofreie Zins zuzüglich eines Aufschlags für die Illiquidität der Forderung heranzuziehen; das Ausfallsrisiko der Versicherungsnehmer ist nicht relevant, wenn das Versicherungsunternehmen bei einer Zahlungsstörung den Vertrag ohne eigene Verluste beenden kann. Die Zinsen können top-down aus der Beobachtung vergleichbarer Anleihen am Markt oder bottom-up aus der risikofreien Zinskurve zzgl. eines empirischen Illiquiditätszuschlags ermittelt werden.

Die über 3 Jahre reichende Auszahlungsverbindlichkeit wird diskontiert. Der marktübliche risikofreie Zinssatz sei 3 %, für das eigene Ausfallrisiko des Versicherungsunternehmens preist der Markt einen Credit Spread von 1 % und für die mangelnde Liquidität des Versicherungsprodukts ebenfalls 1 %. Dies ergibt einen Diskontzinssatz von 5 % unter Berücksichtigung finanzieller Risiken. Der Barwert der erwarteten Auszahlungen bei Vertragsabschluss ist:

$$200\text{ T€ x}\left(\frac{1}{1{,}05}+\frac{1}{1{,}05^2}+\frac{1}{1{,}05^3}\right)=545\text{ T€}$$

Nun wird der **dritte Baustein** ermittelt, die **Risikomarge**, die ein Marktteilnehmer für die unsichere Höhe der Auszahlungen jenseits der schon im Diskontzinssatz enthaltenen finanziellen Risiken verlangt (IFRS 17.B86). Diese Risiken umfassen einerseits das Versicherungsrisiko aus der unsicheren Schadenshöhe. Andererseits die Unsicherheit über das Kundenverhalten (z. B. Stornorisiko aus unerwartet frühem oder spätem Vertragsausstieg) oder die Unsicherheit über den internen Aufwand, etwa aus der Schadensabwicklung. Der Erwartungswert im ersten und zweiten Baustein deckt dies nicht ab, weil die Risikoaversion und die Eigenkapitalkosten der Marktteilnehmer eine zusätzliche Abgeltung erfordern; die Risikomarge steigt, je größer die Variabilität der Cashflows ist und wenn große und schwer kalkulierbare Schäden möglich sind (etwa weil beobachtbare Risikoereignisse nur selten vorkommen).

Die Risikomarge lässt sich meist nur anhand von fortgeschrittenen Risikomodellen errechnen, die wiederum möglichst viele Daten aus objektiven Marktbeobachtungen verwenden. Die Risikomarge erhöht den Wert der Verpflichtung, weil ein Marktteilnehmer für die Übernahme einer unsicheren Schuld eine höhere Abgeltung verlangen würde als für die Übernahme einer der Höhe nach fixen Verbindlichkeit.

Die Risikomarge bei Vertragsabschluss sei demnach 120 t€.

Die markübliche Bewertung des Versicherungsvertrags würde an dieser Stelle einen Aktivposten ergeben (erwartete Einzahlungen von 900 t€ stehen erwarteten Auszahlungen von 545 t€ zzgl. einer Risikomarge von 120 t€ gegenüber).

Nun kommt der **vierte und letzte Baustein** ins Spiel, die **Servicemarge**. Sie umfasst den Gewinn des Versicherungsunternehmens bei Vertragsabschluss – wenn die diskontierten Ein- und Auszahlungen sowie die Risikomarge einen solchen Gewinn ergeben. Der Gewinn oder Verlust leitet sich nur indirekt aus den anderen Bausteinen ab und wird nicht direkt berechnet.

Im Regelfall schließen Versicherungsunternehmen gewinnbringende Verträge mit einer Servicemarge ab. Der Gewinn ist aus Rechnungslegungssicht noch nicht realisiert und wird daher in der Schattenrechnung passiv abgegrenzt – als Bestandteil der Rückstellung. Mit der passiven Gewinnabgrenzung entfällt auch ein möglicher Aktivposten aus dem Erstansatz des Versicherungsvertrages (Eventualvermögen). Werden alle Komponenten (diskontierte Ein- und Auszahlungen, Risikomarge und Servicemarge) addiert, ergibt sich ein Betrag von null und somit kein Bilanzansatz bei Vertragsabschluss. Entsteht allerdings bei Vertragsabschluss ein Drohverlust, wird dieser als Rückstellung erfasst. Dann gibt es auch keine Servicemarge.

Berechnung der Versicherungsrückstellung bei Ersterfassung	
Barwert der Einzahlungen	– 900 t€
Barwert der Auszahlungen	545 t€
Risikomarge	120 t€
Servicemarge (900 t€ – 545 t€ – 120 t€)	235 t€
Erstansatz Rückstellung	0 t€

Die Schattenrechnung der vier Bausteine führt beim Erstansatz zu keiner Buchung. Würde die obige Kalkulation anstatt einem Gewinn von 235 t€ einen Drohverlust ergeben, würde dieser schon bei Erstansatz im Aufwand realisiert und als Rückstellung passiviert (imparitätische Realisation wie unter IAS 37).

Beispiel Folgebewertung in Jahr X1:

Im Jahr X1 treten alle Ereignisse wie erwartet ein. Bei der Folgebewertung zum 31.12.X1 ist der Zahlungseingang der vereinbarten Prämien zu berücksichtigen. Dadurch kommt es zu einer Bilanzverlängerung, das Zahlungsmittelkonto und die Rückstellung steigen entsprechend, weil die Prämienforderungen bei den übrigen Bausteinen der Rückstellung nicht mehr gegengerechnet wird.

Der Zinssatz bleibt unverändert bei 5 %. Die aktualisierte, diskontierte Auszahlungsverpflichtung beträgt:

$$200\,\text{T€} \times \left(\frac{1}{1{,}05} + \frac{1}{1{,}05^2}\right) = 372\,\text{T€}$$

Aufgrund des näherrückenden Fälligkeitstermins wurden die Zahlungen nur mehr über ein bzw. zwei Jahre statt bei Erstansatz über zwei bzw. drei Jahre diskontiert. Die Rückstellung erhöht sich daher zinsbedingt, was als Finanzerfolg aus dem Versicherungsvertrag in der GuV gezeigt wird: 545t€ x 5 % = 27 t€.

Bei der Diskontierung werden die aktuellen finanziellen Parameter am Bilanzstichtag herangezogen (.B72 lit. a). Hätten sich im Beispiel die **finanziellen Parameter** seit Ersterfassung geändert (z. B. der risikofreie Zinssatz), dann schlägt sich dies im Barwert und damit in der Rückstellung zum 31.12.X1 nieder. Solche Wertschwankungen über die bloße Aufzinsung mit dem ursprünglichen Zinsen hinaus erzeugen zinsbedingte Volatilität (Zinsrisiko). Daher gewähren IFRS 17.B130 ff. ein Wahlrecht, diese Volatilität gesondert **im OCI anstatt in der GuV** darzustellen (die Aufzinsung mit den ursprünglichen Zinsen bleibt aber in der GuV). Dahinter steht folgende Überlegung: Gemäß IFRS 9 bewerten Versicherungsunternehmen ihren aktivseitigen Anleihenbestand häufig zum Fair Value über das OCI. Rückstellung und Anleihen sind vom Zinsrisiko ähnlich betroffen und sollen daher einheitlich dargestellt werden. Dadurch wird eine verzerrte Erfolgsdarstellung (*accounting mismatch*) vermieden.

Die Risikotragung erfolgt im Beispiel linear über drei Jahre, weshalb die marktübliche Risikomarge um ein Drittel vermindert wird.

Die Servicemarge wurde bei der Ersterfassung als Differenz verschiedener Barwerte ermittelt, daher wird sie in einem ersten Schritt über den Zinsaufwand aufgezinst (IFRS 17.44 lit. b)

Zinsaufwand: 235 t€ x 5 % = 12 t€.

Die Servicemarge wird immer mit dem ursprünglichen Zinssatz aufgezinst (im Gegensatz zum Barwert der Ein- und Auszahlungen). Die Servicemarge ist schließlich nur eine passive Gewinnabgrenzung und keine bewertbare Außenverpflichtung; sie unterliegt daher auch keinem laufenden Zinsrisiko (IFRS 17.B72 lit. b).

Die aufgezinste Servicemarge wird im Beispiel zu einem Drittel ertragswirksam aufgelöst. Dies entspricht einer angenommenen linearen Risikotragung über die Jahre X1 bis X3 mit Gewinnrealisierung nur für X1.

Auflösung nach erbrachter Leistung: (235 t€ + 12 t€) x 1/3 = 82 t€

Zur genaueren Verteilung müssen in der Praxis Risikoeinheiten (*coverage units*) definiert werden. Maßgeblich sind dabei der Risikoverlauf und die Zeit, bis der Versicherungsschutz ausläuft oder bis das Unternehmen die Prämien einseitig anpassen kann.

Die Servicemarge wird neben der Aufzinsung auch angepasst, wenn sich die Erwartungswerte in Bezug auf künftige Prämienzuflüsse, künftige Schadensfälle und künftige Kosten verändern (IFRS 17.44; solange kein Drohverlust entsteht). Denn diese Veränderungen beeinflussen den abzugrenzenden Gesamtgewinn und müssen entsprechend dem Risikoverlauf über die Restlaufzeit verteilt werden.

Berechnung der Versicherungsrückstellung zum 31.12.X1	
Barwert der Einzahlungen	0 t€
Barwert der Auszahlungen	372 t€
Risikomarge (120 t€ – 40 t€)	80 t€
Servicemarge (235 t€ + 12 t€ – 82 t€)	165 t€
Rückstellung 31.12.X1	617 t€

Zur Verbuchung sind die entsprechenden Erfolgskomponenten zu unterscheiden:

- In den neuen Barwert der Auszahlungsverpflichtung geht ein Zinsaufwand bezogen auf den Anfangsbestand von 545 t€ × 5 % = 27 t€ und in den Barwert der Servicemarge ein Zinsaufwand von 235 t€ × 5 % = 12 t€ ein.
- Der Umsatz aus der erbrachten Versicherungsleistung entspricht der um 40 t€ verminderten Risikomarge und der leistungsbedingten Verminderung der Servicemarge von 82 t€.

Daraus ergibt sich folgender Buchungssatz zum 31.12.X1:

Cash (Prämien abzüglich Schadenzahlung)	700 t€	
Finanzerfolg aus Versicherungsvertrag (27 t€ + 12 t€)	39 t€	
an Umsatz aus erbrachten Leistungen (40 t€ + 82 t€)		122 t€
an Rückstellung		617 t€

Variante 1: Folgebewertung im Jahr X2 **ohne Änderung der Parameter**

Im Jahr X2 ändern sich die Erwartungen nicht, die Zahlungen finden wie erwartet statt. Daher werden die Komponenten wie im Jahr X1 fortgeführt. Die aktualisierte, diskontierte Auszahlungsverpflichtung für das verbleibende Jahr X3 beträgt: 200 t€/1,05 = 190 t€.

Die für die Jahre X2 und X3 passivierte Servicemarge von 165 t€ wird aufgezinst und dann zur Hälfte betreffend das Jahr X2 ertragswirksam aufgelöst, die andere Hälfte betreffend das Jahr X3 wird weiter passiv abgegrenzt.

Zinsaufwand: 165 t€ x 5 % = 8 t€

Auflösung nach erbrachter Leistung: (165 t€ + 8 t€) x 1/2 = 87 t€

Berechnung der Versicherungsrückstellung zum 31.12.X2	
Barwert der Einzahlungen	0 t€
Barwert der Auszahlungen	190 t€
Risikomarge (80 t€ – 40 t€)	40 t€
Servicemarge (165 t€ + 8 t€ – 87 t€)	86 t€
Rückstellung 31.12.X2	317 t€

Zur Verbuchung sind die entsprechenden Erfolgskomponenten zu unterscheiden:

- In den neuen Barwert der Auszahlungsverpflichtung geht ein Zinsaufwand bezogen auf den Anfangsbestand von 372 t€ × 5 % = 19 t€ und in den Barwert der Servicemarge ein Zinsaufwand von 8 t€ ein.

- Der Umsatz aus der erbrachten Versicherungsleistung entspricht der um 40 t€ verminderten Risikomarge und der leistungsbedingten Verminderung der Servicemarge von 87 t€.

Daraus ergibt sich folgender Buchungssatz zum 31.12.X2:

Rückstellung	300 t€	
Finanzerfolg aus Versicherungsvertrag (19 t€ + 8 t€)	27 t€	
an Umsatz aus erbrachten Leistungen (40 t€ + 87 t€)		127 t€
an Cash (Schadenszahlung)		200 t€

Variante 2: Folgebewertung im Jahr X2 bei **verbesserter Erwartung**

Im Jahr X2 verbessert sich die Situation des Versicherungsunternehmens im Vergleich zur ursprünglichen Erwartung. Anstatt von 200 t€ werden nur 150 t€ an aktuellen Schadenszahlungen fällig. Daraus entsteht ein unmittelbarer Erfolgsbeitrag, der in im Jahr X2 entstanden ist und vollständig als Umsatz realisiert wird.

Auch für das Folgejahr wird mit einer Verbesserung und daher mit erwarteten Schadenszahlungen mit 140 t€ statt 200 t€ gerechnet.

Die aktualisierte, diskontierte Auszahlungsverpflichtung beträgt: 140 t€/1,05 = 133 t€ anstatt ursprünglich angenommen 200 t€/1,05 = 190 t€. Daraus ergibt sich ein wirtschaftlicher Gewinn von 57 t€.

Aufgrund der Verbesserung sinkt auch der marktübliche Wert der Risikomarge. Das interne Risikobewertungsmodell ergibt zum Ende X2 einen Marktwert von 30 t€ anstatt von ursprünglich 40 t€. Dies ergibt ein wirtschaftlicher Gewinn von 10 t€.

Die künftig reduzierten Schadensfälle und die verminderte Risikomarge bedeuten einen wirtschaftlichen Gewinn von 57 t€ + 10 t€ = 67 t€. Entsprechend den Grundprinzipien (vierter Baustein) werden solche Gewinne passiv abgegrenzt und nach der erbrachten Leistung (Risikotragung) anteilig realisiert.

Die das Jahr X2 und X3 betreffende Servicemarge von 165 t€ wird daher aufgezinst, um die passive Abgrenzung von 67 t€ erhöht und zur Hälfte entsprechend der Risikotragung in X2 ertragswirksam aufgelöst:

Zinsaufwand: 165 t€ x 5 % = 8 t€

Auflösung nach erbrachter Leistung: (165 t€ + 8 t€ + 67 t€) x 1/2 = 120 t€

Berechnung der Versicherungsrückstellung zum 31.12.X2	
Barwert der Einzahlungen	0 t€
Barwert der Auszahlungen	133 t€
Risikomarge (80 t€ – 10 t€ – 40 t€)	30 t€
Servicemarge (165 t€ + 8 t€ + 67 t€ – 120 t€)	120 t€
Rückstellung 31.12.X2	283 t€

Zur Verbuchung sind die entsprechenden Erfolgskomponenten zu unterscheiden:

- In den Barwert der Auszahlungsverpflichtung geht ein Zinsaufwand bezogen auf den Anfangsbestand von 372 t€ × 5 % = 18 t€ und in den Barwert der Servicemarge ein Zinsaufwand von 8 t€ ein.
- Der Umsatz aus der erbrachten Versicherungsleistung umfasst die um 40 t€ verminderte Risikomarge (die übrigen 10 t€ wurden unter der Servicemarge abgegrenzt). Ferner die aufgelöste Servicemarge von 120 t€. Und zuletzt die um 50 t€ reduzierten Zahlungen aus laufenden Schadensfällen im Jahr X2, die unmittelbar realisiert werden.

Daraus ergibt sich folgender Buchungssatz zum 31.12.X2:

Rückstellung (617 t€ – 283 t€)	334 t€	
Finanzerfolg aus Versicherungsvertrag (18 t€ + 8 t€)	26 t€	
an Umsatz aus erbrachten Leistungen (40 t€ + 120 t€ + 50 t€)		210 t€
an Cash (Schadenszahlung)		150 t€

Variante 3: Folgebewertung im Jahr X2 bei **verschlechterter Erwartung**

Im Jahr X2 verschlechtert sich die Situation des Versicherungsunternehmens im Vergleich zur ursprünglichen Erwartung. Anstatt von 200 t€ werden 400 t€ aktuelle Schadenszahlungen fällig.

Auch für das Folgejahr X3 wird mit höheren Schadenszahlungen von 450 t€ statt 200 t€ gerechnet.

Die aktualisierte, diskontierte Auszahlungsverpflichtung beträgt daher 450 t€/1,05 = 429 t€ anstatt ursprünglich angenommen 200 t€/1,05 =190 t€. Daraus ergibt sich ein wirtschaftlicher Verlust von 239 t€.

Aufgrund der Verschlechterung steigt auch der marktübliche Wert der Risikomarge. Das interne Risikobewertungsmodell ergibt Ende X2 einen Marktwert von 88 t€ anstatt von ursprünglich angenommen 40 t€. Daraus ergibt sich ein wirtschaftlicher Verlust von 48 t€.

Die künftig erhöhten Schadensfälle und die höhere Risikomarge bedeuten einen wirtschaftlichen Gesamtverlust von 239 t€ + 48 t€ = 287 t€.

Entsprechend den Grundprinzipien (vierter Baustein) werden Gewinne passivisch abgegrenzt, Drohverluste dagegen sofort realisiert. Da zuvor bereits ein Gewinn im Rahmen der gebuchten Servicemarge abgegrenzt war, wird in einem ersten Schritt die Servicemarge aufgelöst und nur der übersteigende Drohverlust im Aufwand verbucht. Die Servicemarge wirkt daher wie ein Verlustpuffer in der GuV.

Die das Jahr X2 und X3 betreffende Servicemarge von 165 t€ wird aufgezinst und dann aufgelöst:

Zinsaufwand: 165 t€ x 5 % = 8 t€

Auflösung durch Drohverlust: 165 t€ + 8 t€ = 173 t€

Verbleibender Drohverlust: 239 t€ + 48 t€ – 173 t€ = 114 t€

Berechnung der Versicherungsrückstellung zum 31.12.X2	
Barwert der Einzahlungen	0 t€
Barwert der Auszahlungen	429 t€
Risikomarge (80 t€ – 40 t€ + 48 t€)	88 t€
Servicemarge (165 t€ + 8 t€ – 173 t€)	0 t€
Rückstellung 31.12.X2	517 t€

Zur Verbuchung sind die entsprechenden Erfolgskomponenten zu unterscheiden:

- Im den Barwert der Auszahlungsverpflichtung geht ein Zinsaufwand bezogen auf den Anfangsbestand von 372 t€ × 5 % = 18 t€ und in den Barwert der Servicemarge ein Zinsaufwand von 8 t€ ein.
- Als Umsatz verbleibt die planmäßige Auflösung der Risikomarge von 40 t€. Daneben entstehen aber auch Servicekosten (Verluste). Diese werden in der GuV in zwei Zeilen zerlegt, und zwar Kosten aus gegenwärtigen Leistungen und Kosten aus künftigen Leistungen.
- Die Kosten aus gegenwärtigen Leistungen umfassen den Verlust aus den von 200 t€ auf 400 t€ gestiegenen Schadenszahlungen, ergibt einen Nettoverlust von 200 t€.
- Die Kosten aus künftigen Leistungen decken den Drohverlust ab. Und zwar die erhöhte Zahlungsverpflichtung und Risikomarge (239 t€ + 48 t€ = 287 t€) abzüglich der gegenverrechneten Servicemarge von 173 t€, also ein Nettoverlust von 114 t€.

Daraus ergibt sich folgender Buchungssatz zum 31.12.X2:

Rückstellung (617 t€ – 517 t€)	100 t€	
Finanzerfolg aus Versicherungsvertrag (18 t€ + 8 t€)	26 t€	
Servicekosten aus erbrachten Leistungen	200 t€	
Servicekosten aus künftig zu erbringenden Leistungen	114 t€	
an Umsatz		40 t€
an Cash (Schadenszahlung)		400 t€

Anmerkung: Der Übersichtlichkeit halber wurden abzinsungsbedingte Rundungsdifferenzen im Beispiel dem Zinsaufwand zugerechnet.

9.4. Vorgehensweise bei der Bewertung und Sonderfragen

Versicherungsverträge werden meist standardisiert und in großer Zahl ausgegeben. Daher ist eine Einzelbewertung je Vertrag oft nicht praktikabel. Erwartungswerte und Risikozuschläge sind ebenfalls statistische Größen und werden meist treffender auf Portfoliobasis errechnet.

Daher wird IFRS 17 grundsätzlich auf **Portfolien von Verträgen** angewandt, die vergleichbaren Risiken unterliegen und einem gemeinsamen Management unterliegen (.14). Allerdings funktioniert der Bausteinansatz asymmetrisch (Gewinne werden abgegrenzt und Drohverluste sofort erfasst). Die Portfoliobewertung birgt die Gefahr, Drohverluste mit abzugrenzenden Gewinnen zu vermischen. Daher sind bei Ersterfassung Portfolien danach zu trennen, ob sie bereits Verluste tragen, ob sie eine vernachlässigbare Verlustwahrscheinlichkeit haben oder ob sie eine relevante Verlustwahrscheinlichkeit haben (.16). Ein Portfolio darf immer nur Verträge umfassen, die im selben Abschlussjahr ausgegeben wurden. Bei Verletzung einer dieser Grundsätze werden Verträge einzeln bewertet.

Vom Versicherungsvertrag **zu trennen und gesondert zu bewerten** sind eingebettete Derivate (IFRS 9), Investitionskomponenten des Versicherungsnehmers (gelten als Verbindlichkeiten gemäß IFRS 9) und Dienstleistungskomponenten gemäß IFRS 15.

In der Lebensversicherung oder bei bestimmten Vorsorgeprodukten werden auch **Gewinnbeteiligungen** vereinbart. Dabei ist zu unterscheiden:

- Eine zwingende Gewinnbeteiligung ist eine Auszahlungsverpflichtung des Versicherungsunternehmens und geht mit ihrem diskontierten Erwartungswert in den Barwert der Auszahlungen ein (Baustein 1 und 2).
- Eine ermessensabhängige Gewinnbeteiligung bedeutet, dass der Kunde substanziell an den Wertänderungen eines definierten Assetpools beteiligt ist und die Auszahlung nur freiwillig erfolgt (z. B. bei der kapitalbindenden gewinnberechtigten Lebensversicherung, der fonds- und indexgebundenen Lebensversicherung). Dem Kunden zurechenbare Gewinne und Verluste des Assetpools werden im Buchwert der Servicemarge erfasst. Diese wird rückwirkend auf den Beginn jeden Jahres bezogen um die Wertänderungen des Assetpools erhöht oder vermindert und dann entsprechend der Risikotragung aufgelöst. Bei der Verteilung wird jene Zeit berücksichtigt, über die das Unternehmen Investmentleistungen an die Kunden erbringt (IFRS 17.71 lit. c). Wird die Servicemarge durch Fair Value-Verluste und sonstige Effekte aufgebraucht und entsteht ein Drohverlust, wird dieser sofort realisiert (IFRS 17.45 und .48 lit. b). Daneben gibt es zahlreiche technische Besonderheiten (z. B. Verzinsung der Servicemarge mit aktuellen Marktzinsen).

Rückversicherungsverträge werden beim begünstigten Versicherungsunternehmen ebenfalls nach dem Bausteinansatz bewertet und erfasst. Allerdings nimmt das Versicherungsunternehmen eine spiegelbildliche Rolle ein. Anstatt einem Gewinn (Servicemarge) trägt das Unternehmen üblicherweise einen Verlust, der dem Gewinn des Rückversicherers entspricht. Daher wird die Servicemarge aktiviert und aufwandswirksam abgeschrieben, und zwar nach den gleichen Vorgaben wie für geschriebene Versicherungsverträge (.65). Laut IFRS 17.68 gibt es keine Drohverluste aus gehaltenen Rückversicherungsverträgen.

Die Risikomarge der Rückversicherung entspricht dem Marktwert der an den Rückversicherer abgegebenen nicht-finanziellen Risiken (.64). Sie wird in der Schattenrechnung aktivseitig abgegrenzt.

Bei der Abzinsung der erwarteten Zahlungen vom Rückversicherungsgeber muss dessen Ausfallsrisiko (Credit Spread) einbezogen werden; das eigene Bonitätsrisiko auf die Prämienverbindlichkeit wird vernachlässigt, wenn der Rückversicherer bei einer Zahlungsstörung ohne weitere Nachteile aussteigen kann.

IFRS 17.53 erlaubt statt dem Bausteinansatz auch einen vereinfachten **Prämienverteilungsansatz** (*premium allocation approach*). Dabei werden statt einer vollständigen Bewertung des Versicherungsvertrages nur Prämienübertrage abgegrenzt. Die Vereinfachung wird an sehr enge Bedingungen geknüpft: Die Rückstellung für die künftige Leistungsverpflichtung darf nach vernünftiger Einschätzung nicht von jener aus dem Bausteinansatz abweichen. Die vertragliche Bindung, bis zu der ein Ausstieg oder eine Prämienerhöhung möglich wäre, darf ein Jahr nicht überschreiten. Der Vereinfachung beschränkt sich daher auf wertstabile Versicherungsgeschäfte mit kurzer Kündigungsfrist oder kurzfristiger Prämienanpassungsmöglichkeit. Bei Vertragsabschluss werden die Abschlusskosten und die zugeflossenen Prämien abgegrenzt und über die Vertragslaufzeit entsprechend der erbrachten Risikotragung realisiert (ausführlich IFRS 17.55). Gibt es Anzeichen für Drohverluste, werden die erwarteten Ein- und Auszahlungen diskontiert und ein negativer Überhang über den bestehenden Buchwert aufwandswirksam rückgestellt (dies entspricht Baustein 1 und 2 im Bausteinansatz, Risiko- und Servicemarge bleiben unberücksichtigt).

XI. Eigenkapital *(Equity)*

1. Allgemeines

Das Eigenkapital *(equity)* wird allgemein im Rahmenkonzept geregelt, Eigenkapitalinstrumente in IAS 32 und IFRS 7. IFRS 7 betrifft die Pflichtangaben im Anhang.

Grundsätzlich ist Eigenkapital der **Restbetrag** der Vermögenswerte nach Abzug aller Schulden. Das Eigenkapital ergibt sich also indirekt aus der Bewertung der übrigen Bilanzposten. Eigenkapital besteht aus den Einlagen und thesaurierten Gewinnen.

Von besonderer Bedeutung ist die Abgrenzung zwischen Eigenkapital und Schulden bei emittierten Finanzinstrumenten. **Finanzinstrumente** *(financial instruments)* sind **Verträge**, die gleichzeitig bei einem Unternehmen zu einem finanziellen Vermögenswert *(financial asset)* und bei dem anderen zu einer finanziellen Schuld *(financial liability)* oder einem Eigenkapitalinstrument *(equity instrument)* führen (IAS 32.11).

Als finanzielle Schuld gilt insbesondere eine **vertragliche Verpflichtung**, Geld oder andere finanzielle Vermögenswerte **zu übertragen** oder finanzielle Vermögenswerte oder Schulden zu potenziell nachteiligen Bedingungen **zu tauschen** (IAS 32.11). Ein **Eigenkapitalinstrument** kann also nur vorliegen, wenn keine derartige Verpflichtung besteht (IAS 32.16; zu Sonderfällen siehe .16(b)). Zur Abgrenzung von Schulden und Eigenkapital siehe Kap. X.5., S. 218 f. und Kap. X.7., S. 225 f.

Als Verträge kommen auch Gesellschaftsverträge in Betracht. Eigenkapitalinstrumente sind daher Verträge, die einen Restanspruch am Vermögen eines Unternehmens nach Abzug der Schulden verkörpern. Auch Bezugsrechte *(warrants)* aus der Kapitalerhöhung gelten als Eigenkapitalinstrumente (.16(b)ii).

Die IFRS geben keine verbindliche Eigenkapitalgliederung vor, anzugeben sind nach IAS 1.54(r) und .78(e) aber zumindest das **Nennkapital** *(paid-in capital)*, die **Kapitalrücklagen** (*share premiums* oder *additional paid-in capital*) und der **Bilanzgewinn samt Gewinnrücklagen** *(reserves)*.

Da die IFRS **nicht für die Ausschüttungsbemessung** maßgeblich sind, wird der Betrag des „ausschüttungsfähigen" Bilanzgewinns aus dem unternehmensrechtlichen Bilanzgewinn des Mutterunternehmens abgeleitet. Aus der Differenz zum kumulierten Ergebnis nach IFRS ergeben sich die „Gewinnrücklagen", also der nicht ausschüttungsfähige kumulierte IFRS-Gewinn. Abgeleitet aus der Handelsbilanz des Mutterunternehmens können die Gewinnrücklagen auch in einzelne Rücklagentypen zerlegt werden (z. B. gesetzliche Rücklage, freie Rücklage). Problematisch wird die Darstellung, wenn nach nationalem Bilanzrecht kumulierte Gewinne und nach IFRS kumulierte Verluste vorliegen (und vice versa). Im IFRS-Abschluss kann ein „Bilanzgewinn" nur insoweit dargestellt werden, als sowohl kumulierte IFRS-Gewinne als auch ausschüttungsfähige Gewinne nach nationalem Bilanzrecht vorliegen. Wird ein unternehmensrechtlicher Gewinn ausgeschüttet, obwohl nach IFRS kumulierte Verluste vorliegen, dann wird die Ausschüttung im IFRS-Abschluss als Kapitalrückzahlung erfasst (Minderung der Kapitalrücklagen; sollte vermieden werden).

Auch **unversteuerte Rücklagen** (Sonderposten mit Rücklageanteil), an welche das nationale Steuerrecht Steuervergünstigungen knüpft, werden unter den Rücklagen erfasst. Sie werden als Gewinnverwendung dargestellt und nicht bloß aus dem nationalen Einzelabschluss übernommen. Resultiert die Rücklage z. B. aus der steuerlichen Übertragung stiller Reserven auf Vermögenswerte, die nach IFRS mit den „tatsächlichen" Anschaffungskosten angesetzt werden, dann sind nach IAS 12 für die temporäre Differenz i. d. R. latente Steuerschulden zu passivieren. In der Rücklage wird daher z. B. ein Gewinn nach (latenten) Steuern in Höhe des unternehmensrechtlich gebundenen Gewinns eingestellt. Ein Bilanzposten „unversteuerte Rücklagen" ist nicht zulässig.

Das Nennkapital entfällt entweder auf Stammaktien *(common shares)* oder auf Vorzugsaktien *(preferred shares)*.

Die IFRS kennen eine Vielzahl von Rücklagen, die aus der **direkten Erfassung von Wertänderungen im Eigenkapital** resultieren, z. B.: Neubewertungsrücklagen für Eigenkapitalinstrumente, *cashflow hedge*-Rücklagen, Rücklagen für die Neubewertung von Nettopensionsverpflichtungen gemäß IAS 19, Neubewertungsrücklagen nach IAS 16 und 38 und Rücklagen für die Fremdwährungsumrechnung.

2. Aktienausgabe und Kapitalerhöhung

Nach der Eigenkapitaldefinition von IAS 32 sind emittierte Aktien bzw. GmbH-Anteile regelmäßig **Eigenkapital**. Fremdkapital könnte theoretisch bei bestimmten Rücknahmeverpflichtungen vorliegen, dies ist aber gesellschaftsrechtlich i. d. R. unzulässig.

Eigenkapital ist als Restbetrag des Vermögens abzüglich der Schulden definiert (IAS 32.11). Daher wird der Eigenkapitalzugang in jenem Zeitpunkt in der Bilanz erfasst, in dem sich das Nettovermögen des Unternehmens durch die Kapitalbereitstellung erhöht. Üblicherweise ist das der Zeitpunkt der Einzahlung. Die Kapitalbereitstellung kann auch durch andere Vermögenswerte erfolgen; in diesem Fall ergibt sich der Zeitpunkt des Eigenkapitalzugangs indirekt aus den Erfassungsbestimmungen, die auf diese Vermögenswerte anzuwenden sind. Vereinbarte Einlagen werden daher im Zeitpunkt der Einforderung im Eigenkapital erfasst; mit der Einforderung ausstehender Einlagen entsteht nämlich eine Forderung, die nach IFRS 9 zu aktivieren ist.

Zusammengesetzte Finanzinstrumente *(compound financial instruments)* sind beim Emittenten grundsätzlich in eine Schuld- und eine Eigenkapitalkomponente zu zerlegen (IAS 32.28). Der Emissionserlös ist zuerst der Schuldkomponente in Höhe ihres Fair Value zuzuordnen. Der Restbetrag ist im Eigenkapital unter den Kapitalrücklagen einzustellen (Restwertmethode nach IAS 32.31 f.; eine Aufteilung im Verhältnis der relativen Fair Values ist unzulässig). Zu **Wandelanleihen** siehe Kap. X.5., S. 218 f., zu **Optionsanleihen, Umtauschanleihen, Aktienanleihen und Genussrechten** siehe S. 267 f. und S. 227. Für die Ermittlung des Fair Values der Schuldkomponente gilt IFRS 13.

Kosten der Eigenkapitalaufnahme vermindern den Emissionserlös und gehen daher zulasten der im Rahmen der Emission zu dotierenden Kapitalrücklagen (IAS 32.37; betroffen sind z. B. Registrierungskosten, Gebühren, Beratungskosten, Prüfungskosten, Kosten des Börsenganges oder Werbung). Die Kosten müssen der Kapitalaufnahme aber direkt zurechenbar sein (Vermeidbarkeitskriterium). Sind sie nicht direkt zurechenbar, dann werden die Kosten als Aufwand erfasst.

Maßgeblich ist der Betrag der Emissionskosten nach Steuern. Sind sie also steuerlich abzugsfähig, dann sind die Kosten der Kapitalaufnahme um die entsprechende Steuerminderung (ggf. aus der Erhöhung eines Verlustvortrags nach IAS 12.34 ff.) zu reduzieren.

Kosten der Eigenkapitalaufnahme fallen meist im Vorfeld einer Aktienausgabe bzw. einer Kapitalerhöhung an. Sind die Kosten einer geplanten Eigenkapitalaufnahme zurechenbar, sind sie ebenfalls direkt im Eigenkapital zu erfassen (vorzugsweise als Negativbetrag in einem Sonderposten). Findet die geplante Eigenkapitalaufnahme schließlich statt, dann wird der Sonderposten mit den Kapitalrücklagen verrechnet. Wird die Eigenkapitaltransaktion aber **eingestellt**, dann sind die Kosten aus dem Eigenkapital auszubuchen und im Aufwand zu erfassen (IAS 32.37 letzter Satz). Die Eigenkapitaltransaktion kann dann als „eingestellt" betrachtet werden, wenn sie endgültig abgebrochen wurde oder nicht mehr sehr wahrscheinlich ist. Ein kurzfristiges Aufschieben einer Aktienemission, etwa um ein besseres Börsenklima abzuwarten, ist keine Einstellung.

Da Emissionskosten meist vor einer Emission anfallen und die Durchführung in diesem Zeitpunkt nie absolut sicher ist, kann es darauf nicht ankommen. Sonst ginge die Bestimmung des IAS 32.37 de facto ins Leere.

Sacheinlagen und Dienstleistungseinlagen, für die Eigenkapitalinstrumente gewährt werden, sind in IFRS 2 geregelt (zu Dienstleistungseinlagen siehe Kap. XI.4., S. 251).

Als **Sacheinlagen** nach IFRS 2 gelten Einlagen von Vorräten, Verbrauchsgütern, Sachanlagevermögen, immateriellen Vermögenswerten und anderen nichtfinanziellen Vermögenswerten (IFRS 2.5). Sacheinlagen sind zu aktivieren, sobald das Unternehmen die Verfügungsmacht erhält (IFRS 2.7; sie müssen aber die Ansatzkriterien der jeweils anwendbaren Standards erfüllen). Der bloße Anspruch auf Übertragung ist noch keine Einlage. Die Gegenbuchung erfolgt im Eigenkapital (im Nennkapital in Höhe des Nennwerts der gewährten Anteile; der Restbetrag unter den Kapitalrücklagen).

Die Bewertung von Sacheinlagen erfolgt mit dem **Fair Value** der Güter im Übertragungszeitpunkt; für die Fair Value-Ermittlung sind die Vorschriften der jeweils auf die Vermögenswerte anwendbaren Standards maßgeblich. Lässt sich der Fair Value nicht verlässlich ermitteln, dann ist ausnahmsweise der Fair Value der gewährten Anteile maßgeblich (IFRS 2.10). Allerdings kann nach widerlegbarer Vermutung der Fair Value der übertragenen Güter immer verlässlich ermittelt werden (IFRS 2.13).

Die **Einlage von Finanzinstrumenten** (insbesondere Forderungen, Aktien und Beteiligungen) ist von IFRS 2 ausgenommen. Maßgeblich sind daher die Ansatz- und die Bewertungsvorschriften in IFRS 9 bei erstmaliger Erfassung (siehe Kap. VI.5., S. 116 ff. und Kap. IX., S. 183 ff.). Die Gegenbuchung erfolgt wiederum im Eigenkapital. Bei einer **Einlage von Beteiligungen**, welche die Kontrolle über ein Tochterunternehmen vermitteln, und bei der **Einbringung von Betrieben** liegt ein Unternehmenszusammenschluss nach IFRS 3 vor (siehe Kap. XVII.3., S. 397 ff.).

Auch die **Aktienzeichnung mit Anzahlung** *(share subscriptions)* erfüllt die Eigenkapitaldefinition, falls keine Rückzahlungsverpflichtung besteht und der endgültige Zeichnungspreis feststeht (vgl. IAS 32.16, .22 und .24). Der angezahlte Betrag wird vorläufig unter den Kapitalrücklagen erfasst (IAS 32.AG27(a)). Für den verbleibenden Ausgabebetrag darf keine Forderung angesetzt werden.

Dividenden sind spätestens im Zeitpunkt der Ausschüttung vom Eigenkapital abzuziehen (vgl. IAS 32.35; nach IAS 10.12 keine Rückbeziehung der Gewinnverwendung auf den Abschlussstichtag, vgl. Kap. XVI.5., S. 368 f.). Allerdings wird bereits bei Entstehung der Zahlungsverpflichtung eine Schuld angesetzt (IAS 32.AG13; i. d. R. nach dem Ausschüttungsbeschluss). Dieser Zeitpunkt bestimmt umgekehrt auch den Zeitpunkt der Gewinnrealisierung beim Dividendenempfänger (Kap. VIII.5.3, S. 171). Einbehaltene Quellensteuern sind genauso wie die Dividenden als Gewinnverwendung vom Eigenkapital abzuziehen und als Verbindlichkeit gegenüber dem Finanzamt zu erfassen (IAS 12.65A).

Besondere Vorschriften bestehen für den Rückerwerb von Vorzugsaktien, z. B. im Rahmen eines Tender Offer. Der Rückerwerb gilt als Gewinnausschüttung an die Vorzugsaktionäre, soweit der Rückkaufpreis den Marktwert der Vorzugsaktien übersteigt.

Weitere Bestimmungen bestehen für Sachausschüttungen an die Eigentümer (IFRIC 17). Die Regelungen haben allerdings einen so engen Anwendungskreis, dass nur exotische Anwendungsfälle übrig bleiben (z. B. Spin-offs bei Unternehmen im Streubesitz durch Auskehrung eines abgespaltenen Unternehmensteils an den Streubesitz). Allerdings ist grundsätzlich für sämtliche geplante Sachausschüttungen IFRS 5 zu beachten (zur Ausschüttung stehendes Vermögen) – und zwar unabhängig von der Anwendung des IFRIC 17.

3. Eigene Aktien und Kapitalherabsetzung

Hält ein Unternehmen **Wertpapiere aus eigener Emission**, dann liegt kein Finanzinstrument bzw. kein finanzieller Vermögenswert vor. IAS 32.11 stellt ausdrücklich auf Eigenkapitalinstrumente anderer Unternehmen oder vertragliche Rechte gegenüber anderen Unternehmen ab.

Eigene Aktien *(treasury shares)* sind im Zeitpunkt des Erwerbs zwingend vom Eigenkapital abzuziehen (IAS 32.33 f.). Werden eigene Aktien aber im Namen anderer (treuhändisch) gehalten, dann werden sie ausnahmsweise aktiviert (.AG36; z. B. im Kundendepot einer Bank). Die Regelung gilt nicht nur für Aktien, sondern für alle Eigenkapitalinstrumente (bzw. zusammengesetzte Eigen-/Fremdkapitalinstrumente).

Der Rückkauf, die Einziehung oder die neuerliche Ausgabe dürfen zu **keinen Gewinnen oder Verlusten** führen (IAS 32.33 und .BC32).

Aus diesen Grundsätzen ergeben sich grundsätzlich zwei Bilanzierungsmethoden. Nach der **Anschaffungskostenmethode** *(cost method)* werden die eigenen Aktien mit den Anschaffungskosten als Negativposten am Ende des Eigenkapitals dargestellt; eine spätere Einziehung (Kapitalherabsetzung) führt zur Verrechnung mit dem Nennkapital und den Kapitalrücklagen. Die **Nominalwertmethode** *(par value method)* unterstellt dagegen eine sofortige Einziehung (Kapitalherabsetzung). Eigene Aktien scheinen nicht als Negativposten im Eigenkapital auf (allerdings Anhangangabe nach IAS 1.79(a)). Eine neuerliche Ausgabe wird wie eine Neuemission verbucht.

Soweit der Rücknahmepreis den ursprünglichen Emissionspreis übersteigt, entsteht aus Sicht der verbleibenden Aktionäre ein Verlust (z. B. bei einem Tender Offer). Der Verlust wird bei Verrechnung mit dem Eigenkapital von den Gewinnrücklagen abgezogen. Ein niedrigerer Rücknahmepreis (Gewinn für verbleibende Aktionäre) wird unter den Kapitalrücklagen zu erfassen sein (erfüllt nicht die Gewinndefinition im Rahmenkonzept; anders vergleichsweise IAS 33.16 f. zur Ermittlung des Ergebnisses je Aktie).

BEISPIEL Am 1.1.X1 werden Aktien mit einem Nennwert von 5.000 t€ zu einem Emissionskurs von 6.000 t€ ausgegeben. Diese Aktien werden am 1.1.X5 vom Unternehmen für 7.000 t€ zurückerworben (Verlust für verbleibende Aktionäre: 1.000 t€) und am 1.1.X6 für 10.000 t€ wieder ausgegeben.

Verbuchung des Rückkaufs für 7.000 t€ am 1.1.X5:

cost method			*par value method*		
eigene Aktien*)	7.000 t€		Nennkapital	5.000 t€	
Bank		7.000 t€	Kapitalrücklagen	1.000 t€	
			Gewinnrücklagen	1.000 t€	
			Bank		7.000 t€

*) Negativposten im Eigenkapital

Verbuchung der neuerlichen Ausgabe für 10.000 t€ am 1.1.X6:

cost method			*par value method*		
Bank	10.000 t€		Bank	10.000 t€	
eigene Aktien		7.000 t€	Nennkapital		5.000 t€
Kapitalrücklagen		3.000 t€	Kapitalrücklagen		5.000 t€

Auch Anteile von Konzernmitgliedern, die von anderen vollkonsolidierten Konzernmitgliedern gehalten werden, werden eliminiert (IAS 32.33). Halten assoziierte Unternehmen Anteile an Konzernmitgliedern, dann wäre nach IAS 32 eigentlich kein Abzug vorgesehen; bei wesentlichen Anteilen wird aber eine Abzugspflicht bestehen, weil IAS 28 grundsätzlich auf die Konsolidierungsmethoden nach IFRS 10 verweist.

4. Aktienbasierte Vergütungen (IFRS 2)

4.1. Allgemeines

IFRS 2 regelt neben Sacheinlagen (siehe S. 335 mit Ausnahme von Betriebseinbringungen) auch Dienstleistungseinlagen, für die **Eigenkapitalinstrumente** (Aktien oder Optionen auf eigene Aktien) bzw. aktienkursabhängige Geldzahlungen gewährt werden. Die empfangenen Dienstleistungen werden grundsätzlich im Zeitpunkt der Leistungserbringung als Aufwand erfasst; die Gegenbuchung erfolgt im Eigenkapital bzw. im Falle einer aktienkursabhängigen Geldzahlung im Fremdkapital (IFRS 2.7 ff.; vgl. auch .14 ff.).

Die Bewertung erfolgt mit dem **Fair Value** der Dienstleistung im Leistungszeitpunkt. Kann der Fair Value nicht verlässlich ermittelt werden, ist ausnahmsweise der Fair Value der gewährten Anteile maßgeblich (IFRS 2.10). Nach einer widerlegbaren Vermutung in IFRS 2.13 lässt sich der Fair Value der Dienstleistung aber immer verlässlich ermitteln.

Besonderheiten gelten aber für **Mitarbeiterbeteiligungsmodelle bzw. Mitarbeiter Stock Options**. Solche Modelle sind eine zusätzliche Entlohnung für erbrachte Leistungen und dienen der Arbeitsmotivation. Der Fair Value der empfangenen Arbeitsleistung kann nicht verlässlich ermittelt werden. Für die Bewertung der Leistung ist daher grundsätzlich der **Fair Value der übertragenen Eigenkapitalinstrumente** maßgeblich (IFRS 2.12).

IFRS 2 unterscheidet zwischen Mitarbeiterbeteiligungsmodellen, die zwingend durch die Übertragung von Eigenkapitalinstrumenten des Unternehmens bzw. eines mit diesem verbundenen Unternehmens zu erfüllen sind, und Vergütungstransaktionen mit Barausgleich, bei denen das Unternehmen Barzahlungen zu leisten hat, deren Höhe vom Kurs (Wert) der Aktien oder anderer Eigenkapitalinstrumente des Unternehmens oder eines verbundenen Unternehmens abhängt.

Erfolgt die **Erfüllung durch Eigenkapitalinstrumente** (erste Fallgruppe), dann ist die Vergütung wie eine Einlage zu bilanzieren: sie wird i. d. R. unter den Kapitalrücklagen oder unter einer besonderen Optionsrücklage erfasst, die Gegenbuchung erfolgt grundsätzlich im Aufwand (z. B. Personalaufwand für anteilsbasierte Vergütungen an Mitarbeiter, sonstiger Aufwand für anteilsbasierte Vergütungen an Aufsichtsräte). Die Bewertung der Vergütung erfolgt im Zeitpunkt der Zusage. Der maßgebliche Wert bleibt während der gesamten Laufzeit des Beteiligungsmodells unverändert und wird nicht an geänderte Marktpreise angepasst.

Dies ist mit dem Eigenkapitalcharakter der Vergütung zu begründen: Eigenkapitalinstrumente können als Restposten nicht für sich bewertet werden, auch andere Eigenkapitalinstrumente wie z. B. ausgegebene Aktien des Unternehmens oder Wandlungsrechte sind einer Folgebewertung nicht zugänglich. Wertänderungen des Eigenkapitals sind der Vermögenssphäre der Anteilseigner und nicht dem Unternehmen zuzurechnen. Umwertungen müssten sonst nämlich erfolgswirksam verbucht werden, was lediglich zu Umgliederungen innerhalb des Eigenkapitals führen würde.

Erfolgt dagegen die **Erfüllung durch eine Geldzahlung** – also z. B. eine aktienkursabhängige Geldleistung –, dann ist grundsätzlich eine Schuld anzusetzen. Im Gegensatz zu Modellen, die durch Eigenkapitalinstrumente erfüllt werden, muss die Schuld zu jedem Stichtag neu bewertet werden.

Daneben gibt es auch Vergütungstransaktionen, bei denen das Unternehmen oder der Begünstigte die Wahl hat, Eigenkapitalinstrumente oder Bargeld in Abhängigkeit vom Preis von Eigenkapitalinstrumenten hinzugeben oder zu verlangen. Zusagen, bei denen **dem Unternehmen** ein Wahlrecht eingeräumt wird, die Verpflichtung mit Eigenkapitalinstrumenten oder Bargeld zu erfüllen, sind wie Zusagen zu behandeln, die zwingend durch die Übertragung von Eigenkapitalinstrumenten zu erfüllen sind (Einlage). Ausgenommen sind jene Fälle, in denen die Hingabe von Eigenkapitalinstrumenten aus rechtlichen oder sonstigen Gründen nicht möglich ist (z. B. wegen eines satzungsmäßigen Verbots, bei fehlender Genehmigung der Gesellschafter oder weil das Unternehmen in der Vergangenheit die Hingabe von Bargeld regelmäßig gewählt oder zu seiner Politik erklärt hat). Haben hingegen die **Begünstigten das Wahlrecht**, die Hingabe von Eigenkapitalinstrumenten oder von Bargeld zu verlangen, ist die Vergütungstransaktion stets wie eine solche mit Barausgleich zu behandeln und eine Rückstellung anzusetzen.

Bei der Ausgabe von Mitarbeiter Stock Options ist – wie bei jeder Kapitalausgabe – zu prüfen, ob **Prospektpflicht** besteht. Die Stock Options sind für sich genommen i. d. R. keine übertragbaren Wertpapiere; deshalb bestehe nach CESR keine Prospektpflicht. Die spätere Übertragung von Wertpapieren bei Ausübung der Stock Options sei wiederum kein öffentliches Angebot und somit auch nicht prospektpflichtig (CESR, FAQs regarding Prospectuses, Update 6, Aug. 2008, Question 5). Ist das Prospektrecht anwendbar, dann greift i. d. R. eine Befreiungsbestimmung, falls die zugrunde liegenden Wertpapiere an einem geregelten Markt notiert sind (in diesem Fall ist aber ein sogenanntes „prospektersetzendes Dokument“ nötig). Stock Options, die ausschließlich auf Geldzahlung (Barausgleich) gerichtet sind, können nur dann unter die Prospektpflicht fallen, wenn die Stock Options übertragbar sind.

4.2. Maßgebliche Zeiträume und Wertbegriffe

Die Eigenkapitalinstrumente werden bei Mitarbeiterbeteiligungsmodellen i. d. R. erst in der Zukunft übertragen und sind von Arbeitszeiten abhängig, in denen der Mitarbeiter den Anspruch sukzessiv erwirbt. Daher werden folgende Zeitpunkte und Zeiträume unterschieden:

- der Zeitpunkt der Einräumung des Rechts *(grant date)*;
- der Erdienungszeitraum *(vesting period)*, das ist der Zeitraum zwischen der Einräumung des Rechts und dem Zeitpunkt, in dem ein nicht entziehbarer Anspruch auf das Recht entsteht;
- der Zeitpunkt der ersten Ausübungsmöglichkeit des Rechts;
- der Ausübungszeitraum, das ist der Zeitraum, in dem das Recht ausgeübt werden kann;
- die Gesamtlaufzeit des Rechts, das ist der Zeitraum zwischen der Einräumung des Rechts und dem Ende des Ausübungszeitraums.

Der Erdienungszeitraum *(vesting period)* ist jener Zeitraum, für dessen Arbeitsleistungen die Eigenkapitalinstrumente gewährt werden (IFRS 2 Appendix A). Er endet, sobald die Mitarbeiter die rechtlichen Bedingungen der Leistung erfüllt und daher Rechtsanspruch auf Übertragung der Eigenkapitalinstrumente erlangt haben *(vesting date)*. Die Leistungsbedingungen bestehen meistens in einer festgelegten Anzahl von Dienstjahren, in denen ein Mitarbeiter für das Unternehmen in einer bestimmten Qualität tätig ist und in der er seine Position nicht kündigen darf.

IFRS 2 kennt daneben auch Leistungsbedingungen, die auf ein wirtschaftliches Ziel gerichtet sind, z. B. eine vorherbestimmte Umsatzsteigerung, das Erreichen von Marktanteilen, eine Kosteneinsparung oder Kurssteigerungen von Aktien eines eigenen oder eines verbundenen Unternehmens. Bei Leistungsbedingungen wird die Vergütung erst dann erdient, wenn die Bedingung erfüllt ist. Bekommen Mitarbeiter z. B. für fünf Jahre Tätigkeit Aktien, sobald innerhalb der fünf Jahre der Umsatz eine Schwelle erreicht wird, und wird diese Schwelle bereits in Jahr 3 erreicht, dann wird der Fair Value der Aktien schon im Jahr 3 gänzlich als Aufwand gebucht. Die aus der Schwelle resultierende Unsicherheit wird bei der Fair Value-Ermittlung nicht berücksichtigt (IAS 12.19 und IG Bsp. 12A).

Der Zeitpunkt der ersten Ausübungsmöglichkeit schließt regelmäßig an das Ende des Erdienungszeitraums an; in der Zusage kann jedoch zwischen diesen Zeitpunkten auch eine Zwischenperiode vorgesehen sein.

BEISPIEL ► Am 1.11.X0 wird mit den Arbeitnehmervertretern ein Beteiligungsmodell schriftlich vereinbart *(grant date)*. Danach erhalten Mitarbeiter für jeden Arbeitsmonat zwischen dem 1.1.X1 und dem 31.12.X4 eine Aktie des Unternehmens *(vesting period)* für 10 €, was deutlich unter dem Marktpreis liegt. Sie müssen allerdings zumindest bis zum 31.12.X4 im Unternehmen verbleiben. Die Übertragung der Aktien bei Ausübung des Rechts erfolgt am 1.2.X5.

ABB. 15: Zeitlicher Verlauf von Mitarbeiterbeteiligungsplänen

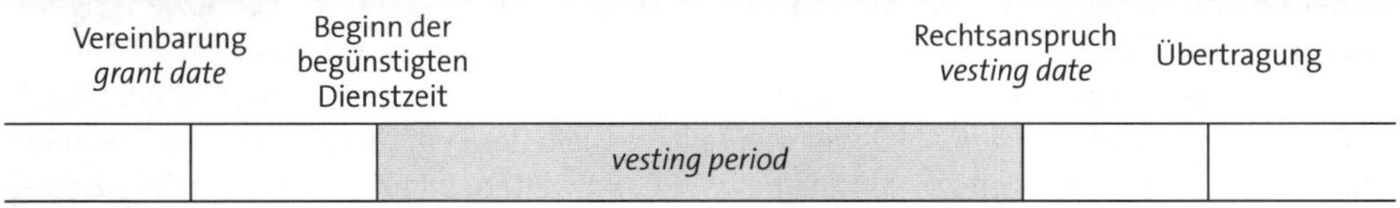

Bezugsrechte auf Eigenkapitalinstrumente sowie andere Rechte, mit denen der Inhaber an der Wertsteigerung von Eigenkapitalinstrumenten partizipiert, sind grundsätzlich wie Optionen zu bewerten. Dies gilt auch für anteilsabhängige Vergütungen, die auf einen Barausgleich gerichtet sind. Bei der Bewertung von Optionen sind folgende Wertbegriffe zu unterscheiden:

- Der Fair Value ist jener Betrag, zu dem das Optionsrecht zwischen sachkundigen, vertragswilligen und voneinander unabhängigen Geschäftspartnern gehandelt werden könnte. Der

Fair Value setzt sich aus dem inneren Optionswert und dem Zeitwert der Option zusammen. IFRS 2 enthält eine eigene Fair Value-Definition, IFRS 13 ist nicht anzuwenden.

- Der innere Optionswert *(intrinsic value)* ist die Differenz zwischen dem Ausübungspreis und dem aktuellen Wert der zugrunde liegenden Eigenkapitalinstrumente. Der innere Optionswert ist somit jener Vorteil, der bei unmittelbarer Ausübung der Option zu erzielen wäre.
- Der Zeitwert einer Option (*time value*) ist die Differenz zwischen dem Fair Value und dem inneren Optionswert. Während der Laufzeit der Option ist der Zeitwert regelmäßig positiv und verkörpert den Vorteil eines Optionsinhabers, an künftigen Kurssteigerungen des zugrunde liegenden Eigenkapitalinstruments zu partizipieren, ohne aber an künftigen Verlusten durch Rückgang des Kurses des Eigenkapitalinstruments unter den Ausübungspreis teilzunehmen. Der Zeitwert ist umso größer, je höher die Volatilität des zugrunde liegenden Eigenkapital-instruments und je länger die Restlaufzeit der Option ist.

Der Fair Value von Optionsrechten übersteigt den inneren Optionswert mitunter erheblich, insbesondere im Zeitpunkt der Zusage. Am Ende der Laufzeit einer Option ist der Zeitwert der Option null und der Fair Value entspricht dem inneren Optionswert.

Die Bewertung zu Fair Values ist nunmehr zwingend ***(fair value method)***. Verglichen mit der früher zulässigen inneren Wert *(intrinsic value method)* führt dies i. d. R. zu einem wesentlich höheren Personalaufwand und wurde daher von vielen Unternehmen abgelehnt.

Der Fair Value pro Anteil ist mit einem geeigneten **Optionspreismodell** zu ermitteln. IFRS 2.B5 nennt z. B. das Black-Scholes-Modell für bestimmte Optionstypen („European Options"; zu den technischen Anforderungen siehe .B5 ff.). Ein Optionspreismodell benötigt aber ausreichende historische Daten über den Marktwert der zugrunde liegenden Aktien. Bei ungelisteten oder erst kürzlich gelisteten Aktien können Optionspreismodelle daher i. d. R. nicht angewendet werden (IFRS 2.B14). In diesem Fall sollte auf die historischen Marktdaten anderer Unternehmen derselben Branche zurückgegriffen werden (.B26 und .B29). Auch alternative Methoden anhand geschätzter Volatilitäten kommen in Betracht (.B30). Nur in seltenen Fällen ist es nicht möglich, den Fair Value festzustellen; dann ist der Ansatz des inneren Optionswerts *(intrinsic value)* zulässig, der sich aus der Differenz zwischen Ausübungspreis und aktuellem Fair Value der zugrunde liegenden Aktien ergibt (IFRS 2.24; da der innere Wert im Gegensatz zum Fair Value auch negativ sein kann, wäre bei einem negativen inneren Wert keine Verbuchung erforderlich).

Bei der Auswahl eines geeigneten Modells sind Besonderheiten im Vergleich zur Bewertung üblicher marktgängiger Optionsrechte zu beachten. Die eingeräumten Rechte sind etwa während des Erdienungszeitraums nicht übertragbar, und die Ausübung der Rechte kann von der Erfüllung bestimmter Bedingungen abhängig sein (z. B. Verbleib der Begünstigten im Unternehmen, Erreichung bestimmter Ergebnisse). Anhaltspunkte und weitere Erläuterungen zur Berechnung des beizulegenden Zeitwerts können Anhang B zu IFRS 2 entnommen werden. Bei der Bewertung des Anteils sind jedenfalls folgende Faktoren zu berücksichtigen:

- der aktuelle Kurs der zugrunde liegenden Anteile,
- der Ausübungspreis des Rechts,
- die Laufzeit des Rechts,
- die erwartete Volatilität des Werts der Anteile,

- die Regelungen und die Erwartungen bezüglich der Dividenden auf die Anteile im Zeitraum bis zur Ausübung des Rechts und
- der risikolose Zinssatz für die Laufzeit des Rechts.

4.3. Bilanzierung von Mitarbeiterbeteiligungen

Der Fair Value der zugesagten Eigenkapitalinstrumente wird systematisch über die *vesting period* verteilt als Personalaufwand verbucht (i. d. R. linear). Die Gegenbuchung erfolgt unter den Kapitalrücklagen oder einer gesonderten Optionsrücklage (vgl. IFRS 2.15).

Die **Bewertung** der Eigenkapitalinstrumente erfolgt zum **Fair Value im Zeitpunkt der Vereinbarung *(grant date)*.** Alle späteren Wertänderungen sind aufgrund des Eigenkapitalcharakters unbeachtlich und führen zu keiner Neubewertung (zu seltenen Ausnahmen vgl. IFRS 2.15(b)). Steht aber die Anzahl der zu gewährenden Eigenkapitalinstrumente noch nicht fest, dann ist die wahrscheinlichste Anzahl jährlich erneut zu schätzen, was insoweit zu wertmäßigen Anpassungen führen kann (.20; z. B. bei Änderungen der Mitarbeiterfluktuation oder aufgrund von Leistungsbedingungen).

Zwar ist für die Bewertung zum *grant date* grundsätzlich der Marktwert der Eigenkapitalinstrumente anzusetzen (.16). Da allerdings die Übertragung i. d. R. erst nach Jahren erfolgt, benötigt die Ermittlung des Fair Values zum *grant date* grundsätzlich ein **Bewertungsmodell**.

BEISPIEL ► Am 1.11.X0 wird mit dem Betriebsrat ein Beteiligungsmodell verbindlich vereinbart *(grant date)*. Danach erhalten Mitarbeiter für jeden Arbeitsmonat zwischen dem 1.1.X1 und dem 31.12.X4 eine Aktie des Unternehmens für 10 € *(vesting period)*. Sie müssen allerdings zumindest bis zum 31.12.X4 im Unternehmen verbleiben. Die Übertragung der Aktien erfolgt am 1.2.X5. Ein Optionspreismodell ergibt zum 1.11.X0 einen Fair Value von 20 € je Option. Angesichts der üblichen Fluktuation der Mitarbeiter wird mit der Übertragung von 4.000 Aktien gerechnet.

Lösung: Die Bewertung erfolgt zum Zusagezeitpunkt (1.11.X0) und ergibt einen Gesamtbetrag von 80 t€. Der Wert wird linear über die vierjährige *vesting period* verteilt. Verbuchung zum 31.12.X1, X2, X3 und X4 jeweils:

Personalaufwand	20 €	
Kapitalrücklagen (Stock Option Rücklage)		20 €

Werden **eigene Aktien** zur Befriedigung der Ansprüche gehalten, dann werden diese regelmäßig vom Eigenkapital abgezogen. Nach IFRS 2.BC333 sind die einschlägigen Bestimmungen in IAS 32 anzuwenden (hier .33; siehe Kap. XI.3., S. 250).

Wird **das Recht ausgeübt** und werden Aktien übertragen, dann wird dies wie eine Ausgabe neuer Aktien verbucht (auch wenn eigene Aktien gehalten wurden, weil eigene Aktien nach IAS 32 vom Eigenkapital abzuziehen sind). Das Entgelt für die Ausgabe neuer Aktien besteht einerseits aus der bereits eingestellten Kapitalrücklage bzw. Optionsrücklage für die untergehenden Optionsrechte. Diese können daher direkt in eine gebundene Kapitalrücklage umgebucht werden. Andererseits besteht das Entgelt für die neu ausgegebenen Aktien in der Zuzahlung in Höhe des Ausübungspreises. Die Zuzahlung wird ebenfalls als (gebundene) Kapitalrücklage erfasst. Die Ausübung des Optionsrechts und die Übertragung der Aktien sind jedenfalls erfolgsneutral.

Kommt es nach Erlangen des Rechtsanspruchs *(vesting date)* **zu keiner Übertragung** (z. B. wegen Wertlosigkeit von Stock Options), dann werden die Buchungen nicht storniert. Der bisher im Eigenkapital erfasste Betrag verbleibt zeitlich unbegrenzt im Eigenkapital; allerdings darf eine

Umgliederung im Eigenkapital erfolgen (.23). Eine Rückbuchung zugunsten des Jahresergebnisses ist nicht zulässig, weil nur eine Vermögensverschiebung zwischen verschiedenen Eigenkapitalgebern vorliegt und die Vermögenslage des Unternehmens nicht mehr berührt wird.

IFRS 2 gilt auch für Vergütungen mit Barausgleich, das sind **aktienkursabhängige Geldleistungen**. Von besonderer Bedeutung sind insbesondere kursabhängige Prämien *(share appreciation rights)*, die einem Mitarbeiter nach Ablauf einer *vesting period* Anspruch auf eine aktienkursabhängige Geldzahlung gewähren (IFRS 2.30 ff.). Aufgrund der Verpflichtung zur Geldzahlung ist eine **Schuld** anzusetzen. Die Schuld wird linear über die *vesting period* aufgebaut. Maßgeblich ist der Fair Value; die Ermittlung erfolgt analog zu den Bestimmungen zu eigenkapitalbasierten Vergütungen (Ermittlung mit einem Optionspreismodell). Allerdings ist der Wert der Schuld an jedem Abschlussstichtag erneut zu ermitteln, und nicht bloß zum *grant date*. Der Personalaufwand ergibt sich aus der Differenz der Schuld zwischen zwei Stichtagen. Wenn sich der Wert der Rechte in einem Geschäftsjahr vermindert oder wenn solche Rechte von begünstigten Personen definitiv nicht in Anspruch genommen werden, ist ein Ertrag aus der Verminderung der Rückstellung anzusetzen.

Sind die aktenkursabhängigen Geldleistungen auch von einer Leistungsschwelle (z. B. Umsatzschwelle) abhängig, werden sie in jenem Zeitpunkt erdient, in dem die Schwelle erreicht wird. An diesem Tag wird der gesamte Fair Value aufwandswirksam als Schuld erfasst und nicht über die begünstigten Jahre verteilt. Beim Fair Value wird die Unsicherheit über das Erreichen der Schwelle dafür nicht eingepreist (IAS 12.IE12A).

Stock Options gelten auch dann als Eigenkapitalinstrument und nicht als aktienkursabhängige Geldleistung, wenn das Unternehmen die eigenen Aktien zur Erfüllung der Optionen von Dritten erwerben muss (IFRIC 11.7). Gewährt aber ein Tochterunternehmen Optionen auf Aktien seines Mutterunternehmens, dann liegt in seinem Einzelabschluss bzw. in seinem Teilkonzernabschluss eine aktienkursabhängige Geldleistung vor; der Fair Value der Option ist daher an jedem Stichtag neu zu ermitteln und über die *vesting period* verteilt als Schuld zu verbuchen (IFRIC 11.11).

Stock Options sind auch dann als Eigenkapitalinstrumente zu bilanzieren, wenn ein übergeordnetes Mutterunternehmen Optionen auf seine eigenen Aktien an die Mitarbeiter eines Tochterunternehmens gewährt (IFRS 2.3). Liegt im Konzernabschluss des übergeordneten Unternehmens danach ein Eigenkapitalinstrument vor, dann liegt auch im Einzelabschluss bzw. im Teilkonzernabschluss des Tochterunternehmens ein Eigenkapitalinstrument vor: Das Tochterunternehmen verbucht ebenfalls einen Aufwand, der unter den Kapitalrücklagen erfasst wird. Insoweit liegt eine Einlage des übergeordneten Unternehmens vor (IFRIC 11.8).

IFRS 2 ist auch anzuwenden, wenn die erhaltene Dienstleistung nicht konkret identifiziert werden kann (IFRIC 8.8). Es müssen aber zumindest Indizien bestehen, dass die Eigenkapitalinstrumente oder die aktienkursabhängigen Prämien als Gegenleistung für eine potenzielle Dienstleistung gewährt werden.

Latente Steuern: Werden Stock Options-Modelle oder Mitarbeiterbeteiligungsmodelle aus steuerlicher Sicht nicht anerkannt, dann ist der Personalaufwand nach IFRS nicht abzugsfähig. Allerdings sind für den Personalaufwand keine latenten Steuern zu berücksichtigen, weil dann auch keine Umkehrwirkung in Folgeperioden zu erwarten ist. Differenzen zwischen dem Rückerwerbspreis eigener Aktien zur Bedienung der Pläne und den Ausübungspreis können allerdings im Einzelfall abzugsfähig sein. Auch aktienkursabhängige Geldprämien *(stock appreciation rights)* könnten steuerlich Anerkennung finden. Falls der entsprechende steuerliche Aufwand steuerlich erst in der Zukunft anerkannt wird, sind aktive latente Steuern anzusetzen (IAS 12.68A ff.; erwarteter steuerlicher Aufwand multipliziert mit dem geltenden Steuersatz). Die aktiven latenten Steuern werden über die *vesting period* verteilt aufgebaut (Gegenbuchung im Steuerertrag; ausführlich IAS 12, Anhang B, Bsp. 5).

In Österreich sind die Regeln des IFRS 2 aufgrund einer Stellungnahme des österreichischen Rechnungslegungskomitees AFRAC auch verbindlich im Einzelabschluss anzuwenden; Unterschiede ergeben sich lediglich in Bezug auf die Aktivierung eigener Aktien.

4.4. Exkurs: Erfüllung durch Aktien übergeordneter Unternehmen

Bei **konzernweiten Modellen** werden i. d. R. Aktien des Mutterunternehmens an die Mitarbeiter der Tochterunternehmen vergeben (vor allem dann, wenn das Mutterunternehmen börsennotiert ist). IFRS 2 ist auch anwendbar, wenn Aktien im Namen des Empfängers der Arbeitsleistungen durch gruppenangehörige Unternehmen oder deren Eigentümer übertragen werden (.3A). Wirtschaftlich entsteht somit eine Dreiecksbeziehung, die auch einen konzerninternen Leistungsaustausch enthält.

BEISPIEL 1 ▸ Die Mitarbeiter des Tochterunternehmens sollen an Aktienkursgewinnen der Konzernmutter beteiligt werden. Daher verpflichtet sich das Tochterunternehmen gegenüber seinen Mitarbeitern zur Übertragung der Aktien des Mutterunternehmens zu einem niedrigen Preis (Option auf Aktien des Mutterunternehmens).

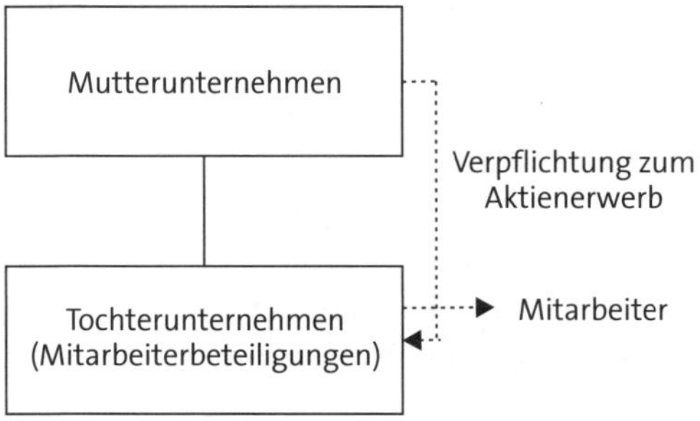

Aus der **Perspektive des Konzerns** liegt ein reguläres, durch Eigenkapital zu erfüllendes Mitarbeiterbeteiligungsprogramm vor *(equity-settled)*. Die Verpflichtung ist entsprechend IFRS 2 aufwandswirksam zu erfassen und in eine Rücklage einzustellen. Es kommt nicht darauf an, welche vollkonsolidierte Gesellschaft zur Lieferung der Aktien verpflichtet ist. Für den Ausweis in der Konzernbilanz ist die Eigentümerdefinition in IAS 1.7 relevant; die begünstigten Mitarbeiter gelten als Eigentümer des Mutterunternehmens, weil sie Eigenkapitalinstrumente am Mutterunternehmen halten (Optionen auf Aktien des Mutterunternehmens). Daher muss eine Darstellung unter dem Kapital der Eigentümer erfolgen (IAS 1.54 lit. r).

Legt das Tochterunternehmen einen IFRS-Abschluss vor (z. B. Teilkonzernabschluss), bezieht sich die Verpflichtung nicht auf das eigene Eigenkapital. Die Bilanzierung weicht vom Konzernabschluss ab, weil die Innenbeziehung zwischen dem Mutterunternehmen und Tochterunternehmen zu berücksichtigen ist. Das Tochterunternehmen übernimmt eine Verpflichtung, die auf fremden Aktien beruht. Gemäß IFRS 2.43B und .B55 ist die Zusage im Abschluss der Tochter daher als *„cash settled"* zu behandeln. Im Einzelabschluss des Mutterunternehmens wird der Sachverhalt grundsätzlich nicht bilanziert, sofern es keine Verpflichtungen gegenüber dem Tochterunternehmen oder dessen Mitarbeitern übernommen hat.

BEISPIEL 2 Die Mitarbeiter des Tochterunternehmens sollen an Aktienkursgewinnen der Konzernmutter beteiligt werden. Allerdings verpflichtet sich nicht das Tochterunternehmen, sondern das Mutterunternehmen direkt gegenüber den Mitarbeitern des Tochterunternehmens, seine Aktien zu einem niedrigen Preis zu verkaufen (Option auf Aktien des Mutterunternehmens).

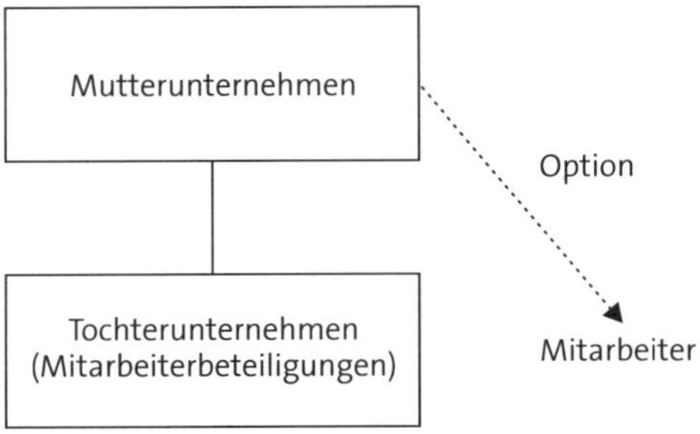

Aus der **Perspektive des Konzerns** liegt wieder ein reguläres, durch Eigenkapital zu erfüllendes Mitarbeiterbeteiligungsprogramm vor *(equity-settled share-based payment transaction)*. Der Ausweis in der Konzernbilanz erfolgt wieder unter dem Kapital der Eigentümer.

Legt das Tochterunternehmen einen IFRS-Abschluss vor (z. B. Teilkonzernabschluss), liegt grundsätzlich ein Personalaufwand vor, weil das Tochterunternehmen die mit den Optionen abgegoltene Arbeitsleistung der Mitarbeiter in Anspruch nimmt. Da die Mitarbeiter aber nicht am Eigenkapital der Tochter beteiligt werden, werden die Stock Options nicht in einer Optionsrücklage erfasst. Vielmehr liegt ein Gesellschafterzuschuss der Mutter vor: Die Rechte auf Aktien des Mutterunternehmens werden ins Tochterunternehmen eingelegt und dann an dessen Mitarbeiter weitergegeben (Verbuchung: Personalaufwand an Kapitalrücklage; IFRS 2.B53). Im Einzelabschluss des Mutterunternehmens liegt eine *equity-settled share-based payment transaction* vor (.B54; Verbuchung: Beteiligung an Stock Options-Rücklage).

5. Ergebnis je Aktie (IAS 33)

IAS 33.2 verpflichtet alle Unternehmen mit öffentlich gehandelten Aktien oder in Vorbereitung eines Börsengangs, ihr Ergebnis je Aktie anzugeben *(basic earnings per share)*. Mit Ergebnis ist der Gewinn oder Verlust gemeint, der in einer gesonderten Gewinn- und Verlustrechnung oder im entsprechenden Abschnitt der Gesamtergebnisrechnung dargestellt wird. Nicht Gegenstand der Angaben ist das übrige Ergebnis.

Hat das Unternehmen Wandelanleihen oder andere Rechte auf Übertragung von Eigenkapitalinstrumenten emittiert, dann ist zusätzlich das verwässerte Ergebnis je Aktie anzugeben *(diluted earnings per share)*. Die Darstellung erfolgt in der Gewinn- und Verlustrechnung (bei gesonderter Darstellung) oder in der Gesamtergebnisrechnung (bei gemeinsamer Darstellung; IAS 33.4 und .4A).

Das Ergebnis je Aktie wird für jede Kategorie von Stammaktien gesondert angegeben (IAS 33.66). Weist das Unternehmen nach IFRS 5 **Ergebnisse aufgegebener Geschäftsbereiche** gesondert aus, dann sind auch das Ergebnis der fortgeführten und aufgegebenen Geschäftsbereiche je Aktie (.9) und das verwässerte Ergebnis der fortgeführten und aufgegebenen Geschäftsbereiche je Aktie (.30) gesondert anzugeben.

5.1. Ergebnis je Aktie *(basic earnings per share)*

Das (unverwässerte) Ergebnis je Aktie wird durch Division des Gewinnes oder Verlustes durch die **Anzahl der im Umlauf befindlichen Stammaktien** ermittelt *(ordinary shares)*. Eigene Aktien sind daher nicht zu berücksichtigen. Maßgeblich ist das gewogene Mittel im Laufe des Geschäftsjahres; die Berechnung erfolgt taggenau (IAS 33.19 f.; zur Bestimmung des maßgeblichen Tages bei der Ausgabe neuer Aktien siehe .21 f.).

BEISPIEL ▸ Der Konzernabschluss für das Geschäftsjahr X1 weist einen Gewinn von 1.500 t€ aus; auch der zur Vergleichszwecken dargestellte Vorjahresgewinn (X0) beträgt 1.500 t€. Am 1.7.X1 erfolgte eine Kapitalerhöhung von 100.000 Stk. auf 200.000 Stk. Aktien.

Das Vorjahresergebnis je Aktie (X0) beträgt 1.500 t€ / 100.000 = 15 €. Das diesjährige Ergebnis je Aktie (X1) beträgt 1.500 t€ / 150.000 = 10 €.

Das Ergebnis je Aktie bezieht sich nur auf die Stammaktien, daher darf auch nur **der auf die Stammaktien entfallende Gewinn oder Verlust** herangezogen werden.

Das in der GuV ausgewiesene Jahresergebnis ist daher ggf. um die folgenden zwei Gewinnbestandteile zu vermindern bzw. um Verlustbestandteile zu erhöhen (.14 und .16):

- Dividendenansprüche **der Vorzugsaktien** oder anderer Eigenkapitalinstrumente am Jahresergebnis nach Steuern (gleichgültig, ob Dividenden schon erklärt wurden oder ob nur faktischer Anspruch besteht). Dividendenrückstände aus Vorperioden, die im Abschlussjahr ausbezahlt wurden, wurden schon in der Vorperiode abgezogen und sind nicht nochmals zu berücksichtigen.
- Gewinne (Verluste) aus dem **Rückkauf von Vorzugsaktien** über bzw. unter dem Ausgabepreis (z. B. im Rahmen eines Tender Offer).

Bei der Berechnung werden somit alle Eigenkapitalinstrumente, die keine Stammaktien sind, gedanklich so behandelt, als wären sie Schuldinstrumente: Vergütungen und Rückkäufe über bzw. unter dem Buchwert werden ergebniswirksam behandelt.

Das Ergebnis je Aktie ergibt sich daher aus der folgenden Formel:

$$\text{Ergebnis je Aktie} = \frac{\text{Gewinn} - \text{Gewinnanteil der Vorzugsaktionäre}}{\text{gewogenes Mittel gehandelter Stammaktien}}$$

Das gewogene Mittel der im Handel befindlichen Stammaktien ist anzupassen, wenn während des Jahres ein **Stock Split** oder eine **Aktiendividende** durchgeführt wurde. Dabei wird unterstellt, der Split oder die Aktiendividende wäre schon zu Beginn des ersten im Jahresabschluss dargestellten Jahres erfolgt (IAS 33.27 ff.; z. B.: Stock Split am 1.6.X3 im Verhältnis 1 zu 2, im Jahresabschluss werden die Zahlen der Jahre X2 und X3 dargestellt: Die doppelte Anzahl der Aktien wird mit dem 1.1.X2 angenommen). In keinem Fall darf die im Vorjahresbericht dargestellte Zahl für die Vergleichszahl der Vorperiode übernommen werden. Dies würde eine Verschlechterung der Aktienrentabilität implizieren, die tatsächlich nicht eingetreten ist.

Finanzinstrumente, die zwingend durch Stammaktien des Unternehmens zu tilgen sind (z. B. Anleihen mit Wandlungspflicht), gelten schon im Emissionszeitpunkt als Stammaktien (IAS 33.23). Finanzinstrumente mit Wandlungsrechten gelten erst nach Eintritt aller Wandlungsbedingungen als Stammaktien (.23 f.; z. B. rechtswirksame Ausübungserklärung). Dadurch unterscheidet sich das Ergebnis je Aktie vom verwässerten Ergebnis je Aktie, bei dem auch potenzielle Stammaktien berücksichtigt werden.

5.2. Verwässertes Ergebnis je Aktie *(diluted earnings per share)*

Das Stammkapital eines Unternehmens wird verwässert, wenn neue Aktien unter ihrem Marktwert emittiert werden, z. B. wenn das Unternehmen Aktienoptionen, Bezugsrechte oder Wandelanleihen ausgegeben hat, deren Ausübungspreis unter dem Marktwert liegt. Mit der Verwässerung des Stammkapitals kann auch das Ergebnis je Aktie verwässert werden, denn das Ergebnis verteilt sich auf eine größere Anzahl von Aktien. Das verwässerte Ergebnis je Aktie berücksichtigt dieses Verwässerungspotenzial.

Zur Berechnung wird das Jahresergebnis daher nicht durch die Anzahl ausgegebener Stammaktien dividiert, sondern durch die **Summe aller ausgegebenen und potenziellen Stammaktien**. Potenzielle Stammaktien sind jene Aktien, die z. B. für begebene Optionsrechte (Mitarbeiter-Stock-Options), Aktienbezugsrechte oder Wandelanleihen emittiert werden müssten (IAS 33.7).

Zur Bestimmung der potenziellen Stammaktien wird die Ausübung bzw. die Umwandlung aller Optionsrechte und die Umwandlung aller Wandelanleihen und wandelbaren Vorzugsaktien zum Beginn der ersten dargestellten Periode oder – bei Ausgabe des Instruments während der dargestellten Perioden – zum Ausgabezeitpunkt unterstellt (.36).

Es kommt nicht darauf an, wann die Options- bzw. Wandlungsrechte zivilrechtlich ausgeübt werden können: Potenzielle Stammaktien sind ab jenem Zeitpunkt verwässernd, ab dem sie ausgegeben wurden (.36). Mitarbeiter-Stock-Options gelten daher schon im Zeitpunkt der rechtsverbindlichen Vereinbarung *(grant date)* als potenzielle Stammaktien, und nicht erst nach Ablauf der *vesting period* (.48).

Potenzielle Stammaktien werden aber nur dann berücksichtigt, wenn sie das Ergebnis je Aktie verwässern können (IAS 33.41; *dilutive shares*); dies ist etwa der Fall, wenn ein **Bezugsrecht** den Erwerb einer Stammaktie unter ihrem Marktwert erlaubt.

Nicht zu berücksichtigen sind daher Finanzinstrumente, die das Ergebnis je Aktie erhöhen würden (IAS 33.50; „*antidilutive effect*"): Eine Verwässerung ist daher ausgeschlossen, wenn z. B. Bezugsrechte einen Ausübungspreis über dem Marktpreis vorsehen.

Nach Festlegung der potenziellen Stammaktien erfolgt die Berechnung des verwässerten Ergebnisses je Aktie anhand der folgenden Formel:

$$\text{verwässertes Ergebnis je Aktie} = \frac{\text{Gewinn + ersparte Anleihezinsen nach Steuereffekt} \\ \text{– Gewinnanteil der Vorzugsaktionäre}}{\text{gewogenes Mittel gehandelter Stammaktien} \\ \text{+ gewogenes Mittel potentieller Stammaktien}}$$

Der Verwässerungseffekt von **Optionen (auch Mitarbeiter-Stock-Options) und Bezugsrechten** wird nach der Aktienrückerwerbsmethode ermittelt *(treasury stock method)*. Die Aktienrückerwerbsmethode basiert auf der folgenden Überlegung: Bei einer Ausübung der Optionen müsste das Unternehmen neue Aktien zum Ausübungspreis, also unter ihrem Marktwert emittieren; der Emissionserlös wird gedanklich für den Rückerwerb der neu emittierten Aktien verwendet. Da der erzielte Emissionserlös unter dem Marktwert liegt, könnten nicht alle Aktien zurückerworben werden. Die restlichen, nicht zurückerworbenen Aktien führen zur Verwässerung des Stammkapitals der Altaktionäre (IAS 33.46). Zur Verwässerung kommt es aber nur, wenn der Ausübungspreis unter dem Marktwert der Aktien liegt (positiver innerer Wert der Optionen).

Maßgeblich für die Berechnung des Verwässerungseffekts ist nicht der Marktwert am Abschlussstichtag, sondern der gewogene Durchschnittskurs der Aktien während des Abschlussjahres (IAS 33.46).

BEISPIEL Seit dem 1.1.X1 befinden sich 2.000 Stammaktien und 1.000 Aktienoptionen zu einem Ausübungspreis von 200 € in Umlauf. Der durchschnittliche Marktwert der Aktien während des Jahres beträgt 400 €. Der Gewinn beträgt 80.000 €.

Lösung: Der Ausübungspreis liegt unter dem Marktpreis, daher führen die Optionen zur Verwässerung. Mit dem Emissionserlös von 1.000 Stk. × 200 € = 200.000 € könnten 500 Aktien (200.000 €/400 €) zurückerworben werden. Die restlichen 500 Aktien verwässern das Stammkapital.

$$\text{Ergebnis je Aktie} = \frac{80.000\ €}{2.000\ \text{Stk}} = 40\ €$$

$$\text{Ergebnis je Aktie (verwässert)} = \frac{80.000\ €}{2.500\ \text{Stk}} = 32\ €$$

Der Verwässerungseffekt von **Wandelanleihen, Optionsanleihen, Aktienanleihen** oder **wandelbaren Vorzugsaktien** wird nach der Umwandlungsmethode *(if converted method)* ermittelt.

Wandelbare Wertpapiere vergrößern einerseits die Anzahl potenzieller Stammaktien, andererseits erhöht eine Umwandlung den auf die Stammaktien entfallenden Gewinn: Mit der Umwandlung von Wandelanleihen verringert sich nämlich der Zinsaufwand auf die Wandelanleihen (IAS 33.49 ff.).

Eine Verwässerung ist ausgeschlossen, wenn die Zinsaufwendungen für begebene Wandelanleihen höher sind als die nach der Wandlung darauf entfallenden Gewinne. In diesen Fällen liegen grundsätzlich keine potenziellen Stammaktien vor *(„antidilutive effect")*. Zur Feststellung, welche Finanzinstrumente das Ergebnis verwässern, ist jene Kombination potenzieller Stammaktien mit dem stärksten Gesamteffekt zu wählen (IAS 33.44).

BEISPIEL Seit 1.1.X1 befinden sich 2.000 Stammaktien in Umlauf; am 1.7.X1 wurden 1.000 Wandelanleihen mit einem Umtauschverhältnis von 1 zu 1 ausgegeben. Für diese Anleihen wurde seit dem 1.7.X1 ein Zinsaufwand von (a) 25.000 € bzw. (b) 15.000 € verbucht (Steuereffekt hier vernachlässigt). Der Gewinn beträgt 80.000 €.

Lösung: Der maßgebliche Zeitpunkt für die Berücksichtigung der Wandelanleihen ist der 1.7.X1 (gemäß IAS 33.36 der Tag der Ausgabe; der Zeitpunkt der erstmaligen Wandlungsfähigkeit ist nicht relevant). Das gewogene Mittel tatsächlicher und potenzieller Stammaktien beträgt daher:

$2.000 + (1.000 \times {}^{6}/_{12}) = 2.500$

a) Zinsaufwand i. H. von 25.000 €:

$$\text{Ergebnis je Aktie} = \frac{80.000\ €}{2.000\ \text{Stk}} = 40\ €$$

$$\text{Ergebnis je Aktie (verwässert)} = \frac{80.000\ € + 25.000\ €}{2.500\ \text{Stk}} = 42\ €$$

Aufgrund der hohen eingesparten Zinsen findet hier keine Verwässerung statt, die Anleihen sind bei der Berechnung des verwässerten Ergebnisses je Aktie nicht zu berücksichtigen.

b) Zinsaufwand i. H. von 15.000 €:

$$\text{Ergebnis je Aktie (verwässert)} = \frac{80.000\ € + 15.000\ €}{2.500\ \text{Stk}} = 38\ €$$

Die Anleihen verwässern den Gewinn; das verwässerte Ergebnis ist daher mit 38 € anzugeben.

Sind verschiedene konvertible Wertpapiere und Optionen im Umlauf, dann ist jene Variante mit der stärksten Verwässerung zu ermitteln. Denn ob eine bestimmte Gattung zu einer zusätzlichen Verwässerung führt, hängt davon ab, welchen „Zwischenstand" das verwässerte Ergebnis je Aktie durch die bereits berücksichtigten Instrumente erreicht hat. Grundsätzlich ist die Reihenfolge so zu bestimmen, dass der maximale Verwässerungseffekt dargestellt wird. Wandelanleihen werden deshalb entsprechend ihrem zusätzlichen Verwässerungseffekt pro Aktie gereiht, weil Wandelanleihen Zähler (Zinsersparnis) und Nenner (zusätzliche Aktien) gleichzeitig vergrößern. Erst danach sind die Optionen und Bezugsrechte hinzuzufügen. Liegt ihr Ausübungspreis unter dem Marktwert, haben Optionen immer einen zusätzlichen Verwässerungseffekt, unabhängig vom bereits erreichten „Zwischenstand". Denn Optionen vergrößern nur den Nenner (zusätzliche Aktien; vgl. IAS 33.44; unscharf .44 letzter Satz und .IE Bsp. 9, die immer eine Reihung nach den marginalen Effekten verlangen, auch wenn dadurch nicht der Maximaleffekt erzielt wird).

IAS 33 enthält ausführliche Einbeziehungsvorschriften zu Wandel-, Umtausch- und Aktienanleihen:

- Bei einer **Wandelanleihe** hat der Anleihezeichner das Recht, zwischen der Rückzahlung des Nennwerts oder der Tilgung durch eine Aktie des Unternehmens zu wählen. Das Unternehmen hat jene der beiden Möglichkeiten zu unterstellen, die den stärksten Verwässerungseffekt ergibt (IAS 33.60).
- Auch bei einer **Umtauschanleihe** hat der Anleihezeichner das Recht, zwischen der Rückzahlung des Nennwerts oder der Tilgung durch eine Aktie zu wählen. Allerdings erfolgt die Tilgung durch eine Aktie an einem anderen Unternehmen (meist an der Konzernmutter). Umtauschanleihen sind nur zu berücksichtigen, wenn sie das Ergebnis der jeweils bilanzierenden Gesellschaft verwässern (IAS 33.40).
- Bei **Aktienanleihen** hat nicht der Anleihezeichner, sondern der Emittent das Wahlrecht, zwischen der Rückzahlung des Nennbetrages oder der Tilgung durch eigene Aktien („Aktienandienungsrecht") zu wählen. IAS 33.58 unterstellt allgemein, es käme zur Tilgung durch eigene Aktien. Aktienanleihen sind daher zu berücksichtigen, wenn sie im Einzelfall das Ergebnis je Aktie verwässern. Der Verwässerungseffekt ist meist gering, weil Aktienanleihen hoch verzinst sind (hohe Zinsersparnis).

6. Pflichtangaben zum Kapital

Unternehmen aller Branchen müssen nunmehr im Jahresabschluss nähere Angaben zu ihrer Kapitalausstattung machen; diese Angaben sind daher auch prüfungspflichtig. Die Bilanzadressaten sollen die **Zielsetzungen und Verfahrensweisen beurteilen können**, nach denen ein Unternehmen sein **Kapital steuert und managt** (IAS 1.134). Danach sind anzugeben (.135):

- eine **qualitative Beschreibung** der Ziele und Prozesse des Kapitalmanagements (welche Passivposten betrachtet und managt das Unternehmen als risikotragendes Kapital; Art externer Kapitalanforderungen und Umsetzung im Unternehmen, Art der Zielerreichung);
- **quantitative Angaben** zum gemanagten Kapital (Bestandteile und Beträge sowie Abzüge);
- **Veränderungen** der qualitativen und quantitativen Angaben im Vergleich zum Vorjahr;
- Erfüllung **externer Kapitalanforderungen** bzw. Konsequenzen aus der Nichterfüllung.

Die Angaben werden grundsätzlich davon abhängen, ob das Unternehmen externen Kapitalanforderungen unterliegt oder nicht.

Ein **Produktions-, Handels- oder Dienstleistungskonzern** wird angeben, wie er seine operativen und finanziellen Risiken ermittelt und diese mit risikotragendem Kapital mittel- und langfristig sichert. Die Grundlagen dieser Angaben werden aus der Risikoberichterstattung an das oberste Management abgeleitet (.135 letzter Satz) und beziehen sich auf die wesentlichen Geschäftsfelder, z. B. Risiken aus Beschaffungs- und Absatzpreisen sowie Wechselkursen, Produktions- und Haftungsrisiken sowie Risiken aus dem Beteiligungs- und Finanzmanagement. Zum risikotragenden Kapital wird regelmäßig das Eigenkapital und Nachrangkapital oder ggf. der Wert externer Haftungszusagen zählen. Nach einem Beispiel (IAS 1.IG10) könnte die Nettoverschuldung (hochrangige Schulden abzüglich liquider Mittel) mit dem Eigenkapital zuzüglich nachrangiger Schulden verglichen und der Quotient gemanagt werden.

Dagegen werden die Angaben von **Finanzkonzernen** sehr umfassend sein. **Kreditinstitute, Versicherungsunternehmen und Wertpapierfirmen** werden ihre aufsichtsrechtlichen Eigenmittel sowie Abzugsposten detailliert angeben. Der Betrag der regulatorischen Kapitalerfordernisse (z. B. nach Basel II bei Banken und nach Solvency II bei Versicherungsunternehmen) muss nicht angegeben werden (IAS 1.BC96). Allerdings ist es bei Banken üblich, die Eigenmittelerfordernisse und daraus abgeleitet die entsprechenden Koeffizienten (Eigenmittelkoeffizient und Kernkapitalkoeffizient) offenzulegen. Jedenfalls anzugeben ist aber ein Verstoß gegen die Kapitalerfordernisse und die Konsequenzen (z. B. liegt bei Banken ein solcher Verstoß bei einem Kernkapitalkoeffizienten von weniger als 4 % und einem Eigenmittelkoeffizienten von weniger als 8 % der risikogewichteten Aktivposten vor). Der Betrag der Unterdeckung muss nicht angegeben werden. Bei der Berechnung der Koeffizienten gibt es allerdings erheblichen Gestaltungsspielraum (ausführlich *Grünberger/Klein*, S. 59 f.).

Grundsätzlich sind jene beaufsichtigten Ebenen darzustellen, welche für das Kapitalmanagement des Konzerns am wichtigsten sind (i. d. R. die Gruppenebene). Ist der Konzern ein **Finanzkonglomerat** nach der neuen Finanzkonglomeraterichtlinie, dann wird regelmäßig auch die Konglomeratsebene dargestellt (ausdrücklich .136). Eine Verletzung der aufsichtsrechtlichen Eigenmittelanforderungen (Unterdeckung) ist jedenfalls anzugeben und mit den daraus entstehenden Konsequenzen zu beschreiben, egal auf welcher Konzernebene sie eingetreten ist (.135(e)).

Sofern für den Bilanzadressaten relevant und nachvollziehbar, muss eine nach Ländern getrennte Angabe erfolgen (.136). Im Bankenbereich decken sich diese Pflichtangaben weitgehend mit den Angabepflichten der dritten Säule von Basel II.

Daneben wird das Risikomanagement hinsichtlich der Kapitalausstattung qualitativ zu beschreiben sein; die Beschreibung hängt mit jener gemäß IFRS 7 zusammen (Kap. XVII.3., S. 397). Auch andere Kapital- und Risikokonzepte können beschrieben werden, wenn diese intern eingesetzt werden (z. B. ökonomisches Kapital, branchenübergreifende Risikokonzepte, Bewertung von Versicherungsverpflichtungen nach dem „*embedded value*“-Modell).

Interne Kapitalziele sowie die Erreichung dieser Ziele werden nicht beschrieben; interne Kapitalziele sind schwer objektivierbar und können nicht mit anderen Unternehmen verglichen werden.

Bei **Banken** ist dies problematisch, weil Banken neben allgemeingültigen Kapitalanforderungen (Basel II Säule 1) auch speziell auf das Unternehmen maßgeschneiderte Kapitalanforderungen nach Basel II Säule 2 erfüllen müssen. Diese werden als interne Kapitalziele nicht dargestellt. Verstöße gegen Säule 2 sind aber als Verletzung externer Kapitalanforderungen trotzdem zu berichten, weil sie mitunter behördlich sanktioniert werden (zu einem ausführlichen Vergleich zwischen IFRS und Basel II und dieser Problematik siehe *Grünberger/Klein*).

XII. Derivate und Sicherungsgeschäfte *(Hedge Accounting)*

1. Bilanzierung von Derivaten

1.1. Allgemeines

Derivate sind **schwebende Geschäfte**, also keine klassischen Vermögenswerte oder Schulden. Im Zeitpunkt ihrer Eröffnung weisen sie im Allgemeinen keinen oder nur einen geringen Wert auf, weshalb Unternehmen ohne Kapitaleinsatz an den Gewinnen und Verlusten der dahinterstehenden Basiswerte partizipieren können. Folglich können während ihrer Laufzeit erhebliche Forderungen oder Schulden entstehen. Ein Unternehmen kann Derivate entweder **als selbständige Geschäfte** zur Spekulation bzw. als Sicherungsgeber zur Vereinnahmung von Risikoprämien oder **als Sicherungsgeschäfte** zur Absicherung bestehender Risiken eingehen (Hedging). Nachfolgend wird zuerst die Bilanzierung als selbständiges Geschäft dargestellt und im Anschluss die Bilanzierung von Sicherungsbeziehungen.

Zum Hedging werden Derivate herangezogen, deren Werte sich entgegengesetzt zu einem bestehenden Risiko entwickeln. Das Vorliegen eines solchen Sicherungszusammenhangs kann nach IFRS erfolgsneutral abgebildet werden *(hedge accounting)*.

Die nachfolgenden Darstellungen beruhen auf dem Stand des IFRS 9 Anfang 2014, der im Geschäftsjahr 2018 erstmalig anwendbar sein soll. IFRS 9 bringt einige Änderungen in Bezug auf das *hedge accounting* mit sich. Für Perioden bis 2017 sei auf den bisher geltenden IAS 39 verwiesen, der nachfolgend nicht mehr behandelt wird (siehe dazu die Vorlauflage IFRS 2013). IFRS 9 erlaubt es den Unternehmen, die alten Regeln des IAS 39 zum *hedge accounting* auf unbegrenzte Zeit fortzuführen. Dies ist vor allem für kleinere Unternehmen interessant, die ihre Systeme nicht auf IFRS 9 umstellen wollen. Alle anderen Regelungen des IFRS 9 außer dem *hedge accounting* sind aber umzusetzen.

1.2. Definition eines Derivats

Als **Derivat** gilt gemäß IFRS 9 Anhang A ein Finanzinstrument (oder ein anderes Vertragsverhältnis),

- dessen Wert abhängt vom Wert eines Basiswerts *(underlying)*, z. B. Zinssatz, Wert eines anderen Finanzinstruments, Wert von Handelsgütern oder Rohstoffen, Fremdwährungskurs, Preis-, Zins- oder Kreditindices, Credit-Ratings oder von nicht-finanziellen Variablen, die nicht speziell von einer Vertragspartei abhängig sind;
- das keine oder nur eine – im Verhältnis zu den möglichen Ergebnissen – geringe Anfangsinvestition erfordert;
- das zu einem späteren Zeitpunkt erfüllt oder ausgeglichen werden kann (d. h. Abschluss auf Termin im Gegensatz zum Kassageschäft, das i. d. R. innerhalb von zwei Börsentagen fällig wird).

Als Derivate gelten daher klassische **Termingeschäfte,** das sind Kauf- und Verkaufsverträge auf Termin, die entweder an Terminbörsen („Futures") oder im „over-the-counter"-Handel mit Banken abgeschlossen werden („Forwards"). Als Derivate gelten auch **Zinstermingeschäfte**, das sind

Geschäfte, die auf Erstattung der Differenz zwischen festen und variablen Zinsen gerichtet sind (z. B. „Forward Rate Agreements", die sich nur auf eine Zinsperiode beziehen; „Swaps", die sich auf mehrere Zinsperioden beziehen; Zinsbegrenzungsvereinbarungen wie „Caps", „Floors" und „Collars", bei denen eine Erstattung nur anfällt, soweit variable Zinsen festgelegte Grenzen über- oder unterschreiten). Auch bedingte Termingeschäfte (**Optionen**) fallen unter die Definition eines Derivats (Kaufoptionen – calls und Verkaufsoptionen – puts). Auch Optionen sind Verträge auf Termin, deren Erfüllung durch den Stillhalter aber von der Ausübung des Optionsrechts durch den Optionsinhaber abhängt. Als Gegenleistung für die Optionsgewähr erhält der Stillhalter eine Optionsprämie.

Termingeschäfte und Optionen erlauben zwar oft die tatsächliche Erfüllung (physische Lieferung), sie werden aber fast ausschließlich durch Glattstellung (an Terminbörsen) oder durch Barausgleich (im „over-the-counter"-Handel) abgewickelt. Dabei wird dem Unternehmen der Tageswert des Derivats gutgeschrieben bzw. abgebucht. Dieser „Differenzausgleich" kann ein Kennzeichen für ein Derivat sein, stellt aber keine notwendige Bedingung dar. Auch Verträge, die einen Differenzausgleich nicht erlauben, können Derivate sein.

Termingeschäfte über den Ankauf benötigter nichtfinanzieller Vermögenswerte oder über den Verkauf vorhandener nichtfinanzieller Vermögenswerte sind von IFRS 9 ausgenommen, wenn sie physisch erfüllt werden sollen („*own use exemption*", z. B. Terminkäufe benötigter üblicher Rohstoffe). Im Einzelfall kann eine Drohverlustrückstellung erforderlich sein (IAS 37.66). Ausgenommen sind auch Terminkäufe auf Beteiligungen, wenn diese Beteiligungen zur Kontrolle eines Tochterunternehmens innerhalb der üblichen Zeitspanne einer Unternehmensakquisition führen werden. Wichtig ist die Ausnahme deswegen, weil solche Geschäfte dann nicht zum Fair Value bewertet werden müssen und die wirtschaftlich vorhandene Volatilität nicht gezeigt werden muss.

Außerdem sind Derivate von **Versicherungsverträgen nach IFRS 17** abzugrenzen (siehe Kap. X.9.2., S. 235 f.). Ein Derivat muss sich auf einen Basiswert beziehen, der kein spezifisches Risiko einer der beiden Vertragsparteien darstellt. Nach IFRS 17 decken Derivate nur finanzielle Risiken ab, Versicherungsverträge dagegen ein Versicherungsrisiko. Bei einem Versicherungsrisiko wird eine Zahlung nur geleistet, wenn den Versicherungsnehmer ein konkreter Schadensfall trifft. Dagegen erfolgt bei Derivaten die Zahlung unabhängig davon, ob der Zahlungsempfänger einen Schaden erleidet.

Derivate sind ferner von **Finanzgarantien** nach IFRS 9 abzugrenzen (z. B. Kreditgarantien oder Bürgschaften, die beim Zahlungsausfall fällig werden; siehe dazu Kap. IX.3., S. 276). Stellt der Vertrag etwa auf einen Kreditindex oder ein Rating ab – unabhängig davon, ob der Garantienehmer die Forderung noch besitzt oder schon abgetreten hat –, dann liegt ein Derivat vor. Muss der Garantienehmer dagegen den eigenen Schaden nachweisen, liegt eine Finanzgarantie vor. **Kreditzusagen** (Promessen) gelten grundsätzlich nicht als Derivate (siehe dazu Kap. IX.3., S. 202).

Zu den Derivaten zählen auch die **Kreditderivate**. Credit Default Swaps und Total Return Swaps, bei denen die Ausfallsrisiken und ggf. die Erträge aus Anleihen übertragen werden, gelten bei beiden Vertragsparteien als Derivate. Credit Linked Notes, also Forderungen mit bonitätsabhängiger Rückzahlungsverpflichtung, bestehen aus einer regulären Forderung und einem eingebetteten Derivat. Zur Abgrenzung von Kreditderivaten und Finanzgarantien ausführlich *Grünberger*, Kreditrisiko im IFRS-Abschluss, Rz. 8003–8099.

Nicht als Derivate gelten ***regular way contracts***. *Regular way contracts* bedeutet Kassageschäfte (Kaufverträge, die innerhalb der vorgegebenen Wertstellungsfrist eines Finanzmarkts zu erfüllen sind, i. d. R. bis zum zweiten Börsentag nach Vertragsabschluss).

1.3. Bewertung

Derivate gelten grundsätzlich als Finanzinstrumente des **Handelsbestands** *(held for trading)*. Zum Handelsbestand gehören sowohl derivative Vermögenswerte als auch derivative Schulden (IFRS 9), solange sie nicht als Sicherungsinstrumente designiert werden. Sie sind daher erfolgswirksam zum Fair Value zu bilanzieren.

Die **Eröffnung** eines Derivats wird zum Fair Value im Eröffnungszeitpunkt verbucht, Transaktionskosten sind unmittelbar aufwandswirksam. Bei Futures und Forwards erfolgt meist keine Aktivierung oder Passivierung, weil sie bei Eröffnung ausgeglichen sind (Fair Value von null). Bei Optionen entspricht der Fair Value bei Eröffnung regelmäßig der Optionsprämie, die der Optionsinhaber als finanziellen Vermögenswert und der Stillhalter als finanzielle Schuld erfasst.

Auch die **Folgebewertung** erfolgt zum Fair Value (Marktwert oder Bewertungsmodell). Maßgeblich ist IFRS 13. Auch angesammelte Zinsen gehören zum Marktwert (Dirty Price; siehe Kap. VIII.4.4., S. 163). Alle Änderungen des Fair Values sind erfolgswirksam im Handelsergebnis zu erfassen; das Handelsergebnis ist entweder in der GuV oder im Anhang gesondert auszuweisen (IFRS 7.20(a)(i)). Änderungen des Fair Values können u. U. Vermögenswerte zu Schulden und Schulden zu Vermögenswerten machen.

1.4. Eingebettete Derivate

Die Verbindung von Derivaten und Schulden bzw. Nichtfinanzinstrumenten in einem einheitlichen Instrument darf nicht zur Umgehung der Fair Value-Bewertung des Derivats führen. Daher sind **eingebettete Derivate** *(embedded derivatives)* vom Rahmenvertrag zu trennen und gesondert mit dem Fair Value anzusetzen, wenn der Rahmenvertrag nicht erfolgswirksam zum Fair Value bewertet wird. Eingebettete Derivate sind grundsätzlich wie freistehende Derivate zu bewerten.

Eine Trennung ist aber nur erforderlich, wenn nicht bereits das Gesamtinstrument zum Fair Value bewertet wird; in diesem Fall würden Wertänderungen des eingebetteten Derivats ohnedies in den Fair Value des Gesamtinstruments eingehen. Finanzielle Vermögenswerte mit eingebetteten Derivaten müssen ohnedies erfolgswirksam zum Fair Value bewertet werden, weil sie das SPPI-Kriterium nicht erfüllen (VIII.4.1.1., S. 157); sie sind daher nicht zu trennen. Somit verbleiben als Hauptanwendungsfälle eingebettete Derivate in nichtfinanziellen Vermögenswerten (z. B. in Leasingforderungen) und in finanziellen Verbindlichkeiten.

Das eingebettete Derivat kann in der Bilanz entweder gesondert im Handelsbestand ausgewiesen werden oder gemeinsam mit dem Rahmenvertrag unter dem entsprechenden Bilanzposten dargestellt werden.

Eingebettete Derivate finden sich vor allem in **innovativen Finanzprodukten**, das sind Finanzinstrumente, die Cashflows mit unterschiedlichen Bestimmungsfaktoren kombinieren. So kann etwa eine Indexanleihe, deren Rückzahlungsbetrag von einem Aktienindex abhängt, wirtschaftlich in eine reguläre Anleihe mit fixem Rückzahlungsbetrag und ein Termingeschäft auf den Aktienindex zerlegt werden. Werden die möglichen Gewinne und Verluste aus dem Termingeschäft und der fixe Rückzahlungsbetrag wieder addiert, dann ergeben sich genau die möglichen Rückzahlungsbeträge der Indexanleihe.

Eine Trennung erfolgt nur, wenn

- die wirtschaftlichen Merkmale und Risiken von Derivat und Rahmenvertrag nicht eng verwandt sind,
- das eingebettete Derivat als selbständiges Instrument die Definition eines Derivats erfüllen würde und
- das kombinierte Finanzinstrument (Rahmenvertrag) nicht bereits zum Fair Value bewertet wird (z. B. im Rahmen der Fair Value-Option).

Eine Trennung erfolgt z. B. bei emittierten Indexanleihen. Keine Trennung erfolgt, wenn das eingebettete Derivat die Risiken des Rahmenvertrags nur modifiziert und daher kein eigenständiges Risiko darstellt, z. B. bei variabel verzinsten Schulden *(floating rate notes)* mit oder ohne Zinscaps, Zinsfloors oder Zinscollars, bei Inflationsanleihen, Bonitätsanleihen oder Stufenzinsanleihen *(step-up/step down bonds)*.

Auch bei Instrumenten mit **Vorfälligkeitsoption** (z. B. *callable/puttable bonds*) erfolgt regelmäßig keine Trennung, es sei denn, der Zahlungsbetrag bei Vorfälligkeit weicht erheblich von den effektiv fortgeschriebenen Anschaffungskosten ab. Wird ein Pönale für die Ausübung eines vorzeitigen Tilgungsrechts vereinbart (in der Praxis häufig), dann ist die Vorfälligkeitsoption ebenfalls kein eingebettetes Derivat. Dies aber nur, wenn das Pönale den Kreditgeber im Wesentlichen nur für den Entgang zukünftiger Zinserträge entschädigt (die Entschädigung muss in Bezug auf alternative Veranlagungsformen des zurückerhaltenen Kreditbetrags berechnet werden).

Genussrechte sehen häufig eine Beteiligung an Jahresüberschüssen oder an Gewinnausschüttungen des Emittenten vor. Wirtschaftlich besteht das Genussrecht daher aus zwei Komponenten, dem abgezinsten Erwartungswert der Gewinnbeteiligungen und dem abgezinsten Rückzahlungsbetrag. Trotzdem erfolgt keine Trennung: Das Recht auf Gewinnbeteiligung erfüllt für sich genommen nicht die Definition eines Derivats (kein Bezug auf Preise oder Indices im Sinne der Derivatedefinition lit. a und keine geringe Anfangsinvestition im Sinne der Derivatedefinition lit. b). Beim Emittenten kann allerdings ein zusammengesetztes Finanzinstrument vorliegen, das nach IAS 32 in eine Eigenkapital- und eine Fremdkapitalkomponente zu zerlegen ist. Stellen beim Emittenten beide Komponenten Fremdkapital dar, dann liegt ein einheitliches Schuldinstrument vor, ohne eingebettetes Derivat.

Die Beurteilung, ob ein eingebettetes Derivat vorliegt, ist nur im Zeitpunkt der erstmaligen Erfassung des Finanzinstruments vorzunehmen (Zeitpunkt, zu dem das Unternehmen Vertragspartner wird). Eine neuerliche Beurteilung ist erst dann vorzunehmen, wenn die Vertragsbedingungen des Finanzinstruments geändert wurden und dies zu einer signifikanten Veränderung der Cashflows führt (IFRIC 9). Bei einem Unternehmenserwerb muss allerdings eine Neubeurteilung über das Vorliegen eingebetteter Derivate erfolgen, wenn das Finanzinstrument zum erworbenen Unternehmen gehört; alternativ dazu kann vom Erwerber im Rahmen des Erwerbs die Fair Value-Option ausgeübt werden (IFRS 3.15 f.).

Werden eingebettetes Derivat und Rahmenvertrag buchmäßig auf der gegenüberliegenden Bilanzseite erfasst, dann ist häufig ein saldierter Ausweis in der Bilanz erforderlich. Maßgeblich sind die allgemeinen Saldierungsbestimmungen für Finanzinstrumente in IAS 32.42 ff. Meist werden Finanzinstrumente mit eingebetteten Derivaten durch eine einzige Nettozahlung erfüllt; dann ist stets eine saldierte Darstellung erforderlich. Soll das eingebettete Derivat allerdings unabhängig vom Rahmenkontrakt erfüllt werden, dann ist es unsaldiert darzustellen.

Der Rahmenvertrag muss für sich genommen kein Finanzinstrument sein, ein eingebettetes Derivat kann z. B. auch in Leasingverträgen oder Fertigungsverträgen enthalten sein. In diesem Fall fällt nur das Derivat unter IFRS 9, der Rahmenvertrag fällt unter den jeweils anwendbaren Standard (z. B. IFRS 16 oder IFRS 15).

Ist der Rahmenvertrag eine finanzielle Verbindlichkeit, dann kann die aufwendige Trennung durch die Ausübung der **Fair Value-Option** vermieden werden (Kap. X.3.2., S. 211). Wird nämlich das Gesamtinstrument zum Fair Value bewertet, dann fließt der Fair Value des eingebetteten Derivats ohnedies in den Gesamtwert mit ein. Allerdings dürfen Finanzinstrumente nicht nur pro forma mit unwesentlichen eingebetteten Derivaten versehen werden, um in den Genuss der Fair Value-Option zu kommen. Die eingebetteten Derivate müssen ausreichende wirtschaftliche Substanz haben.

Kann das Unternehmen eingebettete Derivate nicht gesondert bewerten, dann ist allerdings die Trennung nicht zulässig. Stattdessen wird die gesamte finanzielle Verbindlichkeit in der Kategorie *at fair value* erfasst; die Fair Value-Option wird daher zur „Fair Value-Obligation". Dies gilt insbesondere dann, wenn die Aufspaltung zu einer weniger verlässlichen Bewertung führt als die Gesamtbewertung. Verlässlich ist die Bewertung, wenn das eingebettete Derivat entweder direkt oder indirekt bewertet werden kann (Fair Value des Gesamtinstruments abzüglich Fair Value des Rahmenvertrags). Die Fair Value-Obligation betrifft somit nur jene Fälle, in denen weder das eingebettete Derivat noch der Rahmenvertrag eine isolierte Bewertung erlauben. Dieses Kriterium ist auch im Rahmen der Folgebewertung zu prüfen, d. h. die Fair Value-Obligation ist nicht auf die Ersterfassung beschränkt. Wird allerdings das eingebettete Derivat im Nachhinein wieder verlässlich bewertbar, dann darf die Designation nicht rückgängig gemacht werden. Die Fair Value-Obligation ist nur anwendbar, wenn der Gesamtvertrag ein Finanzinstrument ist.

Grundsätzlich enthalten die IFRS **zwei Trennungstatbestände**: Jenen zur Trennung eingebetteter Derivate und jenen zur Aufspaltung zusammengesetzter Eigenkapital-/Fremdkapitalinstrumente (IAS 32.28 ff.; *compound financial instruments*). Für Emittenten – d. h. bei Instrumenten auf der Passivseite – sind beide Tatbestände relevant. Die Vorgehensweise ergibt sich aus den Anwendungsbereichen der Standards IAS 32 und IFRS 9: Eigenkapitalinstrumente einschließlich derivative Eigenkapitalinstrumente wie Bezugsrechte sind von IFRS 9 ausgenommen. Um diese Ausnahme zu beurteilen, muss zuerst gemäß IAS 32 geprüft werden, ob Eigenkapital, eine Schuld oder ein zusammengesetztes Eigen-/Fremdkapitalinstrument vorliegt. Nur soweit eine Schuld bzw. Schuldkomponente vorliegt, fällt diese in den Anwendungsbereich von IFRS 9. Die Schuld bzw. Schuldkomponente könnte theoretisch wiederum ein eingebettetes Derivat enthalten, das auch ein Schuldinstrument ist.

Bei einer begebenen Wandelanleihe ist das Wandlungsrecht im Eigenkapital zu erfassen. Es liegt somit kein eingebettetes Derivat vor. Schließlich entzieht sich das eigene Eigenkapital als Restposten einer eigenständigen Folgebewertung.

Von eingebetteten Derivaten zu unterscheiden sind Derivate, die von vornherein freistehend vom Rahmenkontrakt in einem gemeinsamen Vertrag abgeschlossen werden (separat übertragbar oder andere Gegenpartei; *attached derivatives*). Darunter fallen z. B. Optionsanleihen mit einem separat handelbaren Optionsschein. Diese Derivate sind von vornherein eigenständige Finanzinstrumente und erfordern daher keine „Trennung" im engeren Sinne. Auch für Zwecke des IAS 32 liegen zwei unabhängige Instrumente vor, deren Schuldcharakter jeweils gesondert zu prüfen ist.

2. Bilanzierung von Sicherungsbeziehungen *(Hedge Accounting)*

2.1. Allgemeines

Derivate dienen meist der Absicherung von Werten oder Zahlungsströmen (Hedging). In seltenen Fällen werden auch nichtderivative Instrumente zur Absicherung eingesetzt. Werden Derivate allerdings nach der Grundregel erfolgswirksam zum Fair Value bewertet, nicht aber das gesicherte Grundgeschäft, dann zeigt sich im Abschluss eine Erfolgsvolatilität, die wirtschaftlich aufgrund der Sicherungsbeziehung nicht besteht.

Nun steht das IASB wie viele andere Standardsetter aber vor einem Grundproblem: Das Risikomanagement und die Finanzwirtschaft sind zukunftsorientiert und betrachten die verschiedenen Risikogeschäfte nicht einzeln, sondern das Unternehmen oder Unternehmensteile im Ganzen. Dagegen ist die Rechnungslegung vergangenheitsbezogen und betrachtet aufgrund des Einzelbewertungsprinzips die Geschäfte einzeln.

Sollen Sicherungsbeziehungen aus dem Risikomanagement in der Rechnungslegung abgebildet werden, sind komplexe Sonderregeln unvermeidbar und basieren auf folgenden Überlegungen:

- Jene Risiken, die in der Rechnungslegung und im Risikomanagement auftreten und die effektiv gesichert werden, sollen nicht erfolgswirksam erfasst werden. Beispiel: Ein Unternehmen sichert den Wert einer festverzinslichen Forderung gegen Änderungen des Zinsniveaus mit einem Derivat ab.
- Jene Risiken, die sich in der Rechnungslegung zeigen, aber im Risikomanagement nicht effektiv gesichert werden, werden unverändert nach den jeweils anwendbaren Standards bewertet. Beispiel: Ein Unternehmen schließt Derivate in Spekulationsabsicht ab oder ein Unternehmen schließt Derivate zur Sicherung von Risiken ab, aber die Sicherungswirkung ist nicht effektiv.
- Jene Risiken, die zwar im Risikomanagement gesichert werden, sich aber in der Rechnungslegung nicht niederschlagen, bleiben unberücksichtigt. Beispiel: Ein Unternehmen investiert in festverzinsliche Anleihen und hat sich durch entsprechende festverzinsliche Kredite finanziert. Beide Instrumente werden zu Anschaffungskosten bewertet, somit besteht kein Bedarf, in der Rechnungslegung eine Volatilität zu beseitigen.

Außerdem betrifft eine Sicherungsbeziehung nicht die gesamte Wertentwicklung von Grund- und Sicherungsgeschäften: Vielmehr wird eine abstrakte Beziehung von zwei oder mehr Instrumenten zueinander abgebildet, soweit sie effektiv ist. Nur insoweit kann die Erfolgsvolatilität im Rahmen des *„hedge accounting"* beseitigt werden. Dazu bedienen sich die IFRS bestimmter Buchungstechniken, je nachdem, wie die Erfolgsvolatilität aus Grund- und Sicherungsgeschäften in den Büchern zustande gekommen ist. Konzeptionell ist das *hedge accounting* ein Artefakt aus der Verbindung von Buchführung und Risikomanagement.

Im häufigsten Fall entsteht die zu beseitigende Erfolgsvolatilität aus einem Derivat, das als Sicherungsinstrument genutzt wird. Das Derivat muss zwar weiterhin zum Fair Value bewertet werden, allerdings gibt es zwei buchungstechnische Möglichkeiten, die Erfolgsvolatilität zu beseitigen oder zu reduzieren:

– ***Fair value hedge:*** Werden in der Bilanz ausgewiesene Vermögenswerte oder Schulden abgesichert, dann sind die Wertänderungen dieser Vermögenswerte oder Schulden erfolgswirksam zu- oder abzuschreiben, soweit sie vom Derivat abgesichert sind. Das Derivat wird ebenfalls erfolgswirksam zum Fair Value angesetzt. So gleichen sich die Wertänderungen im Jahresergebnis gegenseitig aus. Der *fair value hedge* beseitigt daher die ungleiche Behandlung von Derivaten (erfolgswirksam zum Fair Value) und Grundgeschäften (i. d. R. zu Anschaffungskosten). Grund für den *fair value hedge* ist der Umstand, dass manche Geschäfte zum Fair Value und andere zu Anschaffungskosten bewertet werden. Bei einem vollständigen *fair value accounting* wäre der *fair value hedge* überflüssig.

– ***Cashflow hedge:*** Manchmal wird ein künftiger, der Höhe nach ungewisser Geldfluss abgesichert. Dann ist das Grundgeschäft regelmäßig kein Vermögenswert bzw. keine Schuld in der Bilanz. Um die Erfolgsvolatilität aus dem Derivat zu beseitigen, erfolgen die Auf- und Abwertungen des Derivats nicht über die GuV, sondern über das OCI durch direkte Erfassung in einer Rücklage („Rücklage aus Sicherungsgeschäften").

Wenn das interne Risikomanagement als Bezugsrahmen für die Rechnungslegung gewählt wird, dann leidet darunter die Vergleichbarkeit und die Verständlichkeit der IFRS-Abschlüsse, denn das Risikomanagement ist sehr individuell und folgt keinen einheitlichen Normen. Dieser Nachteil wird durch sehr umfassende Anhangangaben ausgeglichen (ausführlich IFRS 7.21A–.24F).

2.2. Zulässige Grund- und Sicherungsinstrumente

Grundgeschäfte einer Sicherungsbeziehung sind jedenfalls in der Bilanz erfasste **Vermögenswerte und Schulden** *(fair value hedge)*. Aus praktischen Erwägungen gilt dies auch für noch nicht bilanzierte **feste Verpflichtungen** (Kauf- und Verkaufsverträge zu einem bestimmten Preis, die noch von keiner Seite erfüllt wurden). Feste Verpflichtungen haben den gleichen Charakter wie Vermögen und Schulden, nur dass sie aufgrund bestimmter Ansatzverbote noch nicht bilanziert werden (z. B. Ansatzverbot für Eventualvermögen und 50%-Wahrscheinlichkeitskriterium für Rückstellungen).

Auch **vorhersehbare, höchstwahrscheinliche Transaktionen** können gesichert werden *(cashflow hedge)*. Hier gleichen sich die Wertänderungen nicht unmittelbar aus, weil die künftige Transaktion noch nicht bilanzwirksam wird.

Zuletzt können **Währungsrisiken aus Nettoinvestitionen** in ausländische Töchter oder Betriebe des Konzerns gesichert werden (ein komplexer Sonderfall, siehe dazu Kap. XII.4.1.).

Im Risikomanagement werden häufig **Gruppen ähnlicher Grundgeschäfte** zusammengefasst und gesichert, z. B. eine Gruppe ähnlicher Euro-Staatsanleihen hinsichtlich des Euro-Zinsrisikos. Daher können auch Gruppen von Grundgeschäften gebildet und gemeinsam im Rahmen des *hedge accounting* gesichert werden. Das Gleiche gilt für Komponenten eines Vermögenswerts, einer Schuld oder Komponenten einer Gruppe von Grundgeschäften. Das *hedge accounting* löst sich daher weitgehend vom Einzelbewertungsgrundsatz und bildet abstrakte Risikobeziehungen über eine Vielzahl von Instrumenten ab.

Auch Derivate selbst können ein gesichertes Grundgeschäft sein oder Teil eines gesicherten Portfolios. Ein häufiger Anwendungsfall dafür sind Sicherungen verschiedener Risiken. Wird z. B. eine US-Dollaranleihe mit einem US-Dollarzinsswap gegen das Zinsrisiko gesichert, können beide zusammen mit einem Dollar-Euro-Termingeschäft gegen das Fremdwährungsrisiko gesichert werden. In der zweiten Sicherungsbeziehung ist das Sicherungsinstrument der ersten Sicherungsbeziehung ein Bestandteil des abgesicherten Grundgeschäfts.

Als **Sicherungsinstrumente** *(hedging instruments)* kommen regelmäßig nur Finanzinstrumente infrage, die erfolgswirksam zum Fair Value bewertet werden: Während es im Risikomanagement um die ökonomische Absicherung geht, dient das *hedge accounting* nur dazu, die Erfolgsvolatilität von Sicherungsinstrumenten im IFRS-Abschluss zu beseitigen. Wenn ein im Risikomanagement geführtes Sicherungsinstrument nach IFRS von vornherein nicht erfolgswirksam ist, erübrigt sich auch das *hedge accounting.* IFRS 9 lässt die nachfolgend beschriebenen Instrumente als Sicherungsinstrumente zu (IFRS 9.6.2.1 ff.).

Derivate sind grundsätzlich als Sicherungsinstrumente geeignet. Sie müssen grundsätzlich über ihre gesamte Restlaufzeit als Sicherungsinstrumente designiert werden. Dagegen dürfen Risiken aus Grundgeschäften auch nur über einen bestimmten Zeitabschnitt als Sicherungsgegenstand designiert werden. Diese ungleiche Behandlung folgt dem Ziel des *hedge accounting,* die Erfolgsvolatilität des Derivats nicht in der GuV zu zeigen (die Volatilität der Grundgeschäfte würde ohnedies nicht verbucht werden).

Auch mehrere Derivate zusammen oder Teile von Derivaten dürfen als Sicherungsinstrument designiert werden. Werden Teile von Derivaten designiert, dann nur zu fixen Prozentsätzen ihres Nennwerts. Wirtschaftliche Bestandteile eines Sicherungsgeschäfts dürfen nicht designiert werden (z. B. darf eine Option zum Kauf von US-Dollar nicht in eine Option zum Kauf von Yen und ein Termingeschäft zwischen Yen und US-Dollar zerlegt werden). Ein zusammengesetztes Derivat (z. B. Collar) darf auch nicht in seine Grundbestandteile (Optionskomponenten) zerlegt werden und nur hinsichtlich eines Grundbestandteils als Sicherungsinstrument verwendet werden. Auch eingebettete Derivate dürfen nicht als Sicherungsinstrumente verwendet werden (IFRS 9.B6.2.1; offenbar deswegen, weil das Derivat nicht eigenständig für Sicherungszwecke nutzbar ist).

Interne Derivate oder Grundgeschäfte zwischen Geschäftsbereichen des Unternehmens (z. B. zwischen Vertrieb und Treasury bzw. Handelsabteilung) oder zwischen Konzerngesellschaften werden im Konzernabschluss nicht dargestellt und qualifizieren sich daher nicht für das *hedge accounting* (IFRS 9.6.2.3). Nur externe Transaktionen dürfen als Sicherungsinstrumente abgebildet werden. Sicherungsgeschäfte **zwischen Konzerngesellschaften** sind allerdings in IFRS-Einzelabschlüssen zulässig, soweit solche aufgestellt werden.

Unter bestimmten Bedingungen dürfen auch **nichtderivative finanzielle Vermögenswerte und finanzielle Verbindlichkeiten** als Sicherungsinstrumente verwendet werden, wenn diese erfolgswirksam zum Fair Value bewertet werden. Das sind z. B. Instrumente des Handelsbestands und finanzielle Vermögenswerte, die die Voraussetzungen der Anschaffungskostenbewertung nicht erfüllen oder freiwillig im Rahmen der Fair Value-Option erfolgswirksam zum Fair Value bewertet werden. Freiwillig zum Fair Value bewertete Verbindlichkeiten scheiden als Sicherungsinstrumente aus, weil bei diesen der Bonitätseffekt über das OCI geführt wird (Kap. X.3.3.). Nichtderivate Instrumente werden nur selten als Sicherungsinstrumente genutzt, z. B. in jenen Ländern, in denen Derivate nicht einklagbar sind.

Auch die **Fremdwährungskomponente** nichtderivativer finanzieller Vermögenswerte und Verbindlichkeiten kann als Sicherungsinstrument designiert werden. Die Fremdwährungskomponente ist nämlich gemäß IAS 21 grundsätzlich erfolgswirksam. Eine Ausnahme stellen nichtmonetäre Finanzinstrumente dar, wenn diese insgesamt über das OCI bewertet werden (z. B. bestimmte in Fremdwährung denominierte Aktien); diese können nur abgesicherte Grundgeschäfte, nicht aber Sicherungsinstrumente sein.

Keine zulässigen Sicherungsinstrumente sind **geschriebene Optionen** (Stillhalterpositionen), weil diese ein unbegrenztes Verlustpotenzial aufweisen (IFRS 9.B6.2.4; zulässig aber zur Sicherung einer erworbenen Option mit gegenläufig unbegrenztem Gewinnpotenzial).

2.3. Designation und Effektivität

Das *hedge accounting* führt zur Glättung der Ergebnisse und wird daher von vielen Unternehmen aus bilanzpolitischen Überlegungen bevorzugt. Damit den Adressaten nicht Informationen über eine möglicherweise doch vorhandene wirtschaftliche Volatilität vorenthalten bleibt, ist das *hedge accounting* an strenge Voraussetzungen gebunden (IFRS 9.6.4.1). Grund- und Sicherungsgeschäfte genügen bestimmten Mindestanforderungen (siehe Kap. XII.2.2.).

Das *hedge accounting* beginnt stets mit einer **formalen Designation** von Grund- und Sicherungsgeschäften, der Sicherungsbeziehung, der konkreten Risikomanagementziele und der längerfristigen Risikomanagementstrategie. Mit der Designationsmöglichkeit wird dem Unternehmen gleichzeitig ein Wahlrecht zum *hedge accounting* eingeräumt. Sie verhindert aber auch das Rosinenpicken, indem das Unternehmen im Nachhinein bilanzpolitisch motivierte Sicherungsbeziehungen bildet, denn eine nachträgliche Dokumentation wird nicht anerkannt. Zugleich bindet die Dokumentation das Unternehmen für die Zukunft, denn das *hedge accounting* darf nach der Designation nicht willkürlich beendet werden.

Die Designation wird in einer schriftlichen Dokumentation festgehalten und bezeichnet das gesicherte Risiko, die Sicherungswirkung, die Effektivitätsmessung, Quellen der Ineffektivität und das Verhältnis von Grund- und Sicherungsinstrumenten *(hedge ratio)*.

Die Sicherungsbeziehung muss **effektiv** sein. Zunächst muss ein **wirtschaftlicher Kausalzusammenhang** bestehen. Ein historisch beobachteter Zusammenhang wie z. B. eine hohe Korrelation kann auch zufällig entstanden sein: Man muss nur genügend viele Variablen im Nachhinein untersuchen und wird immer zufällige auftretende, starke Korrelationen zwischen zwei Variablen finden, ohne dass irgendein nachhaltiger Zusammenhang vorliegt. Die Wirkung muss ökonomisch begründet sein: So sind z. B. Diesel und Benzin Kuppelprodukte, über die Angebotsseite kann es daher einen kausalen Zusammenhang zwischen den Preisen geben. Die Rohölsorten Brent und WTI sind weitgehend austauschbar, sodass ihr Preis zugleich von Angebot und Nachfrage am Rohöl-Weltmarkt bestimmt wird.

Außerdem verknüpft IFRS 9 das *hedge accounting* streng mit dem Risikomanagement: Das Verhältnis von Grund- und Sicherungsinstrumenten *(hedge ratio)* muss grundsätzlich identisch sein mit jenem, das das Unternehmen im Risikomanagement verwendet. Werden z. B. im Risikomanagement 85 % der Rohölvorräte mit Derivaten abgesichert, müssen auch in der Rechnungslegung 85 % als Sicherungsbeziehung designiert werden, nicht mehr und nicht weniger (IFRS 9.B6.4.9). So könnte es z. B. bei variablen Rohölvorräten sinnvoll sein, nur einen dauerhaft gehaltenen Mindeststand zu sichern, damit die Sicherungsbeziehung nicht laufend an wechselnde Bestände angepasst werden muss.

IFRS 9 gibt zwar keine bestimmte Effektivitätsquote vor (anders noch der frühere IAS 39). Trotzdem müssen Sicherungsbeziehungen für die Zukunft effektiv sein: Die im Risikomanagement verwendete *hedge ratio* darf insofern nicht verwendet werden, als sie auf eine mit dem Sicherungsziel unvereinbare Ineffektivität hinausläuft:

BEISPIEL Reagiert die Sorte WTI grundsätzlich um 1 % stärker auf Änderungen im Rohölmarkt als die Sorte Brent, dann muss eine Einheit der Sorte Brent nur mit 0,99 Einheiten von WTI-Derivaten gesichert werden (*hedge ratio* von 1 zu 0,99). Eine *hedge ratio* von 1 zu 1 würde auf eine systematische Ineffektivität hinauslaufen.

Eine (geringe) Ineffektivität bei der Ermittlung der *hedge ratio* ist zulässig, wenn kommerzielle Gründe dafür sprechen (IFRS 9.B6.4.11 lit. b). Ein Beispiel sind fixe Losgrößen, etwa Rohölderivate, die auf vorgegebene Mengen lauten und damit den eigenen Bestand nicht kommagenau absichern können.

Die Effektivität muss nicht nur bei der Designation, sondern kontinuierlich über die Zeit der Sicherungsbeziehung analysiert werden (IFRS 9.B6.4.2). Falls notwendig muss die Sicherungsbeziehung an die neuen Verhältnisse angepasst werden, damit sie wieder effektiv ist (Kap. XII.5.2., S. 291).

Die Überprüfung der Effektivität bei Designation und an den Bewertungsstichtagen richtet sich stets in die Zukunft (**prospektive Effektivitätsmessung**). Für die Vergangenheit, d. h. die Zeit zwischen Designation und Abschlussstichtag, muss die Effektivität deshalb gemessen werden, weil nur der effektive Teil nach den Regeln des *hedge accounting* verbucht werden darf; der ineffektive Teil wird so verbucht, als gäbe es keine Sicherung (**retrospektive Effektivitätsmessung**).

Generell darf eine Sicherungsbeziehung **nicht vom Kreditrisiko dominiert** werden. Das Kreditrisiko beeinflusst nämlich das Grundgeschäft und das Sicherungsgeschäft auf unterschiedliche Weise: Wird z. B. eine Fremdwährungsforderung mit einem Fremdwährungsderivat gesichert, dann scheitert die Sicherung des Fremdwährungsrisikos, wenn entweder der Forderungsschuldner oder die Gegenpartei des Derivats ihre vertraglichen Zahlungen nicht leistet. Ein erhöhtes Kreditrisiko einer der beiden Instrumente verursacht Ineffektivität. Das *hedge accounting* ist nur möglich, wenn Kreditsicherheiten beigestellt werden. Diese dürfen aber das gesicherte Risiko nicht verändern.

BEISPIEL Wenn eine notleidende Fremdwährungsforderung durch ein Grundstück gesichert ist, dann liegt kein Fremdwährungsrisiko mehr vor, sondern ein Immobilienpreisrisiko, weil die erwarteten Zahlungen vor allem vom Grundstückspreis abhängen. Damit scheidet eine Sicherung mit Fremdwährungsderivaten aus. Wenn die notleidende Fremdwährungsforderung aber durch eine hochwertige Garantie einer Exportförderbank vollständig gesichert ist, dann liegt immer noch ein Fremdwährungsrisiko mit geringer Kreditrisikokomponente vor, weil die Garantie das Bonitätsrisiko beseitigt.

2.4. Messung der Effektivität

IFRS 9 verlangt bei einer Widmung einer Sicherungsbeziehung oder deren Anpassung eine effektive Sicherungswirkung. Daher muss die Effektivität bei Widmung und bei veränderten wirtschaftlichen Umständen **prospektiv beurteilt** werden. Dabei kommt es stark auf **qualitative Merkmale** an.

Während der Laufzeit der Sicherungsbeziehung wird der effektiv gesicherte Teil nicht erfolgswirksam erfasst *(hedge accounting)*. Folglich muss die Effektivität auch **retrospektiv gemessen** werden, und zwar an jedem Bewertungsstichtag und bei Beendigung der Sicherungsbeziehung. Dabei kommt es stark auf **quantitative Merkmale** an.

Das Unternehmen kann selbst festlegen, in welchen Intervallen es eine Effektivitätsmessung vornimmt (z. B. monatlich oder quartalsweise, zumindest aber zu den Abschlussstichtagen). Mit kürzeren Intervallen steigt die Effektivität und das Unternehmen kann rascher durch fortlaufende Anpassungen auf Verschlechterungen reagieren. Damit vermindert sich das Risiko, dass sich das *hedge accounting* im Nachhinein als unzulässig herausstellt.

IFRS 9 gibt keine bestimmte Methode der Effektivitätsmessung vor; zulässig sind je nach den relevanten Faktoren qualitative und quantitative Methoden. **Vollständig oder weitgehend übereinstimmende Bezugsgrößen** können unter Umständen für eine effektive Sicherungsbeziehung sprechen *(critical terms match)*. Hier entspricht der Basiswert des Derivats genau dem gesicherten Vermögen (z. B. ein Barrel Brent wird mit einem Öltermingeschäft über ein Barrel Brent gesichert). Bei finanziellen Sicherungsbeziehungen sind etwa die Zahlungstermine und die wertbestimmenden Variablen identisch (z. B. eine variabel mit dem 3M-Euribor verzinsliche Anleihe mit Nennwert von 1.000 € zahlbar zu Quartalsende und Restlaufzeit von 60 Monaten wird mit einem Zinsswap variabel gegen fix gesichert, dessen variable Seite genau dieselben Konditionen aufweist). Folgende Umstände können allerdings gegen die Verwendung des *critical terms match* zur Beurteilung der Effektivität sprechen:

- Ein Derivat hat bereits im Zeitpunkt der Widmung einen hohen inneren Wert (z. B. ein Barrel Brent mit Tagespreis von 100 € wird mittels Verkaufs für 50 € per Termin in 30 Tagen gesichert).
- Die Sicherung erfolgt durch Optionen. Aufgrund der nichtlinearen Auszahlungsstruktur von Optionen und ihres Zeitwerts wird die Sicherungswirkung beeinträchtigt. Allerdings kann zur Verbesserung der Effektivität nur der innere Optionswert designiert werden (siehe Kap. XII.6., S. 292).
- Das Sicherungsinstrument hat eine lange Laufzeit, sodass der Barwert des Derivats durch Marktzinseffekte stark beeinflusst wird (IFRS 9.B6.5.4). Diese Effekte behindern die Sicherungswirkung, allerdings kann zur Verbesserung der Effektivität nur die Kassakomponente des Derivats designiert werden (siehe Kap. XII.6., S. 292).

Generell sollten die im Risikomanagement verwendeten quantitativen und qualitativen Methoden auch zur Effektivitätsbeurteilung in der Rechnungslegung herangezogen werden. Die Methoden sind schon bei der Widmung im Rahmen der Dokumentation festzulegen und dürfen nicht erst im Nachhinein ausgewählt oder konkretisiert werden (IFRS 9.B6.4.18 f.)

Die folgende Tabelle enthält eine Übersicht über einige gängige Messmethoden, die im Risikomanagement eingesetzt werden. Die quantitativen Methoden können zwar die Effektivität messen, aber nicht beweisen, dass auch ein wirtschaftlicher Kausalzusammenhang vorliegt.

TAB. 10: Methoden der Effektivitätsmessung

<table>
<tr><th>Prospektive Messung</th><th>Retrospektive Messung</th></tr>
<tr><td>Critical term match: Die Ausstattungsmerkmale von Grund- und Sicherungsgeschäft stimmen qualitativ überein und kompensieren sich (Laufzeit, Konditionen, Basisobjekt und Erfüllungsmodus).
Vorteil: keine Berechnung erforderlich
Nachteil: Voraussetzungen der Methode nicht immer erfüllbar</td><td>Dollar offset-method: Quotient aus den Wertänderungen von Grund- und Sicherungsgeschäft wird ermittelt.
Vorteil: einfachste Berechnungsmethode
Nachteil: bei sehr geringen Wertänderungen geht der Nenner gegen null. Der Quotient liefert keine sinnvollen Ergebnisse (Problem der kleinen Zahl).</td></tr>
<tr><td>Sensitivitätsanalyse: Vergleich der Wertänderungen z. B. bei Zinsänderung um 100 Basispunkte (Zinskurvenverschiebung).
Vorteil: einfache Berechnung
Nachteil: keine Aussage über Gesamtlaufzeit</td><td>Varianz-Reduktionsmethode: Die Varianz der Gesamtposition (Summe Grund- und Sicherungsgeschäft) ist geringer als die Varianz vom Grundgeschäft allein.
Vorteil: einzelne Ausreißer unschädlich
Nachteil: erfordert zahlreiche Messpunkte</td></tr>
<tr><td>Historischer Abgleich: Beweis der Effektivität anhand historischer Datenpunkte.
Vorteil: hochwertige Prognose für Gesamtlaufzeit Nachteil: hoher Datenbedarf</td><td rowspan="2">Regressionsanalyse: Die Wertänderungen von Grund- und Sicherungsgeschäft waren negativ korreliert und das Bestimmtheitsmaß (r^2) der Regression ist hoch, z. B. über 95 %.
Vorteil: einzelne Ausreißer unschädlich
Nachteil: erfordert zahlreiche Messpunkte</td></tr>
<tr><td>Value-at-Risk: Starke Verminderung des finanzwirtschaftlichen Risikobetrags (VaR).
Vorteil: häufig im Risikomanagement verwendet
Nachteil: keine Aussage über Gesamtlaufzeit; benötigt viele Datenpunkte (i. d. R. mind. 250)</td></tr>
</table>

2.5. Bilanzieller Ausweis

Derivate, die als Sicherungsinstrumente designiert sind, werden zwar erfolgswirksam zum Fair Value angesetzt. Sie gehören aber nicht zum Handelsbestand *(held for trading)*. Sicherungsinstrumente können daher nicht im Handelsbestand ausgewiesen werden. Für materielle Beträge ist ein **gesonderter Bilanzposten** vorzuziehen. Auch ein gesonderter Ausweis unter dem abgesicherten Grundgeschäft ist denkbar. Dies ist aber nur so lange möglich, wie das Derivat auf derselben Bilanzseite steht.

Das abgesicherte Grundgeschäft wird in der Bilanz nicht gesondert ausgewiesen oder als abgesichertes Geschäft gekennzeichnet. Eine Saldierung von Grund- und Sicherungsgeschäft ist nicht zulässig (IAS 1.32 f.).

Resultieren aus einem Sicherungsinstrument Erfolgsbeiträge (z. B. bei *fair value hedge*), dann werden diese in der Praxis unter derselben GuV-Position wie die Erfolgsbeiträge des abgesicherten Grundgeschäfts ausgewiesen (bei der Absicherung von Rohstoffpreisen z. B. unter dem Rohstoffverbrauch). Dies gilt aber nur insoweit, als der Hedge effektiv ist; ineffektive Erfolgsbeiträge des Sicherungsinstruments werden meist unter den übrigen betrieblichen Aufwendungen und Erträgen erfasst. Bei manchen Unternehmen – insbesondere Banken – werden die Erfolgsbeiträge aus Sicherungsbeziehungen häufig unter der gesonderten GuV-Position „Hedge-Ergebnis" dargestellt. Damit können zugleich die nach IFRS 7.24 erforderlichen Pflichtangaben abgedeckt werden.

3. Fair Value Hedge

3.1. Allgemeines

Beim *fair value hedge* sichert ein Derivat die Fair Value-Änderungen eines Grundgeschäfts. Das *hedge accounting* ist nur dann erforderlich, wenn das Grundgeschäft nicht erfolgswirksam zum Fair Value bewertet wird, denn dann entstünde eine wirtschaftlich nicht gerechtfertigte Erfolgsvolatilität aus dem Derivat. Beispiele für den *fair value hedge* sind Futures und Optionen zur Absicherung von Wertpapierkursen oder Rohstoffpreisen bei Vorräten sowie Zinsswaps zur Absicherung von *fest*verzinslichen Finanzinstrumenten.

Zinsswaps tauschen feste Zinsen und variable Zinsen gegeneinander aus. Der Wert *fest*verzinslicher Grundgeschäfte schwankt mit dem jeweiligen Marktzins. Werden daher feste Zinsen zu variablen Zinsen, dann wird der Fair Value des Wertpapiers abgesichert *(fair value hedge)*. Der Wert variabel verzinster Wertpapiere hängt dagegen nicht vom Marktzins ab; werden variable Zinsen zu festen Zinsen, dann wird nicht der Kurs des Wertpapiers, sondern die künftige Zinslast abgesichert *(cashflow hedge)*.

Beim *fair value hedge* wird das Derivat – wie alle anderen Derivate auch – erfolgswirksam zum Fair Value bewertet. Die Volatilität des Derivats ist daher vorläufig erfolgswirksam. Im einem zweiten Schritt wird das abgesicherte Grundgeschäft ebenfalls erfolgswirksam auf- oder abgewertet (Buchwertanpassung oder *basis adjustment*). Dies gleicht die Erfolgsvolatilität des Sicherungsinstruments ganz oder teilweise aus. Nur mehr der ineffektive Teil beeinflusst die GuV, weil das Derivat in seiner Gesamtheit erfolgswirksam bewertet wird, das abgesicherte Grundgeschäft aber nur in Höhe des effektiv abgesicherten Risikos.

BEISPIEL ▸ Ein Derivat mit Anschaffungskosten von 0 € sichert den Fair Value eines Grundgeschäfts von Anschaffungskosten von + 100 €. Zu Jahresende ist der Fair Value des Derivats von 0 € auf + 22 € gestiegen (GuV-wirksame Aufwertung + 22 €). Das Grundgeschäft hat sich bei isolierter Bewertung des abgesicherten Risikos von + 100 € auf + 80 € verschlechtert (GuV-wirksame Abwertung – 20 €). Die geringfügig abweichende Bewertung von Derivat (gesamthaft, + 22 €) und Grundgeschäft (effektiver Teil, –20 €) zeigt die Ineffektivität und verbleibt in der GuV (+ 2 €).

Die gegenläufigen Auf- und Abwertungen von Grundgeschäft und Sicherungsinstrument werden in der GuV häufig gesondert unter der Kategorie **Hedge-Ergebnis** ausgewiesen (alternativ kann eine Anhangangabe erfolgen). Das Hedge-Ergebnis weicht i. d. R. nur dann von null ab, wenn die Hedge-Beziehungen nicht vollständig effektiv sind.

Für die Verbuchung des *fair value hedge* sind folgende Möglichkeiten zu unterscheiden (IFRS 9.6.5.8 ff.):

- Werden zu fortgeführten Anschaffungskosten bewertete **Vermögenswerte oder Schulden** gesichert, dann wird der Buchwert in Höhe des gesicherten Risikos erfolgswirksam auf- oder abgewertet. Die Buchwertanpassung *(basis adjustment)* ist vergleichbar mit nachträglichen Anschaffungskosten.
- Wird eine **feste Verpflichtung** gesichert (z. B. ein bindender Kaufvertrag über einen Vermögenswert), dann wird das *basis adjustment* auf einem eigenen Bestandskonto erfolgswirksam erfasst. Bei späterer Durchführung des Kaufs wird dieses Bestandskonto verrechnet und erhöht oder vermindert die Anschaffungskosten.
- Selten wird ein zum Fair Value über das OCI bewertetes **Eigenkapitalinstrument** gesichert (Kap. VIII.5.). Mit der Fair Value-Bewertung des Eigenkapitalinstruments wird zwar die Volatilität aus dem Derivat ausgeglichen, allerdings in verschiedenen Kategorien: Das Derivat wird über die GuV und das Eigenkapitalinstrument über das OCI bewertet. Daher werden beim *fair value hedge* auch die Wertänderungen des Derivats über das OCI geführt. Dies gilt nicht nur für den effektiven Teil der Sicherungsbeziehung, sondern auch für den ineffektiven Teil (IFRS 9.6.5.3; offenbar deswegen, weil beim *fair value hedge* das Derivat stets in seiner Gesamtheit betrachtet wird, während beim *cashflow hedge* Wertänderungen des Derivats zwischen OCI und GuV aufgeteilt werden).

Im Regelfall werden zu fortgeführten Anschaffungskosten bewertete Vermögenswerte oder Schulden gesichert und das *basis adjustment* verändert laufend den in der Bilanz erfassten Buchwert. Das *basis adjustment* unterscheidet sich aber von der Fair Value-Bewertung, weil es nur die gesicherte Wertkomponente betrifft: In einem Bewertungsmodell für den Fair Value müssten alle Risikofaktoren einschließlich des Kreditrisikos (Credit Spread-Risiko) und des Marktliquiditätsrisikos berücksichtigt werden. Die Modellbewertung ist somit aufwendiger und führt zu einer zusätzlichen Volatilität.

Wird das abgesicherte Grundgeschäft ohnedies erfolgswirksam zum Fair Value bewertet, dann geht das *hedge accounting* ins Leere, weil das abgesicherte Risiko als Bestandteil des Fair Values schon erfolgswirksam ist. Daher darf auch kein *fair value hedge* durchgeführt werden.

Durch die Ausübung der **Fair Value-Option** für das Grundgeschäft kann eine gewisse Ergebnisglättung auch ohne das aufwendige *hedge accounting* erreicht werden. Die Fair Value-Option wurde insbesondere für diese Fälle als Alternative zum *hedge accounting* geschaffen. Da die Modellbewertung des Fair Values meist aufwendiger ist als das *hedge accounting*, bietet sich die Fair Value-Option vorwiegend für Instrumente an, für die Marktpreise verfügbar sind. Ferner eignet sich die Fair Value-Option, wenn die Voraussetzungen des *hedge accounting* nicht erfüllt sind, z. B.:

- Bei Absicherungen, die vom Kreditrisiko dominiert sind (z. B. Grundgeschäfte sehr schlechter Bonität oder Sicherungsbeziehung mit Kreditderivaten, die das Kreditrisiko zum Gegenstand haben).
- Wenn es sich um keine essentiellen Unternehmensrisiken handelt und die betroffenen Risiken nicht vom Risikomanagement erfasst werden.
- Wenn der Nachweis der Effektivität schwer zu erbringen ist.

Der Ausweis der Wertänderungen des Grundgeschäfts erfolgt bei Ausübung der Fair Value-Option nicht mehr im Hedge-Ergebnis, sondern im Ergebnis der zum Fair Value designierten Finanzinstrumente. Das Derivat verbleibt im Handelsbestand, die Wertänderungen werden im Handelsergebnis ausgewiesen; auch bei einer perfekten Sicherungswirkung kommt es somit zu einer Verzerrung zwischen verschiedenen GuV-Positionen. Ein weiteres Problem der Fair Value-Option ist die zeitliche Bindung; die Designation eines Finanzinstruments kann nicht rückgängig gemacht werden, auch wenn die Hedge-Beziehung später aufgegeben wird (z. B. Derivat läuft aus); ab diesem Zeitpunkt ist die Volatilität des Instruments vollständig ergebniswirksam.

Anteile an assoziierten Unternehmen oder Joint Ventures, die mit der *equity method* bewertet werden, dürfen nicht im Rahmen eines *fair value hedge* gesichert werden, weil der Investor aus Sicht der IFRS keinem Fair Value-Risiko, sondern lediglich einem Eigenkapitalrisiko in Höhe der Gewinn- und Verlustanteile unterliegt (IFRS 9.B6.3.2). Allerdings können Fremdwährungsrisiken aus der Investition in ausländische Betriebe gesichert werden (siehe Kap. XVIII.4.4., S. 482 ff.). Auch das eigene Eigenkapital des Unternehmens führt zu keinem Fair Value-Risiko und kann daher nicht Gegenstand eines *fair value hedge* sein.

3.2. Fallbeispiele zum Fair Value Hedge von Vorräten

BEISPIEL 1 ▸ Ein Unternehmen erwirbt am 1.12. 1.500 t Öl für 300.000 € (Kurs 200 €/t). Zur Kurssicherung wird ein Ölpreis-Future über 1.000 t derselben Marke eingegangen. Um bessere Effektivität zu erreichen, wird nur der Dauerbestand von zwei Drittel des gesamten Ölbestands designiert. Aufgrund der übereinstimmenden Charakteristika *(critical term match)* geht das Unternehmen prospektiv von einer effektiven Beziehung aus.

Zum 31.12. ist der Ölpreis auf 220 €/t gestiegen (der Fair Value der Ölbestände steigt daher von 300.000 € auf 330.000 €). Da nur zwei Drittel der Ölvorräte designiert sind, darf nur eine Wertsteigerung von + 20.000 € erfasst werden. Der Wert des Futures ist negativ und beträgt – 20.000 €.

Retrospektiv wird die Effektivität nach der *dollar offset-method* gemessen und ergibt einen Quotient von 1,00 und ist daher zu 100 % effektiv. Somit kann die gesamte Wertänderung des Derivats in Form eines *basis adjustment* der Ölvorräte aktiviert werden.

$$\frac{\text{Differenz Sicherungsinstrument}}{\text{Differenz Grundgeschäft}} = \frac{20\,\text{T€}}{20\,\text{T€}} = 1$$

Verbuchung der Hedge-Beziehung:

Vorräte	20.000 €	
Ertrag im Hedge-Ergebnis		20.000 €
Aufwand im Hedge-Ergebnis	20.000 €	
Sicherungsinstrumente		20.000 €

Der aufgewertete Buchwert der Vorräte gilt als neuer Anschaffungswert unter IAS 2; der Abschreibungsbedarf unter IAS 2.28 wird ausgehend von diesem Wert ermittelt.

Kann der Hedge in der Folgeperiode nicht mehr fortgesetzt werden, dann erfolgt keine Korrektur der Aufwertung der Vorräte. Das Derivat wird allerdings in den Handelsbestand umgegliedert und weiterhin zum Fair Value angesetzt.

BEISPIEL 2 Ein Unternehmen erwirbt am 1.12. 1.000 t der Ölsorte Brent für 200.000 € (Kurs 200 €/t) und designiert den Bestand vollständig als Grundgeschäft. Zur Kurssicherung wird ein Ölpreis-Future über die Sorte West Texas Intermediate (WTI) eingegangen. Nach historischen Erfahrungen schwankt die Sorte WTI durchschnittlich um 1 % stärker als Brent. Daher wird eine *hedge ratio* von 1:0,99 gebildet, d. h. es werden Ölpreis-Futures über 990 t der Sorte WTI erworben.

Zum 31.12. ist der Ölpreis der Marke Brent auf 300 €/t gestiegen (Fair Value der Vorräte nunmehr 300.000 €). Der Wert des WTI-Futures ist negativ und beträgt –99.000 €. Verbuchung der Hedge-Beziehung:

Vorräte	100.000 €	
Ertrag im Hedge-Ergebnis		100.000 €
Aufwand im Hedge-Ergebnis	99.000 €	
Sicherungsinstrumente		99.000 €

Nach der *dollar offset-method* war der Hedge zu 99 % effektiv. Der ineffektive Betrag von 1.000 € ist ein Nettogewinn im Hedge-Ergebnis. Das Unternehmen untersucht die Ineffektivität und stellt fest, dass die Volatilität von Brent und WTI nunmehr genau gleich ist und somit eine *hedge ratio* von 1:1 nötig ist. Daher erwirbt es zusätzliche Ölpreis-Futures über 10 t der Sorte WTI, womit dem Bestand von 1.000 t Brent Futures über 1.000 t WTI gegenüberstehen. Dies wirkt aber erst für die Zukunft, die Ineffektivität im alten Jahr bleibt bestehen.

BEISPIEL 3 Ein europäisches Unternehmen erwirbt am 1.12. 1.000 t Öl für 400.000 € (Kurs 400 US$/t; 1 US$ = 1€), das in Texas gelagert und dort weiterverkauft werden soll. Da der Ölpreis stark vom Dollarkurs beeinflusst wird, möchte das Unternehmen das Wechselkursrisiko absichern. Dazu geht das Unternehmen ein zweimonatiges Wechselkurstermingeschäft über 400.000 US$ zu einem Kurs von 1 US$ = 1 € ein. Das Wechselkursrisiko darf auch bei Nichtfinanzinstrumenten gesondert abgesichert werden, so wie alle andere den Fair Value beeinflussenden Risikokomponenten (IFRS 9.B6.3.10). Prospektiv ist die Sicherung aufgrund der übereinstimmenden qualitativen Merkmale von Grund- und Sicherungsgeschäft erfüllt *(critical term match)*.

Zum 31.12. ist der Ölpreis auf 350 US$/t eingebrochen. Der Wert des Dollars ist auf 1 US$ = 1,2 € angestiegen. Allerdings kann sich aus den Ölbeständen nur mehr ein Wechselkursrisiko für 350.000 US$ ergeben, während ein Wechselkurstermingeschäft über 400.000 US$ abgeschlossen wurde. Daher darf den Vorräten nur die gesicherte Wechselkurssteigerung für 350.000 US$ zugeschrieben werden. Das Wechselkurstermingeschäft hat einen Wert von – 80.000 € (Wechselkursdifferenz von 0,2 €/US$ für 400.000 US$). Verbuchung der Hedge-Beziehung:

Vorräte (350.000 US$ × 0,2 €/US$)	70.000 €	
Ertrag im Hedge-Ergebnis		70.000 €
Aufwand im Hedge-Ergebnis	80.000 €	
Sicherungsinstrumente		80.000 €

Aus der Hedge-Beziehung ergeben sich einige Besonderheiten: Die Vorräte werden auf 470.000 € aufgewertet, obwohl insgesamt der Fair Value von 400.000 € nur auf 350.000 US$ × 1,2 € = 420.000 € gestiegen ist. In einem nächsten Schritt wäre der Wert der Vorräte nach IAS 2.32 i. d. R. erfolgswirksam abzuschreiben. Der Hedge ist jedenfalls ineffektiv, soweit das Derivat auf ein höheres Fremdwährungsvolumen gerichtet ist, als im Buchwert der Vorräte enthalten ist (im Beispiel 50.000 US$ × 0,2 €/US$ = 10.000 €). In der nächsten Periode muss die Sicherung angepasst werden, indem z. B. Wechselkurstermingeschäfte über 50.000 US$ glattgestellt werden.

Zu fortgeführten Anschaffungskosten bewertete Finanzinstrumente werden mit der Effektivzinsmethode bewertet: Der Buchwert ist stets der effektiv diskontierte Barwert der vertraglichen Cashflows. Wird aber beim *fair value hedge* eines solchen Finanzinstruments der Buchwert angepasst, dann verändert sich das Verhältnis zwischen Buchwert und Cashflows. Wird die ursprüngliche Effektivverzinsung weiter verwendet, dann entspricht der Buchwert bei Endfälligkeit nicht mehr dem Tilgungsbetrag. Daher muss auch die Effektivverzinsung korrigiert werden. IFRS 9 erlaubt dafür zwei Varianten (IFRS 9.6.5.10):

- Die Effektivzinsen werden sofort nach Buchung des *basis adjustment* korrigiert;
- die Effektivzinsen werden nach dem Ende der Sicherungsbeziehung korrigiert.

BEISPIEL 4 Eine Nullkuponanleihe wird am 1.1.X1 für 100 € erworben und ist am 31.12.X3 mit 103 € fällig (Effektivverzinsung 1 %). Im Jahr X1 und X2 wird der Fair Value abgesichert, wobei sich in jedem der beiden Jahre ein jeweils aufwandswirksames *basis adjustment* von –2 € ergibt. Die Sicherung ist zu 100 % effektiv. Im Jahr X3 wird die Sicherung nicht mehr fortgeführt, das Derivat läuft am 1.1.X3 aus.

Verbuchung zum 31.12.X1:

Nullkuponanleihe	1 €	
Zinsertrag (1 % von 100 €)		1 €
Aufwand im Hedge-Ergebnis	2 €	
Nullkuponanleihe		2 €
Sicherungsinstrument	2 €	
Ertrag im Hedge-Ergebnis		2 €

Variante 1 mit sofortiger Korrektur der Effektivverzinsung:

Zum 1.1.X2 steht ein Buchwert von 100 € + 1 € – 2 € = 99 € der vertraglichen Rückzahlung von 103 € gegenüber, woraus sich eine neue Effektivverzinsung von 2 % ergibt. **Verbuchung zum 31.12.X2:**

Nullkuponanleihe	2 €	
Zinsertrag (2 % von 99 €)		2 €
Aufwand im Hedge-Ergebnis	2 €	
Nullkuponanleihe		2 €
Sicherungsinstrument	2 €	
Ertrag im Hedge-Ergebnis		2 €

Zum 1.1.X3 steht ein Buchwert von 99 € + 2 € – 2 € = 99 € der vertraglichen Rückzahlung von 103 € gegenüber, woraus sich eine neue Effektivverzinsung von 4 % ergibt. **Verbuchung zum 31.12.X3:**

Cash	103 €	
Zinsertrag (4 % von 99 €)		4 €
Nullkuponanleihe		99 €

Variante 2 mit Korrektur der Effektivverzinsung nach Ende der Sicherung:

In dieser Variante wird die Effektivverzinsung im Jahr X2 nicht korrigiert.

Verbuchung zum 31.12.X2:

Nullkuponanleihe	1€	
Zinsertrag (1 % von 101 €)		1€
Aufwand im Hedge-Ergebnis	2€	
Nullkuponanleihe		2€
Sicherungsinstrument	2€	
Ertrag im Hedge-Ergebnis		2€

Am 1.1.X3 ist die Sicherungsbeziehung beendet und die Effektivverzinsung wird korrigiert. Dem Buchwert von 100 € + 1 € + 1 € − 2 € − 2 € = 98 € steht die vertragliche Rückzahlung von 103 € gegenüber, woraus sich eine neue Effektivverzinsung von 5 % ergibt. **Verbuchung zum 31.12.X3:**

Cash	103€	
Zinsertrag (5 % von 98 €)		5€
Nullkuponanleihe		98€

4. Cashflow Hedge

4.1. Allgemeines

Im Rahmen des *cashflow hedge* werden keine Bilanzpositionen, sondern zukünftige Cashflows abgesichert. Als abgesicherte Grundgeschäfte kommen in Betracht:

- Schwankungen zukünftiger, erfolgswirksamer Cashflows aus den in der Bilanz angesetzten Vermögenswerten oder Schulden;
- Schwankungen zukünftiger, erfolgswirksamer Cashflows aus einer sehr wahrscheinlich erwarteten Transaktion, die bei Eintritt erfolgswirksam wären. Dies könnten z. B. konkrete, zwingend erforderliche Einkäufe von benötigten Rohstoffen sein. Die Formulierung „sehr wahrscheinlich" weist auf eine deutlich höhere Sicherheit hin als die überwiegende Wahrscheinlichkeit (50 %) in IAS 37. Außerdem muss die Transaktion konkret identifizierbar sein (nicht z. B. die letzten 1.000 Produktverkäufe des nächsten Jahres);
- im Konzernabschluss: Fremdwährungsrisiken aus bestimmten gruppeninternen Transaktionen.

Die abgesicherten Cashflows dürfen erst nach der Designation der Sicherungsbeziehung anfallen – im selben oder in einem späteren Abschlussjahr. Die zugrunde liegenden Vermögenswerte und Schulden müssen im Zeitpunkt der Designation und während der Laufzeit in der Bilanz erfasst sein (kein Eventualvermögen). Eine wahrscheinlich erwartete Transaktion muss im Zeitpunkt der Designation und während der Laufzeit der Sicherungsbeziehung stets sehr wahrscheinlich sein.

Typische Beispiele für ein *cashflow hedge* sind:

- Wechsel **variabler Zinsen** auf fixe Zinsen oder Begrenzung variabler Zinsen für bestehende Schulden oder Vermögenswerte durch Swaps, erworbene Optionen auf Swaps (Swaptions), Caps, Floors oder Collars. Dagegen liegt beim Wechsel von fixen auf variable Zinsen ein *fair value hedge* vor, weil der Fair Value festverzinslicher Wertpapiere vom Zinsniveau abhängt.
- Absicherung von **Beschaffungspreisen oder Absatzpreisen** durch Forwards und Futures, wenn der Abschluss eines Kaufvertrages sehr wahrscheinlich ist.

Die Anwendungsbereiche für *fair value hedge* und *cashflow hedge* schließen einander nicht aus. Beispielsweise kann eine in sechs Monaten fällige Fremdwährungsschuld durch einen Terminkauf der Fremdwährung abgesichert werden. Dies kann sowohl ein *fair value hedge* (Sicherung der Wertänderung der Verbindlichkeit) als auch ein *cashflow hedge* (Sicherung der künftigen Tilgungstransaktion) sein. Grundsätzlich könnte jede gesicherte Wertveränderung *(fair value hedge)* auch durch die Sicherung einer Verkaufstransaktion abgebildet werden *(cashflow hedge)*; allerdings wird der Nachweis einer sehr wahrscheinlich geplanten Transaktion in den wenigsten Fällen möglich sein. Die Alternative wurde vom IASB bewusst geschaffen, weil die Effektivitätsmessungen mit jeweils verschiedenen Grundvoraussetzungen durchzuführen sind.

Das eigene Eigenkapital des Unternehmens und alle damit zusammenhängenden Transaktionen (z. B. Dividenden, Ausübung von Wandlungsrechten oder Bezugsrechten über eigene Aktien oder Kapitalerhöhungen) werden grundsätzlich nicht erfolgswirksam bewertet. Da ein *cashflow hedge* erfolgswirksame Cashflows aus Vermögenswerten und Schulden voraussetzt, sind Transaktionen im Zusammenhang mit eigenen Eigenkapitalinstrumenten nicht qualifiziert. Dagegen werden Dienstleistungseinlagen und andere aktienbasierte Leistungen erfolgswirksam erfasst und sind daher qualifiziert (Kap. XI.4., S. 251).

In zwei bestimmten Sonderfällen können Unternehmen ebenfalls einen *cashflow hedge* verwenden:

- Das Wechselkursrisiko, das in einer **festen Verpflichtung** enthalten ist, kann wahlweise als *cashflow-* oder *fair value hedge* gesichert werden (IFRS 9.6.5.4). Auch eine Kombination beider Sicherungstypen ist denkbar (z. B. könnte bei einem vertraglichen Einkauf von Rohöl ein *cashflow hedge* mit einem Fremdwährungsderivat und ein *fair value hedge* mit einem Rohstoffderivat gebildet werden).
- Wechselkursrisiken einer **Nettoinvestition in eine ausländische Teileinheit** (IAS 21.15) können gesichert werden. Das ist z. B. eine Beteiligung sowie langfristige Forderungen der Konzernmutter an eine Auslandstochter, deren Wechselkursrisiko im Konzernabschluss erfolgsneutral im OCI erfasst wird (IAS 21.8). Zur Definition siehe Kap. XVIII.4.3., S. 480. Nach der Diktion des IFRS 9 wird dies zwar nicht als *cashflow hedge* bezeichnet, aber gemäß IFRS 9.6.5.13 gleich wie ein *cashflow hedge* bilanziert. Das Derivat kann dabei ebenfalls erfolgsneutral in einer Rücklage erfasst werden, damit es im Gleichklang mit dem Wechselkursrisiko bilanziert wird und keine künstliche Ergebnisvolatilität entsteht. Diese Art Sicherung ist eine Mischvariante: Eine Art von *fair value hedge* von Beteiligungen, bei dem aber Grundgeschäft und Sicherungsinstrument über das OCI und nicht über die GuV bewertet werden.

4.2. Erfassung des Cashflow Hedge

Solange die qualitativen Voraussetzungen erfüllt sind, werden die grundsätzlich erfolgswirksamen Wertänderungen des Sicherungsinstruments erfolgsneutral im OCI erfasst.

Dem Sicherungsinstrument steht keine bilanzierte Wertänderung des Grundgeschäfts gegenüber. Sicherungsgegenstand ist nämlich nicht der Wert eines Grundgeschäfts, sondern die Variabilität von Cashflows. Selbst wenn die variablen Cashflows aus einem bilanzierten Vermögenswert stammen, bedeutet dies nicht, dass sich dadurch dessen Fair Value ändert (z. B. bei der Absicherung variabler Zinsen). Die Volatilität aus dem Derivat fließt somit ohne einen gegenläufigen Effekt ins OCI. Der Vorteil des *cashflow hedge* besteht darin, diese Volatilität nicht in der GuV zu zeigen. Wenn das abgesicherte Risiko später erfolgswirksam wird, dann wird der im OCI erfasste Betrag aufgelöst. Somit kommt es auch in der GuV zum Erfolgsausgleich. Das OCI wirkt hier als eine Art Erfolgsabgrenzung über den Stichtag.

Die im OCI erfassten Beträge werden in der **Rücklage aus Sicherungsgeschäften** ausgewiesen (auch als *cashflow hedge*-Rücklage bezeichnet). Die Rücklage kann einen positiven oder negativen Saldo aufweisen (Gewinn- oder Verlustrücklage). Bei der Abschlussanalyse wird die Rücklage vorzugsweise nicht als Eigenkapitalbestandteil berücksichtigt, weil sich darin erfasste Gewinne und Verluste in Zukunft mit hoher Wahrscheinlichkeit wieder umkehren. Auch das Banken- und Versicherungsaufsichtsrecht zählt die Rücklage nicht zum regulatorischen Eigenkapital.

Wie üblich steht das *hedge accounting* nur insoweit zu, als eine **effektive Sicherung** vorliegt. Soweit das Sicherungsinstrument nicht effektiv ist, wird seine Wertänderung erfolgswirksam in der GuV gezeigt (z. B. im Handelsergebnis). Allerdings ist ein wichtiger Unterschied zum *fair value hedge* zu beachten: Stammt die Ineffektivität aus dem Derivat, wird sie in der GuV gezeigt. Stammt die Ineffektivität aus dem Grundgeschäft, wird sie mangels Bewertung des Grundgeschäfts nicht dargestellt. Beim *cashflow hedge* wird die Ineffektivität daher nicht symmetrisch behandelt. Dies offenbart die grundverschiedenen Ziele von Risikomanagement und Rechnungslegung: Die Rechnungslegung kümmert sich nur um jene Risiken, die sich in der Bilanz niederschlagen können, und beim *cashflow hedge* ist die einzige bilanzierungsrelevante Risikoquelle das Sicherungsinstrument. Die nachfolgende Tabelle zeigt diese Asymmetrie der beiden Sicherungsarten.

TAB. 11:	Erfassung der Ineffektivität beim fair value- und cashflow hedge	
	fair value hedge	**cashflow hedge**
Wertänderung Derivat	Gänzlich erfolgswirksam	Effektiver Teil erfolgsneutral, ineffektiver Teil erfolgswirksam
Wertänderung Grundgeschäft	Gänzlich erfolgswirksam (hinsichtlich des gegenständlichen Risikos)	Nicht bewertet
Derivat volatiler als Grundgeschäft	Überschüssige Volatilität bleibt per saldo in GuV	Überschüssige Volatilität wird direkt in GuV gebucht, sonstige Volatilität im OCI
Grundgeschäft volatiler als Derivat	Überschüssige Volatilität bleibt per saldo in GuV	Mangels Bewertung des Grundgeschäfts nicht ersichtlich

Beim *cashflow hedge* ist daher zwischen einer wirtschaftlichen und einer buchmäßigen Effektivität zu unterscheiden. Die wirtschaftliche Effektivität im Risikomanagement ist für die Widmung, Beibehaltung oder quantitative Anpassung der Sicherungsbeziehung relevant. Dagegen ist die **buchmäßige Effektivität** für die Verbuchung relevant und muss an jedem Bilanzstichtag und am Ende der Sicherungsbeziehung festgestellt werden: Die seit der Designation kumulierten **Wertänderungen von Grundgeschäft und Sicherungsgeschäft** werden miteinander verglichen. Eine erfolgsneutrale Erfassung erfolgt nur insoweit, als Grund- und Sicherungsgeschäft die gleiche kumulierte Wertänderung aufweisen. In der Rücklage wird folglich nur der kleinere der folgenden Beträge erfasst:

- kumulierte Änderung des Fair Values des Sicherungsinstruments;
- kumulierte Änderung des Werts des Grundgeschäfts.

Steigt der Wert des Grundgeschäfts stärker als jener des Sicherungsgeschäfts, dann kann dieser Anstieg des Grundgeschäfts buchhalterisch nicht erfasst werden, denn das gesicherte Grundgeschäft kann erst bei Eintritt des zukünftigen Cashflows bilanziert werden.

BEISPIEL Ein Unternehmen muss aus Produktionsgründen am 1.8. 1.000 t der Rohölsorte WTI erwerben (sehr wahrscheinliche Transaktion). Am 1.2. steht der Preis der Sorte WTI noch bei 200 €/t; das Unternehmen möchte sich diesen Preis mit einem Sechs-Monats-Future über 1.000 t der Sorte Brent absichern und geht daher am 1.2. einen solchen Future ein. Die Tabelle zeigt die Wertentwicklung der Geschäfte.

Wertentwicklung	**1.2.**	**1.3.**	**1.4.**	**1.5.**
Preis 1.000 t WTI	200 t€	220 t€	250 t€	305 t€
Kumulierte Änderung	–	20 t€	50 t€	105 t€
Preis Future Brent	0 t€	+ 19 t€	+ 52 t€	+ 98 t€
Rücklage (kleinerer Betrag)	–	+ 19 t€	+ 50 t€	+ 98 t€
Wirtschaftliche Effektivität	–	20/19 = 1,05	30/33 = 0,91	55/46 = 1,20

Verbuchung 1.3.:

Sicherungsinstrument	19 t€	
Rücklage aus Sicherungsgeschäften		19 t€

Verbuchung 1.4.:

Sicherungsinstrument (52 t€ – 19 t€)	33 t€	
Rücklage aus Sicherungsgeschäften (19 t€ auf 50 t€)		31 t€
Ertrag Handelsergebnis		2 t€

Verbuchung 1.5.:

Sicherungsinstrument (98 t€ – 52 t€)	46 t€	
Aufwand im Handelsergebnis	2 t€	
Rücklage aus Sicherungsgeschäften (50 t€ auf 98 t€)		48 t€

Am 1.5. muss trotz der Wertsteigerung des Futures ein Aufwand im Handelsergebnis angesetzt werden; damit wird der zum 1.4. als ineffektiv erfasste Ertrag neutralisiert. Der im Vergleich zum Sicherungsinstrument stärkere Anstieg des Grundgeschäfts wird nicht verbucht, vermindert aber die Effektivität im Rahmen der Effektivitätsmessung.

Der *cashflow hedge* wird regelmäßig zur **Sicherung variabler Zinsen oder variabler Komponenten von Verträgen** eingesetzt. Dabei ergeben sich allerdings einige Besonderheiten.

Änderungen des Zinsniveaus haben keinen bzw. keinen erheblichen Einfluss auf den Fair Value von variabel verzinsten Finanzinstrumenten (z. B. variabel verzinste Anleihen – „Floaters"). Allerdings verändert sich der Fair Value der Sicherungsinstrumente (z. B. Swaps). Für Zwecke des Effektivitätstests und für die buchmäßige Erfassung kann daher nicht auf die Fair Value-Änderung des Grundgeschäfts abgestellt werden. In der Praxis wird hier vorzugsweise die **hypothetische Derivatmethode** eingesetzt (in IFRS 9.B6.5.5 ausdrücklich zugelassen). Der abgesicherte Floater wird dazu in zwei fiktive Instrumente zerlegt – in eine fixverzinsliche Anleihe und in einen Swap (hypothetisches Derivat); zusammengerechnet haben die beiden fiktiven Instrumente genau die Ausstattungsmerkmale des Floaters. Als fixer Zinssatz wird der aktuelle Marktzinssatz gewählt, sodass sich für den hypothetischen Swap ein Fair Value von null ergibt. Als abgesichertes Grundgeschäft wird vereinfachend nur der hypothetische Swap herangezogen. Der Fair Value-Änderung des Sicherungsinstruments (Swap) wird daher die Fair Value-Änderung des hypothetischen Swaps gegenübergestellt. Der hypothetische Swap wird nicht bilanziert, sondern dient nur der Bilanzierung der Sicherungsbeziehung, d. h. der Feststellung, welcher Teil des Sicherungsinstruments erfolgsneutral erfasst werden darf.

BEISPIEL Das Unternehmen erwirbt am 1.1.X1 eine klassische zu Euribor variabel verzinste Bundesanleihe mit Nennwert von 1000 €, die am 1.1.X4 fällig ist und zu fortgeführten Anschaffungskosten bewertet wird. Es möchte sich gegen schwankende Zahlungsströme aus Änderungen der Euribor absichern, dazu schließt es einen Zinsswap ab, wonach über die Laufzeit der Anleihe Euribor + 1 % zu zahlen sind und dafür 4,5% fix erhalten werden.

Zur Verbuchung zerlegt das Unternehmen die Anleihe mathematisch in eine fixverzinsliche Anleihe und in einen hypothetischen Swap Euribor gegen Fixzinsen (bei Designation Fair Value von null). Für die Widmung muss das Unternehmen eine effektive Sicherungsbeziehung der Fair Values des hypothetischen

Swaps und des Sicherungsinstruments nachweisen. Gelingt der Nachweis, dann wird der Fair Value des Sicherungsinstruments erfolgsneutral verbucht, soweit der Fair Value geringer ist als der Fair Value des hypothetischen Swaps.

Marktwerte	**1.1.X1**	**31.12.X1**	**31.12.X2**	**31.12.X3**
Anleihe	1000 €	990 €	1.010 €	1.000 €
hypothetischer Swap in Anleihe	0 €	– 50 €	+ 20 €	0 €
Zinsswap	0 €	+ 55 €	– 18 €	0 €

Verbuchung 31.12.X1:

Sicherungsinstrument	55 t€	
Rücklage aus Sicherungsgeschäften		50 t€
Ertrag Handelsergebnis		5 t€

Verbuchung 31.12.X2:

Rücklage aus Sicherungsgeschäften (von – 50 auf + 18 t€)	68 t€	
Aufwand Handelsergebnis	5 t€	
Sicherungsinstrument (von + 55 auf – 18 t€)		73 t€

Verbuchung 31.12.X3:

Sicherungsinstrument (von – 18 auf 0 t€)	18 t€	
Rücklage aus Sicherungsgeschäften von + 18 auf 0 t€)		18 t€

Zinssicherungen mit Zinsswaps haben den praktischen Vorteil, dass der Swap am Ende der Laufzeit stets den Wert von null erreicht, d. h. die Rücklage muss nicht in die GuV übertragen werden. Vielmehr realisierten sich Gewinne und Verluste aus der Sicherung schon durch die laufenden Nettozahlungen aus dem Swap, die im Zinsergebnis erfasst werden. Dort werden auch die gegenläufigen, variablen Zinserträge aus der Anleihe erfasst. Insgesamt wird somit das Zinsergebnis stabilisiert.

Nicht jedes variabel verzinste Instrument wird schon im Rahmen der Emission erworben. Floater können auch während der Laufzeit am Markt angeschafft werden. Hat sich die Bonität des Schuldners seit der Emission verbessert oder verschlechtert, dann notiert die Anleihe regelmäßig über oder unter dem Nennwert. Für den Erwerber ergibt sich daraus eine vom Nominalzinssatz abweichende Effektivverzinsung, die auch im Zinsergebnis erfasst wird. Da der Kreditrisikoeffekt nur im abgesicherten Floater, nicht aber in marktüblichen Zinsswaps enthalten ist, ist eine gewisse Ineffektivität unvermeidbar. Diese darf die Sicherungsbeziehung aber nicht dominieren, weil sonst kein *hedge accounting* zulässig wäre.

Jeder erfolgsneutral erfasste Gewinn des Sicherungsinstruments ist als Ertrag **im sonstigen Ergebnis** zu zeigen; jeder erfolgsneutral erfasste Verlust ist als Aufwand im sonstigen Ergebnis zu zeigen. Tritt der abgesicherte Cashflow schließlich ein und wirkt sich dieser auf das Ergebnis aus, dann wird die *cashflow hedge*-Rücklage aufgelöst (siehe dazu unten, Kap. XII.4.3.). Damit gleichen sich die Erfolgseffekte gegenseitig wieder aus: Das Ziel einer erfolgsneutralen Darstellung ist damit erreicht.

Wird die Rücklage erfolgswirksam aufgelöst, dann muss die Auflösung auch im sonstigen Ergebnis gezeigt werden, damit die Erfolge im Gesamtergebnis nicht doppelt abgebildet werden (Umklassifizierung; der realisierte Gewinn wird in der GuV erfasst, der unrealisierte Gewinn wurde bereits bei Entstehung im sonstigen Ergebnis erfasst und muss daher wieder „umgekehrt" dargestellt werden). In manchen Fällen wird die Rücklage aber erfolgsneutral aufgelöst (z. B. durch Verrechnung mit den Anschaffungskosten). In diesem Fall wird das übrige Ergebnis nicht berührt.

4.3. Beendigung des Cashflow Hedge

Das *hedge accounting* wird beendet, wenn der gesicherte, erfolgswirksame Cashflow eintritt, das Sicherungsinstrument ausläuft, ausgeübt, glattgestellt oder veräußert wird oder wenn die formalen Voraussetzungen dafür wegfallen (z. B. weil sich auch durch Anpassungen der *hedge ratio* keine effektive Sicherung mehr darstellen lässt oder die gesicherten Cashflows nicht mehr ausreichend wahrscheinlich sind). Dann muss auch die *cashflow hedge*-Rücklage aufgelöst werden; die Art der Auflösung hängt vom Wesen der Sicherungsbeziehung und der Beendigung ab.

Nach dem Abgang des Sicherungsinstruments wird die Rücklage i. d. R. so lange fortgeführt, bis der gesicherte Cashflow eintritt. Veräußerung, Glattstellung oder Barausgleich des Sicherungsinstruments sind nur ein Aktiv- bzw. Passivtausch und wirken sich weder in der GuV noch im OCI aus. Die Rücklage wird erfolgswirksam erst aufgelöst, sobald das abgesicherte Risiko eintritt.

Bei der Absicherung einer **wahrscheinlich erwarteten Transaktion** wird die Rücklage **erfolgswirksam** oder erfolgsneutral durch **Verrechnung** der Rücklage mit den Anschaffungskosten des Vermögenswerts oder der Schuld aufgelöst (*basis adjustment;* IFRS 9.6.5.11 d (i)). Dabei sind die folgenden Fälle zu unterscheiden:

- Wurde die Anschaffung eines **finanziellen Vermögenswerts** (Kap. VIII.1., S. 149 ff.) oder einer **finanziellen Schuld** (Kap. X.1., S. 207 ff.) gesichert, dann wird die Rücklage erfolgswirksam aufgelöst.
- Finanzielle Vermögenswerte und Schulden werden bei erstmaliger Erfassung mit dem Fair Value angesetzt, daher wäre eine Verrechnung der Rücklage mit den Anschaffungskosten mit diesem Grundsatz unvereinbar. Allerdings wird die Auflösung der Rücklage zeitlich verteilt – korrespondierend mit den Erfolgswirkungen aus dem angesetzten Finanzinstrument (z. B. über die Laufzeit eines Schuldinstruments, wenn ein zinsbezogenes Preisrisiko oder ein Fremdwährungsrisiko abgesichert wurde). Auf diese Weise tritt der beabsichtigte Erfolgsausgleich in der GuV ein. Bei Verlusten in der Rücklage müssen die korrespondierenden künftigen Erfolge wahrscheinlich sein; sind Erträge nicht mehr wahrscheinlich, dann muss die Rücklage unmittelbar als Aufwand aufgelöst werden.
- Wurde ein **unmittelbar erfolgswirksamer Cashflow** (z. B. ein geldwirksamer Umsatzerlös) abgesichert, wird die Rücklage unmittelbar erfolgswirksam aufgelöst.
- Wurde die Anschaffung oder Begebung **nichtfinanzieller Vermögenswerte oder Schulden** abgesichert, dann wird die Rücklage mit den Anschaffungskosten verrechnet *(basis adjustment)*, wodurch diese steigen oder fallen. Die Sicherung wirkt sich daher im Rahmen des Verbrauchs oder der Abschreibung auf die GuV aus. Die Rücklage wird nicht über die GuV aufgelöst, d. h. es findet keine Reklassifizierung statt. Eine ratierliche erfolgswirksame Auflösung der Rücklage über die Laufzeit ist auch nicht vorgesehen (anders noch IAS 39).

BEISPIEL ▸ Ein Unternehmen ermittelt im Juni X1 seinen Ölbedarf für das Jahr X2; danach müssen 1.000 t der Sorte Brent am 1.2.X2 erworben werden (sehr wahrscheinliche Transaktion). Im Juni X1 beträgt der Preis von Brent 300 €/t, zur Absicherung dieses Preises geht das Unternehmen einen Ölpreis-Future über den Kauf von 1.000 t der Sorte WTI zu 300 €/t per 1.2.X2 ein. Die Sicherung ist wirtschaftlich effektiv.

Zum 31.12.X1 ist der Preis der Marke Brent auf 350 €/t angestiegen, der Wert des Futures beträgt + 48 t€; der Wert des Futures ist geringer als das abgesicherte Risiko von 50 t€ und wird daher zur Gänze erfolgsneutral angesetzt:

Sicherungsinstrumente	48 t€	
Rücklage aus Sicherungsgeschäften		48 t€

Am 1.2.X2 ist der Preis der Sorte Brent auf 500 €/t gestiegen; der Kauf wird durchgeführt (Anschaffungspreis 500 t€). Der Future hat einen Wert von 205 t€ und wird glattgestellt. Der effektive Sicherungsbetrag von 200 t€ mindert die Anschaffungskosten (nichtfinanzieller Vermögenswert), der ineffektive Teil ist ein Ertrag im Handelsergebnis.

Rohstoffe	500 t€	
Bank		500 t€

Rücklage aus Sicherungsgeschäften	48 t€	
Bank	205 t€	
Rohstoffe (Anschaffungskostenminderung)		200 t€
Sicherungsinstrumente		48 t€
Ertrag im Handelsergebnis		5 t€

Findet eine sehr wahrscheinlich erwartete Transaktion doch nicht statt, dann wird der in die Rücklage eingestellte Betrag sofort erfolgswirksam ausgebucht. Auch wenn die abgesicherte Transaktion nicht mehr sehr wahrscheinlich ist, wird der *cashflow hedge* beendet. Dabei ist zwischen Gewinnen und Verlusten in der Rücklage zu unterscheiden (IFRS 9.6.5.12):

- Bei einem Verlust wird die Rücklage sofort aufgelöst, sobald ein gegenläufiger Gewinn aus der gesicherten Transaktion nicht mehr zu erwarten ist bzw. die Transaktion nicht mehr wahrscheinlich ist
- Bei einem Gewinn wird die Rücklage so lange fortgeführt, als die Transaktion noch **erwartet** wird, selbst dann, wenn sie **nicht sehr wahrscheinlich** ist (IFRS 9.6.5.12).

Die gleichen Bestimmungen gelten für die Beendigung eines *cashflow hedge* für **variable Zinsen**. Die Rücklage wird entsprechend den abgesicherten Zinsaufwendungen und Zinserträgen erfolgswirksam aufgelöst.

Wird das Sicherungsinstrument (Swap) über die gesamte Laufzeit des Grundgeschäfts gehalten, dann vermindert sich der Fair Value des Swaps automatisch auf null. Die laufenden Zahlungen aus dem Swap könnten im Zinsergebnis erfasst werden, um dadurch die abgesicherten Zinsen zu kompensieren. Änderungen des Fair Values werden stets in der Rücklage gegengebucht, solange der Swap den Fair Value des hypothetischen Derivats nicht überschreitet; im letzteren Fall erfolgt die Erfassung im Handelsergebnis.

Wird der Hedge beendet (z. B. Abgang des Sicherungsinstruments), dann wird die Rücklage korrespondierend zu den abgesicherten erfolgswirksamen Cashflows ebenfalls erfolgswirksam aufgelöst.

4.4. Cashflow Hedge gruppeninterner Transaktionen

Ein *cashflow hedge* ist auch für Fremdwährungsrisiken aus sehr wahrscheinlichen gruppeninternen Geschäften zulässig.

Die Sicherungsbeziehung kann allerdings nur im Konzernabschluss dargestellt werden und ist an die folgenden Bedingungen geknüpft (IFRS9.B6.3.5 f.):

- Die gesicherte Transaktion lautet auf eine andere als die funktionale Währung der betroffenen Gesellschaft (zum Begriff der funktionalen Währung siehe Kap. XVIII.4., S. 475 ff.).
- Das gesicherte Fremdwährungsrisiko würde sich nach Eintritt der Transaktion auf das Konzernergebnis auswirken.
- Der Transaktionspartner ist eine übergeordnete Mutter, eine Tochter, ein Gemeinschaftsunternehmen, ein assoziiertes Unternehmen oder eine ausländische Betriebsstätte.

Eine gruppeninterne Transaktion kann beispielsweise ein späteres Wechselkursrisiko bei einem Weiterverkauf eines Vermögenswerts an konzernfremde Unternehmen ergeben. Andererseits kann sich ein Wechselkursrisiko im Konzernabschluss niederschlagen, wenn der Vermögenswert an eine Konzerngesellschaft in einem anderen Währungsraum geliefert und dort planmäßig abgeschrieben wird. Werden solche Leistungen aus Sicht der betroffenen Konzerngesellschaft in einer Fremdwährung fakturiert, dann unterliegt der gesamte Konzern einem Fremdwährungsrisiko, das als Grundgeschäft in einem *cashflow hedge* abgesichert werden kann. Die Hedge-Beziehung wird beendet und die Rücklage erfolgswirksam aufgelöst, sobald sich das abgesicherte Wechselkursrisiko im Konzernabschluss erfolgswirksam niederschlägt (z. B. im Zeitpunkt des Weiterverkaufs einer Ware an Dritte oder analog zur planmäßigen Abschreibung in der Auslandstochter).

BEISPIEL Ein deutscher Automobilkonzern mit Produktion in Deutschland vertreibt Fahrzeuge über eine Tochtergesellschaft in den USA (funktionale Währung US$); die konzerninternen Lieferungen werden in US$ fakturiert. Bei der Absatzplanung am 1.3. wird entschieden, am 1.10.X1 1.000 Fahrzeuge für 10 Mio. US$ in die USA zu liefern, die wiederum für 12 Mio. US$ weiterveräußert werden sollen.

Der deutsche Automobilkonzern kann am 1.3. ein Fremdwährungstermingeschäft über 10 Mio. US$ abschließen und erfolgsneutral als Sicherungsinstrument in einem *cashflow hedge* designieren. Grundlage ist der gruppeninterne Umsatz (Tausch von 10 Mio. US$ gegen €), das Wechselkursrisiko aus der noch in US$ zu realisierenden Handelsspanne kann nicht gesichert werden. Der erfolgsneutral in der Rücklage erfasste Betrag wird aufgelöst, sobald die Fahrzeuge in den USA weiterverkauft werden.

Kein abzusicherndes Fremdwährungsrisiko ergibt sich beispielsweise aus gruppeninternen Lizenz- oder Managementgebühren oder Zinsen. Geplante gruppeninterne Käufe und Verkäufe von Vorräten können ein abzusicherndes Fremdwährungsrisiko ergeben, wenn ein Weiterverkauf an Dritte geplant ist.

5. Fortführungspflicht und Anpassung *(Rebalancing)*

5.1. Fortführungspflicht

Nach erfolgter Designation muss das *hedge accounting* grundsätzlich fortgeführt werden, sowohl beim *fair value hedge* als auch beim *cashflow hedge*. Im Gegensatz zum früheren IAS 39 besteht kein Wahlrecht einer bewussten Entwidmung, um bilanzpolitische Gestaltungen hintanzuhalten. Das *hedge accounting* muss allerdings beendet werden, wenn das Sicherungsinstrument ausläuft, ausgeübt wird und glattgestellt wird.

Bei einer Weiterrollung der Sicherungsbeziehung, wo auslaufende Derivate durch neue Derivate ersetzt werden, wird das *hedge accounting* auch nicht beendet. Dazu muss die Weiterrollung aber in der Dokumentation der Sicherungsziels festgelegt sein und im Einklang mit dieser Dokumentation durchgeführt werden (IFRS 9.6.5.6). Folglich hat das Unternehmen schon bei erstmaliger Bildung der Sicherungsbeziehung zu entscheiden, ob diese dauerhaft oder nur für die Laufzeit eines Derivats bestehen soll. Nachträglich kann diese Entscheidung nicht getroffen werden und auch nur unter strengen Einschränkungen geändert werden.

Aufgrund der engen Verbindung zum Risikomanagement wird das *hedge accounting* auch beendet, wenn das Risikomanagementziel so grundlegend verändert wurde, dass es mit den bestehenden Instrumenten nicht umgesetzt werden kann. In diesem Fall wird die bestehende Sicherungsbeziehung entwidmet und eine gänzlich neue Sicherungsbeziehung gebildet. Die neue Sicherungsbeziehung kann auch Instrumente der alten Beziehung einschließen.

5.2. Anpassung der Hedge Ratio

Ferner gibt es einen Mittelweg zwischen der zwingenden Fortführung und Beendigung: die Anpassung *(rebalancing)* der Sicherungsbeziehung. Wenn die alte Sicherungsbeziehung aufgrund veränderter Risikobedingungen ineffektiv wird, das Risikomanagementziel aber gleich bleibt, dann muss die Sicherungsbeziehung an die neuen Verhältnisse angepasst werden. Dazu wird die *hedge ratio* angepasst (IFRS 9.6.5.5).

BEISPIEL ► Bisher reagierte die Ölsorte WTI grundsätzlich um 1 % stärker auf Änderungen im Rohölmarkt als die Sorte Brent, daher wurden eine Einheit Brent mit 0,99 Einheiten von WTI-Derivaten gesichert (*hedge ratio* von 1 zu 0,99). Aufgrund eines geänderten Bedarfs am Weltmarkt sind die Volatilitäten beider Ölsorten nunmehr gleich. Daher muss die *hedge ratio* auf 1 zu 1 angepasst werden.

Die bis zur Anpassung entstandene Ineffektivität kann dadurch aber nicht beseitigt werden und wird weiterhin erfolgswirksam gezeigt. Daher muss im Zeitpunkt der Anpassung – auch unterjährig – eine Effektivitätsmessung und Verbuchung der effektiven und ineffektiven Teile der Sicherungsbeziehung erfolgen. Die Anpassung vermindert nur die künftige Ineffektivität, nicht aber die vergangene. Allerdings führt nicht jede Ineffektivität zur Anpassung, vielmehr ist die Anpassung nur zulässig, wenn durch eine geänderte *hedge ratio* die Effektivität gesteigert werden kann. Fluktuationen um eine wirtschaftlich ideale *hedge ratio* oder Risikoeffekte außerhalb des gesicherten Risikos führen zu keiner Anpassung.

BEISPIEL (FORTSETZUNG) ► Das Ölpreisderivat reagiert nicht nur auf Änderungen des Ölpreises. Das Kreditrating der Gegenpartei wurde während des Jahres von Aaa auf A vermindert, dadurch ist der Fair Value des Derivats geringfügig gesunken. Dies wurde aufwandswirksam in der GuV berücksichtigt. Durch eine Anpassung der *hedge ratio* könnte aber nur die Effektivität in Bezug auf die Ölpreisvolatilität verbessert werden, Effekte aus der Kreditwürdigkeit der Gegenpartei können nicht beseitigt werden. Deswegen ist die Ratingverschlechterung für sich genommen kein Grund für eine Anpassung. Effekte aus der Kreditwürdigkeit führen auch weiterhin zu Ineffektivität.

Für die Anpassungen der *hedge ratio* gibt es vier Möglichkeiten:

- Widmung zusätzlicher Sicherungsinstrumente (diese können bereits im Unternehmen vorhanden sein oder zugekauft werden);

- Entwidmung bestehender Sicherungsinstrumente (die Entwidmung erfordert keine Beendigung der Derivate);
- Widmung zusätzlicher Grundgeschäfte (diese können vorhanden sein oder zugekauft werden);
- Entwidmung von Grundgeschäften (mit oder ohne Verkauf).

ABB. 16: Vier Möglichkeiten der Anpassung der hedge ratio

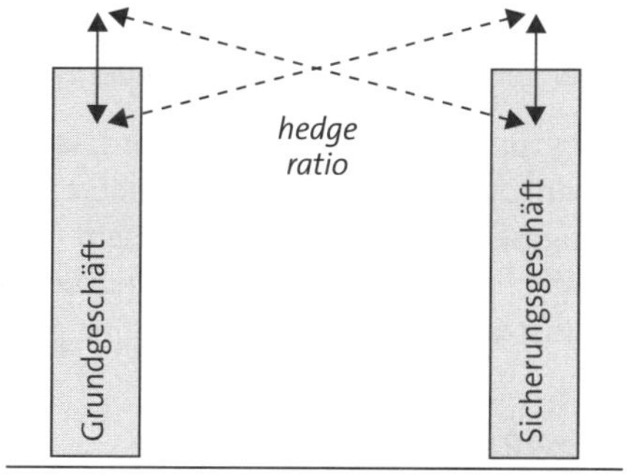

Es reicht etwa auch aus, proportionale Anteile des Derivats oder Grundgeschäfts zu verändern (z. B. wird anstatt von 50 % eines Zinsswaps nur mehr 40 % eines Zinsswaps gewidmet).

Die Entwidmungen sind relativ einfach umzusetzen: Das *hedge accounting* wird lediglich für einen Teil der früheren Sicherungsbeziehungen fortgesetzt. Schwieriger sind aber **zusätzliche Widmungen**: Damit bilden sich innerhalb der Sicherungsbeziehung zusätzliche **Schichten**, die nicht exakt zusammenpassen.

BEISPIEL Das Unternehmen sichert am 1.1.X1 seine Ölvorräte mit einem Rohölfuture mit Ausübungspreis 400 €/t und einer Restlaufzeit von zwölf Monaten in einem *fair value hedge* ab. Am 1.2.X1 muss ein weiteres Derivat gewidmet werden: Die Standardverträge laufen aber über zwölf Monate und nicht über elf Monate, außerdem sind nunmehr Ausübungspreise von 450 €/t marktüblich.

Folglich bestehen nunmehr zwei Schichten, die eine unterschiedliche Qualität und Effektivität aufweisen. Verteuern sich beispielsweise die Derivate, werden der effektive Teil aus der ersten Schicht sowie der effektive Teil aus der zweiten Schicht gesondert ermittelt und jeweils als *basis adjustment* auf den Ölvorräten aktiviert.

Sollen am 1.3.X1 die Sicherungsinstrumente wieder reduziert werden, muss das Unternehmen auch entscheiden, aus welcher der beiden Schichten eine Entwidmung erfolgt. Die Entscheidung kommt aus dem Risikomanagement: Reduziert wird vorzugsweise jene Schicht, die wirtschaftlich weniger effektiv ist. Verbrauchsfolgen wie LIFO sind nicht vorgesehen.

6. Sonderwahlrechte für Optionen, Termingeschäfte und Kreditderivate

6.1. Optionen und Termingeschäfte

Üblicherweise müssen Derivate insgesamt als Sicherungsinstrumente designiert werden. Die Sicherungswirkung ergibt sich daher aus den Änderungen des Fair Values des Derivats. Zum Fair Value zählen auch angesammelte Zinsen (Dirty Price).

Der Fair Value eines Derivats wird aber nicht nur durch die Wertentwicklung des Basiswerts beeinflusst (z. B. Zinssatz, Aktienkurs oder Rohölpreis), weil Derivate auf eine zukünftige Transaktion gerichtet sind:

- Bei Optionen spiegelt nur der innere Wert die Wertentwicklung des Bezugsobjekts wider, der bei sofortiger Ausübung fällig wäre. Dagegen ist der Zeitwert eine Prämie für den Sicherungsgeber, die das Volatilitätsrisiko über die Restlaufzeit der Option abdeckt.
- Termingeschäfte sind auf eine zukünftige Transaktion gerichtet: Der Terminkurs weicht vom Kassakurs ab, weil der Terminmarkt bestimmte Trends berücksichtigt. Bei Rohstoffen sind das z. B. erwartete Auf- und Abwertungen und die Differenz zwischen Haltekosten und Finanzierungskosten über die Laufzeit des Derivats. Bei Zinsen sind es die Erwartungen über die künftigen Leitzinsen von Notenbanken, die eine ansteigende oder fallende Zinsstrukturkurve auslösen. Bei Fremdwährungstermingeschäften beeinflusst die Zinsdifferenz zwischen den Währungsräumen den Terminkurs. Bei illiquiden oder riskanten Währungen kann auch ein Währungsbasisrisiko hinzukommen, z. B. aus einer Risikodifferenz zwischen den Währungen oder aus Marktstörungen.

Insbesondere beim *fair value hedge* steht der Basiswert bereits in den Büchern und unterliegt dem Kursrisiko zum Kassapreis. Dieses verhält sich geringfügig anders als der Fair Value des Derivats. Betreibt ein Unternehmen sehr umfangreiche Sicherungsgeschäfte, kann diese Abweichung eine ernstzunehmende Quelle für Ineffektivität sein.

Daher erlauben IFRS 9.6.5.15 f., gekaufte Optionen in den inneren Wert und den Zeitwert aufzuspalten und Termingeschäfte in eine Kassakurs- und eine Terminkomponente zu zerlegen. Dabei wird nur der innere Wert der gekauften Option und nur die Kassakomponente des Termingeschäfts als Sicherungsinstrument designiert. Bei Währungsswaps kann auch ein Währungsbasisrisiko aus riskanten oder illiquiden Währungen abgespalten und aus der Sicherungsbeziehung ausgeklammert werden.

Sehr komplex wurde mit IFRS 9 die **Bilanzierung der Restkomponente** des Derivats, die nicht Teil der gewidmeten Sicherungsbeziehung ist, also bei Optionen der Zeitwert und bei Termingeschäften die Differenz zwischen Kassa- und Terminkurs. Die Neuregelung ist ökonomisch gut durchdacht und wurde von großen Banken eingefordert, allerdings erfordert sie ein tiefes Verständnis der Materie und fortschrittliche Bewertungssysteme, die nur in Großbanken vorhanden sein werden.

Da die Restkomponente nicht als Teil der Sicherungsbeziehung gewidmet wird und nicht über das *hedge accounting* neutralisiert wird, erzeugt sie grundsätzlich Volatilität in der GuV. Allerdings verlangt IFRS 9 nun eine **zusätzliche Effektivitätsbetrachtung**:

- Soweit die Restkomponente direkt mit der Sicherungsbeziehung zusammenhängt, werden Wertänderungen erfolgsneutral im OCI dargestellt.
- Soweit die Restkomponente darüber hinausgeht, wird sie erfolgswirksam in der GuV gezeigt.

TAB. 12: Erfassung der Komponenten des Derivats beim fair value- und cashflow hedge

Wertänderungen des Derivats	fair value hedge	cashflow hedge
Wertänderung innerer Wert oder Kassakomponente	GuV	effektiver Teil im OCI ineffektiver Teil in GuV
Wertänderung Restkomponente, soweit auf Sicherung bezogen	OCI	OCI
Wertänderung Restkomponente, soweit über Sicherung hinausgehend	GuV	GuV

Für die Unterscheidung, wie weit sich die Restkomponente auf die Sicherung bezieht, ist ähnlich wie schon beim *cashflow hedge* die **hypothetische Derivatemethode** vorgesehen. Das abgesicherte Risiko im Grundgeschäft wird finanzmathematisch durch ein hypothetisches Derivat abgebildet, das die relevanten Ausstattungsmerkmale des Grundgeschäfts exakt abdeckt. Je nachdem, ob mit einer Option oder einem Termingeschäft gesichert wird, ist auch das hypothetische Derivat eine Option oder ein Termingeschäft.

Auch das hypothetische Derivat hat eine Restkomponente (Zeitwert einer gekauften Option oder Differenz zwischen Termin- und Kassakurs). Diese wird mit der Restkomponente des Sicherungsinstruments verglichen. Ist die Restkomponente des Sicherungsinstruments größer, wird der Überhang über die GuV bewertet. Ist die Restkomponente des Sicherungsinstruments kleiner als jene des hypothetischen Derivats, wird diese vollständig im OCI bewertet. Betrachtet werden bei allen Vergleichen stets die Absolutbeträge.

Dieser Vergleich findet einmal zu Beginn der Sicherungsbeziehung und an jedem Stichtag statt.

BEISPIEL Das Unternehmen sichert am 1.1.X1 seinen benötigten Einkauf von WTI-Rohöl am 1.1.X2. Zur Sicherung erwirbt es eine Kaufoption auf die Sorte Brent per Termin 1.1.X2.

Die Brent-Kaufoption kostet 20 €/t (Zeitwert 20 €/t, innerer Wert 0 €/t). Das hypothetische Derivat ist eine geschriebene WTI-Kaufoption (Stillhalterposition), weil das Unternehmen sein Risiko absichert, WTI-Rohöl teurer einkaufen zu müssen als den abgesicherten Preis. Das hypothetische Derivat hat, absolut betrachtet, einen Fair Value von 18 €/t (Zeitwert 18 €/t, innerer Wert 0 €/t). Die folgende Tabelle zeigt die nötige Erfassung der Wertänderungen des Restwerts.

	1.1.X1	31.3.X1	30.6.X1	30.9.X1	31.12.X1
(A) Zeitwert Sicherungsinstrument	20	15	10	5	0
(B) Zeitwertänderung Sicherungsinstrument		– 5	– 5	– 5	– 5
(C) Zeitwert hypothetisches Derivat	18	14	8	8	0
(D) Zeitwertänderung hypothetisches Derivat		– 4	– 6	0	– 8
(E) OCI entspricht (D)		– 4	– 6	0	– 8
(D) GuV entspricht (B) – (E)		–1	+ 1	– 5	+ 3

Wie die Tabelle zeigt, wird die gesamte Wertänderung des hypothetischen Derivats im OCI gezeigt, selbst wenn die Wertänderung des Sicherungsinstruments geringer ist. Dies wird durch einen gegenläufigen Effekt in der GuV wieder ausgeglichen (IFRS 9.B6.5.33).

Ist schon zu Beginn das hypothetische Derivat mehr wert als das Sicherungsinstrument, bestünde die Gefahr, dass überhöhte Beträge im OCI gebucht werden, die mit dem Sicherungsinstrument nichts mehr zu tun haben (in der Rechnungslegung steht nicht die Risikobeziehung, sondern die Bewertung des Sicherungsinstruments im Vordergrund). Im Beispiel wird dann nicht die Wertänderung des hypothetischen Derivats im Feld im OCI verbucht, sondern nur die niedrigere kumulierte Wertänderung eines der beiden Instrumente.

Variante: Der Zeitwert des hypothetischen Derivats bei Anschaffung sei 25.

	1.1.X1	31.3.X1	30.6.X1	30.9.X1	31.12.X1
(A) Zeitwert Sicherungsinstrument	20	15	10	5	0
(B) kum. Zeitwertänderung Sicherungsinstrument		**−5**	**−10**	**−15**	**−20**
(C) Zeitwert hypothetisches Derivat	25	21	12	12	0
(D) kum. Zeitwertänderung hypothetisches Derivat		**−4**	**−13**	**−13**	**−25**
(E) kleinerer Absolutbetrag von (B) und (D)		−4	−10	−13	−20
(F) OCI: Änderung von E		−4	−6	−3	−7
(D) GuV Differenz Wertänderung SI-Instrument und (F)		−1	+1	−2	+2

Die Auflösung der Rücklage ist der Auflösung der *cashflow hedge*-Rücklage nachempfunden (siehe XII.4.3., S. 288 f.). Werden die Anschaffungskosten eines Vorrats abgesichert, wird die Rücklage bei Anschaffung mit den Anschaffungskosten verrechnet. Wird aber ein zeitbezogenes, laufendes Risiko abgesichert, wird die Rücklage systematisch über die Laufzeit des Risikos verteilt aufgelöst (z. B. bei einem Zinscap, laufzeitbezogenen Wertsicherungen von Lagerbeständen oder laufzeitbezogene Sicherungen von Fremdwährungsrisiken in Auslandstöchtern).

Die komplexe Zerlegung und Bilanzierung der Restkomponente ist bei **gekauften Optionen** zwingend erforderlich, wenn das Unternehmen nur den inneren Wert für die Sicherung designieren will. Dagegen ist die komplexe Zerlegung bei **Termingeschäften** nur ein zusätzliches Wahlrecht (IFRS 9.6.5.16): Das Unternehmen kann die Kassakomponente des Termingeschäfts widmen und die Restkomponente entweder insgesamt erfolgswirksam bewerten oder zerlegen und zwischen OCI und GuV aufteilen. Dieses zusätzliche Wahlrecht ist sinnvoll, weil die Restkomponente bei Termingeschäften weniger bedeutsam ist als bei Optionen.

6.2. Fair Value-Option bei Kreditderivaten

Kreditderivate beziehen sich auf die Bonität einer bestimmten Referenzadresse. Hat das bilanzierende Unternehmen ein Risiko aus dieser Referenzadresse, z. B. eine kreditrisikobehaftete Anleihe, dann könnte es dieses Risiko mit einem Kreditderivat absichern. Allerdings gibt es viele Faktoren, die die Effektivität der Besicherung stören, etwa weil im Insolvenzfall die Märkte für die Anleihe austrocknen können (ausführlich zu den Störfaktoren und Praxisfragen *Grünberger*, Kreditrisiko im IFRS-Abschluss, Rz. 8199–8217).

Daher untersagt das IASB ein *hedge accounting* mit Kreditderivaten. Um der Finanzindustrie entgegenzukommen, hat es aber mit IFRS 9.6.7.1 eine **modifizierte Fair Value-Option** als Ersatz für einen *fair value hedge* geschaffen. Die erfolgswirksame Volatilität des Kreditderivats kann durch die erfolgswirksame Fair Value-Bewertung der gesicherten Geschäfte vermindert werden. Dazu muss die Referenzadresse identisch sein (Kreditderivat und gesicherte Forderung müssen sich auf dieselbe Gesellschaft beziehen). Außerdem muss die Seniorität gleich sein (eine Nachranganleihe darf nicht zum Fair Value gewidmet werden, wenn sich das Kreditderivat auf eine Erstranganleihe bezieht).

Um dem Risikomanagement entgegenzukommen, wurden zwei Besonderheiten im Vergleich zur üblichen Fair Value-Option (Kap. VIII.3.3., S. 154) geschaffen:

- Die Fair Value-Option kann jederzeit während der Laufzeit des gesicherten Instrumentes ausgeübt werden, sobald mit der Sicherung durch das Kreditderivat begonnen wird (die Differenz zum Buchwert wird sofort in der GuV realisiert).
- Die Fair Value-Option muss jederzeit während der Laufzeit des gesicherten Instruments widerrufen werden, wenn die Sicherung beendet wird, etwa wenn das Kreditderivat ausläuft. Dann gilt der Fair Value im Zeitpunkt des Widerrufs als neue Anschaffungskosten und es muss eine neue Effektivverzinsung ermittelt werden.

7. Dynamische Sicherung von Gruppen an Grundgeschäften

7.1. Überblick

Risikomanagementsysteme sind vielfältig und daher unterscheiden sich in der Praxis auch die Sicherungsbeziehungen. Wird nur ein Grundgeschäft mit einem Derivat gesichert, liegt ein **Micro-Hedge** vor. Der Micro-Hedge ist zwar einfach, wenn aber viele Grundgeschäfte gesichert werden, dann entstehen hohe Transaktions- und Verwaltungskosten. Können die Grundgeschäfte in gleichartige Gruppen oder Portfolios zusammengefasst werden, dann bietet sich der **Portfolio-Hedge** an. Dieser kann unter IFRS 9 abgebildet werden.

Werden aber ganze Unternehmensteile oder der gesamten Konzern gesamthaft gesichert, spricht man von einem **Macro-Hedge**. Dieser kann unter IFRS 9 nicht dargestellt werden, weil es am konkreten Zusammenhang zu Grundgeschäften fehlt. Allerdings arbeitet das IASB an einer Lösung, auch diesen erfolgsneutral darzustellen.

Professionelle Investitionsstrategien basieren regelmäßig auf Portfoliobasis. Dabei entsteht bereits **im Portfolio ein gewisser Risikoausgleich**, weshalb weniger Derivate für die Sicherung benötigt werden. Ein *hedge accounting* ist gemäß IFRS 9.6.6.1 zulässig, wenn die Gruppe nur aus zulässigen Grundgeschäften besteht (Kap. XII.2.2., S. 271) und auch das Risikomanagement auf Gruppenbasis erfolgt.

Das *hedge accounting* folgt denselben Grundzügen wie beim Micro-Hedge. Eine Gruppe kann hinsichtlich der Wertänderungsrisiken mittels *fair value hedge* oder hinsichtlich unsicherer Cashflows mittels *cashflow hege* gesichert werden. Auch die jeweilige Buchungstechnik ist dieselbe.

Bei einer Besicherung auf Gruppenbasis sind in der Rechnungslegung aber auch einige Besonderheiten zu berücksichtigen, die in IFRS 9.6.6.1. ff. ausführlich behandelt werden:

- Da sich die Grundgeschäfte im Portfolio teilweise gegenseitig absichern, steht den Derivaten nur ein **Nettorisiko** aus den Grundgeschäften gegenüber. Das Nettorisiko kann einzelnen Vermögenswerten und Schulden nicht immer direkt zugeordnet werden (kritisch insbesondere beim GuV-Ausweis).
- Das Unternehmen hat **zwei Risikoquellen** zu beachten: Das Nettorisiko als solches wie schon beim Micro-Hedge und die zusätzliche Unsicherheit, dass sich der Risikoausgleich zwischen den Grundgeschäften verändert.

Der *cashflow hedge* stellt die Rechnungslegung vor besondere Herausforderungen, weil das abgesicherte Grundgeschäft noch nicht bilanzierungsfähig ist. Würde man den *cashflow hedge* uneingeschränkt auf Gruppenbasis zulassen, wären die Konsequenzen kaum überschaubar. Daher schränkt IFRS 9.6.6.1 lit. c. den *cashflow hedge* auf Gruppenbasis stark ein. Er ist nur in den folgenden beiden Fallgruppen zulässig:

- Die gesicherten Cashflows einer Gruppe müssen sich annähernd proportional zueinander verhalten. Die Gruppe verhält sich daher wie ein einzelnes Instrument und es darf keinen Risikoausgleich in der Gruppe geben. Daher kann z. B. kein Netto-Cashflow aus Euribor-basierten Zuflüssen und Abflüssen gesichert werden.
- Oder es wird ein Fremdwährungsrisiko gesichert. In diesem Fall ist ein Risikoausgleich in der Gruppe zulässig und das Unternehmen darf z. B. den Netto-Cashflow aus geplanten Einkäufen und Verkäufen in einer Fremdwährung als Grundgeschäft designieren.

7.2. Bildung von Brutto- und Nettopositionen

Die Elemente einer Gruppe müssen konkret identifizierbar sein und es reicht nicht aus, nur eine abstrakte Grundgesamtheit oder, bei einem Risikoausgleich, einen bloßen Saldo zu designieren (IFRS 9.B6.6.4). Vielmehr müssen auch die Bruttopositionen in der Designation berücksichtigt werden.

BEISPIEL Ein deutsches Unternehmen tätigt Einkäufe und Verkäufe in US$ und sichert das Wechselkursrisiko im Risikomanagement auf Nettobasis mit Termingeschäften. Im Dezember X1 hat es Kaufverträge über 100 Mio. US$ (Auszahlung) und Verkaufsverträge über 150 Mio. US$ (Einzahlung) abgeschlossen, die in X2 erfüllt werden. Für das Nettorisiko von 50 Mio. US$ schließt es im Dezember X1 geeignete Termingeschäfte ab.

Für IFRS 9 reicht es nicht aus, eine Nettoposition von 50 Mio. US$ zu designieren. Vielmehr müssen die offenen Bruttopositionen designiert werden. Ferner sind die einzelnen Zukäufe und Verkäufe stück- und mengenmäßig zu identifizieren sowie die notwendigen Derivate und deren Glattstellungen im Zeitverlauf. Die nachfolgende Tabelle zeigt die Dokumentation der offenen Positionen zum 31.12.X1 für die Zukunft. Eine positive offene Position bezeichnet eine noch offene US$-Einzahlung, eine negative eine noch offene US$-Auszahlung.

Offene Positionen in Mio. US$	**31.12.X1**	**31.3.X2**	**30.6.X2**	**30.9.X2**	**31.12.X2**
Einkauf Rohstoff A	– 50	– 40	– 30	– 25	
Einkauf Rohstoff B	– 50	– 50			
Verkauf Produkt 1	+ 100	+ 75	+ 50	+ 25	
Verkauf Produkt 2	+ 50	+ 50	+ 50	+ 50	
Nettorisiko	**+ 50**	**+ 35**	**+ 70**	**+ 50**	**0**
Falsche Lösung:					
Derivate	– 50	– 35	– 35 (!)	– 35 (!)	
Richtige Lösung:					
Derivategruppe 1	+ 75	+ 65	+ 5	0	
Derivategruppe 2	– 125	– 100	– 75	– 50	
Nettoderivat	**– 50**	**– 35**	**– 70**	**– 50**	**0**

Das Beispiel soll einen der Gründe zeigen, warum unter IFRS 9 Bruttopositionen zu designieren sind: Obwohl sich die Bruttopositionen über die vier Folgequartale hinweg verkleinern, kann sich zwischendurch die Nettoposition auch vergrößern. Das kann passieren, wenn sich die kleinere Bruttoposition schneller abbaut als die größere.

Für eine wirksame Sicherung braucht das Unternehmen daher nicht nur Derivate für die Nettoposition von 50 Mio. € (dargestellt unter „falsche Lösung"). Stattdessen braucht es zwei verschiedene Gruppen von Derivaten, die in Summe das Nettorisiko über die gesamte Laufzeit abdecken. Die beiden Derivategruppen 1 und 2 werden schrittweise über die Restlaufzeit der Sicherungsbeziehung verbraucht (dargestellt unter „richtige Lösung").

Die Tabelle zeigt nur die gewidmeten Volumina, nicht aber die Wertänderungen: Diese werden nach den jeweiligen Regeln erfasst: Liegt hier z. B. ein *cashflow hedge* vor, werden die effektiven Wertänderungen der Derivate im OCI gezeigt. Finden die gesicherten Cashflows in X2 statt, müssen die im OCI erfassten Beträge wie folgt verwendet werden:

- Soweit ein Umsatz in US$ gesichert wurde, wird der im OCI erfasste Betrag sofort im Zeitpunkt des Umsatzes über die GuV aufgelöst (und zwar in dem Moment, in dem die Lieferforderung erfasst wird).
- Soweit eine Anschaffung gesichert wurde, wird die Rücklage mit den Anschaffungskosten des Rohstoffs verrechnet.

In einer Gruppe von Grundgeschäften kommt es regelmäßig zu einem Risikoausgleich, in seltenen Fällen kann sogar ein **vollständiger Risikoausgleich** vorliegen: Die Grundgeschäfte sichern sich gegenseitig perfekt ab, aus heutiger Sicht über die gesamte Restlaufzeit hinweg (Null-Nettopositionen). Dann wird kein Sicherungsinstrument benötigt. Damit gäbe es keinen Bedarf für ein *hedge accounting.* Manchmal verfolgen Unternehmen aber eine dynamische Strategie: Zu Beginn der Sicherung liegt zwar eine Null-Nettoposition vor, danach ändern sich die gesicherten Größen aber unvorhergesehen und Derivate werden eingesetzt, um wieder gegenzusteuern. In diesem Fall kann eine rollierende Sicherungsbeziehung designiert werden, damit für die später angeschafften Derivate auch ein *hedge accounting* zur Verfügung steht. Die Designation ist zulässig und erforderlich, obwohl zu Beginn noch kein Sicherungsinstrument vorhanden ist (IFRS 9.6.6.6).

7.3. Absicherung von Schichten in einer Gruppe

Gruppen von Grundgeschäften sind nur selten statisch, d. h. sie bleiben über die Sicherungsbeziehung nicht unverändert. Manchmal fallen ältere Grundgeschäfte weg (z. B. durch Erfüllung, Tilgung oder Ablauf), dafür kommen neue Grundgeschäfte hinzu. Man spricht dann von einem dynamischen Portfolio. Um den Risikoverlauf besser zu steuern, werden im Risikomanagement häufig **Schichten** *(layers)* gebildet.

Werden im Risikomanagement Schichten gebildet, muss auch das *hedge accounting* auf die Schichten bezogen werden (IFRS 9.6.6.3). Dies gilt sowohl für den *fair value-* als auch für den *casflow hedge.* Im Übrigen erfordern auch die von IFRS 9 verlangten Anpassungen zur Steigerung der Effektivität die Bildung von Schichten (siehe Kap. XII.5.2., S. 291).

Dazu müssen die Einzelgeschäfte insgesamt oder Anteile von Einzelgeschäften direkt einer bestimmten Schicht zugeordnet und nachverfolgt werden. Eine Schicht kann definiert werden:

- als eine Menge von Geschäften (z. B. die nächsten 100 Stück Ein- oder Verkäufe eines Produkts, der Bodensatz von 1 Mio. t Rohöl unter den Vorräten);
- als ein Nennwert von Geschäften (z. B. die nächsten Verkäufe i. H. von 50 Mio. US$ oder 1 Mio. € Nennwert eines bestimmten Forderungsportfolios von 2 Mio. €).

Eine Schicht kann sowohl Vermögenswerte als auch Schulden oder feste Verpflichtungen umfassen. Für Zwecke des *cashflow hedge* kann eine Schicht verschiedene geplante Transaktionen oder Cashflows aus Vermögenswerten und Schulden umfassen (allerdings nur proportionale Cashflows oder wechselkursabhängige Cashflows; siehe Kap. XII.7.1., S. 296).

BEISPIEL Ein deutsches Unternehmen tätigt Einkäufe und Verkäufe in US$ und sichert das Wechselkursrisiko im Risikomanagement auf Nettobasis mit Termingeschäften. Im Dezember X1 hat es Kaufverträge über 100 Mio. US$ (Auszahlung) und Verkaufsverträge über 150 Mio. US$ (Einzahlung) abgeschlossen.

Das Unternehmen möchte nur die ersten 80 Mio. US$ an Einkäufen (Auszahlungen) und die ersten 100 Mio. US$ an Verkäufen (Einzahlungen) auf Nettobasis absichern.

Die nachfolgende Tabelle zeigt die Dokumentation der offenen Positionen zum 31.12.X1 für die Zukunft, eine positive offene Position bezeichnet eine noch offene US$-Einzahlung, eine negative eine noch offene US$-Auszahlung.

Offene Positionen in Mio. US$	**31.12.X1**	**31.3.X2**	**30.6.X2**	**30.9.X2**	**31.12.X2**
Einkauf Rohstoff	– 100	– 60	– 30	– 15	
davon ges. Schicht (erste 80)	– 80	– 40	– 10		
Verkauf Produkt	+ 150	+ 100	+ 10	+ 5	
davon ges. Schicht (erste 100)	+ 100	+ 50			
Nettorisiko	**+ 20**	**+ 10**	**0**	**0**	**0**
Derivate	**– 20**	**– 10**	**0**	**0**	**0**

In den Folgequartalen kann das Unternehmen neue Schichten hinzufügen, die die bereits gesicherten Schichten ergänzen (diese Dynamik und die Auswahl der neuen Schicht muss aber schon zu Beginn in der Dokumentation festgelegt sein). Die alten Schichten laufen allmählich aus, sobald die Käufe und Verkäufe stattfinden. Diese Sicherungstechnik bietet sich an, wenn ständig neues Geschäft hinzukommt und das Unternehmen zuerst eine kritische Masse an Neuabschlüssen ansammeln möchte, bevor es wieder eine neue Schicht designiert.

Viele Banken sichern das **Fair Value-Zinsrisiko eines Portfolios** aus Vermögenswerten oder Schulden, wobei sie dafür Schichten auf Basis der Nennwerte der Instrumente je nach ihrer Zinsbindung bilden. Üblich ist ein *fair value hedge* (Absicherung festverzinslicher Instrumente oder variabel verzinster Instrumente mit langen Zinsanpassungsperioden). Auch hier müssen die Bruttopositionen gewidmet werden, aus denen sich im Zeitverlauf verschiedene Nettopositionen ergeben können. Die Nennwerte der Vermögenswerte und Schulden werden in Schichten zerlegt, die ihren erwarteten Zahlungsterminen entsprechen. Entsprechend der Zahlungstermine werden sie bestimmten Zeitbändern *(time buckets)* zugeordnet.

ABB. 17: Identifikation der erwarteten Zahlungstermine

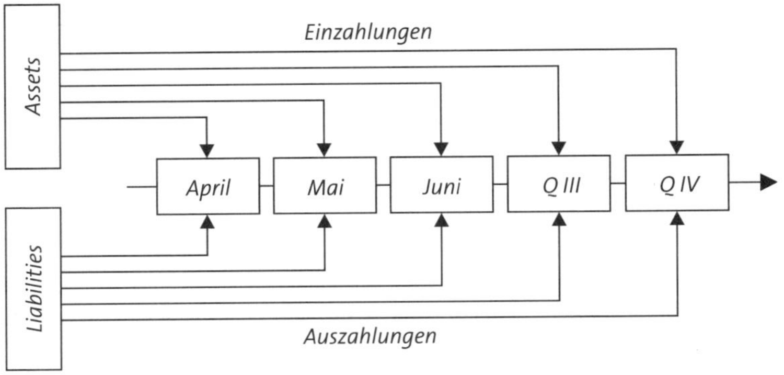

ABB. 18: Verteilung der Nennwerte auf Zeitbänder

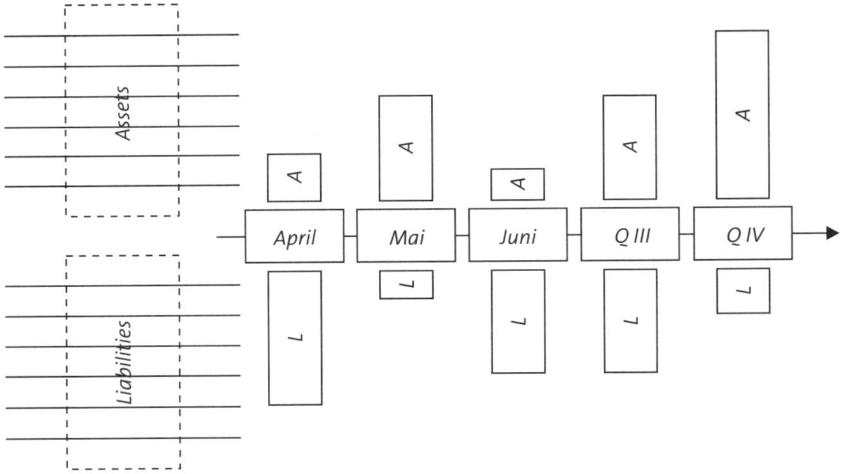

Für jedes Zeitband wird der jeweilige Überhang von Aktivpositionen und Passivpositionen berechnet. Die dem Überhang entsprechenden Nennwerte können als Nettoposition gesichert werden. Sicherungsgegenstand ist das Zinsrisiko der Schicht aus den zugeordneten Bruttopositionen, die in ein Zeitband fallen.

ABB. 19: Absicherung der Nettorisiken

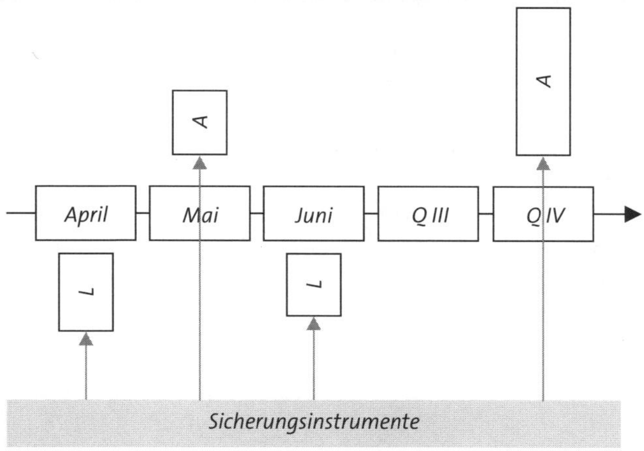

Wie beim regulären *fair value hedge* werden die Sicherungsderivate zum Fair Value angesetzt und ihre Wertänderungen im Hedge-Ergebnis erfasst. Die abgesicherten Grundgeschäfte werden nur hinsichtlich des Zinsänderungsrisikos bewertet: Die entsprechenden positiven und negativen Wertänderungen jeder Schicht werden pro Finanzinstrument ermittelt. Der jeweilige Bewertungssaldo je Finanzinstrument wird erfolgswirksam am Bestandskonto erfasst *(basis adjustment)*.

7.4. Darstellung einer gruppenweisen Sicherung

Wird eine Gruppe von Grundgeschäften gesichert, muss die Darstellung der Effekte in der Bilanz und in der GuV geklärt werden.

In der **Bilanz** stellt sich das Problem nur beim *fair value hedge*, denn nur hier verändern sich die bilanziellen Wertansätze der Grundgeschäfte. Die Wertänderungen der Grundgeschäfte aus dem gesicherten Risiko werden individuell als *basis adjustment* verbucht, egal, ob sie gegenläufig zum Derivat oder gegenläufig zu anderen Grundgeschäften sind (d. h. gleichläufig zum Derivat). Damit ist auch dem Einzelbewertungsgrundsatz Rechnung getragen, weil die Effekte einzeln bei den betroffenen Vermögenswerten und Verbindlichkeiten gezeigt werden (IFRS 9.6.6.5).

In der **GuV** kann das *hedge accounting* aber zu Problemen führen. Betreffen alle gesicherten Wertänderungen einer Gruppe von Grundgeschäften nur **einen Posten der** GuV, dann können Gewinne und Verluste auch dort dargestellt werden. Betreffen sie aber mehrere Posten, müssen die Sicherungsergebnisse in einem gesonderten GuV-Posten dargestellt werden (IFRS 9.6.6.4; z. B. wenn Zinsaufwendungen und Zinserträge gesichert werden). Der gesonderte Posten wird häufig als „Hedge-Ergebnis" bezeichnet.

BEISPIEL 1 ▸ Ein Unternehmen verwendet Rohölderivate, um den Fair Value von abgeschlossenen Verkaufsverträgen und von vorhandenen Vorräten gemeinsam als *fair value hedge* abzusichern. Die Sicherungsbeziehung wirkt sich auf den Wareneinsatz und den Umsatzerlös zugleich aus. Die Wertänderungen der Grundgeschäfte und Derivate werden daher nicht in verschiedenen Erfolgsposten, sondern nur einheitlich unter dem Hedge-Ergebnis dargestellt.

BEISPIEL 2 ▸ Ein Unternehmen sichert das Fair Value-Zinsrisiko einer Gruppe, bestehend aus einer Forderung (Buchwert + 100) und einer Verbindlichkeit (Buchwert – 80), mit einem Derivat ab (Buchwert 0). Am Abschlussstichtag ergeben sich nachfolgende Wertänderungen, die wie folgt zu verbuchen sind:

Wertänderungen:		**Buchungssätze:**	
Forderung: zinsbedingte Wertänderung	+ 12	Forderung an Hedge-Ergebnis	12
Verbindlichkeit: zinsbedingte Wertänderung	– 8	Hedge-Ergebnis an Verbindlichkeit	8
Derivat: Fair Value	– 3	Hedge-Ergebnis an Derivat	3
Ineffizienz (Nettoerfolg in GuV)	– 1		

XIII. Leistungen an Arbeitnehmer *(Employee Benefits)*

1. Allgemeines zu Leistungen an Arbeitnehmer

IAS 19 regelt die meisten Formen von Leistungen an Arbeitnehmer; der Standard wurde im Juni 2011 neu gefasst und ist auf Abschlussjahre anzuwenden, die am 1.1.2013 oder später beginnen.

IAS 19 gilt für alle Leistungen an Arbeitnehmer, insbesondere nach formalen Plänen oder anderen formalen Vereinbarungen mit Arbeitnehmern bzw. Arbeitnehmervertretern, nach gesetzlichen oder tarifvertraglichen Bestimmungen oder nach betrieblicher Übung, die eine faktische Verpflichtung begründen (IAS 19.3 f.). Ausdrücklich von IAS 19 ausgenommen sind Mitarbeiterbeteiligungsmodelle, Aktienoptionspläne und kursabhängige Prämien im Sinne von IFRS 2 (siehe dazu Kap. XI.4., S. 251).

Kernstück von IAS 19 sind **Pensionspläne** (Betriebspensionen oder ähnliche Versorgungsmodelle). Pensionspläne sind in den Kap. XIII.3. ff., S. 303 ff., dargestellt. Die Bilanzierungsgrundsätze für Pensionspläne sind – in modifizierter Form – auch auf andere langfristige Versorgungsleistungen anzuwenden (z. B. Jubiläumsgelder, Altersteilzeitmodelle); diese sind in Kap. XIII.4., S. 313 f., dargestellt.

IAS 19 gilt unabhängig davon, ob eine Voll- oder Teilzeitbeschäftigung vorliegt oder der Dienstnehmer auf Werkvertragsbasis beschäftigt wird; IAS 19 betrifft auch das Management.

2. Kurzfristige Leistungen

IAS 19 regelt unter anderem **kurzfristig fällige Leistungen**. Kurzfristig fällige Leistungen umfassen Löhne, Gehälter (insbesondere Urlaubs- und Weihnachtsgeld) und Sozialabgaben sowie die folgenden Ansprüche, die gänzlich innerhalb von zwölf Monaten nach dem Abschlussstichtag fällig werden: bezahlte Abwesenheiten (bezahlter Jahresurlaub oder Lohnfortzahlung im Krankheitsfall), Erfolgsprämien und Gewinnbeteiligungen sowie Sachbezüge wie medizinische Versorgung, Unterkunft, Dienstwagen oder vergünstigte Leistungen (IAS 19.5 f.), auch wenn diese den Angehörigen zukommen.

Hat ein Arbeitnehmer zum Abschlussstichtag kurzfristige Ansprüche erworben (z. B. Gehälter, Prämien, Beiträge zur Sozialversicherung, Prämien oder Sachleistungsansprüche) und wurden diese noch nicht ausbezahlt oder geleistet, dann ist der undiskontierte Betrag als Schuld anzusetzen und im Aufwand zu erfassen, soweit sie nicht im Rahmen der Herstellung von Sachanlagen, noch nicht abgerechneten Dienstleistungen oder Vorräten zu aktivieren sind (IAS 19.11). In letzteren Fällen werden sie anstatt einer Aufwandsbuchung auf einem Bestandskonto erfasst.

Urlaubsansprüche und andere Ansprüche auf bezahlte Abwesenheit (z. B. Gleitzeitüberhänge) sind auf Basis der zum Abschlussstichtag angesammelten Ansprüche anzusetzen (.11; soweit nicht bereits verfallen). Maßgeblich sind die erwarteten Gehaltszahlungen und sonstigen Kosten während der künftigen Inanspruchnahme unter Berücksichtigung der üblichen Verfallsraten – nicht aber die Kosten der höchstmöglichen Inanspruchnahme. Eine Schuld entsteht unabhängig davon, ob der Arbeitnehmer ein Recht auf zusätzliche Auszahlungen hat oder die angesammelten Urlaubsguthaben nur konsumieren kann, während das Unternehmen laufende Gehälter weiterzahlen muss.

Erfolgsprämien oder Boni werden angesetzt, wenn am Abschlussstichtag eine rechtliche oder faktische Verpflichtung besteht und die Prämie verlässlich ermittelt werden kann (z. B. aufgrund einer Planformel oder aufgrund der Festlegung der Prämie vor Freigabe der Abschlussveröffentlichung; .19 ff.). Auch wenn die Prämien aufschiebend bedingt sind und an den Verbleib im Unternehmen für eine bestimmte Zeit anknüpfen, muss eine Verbindlichkeit angesetzt werden. Dabei ist der erwartete Prämienverfall aufgrund dieser Bedingung zu berücksichtigen. Bei einer Sperrfrist von mehr als einem Jahr liegen allerdings langfristige Leistungen an Dienstnehmer vor (vgl. .24). Gewinnabhängige Prämien an Dienstnehmer sind stets als Personalaufwand und nicht als Gewinnverwendung zu erfassen (.23).

Spezielle Anhangangaben für kurzfristige Leistungen sind nicht erforderlich, diese können sich aber aus anderen Standards ergeben (z. B. IAS 1 und 24).

3. Pensionspläne *(Post Employment Benefits)*

3.1. Allgemeines

Die Bilanzierung von Pensionsplänen (Betriebspensionen), die zu Leistungen nach Dienstbeendigung führen, und von ähnlichen Versorgungsmodellen (z. B. Lebens- und Krankenversicherungen nach Dienstbeendigung), ist in IAS 19.26 ff. geregelt. Diese Modelle folgen regelmäßig einem Vorsorgeplan, der über externe Einheiten (z. B. Fonds oder Versicherungen) gedeckt wird, dies ist aber nicht notwendig. Die Pläne können entweder beitragsorientiert *(defined contribution plan)* oder leistungsorientiert *(defined benefit plan)* sein.

Bei **beitragsorientierten Pensionsplänen** sind regelmäßige Beiträge an Fonds oder Pensionskassen vorgegeben (z. B. 2 % der jährlichen Bruttobezüge). Betroffen sind z. B. Pensionskassenmodelle. Risiken aus der Veranlagung der Beiträge und aus versicherungsmathematischen Parametern (z. B. Lebenserwartung, Zinsrisiken u. dgl.) trägt dabei nicht das Unternehmen, sondern der Dienstnehmer (IAS 19.28); das Unternehmen darf dabei keinen Restrisiken unterliegen (wie z. B. einer Nachschussverpflichtung bei Verlusten). Auch eine faktische Verpflichtung darf es nicht geben, etwa wenn das Unternehmen seinen Beschäftigten eine bestimmte Pensionshöhe in Aussicht gestellt hat.

Die Bilanzierung beitragsorientierter Pläne ist verhältnismäßig einfach: Die Beiträge werden periodengerecht abgegrenzt und im Personalaufwand verbucht (IAS 19.50), außer sie stellen Herstellungsaufwand dar. Die Bilanzierung entspricht jener von kurzfristig fälligen Leistungen. Abgegrenzte Verpflichtungen, die in mehr als zwölf Monaten fällig werden, sind abzuzinsen.

Bei **leistungsorientierten Pensionsplänen** ist das Unternehmen i. d. R. selbst verpflichtet, Pensionszahlungen in festgelegter Höhe zu leisten oder für allfällige Risiken der Veranlagung oder der versicherungsmathematischen Parameter (z. B. Lebenserwartung, Zinsrisiken) aufzukommen. Die Bilanzierung ist daher komplex, weil versicherungsmathematische Annahmen berücksichtigt werden müssen und sich die Verpflichtung auf lange Zeitspannen bezieht (.55). Die nachfolgenden Ausführungen behandeln daher leistungsorientierte Pläne.

Die Vorschriften von IAS 19.55 ff. basieren auf den folgenden Grundprinzipien:

- **Nettodarstellung:** Das Planvermögen wird von der Pensionsverpflichtung abgezogen und nur die Restschuld bzw. das Restvermögen wird in der Bilanz ausgewiesen (Defizit oder Überschuss). Das Planvermögen ist zweckgebunden, daher kann das Unternehmen nicht darüber verfügen (kein Vermögen nach der Definition im Rahmenkonzept). Daher wird es nicht aktiviert, sondern mit der Pensionsverpflichtung saldiert.
- **Verzögerte und eingeschränkte Realisation:** Der Pensionsaufwand wird systematisch über den Zeitraum der vom Plan begünstigten Dienstzeit verteilt. Die Pensionsverpflichtung wird über diesen Zeitraum schrittweise aufgebaut. Wertschwankungen der Pensionsverpflichtung oder des Planvermögens werden erfolgsneutral im sonstigen Ergebnis (OCI) gezeigt.
- **Nettopensionsaufwand:** Aufwands- und Ertragskomponenten, etwa Zinsaufwendungen und Zinserträge, und der Verpflichtungszuwachs aufgrund von Arbeitsleistungen werden als Saldobetrag (Nettopensionsaufwand) dargestellt.

Bei leistungsorientierten Plänen steht somit der Fair Value des Planvermögens dem (versicherungsmathematisch) ermittelten Wert der Pensionsverpflichtung gegenüber. Die Differenz ist ein **Defizit** (wenn der Plan am Stichtag unterfinanziert ist) oder ein **Überschuss** (wenn der Plan überfinanziert ist; IAS 19.57(a)). Gibt es kein Planvermögen, dann entspricht das Defizit der gesamten Pensionsverpflichtung. Ein Überschuss wird allerdings nur erfasst, wenn ein bestimmter Höchstbetrag nicht überschritten wird. Das Defizit bzw. der Überschuss bis zum Höchstbetrag wird in der Bilanz als Verbindlichkeit oder als Vermögenswert erfasst (IAS 19.63 f.).

Der Höchstbetrag für die Aktivierung eines Überschusses ergibt sich aus dem Barwert zukünftiger Beitragsrückerstattungen an das bilanzierende Unternehmen. Beitragsrückerstattungen gleichgestellt sind Anrechnungen auf künftige Beiträge, d. h. eine künftige Beitragsminderung (IAS 19.8). In diesen Fällen liegt eine Ressource für das Unternehmen vor, weil es den Überschuss für sich nutzen kann. Dies rechtfertigt die Aktivierung (.64 f.).

Konkrete Fragen der Ermittlung des Höchstbetrags sind ausführlich in IFRIC 14 geregelt. Beitragsrückerstattungen und Gutschriften müssen nicht sofort verfügbar sein; sie sind auch dann im Höchstbetrag anrechenbar, wenn sie während der Laufzeit oder erst bei Tilgung der Planverbindlichkeiten angerechnet werden können (IFRIC 14.8). Die Beitragsrückerstattung darf aber nicht von unbeeinflussbaren zukünftigen Ereignissen abhängen (IFRIC 14.12). Nachzahlungsverpflichtungen zur Abdeckung eines aktuellen Wertverfalls des Planvermögens sind als Verbindlichkeit anzusetzen, außer sie berechtigen zur Beitragsrückerstattung bzw. werden als Gutschrift angerechnet (IFRIC 14.23).

BEISPIEL ► Der Pensionsplan weist am Abschlussstichtag einen Überschuss des Fair Value des Planvermögens über die Pensionsverpflichtung von 10 Mio. € aus, der im Pensionsplan thesauriert und zur Bedienung künftiger Verpflichtungen verwendet wird. Laut Pensionsplan muss das Unternehmen nur Beiträge in Höhe eines aktuellen Defizits leisten. Da der Überschuss zur Bedienung der künftigen Pensionsverpflichtungen verwendet wird, reduzieren sich die künftigen Beitragszahlungen des bilanzierenden Unternehmens. Daher ist der Überschuss vollständig zu aktivieren.

Laufende Beiträge an den Pensionsfonds vermindern grundsätzlich ein Defizit oder erhöhen den Überschuss, sofern der Überschuss rückerstattungsfähig oder auf künftige Beitragszahlungen anrechenbar ist. Damit sind laufende Beiträge grundsätzlich nicht erfolgswirksam.

BEISPIEL ▸ Verbuchung einer Überfinanzierung:

Nettopensionsverbindlichkeit: 1 Mio. €

Beitrag an den Fonds: 2 Mio. €
Beitrag an den Fonds: 2 Mio. €

Nettovermögen	1 Mio. €		
Nettoverbindlichkeit	1 Mio. €		
an Cash		2 Mio. €	

Verbuchung einer Unterfinanzierung:

Nettopensionsverbindlichkeit: 5 Mio. €

Nettoverbindlichkeit	2 Mio. €	
an Cash		2 Mio. €

Der **Fair Value** des Planvermögens ist der Exit-Preis im Sinne von IFRS 13 (ausführlich Kap. XV, S. 333). Der Fair Value entspricht daher einem allenfalls vorhandenen Marktwert oder einem Modellwert, der einen Exit-Preis unter Berücksichtigung der Annahmen der relevanten Marktteilnehmer darstellt. Der Zinssatz muss fristen- und risikokongruent für das jeweilige Instrument des Planvermögens sein.

Nicht zum Planvermögen gehören fällige oder künftig erwartete Beiträge des Unternehmens an den Pensionsplan (sonst ergäben sich daraus Zirkelbezüge und eine unklare Abgrenzung zwischen Planvermögen und Unternehmensvermögen). Dies gilt konsequenterweise für alle nicht transferierbaren Finanzinstrumente, die das Unternehmen ausgegeben hat. Übertragbare Wertpapiere des Unternehmens werden aber im Planvermögen berücksichtigt (.114).

Im Gegensatz zu sonstigen, kurz- und langfristigen Leistungen an Arbeitnehmer verlangt IAS 19 sehr umfangreiche Anhangangaben zur Bilanzierung von Pensionsplänen (siehe .135); diese werden aufgrund ihres Umfangs hier nicht erläutert.

3.2. Projected Unit Credit-Methode

Die Berechnung der Pensionsverpflichtung erfolgt nach der *„projected unit credit method"* (IAS 19.68). Danach wird die finale Verpflichtung in jeder Periode schrittweise aufgebaut, in der sie vom Dienstnehmer erarbeitet wird. Zu berücksichtigen sind alle Pensionsansprüche, die ein Mitarbeiter aufgrund seiner Arbeitsleistung bis zum Abschlussstichtag (wirtschaftlich) erworben hat. Dazu zählen Pensionszusagen mit bereits bestehenden Rechtsansprüchen und aufschiebend bedingte Pensionszusagen, die erst in der Zukunft zu Rechtsansprüchen führen. Auch ohne eine rechtlich durchsetzbare Verpflichtung entsteht nämlich eine faktische Verpflichtung aus der entgegengenommenen Arbeitsleistung (IAS 19.72). Auch einseitige Widerrufsrechte des Pensionsplans sind faktisch kaum umsetzbar und sprechen daher nicht gegen eine Pensionsverpflichtung (.62).

Die Verpflichtung ist auf jene Dienstjahre verteilt aufzubauen, in denen sie laut Plan erworben werden *(service period)*; maßgeblich ist dafür die **Planformel** (IAS 19.70). Die Planformel bestimmt, wie sich die Pensionsansprüche in Abhängigkeit von der Dauer der Betriebszugehörigkeit entwickeln. Meist endet der begünstigte Zeitraum mit Pensionsantritt; endet er schon davor, dann erfolgt eine Verteilung über einen entsprechend kürzeren Zeitraum (.70 lit. b). Der begünstigte Zeitraum ist jener, der zu einem echten Zuwachs an Pensionsverpflichtungen führt, nicht bloß aufgrund der laufenden Gehaltssteigerungen oder Zinsen (.74).

ABB. 20: Zeitliche Entwicklung der Pensionsansprüche (Annahme: Plan begünstigt alle Dienstjahre bis Pensionsantritt)

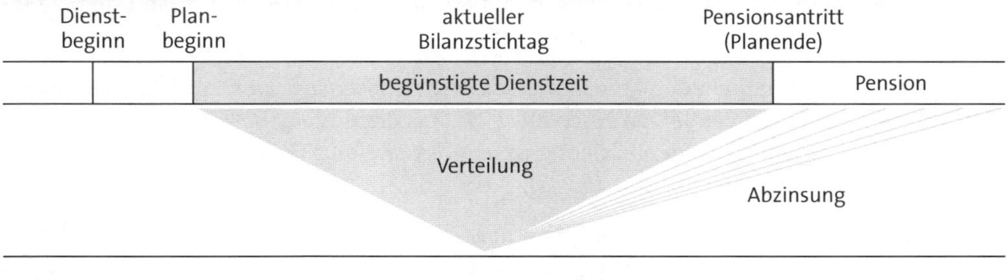

Die Planformel kann eine lineare Ansammlung von Pensionsansprüchen vorsehen oder eine verstärkte Ansammlung zu Beginn *(frontloading)* oder gegen Ende der Dienstzeit *(backloading)*. Bei *backloading*-Modellen darf die Ansammlung in späteren Jahren aber nicht materiell höher sein als in früheren Jahren. Sonst verlangt IAS 19.70 eine lineare Verteilung über den Zeitraum der materiell begünstigten Dienstjahre, weil sich der Dienstnehmer die höheren Pensionsansprüche der letzten Jahre schon in den früheren Jahren verdient (.73).

BEISPIEL Am 1.1.X1 wird einem Mitarbeiter eine Einmalzahlung bei Pensionsantritt zugesagt. Die Zahlung beträgt 10 % des letzten Aktivbezugs für jedes weitere Dienstjahr (nach X1: 10 %, nach X2: 20 %, nach X3: 30 % etc.). Der voraussichtliche Pensionsantritt erfolgt zum 31.12.X8. Ein Rechtsanspruch besteht aber erst ab dem 31.12.X4; bei früherer Dienstbeendigung verfällt der Anspruch.

Lösung:

Am 31.12.X1 hat der Mitarbeiter laut Planformel einen Pensionsanspruch von 10 % des letzten Aktivbezugs (wirtschaftlich) erworben. Dieser Betrag ist für die Berechnung der Pensionsverpflichtung zum 31.12.X1 maßgeblich, der Barwert wird als Verbindlichkeit erfasst. Die aufschiebende Bedingung ist in diesem Beispiel unerheblich, kann aber für versicherungsmathematische Parameter relevant sein (z. B. Fluktuationsabschläge).

Laufende Gehaltserhöhungen wirken sich auf die Verpflichtung nicht aus, weil sie ohnedies durch die Schätzung des letzten Aktivbezugs vorweggenommen wurden; zu einer Anpassung kommt es erst, wenn sich die Schätzung des letzten Aktivbezugs verändert.

Die Bilanzierungstechnik des Beispiels lässt sich auf Pensionspläne erweitern, indem statt der diskontierten, erwarteten Einmalzahlung der versicherungsmathematisch ermittelte Barwert der Betriebspension herangezogen wird. Zusätzliche Komplexität resultiert dann aus der versicherungsmathematischen Berechnung, nicht aber aus der buchhalterischen Erfassungslogik.

Maßgeblich ist grundsätzlich das erwartete, **zukünftige Gehaltsniveau** bei Pensionsantritt, sofern dieses gemäß der Planformel die Leistung bestimmt. Daher müssen auch Gehaltssteigerungen geschätzt werden sowie die Inflation, erwartete Beförderungen oder die Gehaltsanpassung aufgrund der Seniorität sowie die langfristige Entwicklung am Arbeitsmarkt (.87 und .90). Das zukünftige Gehaltsniveau muss **versicherungsmathematisch** ermittelt werden.

Neben der Gehaltsentwicklung ergeben sich Unsicherheiten aus weiteren demographischen Variablen wie Lebenserwartung (Sterbetafeln), dauerhafte Dienstverhinderung, Personalfluktuation, abgedeckte Krankheitskosten, Auszahlungsoptionen und aus finanziellen Annahmen wie Zinsen oder Gehaltssteigerungen (.76). Sind Rechte aus dem Pensionsplan aufschiebend bedingt (z. B. mit einer bestimmten Unternehmenszugehörigkeit), ist die voraussichtlich verfallende Verpflichtung von der Gesamtverpflichtung abzuziehen (.72). Auch allgemein zu erwartende Leistungssteigerungen durch das Unternehmen, die zu einer faktischen Verpflichtung führen, sind zu berücksichtigen; wird die Leistung etwa regelmäßig angepasst, um Inflationseffekte zu berücksichtigen oder um besondere Leistungen und Erfolge zu berücksichtigen, dann sind die erwarteten Anpassungen ebenfalls zu schätzen (.88).

Versicherungsmathematische Annahmen müssen neutral festgelegt werden, d. h. nicht unvorsichtig, aber auch nicht übermäßig konservativ (.77). Aus dieser Vorgabe leitet sich ab, dass ein moderates Maß an Vorsicht jedenfalls nötig ist, d. h. im Zweifel sind eher höhere als geringere Verpflichtungen anzunehmen.

Da Pensionszahlungen meist über Jahrzehnte hinweg anfallen, wird die Pensionsverpflichtung mit dem **Barwert** der erwarteten Zahlungen bewertet.

Als Diskontierungszinssatz dient die **Marktverzinsung** erstrangiger festverzinslicher Industrieanleihen. Ist der Markt für diese Anleihen nicht liquide, sind stattdessen die Marktrenditen von Staatsanleihen in derselben Währung relevant. Dies war z. B. während der Krisenjahre in Spanien, Portugal oder Griechenland ein Problem. Aufgrund des mittlerweile geänderten IAS 19.83 ist der gesamte Währungsraum zu beachten, d. h. auch wenn es in Portugal keinen liquiden Markt für Unternehmensanleihen gibt, sind die Zinsen aus erstrangigen deutschen oder französischen Industrieanleihen heranzuziehen und nicht die im Krisenfall wesentlich höheren Zinsen portugiesischer oder griechischer Staatsanleihen.

Laufzeiten und Währungen der Industrieanleihen sollen jenen der Pensionsverpflichtung entsprechen (.83). Es können entweder unterschiedliche, jeweils fristenkongruente Zinssätze herangezogen werden oder vereinfachend ein durchschnittlicher Zinssatz, der die durchschnittliche Laufzeit der Pensionsverpflichtung am besten repräsentiert (.85). Sind keine geeigneten Beobachtungswerte vorhanden, kann der Zinssatz aus der risikofreien Zinskurve zuzüglich angemessener Risikozuschläge von hochwertigen Unternehmensanleihen ermittelt werden.

IAS 19.59 empfiehlt, für die Ermittlung der Pensionsverbindlichkeit einen qualifizierten Aktuar heranzuziehen. Eine Berechnung sollte grundsätzlich jährlich erfolgen oder zumindest in ausreichend kurzen Abständen, sodass sich keine wesentliche Abweichung zu einem qualifiziert berechneten Betrag ergeben kann (.58).

3.3. Nettopensionsaufwand

Der jährliche **Pensionsaufwand** in der GuV (*employee benefit cost;* IAS 19.120) besteht grundsätzlich aus zwei Komponenten:

1. Dienstzeitaufwand *(service cost)*; der Pensionsaufwand steigt um den jährlich laut Planformel erworbenen Teilanspruch aufgrund von Arbeitsleistungen (.66 ff.).

2. Zinsaufwand *(interest cost)* auf die passivierte Nettopensionsverbindlichkeit (Defizit) oder **Zinsertrag** auf das aktivierte Nettovermögen (Überschuss bis zum Höchstbetrag). Ein Zinsertrag mindert den jährlichen Nettopensionsaufwand.

Dagegen wird der Effekt von **Neubewertungen** der Nettopensionsverpflichtung erfolgsneutral im sonstigen Ergebnis (OCI) erfasst. Die Beträge werden später nicht reklassifiziert, allerdings ist eine Übertragung innerhalb des Eigenkapitals zulässig (.122).

Damit gilt grundsätzlich folgender Zusammenhang:

Nettopensionsverbindlichkeit (bzw. Nettovermögen) zu Jahresbeginn
+ Dienstzeitaufwand
+ Zinsaufwand
+/– Neubewertungen im sonstigen Ergebnis
– Beiträge (+ Rückerstattungen) des Unternehmens an den Pensionsfonds
= Nettopensionsverbindlichkeit (Nettovermögen) zu Jahresende

Ein Zinsaufwand muss erfasst werden, weil die Pensionsverpflichtung stets einen Barwert darstellt; mit dem Näherrücken der bevorsorgten Zahlungen erhöht sich dieser Barwert. Der Zinsaufwand wird mit dem **zu Periodenbeginn** ermittelten Zinssatz errechnet (.123). Aus der Multiplikation der Nettopensionsverbindlichkeit (bzw. des Nettovermögens) zu Jahresbeginn unter Berücksichtigung allfälliger Beiträge und Rückzahlungen während des Jahres resultiert der Zinsaufwand oder Zinsertrag der Periode.

BEISPIEL Der Zinssatz langfristiger, hochwertiger Unternehmensanleihen zu Beginn des Jahres X1 ist 5 %. Zu Beginn des Jahres ist eine Nettopensionsverbindlichkeit von 5 Mio. € passiviert. Außerdem wurden genau zur Jahresmitte Beiträge von 2 Mio. € an den Pensionsfonds überwiesen.

Lösung: Das gewogene Mittel der Nettopensionsverbindlichkeit während des Jahres ist

5 Mio. € – 2 Mio. € × $^6/_{12}$ = 4 Mio. €,

damit ergibt sich ein Zinsaufwand von 200 t€.

Der Dienstzeitaufwand ergibt sich indirekt aus der obigen Formel, indem die Zunahme der Nettopensionsverpflichtung ohne Berücksichtigung von Neubewertungen, Beiträgen oder Rückerstattungen zwischen Zinsaufwand und Dienstzeitaufwand aufgeteilt wird (siehe auch das Beispiel in IAS 19.68).

BEISPIEL (FORTSETZUNG) Die Nettopensionsverbindlichkeit zu Jahresende beträgt 8 Mio. € und ergibt sich aus folgenden Faktoren:

Nettopensionsverbindlichkeit Jahresbeginn	5 Mio. €
Dienstzeitaufwand	+ x Mio. €
Zinsaufwand	+ 0,2 Mio. €
Verluste des Planvermögens	+ 1 Mio. €
Anstieg der Pensionsverpflichtung aufgrund neuer Sterbetafeln wegen längerer Lebenserwartung	+ 0,3 Mio. €
Beiträge an den Pensionsfonds	2 Mio. €
Nettopensionsverbindlichkeit zu Periodenende	= 8 Mio. €

Aus der Veränderung der Nettopensionsverpflichtung und den übrigen Faktoren ergibt sich als Differenz ein Dienstzeitaufwand von 3,5 Mio. € für das Jahr X1.

Der Zinsaufwand und der Dienstzeitaufwand werden in der GuV erfasst (insgesamt 3,7 Mio. €), die Neubewertung der Nettopensionsverbindlichkeit (insgesamt 1,3 Mio. €) wird im sonstigen Ergebnis erfasst. In einem Buchungssatz zusammengefasst ergibt sich die Anpassung des Jahres X1 wie folgt:

Pensionsaufwand	3,7 Mio. €	
Neubewertungsrücklage (sonstiges Ergebnis)	1,3 Mio. €	
an Cash		2 Mio. €
an Nettopensionsverbindlichkeit		3 Mio. €

Die im sonstigen Ergebnis zu erfassenden **Neubewertungen** resultieren aus (IAS 19.127):

1. versicherungsmathematischen Gewinnen und Verlusten bei der Anpassung der Pensionsverpflichtung,

2. Erträgen des Planvermögens (sowohl laufende Erträge als auch Bewertungsgewinne und Bewertungsverluste), soweit diese von der Rendite langfristiger, hochwertiger Unternehmensanleihen abweichen, denn diese sind bereits im Nettopensionsaufwand berücksichtigt, und

3. in manchen Fällen Effekten aus der Anpassung der Obergrenze für die Aktivierung des Nettopensionsvermögens.

Die **versicherungsmathematischen Gewinne und Verluste** ergeben sich aus Anpassungen der Pensionsverbindlichkeit, die nicht auf Arbeitsleistungen (Dienstzeitaufwand) oder die Verzinsung zurückgeht, sondern auf Anpassungen versicherungsmathematischer Parameter (IAS 19.128), beispielsweise:

- Unerwartete Steigerung der eingetretenen oder der künftig erwarteten Mitarbeiterfluktuation; daher werden je nach Planformel weniger Dienstnehmer eine Betriebspension beziehen, weshalb die Pensionsverpflichtung tendenziell sinkt (Gewinn im sonstigen Ergebnis).
- Unerwartete Gehaltskürzungen und Einführung von Teilzeitarbeit aufgrund eines Konjunktureinbruchs; je nach Planformel werden die erwarteten Betriebspensionen daher geringer ausfallen (Gewinn im sonstigen Ergebnis).
- Bisher unerwartete Steigerung der Lebenserwartung; dies erhöht die erwarteten Auszahlungen (Verlust im sonstigen Ergebnis).
- Unerwarteter Anstieg der Zinssätze langfristiger, hochwertiger Unternehmensanleihen; damit sinkt tendenziell der Barwert einer Nettopensionsverbindlichkeit (Gewinn im sonstigen Ergebnis).

Aus der **Veranlagung des Planvermögens** resultiert regelmäßig ein Gewinn, der im Fonds thesauriert wird. Dieser wird im Pensionsaufwand berücksichtigt, indem nur die Nettopensionsverbindlichkeit (bzw. das aktivierte Nettovermögen) verzinst wird, d. h. der Zinsertrag des Planvermögens wird mit dem Zinsaufwand der Pensionsverpflichtung verrechnet. Sind die laufenden Gewinne des Planvermögens höher oder niedriger als die langfristige Rendite hochwertiger Unternehmensanleihen, beeinflusst dies den Fair Value des Planvermögens entsprechend. Die daraus resultierende Neubewertung wird im sonstigen Ergebnis gezeigt.

BEISPIEL Das Planvermögen von 50 Mio. € hat im Abschlussjahr eine Rendite von 10 % erzielt; die Pensionsverpflichtung von 60 Mio. € wurde mit 5 % verzinst. Der Einfachheit halber sei angenommen, es gab keine anderen Effekte und keinen Dienstzeitaufwand.

Lösung: Der Zinsaufwand setzt sich wie folgt zusammen:

gedeckte Pensionsverpflichtung	50 Mio. € × 5 % = 2,5 Mio. €	saldiert (Nettobetrachtung)
Planvermögen	50 Mio. € × 5 % = 2,5 Mio. €	
Defizit	10 Mio. € × 5 % = 0,5 Mio. €	Zinsaufwand in GuV

Der Neubewertungsgewinn ergibt sich wie folgt:

Gesamtrendite Planvermögen	50 Mio. € × 10 % = 5 Mio. €
saldierter Zinsertrag Planvermögen	50 Mio. € × 5 % = 2,5 Mio. €
im sonstigen Ergebnis erfasster Neubewertungsgewinn	2,5 Mio. €

Eine höhere Rendite des Planvermögens ist zwar ein Vorteil für das bilanzierende Unternehmen, weil sich die Beitragsverpflichtung tendenziell reduziert. Da dieser Ertrag aber einer langfristigen Verpflichtung gegenübersteht und nur nachhaltig höhere Gewinne zu einer dauerhaften Reduktion der Beiträge führen können, gilt dieser Gewinn aus Sicht des IAS 19 als nicht realisiert. Da sich diese Gewinne und Verluste langfristig oft wieder ausgleichen, ist die Erfassung im sonstigen Ergebnis und damit verbunden die Reduktion der kurzfristigen Ergebnisvolatilität auch gerechtfertigt.

Für Zwecke des IAS 19 werden Verwaltungskosten des Pensionsplans sowie direkt vom Pensionsplan geschuldete Steuern von den Erträgen des Planvermögens abgezogen (.130). Im sonstigen Ergebnis wird daher nur der Reinertrag nach Kosten erfasst, soweit dieser von der Verzinsung der Pensionsverpflichtung abweicht.

Zusammenfassendes Fallbeispiel:

Das Unternehmen beschließt am 1.1.X1 einen Pensionsplan und verpflichtet sich darin, dem Vorstandsvorsitzenden eine Einmalzahlung nach Pensionsantritt von 1.000 t€ zu gewähren, wenn er ab dem 1.1.X1 bis zum 31.12.X5 seine Funktion ausübt (das Jahr X6 wird im Plan nicht mehr vergütet). Der Pensionsantritt erfolgt plangemäß zum 31.12.X6.

Der Zinssatz hochwertiger Industrieanleihen ist in allen Perioden 5 %. Die Eintrittswahrscheinlichkeit der Zahlung sei vereinfachend mit 100 % angenommen.

Nach der *projected unit credit method* ist die Verpflichtung von 1.000 t€ gleichmäßig auf die Jahre X1 bis X5 zu verteilen, für das Jahr X6 wird kein Dienstzeitaufwand angesetzt. Damit ergibt sich der Pensionsaufwand (vor Berücksichtigung eines Planvermögens) wie folgt:

	Verteilung	**BWF (5%)**	**Dienstzeitaufwand**	**Schuld 1.1.**	**Zinsaufwand (vor Ertrag)**	**Schuld 31.12.**	**Pensionsaufwand (vor Ertrag)**
	A	B	C = A x B	D	E = D x 5 %	F = C + D + E	G = C + E
X6	0	1.0000	0.0	952.4	47.6	1000.0	47.6
X5	200	0.9524	190.5	725.6	36.3	952.4	226.8
X4	200	0.9070	181.4	518.3	25.9	725.6	207.3
X3	200	0.8638	172.8	329.1	16.5	518.3	189.2
X2	200	0.8227	164.5	156.7	7.8	329.1	172.4
X1	200	0.7835	156.7	0.0	0.0	156.7	156.7

Zur teilweisen Deckung der Verpflichtung erwirbt das Unternehmen am 1.1.X2 einmalig einen Anteil an einem thesaurierenden Aktienfonds für 100 t€. Die Wertentwicklung ist in nachfolgender Tabelle angegeben. Aus der Wertentwicklung folgen auch der Nettopensionsaufwand und die Neubewertung im OCI wie angegeben.

	Vermögen 1.1.	**Vermögen 31.12.**	**Planertrag von 5 %**	**Nettozinsaufwand**	**Nettopensionsaufwand**	**Neubewertung (OCI)**
	H	I	J = H x 5 %	K = E - J	L = C + K	M = I – H - J
X6	140.0	150.0	7.0	40.6	40.6	3.0
X5	130.0	140.0	6.5	29.8	220.3	3.5
X4	120.0	130.0	6.0	19.9	201.3	4.0
X3	110.0	120.0	5.5	11.0	183.7	4.5
X2	100.0	110.0	5.0	2.8	167.4	5.0
X1	0.0	0.0	0.0	0.0	156.7	0

In der GuV wird nur der Nettopensionsaufwand (Spalte L) und in der Bilanz wird nur die Nettoverbindlichkeit gezeigt (Spalte F abzüglich Spalte I).

Bei manchen Plänen leisten Mitarbeiter oder Dritte auch **eigene Beiträge** an den Pensionsplan, welche die Belastung des Unternehmens vermindern. Wenn diese Beiträge von der Leistung des Mitarbeiters abhängen, weil sie z. B. für jedes Jahr der Dienstzeit erbracht werden, dann vermindern sie auch den Dienstzeitaufwand des Unternehmens. Meist sind eigene Mitarbeiterbeiträge nicht davon abhängig, wie viele Jahre die Mitarbeiter noch für das Unternehmen tätig sind. Der klassische Fall sind z. B. Mitarbeiterbeiträge als Prozentsatz des Monatseinkommens. In diesem Fall dürfen die Mitarbeiterbeiträge sofort als Verminderung des Dienstzeitaufwands verbucht werden. Nicht erforderlich ist daher die komplexe Verteilung der Aufwandsminderung nach der *projected unit credit method* (IAS 19.93 lit. b).

Die Zinsen und der Planertrag werden immer zu den Gegebenheiten bei Periodenbeginn bestimmt, weil Änderungen während der Periode als versicherungsmathematische Gewinne und Verluste im sonstigen Ergebnis dargestellt werden. Sollte der Pensionsplan unterjährig geändert werden (Neuzusagen oder Kürzungen), dann werden Planertrag und Zinsen in zwei Abschnitten berechnet. Für den Jahresteil bis zur Änderungen nach den Gegebenheiten zu Periodenbeginn und für das restliche Jahr zu den Gegebenheiten bei Planänderung (IAS 19.122A und .123A). Die Planänderung wird insofern wie Beginn und Ende eines Rumpfwirtschaftsjahres betrachtet. Aus praktischen Gründen sollten Planänderungen auf den Jahresbeginn oder zumindest einen Zwischenberichtsstichtag gelegt werden.

3.4. Neuzusagen, Plankürzungen und Auslagerung von Verpflichtungen

Durch Neuzusagen, Plankürzungen oder Auslagerungen von Pensionsverpflichtungen an Dritte (z. B. Pensionskassen) erhöht oder vermindert sich die Pensionsverpflichtung. Allerdings handelt es sich dabei um einen gestaltenden Eingriff in den Pensionsplan und keinen versicherungsmathematischen Gewinn oder Verlust (IAS 19.129).

Die durch Neuzusagen, Plankürzungen oder Auslagerungen von Pensionsplänen entstehende Änderung der Pensionsverbindlichkeit ist unmittelbar in der GuV zu erfassen. Dazu wird die Nettopensionsverbindlichkeit (bzw. das Nettovermögen) in einem ersten Schritt zum Zeitpunkt unmittelbar vor Änderung neu bewertet: Der bis dahin entstehende Dienstzeit- und Zinsaufwand bzw. -ertrag wird erfolgswirksam erfasst, Neubewertungen werden im sonstigen Ergebnis erfasst.

In einem zweiten Schritt wird die Nettopensionsverbindlichkeit unter Berücksichtigung der Änderung des Plans neu bewertet (IAS 19.99). Die Differenz wird erfolgswirksam erfasst.

Veränderungen der Pensionszusagen werden daher aufgrund der *projected unit credit*-Methode in zwei Komponenten geteilt:

- Soweit mit der Anpassung ein zusätzliches Entgelt für die vergangene Dienstzeit gewährt wird oder das Entgelt für die vergangene Dienstzeit reduziert wird, spricht man von einem nachzuholenden Dienstzeitaufwand *(past service cost)*. Dieser ergibt sich indirekt über die Veränderung der Nettopensionsverbindlichkeit (des Nettovermögens) im Zeitpunkt der Anpassung. Der Effekt wird erfolgswirksam verbucht, sobald der Plan geändert wurde oder, falls früher, dies aufgrund einer Restrukturierung des Unternehmens notwendig wird (IAS 19.103).
- Soweit mit der Anpassung das Entgelt für künftige Arbeitsleistungen geändert wird, wirkt sich dies nicht auf die Nettopensionsverbindlichkeit (oder das Nettovermögen) im Zeitpunkt der Änderung aus. Diese Effekte werden im Rahmen der Folgebilanzierung nach den regulären Bestimmungen erfasst (der angepasste Dienstzeit- und Zinsaufwand in der GuV, die angepassten Neubewertungen im sonstigen Ergebnis). Errechnet wird der Effekt aus der Differenz der Verpflichtungen und des Planvermögens unmittelbar vor und unmittelbar nach der Planänderung (IAS 19.99). Die Regelungen zum Höchstbetrag der Aktivierung überschüssigen Planvermögens (IFRS 14) werden in dieser Differenzrechnung vernachlässigt (.101A).

BEISPIELE

1. Das Unternehmen schließt eine Fabrik und entlässt die Mitarbeiter; damit fällt ein erheblicher Teil der Belegschaft aus dem bestehenden Pensionsplan (IAS 19.105). Die daraus resultierende Minderung der Nettopensionsverbindlichkeit erhöht den Gewinn.
2. Ein Unternehmen erhöht die Leistungsansprüche aus einem bestehenden Pensionsplan um 50 %, um seine Mitarbeiter besser zu motivieren. Die Nettopensionsverbindlichkeit steigt, soweit mit der Erhöhung bereits vergangene Arbeitsleistungen belohnt werden (für jene Mitarbeiter, die bereits Ansprüche erdient haben, die nunmehr erhöht wurden); dieser Effekt vermindert den Gewinn. Soweit damit zukünftige Arbeitsleistungen entlohnt werden, steigt der Nettopensionsaufwand erst im Rahmen der Folgebilanzierung. Das Gleiche gilt umgekehrt für den Fall einer Leistungskürzung.

Wird ein bestehender Pensionsplan eingestellt oder an einen Dritten übertragen, wird ebenfalls ein Gewinn oder Verlust erfasst. Dieser ergibt sich aus der abgehenden Pensionsverpflichtung, dem dafür verwendeten oder an Dritte übertragenen Planvermögen sowie allfälligen Zusatzzahlungen (ausführlich IAS 19.109 ff.).

4. Andere langfristig fällige Leistungen an Arbeitnehmer

IAS 19 betrifft auch andere langfristig fällige Leistungen an Arbeitnehmer, die mehr als zwölf Monate nach dem Abschlussstichtag fällig werden und keine Pensionspläne darstellen. Das sind insbesondere:

- Jubiläumsgelder und ähnliche Vergütungen für langjährige Arbeit,
- langfristige Vergütungen für eine Dienstunfähigkeit,
- Ansprüche auf bezahlte, langfristige Abwesenheit („Sabbaticals“, langfristiger Bildungsurlaub),
- andere, frühestens zwölf Monate nach dem Abschlussstichtag fällige Zahlungen.

Anders als bei leistungsorientierten Pensionsplänen ist die Bewertung dieser Ansprüche mit weniger Unsicherheit verbunden (IAS 19.154). Zwar hängen die Leistungen regelmäßig von der Altersstruktur und der Fluktuation der Belegschaft ab. Die Verpflichtung selbst ist aber verhältnismäßig einfach zu ermitteln, weil sie z. B. nicht oder nur wenig von der Lebenserwartung oder der langfristigen Entwicklung des Kapital- bzw. Rentenmarkts beeinflusst wird.

Für die Bilanzierung langfristig fälliger Leistungen sind grundsätzlich dieselben Regeln wie für die Bilanzierung von leistungsorientierten Pensionsplänen anzuwenden, also die *projected unit credit*-Methode sowie die saldierte Erfassung der Verpflichtung und rechtlich abgesondertem Deckungsvermögen (IAS 19.155). Allerdings sind alle Erfolgsfaktoren – also auch Neubewertungen der Verpflichtung sowie die Erträge des Planvermögens – einheitlich in der GuV zu erfassen. Der Dienstzeitaufwand, der Zinsaufwand, versicherungsmathematische Anpassungen und ggf. die Erfolge des Planvermögens (siehe Kap. XIII.3.3., S. 306 ff.) sind damit unmittelbar gewinnwirksam. Die Aufteilung zwischen GuV und sonstigem Ergebnis entfällt. Damit ist das bilanzierende Unternehmen bei diesen Verpflichtungen einer höheren Erfolgsvolatilität ausgesetzt.

IAS 19 verlangt keine gesonderten Anhangangaben für andere langfristig fällige Leistungen an Arbeitnehmer (.158).

Eine weitere Sonderbestimmung besteht für Leistungen aus Anlass der **Beendigung des Arbeitsverhältnisses** (IAS 19.158 ff.). Gemeint sind damit nur Leistungen, die anlässlich der einseitigen Kündigung durch den Arbeitgeber entstehen. Dem gleichzuhalten ist die freiwillige Annahme eines vom Unternehmen initiierten Angebots der Dienstbeendigung durch den Dienstnehmer.

Praktische Anwendungsfälle sind z. B. erforderliche Entgeltfortzahlungen nach Kündigung, Überbrückungshilfen nach einer Betriebsschließung oder „Golden Handshakes“ bei Führungskräften.

Eine Verbindlichkeit für die Leistungen aus der Dienstbeendigung ist anzusetzen, sobald sich das Unternehmen einem Angebot nicht mehr entziehen kann oder die Leistung im Zusammenhang mit einer Restrukturierung steht, für die gemäß IAS 37 eine Rückstellung erforderlich ist (IAS 19.165). Ist die Verpflichtung innerhalb von zwölf Monaten zu erfüllen, sind die Bestimmungen für kurzfristige Leistungsverpflichtungen heranzuziehen (.169 lit. a; Verbindlichkeit in Höhe des undiskontierten Erwartungswerts). Ist die Verpflichtung in mehr als zwölf Monaten fällig, sind die Bestimmungen für langfristig fällige Leistungen heranzuziehen (.169 lit. b; Verteilung des Dienstzeitaufwands nach der *projected unit credit*-Methode; Erfassung von Zinsaufwendungen und Neubewertungen). Sollte die Leistung im Zusammenhang mit einer Betriebspension stehen, sind die Regelungen für Pensionspläne relevant (anders als bei langfristig fälligen Leistungen werden Neubewertungen im sonstigen Ergebnis erfasst).

Gesonderte Anhangangaben für Leistungen aus Anlass der Dienstbeendigung sind nicht vorgesehen (.171).

Mitarbeiterbeteiligungsmodelle und Stock Options sind von IAS 19 ausgenommen und in IFRS 2 geregelt (siehe dazu S. 251 ff.).

5. Exkurs: Abschlüsse von Altersversorgungsplänen (IAS 26)

Die Bilanzierung und die Berichterstattung von Altersversorgungsplänen sind in IAS 26 geregelt; betroffen sind aber nur vom Arbeitgeber losgelöste Berichtseinheiten. Eine Verpflichtung zur Rechnungslegung nach IFRS ergibt sich daraus nicht. Die Bedeutung von IAS 26 ist derzeit noch gering; der Standard wird vereinzelt zur Anwendung kommen, wenn der Arbeitgeber einen IFRS-konformen Bericht in seinen Konzernabschluss aufnehmen will. Daher soll hier nur eine kurze Darstellung erfolgen.

Altersversorgungspläne sind Vereinbarungen, durch die ein Unternehmen seinen Mitarbeitern Versorgungsleistungen bei oder nach Beendigung des Arbeitsverhältnisses gewährt. Die Altersversorgung kann in Form einer Einmalzahlung oder einer Rente gewährt werden (IAS 26.8). Betroffen sind sowohl beitrags- als auch leistungsorientierte Pensionspläne und Pläne, die das Vermögen selbst verwalten oder an eine Versicherung übertragen.

Sämtliche **Kapitalanlagen** des Altersversorgungsplans sind mit ihrem Fair Value anzusetzen (.32; dies ist auch nach nationalen Rechnungslegungsbestimmungen die gängige Bewertungsmethode, weil das Anschaffungskostenprinzip für Pensionspläne grundsätzlich nicht geeignet ist). Der Fair Value ergibt sich aus dem Marktwert zum Abschlussstichtag. Steht kein Marktwert zur Verfügung, ist der Fair Value zu schätzen oder ggf. anzugeben, warum keine Schätzung möglich ist. Wertpapiere mit einem festen Rückkaufwert, die zur Abdeckung der Verpflichtungen des Pensionsplans erworben wurden, können auch anhand der Effektivverzinsung mit einer konstanten Verzinsung bis zur Endfälligkeit fortgeführt werden (.33).

Beitragsorientierte Pläne haben eine Aufstellung des Nettovermögens im Abschluss anzugeben, das für Leistungen zur Verfügung steht. Außerdem ist die Finanzierungspolitik zu beschreiben (.13 ff.). **Leistungsorientierte Pläne** haben auch versicherungsmathematische Barwerte und ggf. den Wert der Über- bzw. Unterdeckung und andere versicherungsmathematische Informationen anzugeben (.17 ff.).

XIV. Ertragsteuern *(Income Taxes)*

1. Allgemeines und tatsächlicher Ertragsteueraufwand

Ertragsteuern, insbesondere latente Steuern, sind in IAS 12 geregelt. Als **Ertragsteuern** *(income taxes)* gelten alle in- und ausländischen Steuern auf der Grundlage des **steuerpflichtigen Einkommens** (z. B. in Österreich die Einkommensteuer auf den Gewinn eines Unternehmens und die Körperschaftsteuer, in Deutschland auch der Solidaritätszuschlag und die Gewerbesteuer). Als Ertragsteuern gelten aber auch **Quellensteuern** (Kapitalertragsteuer) auf Gewinnausschüttungen eines Tochterunternehmens, assoziierten Unternehmens oder einer Joint-Venture-Gesellschaft, soweit diese nicht erstattet oder angerechnet werden (IAS 12.2).

Bei **Subventionen** und steuerlichen **Investitionsbegünstigungen** gilt IAS 12 nur für temporäre Differenzen (.4). Die Bilanzierung von Subventionen ist in einem eigenen Standard, IAS 20, geregelt (siehe Kap. VI.5., S. 116). Ungewisse Steuerschulden (etwa aus bevorstehenden Betriebsprüfungen), Finanzstrafen, Säumniszuschläge u.dgl. fallen nicht unter IAS 12, sondern unter IAS 37 (ggf. Rückstellungspflicht oder Anhangangabe; *Baetge et al.*, IAS 12 Tz. 4).

Ausländische Quellensteuern auf Erträge des Unternehmens (insbesondere auf Zinserträge, Lizenzerträge und Dividendenerträge) sind als Steueraufwand zu berücksichtigen, soweit sie nicht erstattet bzw. nicht (vollständig) auf inländische Steuern angerechnet werden. IAS 12 gilt auch für die vom Unternehmen einbehaltene und abgeführte **Kapitalertragsteuer** auf Gewinnausschüttungen; sie gilt als Teil der Gewinnausschüttung und wird erfolgsneutral vom Eigenkapital (bzw. vom Dividendenverrechnungskonto) abgebucht (.65A). Keine besonderen Regelungen bestehen für die Kapitalertragsteuer (Zinsabschlagsteuer) des Unternehmens für ausbezahlte Schuldzinsen (z. B. von Banken abgeführte Abschlagsteuern); daraus resultierende Steuerschulden sind Schulden nach der allgemeinen Schulddefinition in IAS 37.10 (vergangenes Ereignis, gegenwärtige Verpflichtung und Ressourcenabfluss). Sie werden so behandelt wie die zugrunde liegenden Zinsen, es wechselt nur der Gläubiger.

Der **Ertragsteueraufwand (Steuerertrag)** einer Periode setzt sich zusammen aus (.5 f.):

- dem **tatsächlichen Steueraufwand (Steuerertrag)**, das sind geschuldete bzw. erstattungsfähige Steuern aus dem steuerlichen Periodenergebnis;
- dem **latenten Steueraufwand (Steuerertrag)**, das sind Steuern aus temporären Differenzen zwischen steuerlichen Ansätzen und Buchwerten nach IFRS oder aus aktivierten Steueransprüchen aus Verlustvorträgen (Kap. XIV.2., S. 319 ff.).

Der auf die fortgeführte Geschäftstätigkeit entfallende Steueraufwand (Steuerertrag) ist gesondert vom Steueraufwand (Steuerertrag) aufgegebener Geschäftsbereiche in der GuV darzustellen (IAS 12.77; für aufgegebene Geschäftsbereiche erfolgt ein gesonderter Erfolgsausweis nach Steuern; IFRS 5.33; zu aufgegebenen Geschäftsbereichen siehe auch Kap. XVI.5., S. 368 f.).

Die **tatsächlichen Steuern** für die laufende und frühere Perioden sind als Steuerschuld anzusetzen, soweit sie noch nicht bezahlt sind (bei Überzahlung ggf. als Steuererstattungsanspruch zu aktivieren; .12 f.). Soweit nicht ohnehin schon ein Steuerbescheid vorliegt, sind die tatsächlichen Steuern mit dem für die jeweilige Periode gültigen Steuersatz zu bewerten.

In einigen Sonderfällen werden tatsächliche (und latente) Steueraufwendungen und Erträge nicht in der GuV, sondern im OCI bzw. im Eigenkapital erfasst. Wird z. B. ein steuerpflichtiger Gewinn oder Verlust im OCI gezeigt, wird auch der Steuereffekt dort dargestellt (IAS 12.58).

BEISPIEL Eine Aktie wird unter IFRS 9 erfolgsneutral über das OCI bewertet. Im Jahr X1 wird sie aufgrund einer dauerhaften Wertminderung erfolgsneutral abgewertet. Steuerlich erfolgt eine Teilwertabschreibung. Im Jahr X3 erfolgt eine bislang unerwartete Wertaufholung, die auch steuerlich nachvollzogen wird.

Die steuerlichen Effekte der erfolgsneutralen Bewertung im OCI werden auch im COI gezeigt, damit auch die Ergebnisse nach Steuern konsistent nachvollziehbar sind.

Kapitalausschüttungen werden steuerrechtlich und nach IFRS manchmal unterschiedlich gehandhabt. So könnte Mezzaninkapital steuerlich als Fremdkapital und nach IFRS als Eigenkapital eingestuft werden. Die Ausschüttungen mindern als steuerlicher Zinsaufwand das steuerliche Ergebnis. Aus Sicht der IFRS ist die Ausschüttung aber nur eine Transaktion mit Eigentümern. Allerdings ist der Sachzusammenhang mit IAS 12.57A hier weit zu sehen: Das Mezzaninkapital wird regelmäßig zur Finanzierung von Tätigkeiten verwendet, die Gewinne in der GuV erzeugen. Daher ist auch die Steuerminderung aus dem abzugsfähigen steuerlichen Zinsaufwand in der GuV zu zeigen.

Falls ein **steuerlicher Verlustrücktrag** möglich ist (in Deutschland z. B. ein Jahr für die Körperschaftsteuer), dann wird der daraus resultierende Erstattungsanspruch in jener Periode als Vermögenswert aktiviert, in der der rücktragsfähige Verlust entsteht (.14).

Tatsächliche Steueransprüche und -schulden werden saldiert ausgewiesen, wenn das Unternehmen ein **einklagbares Recht zur Aufrechnung** hat **und beabsichtigt**, die beiden aufzurechnen oder gleichzeitig zu realisieren (.71 f.). Ein saldierter Ausweis erfolgt immer dann, wenn die Schulden und Ansprüche auf dasselbe Steuersubjekt entfallen (z. B. Gesellschafter und seine anteiligen Vermögenswerte und Schulden aus einer inländischen Personengesellschaft; Organträger und Organgesellschaft in Deutschland oder Gruppenträger und Gruppengesellschaften in Österreich). Problematisch ist in Deutschland aber die Gewerbesteuer, weil diese den jeweiligen Gemeinden geschuldet wird. Eine Saldierung wird in der Praxis allerdings nicht bloß auf Gemeindeebene, sondern bundesweit vorgenommen.

Aktive und passive latente Steuern können nach IFRS entweder aus Unterschieden zwischen steuerlichen Buchwerten und Buchwerten nach IFRS entstehen (z. B. aus unterschiedlichen Ansatz- und Bewertungsvorschriften). Aktive latente Steuern können außerdem aus ungenutzten steuerlichen Verlusten (Verlustvorträgen) entstehen.

TAB. 13: Überblick über die Entstehung latenter Steuern nach IFRS

	aktive latente Steuern	**passive latente Steuern**
Ansatz- oder Bewertungsunterschiede: zukünftige Steuerentlastung	X	
Ansatz- oder Bewertungsunterschiede: zukünftige Steuerbelastung		X
steuerliche Verlustvorträge	X	

2. Latente Steuern *(Deferred Taxes)* aus unterschiedlichen Buchwerten

Abweichende steuerliche Gewinnermittlungsvorschriften führen häufig zu einer zeitlichen Verschiebung der steuerlichen Belastung von Gewinnen. Der nach IFRS angesetzte Steueraufwand sollte aber jene Steuern berücksichtigen, die durch den dargestellten Gewinn wirtschaftlich verursacht wurden; daher sind zukünftige Mehr- oder Minderbelastungen als latente Steuern abzubilden. Zur Berechnung der latenten Steuern kann entweder der Periodengewinn mit dem steuerlichen Gewinn verglichen werden *(deferral method)*, oder es werden die Buchwerte der Vermögenswerte und Schulden den steuerlichen Ansätzen einzeln gegenübergestellt *(liability method)*.

Nach IFRS ist die bilanzorientierte ***liability method*** heranzuziehen (Einführung IAS 12,.1). Aus den unterschiedlichen Wertansätzen nach Steuerrecht und nach IFRS ergeben sich sowohl latente Steueransprüche (aktive latente Steuern, *deferred tax assets*) als auch latente Steuerschulden (passive latente Steuern, *deferred tax liabilities*).

Bei **Vermögenswerten** führt ein höherer steuerlicher Bilanzansatz zu aktiven latenten Steuern, weil daraus in Zukunft höhere steuerliche Abschreibungen bzw. höhere Aufwendungen aus dem Abgang des steuerlichen Restbuchwerts resultieren. Folglich ergibt sich eine steuerliche Entlastung zukünftiger nach IFRS ausgewiesener Gewinne.

Bei **Schulden** (z. B. Rückstellungen) führt ein niedrigerer steuerlicher Ansatz zu aktiven latenten Steuern, weil die zukünftige Realisation dann zu einem zusätzlichen steuerlichen Aufwand führt (z. B. eine Rückstellung nach IFRS, die steuerlich nicht gebildet werden darf, z. B. Drohverlustrückstellung in Deutschland).

Mit der erfolgswirksamen Einbuchung aktiver und passiver latenter Steuern (Gegenbuchung jeweils im Steuerertrag oder Steueraufwand) werden die zukünftigen Mehr- oder Minderbelastungen vorweggenommen. Der in der GuV ausgewiesene Steueraufwand entspricht daher im Idealfall jenen Steuern, die durch das Ergebnis nach IFRS wirtschaftlich verursacht wurden, auch wenn die entsprechenden tatsächlichen Steuern wegen abweichender steuerlicher Gewinnermittlung erst später entstehen (passive Latenz) oder bereits entstanden sind (aktive Latenz).

Ausgangspunkt ist der steuerliche Buchwert bzw. die steuerliche Bemessungsgrundlage (nach IAS 12.7 ff. als **Steuerwert** bezeichnet). Der Steuerwert eines Vermögenswerts wird definiert als jener Betrag, der bei der Abschreibung oder Veräußerung des Vermögenswerts steuerlich abgezogen werden kann. Der Steuerwert einer Schuld ist grundsätzlich der steuerliche Buchwert (.8).

Der Steuerwert wird dem jeweiligen Buchwert nach IFRS gegenübergestellt (IAS 12.55). Danach ergeben sich latente Steuern – soweit sie die Ansatzkriterien erfüllen – wie in nachfolgender Tabelle dargestellt.

TAB. 14: Latente Steuern nach der „Liability Method"

Vermögenswerte	Steuerwert > IFRS-Buchwert	aktive latente Steuern
	Steuerwert < IFRS-Buchwert	passive latente Steuern
Schulden	Steuerwert > IFRS-Buchwert	passive latente Steuern
	Steuerwert < IFRS-Buchwert	aktive latente Steuern

In manchen Fällen liegt zwar steuerlich ein Wirtschaftsgut vor, nach **IFRS aber kein Vermögenswert bzw. keine Schuld** (z. B. steuerlich aktivierte Forschungskosten; Aktivierungsverbot nach IAS 38). Auch dann sind latente Steuern zu erfassen (IAS 12.9); der Buchwert nach IFRS wird mit null angesetzt.

Bei steuerfreien oder steuerlich nicht erfassten Vermögenswerten entspricht der Steuerwert nicht dem steuerlichen Buchwert, sondern dem Buchwert nach IFRS (.7), z. B. steuerfreie Dividendenforderungen (Anhang A.C4). Mit dieser Fiktion wird die Erfassung latenter Steuern vermieden.

Latente Steuern sind **gesondert** von anderen Vermögenswerten und Schulden in der Bilanz darzustellen (IAS 1.54(o)). Insbesondere sind latente Steueransprüche und latente Steuerschulden von tatsächlichen Steuererstattungsansprüchen und tatsächlichen Steuerschulden gesondert darzustellen. Soweit das Unternehmen seine Bilanzposten in langfristig und kurzfristig einteilt, gelten latente Steuern stets als **langfristig** (IAS 1.56).

Latente Steueransprüche und -schulden sind **saldiert** darzustellen, wenn (.74)

- das Unternehmen ein **einklagbares Recht zur Aufrechnung** tatsächlicher Steueransprüche und -schulden hat;
- die betroffene Steuer von **derselben Steuerbehörde** erhoben wird und
- **dasselbe Steuersubjekt** vorliegt (z. B. der Gesellschafter selbst und seine anteiligen Vermögenswerte und Schulden aus einer inländischen Personengesellschaft; Organträger und Organgesellschaften in Deutschland oder Gruppenträger und Gruppengesellschaften in Österreich).

Bei einer deutschen Organschaft und einer österreichischen Steuergruppe liegt insgesamt nur ein Steuersubjekt im Sinne von IAS 12 vor (vgl. 73; gilt nicht für ausländische Gruppenmitglieder österreichischer Steuergruppen). Das Gleiche gilt in Deutschland und Österreich für Personengesellschaften und ihre Gesellschafter. Liegen unterschiedliche Steuersubjekte vor, kann in bestimmten Fällen auch eine Saldierung erfolgen (.74(b)ii); selten, weil keine Aufrechnung tatsächlicher Steuern).

BEISPIEL Der anzuwendende Steuertarif beträgt 40 %. Die latenten Steuern einer GmbH mit Sitz und einziger Betriebsstätte in Berlin ergeben sich nur aus den folgenden Vermögenswerten:

- Fahrzeuge, aktiviert mit 500.000 €; steuerlicher Buchwert 1.000.000 €;
- Handelswaren, aktiviert mit 400.000 €; steuerlicher Buchwert 500.000 €;
- Anleihen (erfolgswirksam zum Fair Value bewertet), aktiviert zum Fair Value i. H. von 1.000.000 €; steuerlicher Buchwert 700.000 €.

Lösung:

Aus dem höheren steuerlichen Ansatz der Fahrzeuge ergeben sich aktive latente Steuern von (1.000.000 € – 500.000 €) × 40 % = 200.000 €. Die zukünftige steuerliche AfA bzw. der steuerliche Buchwertabgang werden um 500.000 € höher ausfallen als die Abschreibung bzw. der Buchwertabgang nach IFRS; die steuerliche Belastung zukünftiger Gewinne ist daher um 200.000 € geringer als die tarifmäßige Belastung des IFRS-Ergebnisses mit 40 %.

Aus dem höheren steuerlichen Ansatz der Handelswaren ergeben sich ebenfalls aktive latente Steuern von (500.000 € – 400.000 €) × 40 % = 40.000 €, weil der steuerliche Wareneinsatz höher sein wird als der Wareneinsatz nach IFRS.

Aus dem niedrigeren steuerlichen Ansatz der Anleihen ergeben sich passive latente Steuern von (1.000.000 € – 700.000 €) × 40 % = 120.000 €, weil der steuerliche Veräußerungsgewinn um 300.000 € höher sein wird als der Veräußerungsgewinn nach IFRS.

unsaldierte Posten

latenter Steueranspruch	40.000 €	latente Steuerschuld	120.000 €
latenter Steueranspruch	200.000 €		

Bilanz

...		
latenter Steueranspruch	120.000 €	

Abschreibungen: Werden Anlagen nach IFRS linear abgeschrieben, aber steuerlich durch eine vorzeitige oder degressive AfA begünstigt, dann entstehen passive latente Steuern (die degressive AfA wäre nach IFRS zulässig, wenn sie den Nutzenverzehr des Vermögenswerts widerspiegelt). Umgekehrt entstehen aktive latente Steuern, wenn ein Vermögenswert nach IFRS, nicht aber steuerlich außerplanmäßig abgeschrieben wird *(impairment)*.

Eine steuerlich nicht nachvollzogene **Teilgewinnrealisierung** bei Fertigungs- und Dienstleistungsaufträgen (IFRS 15, Kap. VI.4, S. 106) führt zu passiven latenten Steuern.

Ein Ansatz von **Vermögenswerten und Schulden zum Fair Value** führt ebenfalls zu latenten Steuern, soweit dies nicht steuerlich nachvollzogen wird (IAS 12.20). Umgekehrt werden **grenzüberschreitende Transaktionen** im Konzern meist mithilfe steuerlicher Transferpreise angesetzt, um eine korrekte steuerliche Gewinnabgrenzung zu ermöglichen (nach DBA-Recht meist nach der Kostenaufschlagsmethode, der Wiederverkaufspreismethode oder der Preisvergleichsmethode). In diesen Fällen wird der Steuerwert den Buchwert übersteigen, weil im Konzernabschluss meist eine Zwischenergebniseliminierung erfolgt bzw. bei Bewegungen zwischen Stammhaus und Betriebsstätte nach IFRS kein Gewinn angesetzt wird.

Nicht abzugsfähige Betriebsausgaben (z. B. Finanzierungskosten nicht steuerhängiger Vermögenswerte) führen nicht zu latenten Steuern (siehe unten).

Latente Steuern dürfen **nicht abgezinst** werden (IAS 12.53). Dies gilt auch dann, wenn der zugrunde liegende Vermögenswert bzw. die zugrunde liegende Schuld abgezinst wurde. Diese Regel kann in bestimmten Situationen zu erheblichen Verzerrungen führen, z. B. im Rahmen der Erstkonsolidierung von Leasingzweckgesellschaften, die oft erhebliche, langfristige Steuerlatenzen aufweisen.

Maßgeblich für die Bewertung sind jene **Steuersätze**, die für die zukünftige Periode der Realisation erwartet werden. Bei multinationalen Unternehmen hat die Berechnung für jedes Land gesondert zu erfolgen (IAS 12.11).

Allfällige **Tarifänderungen** müssen bereits am Abschlussstichtag in Kraft getreten sein oder endgültig beschlossen sein (.46 f.).

In **Deutschland** beträgt der Steuertarif je nach Gewerbesteuerhebesatz ab dem Jahr 2008 zwischen knapp 30 % bis rund 34 % (Körperschaftsteuer, Solidaritätszuschlag und Gewerbesteuer; vgl. *Endres/Spengel/Reister*, WPg 2007 S. 478 ff.). Dabei kann aus Wesentlichkeitsgesichtspunkten von einem landesweit bzw. bundesweit durchschnittlichen Gewerbesteuersatz ausgegangen werden (*Baetge et al.*, IAS 12 Tz. 39; Beck'sches IFRS-Handbuch, § 25 Rz. 129).

Für latente Steuern aus **temporären Differenzen** kann ein gemeinsamer Steuersatz für die Körperschaft- und die Gewerbesteuer verwendet werden. Da aber körperschaftsteuerliche und gewerbesteuerliche **Verlustvorträge** mitunter voneinander abweichen, muss in diesem Fall der Steuersatz der jeweiligen Steuerart gesondert herangezogen werden.

Gewerbesteuersatz = 3,5 x (durchschnittlicher Hebesatz in % / 100)

Körperschaftsteuersatz (inkl. Solidaritätszuschlag) = 0,15 x 1,055

In **Österreich** beträgt der maßgebliche Steuersatz einheitlich 25 % (Körperschaftsteuer).

Da grundsätzlich nur auf die Ertragsbesteuerung auf Ebene des Unternehmens bzw. des Konzerns abzustellen ist, sind Kapitalertragsteuern für Ausschüttungen an Konzernanteilseigner unbeachtlich.

Bei Festlegung des Steuersatzes ist auf die **Art der Realisierung** Rücksicht zu nehmen (.52 ff.). In manchen Ländern sind geringere Steuersätze auf die Veräußerung von bestimmten Anlagen vorgesehen *(capital gains)*. Zins-, Dividenden- oder Lizenzeinnahmen können ausländischen Quellensteuern unterliegen, die nicht oder nicht vollständig auf die nationalen Steuern angerechnet werden; dann erhöht sich der Steuersatz für entsprechende Forderungen.

Bei **progressiven Steuertarifen** wird die Berechnung der latenten Steuern aufwendiger. Soweit latente Steueransprüche und Steuerschulden nicht saldiert werden, ist ein **Umkehrzeitplan** *(scheduling)* erforderlich (.49 und .75). Dabei wird die Realisation der Ansatzdifferenzen für jede zukünftige Periode anhand des jeweils effektiven Steuersatzes ermittelt.

Ein gesonderter Ausweis tatsächlicher und latenter Steuern ist nicht nur in der Bilanz, sondern auch in der GuV erforderlich (.80).

Alle Erhöhungen bzw. Verminderungen von latenten Steuern sind grundsätzlich als **Steueraufwand oder Steuerertrag** zu erfassen (.58; selbe Regel wie für laufende Steuern.)..

Von der erfolgswirksamen Erfassung ausgenommen sind (IAS 12.58):

- Latente Steuern aus Geschäftsvorfällen, die **erfolgsneutral im Eigenkapital** erfasst werden, z. B. wahlweise erfolgsneutral bewertete Eigenkapitalinstrumente (Kap. VIII.5., S. 169 ff.), *cashflow hedges* (S. 282 ff.) oder optionales „Fair Value Accounting" bei Sachanlagen und marktgängigen immateriellen Vermögenswerten. Wie die Auf- und Abwertungen werden auch die latenten Steuern insoweit in der Rücklage gegengebucht (.61). (Verbuchung: latenter Steueranspruch an Rücklage bzw. Rücklage an latente Steuerschuld). Die steuerbedingten Veränderungen der Rücklagen werden im OCI gezeigt; dabei ist allerdings eine saldierte Darstellung zulässig (IAS 1.91).
- **Latente Steuern aus Unternehmenszusammenschlüssen** (d. h. auch aus der erstmaligen Erfassung von Fair Values im Rahmen der Vollkonsolidierung; siehe Kap. XIV.5., S. 326 f.).

BEISPIEL Eine Aktie, die erfolgsneutral zum Fair Value bewertet wird, wurde in X0 für 1.000 € angeschafft und in X1 erfolgsneutral auf 1.100 € aufgewertet; Verbuchung in X1 (Steuersatz 40 %):

Aktien	100 €		
latente Steuerschuld		40 €	(Darstellung im OCI: + 60 €
Rücklage		60 €	oder + 100 € und – 40 €)

3. Unterscheidung zwischen temporären und permanenten Differenzen

Abweichende Ansätze führen aber nur dann zu latenten Steuern, wenn sich daraus eine steuerliche Mehr- oder Minderbelastung zukünftiger Gewinne ergibt (für latente Steuerschulden IAS 12.15, für latente Steueransprüche .24). In diesem Fall spricht man von temporären Differenzen *(temporary differences)*.

Die temporären Differenzen lassen sich weiter in **zeitliche Ergebnisunterschiede** (*timing differences* IAS 12.17) und in **andere temporäre Differenzen** einteilen (IAS 12.17). *Timing differences* haben nicht nur eine unterschiedliche Erfolgsauswirkung in der Zukunft; sie sind auch durch Unterschiede zwischen steuerlichem Ergebnis und dem IFRS-Ergebnis entstanden. Es handelt sich also um bloße Verschiebungen des steuerlichen Gewinns, die sich in der Summe – d. h. bei Totalgewinnbetrachtung – vollständig ausgleichen (z. B. andere Abschreibungsdauer, vorzeitige Abschreibung, Teilgewinnrealisierung, abweichende steuerliche Berechnung von Zinsen). Andere temporäre Differenzen führen zwar in der Zukunft zu Abweichungen, sie sind aber erfolgsneutral entstanden; sie gleichen sich daher in Summe – d. h. bei Totalgewinnbetrachtung – nicht wieder aus (z. B. Ansatz- und Bewertungsunterschiede in Gründungsbilanzen, steuerliche Buchwertfortführung bei einer Verschmelzung oder Einbringung, die nach IFRS als Unternehmenserwerb behandelt werden; Aufdeckung stiller Reserven im Rahmen der Kapitalkonsolidierung; Ausbuchung von steuerlich vorhandenen Forderungen und Schulden im Rahmen der Schuldenkonsolidierung).

Nicht alle temporären Differenzen sind als latente Steuern zu berücksichtigen: **Latente Steueransprüche** sind nur anzusetzen, soweit in der Zukunft wahrscheinlich ausreichend steuerliche Gewinne zur Verwertung vorhanden sind (IAS 12.24 ff.). Meist wird eine Verwertungswahrscheinlichkeit von mindestens 75 bis 80 % verlangt (*Epstein/Mirza,* IAS 2005 S. 484). Die steuerlichen Gewinne müssen genau in der jeweiligen Periode der Realisation aktiver latenter Steuern verfügbar sein und sich auf das gleiche Steuersubjekt und die gleiche Steuerbehörde beziehen (IAS 12.28).

Dagegen sind **latente Steuerschulden** auch bei einer geringeren Wahrscheinlichkeit der Realisation anzusetzen (zu den allgemeinen Ausnahmen siehe IAS 12.15).

Erfolgsneutrale Differenzen bei erstmaliger Erfassung: Latente Steuern dürfen nicht angesetzt werden, wenn die Ansätze schon bei erstmaliger Erfassung von Vermögenswerten und Schulden abweichen (IAS 12.15(c) und 22(c)). Dies kommt z. B. vor, wenn Vermögenswerte (bzw. damit zusammenhängende Schulden) steuerlich einem anderen Unternehmen zugerechnet werden, z. B. beim Leasing oder aufgrund der restriktiven Abgangsbestimmungen von Finanzinstrumenten nach IFRS 9 oder die Anschaffungskosten nur beschränkt anerkannt werden. Eine erfolgsneutrale Erfassungsdifferenz kann auch vorliegen, wenn eine Finanzierungsform steuerlich als Eigenkapital und nach IAS 32 als Schuld qualifiziert wird. Für die Differenz werden deswegen keine latenten Steuern angesetzt, weil diese wiederum in die Anschaffungskosten eingehen würden, eine Zirkelschlussbeziehung entstünde und die Bilanz unsachlich verlängert würde.

BEISPIEL Das Unternehmen erwirbt für seinen Vorstand einen Lamborghini für 1 Mio. € als Dienstwagen. Für Steuerzweck seien die Anschaffungskosten mit 400 t€ begrenzt, der Rest von 600 t€ darf nicht abgesetzt werden. Damit entstünde bei einem Tarif von 25 % eine latente Steuerverbindlichkeit von 150 t€, die nicht angesetzt wird. Würde sie nämlich angesetzt, würden sich auch die Anschaffungskosten des

Lamborghini von 1 Mio.€ auf 1,15 Mio.€ erhöhen. Aus dieser Differenz ergäben sich weitere latente Steuerverbindlichkeiten von 38 t€, womit sich die Anschaffungskosten nochmals auf 1,188 Mio.€ erhöhen usw.

Ausnahme zur Ausnahme: Differenzen bei erstmaliger Erfassung sind doch zu erfassen, wenn die Abweichung im Rahmen der erstmaligen Erfassung entweder nach IFRS oder steuerlich erfolgswirksam war (z. B. vorzeitige steuerliche Abschreibung oder Sofortabschreibung geringwertiger Wirtschaftsgüter) oder wenn ein Unternehmenszusammenschluss nach IFRS 3 vorliegt (latente Steuern aus der Kapitalkonsolidierung).

Eine **vorzeitige steuerliche Abschreibung** ist bereits bei erstmaliger Erfassung erfolgswirksam und führt zu passiven latenten Steuern. In Deutschland sind **Beteiligungsveräußerungen** regelmäßig nur zu 5 % steuerpflichtig. Der Steuerwert nach IAS 12.7 beträgt theoretisch nur 5 % der Anschaffungskosten (nur dieser Betrag wird für die Ermittlung des steuerlichen Veräußerungsgewinns abgezogen). Die Differenz entsteht allerdings bei erstmaliger Erfassung, daher entstehen keine latenten Steuern. Auch bei nicht steuerhängigen Vermögenswerten liegt eine Differenz bei erstmaliger Erfassung vor (vgl. IAS 12.A6). In Österreich sind z. B. internationale Schachtelbeteiligungen steuerfrei. Keine latenten Steuern entstehen auch bei steuerlichen **Angemessenheitsgrenzen** (Höchstgrenzen für die Aktivierung, darüber hinausgehende Anschaffungskosten werden nicht anerkannt); Angemessenheitsgrenzen sind eine Ansatzdifferenz bei erstmaliger Erfassung.

Auch für **quasi-permanente Differenzen**, die wahrscheinlich erst bei Liquidation oder Veräußerung des Unternehmens realisiert werden, sind latente Steuern anzusetzen. Die Umkehrung der temporären Differenz muss nicht geplant oder vorhersehbar sein.

Latente Steuern sind unabhängig davon anzusetzen, wie sich die temporäre Differenz wieder umkehrt, ob durch einen Verkauf oder durch Halten bis zum Ende der Lebenszeit. Wird z. B. eine Anleihe steuerlich zu Anschaffungskosten und nach IFRS 9 zum Fair Value bewertet, kehrt sich eine zinsbedingte Wertänderung bis zur Endfälligkeit des Nennwerts durch unterschiedliche Fortschreibung des jeweiligen Buchwerts wieder erfolgswirksam um. Wird sie zwischendurch verkauft, dann kehrt sich die Differenz durch unterschiedliche Abgangsbuchwerte nach IFRS und Steuerrecht um. In beiden Fällen sind latente Steuern anzusetzen (Beispiel zu IAS 12.36 lit. d).

Im Anwendungsbereich des nationalen Bilanzrechts wird häufig von **permanenten Differenzen** gesprochen; diese resultieren insbesondere aus nicht abzugsfähigen Ausgaben (z. B. Bußgelder) oder aus steuerfreien Einnahmen (z. B. bestimmte Beteiligungserträge). Diese Beispiele für permanente Differenzen erfüllen von vornherein nicht die Definition einer temporären Differenz nach IAS 12, denn latente Steuern sind nur für steuerbare bzw. abzugsfähige Differenzen zu bilden. Nicht abzugsfähige Ausgaben bzw. nicht steuerbare Erträge können allerdings in den Buchwert eines Vermögenswerts eingehen (z. B. ein nach der Equity-Methode aktivierter, steuerfreier Beteiligungsertrag). In diesem Fall greift die Fiktion nach IAS 12.7, wonach der Steuerwert dem Buchwert nach IFRS entspricht. Daher können sich keine Differenzen und in der Folge keine latenten Steuern ergeben.

4. Verwertbarkeit in der Zukunft

Aktive latente Steuern dürfen nur angesetzt werden, wenn zukünftig wahrscheinlich ein ausreichender steuerlicher Gewinn vorhanden ist, um sie steuerwirksam zu nutzen. Diese Voraussetzung gilt gleichermaßen für aktive latente Steuern aus temporären Differenzen und aus Verlustvorträgen. Die aus unterschiedlichen Quellen gespeisten aktiven latenten Steuern müssen daher gemeinsam betrachtet und mit der künftigen steuerlichen Gewinnerwartung verglichen werden. Die steuerlichen Gewinne können aus zwei Quellen stammen:

- aus laufend erzielten Gewinnen vor dem Abzug der Effekte der zu beurteilenden aktiven latenten Steuern. Erwartete steuerliche Gewinne aus angenommenen Wertsteigerungen im Vermögen dürfen nur angenommen werden, wenn sich konkret belegen lässt, dass sie wahrscheinlich erzielt werden (IAS 12.27A, z. B. weil Zahlungen aus einer fixverzinslichen Anleihe über den steuerlichen Buchwert hinaus fällig werden).
- aus der Umkehrung passiver latenter Steuern, sofern mit dieser wahrscheinlich zu rechnen ist (z. B. aus einer sicher eintretenden Umkehrung aufgrund verschiedener Abschreibungsdauern, nicht aber aus einem theoretisch möglichen Verkauf eines betriebsnotwendigen Grundstücks).

Das Wahrscheinlichkeitskriterium für steuerliche Gewinne liegt bei über 50 %, das Unternehmen muss nachvollziehbar belegen und dokumentieren, dass mit den entsprechenden steuerlichen Gewinnen gerechnet werden kann.

Die künftige Gewinnerwartung hängt auch von der aktuellen Bonität und dem Risiko einer künftigen Bonitätsverschlechterung ab. Je schlechter die Bonität und umso höher das Fortbestandsrisiko, umso kürzer ist der mögliche Zeithorizont, um künftige Gewinne nachvollziehbar zu belegen. Für **Unternehmen mit mittlerer und schlechter Bonität** kann eine Plausibilisierung auf Basis des eigenen Ratings durchgeführt werden (z. B. Agenturrating, erfragtes Rating der Hausbank oder professionelle Selbsteinschätzung). Veröffentlichte Ausfallstabellen von Ratingagenturen zeigen, über welchen Zeithorizont die eigene Ausfallswahrscheinlichkeit über 50 % steigt, bei einem CCC bis C-Rating sind das i. d. R. höchstens vier Jahre (der Ratingentzug muss bei der Tabelle einbezogen sein). Dann ist zu berücksichtigen, dass ein nachhaltiger Gewinneinbruch regelmäßig schon viele Jahre vor einem Ausfall eintritt und das Eigenkapital langsam aufgebraucht wird. Unternehmen in riskanteren Branchen haben zudem ein höheres Risiko einer Bonitätsverschlechterung, hier müssen die Zeiträume weiter gekürzt werden, über die wahrscheinliche steuerliche Gewinne belegt werden können.

Bei **Unternehmen guter Bonität** entsteht aus dem Umstand, dass aktive latente Steuern nicht diskontiert werden, ein besonders Problem: Der Langzeiteffekt unterstellter konstanter Gewinne würde dazu führen, dass ein quasi unendliches steuerliches Gewinnpotential zur Verfügung steht. Eine Auslegung des IAS 12 im Sinne einer getreuen Darstellung sollte aber die zunehmende Unsicherheit, sowohl aus systematischen Risiken als auch aus unternehmensspezifischen Gewinnrisiken, mitberücksichtigen und den Zeithorizont sinnvoll begrenzen. Schließlich lehnt das IASB willkürliche Schätzungen künftiger steuerlicher Gewinne ausdrücklich ab (IAS 12.BC53 letzter Satz). Die Annahme, die Gewinnsituation ließe sich risikofrei und ewig als wahrscheinlich einstufen, ist willkürlich.

Auch IAS 12 verweist auf steuerrechtliche Einschränkungen bei der Verwendung aktiver latenter Steuern: Wenn das Steuerrecht den Abzug auf bestimmte Bereiche oder Geschäfte beschränkt, dann muss der wahrscheinliche Gewinn in diesem Bereich gesondert belegt werden (IAS 12.27A; z. B. wenn Wertverluste aus Finanzanlagen nur mit Wertgewinnen verrechnet werden dürfen wie bei einer *„capitals gains tax“*).

5. Temporäre Differenzen bei Beteiligungen

5.1. Nach der Equity-Methode bewertete Beteiligungen

Beteiligungen an assoziierten Unternehmen oder Joint Venture-Gesellschaften müssen nach der Equity-Methode bewertet werden (Kap. VII.1., S. 129 und Kap. VII.3., S. 138). Dabei werden die anteiligen Gewinne der Gesellschaft auf die Beteiligung aktiviert, die beim Erwerb aufgedeckten, anteiligen stillen Reserven werden planmäßig abgeschrieben. Soweit der Buchwert der Beteiligung nach IFRS vom Steuerwert abweicht, können sich latente Steuern ergeben (vgl. IAS 12.38 und .42). Bei erstmaliger Erfassung werden die Anschaffungskosten nach IFRS meist jenen in der Steuerbilanz entsprechen, sodass sich keine temporären Differenzen ergeben. Bei der Folgebewertung kommt es aber regelmäßig zu Abweichungen, wenn eine Beteiligung an einer Kapitalgesellschaft vorliegt.

Latente Steuerschulden aus der Aktivierung anteiliger Gewinne ergeben sich nur, soweit die **Gewinne beim Empfänger steuerhängig** sind. Bei steuerfreien Gewinnausschüttungen liegt keine temporäre Differenz i. S. von IAS 12 vor (alternativ könnte IAS 12.7 angewendet werden, der den Steuerwert mit dem Buchwert gleichsetzt). Daher ergeben sich keine latenten Steuern. Bei teilweise steuerfreien Gewinnausschüttungen führt nur der steuerpflichtige Teil zu latenten Steuerschulden (in Deutschland sind Ausschüttungen i. d. R. nur zu 5 % steuerpflichtig; ggf. sind ausländische, nicht anrechenbare Quellensteuern zu beachten).

Die **Abschreibung der stillen Reserven** und ggf. eine außerplanmäßige Firmenwertabschreibung im Rahmen der Equity-Methode mindern den Buchwert der Beteiligung nach IFRS. Sind Veräußerungsgewinne steuerfrei und Verluste nicht abzugsfähig, dann liegt keine Differenz im Sinne von IAS 12 vor. Daher entstehen keine latenten Steuern. Bei nur teilweise steuerfreien Veräußerungsgewinnen entstehen latente Steuerschulden im Ausmaß der Steuerverhaftung (außer die Wertminderung wird auch steuerlich im Rahmen einer Teilwertabschreibung berücksichtigt).

Bei Beteiligungen an **inländischen Personengesellschaften** werden ohnedies die Gewinne steuerlich dem Gesellschafter zugerechnet; nicht entnommene Gewinne der Personengesellschaft führen daher nicht zu latenten Steuern. Auch aufgedeckte stille Reserven werden steuerlich – ähnlich wie bei der Equity-Methode – in einer Ergänzungsbilanz abgeschrieben (keine latenten Steuern, soweit die Abschreibungsmethoden gleich sind). Lediglich die steuerliche Firmenwertabschreibung über 15 Jahre ist über passive latente Steuern zu korrigieren, weil im Rahmen der Equity-Methode keine Firmenwertabschreibung stattfindet (vgl. IAS 12.21B; latente Steuerschuld in Höhe der kumulierten steuerlichen Firmenwertabschreibung, multipliziert mit dem Steuersatz). Allerdings kann der steuerliche Firmenwert in der Ergänzungsbilanz inhaltlich weiter gefasst sein als jener nach IFRS, der der Equity-Methode zugrunde liegt.

Bei Beteiligungen an **ausländischen Personengesellschaften** (Betriebsstätten im Ausland) sind die jeweiligen ausländischen Ertragsteuern maßgeblich.

5.2. Vollkonsolidierte Beteiligungen

Mutter- und Tochterunternehmen werden im Konzernabschluss nach IFRS zwar als Einheit dargestellt, steuerlich bleibt aber das Beteiligungsverhältnis bestehen. Daraus können sich u.U. latente Steuern ergeben.

Im Rahmen der Erstkonsolidierung eines Tochterunternehmens wird die Beteiligung im IFRS-Konzernabschluss ausgebucht, während sie in der Steuerbilanz aktiviert bleibt. Daraus resultierende latente Steuern werden grundsätzlich bei der Kaufpreisallokation berücksichtigt (siehe Kap. XIV.6., S. 327). Der Buchwert der Beteiligung nach IFRS kann sich danach nicht mehr verändern, weil die Beteiligung bereits mit dem Eigenkapital verrechnet wurde. Latente Steuern könnten aber auftreten, wenn sich der steuerliche Ansatz (Steuerwert) der Beteiligung verändert, z. B. aufgrund einer steuerlich wirksamen Teilwertabschreibung.

Latente Steuern können aus einer **steuerlich wirksamen Abschreibung** einer im Konzernabschluss konsolidierten Beteiligung entstehen; vermindert sich dadurch der steuerlich maßgebliche Buchwert, dann ergibt sich bei einer zukünftigen Veräußerung der Beteiligung eine zusätzliche Steuerbelastung. Insofern sind daher auch latente Steuerschulden anzusetzen. Der Ansatz der latenten Steuerschulden unterbleibt allerdings unter folgenden Voraussetzungen (IAS 12.39):

- Das beteiligte Unternehmen ist in der Lage, den zeitlichen Verlauf der Umkehrung der temporären Differenz zu steuern, und
- die temporäre Differenz wird sich in absehbarer Zeit wahrscheinlich nicht umkehren.

Latente Steuerschulden entstehen mitunter auch aus **einbehaltenen Gewinnen** des Tochterunternehmens, soweit die Ausschüttung bereits versteuerter Gewinne des Tochterunternehmens beim Mutterunternehmen zusätzlich steuerpflichtig ist bzw. nicht anrechenbare Quellensteuern erhoben werden (siehe Kap. XIV.5.1., S. 326). Der Ansatz latenter Steuern unterbleibt aber ausnahmsweise dann, wenn das Mutterunternehmen den Zeitpunkt der Gewinnausschüttungen kontrollieren kann und in absehbarer Zukunft wahrscheinlich keine Ausschüttung erfolgen wird (IAS 12.39).

Bei **verdeckten Gewinnausschüttungen** entstehen i. d. R. keine latenten Steuern, sondern tatsächliche Steuern. In manchen Fällen (z. B. bei überhöhten Zinsaufwendungen für Gesellschafterdarlehen) steht der verdeckten Gewinnausschüttung ein entsprechend verminderter Zinsertrag beim Mutterunternehmen gegenüber (keine Steuerauswirkung im konsolidierten Abschluss).

Ist das Tochterunternehmen (oder Joint Venture) eine **inländische Personengesellschaft**, dann gilt steuerlich das Transparenzprinzip – was im Ergebnis der Einheitstheorie im Konzernabschluss gleichkommt. Gewinnentnahmen sind nicht steuerpflichtig, daher entstehen keine latenten Steuern.

6. Konsolidierung und Unternehmenszusammenschlüsse

Temporäre Differenzen entstehen insbesondere im Rahmen der **Kapitalkonsolidierung im Konzernabschluss** oder bei anderen **Unternehmenszusammenschlüssen** nach IFRS 3 (z. B. Betriebserwerb oder Verschmelzung; siehe auch Kap. XVII.3., S. 397 ff.). Da in beiden Fallgruppen die Erwerbsmethode Anwendung findet, wird hier nur die Bilanzierung latenter Steuern im Rahmen der Kapitalkonsolidierung dargestellt.

Im Konzernabschluss ergeben sich latente Steuern nicht nur beim Mutterunternehmen, sondern auch auf Ebene der Tochtergesellschaften. Latente Steuern entstehen insbesondere im Rahmen der Kapitalkonsolidierung, weil die einzelnen Vermögenswerte und Schulden des Tochterunternehmens im Erwerbszeitpunkt zu Fair Values angesetzt werden und diese Fair Values im Regelfall vom Steuerwert abweichen.

Bei der Ermittlung der einzelnen Fair Values werden die latenten Steuern aber noch nicht als wertbeeinflussende Faktoren berücksichtigt. Die latenten Steuerschulden und Steueransprüche werden erst im nächsten Schritt angesetzt, indem der Fair Value der Vermögenswerte und Schulden mit dem jeweiligen Steuerwert verglichen wird. Im Regelfall sind die Fair Values höher, sodass latente Steuerschulden entstehen (IAS 12.19). Kommt es auch steuerlich zur Aufstockung („step up", z. B. im Rahmen eines steuerlichen Asset Deal), dann werden sich die jeweiligen Werte i. d. R. entsprechen; nichtsdestoweniger können sich zwischen der Steuerbilanz und dem IFRS-Abschluss Abweichungen bei der Erfassung von Vermögenswerten und Schulden ergeben (z. B. bei Eventualschulden, die nach IFRS 3 anzusetzen sind, aber mitunter nicht unter den steuerrechtlichen Rückstellungsbegriff fallen).

Für den Ansatz und die Bewertung der latenten Steuern gelten die oben in Kap. XIV.3., S. 323 f., und in Kap. XIV.5., S. 326, dargestellten Bestimmungen.

Da IFRS 3 grundsätzlich den Ansatz von Fair Values vorsieht (Neubewertungsmethode bzw. *full goodwill method*), werden sämtliche stille Reserven bereits vor der eigentlichen Kapitalkonsolidierung im Rahmen der HB II aufgedeckt und in einer eigenen Umwertungsrücklage gegengebucht. In dieser Phase werden auch die latenten Steueransprüche und latenten Steuerschulden angesetzt und in der Umwertungsrücklage gegengebucht. Das Eigenkapital (einschließlich Umwertungsrücklage) wird danach mit dem Beteiligungsbuchwert verrechnet (Kapitalkonsolidierung). Ein danach verbleibender Restbetrag gilt als **Firmenwert** (bzw. negativer Firmenwert, der als Ertrag ausgebucht wird). Die Berücksichtigung der latenten Steuerschulden vergrößert daher den Firmenwert, latente Steueransprüche vermindern ihn (IAS 12.19).

Der Firmenwert ist daher ein Restbetrag, der erst nach dem Ansatz latenter Steuern entsteht. Für den **Firmenwert** selbst dürfen bei erstmaliger Erfassung grundsätzlich keine latenten Steuerschulden berücksichtigt werden (IAS 12.15(a)). Der Ansatz von latenten Steuerschulden auf den Firmenwert würde den Firmenwert automatisch in derselben Höhe vergrößern. Dies wäre aber mit der Definition des Firmenwerts als bloße Restgröße nicht vereinbar (IAS 12.21 und .66).

Das Ansatzverbot latenter Steuerschulden auf den Firmenwert gilt ausdrücklich nur für die erstmalige Erfassung des Firmenwerts (und damit verbunden auch für spätere Änderungen der temporären Differenz, die bei der Firmenwerterfassung entsteht; .21A.). Später neu entstehende, temporäre Differenzen sind dagegen zu berücksichtigen, sofern der Firmenwert steuerlich abzugsfähig ist (.21B; .15(b)).

BEISPIEL (NACH .21B) ▸ Das Mutterunternehmen erwirbt am 1.1.X1 eine Beteiligung von 100 % an einer inländischen Personengesellschaft. Steuerlich entsteht ein Firmenwert von 150 t€, der steuerlich auf 15 Jahre abgeschrieben wird. Nach IFRS beträgt der Firmenwert ebenfalls 150 t€ und wird nicht planmäßig abgeschrieben.

Lösung: Aufgrund der steuerlichen Firmenwertabschreibung i. H. von 10 t€ entsteht in jedem Jahr eine Differenz von 10 t€ (dies ist keine Differenz aus erstmaliger Erfassung des Firmenwerts, sondern resultiert aus seiner Folgebewertung). Bei einem Steuersatz von 40 % sind daher für jedes Jahr 4 t€ an latenten Steuerschulden zu bilden (31.12.X1: 4 t€, 31.12.X2: 8 t€, usw.).

BEISPIEL (ÖSTERREICHISCHE GRUPPENBESTEUERUNG) ▸ Das Mutterunternehmen erwirbt am 1.1.X1 eine Beteiligung von 100 % an einer inländischen Kapitalgesellschaft. Im Rahmen der österreichischen Gruppenbesteuerung wird dabei ein Firmenwert von 150 t€ aufgedeckt, der steuerlich auf 15 Jahre abgeschrieben wird. Nach IFRS beträgt der Firmenwert 100 t€ und wird nicht abgeschrieben. Außerdem werden im Rahmen der HB-II selbst erstellte abnutzbare immaterielle Vermögenswerte i. H. von 30 t€ angesetzt, die steuerlich im Firmenwert enthalten sind.

Lösung: Der steuerliche Firmenwert ist eine besondere Abschreibungsvariante für die Beteiligung und mit dem Firmenwert nach IFRS nicht direkt vergleichbar, sodass es verschiedene Auslegungsvarianten gibt. Eine Differenz aus erstmaligem Ansatz ist nicht zu erfassen, ebenso wenig wie für den ökonomischen Vorteil aus künftigen steuerlichen Firmenwertabschreibungen. Jedenfalls entsteht in den Folgejahren eine passive, temporäre Differenz in Höhe der kumulierten steuerlichen Firmenwertabschreibung, denn der steuerliche Beteiligungsbuchwert beim Mutterunternehmen wird vermindert. Für den Ansatz latenter Steuern ist wohl zu klären, ob die steuerliche Umkehrung kontrolliert werden kann und in absehbarer Zeit wahrscheinlich keine Umkehrung erfolgen wird (IAS 12.39). Die Bilanzierung von latenten Steuern im Rahmen der österreichischen Gruppenbesteuerung ist ausführlich in einer Stellungnahme des österreichischen Rechnungslegungsbeirats geregelt (www.afrac.at).

In manchen Fällen ist der Firmenwert in der Steuerbilanz höher als der Firmenwert nach IFRS. Die Differenz führt zu einem höheren steuerlichen Abschreibungsvolumen und daher zu latenten Steueransprüchen. In diesem Fall müssen die latenten Steueransprüche aktiviert werden – und zwar schon im Rahmen der Erstkonsolidierung. Da der Firmenwert ein Restposten ist, vermindert er sich um denselben Betrag. Anders als bei latenten Steuerschulden wird der Firmenwert hier nicht „künstlich“ vergrößert (was mit seinem Restpostencharakter unvereinbar wäre), sondern in zwei Aktivposten aufgeteilt, was zu einer transparenteren Darstellung und einer entsprechend genaueren, gesonderten Überprüfung der Werthaltigkeit in den Folgeperioden führt. Latente Steueransprüche auf den Firmenwert dürfen im Rahmen des Unternehmenserwerbs aber nur dann bzw. nur insoweit aktiviert werden, als wahrscheinlich steuerliche Gewinne zur Verwertung der steuerlichen Firmenwertabschreibung zur Verfügung stehen (IAS 12.32A). Vor Anwendung dieser Regeln ist aber zu klären, ob der steuerliche Firmenwert tatsächlich höher ist oder bloß Vermögenswerte mit abdeckt, die nach IFRS gesondert aktiviert wurden (z. B. immaterielle Vermögenswerte). Insoweit handelt es sich um keinen Steuerwert „des Firmenwerts“, sondern um einen kombinierten Steuerwert, der den unterschiedlichen Vermögenswerten im Sinne der IFRS zuzuordnen ist (es wäre nicht sachgerecht, nur aufgrund von Abgrenzungsfragen jeweils gegenläufige Steuerlatenzen auf den Firmenwert und immaterielle Vermögenswerte anzusetzen).

Manchmal existieren steuerliche Firmenwerte in Steuerbilanzen vollkonsolidierter Gesellschaften, die z. B. aus früheren Betriebserwerben oder Umwandlungen resultieren. Diese Firmenwerte resultieren ebenfalls nicht aus der erstmaligen Erfassung des Firmenwerts bei Erstkonsolidierung nach IFRS. Solche Firmenwerte können wohl schon in der HB II als latente Ansprüche berücksichtigt werden (IAS 12.9 erlaubt den Ansatz, wenn lediglich ein Steuerwert und kein Buchwert nach IFRS vorhanden sind).

Mit der Abschreibung der aufgestockten Vermögenswerte im Rahmen der Folgekonsolidierung vermindert sich i. d. R. die Differenz zum Steuerwert. Dementsprechend sind die latenten Steuerschulden aufzulösen.

7. Steuerliche Verluste und Verlustvorträge

Auch steuerliche Verlustvorträge führen zum Ansatz **latenter Steueransprüche**. Allerdings muss ein zukünftiges steuerpflichtiges Einkommen wahrscheinlich zur Verfügung stehen, gegen das die Verlustvorträge verrechnet werden können (vgl. IAS 12.34 ff.; Gesamtbetrachtung bei Organschaft oder Gruppenbesteuerung). Die Kriterien für eine wahrscheinliche Verwertbarkeit sind dieselben wie bei Steueransprüchen aus temporären Differenzen (.35 i.V. mit .24 ff.; siehe S. 323; Verwertungswahrscheinlichkeit von mindestens 75 % bis 80 %). Der Betrachtungszeitraum ist nicht ausdrücklich begrenzt, die Entscheidung über eine wahrscheinliche Verwertbarkeit ist aber nur für Perioden möglich, deren steuerliche Gewinne verlässlich vorhergesagt werden können.

Der Zeitraum der steuerlichen Verlustverwertung verlängert sich außerdem, wenn Steuergesetze die Verlustnutzung begrenzen.

Hat das Unternehmen eine Historie von Verlusten, können Steueransprüche nur angesetzt werden, soweit ausreichend latente Steuerschulden passiviert wurden oder überzeugende substanzielle Hinweise für zukünftige steuerliche Gewinne vorliegen (.35; nach .82 sind die substanziellen Hinweise im Anhang darzustellen).

In Deutschland sind körperschaftsteuerliche und gewerbesteuerliche Verlustvorträge jeweils gesondert zu bewerten und auf Verwertbarkeit zu prüfen. Zur Bestimmung der Steuersätze siehe S. 321.

Die Verwertbarkeit steuerlicher Verlustvorträge kann sich durch **Unternehmenszusammenschlüsse** i. S. von IFRS 3 verändern (z. B. Verbot der Verlustnutzung aufgrund des steuerlichen Mantelkauftatbestands). In diesem Fall sind die latenten Steuerforderungen bei Erfassung des Unternehmenserwerbs entsprechend anzupassen. Soweit Ereignisse nach dem Unternehmenserwerb die Verwertbarkeit beeinflussen, sind die Anpassungen des latenten Steueranspruchs erfolgswirksam zu erfassen. Neue Informationen über die Umstände im Erwerbszeitpunkt können innerhalb der sogenannten *measurement period* aber als rückwirkende Anpassungen des Firmenwerts erfasst werden (IAS 12.68; siehe Kap. XVIII.3.7., S. 467 ff.).

8. Umgang mit ungewissen Ertragsteuern (IFRIC 23)

In den vergangen Jahren traten im europäischen Enforcement Zweifelsfälle im Zusammenhang mit steuerlichen Betriebsprüfungen auf. So verzichteten Unternehmen auf Steuerrückstellungen mit dem Argument, dieser Sachverhalt würde von ihren Steuerbehörden in der Praxis nicht oder so selten geprüft, weshalb unabhängig von der steuerlichen Rechtslage mit keiner Zahlung zu rechnen sei. Die Fälle wurden an das IFRIC herangetragen, das dahinter eine grundsätzliche Problematik erkannte und diese mit IFRIC 23 gelöst hat.

IFRIC 23 gilt für den Ansatz und Bewertung von unsicheren Ertragssteuern im Anwendungsbereich des IAS 12, und somit nicht für andere Abgaben, Gebühren oder Strafen. Allerdings ergeben sich auch für letztere Analogieschlüsse, die am Ende dieses Abschnitts behandelt werden.

Die erste Frage betrifft das **Beurteilungsobjekt**: Unsichere Steuertatbestände sind einzeln oder gesamthaft zu beurteilen, je nachdem, welche Lösung den Ausgang besser reflektiert.

BEISPIEL ▸ Das Unternehmen ermittelt gruppeninterne Transferpreise zahlreicher Transaktionen nach der Kostenzuschlagsmethode. Die Steuerbehörden könnten aber auf die Vergleichspreismethode bestehen. Dies würde sich auf zahlreiche Erlösbuchungen, Wareneinsätze, die Höhe der Verlustvorträge und Steuerumlagen auswirken. Das Beurteilungsobjekt sind daher alle Transaktionen in Summe samt damit verbundener Konsequenzen (ähnlich IFRIC 23.IE3).

Ferner steht der Verlustvortrag zur Debatte, weil möglicherweise ein steuerlicher Mantelkauf vorlag, bei dem der Verlustabzug nicht mehr zustünde. Die Frage wird unabhängig von den Transferpreisen beurteilt, weil sie damit nicht zusammenhängt.

Bei unsicheren steuerlichen Sachverhalten wird unterstellt, dass die zuständige Steuerbehörde eine Prüfung durchführt und vollständiges Wissen über den Sachverhalt hat (IFRIC 23.8; **Prüfungshypothese**, *„examination assumption“* .BC13). Die Chance, dass z. B. eine aggressive steuerliche Auslegung unentdeckt bleibt, wird nicht in die Beurteilung einbezogen. Die Prüfungshypothese gilt aber nur, soweit die Steuerbehörde sachlich und zeitlich zuständig ist. Ist der unsichere Steuersachverhalt bereits verjährt, kann die Steuerbehörde die Steuer nicht neu festsetzen. Je nach Steuerrecht kann sich die Verjährung durch Zeitablauf (Festsetzungsverjährung) oder nach einer schon erfolgten Prüfung ergeben (Vertrauensgrundsatz, dass ein schon geprüfter Sachverhalt nicht erneut aufgegriffen wird). Der Vertrauensgrundsatz kann aber durch neue Vorkommnisse durchbrochen werden.

Bei der Beurteilung wird darauf abgestellt, ob die zuständige Steuerbehörde einer steuerlichen Behandlung **wahrscheinlich zustimmt**. Stimmt die Behörde wahrscheinlich zu, dann werden steuerliche Gewinne, Steuerwerte, Verlustvorträge, Steuervorteile und Steuersätze konsistent zu den bisherigen Steuererklärungen ermittelt, d. h. das Unternehmen ist an die Steuererklärungen gebunden und darf für den IFRS-Abschluss keine alternative Einschätzung treffen, auch keine vorsichtigere.

Würde die Steuerbehörde bei einer fiktiven Prüfung **wahrscheinlich nicht zustimmen**, muss das Unternehmen die wahrscheinliche Vorgehensweise heranziehen und auf dieser Basis steuerliche Gewinne, Steuerwert usw. ermitteln (IFRIC 23.11). Dies erfolgt auf eine der beiden folgenden Arten:

- Der **wahrscheinlichste Einzelwert** innerhalb einer Spanne von Möglichkeiten, wenn das Ergebnis einen binären Charakter hat oder sich die Frage um einen bestimmten Wert konzentriert, z. B. ob ein Mantelkauf vorliegt oder nicht, ob ein steuerlich vorgegebener Diskontzinssatz anzuwenden ist oder ob eine Steuervergünstigung zusteht oder nicht.
- Der **Erwartungswert**, das ist das nach Wahrscheinlichkeit gewichtete Mittel verschiedener Ausgänge, wenn viele verschiedene Ausgänge oder eine breite Spannweite von Ausgängen möglich sind, z. B. wenn die Steuerbehörden betriebsgewöhnliche Nutzungsdauern neu schätzen würde.

Tatsächliche und latente Steuern sind zueinander konsistent zu beurteilen (IFRIC 23.12). Wenn neue Informationen hervorkommen, sind die Anerkennung durch die Steuerbehörde oder ggf. die alternative steuerliche Behandlung erneut zu beurteilen und zu ermitteln; in diesem Fall liegt eine Schätzungsänderung gemäß IAS 8 vor, die prospektiv bilanziert wird. Beispiele für neue Information sind die Anerkennung oder Versagung einer relevanten steuerlichen Behandlung durch die Behörde – sofern bekannt auch bei anderen Unternehmen, ferner Auskünfte, neue Steuerrichtlinien oder Gerichtsentscheidungen. Ein Schweigen der Steuerbehörde zu einem Thema darf nicht als Zustimmung oder Ablehnung gewertet werden (IFRIC 23.A3).

Auch die Verjährung führt zu einer Schätzänderung gemäß IAS 8, wenn bisher von einer abweichenden Behandlung durch die Behörde ausgegangen wurde, diese aber nicht mehr vollzogen werden kann. Bei fortgesetzten Steuerdelikten beginnt die Verjährung oft erst nach dem Ende der letzten betroffenen Handlung.

IFRIC 23 gilt für Steuern im Anwendungsbereich des IAS 12. Ob damit auch Strafzinsen, Pönalen oder Strafen für unrichtig erklärte Ertragssteuern verbunden sind, ist im Einzelfall zu klären (IFRIC 23.BC8). Für die Praxis macht es aber keinen großen Unterschied, weil die Regelungen des IFRIC 23 analog für IAS 37 zur Anwendung kommen (siehe nachfolgend). Schließlich verwendet auch IAS 37 den Begriff der wahrscheinlichen Verpflichtung.

Gibt es wesentliche steuerliche Unsicherheiten, hat das Unternehmen die wesentlichen Unsicherheiten und Annahmen bei der Bilanzierung zu beschreiben. Allerdings braucht sich das Unternehmen nicht selbst einer Steuerhinterziehung zu bezichtigen. Dennoch sind die Umstände angemessen transparent zu machen.

Das IFRIC hat IFRIC 23 bewusst auf den Anwendungsbereich von IAS 12 reduziert, weil andere Standards eigenständige Ansatzbestimmungen kennen (.BC6; IAS 37 verwendet für Eventualvermögen das Kriterium so gut wie sicher und für Eventualverbindlichkeiten das Wahrscheinlichkeitskriterium). Soweit nicht verbindliche Regeln anderer Standards dagegenstehen, erfordert IAS 8.11 lit. a aber einen **Analogieschluss**.

Die Analogie betrifft insbesondere die Prüfungshypothese (Prüfung durch Behörde und umfassendes Wissen). Weil IAS 12 auf geltende oder im Wesentlichen umgesetzte Steuergesetze abstellt, ist damit laut IFRIC ein vollständiger behördlicher Vollzug bei voller Sachverhaltskenntnis verbunden (.BC11). Genauso verweisen auch IAS 37.21 und 22 auf geltende oder im Wesentlichen umgesetzte Gesetze (Umweltschutzregeln werden als Beispiel genannt).

Wo nach IAS 37 gesetzliche (öffentlich-rechtliche) Verpflichtungen rückzustellen sind, gilt die Prüfungshypothese aufgrund der Argumentation des IFRIC analog. Unsichere Auslegungen von Regulierungen, die zu Auszahlungen führen könnten, unterliegen somit der Prüfungshypothese. Dies betrifft z. B. neben dem Umweltschutz die Regulierung von Banken oder Versicherungsunternehmen (z. B. Pönalen wegen Verstößen gegen Großkreditgrenzen, die dem Regulator nicht gemeldet wurden).

Eine andere Auslegung des IFRIC wäre kaum zu erwarten gewesen: Sonst ließe sich nämlich weiter folgern, dass selbst die IFRS-Bestimmungen nur insoweit beachtlich sind, als sie von Vollzugsbehörden effektiv durchgesetzt werden.

XV. Fair Value: Definition und Ermittlung

1. Allgemeines

Aufgrund seiner zentralen und immer stärkeren Bedeutung als Bewertungsmaßstab in verschiedenen Standards hat das IASB die Definition und die Ermittlung des Fair Value in einem eigenen Standard geregelt: IFRS 13. Der Standard ist auf Geschäftsjahre anzuwenden, die am oder nach dem 1.1.2013 beginnen; die erstmalige Anwendung erfolgt prospektiv. Die vorzeitige Anwendung ist gestattet; als Erleichterung bei einer vorzeitigen Anwendung besteht für Anhangangaben der Vergleichsperiode keine Angabepflicht.

Der Fair Value wird in zahlreichen Standards verwendet und dient als Maßstab für die Erst- und Folgebewertung und für die Anhangangaben. Im Rahmen des Konvergenzprojekts mit dem FASB wurde der Fair Value-Begriff sowohl durch den amerikanischen Standardsetter als auch durch das IASB grundlegend diskutiert. Zielsetzung war eine Reduzierung der Komplexität und eine Vereinheitlichung des Fair Value-Begriffs. Zuerst wurde vom FASB ein Fair Value-Standard erstellt, der dann in geringfügig abgeänderter Form vom IASB durch IFRS 13 übernommen wurde.

IFRS 13 betrifft den Fair Value, der in IFRS 1, 3 bis 5 und 9 sowie IAS 2, 16, 18 bis 21, 32 und 40 sowie 41 zur Anwendung kommt. Ob und wie der Fair Value heranzuziehen ist, wird in den jeweiligen Standards determiniert.

Allerdings gibt es nach wie vor zwei Standards, die eine abweichende Fair Value-Definition verwenden und für die IFRS 13 nicht anwendbar ist: IFRS 2 (IFRS 2.6A) und IFRS 16 (Leasing). Drei andere Standards, IAS 19, 26 und 36, sind teilweise von den umfassenden Anhangangaben des IFRS 13 ausgenommen.

Dem Fair Value verwandte Wertmaßstäbe, die jedoch nicht den Fair Value darstellen, sind unverändert anzuwenden, etwa der Nettorealisationswert (IAS 2) oder der Nutzwert (IAS 36).

2. Bestandteile der Fair Value-Definition

2.1. Allgemeines

IFRS 13 definiert den Fair Value als den Preis, der im Zuge einer ordnungsmäßigen Transaktion zwischen Marktteilnehmern am Bewertungstag bei Verkauf eines Vermögenswerts zu erzielen ist oder für die Übertragung einer Schuld zu bezahlen ist. Maßgeblich ist somit der **Exit-Preis**. Bei einem Vermögenswert ist dies grundsätzlich der absatzseitig ermittelte Wert. Bei einer Verbindlichkeit ist das jener Betrag, der für den Ausstieg erforderlich wäre, also z. B. der Rückkaufpreis für die Verbindlichkeit.

Sowohl bei der Bewertung als auch bei der Einstufung innerhalb der Fair Value-Bewertungshierarchie wird zwischen beobachtbaren und nicht beobachtbaren Bewertungsparametern unterschieden. **Beobachtbare Bewertungsparameter** *(observable inputs)* basieren auf Marktdaten (z. B. Börsenkursen, Preisstellungen durch Market-Maker oder Händler) und öffentlich verfügbaren Informationen in Bezug auf aktuelle Vorgänge oder Transaktionen. **Nicht beobachtbare Bewertungsparameter** *(unobservable inputs)* sind jene Faktoren, für die Marktdaten nicht verfügbar sind. Sie basieren auf bestmöglichen verfügbaren Informationen über die Annahmen, die Marktteilnehmer bei der Preisfindung für den Vermögenswert oder die Schuld verwenden würden (Anhang A).

Bei der Bewertung sind die **Charakteristika des Vermögenswerts oder der Verbindlichkeit** zu beachten, soweit dies auch andere Marktteilnehmer tun würden (.12). Dazu gehören etwa die Beschaffenheit und der Ort des Vermögenswerts und allfällige Verkaufs- und Nutzungsrestriktionen sowie rechtliche Beschränkungen, die dem Vermögenswert anhaften und an potentielle Käufer übertragen werden müssten (.11). Beispielsweise hat ein PKW ohne Fahrzulassung einen geringeren Fair Value als ein sonst identischer PKW mit Fahrzulassung, weil die fehlende Zulassung auch die Nutzung durch andere Marktteilnehmer einschränkt. Dagegen mindert der fehlende Führerschein des Eigentümers nicht den Fair Value seines PKW.

Auch die Risiken und Unsicherheiten über künftige Cashflows beeinflussen den Fair Value maßgeblich. Maßgeblich sind aber nicht die individuelle Risikoaversion des bilanzierenden Unternehmens, sondern die Risikoabschläge, die andere Marktteilnehmer für den zu bewertenden Gegenstand üblicherweise ansetzen.

Das **Bilanzierungsobjekt** *(unit of account)*, dessen Fair Value nun konkret zu ermitteln ist, wird grundsätzlich durch den jeweiligen Standard definiert (Anhang A). Beispielsweise wird nach IAS 36 die zahlungsmittelgenerierende Einheit (CGU) als Bilanzierungsobjekt festgelegt und nach IFRS 9 grundsätzlich das individuelle Finanzinstrument. Das Bilanzierungsobjekt aus Sicht des IFRS 13 bezieht sich dabei entweder auf einen alleinstehenden Vermögenswert oder eine alleinstehende Verbindlichkeit oder auf eine Gruppe von Vermögenswerten, eine Gruppe von Verbindlichkeiten oder eine Gruppe von Vermögenswerten und Verbindlichkeiten (.13).

2.2. Die Transaktion, der Markt und die Marktteilnehmer

Die Definition des Fair Value stellt entweder auf eine tatsächliche Transaktion oder auf eine fiktive Transaktion ab; der Preis kann entweder auf einem Markt beobachtet oder mithilfe eines Modells ermittelt werden.

Die **Transaktion** muss aus Sicht des Unternehmens als **ordnungsmäßig** einzustufen sein *(orderly transaction)*, d. h. es darf sich nicht um eine erzwungene Liquidation oder um einen Notverkauf handeln (Anhang A).

Da Unternehmen oft Zugang zu unterschiedlichen Märkten haben, stellt IFRS 13 auf einen Referenzmarkt ab: Dies ist entweder der Hauptmarkt oder der vorteilhafteste Markt, wenn es keinen Hauptmarkt gibt. Der **Hauptmarkt** verfügt über die höchsten Umsätze und die höchste Aktivität für den betreffenden Vermögenswert (Anhang A). Der Hauptmarkt ist jener Markt, den das Unternehmen normalerweise nutzt (widerlegbare Vermutung; .17 und BC48). Nach der Identifizierung des Hauptmarkts wird dieser für Bewertungszwecke herangezogen, auch wenn in einem anderen Markt vorteilhaftere Preise gestellt werden (.18).

Der **vorteilhafteste Markt** ist durch den höchsten erzielbaren Betrag für den Vermögenswert bzw. den niedrigsten zahlbaren Betrag für die Schuld gekennzeichnet; dabei sind Transaktionskosten und Transportkosten bei der Bestimmung des vorteilhaftesten Marktes zu berücksichtigen (Anhang A). Für den erzielbaren oder zu zahlenden **Preis** ist es unerheblich, ob dieser direkt beobachtbar ist oder durch eine Bewertungsmethode ermittelt werden kann (.24).

Das Unternehmen muss keine erschöpfende Analyse sämtlicher Märkte zur Bestimmung des Hauptmarktes (oder des vorteilhaftesten Marktes) anstellen, muss jedoch die verfügbaren Informationen berücksichtigen (.17). Der Zugang zum Hauptmarkt (oder dem vorteilhaftesten Markt) muss am Bewertungstag sichergestellt sein (.19).

Bei der Ermittlung des Preises sind **Transaktionskosten** außer Ansatz zu lassen. Transaktionskosten sind dem Verkauf oder der Übertragung direkt zurechenbar und daher kein Charakteristikum eines Vermögenswerts oder einer Schuld, sondern vielmehr von Transaktionen. Von Transaktionskosten sind **Transportkosten** zu unterscheiden (.26). Ein Vermögenswert muss mitunter vom derzeitigen Ort an den relevanten Referenzmarkt verbracht werden, weshalb die Transportkosten als Merkmal des Vermögenswerts den Fair Value vermindern.

BEISPIEL (VGL. IE19 FF.) ▸ Das Unternehmen hat Zugang zu zwei nahezu identischen Märkten, sodass der Referenzmarkt zu bestimmen ist:

In Markt A wird ein Verkaufspreis 26 Mio. € erzielt, jedoch fallen Transaktionskosten von 3 Mio. € und Transportkosten von 2 Mio. € an; damit kann ein Nettoerlös von 21 Mio. € erzielt werden.

In Markt B wird als Verkaufspreis 25 Mio. € erzielt, jedoch betragen die Transaktionskosten 1 Mio. € und Transportkosten 2 Mio. €, sodass 22 Mio. € erzielt werden können.

Ist A der Hauptmarkt, beträgt der Fair Value 24 Mio. € (26 Mio. € abzüglich Transportkosten von 2 Mio. €). Ist keiner der beiden Märkte der Hauptmarkt, so ist der vorteilhafteste Markt zu bestimmen. Dies ist Markt B mit einem erzielbaren Betrag von 22 Mio. €. Der Fair Value unter Berücksichtigung der Transportkosten beträgt 23 Mio. €.

Den **Marktteilnehmern** wird ökonomisches Handeln unterstellt (.22). Sie sind voneinander unabhängig (z. B. keine nahestehenden Unternehmen und Personen) und sachkundig, d. h. sie verfügen über hinreichendes Wissen und stützen sich auf die verfügbaren Informationen. Insiderinformationen müssen sie aber nicht kennen. Sie sind in der Lage, die Transaktion einzugehen und vertragswillig (Anhang A).

Das Unternehmen ist nicht verpflichtet, einen bestimmten Marktteilnehmer zu identifizieren, sondern identifiziert die generellen Charakteristika von Marktteilnehmern (.23). Dabei sind die folgenden Faktoren zu berücksichtigen:

- der Vermögenswert/die Schuld;
- der Hauptmarkt (oder der vorteilhafteste Markt) und
- Marktteilnehmer, mit denen die Gesellschaft in diesem Markt die Transaktion abschließen würde.

2.3. Fair Value bei Ersterfassung

Der **Anschaffungspreis** für Vermögenswerte oder Schulden, d. h. der Preis, der tatsächlich für den Kauf eines Vermögenswerts gezahlt oder für eine Verbindlichkeit erhalten wurde, kann u. U. vom Fair Value als Exit-Preis i. S. des IFRS 13 abweichen (.57). In diesem Fall entsteht ein *first day gain* oder *-loss*. Die jeweiligen Standards bestimmen, ob dieser unmittelbar ergebniswirksam zu erfassen oder systematisch zu verteilen ist (.60).

Aus Sicht des IASB ist der Zugangspreis und der Fair Value in vielen Fällen gleich (.58; BC44). Situationen, in denen Transaktionspreis und Fair Value auseinanderfallen, sind einerseits unternehmensspezifisch und andererseits marktspezifisch:

- Unternehmensspezifisch sind z. B. Transaktionen zwischen verbundenen Unternehmen, Transaktionen unter Zwang und Transaktionen, die sich auf ein abweichendes Bewertungsobjekt beziehen (z. B. der Transaktionspreis betrifft eine „Aktie cum Dividende“, zu bewerten ist aber eine Aktie „ex Dividende“, weil die Dividendenforderung nach dem Ausschüttungsbeschluss schon gesondert aktiviert und zu Anschaffungskosten bewertet wird).
- Marktspezifische Abweichungen ergeben sich einerseits aus unterschiedlichen Märkten (Anschaffung auf einem anderem Markt als dem Referenzmarkt; .B4(a) bis (d)). Außerdem gibt es an praktisch jedem Markt Ankaufs-/Verkaufsspannen als Entgelt für die Händler oder Börsen. Da der Exit-Preis von Vermögenswerten regelmäßig einen Verkaufskurs darstellt, weicht der Transaktionspreis grundsätzlich vom Fair Value bei Ersterfassung ab. An liquiden Märkten ist die Abweichung meist unwesentlich. Bei einer wesentlichen Ankaufs-/Verkaufsspanne ist die Differenz zwischen Fair Value und Transaktionspreis zu erfassen und entsprechend den unterschiedlichen Vorgaben in einzelnen IFRS aufzulösen.

BEISPIEL (VGL. .IE24 BIS .IE26) Ein Privatkunde schließt mit einem Kreditinstitut ein unbesichertes Swapgeschäft ab; der Transaktionspreis ist null. Aus Sicht des Privatkunden existiert nur ein Markt für dieses Produkt (der Privatkundenmarkt); aus Sicht des Kreditinstituts stehen mehrere Märkte zur Verfügung (der Privatkundenmarkt und der Interbankenmarkt).

Bewertet der Privatkunde die abgeschlossene Transaktion zum Fair Value, entspricht der Preis des Swaps von null auch dem Fair Value an seinem Privatkundenmarkt.

Das Kreditinstitut wird den Interbankenmarkt als Referenzmarkt heranziehen, weil es üblicherweise Swaps auf diesem Markt abschließt. Der Fair Value kann daher vom Transaktionspreis abweichen und IFRS 9 erfordert eine Erfassung und Verteilung der Differenz als *first day gain* oder *-loss*.

3. Sonderbestimmungen für bestimmte Sachverhalte

3.1. Bewertung nichtfinanzieller Vermögenswerte

Die Bewertung nichtfinanzieller Vermögenswerte basiert auf der Prämisse der bestmögliche Nutzung *(highest and best use)* in einem beliebigen Unternehmen und geht daher von einer Wertmaximierung durch andere Marktteilnehmer aus. Die bestmögliche Nutzung kann auch in Kombination mit anderen Vermögenswerten als Gruppe bzw. in Kombination mit anderen Vermögenswerten und Schulden erfolgen (.31).

Für die bestmögliche Nutzung sind die physischen Möglichkeiten (z. B. Lage und Größe), die rechtliche Zulässigkeit (z. B. Bebauungsvorschriften) und die finanzielle Machbarkeit (z. B. Ingangsetzungskosten) zu berücksichtigen. Die aktuelle Nutzung im Unternehmen wird als bestmögliche Nutzung angenommen, wenn nicht Marktfaktoren oder sonstige Hinweise dagegen sprechen (.29).

BEISPIEL Das Unternehmen besitzt ein bebautes Grundstück (Lagerhalle) im Pariser Stadtteil Louvre. Die Lagerhalle ist fremdüblich vermietet und wird gemäß IAS 40 zum Fair Value bewertet; die Kündigungsfrist für den Mietvertrag beträgt zwölf Monate. Der Ertragswert aus der gegenwärtigen Nutzung ist 10 Mio. €. Ein gleich großes unbebautes Nachbargrundstück wurde soeben für 200 Mio. € als Baugrund für ein Bürogebäude veräußert. Bei einer Nutzungsänderung wäre dieser Wert erzielbar, allerdings unter Berücksichtigung eines geschätzten Wertabschlags von insgesamt 20 Mio. €. für die Nutzungsrestriktion (Kündigungsfrist) und für die Abbruchkosten der Lagerhalle. Der Fair Value beträgt somit 180 Mio. €. (und nicht 10 Mio. €). Das Unternehmen muss diesen Wert ansetzen und folglich auch die geringe laufende Rendite aus der unwirtschaftlichen Nutzung als Lagerhalle gegenüber den Abschlussadressaten verantworten.

Im Regelfall wird der Fair Value isoliert für einen Vermögenswert ermittelt. In manchen Fällen kann er aber auch einen Wert verkörpern, der sich aus einer ganzen Gruppe von Vermögenswerten in Kombination ergibt.

Eine Besonderheit der bestmöglichen Nutzung stellt die **defensive Nutzung** dar: Beispielsweise könnte ein im Rahmen eines Unternehmenserwerbs angeschafftes Patent nicht genutzt werden, um die aktuelle Wettbewerbssituation des Erwerbers bestmöglich zu sichern. Andere Marktteilnehmer würden das Patent aber nutzen. Für den Fair Value ist die Sichtweise des Marktes maßgeblich (.30 und .IE9).

3.2. Bewertung von eigenen Schulden und Eigenkapitalinstrumenten

Bei der Fair Value-Ermittlung von finanziellen und nichtfinanziellen Schulden bzw. von eigenen Eigenkapitalinstrumenten wird die **Übertragung** an einen Marktteilnehmer am Bewertungstag unterstellt. Die Position aus dem Finanzinstrument wird dabei fiktiv und unverändert an einen Marktteilnehmer übertragen, auch wenn eine Übertragung vertraglich nicht zulässig wäre. Wird eine Schuld übertragen, so hat der übernehmende Marktteilnehmer annahmegemäß die gleiche Bonität wie das bilanzierende Unternehmen, d. h. es kommt anlässlich der Übertragung zu keiner bonitätsbedingten Wertänderung.

Bei eigenen Schulden ist das **Erfüllungsrisiko** *(non-performance risk)* des bilanzierenden Unternehmens zu beachten (.42). Das Erfüllungsrisiko umfasst bei Finanzinstrumenten das Risiko eigener Zahlungsstörungen (Kreditrisiko).

Das Erfüllungsrisiko betrifft auch nichtfinanzielle Verbindlichkeiten, die durch Lieferungen oder Dienstleistungen zu erfüllen sind; hier besteht das Risiko z. B. in der künftigen Unfähigkeit des Unternehmens zur Leistungserbringung (Leistungsrisiken).

BEISPIEL (VGL. .IE32) ▸ Gesellschaft X hat ein AA-Rating und kann sich zu 6 % p. a. verschulden. Gesellschaft Y hat ein BBB-Rating und würde pro Jahr 12 % zahlen. Beide Gesellschaften sind eine vertragliche Verpflichtung eingegangen, der Gesellschaft Z in fünf Jahren den Geldbetrag von 500 t€ zu zahlen.

Das Erfüllungsrisiko wird wie folgt berücksichtigt:

- Für die Schuld von Gesellschaft X wären 374 t€ anzusetzen; dies entspricht dem Barwert bezogen auf die Laufzeit von fünf Jahren und das aktuelle Rating (AA) der Gesellschaft.
- Für die Schuld von Gesellschaft Y wären 284 t€ anzusetzen, dies entspricht dem Barwert bezogen auf die Laufzeit von fünf Jahren und das aktuelle Rating (BBB) der Gesellschaft.

Bei der Fair Value-Ermittlung von eigenen Schulden und Eigenkapitalinstrumenten ist das Exit-Preis-Konzept des IFRS 13 in der Praxis problematisch: Diese Instrumente werden zwar häufig unter verschiedenen Investoren ausgetauscht. Es gibt aber kaum Transaktionen, die mit dem Emittenten stattfinden. Der Preis, zu dem Investoren die Instrumente kaufen und verkaufen, ist nicht notwendigerweise der Preis, zu dem das Unternehmen seine Verbindlichkeit an einen Dritten übertragen (zedieren) könnte. Für eine solche Exit-Transaktion gibt es üblicherweise keine Marktpreise und nur selten Vergleichspreise. Außerdem können vertragliche oder rechtliche Einschränkungen die Übertragung von Schulden oder eigenen Eigenkapitalinstrumenten an andere Emittenten verhindern (Eigenkapital lässt sich schwer von der Gesellschaft trennen).

Daher sehen IFRS 13.37 ff. folgende Vereinfachung vor: Gibt es auf der Gegenseite einen Investor, dann ist der Fair Value aus dessen Perspektive zu ermitteln. Restriktionen seitens des Emittenten, eine Zession durchzuführen, bleiben unberücksichtigt, weil die Bewertung allein aus der Perspektive der Investoren erfolgt (.45).

BEISPIEL 1 Ein Unternehmen hat Anleihen an einer Börse platziert. Dort werden die Anleihen regelmäßig zwischen Investoren gehandelt und es gibt einen Marktpreis. Es gibt aber keine Marktdaten, zu welchem Preis die Anleihen an einen anderen Emittenten zediert werden könnten. Daher ist vereinfachend der Marktpreis an der Börse als Fair Value auch aus Sicht des Unternehmens heranzuziehen, auch wenn der Preis keine Exit-Transaktion aus Sicht des Unternehmens verkörpert.

BEISPIEL 2 Das Unternehmen hat identische Anleihen in zwei Tranchen ausgegeben, eine Tranche über eine Börse und eine zweite Tranche privat platziert. Es gibt keine Marktdaten, zu welchem Preis die Anleihen an einen anderen Emittenten zediert werden könnten. Da die Anleihen identisch sind, sind die Börsenkurse für die Fair Value-Ermittlung beider Tranchen in der Bilanz des Emittenten heranzuziehen.

Gibt es auf der Gegenseite aber keinen Investor, dann erübrigt sich die vereinfachte Bewertung aus der Perspektive des Investors. Folglich muss der Fair Value wieder aus der „richtigen" Perspektive, der Emittentensicht ermittelt werden: Der Fair Value ist jener Betrag, der einem anderen Emittenten gleicher Bonität für die unveränderte Übernahme der Verbindlichkeit zu bezahlen wäre, oder der Preis, den ein vergleichbarer Marktteilnehmer für das Eingehen einer identischen Verpflichtung erhalten würde. Dazu ist ein Bewertungsmodell erforderlich (IFRS 13.40 f.). Eine Verbindlichkeit ohne einen Investor auf der Gegenseite ist z. B. eine Rekultivierungsverpflichtung (.IE35) oder ein Drohverlust aus einem abgeschlossenen Liefervertrag, deren Fair Value aufgrund eines Unternehmenszusammenschlusses zu ermitteln ist.

Garantien von dritter Seite für eigene Verbindlichkeiten werden bei der Fair Value-Ermittlung nicht berücksichtigt, soweit diese ein selbständig zu bewertendes Finanz-instrument sind (.44).

BEISPIEL Ein Unternehmen mit einem B-Rating hat Anleihen begeben, die zum Fair Value bewertet werden. Die Erfüllung der Anleihe ist laut Emissionsbedingungen durch eine Bank mit einem AAA-Rating garantiert. Der Marktpreis der Anleihe beträgt 1.000 Mio. €, was dem Nennwert entspricht. Ohne die Garantie wäre der Marktpreis nur 900 Mio. €.

Der Fair Value aus Sicht des Unternehmens beträgt 900 Mio. €. Bei einem Ausfall würde die Bank den Investoren die Garantiesumme bezahlen und im Gegenzug die Anleihen übernehmen. Der Garantiefall spielt sich wirtschaftlich allein in der Gläubigersphäre ab, die in Gesamtbetrachtung das Bonitätsrisiko des Unternehmens tragen. Das Unternehmen selbst ist wirtschaftlich vom Umstand der Garantie nicht betroffen.

3.3. Ermittlung marktüblicher Risikoprämien

Bei jeder Bewertungsmethode (sofern der Fair Value nicht mit dem Marktpreis gleichzusetzen ist) müssen jene **Risikoprämien** berücksichtigt werden, die andere Marktteilnehmer ansetzen (.B13(d) und .B39). Marktteilnehmer sind grundsätzlich risikoavers (IFRS 13 Anhang A): Risikotragung ist eine Leistung, die mit einer Prämie abgegolten werden muss. Die Risikoprämie wird meist im Diskontierungszinssatz berücksichtigt, alternativ kann der Modellwert risikofrei ermittelt und dann ein pauschaler Risikoabschlag abgezogen werden.

Risikoprämien werden am Markt angesetzt, wenn sich ein Risiko nicht oder nur mit signifikanten Kosten absichern lässt. Beispielsweise lassen sich Fremdwährungsrisiken gut absichern, indem kongruente Fremdwährungsforderungen und -verbindlichkeiten abgeschlossen werden oder offene Fremdwährungsrisiken mit Fremdwährungstermingeschäften geschlossen werden. Für Fremdwährungsrisiken werden daher am Markt nur dann signifikante Prämien angesetzt, wenn sich das Risiko schwer sichern lässt (z. B. bei Währungen mit Restriktionen im Devisentransfer oder hohen Ankaufs-/Verkaufsspannen).

Auch Zinsrisiken lassen sich durch eine kongruente Risikostruktur auf der Aktiv- und Passivseite und durch Zinsswaps gut sichern und erfordern daher nur selten eine Risikoprämie.

BEISPIEL ▸ Ein Unternehmen hat einen Zinsswap abgeschlossen, dessen Zahlungen naturgemäß volatil sind. Darin besteht der Sinn des Zinsswaps, d. h. es handelt sich nicht um ein Risiko, sondern um den gewünschten Effekt. Bei der Modellbewertung wird das Zinsrisiko nicht in Form einer Risikoprämie berücksichtigt. Allerdings kann eine Kreditrisikoprämie erforderlich sein (zur Kreditrisikobewertung von Derivaten *Grünberger*, KoR 9/2011 S. 410).

Wesentlich schwieriger ist die Absicherung, wenn das Risiko nicht durch allgemeine Marktvariablen wie Zinsen, Rohstoffpreise oder Wechselkurse verursacht wird, sondern unternehmensspezifisch ist (idiosynkratische Risiken). Unternehmensspezifisch sind insbesondere Aktienkursrisiken und Kreditrisiken. Die wichtigste Methode der Risikoabsicherung ist die Streuung. IFRS 13.B24 verweist auf die Portfoliotheorie, wonach Risikoprämien nur für nicht diversifizierbare Risiken angesetzt werden. Makroökonomische Risiken (z. B. Konjunkturrisiken) können z. B. durch Diversifikation kaum beseitigt werden, weil sie alle Instrumente eines gut diversifizierten Portfolios betreffen. In der Finanzwirtschaft werden nicht diversifizierbare Risiken als Risikokorrelationen bezeichnet.

Außerdem ist die Diversifikation am Markt keine Selbstverständlichkeit: Einerseits ist sie mit Transaktionskosten verbunden, andererseits unterstellt die Portfoliotheorie vollkommene Märkte. In Wirklichkeit sind Märkte nicht vollkommen und Risikoprämien werden auch deshalb eingepreist, weil Diversifikation nur begrenzt möglich ist.

Da die Risikoaversion und die Effizienz des Markts schwer messbar sind, lassen sich marktübliche Risikoprämien nur durch Beobachtung ermitteln. Für die Risikobewertung von **Eigenkapitalinstrumenten** hat sich das Capital Asset Pricing Model als gängiges Modell herausgebildet, wonach am Markt beobachtete Risikoprämien auf Einzelinstrumente übergeleitet werden. Für die Bewertung von **Schuldinstrumenten** werden Credit Spreads von marktgehandelten Vergleichsinstrumenten gleicher Bonität oder aus Marktpreisen von Kreditderivaten abgeleitet.

3.4. Gruppenbewertung finanzieller Vermögenswerte und Schulden

Eine Gruppe von nichtfinanziellen Vermögenswerten kann aufgrund von Synergieeffekten einen höheren Fair Value haben als die Summe der einzelnen Fair Values (Prämisse der bestmöglichen Nutzung).

Bei **finanziellen Vermögenswerten und Verbindlichkeiten** gibt es meist keine Synergieeffekte: Die Renditen und die erwarteten Verluste sind additiv, d. h. eine bestimmte Kombination führt zu keinen zusätzlichen Renditen bzw. erwarteten Verlusten. Die Rendite und die erwarteten Verluste des Portfolios entsprechen stets der Summe der Einzelinstrumente.

In bestimmten Situationen stimmt dieser einfache Zusammenhang aber nicht. Nur in diesen Fällen erlaubt das IASB die Berücksichtigung von Portfolioeffekten im Rahmen der Fair Value-Ermittlung. Dabei werden Bruttopositionen saldiert und der betreffende Risikofaktor nur auf die offene Nettoposition bezogen, soweit dies auch andere Marktteilnehmer tun würden.

Für Zwecke des Kreditrisikos können Kreditrisikoabschläge nur auf die Nettoposition nach Berücksichtigung von Nettingverträgen bezogen werden. Damit wird der **Kreditrisikoabschlag effektiv vermindert**.

BEISPIEL 1 ▶ Das Unternehmen hat eine dreijährige Forderung von 10 Mio. € gegenüber der Gegenpartei G, deren Verbindlichkeiten am Markt mit einem Credit Spread von 3 % bepreist werden. Der Kreditrisikoabschlag bei der Ermittlung des Fair Value bei Einzelbewertung beträgt daher rund 10 Mio. € × 3 % × 3 Jahre = 900 t€.

Zugleich hat das Unternehmen eine zweijährige Verbindlichkeit gegenüber G i. H. von 5 Mio. €. Verbindlichkeiten des Unternehmens werden am Markt mit einem Credit Spread von 2 % bewertet. Der Kreditrisikoabschlag bei der Ermittlung des Fair Value bei Einzelbewertung beträgt daher rund 5 Mio. € × 2 % × 2 Jahre = 200 t€.

Zur Risikominderung haben beide Unternehmen einen Nettingvertrag abgeschlossen, der es erlaubt, im Fall einer Zahlungsstörung Forderungen mit Verbindlichkeiten zu verrechnen. In den ersten beiden Jahren darf unter den Bedingungen des IFRS 13.48 ff. freiwillig nur die Nettoposition bepreist werden. Damit ergeben sich folgende Fair Values:

- Bewertung der dreijährigen Forderung an G: Das Nettorisiko der Forderung beträgt für zwei Jahre nur 5 Mio. € und im dritten Jahr (nach Eingang der Verbindlichkeit) wieder 10 Mio. €. Der Kreditrisikoabschlag bei der Ermittlung des Fair Value der Forderung unter Berücksichtigung des Nettingvertrags beträgt daher rund:

  5 Mio. € × 3 % × 2 Jahre + 10 Mio. € × 3 % × 1 Jahr = 600 t€.
- Bewertung der zweijährigen Verbindlichkeit gegenüber B: Die Verbindlichkeit ist vollständig durch die Forderung abgesichert, d. h. aus Sicht des IFRS 13.48 gibt es keinen Kreditrisikoabschlag.

In der Praxis ist Portfoliobewertung des Kreditrisikos vor allem für Derivate relevant (zur praktischen Umsetzung *Grünberger*, KoR 9/2011 S. 410 ff.).

Im Gegensatz zum Kreditrisiko geht es bei der Portfoliobewertung beim Marktrisiko nicht um die Verminderung von Risikoabschlägen, sondern um eine **vereinfachte Anwendung der Marktvariablen**: Gemäß IFRS 13.53 ist ein repräsentativer Marktpreis auf die Nettoposition anstatt auf die Bruttoposition zu beziehen. Wechselkurse können z. B. nur auf die offene Position bezogen werden, Marktzinssätze z. B. nur auf den Überhang fixverzinslicher Forderungen über fixverzinsliche Verbindlichkeiten.

BEISPIEL 2 ▶ Das Unternehmen hat eine Forderung über 10 Mio. US$ sowie eine zeitgleich fällige Verbindlichkeit über 5 Mio. US$. Der Ankaufskurs eines Dollars ist 1,05 €, der Verkaufskurs ist 0,95 €. Bei Einzelbewertung wäre der Fair Value der Forderung daher 9,5 Mio. € und jener der Verbindlichkeit 5,25 Mio. €.

Das Unternehmen kann nun für die gesicherte Position einen repräsentativen Mittelkurs (1,00 €) und für die offene Nettoforderung den Verkaufskurs verwenden.

- Der Fair Value der Forderung beträgt daher:

  5 Mio. US$ × 1,00 € + 5 Mio. US$ × 0,95 € = 9,75 Mio. €.
- Der Fair Value der Verbindlichkeit beträgt daher:

  5 Mio. US$ × 1,00 € = 5 Mio. €

Allerdings berücksichtigt die Portfoliobewertung nicht die Vorteile der Risikostreuung. Je besser ein Portfolio diversifiziert ist, umso stärker nähern sich die möglichen Renditen und Verluste der erwarteten Durchschnittsrendite bzw. den erwarteten Durchschnittsverlusten. Risikoaverse Marktteilnehmer bewerten ein risikoarmes Portfolio bei gleicher erwarteter Rendite höher als ein risikoreiches Portfolio. Bei Finanzinstrumenten ist der Bewertungsgegenstand nämlich stets das Einzelinstrument und nicht das Portfolio, die Berücksichtigung von Portfolioeffekten würde dieses Konzept durchbrechen.

Das IASB lehnt Wertsteigerungen aufgrund von Diversifikationseffekten oder negativen Korrelationen grundsätzlich ab („*An entity derives no incremental value from holding a financial asset within a portfolio.*“ IFRS 13.BC112); an einem vollkommenen Markt sind nämlich sämtliche Vorteile aus Diversifikationseffekten bereits in die Marktrisikoprämien eingepreist.

BEISPIEL 3 ▸ Ein Unternehmen besitzt ein gut diversifiziertes Aktienportfolio. Korrelationseffekte werden so gut wie möglich vermieden. Die Aktien werden mittels Barwertmodellen bewertet. Die Risikoprämie für die Abzinsung wird anhand geschätzter Betafaktoren aus dem Gesamtmarkt abgeleitet. Bei einer Einzelbewertung wird durchschnittlich für jede Aktie ein Betafaktor von 1,5 herangezogen, woraus sich eine Risikoprämie von durchschnittlich 6 % ergibt. Die Risiken des Gesamtportfolios sind gut diversifiziert und entsprechen der Volatilität des Gesamtmarktes, daraus ergibt sich eine Risikoprämie von 4 % für das Gesamtportfolio. Dennoch sind die Aktien einzeln mit einer Risikoprämie von 6 % zu bewerten.

Die Portfoliobewertung betrifft generell nur die Modellbewertung, also nicht jene Instrumente, deren Fair Value direkt aus einem Marktpreis abgeleitet wird. Die Bewertung anhand von Nettopositionen ist an verschiedene Bedingungen geknüpft, etwa der Übereinstimmung mit dem internen Risikomanagement und einem internen Berichtswesen an das Management auf Basis von Nettopositionen (IFRS 13.57). Nettopositionen dürfen auch nur zwischen zum Fair Value bewerteten Instrumenten gebildet werden.

BEISPIEL 4 ▸ Das Unternehmen hat zu Anschaffungskosten bewertete Fremdwährungsforderungen über 10 Mio. US$ sowie eine zum Fair Value bewertete Verbindlichkeit über 5 Mio. US$. Obwohl Wechselkursdifferenzen in beiden Fällen in der GuV realisiert werden, ist eine Nettopositionsbetrachtung aufgrund von IFRS 3.49(d) ausgeschlossen.

4. Bewertungsmethoden

4.1. Allgemeines

Für die Ermittlung des Fair Value gibt es unterschiedliche Bewertungsmethoden. Dabei ist ein Preis zu ermitteln, der im Zuge einer ordnungsmäßigen Transaktion unter Berücksichtigung aktueller Bedingungen für den Verkauf des Vermögenswerts zu erzielen oder für den Transfer einer Schuld zu leisten wäre (.62). Da eine hypothetische Transaktion am Stichtag zu bepreisen ist, stellt der Fair Value keinen tatsächlich für den Bewertungsgegenstand bezahlten Kaufpreis dar. Für die Bewertung müssen daher folgende Punkte bestimmt werden (IFRS 13.B2):

- das Bewertungsobjekt: wird ein einzelner Vermögenswert bewertet oder eine Gruppe; welche Rechte und Pflichten werden übertragen (z. B. wird eine von einer Bank garantierte Kundenforderung mit der Garantie übertragen oder endet die Garantievereinbarung aufgrund der Übertragung);
- für nichtfinanzielle Vermögenswerte die Prämisse der bestmöglichen Nutzung;
- der Hauptmarkt (oder der vorteilhafteste Markt);
- die geeignete Bewertungsmethode unter Berücksichtigung der vorhandenen Daten.

Bei der Auswahl der Bewertungsmethode und der herangezogenen Informationen sind relevante, beobachtbare Bewertungsparameter im höchstmöglichen Ausmaß und nicht beobachtbare Bewertungsparameter im geringstmöglichen Ausmaß einzusetzen (.61 und .67).

IFRS 13 unterscheidet drei Bewertungsverfahren: Die Marktbewertung, die kostenbasierte Bewertung und die Ertragsbewertung (.62). Manchmal ist ein einziges Bewertungsverfahren angemessen, manchmal aber auch eine Kombination von Bewertungsverfahren, indem z. B. ein Mittelwert herangezogen wird (.63).

Die **Marktbewertung** beruht auf tatsächlichen Markttransaktionen identischer oder vergleichbarer Vermögenswerte (.B5 ff.). Ein Beispiel sind Multiplikatorverfahren, bei denen beobachtete Transaktionspreise mit bestimmten Kenngrößen in Bezug gesetzt werden (z. B. Unternehmenskaufpreise mit Umsätzen oder Immobilienpreise mit Nutzflächen).

Bei Wertpapieren kommt mitunter das Matrixpreisverfahren zum Einsatz. Dabei werden Transaktionspreise oder Preise aus Marktnotierungen gesammelt und nach dem jeweils relevanten Bewertungsfaktor auf einer Skala aufgetragen. Ein zu bewertendes Instrument wird dann an diesen Skalen eingeordnet. Gibt es beispielsweise einen Marktpreis von 1.000 € für eine Anleihe mit einem AAA-Rating und einen Marktpreis von 980 € für eine identische Anleihe mit einem A-Rating, dann lässt sich daraus ein bisher nicht bekannter Preis von 990 € für ein AA-Rating konstruieren.

Die **kostenbasierte Bewertung** zielt auf den Reproduktionswert eines Vermögenswerts mit gleicher Kapazität ab *(current replacement cost)*. Dabei ist die Sichtweise eines potentiellen Käufers einzunehmen, der vor der Entscheidung steht, die Vermögenswerte vom bilanzierenden Unternehmen zu erwerben oder sie zu reproduzieren. Da die Reproduktion zu einem neuen Vermögenswert führen würde, sind bei der Bewertung auch der Abnutzungsgrad und die wirtschaftliche und technische Überalterung zu berücksichtigen (.B9). Die kostenbasierte Bewertung wird häufig bei Sachanlagen eingesetzt.

Im Rahmen der **Ertragsbewertung** werden Zahlungsströme oder Erträge und Aufwendungen abgezinst, wobei stets die aktuellen Markterwartungen berücksichtigt werden (Anhang A). Konkrete Verfahren sind Barwertmethoden oder Optionspreismodelle (z. B. die Black-Scholes-Merton-Formel). Zur Bewertung immaterieller Vermögenswerte sind auch Übergewinnverfahren üblich.

Am wichtigsten für die Praxis sind jedenfalls die Barwertmethoden, die folgende Elemente berücksichtigen (.B13):

- die geschätzten Zahlungsströme;
- die Erwartungen möglicher Abweichungen hinsichtlich der Höhe und des zeitlichen Anfalls der Zahlungsströme, d. h. die Unsicherheit;
- den Zeitwert des Geldes anhand der risikofreien, fristenkongruenten Zinssätze;
- den Marktpreis des Risikos, der sich üblicherweise in Risikoaufschlägen auf den Zinssatz manifestiert;
- sonstige Faktoren, die Marktteilnehmer berücksichtigen (z. B. das Liquiditätsrisiko) und bei eigenen Verbindlichkeiten das Erfüllungsrisiko.

Bei der Ermittlung der genannten Faktoren muss eine **doppelte Erfassung ebenso vermieden** werden wie ein **Auslassen eines wertbestimmenden Faktors**: Risiken können z. B. über die Anpassung von Zahlungsströmen berücksichtigt werden (risikoadjustierte Zahlungsströme i. V. mit einem risikofreien Diskontierungszinssatz) oder über die Anpassung von Diskontierungszinssätzen (risikoadjustierte Diskontierungszinssätze; .B14). Letzteres ist die übliche und die theoretisch am besten fundierte Methode.

Aufgrund dieser Vorgabe müssen Zahlungsströme und Diskontierungszinsen konsistent ermittelt werden:

- Sie müssen sich auf dieselbe Währung beziehen.
- Sie müssen einheitlich vor oder nach Inflation ermittelt werden (real oder nominell).
- Sie müssen einheitlich vor oder nach Steuern ermittelt werden.
- Sie müssen fristenkongruent sein; risikofreie Zinsen unterscheiden sich etwa je nach Zeitbezug (Form der Zinskurve). Für jeden Cashflow sollte ein Zinssatz für den passenden Zeithorizont gewählt werden.

Die jeweiligen Bewertungsmethoden sind stetig anzuwenden (.65 f.); eine Änderung ist aber sachgerecht, wenn die Bewertung den Fair Value besser oder zumindest gleichwertig repräsentiert. Konkrete Anlassfälle sind neu entstandene Märkte, neu verfügbare Informationen oder nicht mehr verfügbare Informationen, die Verbesserung der Bewertungsmethoden oder veränderte Marktbedingungen. Effekte einer **geänderten Bewertungsmethode** stellen eine Schätzänderung im Sinne des IAS 8 dar, d. h. sie erfordern keine rückwirkende Anpassung der Vergleichszahlen. Anders als unter IAS 8 sind auch keine gesonderten Anhangangaben zur Methodenänderung vorzunehmen.

4.2. Eigenkapital- und Schuldinstrumente

Für die Bewertung von **Eigenkapitalinstrumenten, Unternehmen bzw. Unternehmensteilen** (z. B. CGU) werden meist die erwarteten Nettozahlungszuflüsse anhand eines risikofreien Zinssatzes zuzüglich einer Marktrisikoprämie abgezinst. Die Marktrisikoprämie ist im Vergleich zum Zinssatz verhältnismäßig hoch und stark ermessensabhängig. Daher muss der risikofreie Zinssatz nicht immer mit höchster Genauigkeit gemessen werden, sodass häufig ein einheitlicher Zinssatz anstatt unterschiedlicher Zinssätze für verschiedene Zeitbezüge verwendet wird.

Bei der Bewertung von **Schuldinstrumenten** (Forderungen und Anleihen) sind dem risikofreien Zinssatz üblicherweise Kreditrisikoprämien hinzuzurechnen. Diese sind regelmäßig viel geringer als Marktrisikoprämien. Daher muss auch der risikofreie Zinssatz präziser und für jeden einzelnen Cashflow fristenkongruent ermittelt werden.

Bei Schuldinstrumenten unterscheiden sich die erwarteten von den vertraglich vereinbarten Zahlungen. Die erwarteten Zahlungen sind aufgrund von Ausfällen regelmäßig geringer als die vereinbarten Zahlungen und können auch zeitlich von vereinbarten Terminen abweichen. Außerdem sind die marktüblichen Risikoprämien zu berücksichtigen (ausführlich IFRS 13.B17 ff.). Daher sind folgende Faktoren für die Bewertung zu unterscheiden:

- Der **erwartete Verlust** ist der Unterschied zwischen den vereinbarten Zahlungen und den tatsächlich erwarteten Zahlungen unter Berücksichtigung von realistisch zu erwartenden Ausfallsverlusten.
- Die **marktübliche Prämie** für die Tragung unerwarteter Ausfallsverluste durch den Investor. Da Marktteilnehmer risikoavers sind, verlangen sie eine zusätzliche Vergütung für den Fall, dass der tatsächliche Verlust höher ausfällt als der erwartete Verlust. Die Prämie ist üblicherweise höher als der erwartete Verlust. Bei einem AAA-Rating ist sie bis zu tausendmal höher, weil das Verschlechterungspotenzial sehr hoch ist; bei einem schlechten Rating ist die Risiko-

prämie ähnlich hoch wie der erwartete Verlust, weil die meisten Risiken schon im erwarteten Verlust abgedeckt sind (geringes Verschlechterungspotential).

- In der Praxis erfolgt die Bewertung anhand beobachtbarer **Credit Spreads**, die sowohl den erwarteten Verlust als auch die Prämie für unerwartete Verluste abdecken. Eine Unterscheidung zwischen den beiden Komponenten ist nicht erforderlich.

Der Fair Value eines Schuldinstruments ergibt sich aus folgender Formel:

$$\mathit{Fair\ Value} = \sum_i \frac{\mathit{vertraglicher\ Cashflow}_i}{(1 + \mathit{risikofreier\ Zins}_i + \mathit{Credit\ Spread})^i}$$

$$\mathit{Credit\ Spread} = \mathit{erwarteter\ Verlust} + \mathit{Prämie}$$

BEISPIEL Eine Nullkuponanleihe mit Nennwert von 1.000 € und einer Restlaufzeit von einem Jahr wird mittels Barwertmodell bewertet. Der risikofreie, einjährige Zinssatz ist 4 %. Der Emittent hat ein A-Rating.

In einem ersten Schritt wird der Credit Spread des Emittenten ermittelt. Ist dieser nicht direkt beobachtbar, muss er aus Vergleichsobjekten mit gleichem Rating abgeleitet werden. Nachfolgend angeführt sind die Marktuntersuchungen der Bank für Internationalen Zahlungsausgleich (Quarterly Review, Dezember 2003), die der Bewertung zugrunde gelegt werden.

TAB. 15: Credit Spreads und Verlusterwartungen (Quelle: Bank für Int. Zahlungsausgleich)

Jährliche Credit Spreads und jährlich erwartete Verluste in Basispunkten								
Rating	Restlaufzeit							
	1 – 3 Jahre		3 – 5 Jahre		5 – 7 Jahre		7 – 10 Jahre	
	Spread	erw. Verl.	Spread	erw. Verl.	Spread	erw. Verl.	Spread	erw. Verl.
AAA	49.50	0.06	63.86	0.18	70.47	0.33	73.95	0.61
AA	58.97	1.24	71.22	1.44	82.36	1.86	88.57	2.70
A	88.82	1.12	102.91	2.78	110.71	4.71	117.52	7.32
BBB	168.99	12.48	170.89	20.12	185.34	27.17	179.63	34.56
BB	421.20	103.09	364.55	126.74	345.37	140.52	322.32	148.05
B	760.84	426.16	691.81	400.52	571.94	368.38	512.43	329.40

Aus dieser Erhebung ergibt sich ein Credit Spread von 88.82 Basispunkten, das sind 0,8882 %. Zusammen mit dem risikofreien Zinssatz von 4 % ergibt sich ein marktüblicher Diskontzinssatz von 4,8882 %. Der Fair Value beträgt daher 953,4 €.

Eine Diskontierung nur unter Berücksichtigung des erwarteten Verlustes (hier 0,0112 %), der künftig im Rahmen des neuen Abschreibungsmodells bei Anschaffungskostenbewertung geplant ist, führt zu keiner marktgerechten Fair Value-Ermittlung und ist stets ein Verstoß gegen IFRS 13.

Ist das zu bewertende Instrument nur an illiquiden Märkten zu veräußern, dann sind neben dem Credit Spread auch noch Liquiditätsrisikoprämien zu berücksichtigen.

4.3. Marktübliche Zu- und Abschläge

Verwendet ein Bewertungsmodell nicht ausschließlich beobachtbare Bewertungsfaktoren, sondern auch nach eigenem Ermessen festgelegte Parameter, dann ist eine **Kalibrierung der Bewertungsmethode** anhand des Anschaffungspreises erforderlich: Der Transaktionspreis bei Anschaffung und der errechnete Modellwert sollen gleich sein (.64). Das IASB bringt damit ein gewisses Misstrauen gegenüber der Modellbewertung zum Ausdruck. Die „Kalibierung" im Sinne des IFRS 13 besteht in der buchmäßigen Erfassung und systematischen Verteilung der Differenzbeträge. Nicht damit gemeint ist die statistische Kalibrierung finanzwirtschaftlicher Bewertungsmodelle; diese Kalibrierungen dürfen nur nach statistischen Grundsätzen erfolgen.

BEISPIEL ▸ Ein Unternehmen erwirbt eine Anleihe des Unternehmens A für 102 € und eine des Unternehmens B für 98 €. Beide Anleihen sind in jeder Hinsicht gleich, auch die Bonität ist gleich. Das finanzwirtschaftliche Bewertungsmodell liefert für beide Anleihen einen Modellwert von 100 €. Kalibriert man das finanzwirtschaftliche Modell nun anhand von Anleihe A, würde damit Anleihe B falsch bewertet werden und vice versa. Das Modell wird daher nicht kalibriert. Vielmehr werden die Differenzbeträge von 2 € gesondert in der Buchführung erfasst und systematisch verteilt.

Paketzuschläge und -abschläge aufgrund der Größe der gehaltenen Position dürfen bei der Fair Value-Ermittlung nicht berücksichtigt werden, wenn ein Bewertungsobjekt für sich genommen ohne Paketzuschläge und -abschläge übertragen werden kann (.69 und .80).

BEISPIEL ▸ Das Unternehmen hält 10.000 Aktien eines Pharmakonzerns. Der Kurs am Stichtag beträgt 200 €. Der Bewertungsgegenstand gemäß IFRS 9 ist die einzelne Aktie, d. h. die Gesamtposition wird mit 2 Mio. € bewertet. Würde das Unternehmen alle Aktien auf einmal verkaufen, würde dadurch der Preis deutlich einbrechen, d. h. ein Veräußerungserlös von 2 Mio. € kann über einen Verkauf nicht realisiert werden. Im Ergebnis sind die 2 Mio. € eher ein – aus Marktsicht ermittelter – Nutzwert als ein echter Exit-Preis, obwohl IFRS 13 ansonsten das Exit-Preis-Konzept verfolgt.

Verkaufskurse sind generell für Vermögenswerte und **Ankaufskurse** für Verbindlichkeiten heranzuziehen; dies ist aber nicht immer verpflichtend. Auch ein Mittelkurs kann herangezogen werden, wenn dies den Fair Value am besten repräsentiert oder aus praktischen Überlegungen heraus zweckdienlich ist (.70 f.).

5. Fair Value-Hierarchie

5.1. Allgemeines

IFRS 13 ordnet Informationen, die zur Ermittlung des Fair Value verwendet werden, hinsichtlich ihrer Objektivität gemäß einer dreistufigen Fair Value-Hierarchie. Damit sollen die Vergleichbarkeit des Fair Value und die Konsistenz verbessert werden (.72).

Die höchste Kategorie (Level 1) steht für notierte Preise an aktiven Märkten für identische Vermögenswerte und Verbindlichkeiten. Die zweite Kategorie (Level 2) steht für direkt oder indirekt beobachtbare Bewertungsparameter, soweit diese nicht dem Level 1 zuzuordnen sind. Darunter fallen z. B. Zinssätze, Wechselkurse, Credit Spreads u. dgl.

Die niedrigste Kategorie (Level 3) ist für nicht beobachtbare Bewertungsparameter vorgeschrieben; darunter fallen z. B. Dividendenprognosen für Aktien sowie erwartete Cashflows aus CGU, immateriellen Vermögenswerten oder Immobilien.

Für die Bewertung eines Instruments sind Informationen einer höheren Kategorie jenen aus einer niedrigeren Hierarchie vorzuziehen. Soweit für einen relevanten Bewertungsparameter aber keine Information vorhanden ist, muss auf eine niedrigere Kategorie ausgewichen werden.

BEISPIEL ▸ Eine nicht notierte Anleihe ist zu bewerten. Ist eine identische Anleihe an einem aktiven Markt notiert, ist der Marktpreis maßgeblich (Level 1).

Ist keine identische Anleihe an einem aktiven Markt notiert, sondern eine sehr ähnliche Anleihe mit geringfügig abweichender Restlaufzeit, ist deren Marktpreis als Vergleichspreis heranzuziehen (Level 2) und anzupassen, um den Unterschied in der Laufzeit zu berücksichtigen.

Ist keine vergleichbare Anleihe an einem Markt notiert, erfolgt die Bewertung mittels Barwertverfahren. Die vertraglichen Cashflows werden anhand der risikofreien Zinsen (Level 2) unter Berücksichtigung eines Credit Spreads diskontiert. Ist der Credit Spread des Emittenten beobachtbar, ist dieser zu verwenden (Level 2). Gibt es keinen beobachtbaren Credit Spread, ist dieser unter Berücksichtigung der Bonität zu schätzen (Level 3).

Die Fair Value-Hierarchie hat auch Bedeutung für die Anhangangaben: Ein Instrument wird insgesamt einer der drei Kategorien zugeordnet. Den Ausschlag gibt jener signifikante Bewertungsparameter mit dem niedrigsten Level (.73; siehe dazu Kap. XV.6., S. 348).

Von Dritten gestellte Preise (z. B. Händlern, Agenturen oder Börsen) sind hinsichtlich ihrer Qualität zu hinterfragen und können eigene Bewertungsmaßnahmen nicht ersetzen. Je nachdem, welche Informationen der Dritte verwendet, sind die Preise entweder dem Level 1, 2 oder 3 zuzuordnen. Geringe Bedeutung haben sie dann, wenn zu diesen Preisen vom Dritten keine verbindlichen Kauf- oder Verkaufsangebote abgegeben werden (.B45 ff.).

5.2. Level 1

Bewertungsparameter des Level 1 sind notierte (nicht angepasste) Preise in aktiven Märkten für identische Vermögenswerte oder Verbindlichkeiten, die dem Unternehmen am Bewertungstag zugänglich sind (.76). Marktpreise sind der verlässlichste Anhaltspunkt für den Fair Value und dürfen daher für Bilanzierungszwecke nicht durch Modellpreise ersetzt werden.

Bei manchen Vermögenswerten können sogar mehrere aktive Märkte existieren (z. B. ein Handel an mehreren Börsenplätzen). Daher ist der Hauptmarkt bzw., wenn es keinen Hauptmarkt gibt, der vorteilhafteste Markt für das Unternehmen festzulegen (.78).

Nur im Ausnahmefall sind Anpassungen des notierten Marktpreises vorzunehmen:

- Im Fall von wesentlichen Ereignissen zwischen Börsenschluss und dem Bewertungstag (.79(b); z. B. zwischen 30.12. und 31.12.).
- Wenn sich der Preis auf ein anderes Bewertungsobjekt bezieht, als der Bilanzierung zugrunde liegt (.79(c) und .B4(c)), z. B. bei Aktienpreisen „cum“ bzw. „ex Dividende“.

Bei einer großen Anzahl ähnlicher (nicht identischer) Vermögenswerte oder Verbindlichkeiten kann zur Vereinfachung eine exakte Erfassung der jeweiligen Marktpreise unterbleiben, wenn diese schwer zugänglich sind. Stattdessen ist ein Matrixpreisverfahren möglich (.79(a); vgl. Kap. XV.4., S. 341 ff.).

In den drei genannten Ausnahmefällen sind die Instrumente nicht mehr im Level 1 zu erfassen, sondern je nach Art der Anpassung in einer niedrigeren Stufe (z. B. Level 2).

Ein Bewertungsparameter des Level 1 muss aus einem aktiven Markt stammen. An einem aktiven Markt finden Transaktionen in ausreichender Frequenz und in ausreichendem Umsatz statt, sodass fortlaufende Preisinformationen verfügbar sind. Geht der Marktumsatz stark zurück, dann ist der Marktpreis möglicherweise nicht mehr als Level 1-Bewertungsparameter anzusehen.

Indikatoren, die auf einen inaktiven Markt hinweisen, sind z. B. wenige aktuelle Transaktionen, Preisnotierungen werden nicht aus aktuellsten Informationen abgeleitet, starke Abweichungen von Preisen im Zeitablauf und zwischen Händlern, bisher vorhandene Korrelationen zwischen Marktindizes und Einzelpreisen fallen weg, ein signifikanter Anstieg der impliziten Liquiditätsrisikoprämien oder anderer Leistungsindikatoren (langfristige Zahlungsverzüge, erhöhte Ausfallsquoten), signifikante Ausweitungen der Ankaufs- und Verkaufsspanne, wenig öffentlich verfügbare Informationen, weil etwa Transaktionen außerhalb des Marktes stattfinden (Direktverkäufe zwischen Eigentümern; .B37).

Indikatoren für einen inaktiven Markt bedeuten aber nicht, dass der Marktpreis nicht den Fair Value darstellt. Vielmehr ist eine weiter gehende Analyse erforderlich: Das Unternehmen muss die konkreten Umstände identifizieren, warum der Marktpreis nicht den Fair Value verkörpert und es sind ggf. konkrete Anpassungen zur Berücksichtigung dieser Umstände vorzunehmen. Diese Anpassungen sind regelmäßig ein Bewertungsparameter in Level 2 oder 3.

Allerdings sind nur Preise aus ordnungsmäßigen Transaktionen ein verlässlicher Hinweis auf den Fair Value. Werden Transaktionen unter Zeitdruck ausgeführt, unter Zwang oder aus einer Notlage heraus (z. B. unmittelbarem Geldbedarf) oder ist der Transaktionspreis offenkundig ein Ausreißer, dann liegt keine ordnungsmäßige Transaktion vor (ausführlich .B43).

5.3. Level 2

Bewertungsparameter des Level 2 sind entweder direkt oder indirekt beobachtbar und grenzen sich negativ zum Level 1 ab. Typische Fälle sind (.82):

- notierte Preise an aktiven Märkten für ähnliche Vermögenswerte und Schulden;
- notierte Preise an inaktiven Märkten für identische Vermögenswerte und Schulden;
- beobachtbare, risikofreie Zinssätze (z. B. aus Zinsswaps oder aus Kursen kreditrisikofreier Staatsanleihen), Ertragskurven, implizite Volatilitäten und Credit Spreads (35(a));
- durch Marktbeobachtungen fundierte Bewertungsparameter *(market-corroborated inputs)*, die aus Marktdaten durch Regressionen oder Intra- oder Extrapolation abgeleitet werden, z. B. die implizite Volatilität einer dreijährigen Option auf börsengehandelte Aktien, die mittels Extrapolation von der einjährigen und zweijährigen impliziten Volatilität abgeleitet wurde (.B35(d)), oder aus beobachtbaren Marktwerten abgeleitete Multiplikatoren (.B35(h)).

Anpassungen der Bewertungsparameter berücksichtigen die Beschaffenheit und Lage des Vermögenswerts sowie die Vergleichbarkeit und Qualität des beobachteten Parameters wie z. B. die Aktivität des Marktes (.83). Wird der Parameter subjektiv ohne beobachtbare Information angepasst, so folgt daraus eine Einstufung im Level 3 (.84).

5.4. Level 3

Bewertungsparameter im Level 3 sind nicht beobachtbar (.86 und Anhang A); es handelt sich daher um subjektive bzw. anhand interner Informationen geschätzte Werte, die nicht durch Marktbeobachtungen fundiert wurden. Auch bei der Schätzung muss die Perspektive anderer Marktteilnehmer eingenommen werden. Insbesondere sind Annahmen über Risiken und deren Bepreisung zu verwenden, die Marktteilnehmer üblicherweise zugrunde legen (.87. und .88).

Interne Informationen müssen so weit wie möglich mit verfügbaren Marktinformationen abgeglichen werden, z. B. mit Vergleichstransaktionen, Marktbeobachtungen und -studien, mit Marktindizes, mit allgemeinen Erhebungen von Ratingagenturen oder anerkannten Organisationen (z. B. der Bank für Internationalen Zahlungsausgleich) oder mit wissenschaftlichen Datenbanken

(z. B. die häufig verwendeten Daten von Aswath Damodaran). Eine erschöpfende Analyse ist nicht erforderlich (.89). Beispiele für Level 3-Parameter umfassen:

- den Zinssatz in einer spezifischen Währung, wenn dieser für die maßgeblichen Zeitbezüge nicht beobachtbar ist und auch nicht fundiert werden kann (.B36(a));
- die historische Volatilität, weil diese nicht die aktuellen Erwartungen der Marktteilnehmer widerspiegelt (.B36(b));
- eine finanzielle Vorschaurechnung (z. B. der Zahlungsströme oder Ergebnisse) bei der Bewertung einer CGU auf Basis interner Daten, die nicht mit externen Informationen fundiert werden kann (.B36(d)).

6. Anhangangaben

Die Anhangangaben gemäß IFRS 13 erläutern die Ermittlung und die Qualität der in der Bilanz erfassten Fair Values und ergänzen spezifische Angaben zur Wertermittlung in anderen Standards.

Ausgewählte Anhangangaben beziehen sich auf jene Vermögenswerte und Schulden, die nicht zum Fair Value bewertet wurden und deren Fair Value nur im Anhang anzugeben ist (.97). Angesichts des Umfangs der Angabepflichten werden nachfolgend nur Einzelbereiche behandelt.

IFRS 13 unterscheidet grundlegend zwischen wiederkehrenden *(recurring)* und anlassbezogenen *(non-recurring)* Fair Value-Bewertungen; für wiederkehrende Fair Value-Bewertungen sind umfangreichere Angaben vorgesehen.

Wiederkehrend ist die Bewertung, wenn der Fair Value an jedem Abschlussstichtag wahlweise oder zwingend anzusetzen ist. Anlassbezogen ist die Bewertung, wenn der Fair Value unter bestimmten Umständen angesetzt werden muss oder darf (z. B. bei Abschreibungen zur Veräußerung stehender, langfristiger Vermögenswerte gemäß IFRS 5).

Die Anhangangaben sind nach **Klassen** vorzunehmen, die auf Basis der Charakteristika und der Risiken festzulegen sind. Außerdem ist auf die drei Hierarchiestufen Rücksicht zu nehmen. Die Klassen sind auf die in der Bilanz ausgewiesenen Posten überzuleiten (.94).

Ein Vermögenswert oder eine Verbindlichkeit ist immer dem niedrigsten Level zuzuordnen, dessen Bewertungsfaktoren für die Ermittlung signifikant sind (.73). Wird der Fair Value etwa ausschließlich auf Basis beobachtbarer Bewertungsfaktoren ermittelt, fällt das Instrument unter Level 2. Werden aber signifikante subjektive Anpassungen beobachtbarer Faktoren vorgenommen, fällt das Instrument unter Level 3.

BEISPIEL 1 Das Unternehmen verwendet ein Barwertverfahren zur Bewertung von Anleihen. Der wichtigste Bewertungsparameter ist der risikofreie Zinssatz von 5 %, der unmittelbar beobachtbar ist. Sämtliche Anleihen sind somit bestenfalls dem Level 2 zuzuordnen. Für Anleihen bester Bonität wird ein subjektiv geschätzter Credit Spread von weniger als 1 % herangezogen. Im Vergleich zum risikofreien Zinssatz ist dieser Credit Spread nicht signifikant, z. B. diese Anleihen verbleiben im Level 2. Für Anleihen schlechter Bonität wird ein subjektiv geschätzter Credit Spread von 4 % herangezogen. Dieser ist für die Bewertung signifikant, d. h. diese Anleihen sind dem Level 3 zuzuordnen.

BEISPIEL 2 Eine Nachranganleihe wird zum Fair Value bilanziert. Die Anleihe selbst ist zwar nicht notiert, allerdings sind erstrangige Anleihen desselben Emittenten mit denselben Ausstattungsmerkmalen an einem aktiven Markt notiert. Aus deren Marktpreis wird der Fair Value der Nachranganleihe durch Abzug eines subjektiv geschätzten Risikoabschlags für die Nachrangigkeit abgeleitet (Vergleichspreisverfahren).

Ist der subjektive Abschlag nicht signifikant, dann ist die Anleihe dem Level 2 zuzuordnen (Level 1 scheidet aus, weil die erstrangige Anleihe kein identischer Vermögenswert ist). Ist der subjektive Abschlag aber signifikant, dann fällt die Anleihe unter Level 3.

Folgende Angaben sind zu sämtlichen Fair Value-Hierarchiestufen nötig:

- der Fair Value am Stichtag (.93(a)) inklusive der jeweiligen Einstufung innerhalb des einzelnen Levels (.93(b));
- für nichtfinanzielle Vermögenswerte, deren derzeitige Nutzung nicht der bestmöglichen entspricht, sind die Tatsache und der Grund dafür anzugeben (.93(i));
- die internen Regeln für den Transfer zwischen den Fair Value-Hierarchiestufen (.95).

Transfers zwischen **Level 1 und 2** sind betraglich anzugeben und zu begründen. Dabei ist zwischen Werten am Stichtag und den übertragenen Werten aus einer bzw. in eine Hierarchiestufe zu unterscheiden (.93(c)).

Für Bewertungen im **Level 2 und 3** sind anzugeben:

- eine Beschreibung der Bewertungsmethoden und Bewertungsparameter (.93(d));
- Änderungen der Bewertungsmethoden und die Gründe (.93(d)).

Umfangreiche Angaben sind im **Level 3** vorgesehen:

- Quantifizierung der wesentlichen, nicht beobachtbaren Parameter (.93(d));
- Überleitungen vom Periodenbeginn zum Periodenende (z. B. Käufe, Verkäufe, Transfer in und aus Level 3; .93(e) und (f));
- qualitative Beschreibung der Bewertungsprozesse (.93(g));
- qualitative Beschreibung der Sensitivität eines Modellwerts in Bezug auf nicht beobachtbare Bewertungsparameter; außerdem sind relevante Abhängigkeiten zwischen nicht beobachtbaren Parametern (Korrelationen) zu beschreiben (.93(h)(i));
- führen vernünftigerweise mögliche Alternativannahmen zu einer wesentlichen Änderung, sind diese Tatsache und die quantitative Auswirkung anzugeben (einschließlich Berechnungsmethode; .93(h)(ii)).

Die **Überleitungsrechnung** im Level 3 gemäß IFRS 13.93(e) und (f) beginnt mit dem Beginn der dargestellten Periode und leitet die Veränderungen bis auf den Abschlussstichtag über. Die Überleitungsrechnung zeigt einerseits die erfolgswirksam erfassten Gewinne und Verluste im Level 3. Gesondert zu zeigen sind reine „Bewertungsgewinne", also Gewinne und Verluste aus Instrumenten, die am Stichtag noch nicht veräußert bzw. getilgt sind; dies kann z. B. durch einen „davon"-Vermerk erfolgen. Außerdem ist zu beschreiben, wo diese Erfolgsbeiträge in der Gesamtergebnisrechnung zu finden sind.

Die Überleitungsrechnung zeigt außerdem die Gewinne und Verluste im übrigen Ergebnis (OCI), Erwerbe, Verkäufe, Emissionen und Tilgungen sowie Transfers in das bzw. aus dem Level 3 (nichtsignifikante Transfers können als Nettotransferbetrag dargestellt werden).

Für die Überleitungsrechnung enthalten die Implementierungshilfen (.IG13B) nachfolgendes Beispiel:

ABB. 21: Überleitungsrechnung im Level 3

(CU in millions)	Fair value measurements using significant unobservable inputs (Level 3)										
	Other equity securities			Debt securities			Hedge fund investments	Derivatives	Investment properties		
	Healthcare industry	Energy industry	Private equity fund	Residential mortgage-backed securities	Commercial mortgage-backed securities	Collateralised dept obligations	High-yield dept securities	Credit contracts	Asia	Europe	Total
Operating balance	49	28	20	105	39	25	145	30	28	26	495
Transfers into Level 3				60 (a)(b)							60
Transfers out of Level 3				(5) (a)(b)							(5)
Total gains or losses for the period											
Included in profit of loss			5	(23)	(5)	(7)	7	5	3	1	(14)
Included in other comprehensive income	3	1									4
Purchases, issues, sales and settlements											
Purchases	1	3			16	17		18			55
Issues											
Sales				(12)			(62)				(74)
Settlements								(15)			(15)
Closing balance	53	32	25	125	50	35	90	38	31	27	506
Change in unrealised gains or losses for the period included in profit or loss for assets held at the end of the reporting period			5	(3)	(5)	(7)	(5)	2	3	1	(9)

(a) Transferred from Level 2 to Level 3 because of a lack of observable market data, resulting from a decrease in market activity for the securities.
(b) The entity's police is to recognise transfers into and transfers out of Level 3 as of the date of the event or change in circumstances that caused the transfer.
(c) Transferred from Level 3 to Level 2 because observable market data became available for the securities.
(Note: A similar table would be presented for liabilities unless another format is deemed more appropriate by the entity.)

XVI. Jahresabschluss *(Financial Statements)*

1. Allgemeines zu Jahresabschluss und Anhang

Die Grundlagen zum Inhalt und zum Aufbau des Jahresabschlusses sind in IAS 1 geregelt. IAS 1 wurde im Jahr 2011 überarbeitet und ist für Jahresabschlüsse beginnend nach dem 30.6.2012 zwingend anzuwenden.

Die IFRS regeln grundsätzlich Einzel- und Konzernabschlüsse für allgemeine Zwecke *(general purpose financial statements)*. Abschlussadressaten sind all jene, die vom Unternehmen keine eigenen, für ihre Informationsbedürfnisse maßgeschneiderten Berichte verlangen können (IAS 1.2 i.V. mit .7). IAS 1 wendet sich grundsätzlich an gewinnorientierte Unternehmen, auch gewinnorientierte Unternehmen der öffentlichen Hand. Gemeinnützige Unternehmen müssen ggf. die vorgesehenen Bezeichnungen der Jahresabschlussbestandteile und der Jahresabschlusspositionen auf ihre Bedürfnisse anpassen (die IFRS enthalten dazu keine weiteren Details). Außerdem müssen Unternehmen, die kein Eigenkapital bzw. kein Nennkapital in der Bilanz ausweisen, die Gliederungen und Beschreibungen entsprechend anpassen (z. B. Genossenschaften und Personengesellschaften; IAS 1.5 f.).

Ein vollständiger Abschluss *(financial statements)* umfasst die folgenden Elemente (IAS 1.10):

- Bilanz (*statement of financial position*);
- Gesamtergebnisrechnung (*statement of comprehensive income*);
- Eigenkapitalveränderungsrechnung (*statement of changes in equity*);
- Kapitalflussrechnung (*statement of cashflows*) – siehe Kap. XVII.1., S. 381;
- Vorjahresvergleichszahlen;
- Anhang (*notes*), zumindest mit einer Darstellung der wesentlichen Bilanzierungsmethoden und ggf. andere Berichtsformate wie Risikobericht Segmentbericht (*segment report*) und andere umfassenden Angaben.

Der Abschluss ist eindeutig als Einzel- bzw. Konzernabschluss zu identifizieren und von anderen Informationen im Geschäftsbericht deutlich abzugrenzen, die nicht Gegenstand der IFRS sind, um jede Verwechslungsgefahr für den Leser auszuschließen (IAS 1.49 ff.). Außerdem sind alle Jahresabschlussbestandteile eindeutig zu benennen (Bilanz, Anhang usw.). Deutlich sichtbar anzugeben sind auch die Unternehmensbezeichnung (und ggf. Änderungen), Stichtage und dargestellte Perioden, Berichtswährung i. S. von IAS 21 und die Rundungsmethoden. Solche Identifikationen können z. B. in Kapitel- und Tabellenüberschriften, Kopf- oder Fußzeilen usw. erfolgen (.52).

Risikoberichte nach IFRS 7 werden mitunter außerhalb des IFRS-Abschlusses dargestellt und nur über einen Verweis inhaltlich in den IFRS-Abschluss integriert; in diesem Fall muss klar ersichtlich sein, welche Teile des Risikoberichts inhaltlich zum Jahresabschluss nach IFRS gehören. In der Praxis erfolgt dazu manchmal die Angabe „geprüft", weil nur jene Teile des Risikoberichts geprüft werden, die auf IFRS 7 beruhen.

Der Jahresabschluss muss ein getreues Bild der Vermögens- und Ertragslage und der Cashflows des Unternehmens vermitteln (IAS 1.15). Die uneingeschränkte Übereinstimmung mit den IFRS ist ausdrücklich im Anhang zu erklären. Solange der Abschluss nicht vollständig mit den IFRS übereinstimmt, sind alle Hinweise auf eine (teilweise) Übereinstimmung zu unterlassen (IAS 1.16; siehe dazu auch Kap. I.6.1., S. 27 ff.).

Mit der Übereinstimmungserklärung ist laut IAS 1 die Übereinstimmung mit der Originalversion der „IFRS" zu erklären; dazu gehören die IFRS, IAS, IFRIC und SIC, die vom IASB angenommen wurden (IAS 1.7). Für europäische Unternehmen hat die Annahme durch das IASB aber keine rechtliche Bedeutung. Aufgrund von Abweichungen zwischen der Originalversion der IFRS und den in der EU verlautbarten IFRS *„sollte eine derartige Erklärung darauf Bezug nehmen, dass der ‚Abschluss gemäß sämtlicher IFRS' erstellt wurde, die zwecks Anwendung in der Europäischen Union angenommen wurden"*. Wird der konkrete Abschluss durch Streichungen oder verzögerte Übernahmen der EU nicht beeinflusst, dann kann eine solche Einschränkung unterbleiben (Kommentar der Kommission zur IAS-Verordnung, Abschnitt 2.1.4). Dies gilt analog für den Bestätigungsvermerk des Wirtschaftsprüfers.

Die entsprechende Passage des neuen IAS 1.7 wurde in dieser Form ins europäische Recht übernommen. Ein europäischer Rechtsakt relativiert sich damit selbst: Mit dieser Formulierung wird die Verlautbarung des IASB gleichsam als „Originalversion" anerkannt und der eigentliche Inhalt der Kommissionsverordnungen zur Abweichung degradiert. Das Thema wird schon länger unter dem Schlagwort *„IFRS-Branding"* diskutiert; es geht um die Frage, ob der Begriff „IFRS" für die europäischen IFRS uneingeschränkt oder nur mit Einschränkungen verwendet werden kann.

Ein vollständiger Jahresabschluss nach IFRS ist zumindest jährlich aufzustellen. Die IFRS enthalten keine Bestimmungen zur Festlegung des **Abschlussstichtags**; ein vom Kalenderjahr abweichendes Geschäftsjahr ist jedenfalls zulässig; maßgeblich für die Bestimmung des Stichtags ist das nationale Bilanzrecht. Bei **Umstellung des Abschlussstichtags** kann aus Sicht der IFRS die Berichtsperiode auch länger oder kürzer als ein Jahr sein (IAS 1.36 f.). Ob und wie der Abschlussstichtag umgestellt wird und ob das Geschäftsjahr im Einzelfall eine längere Periode oder stattdessen ein zusätzliches Rumpfgeschäftsjahr umfassen muss, ergibt sich grundsätzlich aus dem nationalen Bilanzrecht (z. B. Umstellung des Geschäftsjahres aus steuerlichen Gründen oder aufgrund von Unternehmenszusammenschlüssen). Die IFRS erfordern nur eine Begründung im Anhang, warum die Periode kürzer oder länger ist als ein Jahr sowie den Hinweis, dass die dargestellten Perioden deshalb nicht vollständig vergleichbar sind.

Der Zeitrahmen für die Aufstellung, Unterzeichnung, Prüfung und Veröffentlichung eines vollständigen IFRS-Einzel- bzw. Konzernabschlusses ergibt sich grundsätzlich aus dem nationalen Bilanzrecht und nicht aus den IFRS.

Der Jahresabschluss muss zumindest die **Vergleichsdaten aus der Vorperiode** enthalten (*comparative information;* IAS 1.38 ff.). Daher sind auch eine Bilanz zum Stichtag der Vorperiode und eine Gesamtergebnisrechnung der Vorperiode im Jahresabschluss anzugeben.

Die Vergleichszahlen sind grundsätzlich für alle Beträge im Jahresabschluss erforderlich, die für die aktuelle Periode dargestellt werden z. B. für die Posten der Kapitalflussrechnung, der Eigenkapitalveränderungsrechnung, des Anhangs und des Risikoberichts. Auch **beschreibende Texte** müssen mit vergleichenden Informationen über die Vorperiode ergänzt werden, wenn dies für das Verständnis der aktuellen Periode relevant ist (IAS 1.38B). Wurden im Vorjahr Unsicherheiten bezüglich eines Rechtsstreits im Anhang beschrieben und hat sich der Sachverhalt in der aktuellen Periode geklärt, dann ist dies entsprechend zu berichtigen, auch wenn in der aktuellen Periode ansonsten mangels einer Bewertungsunsicherheit keine Angabepflicht mehr bestünde.

Das Unternehmen kann auch freiwillig die Vergleichszahlen für noch weiter zurückliegende Perioden darstellen, sofern diese Vergleichszahlen IFRS-konform sind; dies muss aber nicht einheitlich für alle Abschlussbestandteile erfolgen (.38D; z. B. können in der Gesamtergebnisrechnung drei und in der Kapitalflussrechnung zwei Perioden dargestellt werden).

Wird die Art der **Darstellung geändert** (z. B. die Bilanzgliederung), dann hat diese Änderung rückwirkend für die Vergleichszahlen der Vorperiode zu erfolgen (einschließlich ggf. der darzustellenden Eröffnungsbilanz der Vorperiode). Ferner sind die Art der Umgliederung, der Betrag jedes umgegliederten Postens und der Grund für die Umgliederung anzugeben (.41). Von der rückwirkenden Anpassung der Vergleichszahlen kann abgesehen werden, wenn sie nicht praktikabel wäre (.41; z. B. aufgrund fehlender Informationen zur Aufspaltung eines im Vorjahr dargestellten Postens). Nicht praktikabel bedeutet, ein Unternehmen wäre dazu mit vernünftigerweise zumutbaren Anstrengungen nicht in der Lage (IAS 1.7). Dieser Umstand und die Art der ggf. erforderlichen Anpassungen sind in diesem Fall zu erläutern (.42).

Außerdem ist eine **Eröffnungsbilanz der Vorperiode** darzustellen (IAS 1.10(f.) und .40A ff.), wenn

- eine neue Bilanzierungsmethode rückwirkend angewandt wird,
- eine rückwirkende Fehlerberichtigung erfolgt oder
- Positionen im Jahresabschluss umgegliedert werden.

Damit wird eine nahtlose Analyse der Bestandsgrößen an drei aufeinanderfolgenden Stichtagen und der Erfolgsgrößen der beiden dazwischen liegenden Perioden ermöglicht – jeweils auf Grundlage der neuen Bilanzierungsmethode oder Gliederung. Ein Anhang zum Beginn der Vorperiode ist nicht erforderlich, wohl aber ggf. die rückwirkenden Anhangangaben zur Fehlerkorrektur gemäß IAS 8.

Der **Lagebericht** ***(management's discussion and analysis – MD&A)*** gehört nicht zum Jahresabschluss nach IFRS, kann aber im veröffentlichten Geschäftsbericht enthalten sein. Allerdings ergeben sich regelmäßig aus dem nationalen Recht eine Aufstellungsverpflichtung und ein Mindestumfang für Lageberichte, die zusätzlich in einem Konzernabschluss nach IFRS enthalten sein müssen. In Deutschland ist der Lagebericht z. B. nach §§ 315 und 315a HGB und in Österreich nach § 245a Abs. 1 i. V. mit § 267 UGB vorgeschrieben. Der Lagebericht ist aber klar vom eigentlichen Jahresabschluss nach IFRS abzugrenzen und darf nicht als IFRS-konform bezeichnet werden (IAS 1.50). Auch der Bestätigungsvermerk des Wirtschaftsprüfers darf hinsichtlich des Lageberichts nicht die Übereinstimmung mit IFRS erklären.

Die über IFRS hinausgehenden Offenlegungspflichten aus nationalem Recht können *„weiterhin Gültigkeit behalten, sofern sie für derlei Abschlüsse mit allgemeinem Verwendungszweck relevant sind und nicht in den Anwendungsbereich der freigegebenen IFRS fallen"* (Kommentar der Kommission zur IAS-Verordnung, Abschnitt 4.1).

Neben dem Lagebericht sind auch **Wertschöpfungsrechnungen** oder **Umweltberichte** außerhalb des Anwendungsbereichs der IFRS und dürfen nicht als IFRS-konforme Jahresabschlussbestandteile dargestellt werden (IAS 1.14).

Die IFRS enthalten keine festen Vorgaben zur **Gliederung des Jahresabschlusses**, insbesondere auch keine Formate zur Gliederung der Bilanz und der Gesamtergebnisrechnung. *„Da die IAS-Verordnung direkt auf einzelne Gesellschaften anwendbar ist, können die Mitgliedstaaten nicht* *ihre eigenen Formate vorschreiben, sondern müssen die angenommenen IAS verwenden"* (Kommentar der Kommission zur IAS-Verordnung, Abschnitt 4.2).

Ein fixes Gliederungsschema ist auch nicht sinnvoll, weil die IFRS als branchenunabhängiger Standard aufgebaut sind. Das traditionelle Gliederungsschema des nationalen Bilanzrechts ist auch nur für Produktions- und Dienstleistungsunternehmen geeignet, Banken und Versicherungen verwenden seit jeher andere Gliederungsschemata. Mit den vorgesehenen Mindestgliederungspunkten erlauben die IFRS ausreichende Flexibilität, Bilanz und GuV nach den jeweils branchentypischen Merkmalen zu gliedern.

2. Bilanz *(statement of financial position)*

Die Bilanz (*statement of financial position*) ist Pflichtbestandteil des Jahresabschlusses. Die IFRS enthalten kein festes Gliederungsschema. Im angloamerikanischen Raum wird die Bilanz meist nach abnehmender Liquidität bzw. Fristigkeit gegliedert (liquide Mittel bzw. kurzfristiges Fremdkapital zu Beginn). Im deutschsprachigen Raum erfolgt die Gliederung traditionell nach zunehmender Liquidität (außer in Bankabschlüssen, die aufgrund der europäischen Bankbilanzrichtlinie schon immer nach abnehmender Liquidität gegliedert wurden). IAS 1 schreibt die Reihenfolge der Gliederung nicht vor, daher sind beide Gliederungsvarianten zulässig (vgl. IAS 1.57). Allerdings sind bestimmte **Mindestgliederungspunkte** zu berücksichtigen (.54 ff.; dargestellt in Abb. 23).

TAB. 16: Mindestinhalte der Bilanz (IAS 1.54 ff.)	
Sachanlagen *(property, plant & equipment),* insb.*): Grundstücke, Gebäude, Maschinen, Fuhrpark, Einrichtungsgegenstände, Schiffe bzw. Flugzeuge, Betriebs- und Geschäftsausstattung (IAS 1.78(a) i.V. mit IAS 16.37)	Nennkapital *(issued capital)* insbesondere**): – Anzahl genehmigter und ausgegebener Anteile (gesondert nach teilweise und voll eingezahlt) – Nennwert je Anteil bzw. Aktien ohne Nennwert – Überleitung ausgegebener Anteile 1.1./31.12. – Rechte und Vorzüge bzw. Restriktionen – eigene Anteile bzw. von Tochter- und assoziierten Unternehmen gehaltene Anteile – für Stock Options u. dgl. reservierte Anteile
Immobilien nach IAS 40 *(investment property)*	Kapital und Gewinnrücklagen *(reserves attributable to owner)* insb.*) Kapitalrücklagen und Gewinnrücklagen (vgl. IAS 1.78(e)); außerdem**): Angabe von Natur und Zweck jeder Rücklage
immaterielle Vermögenswerte *(intangible assets)*	Minderheitenanteile *(minority interest)*
finanzielle Vermögenswerte *(financial assets)* soweit nicht nachfolgend genannt	Rückstellungen *(provisions)* insb.*): gegenüber Mitarbeitern (IAS 1.78(d))
nach der Equity-Methode bewertete Beteiligungen *(equity-method investments)*	finanzielle Schulden *(financial liabilities)* soweit nicht unten genannt
Pflanzen und Tiere *(biological assets)*	Schulden aus L+L *(trade payables)* und sonstige Schulden
Vorräte *(inventories)* insb.*): Waren, Roh-, Hilfs- und Betriebsstoffe, halbfertige Erzeugnisse, Fertigerzeugnisse (vgl. IAS 1.78(c))	latente Steuerschulden *(deferred tax liabilities)*
Forderungen aus L+L *(trade receivables)* und sonstige Forderungen; insb.*): gegen Kunden, Forderungen gegen nahestehende Personen, Vorauszahlungen (vgl. IAS 1.78(c))	tatsächliche Steuerschulden *(current tax liabilities)*
Zahlungsmittel *(cash & cash equivalents)*	Schulden in zur Veräußerung stehenden Gruppen von Vermögenswerten und Schulden (siehe Kap. V.6, S. 95 f.)
zur Veräußerung stehende Vermögenswerte bzw. Gruppen von Vermögenswerten (siehe Kap. V.6, S. 95 f.)	
latente Steueransprüche *(deferred tax assets)*	
tatsächliche Steueransprüche *(current tax assets)*	

**) kann alternativ auch im Anhang angegeben werden (IAS 1.78)*

***) kann alternativ im Anhang oder in der EKVR angegeben werden (IAS 1.79)*

ABB. 22: Bilanz nach IFRS (Merck KGaA)

in Mio. €	Konzernanhang	31.12.2018	31.12.2017
Langfristige Vermögenswerte			
Geschäfts- oder Firmenwerte	→ 19	13.764	13.582
Sonstige immaterielle Vermögenswerte	→ 20	7.237	8.317
Sachanlagen	→ 21	4.811	4.512
Langfristige finanzielle Vermögenswerte	→ 34	610	444
Übrige langfristige Vermögenswerte	→ 22	138	205
Latente Steueransprüche	→ 14	1.091	1.106
		27.652	**28.166**
Kurzfristige Vermögenswerte			
Vorräte	→ 23	2.764	2.632
Forderungen aus Lieferungen und Leistungen	→ 24	2.931	2.923
Kurzfristige finanzielle Vermögenswerte	→ 34	24	90
Übrige kurzfristige Vermögenswerte	→ 22	886	731
Ertragsteuererstattungsansprüche	→ 14	460	490
Zahlungsmittel und Zahlungsmitteläquivalente	→ 33	2.170	589
Zur Veräußerung gehaltene Vermögenswerte	→ 5	–	–
		9.236	**7.455**
Vermögenswerte		**36.888**	**35.621**
Eigenkapital	→ 36		
Gesellschaftskapital		565	565
Rücklagen[1]		15.006	12.358
Direkt im Eigenkapital berücksichtigte Ergebnisse[1]		1.629	1.081
Eigenkapital der Anteilseigner der Merck KGaA		**17.200**	**14.003**
Nicht beherrschende Anteile		33	63
		17.233	**14.066**
Langfristige Verbindlichkeiten			
Rückstellungen für Pensionen und ähnliche Verpflichtungen	→ 25	2.336	2.257
Sonstige langfristige Rückstellungen	→ 26	780	788
Langfristige Finanzschulden	→ 35	6.681	8.033
Übrige langfristige Verbindlichkeiten	→ 28	52	354
Latente Steuerschulden	→ 14	1.288	1.489
		11.138	**12.919**
Kurzfristige Verbindlichkeiten			
Kurzfristige Rückstellungen[1]	→ 26	600	457
Kurzfristige Finanzschulden	→ 35	2.215	2.790
Verbindlichkeiten aus Lieferungen und Leistungen[2]	→ 29	1.766	2.195
Rückerstattungsverbindlichkeiten[2]	→ 30	472	
Ertragsteuerverbindlichkeiten[1]	→ 14	1.176	1.016
Übrige kurzfristige Verbindlichkeiten	→ 28	2.288	2.175
Verbindlichkeiten im Zusammenhang mit zur Veräußerung gehaltenen Vermögenswerten	→ 5	–	–
		8.517	**8.635**
Eigenkapital und Schulden		**36.888**	**35.621**

[1] Vorjahreszahlen wurden angepasst, siehe Anmerkung (49) „Auswirkungen neuer Rechnungslegungsstandards und sonstiger Ausweis- und Bewertungsänderungen".
[2] Die im Vorjahr in den Verbindlichkeiten aus Lieferungen und Leistungen enthaltenen Rückerstattungsverbindlichkeiten wurden aufgrund der IFRS 15-Erstanwendung zum 1. Januar 2018 separat ausgewiesen, siehe Anmerkung (49) „Auswirkungen neuer Rechnungslegungsstandards und sonstiger Ausweis- und Bewertungsänderungen".

IAS 1.79 verlangt genaue Angaben zum Eigenkapital, entweder in der Bilanz, in der Eigenkapitalveränderungsrechnung oder im Anhang (Anzahl genehmigter und ausgegebener Anteile – gesondert nach teilweise und voll eingezahlt; Nennwert je Anteil bzw. Aktien ohne Nennwert; Überleitung ausgegebener Anteile von Periodenbeginn zu Periodenende, Rechte und Vorzüge bzw. Restriktionen, eigene Anteile bzw. von Tochter- und assoziierten Unternehmen gehaltene Anteile, für Stock Options u.dgl. reservierte Anteile). Diese beziehen sich grundsätzlich auf alle Anteile von Kapitalgesellschaften, z. B. Aktien oder GmbH-Anteile. Bei anderen Rechtsformen, die andere Arten von Gesellschaftskapital haben (z. B. Personengesellschaften), sind die äquivalenten Eigenkapitalpositionen anzugeben (.80).

Als Nennkapital und Rücklagen sind im Konzernabschluss nur jene auszuweisen, die den Eigentümern des Mutterunternehmens *(owners)* zuzurechnen sind. Eigentümer sind nach der ausdrücklichen Definition in IAS 1.7 alle Inhaber von Eigenkapitalinstrumenten. Es ist also keine Trennung zwischen Aktienkapital und sonstigen Eigenkapitalinstrumenten erforderlich (z. B. Vorzugsaktien, im Eigenkapital zu erfassende Genussrechte oder stille Einlagen). Gesondert als Minderheitenanteile auszuweisen sind allerdings jenes Nennkapital und jene Rücklagen, die auf der Ebene von Tochterunternehmen den Minderheitengesellschaftern bzw. anderen konzernfremden Eigenkapitalgebern zuzurechnen sind (IAS 1.54(q) und (r)).

Neben den in IAS 1.54 genannten Bilanzposten *(line items)* sind **weitere Posten sowie sinnvolle Überschriften und Zwischensummen** zu bilden, soweit sie für das Verständnis der Vermögenslage relevant sind (IAS 1.55). Bei der Bildung zusätzlicher Bilanzposten ist zu beurteilen, ob die Posten hinsichtlich der Art, der Liquidität bzw. Fristigkeit, ihrer Funktion im Unternehmen und hinsichtlich ihrer Beträge für den Bilanzleser relevant sind (.58); eine zusätzliche Untergliederung ist sachgerecht, wenn Posten nach verschiedenen Bewertungskonzepten bilanziert werden (z. B. nach Fair Value oder nach Anschaffungskosten; vgl. .59).

Wenn das Unternehmen in der Bilanz Zwischensummen angibt, müssen sich diese exakt aus den gebildeten Bilanzposten und den Bewertungen nach IFRS ergeben, d. h. das Unternehmen darf keine eigenständigen Zwischensummen bilden, die einen über IFRS hinausgehenden Leistungs- oder Controllingcharakter haben. Selbst gewählte Zwischensummen müssen stetig verwendet werden und dürfen keine höhere Prominenz haben als Zwischensummen oder Summen, die nach IFRS erforderlich sind (IAS 1.55A). Ein Unternehmen dürfte daher nicht Eigenkapital und Nachrangverbindlichkeiten unter einer übergeordneten Summe „risikotragendes Kapital" in der Bilanz darstellen.

Vermögenswerte und Schulden (einschließlich Rückstellungen) sind grundsätzlich getrennt als **langfristige Vermögenswerte und Schulden** *(non-current assets/liabilities)* und **kurzfristige Vermögenswerte und Schulden** *(current assets/liabilities)* auszuweisen. Für Vermögenswerte kann auch der Begriff Anlage- oder Umlaufvermögen verwendet werden.

Kurzfristige Vermögenswerte und Schulden liegen grundsätzlich dann vor, wenn sie für Handelszwecke *(trading)* gehalten werden oder wenn sie

(a) innerhalb von zwölf Monaten nach dem Abschlussstichtag oder

(b) innerhalb eines Geschäftszyklus

realisiert (verkauft oder verbraucht) oder getilgt werden. Die Erfüllung eines der Kriterien reicht für die Klassifizierung als kurzfristig aus, d. h. grundsätzlich zählt der jeweils längere Zeitraum (IAS 1.66 und .69). Alle nicht kurzfristigen Vermögenswerte und Schulden sind als langfristig darzustellen.

Ein **Geschäftszyklus** *(operating cycle)* entspricht der durchschnittlichen Zeitspanne zwischen dem Bezug der Vorleistungen und der Bezahlung für die erbrachte Leistung durch den Kunden (.68). Er ist meist nur bei bestimmten, anlagenintensiven Branchen länger als ein Jahr (z. B. Baubranche und Industrieanlagenbau). Im Handel ergibt sich der Geschäftszyklus aus der Summe von Lagerdauer und Debitorendauer. Kann der Geschäftszyklus nicht verlässlich ermittelt werden, dann wird ein Geschäftszyklus von zwölf Monaten angenommen; damit ergibt sich für die Abgrenzung von kurz- oder langfristig einheitlich eine Zeitspanne von zwölf Monaten (.68).

Liquide Mittel *(cash and cash equivalents)* gelten stets als kurzfristig, außer die Mittel sind zwölf Monate für allfällige Transaktionen gesperrt oder sind zur Tilgung einer Verbindlichkeit nach mindestens zwölf Monaten gewidmet (.66(d)). Latente Steueransprüche und latente Steuerschulden sind stets als langfristig zu klassifizieren, unabhängig von der erwarteten Realisation (.56). Auch der kurzfristige Anteil von Finanzanlagen und von langfristigen finanziellen Verbindlichkeiten ist als kurzfristig auszuweisen (.68 und .71; z. B. die innerhalb von zwölf Monaten fälligen Zinskupons). Finanzinstrumente des Handelsbestands sind regelmäßig kurzfristig; dies gilt aber nicht für Derivate, die unabhängig von der Handelsabsicht dem Handelsbestand zugeordnet werden müssen; daher sind auf Derivate die allgemeinen Regelungen zur Klassifizierung als kurz- oder langfristig anzuwenden (IAS 1.68 und .BC38A ff.).

Schulden gelten als kurzfristig, wenn ihre Tilgung innerhalb eines Geschäftszyklus erwartet wird oder wenn sie innerhalb von zwölf Monaten nach dem Abschlussstichtag fällig sind. Dies gilt auch, wenn die ursprüngliche Laufzeit der Schulden länger als zwölf Monate war (.72(a)). Ein Kredit mit einer Laufzeit von drei Jahren wird z. B. an Abschlussstichtagen während der ersten beiden Jahre als langfristig und an einem Abschlussstichtag im letzten Jahr der Laufzeit als kurzfristig ausgewiesen; in den Vorjahresvergleichszahlen gilt dies entsprechend zeitversetzt: Während des letzten Jahres der Laufzeit wird er in der aktuellen Bilanz als kurzfristig und in den Vorjahresvergleichszahlen als langfristig ausgewiesen.

Schulden, die **innerhalb von zwölf Monaten fällig** sind, gelten ausnahmsweise als langfristig, wenn das Unternehmen am Abschlussstichtag das uneingeschränkte Recht zur Verlängerung der Schuld oder zur Refinanzierung über zwölf Monate hinaus hat (.69(d) und .73). Sie sind auch dann als langfristig auszuweisen, wenn das Unternehmen **vor** dem Abschlussstichtag eine langfristige Refinanzierung oder eine Verlängerung der Tilgungsfrist über mindestens zwölf Monate nach dem Stichtag vereinbart hat (.72(b)). Eine Refinanzierungs- oder Verlängerungsvereinbarung, die erst nach dem Abschlussstichtag abgeschlossen wird, führt nicht zu einer langfristigen Schuld; allerdings ist die Vereinbarung als nachträgliches Ereignis gemäß IAS 10 im Anhang anzugeben (IAS 1.76). Bei Wandelanleihen und ähnlichen Instrumenten, die eine Tilgung in Form eigener Eigenkapitalinstrumente auf Wunsch des Inhabers erlauben, ist allein auf die (mögliche) Geldauszahlung und nicht auf die Ausgabe des Eigenkapitals abzustellen: Die Schuldkomponente einer Wandelanleihe mit einer Restlaufzeit von zwei Jahren ist auch dann langfristig, wenn der Inhaber das Wandlungsrecht jederzeit bzw. innerhalb von zwölf Monaten ausüben kann (.69(d)). Die Wandlung in Eigenkapital bedeutet für Analysezwecke nämlich kein Liquiditätsrisiko.

Zahlungsstörungen des Unternehmens (z. B. verspätete und versäumte Raten- oder Zinszahlungen) führen häufig dazu, dass eine langfristige Schuld sofort bzw. auf Verlangen des Gläubigers fällig wird. In diesem Fall ist die Schuld als kurzfristig auszuweisen. Wenn der Gläubiger noch vor dem Stichtag rechtswirksam auf die Fälligstellung verzichtet und z. B. eine Kulanzfrist von mindestens zwölf Monaten nach dem Stichtag oder eine langfristige Umschuldung gewährt, dann bleibt die Schuld langfristig. Erfolgt die Zusage des Gläubigers erst nach dem Stichtag, dann bleibt die Schuld kurzfristig (gemäß IAS 1.76 ist eine Anhangangabe als nachträgliches Ereignis im Sinne von IAS 10 erforderlich).

Ausnahmsweise müssen Vermögenswerte und Schulden – ohne Einteilung in kurz- oder langfristig – **nach zu- oder abnehmender Liquidität** gegliedert werden, wenn dies zuverlässigere und relevantere Informationen liefert (IAS 1.60). Bei Produktions- und Handelsunternehmen ist regelmäßig eine Gliederung nach kurz- und langfristig vorzunehmen, weil diese ihre Leistungen in typischen Geschäftszyklen erbringen. Im Finanzsektor (insbesondere bei Banken) ist grundsätzlich eine Gliederung nach der Liquidität erforderlich, weil die Leistungserbringung nicht in Geschäftszyklen erfolgt (IAS 1.63).

Bei gemischten Aktivitäten sind beide Gliederungsschemata zu kombinieren (IAS 1.64). Da Unternehmen des Finanzsektors meist reguliert sind und die Aufnahme branchenfremder Tätigkeiten bzw. die Beteiligung an branchenfremden Unternehmen häufig untersagt ist, kommt es nur selten zu einer solchen Kombination. Im Versicherungsbereich wird die Hauptgliederung regelmäßig dem Versicherungsgeschäft angepasst; Kapitalanlagen für Versicherungsverträge werden getrennt vom freien Vermögen dargestellt, auf der Passivseite werden versicherungstechnische Rückstellungen gesondert gezeigt.

Unabhängig von der Gliederungsmethode muss gezeigt werden, welche Vermögenspositionen und Schuldpositionen innerhalb von zwölf Monaten nach dem Abschlussstichtag realisiert bzw. getilgt werden (IAS 1.61). Soweit dies nicht aus der Bilanz hervorgeht, sind Anhangangaben erforderlich.

Wurde ein Vermögensgegenstand als Anlagevermögen klassifiziert und soll dieser in absehbarer Zeit veräußert werden, dann ist zu prüfen, ab wann ein zur Veräußerung stehender Vermögensgegenstand gemäß IFRS 5 vorliegt. Bevor die Bedingungen des IFRS 5 nicht erfüllt sind, darf der Vermögensgegenstand nicht als kurzfristig (Umlaufvermögen) klassifiziert werden (IFRS 5.3). Sind aber die Bedingungen erfüllt, dann kommt es zu einem entsprechenden Ausweis als zur Veräußerung stehend.

3. Gesamtergebnisrechnung *(statement of comprehensive income)*

Die IFRS unterscheiden grundsätzlich Veränderungen des Eigenkapitals, die auf Leistungen des Unternehmens beruhen (Aufwendungen und Erträge), und Veränderungen, die auf Transaktionen mit den Eigentümern beruhen (Einlagen und Ausschüttungen bzw. Entnahmen). Die Leistung des Unternehmens spiegelt sich im Gesamtergebnis wider.

Die Gesamtergebnisrechnung *(statement of comprehensive income)* unterscheidet wiederum verschiedene Erfolgskomponenten: jene Aufwendungen und Erträge, die in den Gewinn bzw. Verlust *(profit or loss)* eingehen, und jene Aufwendungen und Erträge, die in das übrige Ergebnis eingehen *(other comprehensive income)*. Letztere werden unmittelbar im Eigenkapital in bestimmten Rücklagen erfasst. Daher werden sie als **erfolgsneutrale bzw. unrealisierte Aufwendungen und Erträge** bezeichnet (dies ergibt sich aus IAS 1.93).

Erfolgskomponenten, die in den Gewinn oder Verlust eingehen, werden in der Gesamtergebnisrechnung zuerst dargestellt und enden mit dem Gewinn oder Verlust der Periode als Zwischensumme. Alternativ ist es zulässig und in der Praxis auch üblich, diese Erfolgskomponenten in einer gesonderten **Gewinn- und Verlustrechnung** *(statement of profit or loss)* darzustellen (IAS 1.10A). Zusätzlich ist dann eine **Aufstellung des sonstigen Ergebnisses** *(statement of other comprehensive income)* erforderlich, das mit dem Gewinn bzw. Verlust der Periode beginnt, die erfolgsneutralen Aufwendungen und Erträge abbildet und mit dem Gesamtergebnis endet. Bei einer Trennung müssen diese zusammen und unmittelbar nacheinander dargestellt werden.

Die Entscheidung, ob das Gesamtergebnis in einer Aufstellung oder in zwei getrennten Aufstellungen dargestellt wird, ist vorwiegend von der Informationspolitik des Unternehmens geprägt: Ein durchschnittlicher Jahresabschlussadressat wird zuerst auf das Ergebnis am Ende der jeweils dargestellten Erfolgsrechnung achten, egal ob es sich dabei um den realisierten Gewinn- bzw. Verlust oder um das Gesamtergebnis handelt. Besteht die Geschäftspolitik des Unternehmens wesentlich im Erzielen von Wertsteigerungen und werden diese nicht vollständig ertragswirksam bilanziert, dann ist eine einheitliche Aufstellung des Gesamtergebnisses vorteilhaft. Entstehen unrealisierte Gewinne und Verluste im Wesentlichen beiläufig oder zufällig (etwa aus dem Hedge Accounting oder aus der Währungsumrechnung im Konzern), dann ist eine getrennte Darstellung der Gewinn- und Verlustrechnung vorteilhaft. Die Unternehmen tendieren zur getrennten Darstellung.

Aufwendungen und Erträge sind grundsätzlich immer erfolgswirksam darzustellen, sofern nicht ein Standard ausdrücklich eine erfolgsneutrale Darstellung im Rahmen des sonstigen Ergebnisses erlaubt (.88). Zu den erfolgsneutralen Aufwendungen und Erträgen gehören insbesondere:

- Änderungen der Neubewertungsrücklage von Sachanlagen gemäß IAS 16.31 und immateriellen Vermögenswerten gemäß IAS 38.85;
- erfolgsneutral erfasste Neubewertungen von Nettopensionsverpflichtungen gemäß IAS 19;
- erfolgsneutral erfasste Wechselkursdifferenzen bei der Umrechnung von der funktionalen Währung in die Berichtswährung (IAS 21.52(b));
- Wertänderungen aus erfolgsneutral bewerteten Eigenkapitalinstrumenten einschließlich Veräußerungsgewinnen (IFRS 9);
- Wertänderungen von Sicherungsinstrumenten, soweit sie als effektiver *cashflow hedge* erfolgsneutral abgebildet werden oder eine Sicherung einer Nettoinvestition in eine ausländische Teileinheit darstellen;
- entsprechende erfolgsneutrale Eigenkapitalanpassungen aus einem assoziierten Unternehmen im Rahmen der *at equity*-Bewertung.

Buchungstechnisch können erfolgsneutrale Aufwendungen und Erträge direkt in die entsprechende Rücklage eingebucht werden; in diesem Fall müssen die Bestandteile des sonstigen Ergebnisses aus der Summe der Sollbuchungen und aus der Summe der Habenbuchungen in diesen Rücklagen abgeleitet werden (diese direkte Einbuchung in die Rücklagen wurde der Übersichtlichkeit halber in diesem Buch gewählt). Alternativ können nicht realisierte Aufwendungen und Erträge auch auf Konten einer zusätzlichen Erfolgsrechnung verbucht werden, deren Salden zu Jahresende in die entsprechenden Rücklagen übertragen werden.

Mit der Gesamtergebnisrechnung wird eine klare Trennung von Eigenkapitaleffekten aus der **Innenfinanzierung** (realisierte und unrealisierte Gewinne und Verluste) und aus der **Außenfinanzierung** erreicht (Einlagen und Ausschüttungen). Eigenkapitaleffekte aus der Außenfinanzierung werden nur in der Eigenkapitalveränderungsrechnung dargestellt, die wiederum keine Eigenkapitaleffekte aus der Innenfinanzierung enthalten darf.

ABB. 23: Schema der Erfolgsdarstellung nach IFRS

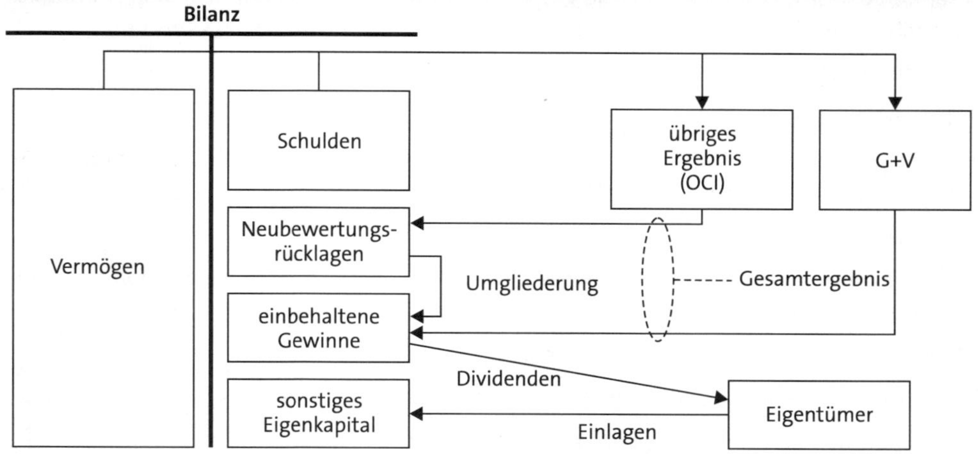

Das Thema **Reklassifizierung** *(recycling)* der Neubewertungsrücklage ist derzeit im Fluss: Früher mussten endgültig realisierte Veräußerungsgewinne für neu bewertete Eigenkapitalinstrumente aus dem OCI ausgebucht werden (Verlust) und in der GuV (Gewinn) erfasst werden. Diese Reklassifizierung ist bei Aktien nicht mehr zulässig. Es verbleiben nur mehr einige Anwendungsfälle (IAS 1.93 ff.), z. B. der Verkauf einer ausländischen Teileinheit, soweit Wechselkursdifferenzen in einer Rücklage erfasst wurden (siehe Kap. XVIII.4.2., S. 478 ff.), und die erfolgswirksame Auflösung der *cashflow hedge*-Rücklage, wenn der abgesicherte Cashflow tatsächlich eintritt (siehe Kap. XII.4.3., S. 288).

In den meisten Fällen verbleiben erfolgsneutral erfasste Neubewertungen endgültig im OCI und werden bei endgültiger Realisierung nicht über die GuV geführt, insbesondere bei erfolgsneutral bewerteten Eigenkapitalinstrumenten, Neubewertungen nach IAS 16 (Sachanlagen) und IAS 38 (immaterielle Vermögenswerte) und Neubewertungen von Nettopensionsverpflichtungen gemäß IAS 19. Allerdings kann der entsprechende, in der Neubewertungsrücklage erfasste Gewinn oder Verlust bei endgültiger Realisierung dann in eine Gewinnrücklage übertragen werden (anders als bei der Reklassifizierung bleibt die GuV davon unberührt).

Das IASB hat sich noch nicht dazu durchgerungen, dem sonstigen Ergebnis eine verständliche Bedeutung beizumessen. Derzeit handelt es sich um eine historisch gewachsene Ansammlung von Einzelbereichen, bei denen das IASB eine Gewinnrealisierung als ungeeignet eingestuft hat. Aus bilanzanalytischer Sicht ist es ein nicht näher interpretierbares Ergebnis zweiter Klasse. Folglich hat sich auch kein durchgehendes Konzept für die Reklassifizierung herausgebildet.

Das sonstige Ergebnis muss für Perioden, die nach dem 1.7.2012 beginnen, in zwei Teilen dargestellt werden: Zu reklassifizierende (bzw. der Reklassifizierung unterliegende) Erfolge sind getrennt von nicht zu reklassifizierenden Erfolgen zu zeigen (IAS 1.82A).

Die unrealisierten Aufwendungen und Erträge im sonstigen Ergebnis können **vor oder nach (latenten) Steuern** dargestellt werden; bei einer Darstellung vor Steuern wären nicht realisierte Steueraufwendungen und -erträge gesondert zu zeigen und jedenfalls zwischen den zu reklassifizierenden und den nicht zu reklassifizierenden Erfolgen aufzuteilen (.91).

Die IFRS enthalten kein dem nationalen Bilanzrecht vergleichbares Gliederungsschema für die Gesamtergebnisrechnung bzw. für die gesonderte Gewinn- und Verlustrechnung. Als **Mindestbestandteile der Gewinn- und Verlustrechnung** sind zu berücksichtigen (IAS 1.81A ff.):

- Umsatz (*revenue*);
- Finanzierungskosten (*finance cost*);
- anteiliger Gewinn oder Verlust aus assoziierten Unternehmen und Joint Venture-Gesellschaften, die nach der Equity-Methode bewertet werden;
- Steueraufwand (*tax expense*);
- der Gesamtbetrag (in einer Summe) des Gewinns oder Verlusts nach Steuern von aufgegebenen Geschäftsbereichen (siehe Kap. XVI.5., S. 368 ff.);
- Gewinn oder Verlust der Periode (*profit or loss*)
  - davon Gewinnanteil der Minderheitengesellschafter im Konzern;
  - davon Gewinnanteil der Eigentümer des Mutterunternehmens.

ABB. 24: Darstellung der GuV nach IAS 1 (illustrative Beispiele)

	20X7	20X6
Revenue	390,000	355,000
Other income	20,667	11,300
Changes in inventories of finished goods and work in progress	(115,100)	(107,900)
Work performed by the entity and capitalised	16,000	15,000
Raw material and consumables used	(96,000)	(92,000)
Employee benefits expense	(45,000)	(43,000)
Depreciation and amortisation expense	(19,000)	(17,000)
Impairment of property, plant and equipment	(4,000)	–
Other expenses	(6,000)	(5,500)
Finance costs	(15,000)	(18,000)
Share of profit of associates[(a)]	35,100	30,100
Profit before tax	161,667	128,000
Income tax expense	(40,417)	(32,000)
Profit for the year from continuing operations	121,250	96,000
Loss for the year from discontinued operations	–	(30,500)
PROFIT FOR THE YEAR	121,250	65,500
Profit attributable to:		
Owners of the parent	97,000	52,400
Non-controlling interests	24,250	13,100
	121,250	65,500
Earnings per share (in currency units):		
Basic and diluted	0.46	0.30

Die folgenden Bestandteile des sonstigen Ergebnisses sind anzugeben (IAS 1.81B und .82A):

- zu reklassifizierende Erfolge nach der Art ihrer Entstehung (gesondert davon der Anteil am sonstigen Ergebnis von *at equity* bewerteten assoziierten Unternehmen und Joint Ventures nach Steuern; .BC54L);
- nicht zu reklassifizierende Erfolge nach der Art ihrer Entstehung (gesondert davon der Anteil am sonstigen Ergebnis von *at equity* bewerteten assoziierten Unternehmen und Joint Ventures nach Steuern; .BC54L);
- das Gesamtergebnis
  - davon Ergebnisanteil der Minderheitengesellschafter im Konzern;
  - davon Ergebnisanteil der Eigentümer des Mutterunternehmens.

ABB. 25: Darstellung des sonstigen Ergebnisses nach IAS 1 (illustrative Beispiele)

	20X7	20X6
Profit for the year	121,250	65,500
Other comprehensive income:		
Items that will not be reclassified to profit or loss:		
Gains on property revaluation	933	3,367
Investments in equity instruments	(24,000)	26,667
Remeasurements of defined benefit pension plans	(667)	1,333
Share of other comprehensive income of associates[(a)]	400	(700)
Income tax relating to items that will not be reclassified[(b)]	5,834	(7,667)
	(17,500)	23,000
Items that may be reclassified subsequently to profit or loss:		
Exchange differences on translating foreign operations	5,334	10,667
Cash flow hedges	(667)	(4,000)
Income tax relating to items that may be reclassified[(b)]	(1,167)	(1,667)
	3,500	5,000
Other comprehensive income for the year, net of tax	(14,000)	28,000
TOTAL COMPREHENSIVE INCOME FOR THE YEAR	107,250	93,500
Total comprehensive income attributable to:		
Owners of the parent	85,800	74,800
Non-controlling interests	21,450	18,700
	107,250	93,500

Zusätzliche Positionen sind zu bilden, soweit dies für das Verständnis der Ertragslage relevant ist (IAS 1.85) oder wenn andere Standards dies vorsehen (z. B. IFRS 7.20 als Alternative zur Anhangangabe). Außerdem können die angeführten Positionen angepasst werden, soweit dies für die Darstellung der Ertragslage erforderlich ist (.88; für Banken wäre z. B. die Angabe von Umsatz und Finanzierungskosten in dieser Form nicht zweckmäßig, weil diese andere Erfolgskategorien wie Zinsergebnis, Provisionsergebnis und Handelsergebnis verwenden).

Wesentliche Erfolgsbestandteile sind entweder in der GuV oder im Anhang gesondert darzustellen; dies gilt insbesondere für Abwertungen von Vorräten auf den Nettoveräußerungswert, Abwertungen von Sachanlagen auf den niedrigeren erzielbaren Betrag und Zuschreibungen zu Sachanlagen, Restrukturierungskosten, Veräußerungen von Sachanlagen und Investitionsgütern, aufgegebene Geschäftsbereiche, Streitbeilegungen und Auflösungen von Rückstellungen (.98).

Wenn das Unternehmen in der Gesamtergebnisrechnung Zwischensummen angibt, müssen sich diese exakt aus den gebildeten Erfolgsposten und aus den Erfassungs- und Bewertungsregeln nach IFRS ergeben. Das Unternehmen darf keine eigenständigen Zwischensummen bilden, die einen über IFRS hinausgehenden Leistungs- oder Controllingcharakter haben, wie „nachhaltiges Ergebnis", „ökonomische Unternehmensleistung", „Wertschöpfung", „effektiver Gewinn" udgl. Die gewählten Zwischensummen müssen stetig verwendet werden und dürfen keine höhere Prominenz haben als Zwischensummen oder Summen, die nach IFRS erforderlich sind (IAS 1.85A). Dargestellte Zwischensummen müssen zusammen mit anderen dargestellten Erfolgsposten den Gewinn oder Verlust bzw. das übrige Ergebnis ergeben (IAS 1.85B).

Die Darstellung eines **außerordentlichen Ergebnisses** *(extraordinary items)* ist nicht zulässig; weder in der GuV oder im sonstigen Ergebnis noch im Anhang dürfen Aufwendungen und Erträge als „außerordentlich" bezeichnet werden (.87). Im Umkehrschluss darf daher auch kein Ergebnis aus der „gewöhnlichen" Geschäftstätigkeit dargestellt werden. Die IFRS kennen nämlich nur eine Art der „Einmaleffekte", die aus dem Ergebnis herausgelöst werden: die aufgegebenen Geschäftsbereiche (Kap. XVI.5, S. 368). Aufgrund der schwierigen Abgrenzung dürfen andere Einmaleffekte nicht herausgelöst werden.

Die GuV kann sowohl nach dem **Umsatzkostenverfahren** *(income by function)* als auch nach dem einfacheren **Gesamtkostenverfahren** *(income by nature)* gegliedert werden. Allerdings ist jenes Verfahren zu wählen, das verlässlichere und relevantere Informationen bietet (.99 f.; bei Produktions- und Handelsbetrieben i. d. R. das Umsatzkostenverfahren, im Finanzsektor eher das Gesamtkostenverfahren). Beim Umsatzkostenverfahren müssen zusätzlich die wesentlichen Aufwandskategorien gesondert im Anhang dargestellt werden; dies betrifft insbesondere den Abschreibungsaufwand und den Personalaufwand (.104 f.).

„Aufwendungen und Erträge" versus **„Gewinne und Verluste"**: Grundsätzlich besteht Saldierungsverbot für Posten der Bilanz und der GuV (IAS 1.32). Seltene Transaktionen, die beiläufig zur eigentlichen Umsatzerzielung anfallen, müssen aber in der GuV saldiert dargestellt werden (*„incidental transactions"* nach IAS 1.34). Wichtigster Anwendungsfall sind Veräußerungen von Sach- und Finanzanlagen: In diesem Fall wird nur der Gewinn oder Verlust der Transaktion in der GuV gezeigt (Erlös abzüglich Buchwertabgang und Veräußerungskosten; IAS 16.71 und IAS 1.34). Ein weiteres Beispiel ist die aufwandswirksame Bildung von Rückstellungen, für die ein Rückgriffsrecht bzw. ein Entschädigungsanspruch nach IAS 37 aktiviert wird (Saldierung nur in der GuV, nicht in der Bilanz). Außerdem werden Gruppen ähnlicher Transaktionen saldiert dargestellt, soweit sie einzeln nicht materiell sind (z. B. Wechselkursgewinne und -verluste und Handelserfolge von Finanzinstrumenten bei Handelstätigkeit; IAS 1.35). Daher zeigen beispielsweise Wettbüros nur den Saldo aus Wetteinsätzen und -auszahlungen als Umsatz.

4. Eigenkapitalveränderungsrechnung

Ein Jahresabschluss nach IFRS enthält auch eine Eigenkapitalveränderungsrechnung (EKVR; *statement of changes in equity*). Die EKVR zeigt die Veränderung des Eigenkapitals während der im Jahresabschluss dargestellten Perioden. Sie enthält zumindest eine Gegenüberstellung der folgenden Komponenten (IAS 1.106):

(a) das **Gesamtergebnis der Periode**, getrennt nach dem Anteil der Eigentümer des Mutterunternehmens und der Minderheiten;

(b) den Effekt von **Fehlerberichtigungen** und rückwirkenden Änderungen von Bilanzierungsmethoden nach IAS 8 (siehe Kap. XVI.5., S. 368 f.); diese Effekte sind entweder in der EKVR oder im Anhang gesondert nach den betroffenen Eigenkapitalbestandteilen aufzugliedern (z. B. Gesamtergebnis, sonstiges Ergebnis, Minderheitenanteile, Gewinnrücklagen; .IAS 1.106A).

(c) die Beträge von **Transaktionen mit Eigentümern** (in ihrer Eigenschaft als Eigentümer), getrennt nach Einlagen bzw. Kapitalzuschüssen oder Ausschüttungen (einschließlich Rückkäufe eigener Aktien und aller vom Eigenkapital abgezogener Kosten der Kapitalaufnahme; .109);

(d) für jede Eigenkapitalkategorie eine **Überleitung der Buchwerte** zu Periodenbeginn und Periodenende; dabei ist jede Änderung gesondert darzustellen.

Die Eigenkapitalkategorien, für welche die Angaben nach .106 erforderlich sind, umfassen jede Klasse des eingezahlten Kapitals (Nennkapital, Kapitalrücklagen) sowie jede Klasse der einbehaltenen Gewinne (Gewinnrücklagen, Gewinnvortrag) und jede Klasse des übrigen Ergebnisses (z. B. Neubewertungsrücklagen nach IAS 16 und 38, Neubewertungsrücklagen für Eigenkapitalinstrumente, *cashflow hedge*-Rücklagen, Rücklagen aus der Fremdwährungsumrechnung oder Neubewertungen von Nettopensionsverpflichtungen gemäß IAS 19).

Gewinnausschüttungen und Dividenden während der Periode sind – insgesamt und je Aktie – entweder in der EKVR oder im Anhang anzugeben (IAS 1.107).

Die in der Altfassung von IAS 1 (bis letztmals 2008) erlaubte Kurzform der EKVR *(statement of recognised income and expense)*, die nur Komponenten der Innenfinanzierung enthalten hat, wurde mit der Einführung des sonstigen Ergebnisses obsolet und daher abgeschafft.

ABB. 26: Eigenkapitalveränderungsrechnung nach IFRS (SAP SE)

Konzern-Eigenkapitalveränderungsrechnung des SAP-Konzerns für die jeweiligen Geschäftsjahre

Mio. €	Eigenkapital, das den Eigentümern des Mutterunternehmens zuzurechnen ist						Nicht beherrschende Anteile	Summe des Eigenkapitals
	Gezeichnetes Kapital	Agien	Gewinnrücklagen	Sonstige Eigenkapitalbestandteile	Eigene Anteile	Summe		
Textziffer	(E.2)	(E.2)		(E.2)	(E.2)			
1.1.2016	1.229	558	20.033	2.561	–1.124	23.257	28	23.285
Gewinn nach Steuern			3.642			3.642	–13	3.629
Sonstiges Ergebnis			–8	785		777		777
Gesamtergebnis			3.634	785		4.418	–13	4.406
Anteilsbasierte Vergütungen		16				16		16
Dividenden			–1.378			–1.378		–1.378
Ausgabe eigener Anteile aus anteilsbasierten Vergütungen		25			25	50		50
Übrige Veränderungen			–2			–2	6	4
31.12.2016	1.229	599	22.287	3.346	–1.099	26.361	21	26.383
Gewinn nach Steuern			4.008			4.008	38	4.046
Sonstiges Ergebnis			22	–2.838		–2.816		–2.816
Gesamtergebnis			4.029	–2.838		1.191	38	1.229
Anteilsbasierte Vergütungen		–43				–43		–43
Dividenden			–1.499			–1.499	–66	–1.565
Erwerb eigener Anteile					–500	–500		–500
Ausgabe eigener Anteile aus anteilsbasierten Vergütungen		13			8	22		22
Hyperinflation			–17			–17		–17
Änderungen in nicht beherrschenden Anteilen			–33			–33	35	2
Übrige Veränderungen			2			2	2	4
31.12.2017	1.229	570	24.769	508	–1.591	25.484	31	25.515
Übernahme von IFRS 15			83			83		83
Übernahme von IFRS 9			135	–160		–25		–25
1.1.2018	1.229	570	24.987	347	–1.591	25.542	31	25.573
Gewinn nach Steuern			4.083			4.083	6	4.088
Sonstiges Ergebnis			11	887		898		898
Gesamtergebnis			4.093	887		4.980	6	4.986
Anteilsbasierte Vergütungen		–40				–40		–40
Dividenden			–1.671			–1.671	–13	–1.684
Ausgabe eigener Anteile aus anteilsbasierten Vergütungen		13			11	24		24
Auszugebende Anteile			7			7		7
Hyperinflation			–8			–8		–8
Änderungen in nicht beherrschenden Anteilen						0	19	19
Übrige Veränderungen			–2			–2	3	1
31.12.2018	1.229	543	27.407	1.234	–1.580	28.832	45	28.877

5. Aufgegebene Geschäftsbereiche (IFRS 5)

IFRS 5 regelt neben der Bewertung und Darstellung zur Veräußerung stehender langfristiger Vermögenswerte (siehe Kap. V.6., S. 95 ff.) auch die Darstellung aufgegebener Geschäftsbereiche *(discontinued operations)*.

Geschäftsbereiche fallen unter einer der folgenden Bedingungen unter IFRS 5 (.32):

- Der Geschäftsbereich wurde in einer der dargestellten Perioden **veräußert oder stillgelegt**.
- Der Geschäftsbereich **steht zur Veräußerung**. Die Kriterien für zur Veräußerung stehende langfristige Vermögenswerte in IFRS 5.6 ff. gelten analog (Kap. V.6., S. 95 ff.: sehr wahrscheinliche Veräußerung innerhalb eines Jahres, Veräußerungsplan, aktive Vermarktung etc.; zur analogen Anwendbarkeit IFRS 5.BC64 und Implementation Guidance Example 9). Eine Stilllegung nach dem Abschlussstichtag ergibt daher keinen aufgegebenen Geschäftsbereich.

Als **aufgegebene Geschäftsbereiche** kommen nur Unternehmensteile in Betracht, deren Tätigkeit und Cashflows eindeutig vom Rest des Unternehmens getrennt werden können (also *cash generating units* bzw. Gruppen von *cash generating units*; siehe Kap. V.4., S. 87 ff.; ggf. auch ganze Unternehmenssegmente, vgl. Kap. XVII., S. 381 ff.).

Der Unternehmensteil muss einen **wesentlichen Geschäftszweig** oder einen **geografischen Geschäftsbereich** umfassen (IFRS 5.31 f.). Entweder muss der Geschäftsbereich in einem Aufgabeplan enthalten sein oder er gehört zu einer Tochtergesellschaft, die schon in Veräußerungsabsicht erworben wurde.

Im Konzernabschluss kann auch eine bevorstehende Beteiligungsveräußerung an einem Tochterunternehmen dazu führen, dass die Geschäftsbereiche des Tochterunternehmens (bzw. eines Teilkonzerns) als aufgegebene Geschäftsbereiche zu klassifizieren sind (IFRS 5.36A).

Um einen besseren Einblick in die zukünftige Erfolgsentwicklung zu ermöglichen, sind Ergebnisse aufgegebener Geschäftsbereiche gesondert von der fortgeführten Unternehmenstätigkeit darzustellen. Die folgenden Beträge werden daher in einem GuV-Posten zusammengefasst (.33):

- der laufende Gewinn (Verlust) nach Steuern;
- der Gewinn (Verlust) nach Steuern aus Aufwertungen (Abwertungen) auf den Fair Value abzüglich Veräußerungskosten der betroffenen langfristigen Vermögenswerte (siehe Kap. V.6., S. 95 f.) bzw. der Veräußerungsgewinn (-verlust) nach Steuern, falls bereits veräußert.

Zusätzlich zum zusammengefassten Ausweis in einem GuV-Posten sind die Umsätze, Aufwendungen, Gewinne und Verluste nach Steuern, Auf- und Abwertungsgewinne nach Steuern und die jeweils dazugehörigen Steuern gesondert darzustellen; zur besseren Übersicht vorzugsweise im Anhang (vgl. IFRS 5.33(b)).

Neben den Erfolgsbeiträgen sind auch die **Cashflows** aus der laufenden Geschäftstätigkeit, der Investitionstätigkeit und der Finanzierungstätigkeit im Anhang darzustellen (IFRS 5.33(c); gesonderte Darstellung in der Kapitalflussrechnung ebenfalls zulässig).

Wird ein aufgegebener Geschäftsbereich erstmals dargestellt, dann sind auch die **Vergleichszahlen für das Vorjahr** entsprechend neu darzustellen (.34). Dies gilt sowohl für den zusammengefassten GuV-Posten als auch für die detaillierte Aufgliederung der Erfolgsbeiträge im Anhang und für die Cashflows.

Die Darstellungspflichten und die Offenlegungspflichten im Anhang, die in IFRS 5 vorgesehen sind, ersetzen die entsprechenden Bestimmungen in anderen Standards (soweit in diesen Standards keine besonderen Informationen für aufgegebene Geschäftsbereiche bzw. zur Veräußerung stehende Vermögenswerte verlangt werden; IFRS 5.5B). Dies betrifft etwa Bilanzposten (z. B. die nach IAS 1.54 grundsätzlich gesondert anzugebenden Vorräte werden nur im Rahmen des gesonderten Bilanzpostens für aufgegebene Geschäftsbereiche angegeben) und Erläuterungen zur Bewertung im Anhang. Finanzinstrumente scheiden somit ggf. auch aus den Angabepflichten des IFRS 7 aus (insbesondere aus dem Risikobericht).

6. Anhang

Der **Anhang** *(notes)* enthält Informationen über Aufstellung des Jahresabschlusses und die gewählten Bilanzierungsmethoden sowie Detailinformationen, die sich aus den einzelnen Standards ergeben.

Der Jahresabschluss und insbesondere der Anhang müssen verständlich aufgebaut sein. Dazu dürfen wesentliche Informationen weder in einer Vielzahl unwesentlicher Informationen „versteckt" werden, noch dürfen wesentliche Informationen so stark mit andersartigen Angaben zusammengefasst werden, dass die Information dadurch verloren geht (IAS 1.30A). Weder die inflationäre Wiedergabe unwesentlicher Informationen noch die zu starke Verdichtung wesentlicher Informationen ist zulässig. Unwesentliche Informationen, die den Blick auf das Wesentliche stören, sind auch dann wegzulassen, wenn die IFRS anzugebende Informationen auflisten oder anzugebende Informationen als „Mindestangaben" beschreiben (IAS 1.31).

Der Anhang ist systematisch zu gliedern und sollte Referenzen zu den Positionen in den Bilanzen, der Gesamtergebnisrechnung, der EKVR und der Kapitalflussrechnung enthalten (IAS 1.113). Der Anhang wird in jener Reihenfolge gegliedert, in der auch die Bilanz- und die Gesamtergebnisrechnung gegliedert sind und enthält dabei folgende Themen (IAS 1.114):

- Erklärung der Übereinstimmung mit den IFRS;
- Beschreibung der wesentlichen Bilanzierungs- und Bewertungsmethoden;
- ergänzende Informationen zur Bilanz, zur Gesamtergebnisrechnung, zur EKVR und zur Kapitalflussrechnung in derselben Reihenfolge ihrer Darstellung im Jahresabschluss;
- andere Angaben, insbesondere Eventualschulden nach IAS 37 und nicht bilanzierte vertragliche Verpflichtungen und nichtfinanzielle Angaben wie Risikoberichte nach IFRS 7.

Bei der systematischen Gliederung des Anhangs ist den wichtigsten betrieblichen Aktivitäten des Unternehmens stärkeres Gewicht einzuräumen. Ferner ist eine Gruppierung nach ähnlich bewerteten Positionen sachgerecht. Die Informationen zu den Grundlagen der Jahresabschlusserstellung und den Bilanzierungs- und Bewertungsmethoden können als eigener Jahresabschlussbestandteil außerhalb des Anhangs dargestellt werden (.116).

Der Anhang enthält eine grundlegende Beschreibung der **Bilanzierungs- und Bewertungsmethoden**. Anzugeben sind die herangezogenen Bewertungsgrundlagen (z. B. Anschaffungskosten, fortgeführte Anschaffungskosten, Nettorealisationswerte, Fair Values oder erzielbare Beträge; .118 ff.). Dabei reicht die Angabe aus, welche Bilanzposten nach welchen Methoden bewertet werden. Anzugeben sind ferner die **Bilanzpolitik** bzw. die Auswahl alternativer Bilanzierungsmethoden.

Jene **Ermessensentscheidungen** des Managements sind zu beschreiben, welche die Beträge im Jahresabschluss am wesentlichsten beeinflussen (.122 ff.); Beispiele sind die Qualifikation von Geschäftsmodellen, die auf die Vereinnahmung von Finanzinstrumenten gerichtet sind, der Übergang aller wesentlichen Chancen und Risiken bei der Beurteilung eines Vermögenstransfers (z. B. beim Verkauf von Finanzanlagen, Leasing oder Warenlieferung) oder die Einschätzung über die Beherrschung einer Zweckgesellschaft (SPV).

Ausführliche Angaben sind hinsichtlich der **zukunftsbezogenen Annahmen** und der sonstigen **wesentlichen Quellen von Schätzungsunsicherheiten am Abschlussstichtag** erforderlich (IAS 1.125 ff.); aus Annahmen und Schätzunsicherheiten ergibt sich ein signifikantes Risiko materieller Anpassungen von Vermögenswerten und Schulden in der Folgeperiode, sofern diese auf Grundlage solcher Annahmen und Schätzungen bilanziert wurden. Für diese Vermögenswerte und Schulden sind die Art und der Buchwert anzugeben. Beispiele sind der Einsatz von Bewertungsmodellen auf Basis geschätzter zukünftiger Cashflows, die Folgen einer technischen Überalterung von Beständen, Pensionsrückstellungen und von zukünftigen Gerichtsentscheidungen abhängige Rückstellungen. Beispiele für die Angaben sind die Natur der Unsicherheit, die Sensitivität der Buchwerte in Bezug auf die Schätzungen, die erwartete Auflösung der Unsicherheit sowie die Bandbreite der realistischen Ausgänge innerhalb des nächsten Geschäftsjahres und eine Erläuterung der erfolgten Anpassungen früherer Annahmen, sofern die Unsicherheit am Abschlussstichtag noch besteht (.129).

Keine Angabe ist erforderlich, wenn Vermögenswerte oder Schulden zum Fair Value bewertet werden und dieser (fast ausschließlich) anhand von kürzlich festgestellten Marktpreisen ermittelt wird (.128; z. B. Bewertung eines Zinsswaps anhand eines Bewertungsmodells, das ausschließlich auf der aktuellen Marktzinskurve beruht). Solche Fair Values können zwar einem erheblichen Preisrisiko unterliegen, es handelt sich dabei aber nicht um subjektive Schätzungen. Solche rein „extern" verursachte Risiken werden stattdessen im Risikobericht nach IFRS 7 dargestellt, wenn es sich um Finanzinstrumente handelt. Quantitative Details zum Umfang der möglichen Ausgänge bzw. zu den Sensitivitäten in Bezug auf Schätzwerte sind nicht erforderlich, wenn sich diese nicht mit vernünftigerweise zu erwartendem Aufwand ermitteln lassen (.131).

Der Anhang enthält außerdem eine Beschreibung der Aktivitäten und der **Rechtsverhältnisse** des Unternehmens (Angaben zum Sitz und der Adresse des eingetragenen Sitzes, zur Rechtsform, zum Firmennamen und zum Land, in dem es als juristische Person eingetragen ist). Außerdem ist der Name des Mutterunternehmens und des obersten Mutterunternehmens des Konzerns anzugeben (.138). Diese Angaben können auch an anderer Stelle des Jahresabschlusses oder außerhalb des Jahresabschlusses im veröffentlichten Geschäftsbericht gemacht werden, solange dieser zusammen mit dem Jahresabschluss veröffentlicht wird (z. B. am Ende des veröffentlichten Geschäftsberichts oder in einem „Impressum").

IAS 1 erfordert außerdem die **Angabe der Dividenden an die Eigentümer**, die vor der Freigabe der Veröffentlichung des Abschlusses vorgeschlagen oder beschlossen und noch nicht als Schuld angesetzt wurden (insgesamt und je Anteil). Außerdem sind aufgelaufene und noch nicht bilanzierte Vorzugsdividenden anzugeben (.125).

Der Großteil der Pflichtangaben im Anhang ergibt sich nicht aus IAS 1, sondern aus den Angabe- und Erläuterungsbestimmungen der übrigen Standards. Die Auflistung sämtlicher Pflichtangaben wäre hier zu ausführlich. Für die Praxis empfehlen sich die von den Wirtschaftsprüfungsgesellschaften kostenlos im Internet angebotenen IFRS-Disclosure-Checklisten. Entsprechende Checklisten sind auch in verschiedenen Kommentaren enthalten. Angesichts der zahlreichen Änderungen der IAS/IFRS muss besonders auf die jeweils anzuwendende Periode der Checkliste geachtet werden. Eine wesentliche Erweiterung der Anhangbestimmungen folgt aus IFRS 7, der nicht nur für Banken, sondern für alle Unternehmen gilt (siehe dazu Kap. XVII.3., S. 397). Banken haben zusätzlich die Pflichtangaben nach der dritten Säule von Basel II zu beachten (ausführlich *Grünberger/Klein*).

7. Ereignisse nach dem Abschlussstichtag (IAS 10)

Die Bilanzierung und die Anhangangaben von **Ereignissen nach dem Abschlussstichtag** werden in IAS 10 geregelt (IAS 10.2).

Aus Sicht des IAS 10 sind Ereignisse nach dem Abschlussstichtag vorteilhafte oder nachteilige Ereignisse, die zwischen Abschlussstichtag und der **Genehmigung zur Veröffentlichung des Jahresabschlusses** auftreten (die tatsächliche Veröffentlichung und die Genehmigung durch die Gesellschafter sind nicht entscheidend; .5). Muss das Unternehmen den Abschluss einem Aufsichtsrat zur Genehmigung vorlegen (dem keine Vorstandsmitglieder angehören), dann läuft die relevante Zeitspanne bis zur Genehmigung der Vorlage an den Aufsichtsrat durch das Management (.6).

Allerdings muss das Ende der relevanten Zeitspanne stets im Kontext zum nationalen Recht interpretiert werden (dementsprechend verweist IAS 10.4 auf den Umstand, dass sich die Verfahren für die Genehmigung und die Abläufe bei der Erstellung je nach gesetzlichen Vorschriften unterscheiden). Daraus ergibt sich aber ein teilweiser Widerspruch: Der Abschluss kann z. B. zwischen der Aufstellung und der Prüfung durch den Aufsichtsrat noch geändert werden, das Gesellschaftsrecht weist i. d. R. auch dem Aufsichtsrat eine inhaltliche Verantwortung für den Abschluss zu. Die Aufsichtsratsmitglieder müssen dann auch ihr Wissen über werterhellende Umstände mit einbringen. In diesem Fall ist mit der Freigabe zur Veröffentlichung nicht nur das Management im engeren Sinn gemeint, sondern alle für den Abschluss inhaltlich verantwortlichen Organe. Wissen über wesentliche Umstände darf somit nicht unberücksichtigt bleiben.

Der Genehmigungszeitpunkt der Veröffentlichung ist im Anhang anzugeben (.17), um die Abschlussadressaten über den Zeitpunkt zu informieren, bis zu dem Informationen berücksichtigt wurden. Die bloße Angabe des Unterzeichnungsmonats (z. B. „im März 2005") reicht dazu nicht aus. Außerdem ist anzugeben, ob der Abschluss nach der Genehmigung noch geändert werden kann.

IAS 10.3 unterscheidet zwischen zwei Arten nachträglicher Ereignisse; die Unterscheidung gilt nicht nur für die Bewertung, daher werden anstatt der unternehmensrechtlich geläufigen Begriffe „wertbeeinflussend" und „werterhellend" die folgenden Begriffe verwendet:

- **berücksichtigungspflichtige Ereignisse**, die substanzielle Hinweise über Gegebenheiten liefern, die bereits am Abschlussstichtag vorgelegen haben;
- **nicht zu berücksichtigende Ereignisse**, die Gegebenheiten anzeigen, die nach dem Abschlussstichtag eingetreten sind.

Unternehmen haben die im Abschluss erfassten Beträge anzupassen, um alle **berücksichtigungspflichtigen Ereignisse** nach dem Abschlussstichtag abzubilden (.8). Auch Anhangangaben sind entsprechend zu aktualisieren (.19 f.; z. B. wenn Hinweise auf eine zum Abschlussstichtag angabepflichtige Eventualschuld nach IAS 37.86 auftreten).

Gerichtsurteile oder außergerichtliche Vergleiche nach dem Abschlussstichtag können Aufschluss über die Höhe und die Wahrscheinlichkeit einer bestehenden Verpflichtung geben und sind daher für den Ansatz und die Bewertung einer Rückstellung heranzuziehen. Die bloße Anhangangabe einer Eventualschuld reicht grundsätzlich nicht aus, wenn es tatsächlich zu einer Verurteilung kommt (.9(a)). Die **Insolvenz oder die Reorganisation** eines Kunden wird regelmäßig auf eine bereits zum Stichtag bestehende Wertminderung von Forderungen hinweisen (.9(b)). Der **Verkauf von Vorräten** nach dem Abschlussstichtag kann Hinweise über den Nettoveräußerungswert zum Abschlussstichtag liefern. Die Ermittlung einer **Mitarbeitergewinnbeteiligung** oder eines Jahresbonus nach IAS 19 kann auf den Ansatz und die Höhe einer rechtlichen oder faktischen Verpflichtung zum Abschlussstichtag hinweisen (.9(e)). Die Entdeckung eines Betrugs oder von Fehlern kann zeigen, dass der Abschluss falsch ist.

Nicht zu berücksichtigende Ereignisse dürfen nicht zu Anpassungen der Beträge im Jahresabschluss führen (.10; z. B. das Sinken des Marktwerts eines Finanzinstruments). **Dividenden** für die eigenen Anteilseigner dürfen zum Abschlussstichtag nicht als Schulden angesetzt werden, wenn diese erst nach dem Abschlussstichtag beschlossen werden (.12).

Die folgenden Informationen über jede **bedeutende Art** von nicht zu berücksichtigenden Ereignissen sind aber **im Anhang** anzugeben (.21):

- die Art des Ereignisses und
- eine Schätzung der finanziellen Auswirkungen bzw. die Angabe, dass eine Schätzung nicht möglich ist.

IAS 10.22 enthält eine Liste mit Beispielen für angabepflichtige Ereignisse (z. B. umfangreiche Unternehmenszusammenschlüsse, Veräußerungen von umfangreichen Tochterunternehmen, Aufgabe von Geschäftsbereichen, umfangreiche Anschaffungen, Veräußerungen oder Enteignungen, Zerstörung bedeutender Produktionsstätten, Transaktionen mit Stammaktien mit Auswirkungen auf das Ergebnis je Aktie, umfangreiche Preis- oder Wechselkursänderungen, Eingehen wesentlicher Verpflichtungen oder Rechtsstreitigkeiten aus Ereignissen nach dem Stichtag sowie die Bekanntgabe von Restrukturierungen).

Multinationale Konzerne beschleunigen zunehmend ihre Berichterstattung (**Fast Close**), um den Abschlussadressaten die Informationen zeitnah zur Verfügung zu stellen. Die schnellsten Konzerne veröffentlichen ihren Abschluss schon vier Wochen nach dem Abschlussstichtag. Wird der Konzernabschluss nämlich erst nach dem erstfolgenden Quartalsbericht veröffentlicht, dann sind die darin enthaltenen Informationen bereits veraltet.

Für das Fast Close wird z. B. zum Ende des elften Monats im Geschäftsjahr ein provisorischer Konzernabschluss aufgestellt (**Hard Close-Verfahren**). Änderungen bis zum Abschlussstichtag werden gesondert aktualisiert. Bei den Aktualisierungsbuchungen ist besonderes Augenmerk auf die Periodenabgrenzung nach IAS 10 zu legen. Außerdem verkürzt sich der Zeitraum, über den zu berücksichtigende Ereignisse auftreten können; bisher berücksichtigte Ereignisse schlagen sich erst im nachfolgenden Quartalsabschluss nieder. Das Fast Close darf jedenfalls nur so schnell erfolgen, als der Jahresabschluss noch ein den tatsächlichen Verhältnissen entsprechendes Bild der Vermögens-, Finanz- und Ertragslage unter Berücksichtigung des Verlässlichkeits- und Vollständigkeitsgebots vermittelt. Die Wirtschaftsprüfung erfolgt laufend und ist prozessorientiert ausgerichtet (Real Time Audit). Neben dem Hard Close-Verfahren kommen vereinzelt auch bestimmte Virtual Close-Verfahren zur Anwendung. Virtual Close bezeichnet die stetige Fortführung eines Konzernabschlusses parallel zur laufenden Buchführung.

Der Jahresabschluss darf nicht unter der **Annahme der Unternehmensfortführung** (Going Concern-Prinzip) aufgestellt werden, wenn das Management nach dem Abschlussstichtag beabsichtigt oder gezwungen ist, das Unternehmen aufzulösen oder den Geschäftsbetrieb einzustellen (IAS 10.14). Die Abkehr vom Going Concern-Prinzip ist eine fundamentale Änderung der Rechnungslegungsprämisse und kann nicht bloß durch einfache Anpassungen der ursprünglich bilanzierten Beträge erfolgen (.15).

Die Möglichkeit der Fortführung muss zu den Verhältnissen im Zeitpunkt der Freigabe des Abschlusses zur Veröffentlichung geprüft werden. Die Frage nach der Unternehmensfortführung ist eine Grundsatzfrage, die losgelöst von der konkreten Erfassung einzelner Transaktionen und Wertänderungen zu beurteilen ist: Auch eine Verschlechterung der Vermögenslage nach dem Stichtag, die bei der Bewertung einzelner Vermögenswerte zum Abschlussstichtag nach dem Stichtagsprinzip nicht zu berücksichtigen gewesen wäre, kann somit zur Abkehr vom Going Concern bereits zum Abschlussstichtag führen (vgl. IAS 10.15). Umgekehrt können Garantien oder Gesellschafterzuschüsse, die zwischen Abschlussstichtag und Genehmigung der Veröffentlichung geleistet werden, zur Wiederherstellung des Going Concern bereits zum Abschlussstichtag eingesetzt werden, auch wenn diese erst nach dem Abschlussstichtag als solche buchmäßig berücksichtigt werden können.

8. Fehlerberichtigung und Methodenänderungen (IAS 8)

Bilanzierungsfehler und freiwillige Änderungen von Bilanzierungsmethoden werden in IAS 8 geregelt. Wird ein **Bilanzierungsfehler** entdeckt oder eine **Bilanzierungsmethode** freiwillig geändert, dann sind die Vorjahreszahlen so darzustellen, als ob niemals ein Bilanzierungsfehler aufgetreten wäre bzw. als ob die neue Methode seit jeher angewendet worden wäre (Grundregel; IAS 8.IN9).

Dies gilt aber nicht für die **erstmalige Anwendung** eines neuen oder geänderten IAS bzw. IFRS; in solchen Fällen sind die Übergangsbestimmungen der jeweiligen Standards zu beachten. IAS 8.28 verlangt lediglich bestimmte Anhangangaben (Bezeichnung des Standards, Art der Änderung, Beschreibung der Übergangsbestimmungen, soweit praktikabel die Auswirkungen auf Bilanz- und GuV-Posten und das Ergebnis bzw. verwässerte Ergebnis je Aktie in allen dargestellten und früheren Perioden). Zur erstmaligen Anwendung der IFRS insgesamt gibt es einen eigenen Standard (IFRS 1, siehe Kap. XIX., S. 487 ff.).

Bilanzierungsfehler *(prior period errors)* sind falsche Inhalte oder unterlassene Angaben in einem Jahresabschluss einer Vorperiode. Sie resultieren aus der falschen Anwendung, Nichtberücksichtigung oder Verschleierung von Informationen, die bei Genehmigung des Abschlusses vorhanden waren oder vernünftigerweise beschaffbar gewesen wären. Typische Beispiele sind Rechenfehler, Fehlanwendung der IFRS, übersehene bzw. falsch interpretierte Tatsachen oder Betrug (IAS 8.5). Nur **wesentliche (materielle)** Fehler müssen retrospektiv korrigiert werden; ein Fehler ist wesentlich, wenn er nach Art oder Betrag die Entscheidungen eines Bilanzlesers beeinflussen könnte (IAS 1.7 und 8.5). Für Zwecke der Wesentlichkeitsdefinition verweist der Standard auf IAS 1 (siehe Kap. I.6.2, S. 32 ff.).

Solange der aktuelle Jahresabschluss nicht freigegeben ist, kann jeder „Fehler" des betroffenen Geschäftsjahres korrigiert werden; daher liegt kein Bilanzierungsfehler nach IAS 8 vor. Von Bilanzierungsfehlern abzugrenzen sind Änderungen von Schätzwerten (z. B. Nutzungsdauer oder Fair Values; .48); diese resultieren aus neuen Informationen oder Entwicklungen (IAS 8.5). Die Änderungen werden prospektiv angewendet (in der aktuellen und in zukünftigen Perioden; keine Korrektur der Vorjahreszahlen). Allerdings müssen geänderte Schätzwerte mit materieller Auswirkung auf den Jahresabschluss im Anhang beschrieben werden (IAS 8.32).

Materielle Bilanzierungsfehler werden **retrospektiv (rückwirkend)** korrigiert. Der Jahresabschluss mit allen Vorjahreszahlen wird so dargestellt, als ob der Fehler niemals aufgetreten wäre. Ist der Fehler schon vor dem ersten im Jahresabschluss dargestellten Jahr aufgetreten, dann wird die Eröffnungsbilanz des ersten dargestellten Jahres entsprechend berichtigt und als berichtigt gekennzeichnet (IAS 8.42). Eine Erfassung als „periodenfremder Aufwand oder Ertrag" in der laufenden Periode ist insoweit nicht zulässig.

BEISPIEL 1 Im Jahr X1 wurden Handelswarenvorräte um 1 Mio. € überbewertet. Im Jahr X2 war die Bewertung wieder richtig, daher war im Jahr X2 der Wareneinsatz um 1 Mio. € überhöht. Der Jahresabschluss X3 wird vom Fehler in X1 nicht mehr berührt. Wird der Fehler im Jahr X3 entdeckt, dann ist die Eröffnungsbilanz für das Jahr X2 dennoch zu berichtigen, weil im Jahresabschluss für X3 die Vergleichszahlen von X2 enthalten sind.

BEISPIEL 2 Das Unternehmen erstellt den Abschluss für die Periode X4. Es ist auf Investmentimmobilien spezialisiert und bewertet diese seit jeher ausdrücklich zum Fair Value. Zu beurteilen ist folgender Sachverhalt:

- Am 5.1.X1 wurde eine vollständig vermietete Büroimmobilie in Frankfurt/M. für 100 Mio. € erworben, zu Anschaffungskosten erfasst und seither linear über zehn Jahre in der GuV abgeschrieben (Abschreibungsaufwand 10 Mio. € p. a.).
- Der beizulegende Wert gemäß IFRS 13 beträgt 100 Mio. € (Beginn X1), 105 Mio. € (Ende X1), 110 Mio. € (Ende X2), 115 Mio. € (Ende X3) und 120 Mio. € (Ende X4).

Wie muss das Unternehmen im Rahmen bei der Erstellung des IFRS-Abschlusses X4 vorgehen? Latente Steuern sind zu vernachlässigen.

Lösung: Das Wahlrecht zur Neubewertung gemäß IAS 40 kann nur einheitlich auf alle als Finanzinvestition gehaltenen Immobilien ausgeübt werden, daher ist eine rückwirkende Korrektur mit drei Bilanzen erforderlich (einschließlich Eröffnungsbilanz Vorperiode X3). Die Fehlerkorrektur für den Zeitraum X1 und X2 ist in einer Rücklage zu erfassen. Die Vorperiode ist zu korrigieren, die aktuelle Periode X4 ist noch offen und daher technisch nicht zu korrigieren.

31.12.	**X1**	**X2**	**X3**	**X4**
Buchwert ist	90	80	70	60
GuV ist	–10	–10	–10	–10
Buchwert soll	105	110	115	120
GuV soll	+5	+5	+5	+5

Folgende Korrekturen bzw. Bewertungen sind im Abschluss für die Periode X4 darzustellen:

Eröffnungsbilanz 1.1.X3	
Buchwert Sachanlage korrigiert (original):	110 (80)
Buchwert Rücklage korrigiert (original):	30 (0)
Vorjahresvergleichszahlen zum 31.12.X3	
Buchwert Sachanlage korrigiert (original):	115 (70)
Abschreibung GuV korrigiert (original)	0 (–10)
Neubewertung GuV korrigiert (original)	5 (0)
Abschlusszahlen zum 31.12.X4	
Buchwert Sachanlage	120
Neubewertung GuV	5

Bei der Fehlerkorrektur müssen regelmäßig auch die **tatsächlichen und latenten Steuern** neu berechnet werden (IAS 8.4). Dabei wird berücksichtigt, ob der Fehler auch steuerlich wirksam war (z. B. Inventurfehler) und ob er für Steuerzwecke korrigiert werden kann (im Rahmen berichtigter Steuererklärungen oder einer Betriebsprüfung).

BEISPIEL 3 ▶ In den Abschlüssen der Jahre X1 bis X3 sind die folgenden Beträge enthalten (in t€; Steuersatz: 50 %):

	31.12.X1	**31.12.X2**	**31.12.X3 (vorläufig)**
Erlöse	200	200	200
Aufwendungen	(100)	(100)	(100)
Steueraufwand (tatsächlich)	(50)	(50)	(50)
Jahresüberschuss	**50**	**50**	**50**
Bilanzgewinn und Vortrag	**50**	**100**	**150**

Im Juni X3 wurde festgestellt, dass ein am 1.1.X1 für 1.000 t€ angeschafftes Gebäude versehentlich nicht abgeschrieben wurde. Der unterlassene Abschreibungsaufwand beträgt jährlich 20 t€, sowohl steuerlich als auch nach IFRS. Die Abschreibungen für die Jahre X1 und X2 wurden steuerlich durch berichtigte Steuererklärungen nachgeholt. Im Dezember X3 kam es daher zu einer Erstattung von jeweils 10 t€ für X1 und X2.

Die Ermittlung der Vergleichszahlen für X2 im Jahresabschluss X3 ist nachfolgend dargestellt (die Zahlen für X1 sind nur für die Ermittlung der Eröffnungsbilanz von X2 erforderlich, werden aber nicht mehr im Abschluss dargestellt). Aufgrund der Steuererstattung darf wohl auch der tatsächliche Steueraufwand der Vorperioden retrospektiv vermindert werden (keine latenten Steueransprüche).

	31.12.X1 (berichtigt)	**31.12.X2** (berichtigt)	**31.12.X3**
Erlöse	200	200	200
Aufwendungen	(120)	(120)	(120)
Steueraufwand tatsächlich	(40)	(40)	(40)
Jahresergebnis	**40**	**40**	**40**
Bilanzgewinn und Vortrag	**40**	**80**	**120**
Gebäude	980	960	940

Zusätzlich zur Berichtigung der Vergleichszahlen ist **im Anhang** die Art des Fehlers zu beschreiben, die Auswirkungen auf alle betroffenen Bilanz- und GuV-Posten aller dargestellten Perioden, auf die Eröffnungsbilanz der ersten dargestellten Periode sowie auf das Ergebnis je Aktie und das verwässerte Ergebnis je Aktie (IAS 8.49).

Eine rückwirkende Korrektur unterbleibt aber, wenn die Korrektur **nicht praktikabel** ist (IAS 8.43). Nicht praktikabel bedeutet, das Unternehmen kann trotz zumutbarer Anstrengungen die Effekte für frühere Perioden nicht ermitteln (z. B. aufgrund fehlender historischer Daten) oder objektiv zum damaligen Abschlussstichtag verfügbare Informationen nicht von später verfügbaren Informationen trennen (ausführlich IAS 8.5 und .50 ff.). In diesem Fall wird mit der Korrektur ab jenem Zeitpunkt begonnen, in dem die Korrektur praktikabel ist. Außerdem ist im Anhang anzugeben, warum die rückwirkende Korrektur nicht praktikabel war (.49).

Ähnlich wie die Fehlerkorrektur ist auch die **freiwillige Änderung von Bilanzierungsmethoden** geregelt. Eine freiwillige Änderung ist der Wechsel von einer zulässigen Bilanzierungsmethode auf eine andere zulässige Methode für bestehende Sachverhalte. Eine Methodenänderung ist nur zulässig, wenn sie für eine verlässlichere und relevantere Information der Bilanzadressaten notwendig ist (IAS 8.14).

Bei neuen oder materiell verschiedenen Sachverhalten kann keine „Änderung" einer Methode vorliegen (IAS 8.16). Änderungen, die sich aus einem neuen oder geänderten IAS bzw. IFRS ergeben, sind keine freiwilligen Änderungen. In diesen Fällen sind die Übergangsbestimmungen der jeweiligen Standards zu beachten (.19(a)). IAS 8.28 verlangt lediglich bestimmte Anhangangaben (Bezeichnung des Standards, Art der Änderung, Beschreibung der Übergangsbestimmungen, soweit praktikabel die Auswirkungen auf Bilanz- und GuV-Posten und das Ergebnis bzw. verwässerte Ergebnis je Aktie in allen dargestellten und früheren Perioden).

Im Zuge der Änderung sind alle im Jahresabschluss enthaltenen Perioden so darzustellen, als ob die neue Methode seit jeher angewendet worden wäre (IAS 8.22). Soweit Transaktionen aus nicht mehr dargestellten Perioden betroffen sind, wird die Eröffnungsbilanz der ersten dargestellten Periode entsprechend angepasst (neue Bewertung der Vermögenswerte und Schulden; Erfassung der Gewinnauswirkung unter den Gewinnrücklagen oder – z. B. bei erfolgsneutral bewerteten Eigenkapitalinstrumenten – in der Neubewertungsrücklage; vgl. .26).

Zusätzlich zur Berichtigung der Vergleichszahlen ist **im Anhang** die Methodenänderung zu beschreiben (betroffener Standard, Art der Änderung, die Auswirkungen auf alle betroffenen Bilanz- und GuV-Posten aller dargestellten Perioden, die Auswirkung auf die Eröffnungsbilanz der ersten dargestellten Periode sowie auf das Ergebnis je Aktie und das verwässerte Ergebnis je Aktie; IAS 8.29).

Für die rückwirkende Anpassung der Bilanzierungsmethoden gelten vergleichbare Bestimmungen wie für die rückwirkende Korrektur von Fehlern: Die rückwirkende Anpassung unterbleibt, wenn sie **nicht praktikabel** ist (IAS 8.23 ff.). Nicht praktikabel bedeutet, das Unternehmen kann trotz zumutbarer Anstrengungen die Effekte für frühere Perioden nicht ermitteln (z. B. aufgrund fehlender historischer Daten) oder objektiv zum damaligen Abschlussstichtag verfügbare Informationen nicht von später verfügbaren Informationen trennen (ausführlich IAS 8.5 und .23 ff.). In diesem Fall wird mit der Anpassung ab jenem Zeitpunkt begonnen, in dem die Methodenänderung praktikabel durchführbar ist. Außerdem ist im Anhang anzugeben, warum die rückwirkende Anpassung nicht praktikabel war (.29(c)).

Bei einer Methodenänderung im Rahmen eines Zwischenberichts (z. B. Quartalsbericht oder Halbjahresbericht) müssen nur die dargestellten Zwischenperioden rückwirkend angepasst werden (IAS 34.43 ff.).

9. Pflichtangaben zu nahestehenden Unternehmen und Personen (IAS 24)

IAS 24 verlangt bestimmte Angaben zu **nahestehenden Unternehmen und Personen** *(related parties)* im Jahresabschluss. IAS 24.9 versteht darunter einerseits natürliche Personen samt deren nahen Angehörigen (einschließlich Lebensgefährten),

- die das Unternehmen unmittelbar oder mittelbar alleine oder gemeinsam mit anderen Personen oder Unternehmen kontrollieren;
- die wesentlichen Einfluss auf das bilanzierende Unternehmen haben;
- die Schlüsselpersonen des Managements oder des Aufsichtsrats des bilanzierenden Unternehmens oder eines seiner Mutterunternehmen sind.

Nahestehende Unternehmen sind

- Unternehmen derselben Gruppe (also Mutter-, Tochter und Schwesterunternehmen zueinander);
- assoziierte Unternehmen bzw. Joint Ventures grundsätzlich in jeder Beziehung (d. h. auch eine Joint Venture-Gesellschaft zu einem assoziierten Unternehmen eines Vertragspartners); Töchter von assoziierten Unternehmen oder Joint Ventures werden diesen zugerechnet (IAS 24.12);
- Joint Ventures, die einen gemeinsamen Vertragspartner haben;
- Mitarbeiterversorgungs- und Beteiligungspläne für Mitarbeiter des bilanzierenden Unternehmens oder für Mitarbeiter nahestehender Unternehmen;
- Unternehmen, die von einer nahestehenden, natürlichen Person kontrolliert oder gemeinsam kontrolliert werden, einem signifikanten Einfluss unterliegen oder von dieser Person im Management geführt oder im Aufsichtsrat überwacht werden;
- Managementgesellschaften und die von ihren Managern geführten Unternehmen.

Mehrere assoziierte Unternehmen im selben Unternehmensverbund sind im Verhältnis zueinander aber i. d. R. keine nahestehenden Unternehmen (assoziierte „Schwestergesellschaften“). Ein Naheverhältnis entsteht auch nicht aus dem Umstand, dass zwei Unternehmen ein und dieselbe Person im Management oder im Aufsichtsrat beschäftigen. Auch die Vertragspartner eines Joint Ventures sind im Verhältnis zueinander nicht nahestehend. Explizit ausgenommen sind auch Kapitalgeber, Gewerkschaften, öffentliche Dienste, Behörden, Kunden, Lieferanten, Vertriebspartner u.dgl., wenn diese im Rahmen ihrer üblichen Bezugsrolle zum Unternehmen einen gewissen faktischen oder wirtschaftlichen Einfluss ausüben können (IAS 24.11; nahestehend aber dann, wenn über die übliche Bezugsrolle hinaus ein konkreter Tatbestand wie z. B. Kontrolle erfüllt ist).

Nahestehende Personen und Unternehmen stehen in einer Beziehung zum berichtenden Unternehmen („*party is related to an entity*“; IAS 24.9), sie können also nicht mit dem berichtenden Unternehmen identisch sein. Im **Konzernabschluss** sind daher Innenbeziehungen vollkonsolidierter Konzernmitglieder nicht betroffen, weil ein Konzern immer als Einheit dargestellt wird. IAS 24 betrifft daher nur unkonsolidierte Transaktionen oder Ansprüche. Allerdings sind im Konzernabschluss auch Transaktionen mit übergeordneten Unternehmen anzugeben, auch wenn der Konzern selbst in einen übergeordneten Konzernabschluss einbezogen ist. Beziehungen zu Gemeinschaftsunternehmen und assoziierten Unternehmen sollten vollständig dargestellt werden – eine anteilige Darstellung in Höhe der unkonsolidierten Quoten wäre für externe Bilanzleser schwer nachvollziehbar.

Die erforderlichen Pflichtangaben des IAS 24 lassen sich grob einteilen in

- formelle Angaben über kontrollierende Unternehmen und Personen;
- Angaben zur Management- und Aufsichtsratsvergütung;
- Angaben zu Transaktionen mit nahestehenden Unternehmen und Personen.

Steht das Unternehmen unter fremder Kontrolle, dann ist das kontrollierende Unternehmen bzw. die kontrollierende Person im Abschluss anzugeben, auch wenn keine Transaktionen stattgefunden haben. Bei mehreren kontrollierenden Unternehmen und Personen sind anzugeben (IAS 24.13):

- die auf höchster Ebene kontrollierenden Personen und Unternehmen;
- das übergeordnete Unternehmen, das Konzernabschlüsse veröffentlicht;
- die Beziehungen, welche die Kontrolle vermitteln (.14).

Zwingend anzugeben ist die **Entlohnung von Schlüsselpersonen des Managements einschließlich der Aufsichtsräte**, und zwar als Gesamtbetrag und aufgeschlüsselt in kurzfristige und langfristige Vorteile während des Dienstverhältnisses, im Anschluss an das Dienstverhältnis (z. B. Pensionen oder Abfindungen) und aus Beteiligungs- bzw. Stock-Options-Modellen (IAS 24.17). Eine Beschreibung der Gehälter von Einzelpersonen ist aber nicht erforderlich.

Transaktionen mit nahestehenden Personen sind nach Gruppen von Transaktionspartnern aufzuschlüsseln (.19; Mutterunternehmen, Tochterunternehmen, assoziierte Unternehmen, Joint Ventures, Schlüsselpersonen des Managements oder andere nahestehende Personen). Zumindest folgende Angaben sind erforderlich (.18; bei ähnlichen Transaktionen nach .24 auch gruppenweise Angabe):

- Betrag der Transaktion (z. B. Höhe der Zinsen, Ausschüttungen, Tilgungen, Managementgehälter);
- Forderungen und Verbindlichkeiten gegenüber nahestehenden Personen unter Angabe der Konditionen, deren Sicherung und ggf. aller Details zu geleisteten und erhaltenen Garantien;
- Wertberichtigungen für zweifelhafte oder uneinbringliche Forderungen oder Ausleihungen;
- aufwandswirksame Erfassung von ausgefallenen oder uneinbringlichen Forderungen oder Ausleihungen.

Die Forderungen und Verbindlichkeiten gegenüber nahestehenden Personen können entweder in der Bilanz oder im Anhang dargestellt werden (IAS 24.20). Eine Aussage über die Angemessenheit von Leistungen und Gegenleistungen ist nicht erforderlich; allerdings dürfen solche Aussagen nur gemacht werden, wenn die Gegenleistungen nachweislich angemessen waren (IAS 24.23).

Ein Unternehmen, das von einer Managementgesellschaft geführt wird, muss die Dienstleistungshonorare gegenüber der Managementgesellschaft angeben, nicht aber die Managergehälter bei der Managementgesellschaft (.17A und .18A).

Ausnahmeregelung für **Unternehmen im öffentlichen Besitz**: Unternehmen, die im Besitz (oder unter maßgeblichem Einfluss) von Staatengemeinschaften, Staaten, Ländern oder Gemeinden bzw. deren Gebietskörperschaften stehen, können auf die Offenlegung von Transaktionen mit diesen Eigentümern (bzw. mit anderen Unternehmen in deren Besitz) verzichten. Diese Ausnahmeregelung gilt aber nur für Transaktionen, nicht für andere Pflichtangaben (wie z. B. Managementgehälter oder die Angabe kontrollierender Personen). Die Namen der betreffenden Staaten, Länder oder Gemeinden und die Art der Beziehung sind offenzulegen. Ferner sind die Transaktionen qualitativ und quantitativ zu beschreiben (IAS 24.26 f.).

XVII. Berichtsformate nach IAS 7, 34, IFRS 7 und 8

1. Kapitalflussrechnung nach IAS 7 *(Cashflow Statements)*

1.1. Allgemeines

Die Kapitalflussrechnung *(cashflow statement)* ist ein Pflichtbestandteil des Jahresabschlusses (IAS 1.10). Die Ermittlung und Darstellung der Cashflows wird in IAS 7 geregelt. Der Cashflow gibt an, wie weit die Leistungen des Unternehmens in nutzbare, liquide Mittel transformiert werden konnten und wie diese verwendet wurden. Als Rechengröße dienen Zahlungsmittel und Zahlungsmitteläquivalente *(cash & cash equivalents)*. Auch die Cashflows der im Jahresabschluss dargestellten Vorperioden sind anzugeben (IAS 7.1).

Rechengröße der Kapitalflussrechnung sind Zahlungsmittel und Zahlungsmitteläquivalente. **Zahlungsmittel** sind Barmittel und Sichteinlagen. **Zahlungsmitteläquivalente** sind sehr liquide, kurzfristig fällige Investitionen, die jederzeit in bekannte Geldbeträge getauscht werden können und die keinem nennenswerten Wertänderungsrisiko unterliegen (IAS 7.6). Normalerweise wird eine kurze Fälligkeitsfrist von höchstens drei Monaten verlangt (.7). Geeignet sind z. B. Wechsel und Anleihen, die innerhalb von drei Monaten nach dem Abschlussstichtag fällig sind. Die Zusammensetzung der Zahlungsmitteläquivalente und die Politik der Erfassung sind im Anhang zu erläutern (.45 f.; vgl. Anhang A, Anhangangaben Punkt C).

Nach IAS 7.8 f. gehören auch **negative Kontokorrentkredite** zu den Zahlungsmitteläquivalenten, falls sie jederzeit fällig sind und in den Zahlungsverkehr des Unternehmens integriert sind. Diese Bestimmung ist allerdings als Ausnahmefall zu sehen, die Kontokorrentkredite müssen regelmäßig ausgenutzt werden und integraler Bestandteil des Cash Management sein. Die ausgenutzten Kontokorrentkredite gehen dann als Negativposten in die liquiden Mittel ein, d. h. sie werden mit den liquiden Mitteln „saldiert".

BEISPIEL ▸ Vom Girokonto A (Stand 0 €) werden 10.000 € auf das Girokonto B (Stand 0 €) desselben Unternehmens überwiesen (Stand danach + 10.000 € bzw. – 10.000 €). Der Bestand an Zahlungsmitteln hat sich nicht geändert, es liegt kein Cashflow vor.

Diese Regelung ist nicht mit einer offenen (nicht ausgenutzten) Kreditlinie zu verwechseln: Aus einer offenen Kreditlinie können zwar in der Zukunft liquide Mittel generiert werden, die Kreditlinie selbst ergibt aber keine (aktivierungsfähigen) liquiden Mittel. Werden diese potenziellen liquiden Mittel außerdem aus einem Kontokorrentkonto im Sinne von IAS 7.8 generiert, dann würde auch bei Ausschöpfung der Kreditlinie kein Geldfluss vorliegen, weil das Kontokorrentkonto als negativer Posten die liquiden Mittel verringern würde.

Nicht jede Auszahlung ist ein negativer Leistungsindikator: Auszahlungen im operativen Bereich stellen – abgesehen von Vorratsbeschaffungen – einen unmittelbaren Verbrauch dar, daher sind hohe operative Auszahlungen ungünstig. Dagegen führen hohe Auszahlungen für Investitionen oder zur Tilgung von Fremdkapital zu langfristigen Vorteilen. Gewinnausschüttungen liegen im freien Ermessen des Unternehmens und sind kein Leistungsindikator. Aufgrund der unterschiedlichen Qualität von Cashflows gliedert sich die Kapitalflussrechnung in:

- den Cashflow aus der laufenden Geschäftstätigkeit *(operating activities)*,
- den Cashflow für die Investitionstätigkeit *(investing activities)* und
- den Cashflow für die Finanzierungstätigkeit *(financing activities)*.

ABB. 27: Überblick über die grundlegenden Zahlungsströme der Kapitalflussrechnung

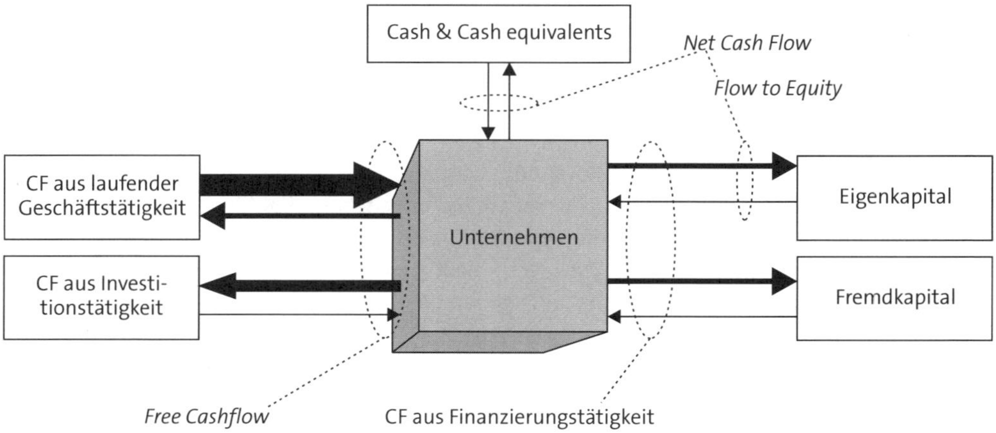

Am Ende der Kapitalflussrechnung ist eine **Gegenüberstellung** der Zahlungsmittel (Zahlungsmitteläquivalente) in der Bilanz zu Beginn und am Ende des Jahres anzugeben (*cash reconciliation*; .45):

Nettozunahme der Zahlungsmittel und Zahlungsmitteläquivalente aus den drei Kategorien

+ Zahlungsmittel und Zahlungsmitteläquivalente zu Beginn der Periode laut Bilanz

= Zahlungsmittel und Zahlungsmitteläquivalente am Abschlussstichtag laut Bilanz

Weitere **betriebswirtschaftliche Cashflow-Größen:** Der Cashflow aus der laufenden Geschäftstätigkeit und für die Investitionstätigkeit ergeben, zusammen mit den bezahlten Fremdkapitalzinsen, den *Free Cashflow;* dieser steht zur Bedienung des Gesamtkapitals zur Verfügung. Aus dem *Free Cashflow* lässt sich der von der Kapitalstruktur unabhängige Unternehmenswert ermitteln („Entity-Konzept"). Der *Net Cashflow* entspricht jenen liquiden Mitteln, die nach der Bedienung des Fremdkapitals übrig bleiben; daraus lässt sich der Unternehmenswert aus Sicht der Eigenkapitalgeber ermitteln („Equity-Konzept"). Der *Net Cashflow* dient entweder der Gewinnausschüttung *(Flow to Equity)* oder er bleibt im Unternehmen thesauriert (Anstieg der Zahlungsmittel/-äquivalente).

Eine Transaktion kann zu Cashflows in unterschiedlichen Kategorien führen. Die Tilgungskomponente in einer Kreditrate ist z. B. ein Cashflow für die Finanzierungstätigkeit, die Zinskomponente (optional) ein Cashflow aus der laufenden Geschäftstätigkeit (IAS 7.12). Bei **Sicherungsgeschäften** (*hedge accounting*; vgl. Kap. XII.2. ff., S. 270 ff.) fallen die Zahlungsflüsse des Sicherungsinstruments in dieselbe Cashflow-Kategorie wie die abgesicherten (potenziellen) Zahlungsflüsse (.16 letzter Satz).

Nicht in Zahlungsmitteln (Zahlungsmitteläquivalenten) bestehende Transaktionen werden in der Kapitalflussrechnung nicht berücksichtigt; stattdessen ist eine Beschreibung erforderlich, z. B. im Anhang (.43 f.). Betroffen sind insbesondere Tauschgeschäfte (falls keine Zahlungsmittel oder -äquivalente), Sacheinlagen, Aktiendividenden, die Ausgabe von Stock Options, die Wandlung einer Wandelanleihe oder Aktienanleihe und eine (nicht zahlungswirksame) Anlagenbeschaffung direkt auf Kredit. Daher ist auch die Eröffnung eines Leasings (Buchung: Nutzungsrecht an Leasingverbindlichkeit) eine nicht zahlungswirksame Transaktion nach IAS 7.

In bestimmten Fällen dürfen Cashflows als saldierte Größen (Einzahlung abzüglich Auszahlung) dargestellt werden. Die erste Fallgruppe sind Zahlungen im Namen oder auf Rechnung von Kunden, wenn diese Zahlungen Aktivitäten des Kunden reflektieren (.22(a) und für Finanzinstitutionen auch nach .24, z. B. Aufnahme und Rückzahlung von Sichteinlagen aus Sicht einer Bank, für Kunden gehaltene Zahlungsmittel einer Investmentgesellschaft, von einer Immobilienverwaltung erhobene und an Eigentümer weitergeleitete Mieten). Die zweite Fallgruppe sind schnell umgesetzte, kurzfristige Zahlungsströme (.22(b)); z. B. die Nennbeträge von Kreditkartenrechnungen aus Sicht des Kreditkartenbetreibers).

Transaktionen in **Fremdwährungen** sind zum Stichtagskurs im Zeitpunkt der Transaktion in die funktionale Währung umzurechnen (.25 f.; zum Begriff siehe Kap. XVIII.4., S. 475). Durchschnittskurse (z. B. Monatskurse) sind ggf. zulässig. **Unrealisierte Kursänderungen** von Zahlungsmitteln (Zahlungsmitteläquivalenten) in Fremdwährungen sind keine Cashflows (.28). Da liquide Mittel in der Bilanz regelmäßig zum Stichtagskurs umgerechnet werden (Realisation von Kursdifferenzen), ergeben sich **Abweichungen** zwischen den Beständen laut Bilanz und den Cashflows laut Kapitalflussrechnung. Diese Abweichungen werden in der Überleitungsrechnung *(cash reconciliation)* bzw. im Anhang gesondert angegeben (IAS 7.28 und Anhang A und B).

Zahlungsmittel und Zahlungsmitteläquivalente laut Bilanz zu Periodenbeginn

+/– Wechselkursdifferenzen

= berichtigte Zahlungsmittel und Zahlungsmitteläquivalente zu Periodenbeginn

Nettozunahme der Zahlungsmittel und Zahlungsmitteläquivalente aus den drei Kategorien

+ berichtigte Zahlungsmittel und Zahlungsmitteläquivalente zu Beginn der Periode

= Zahlungsmittel und Zahlungsmitteläquivalente am Abschlussstichtag laut Bilanz

1.2. Cashflow aus der laufenden Geschäftstätigkeit

Der operative Geschäftsbereich ist die primäre Quelle für Einzahlungsüberschüsse. Dieser Cashflow gibt an, wie weit das Unternehmen Zahlungsmittel zur Finanzierung von Investitionen und zur Bedienung des Kapitals erwirtschaften konnte. Dazu zählen insbesondere die in Tab. 17 dargestellten Zahlungsströme (IAS 7.14):

TAB. 17:	Bestandteile des Cashflow aus der laufenden Geschäftstätigkeit
Einzahlungen:	**Auszahlungen:**
für die Lieferung von Gütern und die Erbringung von Dienstleistungen Lizenzen, Gebühren, Kommissionen und andere Umsätze Dividenden und Zinsen (optional) bei Versicherungen: Prämien und Beiträge Steuerrückerstattungen (mit Ausnahmen) aus dem Verkauf von Finanzinstrumenten des Handelsbestands *(trading)* bei Banken: Kreditrückzahlungen sonstige Zahlungen, die nicht der Investitions- oder Finanzierungstätigkeit zuordenbar sind	für Lieferanten und andere Dienstleister für das Personal und für Lohnneben-kosten für Zinsen und Dividenden (optional) für Steuern (mit Ausnahmen) für den Kauf von Finanzinstrumenten des Handelsbestands *(trading)* bei Banken: für Kreditgewährung und Vorschusszahlungen sonstige Zahlungen, die nicht der Investitions- oder Finanzierungstätigkeit zuordenbar sind

Cashflows aus **Zinsen und Dividenden** sind gesondert darzustellen; Zinszahlungen werden unabhängig davon als Cashflow erfasst, ob sie als Aufwand oder als Anschaffungs- bzw. Herstellungskosten erfasst wurden (.31 f.).

Erhaltene Dividenden und Zinsen sowie **ausbezahlte Zinsen** gehören bei Finanzinstituten zur laufenden Geschäftstätigkeit. Bei Unternehmen anderer Branchen ist auch eine Zuordnung zur Investitions- und Finanzierungstätigkeit zulässig (IAS 7.33; eher unüblich).

Ausbezahlte Dividenden können entweder unter der Finanzierungstätigkeit (Regelfall) oder unter der laufenden Geschäftstätigkeit dargestellt werden (.34).

Ertragsteuerzahlungen oder Rückerstattungen sind gesondert darzustellen. Sie fallen regelmäßig unter die laufende Geschäftstätigkeit (.35 f.). Sollte aber ein direkter Zusammenhang mit einer bestimmten Transaktion bestehen, sind sie ausnahmsweise unter der betroffenen Kategorie auszuweisen (z. B. ausländische Quellensteuern unter der Investitionstätigkeit, falls auch die betroffenen Dividenden oder Zinsen zur Investitionstätigkeit zählen).

1.3. Cashflow für die Investitionstätigkeit

Der Cashflow für die Investitionstätigkeit repräsentiert Auszahlungen für Investitionsgüter, die zur Erzielung künftiger Cashflows dienen. Oft ist er ein negativer Betrag; zu Zahlungsüberschüssen kommt es bei umfangreichen Veräußerungen von Investitionsgütern. **Investitionsgüter** sind langfristige Vermögenswerte (immaterielle Vermögenswerte und Sachanlagen) und andere Vermögenswerte, die keine Zahlungsmittel (Zahlungsmitteläquivalente) darstellen (IAS 7.6; insbesondere nicht liquide finanzielle Vermögenswerte wie erworbene Anleihen oder Aktien). Eine Investitionstätigkeit liegt aber nur insoweit vor, wenn die Auszahlung für das Investitionsgut nach den Grundsätzen der IFRS in der Bilanz aktiviert wurde. Damit folgen die Bilanz und die Kapitalflussrechnung einem einheitlichen Gedanken und sind für Analysezwecke besser abgestimmt. Ausgaben für nicht aktivierte immaterielle Vermögenswerte (z. B. Forschungskosten) oder für einen originären Firmenwert fallen daher nicht darunter, mitunter aber Ausgaben, die zu einem derivativen Firmenwert führen (z. B. für einen Unternehmenserwerb). Finanzierungskosten im Rahmen der Herstellung, die nach Maßgabe des IAS 23 aktiviert werden, sollten zur besseren Abstimmung mit der Bilanz ebenfalls zur Investitionstätigkeit und nicht zur Finanzierungstätigkeit gezählt werden.

Zur Investitionstätigkeit gehören insbesondere die in Tab. 18 dargestellten Cashflows (IAS 7.16):

TAB. 18: Bestandteile des Cashflow für die Investitionstätigkeit

Einzahlungen:	**Auszahlungen:**
aus der Veräußerung von Sachanlagen, immateriellen Vermögenswerten und anderen langfristigen Vermögenswerten	für die Anschaffung/Herstellung von Sachanlagen, immateriellen Vermögenswerten (auch aktivierte Entwicklungskosten) und anderen langfristigen Vermögenswerten
aus der Veräußerung von Eigenkapitalinstrumenten oder Schuldinstrumenten anderer Unternehmen und Anteilen in Joint-Venture-Gesellschaften (ausgenommen Zahlungsmitteläquivalente und Finanzinstrumente des Handelsbestands)	für den Erwerb von Eigenkapitalinstrumenten oder Schuldinstrumenten anderer Unternehmen und Anteilen in Joint-Venture-Gesellschaften (ausgenommen Zahlungsmitteläquivalente und Finanzinstrumente des Handelsbestands)
zur Tilgung finanzieller Vermögenswerte, z. B. Rückzahlungen von Krediten und Ausleihungen (bei Finanzinstituten: laufende Geschäftstätigkeit)	für gewährte Kredite und Ausleihungen (bei Finanzinstituten: laufende Geschäftstätigkeit)
aus Derivaten, außer mit den Derivaten wird gehandelt oder die Derivate sind der Finanzierungstätigkeit zuzurechnen	für Derivate, außer mit den Derivaten wird gehandelt oder die Derivate sind der Finanzierungstätigkeit zuzurechnen

Auch die Anschaffung oder Veräußerung von Beteiligungen, die nach der Equity-Methode bewertet werden, zählen zum Investitionsbereich.

Cashflows auf der Ebene des nach der Equity-Methode bewerteten Unternehmens werden beim beteiligten Unternehmen nicht berücksichtigt. Berücksichtigt werden nur direkte Zahlungsströme mit dem beteiligten Unternehmen (z. B. Dividenden).

Anschaffungen und Veräußerungen von **Tochterunternehmen** oder Betrieben sind gesondert unter der Investitionstätigkeit auszuweisen. Maßgeblich ist der Kaufpreis (Einzahlung bzw. Auszahlung) abzüglich aller mit übertragener Zahlungsmittel (Zahlungsmitteläquivalente) des Tochterunternehmens (.39 ff.). Solange das Mutterunternehmen das Tochterunternehmen kontrolliert, werden die laufenden Zahlungsströme des Tochterunternehmens in die konsolidierte Kapitalflussrechnung des Mutterunternehmens einbezogen (in voller Höhe, auch bei geringeren Beteiligungen als 100 %).

1.4. Cashflow für die Finanzierungstätigkeit

Die Finanzierungstätigkeit betrifft Vorgänge der Außenfinanzierung, also die Aufnahme und Tilgung von Eigenkapital oder Fremdkapital. Sie führt grundsätzlich zu Änderungen des Bestands von Eigenkapital und Fremdkapital (IAS 7.6). Die Bedienung des Fremdkapitals mit Zinsen gehört regelmäßig zur laufenden Geschäftstätigkeit (siehe oben, Kap. XVII.1.2., S. 506 f.). **Ausbezahlte Dividenden** können entweder in der Finanzierungstätigkeit (Regelfall) oder in der laufenden Geschäftstätigkeit dargestellt werden (.34).

Zur Finanzierungstätigkeit zählen insbesondere die in Tab. 19 dargestellten Cashflows (IAS 7.17):

TAB. 19: Bestandteile des Cashflows für die Finanzierungstätigkeit

Einzahlungen:	Auszahlungen:
aus der Ausgabe von Eigenkapital-instrumenten (z. B. Anteile, Aktien, Optionen auf Eigenkapital) aus der Aufnahme von kurz- oder langfristigem Fremdkapital, z. B. Kredite, Anleihen, Wechsel, soweit nicht als Zahlungsmitteläquivalent eingestuft	für den Rückkauf oder die Tilgung von Eigenkapitalinstrumenten für die Rückzahlung (Tilgung) von Fremdkapital für die Tilgung der Schuld aus einem Leasingvertrag für Gewinnausschüttungen (optional)

1.5. Direkte und indirekte Methode

Der **Cashflow aus der laufenden Geschäftstätigkeit** sollte nach der **direkten Methode** ermittelt werden (empfohlen nach IAS 7.19); die indirekte Methode ist zulässig und in der Praxis weiter verbreitet.

Nach der **direkten Methode** ergibt sich der Cashflow aus der laufenden Geschäftstätigkeit entweder direkt aus dem Budget des Unternehmens oder aus der **Bereinigung von Umsätzen** und zur Umsatzerzielung aufgewendeten Kosten um nicht zahlungswirksame Bestandteile sowie um Cashflows der Investitions- und Finanzierungstätigkeit (IAS 7.19; siehe dazu auch Beispiel in IAS 7 Anhang A). Dazu eignet sich das in Tab. 20 dargestellte Berechnungsschema auf Basis der Vorlage von *Epstein/Mirza*, IAS 2005 S. 70.

Bei Verwendung der amerikanischen Literatur ist auf die unterschiedliche europäische **Umsatzsteuer** zu achten. Die amerikanische *sales tax* wird als Anschaffungsnebenkosten aktiviert. Die europäische Umsatzsteuer ist dagegen als Vorsteuer abzugsfähig und wird nicht aktiviert. Folglich werden in der EU für Anschaffungen höhere Beträge (Bruttobeträge) ausbezahlt, als in der Bilanz als Zugänge aufscheinen. Umgekehrt sind Forderungen und Schulden aus Lieferungen und Leistungen Bruttobeträge, die entsprechenden GuV-Posten sind aber Nettobeträge.

TAB. 20: Direkte Methode zur Berechnung des Cashflows aus der laufenden Geschäftstätigkeit

Cashflow aus laufender Geschäftstätigkeit nach der direkten Methode:	
Zuflüsse aus Lieferungen und Leistungen	Bruttoumsatz nach Erlösminderungen + Ford. L+L zu Jahresbeginn (wertberichtigt) – Ford. L+L zu Jahresende (wertberichtigt) – Forderungswertberichtigungen des Jahres zzgl. USt (Hinweis: unterjährig entstandene und voll abgeschriebene Ford. L+L sind vom Umsatz abzuziehen)
Zuflüsse aus Dividenden	Beteiligungserträge, soweit zugeflossen
Zuflüsse aus Zinserträgen	Zinserträge – aktivierte Zinsen + erhaltene Zinsvorauszahlungen
Zuflüsse aus anderen betrieblichen Erträgen	übrige betriebliche Erträge zzgl. USt + passive RAP zu Jahresbeginn zzgl. USt – passive RAP zu Jahresende zzgl. USt
Zuflüsse aus Steuern	Ertrags- und Vorsteuererstattungen durch das Finanzamt
Abflüsse für Lieferungen und Leistungen	Herstellungskosten zur Umsatzerzielung einschließlich an Lieferanten bezahlte Umsatzsteuer + Vorräte zu Jahresende zzgl. USt – Vorräte zu Jahresbeginn zzgl. USt – Abschreibungen auf Vorräte zzgl. USt + Schulden L+L zu Jahresbeginn – Schulden L+L zu Jahresende
Abflüsse für Löhne und Gehälter	Aufwendungen nach Berücksichtigung von Abgrenzungen, Gehaltsrückständen und nicht zahlungswirksamen Aufwendungen (z. B. Mitarbeiterbeteiligungen, Stock Options)
Abflüsse für Zinsen	Zinsaufwand – passivierte Zinsen + geleistete Zinsvorauszahlungen + nachträglich geleistete Zinszahlungen (z. B. endfälliger Kredit)
Abflüsse für andere Betriebskosten	übrige betriebliche Aufwendungen zzgl. USt + aktive Rechnungsabgrenzungen zu Jahresbeginn zzgl. USt – aktive Rechnungsabgrenzungen zu Jahresende zzgl. USt
Abflüsse für Steuern	Verkehr- und Ertragsteuerzahlungen Umsatzsteuerzahlungen nach Anrechnung der Vorsteuer

ABB. 28: Kapitalflussrechnung (SAP SE)

Konzern-Kapitalflussrechnung des SAP-Konzerns für die jeweiligen Geschäftsjahre

Mio. €	Textziffer	2018	2017	2016
Gewinn nach Steuern		**4.088**	**4.046**	**3.629**
Anpassungen bei der Überleitung vom Gewinn nach Steuern auf die Cashflows aus betrieblichen Tätigkeiten:				
Abschreibungen	*(D.2)–(D.4)*	1.362	1.272	1.268
Ertragsteueraufwand	*(C.5)*	1.511	983	1.242
Finanzergebnis, netto	*(C.4)*	47	–188	29
Erhöhung/Minderung der Wertberichtigungen auf Forderungen aus Lieferungen und Leistungen		–67	–32	51
Andere Anpassungen für zahlungsunwirksame Posten		–14	–34	39
Erhöhung/Minderung der Forderungen aus Lieferungen und Leistungen und sonstigen Forderungen		136	–309	–675
Erhöhung/Minderung sonstiger Vermögenswerte		–454	–355	–248
Erhöhung/Minderung von Verbindlichkeiten aus Lieferungen und Leistungen, Rückstellungen und sonstigen Verbindlichkeiten		93	389	513
Erhöhung/Minderung der Vertragsverbindlichkeiten/des passiven Rechnungsabgrenzungspostens		–561	718	368
Gezahlte Zinsen		–251	–200	–190
Erhaltene Zinsen		99	88	79
Gezahlte Ertragsteuern, abzüglich zurückerstatteter Beträge		–1.687	–1.332	–1.477
Cashflows aus betrieblichen Tätigkeiten		**4.303**	**5.045**	**4.628**
Unternehmenszusammenschlüsse abzüglich übernommener Zahlungsmittel und Zahlungsmitteläquivalente		–2.036	–291	–106
Zahlungen aus derivativen Finanzinstrumenten in Zusammenhang mit Unternehmenszusammenschlüssen		–103	0	0
Summe der Zahlungen für Unternehmenszusammenschlüsse abzüglich übernommener Zahlungsmittel und Zahlungsmitteläquivalente	*(D.1)*	–2.140	–291	–106
Auszahlungen für den Erwerb von immateriellen Vermögenswerten oder Sachanlagen		–1.458	–1.275	–1.001
Einzahlungen aus der Veräußerung von immateriellen Vermögenswerten oder Sachanlagen		57	97	63
Auszahlungen für den Erwerb von Eigenkapital- oder Schuldinstrumenten anderer Unternehmen		–1.013	–2.914	–1.549
Einzahlungen aus der Veräußerung von Eigenkapital- oder Schuldinstrumenten anderer Unternehmen		1.488	3.272	793
Cashflows aus Investitionstätigkeiten		**–3.066**	**–1.112**	**–1.799**
Gezahlte Dividenden	*(E.2)*	–1.671	–1.499	–1.378
Gezahlte Dividenden an nicht beherrschende Anteile		–7	–45	0
Erwerb eigener Anteile	*(E.2)*	0	–500	0
Einzahlungen aus der Ausgabe von eigenen Anteilen		0	0	27
Einzahlungen aus Fremdkapitalaufnahmen	*(E.3)*	6.368	27	443
Rückzahlungen auf Fremdkapitalaufnahmen	*(E.3)*	–1.407	–1.391	–1.800
Transaktionen mit nicht beherrschenden Anteilen		0	2	3
Cashflows aus Finanzierungstätigkeiten		**3.283**	**–3.406**	**–2.705**
Auswirkung von Wechselkursänderungen auf Zahlungsmittel und Zahlungsmitteläquivalente		**97**	**–218**	**167**
Nettoverringerung/-erhöhung der Zahlungsmittel und Zahlungsmitteläquivalente		**4.617**	**309**	**291**
Zahlungsmittel und Zahlungsmitteläquivalente zu Beginn der Periode	*(E.3)*	**4.011**	**3.702**	**3.411**
Zahlungsmittel und Zahlungsmitteläquivalente am Ende der Periode	*(E.3)*	**8.627**	**4.011**	**3.702**

Der Cashflow aus der laufenden Geschäftstätigkeit kann auch indirekt aus dem Jahresergebnis abgeleitet werden **(indirekte Methode)**. IAS 7.20 gibt dazu ein Mindestschema zur Berechnung vor, das in Tab. 21 dargestellt ist.

TAB. 21: Indirekte Methode zur Berechnung des Cashflows aus der laufenden Geschäftstätigkeit
Jahresergebnis (vor Berücksichtigung des Anteils von Minderheiten im Konzern)
+ Verminderung der Vorräte (– Erhöhung der Vorräte)
+ Abnahme (– Zunahme) von Forderungen aus Lieferungen und Leistungen (ohne USt)
+ Zunahme (– Abnahme) von Verbindlichkeiten aus Lieferungen und Leistungen (ohne USt)
+ Abschreibungsaufwand (auch bei zu Equity bewerteten Beteiligungen)
+ Dotierung (– Auflösung) langfristiger Rückstellungen
+ latenter Steueraufwand (– latente Steuererträge)
+ unrealisierte Fremdwährungsverluste (– unrealisierte Fremdwährungsgewinne)
– nach der Equity-Methode aktivierte Gewinne (– abgeschriebene Verlustanteile)
+ zahlungswirksame Aufwendungen im Investitions- und Finanzierungsbereich
– zahlungswirksame Erträge im Investitions- und Finanzierungsbereich
= Cashflow aus der laufenden Geschäftstätigkeit (IAS 7.20)

1.6. Sonstige Angaben

Unter den Anhangangaben zur Kapitalflussrechnung gliedert das Unternehmen die Bestandteile der Zahlungsmittel und der Zahlungsmitteläquivalente auf und leitet die Beträge in der Kapitalflussrechnung auf jene in der Bilanz über (IAS 7.45), z. B. Bargeld, Sichteinlagen, kurzfristige Liquiditätslinien und hochliquide Forderungspapiere.

Zahlungsmittel, die nicht frei in der Gruppe übertragbar sind, werden mit umfassender Erläuterung angegeben (IAS 7.48; z. B. bei Töchtern mit devisenrechtlichen Transferbeschränkungen).

Ferner empfiehlt IAS 7.50 ff. Angaben zur Verständlichkeit:

- Offene Kreditlinien für betriebliche Tätigkeiten.
- Zahlungsflüsse, die die Leistungsfähigkeit der betrieblichen Kapazitäten verbessern, und jene, die zur bloßen Aufrechterhaltung nötig sind.
- Die Cashflows aus der laufenden Geschäftstätigkeit, der Investitionstätigkeit und der Finanzierungstätigkeit je Segment im Segmentbericht.

Nach einer ab 2017 gültigen Änderung in IAS. 7.44A ff. sind die Veränderungen bei der Finanzierungstätigkeit verständlich zu machen. Danach ist die Entwicklung der Verbindlichkeiten der Finanzierungstätigkeit aufzugliedern nach:

- Cashflows aus der Finanzierungstätigkeit
- Änderungen im Konsolidierungskreis
- Fremdwährungseffekte
- Änderungen des Fair Value
- Sonstige Änderungen

Bei dieser Entwicklung sind auch zugehörige Vermögenswerte umfasst, die beim Cashflow aus der Finanzierungstätigkeit berücksichtigt werden (z. B. Derivate zur Absicherung der Finanzierungsverbindlichkeiten).

2. Zwischenberichterstattung nach IAS 34 *(Interim Reporting)*

2.1. Allgemeines zu IAS 34

Zwischenberichte *(interim financial reports)* dienen der Anlegerinformation börsennotierter Unternehmen. IAS 34 regelt den Inhalt von Zwischenberichten und kommt zur Anwendung, wenn das nationale bzw. europäische Recht, Börsenbestimmungen oder Aufsichtsbehörden eine Zwischenberichterstattung nach IFRS verlangen oder diese freiwillig aufgestellt werden. Die IFRS selbst enthalten keine Verpflichtung zur Zwischenberichterstattung (IAS 34.1).

IAS 34 erlaubt zahlreiche Vereinfachungen im Vergleich zum regulären Jahresabschluss. Dies ermöglicht auch eine Veröffentlichung innerhalb kurzer Zeit nach dem Quartalsstichtag. Nach IAS 34.1 sollte die Veröffentlichung jedenfalls innerhalb von 60 Tagen nach dem Zwischenberichtsstichtag erfolgen, sofern national keine kürzere Frist vorgesehen ist. Werden die Vereinfachungen in IAS 34 in Anspruch genommen, dann darf im Zwischenbericht keine Übereinstimmung mit den vollständigen IFRS behauptet werden. Stattdessen wird nur die Übereinstimmung des Zwischenberichts mit IAS 34 angegeben (IAS 34.19). Folglich sollte auch auf die Behauptung verzichtet werden, der Zwischenbericht würde ein getreues Bild der Vermögens-, Finanz- und Ertragslage vermitteln; ein solches getreues Bild ist einem vollständigen Abschluss vorbehalten (IAS 1.16).

Die Zwischenberichtsperiode ist eine Finanzberichtsperiode, die kürzer ist als das volle Geschäftsjahr (IAS 34.4). Dagegen ist ein **Rumpfwirtschaftsjahr** bei Umstellung des Abschlussstichtags ein vollständiges Geschäftsjahr. Die Erleichterungen in IAS 34 sind daher nicht auf Rumpfwirtschaftsjahre anwendbar.

Anstatt eines verkürzten Abschlusses erlaubt IAS 34 auch, einen vollständig IFRS-konformen Abschluss für die Zwischenberichtsperiode aufzustellen (.7). Diese Option spielt in der Praxis aber keine besondere Rolle.

2.2. Rechtliche Grundlagen in Deutschland und Österreich

Die rechtliche Grundlage der Zwischenberichterstattung in der EU ist Art. 5 der Transparenzrichtlinie 2004/109/EG. In Deutschland wurde die Bestimmung in § 37w dWpHG umgesetzt, in Österreich in § 87 BörseG. Die IAS-Verordnung 1606/2002/EG ist auf Zwischenberichte nicht unmittelbar anwendbar (ausführlich Kommentar der Europäischen Kommission zur IAS-Verordnung, Abschnitt 2.2.3).

Die Transparenzrichtlinie verlangt von Unternehmen, die an einem geregelten Markt gelistet sind, zumindest **Halbjahresfinanzberichte**. Bei Aktienemittenten sind außerdem Zwischenmitteilungen erforderlich, die i. d. R. für das erste und das dritte Quartal aufgestellt werden.

Zwischenmitteilungen nach Art. 6 der Transparenzrichtlinie umfassen eine Erläuterung der wesentlichen Ereignisse und Transaktionen und ihrer Auswirkung auf die Finanzlage sowie eine allgemeine Beschreibung der Finanzlage und des Geschäftsergebnisses. Derartige Zwischenmitteilungen sind jedenfalls keine Zwischenberichte im Sinne von IAS 34. Allerdings können anstatt Zwischenmitteilungen auch Quartalsfinanzberichte nach IAS 34 aufgestellt werden (Art. 6 Abs. 2 der Transparenzrichtlinie); eine Verpflichtung zur Aufstellung von Quartalsfinanzberichten ergibt sich häufig in bestimmten Börsensegmenten (z. B. Prime Standard der Deutschen Börse gemäß § 63 der Börsenordnung für die Frankfurter Wertpapierbörse). Viele Länder schreiben statt Zwischenmitteilungen grundsätzlich Quartalsfinanzberichte vor (z. B. Frankreich, Schweiz und die USA).

Ein Halbjahresfinanzbericht nach der Transparenzrichtlinie umfasst einen **verkürzten Abschluss**, einen **Zwischenlagebericht** und eine **Erklärung der gesetzlichen Vertreter**, dass der verkürzte Abschluss und der Halbjahreslagebericht tatsachengetreu aufgestellt wurden.

Ist der Emittent zur Aufstellung konsolidierter Abschlüsse verpflichtet, dann muss der **verkürzte Abschluss** nach IAS 34 aufgestellt werden; der Abschluss ist auf konsolidierter Basis zu erstellen (IAS 34.14). Dies deckt sich mit dem Anwendungsbereich der IAS-Verordnung 1606/2002: Emittenten, die nach nationalem Recht konsolidierungspflichtig sind und an einem geregelten Markt gelistet sind, müssen ihren Konzernabschluss nach IFRS und den Halbjahresfinanzbericht nach IAS 34 aufstellen. Nicht konsolidierungspflichtige Emittenten erstellen ihren verkürzten Abschluss i. d. R. auf Grundlage der nationalen Rechnungslegungsnormen; der Mindestumfang ergibt sich dann aus Art. 3 der Durchführungsrichtlinie 2007/14/EG vom 8.3.2007, die in nationales Recht umzusetzen ist.

Der Inhalt des **Zwischenlageberichts** ergibt sich nicht aus den IFRS, sondern wurde eigens in der Transparenzrichtlinie festgelegt: wesentliche Ereignisse während der ersten sechs Monate und deren Auswirkung auf den verkürzten Abschluss, wesentliche Risiken und Ungewissheiten in den restlichen sechs Monaten; bei Aktienemittenten auch Großgeschäfte mit nahestehenden Personen (Art. 5 Abs. 4 der Transparenzrichtlinie; § 37w Nr. 4 dWpHG; § 87 Abs. 4 BörseG). Daher kann keine Übereinstimmung des Zwischenlageberichts mit IFRS oder IAS 34 angegeben werden.

Mit der **Erklärung der gesetzlichen Vertreter** wird versichert, dass der Halbjahresfinanzbericht und der Halbjahreslagebericht ein den tatsächlichen Verhältnissen entsprechendes Bild der Vermögens-, Finanz- und Ertragslage vermitteln (§ 37w Abs. 2 Z. 3 dWpHG; § 87 Abs. 1 BörseG). Die Erklärung sollte aber dahin gehend klar sein, dass kein getreues Bild nach IAS 1.15 gemeint ist; dies wäre einem vollständigen Abschluss vorbehalten. Siehe dazu auch S. 6 ff.

Halbjahresfinanzberichte werden i. d. R. nicht vom Wirtschaftsprüfer geprüft. In Deutschland und Österreich können sie aber freiwillig einer **prüferischen Durchsicht** unterzogen werden *(interim statement review)*. Erfolgt keine prüferische Durchsicht, dann ist dieser Umstand im Zwischenbericht anzugeben. In Frankreich sind Halbjahresfinanzberichte und in den USA Quartalsfinanzberichte verpflichtend einer prüferischen Durchsicht zu unterziehen (ausführlich *Hebestreit/Rahe*, IRZ 2007 S. 111).

„Die prüferische Durchsicht ist so anzulegen, dass bei gewissenhafter Berufsausübung ausgeschlossen werden kann, dass der verkürzte Abschluss und der Zwischenlagebericht in wesentlichen Belangen den anzuwendenden Rechnungslegungsgrundsätzen widersprechen" (§ 37w Nr. 5 dWpHG). Im Gegensatz zur Jahresabschlussprüfung gibt der Prüfer hier kein positives, sondern ein negatives Prüfungsurteil ab *(negative assurance)*, wonach dem Prüfer keine Regelabweichung bekannt geworden ist. Die Durchsicht umfasst nur den verkürzten Abschluss und den Zwischenlagebericht, nicht aber die Erklärung der gesetzlichen Vertreter.

Die Berufsverbände der Wirtschaftsprüfer haben einschlägige Musterformulierungen ausgearbeitet. Nach dem Muster des IDW HFA bestätigt der Prüfer: „Auf der Grundlage meiner prüferischen Durchsicht sind mir keine Sachverhalte bekannt geworden, die mich zu der Annahme veranlassen, dass der verkürzte Konzernzwischenabschluss in wesentlichen Belangen nicht in Übereinstimmung mit den IFRS für Zwischenberichterstattung, wie sie in der EU anzuwenden sind, oder dass der Konzernzwischenlagebericht in wesentlichen Belangen nicht in Übereinstimmung mit den für Konzernzwischenlageberichte anwendbaren Vorschriften des WpHG aufgestellt worden ist."

Halbjahresberichte können auch erforderlich werden, noch bevor ein Unternehmen an einem geregelten Markt gelistet ist: Reicht ein Unternehmen einen **Wertpapierprospekt** zur Billigung bei der BaFin in Deutschland oder der FMA in Österreich ein und sind die darin enthaltenen historischen Finanzinformationen älter als neun Monate, dann sind Interimsfinanzinformationen in den Prospekt aufzunehmen. Bei einem Regelabschlussstichtag am 31.12. ist dies der Fall, wenn der fertige Prospekt nach dem 30.9. und vor der Fertigstellung des darauffolgenden Jahresabschlusses eingereicht wird. Wird ein Listing an einem geregelten Markt angestrebt, dann sind in den Folgeperioden IFRS-Abschlüsse zu erstellen. Daher werden auch die Interimsfinanzinformationen grundsätzlich nach IAS 34 aufgestellt (zur prospektrechtlichen Rechnungslegungspflicht siehe Kap. I.2.4., S. 10 ff.).

2.3. Mindestinhalte nach IAS 34

Die in IAS 1 vorgeschriebenen Gliederungen gelten nicht für Zwischenberichte, allerdings gelten alle Bilanzierungsgrundsätze der IFRS.

Der Zwischenbericht enthält zwar alle Teile des regulären Jahresabschlusses (IAS 34.5), wahlweise aber **in verkürzter Form** (.6 ff.; *„condensed financial statements"*: verkürzte Bilanz, verkürzte Gesamtergebnisrechnung (bzw. gesonderte verkürzte GuV und verkürzte Aufstellung des sonstigen Ergebnisses), verkürzte Kapitalflussrechnung, verkürzte Eigenkapitalveränderungsrechnung und verkürzter Anhang). Die Gewinn- und Verlustrechnung hat das Ergebnis der Zwischenberichtsperiode zu umfassen. Sollten Quartalsberichte erstellt werden, dann ist ab dem zweiten Quartal neben dem Quartalsergebnis auch das kumulierte Ergebnis aller Quartale seit Beginn des Geschäftsjahres anzugeben *(year-to-date)*. Die Eigenkapitalveränderungsrechnung und die Kapitalflussrechnung umfassen stets nur den kumulierten Zeitraum seit Beginn des Geschäftsjahres *(year-to-date; .20)*.

Im Zwischenbericht sind auch die **Vergleichszahlen für die Vorperiode** aufzunehmen. Als Vergleichsobjekt dient der entsprechende Zwischenberichtszeitraum der Vorperiode (IAS 34.20). In einem Halbjahresbericht zum 30.6.X2 werden daher die Vergleichszahlen für das erste Halbjahr X1 zum 30.6.X1 dargestellt. Damit werden Verzerrungen durch saisonale Schwankungen vermieden, außerdem können Erfolgsgrößen nur über gleich lange Zeiträume verglichen werden.

Die Vergleichszahlen sind analog für die jeweils dargestellten Zeiträume aufzubereiten. Bei Quartalsberichten sind ab dem zweiten Quartal das Quartalsergebnis und das kumulierte Ergebnis aller Quartale *(year-to-date)* für das aktuelle Jahr und das Vorjahr anzugeben. Die Eigenkapitalveränderungsrechnung und die Kapitalflussrechnung umfassen jeweils die kumulierten Beträge seit Beginn des aktuellen Geschäftsjahres *(year-to-date)* und seit Beginn des Vorjahres (z. B. Kapitalflüsse zwischen 1.1. und 30.9.X2 und zum Vergleich zwischen 1.1. und 30.9.X1).

Bei starken saisonalen Schwankungen empfiehlt IAS 34.21 zusätzliche Erfolgsangaben über die jeweils vorangegangenen zwölf Monate (z. B. Erfolge und Kapitalflüsse zwischen 1.7.X1 und 30.6.X2 und zum Vergleich zwischen 1.7.X0 und 30.6.X1).

Die Vergleichszahlen müssen ebenfalls auf Grundlage der IFRS ermittelt werden; dies kann im Rahmen einer IFRS-Umstellung zu administrativen Schwierigkeiten führen. Wurde eine sachgerechte zeitliche Abgrenzung von Transaktionen in der Vorperiode verabsäumt, sind die Daten nicht mehr mit vertretbarem Aufwand zu gewinnen.

Die Positionen in einem verkürzten Abschluss werden zusammengefasst; es genügt die Angabe der Überschriften und Zwischensummen der im vorangegangenen Jahresabschluss enthaltenen Posten und Anhangangaben. Zusätzliche Posten und Anhangangaben sind nur erforderlich, wenn der Zwischenbericht sonst irreführend wäre (IAS 34.8 bis .10). Das Ergebnis je Aktie und das verwässerte Ergebnis je Aktie sind jedenfalls anzugeben (.11). Die Eigenkapitalveränderungsrechnung ist konsistent mit der Darstellungsvariante im Jahresabschluss anzugeben (.13).

IAS 34.15 ff. beschreiben die Mindestinhalte des **verkürzten Anhangs** (*significant events and transactions* sowie *other disclosures*). Anstatt wenig relevanter Updates zum vorangegangenen Abschluss sind signifikante Vorfälle und Transaktionen zu beschreiben, die zum Verständnis der Finanz- und Ertragslage des Zwischenberichtszeitraums nützlich sind. Die Pflichtangaben in den übrigen IFRS gelten nicht unmittelbar für den verkürzten Anhang, können aber zur Orientierung dienen, soweit sie signifikante Vorfälle und Transaktionen betreffen (.15C). IAS 34.15B listet die folgenden Beispiele für signifikante Vorfälle und Transaktionen auf (nicht abschließend):

- Abschreibungen und Wertaufholungen von Vorräten, finanziellen Vermögenswerten, Sachanlagen, immateriellen Vermögenswerten oder sonstigen Vermögenswerten (z. B. Firmenwerten);
- die Auflösung von Restrukturierungskostenrückstellungen und Streitbeilegungen;
- Erwerbe und Verkäufe sowie Kaufzusagen hinsichtlich von Sachanlagen;
- Fehlerberichtigungen;
- Änderungen im Geschäft des Unternehmens oder im wirtschaftlichen Umfeld, die den Fair Value des Vermögens oder von Schulden verändern (auch wenn zu Anschaffungskosten bilanziert);
- Vertragsbrüche bei Verbindlichkeiten, die bis zum Zwischenberichtsstichtag nicht beigelegt wurden;
- Transaktionen mit nahestehenden Personen und Unternehmen;
- Transfers zwischen den drei Levels in der Fair Value-Hierarchie und Reklassifizierungen wegen Nutzungsänderungen von Finanzinstrumenten;
- Änderungen bei Eventualforderungen und Eventualverbindlichkeiten.

Nachfolgende grundsätzliche Angaben sind im Zwischenbericht erforderlich. Die Angaben können auch durch Verweis in den Zwischenbericht inkorporiert werden, wenn das andere Dokument (z. B. Zwischenlagebericht oder Geschäftsbericht) zu den gleichen Bedingungen und allen Adressaten verfügbar ist (IAS 34.16A):

- Erklärung, dass die Rechnungslegungsmethoden mit jenen des vorangegangenen Jahresabschlusses übereinstimmen bzw. Beschreibung der Änderungen;
- Beschreibung saisonaler oder zyklischer Schwankungen;
- Art und Umfang von ungewöhnlichen Faktoren und Ereignissen, die Vermögen, Schulden, Eigenkapital, Ergebnis oder Cashflows beeinflussen;

- Natur und Umfang von Änderungen von Schätzwerten über Beträge, die in früheren Zwischenperioden oder Abschlussperioden berichtet wurden;
- Ausgaben, Rückkäufe und Tilgungen von eigenen Schuld- und Eigenkapitalpapieren;
- Gewinnausschüttungen (in Summe und je Aktie), jeweils gesondert für Stammaktien und sonstige Aktien;
- bestimmte Segmentangaben (siehe unten);
- wesentliche Ereignisse nach dem Zwischenberichtsstichtag, die nicht im Zwischenbericht berücksichtigt wurden;
- Effekte aus einer veränderten Unternehmensstruktur (Unternehmenszusammenschlüsse, Erwerbe und Veräußerungen von Tochterunternehmen und langfristiger Investments, Restrukturierungen, Aufgabe von Unternehmensbereichen); bei Unternehmenszusammenschlüssen sind die Pflichtangaben nach IFRS 3.59 ff. anzugeben.
- Die von IFRS 13.91 ff. geforderten Anhangangaben zur Ermittlung des Fair Value sind anzugeben (z. B. die Verteilung der Fair Values auf die drei Hierarchiestufen und allfällige Transfers zwischen den Stufen, Überleitungsrechnungen und Angaben zu Bewertungsmodellen). Diese Angaben sind sehr umfangreich und aufgrund der besonderen Sensibilität und Gestaltungsspielräume bei der Modellbewertung auch für Zwischenberichte gefordert, selbst wenn es dabei zu Wiederholungen von Angaben aus dem vorangegangenen Jahresabschluss kommt.

Hinsichtlich der **Segmentinformationen** sind anzugeben (soweit im Einzelfall nach IFRS 8 erforderlich):

- Umsätze von externen Kunden, soweit sie intern zur Meldung bzw. zur Beurteilung der Segmentergebnisse durch den operativen Entscheidungsträger herangezogen werden;
- Umsätze zwischen Segmenten, soweit sie intern zur Meldung bzw. zur Beurteilung der Segmentergebnisse durch den operativen Entscheidungsträger herangezogen werden;
- Segmentergebnis entsprechend dem internen Berichtswesen;
- ggf. Segmentvermögen und Segmentverbindlichkeiten, wie sie dem operativen Entscheidungsträger berichtet werden, sofern es im Segment eine wesentliche Abweichung seit dem letzten Jahresbericht gibt;
- ggf. Beschreibung einer abweichenden Segmentierung oder abweichender Bewertungsmethoden seit dem letzten Jahresbericht;
- Überleitung der kumulierten Segmentergebnisse auf das Zwischenergebnis des Unternehmens (vor Steuern, außer Steuern werden Segmenten zugerechnet); wesentliche Überleitungsposten sind gesondert anzugeben.

Beispiele für **zwingend erforderliche Anhangangaben** sind etwa Vorräteabschreibungen auf den Nettoveräußerungswert und *impairments* nach IAS 36 sowie Wertaufholungen, Herabsetzung von Restrukturierungsrückstellungen, wesentliche Käufe, Verkäufe oder Kaufzusagen betreffend Sachanlagen, Streitbeilegungen, Berichtigung von Fehlern aus früheren Perioden, eigene Zahlungsstörungen, die bis zum Zwischenberichtsstichtag nicht bereinigt wurden, sowie Transaktionen mit nahestehenden Personen und Unternehmen (IAS 34.17). Ein Risikobericht nach IFRS 7 muss unterjährig nicht erstellt werden.

2.4. Bewertungsbestimmungen für Zwischenberichte

Grundsätzlich können Zwischenberichte nach zwei Gesichtspunkten erstellt werden: Nach der **integrierten Sicht** *(integral view)* ist ein Zwischenbericht ein Ausschnitt des endgültigen Jahresabschlusses. Bestands- und Erfolgsgrößen werden auf das gesamte Jahr hochgerechnet und dann auf das jeweilige Halbjahr oder Quartal verteilt. Nach der **abgegrenzten Sicht** *(discrete view)* ist der Zwischenbericht ein eigenständiger Abschluss; jedes Halbjahr oder Quartal gleicht einem Rumpfwirtschaftsjahr und es erfolgt keine Hochrechnung auf das volle Jahr.

Die Vorschriften nach IAS 34 folgen der abgegrenzten Sicht (.28); es gelten daher grundsätzlich dieselben Bewertungsgrundsätze wie für den regulären Abschluss. Die Bewertungen werden **gesondert für jeden Zwischenberichtsstichtag** vorgenommen, so als wäre es der Abschlussstichtag. Abweichungen von diesem Grundsatz sind nur zulässig, wenn IAS 34 ausdrücklich eine Vereinfachung enthält.

Mit der abgegrenzten Sicht gilt auch der Stetigkeitsgrundsatz: Bewertungsmethoden und Bewertungswahlrechte sind auch in einem Zwischenbericht nach Maßgabe von IAS 8.14 fortzuführen. Werden Bewertungsmethoden oder Wahlrechte erstmals auf Transaktionen in einem Zwischenberichtszeitraum angewendet, dann ist das Unternehmen auch in den nachfolgenden Zwischen- bzw. Jahresberichten daran gebunden.

Die **Frequenz der Zwischenberichte** (z. B. Halbjahresberichte, Quartalsberichte) soll keine Auswirkungen auf die Bewertung in den Jahresabschlüssen haben (IAS 34.28 zweiter Satz). Dieses Prinzip steht aber teilweise im Widerspruch zur abgegrenzten Sicht, die in IAS 34.28 erster Satz vorgeschrieben wird. So dürfen Firmenwertabschreibungen in einer Zwischenberichtsperiode nicht rückgängig gemacht werden, wenn der Grund für die Abschreibung bis zum Jahresende weggefallen ist (IAS 36.124). Der Grundsatz der abgegrenzten Sicht geht vor; daher kann die Frequenz der Zwischenberichte doch Auswirkungen auf die Bewertung im Jahresabschluss haben (IFRIC 10 – Interim Financial Reporting and Impairment).

Die wesentlichen Bewertungsregeln in IAS 34 sind nachfolgend im Einzelnen dargestellt.

Erträge sind stichtaggenau zu ermitteln; eine Verteilung oder Abgrenzung auf das gesamte Jahr kommt nicht in Betracht. Dies gilt insbesondere für saisonal schwankende Umsätze (IAS 34.37 f.).

Kosten für **immaterielle Vermögenswerte** dürfen erst aktiviert werden, wenn die Bedingungen für die Aktivierung erfüllt sind; eine wahrscheinliche Aktivierbarkeit in einer späteren Zwischenperiode rechtfertigt keine Aktivierung (.B8).

Die **Vorräte** werden grundsätzlich wie im Jahresabschluss bewertet (IAS 34.B25). Allerdings dürfen Mengenrabatte und andere vertragliche Preisminderungen auf Rohstoffe und Handelswaren berücksichtigt werden, soweit sie wahrscheinlich zu Jahresende wirksam werden (B.23; keine Berücksichtigung freiwilliger Preisnachlässe). Eine Stichtagsinventur ist nicht erforderlich; stattdessen ist die Handelsspannenmethode *(sales margin method)* zulässig (IAS 34.C1). Der Stand der Vorräte wird dazu auf Basis des Umsatzes und der üblichen Gewinnspannen festgestellt. Dies ergibt die Vorräte zu Anschaffungs- oder Herstellungskosten.

BEISPIEL Die durchschnittliche Handelsspanne des Unternehmens beträgt 25 % nach Berücksichtigung der Umsatzsteuer und der anrechenbaren Vorsteuer. Außerdem sind folgende Daten gegeben:

Buchwert der Waren (Quartalsbeginn):	100.000 €
Anschaffungskosten von Waren im Quartal:	200.000 €
Umsatzerlöse im Quartal:	300.000 €

Lösung:

Buchwert der Waren (Quartalsbeginn)	100.000 €
Anschaffungen von Waren im Quartal	200.000 €
= verfügbare Waren zu Anschaffungskosten	300.000 €
– geschätzter Verbrauch (Umsatzerlöse abzgl. Gewinnspanne)	300.000 € × 75 % = 225.000 €
= geschätzte Anschaffungskosten der Waren (Quartalsende)	75.000 €

Im Rahmen der Vorrätebewertung hat eine Abschreibung auf den niedrigeren Nettoveräußerungswert zu erfolgen (siehe dazu Kap. VI.2.3., S. 103 ff.). Nach IAS 34.B26 ist die Abwertung im Zwischenbericht zwingend, auch wenn der Wert bis zum Jahresende voraussichtlich wieder ansteigt (insbesondere bei saisonalen Schwankungen).

Aufwendungen sind im Zeitpunkt des Anfalls zu berücksichtigen; sie werden auch nicht vorgezogen oder verteilt.

Wartungen oder Großreparaturen zu Jahresende werden nicht in frühere Zwischenperioden vorgezogen, außer ein eingetretenes Ereignis begründet eine rechtliche oder faktische Verpflichtung (IAS 34.B2). **Jahresboni** für Mitarbeiter werden nur angesetzt, wenn in der Zwischenperiode eine rechtliche oder faktische Verpflichtung entstanden ist und der Betrag verlässlich ermittelt werden kann (.B6). Angesammelte **Urlaubsansprüche** werden rückgestellt (soweit zum Zwischenstichtag nicht verfallen; .B10). Dagegen sind ungleichmäßig bezahlte **Lohnsteuern und Sozialversicherungsbeiträge** gleichmäßig über die Zwischenperioden zu verteilen; sie werden anhand der jährlichen effektiven, durchschnittlichen Lohnsteuerraten oder Sozialabgabenraten hochgerechnet (.B1). Der **Nettopensionsaufwand** wird anhand des versicherungsmathematischen Gutachtens zum letzten Jahresabschluss fortgeführt; allerdings sind Anpassungen für wesentliche einmalige Ereignisse, wesentliche Plankürzungen und wesentliche Änderungen der Fluktuationsraten seit dem letzten Geschäftsjahr zu berücksichtigen (.B9). Die **planmäßige Abschreibung** berücksichtigt nur die in der Zwischenperiode vorhandenen Vermögenswerte, nicht aber geplante Zukäufe späterer Zwischenperioden (.B24). Für Zwecke der **außerplanmäßigen Abschreibung** werden lediglich die im letzten Jahresabschluss herangezogenen Indikatoren für die Abschreibung überprüft (.B39; ohne Indikation auf Wertminderung muss der Firmenwert nicht auf eine Wertminderung getestet werden).

Für **Rückstellungen** gelten dieselben Regelungen wie im regulären Jahresabschluss (.B3 f.). Bei Rückstellungen, die nur kostenintensiv ermittelt werden können (z. B. durch Gutachten), dürfen die Werte weitergeführt und aktualisiert werden (z. B. Extrapolation von Trends; vgl. IAS 34.C3 f. und .C6).

Steuern werden nach denselben Grundsätzen wie im Jahresabschluss ermittelt. Dabei ist der effektive Steuersatz des gesamten Jahres zu schätzen, mit dem dann das Vorsteuerergebnis des Quartals multipliziert wird (IAS 34.B12 ff.).

Wird insgesamt ein steuerliches Ergebnis von null erwartet, dann ist trotzdem ein Steueraufwand (Steuerertrag) für die jeweilige Zwischenperiode anzusetzen (.B16; z. B. Q I: Steuerertrag von 3.000 t€, Q II bis Q IV: Steueraufwand von jeweils 1.000 t€). Erwartete **Steuervorteile** (z. B. Freibeträge für Forschung und Entwicklung oder Lehrlingsbeschäftigung) sind bei der Ermittlung des effektiven Jahressteuersatzes pauschal zu berücksichtigen, außer sie beziehen sich nur auf bestimmte einmalige Ereignisse (.B19).

Bestand zu Jahresbeginn ein steuerlicher **Verlustvortrag** und wird am Ende einer Zwischenperiode mit einem steuerlichen Gewinn gerechnet, dann reduziert sich der effektive Steuersatz entsprechend (.B22; z. B. Verlustvortrag: 100 t€, erwarteter und verrechenbarer steuerlicher Gewinn: 200 t€, gesetzlicher Steuersatz: 40 %, Effektivsteuersatz daher nur 20 %).

Die Schätzwerte für den jährlichen Effektivsteuersatz können sich von Quartal zu Quartal verändern. Auf die früheren Quartale wird die Änderung rückwirkend angewendet (Korrektur der Vergleichszahlen der Vorquartale und Anpassung der Gewinne aus den früheren Quartalen; IAS 34.30(c)).

BEISPIEL

	Quartal I	**Quartal II**
Gewinn vor Steuern laut Quartalsabschluss	200.000 €	200.000 €
Steuervorauszahlungen	80.000 €	80.000 €
geschätzter Effektivsteuersatz für Q I bis Q IV	45 %	50 %

Lösung erstes Quartal: Der Steueraufwand beträgt 45 % × 200.000 € = 90.000 €. Der nicht bezahlte Steueraufwand von 90.000 € – 80.000 € = 10.000 € wird als tatsächliche Steuerschuld passiviert.

Lösung zweites Quartal: Der Steueraufwand beträgt 200.000 € × 50 % = 100.000 €. Der nicht bezahlte Aufwand von 100.000 € – 80.000 € = 20.000 € wird als tatsächliche Steuerschuld passiviert. Allerdings muss auch der Steueraufwand von Q I korrigiert werden: Auch der zusätzliche Steueraufwand von 5 % × 200.000 € = 10.000 € wird für Q I rückwirkend passiviert. Die Vergleichszahlen aus Q I werden entsprechend berichtigt und im Anhang erläutert (IAS 34.16d).

3. Risikobericht und Angaben zu Finanzinstrumenten (IFRS 7)

3.1. Allgemeines

IFRS 7 verlangt ausführliche Angaben zu Finanzinstrumenten. IFRS 7 gilt sogar für Finanzinstrumente, die nicht nach IFRS 9 in der Bilanz erfasst wurden (IFRS 7.4). Bei nicht in der Bilanz erfassten Instrumenten ist zwar die Definition eines Finanzinstrumentes erfüllt, nicht aber das Ansatzkriterium (z. B. Kreditzusagen zu marktüblichen Zinsen oder wirtschaftlich, aber nicht zivilrechtlich übertragene Forderungen). Leasingforderungen und -verbindlichkeiten im Rahmen des Finanzierungsleasings (IFRS 16) sind jedenfalls Gegenstand der Risikoangaben. Beim *operating lease* werden beim Leasinggeber i. d. R. keine Forderungen und Verbindlichkeiten für die Leasingraten angesetzt; künftige Zahlungsansprüche aus einem *operating lease* gelten nicht als Finanzinstrumente (IAS 32.AG9) und müssen daher nicht dargestellt werden.

IFRS 7 gilt auch für Derivate und Investitionskomponenten, die in Versicherungsverträge eingebettet sind und die nach IFRS 17 gesondert bewertet werden müssen.

Das Unternehmen hat ausreichende Informationen anzugeben, um den Bilanzadressaten ein Urteil zur Signifikanz von Finanzinstrumenten und deren Auswirkungen auf die Vermögens-, Finanz- und Ertragslage zu ermöglichen (.7). Außerdem sind die Risikoangaben für die **Vergleichszahlen des Vorjahres** erforderlich (ergibt sich indirekt aus IFRS 7.44).

Klassenbegriff: Für Zwecke der Darstellung teilt das Unternehmen die Finanzinstrumente in geeignete Klassen entsprechend ihrer wirtschaftlichen Beschaffenheit ein (IFRS 7.6; z. B. Forderungen an Privatkunden, Forderungen an Unternehmen, Forderungen an Finanzinstitute, Eigenkapitalinstrumente, Anleihen etc.). Die Klassenbildung sollte je nach Natur der Informationen gesondert erfolgen, bei den Kreditrisikoangaben etwa nach Art der Gegenpartei, bei den Marktrisikoangaben nach Marktrisikofaktoren. Mit der Klassenbildung werden die Finanzinstrumente unabhängig von den Bewertungskategorien nach IFRS 9 gegliedert (.B1). Allerdings müssen zumindest die zum Fair Value angesetzten Finanzinstrumente und die zu fortgeführten Anschaffungskosten angesetzten Finanzinstrumente getrennt voneinander dargestellt werden (.B2); außerdem muss eine Überleitung auf die Bilanz möglich sein.

Bei der Klassenbildung hat das Unternehmen zu entscheiden, welchen Detaillierungsgrad und welche Schwerpunkte es setzt, um einerseits alle charakteristischen Informationen zu vermitteln und andererseits die wesentlichen Aussagen nicht durch **exzessive Detailangaben** zu verschleiern (.B3).

Neben der Darstellung in Klassen sind aber auch die Buchwerte aller Bewertungskategorien finanzieller Vermögenswerte und finanzieller Verbindlichkeiten anzugeben, gesondert nach Anschaffungskostenbewertung, Fair Value über die GuV und Fair Value über das OCI. Bei Vermögenswerten und Verbindlichkeiten der Kategorie *at fair value* ist nach zwingend und nach freiwillig zum Fair Value designierten Instrumenten zu unterscheiden. Die Darstellung erfolgt entweder in der Bilanz oder im Anhang (IFRS 7.8).

Die im Abschluss erfassten **Nettogewinne und Nettoverluste** sind gesondert für jede Bewertungskategorie darzustellen. **Zinsaufwendung und Zinserträge** nach der Effektivzinsmethode sind in einer Summe anzugeben; für die Kategorie *at fair value* ist die Angabe von Zinsen nur erforderlich, wenn Wertänderungen über das OCI gezeigt werden, weil in diesem Fall die Zinsen in der GuV aufscheinen (vgl. IFRS 7.20 und .B5(e)). Das Gleiche gilt für Provisionsaufwendungen und -erträge, die nicht Teil der Effektivzinsen sind.

Alle **Umgliederungen** zwischen zum Fair Value und zu fortgeschriebenen Anschaffungskosten bewerteten Finanzinstrumenten sowie zum Fair Value über die GuV und über das OCI sind im Anhang zu beschreiben und zu begründen (IFRS 7.12B ff.). Weiters sind Vermögensübertragungen anzugeben, die zu keiner Ausbuchung führen (.13).

3.2. Fair Values von Finanzinstrumenten

Der Umfang sowie die Qualität des Fair Values von finanziellen Vermögenswerten und Verbindlichkeiten muss im Anhang umfassend beschrieben werden. Damit wird den Abschlussadressaten ein detaillierter Einblick vermittelt, wie weit einerseits die Ergebnisse und das Eigenkapital von bloßen Auf- und Abwertungen oder von tatsächlichen Transaktionen beeinflusst wurden und wie weit andererseits stille Reserven und stille Lasten bestehen. Hinsichtlich von Finanzinstrumenten ergänzt IFRS 7 die Anhangangaben des IFRS 13 um bestimmte Sonderfragen von Finanzinstrumenten.

Das Unternehmen hat den **Fair Value jeder Klasse finanzieller Vermögenswerte und Schulden** im Anhang anzugeben und den Buchwerten gegenüberzustellen (IFRS 7.25). Bei Klassen, die vollständig auf eine zum Fair Value bewertete Kategorie entfallen, ist eine Gegenüberstellung des Buchwerts entbehrlich (z. B. bei Aktien). Der Fair Value muss auch nicht angegeben werden, wenn der Buchwert bereits eine vernünftige Annäherung des Fair Values darstellt (.29; z. B. bei kurzfristigen Forderungen und Schulden).

Wird zur Fair Value-Ermittlung ein Modell eingesetzt, das nicht vollständig auf beobachtbaren Marktparametern basiert, dann kann der Modellwert im Anschaffungszeitpunkt vom tatsächlich bezahlten Anschaffungspreis abweichen. Die Differenz ist nach IFRS 9 systematisch zu verteilen *(first day gains and losses)*. Der Betrag der nicht realisierten Differenz und die Methode der Verteilung sind anzugeben (IFRS 7.28); außerdem ist anzugeben, warum der Anschaffungspreis nicht den besten Indikator für den Fair Value darstellt. Diese Angabe betrifft aber nur jene Instrumente, die in der Bilanz zum Fair Value bewertet werden.

3.3. Angaben zu übertragenen Vermögenswerten

3.3.1. Allgemeines

IFRS 9 regelt die Frage, ob übertragene finanzielle Vermögenswerte auszubuchen sind oder nicht und stellt dabei auf die Kontrolle und den Übergang der Chancen und Risiken ab (siehe Kap. VIII.5, S. 169 ff.). Allerdings wäre es zu vereinfacht, die mitunter komplexen Transaktionen und Rechtsbeziehungen allein auf die Frage der Ausbuchung zu reduzieren. Eine verständliche Darstellung der Vermögens- und Risikosituation erfordert noch weitere, qualitative und quantitative Erläuterungen.

Die Erläuterungspflichten der IFRS wurden erheblich erweitert (IFRS 7.42A bis 42H). Sämtliche dieser Erläuterungen sind in einer Anhangangabe zu bündeln, d. h. sie dürfen nicht auf verschiedenste Anhangkapitel und den Risikobericht verteilt werden (IFRS 7.42A).

Die Angaben betreffen nicht nur jene Vermögenswerte, die in der Berichtsperiode übertragen wurden, sondern auch jene, die in früheren Perioden übertragen wurden und die noch ganz oder teilweise buchmäßig erfasst bleiben oder zu denen noch eine rechtliche Verbindung besteht, die Risiken auslöst.

Eine weiterhin bestehende **rechtliche Verbindung** ist das wesentliche Abgrenzungsmerkmal zu „echten" Verkäufen (ausführlich IFRS 7.B29 ff.). Das Unternehmen behält dabei Rechte oder Verpflichtungen im Zusammenhang mit dem übertragenen Vermögenswert zurück oder tritt in neue Rechte oder Verpflichtungen ein. Beispiele sind etwa eine Rückübertragungsoption, eine Verpflichtung zur Verlustabdeckung (z. B. eine Garantie) oder die Übernahme einer Risikotranche im Rahmen einer Verbriefung (.42C). Keine rechtliche Verbindung, die derartige Erläuterungen nach sich ziehen, sind bloße Rechtsschutzklauseln in Kaufverträgen oder Schutzbestimmungen im allgemeinen Zivilrecht (z. B. Zusicherung der Eigentümerstellung des Verkäufers, Leistung nach Treu und Glauben oder gesetzliche Anfechtungsgründe) oder die direkte Weiterleitung vereinnahmter Zahlungen aus verkauften Forderungen oder deren Verwaltung, sofern das Unternehmen kein Forderungsrisiko aus den Zahlungen und Verwaltungsprovisionen trägt (IFRS 7.B30 f). IFRS 7.42C enthält noch weitere Ausnahmeregelungen.

3.3.2. Übertragungen, die nicht zur Ausbuchung führen

In manchen Fällen verbietet IFRS 9 trotz Übertragung eines Vermögenswerts die Ausbuchung, etwa bei echten Pensionsgeschäften oder Wertpapierleihegeschäften (dabei wird das zivilrechtliche Eigentum übertragen und zugleich eine Rückübertragung gleichartiger Vermögenswerte verbindlich vereinbart).

Für jede Klasse solcher Vermögenswerte sind eine Beschreibung der Art der Vermögenswerte, Angaben zu den verbliebenen Eigentümerrisiken, ggf. zur Verbindung der Vermögenswerte mit assoziierten Verbindlichkeiten und zu den Buchwerten der übertragenen Vermögenswerte und assoziierten Verbindlichkeiten erforderlich. Dient der übertragene Vermögenswert dem Übernehmer als (einzige) Sicherheit, dann ist auch der Fair Value des Vermögenswerts und der assoziierten Verbindlichkeiten anzugeben (z. B. dient bei Pensionsgeschäften der Pensionsgegenstand als Sicherheit für die Rückzahlung des geleisteten Kaufpreises; 42D).

3.3.3. Übertragungen, die zur Ausbuchung führen

Erlaubt IFRS 9 eine Ausbuchung (z. B. bei bestimmten, unechten Pensionsgeschäften oder bei bestimmten Verbriefungen) und besteht weiterhin eine rechtliche Verbindung, dann sind sehr weitgehende Anhangangaben erforderlich. Dadurch sollen die verbleibenden Restrisiken transparent gemacht werden, die in bestimmten Konstellationen erfahrungsgemäß erheblich sein können.

Neben Angaben zu den allenfalls noch verbliebenen Buchwerten und deren Fair Values (bei Teilausbuchung) ist das maximale Verlustrisiko aus der rechtlichen Verbindung anzugeben und dessen Ermittlung zu beschreiben (.42E). Ferner sind einige qualitative Angaben erforderlich (.B37).

BEISPIEL ▸ Ein Unternehmen verkauft Forderungen an eine (nicht konsolidierte) Verbriefungszweckgesellschaft und bucht diese vollständig aus. Zugleich gibt das Unternehmen eine Kreditzusage (Liquiditätsgarantie) bis zu 100 Mio. € für den Fall ab, dass die Zuflüsse aus den Forderungen nicht zur Bedienung der erstrangigen Verbindlichkeiten der Zweckgesellschaft ausreichen. Das maximale Risiko beträgt somit 100 Mio. € (unabhängig von der Eintrittswahrscheinlichkeit).

ABB. 29: Beispielhafte Angaben zu verbliebenen rechtlichen Verbindungen (IFRS 7.IG40B)

	Cash outflows to repurchase transferred (derecognised) assets	Carrying amount of continuing involvement in statement of financial position			Fair value of continuing involvement		Maximum exposure to loss
	CU million	CU million			CU million		CU million
Type of continuing involvement		**Financial assets at fair value through profit or loss**	**Financial assets at fair value through comprehensive income**	**Financial liabilities at fair value through profit or loss**	**Assets**	**Liabilities**	
Written put options	(X)			(X)		(X)	X
Purchased call options	(X)	X			X		X
Securities lending	(X)			(X)	X	(X)	X
Total		X		(X)	X	(X)	X

Bestehen Rückkaufverpflichtungen (z. B. das Rückübertragungsrecht bei unechten Pensionsgeschäften oder sogenannte „clear up-call"-Rechte bei Verbriefungen) oder andere Zahlungsverpflichtungen, dann sind diese Verpflichtungen undiskontiert anzugeben. Außerdem ist ein Zeitraster für die möglichen Fälligkeiten aufzustellen.

ABB. 30: Beispielhafte Angaben zu (bedingten und unbedingten) Auszahlungen (IFRS 7.IG40B)

Undiscounted cash flows to repurchase transferred assets								
	Maturity of continuing involvement CU million							
Type of continuing involvement	Total	less than 1 month	1–3 months	3–6 months	6 months –1 year	1–3 years	3–5 years	more than 5 years
Written put options	X		X	X	X	X		
Purchased call options	X			X	X	X		X
Securities lending	X	X	X					

Ferner sind Angaben zur Erfolgswirkung ausgebuchter Vermögenswerte mit verbleibender, rechtlicher Verbindung erforderlich:

- Der im Rahmen der Ausbuchung erzielte Gewinn oder Verlust;
- Erträge und Aufwendungen aus der rechtlichen Verbindung (sowohl in der Berichtsperiode als auch kumulativ, z. B. Fair Value-Änderungen verbliebener Derivate).

Außerdem ist ein zeitlich konzentrierter Anfall von Zahlungen und der Zeitpunkt wesentlicher Transfers zu beschreiben (z. B. bei umfassenden Pensionsgeschäften kurz vorm Bilanzstichtag; ausführlich .42G). Mit dieser Bestimmung reagierte das IASB u. a. auf Vorwürfe nach der Insolvenz der Investmentbank Lehman Brothers, die rund um den Bilanzstichtag sogenannte „Ultimogeschäfte" eingesetzt hat, um ihre Bilanzsumme und ihre liquiden Mittel am Bilanzstichtag kurzfristig und ohne nachhaltige Wirkung erheblich zu verändern.

3.4. Allgemeines zum Risikobericht

Die Jahresabschlussadressaten sollen aufgrund der Risikoangaben **Art und Umfang der Risiken aus Finanzinstrumenten** evaluieren können, denen das Unternehmen am Abschlussstichtag ausgesetzt ist (IFRS 7.31). Diese umfassen regelmäßig das Kreditrisiko, das Liquiditätsrisiko und das Marktrisiko; sie können aber auch weitere Risiken umfassen (.32).

Die **Risikoangaben** können entweder in den Jahresabschluss oder in einem gesonderten **Risikobericht** aufgenommen werden, wenn im Jahresabschluss auf den Risikobericht verwiesen wird. Der Jahresabschluss nach IFRS ist unvollständig, solange die im Verweis angegebenen Informationen nicht vorliegen (IFRS 7.B6). Der Risikobericht muss zumindest die in IFRS 7 verlangten Informationen enthalten; diese Risikoangaben sind inhaltlich ebenfalls Bestandteil des IFRS-Abschlusses und unterliegen denselben Anforderungen wie die innerhalb des Jahresabschlusses dargestellten Informationen (IFRS 7.BC45). Daher sind die durch Verweis ausgelagerten Risikoangaben nach IFRS 7 auch prüfungspflichtig.

Die Risiken sind sowohl qualitativ als auch quantitativ zu beschreiben; diese Beschreibung erfolgt jeweils gesondert für jede der drei Risikokategorien (Kreditrisiko, Liquiditätsrisiko und Marktrisiko). Zu den **qualitativen Angaben** gehören eine Beschreibung der Risikoquellen, die Ziele und Abläufe des Risikomanagements und die Methoden der Risikomessung sowie wesentliche Veränderungen seit dem Vorjahr.

Zu den **quantitativen Angaben** gehören Risikobeträge aus Unterlagen, die intern der höchsten Managementebene zur Verfügung gestellt werden. Decken diese Unterlagen nicht alle Risikoangaben nach IFRS 7 ab, müssen die übrigen Risikoangaben dennoch angeführt werden. Allerdings müssen Angaben, die über die internen Managementunterlagen hinausgehen, nur die wesentlichen Risiken und nicht alle Detailbestimmungen nach IFRS 7 berücksichtigen. Maßgeblich ist der Wesentlichkeitsgrundsatz nach IAS 1.7.

Das IASB wollte mit den Risikoangaben eine vergleichbare Regelung zu den Pflichtangaben von Banken nach den **Empfehlungen des Baseler Ausschusses für Bankenaufsicht** entwickeln (IFRS 7.BC46; „Basel II – Säule 3"). Konkrete Anhaltspunkte zur Anwendung dieser Bestimmungen und zur Bedeutung der Risikobegriffe können daher aus den Baseler Risikovorschriften für Banken abgeleitet werden, die im Kreditwesen umgesetzt wurden (ausführlich *Grünberger/ Klein*).

3.5. Kreditrisiko

Das **Kreditrisiko** beschreibt den finanziellen Verlust eines Vertragspartners in einem Finanzinstrument, wenn die Gegenpartei einer daraus resultierenden Zahlungsverpflichtung nicht nachkommt (IFRS 7 Anhang A); z. B. aufgrund von Zahlungsunfähigkeit, Zahlungsunwilligkeit, Vertragsanfechtung oder Unauffindbarkeit.

Nur Instrumente, die eine vertragliche Zahlungsverpflichtung vorsehen, lösen ein Kreditrisiko nach IFRS 7 und daher eine Angabepflicht aus. Aktien, Beteiligungen und als Eigenkapital gemäß IAS 32 ausgestaltete Genussrechte sehen beispielsweise keine Zahlungsverpflichtung des Emittenten vor.

Das Kreditrisiko geht direkt in die Bewertung ein, wenn finanzielle Vermögenswerte, Finanzgarantien sowie Kreditzusagen nach IFRS 9 mit dem erwarteten Kreditverlust bevorsorgt werden. Bei zum Fair Value über die GuV bewerteten Instrumenten und Derivaten in einer Sicherungsbeziehung werden keine erwarteten Verluste bevorsorgt, dort geht das Kreditrisiko nur indirekt als wertbestimmender Faktor in den Fair Value ein. Daher teilt IFRS 7 die Regeln zu Kreditrisikoangaben in zwei Blöcke auf:

- Umfassende Angaben zur Entstehung der erwarteten Kreditverluste und zum Kreditrisikomanagement sind in IFRS 7.35A bis .35N nur für jene Instrumente vorgesehen, die mit erwarteten Verlusten bevorsorgt werden.
- Deutlich reduzierte Angaben sind mit IFRS 7.36 für die übrigen Instrumente erforderlich, das sind die zum Fair Value über die GuV bewerteten Finanzinstrumente oder Derivate in einer Sicherungsbeziehung.

Für das weitere Verständnis sind zwei Begriffe aus dem Kreditrisikomanagement relevant:

- Das **Kreditrisikoexposure** ist der maximale Verlust, den das Unternehmen bei einem Ausfall des Kunden erleiden könnte. Das Kreditrisikoexposure (auch *exposure at default*, EAD) ist auch die Ausgangsbasis für die Ermittlung erwarteter Verluste (EAD × PD × LGD, siehe Kap. IX.2, S. 196). Das Kreditrisikoexposure ergibt sich bei Forderungen aus dem aktivierten Buchwert vor Wertberichtigungen. Bei Kreditzusagen und gegebenen Finanzgarantien ist der zugesagte Betrag oder die Garantiesumme relevant. Gebuchte Wertberichtigungen werden nicht abgezogen, weil ansonsten ein Zirkelschluss entstünde. Auch Kreditsicherheiten werden nicht abgezogen, denn deren Wirkung wird bei der Verlusthöhe berücksichtigt. Steht z. B. eine Forderung von 100 t€ aus, die durch ein Grundstück mit Fair Value von 800 t€ besichert ist, so ist das Kreditrisikoexposure 100 t€, die Verlusthöhe bei Ausfall (LGD) und somit der erwartete Verlust gehen aber gegen null.
- Die **Kreditsicherheiten** sind alle rechtlich durchsetzbaren Instrumente, die das Kreditrisiko vermindern. Dazu zählen einerseits die **klassischen Sicherheiten** (Pfandrechte, Hypotheken, Sicherungsabtretungen, Eigentumsvorbehalte, Bürgschaften, erhaltene Garantien oder Schuldbeitritte). Zunehmende Bedeutung erlangen auch **Kreditderivate** (Credit Default Swaps und Total Return Swaps). Bei Kreditderivaten wird eine bonitätsabhängige Zahlung geleistet, wobei ein konkreter Schaden i. d. R. nicht nachgewiesen werden muss. Eine weitere Kreditrisikominderungstechnik sind **Netting-Vereinbarungen**. Netting-Vereinbarungen sind Rahmenverträge zwischen Unternehmen, die bei Eintritt eines bestimmten Ereignisses die sofortige Aufrechnung gegenseitiger Forderungen und Schulden erlauben.

- Für den Sicherungsgeber ist die Bereitstellung einer Kreditsicherheit eine eigene Kreditrisikoquelle, denn Kreditrisiko kann absolut gesehen nicht durch Verträge reduziert, sondern nur unterschiedlich zwischen den Marktteilnehmern aufgeteilt werden: Wird z. B. einem Kreditgeber ein Pfandrecht am eigenen Vermögen eingeräumt, dann wird die Haftungssubstanz für die übrigen Gläubiger vermindert.

Für die mit **erwarteten Verlusten** bevorsorgten Instrumente sind insbesondere die folgenden Angaben nötig:

- Die Praxis des Kreditrisikomanagements im Hinblick auf die Bewertung ist zu beschreiben, beispielsweise wie eine signifikante Bonitätsverschlechterung für den Übergang zwischen den Stadien 1 und 2 ermittelt wird, wie die Befreiung vom Übergang bei Instrumenten mit niedrigem Kreditrisiko gehandhabt wird, ferner die interne Ausfallsdefinition samt Begründung, die Portfoliobildung, die Abbildung von Vertragsänderungen und Zugeständnissen und die Inputfaktoren, Techniken und Annahmen für die Ermittlung erwarteter Verluste (IFRS 7.35F bis G).
- Quantitative und qualitative Angaben samt tabellarischer Überleitungen der Wertberichtigungen zwischen Periodenbeginn und -ende für alle Stadien, wertgemindert erworbene Instrumente sowie für Liefer-, Leistungs- und Leasingforderungen, die vereinfacht bewertet werden. Für all diese ist auch der Einfluss eines veränderten Bruttobestands auf das Wertberichtigungskonto zu erläutern (.35H und I).
- Die Auswirkungen von erhaltenen Kreditsicherheiten sind darzustellen. Dazu sind das aktuelle Kreditrisikoexposure vor Berücksichtigung der Sicherheit sowie narrative und quantitative Auswirkungen der erhaltenen Kreditsicherheiten anzugeben. Beispielsweise könnte angegeben werden, dass der Verlust bei Ausfall (LGD) aufgrund einer Hypothek von 90 % auf 10 % des Forderungswerts vermindert wird. Bei Sachsicherheiten sind erwartete Wertverluste bei künftigen Ausfällen (Haircuts) und Verwertungskosten zu berücksichtigen. Eine Überdeckung darf nicht als Auswirkung angegeben werden, denn ein Überschuss aus der Verwertung steht dem Schuldner zu.
- Das aktuelle Kreditrisikoexposure ist **nach Ratingstufen aufzuschlüsseln** (IFRS 7.35M), und zwar getrennt nach den Stadien, wertgemindert erworbenen Forderungen und Liefer-, Leistungs- und Leasingforderungen, die vereinfacht bewertet werden. Für die Angabe sind entweder interne oder externe Ratings heranzuziehen, die in der internen Berichterstattung an Schlüsselpersonen des Managements verwendet werden (IFRS 7.B8I). Auch wenn IFRS 9 kein internes Ratingmodell für die Bewertung verlangt, muss zumindest eine Abstufung der Kreditqualität nach einem durchgängigen Schema möglich sein, denn sonst lassen sich erwartete Verluste und die Übergänge zwischen den Stadien nicht objektiv ermitteln. Gibt es keine anderen relevanten Merkmale als die Überfälligkeit, ist eine Aufgliederung nach Überfälligkeitsstatus nötig (.B8I).

Für die nicht mit erwarteten Verlusten bevorsorgten Instrumente im Anwendungsbereich des IFRS 9, z. B. die zum Fair Value über die GuV bewerteten finanziellen Vermögenswerte oder Sicherungsderivate, sind ähnliche, aber weniger detaillierte Angaben zu machen. Diese sind nach aussagekräftigen Klassen von Finanzinstrumenten zu gliedern. Folgende Angaben sind jedenfalls erforderlich (IFRS 7.36):

- das **aktuelle Kreditrisikoexposure** am Abschlussstichtag. Bei zum Fair Value bewerteten Vermögenswerten ist das grundsätzlich der erfasste Fair Value. Die Angabepflicht entfällt zwar, soweit das aktuelle Kreditrisikoexposure schon aus der Bilanz ableitbar ist; aus Gründen der Übersichtlichkeit sollte es aber trotzdem im Anhang nach Klassen von Finanzinstrumenten aufgeschlüsselt werden.
- eine Beschreibung von **Sicherheiten und Kreditrisikominderungstechniken** in Bezug auf das in der Bilanz oder das gesondert dargestellte Kreditrisikoexposure. Die Sicherheiten und Kreditrisikominderungstechniken sind nicht nur zu beschreiben, sondern es sind auch ihre finanziellen Effekte anzugeben.

Da im Kreditrisikomanagement nicht unbedingt zwischen den bilanziellen Bewertungskategorien unterschieden wird und die Pflichtangaben teilweise überlappen, sollten die Angaben zu Instrumenten mit und ohne Bevorsorgung durch erwartete Verluste gemeinsam dargestellt werden.

Aufgrund guter Branchenpraxis und verschiedener Richtlinien, die seitens der Bankenaufsicht betreffend Kreditrisikoangaben und notleidende Kredite ergangen sind, gehen die Angaben zum Kreditrisiko unter den Banken weit über die bloßen Mindestpunkte in IFRS 7 hinaus; da IFRS 7 aber verlangt, die für Anleger relevanten Informationen darzustellen, kann dies bei Banken nicht mehr nur anhand der aufgezählten Mindestangaben erreicht werden.

ABB. 31: Maximales Kreditrisiko nach IFRS 7 zuzüglich der Angaben zur Kreditrisikominderung (Deutsche Bank AG, ohne Vorjahr)

Maximales Kreditrisiko

						31.12.2018
			Kreditrisikoreduzierung			
in Mio €	Maximales Kreditrisiko[1]	Wertminderungs-relevante finanzielle Vermögenswerte	Aufrechnungen	Sicherheiten	Garantien und Kreditderivate[2]	Kreditrisiko-reduzierung insgesamt
Zu fortgeführten Anschaffungskosten bewertete finanzielle Vermögenswerte[3]						
Barreserven und Zentralbankeinlagen	188.736	188.736	–	0	–	0
Einlagen bei Kreditinstituten (ohne Zentralbanken)	8.885	8.885	–	4	0	4
Forderungen aus übertragenen Zentralbankeinlagen und aus Wertpapierpensionsgeschäften (Reverse Repos)	8.222	8.222	–	7.734	–	7.734
Forderungen aus Wertpapierleihen	3.396	3.396	–	0	–	0
Forderungen aus dem Kreditgeschäft	404.537	404.537	–	224.353	16.582	240.934
Sonstige Aktiva mit Kreditrisiko[4,5]	71.899	65.010	29.073	3.199	79	32.352
Bis zur Endfälligkeit gehaltene Wertpapiere	N/A	N/A	N/A	N/A	N/A	N/A
Zu fortgeführten Anschaffungskosten bewertete finanzielle Vermögenswerte, insgesamt[3]	**685.676**	**678.787**	**29.073**	**235.290**	**16.661**	**281.024**
Zum beizulegenden Zeitwert bewertete finanzielle Vermögenswerte[6]						
Handelsaktiva	96.966	–	–	677	155	831
Positive Marktwerte aus derivativen Finanzinstrumenten	320.058	–	250.231	48.548	82	298.861
Zum beizulegenden Zeitwert bewertete, nicht als Handelsbestand klassifizierte finanzielle Vermögenswerte	97.771	–	245	67.385	0	67.630
Davon:						
Forderungen aus Wertpapierpensionsgeschäften (Reverse Repos)	44.543	–	245	43.258	0	43.503
Forderungen aus Wertpapierleihen	24.210	–	–	24.003	0	24.003
Forderungen aus dem Kreditgeschäft	12.741	–	–	125	0	125
Zum beizulegenden Zeitwert klassifizierte finanzielle Vermögenswerte	104	–	–	0	0	0
Zur Veräußerung verfügbare finanzielle Vermögenswerte	N/A	N/A	N/A	N/A	N/A	N/A
Zum beizulegenden Zeitwert bewertete finanzielle Vermögenswerte, insgesamt	**514.899**	**–**	**250.476**	**116.610**	**237**	**367.323**
Zum beizulegenden Zeitwert über die sonstige erfolgsneutrale Eigenkapitalveränderung bewertete finanzielle Vermögenswerte	51.182	51.182	0	1.488	520	2.008
Davon:						
Forderungen aus Wertpapierpensionsgeschäften (Reverse Repos)	1.097	1.097	–	621	0	621
Forderungen aus Wertpapierleihen	0	0	–	0	0	0
Forderungen aus dem Kreditgeschäft	5.092	5.092	–	450	104	554
Zum beizulegenden Zeitwert über die sonstige erfolgsneutrale Eigenkapitalveränderung bewertete finanzielle Vermögenswerte, insgesamt	**51.182**	**51.182**	**–**	**1.488**	**520**	**2.008**
Finanzgarantien und andere kreditrisikobezogene Eventualverbindlichkeiten[7]	51.605	51.605	–	3.375	5.291	8.666
Widerrufliche und unwiderrufliche Kreditzusagen und andere ausleihebezogene Zusagen[7]	212.049	211.055	–	16.418	4.734	21.152
Außerbilanzielle Verpflichtungen, insgesamt	**263.654**	**262.659**	**–**	**19.793**	**10.025**	**29.818**
Maximales Kreditrisiko	1.515.410	992.628	279.550	373.181	27.443	680.173

ABB. 32: Pflichtangaben zur Kreditrisikoqualität (Deutsche Bank AG, ohne Vorjahr)

Kreditqualität von Finanzinstrumenten, die weder überfällig noch wertgemindert sind

in Mio €[1]	iAAA–iAA	iA	iBBB	iBB	iB	iCCC und schlechter	Insgesamt
							31.12.2016
Barreserven und Zentralbankeinlagen	174.978	4.241	1.778	238	81	47	181.364
Einlagen bei Kreditinstituten (ohne Zentralbanken)	5.546	3.452	1.612	689	112	195	11.606
Forderungen aus übertragenen Zentralbankeinlagen und aus Wertpapierpensionsgeschäften (Reverse Repos)	3.542	7.734	1.028	2.624	1.338	22	16.287
Forderungen aus Wertpapierleihen	16.036	2.882	802	343	18	0	20.081
Zum beizulegenden Zeitwert bewertete finanzielle Vermögenswerte[2]	277.645	258.627	61.162	52.904	11.183	5.889	667.411
Handelsaktiva	46.398	10.956	12.024	17.729	5.833	2.471	95.410
Positive Marktwerte aus derivativen Finanzinstrumenten	188.037	234.491	38.113	19.138	3.297	2.073	485.150
Zum beizulegenden Zeitwert klassifizierte Vermögenswerte	43.211	13.180	11.024	16.037	2.053	1.344	86.850
davon:							
Forderungen aus Wertpapierpensionsgeschäften (Reverse Repos)	13.622	10.684	7.401	13.667	1.165	866	47.404
Forderungen aus Wertpapierpensionsgeschäften	18.697	1.498	937	4	0	0	21.136
Zur Veräußerung verfügbare finanzielle Vermögenswerte[2]	42.808	6.616	2.106	577	72	254	52.433
Forderungen aus dem Kreditgeschäft[3]	44.116	52.421	127.682	121.213	42.941	14.273	402.645
davon:							
Nach IAS 39 zu Forderungen aus dem Kreditgeschäft umgewidmet	54	28	341	26	68	87	604
Bis zur Endfälligkeit gehaltene Wertpapiere	3.206	0	0	0	0	0	3.206
Sonstige Aktiva mit Kreditrisiko	26.594	25.791	9.656	13.091	630	273	76.036
Finanzgarantien und andere kreditrisikobezogene Eventualverbindlichkeiten[4]	5.699	13.712	16.753	9.663	4.477	2.038	52.341
Unwiderrufliche Kreditzusagen und andere ausleihebezogene Zusagen[4]	21.479	45.635	47.480	29.274	18.173	4.022	166.063
Insgesamt	**621.650**	**421.112**	**270.058**	**230.615**	**79.025**	**27.013**	**1.649.473**

[1] Alle Beträge zum Buchwert, sofern nicht anders angegeben.
[2] Ohne Aktien, sonstige Kapitalbeteiligungen und Rohstoffe.
[3] Forderungen aus dem Kreditgeschäft brutto abzüglich abgegrenzter Aufwendungen/unrealisierter Erträge vor Abzug der Wertberichtigungen für Kreditausfälle.
[4] Die Beträge spiegeln den Nominalwert wider.

ABB. 33: Einige der Pflichtangaben zur Kreditrisikoqualität (Deutsche Bank AG)

Überblick über wertminderungsrelevante finanzielle Vermögenswerte

										31.12.2018
	Bruttobuchwert					Wertminderungen für Kreditausfälle[2]				
in Mio €	Stufe 1	Stufe 2	Stufe 3	Stufe 3 POCI	Insgesamt	Stufe 1	Stufe 2	Stufe 3	Stufe 3 POCI	Insgesamt
Zu fortgeführten Anschaffungskosten bewertete finanzielle Vermögenswerte[1]	637.037	32.335	7.452	1.963	678.787	509	501	3.247	3	4.259

[1] Forderungen aus dem Kreditgeschäft zu fortgeführten Anschaffungskosten, Barreserven und Zentralbankeinlagen, Einlagen bei Kreditinstituten (ohne Zentralbanken), Forderungen aus übertragenen Zentralbankeinlagen und aus Wertpapierpensionsgeschäften (Reverse Repos), Forderungen aus Wertpapierleihen sowie einzelne Bestandteile der Sonstigen Aktiva.
[2] Die Wertminderungen für Kreditausfälle beinhalten nicht die Wertminderungen für Länderrisiken in Höhe von 6 Mio. € zum 31. Dezember 2018.

										31.12.2018
	Beizulegender Zeitwert					Wertminderungen für Kreditausfälle				
in Mio €	Stufe 1	Stufe 2	Stufe 3	Stufe 3 POCI	Insgesamt	Stufe 1	Stufe 2	Stufe 3	Stufe 3 POCI	Insgesamt
Zum beizulegenden Zeitwert über die sonstige erfolgsneutrale Eigenkapitalveränderung bewertete finanzielle Vermögenswerte	50.932	247	2	1	51.182	11	1	0	(0)	13

										31.12.2018
	Nominalbetrag					Wertminderungen für Kreditausfälle[1]				
in Mio €	Stufe 1	Stufe 2	Stufe 3	Stufe 3 POCI	Insgesamt	Stufe 1	Stufe 2	Stufe 3	Stufe 3 POCI	Insgesamt
Außerbilanzielle Verpflichtungen	252.039	10.021	599	0	262.659	132	73	84	0	289

[1] Die Wertminderungen für Kreditausfälle beinhalten nicht die Wertminderungen für Länderrisiken in Höhe von 5 Mio. € zum 31. Dezember 2018.

3.6. Liquiditätsrisiko

Das **Liquiditätsrisiko** beschreibt die Gefahr, Verpflichtungen aus finanziellen Schulden nicht erfüllen zu können (IFRS 7 Anhang A). Das Liquiditätsrisiko wird durch eine **Analyse der Fälligkeiten** der eigenen finanziellen Schulden sowie eine **Beschreibung des Liquiditätsrisikomanagements** im Risikobericht dargestellt (IFRS 7.39). Die Liquiditätsanalyse umfasst alle möglichen Auszahlungen, also sowohl Zins- als auch Tilgungszahlungen für finanzielle Verbindlichkeiten. Auch finanzielle Verpflichtungen, die in der Bilanz nicht erfasst wurden, sind zu beachten (.4).

Für die Analyse der Fälligkeiten teilt das Unternehmen die Zahlungsverpflichtungen entsprechend der Restlaufzeiten in **aussagekräftige Zeitbänder** ein. Der Detaillierungsgrad hängt von der Finanzierungsstruktur ab, Fälligkeitstermine nach einem Monat, nach drei Monaten, nach einem Jahr und nach fünf Jahren werden vorgeschlagen (IFRS 7.B11). Alle Beträge werden undiskontiert dargestellt (.B11D). Erfolgen Zahlungen in mehreren Raten, muss jede Rate dem jeweils entsprechenden Zeitband zugeordnet werden (.B11C(b)).

Sind Schulden jederzeit auf Verlangen des Gläubigers rückzahlbar (z. B. Sichteinlagen) oder können Auszahlungen vom Gläubiger früher eingefordert werden, dann werden diese stets dem frühesten Zeitband zugeordnet (.B11C; dazu könnte z. B. das früheste Zeitband als „jederzeit fällig" definiert werden).

Beispiele für Zahlungsverpflichtungen sind neben regulären Schuldentilgungen und Zinszahlungen auch abgegebene Kreditzusagen und Garantien, Bruttoraten aus Finanzierungsleasingverträgen, vereinbarte Preise aus abgeschlossenen Kaufverträgen oder Terminkäufen, die brutto geleistet werden, und Nettozahlungen für Swapgeschäfte oder für andere Derivate, die netto ausgeglichen werden (.B11D).

Steht der Auszahlungsbetrag noch nicht fest, dann sind die Verhältnisse am Abschlussstichtag maßgeblich: Bei marktpreis- oder indexabhängigen Zahlungen wird daher der Index oder Marktpreis zum Abschlussstichtag herangezogen (.B11D; ggf. auch die Forward-Zinskurve oder die Terminkurse zum Abschlussstichtag). Sind Auszahlungen von Verbindlichkeiten von unternehmensinternen Faktoren abhängig (z. B. Vergütungen für Genussrechte nur bei einem Jahresüberschuss), dann sind diese Faktoren zu schätzen und Informationen im Werterhellungszeitraum zu berücksichtigen.

Bei abgegebenen Garantien und Kreditzusagen ist die maximale Inanspruchnahme im Zeitband der ehestmöglichen Inanspruchnahme der Garantie oder Kreditzusage durch den Berechtigten darzustellen, egal wie wahrscheinlich oder unwahrscheinlich die Auszahlung ist (vgl. .B11C(b) und (c)). Derartige Garantien können sehr unterschiedlich ausgestaltet sein: In Deutschland wurden zwei Banken zu Beginn der Finanzmarktkrise im Jahr 2007 etwa durch Nachschussverpflichtungen für nicht fristenkonform finanzierte, unkonsolidierte Zweckgesellschaften beinahe in die Insolvenz getrieben (sogenannte „Condiut"-Gesellschaften). Der Maximalbetrag derartiger Nachschussverpflichtungen ist ebenfalls anzugeben.

Die Analyse der Fälligkeiten beruht grundsätzlich auf den **vertraglichen Fälligkeiten**, also den laut Vertrag erforderlichen, frühestmöglichen Auszahlungen. Können Abflüsse wesentlich früher eintreten oder können die Beträge wesentlich von den angegebenen Werten abweichen, dann ist diese Tatsache anzugeben (z. B. bei Erfolgs- oder Risikoklauseln in Kreditverträgen oder weil die Gegenpartei ein Wahlrecht zur Aufrechnung hat oder bei Derivaten Bruttozahlung verlangen kann). Außerdem sind diese Abweichungen von den vertraglichen Zahlungen zu quantifizieren (.B10A). Nicht betroffen von dieser Quantifizierung sind Instrumente, bei denen die maximal mögliche Inanspruchnahme ohnedies schon im frühesten Zeitband gezeigt wird (z. B. Kreditzusagen oder Garantien).

Das Liquiditätsrisiko für Derivate muss gesondert von nichtderivativen Verpflichtungen angegeben werden; dies aber nur, wenn die Auszahlungen für das Verständnis der vertraglichen Geldabflüsse des Unternehmens relevant sind (IFRS 7.39 und .B11B, z. B. bei einem fünfjährigen Zinsswap oder bei wesentlichen geschriebenen Optionen). Hat das Unternehmen Instrumente mit eingebetteten Derivaten begeben (z. B. Indexanleihen), dann zählen diese insgesamt zu den nichtderivativen Verpflichtungen (.B11A).

ABB. 34: Eine der Liquiditätsanalysen nach IFRS 7 (Deutsche Bank AG, ohne Vorjahr)

Fälligkeitsanalyse der Verbindlichkeiten nach frühester Kündigungsmöglichkeit

31.12.2018

in Mio €	Täglich fällig (inkl. Kündigungsfrist von 1 Tag)	Bis 1 Monat	Mehr als 1 Monat bis 3 Monate	Mehr als 3 Monate bis 6 Monate	Mehr als 6 Monate bis 9 Monate	Mehr als 9 Monate bis 1 Jahr	Mehr als 1 Jahr bis 2 Jahre	Mehr als 2 Jahre bis 5 Jahre	Mehr als 5 Jahre	Insgesamt
Einlagen	348.026	26.750	109.965	26.422	10.517	10.021	11.563	9.662	11.479	564.405
von Kreditinstituten	46.399	2.487	8.699	6.059	913	1.624	2.284	5.470	8.045	81.980
von Kunden	301.627	24.263	101.266	20.363	9.604	8.397	9.279	4.193	3.434	482.425
Privatkunden	125.292	9.731	74.012	3.878	1.736	1.176	917	970	603	218.314
Unternehmen und sonstige Kunden	176.335	14.532	27.254	16.486	7.868	7.221	8.362	3.223	2.831	264.111
Handelspassiva	361.411	0	0	0	0	0	0	0	0	361.411
Wertpapiere	59.629	0	0	0	0	0	0	0	0	59.629
Sonstige Handelspassiva	295	0	0	0	0	0	0	0	0	295
Negative Marktwerte aus derivativen Finanzinstrumenten	301.487	0	0	0	0	0	0	0	0	301.487
Zum beizulegenden Zeitwert klassifizierte finanzielle Verbindlichkeiten (ohne Kreditzusagen und Finanzgarantien)	11.282	28.466	3.640	4.699	540	370	639	1.041	3.079	53.757
Verbindlichkeiten aus Wertpapierpensionsgeschäften (Repos)	10.822	27.909	3.031	4.259	0	2	208	17	6	46.254
Langfristige Verbindlichkeiten	255	33	238	234	416	155	391	936	2.949	5.607
Sonstige zum beizulegenden Zeitwert klassifizierte finanzielle Verbindlichkeiten	205	524	372	206	124	212	40	89	124	1.895
Investmentverträge	0	0	0	0	0	512	0	0	0	512
Negative Marktwerte aus derivativen Finanzinstrumenten, die die Anforderungen an Sicherungsgeschäfte erfüllen	0	178	431	383	93	25	264	241	306	1.922
Verbindlichkeiten aus übertragenen Zentralbankeinlagen	252	0	0	0	0	0	0	0	0	252
Verbindlichkeiten aus Wertpapierpensionsgeschäften (Repos)	3.151	611	349	3	265	234	0	1	0	4.615
gegenüber Kreditinstituten	2.205	513	264	3	265	205	0	1	0	3.456
gegenüber Kunden	945	99	85	0	0	29	0	0	0	1.158
Verbindlichkeiten aus Wertpapierleihen	3.357	1	1	0	0	0	0	0	0	3.359
gegenüber Kreditinstituten	1.320	1	0	0	0	0	0	0	0	1.322
gegenüber Kunden	2.036	0	1	0	0	0	0	0	0	2.037
Sonstige kurzfristige Geldaufnahmen	11.067	899	584	1.136	266	205	0	0	0	14.158
Langfristige Verbindlichkeiten	0	1.735	28.579	9.505	5.017	2.480	22.627	47.762	34.377	152.083
Schuldverschreibungen – vorrangig	0	1.678	7.444	8.977	4.388	1.790	15.050	43.552	25.510	108.389
Schuldverschreibungen – nachrangig	0	28	1.943	109	1	0	1.314	1.232	2.089	6.717
Sonstige langfristige Verbindlichkeiten – vorrangig	0	26	19.193	376	592	673	6.250	2.838	6.602	36.550
Sonstige langfristige Verbindlichkeiten – nachrangig	0	3	0	42	36	17	13	141	175	427
Hybride Kapitalinstrumente	0	0	0	3.168	0	0	0	0	0	3.168
Sonstige finanzielle Verbindlichkeiten	96.571	976	1.785	134	44	1.024	268	101	59	100.962
Summe der Finanzverbindlichkeiten	**835.117**	**59.617**	**145.335**	**45.450**	**16.743**	**14.872**	**35.361**	**58.809**	**49.300**	**1.260.603**
Sonstige Verbindlichkeiten	**18.797**	**0**	**0**	**0**	**0**	**0**	**0**	**0**	**0**	**18.797**
Eigenkapital	**0**	**0**	**0**	**0**	**0**	**0**	**0**	**0**	**68.737**	**68.737**
Summe der Passiva und Eigenkapital	**853.913**	**59.617**	**145.335**	**45.450**	**16.743**	**14.872**	**35.361**	**58.809**	**118.037**	**1.348.137**
Eventualverbindlichkeiten	39.720	9.767	13.480	19.872	9.390	15.678	27.793	91.753	36.200	263.654
Kreditinstitute	20.274	5.010	7.445	10.854	5.178	8.539	14.394	46.720	19.178	137.593
Privatkunden	8.192	1.246	388	86	115	577	343	79	4.360	15.386
Unternehmen und sonstige Kunden	11.253	3.511	5.647	8.932	4.097	6.563	13.055	44.954	12.662	110.674

Neben der Angabe der Auszahlungen nach Zeitbändern ist zu beschreiben, wie das Unternehmen das **Liquiditätsrisiko steuert und überwacht** (IFRS 7.39(c)).

Dazu ist i. d. R. auch eine **Fälligkeitsanalyse der gehaltenen finanziellen Vermögenswerte** erforderlich, die Zuflüsse zur Erfüllung der Verpflichtungen erzeugen können. Bei einer solchen Fälligkeitsanalyse gibt es einerseits Vermögenswerte, die sofort zur Erfüllung verwendet werden können: Das sind liquide Mittel, kurzfristige Wechsel oder sehr liquide Wertpapiere. Dann gibt es auch Vermögenswerte, die in späteren Zeitbändern zu Zuflüssen führen, z. B. zu Tilgungszahlungen (z. B. aus Lieferforderungen oder aus endfälligen Anleihen) und zu laufenden Erträgen (z. B. Zinskupons). Wesentlich für die Zuordnung von finanziellen Vermögenswerten oder Zuflüssen ist das Liquiditätsmanagement des Unternehmens. Danach entscheidet sich, welche Zuflüsse z. B. durch Verkauf oder durch laufende Erträge generiert werden sollen und wann die Zuflüsse erwartet werden. Es handelt sich dabei nicht primär um vertragliche Zuflüsse, sondern um **erwartete Zuflüsse**. Hat das Unternehmen etwa selbst Kreditzusagen erhalten, wird es den Zufluss nicht im frühestmöglichen Zeitband darstellen, sondern im erwarteten Zeitband, falls überhaupt eine Inanspruchnahme geplant ist.

Bei den Fälligkeitsanalysen der finanziellen Vermögenswerte einerseits und der Verbindlichkeiten andererseits ist zu beachten, dass Zu- und Abflüsse nicht ohne weiteres verglichen werden können:

- Erwartete Zuflüsse aus finanziellen Vermögenswerten stehen den frühestmöglichen vertraglichen Abflüssen aus Verbindlichkeiten gegenüber, sodass allfällige Differenzen nicht notwendigerweise auf einen Liquiditätsengpass hinweisen.
- Das Unternehmen hat mittelfristig auch nichtfinanzielle Quellen zur Bedienung von Verbindlichkeiten (z. B. aus künftigen Umsätzen, aus vermieteten Immobilien etc.), benötigt aber auch laufend Zahlungsmittel zur Fortführung des Betriebs (z. B. für Mieten oder Gehälter, die am Abschlussstichtag noch keine Verbindlichkeit darstellen).
- Erwartete Zuflüsse können auch aus Aktien und Beteiligungen resultieren, dagegen werden erwartete Abflüsse aus Eigenkapitalinstrumenten mangels Zahlungsverpflichtung nicht als Liquiditätsrisiko dargestellt.

Diese Faktoren sollten bei der Beschreibung des Liquiditätsmanagements bedacht werden.

IFRS 7.B11F listet wichtige Faktoren auf, die ggf. bei der Beschreibung des Liquiditätsmanagements zu berücksichtigen sind: Das Unternehmen verfügt über Liquiditätsfazilitäten (Programme, in denen kurzfristig Geld gegen Sicherheiten wie z. B. verpfändbare Wertpapiere gewährt wird), das Unternehmen hat vielfältige Finanzierungsmöglichkeiten (nicht nur eine dominante „Hausbank"), es gibt Risikokonzentrationen bei den Vermögenswerten oder Verbindlichkeiten (z. B. alle Wertpapiere unterliegen demselben Risiko, alle Verbindlichkeiten haben ähnliche Fälligkeiten), es gibt interne Kontrollen und Krisenpläne für das Liquiditätsrisiko, Verbindlichkeiten haben Vorfälligkeitsklauseln (z. B. für den Fall von Downgrades im Unternehmensrating), Vermögenswerte zur Bedienung der Verbindlichkeiten sind verpfändet, das Unternehmen hat wesentliche Nachschussverpflichtungen (z. B. zur Sicherheitenstellung bei Derivaten) oder es gibt Aufrechnungsverträge (Netting-Vereinbarungen).

3.7. Marktrisiko

Das **Marktrisiko** ist die Gefahr einer Änderung des Fair Values oder zukünftiger Cashflows von Finanzinstrumenten aufgrund von Änderungen der Marktpreise. Das Marktrisiko umfasst das **Wechselkursrisiko**, das **Zinsrisiko** und **sonstige Preisrisiken**. Das Wechselkursrisiko entsteht aus Änderungen von Wechselkursen, das Zinsrisiko aus Änderungen der Marktzinssätze (IFRS 7 Anhang A). Sonstige Preisrisiken entstehen etwa aus Änderungen von Aktienkursen oder Rohstoffpreisen (IFRS 7.B25). Marktpreisrisiken können sich aus originären Finanzinstrumenten ergeben (z. B. Aktien), aber auch aus Derivaten, Garantien und ähnlichen Geschäften (z. B. Restwertgarantien bei Leasingverträgen; .B25 f.). Potenzielle **Marktrisikoquellen** sind finanzielle Vermögenswerte und Schulden oder nicht in der Bilanz erfasste Finanzinstrumente (z. B. feste Kreditzusagen, das Restwertrisiko beim Leasing). Für das Eigenkapital des Unternehmens ist kein Marktrisiko anzugeben, weil Marktwertschwankungen eigener Emissionen für den Emittenten keine bilanziellen Auswirkungen haben (IFRS 7.B28).

Risikomindernde Effekte aus Hedgebeziehungen können berücksichtigt werden; für Zwecke der Marktrisikoangaben ist es nicht erforderlich, dass sich der Hedge für das *hedge accounting* qualifiziert.

Das Marktrisiko kann einerseits durch eine **Sensitivitätsanalyse** für jede Art des Marktrisikos abgebildet werden. Dabei werden vernünftigerweise denkbare Änderungen der Risikofaktoren festgelegt und deren **Auswirkung auf das Ergebnis und das Eigenkapital** simuliert. Die Analysen der Ergebnisauswirkung und der Eigenkapitalauswirkung sind gesondert anzugeben (IFRS 7.B27). Beispielsweise wird bei erfolgsneutral bewerteten Eigenkapitalinstrumenten die Eigenkapitalauswirkung simuliert, weil Wechselkursdifferenzen stets erfolgswirksam verbucht werden. Bei erfolgswirksam zum Fair Value bewerteten Finanzinstrumenten wird die Erfolgsauswirkung aller relevanter Bewertungsfaktoren simuliert (Marktpreise, Wechselkurse, ggf. Zinsen). Bei *at cost* bewerteten Finanzinstrumenten wird nur die Ergebniswirkung des Wechselkursrisikos simuliert, bei variabel verzinsten Instrumenten auch das Risiko geänderter Zinszahlungen innerhalb der Folgeperiode (Kuponrisiko). Die Sensitivitätsanalysen machen für den Bilanzadressaten nur Sinn, wenn jeweils Umfang und Berechnungsmethoden ausführlich beschrieben werden.

Nicht alle möglichen Änderungen der Risikofaktoren werden simuliert, sondern nur die Grenzwerte eines aussagekräftigen Intervalls (IFRS 7.B18(b). Ein gebräuchliches Simulationsszenario ist z. B. eine Parallelverschiebung der Zinskurve um 100 Basispunkte (1 %) in beide Richtungen. Extremfälle oder „*worst case*"-Annahmen werden nicht berücksichtigt, sondern die vernünftigerweise mögliche Schwankungsbreite (ein „Zinsschock" wie z. B. eine Parallelverschiebung der Zinskurve um 200 Basispunkte wird nicht simuliert). Auch ein „Stress-Test" ist nicht erforderlich. Maßgeblich für die Simulation ist der Zeithorizont bis zum nächsten Risikobericht, also regelmäßig ein Jahr (.B19). Die verwendeten Methoden, die Grenzen in der Aussagefähigkeit und die wesentlichen Annahmen sind zu beschreiben (IFRS 7.40 f.). Das Zinsrisiko kann etwa als *„Present Value of Basis Point"* oder als *„effective Duration"* bzw. *„modified Duration"* dargestellt werden. Für das Aktienkursrisiko können z. B. Betafaktoren angegeben werden, welche die Regression des Aktienkurses im Verhältnis zu einem Aktienindex beschreiben.

Für verschiedene Gruppen von Finanzinstrumenten können auch verschiedene Sensitivitätsanalysen eingesetzt werden; allerdings muss die gewählte Methode stetig angewendet werden.

Eine eigene Sensitivitätsanalyse sollte für das **Fremdwährungsrisiko in jedem Währungsraum** dargestellt werden, in dem das Unternehmen einem signifikanten Risiko ausgesetzt ist (IFRS 7.B24).

Zu einer ausführlichen Darstellung des Marktrisikos gemäß IFRS 7 im Finanzsektor siehe *Grünberger*, IRZ 2008 S. 301 ff., sowie *Grünberger/Klein*.

ABB. 35: Sensitivitätsanalyse Zinsen im Bankbuch (Deutsche Bank AG)

Zinsrisiken im Anlagebuch

Die folgende Tabelle zeigt die Veränderung des Nettozinsergebnisses und des Barwertes der Anlagebuchpositionen bei Verschiebungen der Zinsstrukturkurven innerhalb der sechs vom Basel Committee on Banking Supervision (BCBS) vorgegebenen Standardszenarien:

Barwertiges Zinsrisiko und Veränderung des Nettozinsergebnisses im Bankbuch für die BCBS Standardszenarien

	Delta EVE		Delta NII[1]	
in Mrd €	31.12.2018	31.12.2017	31.12.2018	31.12.2017
Paralleler Anstieg	0,8	-0,4	2,9	2,8
Paralleler Abstieg	-3,2	-1,1	-0,8	-0,8
Steepener Schock	0,9	0,2	-0,5	-0,6
Flattener Schock	-1,6	-0,6	2,7	2,7
Short rate Anstieg	-0,7	-0,5	3,6	3,5
Short rate Abstieg	-0,1	0,0	-1,0	-0,7
Maximum	**-3,2**	-1,1	**-1,0**	-0,8

in Mrd €	31.12.2018	31.12.2017
Kernkapital	**55,1**	57,6

N/A – Nicht anwendbar

[1] Veränderung des Nettozinsergebnisses (Delta NII) zeigt den Unterschied zwischen vorhergesagtem Zinsergebnis bei den jeweiligen Szenarien gegenüber unveränderter Zinsenkurven. Sensitivitäten basieren auf der Annahme einer statischen Bilanz und konstanten Währungskursen, ohne Handelsbuchpositionen und DWS. Die Zahlen enthalten keine Mark to Market (MtM) / Other Comprehensive Income (OCI) Effekte auf zentral gesteuerten Positionen, die nicht die Voraussetzungen für ein Hedge Accounting erfüllen.

Anstatt der klassischen Sensitivitätsanalyse kann das Marktrisiko auch durch den finanzwirtschaftlichen Value-at-Risk (VaR) angegeben werden. Dabei werden verschiedene Risikovariablen eines Portfolios gleichzeitig verarbeitet, die bei der Sensitivitätsanalyse jeweils nur gesondert simuliert werden. Der VaR gibt somit ein übergeordnetes Risikomaß an. Allerdings können die VaR auch nach bestimmten Risikoarten differenziert werden bzw. für bestimmte Portfolios nur selektive Risiken einbezogen werden.

Eine VaR-Analyse benötigt ausreichend viele historische Datenpunkte über einen repräsentativen Zeitraum (sinnvollerweise mindestens tägliche Marktwerte über ein Jahr, das rund 250 Handelstage umfasst). Als Berechnungsmethoden kommen die historische Simulation, die Varianz-Kovarianz-Analyse und die Monte-Carlo-Analyse in Betracht. Angegeben wird meist ein 99 %-VaR über einen Tag, aber auch ein 95 %-VaR über einen Tag ist möglich. Alternativ kann der VaR über zehn Tage angegeben werden, der stets das 3,16-Fache des VaR über einen Tag ausmacht (Quadratwurzel von 10). Die Berechnung eines konzernweiten VaR setzt de facto auch ein zentrales Risikomanagement voraus, das die zugrunde liegenden historischen Daten des Konzerns verarbeitet: Der VaR kann nämlich nicht gesondert von jedem Tochterunternehmen ermittelt und in seinem jeweiligen Reporting Package an das Mutterunternehmen berichtet werden, weil sich der VaR verschiedener Konzernmitglieder aufgrund von Diversifikationseffekten nicht additiv verknüpfen lässt.

Gibt es im Unternehmen einen ausgeprägten Handelsbereich, dann werden VaR-Analysen meist gesondert für den Handelsbereich dargestellt. Dabei wird in der Praxis häufig der VaR für den Handelsbereich und das Gesamtunternehmen gesondert angegeben. Marktrisiken außerhalb des Handelsbereichs können auch mit einer Sensitivitätsanalyse dargestellt werden (z. B. das Zinsrisiko).

Für die Berechnung des Marktrisikos werden **deutlich mehr Daten** benötigt, als üblicherweise in den Reporting Packages von Tochterunternehmen enthalten waren. Wechselkursrisiken ergeben sich nämlich aus der **Rechnungswährung** von Fremdwährungsforderungen und Fremdwährungsschulden, auch wenn diese im Konzern in die funktionale Währung umgerechnet werden und im Reporting Package nicht mehr in der Rechnungswährung aufscheinen. Für Zwecke der Risikoanalyse müssen sämtliche Konzernmitglieder Informationen hinsichtlich ihrer Vermögens- und Schuldenstruktur in der jeweiligen Rechnungswährung erheben und an das Mutterunternehmen übermitteln. Auch **konzerninterne Forderungen** können im Rahmen der Konsolidierung ein Wechselkursrisiko ergeben (z. B. auf Fremdwährungen lautende Forderungen ausländischer Tochterunternehmen an das Mutterunternehmen). Das Fremdwährungsrisiko kann entweder in einer Erfolgswirkung oder einer direkten Auswirkung auf das Konzerneigenkapital bestehen (zur Buchungstechnik siehe Kap. XVIII.4.3., S. 480). Daher sind konzerninterne Forderungen zwischen verschiedenen Währungsräumen in ihrer Rechnungswährung zu erheben und in die Analyse einzubeziehen.

Soweit Marktpreisrisiken in der Analyse nicht repräsentativ und umfassend dargestellt werden konnten, ist diese Tatsache zu beschreiben. Die Risiken sind ergänzend zu beschreiben; darunter fallen etwa Marktrisiken aus nicht liquiden oder nicht marktgängigen Finanzinstrumenten, aus Paketzuschlägen oder -abschlägen, Leasing-Restwerten oder Optionen, die tief im Geld oder aus dem Geld sind.

ABB. 36: VaR-Angaben in Handelsbereich (Deutsche Bank AG, Konzernabschluss)

Value-at-Risk-Werte der Handelsbereiche des Deutsche Bank-Konzerns

Die nachfolgenden Tabellen und die Grafik zeigen die Value-at-Risk-Werte unserer Handelsbereiche, die mit einem Konfidenzniveau von 99 % und einer Haltedauer von einem Tag berechnet werden.

Value-at-Risk der Handelsbereiche nach Risikoarten

	Insgesamt		Diversifikations-effekt		Zins-risiko		Credit-Spread Risiko		Aktienkurs-risiko		Währungs-risiko[1]		Rohwarenpreis-risiko	
in Mio €	2018	2017	2018	2017	2018	2017	2018	2017	2018	2017	2018	2017	2018	2017
Durchschnitt	27,5	29,8	−25,5	−28,1	17,6	20,2	16,4	19,7	10,0	8,7	8,3	8,4	0,6	0,8
Maximum	40,9	38,4	−35,0	−37,6	32,6	26,0	24,0	25,1	14,5	12,5	13,0	16,5	1,3	3,0
Minimum	19,8	20,1	−20,2	−21,4	12,4	13,5	13,0	13,5	6,9	4,4	3,8	4,2	0,2	0,1
Periodenende	32,1	29,1	−26,9	−22,5	14,1	21,4	22,3	14,4	13,0	10,1	9,2	4,9	0,3	0,7

[1] Beinhaltet Value-at-Risk für Gold- und andere Edelmetallpositionen.

Entwicklung des Value-at-Risk nach Risikoarten in 2018

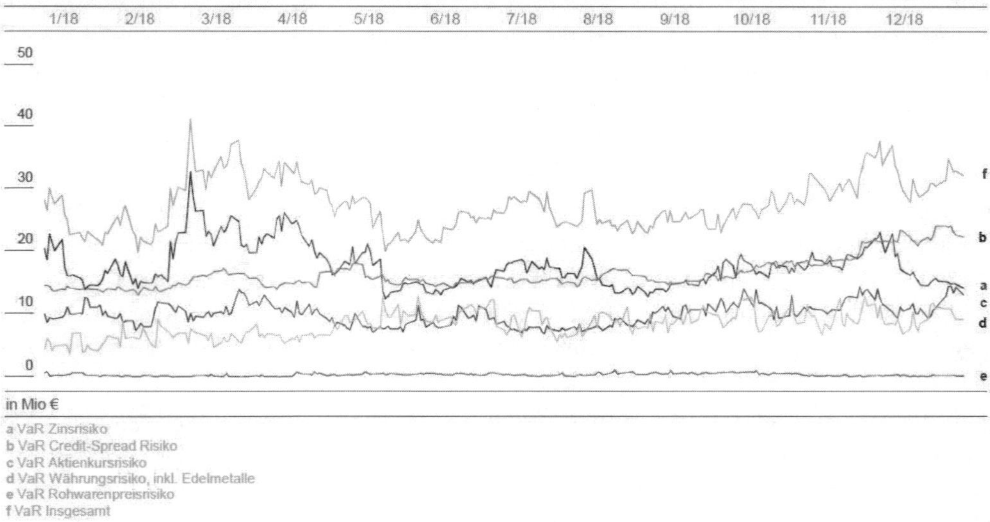

3.8. Zusätzliche Risikokonzentrationen

Neben den Einzelrisiken müssen auch **zusätzliche Risikokonzentrationen** quantifiziert werden (IFRS 7.34(c)). Risikokonzentrationen treten auf, wenn verschiedene Finanzinstrumente einem gemeinsamen Risiko unterliegen (IFRS 7.B8). Man spricht in diesem Zusammenhang auch von **Klumpenrisiken**. Eine Form des Klumpenrisikos ist z. B. das Risiko aus gleichen Gegenparteien *(counterparty risk)*:

- Das Unternehmen hat in Aktien eines anderen Unternehmens investiert (Marktrisiko); gleichzeitig hat es diesem Unternehmen einen Kredit gewährt (Kreditrisiko). Im Insolvenzfall wären beide Investitionen zugleich gefährdet (Risikokonzentration).
- Das Unternehmen hält Forderungen gegen mehrere Gesellschaften, die aber verbundene Unternehmen eines Konzerns sind; im Insolvenzfall könnten alle Konzerngesellschaften gleichzeitig in Zahlungsschwierigkeiten kommen.

Klumpenrisiken können auch aus geografischen Faktoren oder aus Währungsräumen resultieren. So könnten etwa Privatkundenkredite in einer gesamten Region ausfallen, wenn es dort nur einen wesentlichen Arbeitgeber gibt und dieser seine Betriebsstätte schließt.

3.9. Eigene Zahlungsstörungen

Neben der Beurteilung des Kreditrisikos auf der Aktivseite sind auch Informationen hinsichtlich der Kreditwürdigkeit des bilanzierenden Unternehmens im Anhang anzugeben. Die Angaben beziehen sich allerdings nur auf Darlehensverbindlichkeiten des Unternehmens. **Darlehensverbindlichkeiten** im Sinne von IFRS 7 umfassen **alle finanziellen Schulden** außer kurzfristigen Schulden aus Lieferungen und Leistungen, die einer handelsüblichen Zahlungsfrist unterliegen (IFRS 7 Anhang A; Übersetzungsfehler in der deutschen Fassung). Versehentliche Zahlungsstörungen im operativen Tagesgeschäft des Unternehmens müssen daher nicht angegeben werden.

Hinsichtlich der Darlehensverbindlichkeiten des Unternehmens sind anzugeben (IFRS 7.18):

- Einzelheiten zu allen Ausfällen von Zins- und/oder Tilgungszahlungen während des Berichtszeitraums, auch in Bezug auf Tilgungsfonds (die Angabe ist auch erforderlich, wenn die Schuld am Stichtag bereits getilgt wurde);
- Angabe der Buchwerte der vom Ausfall betroffenen Schulden;
- Angabe, ob der Ausfall behoben wurde oder der Vertrag neu ausgehandelt wurde; dabei ist der Zeitraum bis zur Freigabe des Jahresabschlusses zur Veröffentlichung zu berücksichtigen.

Auch für andere Vertragsbrüche sind die Angaben nach IFRS 7.18 erforderlich, wenn diese Vertragsbrüche den Gläubiger zur Fälligstellung des Kredits berechtigen (.19; z. B. Veräußerung oder zusätzliche Belastung einer Hypothek).

Zahlungsstörungen können auch Auswirkungen auf die Klassifikation von Schulden als kurz- oder langfristig haben. So berechtigen Zahlungsstörungen den Gläubiger oft zur sofortigen Fälligstellung der Schuld; damit kann eine als langfristig ausgewiesene Schuld innerhalb von zwölf Monaten nach dem Abschlussstichtag fällig werden und muss umklassifiziert werden (IAS 1.74; ausführlich Kap. XVI.2., S. 354). Auch bei der Beurteilung des Liquiditätsrisikos kann die Schuld von einem langfristigen in ein kurzfristiges Zeitband wechseln (IFRS 7.B11; nach .12 ist das früheste Zeitband maßgeblich, wenn der Zahlungszeitpunkt im Ermessen der Gegenpartei liegt).

Umgekehrt können Umschuldungen und Restrukturierungen zu einer Verlängerung der Zahlungsfristen führen. In diesen Fällen kann es zu einer Umklassifizierung von kurzfristigen zu langfristigen Schulden kommen.

4. Segmentberichterstattung nach IFRS 8 *(Segment Reporting)*

4.1. Anwendungsbereich

Die Segmentberichterstattung ist in IFRS 8 geregelt. Segmentberichte sind Pflichtbestandteil des Abschlusses von Unternehmen, deren **Eigenkapital- oder Schuldinstrumente an einem öffentlichen Markt** gehandelt werden. Auch Unternehmen, die ihre Jahresabschlüsse bei einer Börsenaufsichtsbehörde eingereicht haben oder gerade im Prozess der Einreichung sind, haben Segmentberichte aufzustellen (IFRS 8.2); gemeint ist damit i. d. R. eine Prospektbewilligung.

IFRS 8 definiert den öffentlichen Markt sehr weit *(stock exchange, over-the-counter market, local and regional markets)* und umfasst daher praktisch alle Börsensegmente. Dagegen gilt die IAS-Verordnung nur für geregelte Märkte (vgl. Kap. I.2., S. 4). Unternehmen, die im deutschen Freiverkehr oder im österreichischen dritten Markt gelistet sind und freiwillig einen IFRS-Einzel- bzw. Konzernabschluss aufstellen, müssen daher ebenfalls IFRS 8 anwenden.

IFRS 8 ist auf Konzernabschlüsse nur dann anwendbar, wenn das Mutterunternehmen an einem öffentlichen Markt gelistet ist; notiert nur ein Tochterunternehmen, dann muss IFRS 8 nicht angewendet werden. Werden Segmentdaten freiwillig angegeben, dann dürfen sie nur dann als Segmentinformationen bezeichnet werden, wenn IFRS 8 eingehalten wird (.3).

4.2. Definition operatives Segment und Berichtssegment

In einem ersten Schritt müssen die operativen Segmente des Unternehmens identifiziert werden. Ein **operatives Segment** übt eine **Geschäftstätigkeit** aus, aus der es Umsätze erzielt und für die es Aufwendungen tätigt (auch nur mit anderen Segmenten), dessen **operativen Ergebnisse** durch den leitenden operativen Entscheidungsträger für Zwecke der Erfolgsmessung und Ressourcenallokation regelmäßig überwacht werden und für das **gesonderte Finanzinformationen** verfügbar sind (IFRS 8.5).

Neue Geschäftsbereiche *(start-up operations)* können schon vor der ersten Umsatzerzielung operative Segmente sein; dagegen sind allgemeine Unternehmensteile, die regelmäßig keine Umsätze erzielen, keine operativen Segmente (z. B. die Konzernverwaltung, zentrale EDV-Abteilung). Auch Betriebspensionspläne sind keine Segmente (.6). Der leitende operative Entscheidungsträger kann der Vorstandsvorsitzende oder ein Teil des Vorstands sein, auch Bereichsleiter oder Betriebsleiter, sofern der Vorstand nicht die operative Steuerung des Unternehmens übernommen hat (vgl. .7; z. B. bei gemischten Holdingkonzernen). Werden Segmentinformationen auf mehrere Arten aufbereitet, dann sind die Natur der jeweiligen Geschäftstätigkeit und das Vorhandensein von Segmentmanagern ein geeignetes Abgrenzungskriterium (.8 und .9). Bei einer echten Matrixorganisation, bei der Manager für überlappende Bereiche zuständig sind (z. B. Manager für Gebiete und Manager für Produktlinien), gibt es keine eindeutige Abgrenzung. Hier sollte das Unternehmen die Segmente so abgrenzen, dass dem Abschlussadressaten möglichst relevante Informationen über die Geschäftstätigkeit gezeigt werden (IFRS 8.10 i. V. mit .1).

Nicht jedes operative Segment wird auch im Segmentbericht dargestellt. Aus Gründen der übersichtlichen Darstellung sind **Berichtssegmente** zu bilden, die auch eine entsprechende Relevanz für den Abschlussadressaten haben. In einem ersten Schritt **dürfen** operative Segmente zusammengefasst werden, wenn dies die Relevanz für den Abschlussadressaten verbessert (.12 i. V. mit .1) und die zusammengefassten Segmente wirtschaftlich ähnliche Charakteristiken haben. Neben dieser allgemeinen Anforderung müssen für die freiwillige Zusammenfassung folgende fünf Kriterien kumulativ erfüllt sein; die Segmente müssen danach ähnlich sein:

1. in der Natur der Produkte oder Dienstleistungen;
2. in der Natur des Produktionsprozesses;
3. in der Art der Kunden für die Produkte oder Dienstleistungen;
4. in den Methoden, wie Produkte oder Dienstleistungen vertrieben werden;
5. ggf. in der Natur des regulatorischen Umfelds (z. B. Bankenaufsicht, Versicherungsaufsicht oder öffentliche Dienstleistungen; eine Trennung nach Ländern ist deshalb nicht erforderlich).

Nach der freiwilligen Zusammenfassung müssen die identifizierten operativen Segmente bestimmte Schwellenwerte erfüllen, um als Berichtssegmente dargestellt zu werden. Die Schwellenwerte sind im nächsten Abschnitt dargestellt.

4.3. Der „10 %-Test“ und der „75 %-Test“

Operative Segmente werden nur dann einzeln dargestellt, wenn sie nach Art und Umfang eine gewisse Größe erreichen und das Unternehmen möglichst umfassend abbilden. Jene Unternehmenskomponenten, die keinem Berichtssegment zuordenbar sind, werden als nicht zugeordneter Restposten dargestellt (IFRS 8.16); dieser Restposten wird in IFRS 8 als „andere Segmente“ bezeichnet.

Nach dem **10 %-Test** ist ein eigenes Segment darzustellen, wenn mindestens eines der folgenden drei Kriterien erfüllt wurde (IFRS 8.13):

- Die **Erlöse** eines Segments betragen mindestens 10 % der aggregierten Erlöse aller operativen Segmente; maßgeblich sind sowohl die externen Erlöse mit Kunden als auch die internen Erlöse oder sonstige Transfers mit anderen Segmenten.
- Das **Segmentergebnis** beträgt mindestens 10 % vom kumulierten Gewinn aller operativen Segmente mit Gewinnen oder mindestens 10 % vom kumulierten Verlust aller operativen Segmente mit Verlusten. Der jeweils höhere Absolutbetrag (kumulierte Gewinne oder Verluste operativer Segmente) ist maßgeblich.
- Das **Segmentvermögen** beträgt mindestens 10 % der aggregierten Vermögenswerte aller operativen Segmente.

ABB. 37: Einteilung der Umsätze beim 10 % -Test und beim 75 %-Test

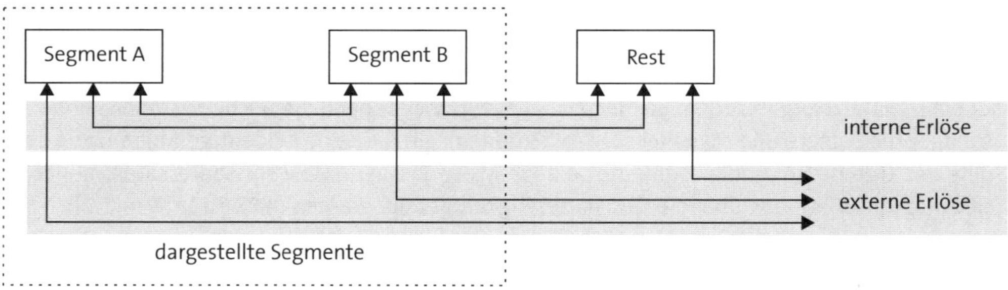

Die Bewertung der internen Erlöse und Segmentergebnisse erfolgt auf Basis der Verrechnungspreise in der internen Konzernleistungsverrechnung; auch das Segmentvermögen wird nach dem internen Rechnungssystem ermittelt. Maßgeblich sind daher grundsätzlich dieselben Managementdaten, die auch für die Bewertung der darzustellenden Segmentinformationen benötigt werden (siehe dazu unten). Je nach interner Berechnung können daher auch Gemeinkosten des Konzerns einzeln zugerechnet werden; sonst werden sie dem Restposten zugeschlagen. Gemeinsam genutzte Vermögenswerte können je nach interner Zuteilung auf die Segmente aufgeteilt werden.

Das Management kann auch kleinere Segmente darstellen, die den 10%-Test nicht erfüllen, wenn die Darstellung nützliche Informationen für den Abschlussadressaten mit sich bringt (.13 letzter Satz). Wurde ein Segment in einer Vorperiode dargestellt, das in der aktuellen Periode den 10%-Test nicht mehr erfüllt, dann ist es auch in der aktuellen Periode darzustellen, wenn es weiterhin signifikant ist (.17).

Erfüllen mehrere Segmente den 10%-Test nicht, dann dürfen sie zusammengefasst werden, wenn sie mindestens in drei der fünf in IFRS 8.12 genannten Kriterien ähnlich sind (siehe oben, Kap. XVII.4.2., S. 417; für die freiwillige Zusammenfassung vor dem 10%-Test müssen alle fünf Kriterien erfüllt sein).

BEISPIEL

Segment	externe Erlöse	interne Erlöse	Gesamterlös	Segmentgewinn	Segmentverlust	Vermögenswerte
A	90	90	**180**	**20**		70
B	120		120	10		50
C	110	20	130		**40**	**90**
D	200		**200**	0		**140**
E	330	110	**440**		**100**	**230**
F	380		**380**	**60**		**260**
Gesamt	1.230	220	1.450	90	140	840
×10 %	–	–	145	9	14	84
Grenze	–	–	**145**		**14**	**84**

Die Erlösbedingung erfüllen die Segmente A, D, E und F. Der höhere Betrag der Gesamtverluste oder Gesamtgewinne beträgt 140, für die Gewinn-/Verlustbedingung ist daher der Betrag von 14 sowohl für Segmentgewinne als auch für Segmentverluste maßgeblich. Danach sind die Segmente A, C, E und F zu bilden. Die Vermögensbedingung erfüllen die Segmente C bis F. Daher werden alle Segmente, ausgenommen Segment B, in den Segmentbericht aufgenommen.

Der Segmentbericht soll das Unternehmen möglichst vollständig abbilden. Daher müssen mindestens **75% aller externen Umsätze** (ggf. konsolidierte Umsätze des Konzerns) auf die dargestellten operativen Segmente entfallen (75%-Test; IFRS 8.15). Allenfalls sind auch kleinere operative Segmente, die den 10%-Test nicht erfüllen, zwingend als Berichtssegmente darzustellen, und zwar so lange, bis 75% der externen Umsätze auf die dargestellten Berichtssegmente entfallen.

BEISPIEL (FORTSETZUNG) Die gesamten externen Umsätze betragen 1.230; die externen Umsätze der Segmente A, C, D, E und F betragen 1.110, das sind mehr als 89 % der gesamten Umsätze. Daher muss Segment B nicht dargestellt werden.

ABB. 38: Ablauf der Segmentbildung

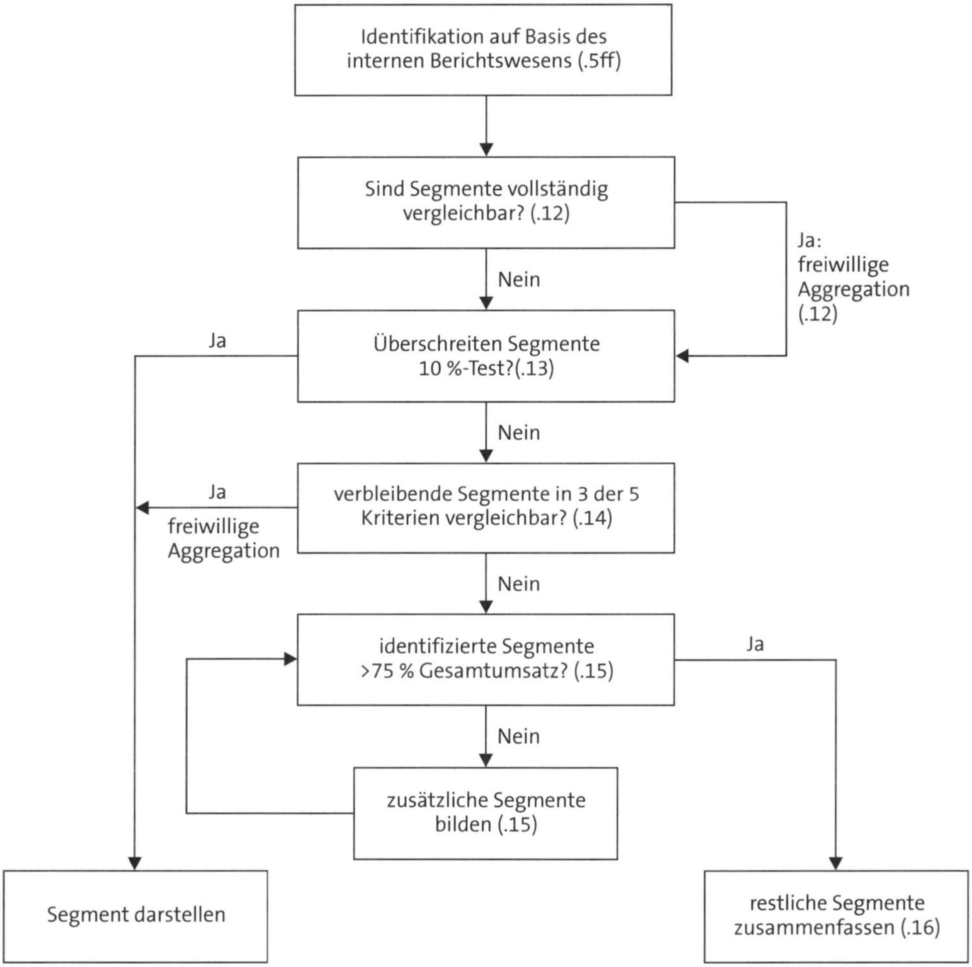

Es sollten **nicht zu viele Segmente** dargestellt werden, damit die Segmentinformationen übersichtlich bleiben. Ab einer Anzahl von zehn Segmenten wird ein praktisches Limit erreicht sein (IFRS 8.19; konsistent mit dem 10 %-Test).

Wird ein Segment erstmals dargestellt, dann sollten auch die **Vergleichszahlen** der Vorperiode für dieses Segment gesondert dargestellt werden (.18; außer die Daten sind nicht vorhanden und die Berechnung wäre unzumutbar aufwendig). Die Darstellung der Vorperiode wird i. d. R. auch entfallen, wenn sie unzweckmäßig ist, z. B. bei einer im Abschlussjahr neu eingeführten Produktlinie.

Änderungen der Unternehmensstruktur mit Auswirkung auf die Berichtssegmente in der aktuellen Periode sollten rückwirkend auch für die Vergleichszahlen der Vorperiode nachvollzogen und dargestellt werden. Dies gilt auch für Zwischenberichte und deren Vergleichszahlen. Eine rückwirkende Aufbereitung der Daten entsprechend der neuen Segmentierung ist aber nur erforderlich, wenn die Kosten nicht exzessiv wären (die Kostenbeurteilung hat gesondert für jede Position zu erfolgen; .29). Wird aus diesem Grund auf eine rückwirkende Datenaufbereitung verzichtet, dann muss stattdessen die aktuelle Periode nach der neuen und fiktiv nach der bisherigen Segmentierung gezeigt werden (.30; auch davon kann bei exzessiven Kosten abgesehen werden).

4.4. Erforderliche Segmentangaben

Mit den Segmentangaben sollen die Natur und die finanziellen Effekte der operativen Tätigkeiten des Unternehmens und das wirtschaftliche Umfeld dargestellt werden (IFRS 8.20). Dazu sind **allgemeine Informationen, finanzielle Segmentinformationen und Überleitungen** der finanziellen Segmentinformationen auf den Jahresabschluss erforderlich. Die Überleitungen müssen zu jedem Stichtag dargestellt werden, zu dem Bilanzen im Abschluss enthalten sind (.21).

Unter den allgemeinen Informationen beschreibt das Unternehmen die Faktoren, die zur Identifikation von Segmenten herangezogen wurden, und die Organisationsstruktur sowie die getroffenen Entscheidungen des Managements bei der Aggregation von Segmenten und die dafür herangezogenen wirtschaftlichen Kriterien. Außerdem sind die Arten von Produkten und Dienstleistungen zu beschreiben, aus denen die Segmente Umsätze erzielen (.22).

Die finanziellen Segmentangaben umfassen jedenfalls das **Segmentergebnis** für jedes darzustellende Segment. Das **Segmentvermögen** und die **Segmentverbindlichkeiten** sind anzugeben, wenn diese in den regelmäßigen Berichten an den leitenden operativen Entscheidungsträger enthalten sind.

Die folgenden Informationen müssen für jedes Berichtssegment angegeben werden, wenn diese regelmäßig an den leitenden operativen Entscheidungsträger berichtet werden (.23 und .24):

- Umsätze von externen Kunden,
- Umsätze mit anderen operativen Segmenten,
- Zinsertrag und Zinsaufwand (vorzugsweise gesondert),
- Abschreibungen,
- Aufwendungen und Erträge, die aufgrund ihrer Wesentlichkeit gesondert dargestellt werden (1.97),
- Erfolgsanteile aus Beteiligungen bei Anwendung der Equity-Methode,
- Steueraufwand oder Steuerertrag,
- wesentliche nicht zahlungswirksame Aufwendungen und Erträge,
- der Wert der Anteile an assoziierten Unternehmen und Joint Ventures,
- Zuführungen zu langfristigen Vermögenswerten (Investitionen), ausgenommen latente Steuern, Vermögen von Pensionsplänen und Finanzinstrumenten (ausgenommen sind somit Zuführungen zu langfristigen Forderungen, weil diese eigentlich *Working Capital* und keine produktiven Investitionsgüter darstellen).

Die Positionen sind unabhängig davon anzugeben, ob sie als Bestandteil des Segmentergebnisses bzw. des Segmentvermögens oder gesondert an den leitenden operativen Entscheidungsträger berichtet werden; die Positionen müssen auch nicht zwingend beim Segmentvermögen, bei den Segmentverbindlichkeiten oder beim Segmentergebnis berücksichtigt worden sein.

Da IFRS 8 auf die interne Berichterstattung abstellt, ist keiner dieser Posten zwingend anzugeben, wenn er nicht intern berichtet wird. Allerdings resultiert aus der Liste ein gewisser Normierungsdruck auf das Controlling; fehlen mehrere Posten, dann entsteht beim Abschlussadressaten der Eindruck einer mangelhaften internen Erfolgs- und Vermögenssteuerung. Insbesondere Unternehmen, die sich einem externen Rating unterziehen, sollten die Angaben nach .23 und .24 als verbindlich betrachten und nur in besonderen Fällen auf einzelne Posten verzichten.

4.5. Bewertungsregeln für finanzielle Segmentinformationen

Die Bewertung finanzieller Segmentinformationen basiert grundsätzlich auf der internen Berichterstattung (Controlling und Leistungssteuerung), auf dessen Grundlage der leitende operative Entscheidungsträger Ressourcen zuteilt und den Segmenterfolg misst. Anpassungen und Eliminierungen im Rahmen der Abschlusserstellung werden nur dann berücksichtigt, wenn sie auch vom Entscheidungsträger berücksichtigt werden. Auch Vermögenswerte und Schulden werden nur nach Maßgabe des internen Berichtswesens zugerechnet. Allerdings dürfen die Zuordnungen nicht willkürlich erfolgen, sondern nur auf vernünftiger Basis (IFRS 8.25).

Gibt es verschiedene Arten der Erfolgs- und Leistungsmessung im Unternehmen (z. B. eine buchhalterische und eine zahlungsflussorientierte Erfolgsmessung), dann ist jene heranzuziehen, die am ehesten dem IFRS-Jahresabschluss entspricht (.26).

Der herangezogene Bewertungsrahmen ist im Segmentbericht zu erläutern (.27). Zu beschreiben ist die Bewertung von Umsätzen zwischen Berichtssegmenten, die grundlegenden Unterschiede in den Bewertungsregeln für Umsätze, Erfolge und Vermögen im Vergleich zum Jahresabschluss, die grundlegenden Unterschiede bei der Verbindlichkeitsbewertung und die Art der Zurechnung gemeinsam genutzter Verbindlichkeiten zu den Segmenten sowie Veränderungen der Bewertungsgrundsätze seit der Vorperiode. Besonders anzugeben sind **asymmetrische Zuordnungen** zu Berichtssegmenten, z. B. wenn einem Segment nur die Abschreibungen, nicht aber das zugrunde liegende Vermögen zugeordnet werden.

Die Maßgeblichkeit der internen Berichterstattung wird auch als *management approach* bezeichnet. Die Abschlussadressaten erhalten damit Einblick in die relevanten internen Managementdaten des Unternehmens, die etwa für Investitionen und Expansion oder den Rückzug aus Geschäftsbereichen herangezogen werden. Damit werden strategische und operative Managemententscheidungen transparent und nachvollziehbar. Umgekehrt entsteht damit Druck auf das Management, verlässliche und relevante Bewertungskonzepte für das Controlling zu entwickeln, weil sie von Analysten und Ratingagenturen daran auch langfristig gemessen werden. Der *management approach* nimmt deshalb den Nachteil der verminderten Vergleichbarkeit zwischen verschiedenen Unternehmen bewusst in Kauf.

4.6. Überleitung der Segmentinformationen auf den Jahresabschluss

Im Segmentbericht ist eine Überleitung der nachfolgenden Segmentangaben auf die Angaben im Jahresabschluss anzugeben (.28):

- die Summe aller Segmentumsätze auf den Unternehmensumsatz;
- die Summe der Segmentergebnisse auf das Unternehmensergebnis vor Steuern (alternativ nach Steuern, falls Steuern den Segmenten zugeordnet werden);
- die Summe des Segmentvermögens auf das Unternehmensvermögen;
- ggf. die Summe der Segmentverbindlichkeiten auf die Unternehmensverbindlichkeiten;
- die Summe aller aufgrund ihrer Wesentlichkeit gesondert dargestellten Aufwendungen und Erträge (IAS 1.97).

Alle Überleitungsposten, die für sich genommen wesentlich sind, sind zu beschreiben (allerdings nicht einzeln für jedes Segment, sondern nur in der Summe im Vergleich zu den Unternehmenszahlen nach IFRS). Insbesondere sind materielle Differenzen aus unterschiedlichen Bewertungsmethoden zu beschreiben.

Gegen den *management approach* wird eingewendet, die Segmentinformationen wären beliebig manipulierbar. So könnte z. B. für jedes Segment ein beliebig hoher Gewinn dargestellt werden. In dieser Form trifft die Kritik nicht zu: „Beliebig hohe" Gewinne würden einen entsprechend negativen Überleitungsbetrag auf das IFRS-Ergebnis nach sich ziehen. Das Management hätte Erklärungsbedarf, ob die interne Leistungsmessung überhaupt der Realität entspricht. Außerdem könnten Widersprüche zu den unternehmensweiten Angaben entstehen, die nach IFRS bewertet werden (siehe unten). Sollten sich Segmentinformationen langfristig als tendenziös und unverlässlich herausstellen, dann würden Analysten auch die Führungsqualität infrage stellen. Um diese Risiken sowie umfassende Überleitungen zu vermeiden, sollte das interne Berichtswesen daher soweit wie möglich auf die Bewertungsbestimmungen der IFRS abgestimmt werden.

4.7. Unternehmensweite Angaben

Neben dem eigentlichen Segmentbericht verlangen IFRS 8.31 ff. auch umfassende unternehmensweite Angaben *(entity wide disclosures)* über Produkte, die geografische Verteilung der Geschäftstätigkeit und wesentliche Kunden. Mit diesen Angaben werden jene Informationen wieder „aufgefangen", die im Rahmen der Segmentbildung durch Aggregation verloren gehen. Die Angaben sind grundsätzlich auf jener Datenbasis zu erstellen, die für den IFRS-Jahresabschluss herangezogen wird. Folglich müssen die Angaben **nach den Grundsätzen der IFRS bewertet** werden. Weicht die interne Berichterstattung erheblich von den IFRS ab, dann können sich dabei Widersprüche zwischen den unternehmensweiten Angaben und dem Segmentbericht ergeben; dies könnte einen entsprechenden Erklärungsbedarf gegenüber Analysten auslösen.

Die unternehmensweiten Angaben sind nur insoweit erforderlich, als sie nicht bereits in den Segmentangaben enthalten sind (.31); sie sind somit auch dann erforderlich, wenn die Segmentangaben auf Basis grundlegend verschiedener Bewertungskonzepte erstellt wurden.

Das Unternehmen hat die Umsätze mit externen Kunden für **jedes Produkt und jede Dienstleistung** anzugeben; auch eine Angabe nach Gruppen von Produkten und Dienstleistungen ist möglich. Die Angaben müssen auf der Datenbasis für den IFRS-Abschluss beruhen. Von der Angabe kann abgesehen werden, wenn die Kosten der Aufbereitung exzessiv wären; dieser Umstand wäre offenzulegen (IFRS 8.32; in der Praxis selten).

Geografische Angaben sind ebenfalls erforderlich, sofern die Kosten der Aufbereitung nicht exzessiv sind (in der Praxis selten). Anzugeben sind die Umsätze mit externen Kunden **im Sitzstaat des Unternehmens** (i. d. R. des Konzernmutterunternehmens) und die Summe der **Umsätze in allen anderen Ländern**. Sind die Umsätze in einem Land materiell, dann sind die Umsätze für dieses Land gesondert anzugeben (.33(a)). Außerdem sind **langfristige Vermögenswerte** (vgl. Kap. XVI.2., S. 354 ff.) im Sitzstaat und in der Summe aller anderen Länder anzugeben (.33(b)); bei wesentlichen Beträgen sind die einzelnen Länder anzugeben. Ausgenommen von der Angabe der langfristigen Vermögenswerte sind latente Steuern, Vermögen aus Pensionsplänen, Finanzinstrumente und Rechte aus Versicherungsverträgen. Die Angaben müssen auf der Datenbasis für den IFRS-Abschluss beruhen.

ABB. 39: Segmentbericht (Deutsche Lufthansa AG, ohne Vorjahr)

T155 **SEGMENTINFORMATIONEN NACH DEN BERICHTSPFLICHTIGEN SEGMENTEN 2018**

in Mio. €	Network Airlines	Eurowings	Logistik	Technik	Catering	Summe berichtspflichtiger operativer Segmente	Weitere Gesellschaften und Konzernfunktionen	Überleitung: Nicht zugeordnet	Überleitung: Konsolidierung	Konzern
Außenumsätze	21.992	4.212	2.681	3.812	2.499	35.196	648	-	-	35.844
davon Verkehrserlöse	20.877	4.118	2.550	-	-	27.545	-	558	-	28.103
Konzerninnenumsätze	727	18	32	2.106	718	3.601	344	-	-3.945	-
Umsatzerlöse	**22.719**	**4.230**	**2.713**	**5.918**	**3.217**	**38.797**	**992**	**-**	**-3.945**	**35.844**
Übrige betriebliche Erträge	699	290	57	264	77	1.387	1.884	-	-987	2.284
Betriebliche Erträge	**23.418**	**4.520**	**2.770**	**6.182**	**3.294**	**40.184**	**2.876**	**-**	**-4.932**	**38.128**
Betriebliche Aufwendungen	**21.024**	**4.775**	**2.538**	**5.764**	**3.208**	**37.309**	**3.109**	**-**	**-4.952**	**35.466**
davon Materialaufwand	11.884	3.174	1.753	3.359	1.385	21.555	261	-	-3.147	18.669
davon Personalaufwand	4.159	619	420	1.435	1.218	7.851	1.080	-	-7	8.924
davon Abschreibungen	1.497	372	104	124	66	2.163	54	-	-37	2.180
davon sonstige Aufwendungen	3.484	610	261	846	539	5.740	1.714	-	-1.761	5.693
Beteiligungsergebnis	**35**	**24**	**36**	**7**	**29**	**131**	**44**	**-**	**-1**	**174**
davon Ergebnis Equity-Bewertung	31	24	25	9	25	114	1	-	-1	114
Adjusted EBIT[1]	**2.429**	**-231**	**268**	**425**	**115**	**3.006**	**-189**	**-**	**19**	**2.836**
Überleitungspositionen	**120**	**-**	**-5**	**1**	**-5**	**111**	**27**	**-**	**-**	**138**
Außerplanmäßige Abschreibung/Zuschreibung	1	-	-4	5	-5	-3	-5	-	-1	-9
Pensionssondereffekte	110	-	-	-	-	110	2	-	1	113
Ergebnis Anlagenabgang	9	-	-1	-4	-	4	30	-	-	34
EBIT	**2.549**	**-231**	**263**	**426**	**110**	**3.117**	**-162**	**-**	**19**	**2.974**
Übriges Finanzergebnis										-190
Ergebnis vor Ertragsteuern										2.784
Gebundenes Kapital[2]	9.635	2.220	1.430	4.825	1.263	19.373	1.890	-	-290	20.973
davon aus Equity-Beteiligungen	25	148	52	284	138	647	6	-	-3	650
Segmentinvestitionen	2.573	515	374	241	79	3.782	59	-	-24	3.817
davon aus Equity-Beteiligungen	-	-	-	32	-	32	-	-	-	32
Mitarbeiter zum Stichtag	51.778	9.255	4.505	23.219	35.512	124.269	11.265	-	-	135.534
Mitarbeiter im Jahresdurchschnitt	51.327	9.296	4.422	22.537	35.548	123.130	11.200	-	-	134.330

[1] Zur Überleitung vom Adjusted EBIT zum EBIT ↗ T023, S. 32, im Konzernlagebericht.
[2] Das gebundene Kapital resultiert aus der Bilanzsumme, korrigiert um nicht betriebliche Posten (latente Steuern, positive Marktwerte, Derivate) und abzüglich der nicht verzinslichen Verbindlichkeiten (u. a. Verbindlichkeiten aus Lieferungen und Leistungen und aus nicht ausgeflogenen Flugdokumenten).

Das Unternehmen darf zusätzlich zu diesen Angaben **Teilsummen für Ländergruppen** angeben (z. B. Kontinente); die Teilsummen dürfen die Angaben für den Sitzstaat und materielle Einzelländer nicht ersetzen (.33 letzter Satz).

Außerdem ist anzugeben, wieweit das Unternehmen **von Großkunden abhängig** ist (.33). Ein Großkunde liegt dann vor, wenn mindestens 10 % der Unternehmensumsätze auf ihn entfallen. Kunden, die nach Wissen des Unternehmens unter gemeinsamer Kontrolle stehen, gelten für Zwecke dieser Angabe als ein Kunde (z. B. Konzernmitglieder). Auch Staaten, Länder und Gemeinden bilden mit den von ihnen kontrollierten Unternehmen grundsätzlich eine Einheit. Bei der Zusammenfassung von Unternehmen mit Staaten, Ländern und Gemeinden ist allerdings zu würdigen, wie stark die jeweilige wirtschaftliche Integration und wechselseitige Abhängigkeit ist (.34).

Der Umsatz mit jedem externen Hauptkunden ist im Anhang einzeln anzugeben. Die Identität des Kunden und die Verteilung der Kundenumsätze auf Segmente sind dabei aber nicht anzugeben. Häufig beklagen Unternehmen, dass Branchenkenner aus der anonymisierten Angabe die Identität des Hauptkunden erraten können; als Folge werden Wettbewerbsnachteile und mitunter eine Verletzung von Datenschutz oder Bankgeheimnis befürchtet. Aufgrund des Vorrangs von EU-Verordnungen steht die Angabepflicht im Rang über dem nationalen Datenschutzrecht oder dem Bankgeheimnis (siehe Kap. I.2.4., S. 10 ff.).

ABB. 40: Geografische Angaben (Deutsche Lufthansa AG; ohne Vorjahr)

T157 **AUSSENUMSÄTZE UND LANGFRISTIGE VERMÖGENSWERTE NACH REGIONEN 2018**

in Mio. €	Europa	Nord-amerika	Mittel- und Südamerika	Asien/ Pazifik	Nahost	Afrika	**Konzern**
Verkehrserlöse 1)	19.022	4.193	674	3.142	594	478	**28.103**
Andere Betriebserlöse	3.283	2.272	361	1.383	223	219	**7.741**
Langfristige Vermögenswerte 2) 3)	20.342	276	41	206	2	23	**20.890**
Investitionen in langfristige Vermögenswerte 3)	3.773	39	5	16	-	5	**3.838**

1) Die Aufteilung der Verkehrserlöse erfolgt hier nach Ursprungsverkaufsorten.
2) Die langfristigen Vermögenswerte beinhalten das Sachanlagevermögen und immaterielle Vermögenswerte exkl. reparaturfähiger Flugzeugersatzteile.
3) Flugzeuge werden nach dem Ort ihrer Registrierung zugeordnet.

T158 **AUSSENUMSÄTZE UND LANGFRISTIGE VERMÖGENSWERTE NACH LÄNDERN 2018**

in Mio. €	Deutschland	USA
Verkehrserlöse 1)	8.955	3.759
Andere Betriebserlöse	1.066	1.896
Langfristige Vermögenswerte 2) 3)	13.984	261
Investitionen in langfristige Vermögenswerte 3)	2.410	36

1) Die Aufteilung der Verkehrserlöse erfolgt hier nach Ursprungsverkaufsorten.
2) Die langfristigen Vermögenswerte beinhalten das Sachanlagevermögen und immaterielle Vermögenswerte exkl. reparaturfähiger Flugzeugersatzteile.
3) Flugzeuge werden nach dem Ort ihrer Registrierung zugeordnet.

XVIII. Unternehmenszusammenschlüsse *(Business Combinations)*

1. Anwendungsbereich von IFRS 10 und IFRS 3

1.1. Allgemeines

Hält ein Mutterunternehmen eine mehrheitliche Beteiligung an einem Tochterunternehmen, dann ist grundsätzlich ein Konzernabschluss aufzustellen; Konzernabschlüsse sind in IFRS 10 geregelt.

Im **Konzernabschluss** werden das Mutterunternehmen und alle Tochterunternehmen als Einheit dargestellt. Daher stellt der Erwerb eines Tochterunternehmens aus Konzernsicht gleichzeitig einen Unternehmenszusammenschluss *(business combination)* nach IFRS 3 dar (IFRS 3.6). Auf Konzernabschlüsse sind daher sowohl IFRS 10 als auch IFRS 3 anzuwenden.

Allerdings regelt IFRS 3 auch andere Arten von Unternehmenszusammenschlüssen, die kein Mutter-Tochter-Verhältnis begründen. Grundbedingung für IFRS 3 ist, dass zumindest **ein Unternehmen *(business)*** von einer nach IFRS bilanzierenden Berichtseinheit erworben wird.

IFRS 3 enthält daher vorwiegend die Bestimmungen zur Allokation der Anschaffungskosten und zur Ermittlung des Kaufpreises, die für alle Formen von Unternehmenszusammenschlüssen gelten. Dagegen regelt IFRS 10 die Besonderheiten von Konzernen, die sich aus dem Mutter-Tochter-Verhältnis ergeben (Konsolidierungskreis, Konsolidierungstechnik, Minderheitengesellschafter oder abweichende Abschlussstichtage).

1.2. Konzernrechnungslegungspflicht

Die Verpflichtung zur Aufstellung eines Konzernabschlusses ist in IFRS 10 geregelt. Jedes Mutterunternehmen muss danach einen Konzernabschluss aufstellen (IFRS 10.4).

Die Konzernrechnungslegungspflicht nach IFRS 10 ist aber im Bezug zur IAS-Verordnung 1606/2002 und zum nationalen Rechnungslegungsrecht auf Grundlage der **Siebenten Gesellschaftsrechtsrichtlinie** 83/349/EWG zu sehen: Gemäß Art. 4 der IAS-VO *„stellen Gesellschaften, die dem Recht eines Mitgliedstaates unterliegen, ihre konsolidierten Abschlüsse nach den internationalen Rechnungslegungsstandards auf."* Die IAS-VO und damit die IFRS kommen auf Konzernabschlüsse daher überhaupt nur zur Anwendung, wenn Gesellschaften dem Recht eines Mitgliedstaates unterliegen und sie nach diesem Recht zur Aufstellung von Konzernabschlüssen verpflichtet sind. Selbst wenn die von der EU übernommenen IFRS abweichende Regelungen zur Konzernrechnungslegungspflicht enthalten würden – ohne national normierte Konzernrechnungslegungspflicht kämen diese Regelungen von vornherein nicht zur Anwendung. Somit sind insbesondere nationale, größenabhängige Befreiungen von der Konzernrechnungslegungspflicht auch für die Frage maßgeblich, ob ein IFRS-Konzernabschluss aufzustellen ist.

Die Verpflichtung zur Aufstellung konsolidierter Abschlüsse in IFRS 10 entfaltet in der EU daher keine Wirkung. Mitunter ist daher der Konsolidierungskreis zuerst nach nationalen Rechnungslegungsbestimmungen zu beurteilen, um die Konzernrechnungslegungspflicht festzustellen, und daraufhin nach IFRS, um den tatsächlichen Konsolidierungskreis für den IFRS-Abschluss festzulegen. Fraglich sind aber jene seltenen Fälle, in denen nach nationalem Recht die Verpflichtung zur Konzernrechnungslegung besteht, IFRS 10 aber eine Befreiung enthält. IFRS 10 enthält ohnedies nur wenige Befreiungstatbestände, nämlich für Pensionspläne, Investmentbeteiligungsgesellschaften und für Teilkonzernabschlüsse unter bestimmten Bedingungen. Insofern wird es in der Praxis kaum vorkommen, dass IFRS 10 eine im nationalen Recht verankerte Verpflichtung zur Konzernrechnungslegung wieder aufhebt. Im Fall von Investmentbeteiligungsgesellschaften wird die nationalrechtliche Aufstellungspflicht eines Konzernabschlusses durch einen separaten IFRS-Abschluss des Mutterunternehmens erfüllt, in dem die Beteiligungen zum Fair Value gemäß IFRS 9 bewertet werden.

Die Befreiung für Teilkonzernabschlüsse gilt für Mutterunternehmen, die selbst Tochterunternehmen einer übergeordneten Muttergesellschaft sind (Teilkonzernmutterunternehmen); die Konzernrechnungslegungspflicht entfällt aus Sicht der IFRS unter den folgenden Voraussetzungen (IFRS 10.4):

- Das Teilkonzernmutterunternehmen wird in einen IFRS-Konzernabschluss einbezogen, der auf einer übergeordneten Ebene aufgestellt wird. Konzernabschlüsse nach anderen Standards (z. B. US-GAAP) wirken nicht befreiend.
- Das Teilkonzernmutterunternehmen steht im vollständigen Besitz des übergeordneten Unternehmens oder, bei mehrheitlichem Besitz, die Minderheitengesellschafter widersprechen der Befreiung nicht.
- Eigenkapital- und Schuldinstrumente des Teilkonzernmutterunternehmens werden nicht öffentlich gehandelt und Jahresabschlüsse werden auch nicht bei den Aufsichtsbehörden eingereicht, um eine öffentliche Emission vorzubereiten (eine vergleichbare Befreiungsbestimmung in Art. 7 Abs. 3 der Siebenten Richtlinie stellt auf einen Handel in einem geregelten Markt ab).

Liegt keine Konzernrechnungslegungspflicht vor oder ist neben dem Konzernabschluss ein IFRS-Einzelabschluss aufzustellen, dann werden Beteiligungen an Tochterunternehmen nicht konsolidiert. Beteiligungen an assoziierten Unternehmen werden nicht nach der Equity-Methode bewertet. Dies ist in IAS 27 und 28 geregelt. Die Beteiligungen werden entweder zu Anschaffungskosten oder zum Fair Value nach IFRS 9 bewertet. Bei Ansatz zu Anschaffungskosten *(cost method)* werden die Anschaffungskosten unverändert fortgeführt. Eine Abwertung erfolgt im Fall einer Wertminderung. Als besonderer Wertminderungsindikator sind Gewinnausschüttungen anzusehen, die über das Gesamtergebnis des Beteiligungsunternehmens hinausgehen. Steht die Beteiligung zur Veräußerung, dann gilt IFRS 5 (siehe dazu Kap. V.6., S. 95 ff.).

Da IFRS-Einzelabschlüsse in Deutschland und Österreich nicht gesetzlich vorgeschrieben sind, kommen sie in der Praxis kaum vor. Die Regelungen zum Einzelabschluss werden daher nicht näher erläutert.

1.3. Arten von Unternehmenszusammenschlüssen gemäß IFRS 3

IFRS 3 regelt die Bilanzierung von Unternehmenszusammenschlüssen. Der häufigste Anwendungsfall ist der Konzernabschluss: Da Mutter- und Tochterunternehmen im Konzernabschluss als Einheit dargestellt werden, ist aus Konzernsicht der Erwerb der Kontrolle an einem Tochterunternehmen ein Unternehmenszusammenschluss.

Ein Unternehmenszusammenschluss ist meist **entgeltlich** (die Gegenleistung erfolgt z. B. durch Hingabe von Vermögen, durch die Aufnahme von Verbindlichkeiten oder durch die Hingabe neuer Aktien; .B5). Ein Unternehmenszusammenschluss kann aber auch **unentgeltlich** erfolgen: Ein Unternehmen kann etwa durch den Rückerwerb eigener Aktien die Gesamtzahl der Stimmrechte so reduzieren, dass ein bestehender Hauptaktionär ohne eigenes Zutun die Stimmrechtsmehrheit erlangt und das Unternehmen dadurch zum Tochterunternehmen wird. Die Kontrolle kann auch durch bloßen Ablauf von Vertragsklauseln entstehen, z. B. durch Ablauf eines Beherrschungsvertrages, der einem Minderheitsgesellschafter die Kontrolle zugesichert hat. Die Kontrolle kann auch nur durch Vertrag erreicht werden, ohne dass eine Beteiligung oder sonstiges Vermögen übertragen wird (IFRS 3.43).

Ein praxisrelevantes Beispiel sind Bündelungsverträge über Wertpapiere (*stapling arrangements*; .43(c)). Dazu organisiert ein inländisches Unternehmen die Gründung eines ausländischen Unternehmens, das seine Aktien an die Aktionäre des inländischen Unternehmens überträgt (i. d. R. unentgeltlich). Die Aktien beider Unternehmen sind gebündelt und können nur gemeinsam übertragen werden, beide Unternehmen werden daher gemeinsam kontrolliert, sodass sie einen Konzern bilden.

Neben dem Erwerb der Kontrolle an einem Tochterunternehmen gilt IFRS 3 auch für andere Arten von Unternehmenszusammenschlüssen, die kein Mutter-Tochter-Verhältnis begründen (z. B. *„asset deals"* oder Fusionen). Ein Unternehmenszusammenschluss liegt nämlich immer dann vor, wenn eine erwerbende Gesellschaft die **Kontrolle über ein anderes Unternehmen** erlangt. Auch bei einer gleichberechtigten Fusion von zwei Gesellschaften – einem sogenannten *true merger* – liegt ein Unternehmenszusammenschluss vor.

Typische Anwendungsfälle für einen Unternehmenszusammenschluss sind etwa ein Betriebserwerb, eine Betriebseinbringung, eine Verschmelzung von Kapitalgesellschaften oder ein Zusammenschluss von Personengesellschaften.

Im IFRS-Konzernabschluss liegt in diesen Fällen nur dann ein Unternehmenszusammenschluss vor, wenn das erworbene Unternehmen nicht schon vorher vollkonsolidiert wurde; so wäre etwa die Veräußerung eines Betriebes von einem vollkonsolidierten Unternehmen an ein anderes vollkonsolidiertes Unternehmen aus Konzernsicht ein reiner Innenumsatz, dessen Erfolgswirkung zu eliminieren wäre (IFRS 10.B86).

IFRS 3 ist auch in einem **IFRS-Einzelabschluss** anzuwenden; dazu muss aber ein Unternehmen unmittelbar an die bilanzierende Gesellschaft übertragen werden (z. B. im Rahmen einer Verschmelzung, im Rahmen eines Zusammenschlusses oder im Rahmen einer Betriebseinbringung). Wird nur eine Beteiligung erworben, dann liegt im Einzelabschluss kein Unternehmenszusammenschluss vor; stattdessen wird die Beteiligung nach IAS 27 bewertet.

Wird eine Gruppe von Vermögenswerten und Schulden im Rahmen eines *asset deals* erworben, die nicht die Definition eines Unternehmens erfüllen, dann liegt **kein Unternehmenszusammenschluss nach IFRS 3** vor. Die Vermögensgegenstände sind grundsätzlich nach den jeweils für sie geltenden Standards zu bilanzieren. Der Vollständigkeit halber enthält IFRS 3.2(b) aber eine Bestimmung für die Anschaffungstransaktion: Sämtliche erworbenen Vermögenswerte und Schulden sind zu erfassen und die Anschaffungskosten anhand ihrer relativen Fair Values zu verteilen. Ein Firmenwert darf nicht aktiviert werden. Da die Anschaffungskosten nur anhand relativer Fair Values verteilt werden, gibt es auch keinen Unterschiedsbetrag, der zu einem Firmenwert führen könnte. Allerdings sind ggf. auch immaterielle Vermögenswerte im Sinne von IAS 38 zu aktivieren (z. B. Patente, Kundenlisten), die beim Veräußerer nicht aktiviert waren.

IFRS 3 gilt auch für Zusammenschlüsse von **Genossenschaften oder Versicherungsvereinen auf Gegenseitigkeit** *(„mutuals")*, auch wenn diese gemeinnützig sind; IFRS 3.B47 ff. enthalten Sondervorschriften für die Ermittlung des Firmenwerts. IFRS 3 betrifft auch Unternehmenserwerbe, die nur durch Vertrag erfolgen. Bis 2008 waren Zusammenschlüsse von *„mutuals"* und durch Vertrag von IFRS 3 ausgenommen; IFRS 3.B68 ff. enthalten Übergangsbestimmungen für frühere Erwerbe.

1.4. Definition eines Unternehmens

1.4.1. Definitionsmerkmale

Nur bei einem Erwerb eines Unternehmens i. S.von IFRS 3 wird auch ein Firmenwert angesetzt. In manchen Fällen werden lediglich Gruppen von Vermögenswerten und ggf. Schulden erworben, die kein Unternehmen darstellen. In diesen Fällen liegt zwar auch ein Anschaffungsvorgang vor und die Vermögenswerte und Schulden werden für Zwecke der Kaufpreisallokation neu bewertet, aber es entsteht kein Firmenwert. Daher kommt der Definition eines Unternehmens (*business*) i. S.von IFRS 3 entscheidende Bedeutung zu. Der Begriff wird in IFRS 3.B7 bis .B12D ausführlich definiert. Aufgrund zahlreicher Praxisprobleme hat das IASB auch einen Test eingeführt, um das Vorliegen eines Unternehmens relativ einfach zu widerlegen.

Ein Unternehmen ist eine integrierte Verbindung von Vermögenswerten und Aktivitäten, die betrieben und geführt werden kann, um Güter und Dienstleistungen an Kunden zu produzieren, Investitionserträge abzuwerfen (wie Dividenden oder Zinsen) oder sonstige Erträge aus der gewöhnlichen Tätigkeit zu erzielen (Definition IFRS 3 Anhang A). Weder eine Gruppe von Vermögenswerten noch eine Aktivität, die nicht mit Vermögenswerten untrennbar verbunden ist, sind für sich allein ein Unternehmen. Ob Verbindlichkeiten vorhanden sind, ist für die Unternehmensdefinition nicht relevant (.B9).

Ein Unternehmen wendet grundsätzlich Prozesse an, um aus Vorleistungen *(inputs)* wie z. B. Anlagen, Vorräten, Mitarbeitern oder Lizenzen eigene Leistungen *(outputs)* wie Produkte, Dienstleistungen und Erträge zu erzeugen oder zumindest zu einer Leistung beizutragen (.B7).

Kritisch ist dabei vor allem das Vorliegen eines **Prozesses**, womit ein aktives Handeln verbunden ist. Darunter versteht IFRS 3 ein System, einen Standard, ein Protokoll bzw. Regelwerk, wie aus den Vorleistungen eigene Leistungen erbracht werden können bzw. zu einer Leistung beigetragen wird. Ein Prozess kann in einer ungeschriebenen Konvention bestehen, die eine organisierte und qualifizierte Belegschaft befolgt, um aus Vorleistungen Leistungen zu erstellen (z. B. ein Produktentwicklungsbereich). Rein verwaltende Tätigkeiten sind aber trotz qualifizierter Mitarbeiter kein Prozess (z. B. Rechnungswesen, interne EDV-Abteilung).

Der Prozess muss **substanziell** sein. Ein nebensächlicher oder geringfügiger Vorgang ist nicht substanziell (.B12D). Ein substanzieller Prozess ist leichter nachzuweisen, wenn **bereits Leistungen erbracht** wurden. Dann muss der Prozess für die fortgeführte Leistungserbringung notwendig sein und als Vorleistung zumindest eine organisierte Belegschaft mit der nötigen Qualifikation vorhanden sein. Ist keine solche Belegschaft vorhanden, dann muss der erworbene Prozess einzigartig, selten oder schwer ersetzbar sein (.B12C). Also in anderen Worten: Sind keine eigenen Mitarbeiter vorhanden und könnte der Prozess von jedem beliebigen Anbieter im Auftrag durchgeführt werden, liegt kein substanzieller Prozess vor. Weinhänge mit Rebstöcken und Ausrüstung, aber ohne Mitarbeiter, sind kein Unternehmen, weil sie auch mit einer beliebigen Leiharbeitsfirma betrieben werden könnten.

Die Anforderungen an einen substanziellen Prozess sind höher, wenn (noch) **keine Leistungen erbracht** wurden. Auch hier muss der Prozess für die Leistungserbringung notwendig sein. Es muss aber jedenfalls eine qualifizierte Belegschaft als Vorleistung vorhanden sein. Außerdem muss zumindest eine weitere Vorleistung vorhanden sein, die von der Belegschaft zu Leistungen verarbeitet werden kann (z. B. neben Anlagen etwa auch Vorräte, Abbaurechte, werthaltige Verträge mit nicht beliebig austauschbaren Zulieferern, nötige Lizenzen).

Vorleistungen können auch **ausgelagert** sein (*outsourcing*), z. B. ausgelagerte Immobilienverwaltung oder Personalleihe. Allerdings muss hinterfragt werden, ob die Vorleistung zu einem substanziellen Prozess beiträgt (hierfür spricht z. B. eine lange Vertragsdauer und die schwierige Ersetzbarkeit der Mitarbeiter am Markt).

Eine **tatsächliche Leistungserbringung** ist für ein Unternehmen nicht unmittelbar notwendig. Die Vorleistungen (z. B. Sachanlagen, Finanzanlagen, Lizenzen) und die Prozesse müssen jedenfalls vorhanden sein, bei Leistungen reicht die bloße Möglichkeit, sie aus den Vorleistungen und mit den Prozessen zu erzeugen (.B8; z. B. bei Erwerb eines kürzlich gegründeten Unternehmens ohne Umsätze; .B12A). Aus diesem Grund müssen bestimmte Leistungen, die bereits erzeugt werden, nach dem Kauf nicht fortgesetzt werden (.B8A).

Ein Unternehmen liegt auch vor, wenn damit vor dem Kauf eigenständige Umsätze erzielt wurden, beim Käufer aber nur indirekt zu anderen Leistungen beigetragen werden soll (.B12A). Oder auch, wenn die Leistungserbringung eingestellt werden soll, weil der Kauf lediglich dazu diente, einen Konkurrenten zu beseitigen. Entscheidend ist allein die Frage, ob die Aktivitäten durch Marktteilnehmer als Unternehmen betrieben werden könnten, und nicht, ob der Verkäufer dies auch getan hat oder der Käufer dies beabsichtigt (.B11). Die konkrete Verwendung oder Einstellung des Unternehmens durch den Käufer ist nämlich bereits ein Geschäftsfall nach dem Kauf, der auch als solcher bilanziert werden sollte (vgl. .BC21G).

Das IASB hat sich bei der Unternehmensdefinition an den US-GAAP angelehnt, die aber etwas enger ist (dort ist *outsourcing* von Vorleistungen nicht erlaubt). Außerdem weist nach US-GAAP ein wesentlicher Firmenwert auf ein Unternehmen hin; diese früher auch in IFRS 3 enthaltene Regel wurde vom IASB abgeschafft, weil damit aufwändige Bewertungen nötig würden, selbst wenn kein Unternehmen vorliegt (.BC21E). Stattdessen findet sich eine ähnliche Überlegung im Konzentrationstest, der vermuten lässt, dass neben den erworbenen Vermögenswerten jedenfalls kein Firmenwert entstehen kann.

BEISPIEL 1 Erworben wird eine Biotech-Gesellschaft mit verschiedenen Wirkstoffen in Entwicklung. Das Management und die Forscher haben die Fähigkeit, mit der bestehenden Laborausstattung die Entwicklung fortzusetzen. Keiner der Wirkstoffe ist bereits vermarktbar und es wurden keine Umsätze erzielt.

Lösung: Neben Vorleistungen (Laborausstattung, qualifizierte Mitarbeiter) liegt auch ein substanzieller Prozess vor, weil die Mitarbeiter fähig und organisiert sind, damit eine Leistung zu erbringen.

BEISPIEL 2 Erworben wird eine Fertigungsfabrik mit eingestelltem Produktionsprozess. Aus gesetzlichen Gründen muss die Belegschaft übernommen werden. Vorräte sind nicht vorhanden, auch keine Umsätze.

Lösung: Mangels vorhandener Leistung muss der substanzielle Prozess nach strengeren Maßstäben geprüft werden. Neben der qualifizierten Belegschaft muss auch eine Vorleistung vorhanden sein, die zu einer Leistung verarbeitet werden kann (.IE101 ff.). Mangels Vorräten sind die Mitarbeiter nicht in der Lage, die Fertigung vorzunehmen. Daher liegt kein Unternehmen vor.

BEISPIEL 3 Eine Bank erwirbt ein Portfolio an Wohnbaukrediten von einer anderen Bank. Mitarbeiter werden nicht übertragen.

Lösung: Die Kredite sind zwar eine Vorleistung, die Leistungen ergeben können (Zinserträge). Aber es fehlt an einem Prozess. Daher liegt für Zwecke des Konzentrationstests eine Gruppe ähnlicher Vermögenswerte vor. Etwas anderes gilt, wenn z. B. die Kreditbearbeiter, Risikomanager oder das Problemkreditmanagement mitübertragen werden (.IE116).

1.4.2. Optionaler Konzentrationstest

Mit dem optionalen Konzentrationstest kann der Käufer wiederlegen, dass ein Unternehmen vorliegt und kann auf die aufwändige Beurteilung der Unternehmenskriterien verzichten. Mit dem Konzentrationstest wird beurteilt, ob im Wesentlichen der gesamte Wert eines Erwerbs auf einen erworbenen Vermögenswert oder einer Gruppe ähnlicher identifizierbarer Vermögenswerte entfällt (.B7B). Dann bleibt nämlich wenig Raum für einen Firmenwert.

Der Wert des erworbenen Vermögens ist der Fair Value des erworbenen Bruttovermögens (ohne Abzug übernommener Schulden). Nicht dazu gehören übernommenes Geld und Geldäquivalente (die ohnedies keinen Firmenwert ergeben). Ausgeklammert wird auch ein hypothetischer Firmenwert, der aus latenten Steuerschulden entstehen würden (weil Firmenwerte netto als Restbetrag ohne daraus resultierende latente Steuern angesetzt werden). Außerdem gehören dazu jene Entgelte samt übernommener Minderheitenanteile, die über das erworbene Nettovermögen hinaus bezahlt werden. Entfällt dieser gesamte Wert auf einen Vermögenswert (oder eine Gruppe ähnlicher Vermögenswerte), liegt kein Unternehmen vor.

BEISPIEL Der Käufer erwirbt 70 % der Anteile einer Gesellschaft für 280 Mio. € (der Fair Value der Minderheiten beträgt 120 Mio. €). Die Gesellschaft umfasst folgende Bilanzpositionen:

- Gebäude mit einem Fair Value von 500 Mio. €
- Lizenzen mit einem Fair Value von 400 Mio. €
- Geldmitteläquivalente von 100 Mio. € und Verbindlichkeiten von 800 Mio. €
- latente Steuerschulden von 160 Mio. € aus temporären Differenzen des Gebäudes

Der Wert des übernommenen Bruttovermögens beträgt:

Gebäude		500 Mio. €
Lizenzen		400 Mio. €
Bezahltes Entgelt	280 Mio. €	
Fair Value übernommener Minderheit	120 Mio. €	
Abzüglich: Fair Value des Nettovermögens (500 Mio. € + 400 Mio. € + 100 Mio. € – 800 Mio. € = 200 Mio. €)	– 200 Mio. €	
Über das Nettovermögen hinaus geleistetes Entgelt samt Minderheiten	200 Mio. €	200 Mio. €
Wert des übernommenen Bruttovermögens		1.100 Mio. €

Der Wert des übernommenen Vermögens von 1.100 Mio. € entfällt nicht im Wesentlichen auf einen übernommenen Vermögenswert (oder eine Gruppe gleichartiger Vermögenswerte), denn die zentralen Vermögenswerte haben Werte von 500 Mio. € und 400 Mio. €. Der Konzentrationstest ist daher nicht erfüllt. Außerdem ergibt sich ein erstes Indiz auf einen Firmenwert von 100 Mio. €, weil der Wert des übernommenen Vermögens offenbar höher ist als die Fair Values der identifizierten Vermögenswerte; das Indiz auf einen Firmenwert ist aber für den Konzentrationstest nicht entscheidend.

Ob eine Gruppe aus ähnlichen Vermögenswerten besteht, muss einerseits nach ihrer Natur beurteilt werden: finanzielle, immaterielle und materielle Vermögenswerte sind einander nicht ähnlich; Vermögenswerte in verschiedenen Klassen sind nicht ähnlich (z. B. Vorräte und Maschinen; Marken, Lizenzen und aktivierte Entwicklungskosten; Lieferforderungen und Wertpapiere). Außerdem sprechen unterschiedliche Risikoprofile gegen ähnliche Vermögenswerte. Sind materielle Vermögenswerte untrennbar verbunden (z. B. Bäume mit dem Grund und Boden), so spricht dies für ähnliche Vermögenswerte.

BEISPIEL 1 Erworben wird eine Gesellschaft, die ein neues Medikament entwickelt und am Ende des Entwicklungsprozesses steht, samt dokumentiertem Know-how und chemischen Designs. Ferner besteht ein Vertrag mit einem externen Dienstleister, für die Gesellschaft klinische Zulassungsstudien durchzuführen. Es gäbe mehrere solche Dienstleister zur Auswahl und der Vertrag wurde zu Marktbedingungen abgeschlossen (sein Fair Value ist daher null). Es gibt keine Mitarbeiter.

Lösung: Das Entwicklungsprojekt stellt das einzige Vermögen dar, der Vertrag selbst ist kein wesentlicher Vermögenswert. Hat die Gesellschaft aber ein weiteres Medikament in Entwicklung, entweder für eine andere Krankheit oder in einem anderenm Entwicklungsstand, dann sind die Risiken verschieden. Daher liegen zwei unähnliche Vermögenswerte vor (.IE87 ff.).

BEISPIEL 2 Eine Bank erwirbt ein Portfolio an Wohnbaukrediten von einer anderen Bank. Die Kredite haben ähnliche Fair Values und Risiken. Mitarbeiter werden nicht übertragen. Daher liegt für Zwecke des Konzentrationstests eine Gruppe ähnlicher Vermögenswerte vor.

Besteht das Portfolio aber aus großen Unternehmenskrediten mit unterschiedlichem Rating und unterschiedlichen Finanzierungsbedingungen (Laufzeit, Besicherung, Verzinsung udgl.), dann liegen keine ähnlichen Vermögenswerte vor (.IE113).

1.5. Identifikation des Erwerbers

In den meisten Fällen ist der zivilrechtliche Erwerber einer Mehrheitsbeteiligung bzw. eines Unternehmens in Form eines Asset Deals auch der Erwerber im Sinne von IFRS 3. Allerdings gibt es Situationen, in denen Erwerber und erworbenes Unternehmen **nicht eindeutig unterscheidbar** sind; dies betrifft im Wesentlichen zwei Fallgruppen:

- Zwei Unternehmen bzw. Konzerne verschmelzen zu einer Einheit, an der die ursprünglichen Eigentümer danach verhältniswahrend oder mit geringen Anteilsverschiebungen beteiligt sind (*„true merger“* oder, bei etwa gleich großen Unternehmen, *„merger of equals“*);
- der zivilrechtliche Käufer finanziert den Erwerb über die Ausgabe neuer Anteile an die Eigentümer des erworbenen Unternehmens, die damit die Kontrolle über den Erwerber erlangen (umgekehrter Unternehmenserwerb; *„reverse acquisition“*).

Lässt sich der Erwerber nicht eindeutig aus den Beteiligungsverhältnissen nach dem Erwerb identifizieren, dann ist der Erwerber nach den in IFRS 3.B14 ff. genannten Kriterien zu identifizieren. Eine Identifikation ist unumgänglich, weil beim erworbenen Unternehmen die stillen Reserven und der Firmenwert aufgedeckt werden und bei jedem Unternehmenszusammenschluss nach IFRS 3 ein Erwerber identifiziert werden muss.

Besteht die Gegenleistung für den Unternehmenserwerb in Geld, anderen Vermögenswerten oder in der Aufnahme von Verbindlichkeiten, dann ist der Erwerber schlicht jene Partei, die das Vermögen überträgt oder die Verbindlichkeiten aufnimmt (.B14). Komplexer sind jene Fälle, in denen die Gegenleistung durch Ausgabe neuer Eigenkapitalinstrumente bzw. durch andere Transaktionen in der Eigentümersphäre erfolgt. Üblicherweise ist dann jene Partei der Erwerber, die neue Eigenkapitalinstrumente ausgibt, sofern nicht ein umgekehrter Erwerb stattfindet (.B14 und .B15).

Lässt sich der Erwerber trotzdem nicht eindeutig festlegen, dann führen .B15 bis .B18 eine Reihe von Kriterien auf (Stimmrechtsmehrheiten nach dem Zusammenschluss; die größte Minderheit, wenn es keine eindeutige Mehrheit gibt; Zusammensetzung von Vorstand und Aufsichtsrat; Vorhandensein von Kontrollprämien beim Übergang der Anteile). Der Erwerber ist üblicherweise das größere Unternehmen hinsichtlich Vermögen, Umsatz und Ergebnissen; bei mehr als zwei fusionierenden Unternehmen ist es üblicherweise jener, der den Zusammenschluss initiiert.

1.6. Konzerninterne Umgliederungen

Ob ein Unternehmenszusammenschluss vorliegt, ist grundsätzlich aus der Perspektive des erwerbenden Unternehmens zu beurteilen. Werden bereits vollkonsolidierte, beherrschte Unternehmen innerhalb eines Konzerns umgegliedert, dann liegt aus Perspektive des Konzerns kein Unternehmenszusammenschluss, sondern ein Innenumsatz vor (Einheitstheorie). Dies gilt auch, wenn Konzernmitglieder gespalten werden oder Betriebe von Konzernmitgliedern an neue Tochterunternehmen ausgelagert werden. IFRS 3 ist auf Innenumsätze im Konsolidierungskreis eines bestehenden Konzernabschlusses grundsätzlich nicht anwendbar. Lagert etwa ein Unternehmen, das bisher keine Tochterunternehmen besitzt, seinen Geschäftsbetrieb an ein neu gegründetes Tochterunternehmen aus (z. B. im Rahmen einer „down stream"-Spaltung), dann wird das Unternehmen dadurch zu einem Mutterunternehmen und muss sein Tochterunternehmen gemäß IFRS 10 konsolidieren. Die Auslagerung ist aber kein Erwerbsvorgang gemäß IFRS 3, sondern ein Innenumsatz des neu entstandenen Konzerns.

In bestimmten Fällen können konzerninterne Umgliederungen aber für IFRS 3 relevant sein:

- Werden Einzelabschlüsse oder Konzernabschlüsse für Teilkonzerne aufgestellt, dann kann aus der Perspektive der jeweils berichtenden Einheit ein Unternehmenszusammenschluss vorliegen, der im übergeordneten Konzernabschluss mitunter nicht abgebildet wird.
- Im Rahmen von Umgliederungen kann es zu Veräußerungen oder Rückkäufen von Eigenkapitalinstrumenten von Tochterunternehmen kommen; soweit konzernfremde Eigenkapitalgeber beteiligt sind, werden diese Transaktionen zu Anschaffungskosten innerhalb des Eigenkapitals im Konzernabschluss abgebildet (Umbuchungen zwischen Minderheitenanteilen und dem Eigenkapital der Konzernmutter; IFRS 10.B96).

Ein Unternehmenszusammenschluss nach IFRS 3 setzt nur voraus, dass ein Unternehmen von einer Gesellschaft erworben wird; der Erwerber selbst muss kein Unternehmen im Sinne von IFRS 3 sein (vgl. IFRS 3 Anhang A). Daher können auch Unternehmenserwerbe vorliegen, wenn eine bestehende Muttergesellschaft eines Konzerns von einer anderen, leeren Gesellschaft erworben wird.

Erfolgt der Erwerb eines Unternehmens durch eine Mantelgesellschaft, die zur Finanzierung des Erwerbs Anteile an die Eigentümer des erworbenen Unternehmens ausgibt, dann liegt aus Sicht von IFRS 3 i. d. R. ein „umgekehrter Erwerb" vor (ausführlich unten, Kap. XVIII.3.8., S. 468): Die Mantelgesellschaft ist zwar zivilrechtlich der Erwerber, wirtschaftlich wird sie aber selbst erworben (IFRS 3.19; konkret .B18). Da die Mantelgesellschaft aber i. d. R. kein Unternehmen im Sinne von IFRS 3 darstellt, handelt es sich um keinen Unternehmenserwerb im Sinne von IFRS 3 (ausdrücklich .B19 letzter Satz). Darüber hinaus kommt meist auch eine spezielle Ausnahmeregelung in IFRS 3 zur Anwendung, die für Erwerbe unter gemeinsamer Kontrolle geschaffen wurde (siehe ausführlich Kap. XVIII.1.6., S. 434).

1.7. Erwerbe unter gemeinsamer Kontrolle

1.7.1. Ausnahmeregelung von IFRS 3

Unternehmenserwerbe unter gemeinsamer Kontrolle sind von IFRS 3 ausgenommen (IFRS 3.2(c); *combinations under common control*). Werden nämlich erworbenes Unternehmen und Erwerber von denselben Personen oder Unternehmen kontrolliert, dann liegt nach den Grundsätzen des Kontrollkonzepts kein tatsächlicher Erwerbsvorgang (keine Anschaffung) vor, sondern nur eine Umgliederung innerhalb eines bestehenden Kontrollverbundes. Aus derartigen Geschäften „mit sich selbst" sollen auch keine Firmenwerte oder stillen Reserven aufgedeckt werden.

Damit der Ausnahmetatbestand erfüllt ist, müssen Erwerber und erworbenes Unternehmen vor und nach dem Erwerb auf einer übergeordneten Ebene von denselben Personen kontrolliert werden. Es findet also keine Verschiebung der endgültigen Kontrolle statt. Die Personen auf übergeordneter Ebene müssen keinen Abschluss nach IFRS erstellen bzw. die betroffenen Unternehmen konsolidieren (.B3; es geht also nicht um eine Befreiungsbestimmung für Teilkonzernabschlüsse). Es ist auch irrelevant, ob sich die Beteiligungsquoten der kontrollierenden Personen am Erwerber bzw. am erworbenen Unternehmen ändern, solange sie jeweils die Kontrolle ermöglichen (.B4).

Ein Fall der gemeinsamen Kontrolle sind auch Personen, die aufgrund eines Vertrags auf übergeordneter Ebene eine kollektive Kontrolle auf Erwerber und erworbenes Unternehmen vor und nach dem Erwerb ausüben (.B2).

BEISPIEL Die börsennotierten Konzerne A und B sind im Streubesitz und wollen fusionieren; die Aktionäre von A und B erhalten für ihre Aktien neue Aktien am fusionierten Konzern C. Die Fusion fällt unter IFRS 3, weil Konzern A, Konzern B und der fusionierte Konzern C nicht jeweils von denselben Aktionären beherrscht werden. Hätten die Aktionäre von A und B bereits vorher eine Vereinbarung zur gemeinsamen Beherrschung von A und B, dann wäre die Fusion ein Erwerb unter gemeinsamer Kontrolle und von IFRS 3 ausgenommen.

Die Befreiung ist insbesondere für Teilkonzernabschlüsse nach IFRS von Bedeutung, wenn Unternehmen zwischen Teilkonzernen verlagert werden. Aus Sicht des Teilkonzerns ist der Erwerb einer Schwestergesellschaft i. d. R. ein Erwerb unter gemeinsamer Kontrolle.

Ein häufiger Anwendungsfall ist die (verhältniswahrende) Spaltung eines Mutterunternehmens in zwei neue Teilkonzerne, die nach der Spaltung von denselben Personen kontrolliert werden. In der Praxis gibt es auch Spaltungen, bei denen die Minderheiten des Konzernmutterunternehmens mit einer Beteiligung an einer abgespaltenen „Cash Box"-Gesellschaft abgefunden werden (Squeeze Out). Da die abgespaltene Gesellschaft i. d. R. nur liquide Mittel besitzt und daher kein Unternehmen im Sinne von IFRS 3 darstellt, liegt beim Erwerber der Cash Box kein Unternehmenszusammenschluss vor.

Die Ausnahmeregelung gilt zwar grundsätzlich sowohl für Akquisitionen innerhalb einer bestehenden Gruppe als auch für Akquisitionen mit einem gruppenfremden Geschäftspartner. Allerdings sind Umstrukturierungen zwischen vollkonsolidierten Unternehmen aus Konzernsicht von vornherein nicht von IFRS 3 betroffen; vielmehr liegen nur Innenumsätze vor, die nach IFRS 10.B86 zu eliminieren sind. Manchmal werden aber gruppeninterne **Umstrukturierungen mit dem Ziel des Börsengangs** eines Teilkonzerns durchgeführt. Mit dem Börsengang muss der Teilkonzern einen eigenen Konzernabschluss aufstellen und es ist zu prüfen, inwieweit IFRS 3 für diesen Konzernabschluss anwendbar ist.

BEISPIEL Der Konzern K gliedert seinen Teilkonzern T unter eine neu gegründete Zwischenholding um, die danach Anleihen an einem geregelten Markt emittiert. Die Holding muss nun für Zwecke des Prospekts und der laufenden Marktinformation Konzernabschlüsse für den Teilkonzern T aufstellen.

Wird die Holding und damit der Teilkonzern T weiterhin von K beherrscht, dann ist die Umgliederung aus Sicht des Konzerns K ein zu eliminierender Innenumsatz, der nicht abgebildet wird. Aus Sicht der Holding (Konzernabschluss für T) stellt die Übernahme des Teilkonzerns T grundsätzlich einen Erwerb nach IFRS 3 dar; dieser erfolgt aber unter gemeinsamer Kontrolle, auch die darauffolgende Emission der Anleihen bewirkt keine Änderung der Kontrollverhältnisse. Daher ist IFRS 3 nicht anwendbar.

Selbst wenn IFRS 3 nicht anwendbar ist, stellt sich die Frage, wie die Transaktion zu verbuchen ist: als Erwerbstransaktion oder in Form der Buchwertfortführung (Letztere findet keine Entsprechung in den IFRS). Daher muss nach den Zielen und der wirtschaftlichen Substanz entschieden werden; siehe dazu Kap. XVIII.1.6.2).

Ausnahmen von IFRS 3 gelten auch nicht unmittelbar für IFRS 10. Erwirbt etwa ein Unternehmen ohne Tochterunternehmen ein anderes Unternehmen „unter gemeinsamer Kontrolle", dann wird das Unternehmen zum Mutterunternehmen und muss ggf. einen Konzernabschluss erstellen. Um den Konzernabschluss zu erstellen, ist eine Kapitalkonsolidierung unumgänglich, auch wenn kein Erwerbsvorgang nach IFRS 3 vorliegt.

1.7.2. Bilanzierungstechnik

Erwerbe unter gemeinsamer Kontrolle sind zwar von IFRS 3 ausgenommen. Allerdings fehlen konkrete, alternative Regelungen. Aus der historischen Entwicklung des Standards und aus Vergleichen mit US-GAAP werden in der Literatur im Wesentlichen zwei Bilanzierungsmethoden beschrieben:

- Interessenzusammenführungsmethode *(pooling of interests)*; dabei werden die Buchwerte (auf Basis der IFRS) beider kombinierter Unternehmen unverändert fortgeführt, stille Reserven und Firmenwerte werden nicht aufgedeckt.
- Erwerbsmethode *(acquisition method)* analog zu IFRS 3; dabei werden stille Reserven und Firmenwerte aufgedeckt.

Die Interessenzusammenführung kommt vor allem dann in Betracht, wenn die Gegenleistung für das erworbene Unternehmen in neuen Eigenkapitalinstrumenten besteht oder direkt auf Ebene der Eigentümer vollzogen wird. Gibt der Erwerber aber Geld oder andere aktivierte Vermögenswerte hin, dann müssen diese ausgebucht werden, sodass bei der Erstkonsolidierung zwangsläufig ein Unterschiedsbetrag entsteht. Diese Fälle können nur durch die Erwerbsmethode sinnvoll abgebildet werden. Die Literatur stellt für die Entscheidung zwischen Interessenzusammenführungsmethode und Erwerbsmethode auch auf die wirtschaftliche Substanz der Transaktion ab, insbesondere auf folgende Kriterien:

Zweck der Transaktion; Beteiligung von Dritten oder Minderheiten an der Transaktion, die ein Informationsinteresse an Marktwerten haben könnten; Transaktion bzw. Anteilsverschiebungen zum Fair Value; Transaktionspartner sind operativ tätig oder Zusammenführung von Gesellschaften zu einer neu entstehenden Berichtseinheit; bei Schaffung einer neuen Gesellschaft spricht ein bevorstehender Börsengang oder eine damit zusammenhängende Änderung der Kontrollverhältnisse für die Erwerbsmethode (vgl. Ernst&Young, International GAAP 2015, S. 686 ff.).

Auch bei Anwendung der **Interessenzusammenführungsmethode** sind die Konsolidierungsbestimmungen nach IFRS 10.B86 anzuwenden (außer Erwerber und erworbenes Unternehmen verschmelzen in eine einzige Gesellschaft). Folglich müssen auch Innenbeziehungen eliminiert werden:

- Ein vom übergeordneten Unternehmen gehaltenes Eigenkapital des Tochterunternehmens wird mit der entsprechenden Beteiligung verrechnet; ggf. werden Minderheitenanteilen in Höhe der anteiligen Buchwerte erfasst.
- Konzerninterne Forderungen, Transaktionen sowie Aufwendungen und Erträge werden ab dem Erwerbszeitpunkt eliminiert.

Die Abschlussstichtage müssen entsprechend IFRS 10.B92 angeglichen werden und einheitliche Bilanzierungsmethoden herangezogen werden (IFRS 10.B87). Firmenwerte und stille Reserven werden nicht aufgedeckt.

2. Konsolidierung im Konzernabschluss

2.1. Allgemeines

Jedes Mutterunternehmen *(parent)* hat grundsätzlich einen Konzernabschluss aufzustellen *(consolidated financial statements)*, in dem es alle Tochterunternehmen konsolidiert (IFRS 10.4).

Ein Unternehmen gilt immer dann als Mutterunternehmen, wenn es zumindest ein anderes Unternehmen (Tochterunternehmen; *subsidiary*) kontrolliert (IFRS 10 Anhang A). Tochterunternehmen müssen keine bestimmte Rechtsform aufweisen; in Betracht kommen sowohl Personen- als auch Kapitalgesellschaften.

Alle Tochterunternehmen sind in den Konzernabschluss einzubeziehen. Dies gilt auch dann, wenn das Mutterunternehmen keine operative Geschäftstätigkeit entfaltet (z. B. Holdinggesellschaften, Kapitalbeteiligungsgesellschaften, Wertpapier-Investmentfonds oder Investmentgesellschaften). Tochterunternehmen sind auch dann einzubeziehen, wenn sie konzernfremde bzw. unterschiedliche Tätigkeiten ausüben; die unterschiedlichen Tätigkeiten konsolidierter Unternehmen werden durch den Segmentbericht transparent gemacht.

IFRS 10 ist auch auf Tochterunternehmen anwendbar, wenn die Beteiligung in der **Absicht kurzfristiger Weiterveräußerung** erworben wurde und daher die Bedingungen von IFRS 5.6 ff. erfüllt sind (vorübergehende Kontrolle). In diesen Fällen erfolgt allerdings die Darstellung nach IFRS 5, d. h. keine Zuordnung der Vermögenswerte und Schulden des Tochterunternehmens zu den entsprechenden Bilanzposten im Konzern, sondern eine aggregierte Darstellung in einem Vermögens- und einem Schuldposten in der Konzernbilanz entsprechend IFRS 5. Eine Vollkonsolidierung ist trotzdem erforderlich.

Obwohl IFRS 10 grundsätzlich die Vollkonsolidierung aller Tochterunternehmen verlangt, werden in der Praxis **unbedeutende Tochtergesellschaften** regelmäßig nicht konsolidiert (z. B. Mantelgesellschaften ohne weitere Beteiligungen). Begründbar ist dies mit dem Wesentlichkeitsgrundsatz und dem Wirtschaftlichkeitsgrundsatz. Die Beteiligungen fallen dann in den Anwendungsbereich von IFRS 9. Es handelt sich somit grundsätzlich um ein Eigenkapitalinstrument, das zu seinem Fair Value bewertet werden müsste (bei einer unbedeutenden Beteiligung aber mitunter verzichtbar, auch das Argument der Kosten-Nutzen-Abwägung kann kaum angeführt werden, wenn statt der Konsolidierung eine mitunter noch aufwendigere Unternehmensbewertung zu erfolgen hätte).

2.2. Kontrolle

2.2.1. Einleitung

Der Hauptteil des IFRS 10 behandelt den Tatbestand der Kontrolle. Anhang A definiert Kontrolle erfolgsorientiert:

- der Investor ist variablen Erträgen des Tochterunternehmens ausgesetzt oder hat Rechte auf variable Erträge aus seiner Beziehung zum Tochterunternehmen;
- aus seiner beherrschenden Stellung über das Tochterunternehmen kann er diese variablen Erträge beeinflussen (d. h. es liegen Erfolgschancen und -risiken vor).

Daraus ergeben sich drei Elemente: die beherrschende Stellung, die Erfolgsbeziehung und die Möglichkeit, die beherrschende Stellung zur Beeinflussung der Erfolge zu nutzen (IFRS 10.5). Mit dieser Definition sollen zwei Problemstellungen auf einen Schlag gelöst werden: Die klassischen Beteiligungsverhältnisse und komplexe Gestaltungen wie Zweckgesellschaften, für deren Konsolidierung es früher eigene Bestimmungen gab. Es ist daher nicht mehr nötig, zwischen klassischen Unternehmen und Zweckgesellschaften zu unterscheiden. Allerdings ist bei einer Zweckgesellschaft eine viel genauere und komplexe Analyse zur Beurteilung der Konsolidierungspflicht erforderlich.

Zweckgesellschaften wurden mitunter für die nicht bilanzwirksame Fremdfinanzierung *(off-balance-sheet financing)* und andere Formen der **„innovativen Bilanzierung“** missbraucht: Mit der Beteiligungsbewertung zu Anschaffungskosten können Aufwendungen aktiviert werden; Projekte in der kostenintensiven Entwicklungsphase können so in Zweckgesellschaften ausgelagert werden, um Anlaufverluste zu verbergen. Außerdem können über die Auslagerung von Vermögenswerten an Zweckgesellschaften stille Reserven gehoben werden und Risiken verschleiert werden, weil nicht mehr das ursprüngliche Vermögen, sondern Forderungen bzw. Wertpapiere gegenüber der Zweckgesellschaft ausgewiesen werden. Zweckgesellschaften werden häufig dazu missbraucht, eigene Eigenkapital- oder Nachrangkapitalemissionen des Mutterunternehmens zu erwerben, wobei die Finanzierung vom Mutterunternehmen selbst zur Verfügung gestellt wird. Die Finanzmittel „drehen sich im Kreis“, was zu einer künstlichen Aufblähung des Kapitals des Mutterunternehmens ohne eine effektive Steigerung des risikotragenden Kapitals führt. In Extremfällen werden sogar künstliche Gewinne erzeugt, wenn Kurssteigerungen eigener Emissionen zu Gewinnen der Zweckgesellschaft führen und diese durch Aufwertung der Forderungen an die Zweckgesellschaft beim Mutterunternehmen realisiert werden. Solche Modelle werden aber teilweise durch aktienrechtliche oder aufsichtsrechtliche Bestimmungen und Sorgfaltspflichten eingeschränkt.

2.2.2. Beherrschende Stellung *(power)*

Eine beherrschende Stellung *(power)* im Sinne des IFRS 10 resultiert aus Rechten, auch wenn diese noch nicht konkret ausgeübt wurden (.11 f.). Haben mehrere Investoren Einfluss in Bezug auf jeweils unterschiedliche Aktivitäten eines Unternehmens, dann geben die für die Erträge relevantesten Aktivitäten den Ausschlag (.13). Davon abzugrenzen ist die gemeinsame Kontrolle, d. h. mehrere Investoren können das Unternehmen nur einvernehmlich beherrschen; in diesen Fällen liegt üblicherweise ein Joint Venture gemäß IFRS 11 vor.

Liegen keine besonderen Faktoren vor, dann führt die **Stimmrechtsmehrheit** zur Kontrolle (IFRS 10.B6; .B35 f.). Die überwiegende Mehrzahl der Fälle lässt sich anhand dieser Regel entscheiden. Bei der Beurteilung der Stimmrechtsmehrheit sind ggf. Stimmrechtsbindungsverträge zu beachten (.B39).

Die Stimmrechtsmehrheit ist nicht nur rechnerisch anhand der ausstehenden Instrumente mit Stimmrecht zu beurteilen. Vielmehr kommt es auf die faktische **Stimmrechtsmehrheit** an, die durch die Streuung und die Möglichkeiten zur Willensbildung beeinflusst wird. Hält ein Investor 48 % der Stimmrechte, sind die restlichen Stimmrechte breit gestreut und ist der Streubesitz nicht vertraglich oder organisatorisch zur kollektiven Willensbildung befähigt, so wird der Investor üblicherweise auch die Kontrolle haben (IFRS 10.B43).

Nur in seltenen Fällen sind die Stimmrechte nicht der entscheidende Faktor für den Kontrollbegriff, etwa wenn Managementorgane nicht durch die Stimmrechtsmehrheit bestellt werden oder die Stimmrechte nur einen Einfluss auf die allgemeine Verwaltung zulassen und nicht auf das relevante, aktive Geschäft (.B8; .B17). Der Einfluss auf das **relevante, aktive Geschäft** besteht etwa in operativen Entscheidungen und Investitionsentscheidungen sowie in der Bestellung, Abberufung und Vergütung von Schlüsselpersonen des Managements oder wesentlicher Dienstleister (.B12; .B15).

Ein wesentlicher Indikator für eine Beherrschung ist auch die operative Abhängigkeit eines Tochterunternehmens, etwa aufgrund entsandten Personals oder Managements, eines Finanzierungsbedarfs durch das Mutterunternehmen, aufgrund von Patronatserklärungen oder aufgrund zur Verfügung gestellter Dienste, Technologien oder Rohstoffe. Auch vom Mutterunternehmen gehaltene Lizenzen oder Handelsmarken, die für den Betrieb des Tochterunternehmens relevant sind, weisen auf eine Beherrschung hin (.B19).

Beherrschungsrechte eines Mutterunternehmens können aber eingeschränkt sein, etwa durch Vertragsstrafen bei Ausübung von Rechten, hohe Ausübungspreise bei Bezugs- oder Wandlungsrechten, enge Zeitfenster oder lange Vorlauffristen für Entscheidungen, Rechtsunsicherheit, ein unwilliges Management oder rechtliche Beschränkungen. Dies sind Indikatoren gegen eine Beherrschung (.B23).

Auch **potentielle Beherrschungsrechte** können zur Beherrschung führen (.B47 ff.): Benötigen bestehende Aktionäre zur Meinungsbildung und Durchsetzung aus formellen Gründen üblicherweise ein Monat, wurde aber schon die Aktienmehrheit auf Termin in drei Wochen erworben, dann führt dieses potentielle Beherrschungsrecht schon gegenwärtig zur Kontrolle (IFRS 10.B24 Beispiel 3B). Potentielle Stimmrechte können insbesondere in Kombination mit bestehenden Stimmrechten zur Beherrschung führen (etwa bei einer bestehenden Beteiligung von bereits 40 %; IFRS 10.B50). Nicht relevant sind potentielle Stimmrechte, deren Bedingungen eine Ausübung nicht erwarten lassen (z. B. Optionen, die einen Ausübungspreis weit über dem aktuellen Marktpreis der Aktien vorsehen; .B50 Beispiel 9).

Eine Beherrschung ergibt sich grundsätzlich aus Gestaltungsrechten und nicht bloß aus **Schutzrechten** (.B27 f.). Schutzrechte sind etwa Kreditschutzklauseln, die bestimmte Aktivitäten untersagen oder bei Zahlungsstörungen direkten Vermögenszugriff erlauben, oder auch Vetorechte von Minderheiten (etwa bei der Anforderung qualifizierter Mehrheitsbeschlüsse für bestimmte Entscheidungen bei ansonsten einfachen Mehrheitserfordernissen).

2.2.3. Beeinflussung variabler Erträge

Eine für IFRS 10 relevante Kontrolle setzt einen Einfluss auf die variablen Erträge aus einem Tochterunternehmen voraus. Diese können etwa nur positiv (z. B. bei Bezugsrechten), nur negativ oder gemischt sein (z. B. bei einem Anteil an einer Personengesellschaft; IFRS 10.15). Negative variable Erträge können z. B. durch das Ausfallsrisiko einer Forderung oder einer Anleihe resultieren, d. h. kontrolliert das Mutterunternehmen ein anderes Unternehmen aufgrund eines Beherrschungsvertrages und besteht die einzige Investition in einem Kredit, dessen Werthaltigkeit durch die Beherrschung beeinflusst werden kann, liegt ebenfalls ein Tochterunternehmen vor (IFRS 10.B56). Weitere Beispiele für variable Erträge sind Dividenden, Entgelte für Dienstleistungen, Risiken aus Garantien oder Synergieeffekte aus gemeinsamen Aktivtäten oder gemeinsam genutzten Ressourcen (.B57).

Der Einfluss muss sich auch auf Erträge beziehen, die das Mutterunternehmen aus dem kontrollierten Unternehmen erzielt. Wird etwa fremdes Vermögen verwaltet (z. B. ein Fonds durch eine Kapitalanlagegesellschaft oder das Verbriefungsvermögen vom Originator einer Verbriefung), dann kontrolliert das Unternehmen Vermögen zugunsten oder zulasten Dritter. IFRS 10.18 spricht hier von einem **Agenten**. Die Kontrolle ist aber nicht dem Agenten, sondern vielmehr dem **Prinzipal** zuzurechnen, für dessen Rechnung bzw. für dessen Erträge der Agent tätig wird (.B59). Diese abstrakt wirkende Abgrenzung ist zur Beurteilung der Vermögensverwaltung sehr relevant und löst damit Unklarheiten aus dem früheren Kontrollbegriff.

In Abgrenzungsfällen ist vor allem die Höhe und Variabilität der Erträge zu vergleichen, die letztlich dem Prinzipal oder dem Agenten zustehen (.B71). Fixe Provisionen oder im Vergleich zum erwirtschafteten Gesamtertrag geringe Erfolgsprämien sprechen eher für einen Agenten. Dies trifft typischerweise auf Kapitalanlagegesellschaften zu. Hat die Kapitalanlagegesellschaft aber uneingeschränkte Kontrolle, erhält sie ein erfolgsabhängiges Verwaltungsentgelt und ist sie selbst zu beispielsweise 20 % am Fonds beteiligt, kann dies schon für einen Prinzipal sprechen, d. h. die Kapitalanlagegesellschaft hätte den Fonds zu konsolidieren; dies gilt aber nicht, wenn sie die übrigen Investoren jederzeit austauschen können (vgl. IFRS 10.B72 Beispiel 14).

Typische Agenten, deren Einfluss dem Prinzipal zuzurechnen ist, sind etwa nahestehende Personen und Unternehmen (z. B. auch Aufsichtsräte), Parteien, die das Vermögen durch Einlage oder Zuwendung vom Prinzipal erworben haben (z. B. Stiftungen), finanziell abhängige Gesellschaften, im Führungsbereich personell verschränkte Unternehmen oder in engem wirtschaftlichen Kontakt stehende Parteien (z. B. Beratungsfirmen, Rechtsanwälte, Steuerberater udgl.; IFRS 10.B75). Damit werden Gestaltungsmodelle hinfällig, wonach Beteiligungen etwa an Stiftungen ausgelagert werden oder an Gesellschaften, die von Beratern oder ehemaligen Verantwortungsträgern geführt werden, von denen üblicherweise erwartet wird, dass sie im Interesse des auslagernden Unternehmens handeln werden.

Franchiseverträge führen selten zur Kontrolle; sie erlauben einem Franchisegeber zwar gewisse Maßnahmen und Einflüsse zur Sicherung der Qualität und zum Schutz der Marke, dies alleine macht aber noch keinen Einfluss auf variable Erträge aus. Außerdem müsste der Franchisegeber zum Vorliegen einer Kontrolle auch variable Erträge beziehen; dies setzt üblicherweise auch eine Finanzierung durch den Franchisegeber voraus (IFRS 10.B29 ff.).

Bei Forderungsverbriefungen ist die wesentliche Aktivität, die Forderungen bei Ausfall zu managen (z. B. umzuschulden oder einzutreiben). Das bloße Halten der Forderungen ist von untergeordnetem Interesse. Daher ist jene Partei, welche das Forderungsmanagement bei Ausfall übernimmt, regelmäßig als die beherrschende Partei anzusehen (IFRS 10.B53 Beispiele 11 und 12).

2.3. Einheitliche Bilanzierungsmethoden und Abschlussstichtage

Die für die Konsolidierung verwendeten Abschlüsse aller einbezogenen Tochterunternehmen und des Mutterunternehmens müssen grundsätzlich **denselben Abschlussstichtag** haben. Ist dies nicht der Fall, dann sind provisorische Abschlüsse für Zwecke der Konsolidierung auf einen Stichtag zu erstellen (IFRS 10.B92).

Ausnahmsweise dürfen die Abschlussstichtage abweichen, wenn die Erstellung provisorischer Abschlüsse nicht praktikabel ist (z. B. unverhältnismäßige Kosten der doppelten Jahresabschlusserstellung und Prüfung). In diesem Fall sind die Abschlüsse zumindest um die Auswirkungen wichtiger Ereignisse und Transaktionen in der Zwischenzeit anzupassen. Keinesfalls dürfen die Stichtage aber weiter als **drei Monate** auseinanderfallen (.B93).

Weichen die Stichtage von Tochterunternehmen ab, sind das jeweilige Datum im Anhang anzugeben und die Gründe für die Abweichung zu erläutern (IFRS 12.11).

Nach nationalem Bilanzrecht müssen der Jahresabschluss des Mutterunternehmens und der Konzernabschluss auf denselben Stichtag aufgestellt werden. Eine Abweichung wäre praktisch undurchführbar, weil an Börsen erforderliche Jahresfinanzberichte einen Konzern- und einen Jahresabschluss des Emittenten enthalten müssen und dies eine parallele Berichterstattung voraussetzt.

Bilanzierungsmethoden und Bilanzierungswahlrechte sind im gesamten Konzern **einheitlich anzuwenden**. Werden sie von einer Konzerngesellschaft abweichend ausgeübt, dann sind für Zwecke der Konsolidierung entsprechende Anpassungen erforderlich (IFRS 10.B87).

Die Bestimmungen zu abweichenden Abschlussstichtagen und zu einheitlichen Bilanzierungsmethoden und Bilanzierungswahlrechten gelten ebenso für Beteiligungen an assoziierten Unternehmen und Joint Ventures (IAS 28.35).

2.4. Anhangangaben zu Tochterunternehmen (IFRS 12)

IFRS 12 verlangt umfangreiche Anhangangaben zu Anteilen an assoziierten Unternehmen, Joint Ventures und Tochterunternehmen sowie zu sonstigen Engagements mit strukturierten Gesellschaften. Damit sollen vor allem Risiken und Auswirkungen auf die Finanzlage gezeigt werden (IFRS 12.1). IFRS 12 ist daher auch auf Beteiligungen an Tochterunternehmen gemäß IFRS 10 anwendbar (IFRS 12.8(a)). Die wesentlichsten Angabepflichten zu Tochterunternehmen sind nachfolgend dargestellt.

Das Unternehmen hat wesentliche Ermessensspielräume und Annahmen anzugeben, die es bei der Beurteilung der Kontrolle herangezogen hat; insbesondere ist zu erläutern, wenn bei Stimmrechtsmehrheit keine Kontrolle angenommen wurde oder trotz fehlender Mehrheit von Kontrolle ausgegangen wurde (IFRS 12.7 und .9). Außerdem ist zu erläutern, ob sich das Unternehmen als Prinzipal oder Agent sieht.

Im Konzernabschluss ist die Gruppenstruktur verständlich zu erläutern (IFRS 12.10).

Dazu müssen insbesondere Konzernmitglieder genannt werden, bei denen es **Minderheitenanteile** gibt (Name der Gesellschaft, Ort der Tätigkeit, Eigenkapitalanteil und ggf. abweichender Stimmrechtsanteil der Minderheiten, Gewinn- und Verlustanteil der Minderheiten und Minderheitenbuchwert zu Periodenende).

Für jedes Tochterunternehmen mit wesentlichen Minderheitenanteilen sind die Dividenden an die Minderheiten sowie **zusammenfassende Finanzinformationen** über Vermögenswerte, Verbindlichkeiten, Erfolg und Cashflows des Tochterunternehmens anzugeben. Empfohlen wird eine weitere Unterteilung in kurz- und langfristige Vermögenswerte und Schulden, Umsatz, Gewinn und Verlust und sonstiges Ergebnis. Dabei ist jeweils der den Minderheiten im Konzern zustehende Anteil an den Aktivitäten und Cashflows zu zeigen. Die Angaben erfolgen unkonsolidiert (.B10 f.). Die Finanzinformationen haben somit gewisse Ähnlichkeit zum Segmentbericht.

Den Konzerneigentümern und Gläubigern wird damit gezeigt, an welchen Geschäften des Konzerns sie zu welchem Anteil partizipieren. In Extremfällen kann die durchgerechnete Erfolgs- und Vermögensbeteiligung durch Minderheiten stark verwässert sein. Besteht z. B. jeweils eine Beteiligung von 60 % über vier Konzernstufen hinweg, dann beträgt der Minderheitenanteil am Vermögen, an den Erfolgen und den Cashflows des letzten Tochterunternehmens immerhin 87 % und der Anteil der Konzerneigentümer trotz ihrer Kontrolle nur 13 %. Bei der Darstellung der Minderheitenanteile ist die Sicht des Konzernmutterunternehmens einzunehmen, d. h. es hat eine Durchrechnung zu erfolgen.

Um ausufernde Finanzinformationen zu vermeiden, können ähnliche Tochterunternehmen in Gruppen zusammengefasst werden (ausführlich IFRS 12.B2 ff.). Bei der Zusammenfassung darf die Information über den effektiven Anteil der Minderheiten nicht verloren gehen.

Ferner sind wesentliche **Restriktionen** in Bezug auf die Nutzung oder den Zugriff von Vermögenswerten und die Bedienung von Verbindlichkeiten anzugeben. Dies betrifft etwa den Transfer von Geld oder sonstigem Vermögen innerhalb der Gruppe. Weitere Beispiele sind Vertragsklauseln oder Garantien, die etwa Dividenden, Kapitalrückzahlungen oder Schuldentilgungen behindern (IFRS 12.13(a)).

Anzugebende Praxisfälle sind ein sogenannter „Dividend Stopper“ oder ein „Dividend Pusher“. Bei solchen Klauseln werden Dividendenzahlungen gesperrt, wenn auf Hybridkapital keine Vergütung geleistet wird, oder eine Vergütung wird fällig, wenn Dividenden bezahlt werden. Bei Unternehmenskrisen haben sich solche Klauseln als extrem schädlich erwiesen und wurden daher durch Basel III im Bankbereich verboten. Weitere Restriktionen können sich etwa aus Kreditschutzklauseln ergeben, die eine gewisse Kapitalerhaltung verlangen, was insbesondere im angloamerikanischen Raum üblich ist.

Außerdem sind Schutzrechte von Minderheiten anzugeben (z. B. Vetorechte, Verwässerungsschutzrechte), die die Nutzung von Vermögen im Konzern und die Schuldentilgung behindern könnten (IFRS 12.13(b)).

Der Buchwert aller Vermögenswerte und Schulden im Konzernabschluss, der den genannten Restriktionen unterliegt oder von diesen betroffen ist, muss offengelegt werden (.13(c)).

Sind **strukturierte Gesellschaften** (z. B. Verbriefungszweckgesellschaften; vgl. Kap. VII.4.3., S. 145) im Konzernabschluss konsolidiert, dann sind die Risiken daraus anzugeben, insbesondere vertragliche Verpflichtungen, finanzielle Unterstützung zu leisten, und die dafür kausalen Ereignisse (z. B. Liquiditätsengpässe oder ratingabhängige Beistandspflichten; IFRS 12.14). Auch finanzielle Unterstützungen während der Periode (mit oder ohne rechtliche Verpflichtungen) sowie die Absicht, künftig Unterstützung zu leisten, sind ausführlich zu beschreiben und zu begründen (IFRS 12.15 ff.).

3. Erwerbsmethode *(Acquisition Method)*

3.1. Allgemeines

Die Vermögenswerte und Schulden eines erworbenen Unternehmens können grundsätzlich nach zwei Anschaffungsvorgängen bewertet werden:

- Anschaffungsvorgang aus der Sicht des erworbenen Unternehmens während seiner Geschäftstätigkeit: Im konsolidierten Abschluss werden die Buchwerte des erworbenen Unternehmens fortgeführt (Interessenzusammenführungsmethode; *pooling*);
- Anschaffungsvorgang aus Sicht des Erwerbers im Rahmen des Unternehmenserwerbs (Erwerbsmethode; *purchase method*): Stille Reserven und der Firmenwert werden daher im Erwerbszeitpunkt aufgedeckt. Unterarten der Erwerbsmethode sind die *full goodwill method* (volle Aufdeckung des Gesamtfirmenwerts und stiller Reserven), die Neubewertungsmethode (anteilige Aufdeckung des Gesamtfirmenwerts und volle Aufdeckung stiller Reserven) und die Buchwertmethode (anteilige Aufdeckung des Gesamtfirmenwerts und stiller Reserven).

Sowohl die Konsolidierung von Tochterunternehmen als auch die Bilanzierung anderer Formen von Unternehmenszusammenschlüssen, die kein Mutter-Tochter-Verhältnis begründen, erfolgen auf Grundlage der **Erwerbsmethode**. Die Methode ist in IFRS 3.4 geregelt und wird ergänzt durch zusätzliche Regelungen für die Konsolidierung in IFRS 10.B86 ff.

Die Interessenzusammenführungsmethode ist im Anwendungsbereich des IFRS 3 grundsätzlich **nicht zulässig**. Werden Unternehmensressourcen für einen Unternehmenserwerb aufgewendet, dann muss konsequenterweise der aufgewendete Mitteleinsatz und seine spätere Performance dargestellt und vom Management verantwortet werden (.BC41 und .BC203). Bei Buchwertfortführung gehen diese Informationen aber verloren. Es werden z. B. nur jene Buchwerte im Rahmen von Abschreibungen erfolgswirksam, die durch das Kapital anderer Investoren finanziert wurden, und nicht durch das Kapital des Erwerbers.

Der Erwerb wird grundsätzlich im **Anschaffungszeitpunkt** bilanziert (*acquisition date;* davor wird ggf. nur eine Beteiligung ausgewiesen). Der Anschaffungszeitpunkt ist definiert als jener Zeitpunkt, an dem der Erwerber die Kontrolle über das erworbene Unternehmen erlangt (IFRS 3.8). Üblicherweise ist es jener Zeitpunkt, an dem die Gegenleistung übertragen wird und die Vermögenswerte und Schulden übernommen werden (auch als *„closing date"* bezeichnet). Allerdings kann die Kontrolle aufgrund von vertraglichen Vereinbarungen auch vor oder nach dem *closing date* übergehen. Der Zeitpunkt des Vertragsabschlusses ist i. d. R. unbeachtlich. Die zivilrechtliche Übertragung einer Mehrheitsbeteiligung bedeutet im Regelfall auch einen Übergang der Kontrolle.

3.2. Erfassung von erworbenen Vermögenswerten und Schulden

3.2.1. Grundsätze

Der erste Schritt in der Verbuchung eines Unternehmenserwerbs besteht in der **Erfassung der erworbenen Vermögenswerte und Schulden**. Ob diese in Form eines Asset Deals, einer Verschmelzung oder durch die Anschaffung einer Mehrheitsbeteiligung an einem Tochterunternehmen erworben werden, ist dabei irrelevant; die Art der Anschaffung und die Art bzw. die Höhe der Gegenleistung wirkt sich nur auf die Bilanzierung des Firmenwerts und der Minderheitenanteile aus, nicht auf die Erfassung des erworbenen Vermögens und der erworbenen Schulden.

Die erworbenen Vermögenswerte und Schulden werden gesondert vom Firmenwert erfasst, wenn sie im Anschaffungszeitpunkt die Definition von Vermögenswerten und Schulden des Rahmenkonzepts erfüllen. So sind beispielsweise erwartete Kosten, die auch den Kaufpreis für das Unternehmen mindern, i. d. R. keine Verbindlichkeiten und werden erst im Zeitpunkt ihres Anfalls als Aufwand erfasst; dies gilt insbesondere für bevorstehende Restrukturierungskosten, die noch keine Verbindlichkeit sind, weil z. B. die Restrukturierung im Erwerbszeitpunkt noch nicht bekannt gegeben wurde (vgl. IFRS 3.12 und .BC132; zu Restrukturierungskosten vgl. Kap. X.8.5., S. 233).

3.2.2. Immaterielle Vermögenswerte

Da der Unternehmenserwerb einen Erwerbsvorgang über die Vermögenswerte und Schulden darstellt, werden manche Vermögenswerte und Schulden erstmalig erfasst, die vom erworbenen Unternehmen nicht erfasst werden konnten. Betroffen sind insbesondere selbst erstellte **immaterielle Vermögenswerte**. Bei diesen müsste grundsätzlich der wahrscheinliche zukünftige Nutzen nachgewiesen werden; der Nachweis entfällt bei Erwerben im Sinne von IFRS 3 – genauso wie bei Erwerben von Dritten (IAS 38.33 f. i.V. mit IAS 38.21; IFRS 3.45 ff.). IAS 38.35 vermutet sogar, dass auch der Fair Value verlässlich ermittelt werden kann. Die Anforderungen für die Erfassung werden somit niedriger angesetzt, weil immaterielle Vermögenswerte ohne gesonderte Erfassung ohnedies im Rahmen des Firmenwerts aktiviert blieben und dies eine weniger getreue Vermögensdarstellung wäre.

Immaterielle Vermögenswerte werden daher – konsistent mit den Grundsätzen von IAS 38 – dann aktiviert, wenn sie entweder **übertragbar** sind oder auf **vertraglichen Rechten** beruhen (ausführlich IFRS 3.B31 ff.). Beispiele sind der Ertragswert von Patenten, die an Dritte lizenziert wurden, oder Kundenlisten, soweit diese übertragbar oder lizenzierbar sind.

Hält das erworbene Unternehmen immaterielle Rechte gegenüber dem Erwerber und werden diese mit dem Unternehmenserwerb „zurückerworben", dann werden diese Rechte ebenfalls aktiviert (.B35 f.). Für den Rückerwerb musste schließlich ein zusätzlicher Kaufpreis aufgewendet werden, das Recht wurde somit entgeltlich erworben und ist weiterhin an Dritte veräußerbar. Die Erläuterungen zu IFRS 3 enthalten eine umfangreiche Liste von Beispielen für die Aktivierung immaterieller Vermögenswerte im Rahmen eines Unternehmenserwerbs (.IE16 ff.). Auch laufende Forschungsprojekte können mitunter erfasst werden, auch wenn sie vom erworbenen Unternehmen nicht aktiviert wurden (IAS 38.34).

Nicht als immaterieller Vermögenswert zu erfassen ist das Humankapital einer bestehenden Belegschaft (*assembled workforce*; .B37), weil keine ausreichende Verfügungsmacht über den künftigen Nutzen besteht (.BC176). Allerdings könnten Spezialwissen hoch qualifizierter Fachkräfte oder außergewöhnliche Kompetenzen unter Umständen aktiviert werden, etwa wenn entsprechende vertragliche Rechte vorhanden sind und die Bedingungen von IAS 38 erfüllt sind (z. B. Exklusivverträge von Wissenschaftlern, Sängern oder Fußballprofis).

Ist das erworbene Unternehmen **Leasingnehmer** gemäß IFRS 16, dann hat es nach diesem Standard i. d. R. ein Nutzungsrecht und eine Leasingverbindlichkeit zu bilanzieren, wobei der Wert der Leasingverbindlichkeit die Anschaffungskosten des Nutzungsrechts bestimmt. Beim Unternehmenserwerb ist folgendermaßen vorzugehen (IFRS 3.28A ff.): Die Leasingverbindlichkeit wird am Erwerbsstichtag neu bewertet, so als der Leasingvertrag zu diesem Zeitpunkt erstmalig abgeschlossen wird. Die Leasingzahlungen werden neu bestimmt, wobei die Wahrscheinlichkeit der Ausnutzung einer vorzeitigen Kündigungsoption, einer Verlängerungsoption oder einer Kaufoption über den Leasinggegenstand aus der Konzernsicht neu zu beurteilen ist (z. B. weil der Konzern bessere oder schlechtere Finanzierungsmöglichkeiten hat als den Leasingvertrag oder den Leasinggegenstand anders nutzen möchte als bisher vom erworbenen Unternehmen angenommen). Da zum Zeitpunkt des Kontrollerwerbs der Leasinggeber den impliziten Zinssatz nicht neu berechnet, ist im Regelfall der Grenzfremdkapitalzinssatz des erworbenen Konzernmitglieds für die Abzinsung der Leasingzahlungen heranzuziehen. Auch die Lebensdauer des Nutzungsrechts wird neu ermittelt und auf diese planmäßig abgeschrieben. Das Wahlrecht, kurzfristige und geringwertige Leasingverhältnisse nicht zu aktivieren, kann auch bei der Erstkonsolidierung ausgeübt werden, wobei das Wahlrecht bei kurzfristigen konsistent mit vergleichbaren Klassen von Leasinggegenständen im Konzern auszuüben ist.

Ist das erworbene Unternehmen **Leasinggeber** im Rahmen eines *operating lease*, dann werden die Leasinggegenstände aktiviert und mit ihrem Fair Value angesetzt. Auch hier ist ein Vergleich zu den üblichen Marktbedingungen erforderlich. Sind die Bedingungen des Leasingvertrages günstiger oder ungünstiger als die aktuellen Marktbedingungen im Erwerbszeitpunkt, dann ist der Fair Value der Vermögensgegenstände entsprechend anzupassen (es handelt sich somit um einen unternehmensspezifischen Ertragswert). Für die Vor- oder Nachteile werden keine immateriellen Vermögenswerte oder Verbindlichkeiten angesetzt (IFRS 3.B42).

In Einzelabschlüssen oder Konzernabschlüssen erworbener Unternehmen aktivierte Firmenwerte aus früheren Erwerben (z. B. Betriebseinbringungen) sind aus Sicht des Erwerbers kein Vermögenswert. Diese „Firmenwerte" werden daher nicht angesetzt und ggf. durch den Firmenwert aus dem neuen Erwerbsvorgang ersetzt.

3.2.3. Eventualschulden

Eventualschulden unterliegen nach IAS 37.27 einem **Ansatzverbot** (siehe Kap. X.8., S. 229 ff.). Dies gilt nicht im Rahmen der Erwerbsmethode, weil verlässlich ermittelbare Eventualschulden regelmäßig auch den Kaufpreis für das Unternehmen reduzieren und somit aufgrund des Erwerbsvorgangs aufgedeckt werden. Allerdings ist es aufgrund des Stichtagsprinzips erforderlich, bereits im Erwerbszeitpunkt bestehende Eventualschulden von zukünftig entstehenden Eventualschulden abzugrenzen; dazu verwendet IFRS 3.23 die Schulddefinition im Rahmenkonzept, wonach Schulden nur aus bestehenden Verpflichtungen resultieren.

Zu erfassen sind daher jene Eventualschulden, die auf einer zum Erwerbszeitpunkt **bestehenden Verpflichtung** aufgrund eines vergangenen Ereignisses beruhen und deren Fair Value verlässlich ermittelt werden kann. Solche bestehende Verpflichtungen werden daher auch dann erfasst, wenn der Abfluss von Ressourcen nicht wahrscheinlich ist. Die Wahrscheinlichkeit fließt aber in die Bewertung mit ein (Erwartungswerte); je unwahrscheinlicher der Abfluss, umso geringer der Fair Value der Verpflichtung. Meist handelt es sich um Verpflichtungen aus bestehenden Verträgen.

Bestehende Verpflichtungen, die unabhängig von der Wahrscheinlichkeit anzusetzen sind, können etwa sein:

- Verpflichtungen für Garantieleistungen aus verkauften Produkten (vgl. IAS 37.IE Bsp. 1); aus rechtlich unverbindlichen, aber zugesagten Kulanzleistungen kann eine faktische Verpflichtung entstehen (Bsp. 4).
- Entsorgungs- und Wiederherstellungsverpflichtungen für Kontaminationen bzw. Verpflichtungen (vgl. IAS 37.IE Bsp. 2); bei fehlender gesetzlicher Verpflichtung kann sich eine faktische Verpflichtung z. B. aus einer verlautbarten Unternehmenspolitik ergeben (Bsp. 2A).
- Restrukturierungskosten, wenn der Plan der Restrukturierung vor dem Erwerbszeitpunkt verlautbart wurde (vgl. IAS 37.IE Bsp. 5B).
- Pönalen oder Strafen für bereits begangene Gesetzesverstöße (vgl. IAS 37.IE Bsp. 6).
- Belastende Verträge (z. B. Miet- oder Lizenzverträge des erworbenen Unternehmens, die nach dem Erwerb möglicherweise nicht mehr benötigt werden und nicht gekündigt werden können; vgl. IAS 37.IE Bsp. 8).

Nicht als Eventualschulden erfasst werden mögliche Verpflichtungen, d. h. Verpflichtungen, deren Existenz erst durch zukünftige Ereignisse außerhalb der Kontrolle des Unternehmens begründet oder bestätigt wird (IFRS 3.23 i.V. mit .22(a)).

3.2.4. Klassifikation und Designation

Da die Vermögensgegenstände und Schulden aus Sicht des Erwerbers erstmals erfasst werden, sind diese wie sonst im Rahmen einer erstmaligen Erfassung zu **klassifizieren bzw. zu designieren**.

Die Bilanzierungsmethoden des Erwerbers sind einheitlich und aus Sicht des Konzerns anzuwenden. Daher erfolgen **Klassifikationen** grundsätzlich auf Grundlage der Umstände und Bedingungen, wie sie zum Erwerbszeitpunkt beim Erwerber herrschen; es kommt grundsätzlich nicht auf die Umstände und Bedingungen im Zeitpunkt der Anschaffung durch das erworbene Unternehmen an (IFRS 3.16).

Wesentliche Beispiele für Klassifikationen im Erwerbszeitpunkt sind:

- die Zuordnung erworbener Vermögenswerte und Schulden zu bestimmten Bilanzposten bzw. die Zuordnung zum Anlage- und Umlaufvermögen bzw. zu kurz- oder langfristigen Verbindlichkeiten gemäß IAS 1;
- die Klassifikation als aufgegebene Geschäftsbetriebe oder als zur Veräußerung stehende Vermögenswerte nach IFRS 5 aus Sicht des Erwerbers;
- die Klassifikation von Emissionen des erworbenen Unternehmens als Eigenkapital, Fremdkapital oder als zusammengesetzte Eigen-/Fremdkapitalinstrumente (soweit diese nicht im Rahmen der Vollkonsolidierung eliminiert werden); für Abgrenzungen sind grundsätzlich die

ursprünglichen Vertragsbedingungen maßgeblich, allerdings werden bereits abgelaufene oder verfallene Vertragsklauseln (z. B. Optionen) vernachlässigt;

- bei finanziellen Verbindlichkeiten mit eingebetteten Derivaten ist über die Verpflichtung zur gesonderten Bewertung zu entscheiden (IFRS 3.16(c); ggf. Ausübung der Fair Value-Option).

IFRS 3 sieht allerdings eine Ausnahme vor, in denen eine Klassifizierung nicht zu den Bedingungen zum Erwerbszeitpunkt erfolgt: Die Klassifikation eines Leasingvertrages als *operating lease* oder als *financing lease*. Für die Klassifikation sind die Bedingungen bei Vertragsabschluss maßgeblich (oder ggf. bei Vertragsänderung; IFRS 3.17). Die Ausnahmen wurden geschaffen, weil die Klassifikationen hier vorwiegend von der Vertragsgestaltung und weniger von den Gegebenheiten beim Unternehmenserwerb abhängig sind (.BC188) und eine Neuklassifikation mitunter einen erheblichen Aufwand auslösen könnte.

Finanzinstrumente können gemäß IFRS 9 unter bestimmten Bedingungen bei erstmaliger Erfassung in Bewertungskategorien bzw. Sicherungsbeziehungen designiert werden. Da der Erwerb im Rahmen eines Unternehmenszusammenschlusses aus Konzernsicht eine erstmalige Erfassung darstellt, sind solche Designationen aus Sicht des Konzerns auch in diesem Zeitpunkt vorzunehmen. Bilanzpolitischer Gestaltungsspielraum zur Realisierung stiller Reserven ergibt sich dadurch nicht, weil im Rahmen des Erwerbs ohnedies Fair Values anzusetzen sind; die Designationen wirken sich nur auf die Vermögens- und Ertragslage in den Folgeperioden aus. Wesentliche Beispiele für Designationen im Erwerbszeitpunkt sind:

- Die Zuordnung von **Finanzinstrumenten** zu einer Bewertungskategorie unter Beachtung der jeweiligen Bedingung des IFRS 9 im Erwerbszeitpunkt. Beispielsweise kann der Erwerber die Absicht haben, Anleihen in einem auf Vereinnahmung ausgerichteten Geschäftsmodell zu halten oder die Fair Value-Option auszuüben, weil die Anleihen aus Sicht des Erwerbers einen *accounting mismatch* auf konsolidierter Ebene auslösen. Sonstige Wahlrechte (z. B. über die erfolgsneutrale Behandlung von Eigenkapitalinstrumenten) können im Erwerbszeitpunkt neu ausgeübt werden.
- Die Ausübung der Fair Value-Option auf Schuldinstrumente hat den Vorteil, dass keine neue Effektivverzinsung ausgehend von den Anschaffungskosten des Konzerns (Fair Values im Erwerbszeitpunkt) zu ermitteln ist.
- **Grund- und Sicherungsinstrumente** sind im Erwerbszeitpunkt im Rahmen des *hedge accountings* zu designieren; die formellen Voraussetzungen (Dokumentationen, Effektivitätstest) sind zum Erwerbszeitpunkt einzuhalten. Sicherungsbeziehungen können auch zwischen den Finanzinstrumenten des Erwerbers und jenen des erworbenen Unternehmens designiert werden.

3.2.5. Abgrenzung der Erwerbstransaktion

Wesentlich für die Erfassung von Vermögenswerten und Schulden im Rahmen eines Unternehmenszusammenschlusses ist vor allem die **Abgrenzung der Erwerbstransaktion** zu sonstigen Transaktionen zwischen Erwerber und erworbenem Unternehmen. Die sonstigen Transaktionen sind nach den jeweils relevanten IFRS zu erfassen und nicht als Bestandteil des Unternehmenserwerbs (andernfalls würden Entgelte zu Anpassungen des Firmenwerts führen). Transaktionen, die der Erwerber abschließt oder die vorwiegend zum Nutzen des Erwerbers oder des kombinierten Unternehmens sind, gehören tendenziell nicht zur Erwerbstransaktion (IFRS 3.B52); solche

Transaktionen sind nämlich schon ein Resultat einer bereits erlangten Kontrolle über das erworbene Unternehmen und dienen nicht mehr der Erlangung der Kontrolle. Jedenfalls nicht zur Erwerbstransaktion gehören Transaktionen, die Rechtsbeziehungen zwischen Erwerber und erworbenem Unternehmen beenden sollen oder die dem erworbenen Unternehmen Kosten für den Unternehmenszusammenschluss ersetzen (zu weiteren Hinweisen siehe ausführlich IFRS 3.B50 bis .B62).

BEISPIEL (VGL. IFRS 3.IE54) ▸ Ein Unternehmen erwirbt einen seiner Lieferanten für insgesamt 50 Mio. €, mit dem es einen mehrjährigen unkündbaren Liefervertrag abgeschlossen hat. Der Liefervertrag ist für den Lieferanten sehr lukrativ und hat einen Fair Value von 8 Mio. €. Der Liefervertrag sieht nämlich bessere Konditionen als jene vor, die im Erwerbszeitpunkt marktüblich wären; bei marktüblichen Konditionen hätte er nur einen Fair Value von 3 Mio. €.

Im Rahmen des Unternehmenserwerbs wird im Ergebnis nur der marktübliche Liefervertrag im Wert von 3 Mio. € erworben. Jener Betrag des Gesamtkaufpreises, der für den marktunüblichen Wert bezahlt wurde, wurde eigentlich zur Beendigung einer unvorteilhaften Lieferbeziehung und nicht für den Unternehmenserwerb aufgewendet; daher ist der Betrag von 5 Mio. € aus dem Gesamtkaufpreis von 50 Mio. € abzuspalten und als Aufwand zu erfassen.

Diese in .B52 genannten Grundsätze für die Abgrenzung der Erwerbstransaktion werden sehr ausführlich konkretisiert (.B54 ff.):

- für bedingte (z. B. ertragsabhängige) Zahlungen an die früheren Eigentümer oder an die Mitarbeiter des erworbenen Unternehmens; Zahlungen abhängig von der Bewertung oder von künftigen Erträgen des erworbenen Unternehmens sprechen für eine Zurechnung zur Erwerbstransaktion (vgl. .B55 (f) und (g));
- für einen Austausch anteilsbasierter Vergütungen (z. B. Stock Options) des erworbenen Unternehmens gegen jene des Erwerbers.

Kosten des Unternehmenszusammenschlusses (z. B. Vermittlungskosten für Investmentbanken, Beratungskosten, interne Kosten, Registrierungskosten) sind ebenfalls in der Periode als Aufwand zu erfassen, in der sie anfallen. Diese Kosten werden somit nicht als Eventualverbindlichkeit erfasst und stellen auch keine „Anschaffungsnebenkosten" für den Unternehmenserwerb dar (IFRS 3.53). Fallen Kosten dagegen für die Ausgabe neuer Eigen- oder Fremdkapitalinstrumente an, dann werden diese nicht im Aufwand erfasst, sondern dem Instrument entsprechend der Vorgaben in IAS 32 und IFRS 9 zugerechnet. Bei Eigenkapitalinstrumenten mindern Kosten den Emissionserlös und damit den Eigenkapitalbeitrag, bei Fremdkapitalinstrumenten erhöht sich der zukünftige Zinsaufwand im Rahmen der Effektivzinsmethode.

3.3. Bewertung von erworbenen Vermögenswerten und Schulden

3.3.1. Grundsätze

Der Erwerber hat grundsätzlich alle erworbenen Vermögenswerte und Schulden zu ihrem Fair Value im Erwerbszeitpunkt anzusetzen (IFRS 3.18).

Es handelt sich dabei nicht um eine „Aufwertung" von Vermögenswerten oder um eine Ausweitung des sogenannten Fair Value-Accounting, sondern um eine konsequente Umsetzung des Anschaffungskostenprinzips, denn der Erwerb im Rahmen der Erlangung der Kontrolle ist auch wirtschaftlich ein Anschaffungsvorgang (.BC43). Würden Vermögenswerte und Schulden dagegen zu den Buchwerten des erworbenen Unternehmens angesetzt, dann würde der Unterschiedsbetrag (fälschlich) in den Firmenwert einfließen.

Eine bloß **anteilige Aufdeckung stiller Reserven** aliquot zur erworbenen Beteiligung führt zu gemischten Werten (Mischung aus den historischen Anschaffungskosten beim erworbenen Unternehmen und den Anschaffungskosten beim Unternehmenserwerb). Derartig gemischte Werte haben keinen sinnvollen Informationswert und sind systematisch nicht begründbar; daher wurde eine anteilige Aufdeckung („Buchwertmethode") bereits im Jahr 2003 untersagt (.BC199 ff.).

3.3.2. Fair Value-Ermittlung

Der **Fair Value** ist jener Betrag, der im Rahmen einer Veräußerung eines Vermögenswerts erzielt werden kann (IFRS 13; ausführlich Kap. XV., S. 333).

Die Fair Values ergeben sich entweder aus Marktpreisen, aus den Preisen von beobachteten Transaktionen über vergleichbare Werte oder aus Bewertungsmodellen. Bei Bewertungsmodellen ist aber auf den Grundsatz der Einzelbewertung zu achten. Es dürfen nicht die Ertragswerte von Unternehmenseinheiten *(cash generating units)* herangezogen werden, weil diese auch Firmenwertbestandteile umfassen.

Der Fair Value **immaterieller Vermögenswerte**, die nach IFRS 3 im Rahmen des Erwerbs identifizierbar sind, kann annahmegemäß ermittelt werden (IAS 38.35). Die sicherste Quelle für den Fair Value sind Marktpreise; diese kommen aber nur selten vor, weshalb gemäß IFRS 13 regelmäßig ein Modellwert heranzuziehen ist (z. B. diskontierte Cashflows oder Multiplikatorverfahren in Bezug auf Umsatz, operative Gewinne, Marktanteile oder Lizenzeinnahmen oder der Wert vermiedener Kosten im Vergleich zu einer Lizenzierung von Dritten oder einer Neuentwicklung).

Häufig sind immaterielle Vermögenswerte nur zusammen mit anderen Kontrakten, Vermögenswerten oder Verbindlichkeiten sinnvoll übertragbar (z. B. ein Magazintitel nur zusammen mit der Abonnentenliste für das Magazin oder eine Mineralwassermarke nur zusammen mit der Mineralwasserquelle). Der immaterielle Vermögenswert wird dann gemeinsam mit den verbundenen Bestandteilen erfasst (IAS 38.36). Eine Gruppe **komplementärer immaterieller Vermögenswerte** darf zusammen wie ein einziger immaterieller Vermögenswert mit ihrem gesamten Fair Value angesetzt werden, wenn die jeweiligen Nutzungsdauern ähnlich sind. Marken und Handelsnamen sind oft komplementär und Bestandteil einer funktional verbundenen Gruppe immaterieller Vermögenswerte – sie können auch eine funktionale Einheit mit bestimmten Formeln, Rezepten oder Produkttechnologien darstellen. Ist eine gesonderte Bewertung nicht möglich, dann ist die gesamte Gruppe als ein immaterieller Vermögenswert zu ihrem Fair Value anzusetzen (IAS 38.37).

Bei **Vorräten** wird der Nettoveräußerungswert meist als Schätzwert für den Fair Value geeignet sein (zu theoretisch möglichen Abweichungen vgl. IAS 2.7). Die übliche Gewinnspanne für die Verkaufstransaktion sollte abgezogen werden, weil sie durch den Unternehmenserwerb nicht realisiert wird. Als Richtwert für den Fair Value von Rohstoffen eignen sich i. d. R. aktuelle Preise am Absatzmarkt.

Sollen Vermögenswerte aus betriebswirtschaftlichen Gründen **nicht mehr genutzt werden oder nicht mehr in der üblichen Form genutzt werden**, dann ist der Fair Value grundsätzlich entsprechend den üblichen Nutzungsmöglichkeiten durch andere Marktteilnehmer zu ermitteln (IFRS 3.B43; d. h. der Fair Value liegt mitunter über dem Ertragswert im eigenen Unternehmen). Sollen Vermögenswerte überhaupt veräußert werden, dann erfolgt die Bewertung grundsätzlich nach IFRS 5 zum Fair Value abzüglich Veräußerungskosten (IFRS 3.31; siehe Abschnitt XVIII.3.3.3., S. 451).

Unsicherheiten bezüglich künftiger Cashflows gehen in die Ermittlung des Fair Values ein (z. B. durch Erwartungswerte oder Abzinsung mit marktüblichen Risikoaufschlägen). Daher dürfen bei der Erfassung der erworbenen Vermögenswerte **keine Wertberichtigungskonten** dotiert werden (.B41).

Werden **Finanzinstrumente zu fortgeführten Anschaffungskosten** bewertet und weicht der Fair Value wesentlich vom Buchwert im erworbenen Unternehmen ab, dann muss eine neue Effektivverzinsung ermittelt werden (Gegenüberstellung des Fair Values als Anschaffungskosten auf der einen Seite und den erwarteten Cashflows aus dem Finanzinstrument auf der anderen Seite). Für Einzelforderungen ist dies in der Praxis i. d. R. nicht praktikabel. Es ist daher sachgerecht, die Differenz für einzelne Portfolios oder gleichartige Instrumente in einem Sammelkonto zu erfassen und gleichmäßig über die erwartete Restlaufzeit als zusätzlichen Zinsertrag oder Zinsaufwand (bzw. als Storno im Zinsertrag oder Zinsaufwand) aufzulösen.

Bei erworbenen zu Anschaffungskosten bewerteten finanziellen Vermögenswerten (**Forderungen, Anleihen, Finanzierungsleasingforderungen**) ist das Kreditrisiko des Schuldners bei der Ermittlung des Fair Value mit zu berücksichtigen. Das ist insbesondere der marktübliche Credit Spread.

Hinsichtlich der erwarteten Kreditverluste im Sinne von IFRS 9 gilt folgende Sonderregel: Eine Wertberichtigung für den erwarteten Verlust ist im Rahmen der Kaufpreisallokation nicht zulässig, weil der erwartete Verlust schon im Fair Value im Rahmen der Kaufpreisallkation berücksichtigt ist (IFRS 3.B41). Dies gilt aber nur im Erwerbszeitpunkt. Am ersten Periodenstichtag nach dem Erwerb muss der erwartete Kreditverlust regulär je nach Stadium 1, 2 oder 3 richtig erfasst werden, wobei für die Stadienzuordnung die Bonitätsverschlechterung seit dem Unternehmenserwerb maßgeblich ist. Dies hat zur Folge, dass erwartete Verluste im Anschaffungszeitpunkt nicht den Firmenwert erhöhen, sondern in die GuV in der Periode der Anschaffung eingehen. Dies ist konsistent mit der direkten Anschaffung eines finanziellen Vermögenswerts, wo auch ein zusätzlicher Aufwand in der Periode der Anschaffung gebucht wird.

Ist das erworbene Unternehmen **Leasinggeber** im Rahmen eines *operating lease* und sind die Leasinggegenstände daher im Rahmen des Unternehmenserwerbs zu aktivieren, dann sind diese ebenfalls zum Fair Value zu bewerten. Sind die Bedingungen des Leasingvertrages günstiger oder ungünstiger als die aktuellen Marktbedingungen im Erwerbszeitpunkt, dann ist der Fair Value der Vermögensgegenstände entsprechend anzupassen (es handelt sich somit um einen unternehmensspezifischen Ertragswert). Für die Vor- oder Nachteile werden keine immateriellen Vermögenswerte oder Verbindlichkeiten angesetzt (IFRS 3.B42).

Eventualschulden, die nach IFRS 3.23 zu erfassen sind, werden im Rahmen des Erwerbs grundsätzlich zum Fair Value angesetzt. Dies ist i. d. R. der diskontierte Erwartungswert der Zahlungsverpflichtung. Nach dem Erwerb werden Eventualschulden zu jedem Stichtag mit dem höheren der beiden folgenden Werte angesetzt, bis die Eventualschuld getilgt wird oder ausläuft (IFRS 3.56):

- dem Buchwert aus erstmaliger Erfassung (ggf. abzüglich einer planmäßigen, ertragswirksamen Auflösung gemäß IFRS 15);
- dem wahrscheinlichsten Wert bzw. Erwartungswert gemäß IAS 37.

Dies gilt z. B. auch für Garantien und Kreditzusagen, sofern diese vom Erwerber nicht gemäß IFRS 9 zum Fair Value zu bewerten sind.

3.3.3. Ausnahmen

Zwar sind erworbene Vermögenswerte und Schulden grundsätzlich zum Fair Value anzusetzen; für bestimmte Fälle sind aber Ausnahmen vorgesehen.

Latente Steuern sind nach IAS 12 zu berechnen, d. h. latente Steueransprüche und latente Steuerverbindlichkeiten ergeben sich aus temporären Differenzen bzw. steuerlich verwertbaren Verlustvorträgen, die mit dem entsprechenden Steuersatz multipliziert werden (siehe dazu Kap. XIV.6., S. 327). Da weder Diskontierungseffekte noch die Wahrscheinlichkeit der steuerwirksamen Realisierung berücksichtigt werden, weicht der Betrag der latenten Steuern grundsätzlich vom Fair Value ab. Dies ist allerdings aufgrund der Systematik des IAS 12 unumgänglich, der grundsätzlich auf Buchwertdifferenzen abstellt. Es wäre schließlich inkonsistent, die im Rahmen des Unternehmenserwerbs angesetzten Steuerlatenzen zum Fair Value und die übrigen Steuerlatenzen auf Basis von Buchwertdifferenzen zu bewerten.

Latente Steueransprüche müssen gemäß IAS 12 jedenfalls mit hoher Wahrscheinlichkeit in der Zukunft verwertbar sein. Diese Voraussetzung kann durch den Unternehmenserwerb geschaffen werden (z. B. bessere Verwertbarkeit latenter Steueransprüche aufgrund steuerlicher Gewinne des Erwerbers oder aufgrund einer Gruppenbesteuerung) oder wegfallen (z. B. Mantelkauftatbestand in § 8 Abs. 4 KStG oder „Einfrieren" vororganschaftlicher Verlustvorträge; vgl. IAS 12.44).

Das Nettovermögen bzw. die Nettopensionsverpflichtung aus **Pensionsplänen ist nach IAS 19** zu ermitteln; bei einem Fair Value-Ansatz müsste sonst die Pensionsverpflichtung zum Fair Value angesetzt werden, was der versicherungsmathematischen Verteilung *(projected unit credit method)* nicht entspricht.

Zur **Veräußerung bestimmte Vermögenswerte** bzw. Gruppen von Vermögenswerten und Schulden sind nach IFRS 5.15 bis .18 zum Fair Value abzüglich noch anfallender Veräußerungskosten zu bewerten (IFRS 3.31). Die Veräußerungsabsicht ist aus der Perspektive des Erwerbers zu beurteilen.

Wird ein Versicherungsgeber erworben, der **Versicherungsverträge** oder Rückversicherungsverträge im Sinne von IFRS 17 angeboten und abgeschlossen hat, dann sind die erworbenen Versicherungsverträge ebenfalls zum Fair Value zu bilanzieren. Dies entspricht grundsätzlich dem Bewertungskonzept des IFRS 17, nur dass bei Kontrollerwerb eine Neubewertung stattfindet und keine unveränderte Verteilung der bei Vertragsabschluss ermittelten Gewinnmarge mehr stattfindet. Ein im Rahmen des Unternehmenserwerbs ermittelter Kaufpreis für die Versicherungsverträge gilt grundsätzlich als der Fair Value (IFRS 17.B95; IFRS 3.31A). Auf dieser Basis wird die Servicemarge neu ermittelt und risikokonform über die weitere Laufzeit aufgelöst. Der

Kaufpreis für die Versicherungsverträge ist jenes Entgelt für den Unternehmenserwerb, der nicht für andere Vermögenswerte oder Schulden bezahlt wird (IFRS 17.B94). Es handelt sich daher um einen Restwert und es entsteht daher auch kein Firmenwert für das erworbene Versicherungsgeschäft.

Sonderbestimmungen bestehen für weitere Spezialfälle (IFRS 3.27 bis .30):

- **Entschädigungsansprüche** *(indemnification assets)*: Verpflichtet sich der Veräußerer des Unternehmens gegenüber dem Käufer, ihm einen möglichen Wertverlust von Vermögenswerten oder Verluste aus einer möglichen Verbindlichkeit zu ersetzen (z. B. Garantien), dann ist dieses Recht analog zum gesicherten Geschäft zu berücksichtigen (z. B. Erfassung einer Forderung in derselben Höhe wie eine gesicherte Verbindlichkeit; Bewertung eines garantierten Vermögenswerts zumindest mit dem garantierten Wert). Dies gilt auch für die Folgebewertung (ausführlich IFRS 3.57).
- **Zurückerworbene immaterielle Rechte** gegenüber dem Erwerber sind unter Ausklammerung möglicher Vertragsverlängerungen zu bewerten, weil der Erwerber für Verlängerungsmöglichkeiten einer Rechtsbeziehung gegenüber „sich selbst" wohl keinen zusätzlichen Kaufpreis aufgewendet hat. Das Recht wird über die verbleibende Vertragslaufzeit planmäßig abgeschrieben (IFRS 3.55; ebenso IAS 38.94).
- Werden anteilsbasierte Vergütungen des erworbenen Unternehmens durch jene des Erwerbers ersetzt, dann ist die Verpflichtung zum Ersatz nach IFRS 2 zu bilanzieren.

3.4. Erfassung des Firmenwerts

3.4.1. Allgemeines

Ein Firmenwert *(goodwill)* wird nur im Rahmen des Erwerbs der Kontrolle erfasst, nicht aus früheren oder späteren Beteiligungserwerben bei einem mehrstufigen Beteiligungserwerb.

Auch der Firmenwert gilt als Vermögenswert und muss aktiviert werden (IFRS 3 Anhang A). Er ist grundsätzlich ein Restbetrag, der sich aus dem Vergleich der erbrachten Leistung und dem Wert des erworbenen Unternehmens ergibt (vgl. IFRS 3.32 und .BC328). Der Firmenwert ist ein Vermögenswert eigener Art und gilt nicht als immaterieller Vermögenswert im Sinne von IAS 38.

Der Firmenwert wird zu Anschaffungskosten abzüglich bereits vorgenommener außerplanmäßiger Abschreibungen bewertet; für die Überprüfung der Werthaltigkeit und die Ermittlung außerplanmäßiger Abschreibungen ist IAS 36 relevant (IFRS 3.B63(a) i.V. mit IAS 36). Die **Wertminderung des Firmenwerts** wird danach auf der Ebene einzelner *cash generating units* oder Gruppen von *cash generating units* ermittelt. Ein Wertminderungstest wird zumindest jährlich, bei Anzeichen einer Wertminderung auch öfter durchgeführt. Eine Wertaufholung ist nicht zulässig. Die außerplanmäßige Firmenwertabschreibung ist in Kap. V.4. ff., S. 87 ff., ausführlich dargestellt.

Auf den Firmenwert aus Unternehmenszusammenschlüssen dürfen keine latenten Steuerschulden gebildet werden (siehe Kap. XIV.6., S. 327 f.).

Der Firmenwert darf seit dem 31.3.2004 **nicht mehr planmäßig abgeschrieben** werden – auch nicht im Rahmen der Equity-Methode. Der Firmenwert wird damit der Folgebewertung von immateriellen Vermögenswerten mit **unbestimmbarer Nutzungsdauer** gleichgestellt (vgl. Kap. II.2.,

S. 41 ff.). Die Beseitigung der planmäßigen Abschreibung war eine grundlegende Neuerung: Im Laufe der Zeit wird der derivative (erworbene) Firmenwert durch den originären (neu geschaffenen) Firmenwert ersetzt. Mit einem Werthaltigkeitstest wird aber der Firmenwert als Gesamtheit bewertet, denn der originäre Firmenwert lässt sich später nicht mehr vom derivativen Firmenwert unterscheiden. Nach den Begründungen des IASB lässt sich die Nutzungsdauer eines Firmenwerts nicht bestimmen, eine planmäßige Abschreibung wäre daher willkürlich und würde keine brauchbaren Informationen liefern (IFRS 3.BC140 in der Ursprungsfassung). Allerdings wird für Informationszwecke ohnedies häufig der Gewinn vor Zinsen, Steuern und Abschreibungen – EBITDA – betrachtet. Auch nach US-GAAP ist die planmäßige Firmenwertabschreibung verboten.

3.4.2. Bewertung des Firmenwerts

Der Firmenwert ergibt sich grundsätzlich aus dem Unterschied zwischen der erbrachten Gegenleistung für den Unternehmenszusammenschluss und den übernommenen Vermögenswerten und Schulden. Die erbrachte **Gegenleistung** besteht grundsätzlich aus dem Fair Value übertragener Vermögenswerte oder übertragener Eigenkapitalinstrumente zuzüglich Buchwerts allfälliger früherer Beteiligungen, die im Rahmen des Erwerbs ausgebucht bzw. konsolidiert werden. Führt der Unternehmenszusammenschluss zu einem Mutter-Tochter-Verhältnis, dann sind auch Minderheitenanteile bei der Ermittlung des Unterschiedsbetrages zu berücksichtigen.

Konsistent mit den Grundsätzen der Kapitalkonsolidierung ergibt sich der Firmenwert daher aus folgender Formel, die für alle Erwerbsvorgänge gilt (IFRS 3.32):

- ► Gegenleistung (Geld- und Sachleistungen bzw. neu ausgegebene Eigenkapitalinstrumente, bewertet zum Fair Value);
- ► zuzüglich Wert der Minderheiten (siehe dazu Kap. XVIII.3.5., S. 459; nur bei Konsolidierung);
- ► zuzüglich des neubewerteten Buchwerts abgehender Beteiligungen;
- ► abzüglich des erworbenen Nettovermögens, bewertet nach IFRS 3 (Vermögenswerte ohne Firmenwert abzüglich Schulden, jeweils zum Fair Value).

Wurde am erworbenen Unternehmen schon eine Beteiligung gehalten, dann wird diese bei Kontrollerwerb ausgebucht. Gab es hinsichtlich dieser Beteiligung stille Reserven oder stille Lasten, werden diese vor der Erstkonsolidierung erfolgswirksam aufgedeckt. Dadurch verändert sich indirekt der Firmenwert: Stille Reserven vergrößern den Firmenwert, stille Lasten vermindern ihn, weil die abgegangene Beteiligung wie eine Gegenleistung für den Unternehmenserwerb verbucht wird (IFRS 3.32 lit. a (iii) i. V. mit IFRS 3.41 und .42 zum mehrstufigen Kontrollerwerb). Wird die Kontrolle ohne Gegenleistung erworben, etwa weil das Beteiligungsunternehmen eigene Aktien vom Markt zurückerwirbt und sich die Stimmrechtsmehrheit verschiebt, dann wird die bisher gehaltene Beteiligung ebenfalls erfolgswirksam zum Fair Value bewertet. Die abzuzbuchende Beteiligung verkörpert dann die einzige Gegenleistung für den Kontrollerwerb (IFRS 3.33).

3.4.3. Erwerbe, die kein Mutter-Tochter-Verhältnis begründen

Bei Unternehmenserwerben, die kein Mutter-Tochter-Verhältnis begründen, gibt es keine Minderheitenanteile (z. B. Betriebserwerb oder Betriebseinbringung). Folglich entspricht die Berechnung des Firmenwerts dem folgenden Buchungssatz beim Erwerber:

Firmenwert	[Differenz]	
erworbene Vermögenswerte	[Vermögen zum FV]	
an Cash (Gegenleistung)		[Ausbuchung]
an bestehende Beteiligung		[Ausbuchung nach Neubewertung]
an Ertrag		[stille Reserve in Beteiligung]
an erworbene Schulden		[Schulden zum FV]

Die Vermögenswerte und Schulden des Tochterunternehmens werden entsprechend IFRS 3 erfasst, also regelmäßig mit ihren Fair Values (Kap. XVIII.3.3., S. 448). Bestand vor dem Erwerb bereits eine Beteiligung, dann wird diese ausgebucht (siehe dazu auch Kap. XVIII.3.6.: Mehrstufiger Beteiligungserwerb).

Die **Gegenleistung** kann in Geld oder anderen Vermögenswerten bestehen (Abbuchung von einem Vermögenskonto) oder in der Aufnahme neuer Schulden. Die Gegenleistung ist grundsätzlich zum Fair Value zu erfassen. Wird eine Zahlung in der Zukunft vereinbart, ist daher konsistent mit IFRS 9 eine Abzinsung erforderlich. Werden bereits aktivierte Vermögenswerte an die bisherigen Eigner übertragen, dann müssen diese ggf. vor der Übertragung neu bewertet werden. Soweit der Buchwert vom Fair Value abweicht, hat der Erwerber die Differenz erfolgswirksam zu erfassen. Allerdings gibt es davon auch eine Ausnahme: Wird die Gegenleistung nicht an konzernfremde Unternehmen übertragen, sondern z. B. an das zu erwerbende Tochterunternehmen, dann sind die Buchwerte fortzuführen (Innenumsätze dürfen nicht zu Gewinnen führen; IFRS 3.38).

Erfolgt der Erwerb durch die **Ausgabe neuer Eigenkapitalinstrumente** durch den Erwerber, dann besteht die Gegenleistung in den neuen Eigenkapitalinstrumenten, die der Erwerber als zusätzliches Eigenkapital erfasst (IFRS 3.37). Der Wert der Gegenleistung und damit der Betrag des eingebuchten Eigenkapitals ist der Fair Value der ausgegebenen Eigenkapitalinstrumente. Je höher der Wert des ausgegebenen Eigenkapitals, umso höher ist der Firmenwert. Manchmal kann der Fair Value des erworbenen Eigenkapitals verlässlicher ermittelt werden als der Fair Value des ausgegebenen Eigenkapitals (z. B. wenn Aktien des erworbenen Unternehmens börsennotiert sind). In diesem Fall ist statt dem Fair Value des ausgegebenen Eigenkapitals der Fair Value des erworbenen Eigenkapitals heranzuziehen (IFRS 3.33). Der Erwerb wird folgendermaßen verbucht:

Firmenwert	[Differenz]	
erworbene Vermögenswerte	[Vermögen zum FV]	
an Eigenkapital (Nennkap., Kapitalrückl.)		[Kapital zum Fair Value]
an bestehende Beteiligung		[Ausbuchung nach Neubewertung]
an Ertrag		[stille Reserve in Beteiligung]
an erworbene Schulden		[Schulden zum FV]

Manchmal wird die Kontrolle über ein Unternehmen ohne Gegenleistung erworben (z. B. durch Abschluss eines Beherrschungsvertrags oder Rückkauf eigener Aktien durch ein bisher assoziiertes Unternehmen). Dann ist der Fair Value der im Zeitpunkt des Kontrollerwerbs gehaltenen Beteiligung maßgeblich (.33 i. V. mit .B46 ff.; i. d. R. ist ein Bewertungsmodell erforderlich). Die Beteiligung wird erfolgswirksam neu bewertet und danach ausgebucht. Der Erwerb wird daher mit folgendem Buchungssatz erfasst:

Firmenwert	[Differenz]	
erworbene Vermögenswerte	[Vermögen zum FV]	
an bestehende Beteiligung		[Ausbuchung]
an Ertrag		[stille Reserve in Beteiligung]
an erworbene Schulden		[Schulden zum FV]

3.4.4. Bedingte Kaufpreiszahlungen

Als Gegenleistung kommen auch **bedingte Zahlungen** in Betracht (z. B. Zahlungen abhängig vom späteren Umsatz oder von späteren Ergebnissen des Tochterunternehmens). Durch derartige Bedingungen bleibt ein Rechtsverhältnis zwischen dem Konzern und den früheren Eigentümern der erworbenen Konzernbestandteile über den Erwerbszeitpunkt hinaus bestehen. IFRS 3 unterscheidet zwei Arten bedingter Zahlungen: Zahlungen, die sich auf Umstände vor oder im Erwerbszeitpunkt beziehen und Zahlungen, die sich auf spätere Ereignisse beziehen.

Zahlungen für **Umstände vor dem oder im Erwerbszeitpunkt** werden noch der Erwerbstransaktion zugerechnet, ähnlich wie wertaufhellende Ereignisse nach dem Bilanzstichtag. Beispielsweise könnte ein Kaufpreis vom Auftragsstand am Tag des Vertragsabschlusses abhängig gemacht werden. Der Auftragsstand wird erst kurzfristig später evaluiert und dann der Kaufpreis korrigiert. Bei der Aufstellung des Konzernabschlusses wird die Erstkonsolidierung angepasst, d. h. der Firmenwert fällt oder steigt je nach Veränderung des Kaufpreises. Die Anpassungen erfolgen im Rahmen der vorläufigen Erstkonsolidierung, die erst abgeschlossen wird, wenn alle wesentlichen Informationen einschließlich bedingter Kaufpreiszahlungen vorhanden sind (IFRS 3.58, siehe Kap. XVIII.3.7, S. 467).

Häufig werden Zahlungen von **Ereignissen nach dem Erwerbszeitpunkt** abhängig gemacht (IFRS 3.58 lit. b). Zugrunde gelegt werden entweder finanzielle Variablen (z. B. Aktienkursentwicklungen, Wechselkursentwicklungen, Risikoprämien) oder betriebliche Größen (z. B. ein Umsatzziel, ein positives Forschungsergebnis, eine Medikamentenzulassung oder eine erfolgreiche Restrukturierung). Da Ereignisse nach dem Erwerb zugrunde gelegt wurden, sind die bedingten Zahlungen der Erwerbstransaktion nicht mehr zurechenbar, d. h. die Erstkonsolidierung und der Firmenwert dürfen im Nachhinein nicht mehr angepasst werden.

Wurde eine finanzielle Variable zugrunde gelegt, dann stellt die Vereinbarung häufig ein Derivat nach IFRS 9 dar, das zum Erwerbszeitpunkt und an späteren Abschlussstichtagen zum Fair Value zu bewerten ist (siehe Kap. XII.1.2., S. 265 ff.). Wertänderungen des Derivats werden erfolgswirksam über die G&V geführt.

IFRS 3 verlangt **die gleiche Bilanzierung zum Fair Value über die GuV** aber auch bei jenen Vereinbarungen, die von sonstigen betrieblichen Größen abhängen und somit kein Derivat darstellen.

Im Ergebnis muss daher nicht entschieden werden, ob die bedingte Kaufpreiszahlung ein Derivat nach IFRS 9 darstellt oder nicht. Diese Entscheidung kann aber für weiterführende Bilanzierungsfragen wichtig sein, wie z. B. für das *hedge accounting* nach IFRS 9 oder für die Angabepflichten nach IFRS 7.

Die bedingte Kaufpreiszahlung wird erstmals im Erwerbszeitpunkt zum Fair Value bewertet, d. h. der Fair Value im Erwerbszeitpunkt geht als Bestandteil des erworbenen Vermögens in die Erstkonsolidierung ein. Hat sie einen positiven Fair Value (eine bedingte Kaufpreiserstattung), dann vermindert sie den Firmenwert. Hat sie einen negativen Fair Value (eine bedingte Nachzahlungsverpflichtung), dann erhöht sie den Firmenwert.

Auch wenn die bedingte Kaufpreiszahlung zum erworbenen Vermögen gehört, so ist sie dennoch nicht Bestandteil der Erwerbstransaktion als solche. Spätere Änderungen des Fair Value nach dem Erwerbszeitpunkt sind daher erfolgswirksam über die GuV zu führen. Darin besteht der Unterschied zu den bedingten Kaufpreiszahlungen, die sich auf Umstände vor oder im Erwerbszeitpunkt beziehen: Dort werden spätere Änderungen auf den Erwerb zurückbezogen und der Firmenwert angepasst.

Manchmal werden bedingte Zahlungen als Eigenkapitalinstrumente ausgestaltet (IFRS 3.40). Beispielsweise könnte der Verkäufer Aktienoptionen auf Aktien des Erwerbers oder eine fixe Anzahl von Aktien des Erwerbers beim Erreichen bestimmter Umsatzziele erhalten. Der Fair Value solcher bedingten Zahlungen bzw. Optionen im Erwerbszeitpunkt wird ermittelt und im Rahmen der Erstkonsolidierung als Teil der gewährten Gegenleistung im Konzerneigenkapital erfasst. Allerdings entfällt im Eigenkapital jegliche Folgebewertung. Eine spätere Ausübung von Aktienoptionen wird erfolgsneutral innerhalb des Konzerneigenkapitals erfasst (IFRS 3.58(a)).

Bei der Gegenpartei – dem Verkäufer des Unternehmens – hängt die Bilanzierung bedingter Kaufpreise davon ab, ob ein Derivat nach IFRS 9 vorliegt oder nicht: Ein Derivat wird erfolgswirksam zum Fair Value bewertet – spiegelbildlich zur Behandlung beim Erwerber. Liegt dem bedingten Kaufpreis dagegen eine betriebliche Größe zugrunde, dann liegen Eventualforderungen und Eventualverbindlichkeiten gemäß IAS 37 vor.

3.4.5. Besonderheiten im Rahmen der Kapitalkonsolidierung

Besteht der Unternehmenszusammenschluss im Erwerb einer Mehrheitsbeteiligung an einem Tochterunternehmen, dann erfolgt im Konzernabschluss eine Kapitalkonsolidierung. Der Firmenwert ergibt sich ebenfalls nach der Formel gemäß IFRS 3.32. Allerdings wird der Erwerb i. d. R. nicht durch einen einzigen Buchungssatz abgebildet, sondern durch die Aufstellung einer Summenbilanz mit anschließender Konsolidierung (IFRS 10.B86). Die Vermögenswerte und Schulden des Tochterunternehmens werden entsprechend IFRS 3 erfasst, also regelmäßig mit ihren Fair Values (Kap. XVIII.3.3., S. 448). Dementsprechend wird das Eigenkapital des Tochterunternehmens neu bewertet (Neubewertungsmethode).

An die Stelle der Gegenleistung tritt in der Summenbilanz die Beteiligung am Tochterunternehmen, die im Rahmen der Kapitalkonsolidierung verrechnet wird (IFRS 10.B86 lit. c). Der Buchwert der Beteiligung (Anschaffungskosten) im Zeitpunkt des Erwerbs der Kontrolle ist grundsätzlich auch der Fair Value, wenn der Erwerb der Kontrolle mit dem Beteiligungserwerb zusammenfällt. Der Fair Value der Gegenleistung wird daher nicht gesondert ermittelt, weil er dem Beteiligungsbuchwert entspricht.

Geht die Kontrolle erst längere Zeit nach dem Erwerb der Beteiligung über (z. B. bei Abschluss eines Beherrschungsvertrages), dann kann der Buchwert der Beteiligung vom Fair Value abweichen. In diesem Fall muss die Beteiligung erfolgswirksam zum Fair Value neu bewertet werden (IFRS 3.33 i. V. mit .B46). Wurde die Beteiligung in mehreren Schritten erworben, dann entspricht der Buchwert meist auch nicht ihrem Fair Value. In diesem Fall ist ebenfalls eine erfolgswirksame Neubewertung erforderlich (siehe dazu Kap. XVIII.3.6.: Mehrstufiger Beteiligungserwerb, S. 598).

Der Buchwert der Beteiligung wird – ggf. nach Neubewertung – mit dem neu bewerteten Eigenkapital des Tochterunternehmens verrechnet. Das neu bewertete Eigenkapital des Tochterunternehmens entspricht genau dem erworbenen Nettovermögen in der Firmenwertformel gemäß IFRS 3.32. Dementsprechend resultiert aus der Verrechnung der Beteiligung mit dem Eigenkapital der Firmenwert.

BEISPIEL ▸ Das Mutterunternehmen hat am 31.12.X1 eine Beteiligung von 100 % an einem Tochterunternehmen für 1.100 t€ erworben, was auch dem Fair Value der Beteiligung entspricht. Die Einzelbilanzen zum 31.12.X1 sind nachfolgend dargestellt und entsprechen den jeweiligen Steuerbilanzen. Der Steuersatz sei 40 %.

Mutterunternehmen

Beteiligung	1.100 t€	Eigenkapital	1.100 t€

Tochterunternehmen

Anlagevermögen	500 t€	Eigenkapital	1.000 t€
Umlaufvermögen	500 t€		

Das Anlagevermögen des Tochterunternehmens hat einen Fair Value von 700 t€, das Umlaufvermögen von 500 t€. Außerdem wurde gegen das Tochterunternehmen eine Haftungsklage erhoben, aber mit wenig Aussicht auf Erfolg. Ein Dritter würde die daraus resultierende Eventualschuld für 50 t€ übernehmen.

Die stillen Reserven (200 t€) und die Eventualschuld (50 t€) des Tochterunternehmens werden vollständig aufgedeckt. Daraus entstehen latente Steuerschulden von (200 t€ – 50 t€) × 40 % = 60 t€; das Nettovermögen im Sinne von IFRS 3 ist daher 1.090 t€.

Tochterunternehmen (neu bewertet)

Anlagevermögen	700 t€	Nettovermögen	1.090 t€
Umlaufvermögen	500 t€	Eventualschuld	50 t€
		latente Steuern	60 t€

Summenbilanz (Neubewertungsmethode)

Beteiligung am TU	1.100 t€	Eigenkapital MU	1.100 t€
Anlagevermögen	700 t€	Nettovermögen TU	1.090 t€
Umlaufvermögen	500 t€	Eventualschuld	50 t€
		latente Steuern	60 t€

Der Beteiligungsbuchwert von 1.100 t€ entspricht dem Fair Value am 31.12.X1 und wird daher mit dem neu bewerteten Eigenkapital des Tochterunternehmens von 1.090 t€ verrechnet, sodass sich entsprechend der Formel in IFRS 3.32 ein Firmenwert von 10 t€ ergibt.

Konzernbilanz

Firmenwert	10 t€	Eigenkapital	1.100 t€
Anlagevermögen	700 t€	Eventualschuld	50 t€
Umlaufvermögen	500 t€	latente Steuern	60 t€
	1.210 t€		1.210 t€

Im Gegensatz zur früher auch nach IFRS zulässigen Buchwertmethode spricht man bei der Neubewertungsmethode nicht von aktiven oder passiven Unterschiedsbeträgen, weil die stillen Reserven bereits im Rahmen der Summenbilanz bzw. der HB II vollständig aufgedeckt werden und nicht erst durch eine „Zuordnung“ des aktiven Unterschiedsbetrags im Rahmen der Kapitalkonsolidierung. Die Aufrechnungsdifferenz im Rahmen der Kapitalkonsolidierung ergibt bei der Neubewertungsmethode automatisch den (positiven oder negativen) Firmenwert.

3.4.6. Negativer Firmenwert

Die Berechnungsformel in IFRS 3.32 kann grundsätzlich auch einen negativen Firmenwert ergeben. In diesem Fall hat der Erwerber das Unternehmen zu einem günstigeren Preis erworben als jenem, der sich aus den Fair Values der Vermögenswerte abzüglich der Schulden ergibt. Er hat somit durch den günstigen Anschaffungsvorgang einen Gewinn gemacht *(bargain purchase)*. Der negative Firmenwert ist daher als Ertrag auszubuchen und geht somit in den Gewinn oder Verlust des Jahres ein (keine Erfassung im sonstigen Ergebnis; IFRS 3.34). Der Ertrag wird unmittelbar im Erwerbszeitpunkt erfasst und darf nicht auf Folgeperioden verteilt werden. Der Ertrag darf nicht als „außerordentlich“ bezeichnet werden (IAS 1.87).

Ein negativer Firmenwert kann etwa dann entstehen, wenn ein Unternehmen unter wirtschaftlichem Druck veräußert wird (z. B. aufgrund von dringendem Liquiditätsbedarf oder auf Druck einer Wettbewerbsbehörde). In seltenen Fällen können negative Firmenwerte auch aus besonderen Bewertungsbestimmungen in IFRS 3.22 ff. resultieren, wenn sich daraus eine Abweichung zum Fair Value ergibt (z. B. aus dem Verbot, latente Steuern zu diskontieren).

Der Gewinn ist dem Erwerber zuzurechnen, also in der Gewinn- und Verlustrechnung grundsätzlich im Ergebnisanteil der Eigentümer des Mutterunternehmens darzustellen und nicht unter dem Ergebnisanteil der Minderheiten des erworbenen Unternehmens. In einem mehrstufigen Konzern kann mitunter auch der Ergebnisanteil von Minderheiten betroffen sein (und zwar jener Minderheiten, die auf einer übergeordneten Ebene beteiligt sind).

BEISPIEL ► Ein Mutterunternehmen ist zu 80 % an einem Tochterunternehmen beteiligt, das eine Beteiligung von 60 % an einem Enkelunternehmen erwirbt. Bei der Erstkonsolidierung des Enkelunternehmens ergibt sich ein negativer Firmenwert von 10 Mio. €, der als Ertrag verbucht wird. 8 Mio. € fließen in den Ergebnisanteil der Eigentümer des Mutterunternehmens, 2 Mio. € fließen in den Ergebnisanteil von Minderheiten.

Ein negativer Firmenwert kann aber auch auf eine fehlerhafte oder unzuverlässige Erfassung oder Bewertung der erworbenen Vermögenswerte und Schulden hindeuten (z. B. auf eine Überbewertung des Vermögens oder auf nicht erfasste Schulden). Bevor daher der negative Firmenwert als Ertrag ausgebucht wird, ist die Bewertung und Erfassung der folgenden wertbestimmenden Faktoren zu überprüfen und ggf. zu revidieren (IFRS 3.36):

- übernommene Vermögenswerte und Schulden;
- Minderheitenanteile;
- bei einem mehrstufigen Erwerb der Wert bisher gehaltener Beteiligungen;
- der Wert der übertragenen Gegenleistung.

Ein Ertrag kann nur insoweit verbucht werden, als die Überprüfung zu keinen Anpassungen geführt hat.

3.5. Erfassung von Minderheitenanteilen

Minderheitenanteile *(non-controlling interests)* entstehen immer dann, wenn ein Mutterunternehmen weniger als 100 % des Eigenkapitals an einem Tochterunternehmen erwirbt und Eigenkapitalbestandteile des Tochterunternehmens weder direkt noch indirekt dem Mutterunternehmen zuzurechnen sind (vgl. Definition in IFRS 3 Anhang B). Minderheitenanteile entstehen aufgrund dieser Definition nur aus jenen Unternehmenserwerben, die ein Mutter-Tochter-Verhältnis im Sinne von IFRS 10 begründen. Wird etwa im Rahmen einer Einbringung oder einer Verschmelzung von der übernehmenden Gesellschaft Eigenkapital ausgegeben, dann handelt es sich um neues Eigenkapital des Erwerbers und nicht um einen Minderheitenanteil.

Minderheitenanteile sind im Konzerneigenkapital auszuweisen, aber gesondert vom Eigenkapital der Eigentümer des Mutterunternehmens (IFRS 10.22).

Minderheitenanteile müssen kein stimmberechtigtes Kapital und kein gesellschaftsrechtliches Kapital sein. Jedes Eigenkapital des Tochterunternehmens, das nicht direkt oder indirekt dem Mutterunternehmen zuzurechnen ist, gilt als Minderheitenanteil (z. B. als Eigenkapital zu klassifizierende Genussrechte oder Vorzugsaktien, Stock Options oder die Eigenkapitalkomponente zusammengesetzter Instrumente wie Wandlungsrechte bei Wandelanleihen). Allerdings muss es sich auch aus Konzernsicht um Eigenkapital handeln, um diese Instrumente im Konzerneigenkapital zu zeigen (IAS 32.AG29; z. B. darf das Mutterunternehmen keine zusätzlichen, eigenkapitalschädlichen Verpflichtungen gegenüber den Inhabern eingegangen sein, wie z. B. Rücknahmeverpflichtungen).

IFRS 3 und 10 nennen Minderheitenanteile *„non-controlling interests"*, also wörtlich „Anteile ohne beherrschenden Einfluss". Der Begriff umfasst nämlich alle Eigenkapitalinstrumente, die keine Kontrolle vermitteln, nicht nur die klassischen Minderheitengesellschafter, die die Minderheit am stimmberechtigten Kapital des Tochterunternehmens halten. Außerdem muss die Kontrolle nicht mit der Mehrheit am Kapital einhergehen (z. B. bei potenziellen Stimmrechten oder Beherrschungsverträgen); mitunter kann auch ein Mehrheitsgesellschafter mangels Kontrolle eine „Minderheit" sein. Der deutsche Begriff „Minderheitenanteile" ist aber weiterhin gebräuchlich, gerade weil es keine prägnante deutsche Übersetzung des Begriffs *„non-controlling interests"* gibt. Daher wird dieser Begriff in diesem Buch verwendet.

IFRS 3.19 sieht zwei Varianten für die Bewertung jener Minderheitenanteile vor, die im Liquidationsfall einen aliquoten Anteil am Nettovermögen erhalten:

- Zu ihrem **Fair Value** im Zeitpunkt des Erwerbes; damit muss auf der Aktivseite auch der auf die Minderheiten entfallende Firmenwert aufgedeckt werden *(full goodwill method)*; diese Methode entspricht den US-GAAP.
- Zum **anteiligen Fair Value aller Vermögenswerte und Schulden** des Tochterunternehmens; in diesem Fall wird auf der Aktivseite nur der auf die Mehrheitsanteile entfallende Firmenwert aufgedeckt; diese Methode entspricht der unternehmensrechtlichen Neubewertungsmethode.

Das Wahlrecht für jene Minderheiten, die einen aliquoten Anteil am Nettovermögen erhalten, ist an keine Bedingungen geknüpft und kann für verschiedene Erwerbe unterschiedlich ausgeübt werden. Aus praktischen Gründen kommt die *full goodwill method* aber nur zur Anwendung, wenn der Fair Value des Minderheitenanteils verlässlich und mit vertretbarem Aufwand ermittelt werden kann.

Das Wahlrecht ist ausdrücklich auf Minderheitenanteile beschränkt, die im Liquidationsfall einen aliquoten Anteil am Nettovermögen erhalten. Gibt es gesetzliche oder vertragliche Regeln, wonach der Anteil am Liquidationserlös abweichend von den Kapitalanteilen verteilt wird, oder gibt es Eigenkapitalinstrumente, die nicht (proportional) am Liquidationserlös partizipieren, dann müssen die daraus resultierenden nicht beherrschenden Anteile stets zum Fair Value im Erwerbszeitpunkt angesetzt werden. Das Wahlrecht ist insoweit aufgehoben (IFRS 3.19 und .BC221A). Dazu gehört etwa die Eigenkapitalkomponente zusammengesetzter Eigen-/Fremdkapitalinstrumente und die im Eigenkapital erfassten Genussrechte, die eine vorrangige Tilgung oder eine Deckelung der Rückzahlung mit dem Nennwert vorsehen (vgl. IFRS 3.IE44B). Mitarbeiterbeteiligungsprogramme werden in Abweichung dazu gemäß IFRS 2 bewertet (IFRS 3.30).

Sind Eigenkapitalinstrumente des Tochterunternehmens an einem aktiven Markt notiert, dann ergibt sich der **Fair Value des Minderheitenanteils (erste Variante)** aus dem Marktwert. Sind sie nicht notiert, dann ist ein Bewertungsmodell heranzuziehen (.B44). IFRS 3 enthält keine bestimmten Vorgaben für das Bewertungsmodell, es sind daher jedenfalls anerkannte Grundsätze der Unternehmensbewertung zu beachten. Jedenfalls zu beachten sind **Kontrollprämien**: Der Kaufpreis für den Mehrheitsanteil darf nicht einfach auf den Minderheitenanteil umgelegt werden, weil der Kaufpreis i. d. R. einen Aufschlag für die Kontrolle des erworbenen Unternehmens enthält (.B45). Wird der Fair Value der Minderheitenanteile nach anerkannten Grundsätzen der Unternehmensbewertung aus dem Kaufpreis für den Mehrheitsanteil abgeleitet oder mit diesem Betrag verifiziert, dann muss jedenfalls die Kontrollprämie abgezogen werden (bei nicht notierten Anteilen ist die Kontrollprämie schwer zu ermitteln). In manchen Fällen sind zwar die Aktien des erworbenen Unternehmens an einem aktiven Markt notiert, nicht aber andere Eigenkapitalinstrumente (z. B. Genussrechte). In diesem Fall müssen die anderen Eigenkapitalinstrumente mithilfe eines Modells bewertet werden.

Wird die **zweite Variante** gewählt, dann ergibt sich der Minderheitenanteil automatisch aus der ohnedies erforderlichen Bewertung der Vermögenswerte und Schulden des Tochterunternehmens (anteiliges Nettovermögen auf Fair Value-Basis). Die anteilige Zurechnung setzt die genaue Ermittlung des Anteils der Minderheiten am Eigenkapital voraus (nicht maßgeblich sind dabei der Anteil am stimmberechtigten Kapital oder potenzielle Stimmrechte; vgl. IFRS 10.B89). Gibt es verschiedenartige Eigenkapitalinstrumente (z. B. Aktien, Genussrechte oder Wandlungsrechte), dann muss das Nettovermögen diesen jeweils zugeordnet werden (z. B. anhand der IFRS-Buchwerte in der HB II zuzüglich des fiktiven Gewinnanteils bei Realisierung stiller Reserven). IFRS 3 lässt den Aufteilungsschlüssel offen.

Das Wahlrecht wurde deshalb eingeführt, weil es für beide Bewertungsvarianten gute Argumente gibt und sich das IASB daher nicht auf eine bestimmte Linie durchringen konnte (IFRS 3.BC120). Die erste Variante *(full goodwill method)* hat im Vergleich zur zweiten Variante folgende drei Besonderheiten (vgl. IFRS 3.BC217 f.):

- Ist der Fair Value des Minderheitenanteils höher als die anteiligen Fair Values, dann erhöhen sich der Firmenwert und der Minderheitenanteil (Bilanzverlängerung). Ist der Fair Value des Minderheitenanteils dagegen geringer als die anteiligen Fair Values, dann vermindern sich der Firmenwert und der Minderheitenanteil.
- Bei Aktivierung des Firmenwerts für Minderheiten kommt es ggf. zu einer höheren Firmenwertabschreibung nach IAS 36. Allerdings wird der auf die Minderheiten entfallende Anteil in der Erfolgsrechnung auch im Ergebnisanteil der Minderheiten dargestellt (.BC217).
- Erwirbt das Mutterunternehmen später weitere Anteile von den Minderheiten, dann wird dies als eine Transaktion zwischen Eigenkapitalgebern abgebildet. Eine „Unterbewertung" der Minderheiten im Vergleich zum Fair Value führt dann i. d. R. zu einer Eigenkapitalrückzahlung.

Die früher auch nach IFRS erlaubte anteilige Aufdeckung der stillen Reserven ist nicht mehr zulässig (Buchwertmethode; *parent company concept*). Die alten Regelungen gelten aber noch für Unternehmenszusammenschlüsse, die vor dem 31.3.2004 vertraglich vereinbart wurden.

BEISPIEL Das Mutterunternehmen hat am 31.12.X1 eine Beteiligung von 80 % an einem Tochterunternehmen für 1.100 t€ erworben, was auch dem Fair Value der Beteiligung entspricht. Die Einzelbilanzen zum 31.12.X1 sind nachfolgend dargestellt und entsprechen den jeweiligen Steuerbilanzen. Der Steuersatz sei 40 %.

Mutterunternehmen

Beteiligung	1.100 t€	Eigenkapital	1.100 t€

Tochterunternehmen

Anlagevermögen	500 t€	Eigenkapital	1.000 t€
Umlaufvermögen	500 t€		

Das Anlagevermögen des Tochterunternehmens hat einen Fair Value von 700 t€, das Umlaufvermögen von 500 t€. Außerdem wurde gegen das Tochterunternehmen eine Haftungsklage erhoben, aber mit wenig Aussicht auf Erfolg. Ein Dritter würde die daraus resultierende Eventualschuld für 50 t€ übernehmen. Die stillen Reserven (200 t€) und die Eventualschuld (50 t€) des Tochterunternehmens werden vollständig aufgedeckt. Daraus entstehen latente Steuerschulden von (200 t€ – 50 t€) × 40 % = 60 t€; das Nettovermögen i. S. von IFRS 3 ist daher 1.090 t€.

Tochterunternehmen (neu bewertet)

Anlagevermögen	700 t€	Nettovermögen	1.090 t€
Umlaufvermögen	500 t€	Eventualschuld	50 t€
		latente Steuern	60 t€

Bei Anwendung der **Neubewertungsmethode** (zweite Variante) werden die Minderheiten zum anteiligen Nettovermögen des Tochterunternehmens angesetzt (1.090 t€ × 20 % = 218 t€). Das restliche Nettovermögen (1.090 t€ × 80 % = 872 t€) des Tochterunternehmens wird in einem zweiten Schritt mit der Beteiligung verrechnet.

Summenbilanz (Neubewertungsmethode)

Beteiligung am TU	1.100 t€	Eigenkapital MU	1.100 t€
Anlagevermögen	700 t€	Nettovermögen TU (MU-Anteil)	872 t€
Umlaufvermögen	500 t€	Minderheiten	218 t€
		Eventualschuld	50 t€
		latente Steuern	60 t€

Nach der Verrechnung ergibt sich ein Firmenwert von 1.100 t€ – 872 t€ = 228 t€, entsprechend der Formel in IFRS 3.32.

Konzernbilanz (Neubewertungsmethode)

Firmenwert	228 t€	Eigenkapital MU	1.100 t€
Anlagevermögen	700 t€	Minderheiten	218 t€
Umlaufvermögen	500 t€	Eventualschuld	50 t€
		latente Steuern	60 t€
	1.428 t€		1.428 t€

Bei Anwendung der ***full goodwill method*** (erste Variante) werden die Minderheiten zum anteiligen Fair Value des Tochterunternehmens bewertet. Der Kaufpreis über die Beteiligung von 80 % i. H. von 1.100 t€ enthielt eine Kontrollprämie von 100 t€. Der Fair Value einer 80%igen Beteiligung ohne Kontrollprämie beträgt somit 1.000 t€. Der Gesamtwert des Tochterunternehmens beträgt daher 1.000 t€ / 0,8 = 1.250 t€. Der Minderheitenanteil beträgt somit 1.250 t€ × 20 % = 250 t€.

In einem ersten Schritt wird wieder die Summenbilanz aufgestellt, ebenso wie bei der Neubewertungsmethode:

Summenbilanz

Beteiligung am TU	1.100 t€	Eigenkapital MU	1.100 t€
Anlagevermögen	700 t€	Nettovermögen TU	1.090 t€
Umlaufvermögen	500 t€	Eventualschuld	50 t€
		latente Steuern	60 t€

Die Kapitalkonsolidierung erfolgt mit dem folgenden Buchungssatz. Der Firmenwert ergibt sich entsprechend der Formel in IFRS 3.32 als Differenz zwischen dem ausgebuchten Nettovermögen, der ausgebuchten Beteiligung und den Minderheiten auf Fair Value-Basis.

Firmenwert [Differenz]	260 t€	
Nettovermögen TU [Ausbuchung]	1.090 t€	
an Beteiligung am TU [Ausbuchung]		1.100 t€
an Minderheiten		250 t€

Konzernbilanz (full goodwill method)

Firmenwert	260 t€	Eigenkapital MU	1.100 t€
Anlagevermögen	700 t€	Minderheiten	250 t€
Umlaufvermögen	500 t€	Eventualschuld	50 t€
		latente Steuern	60 t€
	1.460 t€		1.460 t€

Bei Anwendung der *full goodwill method* ist der Firmenwert somit um 260 t€ – 228 t€ = 32 t€ höher als bei der Neubewertungsmethode; die Minderheiten sind auch um den Betrag von 250 t€ – 218 t€ = 32 t€ höher.

Die Erhöhung des Firmenwerts kann durch folgende Kontrollrechnung nachvollzogen werden:

Firmenwert des 80%-Anteils (Neubewertungsmethode):	228 t€
Firmenwert des 80%-Anteils ohne Kontrollprämie [– 100]:	128 t€
Firmenwert für 100%-Anteil ohne Kontrollprämie [128 / 0,8]:	160 t€
Firmenwert für 100%-Anteil mit Kontrollprämie [+100]:	260 t€

Minderheitenanteile werden in der Konzernbilanz im Eigenkapital gezeigt, gesondert vom Eigenkapital der Eigentümer des Mutterunternehmens (IFRS 10.22). Unter den Eigentümern des Mutterunternehmens sind Eigenkapitalgeber des Mutterunternehmens zu verstehen (IAS 1.7), d. h. es muss nicht zusätzlich zwischen Aktionären und anderen Eigenkapitalgebern des Mutterunternehmens (z. B. Genussrechtsinhabern) differenziert werden.

Folgekonsolidierung: Nach dem Erwerbsstichtag werden die Minderheitenanteile im Konzernabschluss fortgeführt. Änderungen des Eigenkapitals beim Tochterunternehmen sowie Gewinne und Verluste des Tochterunternehmens, die auf Grundlage der IFRS zu berechnen sind, werden den Minderheiten anteilig zugerechnet. Der auf die Minderheiten entfallende Gewinn wird gesondert ausgewiesen. Er ist kein Aufwand, sondern eine Form der Gewinnverwendung (IAS 1.83; Ausweis: Gewinn/Verlust …, davon Ergebnis von Minderheitengesellschaftern …, davon Ergebnis der Gesellschafter des Mutterunternehmens …). Dasselbe gilt für das auf die Minderheiten entfallende übrige Ergebnis, das ebenfalls gesondert darzustellen ist (IFRS 10.B94).

Da zum Minderheitenkapital auch sonstiges Eigenkapital am Tochterunternehmen gehört (z. B. als Eigenkapital zu klassifizierende Genussrechte), muss auch der diesem Kapital zustehende Gewinnanteil abgegrenzt und unter dem Minderheitenkapital im Eigenkapital gezeigt werden. Dies gilt auch, wenn entsprechende Ausschüttungen nicht beschlossen wurden (z. B. bei kumulativen Vorzugsaktien; IFRS 10.B95).

Manchmal ist die Gewinnzuteilung asymmetrisch (z. B. Vorzugsgewinn von 3 % des Nominales für Genussrechtsinhaber); dies ist ebenfalls zu berücksichtigen. Da asymmetrische Gewinnzuteilungen meist auf Grundlage der Einzelabschlüsse erfolgen, sind die tatsächlichen zivilrechtlich maßgeblichen Vorzugsgewinne heranzuziehen und darüber hinausgehende IFRS-Ergebnisse nach einem durchschnittlichen Schlüssel zu verteilen.

Bei der Ermittlung des Minderheitenanteils am Ergebnis bzw. an sonstigen Eigenkapitalveränderungen werden nur die tatsächlichen Beteiligungsverhältnisse berücksichtigt, nicht aber potenzielle Stimmrechte (IFRS 10.B89).

Verluste – auch Verluste im sonstigen Ergebnis – sind den Minderheiten auch dann zuzurechnen, wenn sich dadurch ein negativer Buchwert ergibt (IFRS 10.B94). In diesem Fall ist der Gesamtbetrag der Minderheitenanteile mit negativem Vorzeichen in der Bilanz auszuweisen. Hat das Tochterunternehmen verschiedene Eigenkapitalinstrumente begeben und sehen manche keine Verlustbeteiligung vor, dann sind die Verluste vorrangig den verlusttragenden Instrumenten zuzurechnen (z. B. wird bei Genussrechten manchmal die Verlustbeteiligung zulasten des Aktienkapitals ausgesetzt).

Die Verlustbeteiligung der Minderheiten über ihre Einlage hinaus setzt die Einheitstheorie der Konzernrechnungslegung konsequent um, denn auch die Minderheiten sind Eigenkapitalgeber und sollten daher nicht anders behandelt werden als die Eigentümer des Mutterunternehmens. Ein negativer Minderheitenanteil ist auch dann anzusetzen, wenn die Minderheiten nicht zur Verlustabdeckung bzw. Auffüllung ihres Einlagenkontos verpflichtet sind. Schließlich setzt auch ein negatives Eigenkapital der Eigentümer des Mutterunternehmens keine Auffüllungsverpflichtung voraus.

Minderheitenanteile können auch dann entstehen, wenn ein Mutter-Tochter-Verhältnis **ohne Kapitalbeteiligung** vorliegt. Dies ist etwa der Fall, wenn ein Tochterunternehmen nur über einen Beherrschungsvertrag kontrolliert wird oder wenn eine Zweckgesellschaft zu konsolidieren ist.

In diesen Fällen ist das gesamte Eigenkapital des Tochterunternehmens als Minderheitenanteil auszuweisen. Der Minderheitenanteil ergibt sich aus dem Nettovermögen, nachdem die Vermögenswerte und Schulden des Tochterunternehmens gemäß IFRS 3 bewertet wurden (IFRS 3.44). Aufgrund der Formulierung des IFRS 3.44 besteht kein Wahlrecht, den Minderheitenanteil zum Fair Value anzusetzen. Ein Firmenwert (der in diesem Fall nur ein Minderheitenfirmenwert wäre) wird daher im Konzernabschluss nicht aktiviert.

Negative Firmenwerte sind grundsätzlich als Ertrag zu erfassen, weil der Kaufpreis geringer ist als das Nettovermögen auf Basis von Fair Values. Werden Minderheiten mit ihrem Anteil am Nettovermögen des Tochterunternehmens bewertet (Neubewertungsmethode), dann entsteht für die Minderheiten kein Firmenwert; insofern kann es auch nicht zu einem negativen Firmenwert bzw. einem Ertrag aus den Minderheitenanteilen kommen.

Bei Anwendung der *full goodwill method* werden Minderheiten mit ihrem Fair Value bewertet und ggf. positive Firmenwerte für die Minderheitenanteile aktiviert. Realisiert das Mutterunternehmen einen Gewinn aus einem *bargain purchase*, dann bedeutet dies nicht, dass auch bei den Minderheiten ein entsprechender negativer Firmenwert vorliegt: Da die Minderheiten zum Fair Value bewertet werden, kann der Buchwert der Minderheiten immer noch höher sein als das anteilige Nettovermögen des Tochterunternehmens – also gedanklich ein positiver Minderheitenfirmenwert bestehen. Ein solcher, positiver Minderheitenfirmenwert wird aber nicht aktiviert, sondern vermindert entsprechend der Firmenwertformel in IFRS 3.32 den Ertrag aus dem *bargain purchase*. Ist der Fair Value der Minderheiten tatsächlich geringer als das anteilige Nettovermögen, dann vergrößert diese Differenz den Ertrag aus dem *bargain purchase*. Da aber hinsichtlich der Minderheitenanteile kein Erwerbsvorgang stattfindet, darf den Minderheiten kein Anteil am Ertrag aus dem *bargain purchase* zugerechnet werden. Der Ertrag ist in der konsolidierten Erfolgsrechnung vollständig dem Erwerber zuzurechnen (IFRS 3.34; siehe oben, Kap. XVIII.3.4.6., S. 458 ff.).

3.6. Mehrstufiger Beteiligungserwerb

Die Beteiligung an einem Tochterunternehmen kann schrittweise erworben werden. Zusätzliche Anteilserwerbe können sowohl vor als auch nach Erlangen der Kontrolle erfolgen. Auch beim mehrstufigen Beteiligungserwerb erfolgt die Erstkonsolidierung nur einmal, und zwar beim Erwerb der Kontrolle (**Erwerbszeitpunkt**). Meist ist der Erwerbszeitpunkt jener Tag, an dem jene Beteiligungstranche direkt oder indirekt erworben wird, die zusammen mit den bestehenden Beteiligungstranchen die Stimmrechtsmehrheit vermittelt. Im Erwerbszeitpunkt werden die Vermögenswerte und Schulden des erworbenen Unternehmens im Rahmen der Erstkonsolidierung erfasst und zu ihrem Fair Value angesetzt.

Da sich der Buchwert der Beteiligungen aus mehreren Anschaffungsvorgängen und ggf. Umwertungen ergibt (z. B. aktivierten Gewinnen im Rahmen der Equity-Methode), entspricht dieser regelmäßig nicht mehr dem aktuellen Fair Value der Beteiligung. Um den Firmenwert im Rahmen der Erstkonsolidierung aber entsprechend der Formel in IFRS 3.32 getreu zu ermitteln, muss die Beteiligung neu bewertet und mit ihrem Fair Value angesetzt werden (IFRS 3.42). Die Neubewertung kann entweder durch eine Unternehmensbewertung erfolgen; alternativ kann auch aus dem Kaufpreis über die zuletzt erworbene Beteiligungstranche der Unternehmenswert abgeleitet werden. Der Fair Value der Beteiligung enthält regelmäßig auch eine Kontrollprämie.

BEISPIEL ▸ Das Mutterunternehmen erwirbt eine Beteiligung in zwei Schritten: 25 % am 1.1.X1 für 500 t€ und zusätzlich weitere 50 % am 31.12.X1 für 1.200 t€. Zum 31.12.X1 ist das Tochterunternehmen aufgrund der beherrschenden Beteiligung von 75 % voll zu konsolidieren. Der Beteiligungsbuchwert beim Mutterunternehmen entspricht noch den Anschaffungskosten von 500 t€ + 1.200 t€ = 1.700 t€.

Der Fair Value kann beispielsweise aus dem Kaufpreis zum 31.12.X1 i. H. von 1.200 t€ abgeleitet werden; im Kaufpreis sei eine Kontrollprämie von 100 t€ enthalten. Der Gesamtwert des Tochterunternehmens ohne Kontrollprämie beträgt danach 1.100 t€/0,5 = 2.200 t€, die Beteiligung von 75 % ist daher – ohne Berücksichtigung der Kontrollprämie – insgesamt 2.200 t€ × 0,75 = 1.650 t€ wert. Da aber die Beteiligung die Kontrolle vermittelt, muss die Kontrollprämie wieder hinzugerechnet werden. Der Fair Value beträgt somit 1.750 t€. Der Buchwert der Beteiligung ist daher vor der Erstkonsolidierung von 1.700 t€ auf den Fair Value i. H. von 1.750 t€ aufzustocken.

Die Neubewertung der Beteiligung ist erfolgswirksam und fließt daher in den Gewinn oder Verlust in der Periode des Erwerbs ein. Die IFRS unterstellen im Ergebnis, der Erwerb der Kontrolle wäre ein Tauschvorgang mit Gewinnrealisierung (Tausch der bestehenden Beteiligung gegen das Nettovermögen einschließlich Firmenwert).

In manchen Fällen wurden Anteile am erworbenen Unternehmen als Finanzinstrumente bilanziert (z. B. als erfolgsneutral bewertete Eigenkapitalinstrumente; i. d. R. bei Anteilen von weniger als 20 % der Fall). Die ggf. in der Neubewertungsrücklage erfassten Beträge können dort verbleiben oder in eine Gewinnrücklage transferiert werden; eine Realisierung der erfolgsneutral erfassten Neubewertungen über die GuV (Reklassifizierung) ist nicht zulässig. Zugleich wird die Realisierung als gegenläufige Anpassung im sonstigen Ergebnis gezeigt (IFRS 3.42).

Die Regelungen für den mehrstufigen Beteiligungserwerb gelten grundsätzlich auch für Unternehmenserwerbe, die kein Mutter-Tochter-Verhältnis begründen.

BEISPIEL ▸ Der Erwerber hat am 1.1.X1 eine Beteiligung von 25 % an einem Unternehmen erworben. Am 31.12.X1 wird es auf den Erwerber verschmolzen und die 25%ige Beteiligung geht damit unter. Vor der Ausbuchung muss die untergehende Beteiligung mit ihrem Fair Value erfolgswirksam neu bewertet werden. Im nächsten Schritt wird die Verschmelzung beim Erwerber als Erwerbsvorgang i. S. von IFRS 3 verbucht. Die neu bewertete Beteiligung wird dabei wieder ausgebucht und ihr Buchwert (Fair Value) wirkt sich damit indirekt auf den Firmenwert aus. Nach der Formel für die Ermittlung des Firmenwerts in IFRS 3.32 erhöht der Fair Value der untergehenden Beteiligung den Firmenwert.

In Konzernabschlüssen kann es auch **nach dem Erwerb der Kontrolle** zu weiteren Anschaffungsvorgängen oder umgekehrt zu Veräußerungen von Beteiligungstranchen kommen, ohne dass die Kontrolle über das Tochterunternehmen verloren geht. Diese Vorgänge sind aber nur bei einem Mutter-Tochter-Verhältnis denkbar, weil für die Kontrolle grundsätzlich eine mehrheitliche Beteiligung ausreicht und darüber hinausgehende Änderungen der Beteiligungsquote nichts am Tatbestand der Kontrolle ändern. Daher finden sich die entsprechenden Regelungen nicht in IFRS 3, sondern in IFRS 10.23.

BEISPIEL ▸ Das Mutterunternehmen erwirbt am 31.12.X1 eine Beteiligung von 80 % am Tochterunternehmen (Erwerbszeitpunkt). Am 31.12.X2 erwirbt das Mutterunternehmen weitere 10 % von den Minderheitengesellschaftern. Am 31.12.X3 veräußert das Mutterunternehmen 20 % seiner Anteile.

Änderungen in der Beteiligungsquote des Mutterunternehmens am Tochterunternehmen gelten grundsätzlich als Eigenkapitaltransaktionen des Konzerns, sofern die Kontrolle über das Tochterunternehmen nicht verloren geht (IFRS 10.23). Damit setzt IFRS 10 die Einheitstheorie der Konzernrechnungslegung konsequent um.

BEISPIEL Das Mutterunternehmen ist zu 80 % am Tochterunternehmen beteiligt und kann das Tochterunternehmen damit kontrollieren. Am 31.12.X2 erwirbt das Mutterunternehmen weitere 10 % von den Minderheitengesellschaftern für 1.000 t€, was genau dem Buchwert entspricht. Nach dem Erwerb ist das Mutterunternehmen damit zu 90 % beteiligt. Aus Konzernsicht sind die Minderheitengesellschafter Eigenkapitalgeber – genauso wie die Gesellschafter des Mutterunternehmens. Mit der Auszahlung wurde das Konzerneigenkapital daher reduziert – der Eigenkapitalbeitrag der Minderheiten hat sich reduziert, ohne dass andere Eigenkapitalgeber zusätzliches Kapital zur Verfügung gestellt haben. Daher liegt aus Konzernsicht eine Eigenkapitalrückzahlung vor (Verbuchung: Minderheitenanteil an Zahlungsmittel 1.000 t€). Der Beteiligungskauf ist kein Erwerbsvorgang nach IFRS 3 (keine Aufdeckung stiller Reserven oder neuer Firmenwerte im Konzernabschluss).

Meist entspricht der Kaufpreis, der den Minderheiten für die Übertragung ihres Anteils bezahlt wird, nicht dem Buchwert. Werden Minderheitenanteile über ihrem Buchwert zurückerworben, dann ist die Differenz vom Kapital der Mehrheitsgesellschafter abzuziehen („Vermögensnachteil" der Mehrheitsgesellschafter gegenüber den Minderheiten). Die Transaktion wird folgendermaßen erfasst:

Eigenkapital Mehrheitsgesellschafter	[Differenz]	
Minderheitenanteile	[abgehender Buchwert]	
an Zahlungsmittel		[Kaufpreis]

Werden Minderheitenanteile unter ihrem Buchwert zurückerworben, dann stärkt die Differenz das Kapital der Mehrheitsgesellschafter („Vermögensvorteil" der Mehrheitsgesellschafter). Die Transaktion wird folgendermaßen erfasst:

Minderheitenanteile	[abgehender Buchwert]	
an Zahlungsmittel		[Kaufpreis]
an Eigenkapital Mehrheitsgesellschafter		[Differenz]

Die Differenzen dürfen jedenfalls nicht erfolgswirksam erfasst werden, weil Transaktionen mit Eigenkapitalgebern nicht als Gewinne oder Verluste zu erfassen sind.

BEISPIEL (FORTSETZUNG) Am 31.12.X3 veräußert das Mutterunternehmen 20 % seiner Anteile für 2.000 t€ an Dritte, mit der verbleibenden Beteiligung von 70 % behält das Mutterunternehmen aber weiterhin die Kontrolle. Mit der Veräußerung kommen neue Minderheitengesellschafter hinzu, die mit ihrer Einzahlung das Eigenkapital des Konzerns stärken. Die Veräußerung wird daher aus Konzernsicht als Ausgabe neuen Eigenkapitals erfasst (Verbuchung: Zahlungsmittel an Minderheitenanteil 2.000 t€). Soweit für die Transaktion direkt zurechenbare Kosten anfallen, sind diese nicht als Aufwand, sondern als Verminderung des erhaltenen Eigenkapitalbeitrags der Minderheiten zu erfassen (IAS 32.35 letzter Satz).

Da Änderungen in der Beteiligungsquote als Eigenkapitalrückzahlung oder als Aufnahme neuen Eigenkapitals gewertet werden, muss das Mutterunternehmen auch die bilanzanalytischen Konsequenzen dieser Transaktionen beurteilen. Durch Aufstockung der Beteiligungsquote kann die Eigenkapitalquote des Konzerns sinken, was sich auf das Rating oder auf externe Kapitalerfordernisse des Konzerns negativ auswirken kann.

Im Anhang ist eine Aufstellung aller Eigenkapitaltransaktionen und ihrer Auswirkung auf das Eigenkapital der Konzerneigentümer zu zeigen, die nicht zum Kontrollverlust geführt haben (IFRS 12.18).

3.7. Vorläufige Erstkonsolidierung

Wurde ein Unternehmen während des Abschlussjahres erworben, dann können die für die Erstkonsolidierung erforderlichen Daten (insbesondere die Fair Values) oft nicht rechtzeitig bis zur Bilanzerstellung ermittelt werden. IFRS 3 erlaubt daher eine **vorläufige Erstkonsolidierung** für den Abschluss über diese Periode; der Abschluss darf auf Basis vorläufig ermittelter Werte aufgestellt werden, soweit einzelne Informationen noch ausständig sind (IFRS 3.45). IFRS 3 gesteht dem Erwerber damit eine gewisse Zeitspanne zur Bewertung zu *(measurement period)*, in der die nötigen Informationen beschafft werden können. Die *measurement period* endet, sobald der Erwerber alle nötigen Informationen über die Gegebenheiten am Erwerbszeitpunkt hat oder sobald er feststellt, dass er keine weiteren Informationen mehr erhalten wird. Die *measurement period* endet aber jedenfalls ein Jahr nach dem Erwerbszeitpunkt. Die Korrekturen werden daher im nächstfolgenden Abschluss berücksichtigt.

Während der *measurement period* sind die provisorischen Buchungen rückwirkend – bezogen auf den Zeitpunkt der Erstkonsolidierung – zu korrigieren, um neu erlangte Informationen entsprechend zu erfassen. Damit kommt es i. d. R. auch zu einer rückwirkenden Anpassung des Firmenwerts (wird z. B. der provisorisch angesetzte Fair Value eines Vermögenswerts erhöht, vermindert sich der Firmenwert entsprechend). Die neu erlangten Informationen können folgende Faktoren betreffen (IFRS 3.46):

- die Erfassung und Bewertung erworbener Vermögenswerte, übernommener Schulden und der Minderheitenanteile und damit verbunden die latenten Steuern aus der Erstkonsolidierung;
- den Wert der übertragenen Gegenleistung (z. B. neu ausgegebene Aktien);
- bei einem mehrstufigen Erwerb den Wert früher gehaltener Beteiligungen;
- den Firmenwert oder den Ertrag aus einem negativen Firmenwert, die sich aus der Korrektur der übrigen Faktoren entsprechend ableiten.

Es dürfen aber nur jene Informationen rückwirkend verbucht werden, die sich auf Gegebenheiten am Erwerbsstichtag beziehen (werterhellende Informationen und Ereignisse). Ereignisse, die nach den Grundsätzen der IFRS erst nach dem Erwerbsstichtag zu verbuchen wären (wertbegründende Ereignisse), dürfen nicht zu Anpassungen der Erstkonsolidierung führen (IFRS 3.47). Ist ein Ereignis sehr kurz nach dem Erwerbsstichtag eingetreten, dann gibt es eher Aufschluss über die Verhältnisse am Erwerbsstichtag als ein Ereignis, das viele Monate später aufgetreten ist (wird etwa ein Vermögenswert kurz nach dem Erwerbsstichtag an Dritte verkauft, dann ist der Verkaufspreis ein guter Indikator über den Fair Value am Erwerbsstichtag).

Wird die Erstkonsolidierung rückwirkend angepasst, dann müssen diese Korrekturen für die darauffolgenden Perioden entsprechend berücksichtigt werden (z. B. Korrekturen der planmäßigen Abschreibungen bei rückwirkender Änderung von Fair Values abnutzbarer Vermögenswerte; Korrektur der Effektivverzinsung bei nachträglicher Anpassung der Fair Values von Forderungen). Im Regelfall wirken sich die Korrekturen sowohl auf die im Abschluss dargestellten Vorjahresvergleichszahlen als auch auf die aktuelle Periode aus (IFRS 3.50).

BEISPIEL ▶ Das Mutterunternehmen hat ein Tochterunternehmen im Dezember X1 erworben. Der Konzernabschluss für den Stichtag 31.12.X1 wird im April aufgestellt. In diesem Abschluss wird eine Erstkonsolidierung auf Basis provisorischer Werte zugrunde gelegt. Im Laufe des Jahres X2 werden die neuen Informationen gesammelt. Der Abschluss zum 31.12.X2 stellt den Unternehmenserwerb auf Grundlage der neuen Informationen dar. Auch die im Abschluss des Jahres X2 enthaltenen Vorjahresvergleichszahlen über die Periode X1 müssen entsprechend angepasst werden.

3.8. Umgekehrte Unternehmenserwerbe

3.8.1. Vorliegen eines umgekehrten Erwerbs

In vielen Fällen werden Tochterunternehmen durch die Ausgabe neuer Anteile erworben. Im Regelfall ist der Emittent neuer Aktien auch tatsächlich der Erwerber im Rahmen der Erwerbsmethode (IFRS 3.B15 erster Satz). Gelegentlich werden aber so viele Aktien ausgegeben, dass die ursprünglichen Gesellschafter des rechtlichen Käufers die Kontrolle verlieren. Die Empfänger der neuen Anteile sind i. d. R. die Gesellschafter des rechtlich erworbenen Unternehmens. Die ursprünglichen Eigentümer des rechtlichen Tochterunternehmens erlangen dann die Mehrheit am Mutterunternehmen und damit die Kontrolle über den gesamten Konzern. In diesem Fall spricht man von einem umgekehrten Unternehmenserwerb ***(reverse acquisition)***. So könnte z. B. ein großes Familienunternehmen den eigenen Erwerb durch ein kleines börsennotiertes Unternehmen veranlassen, um dadurch einen kostengünstigen Börsengang zu erreichen; erhalten die bisherigen Gesellschafter des Familienunternehmens die Mehrheit am börsennotierten Unternehmen, dann liegt ein umgekehrter Erwerb vor. Für die Frage, welches der beiden Unternehmen als Erwerber gilt, sind die Grundsätze zur Identifikation des Erwerbers in IFRS 3.B13 ff. anzuwenden (siehe Kap. XVIII.1.4., S. 430).

ABB. 41: Reverse Acquisitions

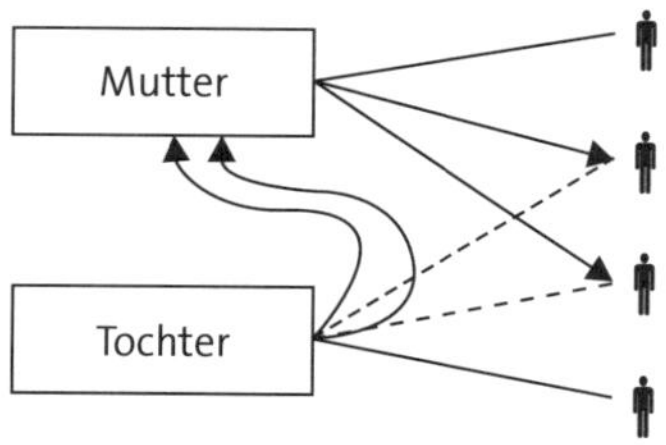

Entsprechend der wirtschaftlichen Substanz der Transaktion gilt für Zwecke der Rechnungslegung das rechtlich erworbene Unternehmen als Erwerber, der rechtliche Käufer gilt als erworbenes Unternehmen. Für Rechnungslegungszwecke werden daher die Rollen der beiden Unternehmen „vertauscht".

Damit ein umgekehrter Unternehmenserwerb vorliegt, muss der rechtliche Erwerber aber jedenfalls ein Unternehmen i. S. von IFRS 3.B7 ff. sein (.B19 letzter Satz). Ist der rechtliche Erwerber bloß eine Mantelgesellschaft ohne jede wirtschaftliche Aktivität, dann findet kein Erwerbsvorgang statt. Vielmehr werden im Konzernabschluss die Bilanzansätze des rechtlich erworbenen Unternehmens fortgeführt und ggf. an die neue, gesellschaftsrechtlich vorgegebene Eigenkapitalstruktur des rechtlichen Erwerbers angepasst.

3.8.2. Bilanzierung des umgekehrten Erwerbs

Der Konzernabschluss wird zwar vom Mutterunternehmen in seinem Namen aufgestellt; allerdings ist im Anhang zu erläutern, dass es sich um eine Fortsetzung der Abschlüsse des rechtlichen Tochterunternehmens handelt (IFRS 3.21). Daneben ist darauf hinzuweisen, dass das Nennkapital an die gesellschaftsrechtlichen Verhältnisse beim rechtlichen Mutterunternehmen angepasst wurde. Die Anpassung des Nennkapitals hat auch rückwirkend für die Vorjahresvergleichszahlen zu erfolgen.

Da es sich beim umgekehrten Erwerb um keinen klassischen Unternehmenserwerb handelt, muss für die Ermittlung des Firmenwerts der **Wert der erbrachten Gegenleistung** rechnerisch ermittelt werden. Gegenstand des Erwerbs ist das rechtliche Mutterunternehmen; die Gesellschafter des rechtlichen Mutterunternehmens geben zwar ihre Mehrheitsbeteiligung am Mutterunternehmen auf, erhalten als Gegenleistung aber die indirekte Beteiligung am rechtlichen Tochterunternehmen. Die Gegenleistung ist daher der Fair Value des Eigenkapitalanteils am rechtlichen Tochterunternehmen, das neu ausgegeben werden müsste, um den Anteil des früheren Gesellschafters des Mutterunternehmens an Gesamtkonzern zu erreichen (.B20).

BEISPIEL ▸ Das Unternehmen MU gehört zu 100 % dem Investor M und erwirbt eine Beteiligung von 100 % am Unternehmen TU von dessen Eigentümer Investor T. Dafür muss Investor M 80 % seiner Anteile an MU an Investor T abgeben und bleibt somit zu 20 % am Gesamtkonzern beteiligt.

Um dem Investor M eine Beteiligung von 20 % an TU zu gewähren, hätte TU auch eine Kapitalerhöhung von 25 % durchführen können und die neuen Anteile an M übertragen können (25 % in Bezug auf das erhöhte Kapital von 125 % ergibt eine Beteiligung von 20 %). Der Wert der Gegenleistung entspricht daher 25 % des Eigenkapitals von TU – bewertet zum Fair Value (vgl. auch IFRS 3.IE4).

Im Rahmen der **Konsolidierung** (IFRS 3.B22) werden die Vermögenswerte und Schulden des rechtlichen Tochterunternehmens mit ihren Buchwerten vor dem Erwerb fortgeführt, dafür werden die Vermögenswerte und Schulden des rechtlichen Mutterunternehmens nach IFRS 3 bewertet (i. d. R. zum Fair Value). Das Eigenkapital (einschließlich der angesammelten Gewinne) wird vom rechtlichen Tochterunternehmen mit seinen Buchwerten vor dem Erwerb in den konsolidierten Abschluss übernommen. Zum ausgegebenen Kapital des rechtlichen Tochterunternehmens wird der Wert der übertragenen Gegenleistung (Fair Value) hinzugerechnet (vgl. IFRS 3.IE8). Somit ergibt sich der aufzudeckende Firmenwert automatisch aus dem Unterschied zwischen der übertragenen Gegenleistung und dem neu bewerteten Nettovermögen des rechtlichen Mutterunternehmens (vgl. Beispiel in IFRS 3.IE6 ff.). In einem nächsten Schritt wird das Eigenkapital des Konzerns entsprechend der gesellschaftsrechtlichen Eigenkapitalstruktur des rechtlichen Mutterunternehmens gegliedert.

Erwirbt das rechtliche Mutterunternehmen nicht alle Anteile des rechtlichen Tochterunternehmens, dann sind die restlichen Anteile als **Minderheitenanteile** im Konzernabschluss darzustellen. Der Minderheitenanteil wird mit dem anteiligen Buchwert des Eigenkapitals des rechtlichen Tochterunternehmens erfasst. Im Gegensatz zu anderen Erwerbsvorgängen dürfen den Minderheiten weder stille Reserven noch ein Firmenwert zugeschrieben werden, weil beim umgekehrten Unternehmenserwerb kein Erwerbsvorgang über das rechtliche Tochterunternehmen vorliegt (IFRS 3.B23 f).

IFRS 3.B26 f. enthalten noch Klarstellungen und Übergangsbestimmungen für die Berechnung des Gewinns pro Aktie und des verwässerten Gewinns pro Aktie nach einem umgekehrten Erwerb.

3.9. Schulden-, Aufwands- und Ertragskonsolidierung

Konzerninterne Forderungen, Transaktionen, Erträge und Aufwendungen sind vollständig zu eliminieren (IFRS 10.B86). Diese Regel gilt für alle Abschlussbestandteile mit Ausnahme der Segmentinformationen im Segmentbericht. Eine Konsolidierung findet daher auch für Zwecke der Kapitalflussrechnung und der Anhangangaben statt. Allerdings gilt auch hier der Wesentlichkeitsgrundsatz und die Kosten-Nutzen-Abwägung. Die Beurteilung der Wesentlichkeit erfolgt aber immer in kumulierter Betrachtung aller unkonsolidierten Einzeltransaktionen (vgl. zum Wesentlichkeitsgrundsatz IAS 1.7).

Die **Schuldenkonsolidierung** betrifft grundsätzlich gegenseitige Verpflichtungen zwischen Konzerngesellschaften. Neben den klassischen Forderungen und Schulden gilt sie auch für verbriefte Forderungen, Rückstellungen und im Rahmen der Kapitalkonsolidierung angesetzte Eventualschulden. Die Schuldenkonsolidierung erfolgt auch für Zwecke der Anhangangaben, insbesondere für die im Anhang angegebenen Eventualforderungen und Eventualschulden.

Die IFRS enthalten keine Detailregelungen für **Aufrechnungsdifferenzen**, die Behandlung lässt sich aber meist aus der Einheitstheorie ableiten. Aufrechnungsdifferenzen aus Buchungsfehlern (unechte Differenzen) sollten entsprechend der Art des Buchungsfehlers erfolgswirksam bzw. erfolgsneutral in der HB II korrigiert werden. Dies gilt auch für Differenzen, die aufgrund abweichender Abschlussstichtage auftreten.

Aufrechnungsdifferenzen aufgrund einer IFRS-konformen – aber asymmetrischen – Bewertung werden durch Stornierung der Ursprungsbuchung korrigiert (echte Differenzen). Entstand die Differenz erfolgswirksam, erfolgt auch die Konsolidierung erfolgswirksam (z. B. durch Wechselkursgewinne zwischen zwei funktionalen Währungen). Entstand sie durch Dotierung bestimmter Rücklagen, erfolgt eine umgekehrte Erfassung in der jeweiligen Rücklage. Erfolgswirksame Differenzen aus Vorperioden werden unter den Gewinnrücklagen erfasst.

Nach der Eliminierung steht dem entsprechenden Steuerwert ein Buchwert von null gegenüber. Aus diesen Differenzen ergeben sich aber i. d. R. **keine latente Steuern**. Latente Steuern werden nur für temporäre Differenzen gebildet, die sich aus der Zwischenergebniseliminierung ergeben (IFRS 10.B86 lit. c).

Die **Aufwands- und Ertragskonsolidierung** betrifft grundsätzlich nur Vorgänge nach dem Erwerbszeitpunkt, sie kommt also bei der Folgekonsolidierung zur Anwendung. Alle erfolgswirksamen Innenbeziehungen, Gewinne und Verluste aus Transaktionen und Dividendenerträge im Konzern werden ausgeschieden.

Aufwendungen und Erträge eines Tochterunternehmens werden grundsätzlich erst ab dem Erwerb der Kontrolle in die Konzerngewinn- und Verlustrechnung aufgenommen (IFRS 10.20 und .B88). Aufwendungen und Erträge zwischen Periodenbeginn und Erwerbszeitpunkt werden nicht aufgenommen. Der Gewinn oder Verlust in diesem Zeitraum gehört zum Eigenkapital des Tochterunternehmens im Erwerbszeitpunkt und wird im Rahmen der Kapitalkonsolidierung ausgeschieden. Umgekehrt scheinen Aufwendungen und Erträge nach Verlust der Kontrolle nicht mehr in der Konzerngewinn- und Verlustrechnung auf. Für **Aufrechnungsdifferenzen** gelten dieselben Grundsätze wie in der Schuldenkonsolidierung. Echte Aufrechnungsdifferenzen werden allerdings i. d. R. bereits im Rahmen der Zwischenergebniseliminierung beseitigt.

Wird das Tochterunternehmen vor dem Erwerbszeitpunkt nach der Equity-Methode bewertet, dann kommt es zum Wechsel zwischen anteiliger und vollständiger Berücksichtigung seiner Aufwendungen und Erträge. Daher geht der anteilige Gewinn bzw. Verlust bis zum Erwerbszeitpunkt noch in den Erfolg aus der Beteiligung ein. Das Gleiche gilt umgekehrt nach Verlust der Kontrolle.

Im Rahmen der **Zwischenergebniseliminierung** sind alle Gewinne und Verluste aus konzerninternen Transaktionen auszuscheiden. Im Gegenzug werden die Ansätze von Vermögenswerten und Schulden um Gewinne und Verluste aus Transaktionen im Konzern berichtigt. Dementsprechend verändern sich auch die latenten Steuern aus temporären Differenzen. Konzerninterne Transaktionen werden eingeteilt in *upstream*-Transaktionen (Tochter an Mutter), *downstream*-Transaktionen (Mutter an Tochter) und *sidestream*-Transaktionen (zwischen Schwestergesellschaften).

Wie bei der Aufwands- und Ertragskonsolidierung erfolgt die Zwischenergebniseliminierung erst ab dem Erwerb der Kontrolle und endet mit dem Verlust der Kontrolle. Gewinne aus Transaktionen vor dem maßgeblichen Beteiligungserwerb werden nicht korrigiert, sondern gehen in den Erfolg und damit ins Eigenkapital ein, das auf der Seite des erworbenen Unternehmens mit der Kapitalkonsolidierung wieder eliminiert wird.

In der Praxis erfolgt die Zwischenergebniseliminierung meist nicht auf Ebene der Einzeltransaktionen, sondern durch vereinfachte Erhebungsverfahren. Dabei werden in einer gesonderten Konzernbuchhaltung nur die jeweiligen Korrekturbeträge wesentlicher Einzeltransaktionen oder die pauschalen Korrekturbeträge von Transaktionsgruppen fortgeführt.

Grundsätzlich sind auch **Verluste** aus Transaktionen im Konzern zu korrigieren; dies erfolgt durch Aufwertung von Vermögenswerten oder Abwertung von Schulden. Der Verlust ist aber ein Hinweis auf eine mögliche Wertminderung (IFRS 10.B86). Der Werthaltigkeitstest selbst wird aber erst nach Abschluss aller Konsolidierungsbuchungen durchgeführt, um die für den Test erforderlichen Ausgangsbuchwerte zu erhalten.

Die Korrektur der Zwischengewinne erfolgt auch dann vollständig, wenn **Minderheitengesellschafter** vorhanden sind: Da Minderheiten zum Eigenkapital zählen (IAS 1.54(q)), muss auch der ihnen zukommende Gewinn- oder Verlustanteil aus Transaktionen im Konzern ausgeschieden werden. Gewinne aus *upstream*-Transaktionen werden auch dann eliminiert, wenn der Minderheitenanteil der Transaktionen im Einzelabschluss des Tochterunternehmens bereits realisiert ist. Aus Konzernsicht liegen nämlich auch weiterhin stille Reserven vor.

BEISPIEL Ein 50%iges Tochterunternehmen veräußert Vorräte und Aktien (im Konzern erfolgsneutral zum Fair Value bewertet) an das Mutterunternehmen, jeweils mit einem Gewinn von 10 t€.

In der Summenbilanz werden die aggregierten Vorräte um 10 t€ abgewertet (Gegenbuchung unter den aggregierten Umsatzerlösen). Der gesondert dargestellte Minderheitenanteil am Konzernergebnis wird um 5 t€ reduziert.

Der Erlös aus der Aktienveräußerung wird storniert und in die Neubewertungsrücklage zurückgebucht. Der Ergebnisanteil der Minderheiten wird um 5 t€ reduziert, der Minderheitenanteil in der Konzernbilanz umfasst stattdessen die anteilige Neubewertungsrücklage von 5 t€.

Bei der **Folgekonsolidierung** werden die im Rahmen der Erstkonsolidierung ermittelten Werte nach den jeweils anzuwendenden IFRS fortgeführt. Aufwendungen und Erträge des Konzerns basieren auf den Werten, die im Rahmen der Erstkonsolidierung erfasst wurden (z. B. wird der

Abschreibungsaufwand auf Grundlage der Anschaffungskosten des Konzerns, also dem Fair Value im Erwerbszeitpunkt, errechnet; IFRS 10.B88).

3.10. Entkonsolidierung

Verliert ein Mutterunternehmen die Kontrolle über ein Tochterunternehmen, dann ist dieses zu entkonsolidieren. Eine Entkonsolidierung gibt es nur bei einem Mutter-Tochter-Verhältnis, daher finden sich die Regeln in IFRS 10 und nicht in IFRS 3. Betriebsveräußerungen und Spaltungen sind dagegen reguläre Veräußerungsvorgänge, die nicht gesondert in IFRS 10 geregelt sind.

Die Kontrolle über ein Tochterunternehmen kann durch Beteiligungsveräußerungen von Konzernmitgliedern oder durch andere Vorgänge verloren gehen (z. B. Verträge, Übernahme der Geschäftsführung durch einen Masseverwalter). Da die Entkonsolidierung ein erfolgswirksamer Vorgang ist (IFRS 10.26), muss die Veräußerungstransaktion klar abgegrenzt werden (ebenso wie umgekehrt die Anschaffungstransaktion).

Mehrere Einzeltransaktionen (z. B. Verkäufe in mehreren Schritten, Übertragungen bestimmter Rechte über verschiedene Wege) sind in wirtschaftlicher Betrachtung ggf. als eine zusammengehörige Veräußerungstransaktion anzusehen. Damit kann die Ausbuchung und Erfolgsrealisierung durch komplexere oder über mehrere Umwege erfolgte Transaktionen nicht verändert werden. Besonders bei steuerlich optimierten, mehrstufigen und länderübergreifenden M&A-Transaktionen muss der wirtschaftliche Gehalt insgesamt abgebildet werden. Da Teilveräußerungen vor dem Verlust der Kontrolle als Eigenkapitalaufnahme und Teilveräußerungen, die zum Kontrollverlust führen, erfolgswirksam verbucht werden, könnte diese Differenzierung sonst für Gestaltungsmodelle missbraucht werden (z. B. um einen drohenden, bei Entkonsolidierung aufzudeckenden Veräußerungsverlust zu vermindern). Die nachfolgenden Indizien sprechen für eine wirtschaftlich zusammengehörige Transaktion (IFRS 10.B97):

- die Transaktionen wurden zeitnah oder in gemeinsamer Erwägung abgeschlossen;
- sie haben zusammen ein gemeinsames, zusammenhängendes wirtschaftliches Ziel;
- sie sind voneinander abhängig bzw. bedingt;
- eine Transaktion allein wäre ökonomisch nicht sinnvoll, sondern nur zusammen mit den anderen (z. B. eine Veräußerung findet über dem Marktpreis, die andere unterhalb des Marktpreises statt).

Zum Zeitpunkt des Kontrollverlustes erfolgt die **Entkonsolidierung** (IFRS 10.B98; auch als „Endkonsolidierung" bezeichnet). Die Entkonsolidierung ähnelt der Erstkonsolidierung, aber in umgekehrter Reihenfolge. Während aber bei der Erstkonsolidierung Differenzen zwischen dem Nettovermögen und der gewährten Gegenleistung als Firmenwert erfasst werden, steht bei der Entkonsolidierung ein solcher bilanzieller Restposten nicht zur Verfügung, sodass die Entkonsolidierung regelmäßig erfolgswirksam ist.

Mit der Entkonsolidierung werden die **Buchwerte** der Vermögenswerte (einschließlich Firmenwert), der Schulden und der Minderheitenanteil (einschließlich allfälliger Neubewertungsrücklagen aus dem sonstigen Ergebnis) ausgebucht. Im Gegenzug wird der **Fair Value der erhaltenen Gegenleistung** und ggf. der Fair Value einer zurückbehaltenen Beteiligung am ehemaligen Tochterunternehmen eingebucht.

Die **Differenz ist erfolgswirksam** und wird im Gewinn oder Verlust gezeigt. Der Gewinn aus der Entkonsolidierung ist auf übergeordneter Ebene zwischen den Anteilseignern des Mutterunternehmens und Minderheiten aufzuteilen und gesondert darzustellen.

Wurden aus Beständen des Tochterunternehmens Neubewertungsrücklagen über das übrige Ergebnis dotiert, dann sind die Rücklagen im Rahmen der Entkonsolidierung genauso zu behandeln wie bei einer Einzelveräußerung der zugrunde liegenden Vermögenswerte oder Schulden (IFRS 10.B99). Im Regelfall wird die Rücklage daher beibehalten oder in eine Gewinnrücklage transferiert (eine Reklassifizierung über die GuV ist z. B. bei bestimmten Cashflow Hedge-Rücklagen sowie Rücklagen aus der Währungsumrechnung im Konzern vorgesehen).

BEISPIEL ▸ Das Tochterunternehmen hält Aktien (Anschaffungskosten 100 t€, Fair Value 150 t€), der Bewertungsgewinn von 50 t€ wurde erfolgsneutral in einer Neubewertungsrücklage erfasst (latente Steuern vernachlässigt). Im Rahmen der Entkonsolidierung wird der Betrag von 50 t€ in der Neubewertungsrücklage des Konzerns belassen oder in die Gewinnrücklagen transferiert.

Der Fair Value einer ggf. verbleibenden Beteiligung am ehemaligen Tochterunternehmen gilt fortan als Anschaffungskosten für Zwecke der IFRS 9 (zum Fair Value zu bewertende Eigenkapitalinstrumente) und IAS 28 (Equity-Methode).

Forderungen und Schulden, die nach Verlust der Kontrolle gegenüber dem ehemaligen Tochterunternehmen bestehen, sind im Rahmen der Entkonsolidierung ebenfalls aufzudecken und werden nach Verlust der Kontrolle nach den jeweils anwendbaren IFRS folgebewertet. Dies ist im IFRS 10 nicht mehr klar geregelt, ergibt sich aber wohl analog aus IFRS 10.25. Damit sind ursprünglich schuldenkonsolidierte Forderungen und Verbindlichkeiten im Rahmen der Entkonsolidierung mit ihrem Fair Value erstmalig wieder zu erfassen.

Die Erfolge aus der Entkonsolidierung sind im Anhang anzugeben, zusammen mit der jeweiligen Auswirkung auf die betroffenen Posten der GuV (IFRS 12.19). Zusätzlich ist auch der Erfolgseffekt aus der Neubewertung verbleibender Anteile am früheren Tochterunternehmen anzugeben.

Die Regelungen zur Entkonsolidierung des IFRS 10 gelten in allen Fällen, in denen das Mutterunternehmen die Kontrolle über ein Tochterunternehmen verliert. Das Tochterunternehmen kann, aber muss kein Unternehmen (*business*) im Sinne des IFRS 3 sein. Auch bei Kontrollverlust über eine rein passiv vermögensverwaltende Holdung ist die Entkonsolidierung erfolgswirksam und eine allenfalls verbleibende Beteiligung wird erstmalig zum Fair Value erfasst. Danach richtet sich die Folgebewertung der verbleibenden Beteiligung nach IFRS 9 (kein signifikanter Einfluss) oder nach IAS 28 (signifikanter Einfluss) oder IFRS 11 (gemeinsame Beherrschung). Das IASB hat für vermögensverwaltende Holdinggesellschaften eine komplexe Sonderregelung geschaffen (IFRS 10.B99A), diese aber nach Verlautbarung wieder infrage gestellt. Daher wurde und wird dieser Paragraph von der EU nicht übernommen und ist nicht anwendbar.

3.11. Exkurs: Stock Options beim Unternehmenserwerb

Besondere Fragestellungen ergeben sich, wenn ein Unternehmen mit einem bestehenden Stock Options-Programm von einem anderen Unternehmen erworben wird. Geregelt sind diese Fälle im IFRS 3.

Bei einem Erwerb eines Unternehmens mit einem bestehenden Stock Options-Programm (*equity settled* oder *cash settled*) bieten sich die folgenden Vorgehensweisen an:

- Variante 1: Bei einem Programm auf Aktien des Tochterunternehmens läuft das Programm unverändert weiter.
- Variante 2: Beendigung des Programms und Abschichtung der Mitarbeiteransprüche.
- Variante 3: Ersatz durch ein Stock Options-Modell des Erwerbers *(„replacement awards")*.

Bei Variante 1 (Fortsetzung des Modells beim Tochterunternehmen) wird das Eigenkapital *(equity settled)* bzw. die Verbindlichkeit *(cash settled)* beim Tochterunternehmen im Rahmen der Vollkonsolidierung in den Konzernabschluss übernommen. IFRS 2 ist aus Sicht des Konzerns anzuwenden.

Die Bewertung erfolgt auf Grundlage einer Ausnahmeregelung (IFRS 3.30): Stock Options (*equity-* ebenso wie *cash settled*) werden grundsätzlich nach IFRS 2 bewertet. Allerdings findet eine Aktualisierung des Wertes für den Zeitpunkt des Unternehmenserwerbs statt, um Aufwendungen vor und nach dem Erwerbsstichtag sauber zu trennen. **Eigenkapital** aus Stock Options wird grundsätzlich als Minderheitenanteil (*non controlling interest*; IAS 1.154(q)) innerhalb des Konzerneigenkapitals dargestellt. Eine Neubewertung auf den Fair Value im Erwerbszeitpunkt ist – anders als bei den übrigen Minderheitenanteilen – nicht zulässig (der entsprechend zu verteilende Fair Value zum früheren *grant date* bleibt maßgeblich; IFRS 3.30). Auch bei **Stock Options-Verbindlichkeiten** geht IFRS 2 den Bestimmungen in IFRS 3 vor.

Bei Variante 2 werden die Begünstigten des Tochterunternehmens sofort abgeschichtet, und zwar durch Geld oder alternativ durch Aktien des Erwerbers. Zu einer Abschichtung kommt es mitunter aufgrund von „Change of Control"-Klauseln in Stock Options-Programmen. Ein Ersatz von Ansprüchen gehört zur Gegenleistung für den Unternehmenserwerb, wenn er für Arbeitsleistungen vor dem Erwerbszeitpunkt gewährt wird (IFRS 3.B57). Dies ist bei einer Abschichtung grundsätzlich der Fall. Die Abschichtung erhöht somit den Firmenwert (IFRS 3.37 und .51). Es kommt nicht darauf an, ob die Abschichtung aus dem Vermögen des Tochterunternehmens oder des Mutterunternehmens erfolgt (Einheitstheorie) oder ob sie in Geld oder Aktien erfolgt. Wenn allerdings das Stock Options-Programm des Tochterunternehmens anlässlich des Erwerbs automatisch verfällt und dennoch eine „moralische Entschädigung" für die verfallenen Ansprüche geleistet wird, dann liegt keine Kompensation früherer Arbeitsleistungen vor, sondern eine Zahlung zur künftigen Mitarbeitermotivation. Diese wird als Aufwand erfasst (IFRS 3.B56).

Nach der Variante 3 wird das Stock Options-Modell des erworbenen Unternehmens durch ein Modell des Erwerbers ersetzt *(„replacement awards")*. Dies ist in der Praxis der häufigste Fall. Aus bilanzieller Sicht handelt es sich um eine Kombination aus Variante 1 (Fortsetzung des Modells) und Variante 2 (Abschichtung).

Soweit das neue Modell als Ersatz für bereits geleistete Arbeit bis zum Erwerbsstichtag dient, handelt es sich um eine Leistung für den Unternehmenserwerb und erhöht den Firmenwert. Soweit das neue Modell Arbeitsleistungen nach dem Erwerbsstichtag begünstigt, ist die Leistung als Aufwand zu erfassen – und zwar über den verbleibenden Erdienungszeitraum (IFRS 3.B57 bis .B59). Leistet der Erwerber nur eine moralische Entschädigung für ein verfallendes Programm, dann liegt im Konzernabschluss ein Aufwand in der Erwerbsperiode vor (.B56). Die Regeln gelten sowohl für Stock Options, die als Eigenkapital *(equity settled)* oder als Verbindlichkeit *(cash settled)* bilanziert werden (.B61).

Für die konkrete Verbuchung des Ersatzmodells gibt IFRS 3 die folgende Aufteilungsmethodik vor: Das ursprüngliche Modell und das neue Modell sind zum Erwerbszeitpunkt zu bewerten, und zwar nach IFRS 2. Der jeweils resultierende Wert wird in IFRS 3.30 als *„market based measure"* bezeichnet (das ist aber nicht der Fair Value).

Der *„market based measure"* des **alten** Programms wird aufgeteilt in eine Vergütung für bereits erbrachte Leistungen und eine (verfallende) Vergütung für Leistungen nach dem Erwerb (.B57 f.). Der Aufteilungsschlüssel wird aus den Erdienungszeiträumen abgeleitet: Der bereits abgeleistete Erdienungszeitraum wird mit dem gesamten Erdienungszeitraum verglichen (der sich durch den Ersatz auch verlängern kann). Die nachfolgende Skizze verdeutlicht die Zeiträume. Der anteilige, bereits erdiente *„market based measure"* des **alten** Programms, stellt die Gegenleistung für den Erwerb dar (Firmenwert). Der *„market based measure"* des **neuen** Programms bestimmt den Aufwand des Erwerbers nach dem Erwerbszeitpunkt. Zuerst wird davon die schon im Firmenwert erfasste Gegenleistung abgezogen; der Rest wird über den verbleibenden Erdienungszeitraum verteilt im Aufwand erfasst („Erdienungszeitraum II"). Ist das neue Programm eine Verbindlichkeit *(cash settled)*, dann erfolgt eine jährliche Neubewertung gemäß IFRS 2 und eine Verteilung nach der genannten Methodik.

ABB. 42: Ersatz von Stock Options durch den Erwerber

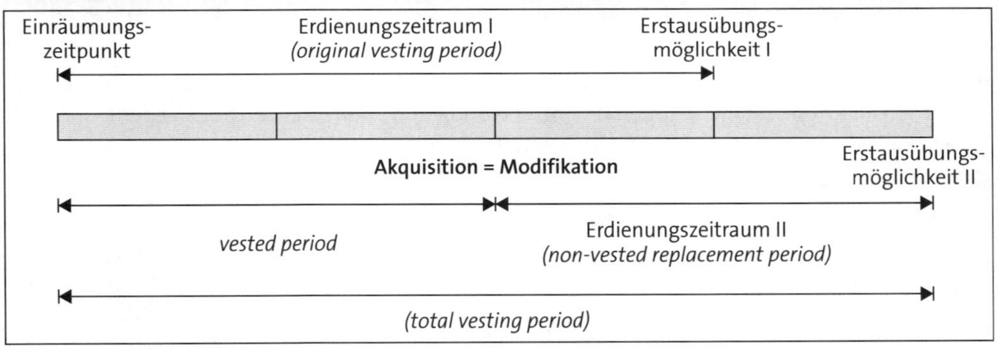

4. Währungsumrechnung (IAS 21)

Die Währungsumrechnung ist in den folgenden Fällen von Bedeutung (IAS 21.1):

- Transaktionen in einer Fremdwährung (z. B. Erwerb einer Microsoft-Aktie gegen US-Dollar);
- Konsolidierung ausländischer Geschäftsbetriebe (z. B. Gesellschaften in einem fremden Währungsraum);
- Darstellung des Jahresabschlusses in einer Fremdwährung (z. B. Umrechnung des Einzelabschlusses einer US-Tochtergesellschaft in Euro).

Diese drei Fallgruppen zählen zum Anwendungsbereich von IAS 21; ausgenommen sind Fremdwährungsderivate und Sicherungsgeschäfte (IAS 21.3 ff.; allerdings fällt ihre Darstellung in einem Jahresabschluss in Fremdwährung unter IAS 21).

IAS 21 unterscheidet grundsätzlich drei Währungsbegriffe (.8):

- die **funktionale Währung** *(functional currency)* ist die Währung des primären wirtschaftlichen Umfelds eines Geschäftsbetriebs;

- **Fremdwährungen** *(foreign currencies)* sind – aus Sicht des jeweiligen Geschäftsbetriebs – andere als die funktionale Währung;
- die **Berichtswährung** *(reporting currency)* ist jene Währung, in der der Jahresabschluss aufgestellt wird (das Unternehmen darf – vorbehaltlich nationaler Bestimmungen – jede Währung als Berichtswährung wählen; IAS 21.38).

Die **funktionale Währung** muss für jeden **Geschäftsbetrieb** des Unternehmens (Konzerns) festgelegt werden (IAS 21.17). Ein Geschäftsbetrieb ist eine Gesellschaft (Tochterunternehmen oder assoziiertes Unternehmen) oder eine Niederlassung. Ein **ausländischer Geschäftsbetrieb** ist ein Geschäftsbetrieb, dessen funktionale Währung nicht der Berichtswährung entspricht.

Die funktionale Währung ist immer jene Währung, welche die Verkaufspreise von Gütern und Leistungen eines Geschäftsbetriebs und die Personalkosten, Materialkosten und andere Kosten am stärksten beeinflusst (IAS 21.9). Im Zweifel ist es jene Währung, mit der ein Geschäftsbetrieb finanziert wird und in der seine operativen Einnahmen angespart werden (.10).

Nicht jeder Geschäftsbetrieb muss eine eigene funktionale Währung haben; ein Geschäftsbetrieb, der wirtschaftlich vollständig in einen übergeordneten Geschäftsbetrieb integriert ist, hat als funktionale Währung jene des übergeordneten Geschäftsbetriebs (z. B. weitgehend inaktive Auslandstöchter, bloße Auslandsvertretungen). Eine vollständige Integration liegt in den folgenden Fällen vor (.11):

- Der ausländische Geschäftsbetrieb ist nur eine Erweiterung des übergeordneten Geschäftsbetriebs und kann keine autonomen Entscheidungen treffen (z. B. Vertriebsniederlassung, die alle Einnahmen an das Stammhaus weiterleitet).
- Ein Großteil der Transaktionen des ausländischen Geschäftsbetriebs wird mit dem übergeordneten Geschäftsbetrieb abgewickelt.
- Die Cashflows des ausländischen Geschäftsbetriebs beeinflussen den Cashflow des übergeordneten Geschäftsbetriebs nicht wesentlich.
- Die ausländische Geschäftstätigkeit kann sich nicht selbständig finanzieren.

Die Fremdwährungsumrechnung erfolgt grundsätzlich in zwei Schritten. Transaktionen in Fremdwährungen bzw. daraus resultierende Vermögenswerte und Schulden in Fremdwährungen werden in die funktionale Währung des Geschäftsbetriebs umgerechnet. Maßgeblich sind die Wechselkurse im Zeitpunkt der Transaktion; die Umrechnung erfolgt daher i. d. R. mit historischen Wechselkursen (Zeitbezugsmethode). Weicht die funktionale Währung des Geschäftsbetriebs von der Berichtswährung ab, dann erfolgt die Umrechnung der Vermögenswerte und Schulden in der Bilanz mit aktuellen Kursen („modifizierte" Stichtagskursmethode, das Eigenkapital ergibt sich nur als Restposten). Die Schritte entfallen, soweit jeweils dieselbe Währung vorliegt.

ABB. 43: Ablauf der Fremdwährungsumrechnung

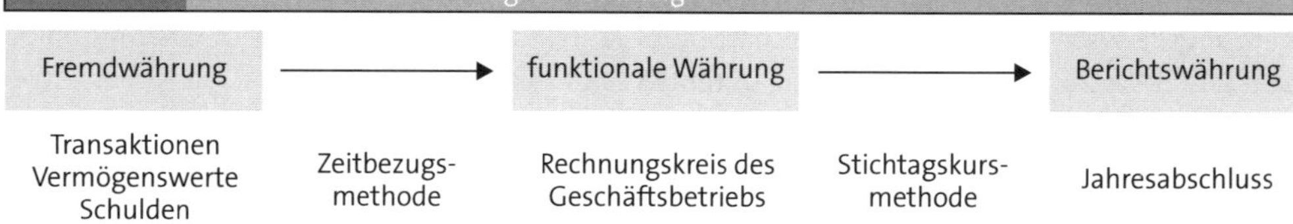

BEISPIEL ▸ Ein deutscher Pharmakonzern hat eine selbständige Tochtergesellschaft in Japan und eine unselbständige Vertretung in den USA, die in erster Line vermittelt und nicht eigenmächtig Verträge abschließt. Die funktionale Währung der japanischen Tochter ist der Yen (Umrechnung auf Euro nach der Stichtagskursmethode). Die funktionale Währung der amerikanischen Vertretung ist der Euro (Umrechnung von Transaktionen in US-Dollar nach der Zeitbezugsmethode).

4.1. Umrechnung der Fremdwährung in die funktionale Währung

Die Umrechnung auf die funktionale Währung erfolgt nach der **Zeitbezugsmethode** *(remeasurement method)*.

Bei **erstmaliger Erfassung** werden alle Transaktionen mit dem Kassakurs im Transaktionszeitpunkt umgerechnet (IAS 21.21); dies gilt sowohl für erfolgswirksame Transaktionen (z. B. Warenverkäufe gegen Fremdwährungsforderungen, Zinsaufwendungen oder -erträge in Fremdwährungen) als auch erfolgsneutrale Transaktionen (z. B. Aufnahme eines Fremdwährungskredits, Einkäufe von Vorräten aus dem Ausland).

Statt dem täglichen Kassakurs kann auch ein durchschnittlicher Wochen- oder Monatskurs verwendet werden, sofern die Wechselkurse nicht signifikant schwanken (.22).

Für die **Folgebewertung** am jeweiligen Abschlussstichtag kommt es darauf an, ob aus den Transaktionen Vermögenswerte und Schulden in Fremdwährungen resultieren. IAS 21.16 bezeichnet sie als **monetäre Vermögenswerte und Schulden**; das sind entweder Devisen und Valuten oder Rechte und Verpflichtungen auf fixe oder bestimmbare Zahlungen in Fremdwährungen (z. B. Fremdwährungsforderungen und -schulden, in Fremdwährungen notierte Finanzinstrumente).

Monetäre Vermögenswerte und Schulden werden – auch bei der Zeitbezugsmethode – mit dem **Stichtagskurs** am Abschlussstichtag auf die funktionale Währung umgerechnet (.23(a)).

Nicht-monetäre Vermögenswerte und Schulden sind z. B. Vorräte, erhaltene oder geleistete Anzahlungen auf Waren oder Dienstleistungen, der Firmenwert, immaterielle Vermögenswerte und Sachanlagen.

Nicht-monetäre Vermögenswerte und Schulden werden i. d. R. mit historischen Anschaffungskosten bewertet. In diesem Fall erfolgt keine neuerliche Währungsumrechnung; die Anschaffungskosten basieren weiterhin auf historischen Wechselkursen (.23(b)).

Geleistete Anzahlungen entstehen zwar aus einer Geldzahlung, sind ab diesem Moment aber nicht mehr monetär. Der in den Erstansatz eingehende Kurs ist jener im Zeitpunkt der Geldtransaktion. Werden mehrere Transaktionen in Serie geleistet, dann gilt für jede Einzeltransaktion der jeweilige Transaktionskurs. Der Betrag einer späteren Ausbuchung der Anzahlung ergibt sich aus den so ermittelten Anschaffungskosten (IFRIC 22).

Werden aber nicht-monetäre Vermögenswerte und Schulden mit Fair Values in Fremdwährungen bewertet, dann gilt der **Wechselkurs im Zeitpunkt der Fair Value-Ermittlung,** sofern der Fair Value in einer Fremdwährung ermittelt wird (.23(c)).

Der Wechselkurs bei Fair Value-Ermittlung ist insbesondere in folgenden Fällen maßgeblich:

- Optionaler oder zwingender Fair Value-Ansatz von nicht-monetären Finanzinstrumenten (z. B. Aktien, die an einer US-Börse notiert sind), von Sachanlagen, marktgängigen immateriellen Vermögenswerten und Immobilien im Rahmen des „Fair Value Accounting" oder von zur Veräußerung stehenden langfristigen Vermögenswerten (Kap. V.6., S. 95 ff.);

- Abschreibung von Sachanlagen, immateriellen Vermögenswerten und des Firmenwerts auf den niedrigeren erzielbaren Betrag im Rahmen des Werthaltigkeitstests, soweit sie Cashflows in einer Fremdwährung erzeugen oder der Fair Value abzüglich Veräußerungskosten in einer Fremdwährung zu ermitteln ist (Kap. V.2., S. 84 ff.);
- Abwertung der Vorräte auf den niedrigeren Nettoveräußerungswert, wenn diese gegen Fremdwährungen veräußert werden (Kap. VI.2.3., S. 103 ff.; streng genommen keine Fair Value-Bewertung, aber im Ergebnis gleich).

Der maßgebliche Wechselkurs ist der Ankaufskurs für Schulden und der Verkaufskurs für Vermögenswerte (.26).

Die Wechselkursdifferenzen werden grundsätzlich **erfolgswirksam** verbucht (.28). Werden aber Gewinne und Verluste nicht-monetärer Vermögenswerte und Schulden erfolgsneutral im Eigenkapital erfasst, dann werden auch Wechselkursdifferenzen im Eigenkapital erfasst (z. B. bei erfolgsneutral bewerteten Eigenkapitalinstrumenten, Sachanlagen beim Fair Value Accounting).

Die Umrechnung monetärer Vermögenswerte und Schulden mit dem Stichtagskurs kann erhebliche **Fremdwährungsrisiken** im Konzern mit sich bringen.

BEISPIEL Ein Mutterunternehmen mit Sitz in München (funktionale Währung Euro) hat ein Tochterunternehmen mit Sitz in Moskau (funktionale Währung Rubel). Aufgrund der guten Refinanzierungsmöglichkeiten der Mutter stellt es seiner Tochter in Moskau bei Bedarf stets günstige, kurzfristige Kredite zur Verfügung. Die Kredite lauten auf Euro, denn das Mutterunternehmen möchte kein Fremdwährungsrisiko eingehen. Wertet nun der Rubel gegenüber dem Euro ab, dann muss das Tochterunternehmen in seinem IFRS-Einzelabschluss (HB II) die Verbindlichkeit zu einem schlechteren Stichtagskurs in Rubel umrechnen, d. h. die Verbindlichkeit wird aufgewertet. Der daraus resultierende Verlust des Tochterunternehmens geht unverändert in den Konzernabschluss des Mutterunternehmens ein. Die Verluste könnten ggf. auch zur Abwertung der Beteiligung im Einzelabschluss führen (zumindest mindern sie das künftige Dividendenpotenzial). Das Fremdwährungsrisiko wurde damit nicht vermieden (dies ist keine Besonderheit der IFRS, sondern ergibt sich auch in einem Konzernabschluss nach nationalem Bilanzrecht).

Zur Vermeidung des Fremdwährungsrisikos sollten ausländische Geschäftsbetriebe grundsätzlich in ihrer funktionalen Währung finanziert werden. Alternativ können zur Risikovermeidung Fremdwährungstermingeschäfte abgeschlossen werden (auch direkt vom Mutterunternehmen), die einen gegenläufigen Erfolgseffekt aufweisen. Weil sowohl das zugrunde liegende Risiko als auch das Sicherungsgeschäft unmittelbar erfolgswirksam zu erfassen sind, ist dabei kein gesondertes *„hedge accounting"* notwendig. Eine andere Gestaltungsvariante führt zumindest zu einer erfolgsneutralen Erfassung des Wechselkursrisikos im Eigenkapital: Das Mutterunternehmen nimmt sämtliche Fremdfinanzierungen des Konzerns direkt bei seinen Banken auf und reicht die Mittel in Form von langfristigen Krediten an seine ausländischen Geschäftsbetriebe weiter (siehe dazu Kap. XVIII.4.3., S. 480 ff.).

4.2. Umrechnung der funktionalen Währung auf die Berichtswährung

Weicht die funktionale Währung einer Gesellschaft von der Berichtswährung ab, dann wird ihr Jahresabschluss nach der **Stichtagskursmethode** *(current rate method)* umgerechnet (z. B. Unternehmen in „kleineren" Währungsräumen, die Abschlüsse in Euro oder US-Dollar vorlegen; .38).

Das Gleiche gilt auch, wenn ein **ausländischer Geschäftsbetrieb** (Tochtergesellschaft, assoziiertes Unternehmen, Joint Venture oder Niederlassung) in einen Konzernabschluss einbezogen wird, dessen Berichtswährung von seiner funktionalen Währung abweicht (z. B. im Rahmen der

Vollkonsolidierung oder Equity-Methode; .44). Auch in diesem Fall wird sein Jahresabschluss (bzw. die Salden seines Buchungskreises) nach der Stichtagskursmethode umgerechnet.

Alle Vermögenswerte und Schulden werden mit dem jeweiligen **Stichtagskurs am Abschlussstichtag** des Geschäftsbetriebs umgerechnet (selbst der Firmenwert, der aus der Konsolidierung entsteht; .47). Alle Aufwendungen und Erträge werden mit dem Kurs im Anfallszeitpunkt umgerechnet. Dies gilt entsprechend für die Vergleichszahlen des Vorjahres (.39). Das Eigenkapital ergibt sich als Restbetrag (daher als „modifizierte Stichtagskursmethode" bezeichnet).

Aufwendungen und Erträge dürfen vereinfachend mit einem Durchschnittskurs umgerechnet werden (.40). In Anlehnung an .22 sollte zumindest ein Wochen- oder Monatskurs verwendet werden; für planmäßige Abschreibungen oder die Amortisation von Zinsen ganzjährig gehaltener Vermögenswerte bzw. Schulden ist auch ein Jahresmittelkurs geeignet. Durchschnittskurse sind unzulässig, wenn die Wechselkurse signifikant schwanken.

Der Abschlussstichtag von Tochterunternehmen, assoziierten Unternehmen oder Joint Venture-Gesellschaften darf bis zu drei Monate vom Abschlussstichtag des Mutterunternehmens abweichen. In diesem Fall sind grundsätzlich die Wechselkurse am Abschlussstichtag des Tochterunternehmens, assoziierten Unternehmens oder Joint Ventures maßgeblich (vgl. IAS 21.46; ggf. sind Anpassungen für signifikante Wechselkursänderungen in der Zwischenzeit erforderlich).

Die Stichtagskursmethode führt häufig zu erheblichen Wechselkursdifferenzen. Wechselkursdifferenzen werden daher **erfolgsneutral im Eigenkapital** erfasst (Rücklage aus der Währungsumrechnung; .39(c)).

Die Wechselkursdifferenz aus der Umrechnung besteht aus zwei Komponenten (.41):

- kursbedingte Änderung des Eigenkapitals als Residualgröße von Vermögen und Schulden;
- abweichende Umrechnungskurse von GuV-Posten und Bilanzposten.

BEISPIEL Eine 100%ige Tochtergesellschaft (US-Corporation) wurde am 31.12.X0 gegründet (Anschaffungskosten der Beteiligung 100 t€; funktionale Währung US$). Die in Euro umgerechnete Eröffnungsbilanz der Tochter ist nachfolgend dargestellt (Wechselkurs am 31.12.X0: 1 US$ = 1 €). Im Konzernabschluss wird das Eigenkapital mit der Beteiligung verrechnet.

US-Corporation – Bilanz X0 (in t€)

Anlagevermögen (200 T$)	200	Nennkapital (100 T$)	100
		Schulden (100 T$)	100

Im Geschäftsjahr X1 gab es nur einen Geschäftsvorfall, die planmäßige Anlagenabschreibung i. H. von 20t US$. Die Abschreibung wird mit dem Durchschnittskurs 1 US$ = 1,25 € umgerechnet, das ergibt einen Verlust von 25 t€. Der Kurs am 31.12.X1 beträgt 1 US$ = 1,5 €.

Das Eigenkapital (Nennkapital bzw. Rücklagen) ist ein Residualbetrag und wird selbst nicht umgerechnet (im Rahmen der Konsolidierung ohnehin auszuscheiden). Zur Ermittlung des Wechselkursgewinns werden Nennkapital bzw. Rücklagen mit dem historischen Wechselkurs bei Bildung der jeweiligen Posten weitergeführt.

US-Corporation – Bilanz X1 (in t€)

Anlagevermögen (180 T$ × 1,5)	270	Nennkapital (100 T$ × 1,0)	100
		Verlust (20 T$ × 1,25)	−25
		Schulden (100 T$ × 1,5)	150
	270		[225]

Nach der Umrechnung stimmt die Aktivseite nicht mehr mit der Passivseite überein. Die Differenz ist ein Wechselkursgewinn (Aktiva übersteigen Passiva) oder ein Wechselkursverlust (Passiva übersteigen Aktiva). Im Beispiel wird der Gewinn von 270 t€ – 225 t€ = 45 t€ in der Rücklage aus der Währungsumrechnung erfasst. Er besteht aus + 50 t€ aus der wechselkursbedingten Aufwertung des Nennkapitals (von 100 t€ auf 150 t€) und – 5 t€ aus der unterschiedlichen Abschreibung laut Bilanz (30 t€ von 300 t€ auf 270 t€) und GuV (25 t€).

US-Corporation – Bilanz X1 (in t€)

Anlagevermögen (180 T$ × 1,5)	270	Nennkapital (100 T$ × 1,0)	100
		Verlust (20 T$ × 1,25)	– 25
		Rücklage aus Umrechnung	45
		Schulden (100 T$ × 1,5)	150
	270		270

Im nächsten Schritt wird das Nennkapital von 100 t€ wieder mit der Beteiligung verrechnet. Der Verlust von 25 t€ und die Dotierung der Rücklage mit 45 t€ werden im Konzernabschluss dargestellt.

Sind **Minderheitengesellschafter** am Tochterunternehmen beteiligt, dann sind die Wechselkursdifferenzen in Höhe des Minderheitenanteils den Minderheiten zuzuschreiben oder von diesen abzusetzen (.41).

Die Rücklage für Wechselkursdifferenzen wird **erfolgswirksam aufgelöst**, wenn der ausländische Geschäftsbetrieb veräußert oder aufgegeben wird. Sie wird teilweise aufgelöst, soweit das Eigenkapital zurückbezahlt wird (keine Eigenkapitalrückzahlungen sind dagegen Gewinnausschüttungen; auch dann nicht, wenn bereits vor dem Beteiligungserwerb entstandene Gewinne ausgeschüttet bzw. Gewinnrücklagen aufgelöst und ausgeschüttet werden). Die Abschreibung der Beteiligung als solche führt noch nicht zur Auflösung der Rücklage (.48 f.).

Wechselkursdifferenzen aus der Umrechnung der funktionalen Währung in die Berichtswährung sind auch im Rahmen der Equity-Methode erfolgsneutral anzusetzen (Beck'sches IFRS-Handbuch, § 15 Rz. 478). Die Beteiligung wird entsprechend auf- oder abgestockt, die Gegenbuchung erfolgt in der Rücklage aus der Währungsumrechnung.

4.3. Forderungen zwischen beteiligten Unternehmen

Fremdwährungsforderungen und -schulden können auch zwischen konsolidierten Gesellschaften in unterschiedlichen Währungsräumen bestehen. In den jeweiligen Einzelabschlüssen nach IFRS (bzw. in der HB II) werden sie – als monetäre Vermögenswerte und Schulden – mit Stichtagskursen umgerechnet. Die Kursdifferenzen sind erfolgswirksam (IAS 21.32).

Besonderheiten ergeben sich allerdings bei der **Schuldenkonsolidierung** im Rahmen der Vollkonsolidierung und – soweit erforderlich – im Rahmen der Equity-Methode (siehe Kap. VII.1., S. 129 f.). Wechselkursänderungen führen nämlich automatisch zu Abweichungen der gegenüberstehenden Forderungen und Schulden (.45).

BEISPIEL Eine deutsche Konzernmutter gewährt ihrer zu 100 % gehaltenen US-Tochter zu Jahresbeginn einen Kredit von 1.000 t€, der in Euro zu tilgen ist (Wechselkurs 1 US$ = 1 €).

Verbuchung Mutterunternehmen:			**Verbuchung Tochterunternehmen:**		
Forderung	1.000 t€		Zahlungsmittel	1.000 t$	
Zahlungsmittel		1.000 t€	Schuld		1.000 t$

Zum Jahresende beträgt der Kurs 1 € = 1,2 US$. In der IFRS-Einzelbilanz des Tochterunternehmens (HB II), die in US$ aufgestellt wird, muss die Schuld daher aufwandswirksam um 200 t$ aufgewertet werden. Die gegenüberstehende Forderung beim Mutterunternehmen bleibt jedoch unverändert.

Die IFRS-Einzelbilanz des Tochterunternehmens (HB II) wird daraufhin in Euro umgerechnet und in die Summenbilanz übernommen. Der Forderung von 1.000 t€ des Mutterunternehmens steht dann die umgerechnete Schuld von 1.000 t€ des Tochterunternehmens gegenüber, die im Rahmen der Schuldenkonsolidierung aufgerechnet wird. Der Kursverlust des Tochterunternehmens geht somit in die Konzerngewinn- und Verlustrechnung mit ein; er wird mit einem geeigneten Durchschnittskurs umgerechnet.

Aufwertung (Bilanz Tochterunternehmen):

Kursverluste	200 t$	
Schuld		200 t$

Schuldenkonsolidierung nach Umrechnung in Euro:

Schuld (TU)	1.000 t€	
Forderung (MU)		1.000 t€

Wechselkursdifferenzen aus gruppeninternen Forderungen zwischen Gesellschaften mit verschiedenen funktionalen Währungen sind im Konzernabschluss erfolgswirksam zu erfassen (.28).

Ist die Tilgung einer Forderung in absehbarer Zeit weder geplant noch wahrscheinlich, dann liegt eine „Nettoinvestition in eine ausländische Teileinheit" vor (IAS 21.15; insbesondere bei langfristigen Ausleihungen, nicht aber bei Forderungen aus Lieferungen und Leistungen). Solche Forderungen werden für Zwecke der Währungsumrechnung wie Teile des Eigenkapitals bzw. der Beteiligung behandelt. Wechselkursdifferenzen werden daher erfolgsneutral in der Rücklage aus der Währungsumrechnung erfasst (.32 f.).

BEISPIEL (FORTSETZUNG) Der Kredit wird dem Tochterunternehmen langfristig zur Verfügung gestellt. Der Kursverlust von 200 t$ wurde in der Summenbilanz mit einem Durchschnittskurs in Euro umgerechnet, woraus sich ein umgerechneter Kursverlust von 180 t€ ergeben hat. Dieser Betrag ist erfolgsneutral zu erfassen.

Korrekturbuchung:

Rücklage aus Währungsumrechnung	180 t€	
Kursverluste (Storno)		180 t€

Die Rücklage wird erst dann erfolgswirksam aufgelöst, wenn die Auslandstöchter veräußert oder aufgegeben werden (.32 i.V. mit .48). Sie wird teilweise aufgelöst, soweit Eigenkapital zurückbezahlt wird (insbesondere Ausschüttungen von Gewinnen, die vor dem Erwerb der Beteiligung angesammelt wurden). Die Abschreibung der Beteiligung als solche führt noch nicht zur Auflösung der Rücklage (.48 f.).

Eine erfolgsneutral konsolidierte Nettoinvestition kann auch vorliegen, wenn zwischen den beiden konsolidierten Gesellschaften kein direktes Beteiligungsverhältnis vorliegt, z. B. eine Forderung zwischen Schwestergesellschaften eines Konzerns (.15A).

Zwar gelten die Bestimmungen auch für **Niederlassungen** im Ausland; mangels einer eigenen Rechtspersönlichkeit können aber keine Forderungen zum Stammhaus auftreten.

4.4. Sicherung von Nettoinvestitionen in eine ausländische Teileinheit

Auslandstöchter haben häufig eine andere funktionale Währung als das Mutterunternehmen. Dennoch werden Eigen- und Fremdkapitalfinanzierungen regelmäßig vom Mutterunternehmen bereitgestellt, wenn dieses bessere Finanzierungsmöglichkeiten über Banken oder den Kapitalmarkt genießt. Für die langfristige Finanzierung der Auslandstochter kommen zwei Möglichkeiten in Betracht:

- Eigenkapitalfinanzierung. Wechselkursdifferenzen zwischen den beiden funktionalen Währungen fließen im Konzernabschluss in die Rücklage aus der Währungsumrechnung. Im Einzelabschluss des Mutterunternehmens kann sich bei nachhaltigen Kursverschlechterungen auch ein Abschreibungsrisiko für die Beteiligung ergeben.
- Langfristige Fremdfinanzierung durch monetäre Instrumente (z. B. Kredite). Wechselkursrisiken beeinflussen je nach Währung des Instruments die GuV im IFRS-Einzelabschluss der Mutter oder der Auslandstochter. Im Konzernabschluss werden sie in der Rücklage aus der Währungsumrechnung gezeigt.

Möchte das Mutterunternehmen die Volatilität im OCI beseitigen, bieten sich zur Besicherung Derivate an. Werden dabei Währungsrisiken aus einer Nettoinvestition in eine ausländische Teileinheit durch Derivate oder andere Sicherungsinstrumente abgesichert, dann erlaubt IFRS 9.6.5.13 ein erfolgsneutrales *hedge accounting*.

Die Nettoinvestition in eine ausländische Teileinheit kann einerseits das Eigenkapital der ausländischen Teileinheit und andererseits konzerninterne Forderungen (monetäre Vermögenswerte) an die ausländische Teileinheit umfassen, deren Tilgung in absehbarer Zeit weder geplant noch wahrscheinlich ist (IAS 21.15).

Die Grundgeschäfte haben die Besonderheit, dass Wechselkursdifferenzen erfolgsneutral in der Rücklage aus der Währungsumrechnung abgebildet werden. Es handelt sich somit um erfolgsneutrale Fremdwährungsrisiken. Ziel des *hedge accounting* ist es daher, die Eigenkapitalvolatilität bzw. die Volatilität des Gesamtergebnisses im Konzern zu verringern, nicht aber die Volatilität des Gewinnes oder Verlustes.

Die Buchungstechnik entspricht daher jenem beim *cashflow hedge*. Das Derivat wird erfolgsneutral im Eigenkapital erfasst, soweit die Sicherungsbeziehung effektiv ist (siehe dazu Kap. XII.4., S. 282 f.). Damit werden die gegenläufigen Wertänderungen der Nettoinvestition und des Sicherungsinstruments jeweils erfolgsneutral im Eigenkapital bzw. im sonstigen Ergebnis erfasst. Eine Saldierung der gegenläufigen Wertänderungen ist nicht vorgesehen. Soweit die Wertänderungen des Derivats das Risiko aus der Nettoinvestition nicht effektiv sichern, werden diese in der GuV dargestellt.

BEISPIEL Die Eigenkapitalvolatilität im Konzernabschluss aus einer US-Tochter mit funktionaler Währung US$ soll gesichert werden. Die Nettoinvestition besteht nur aus einer 100%igen Eigenkapitalbeteiligung an der US-Tochter. Die funktionale Währung des Mutterunternehmens und die Berichtswährung ist der Euro. Steuern werden vernachlässigt.

Beginn der Sicherungsperiode 1.1.X1

Eigenkapital TU am 1.1.X1	100 t$
Sicherungsinstrument Fremdwährungsderivat: Das Derivat wird vom Mutterunternehmen abgeschlossen, der prospektive Effektivitätstest sei erfüllt.	100 t$ gegen €

Ende der Sicherungsperiode 31.3.X1:

Der Dollar wurde um 15 % gegenüber dem Euro abgewertet.

Eigenkapital TU am 1.1.X1:	100 t$
Quartalsgewinn TU	+ 20 t$
Eigenkapital TU am 31.3.:	= 120 t$
Fair Value des Derivats beim Mutterunternehmen am 31.3.	+ 15 t€

Für die Praxis empfiehlt es sich, das Eigenkapital zu Beginn der Sicherungsperiode als Grundgeschäft zu designieren, und nicht den Buchwert des Eigenkapitals, der sich ständig ändern kann. Sonst wird durch Gewinne und Verluste des Tochterunternehmens die Sicherungsbeziehung möglicherweise ineffektiv.

Lösung bei Designation des Eigenkapitals am 1.1.X1 als Grundgeschäft:

Wertänderung Grundgeschäft: 100 × (– 15 %) = – 15 t€

Wertänderung Derivat + 15 t€

Die Sicherungsbeziehung ist daher retrospektiv zu 100 % effektiv.

Verbuchung:

1. Schritt: Wechselkursdifferenzen in Bezug auf das Eigenkapital werden erfolgsneutral in der Rücklage aus der Währungsumrechnung erfasst (Stichtagskursmethode, unterschiedliche Kurse für Erfolgs- und Bestandsgrößen).

2. Schritt: Das Derivat wird erfolgsneutral erfasst

Sicherungsinstrumente an Rücklage aus der Währungsumrechnung 15 t$

In der Praxis werden nicht nur Derivate, sondern häufig Fremdfinanzierungen von Konzerngesellschaften als Sicherungsgeschäfte für das *hedge accounting* gewählt.

BEISPIEL ▸ Ein Mutterunternehmen hält zwei 100%ige Tochterunternehmen, wie in der nachfolgenden Abbildung dargestellt. An TU 2 hält das Mutterunternehmen eine Nettoinvestition von 1.000 t$ (seinen Anteil am Eigenkapital und einen langfristigen Kredit).

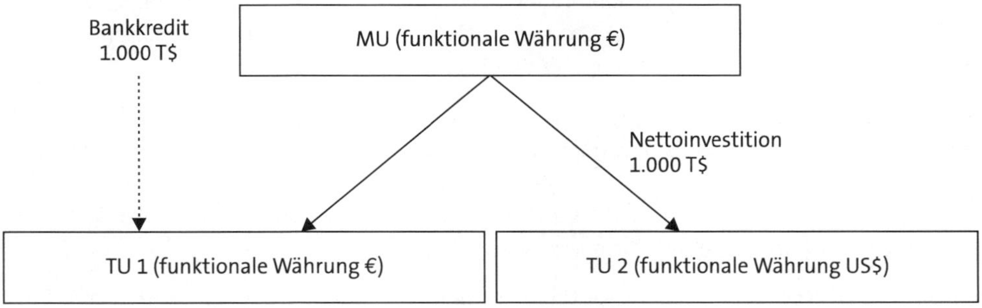

TU 1 ist mit einem auf US$ lautenden Bankkredit finanziert; Wechselkursdifferenzen zwischen € und US$ sind daher im IFRS-Einzelabschluss (HB II) von TU 1 grundsätzlich erfolgswirksam und gehen auch in den Konzernerfolg ein. Da das Wechselkursrisiko des Bankkredits und der Nettoinvestition in TU 2 gegenläufigen Wertschwankungen unterliegt, kann der Bankkredit als Sicherungsinstrument für die Nettoinvestition in TU 2 designiert werden. Die erfolgswirksam erfassten Wechselkursdifferenzen aus dem Bankkredit im IFRS-Einzelabschluss (HB II) von TU 1 werden dann in der Konzernbuchhaltung storniert und erfolgsneutral dargestellt, soweit die Sicherung effektiv ist.

Besondere Probleme ergeben sich, wenn Nettoinvestitionen über mehrere Gruppenebenen hinweg gesichert werden (z. B. aus Unterschieden bei Verwendung der Stufenkonsolidierung und der Simultankonsolidierung). Diese Fragen sind ausführlich in IFRIC 16 behandelt.

Soll bei gruppeninternen Forderungen auch die GuV-Volatilität in den Einzelabschlüssen beseitigt werden, bietet sich im Einzelabschluss ein *fair value hedge* an. Dafür muss aber das Derivat von jener Gesellschaft abgeschlossen werden, die auch das GuV-Risiko trägt oder das Risiko durch ein gruppeninternes Derivat dorthin weitergeleitet werden. Im Konzernabschluss wird die gruppeninterne Forderung eliminiert und ist daher kein geeignetes Grundgeschäft mehr, d. h. der *fair value hedge* muss im Konzernabschluss durch die Sicherung der Nettoinvestition ersetzt werden.

4.5. Niederlassungen in Hochinflationsländern (IAS 29)

Konzerne können auch ausländische Geschäftsbetriebe in Hochinflationsländern umfassen. Eine hohe Inflationsrate ist aber kein ausreichender Grund, eine andere Währung als funktionale Währung zu wählen. Ist daher die **funktionale Währung des Geschäftsbetriebes** hoch inflationär, dann ist der betroffene Rechnungskreis nach den Bestimmungen von IAS 29 – Rechnungslegung in Hochinflationsländern zu behandeln (IAS 21.14). Diese Bestimmungen gelten analog für die Equity-Methode (IAS 29.20).

Für ein Hochinflationsland sprechen die folgenden beispielhaften Indizien (IAS 29.3): Die Bevölkerung investiert Vermögen unverzüglich in stabile Währungen oder in nicht-monetäre Werte und rechnet normalerweise nicht in der eigenen Währung. Käufe und Verkäufe auf kurzfristiges Zahlungsziel berücksichtigen regelmäßig einen Inflationszuschlag. Zinsen, Löhne und Preise sind an Preisindices gebunden. Die jährliche Inflationsrate hat im dreijährigen Durchschnitt annähernd 33 % oder mehr erreicht.

In Europa einschließlich Osteuropa und in den meisten nichteuropäischen Staaten liegt die Inflationsrate deutlich unter 33 %. Im Gefolge der Finanzkrise 2008 und 2009 sind die Inflationsraten zwar teilweise angestiegen, aber in den allermeisten Ländern – insbesondere in Osteuropa – deutlich von den Grenzen des IAS 29 entfernt. IAS 29 spielt daher für europäische Konzerne eine untergeordnete Rolle und soll nur kurz dargestellt werden.

Der Abschluss des Geschäftsbetriebs muss **nach konstanten Geldwerten** nach dem zum Abschlussstichtag geltenden Preisniveau aufgestellt werden. Dies gilt auch für die Vergleichszahlen aus Vorperioden (IAS 29.8). Monetäre Vermögenswerte und Schulden in der Hochinflationswährung werden außerbücherlich verrechnet. Die auf die Nettoposition entfallende Geldentwertung wird als Aufwand oder Ertrag angesetzt (.9 und .27).

Zu **historischen Kosten angesetzte Beträge** werden mit einem allgemeinen Preisindex fortgeführt. Monetäre Positionen werden nicht angepasst, weil diese auch wertmäßig der Inflation unterliegen. Der Werthaltigkeitstest bzw. die Abschreibung auf niedrigere Fair Values abzüglich Veräußerungskosten wird erst in einem zweiten Schritt nach der Umwertung durchgeführt (.12). Erfolgswirksame Anpassungen aus der Inflation werden unter den Finanzierungskosten erfasst; die Inflationsabgeltung in Kreditzinsen darf nicht als Teil der Herstellungskosten aktiviert werden (.21).

Zum **Fair Value** angesetzte Posten werden nicht angepasst, weil der Fair Value bereits zum Preisniveau am Abschlussstichtag ermittelt wird (.29). Erfolgswirksame Transaktionen müssen – ausgehend vom Zeitpunkt ihres Anfalls im Geschäftsjahr – mit dem Preisindex auf den Stichtag umgerechnet werden (.30).

Weichen die Abschlussstichtage des Konzerns und des ausländischen Geschäftsbetriebs voneinander ab, dann erfolgt die Umrechnung auf Basis des Preisniveaus am Konzernstichtag (.36).

XIX. Erstmalige Anwendung der IFRS

1. Allgemeines

Der erste IFRS-Abschluss, den ein Unternehmen aufstellt, enthält gemäß IFRS 1 grundsätzlich (IFRS 1.21 i.V. mit IAS 1.10):

- eine Bilanz zum Abschlussstichtag, zum Ende der zu Vergleichszwecken dargestellten Vorperiode und zu Beginn der Vorperiode („IFRS-Eröffnungsbilanz");
- eine Gesamtergebnisrechnung für die aktuelle Periode und für die Vorperiode;
- eine Kapitalflussrechnung für die aktuelle Periode und für die Vorperiode;
- eine Eigenkapitalveränderungsrechnung für die aktuelle Periode und für die Vorperiode;
- Anhangangaben für die aktuelle Periode mit Vergleichszahlen für die Vorperiode und
- eine Beschreibung im Anhang, wie der Übergang auf IFRS die Vermögens-, Finanz- und Ertragslage sowie die Cashflows beeinflusst hat (IFRS 1.38).

Konkrete Regelungen und Erleichterungen für die erstmalige Anwendung der IFRS sind in IFRS 1 geregelt. Eine erstmalige Anwendung liegt vor, wenn das Unternehmen erstmals einen Abschluss **mit einer ausdrücklichen und uneingeschränkten Übereinstimmungserklärung mit IFRS** erstellt (IFRS 1.3).

IFRS 1 gilt daher, wenn der Vorjahresabschluss:

- nach HGB, UGB, US-GAAP oder anderen nationalen Standards erstellt wurde;
- nicht vollständig IFRS-konform war oder nur eine Überleitungsrechnung auf IFRS enthielt;
- keine uneingeschränkte Übereinstimmungserklärung mit IFRS enthielt, auch wenn er in materieller Hinsicht mit den IFRS übereingestimmt hat;
- nur für interne Zwecke (d. h. nicht für externe Adressaten) oder nur für Konsolidierungszwecke („Reporting Package") aufgestellt wurde.

IFRS 1 gilt nicht nur für den Übergang auf IFRS, sondern auch für die **erstmalige Erstellung eines Abschlusses**, z. B. nach der Gründung eines neuen Konzerns oder bei erstmaliger Konzernrechnungslegungspflicht eines Teilkonzerns, wenn davor kein Teilkonzernabschluss nach IFRS veröffentlicht wurde (vgl. IFRS 1.3(d)). Allerdings liegt keine erstmalige Anwendung vor, wenn ein bereits nach IFRS bilanzierender Konzern ein neues Mutterunternehmen in Form einer Holding errichtet und der Konzern nur unter einem anderen Rechtsmantel fortgeführt wird, die wirtschaftliche Identität aber beibehalten wird.

In manchen Konstellationen haben Unternehmen bereits nach IFRS bilanziert und unterbrechen die Bilanzierung nach IFRS für ein Jahr (z. B. bei einem vorübergehenden Delisting). In diesem Fall kann für den erneuten Umstieg auf IFRS entweder IFRS 1 angewendet werden oder die Vorjahreszahlen werden unter Anwendung von IAS 8 korrigiert (IFRS 1.4A).

IFRS 1 ist nicht schon deshalb anwendbar, weil einem Vorjahresabschluss nach IFRS nur ein eingeschränkter Bestätigungsvermerk erteilt wurde (IFRS. 1.4(c)). Wurde im Vorjahr ein „dualer Abschluss" veröffentlicht, der uneingeschränkt mit IFRS- und nationalen Standards konform war, dann liegt keine erstmalige Anwendung vor (IFRS 1.4(b); duale Abschlüsse waren eine Praxis Ende der 90er-Jahre, die heute aufgrund des nunmehrigen Detaillierungsgrads der IFRS kaum denkbar ist).

Wird zur Vorbereitung eines Börsengangs ein **Prospekt** erstellt und zur Erfüllung der prospektrechtlichen Anforderungen ein vollständiger IFRS-Abschluss samt Vorjahresvergleichszahlen und einer Übereinstimmungserklärung mit dem Prospekt veröffentlicht, dann fällt dieser Abschluss grundsätzlich unter IFRS 1 (ausführlich Kap. I.2.4., S. 10 ff.). Im darauffolgenden Regelabschluss kann IFRS 1 daher nicht mehr angewendet werden, weil dann keine erstmalige Anwendung mehr vorliegt; die entsprechenden Erleichterungsbestimmungen des IFRS 1 wurden schon mit dem im Prospekt veröffentlichten Abschluss „konsumiert". Bei Schuldpapieremittenten erfordert die Prospektverordnung meist nur IFRS-Angaben für das jüngste Geschäftsjahr, ohne Vorjahresvergleichszahlen. Werden diese nicht als Bestandteil eines vollständigen IFRS-Abschlusses im Sinne von IAS 1 dargestellt, dann liegt keine erstmalige Anwendung vor; IFRS 1 ist daher im nächstfolgenden, tatsächlich vollständig IFRS-konformen Abschluss anwendbar.

IFRS 1 gilt auch für **Zwischenberichte**, wenn der Zwischenberichtszeitraum in einem erstmaligen IFRS-Abschluss enthalten sein wird (IFRS 1.2(b) und .32 f.).

Dies ist in den folgenden zwei Konstellationen der Fall:

- Ein Emittent ist nach der Marktzulassung zur Konzernrechnungslegung verpflichtet und hat bisher keinen vollständig IFRS-konformen Konzernabschluss veröffentlicht (weder im Prospekt noch anderweitig). Er wurde nach seinem Regelbilanzstichtag, aber noch vor dem Zwischenberichtsstichtag, erstmalig an einem geregelten Markt zugelassen. In diesem Fall muss grundsätzlich schon der Zwischenabschluss nach IFRS aufgestellt werden (vgl. Art. 5 Abs. 3 der Transparenzrichtlinie 2004/109/EG).
- Ein Emittent ist zur Konzernrechnungslegung verpflichtet und reicht seinen Prospekt zur Billigung ein. Die Einreichung erfolgt neun Monate nach dem letzten Bilanzstichtag, daher sind Zwischeninformationen in den Prospekt aufzunehmen. Die Zwischeninformationen im Prospekt decken einen Zeitraum ab, der in einem anhand von IFRS 1 erstellten Konzernabschluss enthalten sein wird.

Grundsätzlich ist auch der erste Zwischenbericht nach den Bestimmungen der IFRS unter Berücksichtigung der Sonderregeln des IFRS 1 aufzustellen. Es gibt allerdings keine Methodenstetigkeit i. S. von IAS 8 zwischen dem ersten Zwischenbericht und dem erstmaligen IFRS-Abschluss, der den Zwischenberichtszeitraum mit abdeckt (IFRS 1.27A). Methodenänderungen im Vergleich zum ersten Zwischenabschluss sind erstmalig im IFRS-Abschluss zu erläutern (IFRS 1.32(c)).

Besondere Bedeutung erlangte IFRS 1 aufgrund der verpflichtenden Einführung der IFRS für alle kapitalmarktorientierten Unternehmen im Jahr 2005 bzw. 2007 (siehe oben, Kap. I.1., S. 1). Seit damals hat seine praktische Bedeutung abgenommen, weil vergleichsweise wenige Unternehmen auf IFRS umstellen.

Die Umstellung erfolgt grundsätzlich **retrospektiv**, d. h. die Wertansätze ergeben sich aus der rückwirkenden Anwendung der IFRS auf alle früheren Geschäftsfälle, die sich noch auf die dargestellte Periode auswirken. Die retrospektive Anwendung ist zeitlich unbegrenzt, eine beschränkte „*look back period*" könnte nach den BC zu IFRS 1 zu materiellen Fehlern führen. Allerdings enthält IFRS 1 bestimmte Befreiungen *(exemptions)* und Verbote *(exceptions)* der retrospektiven Anwendung (siehe unten).

Maßgeblich ist **die zum Abschlussstichtag des ersten IFRS-Abschlusses geltende Fassung der IFRS**. Diese Fassung gilt für alle Geschäftsvorfälle, sowohl in den dargestellten Perioden als auch in früheren Perioden, und zwar unabhängig davon, ob die Bestimmungen damals schon gültig waren (IFRS 1.7). Neuere, am Stichtag des ersten IFRS-Abschlusses noch nicht zwingend anzuwendende Standards dürfen angewendet werden, wenn eine vorzeitige Anwendung zulässig ist (IFRS 1.8).

BEISPIEL ▶ IFRS 8 (Segmentberichterstattung) ist für Wirtschaftsjahre anzuwenden, die am 1.1.2009 oder später beginnen. Wird ein IFRS-Abschluss erstmals zum 31.12.2009 aufgestellt, dann gilt IFRS 8 bereits für die Vorjahreszahlen der Periode 1.1. bis 31.12.2008 und für alle früheren Transaktionen, die sich auf die dargestellten Perioden auswirken.

Die in den einzelnen Standards vorgesehenen **Übergangsregelungen sind bei Anwendung von IFRS 1 nicht zu beachten**, weil diese nur für Unternehmen gedacht sind, die bereits IFRS anwenden und von einem bestehenden IFRS auf einen neuen umsteigen (IFRS 1.9; ausnahmsweise doch, wie in den Anhängen B bis E zu IFRS 1 dargestellt).

Werden im Jahresabschluss **historische Vergleichszahlen** bzw. Zeitreihen nach den alten Standards für ältere Perioden dargestellt, dann ist auf diesen Umstand ausdrücklich hinzuweisen, um jede Verwechslungsgefahr mit IFRS-konformen Informationen auszuschließen (IFRS 1.22). Daneben ist im Anhang zu erläutern, mit welchen Anpassungen eine Übereinstimmung mit IFRS erreicht werden könnte (ohne Quantifizierung).

2. Eröffnungsbilanz nach IFRS 1

Die IFRS sind erstmals zum **Übergangsstichtag anzuwenden**. Der Übergangsstichtag *(date of transition)* ist der Beginn der ersten Periode, für die IFRS-konforme Vergleichszahlen vollständig dargestellt werden (IFRS 1 Anhang A; bei erstmaliger Anwendung der IFRS zum 31.12.2020 wäre der Übergangsstichtag i. d. R. der 1.1.2019). Zum Übergangsstichtag wird eine **IFRS-Eröffnungsbilanz** aufgestellt. Diese muss auch im ersten IFRS-Abschluss dargestellt werden (IFRS 1.6).

ABB. 44: Zeitlicher Verlauf der Umstellung von nationalem Bilanzrecht auf IFRS

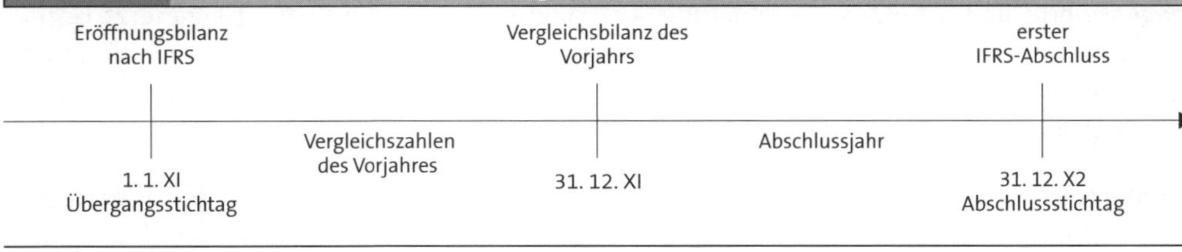

In der Eröffnungsbilanz werden Vermögenswerte, Schulden und das Eigenkapital nach der zum Abschlussstichtag des ersten IFRS-Abschlusses geltenden Fassung der IFRS erfasst, bewertet und klassifiziert (.10). Daraus ergeben sich Differenzen zur Schlussbilanz nach den alten Standards zum Übergangszeitpunkt. Die Differenzen sind grundsätzlich erfolgsneutral in die **Gewinnrücklagen** einzustellen bzw. von diesen abzubuchen; soweit zutreffend sind die Differenzen auch in anderen Eigenkapitalkategorien zu erfassen (IFRS 1.11; z. B. die Eigenkapitalkomponente zusammengefasster Eigen-/Fremdkapitalinstrumente unter den Kapitalrücklagen).

Latente Steuern ergeben sich auch in der Eröffnungsbilanz aus temporären Differenzen zwischen steuerlichen Ansätzen und Buchwerten nach IFRS bzw. aus steuerlichen Verlustvorträgen (siehe Kap. XIV., S. 317 ff.).

3. Befreiungen von der retrospektiven Anwendung *(Exemptions)*

IFRS 1.18 erlaubt in zahlreichen Fällen, von der retrospektiven Anwendung der IFRS abzugehen *(exemptions)*. Diese Ausnahmen sollen unverhältnismäßige Umstellungskosten vermeiden (IFRS 1.IN5). Die Befreiungen können unabhängig voneinander, teilweise sogar selektiv nur auf einzelne Positionen angewendet werden. Die Anwendung der Befreiungen ist auf die Eröffnungsbilanz beschränkt (IFRS 1.10); für Geschäftsvorfälle nach dem Übergangsstichtag gibt es keine Befreiung, d. h. Transaktionen innerhalb des Abschlussjahres bzw. innerhalb der für Vergleichszwecke dargestellten Vorperiode müssen uneingeschränkt nach den geltenden IFRS erfasst werden.

IFRS 1 enthält grundsätzlich keine Befreiungen (oder Verbote) einer retrospektiven Anwendung für Pflichtinhalte des Anhangs oder für die Darstellungspflichten im Jahresabschluss (IFRS 1.20).

3.1. Unternehmenszusammenschlüsse

Eine wichtige Befreiung betrifft Unternehmenszusammenschlüsse vor dem Übergangsstichtag. Auf die Anwendung von IFRS 3 darf grundsätzlich verzichtet werden. Wird aber IFRS 3 auf einen Zusammenschluss vor dem Übergangsstichtag angewendet, dann sind auch alle späteren Unternehmenszusammenschlüsse nach IFRS 3 zu bilanzieren (IFRS 1.C1).

Bei Inanspruchnahme der Befreiung bleibt die Klassifizierung als Erwerb oder als Interessenzusammenführung *(pooling)* nach den alten Rechnungslegungsstandards aufrecht (.C4(a); ggf. Buchwertfortführung).

Zum Übergangsstichtag sind grundsätzlich alle nach IFRS **ansatzfähigen Werte** zu aktivieren und zu passivieren. Finanzielle Vermögenswerte und finanzielle Verbindlichkeiten, die nach den alten Standards ausgebucht wurden, müssen auch nicht rückwirkend entsprechend IFRS 9 beurteilt werden (.C4(b); z. B. *asset backed securities*). Nach IFRS **zum Fair Value anzusetzende Vermögenswerte und Schulden** werden zum Fair Value im Übergangsstichtag angesetzt (.C4(d); z. B. zum Fair Value bewertete Finanzinstrumente). Die Differenz wird grundsätzlich unter den Gewinnrücklagen oder – z. B. bei erfolgsneutral bewerteten Eigenkapitalinstrumenten – unter den Neubewertungsrücklagen erfasst.

Für alle nach IFRS **zu (fortgeschriebenen) Anschaffungskosten** bewerteten Vermögenswerte und Schulden dürfen die Buchwerte aus der Erstkonsolidierung nach den alten Standards als Anschaffungskosten für Zwecke der IFRS herangezogen werden (.C4(e); *„grandfathering"*). Maßgeblich sind die im Zeitpunkt der damaligen Erstkonsolidierung ermittelten Anschaffungskosten (gewillkürte Anschaffungskosten); die planmäßige Abschreibung bis zum Übergangsstichtag hat zurück bis auf den Zeitpunkt der Erstkonsolidierung gemäß IFRS zu erfolgen.

Wurden Vermögenswerte oder Verbindlichkeiten im Rahmen des Unternehmenszusammenschlusses erworben, aber nicht angesetzt, dann sind sie nach Maßgabe der IFRS aus Sicht des Erwerbers zu aktivieren oder zu passivieren (z. B. Forderungen aus Finanzierungsleasingverträgen, Rückstellungen in Übereinstimmung mit IAS 37). Immaterielle Vermögenswerte, die nach IAS 38 zu erfassen wären, müssen aus dem Firmenwert ausgeschieden und gesondert aktiviert werden (IFRS 1.C4(f)).

BEISPIEL ▸ Die Erstkonsolidierung erfolgte nach nationalem Bilanzrecht zum 1.1.2017. Dabei wurde ein immaterieller Vermögensgegenstand mit 40 t€ erfasst (planmäßige Abschreibung auf zehn Jahre). Zum 1.1.2019 erfolgt der Übergang auf IFRS. Der Buchwert aus der Erstkonsolidierung nach nationalem Bilanzrecht gilt als Anschaffungskosten (40 t€). Nach IAS 38 soll aber eine unbestimmbare Nutzungsdauer vorliegen (Verbot planmäßiger Abschreibung). Daher wird der Vermögenswert mit 40 t€ angesetzt, die Aufwertung von 8 t€ in Höhe der Abschreibungen in 2017 und 2018 wird unter den Gewinnrücklagen erfasst.

Der **Firmenwert** wird grundsätzlich aus der Schlussbilanz nach den alten Standards übernommen (.C4(g)). Frühere planmäßige Firmenwertabschreibungen werden nicht rückgängig gemacht (.C4(h)). Wurde der Firmenwert mit dem Eigenkapital verrechnet, wird dies auch nicht rückgängig gemacht (.C4(i)). Allerdings kann sich eine unterschiedliche Abgrenzung zwischen Firmenwert und immateriellen Vermögenswerten nach den alten Standards und IAS 38 ergeben: Die immateriellen Vermögenswerte sind ggf. aus dem Firmenwert auszuscheiden oder in den Firmenwert umzugruppieren.

Der Firmenwert am Übergangsstichtag ist zwingend auf seine **Werthaltigkeit** zu testen (IFRS 1.C4(g)(ii); vgl. Kap. V.4., S. 87 ff.). Bei dem Test sind die Verhältnisse am Übergangsstichtag zugrunde zu legen (z. B. Ertragskraft, Auftragslage etc.). Ergibt sich eine Wertminderung des Firmenwerts, dann ist diese erfolgsneutral von den Gewinnrücklagen abzubuchen. Nach dem Übergangsstichtag darf der Firmenwert nicht mehr planmäßig abgeschrieben werden.

Der **Konsolidierungskreis** nach IFRS ist mitunter weiter als jener nach nationalem Bilanzrecht (vgl. Kap. XVIII.2., S. 437 f.). Die Festlegung des Konsolidierungskreises erfolgt nach IFRS 10, IFRS 1 enthält keine Erleichterungen. Kommen neue Tochtergesellschaften hinzu, dann erfolgt eine vereinfachte Erstkonsolidierung zum Übergangsstichtag (IFRS 1.C4(j)). Die Vermögenswerte und Schulden werden mit jenen Werten angesetzt, die sich aus der retrospektiven Anwendung der IFRS (samt Befreiungen und Verboten) beim Tochterunternehmen ergeben (HB II und nicht im konsolidierten Abschluss). Stille Reserven beim Erwerb der Kontrolle werden nicht rückwirkend aufgedeckt. Der Firmenwert ergibt sich aus der Differenz zwischen dem Buchwert der Beteiligung im IFRS-Einzelabschluss des Mutterunternehmens und dem anteiligen Nettovermögen des Tochterunternehmens in der HB II, jeweils zum Übergangsstichtag.

Die Bestimmungen gelten analog für die Equity-Methode bei Joint Ventures bzw. assoziierten Unternehmen (.C5; siehe Kap. VII.1., S. 129 ff.).

3.2. Gewillkürte Anschaffungskosten

Sachanlagen dürfen – anstatt einer rückwirkenden Bewertung nach IAS 16 – mit dem Fair Value im Übergangsstichtag angesetzt werden (IFRS 1.D5 ff.). Das Wahlrecht darf auch selektiv auf einzelne Vermögenswerte angewendet werden. Der Übergang auf IFRS gilt in diesem Fall als Anschaffungsvorgang, der Fair Value als gewillkürte Anschaffungskosten. Bei abnutzbaren Sachanlagen werden die gewillkürten Anschaffungskosten ggf. auf die Restnutzungsdauer abgeschrieben.

Das Wahlrecht gilt auch für **immaterielle Vermögenswerte**, für die ein aktiver Markt existiert (IAS 38.8), und **Immobilien,** die als Wertanlage oder für die Erzielung von Mieterlösen dienen (*investment property,* IAS 40), sofern diese nicht ohnehin zu Fair Values angesetzt werden.

Wurden Vermögenswerte oder Schulden bereits in der Vergangenheit mit Fair Values neu bewertet (z. B. aus Anlass einer **Privatisierung** oder eines Börsenganges), dann dürfen die damals festgestellten Fair Values als **gewillkürte Anschaffungskosten** verwendet werden (IFRS 1.D8; gilt für alle Vermögenswerte und Schulden). Der damalige Fair Value-Ansatz gilt als gewillkürter Anschaffungsvorgang. Die Folgebewertung erfolgt insoweit retrospektiv auf der Grundlage der IFRS (z. B. planmäßige Abschreibung nach IAS 16 ab dem Zeitpunkt der damaligen Neubewertung).

3.3. Andere Befreiungen

Finanzinstrumente sind grundsätzlich bei erstmaliger Erfassung in eine Bewertungskategorie zu klassifizieren. Nach IFRS 1.D19 und .D19A darf die Klassifizierung ausnahmsweise erst zum Übergangsstichtag erfolgen. Bei Ausübung der Fair Value-Option müssen die relevanten Bedingungen am Übergangsstichtag erfüllt sein.

Eine weitere Befreiung ist für **leistungsorientierte Pensionspläne** vorgesehen. Die retrospektive Anwendung der versicherungsmathematischen Verteilung (*projected unit credit*-Methode) ist in der Praxis sehr aufwendig. Daher sind gewisse Vereinfachungen vorgesehen (IFRS 1.E5).

Bei der **Währungsumrechnung** nach IAS 21 werden bestimmte Umrechnungsdifferenzen ausländischer Konzernmitglieder oder Niederlassungen direkt im Eigenkapital erfasst (insbesondere im Rahmen der Stichtagskursmethode). Nach IFRS 1.D12 dürfen alle Umrechnungsdifferenzen bis zum Übergangsstichtag auf null gestellt werden *(„fresh start“)*. Bei Abgang des Tochterunternehmens werden daher nur jene Umrechnungsdifferenzen erfolgswirksam aus der Rücklage ausgebucht, die zwischen Übergangsstichtag und Abgangszeitpunkt entstanden sind.

Bestimmte **zusammengesetzte Finanzinstrumente** müssen nicht in eine Eigenkapital- und eine Fremdkapitalkomponente aufgespalten werden, wenn die Fremdkapitalkomponente am Übergangsstichtag nicht mehr aussteht (.D18).

Bei **börsennotierten Teilkonzernen** kann es vorkommen, dass ein Tochterunternehmen bzw. ein Teilkonzern erst nach dem Mutterunternehmen auf IFRS umstellt. Unter bestimmten Voraussetzungen darf das Tochterunternehmen für seine IFRS-Eröffnungsbilanz die Werte aus dem für Konsolidierungszwecke erstellten IFRS-Teilkonzernabschluss bzw. Einzelabschluss verwenden (Reporting Package; IFRS 1.D16).

Für den umgekehrten Fall ist eine Verpflichtung vorgesehen: Haben Tochterunternehmen bereits vor dem Mutterunternehmen auf IFRS umgestellt, dann muss das Mutterunternehmen die IFRS-Ansätze aus dem Abschluss bzw. Teilkonzernabschluss des Tochterunternehmens übernehmen (.D17).

Weitere Befreiungen (IFRS 1 Anhang D) betreffen die rückwirkende Anwendung von IFRS 2 (aktienbasierte Zahlungen) sowie IFRIC 1 (Rekultivierungsrückstellungen), IFRS 16 (Bestimmung, ob Verträge ein Leasingverhältnis enthalten), eine Bewertungsbestimmung in IFRS 9 (Verbot von *first day gains and losses*), Dienstleistungskonzessionsvereinbarungen nach IFRIC 12 und Fremdfinanzierungskosten gemäß IAS 23 sowie die rückwirkende Bilanzierung von Versicherungsverträgen nach IFRS 17 (stattdessen sind die Übergangsbestimmungen des IFRS 17 an sich für die IFRS-Erstanwendung zu beachten).

Manche Unternehmen bieten Leistungen an, die einer staatlichen **Preisregulierung** unterliegen. Das IASB hat sich in einem längeren Projekt der Preisregulierung angenommen und in einem ersten Schritt IFRS 14 als Interimsstandard verabschiedet: IFRS 14 kommt vorläufig nur zur Anwendung, wenn auch IFRS 1 anwendbar ist. In diesem Fall erlaubt IFRS 14, unter den vorhergehenden Rechnungslegungsstandards vorgenommene Abgrenzungsposten auch im IFRS-Abschluss weiterzuführen. Außerdem sieht IFRS 14 zahlreiche Anhangangaben vor. Insofern kann man IFRS 14 als einen weiteren Befreiungstatbestand zusätzlich zum IFRS 1 interpretieren. Aufgrund des geringen Mehrwerts von IFRS 14 hat die EU entschieden, den Standard in Europa nicht zu übernehmen, bis die Preisregulierung umfassend geregelt ist.

4. Verbote der retrospektiven Anwendung *(Exceptions)*

In mehreren Fällen ist eine retrospektive Anwendung der IFRS verboten. Mit den Verboten werden vor allem Mutmaßungen darüber vermieden, welche Einschätzungen und Entscheidungen das Management in der Vergangenheit mit dem damaligen Wissensstand bei fiktiver Anwendung IFRS getroffen hätte.

Alle unter den alten Standards gebildeten **Schätzwerte** (z. B. Nutzungsdauern, erwartete Cashflows, Wahrscheinlichkeit der Inanspruchnahme einer Verpflichtung) müssen mit jenen Schätzungen zum Übergangsstichtag konsistent sein, die für Zwecke der IFRS verwendet werden (außer sie waren objektiv fehlerhaft). Weichen die IFRS aber von den alten Standards ab, sind die Schätzwerte insoweit anzupassen (IFRS 1.14 ff.; z. B. Korrektur rein steuerlich motivierter Abschreibungen unter dem nationalen Bilanzrecht, Abzinsung einer Altlastensanierungsverpflichtung anhand der Zinsverhältnisse am Übergangsstichtag).

Da die IFRS-Eröffnungsbilanz zum Übergangsstichtag naturgemäß lange nach diesem Stichtag erstellt wird, hat das Unternehmen im Erstellungszeitpunkt wesentlich mehr Informationen über die Wertverhältnisse zum Übergangsstichtag als bei der Erstellung des schon länger zurückliegenden Abschlusses nach den alten Standards. Dieser verlängerte „Werterhellungszeitraum" darf aber nicht genutzt werden, um die Schätzwerte rückwirkend zum Übergangsstichtag anzupassen. Neue Informationen über die Wertverhältnisse zum Übergangsstichtag, die im Abschluss nach alten Standards unberücksichtigt geblieben sind, werden daher in der ersten nach IFRS dargestellten Periode berücksichtigt (IFRS 1.15). Dieses Verbot ist auch eine Vereinfachung, damit nicht alle früheren Wertansätze überdacht werden müssen.

BEISPIEL ▸ Das Unternehmen wurde im Dezember X1 auf Schadenersatz verklagt, im nationalen Abschluss zum 31.12.X1 wurde der erwartete Haftungsbetrag nach bestem Wissen mit 10 Mio. € als Rückstellung erfasst. Anfang X4 wird der erste IFRS-Abschluss für das Abschlussjahr X3 erstellt (Übergangsstichtag 1.1.X2). Inzwischen ist bekannt, dass die Schadenersatzklage erfolglos abgewiesen wurde. Trotzdem muss die Rückstellung i. H. von 10 Mio. € in der IFRS-Eröffnungsbilanz angesetzt werden (sofern sie damals nicht objektiv fehlerhaft war). Die Rückstellung ist erst in der Periode X2 ertragswirksam aufzulösen.

Soweit unter den alten Standards keine Schätzwerte erforderlich waren (etwa weil ein anderes Bewertungskonzept eingesetzt wurde, z. B. eine gesetzlich normierte Abschreibung über fünf Jahre), müssen nach IFRS erforderliche Schätzwerte zum Übergangsstichtag neu festgelegt werden. Dabei sind die Wertverhältnisse und Umstände am Übergangsstichtag maßgeblich: Wie auch am Abschlussstichtag sind die Grundsätze von IAS 10 am Übergangsstichtag heranzuziehen, d. h. wertbeeinflussende Ereignisse sind nur bis zum Übergangsstichtag zu beachten, werterhellende Ereignisse sind so weit zu berücksichtigen, als sie sich auf die Umstände am Übergangsstichtag beziehen (IFRS 1.16).

Die Ausführungen zu Schätzungen gelten nicht nur für den Übergangsstichtag, sondern auch für den Stichtag der Vergleichsperiode: Die Schätzwerte am Stichtag der Vergleichsperiode müssen mit jenen konsistent sein, die nach nationalen Standards verwendet werden (.IFRS 1.17).

Derivate sind zum Übergangsstichtag mit dem Fair Value anzusetzen (Erfassung der Auf- und Abwertung zum Übergangsstichtag unter den Gewinnrücklagen). Die Designation als Sicherungsgeschäft ist erst zum Übergangsstichtag möglich. Eine rückwirkende Neudesignation eines *hedge accountings* ist grundsätzlich nicht möglich, allerdings können unter den alten Standards bestehende Hedgebeziehungen als Hedge im Sinne von IFRS 9 fortgeführt werden, sofern der Hedge die Anforderungen in IFRS 9 erfüllt (.B28 ff., z. B. wenn das Derivat schon vorher als Sicherungsinstrument designiert und im Rahmen einer Bewertungseinheit nach nationalem Bilanzrecht als Sicherungsbeziehung bilanziert wurde).

Ein weiteres Verbot betrifft Abgänge von Finanzinstrumenten nach IFRS 9. Die Abgangsbestimmungen dürfen ab einem beliebigen Zeitpunkt in der Vergangenheit angewendet werden, allerdings müssen ab diesem Zeitpunkt alle Informationen vorliegen, die zur Prüfung eines Abgangs erforderlich sind (IFRS 1.B2 f.).

Ein Verbot betrifft IFRS 10: Die Aufteilung des Gesamtergebnisses zwischen Minderheiten und Eigentümern des Mutterunternehmens, die Bestimmungen zur Änderungen der Beteiligungsquote an einem beherrschten Tochterunternehmen und die Bestimmungen zur Entkonsolidierung sind erst ab dem Übergangsstichtag anzuwenden (IFRS 1.B7; außer IFRS 3 wird freiwillig retrospektiv angewendet).

5. Überleitungsrechnung auf IFRS

Im **Anhang des ersten IFRS-Abschlusses** ist grundsätzlich zu beschreiben, wie sich der Übergang auf IFRS auf die dargestellte Vermögens-, Finanz- und Ertragslage sowie auf die Cashflows auswirkt (IFRS 1.23). Dazu ist insbesondere eine **Überleitungsrechnung des Eigenkapitals** nach den alten Standards auf das Eigenkapital nach IFRS erforderlich. Das Eigenkapital wird zu folgenden Stichtagen übergeleitet:

- zum Übergangsstichtag (IFRS 1.24(a)(i));
- zum Ende der letzten Periode, für die nach alten Standards bilanziert wurde (IFRS 1.24(a)(ii)).

Im Regelfall ist daher das Eigenkapital zum Übergangsstichtag und zum Ende der für Vergleichszwecke dargestellten Vorperiode überzuleiten.

Eine Überleitungsrechnung ist außerdem für das **Gesamtergebnis** der letzten Periode erforderlich, das noch nach den alten Standards veröffentlicht wurde. Wurde nach den alten Standards kein Gesamtergebnis dargestellt, dann beginnt die Überleitung mit dem Gewinn und Verlust (IFRS 1.24(b); im Falle des nationalem Bilanzrechts i. d. R. der Jahresüberschuss bzw. der Jahresfehlbetrag).

Wurde bei der Erstellung der IFRS-Eröffnungsbilanz eine Wertminderung *(impairment)* erfolgsneutral erfasst oder aufgelöst, dann sind jene Angaben erforderlich, die IAS 36 bei der Erfassung oder Auflösung von Wertminderungen verlangt (IFRS 1.24(c)).

Erkennt das Unternehmen Fehler in den Abschlüssen nach den alten Standards, die auf IFRS übergeleitet werden, dann ist in der Überleitungsrechnung deutlich zwischen der Korrektur des Fehlers und den Anpassungseffekten durch die IFRS zu unterscheiden (IFRS 1.26).

Ist der erste IFRS-Abschluss ohnedies der erste veröffentlichte Abschluss des Unternehmens (z. B. nach einer Neugründung), dann ist diese Tatsache anzugeben (IFRS 1.28). Damit entfallen auch Überleitungsrechnungen zwischen IFRS und den früheren Standards. Allerdings ist hier der Unternehmensbegriff betriebswirtschaftlich auszulegen: Wird etwa ein bestehendes Unternehmen in eine neue, vermögenslose Gesellschaft eingebracht, dann sind die Abschlüsse des eingebrachten Unternehmens sehr wohl zum Vergleich darzustellen, wenn das neue Unternehmen im Wesentlichen eine Fortsetzung des alten Unternehmens ist.

6. Fallbeispiel

Ein Konzern erstellt seinen ersten IFRS-Konzernabschluss zum 31.12.X7.

a) Welcher Tag gilt als Übergangsstichtag und für welchen Zeitraum sind die Vereinfachungen nach IFRS 1 anwendbar?

Lösung: Der Übergangsstichtag ist der Beginn der im Abschluss des Jahres X7 darzustellenden Vorperiode, also der 1.1.X6. Ab dem 1.1.X6 (IFRS-Eröffnungsbilanz) ist uneingeschränkt IFRS-konform zu bilanzieren (IFRS 1.6). Die Vereinfachungen nach IFRS 1 sind nur für die Erstellung der Eröffnungsbilanz zum 1.1.X6 anwendbar, nicht aber für den Zeitraum zwischen dem 1.1.X6 und dem 31.12.X7.

b) Zum 1.1.X2 wurde eine Beteiligung von 100 % erworben und erstmals nach dem nationalen Bilanzrecht vollkonsolidiert. Der Kaufpreis der Beteiligung war 200 t€. Der Einzelabschluss des Tochterunternehmens ist nachfolgend dargestellt. Die Sachanlagen wurden auf die Restnutzungsdauer von zehn Jahren abgeschrieben; außerdem wurde ein Firmenwert von 50 t€ (einschließlich Kundenlisten von 10 t€) aktiviert und über zehn Jahre planmäßig abgeschrieben.

Einzelabschluss TU zum 1.1.X2

Sachanlagen 100 t€ [stille Reserven Sachanlagen: 50 t€] [Kundenlisten: Fair Value 10 t€]	Eigenkapital 100 t€

Lösung: Die Sachanlagen wurden nach dem nationalen Bilanzrecht mit 150 t€ angesetzt; dieser Wert darf zum 1.1.X2 als gewillkürte Anschaffungskosten herangezogen werden, die Folgebewertung ab dem 1.1.X2 erfolgt nach IAS 16 zu fortgeführten Anschaffungskosten (IFRS 1.C4(e)). Daher müssen die IFRS nicht vor dem Erstkonsolidierungszeitpunkt rückwirkend verwendet werden.

Nach dem nationalen Bilanzrecht wurde ein Firmenwert von 50 t€ angesetzt und bis zum 1.1.X6 auf 30 t€ planmäßig über vier von zehn Jahren abgeschrieben. Der nach nationalem Bilanzrecht fortgeschriebene Firmenwert von 30 t€ darf zum 1.1.X6 in die IFRS-Eröffnungsbilanz übernommen werden (IFRS 1.C4(g)). Der erste Werthaltigkeitstest für den Firmenwert nach IAS 36 wird zum Übergangsstichtag durchgeführt (.C4(g)(ii); keine rückwirkenden Tests). Die Kundenlisten werden als gesonderter Vermögenswert nach IAS 38 angesetzt (Umbuchung: immaterielle Vermögenswerte an Firmenwert 4 t€).

c) Der Konzern hat im nationalen Konzernabschluss noch andere Sachanlagen (außerhalb des Tochterunternehmens).

	nationaler Buchwert	Fair Value
31.12.X2	100 t€	160 t€
31.12.X3	110 t€	170 t€
31.12.X4	120 t€	180 t€
31.12.X5	130 t€	190 t€
31.12.X6	140 t€	200 t€

Lösung: Die Sachanlagen dürfen nach IFRS 1.D5 mit ihrem Fair Value zum Übergangsstichtag angesetzt werden (hier 190 t€). Das Unternehmen wertet die Sachanlagen daher auf; die Gegenbuchung erfolgt nach IFRS 1.11 unter den Gewinnrücklagen. Korrekturbuchung zum 1.1.X6 (Steuersatz 40 %):

Sachanlagen	60 t€	
latente Steuerschulden		24 t€
Gewinnrücklagen		36 t€

GLOSSAR ENGLISCHER FACHAUSDRÜCKE

A

account	Konto
accounting	Buchführung
accounting mismatch	Bewertungsdivergenz (künstliche Verzerrungen des Eigenkapitals aus der Bewertung von Vermögenswerten und Schulden nach unterschiedlichen Modellen)
accounting policies	Bilanzierungsmethoden (IAS 8.5)
Accounting Regulatory Committee (ARC)	entscheidungsführendes Gremium zur Einführung neuer IAS/IFRS in der EU
accounts payable (receivable)	Lieferschulden (Lieferforderungen)
accrual	Erfolgsabgrenzung
accrual basis/cash basis accounting	Vermögensvergleich (Bilanzierung)/Einnahmen-Ausgaben-Rechnung
accumulated deficit	Verlust und Verlustvortrag
accumulated depreciation	kumulierte Abschreibung
acquirer, acquiree	Erwerber, erworbenes Unternehmen
acquisition	Anschaffung
acquisition date	Anschaffungszeitpunkt eines Unternehmens (IFRS 3.A)
actuarial gains and losses	versicherungsmathematische Gewinne und Verluste (IAS 19: Pensionsrückstellungen)
additional paid-in capital	Kapitalrücklagen (auch: share premiums)
advance payments	Vorauszahlungen
allocate	zuordnen (z. B. die Anschaffungskosten)
allowance (account)	Wertberichtigung (Wertberichtigungskonto)
allowed alternative treatment	zulässige Alternativmethe nach IFRS
amendments	Änderungen; IFRS-Novellen
amortisation	Abschreibung von immateriellen Vermögenswerten (bei materiellen: *depreciation*)
amortised cost	fortgeschriebene Anschaffungskosten (z. B. nach planmäßiger Abschreibung oder Effektivzinsmethode)

appraisal	Schätzung, Gutachten
appropriated retained earnings	gewidmete einbehaltene Gewinne (Gewinnrücklagen)
articles of incorporation	Gesellschaftsvertrag, Satzung
assembled workforce	Belegschaft des Unternehmens
assessment (assessment notice)	Festlegung, Bemessung, Veranlagung (Veranlagungsbescheid)
assets	Vermögenswerte, Aktiva
associate (associated entity)	assoziiertes Unternehmen (IAS 28.2)
assume liabilities	Schulden übernehmen
assumption	Annahme
auditor	Wirtschaftsprüfer
auditor's opinion statement	Bestätigungsvermerk des Wirtschaftsprüfers
– unqualified opinion	– uneingeschränkter Bestätigungsvermerk
– qualified opinion	– eingeschränkter Bestätigungsvermerk
– disclaimer of opinion	– Versagungsvermerk
average cost method	Durchschnittspreisverfahren
award credits	Treuepunkte (z. B. Bonusmeilen)

B

bad debts	uneinbringliche Forderungen
balance (debit balance, credit balance)	Saldo (Sollsaldo, Habensaldo)
balance sheet	Bilanz; nach IFRS *statement of financial position*
balance sheet date	Abschlussstichtag (nach IFRS: *end of the reporting period*)
balance sheet total	Bilanzsumme (nach IFRS *total assets*)
bargain purchase	Glückskauf (beim Unternehmenserwerb)
bargain purchase option	günstige Kaufoption (Leasing)
bargain renewal option	günstige Verlängerungsoption (Leasing)
basic earnings per share	Ergebnis je Aktie (vor Verwässerung; IAS 33.10)
basis adjustment	Buchwertanpassung (beim Fair Value Hedge)
benchmark treatment	Standardmethode (IFRS)
board of directors	Aufsichtsrat (ggf. einschließlich des Vorstands – „Management")
bonds payable	ausgegebene Anleihen

book value	Buchwert (auch *carrying amount*)
boot	Ausgleichszahlungen (beim Tausch)
borrowing cost	Zinsen und andere Kosten aus der Fremdfinanzierung (IAS 23.5)
branch	Betriebsstätte (auch *permanent establishment*)
business	Unternehmen (Betrieb) wie z. B. in IFRS 3.A definiert
business combinations	Unternehmenszusammenschlüsse

C

call (option)	Kaufrecht
capital gain	Gewinn aus der Veräußerung bestimmter Anlagen (insbesondere i. Z. m. steuerlichen Begünstigungen)
capital lease	Finanzierungsleasing im weiteren Sinn
capitalisation (to capitalise)	Aktivierung (aktivieren)
carry-over basis	Buchwertfortführung; Übertragung stiller Reserven
cash equivalents	Zahlungsmitteläquivalente
cashflow hedge	Sicherung von Zahlungsflüssen
cashflows	Zahlungsflüsse (IAS 7.6)
cash generating units	zahlungsmittelgenerierende Einheiten
cash reconciliation	Überleitung liquider Mittel – Periodenbeginn/Periodenende
CEO (chief executive officer)	Vorstandsvorsitzender
CFO (chief financial officer)	Finanzvorstand
change in accounting estimate	Änderung der Bilanzierungsannahmen und Schätzungen (IAS 8.5)
charges	Gebühren, Kosten
chart of accounts	Kontenplan
closing date	Erfüllungstag bei einem Unternehmenszusammenschluss (im Gegensatz zum *signing* – Vertragsabschluss)
closing rate	Kassakurs *(spot rate)* am Abschlussstichtag (IAS 21.8)
commercial code	Unternehmensgesetzbuch
commissions	Provisionen
commodities	Waren, Rohstoffe

common shares	Stammaktien
comparability	Bilanzvergleichbarkeit
comparative information	Vergleichsinformationen (Vorjahresvergleichszahlen; IAS 1.38)
compensated absences	bezahlte Abwesenheiten
compensation	Vergütung, insbesondere *share based compensation*
completed contract method	Gewinnrealisierung bei Vertragserfüllung
completeness	Bilanzvollständigkeit
compliance	Einhaltung von Vorschriften
compliance statement with IFRS	Übereinstimmungserklärung mit IFRS (IAS 1.16)
compound instrument	zusammengesetztes Finanzinstrument (IAS 32.28)
compounding interest	Zinsen mit Zinseszinsen
comprehensive income (total comprehensive income)	Gesamtergebnis (Gewinn und Verlust zzgl. sonstiges Ergebnis; IAS 1.7)
condensed financial statements	komprimierte Jahresabschlüsse (Zwischenberichte)
conservatism	Vorsichtsprinzip (auch *prudence*)
consideration	Gegenleistung, Entgelt
consistency	Stetigkeitsprinzip
consolidated financial statements	Konzernabschluss
constructions in progress	in Bau befindliche Anlagen
constructive dividends	verdeckte Gewinnausschüttung (auch *hidden profit distributions*)
constructive obligation	faktische Verpflichtung (IAS 37.10)
contingencies, contingent liabilities	Eventualschulden (wörtlich: von Bedingung abhängige Schulden; IAS 37.10)
contingent asset	Eventualvermögen, Eventualforderung (IAS 37.10)
continuing involvement	anhaltendes (fortbestehendes) Engagement bei Finanzinstrumenten
contribution	Einlage, Beitrag
contribution of permanent establishment	Betriebseinbringung
control	Kontrolle, Beherrschung
conversion of legal form	Rechtsformwechsel
convertible bond	Wandelanleihe
COO (chief operating officer)	Betriebs- bzw. Vertriebsleiter

corporation	Kapitalgesellschaft (Firmenzusatz „Inc.“)
corridor amortization	Verteilung des früheren Dienstzeitaufwands außerhalb des Korridors (IAS 19.95)
cost	Kosten, Anschaffungskosten (IAS 16.6; 38.8)
cost accounting	Kostenrechnung
cost flow assumption	Verbrauchsfolgeverfahren (z. B. FIFO)
cost of disposal (costs to sell)	die noch anfallenden Veräußerungskosten, ausgenommen Steuern und Zinsen (IFRS 5.A und IAS 36.6)
cost of goods sold	zur Umsatzerzielung aufgewendete Kosten
country of incorporation	Gründungsland; Herkunftsland der juristischen Person (IAS 1.138)
CPA (Certified Public Accountant)	Wirtschaftsprüfer USA (UK: *chartered accountant*)
credit (credit side)	Haben (Habenseite)
credit risk	Kreditrisiko, Ausfallsrisiko (IFRS 7.A)
cumulative preference dividends	kumulierende Vorzugsdividenden (falls keine Ausschüttung erfolgt)
currency risk	Risiko aus Wechselkursänderungen (IFRS 7.A)
current (current assets)	kurzfristig (Umlaufvermögen; IAS 1.69)
current rate method	Stichtagskursmethode (Währungsumrechnung)
current tax	laufende (fällige) Steuern; im Gegenzug zu latenten Steuern *(deferred tax)*; IAS 12.5
customer loyalty programmes	Kundenbindungsprogramme
customs duty	Zoll

D

date of transition to IFRS	Übergangsstichtag zur IFRS-Bilanzierung (IFRS 1.A)
debit (debit side)	Soll (Sollseite)
debt securities	Schuldverschreibungen, Gläubigertitel (z. B. Anleihen)
debtor	Schuldner
declared dividends	erklärte Dividenden
declining balance depreciation	degressive Abschreibung
deductible expense	(steuerlich) abzugsfähiger Aufwand

deemed cost	gewillkürte Anschaffungskosten, z. B. der letztmalig festgestellte Fair Value beim Übergang auf IFRS (IFRS 1.A)
default	Ausfall, Zahlungsstörung
deferral	zeitliche Verteilung
deferred acquisition costs (DAC)	verteilte Abschlusskosten für Versicherungsverträge
deferred tax assets (liabilities)	latente Steueransprüche (Steuerschulden)
deferred taxes	latente Steuern
deficit	Defizit bei einem leistungsorientierten Pensionsplan (IAS 19.8)
defined benefit obligation	abgezinste zukünftige Bruttoverpflichtung aus Pensionsplänen (IAS 19)
defined benefit pension plan	leistungsorientierter Pensionsplan (IAS 19)
defined contribution pension plan	beitragsorientierter Pensionsplan (IAS 19)
depletion	Substanzabschreibung, Verbrauchsabschreibung
depreciation	Abschreibung körperlicher Vermögenswerte (bei immateriellen Vermögenswerten: *amortization*)
derecognition	Ausbuchung, Abgang (insbesondere bei Finanzinstrumenten)
development (cost)	Entwicklung (Entwicklungskosten) nach IAS 38.8
development stage enterprises	neu gegründete Unternehmen
diluted earnings per share	verwässertes Ergebnis je Aktie nach IAS 33.31
dilution	Verwässerung
direct financing lease	Finanzierungsleasing im engeren Sinne (v.a. durch Banken)
disclosures in the notes	Angaben im Anhang
discontinued operations	aufgegebene Geschäftsbereiche (IFRS 5.A)
discount	Disagio (z. B. beim Anleihekauf)
disposal	Abgang (von Anlagen)
disposal groups	Gruppe zur Veräußerung stehender Vermögenswerte (IFRS 5.A)
distribution of profits	Gewinnausschüttung
domicile of the entity	Sitzstaat des Unternehmens (IAS 1.138)
due diligence	Risikoanalyse beim Erwerb eines Unternehmens für die Kaufentscheidung/Kaufpreisfindung (falls vom Verkäufer beauftragt: *„vendor due diligence“*)

E

earnings per share	Ergebnis je Aktie
effective date	Inkrafttreten, Tag der erstmaligen Anwendung
effective interest method	Effektivzinsmethode (IFRS 9)
embedded derivative	eingebettetes Derivat (IFRS 9)
employee benefits	alle Formen der Mitarbeiterentlohnung (IAS 19.7)
enacted tax rate	aktueller gesetzlicher Steuertarif
end of the reporting period	Abschlussstichtag (Begriff nach IFRS)
endorsement	Zulassung, Genehmigung
endorsement mechanism	Anerkennungsmechanismus der IFRS in der EU; Verabschiedung durch das „ARC“ (Accounting Regulatory Committee)
enforcement	Rechtsdurchsetzung; hier: Kontrolle der Einhaltung der IFRS im Rahmen des neuen europäischen Enforcement-Systems
entity	Gesellschaft (allgemeiner Begriff) – im Gegensatz zu einem bloßen „Betrieb“ (*„business“* oder *„operation“*)
entity concept	Neubewertungsmethode
entity wide disclosures	unternehmensweite Angaben (IFRS 8.31)
equalisation reserve	Schwankungsrücklage (Versicherungsabschluss nach IFRS)
equity	Eigenkapital
equity instruments	Eigenkapitalinstrumente (Aktien, GmbH-Anteile etc.)
equity method	Equity-Bewertung, Equity-Konsolidierung
equity securities	verbriefte Eigenkapitalinstrumente (Aktien)
estimation uncertainty	Schätzunsicherheiten (IAS 1.125)
events after balance sheet date	Ereignisse nach dem Abschlussstichtag (IAS 10.3)
exchange difference/rate	Wechselkursdifferenz/Wechselkurs (IAS 21.8)
expected (credit) loss	erwarteter (Kredit-)Verlust
expected return on plan assets	erwartete Rendite des Deckungsvermögens
expenditures	Ausgaben, Aufwendungen
expenses	Aufwendungen
exposure	exponierter Betrag; Risikobetrag

exposure at default	Forderungsbetrag im Zeitpunkt des Ausfalls
extinguishment of debt	volle Schuldentilgung
extraordinary items	außerordentliche Aufwendungen und Erträge (nach IFRS Darstellung nicht zulässig)

F

face value	Nennwert, Nominale
fair value	beizulegender Zeitwert, Verkehrswert, Marktwert
fair value accounting	genereller Ansatz von Tageswerten (Konzept der Bilanzierung)
fair value adjustment	zusätzliches Wertänderungskonto zum Anschaffungskostenkonto bei Wertpapieren, die zum Fair Value angesetzt werden
fair value hedge	Hedging (Absicherung) von Fair Values
fair value-option	Option zur erfolgswirksamen Verkehrswertbilanzierung bei Finanzinstrumenten
faithful representation	Bilanzwahrheit (wörtl.: aufrichtige Darstellung)
finance lease	Finanzierungsleasing mit Übertragung des wirtschaftlichen Eigentums (IAS 17.4)
financial asset	finanzielle Vermögenswerte (IAS 32.11)
financial instruments	Finanzinstrumente (IAS 32.11)
financial reporting	Finanzberichterstattung, externe Rechnungslegung
financial statements (audited/unaudited)	Jahresabschluss (geprüft/ungeprüft; IAS 1.9)
financing activities	Finanzierungstätigkeit (IAS 7.6)
finished goods	Fertigerzeugnisse
firm commitment	feste Verpflichtung zum Austausch einer bestimmten Menge an Ressourcen zum Fixpreis (IFRS 9)
fiscal unity	Organschaft, Gruppenbesteuerung
fixed assets	Anlagevermögen
foreign currency/functional currency	Fremdwährung/funktionale Währung (IAS 21.8)
forensic accounting	Aufdeckungen von Rechtsverletzungen (z. B. Unterschlagungen) durch Wirtschaftsprüfer
Form 20-F (reconciliation statement)	Überleitungsrechnung nationaler Standards auf US-GAAP
forward exchange contracts	Fremdwährungsterminkontrakte

framework	Rahmenkonzept
full goodwill method	Kapitalkonsolidierung mit Aktivierung von Minderheitenfirmenwerten

G

gains	Gewinne
going concern principle	Unternehmensfortführungsfiktion (IAS 1.25)
going public	Börsengang (auch *initial public offering*)
goodwill	Firmenwert (IFRS 3.A)
government grants	Subventionen (IAS 20.3)
grant date	Zeitpunkt der Zuerkennung von Rechten, die noch aufschiebend bedingt sind (*vesting*); IFRS 2.A
gross (gross sales)	brutto (Bruttoumsatz vor Abzug von Erlösberichtigungen)
gross investment in the lease	Bruttoinvestition beim Finanzierungsleasing
group	Konzern (Gruppe von Mutter- und Tochterunternehmen)

H

hedge accounting	erfolgsneutrale Bilanzierung von Sicherungs-Beziehungen
hedged item	gesichertes Grundgeschäft
hedging instrument	Sicherungsinstrument
held for trading	zu Handelszwecken gehalten; Handelsbestand
hidden reserves	stille Reserven
historical cost (principle)	Anschaffungskosten(prinzip)

I

IASB (International Accounting Standards Board)	Organisation zur Erstellung der IFRS
IFRS (International Financial Reporting Standards)	internationale Rechnungslegungsstandards des IASB; bis 2002: IAS (International Accounting Standards)
impairment loss	Wertminderungsaufwand; außerplanmäßige Abschreibung (IAS 36.6)
impairment test	Werthaltigkeitstest

impractical	nicht praktikabel (nicht mit zumutbarem Aufwand durchführbar; IAS 1.7)
incidental transactions	zufällige, beiläufige Transaktionen
income	Jahresüberschuss; Ergebnis
income by function	Umsatzkostenverfahren
income by nature	Gesamtkostenverfahren
income statement	Gewinn- und Verlustrechnung (auch *profit and loss account*)
incremental borrowing rate	marginale Finanzierungskosten (IAS 17.4)
incur liabilities	Schulden eingehen
indefinite useful life	unbestimmbare Nutzungsdauer
indemnification assets	Entschädigungsansprüche
individual/corporate income tax	Einkommensteuer/Körperschaftsteuer
initial direct costs	anfängliche Direktkosten beim Leasing
initial public offering (IPO)	erstmaliger Börsengang mit Publikumsöffnung (im Gegensatz zum *„private placement"*)
innovative hybrid capital	innovatives Hybridkapital (Kapital mit progressiven Gewinnbeteiligungen – „step ups")
insurance contract	Versicherungsvertrag nach IFRS 4
intangible assets	immaterielle Vermögenswerte (IAS 38.8)
intercompany profit	Zwischengewinn
interest cost	Finanzierungskosten, Zinsen
interim financial report	Zwischenberichte (IAS 34.4)
internal control report	Bericht über die interne Kontrolle (Bestandteil des JA von US-Aktiengesellschaften)
Internal Revenue Code (IRC)	US-Bundessteuergesetzbuch
intersegment sales	Umsätze zwischen Segmenten (IFRS 8.13)
intrinsic value	innerer Wert von Stock Options (IFRS 2.A)
inventories	Vorräte (IAS 2.6)
investing activities	Investitionstätigkeit (IAS 7.6)
investment property	als Finanzanlagen gehaltene Immobilien (IAS 40.4)
investments	Beteiligungen, Investitionen
invoice	Rechnung
ISA (International Standards on Auditing)	Internationale Wirtschaftsprüfungsgrundsätze

L

legal capital	gesetzliches Mindestkapital
legal form of the entity	Rechtsform des Unternehmens (IAS 1.138)
legal reserves	gesetzliche Rücklagen
lessee	Leasingnehmer
lessor	Leasinggeber
levies	Abgaben (IFRIC 21)
liabilities	Schulden (IAS 37.10)
liability adequacy test	Test auf adäquate Rückstellungsbildung bei Versicherungsverträgen
like-kind exchange	Tausch gleichartiger Vermögenswerte
limited liability	beschränkte Haftung
limited liability company (LLC)	im übertragenen Sinn: GmbH
limited liability partnership	im übertragenen Sinn: KG
limited partner	beschränkt haftender Partner
line items	Bilanzposten
liquidating dividends	Substanzausschüttung; Kapitalrückzahlung
liquidity risk	Liquiditätsrisiko (IFRS 7.A)
loan	Darlehen, Kredit
loss	Verlust
loss carryback/carryforward	Verlustrücktrag/Verlustvortrag
loss given default	Verlustquote bei Ausfall
loss provisioning	Bildung von Verlustvorsorgen
lower of cost or market method	Bewertungsmethode der Vorräte (Niederstwertprinzip)
lump sum purchase	Kauf in Bausch und Bogen

M

maintenance	Wartung, Instandhaltung
management's discussion and analysis (MD&A)	Lagebericht
manufacturing cost	Produktionskosten
margin	Spanne
market feasibility	Marktreife, Markttauglichkeit

market risk	Marktrisiko (IFRS 7.A)
market value	Marktwert
matching principle	Aufwands- und Ertragsverknüpfung
materiality	Wesentlichkeit (IAS 1.7)
maturity date	Endfälligkeitszeitpunkt
measurement period	Bewertungsperiode nach einem Unternehmenserwerb
merchandise	Handelswaren
merger	Verschmelzung, Fusion
minority interests	Minderheitenanteile (nunmehr *non-controlling interests*)
misstatement	Falschdarstellung
mixed model-approach	Modell gemischter Bewertungsprinzipien (Anschaffungskosten und Fair Values)
more likely than not	überwiegend wahrscheinlich
mortality rate table	Sterbetafel
mortgages payable	Hypothekardarlehen
mutual entity	auf Gegenseitigkeitsbasis geführtes Unternehmen (z. B. Genossenschaft, Kreditgenossenschaft, Versicherungsverein auf Gegenseitigkeit; IFRS 3.A)

N

net defined benefit liability (asset)	Nettopensionsvermögen oder Nettopensionsverbindlichkeit (IAS 19.8)
net employee benefit cost	Nettopensionsaufwand
net income	Jahresergebnis; früher in IFRS verwendet – heute als *profit or loss* (Gewinn oder Verlust) bezeichnet (IAS 1.7)
net investment in the lease	Nettoinvestition beim Leasing
net operating loss	negatives Betriebsergebnis
net realisable value	Nettorealisationswert; retrograder Wert (IAS 2.6)
net sales	Nettoumsatz nach Erlösminderungen
neutrality	Bilanzobjektivität
non-cancellable (lease)	unkündbar (unkündbares Leasing nach IAS 17.4)
non-controlling interests	Fremdanteile im Konzern, die keine Kontrolle haben (Minderheitenanteile)

non-current (noncurrent assets)	langfristig (Anlagevermögen)
non-vested benefits	(Pensions-)Zusagen ohne Rechtsanspruch
notes (to the financial statement)	Anhang (IAS 1.112)
notes payable	Wechselverbindlichkeiten
notional amount	Referenzbetrag bei Derivaten

O

obligating event	verpflichtendes Ereignis, Verlustereignis (Rückstellungen)
off balance sheet (financing)	unterhalb der Bilanz (nicht ausgewiesene Finanzierung)
offsetting	Saldierung von Aufwand und Ertrag oder Vermögen und Schulden (IAS 1.32)
onerous contracts	belastende Verträge, d.h. kontrahierte Verluste aus schwebenden Geschäften (IAS 37.10)
operating activities	Betriebstätigkeit (in Zusammenhang mit Betriebserfolg)
operating cycle	Geschäftszyklus (IAS 7.6)
operating lease	Mietleasing (IAS 17.4)
operating profit (loss)	Betriebsergebnis
operating segment	operatives Segment
ordinary shares	Stammaktien (IAS 33.5)
other comprehensive income	sonstiges Ergebnis (IAS 1.7; unrealisierte, in Rücklagen erfasste Aufwendungen und Erträge)
outstanding (balances)	offenstehend (unbezahlte Positionen)
outstanding shares	im Umlauf befindliche Aktien
overhead costs	Gemeinkosten
own use exemption	Befreiung für eigene Nutzung (Ausnahme von der Derivatebewertung)
owners	Eigentümer (nach IAS 1.7 die Inhaber von Eigenkapitalinstrumenten im Sinne der IFRS)

P

par value	Nennbetrag, Nominalwert
parent (company)	Mutterunternehmen
parent company concept	Buchwertmethode der Kapitalkonsolidierung

participation	Beteiligung (Begriff unter IFRS nicht gebräuchlich)
partner	Personengesellschafter, Partner
– general partner	– unbeschränkt haftender Partner
partnership	Personengesellschaft
past due analysis	Überfälligkeitsanalyse
payroll deductions	Gehaltsabzüge (Lohnsteuer, Sozialversicherung)
pension plans	Pensionspläne
percentage of completion method	Teilgewinnrealisierung nach Fertigungsgrad (IFRS 15)
permanent establishment	Betriebsstätte (steuerlicher Begriff)
plan assets	Planvermögen bei Pensionsplänen (IAS 19)
pledge (pledged)	Pfändung (verpfändet)
pooling method	Interessenzusammenführungsmethode
possible	möglich (aber nicht wahrscheinlich)
potential ordinary shares	potenzielle Stammaktien nach Ausübung von Bezugs- und Wandlungsrechten (IAS 33.5)
preceding/previous/prior period	Vorperiode
pre-emptive rights	Bezugsrechte
preference shares	Vorzugsaktien
premium	Agio (auch z. B. beim Käufer einer Anleihe)
prepaid expenses	aktive Rechnungsabgrenzungen
present value	Barwert
pre-tax income	vorsteuerliches Ergebnis
principal	Nennwert, Nominale
prior period errors	Bilanzierungsfehler in Vorperioden (IAS 8.5)
prior period service cost	Dienstzeitaufwand vor Pensionszusage oder vor Erweiterung des Pensionsplans
prior periods adjustments	Fehlerkorrektur für frühere Perioden
probability of default	Ausfallswahrscheinlichkeit
probable	wahrscheinlich
profit and loss account	Gewinn- und Verlustrechnung (unter IFRS *income statement)*
profit carried forward	Gewinnvortrag
profit or loss	Gewinn oder Verlust (Jahresergebnis; im Gegensatz zum weiteren Begriff „Gesamtergebnis“; IAS 1.7)

projected benefit obligation	Pensionsverpflichtung zum künftigen Gehaltsniveau
projected unit credit method	Verteilung künftiger Pensionsansprüche auf Jahre, in denen sie wirtschaftlich verdient werden (IAS 19.64 ff)
property, plant and equipment	Sachanlagen (wörtl.: Immobilien, Fabriken und Maschinen)
proportionate consolidation	Quotenkonsolidierung
proposed dividends	vorgeschlagene Dividenden
prospectus	Prospekt (Börsen- bzw. Kapitalmarktprospekt)
provisions	Rückstellungen (nach US-GAAP meist: *„contingent liabilities"*); gelegentlich auch im Sinne von Verlustvorsorgen (Wertberichtigungen) verwendet
prudence principle	Vorsichtsprinzip
purchase commitments	Kaufverpflichtungen
purchase method	Erwerbsmethode bei der Kapitalkonsolidierung
put (option)	Verkaufsrecht
puttable instrument	kündbares bzw. zurückübertragbares Instrument

Q

quantitative thresholds	quantitative Grenzen (z. B. Segmente nach IFRS 8.13)
quarter	Quartal

R

raw materials	Rohstoffe
real accounts	Bestandskonten, im Gegensatz zu Erfolgskonten (*nominal/temporary accounts*)
real estate transfer tax	Grunderwerbsteuer
real property (real estate)	Immobilien
realisable value	realisierbarer Erlös bei Veräußerung
reasonable assurance	angemessene Sicherheit (Maßstab für die Verlässlichkeit des Bestätigungsvermerks)
reasonably possible	vernünftigerweise möglich, begründbare Möglichkeit
rebalancing	Nachjustierung/Anpassung einer Sicherungsbeziehung

receivables (accounts receivable)	Forderungen
reclassification adjustment	Umklassifizierung (IAS 1.7 – zwischen GuV und übrigem Ergebnis)
recognition	Erfassung (Einbuchung, Zugang)
reconciliation	Gegenüberstellung, Überleitung
recoverable amount	erzielbarer Betrag, Rückgewinnungswert (Nutzwert oder Nettoveräußerungswert, falls höher)
recycling	Ausbuchung aus der Neubewertungsrücklage nach IFRS
reinsurance contract	Rückversicherungsvertrag; im Gegensatz zum Direktversicherungsvertrag *(direct insurance contract)*
related party	nahestehende Person im Gegensatz zu unabhängigen Dritten *(unrelated party)*
relevance	Entscheidungsrelevanz für Bilanzleser
reliability	Bilanzwahrheit und Bilanzvollständigkeit
remeasurement method	Zeitbezugsmethode (Währungsumrechnung)
remeasurement of net defined benefit liability	Neubewertung der Nettopensionsverbindlichkeit (IAS 19)
remote	sehr unwahrscheinlich
replacement cost	Wiederbeschaffungskosten
reportable segments	berichtspflichtige Segmente (IFRS 8.11)
research and development costs	Forschungs- und Entwicklungskosten (IAS 38.8)
reserves	Gewinnrücklagen
residual value	Restwert (Veräußerungserlös zu aktuellen Marktbedingungen für Vermögenswerte am Ende der Nutzungsdauer); IAS 16.6
retail method	Abschlagsbewertung im Einzelhandel
retained earnings	Gewinnrücklagen
retrospective application	rückwirkende (retrospektive) Anwendung einer Bilanzierungsmethode (IAS 8.5)
return on plan assets	Erträge des Vermögens im Pensionsplan (realisiert und nicht realisiert)
revaluation	Neubewertung
revenues	Erträge, Umsatz
right-of-use asset	Nutzungsrecht beim Leasingnehmer

reverse acquisition	umgekehrter Unternehmenserwerb (der formalrechtliche Erwerber ist wirtschaftlich das erworbene Unternehmen; IFRS 3.B19)
roll-over basis	Buchwertfortführung (im Gegensatz zum *step-up*)

S

salaries and wages	Löhne und Gehälter
sale on credit	Verkauf auf Ziel
sales	Umsatz
sales margin method	Handelsspannenmethode (pauschale Vorrätebewertung)
sales type lease	Finanzierungsleasing im Handel und bei Produzenten
salvage value	Schrottwert (auch *scrap value*)
scheduling	Zeitplanung (z. B. für die Umkehr latenter Steuern)
securities	Wertpapiere
Securities and Exchange Commission	US-Börsenaufsicht
securitisation	Verbriefung oder Sicherheitsleistung
segment reporting	Segmentberichterstattung
senior debt/ junior (= subordinated) debt	vorrangige/nachrangige Schulden
separate financial statements	Einzelabschlüsse (im Gegensatz zu *consolidated financial statements*)
service cost	Dienstzeitaufwand (Pensionsrückstellung)
settlement	Erfüllung, Begleichung, Abrechnung
shadow accounting	spiegelbildliche Bewertung einer Rückstellung analog zum Deckungsvermögen (wörtl. Schattenbilanzierung)
share dividends	Aktiendividenden, Gratisaktien
share issuance costs	Emissionskosten von Aktien oder Anteilen
share premiums	Kapitalrücklagen (auch: *additional paid-in capital*)
share redemption	Einziehung/Rücknahme von Anteilen oder Aktien
share subscriptions	Aktienzeichnung, angezahlte Aktien
shareholders' (stockholders') equity	Eigenkapital
shares (stock)	Aktien, allgemein: Gesellschaftsanteile
shipment	physische Lieferung, Transport

significant influence	maßgeblicher Einfluss
silent partner	stiller Gesellschafter
special purpose entities	Zweck- und Objektgesellschaften
specific identification	Identitätspreisverfahren
spot price (rate)	Kassakurs, Kassazinssatz (im Gegensatz zum *forward price*)
stated rate	Nominalverzinsung (Anleihezins)
statement of cashflows	Kapitalflussrechnung
statement of changes in equity	Eigenkapitalveränderungsrechnung
statement of comprehensive income	Gesamtergebnisrechnung
statement of financial position	Bilanz
statement of other comprehensive income	Aufstellung des sonstigen Ergebnisses (bei gesonderter Darstellung der GuV)
statute of limitations	Verjährungsregel (verjährt: *barred by statute of limitations*)
statutory tax rate	Tarifsteuersatz (im Gegensatz zum Effektivsteuersatz)
step acquisitions	etappenweiser Beteiligungserwerb
step-up (of hidden reserves)	Aufstockung (Aufdeckung stiller Reserven)
step-up dividends	progressive (sukzessive ansteigende) Gewinnbeteiligungen (innovatives Hybridkapital)
straight line	linear
sublease	Untermiete
subsequent event	nachträgliches Ereignis (Ereignis nach dem Abschlussstichtag)
subsidiary	Tochterunternehmen
subsidies	Subventionen
substance over form	wirtschaftliche Betrachtungsweise
supplementary information	zusätzliche Angaben (im Anhang)
supplier	Lieferant
surplus	Überschuss bei einem leistungsorientierten Pensionsplan (IAS 19.8)
survey of work performed	Erhebung des Arbeitsfortschritts (für Fertigstellungsgrad von Vorräten oder Dienstleistungen)

T

tangible assets	materielle (physische) Vermögenswerte
tax assessment (notice)	Steuerfeststellung (Steuerbescheid)
tax audit	steuerliche Betriebsprüfung
tax base	Steuerbemessungsgrundlage, Steuerwert (IAS 12.5)
tax credit (investment tax credit)	Steuergutschrift (Investitionsbegünstigung)
tax due	Steuerschuld
tax exempt (tax deductible)	steuerfrei (steuerlich abzugsfähig)
taxable income	steuerpflichtiges Einkommen
technological feasibility	technische Reife bzw. Tauglichkeit
temporary accounts	Erfolgskonten
temporary differences	temporäre Differenzen
termination benefits	Vorteile anlässlich der Dienstbeendigung (IAS 19.7)
time buckets	Zeitbänder (z. B. für die Fälligkeitsanalyse von Schulden: bis ein Monat, ein bis drei Monate etc.)
trade accounts receivable/payable	Lieferforderungen, Lieferverbindlichkeiten
trade tax	Gewerbesteuer (Deutschland)
trading financial instruments	Handelsbestand der Finanzinstrumente
transition	Übergang (z. B. auf einen neuen IFRS)
treasury shares	eigene Aktien (auch *own shares*)
trial balance	Probebilanz, Saldenliste
trigger event	auslösendes Ereignis (Werthaltigkeitstest)
troubled debt restructuring	Schuldennachlass bei Reorganisation oder Ausgleich

U

unappropriated reserve	freie Rücklage
unappropriated retained earnings	ausschüttungsfähiger Bilanzgewinn einschließlich Gewinnvortrag
uncollectible	uneinbringlich
unconditional purchase obligation	feste Kaufverpflichtung
underlying	Basiswert, auf den sich ein Derivat bezieht
understandability	Bilanzverständlichkeit
unearned revenue	passive Rechnungsabgrenzungen

unusual or infrequent items (= exceptional items)	ungewöhnliche oder seltene Aufwendungen und Erträge (Begriff der US-GAAP)
unwinding	Auflösung; in IFRS 9 die effektive Verzinsung einer bereits wertberichtigten Forderung (Auflösung des Diskonteffektes aus der Wertberichtigung)
useful life	erwartete Nutzungsdauer
US-GAAP (US-Generally Accepted Accounting Principles)	US-amerikanische Rechnungslegungsstandards
US-GAAS (US-Generally Accepted Auditing Standards)	US-amerikanische Wirtschaftsprüfungsgrundsätze

V

valuation	Bewertung
value added tax (VAT)	Umsatzsteuer
value in use	Nutzwert; diskontierte Netto Cashflows aus Nutzung und zukünftiger Veräußerung
vested benefits	unverfallbare Vorteile (bestehender Rechtsanspruch)
vesting period	Erdienungszeitraum, Sperrfrist, Unverfallbarkeitsfrist (Stock Options oder Pensionspläne)

W

wage tax	Lohnsteuer
warranties	Gewährleistung und Garantien
warrants	Aktienbezugsrechte
weighted/moving average cost formula	gewogenes/gleitendes Durchschnittspreisverfahren
withholding tax	Abzugssteuer (z. B. Kapitalertragsteuer)
work in process	halbfertige Erzeugnisse
write up/write down/write off	Zuschreibung, Abschreibung, Ausbuchung

Y

year-to-date	seit Jahresbeginn (z. B. kumuliertes Ergebnis aller abgelaufenen Quartale)

LITERATURVERZEICHNIS

Baetge et al., Rechnungslegung nach International Accounting Standards(IAS), Kommentar auf der Grundlage des deutschen Bilanzrechts, 2. Aufl.;

Beck, Änderungen bei der Bilanzierung von Sachanlagen nach IAS 16 durch den Komponentenansatz, StuB 13/2004 S. 590 ff.;

Beck'sches IFRS-Handbuch, Kommentierung der IFRS/IAS, 2. Aufl., München 2006;

CESR, Frequently asked questions regarding Prospectuses: Common positions agreed by CESR Members, Update 6, Aug. 2008, Question 5, https://www.esma.europa.eu/;

Deloitte (Hrsg.), iGAAP 2011, Financial Instruments - IAS 32, IAS 39 & IFRS 7 Explained;

Endres/Spengel/Reister, Neu Maß nehmen: Auswirkungen der Unternehmenssteuerreform 2008, WPg 2007 S. 478 ff.;

Epstein/Mirza, IAS 2005 S. 484;

Ernst&Young, International GAAP 2015: Generally Accepted Accounting Principles under International Financial Reporting Standards, 1. Aufl. 2015;

Göx/Wagenhofer: Optimal Impairment Rules, Journal of Accounting and Economics 48. Jg. 2009, S. 2-16;

Grünberger, IFRS 7: Marktrisikoangaben im Bankabschluss, IRZ 2008 S. 301 ff.;

Grünberger, Neue Hybridkapitalregeln für Banken – Implikationen für IAS 32, IFRS 9 und Prospektpflicht, KoR 2009 S. 697 ff.;

Grünberger, Das credit value adjustment von Derivaten nach IFRS 13, KoR 9/2011 S. 410;

Grünberger, Kreditrisiko im IFRS-Abschluss, Handbuch für Bilanzersteller, Prüfer und Analysten, 1. Aufl., 2013;

Grünberger/Klein, Offenlegung im Bankabschluss, Berlin-Herne 2008;

Hebestreit/Rahe, Die neue Zwischenberichterstattung nach dem Transparenzruichtlinie-Umsetzungsgesetz (TUG), IRZ 2007 S. 111;

IDW RS HFA 9, Einzelfragen zur Bilanzierung von Finanzinstrumenten nach IFRS, WPg 2006 S. 539 ff.;

Küting/Dawo, Bilanzpolitische Gestaltungspotenziale im Rahmen der International Financial Reporting Standards (IFRS), StuB 23/2002 S. 1157 ff.;

Münstermann/Gnändiger, Fallstudie zu Drohverlustrückstellungen in der Automobilzuliefererindustrie, PiR 5/2012 S. 141;

Sellhorn et. al., Die neue Ordnung der US-GAAP, KoR 2010 S. 154 ff.

STICHWORTVERZEICHNIS

12-monatiger Verlust 185
3-Stadien-Ansatz 184
30-tägige Überfälligkeit 190

A

Abbruchkosten 47 f.
Abfertigungen 314
Abgaben 234
Abgang finanzieller Schulden 217
Abgang (Finanzinstrumente) 174
abgegrenzte Aufwendungen 229
Abgrenzung der Erwerbstransaktion 447
Abgrenzungsposten aus Preisregulierung 492 f.
Abhängigkeit (IFRS 10) 439
Ablebensversicherung 236
Abschlussadressaten 28
Abschlussaressaten 33 f.
Abschreibung immaterieller Vermögenswerte 41
Abschreibung (Sachanlagen) 53
Abschreibungsgruppen 54
Abschreibungsmatrix 194
abweichende Abschlussstichtage 441
accounting errors 373
accounting mismatch 36, 154, 214
Accounting Principles Board 25
Accounting Regulatory Committee (ARC) 15
Accounting Research Bulletins 25
accruals 207, 229
acquisition date 443
acquisition method 436, 443
additional paid-in capital 247
Änderung von Bilanzierungsmethoden 376
Äquivalenzmechanismus 8
Agent 123
Agent (IFRS 10) 440
Agenturpreise 346
Agio 162
Agrarsubventionen 106
AICPA 25
Aktien 169
Aktienanleihen 226
Aktienanleihen (Prospekt) 12
Aktienausgabe 248
aktienbasierte Vergütungen 251
Aktienbegriff (Prospekt) 12
Aktienemittenten (Prospekt) 14
aktienkursabhängige Geldleistungen 256
Aktienrückerwerbsmethode 260
Aktienzeichnung 249
Aktiva (Begriff) 32
aktiver Markt 346
aktiver Vertragsposten 114
aktivierte Finanzierungskosten 51
Aktivierungszeitraum 50
allgemeines Konzernvermögen (Werthaltigkeitstest) 90
als Finanzinvestitionen gehaltene Immobilien 57
Altersteilzeitmodelle 303
Altersversorgungspläne 315
Altersvorsorgeprodukte 235
amortisation (Begriff) 53
amortised cost (Verbindlichkeiten) 208
Amtsblatt der EU 15
andere langfristige Leistungen an Arbeitnehmer 313
Anerkennungsmechanismus 15
anhaltendes Engagement 177
Anhaltspunkte für Wertminderung 83
Anhang 369
Anhangangaben 35, 44, 314
Anhangangaben zu Beteiligungen 144
Ankaufskurse (Fair Value) 345
Anlagenbau 116
Anlagentausch 53
Anlagevermögen 357
anlassbezogene Fair Value-Bewertung 348
Anleihen 183
Anpassung der Hedge Ratio 291
Anpassung der Sicherungsbeziehung 290
Anschaffungs- und Herstellungskosten bei Vorräten 102
Anschaffungskosten (Sachanlagen) 47

Anschaffungskostenprinzip 33
Anschaffungsnebenkosten 102
Anschaffungszeitpunkt für Unternehmenserwerb 443
APB-Opinions 25
ARB 25
ARC 15
assembled workforce 444
Asset Backed Securities 159
asset deals 429
assets (Begriff) 32
assoziierte Unternehmen 130
at cost (Finanzinstrumente) 152
at fair value (Finanzinstrumente) 152
at fair value (Verbindlichkeiten) 209
Audit Regulatory Committee 23
auf Vereinnahmung gerichtetes Geschäftsmodell 159
Auf-/Abwertung 35
Aufbau der IFRS 1
Aufdeckung stiller Reserven 449
aufgegebene Geschäftsbereiche 368
Aufrechnungsdifferenzen (Schuldenkonsolidierung) 470
Aufsichtsarbitrage 37
Aufsichtskosten 234
aufsichtsrechtliche Eigenmittel (Anhang) 263
Aufstellung der Vermögenslage 354
Aufstellung des sonstigen Ergebnisses 31, 359
Aufteilung des Transaktionspreises 111
Auftragsforschung 45
Aufwands- und Ertragskonsolidierung 470
Aufwandsersatz 229
Aufwandsrückstellungen 229
Ausbuchung ausgefallener Forderungen 191
Ausbuchung von Schulden 217
Ausbuchung (Finanzinstrumente) 174
Ausfallswahrscheinlichkeit 196
ausgewählte Finanzinformationen (Prospekt) 14
ausländischer Geschäftsbetrieb 476
Auslegung der IFRS 34
Auslegungsfragen 18
Ausleihungen 183
auslösendes Verlustereignis 229
Ausnahmen (IFRS 1) 490
Ausschüttungsbeschluss 171 f.
außerbücherliche Konsolidierung 131
außerordentliche Kündigungsrechte 220
außerordentliches Ergebnis 365
außerplanmäßige Abschreibung 83
Auszahlungen (Cashflow) 384

B

bank loans 208
Bankeinlagen 158
Bankensteuern 234
bargain purchase 458
bargain purchase option 74
Bargeld 150 f.
Basel II – Säule 3 402
basic earnings per share 258 f.
basis adjustment 278, 288
Basiswert eines Derivats 265
Bausteinansatz (IFRS 17) 237
bearer plants 105
bedingte Zahlungen (Unternehmenserwerb) 455
Beendigung des Arbeitsverhältnisses 314
Beendigung einer Sicherungsbeziehung 288
befreiender Einzelabschluss 19
Befreiung vom Übergang ins Stadium 190
Befreiung von Konzernrechnungslegungspflicht 428
begebene Anleihen 208
beherrschende Stellung 438
Beihilfen 126
beitragsorientierte Pensionspläne 304
beitragsorientierter Pensionsplan 304
Beitragsrückerstattungen (Pensionsplan) 305
beizulegender Zeitwert 35
beizulegender Zeitwert (Ermittlung) 333
belastende Verträge 232
Belegschaft im Konzern 444
beobachtbare Bewertungsparameter 333
Bergbau 60
Bericht über die interne Kontrolle 27
Berichtssegmente 417
Berichtswährung 476
berücksichtigungspflichtige Ereignisse 371
best estimate-Ansatz 231

Bestandteile des Jahresabschlusses 30, 351
bestmögliche Nutzung (Fair Value) 336
Beteiligungen 129
Betriebs- und Geschäftsausstattung 47
Betriebsbereitschaft 47, 55
Betriebseinbringung 429
Betriebserwerb 429
Betriebspensionen 303 f.
Betriebsprüfungen 330
Bewertung bei Erstkonsolidierung 448
Bewertungsmethoden (Anhang) 369
bezahlte Abwesenheit 303, 314
Bietungsgarantien 236
Bilanz 30, 354
Bilanzadressaten 28
Bilanzänderung 373
Bilanzeid 7
Bilanzgewinn 247
Bilanzierungsfehler 373
Bilanzierungsgrundsätze 27
Bilanzierungsobjekt 334
Bilanzpolitik (Anhangangabe) 369 f.
Bilanzpolizei 22
Bilanzposten 357
Bilanzstichtag 352
biologische Transformation 105
biologische Vermögenswerte 104
Bloomberg 6
Bodenschätze 60
Börsenprospekt 392
Börsenprospekte 11
Bohrinseln 60
bonds 208
Bonitätseffekte (Fair Value) 156
Bonitätskomponente im Fair Value 212
Bonitätsratings 189
Bonitätsverschlechterung 185
Bonusmeilen 125
branchenbezogene Rechnungslegung 37
bridge approach 13
Brutto- und Nettomethode bei Garantien 204
Bruttoinvestition 76
Bruttopositionen im hedging 297
buchmäßige Effektivität 285
Buchwertanpassung 278
Buchwertmethode 457, 461
Bündelungsverträge 429
Bürgschaften 203
business combinations 427
business modell (Finanzinstrumente) 152
business-Definition 430
buy and hold Strategie 159
buy and hold (Finanzinstrumente) 152

C

callable/puttable bonds 268
Capital Asset Pricing Model (Fair Value) 339
capitalization period 50
Caps 268
Cash 150
cash for share-Verträge 228
Cash Generating Units 87
cash reconciliation 382
cash (equivalents) 381
Cashflow, aus der laufenden Geschäftstätigkeit 383
– direkte Methode 386
– für die Finanzierungstätigkeit 385
– für die Investitionstätigkeit 384
– indirekte Methode 388
cashflow hedge 271, 282
cashflow hedge Beendigung 288
cashflow hedge-Rücklage 284
cashflow statement 381
CEAOB 24
CESR bridge approach 13
change in accounting method 373
change of control-Klauseln 220
China (Gleichwertigkeit) 8 f.
Clean Price 164
closing date 443
Collateralised Debt Obligations 159
combinations under common control 435
Comfort Letter 14
commercial substance 53
Committee on Accounting Procedures 25
commodity broker-traders 101
common control transactions 435
common shares 248

comparability 28
comparative information 352
completed contract method 112
completeness 28
compound financial instruments 248, 269
compound instruments 225
comprehensive income 30, 351
concentration test (Unternehmensdefinition) 432
condensed financial statements 392
Condiuts 409
contingent liabilities 231
contingent liabilities bei Konsolidierung 450
continuing involvement 177
contract asset 114
contract liability 114
contractually linked instruments 159
Convergence Project 25
convertibles 225
corporate assets (impairment) 90
cost method (eigene Aktien) 250
cost-to-cost basis 117
counterparty risk 415
coverage units (IFRS 17) 240
Credit Default Swaps 204, 266, 403
Credit Linked Notes 266
Credit Spread 232
Credit Spread (Fair Value) 344
critical term match 276
critical terms match 275
current 357
current liabilities 357
current rate method 478
current replacement cost 342

D

Darlehensverbindlichkeiten 416
date of transition to IFRS 489
default 196
deferral method 319
deferred taxes 319
defined benefit plan 304
defined contribution plan 304
Defizit (Pensionsplan) 305
depreciation (Begriff) 53
Derecognition (Finanzinstrumente) 174
Derecognition (Schulden) 217
Derivate 210, 265
derivative Verbindlichkeiten 210
Designation 273
Deutsche Prüfstelle für Rechnungslegung 22
development costs 44
Dienstleistung 112
Dienstleistungsaufträge 116
Dienstleistungseinlagen 251
Dienstleistungskomponenten 245
Dienstzeitaufwand 308
diluted earnings per share 260
dingliche Kreditsicherheiten 199
direktes Finanzierungsleasing 76
Dirty Price 164, 292
Disagio 162, 208
discontinued operations 368
discrete view 395
discretionary participation feature 245
disposal groups 95 f.
Diversifikation (Fair Value) 339
Dividenden 171, 249
Dividendenforderung 172
Dividendenwerte (Prospekt) 12
dollar offset-method 276
Dow Jones Newswire 6
downstream-Transaktionen 471
Drei-Stadien-Ansatz 184
Drittland 9
Drittlandsemittenten 8, 14
Drohverlustrückstellungen 232
Dual-Currency-Bonds 158
dualer Abschluss 487
Duration 412
Durchschnittspreisverfahren 103

E

EAD 196
earnings per share 258
echte Pensionsgeschäfte 122
echtes Pensionsgeschäft 178
effective interest method 161, 208
Effektivitätsmessung 273

Effektivitätsquote 274
Effektivzinsmethode 161, 208
effort-expended-method 113
EFRAG 15
eigene Aktien 250
eigene Bonität 232
eigene Emissionen 150
eigene Zahlungsstörungen 416
Eigengebrauch bei Derivaten 266
Eigenkapital 247
Eigenkapital (Begriff) 32
Eigenkapital-/Schuldabgrenzung 218
Eigenkapitalausstattung (Prospekt) 14
Eigenkapitalinstrumente 150, 169, 251
Eigenkapitalkomponenten 225
Eigenkapitalrückzahlung im Konzern 466
Eigenkapitalveränderungsrechnung 31, 365
Eigenmittelunterschreitung Banken 235
Einbringung 249
eingebettete Derivate 267
eingebettete Derivate (Fair Value-Option) 212
einheitliche Bilanzierung im Konzern 441
einjähriger erwartete Verlust 186
Einlage 249
Einzahlungen (Cashflow) 384
Einzelabschluss 19
Einzelwertberichtigung 185
embedded derivatives 267
Emissionskosten 248
Emissionszweckgesellschaften 9
Emittenten mit Sitz im Drittland 8
Emittentenbeschreibung (Prospekt) 11 f.
employee benefits 303
Endorsement Mechanism 15
Enforcement 22
Engagements in strukturierten Gesellschaften 145
Entgeltfortzahlungen 314
entity wide disclosures 423
Entkonsolidierung 472
Entschädigungsansprüche 452
Entscheidungsrelevanz 34
Entsorgungskosten 48
Entwicklungskosten 44
equipment 47
equity 247
equity method 326
equity (Begriff) 32
Equity-Methode 131
Erdölsuche 60
Ereignisse nach dem Abschlussstichtag 371
Erfassung finanzieller Vermögenswerte 174
Erfassung von Schulden 217
erfolgsneutraler Aufwand/Ertrag 359
Erfolgsprämien 303 f.
Erfüllungsrisiko 337
Erfüllungstagsbewertung 181
Ergebnis je Aktie 258
Ergebnisabführungsverträge 171
erhaltene Anzahlungen 207
Erklärung der gesetzlichen Vertreter 7, 391
Ermäßigungsgutscheine 125
Ermessen des Managements 370
ermessensabhängige Gewinnbeteiligung 245
ermessensabhängiger Überschussbeteiligung 235
Ermittlung erwarteter Verluste 196
Ernte 105
Eröffnungsbilanz nach IFRS 1 489
error correction 373
Erstkonsolidierung 464
erstmalige Anwendung der IFRS (IAS) 487
erstmalige Erfassung (Finanzinstrumente) 174
erstmalige Erfassung (immaterielles Vermögen) 39
Ertrag des Planvermögens 310
Ertragsbewertung (Fair Value) 342
Ertragsteuern 317
erwartete Transaktion 282
erwartete Verluste, Fair Value über das OCI 194
erwartete Zuflüsse 411
erwarteter Verlust 183
erwarteter Verlust (Fair Value) 343
Erwartungswert 109, 231
Erwerbe unter gemeinsamer Kontrolle 435
Erwerbsmethode 436, 443
Erwerbszeitpunkt 464
erzielbarer Betrag 84
etappenweiser Unternehmenserwerb 464
EU-Verordnung zur IFRS-Anwendung 5
European Financial Reporting Advisory Group 15

European Group of Auditors' Oversight Bodies 24
European Roundtable on Consistent Application 19
Eventualschulden 32, 230
Eventualschulden bei Konsolidierung 450
Eventualschulden im Konzern 445
Eventualvermögen 32
EWR 9
ex Dividende 172
examination assumption 331
exceptions (IFRS 1) 493
exchangeables 226
Exemptions (IFRS 1) 490
Exit-Preis 333
expected cashflow approach 231
expected loss 183
Expertenrat des IASB 2
Exploration von Bodenschätzen 60
exposure of default 196
externe Kapitalanforderung 262
externe Ratings 189
extraordinary items 365

F

Fälligkeitsanalyse 408
fair value accounting 35
Fair Value des Minderheitenanteils 460
fair value hedge 271, 277
fair value less cost to sell 84
Fair Value über das OCI 194
Fair Value (Begriff) 35
Fair Value-Angaben 397
Fair Value-Ermittlung 333
Fair Value-Ermittlung (Konsolidierung) 449
Fair Value-Hierarchie 345
Fair Value-Option 154, 210, 269, 278
Fair Value-Option (Verbindlichkeiten) 210 f.
Fair Value-Zinsrisiko eines Portfolios 299
faithful representation 28
faktische Kontrolle 439
faktische Verpflichtung 229
Fast Close 372
Fazilitäten 411
Fehlerberichtigung 373
Fertigerzeugnisse 101
Fertigungsaufträge 116
Fertigungsgemeinkosten 102
Fertigungskosten 115
feste Verpflichtungen 271
Festwertverfahren 103
FIFO 103
Filme 124
finance lease 74
Financial Accounting Standards Board 25
financial asset 149
financial instruments 150, 207, 247
financial liabilities 207
financial liabilities at amortised cost 208
financial liability 149
financial statements 351
financing cost 49
Finanzgarantie 236
Finanzgarantien 202
– Patronatserklärung 203
finanzielle Schwierigkeiten 191
finanzielle Verbindlichkeiten 207
finanzielle Vermögenswerte 149 f.
finanzielles Engagement (Equity-Methode) 137
finanzielles Risiko 236
Finanzierungskomponente (IFRS 15) 110
Finanzierungskosten 49
Finanzierungskosten beim Unternehmenserwerb 448
Finanzierungsleasing 74
Finanzinstrument (Definition) 149
Finanzinstrumente 150, 207, 247
Finanzlage (Prospekt) 14
Finanzwirtschaft und Derivate 270
finanzwirtschaftliche Bewertungsmodelle 344 f.
finished goods 101
Firmenhomepage 40
Firmenwert 452
Firmenwertabschreibung 87, 452
Firmenwertermittlung 453
first day gain 335
first day gains 151
First Loss-Tranchen 159
floating rate notes 268
Floors (Derivate) 268

flow to equity 382
flüssige Mittel 150 f.
Folgebewertung immaterieller Vermögenswerte 41
Folgekonsolidierung 463, 471
Forderung LL 114
Forderungen aus Lieferung und Leistung 158
Forderungsverbriefungen (Konsolidierung) 441
Forderungsverzicht 192
Form 20-F 24
Forschungskosten 44
Forstwirtschaft 104
Fortführungspflicht hedge accounting 290
Forwards 265
framework 27
Franchiserechte 43, 124
Franchiseverträge (Konsolidierung) 440
free Cashflow 382
Freiverkehr 5
Fremd-/Eigenkapitalabgrenzung 218
Fremdfinanzierungsbedarf (Prospekt) 14
Fremdkapital 207
Fremdkapitaldefinition 218
Fremdkapitalkosten bei Aufträgen 116
Fremdwährungen 475
Fremdwährungsrisiko 412 f.
Fremdwährungsumrechnung 475
fruchttragende Pflanzen 105
full goodwill method 459
functional currency 475
fundierte Bewertungsparameter 347
funktionale Währung 475

G

Garantien 121, 183
garantierter Restwert 66
Garantieverlängerungen 121
Gebäude 47
Gebrauchswert 35
Gefahrenübergang 30
Gegenleistung beim Unternehmenserwerb 453
Gehälter 303
Gehaltsniveau bei Pensionsplänen 307
geistiges Eigentum 124
Geldbeschaffungskosten 208
Gemeinkosten 115
gemeinschaftliche Kontrolle 138
gemeinschaftliche Tätigkeiten 138
Gemeinschaftsgebiet 9
general purpose financial statements 351
Generalklausel 30
Genossenschaften 223
Genossenschaftskapital 220
Genussrechte 158, 268
Genussrechtskapital 227
geregelter Markt (Begriff) 5
geringwertige Leasingverhältnisse 69
Gesamtergebnisrechnung 30, 351, 359
Gesamtkostenverfahren 365
Geschäftsmodell bei Finanzinstrumenten 159
Geschäftsmodell (Finanzinstrumente) 152
Geschäftszyklus 357
geschriebene Optionen 273
gesetzliche Kündigungsrechte 220
getreues Bild der Vermögenslage 35
Gewährleistung 203
Gewährleistungsverpflichtung 121
gewerbsmäßige Rohstoffhändler 101
gewillkürte Anschaffungskosten nach IFRS 491
Gewinn- und Verlustrechnung 31
Gewinn- und Verlustrechnung (Gliederung) 359
Gewinnausschüttung 250
Gewinnausschüttungen 171
Gewinnbeteiligungen (IFRS 17) 245
Gewinne und Verluste 365
Gewinnverwendung 222
gewöhnliche Geschäftstätigkeit 106
gewogenes Durchschnittspreisverfahren 103
Gleichwertigkeit 9
Gleichwertigkeit mit IFRS 8
gleitendes Durchschnittspreisverfahren 103
Gleitzeitüberhänge 303
Gliederung der Bilanz 354
Gliederung der GuV 359
Gliederung des Jahresabschlusses 353
Gliederungsmethode 359
GmbH-Anteile 169
GoB 27
going concern 33

Going Concern-Grundsatz 373
Golden Handshakes 314
goodwill 452
grandfathering in IFRS 1 490
Grenzkosten (Leasing) 67
gross profit method 395
Großkunden 425
Gründungs- und Erweiterungskosten 45
Grundgeschäfte einer Sicherungsbeziehung 271
Grundsätze der Rechnungslegung 27
Grundstücke 47
Gruppen langfristiger Vermögenswerte 95
Gruppenbesteuerung 329
Gruppenbewertung (Fair Value) 339
gruppeninterne Transaktionen (Hedging) 290

H

Haftpflichtversicherungen 236
haircuts 200
halbfertige Erzeugnisse 101
Halbjahresabschlüsse 390
Halbjahresfinanzberichte 6, 390
Handelsbestand 173, 267
Handelsbestand (Schulden) 209
Handelsbräuche 107
Handelstagsbewertung 181
Handelswaren 101
Hard Close-Verfahren 372
harte Patronatserklärung 203
Hauptmarkt (Fair Value) 334
hedge accounting 265, 270
hedge layers 292, 298
hedge ratio 273, 291
Hedging 265
Hedging im Konzern 447
hedging instruments 272
held for distribution 97
held for trading 209, 267
Hersteller- oder Händlerleasing 75, 78
Herstellungskosten (Sachanlagen) 47
highest and best use 336
historical cost principle 33
historische Finanzinformationen 12
historische Finanzinformationen (Prospekte) 12
historische Simulation 413
historische Verlustraten 202
Hochinflationsländer 484
höchstwahrscheinliche Transaktionen 271
Holdinggesellschaften 437
Homepage 40
Humankapital (als Vermögenswert) 39
Hybridkapital 158
hypothetische Derivatemethode 294
hypothetische Derivatmethode 286
hypothetische Transaktion (Fair Value) 334

I

IAASB 23
IAS-Verordnung 5
IASB 1
Identifikation des Erwerbers 433
Identifizierung immateriellen Vermögens 39
Identitätspreisverfahren 103
idiosynkratische Risiken (Fair Value) 339
if converted method 261
IFAC 23
IFRIC (Begriff) 2
IFRS 15 106
IFRS Advisory Concil 2
IFRS für Klein- und Mittelbetriebe 21
IFRS für Steuerzwecke 20 f.
IFRS im Einzelabschluss 19
IFRS (Aufbau der Standards) 1
IFRS-Branding 352
IFRS-Preface 16
IFRS-SME 21
immaterielle Vermögenswerte 39
– fair value accounting 41, 491
immaterielle Vermögenswerte im Konzern 444, 449
Immobilien 491
– fair value accounting 57
impliziter Leasingzinssatz 67
inaktiver Markt 346
Inbetriebnahme 55
incidental transactions 365
income by function 31, 365
income by nature 31, 365

income statement 31, 359
income taxes 317
Incoterms 112
indefinite useful life 43
Indexanleihen 227, 268
Indien (Gleichwertigkeit) 9
indirekte Beteiligungen 130
Indossant 203
Ineffektivität bei Derivaten 273
Ingangsetzen und Erweitern 45 f.
inkonsistente Bewertung 154
innerer Optionswert (hedging) 293
innovative Bilanzierung 438
innovative Finanzinstrumente 267
Input-orientierte Methoden 113
Inputs-Unternehmensdefinition 430
Insolvenzverfahren 191
integral view 395
Interessenzusammenführungsmethode 436, 443
interim reporting 390
Internal Revenue Code 25
International Accounting Standards Board 1
International Auditing and Assurance Standards Board 23
International Financial Reporting Interpretations Committee 2
interne Derivate 272
interne Ratings 189
Interpretation der IFRS 34
inventories 101
Investitionen in strukturierte Gesellschaften 145
Investitionsbegünstigungen 317
Investitionskomponenten des Versicherungsnehmers 245
investment property 57, 491
Investmentgesellschaften 437
Investmentgrade-Rating 190
Investor (IFRS 10) 438
ISA-Adoption 23

J

Jahresabschluss 351
Jahresabschlussadressaten 28
Jahresfinanzbericht 6
Japan (Gleichwertigkeit) 8
Joint Venture-Gesellschaften 326
Joint Ventures 138
Jubiläumsgelder 303, 314
Junior-Bonds 158

K

Kalibrierung der Bewertungsmethode 344
Kanada (Gleichwertigkeit) 8 f.
Kapitalanlagegesellschaften (Konsolidierung) 440
Kapitalbeschaffungskosten 46
Kapitalerhöhung 248
Kapitalertragsteuer 317
Kapitalflussrechnung 381
Kapitalherabsetzung 250
Kapitalkonsolidierung 456
Kapitalmarktfloater 158
Kapitalmarktrecht 4
Kapitalrücklagen 247
Kapitalsteuerung (Anhangangabe) 262
Kassageschäfte 267
Kassakomponente (hedging) 293
Katastrophenanleihen 236
Kaufoption (Leasing) 66
Klassen von Finanzinstrumenten 398
Klassifikation im Konzern 446
Klumpenrisiken 415
Körperschaftsteuerbemessungsgrundlage 21
Komitologieverfahren 15, 23
Kommanditgesellschaft 224
Kommissionsgeschäfte 122 f.
Komponentenansatz von Sachanlagen 53
Konsolidierung 437
Kontensicht 189
kontrahierte Verluste 232
Kontrollbegriff 438
Kontrolle bei Streubesitz 439
Kontrollkonzept 130
Kontrollprämien (Konsolidierung) 460
Kontrollübergang 112
Kontrollverlust 472
Konvergenzprogramm auf IFRS 8

Konzentrationstest (Unternehmensdefinition) 432
Konzernabschluss 427
konzerneinheitliche Bilanzierung 135
konzerninterne Umgliederungen 434
Konzernrechnungslegungspflicht 427
Korea (Gleichwertigkeit) 9
Korrelationsrisiken 199
Kosten der Auftragserfüllung 115
Kosten der Kapitalaufnahme 248
Kosten der Kapitalbeschaffung 46
Kosten des Unternehmenszusammenschlusses 448
Kosten zur Erlangung von Aufträgen 115
kostenbasierte Bewertung (Fair Value) 342
Kostenzuschlagsmethode 111
Krankenversicherung 236
Kreditäquivalente 184
Kreditderivate 204, 236, 266, 403
Kreditforderungen 183
Kreditlinien 205
Kreditrisiko 403
Kreditrisiko (Wertberichtigungen) 183
Kreditrisikoexposure 403 ff.
Kreditrisikominderungstechniken 405
Kreditschutzklauseln (IFRS 10) 439
Kreditsicherheiten 199, 403
Kreditüberwachung 190
Kreditvergabe 202 f.
Kreditverlust 183
Kreditversicherung 236
Kreditzusagen 183, 205
kündbare Anteile 223
Kündigungsoption (Leasing) 65
Kündigungsrechte 220
Kulanzen 109
kumulierte PD 198
Kundenbindungsprogramme 125
Kundenoptionen 125
Kundensicht 189
Kundenstamm 39
kurzfristige Leasingverhältnisse 69
kurzfristige Leistungen aus Dienstverhältnis 303
kurzfristige Vermögenswerte und Schulden 357

L

Lagebericht 31, 353
Landwirtschaft 104
langfristige Leistungen an Arbeitnehmer 313
langfristige Vermögenswerte und Schulden 357
langfristige zur Veräußerung stehende Vermögenswerte 95
latente Steuern 319
latente Steuern bei Aktien 171
latente Steuern bei Konsolidierung 327, 451
latenter Steueraufwand 317
layers in hedge accounting 292, 298
Leasing 63
Leasing bei Erstkonsolidierung 450
Leasingdauer 64 f., 74
Leasingforderungen 194
Leasingforderungen und Kreditverluste 193
Leasingvertrag 63
Leasingzahlungen 65
Leasingzinssatz 67
lebenslanger Verlust 185, 198
Lebensversicherungen 236
Leerzeiten 47 f.
Leistungen an Arbeitnehmer 303
Leistungen nach Dienstbeendigung 304
Leistungen-Unternehmensdefinition 430
Leistungserfüllung 111 f.
Leistungsfortschritt 112
Leistungsgarantien 203, 236
leistungsorientierter Pensionsplan 304
leitender operativer Entscheidungsträger 417
Level 1, 2 und 3 (Fair Value) 345
Levies 234
LGD 196
liabilities 207
liabilities at fair value 209
liabilities (Begriff) 32
liability method 319
Liefer- und Leistungsforderungen 193
Lieferforderungen 183
lifetime loss 198
LIFO 103
line items 357
liquide Mittel 150

Liquidität (Gliederung) 358
Liquiditätsfazilitäten 411
Liquiditätsrisiko 408
Liquiditätsrisikoprämien 344
Lizenzen 39, 124
look through (Verbriefungen) 159
loss event 191
loss given default 196
lower of cost or market method 103

M

Macro-Hedge 296
management's discussion and analysis 31, 353
management approach 88, 422
Managementgehälter 378
manufacturer or dealer lease 75
Markenrechte 39
market based measure (Stock Options) 475
market-corroborated inputs 347
Marktaktivität 346
Marktanteile (als Vermögenswert) 39
Marktbewertung (Fair Value) 342
Markteintritt 4
Marktfolge 4
Marktrisiko 411 f.
Marktrisikoprämien 343
Marktteilnehmer (Fair Value) 335
Marktwert 35
Maschinen 47
maßgeblicher Einfluss 130
matching principle 34
materiality 28, 33
Matrixorganisation 417
Matrixpreisverfahren 346
Matrixpreisverfahren (Fair Value) 342
maximales Kreditrisiko 404 f.
MD&A 31, 353
measurement period (Konsolidierung) 467
mehrstufiger Beteiligungserwerb 464
Meilensteine 113
merchandise 101
merger of equals 433
Mergers&Acquisitons 46
Messung der Effektivität 275
Methode der Leistungsmessung 114
Methodenänderung 376
Micro-Hedge 296
Mietverlängerungsoptionen 65
MiFID-Richtlinie 5
Minderheitenanteil, vollkons. Personengesellschaft 224
Minderheitenanteile 459
Minderheitengesellschafter 471
Minderheitengesellschafter (Werthaltigkeitstest) 94
Minderheitenschutzrechte (IFRS 10) 439
Mindestbestandteile eines Prospekts 11
Mindestgliederungspunkte 354
Mindestlaufzeit Leasing 65
mineralische Ressourcen 60
minority interests 459
Mitarbeiter Stock Options 251
Mitarbeiterbeteiligungsmodelle 251
Mitarbeiterprämien 256
mixed model approach 36
Monte-Carlo-Analyse 413
MTF 5
multilaterales Handelssystem 5
Musik 124
Mutterunternehmen 437

N

Nachranganleihen 158
Nachschussverpflichtungen 411
nachträgliche Anschaffungskosten 48
nahestehende Personen 377
negative assurance 391
negativer Firmenwert 458, 464
negativer Firmenwert (Equity-Methode) 135
Nennkapital 247 f.
Net Cashflow 382
net periodic pension cost 308
Nettingvereinbarungen 403
Nettingverträge (Fair Value) 340
Nettoinvestition 77
Nettoinvestition in eine ausländische Teileinheit 283, 481
Nettopensionsaufwand 308
Nettopositionen im hedging 297

Nettopositionen (Fair Value) 341
Nettoveräußerungswert 103
Neubewertung von Pensionsverpflichtungen 308
Neubewertungsmethode 456, 459
Neubewertungsrücklage (fair value accounting) 55 f.
Neun-Monats-Regel 14
neutraler Aufwand 115
neutrality 28
Neuzusagen von Pensionen 312
nicht abrechenbare Leistungen 118
nicht beobachtbare Bewertungsparameter 333
nicht garantierter Restwerts 78
nicht installierte Materialien 113
nicht realisierter Aufwand/Ertrag 359
Nicht-Dividendenwerte (Prospekt) 12
Nichterfüllungsrisiko 337
nichtfinanzielle Schulden 207
nichtregenerative Ressourcen 60
nichtvertragliche Schulden 207
Niederlassungen in Hochinflationsländern 484
Niederstwertprinzip 103
noch nicht installierte Materialien 113
Nominalwertmethode (eigene Aktien) 250
non-controlling interests 459
non-current assets held for disposal 95 f.
Non-Investmentgrade 191
non-monetary exchange 53
non-performance risk 337
noncurrent 357
notes 369
notes payable 208
Null-Nettopositionen 298
Nutzungsdauer immaterieller Vermögenswerte 41
Nutzungsrecht (Leasing) 64
Nutzungsrechte 41 f.
Nutzungswert 84

O

obligating event 229
observable inputs 333
öffentliche Angebote (Prospektpflicht) 10
öffentliche Unternehmen 379
öffentliche Zuwendungen 126
off-balance-sheet financing 438
off-shore-Finanzzentren 9
one line consolidation 131
onerous contracts 232
operating cycle 357
operating lease 74
operating lease im Konzern 450
operating leasing 63
operatives Segment 417
Optionen 266
Optionen beim hedge accounting 292
Optionsanleihen 225
Optionskomponenten 225
Organschaft 320, 330
Output-bezogene Methoden 113
Outputs-Unternehmensdefinition 430
own use exemption 266

P

paid-in capital 247
Paketzuschläge 345
par value method (eigene Aktien) 250
parent company 437
parent company concept 461
Passiva (Begriff) 32
passive Rechnungsabgrenzungen 207
passiver Vertragsposten 114
Patente 41, 124
Patronatserklärung 203
Patronatserklärungen 439
PCAOB 27
PD 196
Pensionsaufwand 308
Pensionsgeschäft 178
Pensionsgeschäfte 122
Pensionskürzungen 312
Pensionspläne 303 f.
Pensionszusagen 312
percentage of completion-method 112
Periodenabgrenzung 33
permanente Differenzen 324
perpetual instruments 220
Personal- und Materialkosten 115
Personaleinsatz 115

Personengesellschaften 223
Personengesellschaftsanteile 220
Pfandrechte 403
Pflanzen 105
Pflichtangaben zum Kapital 262
PIOB 23
plain vanilla-Anleihen 158
Planformel 306
Plankürzungen bei Pensionen 312
planmäßige Abschreibung (Sachanlagen) 53
POC-Methode 112
Pönalen für Banken 235
pooling of interests 436, 443
portfolio hedge 296
Portfolio-Hedge 296
Portfoliobasis erwarteter Verluste 200
Portfoliobewertung (Fair Value) 339
Portfoliomanagement auf Fair Value-Basis 211
Portfoliowertberichtigung 185
post employment benefits 304
potentielle Beherrschungsrechte (IFRS 10) 439
potenzielle Stammaktien 260
power (IFRS 10) 438
Prämienverteilungsansatz 245
preferred shares 248
Preisnachlässe 111
Preisregulierung 492 f.
Preisrisiken 412
Preisstellungsagenturen 346
premium allocation approach 245
primäre Abschlussaressaten 33 f.
principle based standard (Begriff) 2
Prinzipal 123
Prinzipal (IFRS 10) 440
prior period errors 373
Privatisierung (IFRS Eröffnungsbilanz) 492
probability of default 196
Produkteinführungskosten 46
Produkthaftung 121, 203
projected unit credit method 306
Property, Plant and Equipment 47
prospektive Effektivitätsmessung 274
Prospektverordnung 10
provisorische Erstkonsolidierung 467
Prozesse-Unternehmensdefinition 430
prudence 29
prüferische Durchsicht 391
Prüfung der Gleichwertigkeit 9
Prüfungshypothese 331
Public Company Accounting Oversight Board 27
puttable instruments 223

Q

qualifying assets 49
Qualitätskontrolle 22
Quartalsabschlüsse 390
Quartalsfinanzberichte 390
quasi-permanente Differenzen 324
Quellensteuern 317
Quotenkonsolidierung 141

R

Rabatte 47, 102
Rahmenkonzept 27
Ratingagenturen 189
Ratings 189
raw materials 101
Realisationsprinzip 30
Rebalancing 290
rebalancing 291
Rechtsverhältnisse (Anhang) 370
recognition 174
Recognition (Finanzinstrumente) 174
Recognition (Schulden) 217
recoverable amount 84
Recycling 170
recycling 195
Referenzmarkt 334
Registrierungskosten 45, 248
Regressionsanalyse 276
regular way contracts 267
regulierte Preise 492 f.
regulierter Markt 5
Regulierungskosten 234
reinsurance 245
Reklassifizierung (Finanzinstrumente) 156
Rekultivierungskosten 48

related parties 377
relevance 28
relevante, aktive Geschäfte (IFRS 10) 439
remeasurement method 477
remote 230
replacement awards 474
reporting currency 476
Repurchase Agreements 178
research costs 44
Restatement auf IFRS 12
Restkomponente von Optionen 293
Restkomponente von Termingeschäfen 293
Restrukturierungsrückstellungen 233
Restwert bei Abschreibung 54
Restwert (Leasing) 66
Restwertmethode 111, 225
Restwertrisiko 74
Restwertversicherung 236
retail method 103
retained earnings 247
retrospektive Anwendung der IFRS 488
retrospektive Effektivitätsmessung 274
retrospektive Fehlerkorrektur 373
Reuters 6
revaluation model 55
revenue recognition 30
reverse acquisitions 433, 468
reverse convertibles 226
Risikoausgleich im hedging 297
Risikoausgleich im Portfoliohedge 298
Risikoaversion (Fair Value) 338
Risikoeinheiten (IFRS 17) 240
Risikofaktoren (Prospekt) 11
Risikokonzentrationen 415
Risikomanagement 263, 273
Risikomanagementstrategie 211
Risikomarge (IFRS 17) 238
Risikoprämien (Fair Value) 338
Roh-, Hilfs- und Betriebsstoffe 101
Rohstoffsuche 60
Rückgaberecht 121
Rückgriffsrechte 83, 232
Rücklage aus Sicherungsgeschäften 271, 284
Rückleasing 80
Rückstellungen 229
Rückversicherungsverträge 236, 245
rule based standard (Begriff) 2
Rumpfwirtschaftsjahr 390

S

Sachanlagen (fair value accounting) 55
Sachanlagen (Prospekt) 14
Sachanlagevermögen 47
Sachausschüttungen 250
Sacheinlagen 249
Saldierungsverbot 33, 365
sale and leaseback 80
Sanierung 191 f.
Sarbanes-Oxley Act 26
Schadensfälle 83, 115
Schadensversicherungen 236
Schätzungsunsicherheiten (Anhangangabe) 370
scheduling 322
scheduling of deferred taxes 322
Schichten beim hedge accounting 292, 298
Schlüsselkennzahlen (Prospekt) 14
Schlüsselpersonen des Managements 378
schrittweiser Beteiligungserwerb 464
Schuld-/Eigenkapitalabgrenzung 218
Schulddefinition 218
Schulden 207
Schulden aus Lieferungen und Leistungen 208
Schulden gegenüber Kreditinstituten 208
Schulden im Handelsbestand 209
Schulden (Begriff) 32
Schuldenkonsolidierung 470
Schuldinstrument, Bewertung 157
Schuldkomponenten 225
Schuldnerratings 189
Schuldtitelbegriff (Prospekt) 12
Schutzrechte (IFRS 10) 439
Schutzrechten 124
schwebende Geschäfte 229, 265
Schweiz (Drittlandsregelung) 9
SEC 24
SEC reconciliation statement 24
SEC-Forms 24
SEC-internal control report 27
Securities and Exchange Act of 1934 24

Securities Exchange Commission 24
Securities Lending 178
Securitisation 159
Segmentberichterstattung 416
Segmentinformationen 394
Segmenttests 418
sehr wahrscheinlich erwartete Transaktion 282
seltene Transaktionen 365
Sensitivitätsanalyse 276, 412
separate Leistungsverpflichtungen 108
service cost 308
Servicemarge (IFRS 17) 239
Serviceverpflichtung 108
SFAS 25
share appreciation rights 256
share issuance costs 46
share premiums 247
share subscriptions 249
shareholders' equity 32
SIC 2
Sicherheiten 403, 405
Sicherung variabler Zinsen 286
Sicherungsabtretungen 403
Sicherungseinbehalte 118
Sicherungsgeschäfte 265, 270
Sicherungsinstrumente 272
Sicherungsreserven 118
Sichteinlagen 408
sidestream-Transaktionen 471
signifikanter Kreditrisikoanstieg 188
Sitzstaat des Unternehmens 424
Skonto 47, 102
Soft stand-by letter 203
Software 124
Softwareentwicklung 44
Solely Payments of Principal and Interest 152
Sonderposten mit Rücklageanteil 247
Sozialabgaben 303
Spezialanfertigungen 117
Spezialfinanzierungsgesellschaften 146
Spezialleasing 74
Spin-off 250
SPPI-Kriterium 152, 157
Staatsbetriebe 379
Stadium 1, 2 und 3 185
Stammaktien 248
Stand-by Letters of Credit 203
Standing Interpretations Committee 2
stapling arrangements 429
start-up operations 417
start-up-activities 46
statement of cashflows 381
statement of changes in equity 365
statement of comprehensive income 30, 351
statement of financial position 354
statement of other comprehensive income 31, 359
statement of recognised income and expense 366
Statements on Financial Accounting Standards 25
step acquisitions 464
step-up/step down bonds 268
Sterbetafeln 307
Stetigkeit (Fair Value) 343
Stetigkeitsgebot 33
Steueraufwand 317
Steuergruppen 320
steuerliche Verlustvorträge 330
steuerlicher Verlustrücktrag 318
Steuersätze 321
Steuertatbestände 331
Steuerwert 319
Stichtagskursmethode 476, 478
stille Beteiligungen 220
Stillhalterpositionen 273
Stimmrechtsmehrheit 439
Stock Options 251
stockholders' equity 32
Stornorisiko 238
Strafen für Banken 235
Streubesitz und Kontrolle 439
strukturierte Gesellschaften 145
Stundung 192
Subleasing 79
Subordinated Bonds 158
substanziell (Unternehmensdefinition) 430
Subventionen 126
survey of work performed 113
Swaps 266

synthetische Verbindlichkeiten 228
synthetische Verbriefungen 176

T

tatsächlicher Steueraufwand 317
Tauschgeschäfte 110
Tauschvorgänge 53
technische Reife 45
Teilgewinnrealisierung 116
Teilkonzerne 428, 435
teilweiser Abgang (Finanzinstrumente) 175
temporäre Differenzen 323
Termingeschäfte 265
Termingeschäfte beim hedge accounting 292
Terminkomponente (hedging) 293
Tick marks 14
Tiere 105
time buckets 299
timeliness 28
timing differences 323
Tochterunternehmen iSv IFRS 10 437
Total Return Swaps 176, 266, 403
trade payables 208
Transaktion (Fair Value) 334
Transaktionen mit Joint Activities 141
Transaktionen mit nahestehenden Personen 378
Transaktionskosten 152
Transaktionskosten bei Effektivzinsen 161 f.
Transaktionskosten (Fair Value) 335
Transaktionskosten (Schulden) 210
Transaktionspreis (IFRS 15) 109
Transferpreise 321
Transparenzrichtlinie 6, 390
Transport- und Montagekosten 47
treasury shares 250
treasury stock method 260
Trendinformationen (Prospekt) 14
Trennungspflicht eingeb. Derivate 268
Treuepunkte 125
trigger events 83, 191
true and fair view 35
true merger 429, 433

U

Überbesicherung 199
Überbrückungshilfen 314
übereinstimmende Bezugsgrößen 275
Übereinstimmungserklärung mit IFRS 30, 352
Überfälligkeit 190
Übergang ins Stadium 2 188
– verstärktes Kreditmanagement 190
Übergang ins Stadium 3 191
Übergangsstichtag auf IFRS 489
Überleitungsrechnung auf IFRS 494
Überleitungsrechnung (Fair Value Level 3) 349
Überschuss (Pensionsplan) 305
Überschussbeteiligung 235
uechte Pensionsgeschäfte 122
umgekehrter Unternehmenserwerb 433, 468
Umgliederungen von Finanzinstrumenten 398
Umkehrzeitplan latenter Steuern 322
Umlagen 234
Umlaufvermögen 357
umsatzabhängige Leasingzahlungen 66
Umsatzkostenverfahren 365
Umsatzrealisierung 106
Umschuldung 217
Umstellung Abschlussstichtag 352
Umstieg auf IFRS 487
Umstrukturierungen im Konzern 435
Umtauschanleihen 226
Umwandlungsmethode 261
Umweltberichte 31, 353
Umwidmung von Immobilien 59
Umwidmungen (Finanzinstrumente) 156
unbare Gegenleistungen 110
unbedeutende Tochtergesellschaften 437
unbedingte PD 198
unbefristetes Kapital 220
unbestimmbare Nutzungsdauer 42 f., 452
underlying 265
understandability 28
unechtes Pensionsgeschäft 178
unerwarteter Verlust (Fair Value) 343
ungewisse Ertragsteuern 330
Ungewissheit hinsichtlich der Höhe 231
unit linked liabilities 155

unit of account 334
uniting of interests 443
Unterbeschäftigung 47
unterlassene Reparaturen 229
Untermietverhältnisse 79
Unternehmen im öffentlichen Besitz 379
Unternehmensdefinition 430
Unternehmensfortführungsfiktion 33, 373
unternehmensweite Angaben 423
Unternehmenszusammenschlüsse 427 f.
Unternehmenszusammenschluss bei Joint Activities 143
unversteuerte Rücklagen 247
upstream-Transaktionen 471
Urheber- und Markenrechte 124
Urheberrechte 39
Urlaubsansprüche 303
Urlaubsgeld 303
US-GAAP 24
US-GAAP (Gleichwertigkeit) 8
US-Generally Accepted Accounting Principles 24

V

value in use 84
Value-at-Risk 276, 413
variabel verzinste Finanzinstrumente 163
variabel verzinste Schulden 209
variable Erträge (IFRS 10) 440
Varianz-Kovarianz-Analyse 413
Varianz-Reduktionsmethode 276
Veranlagungsstrategie 159
Verbindlichkeiten zum fair value 209
Verbote (IFRS 1) 493
Verbrauchsfolgeverfahren 103
Verbriefungsgesellschaften 159
Verbriefungstitel 159
Vergleichsdaten aus Vorjahren 352
Vergleichspreismethode 111
Vergleichszahlen 392
verifiability 28
Verjährung 331
Verkauf und Rückleasing 80
Verkaufskurse (Fair Value) 345
Verkaufswertverfahren 103
Verkehrswert 35
Verkehrswert abzüglich Veräußerungskosten 84
verkürzte Form 392
verkürzter Abschluss 391
verkürzter Anhang 393
Verletzung regulatorischer Eigenmittelerfordernisse 235
Verlust der Kontrolle 472
Verlustereignis 229
Verlusterfassung (Equity-Methode) 137
Verlustermittlung auf Portfoliobasis 200
Verlusthöhe 196
Verlustvorträge 330
Vermittlungsleistungen 122 f.
Vermögensgegenstand (HGB-Begriff) 32
Vermögenswert (Begriff) 32
Verschleierung (Fehler) 34
Verschmelzung 429
Versicherungsentschädigungen 83
Versicherungsfall 236
versicherungsmathematische Gewinne und Verluste 310
Versicherungsrisiko 236
Versicherungsverträge 235
Versicherungsverträge bei Konsolidierung 451
Versorgungsmodelle 303
verstärktes Kreditmanagement 190
Verträge mit Kunden 106
vertragliche Fälligkeiten 409
vertragliche Kreditsicherheiten 199
vertragliche Schulden 114, 207
vertragliche Vermögenswerte 114
Vertragsänderungen (IFRS 15) 108
Vertragsbrüche (Kredite) 416
Vertragsbündel 122
Vertragsstrafen 117
verwässertes Ergebnis je Aktie 260
Verwaltungsgemeinkosten 102
Verwaltungskosten 48
vesting period 253
Virtual Close-Verfahren 373
Volatilität bei Derivaten 266
Vollständigkeitsgebot 28
Vorfälligkeitsklauseln 411
Vorfälligkeitsoption 268

vorhersehbare, höchstwahrscheinliche Transaktionen 271
vorläufige Erstkonsolidierung 467
Vorleistungen für die eigene Leistung 110
Vorräte 101
Vorräte im Konzern 449
Vorräteabschreibung 103
Vorsichtsprinzip 29
Vorstandsgehälter 378
Vorsteuer 47
vorteilhaftester Markt (Fair Value) 334
Vorwort der IFRS 17
vorzeitige Abschreibung 324
Vorzugsaktien 248

W

Währungsbasisrisiko 293
Währungsrisiken aus Nettoinvestitionen 271
Währungsumrechnung 475
wahrscheinlich erwartete Transaktion 282
wahrscheinlich (Rückstellungen) 230
Wandelanleihen 158, 225
Wandelanleihen (Prospekt) 12
Warenleihe 122
wash sales 35
Wechsel 203
Wechselaussteller 203
Wechselhaftung 203
Wechselkursdifferenzen (Aktien) 172
Wechselkurse (Finanzinstrumente) 165
Wechselkursrisiken einer Nettoinvestition 283
Wechselkursrisiko 412
Wechselkursumrechnung 475
Wechselverbindlichkeiten 208
Weiterrollung der Sicherungsbeziehung 291
Wertaufholung 86, 97
Wertaufholung beim Firmenwert 452
Wertaufholung (Vorräte) 104
wertbeeinflussende/-erhellende Ereignisse 371, 467
Wertberichtigung, einjähriger erwartete Verlust 186
werterhellende Ereignisse (Rückstellungen) 232
Werthaltigkeitstest 83
Wertminderung des Firmenwerts 452
Wertminderungstatbestand 191
Wertpapier-Investmentfonds 437
Wertpapierbeschreibung (Prospekt) 12
Wertpapiere aus eigener Emission 150
Wertpapierleihe 179
Wertpapierprospekt 392
Wertschöpfungsrechnungen 31, 353
Wesentlichkeitsgrundsatz 33
Wetterderivate 236
Widmung von Derivaten 273
wiederkehrende Fair Value-Bewertung 348
wirtschaftliche Tauschsubstanz 53
wirtschaftlicher Kausalzusammenhang 273
Wirtschaftsprüfungsstandards (ISA 23
work in process 101

Y

year-to-date 392

Z

Zahlungsgarantien 203
Zahlungsmitteläquivalente 381
zahlungsmittelgenerierende Einheit 87
Zahlungsstörungen 108, 358, 416
Zeitbänder 299, 408
Zeitbezugsmethode 476 f.
zeitliche Ergebnisunterschiede 323
zeitraumbezogene Erfüllung 112
Zeitschriftentitel 39
Zeitwert (Ermittlung) 333
Zeitwert (hedging) 293
Zertifikate 9
Zinsabgrenzung im Fair Value 163
Zinsaufwand (Pensionsaufwand) 308
Zinsen (Effektivzinsmethode) 161
Zinsertrag 192
Zinsrisiko 412
Zinssicherung in Portfolios 299
Zinsstrukturkurve 293
Zinsswaps 268
Zinstermingeschäfte 265
Zitierweise der IFRS 3
zukunftsbezogene Annahmen 370
zum Fair Value über das OCI 152

zur Ausschüttung stehendes Vermögen 97
zur Veräußerung stehend 95
zur Veräußerung stehende Beteiligungen 146
zurückerworbene immaterielle Rechte 452
zusätzliche Risikokonzentrationen 415
zusammenfassende Finanzinformationen (Beteiligungen) 144
zusammengesetzte Finanzinstrumente 225, 248
Zusammenschluss 429
Zusatzkosten der Auftragserteilung 115
Zuschreibung 86
Zuwendungen der öffentlichen Hand 126
Zuwendungen für Landwirtschaft 106
Zweckgesellschaften 438
Zwischenberichterstattung 390
Zwischenergebniseliminierung 471
Zwischenergebniseliminierung (Equity-Methode) 135
Zwischenlagebericht 391
Zwischenmitteilungen 390